# ऑबजैक्टिव
# इलैक्ट्रॉनिक्स एवं कम्यूनिकेशन इन्जीनियरिंग
# (ELECTRONICS AND COMMUNICATION ENGINEERING)

**संक्षिप्त थ्यौरी, वस्तुनिष्ट बहुविकल्पीय प्रश्न एवं उत्तर**

**(Brief Theory, Objective Multiple Choice Questions and Answers)**

*[For U.P.S.C. Engineering Services Examinations, I.A.S. Exams, Graduate Aptitude. Test in Engineering (GATE), Akash vani & Doordarshan, VSNL. BE, IETE, AMIE, IES, DOT, NTPC, NHPC, BEL, ECIL, BEM, ITI, BHEL, CPWD, PWD, Railway Admission & Recruitment Test, MTNL and Other competitive Exams related to Electronics & Communication Engineering, Interviews and for Quick Review of the Subject.]*

**Y. D. Sharma**
Ex. Head of Department (Elect.)
**Deptt. of Technical Education U.P.**

**S. Sharma**
M.Sc. (Solid state)

AF889568

*प्रकाशक :*

**स्टैण्डर्ड पब्लिशर्स डिस्ट्रीब्यूटर्स**

**1705-बी, नई सड़क, पोस्ट बॉक्स नं० 1066, दिल्ली-110006**

**फोन 23262700, 22285798 टेली फैक्स : 23243180**

**www.standardpublishers.com** **email : stpub@vsnl.com**

*प्रकाशक :*
**अजय कुमार जैन**
**स्टैण्डर्ड पब्लिशर्स डिस्ट्रीब्यूटर्स**
**1705-बी, नई सड़क, दिल्ली-110006**

**प्रथम संस्करण : 2003**
पुनर्मुद्रण 2007
पुन: मुद्रण 2009
पुनर्मुद्रण : 2010
संस्करण : 2011 2012
संस्करण : 2013
संस्करण : **2014**
संस्करण : 2015 2016

© Exclusive rights by Standard Publishers Distributors, Delhi for publication, distribution and export. All rights reserved. No part of this publication in general and diagrams in particular may be reproduced or transmitted in any form or by any means, electronic, mechanical, photo copying, recording or any information storage and retrieval system, without the prior written permission of the publisher.

*Price Rs. 300-00*

**ISBN :** 81-8014-027-X

**Laser Typesetting by :** Bhargave Laser Printers, Delhi.
**Printed by :** Prabhat Offset Press, Delhi.

# प्रस्तावना

इलैक्ट्रॉनिक्स एवं कम्यूनिकेशन इन्जीनियरिंग विषय अत्यन्त विशाल है तथा इलैक्ट्रॉनिक्स इन्जीनियरिंग के विभिन्न विषयों को एक ही पुस्तक में समायोजित करने की आवश्यकता सदैव अनुभव की जाती रही है। इस दिशा में पूर्व में किये गये प्रयास या तो विषय को पूर्ण रूप से आवृत न करने अथवा पुस्तक में बढ़े आकार एवं भाषा की किलिष्टता के कारण अधिक सफल न हो सके। इलैक्ट्रॉनिक्स के छात्रों के लिये ECIL, VSNL, B.E., IETE, AMIE, GATE, UPSC, IES, DOT, HAL, NTPC, NHPC, BET, BHEL, CPWD, IRS, ITI, BEM, MTNL, L & T आदि में सेवा योजन के लिये चयन परीक्षा की तैयारी हेतु इलैक्ट्रॉनिक्स इन्जीनियरिंग के समस्त विषयों का अध्ययन करने के लिए एक ही पुस्तक, विशेष रूप से हिन्दी भाषा में, का बहुत अभाव था। यह पुस्तक इलैक्ट्रॉनिक्स इन्जीनियरिंग के समस्त महत्त्वपूर्ण विषयों को हिन्दी भाषा में संक्षिप्त रूप में समावेश करने का एक प्रयास है। इस पुस्तक को इलैक्ट्रॉनिक्स इन्जीनियरिंग के समस्त महत्वपूर्ण विषयों को संक्षिप्त में उदाहरणों एवं चित्रों की सहायता से सैद्धान्तिक रूप में एवं बहुविकल्पीय प्रश्नों व उनके उत्तरों के साथ देकर अधिक उपयोगी बनाया गया है।

यह पुस्तक इलैक्ट्रॉनिक्स इन्जीनियरिंग के समस्त महत्वपूर्ण विषयों से सरल भाषा हिन्दी में इन्जीनियरिंग डिग्री व डिप्लोमा छात्रों को परिचित कराने एवं सेवा चयन परीक्षा व इन्टरव्यू की तैयारी के लिये अत्यन्त उपयोगी सिद्ध होगी, ऐसा लेखकों का विश्वास है।

यद्यपि प्रत्येक अध्याय के अन्त में छात्रों की सुगमता के लिये बहुविकल्पीय प्रश्नों के उत्तर भी दिये गये हैं, परन्तु छात्रों से अनुरोध है कि विषय के साथ अधिक निष्कपटता के लिये एक निश्चित समय में स्वयं प्रश्नों को हल करने का प्रयास करें तथा सत्यता की जाँच के लिये ही, उनके उत्तर देखने की चेष्टा करें ताकि वे परीक्षा में सफलता सुनिश्चित कर सकें।

पुस्तक की भाषा सरल तथा सुलभ प्रयोग की गई है तथा तकनीकी शब्दों को अंग्रेजी भाषा में भी कोष्टक में दिये गये हैं। पुस्तक को प्रत्येक दृष्टिकोण से उपयोगी एवं उत्तम बनाने का प्रयास किया गया है एवं पुस्तक को लिखने में पूर्ण सावधानी बरती गई है, फिर भी यदि इस संस्करण में कुछ त्रुटियाँ रह गई हो तो लेखक गण का सेवा चयन परीक्षा की तैयारी करने वाले समस्त इन्जीनियरिंग छात्रों एवं पाठकों से अनुरोध है कि इस पुस्तक को और अधिक उपयोगी बनाने एवं सुधार हेतु अपने अमूल्य सुझाव प्रकाशक के माध्यम से भेजने का कष्ट करें ताकि अगले संस्करण में उनका परिमार्जन कर उसे सर्वाधिक उपयोगी बनाया जा सके।

प्रतियोगी एवं सेवा चयन परीक्षा व इन्टरव्यू की तैयारी करने वाले इन्जीनियरिंग छात्रों के लिये इलैक्ट्रॉनिक्स के समस्त विषयों का संक्षिप्त थ्योरी, बहुविकल्पीय प्रश्नों के उनके उत्तर सहित एक ही पुस्तक में समायोजन व हिन्दी भाषा में प्रकाशन, निश्चय ही प्रकाशक का सराहनीय प्रयास है।

वाई० डी० शर्मा
शिप्रा शर्मा

# विषय-सूची

# 1

# नैटवर्क प्रमेय
# (Network Theorems)

## 1.1. किरचॉफ के नियम (Kirchoff's Laws)

**प्रथम नियम**—किरचॉफ के वोल्टेज नियम (voltage law) के अनुसार किसी नैटवर्क के बन्द लूप (closed loop) में समस्त ब्रांच वोल्टेज (all branch voltage) का बीजीय योग (algebric sum) शून्य होता है।

**दूसरा नियम**—किरचॉफ के धारा नियम (current law) के अनुसार किसी नोड (node) पर, समस्त ब्रांच धाराओं (all branch currents) का योग शून्य होता है। दूसरे शब्दों में किसी नोड पर, किसी क्षण अन्दर जाने वाली धाराओं (entering currents) का योग नोड से बाहर आने वाली धाराओं (leaving the node) के योग के बराबर होता है।

## 1.2. परिपथ घटक (Circuit Components)

प्रतिरोध $v = Ri,$ अथवा $i = \frac{v}{R}$

इन्डक्टैन्स $v = L\frac{di}{dt},$ अथवा $i(t) = \frac{1}{L}\int v(t)\,dt$

कैपेसिटैन्स $v = \frac{1}{C}\int i(t)\,dt$ अथवा $i(t) = C\frac{dv}{dt}$

## 1.3. अध्यारोपण प्रमेय (Superposition Theorem)

किसी लीनियर नैटवर्क में, जिसमें अनेक प्रतिबाधायें (impedances) एवं वोल्टेज सोर्स लगे हों, किसी बिन्दु से प्रवाहित होने वाली धारा उन सभी धाराओं का सदिश योग (vector sum) होती है जो परिपथ में जुड़े सोर्सों (sources) को अलग-अलग, अकेले कनैक्ट करने पर प्रवाहित होती हैं जबकि सक्रिय सोर्स (active source) के अतिरिक्त अन्य सभी सोर्स को उनकी आन्तरिक प्रतिबाधा से प्रतिस्थापित (replace) कर दिया जाता है। चित्र 1.1 में दिये गये परिपथ में दो वोल्टेज सोर्स $E_1$ तथा $E_2$ एवं तीन प्रतिबाधाएं $Z_1, Z_2$ तथा $Z_3$ कनैक्ट की गयी हैं।

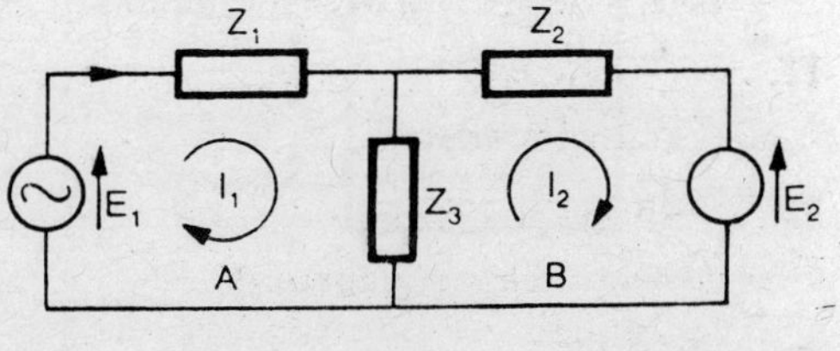


चित्र 1.1

वोल्टेज स्त्रोत $E_2$ को उसकी आन्तरिक प्रतिबाधा (माना शून्य) से विस्थापित करने पर परिपथ 1.2 के समान होगा। माना $E_1$ के कारण लूप A में धारा $I_1$ तथा लूप B में $I_2$ है।

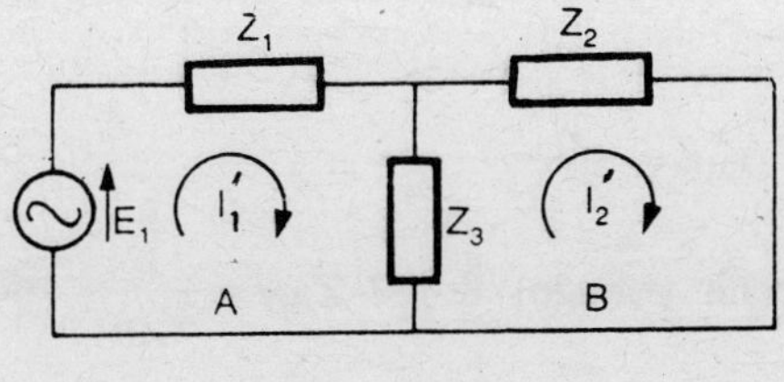


चित्र 1.2

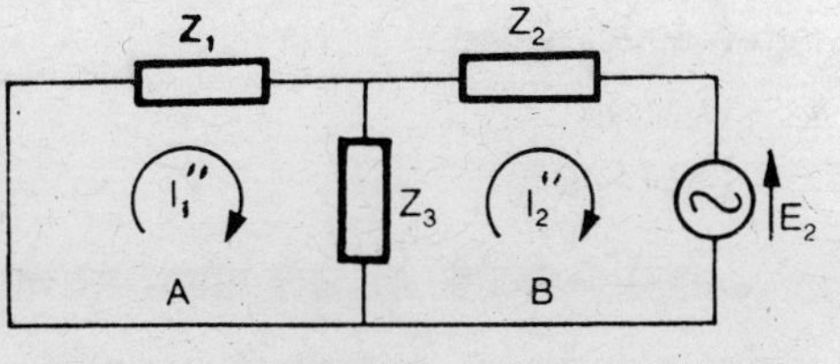


चित्र 1.3

इसी प्रकार नैटवर्क के वोल्टेज सोर्स $E_1$ को उसकी आन्तरिक प्रतिबाधा से विस्थापित करने पर (माना शून्य) परिपथ चित्र 1.3 के समान है। इस अवस्था में केवल वोल्टेज सोर्स $E_2$ सक्रिय (active) है। यदि लूप A में धारा $I_1''$ तथा लूप B में $I_2''$ है तब, अध्यारोपण प्रमेय के अनुसार चित्र 1.1, 1.2 तथा 1.3 से $I_1 = I_1' + I_1''$

तथा
$$I_2 = I_2' + I_2''$$

## 1.4. थैवनिन प्रमेय (Thevenin's Theorem)

"किसी भी दो टर्मिनल वाले नैटवर्क को, जिसमें लीनियर प्रतिबाधायें तथा अनेक स्रोत (generators) संयोजित हों, एक वि० वा० बल (e.m.f.) तथा एक श्रेणी प्रतिबाधा (series impedance) द्वारा प्रदर्शित किया जा सकता है, जहाँ e.m.f. का मान नैटवर्क के टर्मिनलों पर खुला परिपथ वोल्टेज (open circuit voltage) के बराबर हो तथा प्रतिबाधा, नैटवर्क के टर्मिनलों से नैटवर्क के अन्दर देखने पर प्रतिबाधा के बराबर हो, जबकि नैटवर्क के सभी वोल्टेज सोर्स उनकी आन्तरिक प्रतिबाधा द्वारा प्रतिस्थापित (replace) कर दिये गये हों। चित्र 1.4 (a) में प्रदर्शित नैटवर्क की यदि ओपन सर्किट वोल्टेज $V_{OC}$ तथा टर्मिनलों A एवं B से नैटवर्क में देखने पर नैटवर्क प्रतिबाधा $Z_{AB}$ है तब चित्र 1.4(b) में प्रदर्शित परिपथ, नैटवर्क का थैवनिन तुल्यांक कहलाता है। चित्र 1.4(b) से प्रतिबाधा $Z_L$ में धारा

$$I_{OC} = \frac{V_{OC}}{Z_{AB} + Z_L}$$

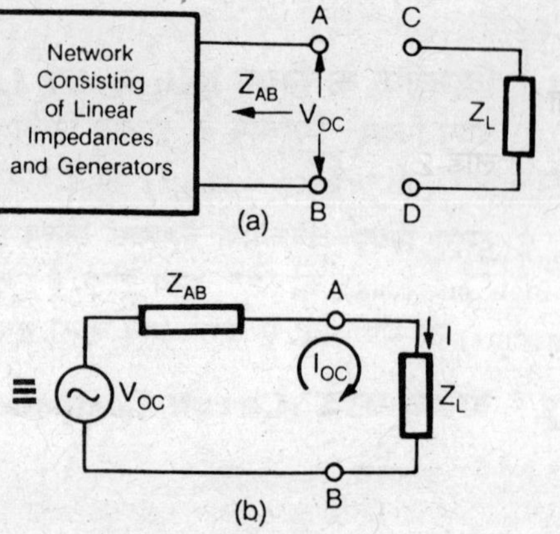


चित्र 1.4 थैवेनिन प्रमेय

## 1.5. नॉर्टन प्रमेय (Norton Theorem)

अनेक जेनरेटर्स तथा प्रतिबाधाओं से युक्त किसी लीनियर नैटवर्क को एक ऐसे परिपथ द्वारा प्रतिस्थापित किया जा सकता है जिसमें एक धारा जेनरेटर (current source) $I_{SC}$ तथा जेनरेटर के समानान्तर में एक एडमिटैंस $Y_{AB}$ कनैक्ट हो। यहाँ $I_{SC}$ नैटवर्क के टर्मिनलों के मध्य उस अवस्था में शॉर्ट सर्किट धारा तथा एडमिटैन्स $Y_{AB}$ है जब नैटवर्क के सभी जेनरेटर चित्र 1.5 के अनुसार उनकी आन्तरिक प्रतिबाधाओं द्वारा विस्थापित कर दिये गये हों।

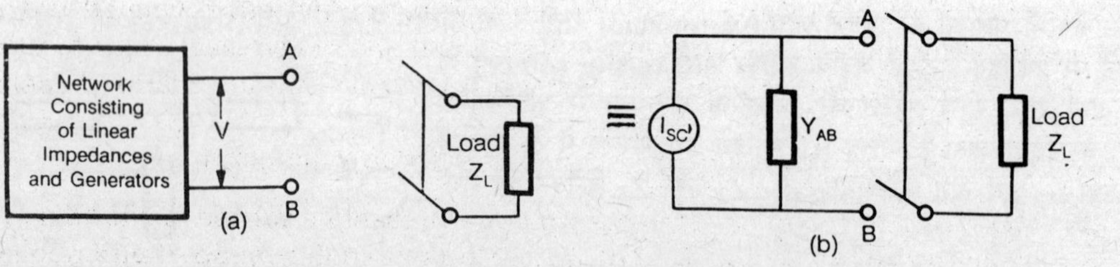


चित्र 1.5–(a) एक लीनियर नैटवर्क, (b) नैटवर्क का नॉर्टन तुल्यांक परिपथ

यदि नैटवर्क में संयोजित सभी जेनरेटर्स उनकी आन्तरिक प्रतिबाधाओं से प्रतिस्थापित कर दिये जायें, तब माना नैटवर्क के आउटपुट टर्मिनल A एवं B को शॉर्ट सर्किट करने पर A एवं B के मध्य धारा $I_{SC}$ प्रवाहित होती है तथा A एवं B के मध्य एडमिटैन्स $Y_{AB}$ है तब

$$I_{SC} = V\,Y_{AB} = \frac{V}{Z_{AB}}$$

यहाँ $V$ नैटवर्क की खुले परिपथ पर वोल्टेज (open circuit voltage) है तथा $Z_{AB} = \frac{1}{Y_{AB}}$। चूँकि नॉर्टन तुल्यांक प्रतिरोध $Z_{AB}$ तथा $Z_L$ समानान्तर में, अतः लोड $Z_L$ में धारा

$$I_L = I_{SC} \frac{Z_{AB}}{Z_{AB} + Z_L}$$

## 1.6. अधिकतम पावर ट्रांसफर प्रमेय (Maximum Power Transfer Theorem)

किसी नैटवर्क में इसके टर्मिनलों से संयोजित किसी अन्य नैटवर्क अथवा प्रतिबाधा में, व्यय शक्ति उस अवस्था में अधिकतम होती है जब एक परिपथ की प्रतिबाधा दूसरे परिपथ की प्रतिबाधा का 'Complex Conjugate' हो। चित्र 1.6 से परिपथ A द्वारा, परिपथ B को अधिकतम पावर ट्रांसफर के लिये

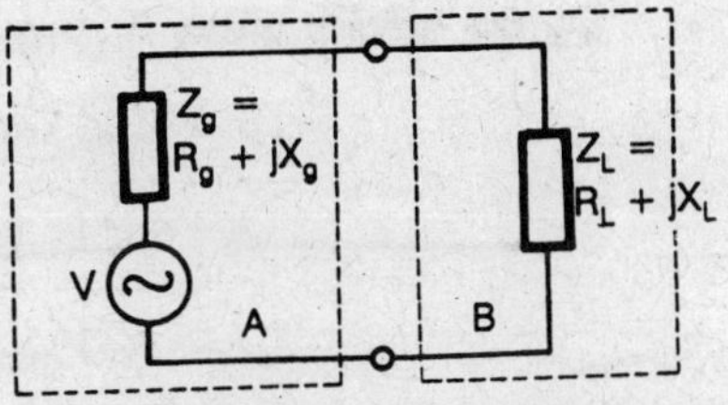


चित्र 1.6–अधिकतम पावर स्थानान्तरण प्रमेय

$$R_g + jX_g = R_L - jX_L$$

अर्थात् $$R_L = R_g$$

तथा $$X_L = -X_g$$

लोड $Z_L$ में ट्रासंफर की गयी अधिकतम शक्ति

$$P_{\max} = (I_{\max})^2 \times R_L$$

$$= \frac{V^2}{(R_L + R_g)^2} \times R_L$$

$$= \frac{V^2}{(R_L + R_L)^2} \times R_L$$

$$= \frac{V^2}{4R_L^2} \times R_L = \frac{V^2}{4R_L}$$

## 1.7. प्रत्यावर्ती धारा परिपथ (AC Circuits)

**(a) शुद्ध प्रतिरोध में** (Pure resistance circuit)

$$i = \frac{V_m}{R} \sin \omega t$$

$$= I_m \sin \omega t$$

$$|Z| = \frac{V_m}{I_m} = R$$

$$\therefore \quad Z = R \angle 0^\circ$$

$$I_{rms} = \frac{I_m}{\sqrt{2}}$$

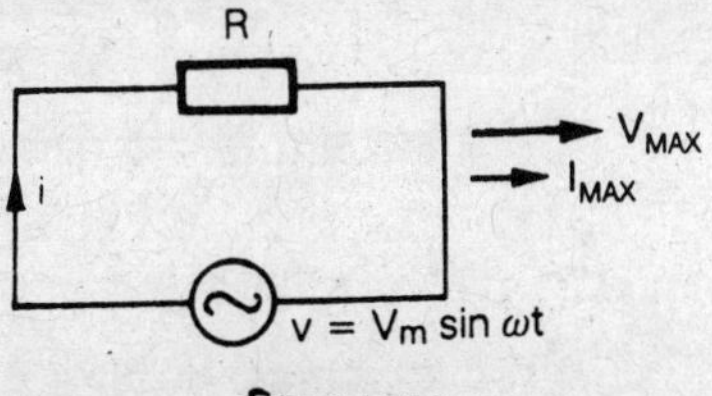


चित्र 1.7 (a)

**(b) शुद्ध प्रेरकत्व में** (Pure inductance circuit)

$$v = V_{\max} \sin \omega t$$

$$i = \frac{V_{\max}}{\omega L} \sin \left(\omega t - \frac{\pi}{2}\right)$$

शुद्ध इन्डक्टैन्स में धारा वोल्टेज से 90° lag करती है।

$$I_{\max} = \frac{V_{\max}}{\omega L}$$

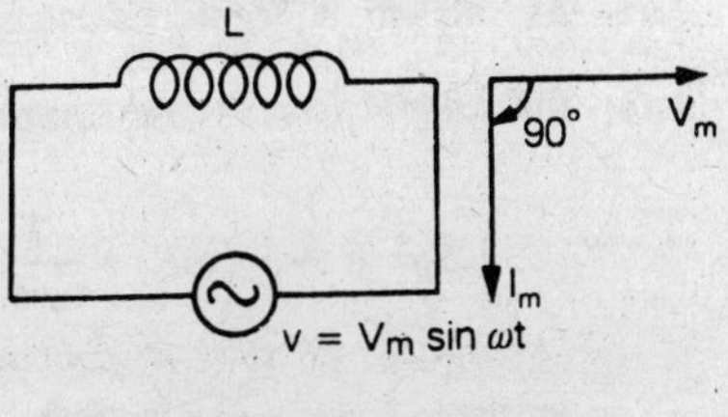


चित्र 1.7 (b)

परिपथ की प्रतिबाधा

$$|Z| = \frac{V_{\max}}{I_{\max}} = \omega L$$

$$\therefore \quad Z = \omega L \angle 90° = j\omega L$$

शुद्ध प्रेरकत्व ($L$) में व्यय शक्ति शून्य होती है।

**(c) शुद्ध धारितीय परिपथ में** (Pure capacitance circuit)

$$v = V_{\max} \sin \omega t$$

$$i = \omega C\, V_{\max} \sin\left(\omega t + \frac{\pi}{2}\right)$$

$$I_m = \omega C\, V_{\max}$$

शुद्ध धारितीय परिपथ में धारा, वोल्टेज से 90° lead करती है।

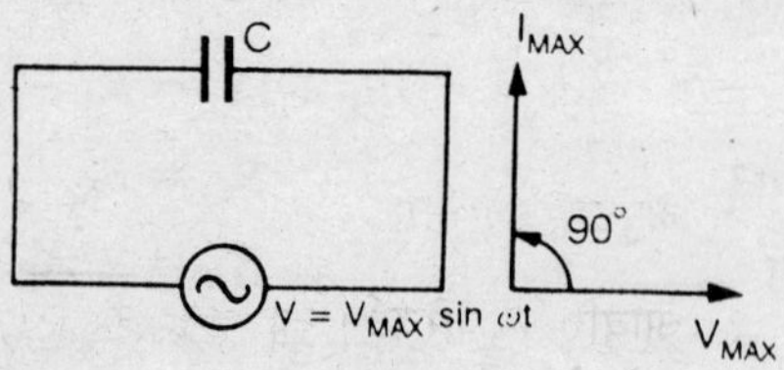


**चित्र 1.7 (c)**

$$|Z| = \frac{V_{\max}}{I_{\max}} = \frac{1}{\omega C}$$

$$\therefore \quad Z = \frac{1}{\omega C} \angle -90° = -\frac{j}{\omega C} = \frac{1}{\sqrt{\omega C}}$$

**(d) LCR श्रेणी परिपथ** (LCR Series Circuit)

$$v = V_{\max} \sin \omega t$$

$$Z = \sqrt{R^2 + (X_L - X_C)^2}$$

यदि सप्लाई की गयी A.C. वोल्टेज का r.m.s. मान $V$ है तब परिपथ में r.m.s. धारा

$$I = \frac{V}{\sqrt{R^2 + (X_L \sim X_C)^2}}$$

वोल्टेज तथा धारा के मध्य कोण ($\phi$)

$$\tan \phi = \frac{X_L - X_C}{R}$$

परिपथ का व्यवहार इन्डक्टिव है अथवा धारितीय, यह $X_L$ एवं $X_C$ के मान पर निर्भर करता है।

यदि $X_L > X_C$, तब धारा, वोल्टेज से lag करती है (inductive)।

यदि $X_L < X_C$, तब धारा, वोल्टेज से lead करती है (capacitive)।

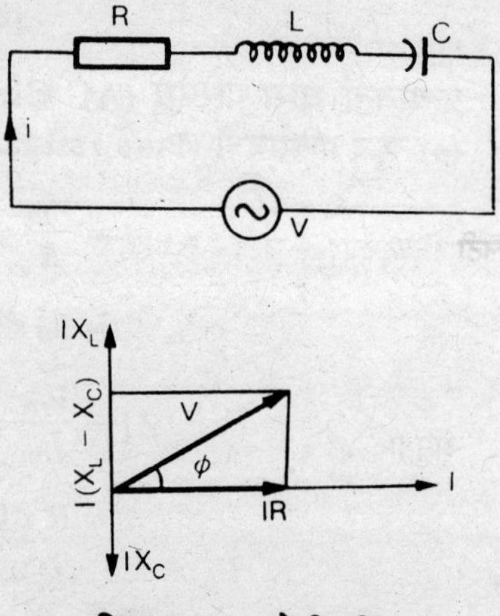


**चित्र 1.8–RLC श्रेणी परिपथ**

**(e) AC परिपथों में अनुनाद** (Resonance in AC circuit)

**(i) श्रेणी अनुनाद** (Series resonance)

$$Z = R + j\left(\omega L - \frac{1}{\omega C}\right)$$

अनुनाद (resonance) के लिये

$$\omega L - \frac{1}{\omega C} = 0$$

$$\therefore \quad \omega^2 = \frac{1}{LC} \quad \text{या} \quad \omega = \frac{1}{\sqrt{LC}}$$

अतः अनुनाद आवृत्ति $f_0 = \frac{1}{2\pi\sqrt{LC}}$

तथा $Z = \angle 0°$

$\therefore \quad \cos\phi = 1$

अनुनाद पर धारा $I = \frac{V}{Z} = \frac{V}{R}$ $\quad \therefore V = IR$

आवृत्ति में परिवर्तन का प्रतिरोध ($R$) पर कोई प्रभाव नहीं होता है परन्तु $X_L$ एवं $X_C$ में चित्र 1.10 (a) के अनुसार परिवर्तन होते हैं। अनुनाद पर $Z$ का मान न्यूनतम तथा धारा $I$ का मान अधिकतम होता है (चित्र 1.10 b)।

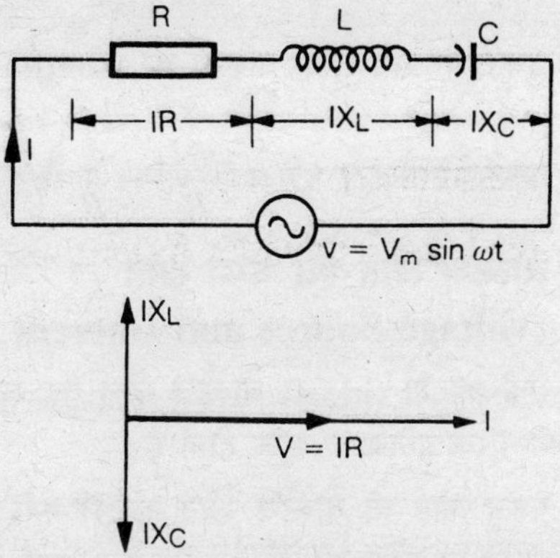


चित्र 1.9

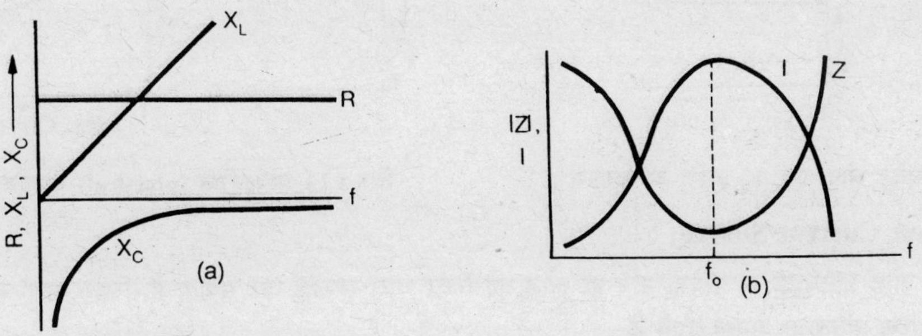


चित्र 1.10–(a) फ्रीक्वैन्सी परिवर्तन का R, L, C पर प्रभाव, (b) अनुनाद आवृत्ति $f_0$ पर धारा I तथा प्रतिबाधा Z

**क्वालिटी फेक्टर ($Q$) तथा बैंड विड्थ**

$$Q = \frac{1}{R}\sqrt{\frac{L}{C}}$$

अनुनाद पर $V_C = IX_C = \frac{I}{\omega_0 C} = \frac{V}{R}\sqrt{\frac{L}{C}} = V \times Q$ $\quad \left(\because f_0 = \frac{1}{2\pi\sqrt{LC}}\right)$

तथा $V_L = IX_L = I\omega_0 L = \frac{V}{R}\sqrt{\frac{L}{C}} \doteq V \times Q$

बैन्ड विड्थ $(f_2 - f_1) = \frac{f_0}{Q_0}$

अनुनाद आवृत्ति दो कट ऑफ आवृत्तियों का ज्यामितीय माध्य (geometric mean) होती है।

$$\omega_0 = \sqrt{\omega_1 \omega_2}$$

**(ii) समानान्तर अनुनाद** (Parallel Resonance)

अनुनाद आवृत्ति $f_0 = \frac{1}{2\pi}\sqrt{\frac{1}{LC} - \frac{R^2}{L^2}}$

यदि $R = 0$, तब $f_0 = \dfrac{1}{2\pi\sqrt{LC}}$

अनुनाद पर समानान्तर परिपथ की प्रतिबाधा $= \dfrac{L}{CR}$

क्वालिटी फैक्टर $Q = \dfrac{\omega_0 L}{R} = \dfrac{1}{R}\sqrt{\dfrac{L}{C}}$

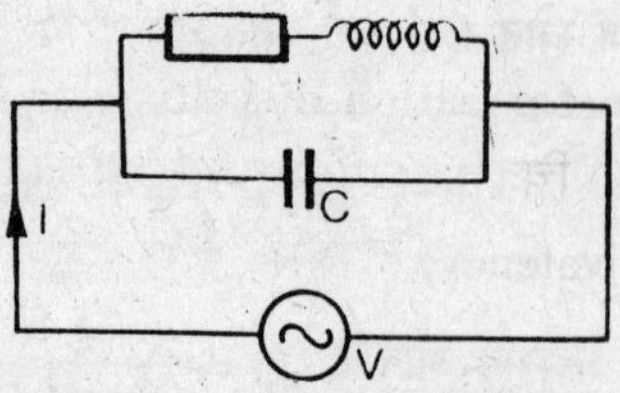


चित्र 1.11

## 1.8. वोल्टेज स्रोत एवं धारा स्रोत (Voltage Source and Current Source)

एक आदर्श (ideal) वोल्टेज स्रोत वह स्रोत है जिसमें किसी भी लोड प्रतिरोध (load) पर टर्मिनल वोल्टेज स्थिर रहती है। इसकी आन्तरिक प्रतिबाधा शून्य होती है।

परन्तु कोई भी वोल्टेज स्रोत आदर्श नहीं होता क्योंकि किसी भी स्रोत की आन्तरिक प्रतिबाधा शून्य नहीं हो सकती। अतः लोड परिवर्तन पर स्रोत की टर्मिनल वोल्टेज घटती है।

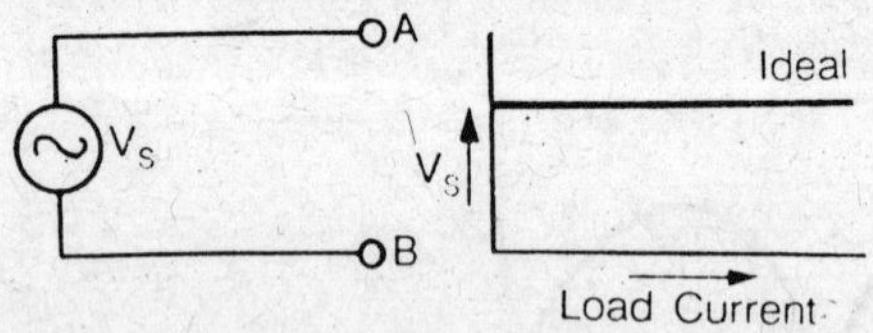


चित्र 1.12–(a) आदर्श वोल्टेज स्रोत, एवं (b) उसके अभिलक्षण

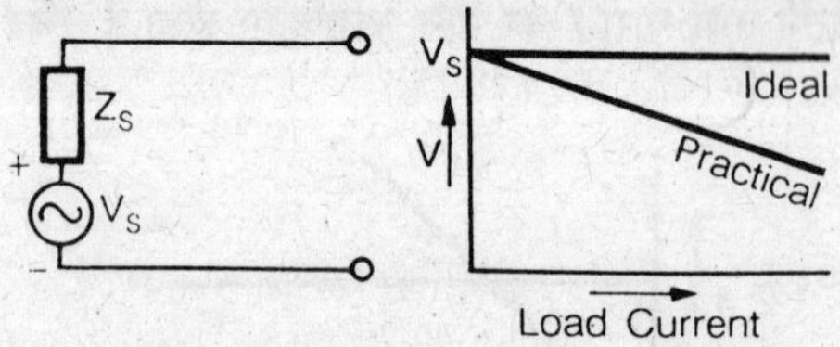


चित्र 1.13–व्यवहारिक (practical) वोल्टेज स्रोत

### स्थिर धारा स्रोत (Constant Current Source)

वह धारा स्रोत जो लोड प्रतिबाधा के प्रत्येक मान पर लोड को स्थिर धारा सप्लाई कर सकता है 'स्थिर धारा' स्रोत कहलाता है (चित्र 1.14)। इसकी आन्तरिक प्रतिबाधा अनन्त होती है

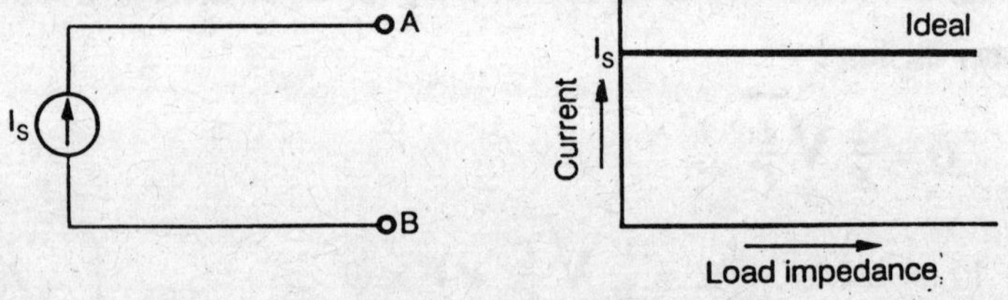


चित्र 1.14–स्थिर धारा स्रोत

परन्तु स्थिर धारा स्रोत प्राप्त करना सम्भव नहीं है, क्योंकि किसी भी धारा स्रोत की आन्तरिक प्रतिबाधा अनन्त नहीं हो सकती। एक प्रेक्टीकल धारा स्रोत जिसकी प्रतिबाधा $Z_S$ है चित्र 1.15 में दिखाया गया है। स्रोत प्रतिबाधा (source impedance $Z_S$) एक धारा जेनरेटर के समानान्तर में संयोजित किया गया है।

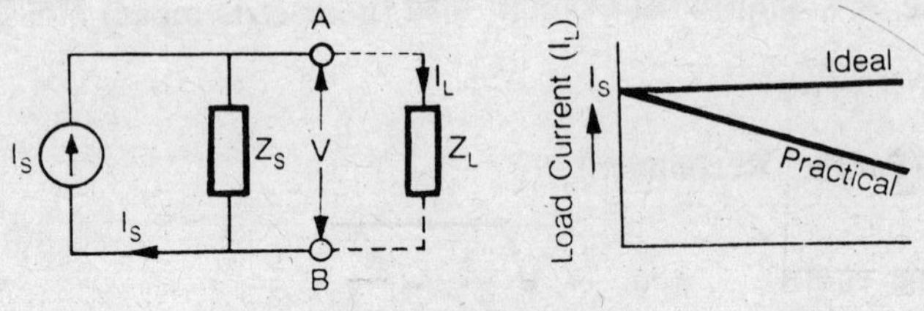


चित्र 1.15–प्रेक्टिकल धारा स्रोत

**वोल्टेज स्रोत एवं धारा स्रोत का परस्पर रूपान्तरण**
**(Transformation of Voltage source to Current source and Current source to Voltage source)**

चित्र 1.16 में एक वोल्टेज स्रोत एवं एक धारा स्रोत दिखाये गये हैं जो परस्पर समतुल्य (equivalent) है। इनकी समतुल्यता (equivalency) के लिये

$$Z_{S_1} = Z_{S_2} \quad \text{तथा} \quad V_1 = V_2$$

धारा स्रोत में $I_s$ का मान वोल्टेज स्रोत की लघुपथन धारा (short circuit) के बराबर होता है।

अर्थात् शार्ट सर्किट धारा $\quad I_S = \dfrac{V_S}{Z_{S_1}}$

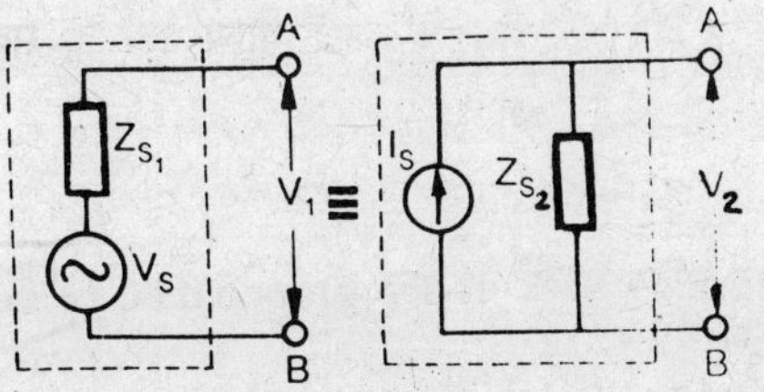


चित्र 1.16–वोल्टेज सोर्स एवं धारा सोर्स का परस्पर

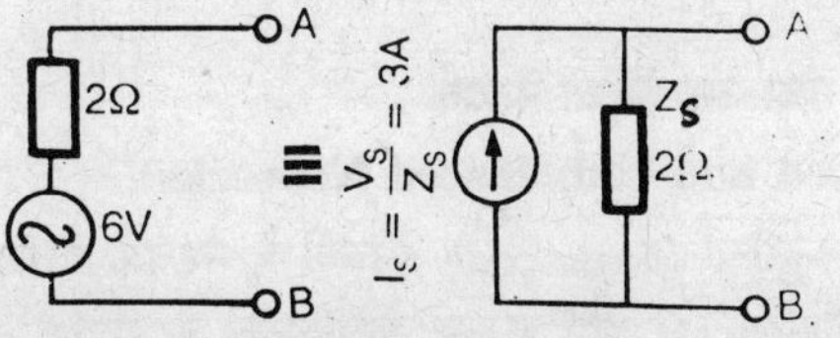


चित्र 1.17

यदि चित्र 1.17 के अनुसार $V_s = 6V$ तथा $Z_{S_1} = 2\,\Omega$, तब धारा स्रोत के लिये

$$I_S = \frac{V_S}{Z_{S_1}} = \frac{6}{2} = 3 \text{ amp.} \quad \text{तथा} \quad Z_{S_2} = Z_{S_1} = 2\,\Omega$$

## 1.9. स्टार-डेल्टा ट्रांसफॉर्मेशन अथवा $\pi - T$ ट्रांसफॉर्मेशन
**(Star-delta Transformation or $\pi - T$ Transformation)**

**स्टार से डेल्टा** (Star-to-delta)

$$Z_A = \frac{1}{Z_3}\left[Z_1 Z_2 + Z_1 Z_3 + Z_2 Z_3\right]$$

$$Z_B = \frac{1}{Z_2}\left[Z_1 Z_2 + Z_1 Z_3 + Z_2 Z_3\right]$$

$$Z_C = \frac{1}{Z_1}\left[Z_1 Z_2 + Z_1 Z_3 + Z_2 Z_3\right]$$

**डेल्टा से स्टार** (Delta-to-star)

$$Z_1 = \frac{Z_B Z_C}{Z_A + Z_B + Z_C}$$

$$Z_2 = \frac{Z_A Z_C}{Z_A + Z_B + Z_C}$$

$$Z_3 = \frac{Z_A Z_B}{Z_A + Z_B + Z_C}$$

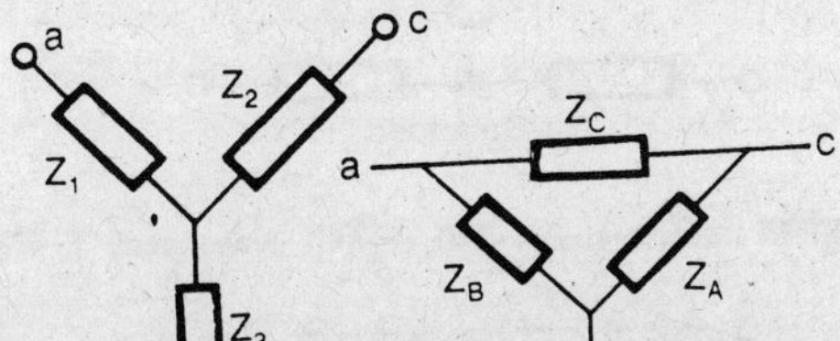


चित्र 1.18–(a) स्टार नैटवर्क, (b) डेल्टा नैटवर्क

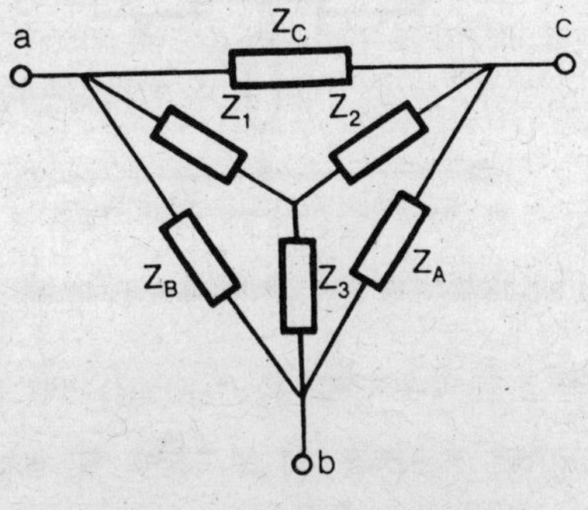


चित्र 1.19–स्टार-डेल्टा ट्रांसफॉर्मेशन

## 1.10. 2-पोर्ट नैटवर्क्स (Two Port Networks)

2-पोर्ट नैटवर्क में एक इनपुट पोर्ट तथा एक आउटपुट पोर्ट होता है। प्रत्येक पोर्ट में सिगनल इनपुट/आउटपुट के लिये दो टर्मिनल होते हैं। इसे एक चार टर्मिनल (4-terminal) नैटवर्क भी कहते हैं।

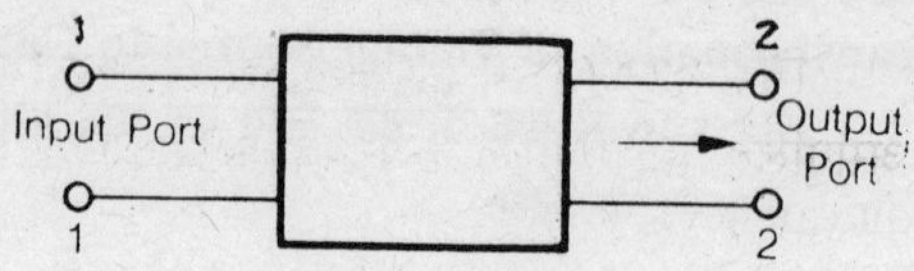


चित्र 1.20 – 2-पोर्ट नैटवर्क

**सिमैट्रिकल तथा एसिमैट्रिकल नैटवर्क (Symmetrical and Asymmetrical Networks)**

सिमैट्रिकल नैटवर्क वे नेटवर्क हैं जिनमें इनपुट तथा आउटपुट टर्मिनल परस्पर बदलने पर नैटवर्क के विद्युतीय अभिलक्षण (characteristic impedance '$Z_0$' and propagation constant '$\gamma$') अप्रभावित (unaffected) रहते हैं।

एसिमैट्रिकल (asymmetrical) नैटवर्क में ऐसा नहीं होता अर्थात् इनमें इनपुट तथा आउटपुट टर्मिनल परस्पर बदलने पर विद्युतीय अभिलक्षण परिवर्तित होते हैं।

**सन्तुलित तथा असन्तुलित नैटवर्क (Balanced and Unbalanced Networks)**

सन्तुलित (balanced) नैटवर्क वे नैटवर्क हैं जिनमें श्रेणी में संयोजित प्रतिबाधाओं के तत्व (impedance elements) एक समान (identical) तथा ग्राउन्ड पोटेन्शियल के सापेक्ष symmetrical होते हैं।

## 1.11. विभिन्न प्रकार के नैटवर्क (Different Types of Networks)

नैटवर्क्स को प्रतिबाधाओं के कनैक्शन के अनुसार निम्न प्रकार वर्गीकृत किया जा सकता है—

**(i) T-नैटवर्क (T-Network)**

यह नैटवर्क $T$ के आकार का होता हे। चित्र 1.21 (a) में सिमैट्रिकल (symmetrical) तथा चित्र 1.21 (b) में asymmetrical $T$-नैटवर्क प्रदर्शित किये गये हैं।

सिमैट्रीकल $T$-नैटवर्क में शन्ट प्रतिबाधा $Z_2$ के दोनों साइड में श्रेणी प्रतिबाधायें (series arms) $Z_1$ तथा $Z_3$ समान होती हैं तथा asymmetrical नैटवर्क में $Z_1$ तथा $Z_3$ समान नहीं होती हैं। Asymmetrical $T$-Network में श्रेणी प्रतिबाधा का कुल मान $Z_1 + Z_3$ होता है जबकि symmetrical $T$-Network में $2Z_1$ होता है।

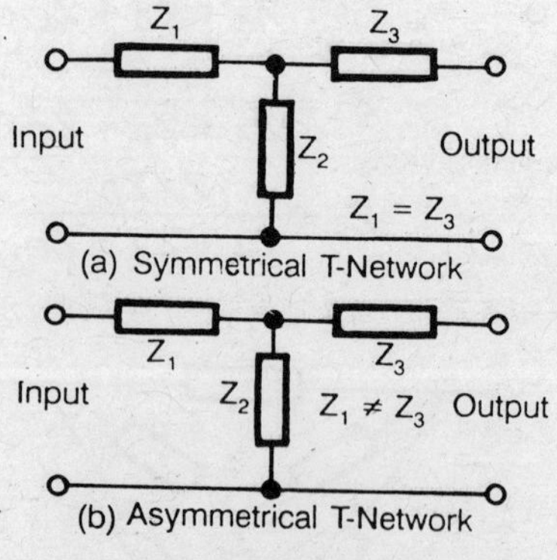


चित्र 1.21–सिमैट्रिकल तथा एसिमैट्रिकल T-नैटवर्क

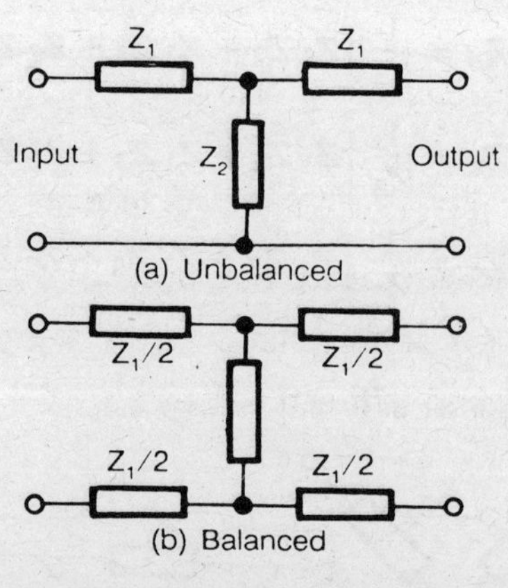


चित्र 1.22–असंतुलित (unbalanced) तथा संतुलित (balanced) T-नैटवर्क

चित्र 1.22 में सन्तुलित (balanced) तथा असंतुलित (unbalanced) $T$-नैटवर्क में प्रदर्शित किये गये हैं।

सन्तुलित $T$-नैटवर्क को $H$-नैटवर्क भी कहा जाता है। उल्लेखनीय हैं कि समान संयोजन होने पर संतुलित या असंतुलित $T$-नैटवर्क में ट्रांसमिशन अभिलक्षण एक समान होते हैं। अतः संतुलित एवं असन्तुलित नैटवर्क परस्पर समतुल्य होते हैं।

### (ii) $\pi$-नैटवर्क ($\pi$-Network)

चित्र 1.23 (a) में asymmetrical तथा चित्र 1.23 (b) में symmetrical $\pi$-network प्रदर्शित किये गये हैं। चित्र 1.24 में असंतुलित तथा संतुलित $\pi$-नैटवर्क प्रदर्शित किये गये हैं।

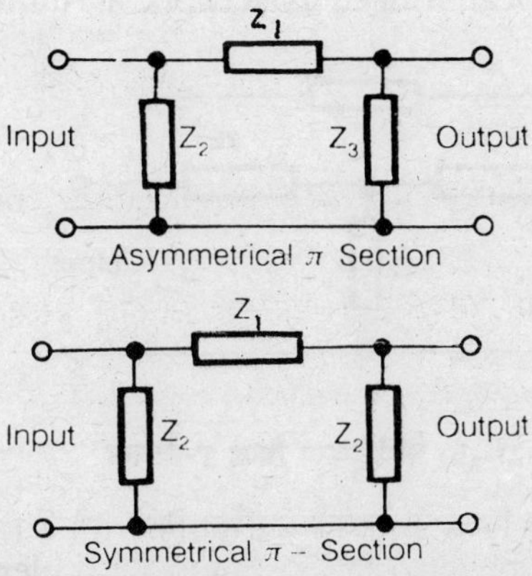


चित्र 1.23–Asymmetrical तथा Symmetrical

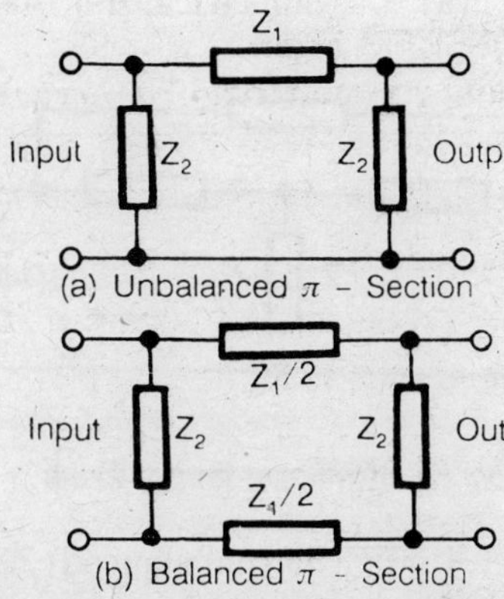


चित्र 1.24–असंतुलित तथा संतुलित $\pi$-नैटवर्क्स

### (iii) L-नैटवर्क (L-Network)

जब नैटवक सेक्शन का आकार $L$ की भाँति होता है तब यह $L$-नैटवर्क कहलाता है (चित्र 1.25)।

$L$ सेक्शन एक ऐसे asymmetrical $T$-Network की भाँति है जिसकी एक श्रेणी प्रतिबाधा (series-arm) का मान शून्य हो अथवा एक ऐसे asymmetrical $\pi$-network की भाँति है जिसकी एक शण्ट भुजा (shunt arm) का मान अनन्त (infinitive) हो।

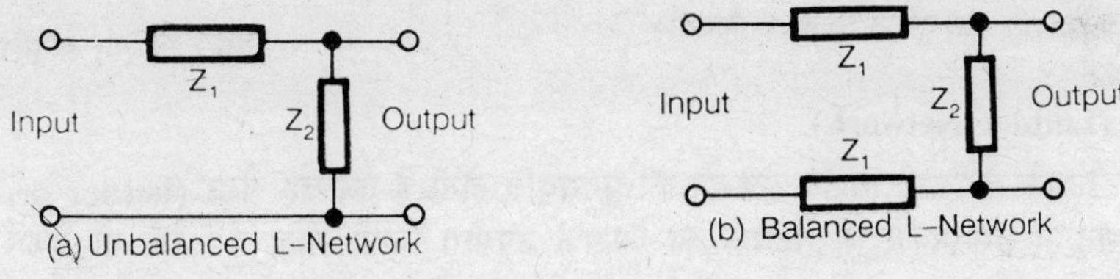


चित्र 1.25–(a) असन्तुलित L-नैटवर्क, (b) सन्तुलित L-नैटवर्क

### (iv) लैटिस नैटवर्क (Lattice Network)

चित्र 1.26 में लैटिस नैटवर्क प्रदर्शित किया गया है। बिन्दु a एवं c के मध्य तथा b एवं d के मध्य संयोजित प्रतिबाधाएँ $Z_3$ तथा $Z_4$ नैटवर्क की क्रॉस आर्म कहलाती है।

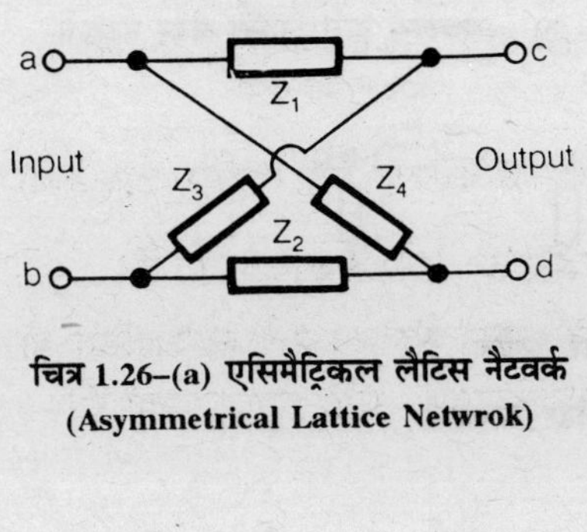


चित्र 1.26–(a) एसिमैट्रिकल लैटिस नैटवर्क
(Asymmetrical Lattice Netwrok)

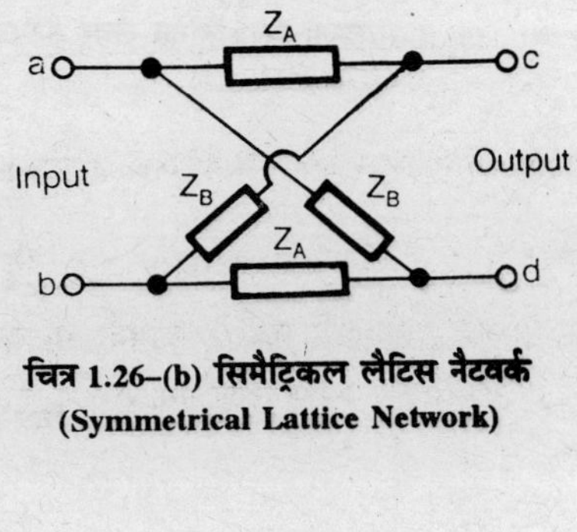


चित्र 1.26–(b) सिमैट्रिकल लैटिस नैटवर्क
(Symmetrical Lattice Network)

यदि $Z_1 \neq Z_2$ तथा $Z_3 \neq Z_4$ तब यह नैटवर्क asymmetrical होता है (चित्र 1.26 a)। यदि $Z_1 = Z_2 = Z_A$ तथा $Z_3 = Z_4 = Z_B$ तब यह symmetrical network कहलाता है (चित्र 1.26 b)॥

**(v) ब्रिज्ड T-नैटवर्क (Bridged T-Network)**

चित्र 1.27 (a) में asymmetrical तथा चित्र 1.27 (b) में symmetrical bridged *T*-Network प्रदर्शित किये गये हैं।

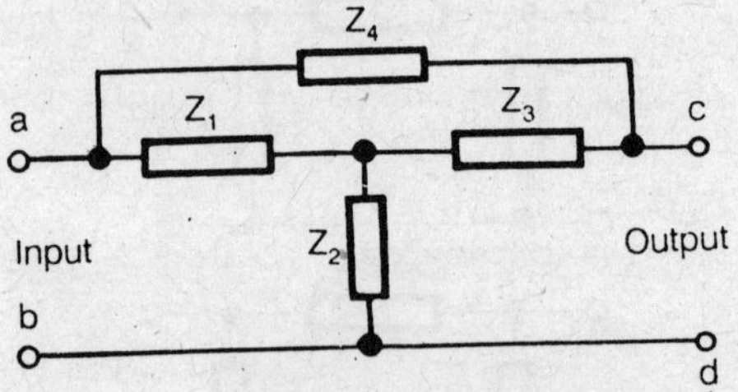


**चित्र 1.27–(a) एसिमैट्रिकल ब्रिज्ड T-नैटवर्क**

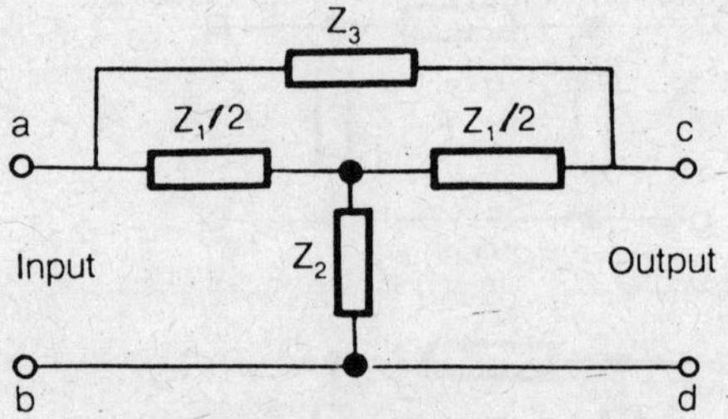


**चित्र 1.27–(b) सिमैट्रिकल ब्रिज्ड T-नैटवर्क**

चित्र 1.28 में असन्तुलित (unbalanced) तथा संतुलित (balanced) ब्रिज्ड T-नैटवर्क प्रदर्शित किये गये हैं।

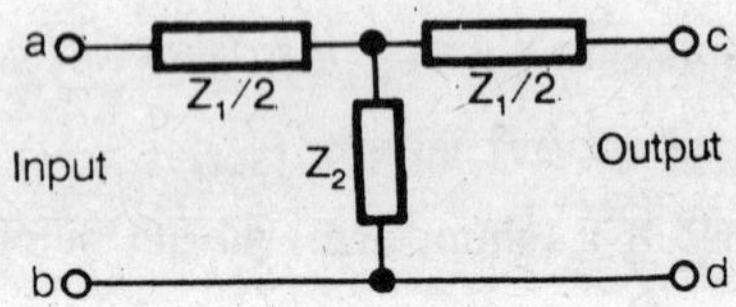


**चित्र 1.28–(a) असन्तुलित ब्रिज्ड T-नैटवर्क**

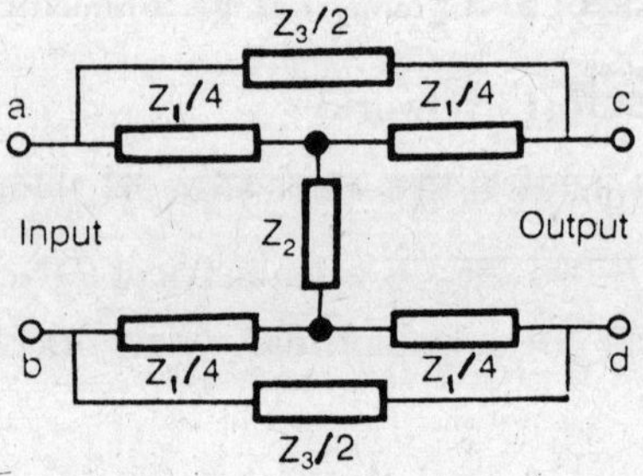


**चित्र 1.28–(b) सन्तुलित ब्रिज्ड T-नैटवर्क**

**(vi) लैडर नैटवर्क (Ladder Network)**

जब किसी नैटवर्क में किसी विशेष सेक्शन की पुनरावृत्ति होती है तब वह लैडर (ladder or recurrent) नैटवर्क कहलाता है। लाइन ट्रांसमिशन में इस प्रकार के नैटवर्क का व्यापक उपयोग किया जाता है। यह दो प्रकार के होते हैं—(i) असन्तुलित (unbalanced) तथां सन्तुलित (balanced)। चित्र 1.29 में असन्तुलित तथा चित्र 1.30 में सन्तुलित लैडर नैटवर्क के कुछ उदाहरण प्रदर्शित किये गये हैं।

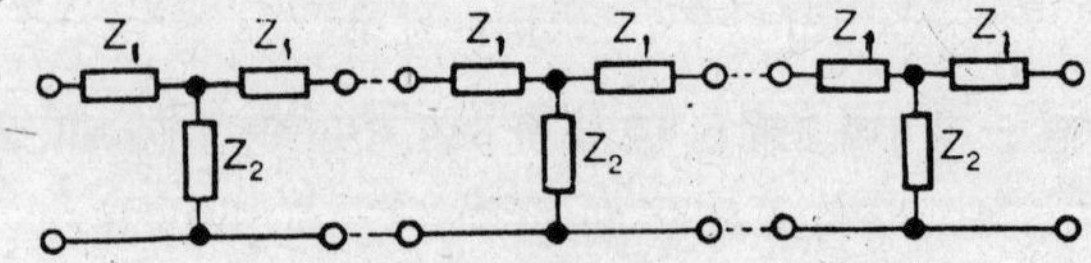


**(a) T-सेक्शनों द्वारा निर्मित लैडर नैटवर्क**

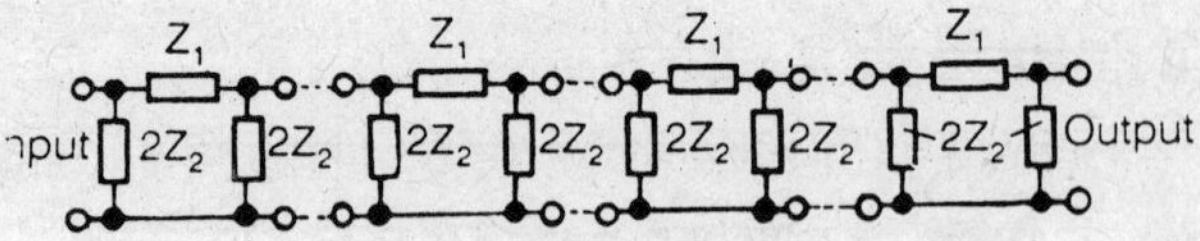


**(b) $\pi$-सेक्शनों द्वारा निर्मित लैडर नैटवर्क**

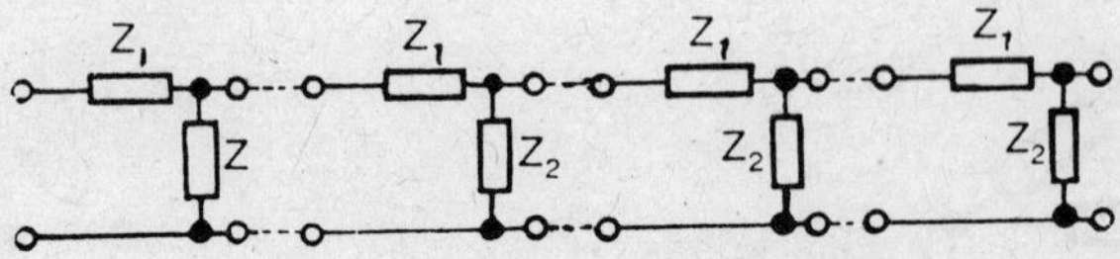


**(c) L-सेक्शनों द्वारा निर्मित लैडर नैटवर्क**

**चित्र 1.29–असंतुलित (unbalanced) लैडर नैटवर्क्स**

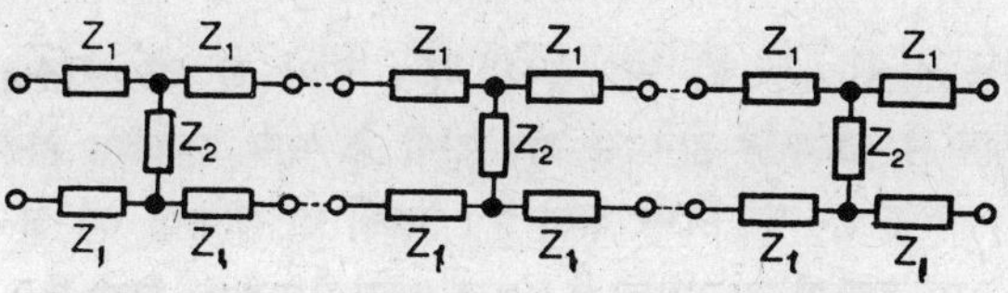


(a) सन्तुलित T-सेक्शनों द्वारा निर्मित लैडर नैटवर्क

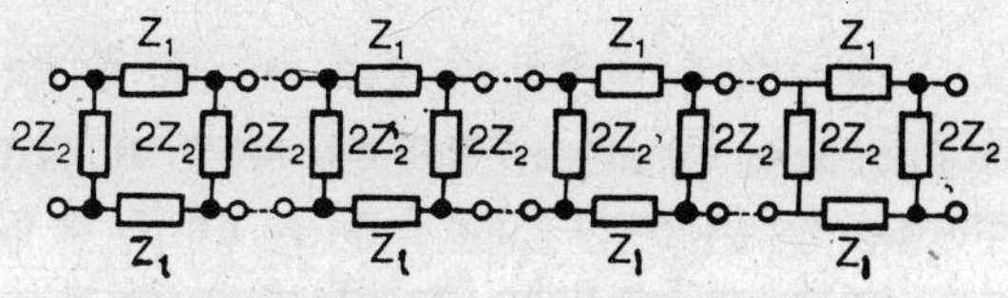


(b) सन्तुलित $\pi$-सेक्शनों द्वारा निर्मित लैडर नैटवर्क

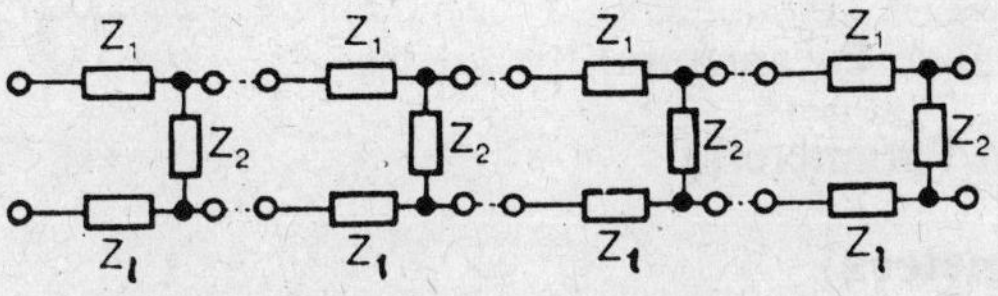


(c) सन्तुलित L-सेक्शनों द्वारा निर्मित लैडर नैटवर्क

चित्र 1.30–सन्तुलित (Balanced) लैडर नैटवर्क्स

चित्र 1.31 में कुछ अन्य लैडर नैटवर्क प्रदर्शित किये गये हैं।

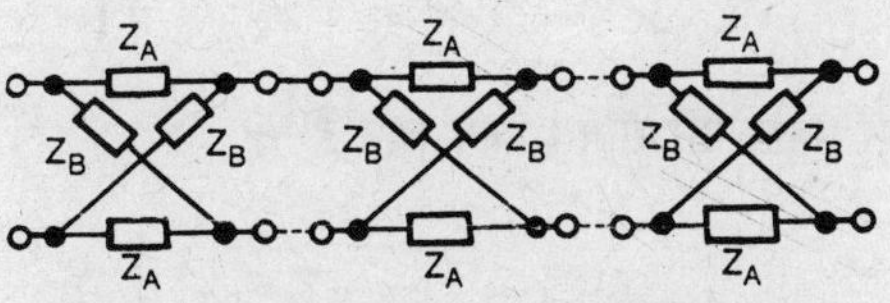


(a) लैटिस सेक्शन द्वारा निर्मित लैडर नैटवर्क

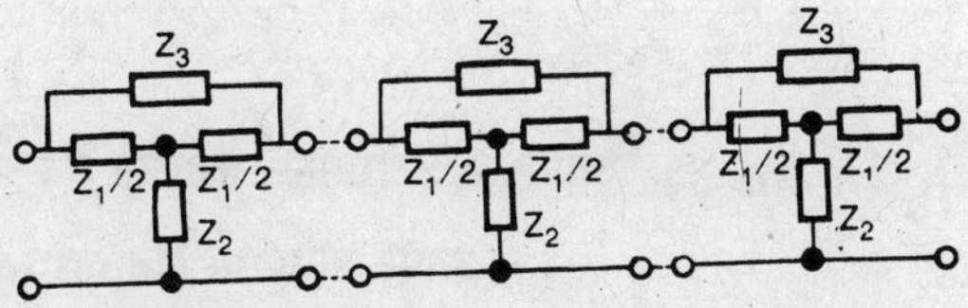


(b) असंतुलित ब्रिज्ड T-सेक्शन द्वारा निर्मित लैडर नैटवर्क

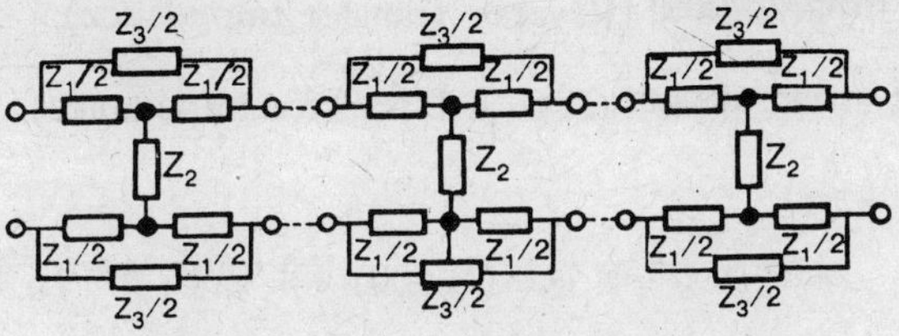


(c) संतुलित ब्रिज्ड T-सेक्शन द्वारा निर्मित लैडर नैटवर्क

चित्र 1.31–लैटिस, असंतुलित, T-सेक्शन तथा सन्तुलित ब्रिज्ड T-सेक्शन लैडर नैटवर्क्स

## 1.12. Z, Y तथा h पैरामीटर्स (Z, Y and h Parameters)

एक 2-पोर्ट नैटवर्क को चित्र 1.32 की भाँति एक ब्लैक बॉक्स (black box) द्वारा प्रदर्शित किया जा सकता है। प्रत्येक पोर्ट में दो टर्मिनल होते हैं। नैटवर्क के दो पोर्ट 1-2 तथा 3-4 हैं। पोर्ट 1-2 इनपुट तथा पोर्ट 3-4 आउटपुट पोर्ट हैं। इनपुट पोर्ट पर नैटवर्क को ड्राइविंग सिगनल (इनपुट सिगनल) दिया जाता है तथा आउटपुट पोर्ट पर नैटवर्क की आउटपुट प्राप्त होती है।

चित्र 1.32 में प्रदर्शित 2-पोर्ट नैटवर्क की चार निम्न चर राशियाँ (variables) हैं जिनमें दो वोल्टेज तथा दो धारायें हैं—

**इनपुट पोर्ट पर**

$V_1$ = इनपुट वोल्टेज (Input Voltage)

$I_1$ = इनपुट धारा (Input Current)

**आउटपुट पोर्ट पर**

$V_2$ = आऊट पुट वोल्टेज (Output Voltage)

$I_2$ = आऊट पुट धारा (Output Current)

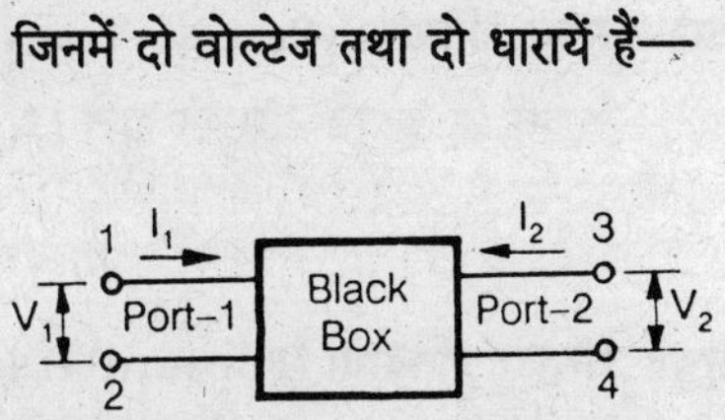


चित्र 1.32–2-पोर्ट नैटवर्क

यह राशियाँ परस्पर एक दूसरे के पदों में रूपान्तरित (transform) की जा सकती हैं। इनमें से दो स्वतन्त्र चर (independent variables) होती हैं। स्वतन्त्र चर राशियों के मान में परिवर्तन होने से शेष दोनों के मान प्रभावित होते हैं। उदाहरणतः यदि $V_1$ तथा $V_2$ ज्ञात हैं तब $I_1$ तथा $I_2$ के परिमाण $V_1$ तथा $V_2$ पर निर्भर करते हैं। किन्हीं दो राशियों की अन्य दो राशियों पर निर्भरता कुछ विशेष पैरामीटर्स प्रयुक्त कर अनेक विधियों द्वारा दर्शायी जा सकती है। कुछ मुख्य पैरामीटर्स निम्न हैं—

(i) $z$-पैरामीटर्स (Impedance Parameters)

(ii) $y$-पैरामीटर्स (Admittance Parameters)

(iii) $h$-पैरामीटर्स (Hybrid Parameters)

## 1.13. z-पैरामीटर्स (z-Parameters)

इस प्रणाली में इनपुट तथा आऊटपुट वोल्टेज ($V_1$ एवं $V_2$) इनपुट तथा आउटपुट धाराओं ($I_1$ एवं $I_2$) के पदों में निम्न समीकरणों के अनुसार व्यक्त की जाती है—

$$V_1 = z_{11} I_1 + z_{12} I_2 \quad ..(1.1)$$

$$V_2 = z_{21} I_1 + z_{22} I_2 \quad ...(1.2)$$

$z_{11}, z_{12}, z_{21}$ तथा $z_{22}$, $z$-पैरामीटर कहलाते हैं। यह पैरामीटर निम्न प्रकार परिभाषित किये जाते हैं—

$z_{11}$ = इनपुट प्रतिबाधा (Input Impedance)

$z_{22}$ = आउटपुट प्रतिबाधा (Output Impedance)

$z_{12}$ = रिवर्स ट्रांसफर प्रतिबाधा (Reverse Transfer Impedance)

$z_{21}$ = फारवर्ड ट्रांसफर प्रतिबाधा (Forward Transfer Impedance)

**इनपुट प्रतिबाधा (Input Impedance – $z_{11}$)**

नेटवर्क की इनपुट प्रतिबाधा $z_{11}$, आउटपुट टर्मिनल खुले ($I_2 = 0$) होने पर, $V_1$ तथा $I_1$ के अनुपात के तुल्य होती है,

$$z_{11} = \frac{V_1}{I_1} \quad \text{जब } I_2 = 0$$

**आउटपुट प्रतिबाधा (Output Impedance – $z_{22}$)**

नैटवर्क के इनपुट टर्मिनल खुले ($I_1 = 0$) होने पर नेटवर्क की आउटपुट प्रतिबाधा $z_{22}$, आउटपुट वोल्टेज $V_2$ तथा आउटपुट धारा $I_2$ के अनुपात के बराबर होती है,

$$z_{22} = \frac{V_2}{I_2} \quad \text{जब } I_1 = 0$$

**रिवर्स ट्रांसफर प्रतिबाधा (Reverse Transfer Impedance – $z_{12}$)**

नैटवर्क के इनपुट टर्मिनल खुले ($I_1 = 0$) होने पर $V_1$ तथा $V_2$ का अनुपात $z_{12}$ के तुल्य होता है,

$$y_{12} = \frac{V_1}{I_2} \quad \text{जब } I_1 = 0$$

**फारवर्ड ट्रांसफर प्रतिबाधा (Forward Transfer Impedance – $z_{11}$)**

नैटवर्क के आउटपुट टर्मिनल खुले ($I_2 = 0$) होने पर आउटपुट वोल्टेज ($V_2$) तथा इनपुट धारा ($I_1$) का अनुपात $z_{21}$ के तुल्य होता है;

$$z_{21} = \frac{V_2}{I_1} \quad \text{जब } I_2 = 0$$

उपरोक्त वर्णन से ज्ञात होता है कि z-पैरामीटर्स के विश्लेषण के आउटपुट अथवा इनपुट टर्मिनलों को खुला (open) रखा गया है। अतः यह open circuited Parameters भी कहलाते हैं।

## 1.14. y-पैरामीटर्स (y-Parameters)

इस प्रणाली में इनपुट तथा आउटपुट धारायें ($I_1$ तथा $I_2$), इनपुट एवं आउटपुट वोल्टेज ($V_1$ तथा $V_2$) के पदों में व्यक्त की जाती हैं,

$$I_1 = y_{11} V_1 + y_{12} V_2 \quad ...(1.3)$$

$$I_2 = y_{21} V_1 + y_{22} V_2 \quad ...(1.4)$$

यहाँ $y_{11}, y_{12}, y_{21}$ तथा $y_{21}$ y-पैरामीटर्स कहलाते हैं।

$y_{11}$ = Input Admittance

$y_{22}$ = Output Admitance

$y_{12}$ = Reverse Transfer Admittance

$y_{21}$ = Forward Transfer Admittance

**इनपुट एडमिटैंस (Input Admittance – $y_{11}$)**

नैटवर्क के आउटपुट टर्मिनल लघुपथित (short circuit) होने पर नैटवर्क की इनपुट-एडमिटेंस $y_{11}$ के तुल्य होती है,

$$y_{11} = \frac{I_1}{V_1} \qquad \text{जब } I_2 = 0$$

**आउटपुट एडमिटैंस (Output Admittance – $y_{22}$)**

इनपुट टर्मिनल लघुपथित ($V_1 = 0$) होने पर नैटवर्क की आउटपुट एडमिटैंस $y_{22}$ के तुल्य होती है।

$$y_{22} = \frac{I_2}{V_2} \qquad \text{जब } V_1 = 0$$

**रिवर्स ट्रांसफर एडमिटैंस (Reverse Transfer Admittance – $y_{12}$)**

इनपुट टर्मिनल लघुपथित ($V_1 = 0$) होने पर, $I_1$ तथा $V_2$ का अनुपात $y_{12}$ के तुल्य होता है;

$$y_{12} = \frac{I_1}{V_2} \qquad \text{जब } V_1 = 0$$

**फारवर्ड ट्रांसफर एडमिटैंस (Forward Transfer Admittance – $y_{21}$)**

नैटवर्क के आउटपुट टर्मिनल लघुपथित होने पर $I_2$ तथा $V_1$ का अनुपात $y_{21}$ के तुल्य होता है;

$$y_{21} = \frac{I_2}{V_1} \qquad \text{जब } V_2 = 0$$

उपरोक्त परिभाषाओं से ज्ञात होता है कि y-पैरामीटर्स के विश्लेषण में आउटपुट अथवा इनपुट टर्मिनल लघुपथित किये जाते हैं अतः y-पैरामीटर्स को Short Circuit Parameters भी कहा जाता है।

## 1.15. h-पैरामीटर्स (Hybrid Parameters)

हाइब्रिड पैरामीटर्स में z तथा y दोनो पैरामीटर्स के कुछ अभिलक्षणों का प्रयोग किया जाता है। इस प्रणाली में इनपुट वोल्टेज ($V_1$) तथा आउटपुट धारा ($I_2$) दोनों, इनपुट धारा ($I_1$) तथा आउटपुट वोल्टेज ($V_2$) के पदों में व्यक्त किये जाते हैं—

$$V_1 = I_1 h_{11} + V_2 h_{12} \quad ...(1.5)$$

$$I_1 = I_1 h_{21} + V_2 h_{22} \quad ...(1.6)$$

यहाँ $h_{11}, h_{12}, h_{21}$ तथा $h_{22}$ हाइब्रिड पैरामीटर्स हैं।

$h_{11}$ = इनपुट इम्पीडैन्स (Input Impedance)

$h_{12}$ = रिवर्स वोल्टेज ट्रांसफर अनुपात (Reverse Voltage Transfer Ratio)

$h_{21}$ = फारवर्ड धारा ट्रांसफर अनुपात (Forward Current Transfer Ratio)

$h_{22}$ = आउटपुट एडमिटैन्स (Output Admittance)

**इनपुट प्रतिबाधा (Input Impedance – $h_{11}$)**

नैटवर्क के आउटपुट टर्मिनल लघुपथित (short circuit) करने पर नैटवर्क की इनपुट प्रतिबाधा $h_{11}$ के तुल्य होती है,

$$h_{11} = \frac{V_1}{I_1} \qquad \text{जब } V_2 = 0$$

**रिवर्स वोल्टेज ट्रांसफर अनुपात (Reverse Voltage Transfer Ratio – $h_{12}$)**

आउटपुट टर्मिनल खुले (open circuited) होने पर इनपुट तथा आउटपुट वोल्टेज ($V_1$ एवं $V_2$) का अनुपात $h_{12}$ के तुल्य होता है,

$$h_{12} = \frac{V_1}{V_2} \qquad \text{जब } I_1 = 0$$

**फारवर्ड धारा ट्रांसफर अनुपात (Forward Current Transfer Ratio – $h_{21}$)**

आउटपुट टर्मिनल लघुपथित होने पर आउटपुट एवं इनपुट धारा ($I_2$ एवं $I_1$) का अनुपात $h_{21}$ के तुल्य होता है;

$$h_{21} = \frac{I_2}{I_1} \qquad \text{जब } V_2 = 0$$

**आउटपुट एडमिटैंस (Output Admittance – $h_{22}$)**

इनपुट टर्मिनल खुले (open circuited) होने पर नैटवर्क की आउटपुट एडमिटैन्स $h_{22}$ द्वारा व्यक्त की जाती है;

$$h_{22} = \frac{I_2}{V_2} \qquad \text{जब } I_1 = 0$$

पैरामीटर $h_{11}$ का मात्रक 'ओह्म' तथा $h_{22}$ का 'म्हो' (Mho) है। पैरामीटर्स $h_{12}$ तथा $h_{21}$ विमाहीन (dimensionless) राशियाँ हैं। इस प्रकार विभिन्न हाइब्रिड पैरामीटर्स के मात्रक भिन्न होने के कारण ही इन्हें 'HYBRID' पैरामीटर कहा जाता है।

# Objective Type Questions
## (Network Theorems)

1. निम्न परिपथ के थेवनिन तुल्यांक में वोल्टेज जेनरेटर

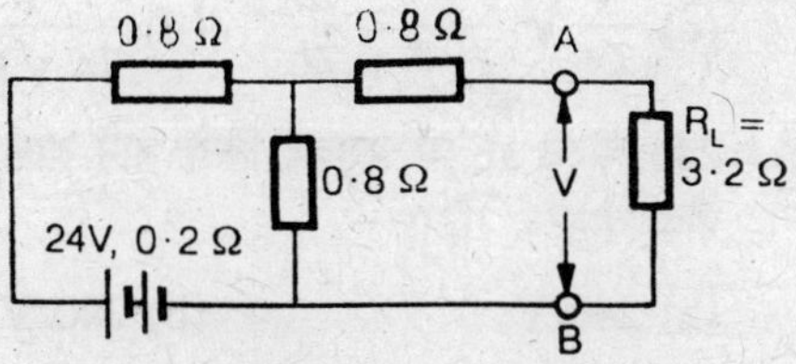


चित्र 1.33

($V_{oc}$) तथा श्रेणी प्रतिबाधा ($Z_{AB}$) के मान होंगे, क्रमशः

(a) $24V, 0 \cdot 2\,\Omega$ (b) $12V, 1 \cdot 2\,\Omega$
(c) $6\,V, 0 \cdot 8\,\Omega$ (d) $24V, 1 \cdot 2\,\Omega$

2. प्रश्न 1 में दिये गये परिपथ के नॉर्टन तुल्यांक में शॉर्ट-सर्किट धारा ($I_{sc}$) तथा समानान्तर में आन्तरिक प्रतिबाधा ($Z_{AB}$) के मान होंगे क्रमश—

(a) 10 amp, $1 \cdot 2\,\Omega$ (b) 2 amp, $1 \cdot 2\,\Omega$
(c) 5 amp, $3 \cdot 2\,\Omega$ (d) 10 amp, $3 \cdot 2\,\Omega$

3. प्रश्न 1 में दिये गये परिपथ में लोड धारा का मान—

(a) 10 amp (b) 30/11 amp
(c) 10/11 amp (d) 5 amp

4. निम्न चित्र में अधिकतम शक्ति स्थानान्तरण के लिये $Z_L$ का मान—

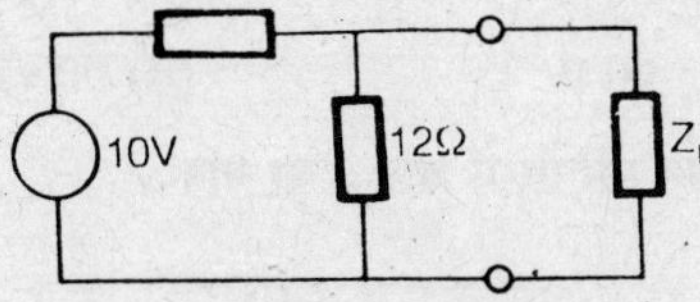


चित्र 1.34

(a) 8 Ω (b) 12 Ω
(c) $4 \cdot 8\,\Omega$ (d) 20 Ω

5. प्रश्न 4 में दिये गये परिपथ में लोड $Z_L$ में अधिकतम स्थानान्तरित पावर—

(a) $1 \cdot 8$ W (b) $3 \cdot 6$ W
(c) $0 \cdot 9$ W (d) 5 W

6. एक श्रेणी *RLC (series RLC)* परिपथ में अनुनाद पर $Q = 10$ है। प्रतिरोध (*R*) पर वोल्टेज का मान—

(a) एप्लाईड वोल्टेज के बराबर होगा
(b) एप्लाईड वोल्टेज से अधिक होगा
(c) एप्लाईड वोल्टेज से कम होगा
(d) एप्लाईड वोल्टेज से कम अथवा अधिक कोई भी हो सकता है

7. एक 220V, 50Hz AC सप्लाई में ac वोल्टेज तरंग का RMS मान—

(a) $220\sqrt{2}$ V (b) $\frac{220}{\sqrt{2}}$ V
(c) 220 V (d) उपरोक्त में से कोई नहीं

8. एक RLC श्रेणी अनुनाद परिपथ में ——— तथा ——— के टर्मिनलों के मध्य वोल्टेज समान परन्तु ——— कलान्तर (Out of phase) होगी।

(a) *R*, *L*, 90° (b) *L*, *C*, 180°
(c) *R*, *C*, 180° (d) *R*, *Z*, 45°

9. एक 100V सोर्स जिसकी आन्तरिक प्रतिबाधा (internal impedance) 45 Ω है, एक वायर वाउन्ड प्रतिरोध से कनैक्ट किया गया है। प्रतिरोध में अधिकतम शक्ति उस समय अपक्षय (dissipate) होगी जब इसका प्रतिरोध ——— होगा।

(a) Zero, (b) 100 Ω
(c) 45 Ω (d) Infinite

10. चार टर्मिनल नैटवर्क से निर्मित होता है—

(a) 1-Port Network (b) 2-Port Network
(c) 4-Port Network (d) None of above

11. एक कुण्डली का प्रतिरोध 5 Ω तथा 1MHz आवृत्ति पर रिएक्टैन्स $X_L = 1000\Omega$ है। कुण्डली का *Q* है—

(a) 200 (b) 100
(c) 40 (d) None of above

**12.** निम्न परिपथ में बिन्दु AB के मध्य थैवनिन तुल्यांक के कम्पोनेन्ट होंगे—

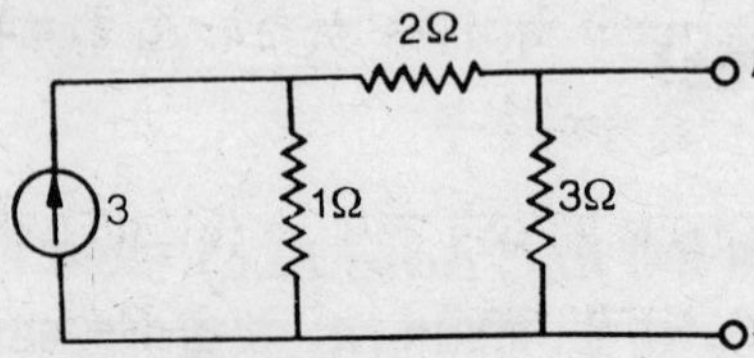


**चित्र 1.35**

(a) $V_{oc} = 15/2, R_{eq} = 3/2$

(b) $V_{oc} = 9/4, R_{eq} = 3/2$

(c) $V_{oc} = 9, R_{eq} = 5/6$

(d) $V_{oc} = 3/2, R_{eq} = 3/2$

**13.** रिओस्टेट (Rheostats) की रेटिंग सामान्यतः ________ में दी जाती है।

(a) वाट एवं एम्पीयर्स (b) वाट एवं वोल्ट

(c) वोल्ट एवं एम्पीयर्स (d) एम्पीयर्स

**14.** सैलों (cells) को श्रेणी में कनैक्ट करने पर—

(a) धारा क्षमता (current rating) बढ़ती है

(b) वोल्टेज क्षमता (voltage rating) बढ़ती है

(c) आन्तरिक प्रतिबाधा घटती है

(d) उपरोक्त में कोई नहीं

**15.** तीन प्रतिरोध समानान्तर में कनैक्ट कर एक बैटरी के साथ संयोजित किये गये हैं—

(a) प्रत्येक प्रतिरोध में समान धारा होगी

(b) प्रत्येक प्रतिरोध पर समान वोल्टेज होगी

(c) वोल्टेज का मान प्रतिरोध के मान के समानुपाती होग

(d) प्रत्येक प्रतिरोध पर वोल्टेज, प्रतिरोध के मान पर निर्भर नहीं करती।

**16.** एक कैपेसिटर का समय नियतांक (time constant) वह समय है जिसमें वोल्टेज—

(a) अन्तिम स्थिर मान (final steady value) के $63{\cdot}2\%$ तक बढ़ जाती है

(b) अन्तिम स्थिर मान (final steady value) के $38{\cdot}6\%$ तक बढ़ जाती है

(c) अन्तिम स्थिर मान (final steady value) के $38{\cdot}6\%$ तक कम हो जाती है

(d) उपरोक्त में कोई नहीं

**17.** एक श्रेणी $RLC$ परिपथ में कैपेसिटर पर अधिकतम वोल्टेज का मान आवृत्ति ________ पर होता है।

(a) $\frac{1}{2\pi\sqrt{LC}}$ (b) $\frac{1}{2\pi}\sqrt{\frac{1}{LC}-\frac{R^2}{2C^2}}$

(c) $\frac{1}{2\pi}\sqrt{\frac{1}{LC^2}-\frac{R^2}{2L}}$ (d) $\frac{1}{2\pi\sqrt{LC}}\sqrt{\frac{R^2}{2L^2}}$

**18.** 240 वोल्ट ac पर प्रयुक्त किये जाने वाले कैपेसिटर की पीक वोल्टेज रेटिंग—

(a) 240 V (b) 340 V

(c) 120 V (d) 720 V

**19.** एक $0{\cdot}4\,\Omega$ प्रतिरोध के तार की लम्बाई दो गुनी करने पर प्रतिरोध हो जायेगा—

(a) $0{\cdot}4\,\Omega$ (b) $0{\cdot}8\,\Omega$

(c) $0{\cdot}2\,\Omega$ (d) $0{\cdot}1\,\Omega$

**20.** श्रेणी अनुनाद (series resonance) परिपथ में वोल्टेज सोर्स का प्रतिरोध होना चाहिये—

(a) कम (low) (b) उच्च (high)

(c) शून्य (zero) (d) उपरोक्त में कोई नहीं

**21.** निम्न में से लीनियर डिवाइस है—

(a) ट्रांजिस्टर (b) डायोड

(c) हीटर एलीमेन्ट (d) इलेक्ट्रॉन ट्यूब

**22.** एक $RC$ परिपथ में $R = 10\,\Omega$ तथा $X_c = 10\,\Omega$ है। परिपथ में 3 एम्पीयर धारा पर व्यय शक्ति—

(a) 30 W (b) $30\sqrt{2}$ W

(c) 90 W (d) $90\sqrt{2}$ W

**23.** निम्न परिपथ में धारा $i$ का मान--

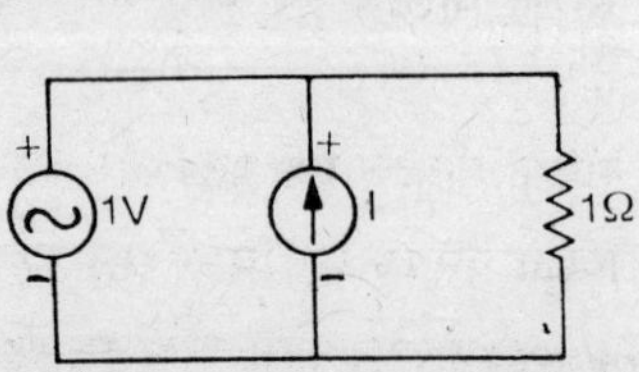


**चित्र 1.36**

(a) 1 A (b) 2 A

(c) 0·5 A (d) 0 A

24. निम्न परिपथ के नार्टन तुल्यांक परिपथ में, धारा सोर्स का मान होगा—

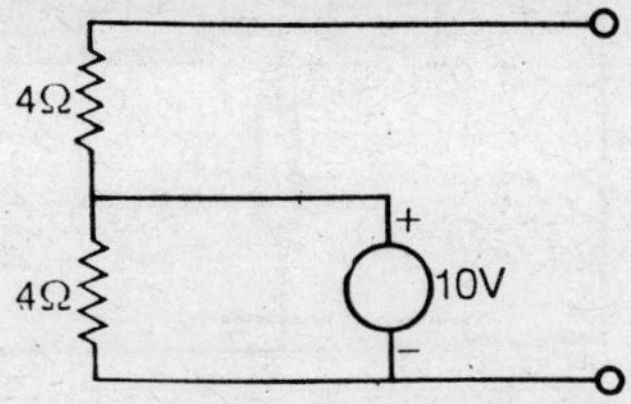


चित्र 1.37

(a) $1{\cdot}25A$, $8\,\Omega$ (b) $1{\cdot}25A$, $4\,\Omega$

(c) $2{\cdot}5A$, $4\,\Omega$ (d) $2{\cdot}5A$, $8\,\Omega$

25. एक $2\,\Omega$ प्रतिरोध पर $V_s = 10\cos\omega t$ वोल्टेज सप्लाई करने पर पावर क्षय 4W होती है। परिपथ का पावर फैक्टर—

(a) $0{\cdot}3$ (b) $0{\cdot}4$

(c) $0{\cdot}6$ (d) $0{\cdot}8$

26. नार्टन प्रमेय को किसी परिपथ में एप्लाई करने पर प्राप्त होता है—

(a) एक धारा सोर्स एवं एक प्रतिबाधा समानान्तर में
(b) एक वोल्टेज सोर्स एवं एक प्रतिबाधा श्रेणी में
(c) केवल एक वोल्टेज स्रोत
(d) केवल एक धारा स्रोत

27. किसी परिपथ में थेवनिन तुल्यांकन प्रतिबाधा ($Z$) ज्ञात करने के लिये—

(a) समस्त वोल्टेज सोर्स शॉर्ट-सर्किट किये जाते हैं तथा धारा सोर्स ओपिन-सर्किट होते हैं
(b) समस्त वोल्टेज सोर्स ओपिन सर्किट किये जाते हैं तथा धारा सोर्स शॉर्ट सर्किट होते हैं
(c) समस्त वोल्टेज एवं धारा सोर्स ओपिन सर्किट होते हैं
(d) समस्त वोल्टेज एवं धारा सोर्स शॉर्ट सर्किट होते हैं

28. एक विद्युत परिपथ को जिसमें एक अथवा अनेक (one or more) वोल्टेज सोर्स कार्य कर रहे हैं, एक ऐसे तुल्य विद्युत परिपथ (electrical equivalent circuit) में ट्रांसफॉर्म किया गया है जिसमें एक वोल्टेज सोर्स (जिसकी वोल्टेज, पहले परिपथ की ओपिन सर्किट वोल्टेज के बराबर है) तथा श्रेणी में नैटवर्क की आन्तरिक प्रतिबाधा (जबकि समस्त वोल्टेज सोर्स उनकी आन्तरिक प्रतिबाधा से विस्थापित कर दिये गये हैं) कनैक्ट की गयी है। यह कथन है—

(a) सुपर पोजिशन प्रमेय (b) नॉर्टन प्रमेय

(c) थेवनिन प्रमेय (d) Reciprocity प्रमेय

29. दो प्रतिरोधों को समानान्तर में कनैक्ट करने पर प्रत्येक में 20 W शक्ति व्यय होती है। वोल्टेज सोर्स द्वारा सप्लाई की गयी पावर—

(a) 20 W (b) 40 W

(c) 10 W (d) 80 W

30. श्रेणी $RLC$ परिपथ में अनुनाद (resonance) पर धारा का मान प्रभावित होता है—

(a) $R$ के मान से
(b) $L$ के मान से
(c) $C$ के मान से
(d) $R$, $L$ तथा $C$ तीनों के मान से

31. किरचॉफ के वोल्टेज नियम को नहीं एप्लाई किया जा सकता—

(a) समानान्तर परिपथ में
(b) परिपथ में धारा का मान ज्ञात करने के लिये
(c) श्रेणी परिपथ में किसी प्रतिरोध पर धारा का मान ज्ञात करने के लिये
(d) उपरोक्त में कोई नहीं

32. एक श्रेणी $RLC$ परिपथ में, अनुनाद पर $Q = 5$ है। कैपेसिटर के टर्मिनलों के मध्य वोल्टेज—

(a) एप्लाईड वोल्टेज के बराबर होगी
(b) एप्लाईड वोल्टेज से अधिक होगी
(c) एप्लाईड वोल्टेज से कम होगी
(d) एप्लाईड वोल्टेज से अधिक अथवा कम कुछ भी हो सकती है।

33. $RLC$ परिपथों में अनुनाद पर धारा—

(a) समानान्तर अनुनाद पर अधिकतम तथा श्रेणी अनुनाद पर न्यूनतम होती है
(b) श्रेणी अनुनाद पर अधिकतम तथा समानान्तर अनुनाद पर न्यूनतम होती है

(c) श्रेणी तथा समानान्तर दोनों अवस्थाओं में अधिकतम होती है

(d) श्रेणी तथा समानान्तर दोनों अवस्थाओं में न्यूनतम होती है

34. श्रेणी *RLC* परिपथ में अनुनाद पर एप्लाईड वोल्टेज का मान ............... के बराबर होता है।

(a) प्रतिरोधी वोल्टेज ड्रॉप

(b) इन्डक्टिव वोल्टेज ड्रॉप

(c) कैपेसिटिव वोल्टेज ड्राप

(d) उपरोक्त में कोई नहीं

35. निम्न परिपथ में एमीटर की रीडिंग 1 A तथा वोल्टमीटर

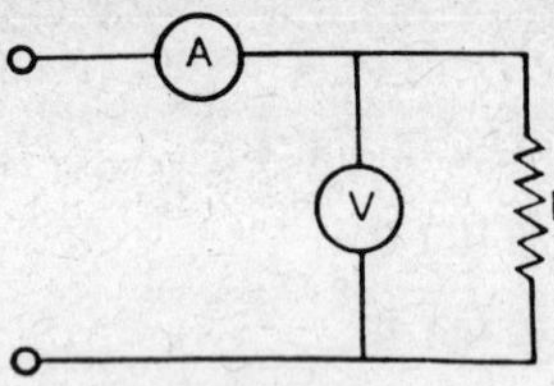


चित्र 1.38

की 10 V है। एमीटर का आन्तरिक प्रतिरोध 1 Ω तथा वोल्टमीटर का 50 Ω है। *R* का मान होगा—

(a) 111·2 Ω (b) 120 Ω

(c) 100 Ω (d) 112·5 Ω

36. एक्टिव नैटवर्क में—

(a) धारा स्रोत नहीं होता (b) E.M.F. स्रोत नहीं होता

(c) उपरोक्त में कोई नहीं (d) उपरोक्त में कोई भी

37. AC वोल्टेज के r.m.s. मान ($V_{\text{r.m.s.}}$) तथा पीक मान ($V_{\text{peak}}$) में सम्बन्ध है—

(a) $V_{\text{r.m.s.}} = 0\cdot707\, V_{\text{peak}}$

(b) $V_{\text{r.m.s.}} = \dfrac{1}{0\cdot707} V_{\text{peak}}$

(c) $V_{\text{r.m.s.}} = 1\cdot414\, V_{\text{peak}}$

(d) $V_{\text{r.m.s.}} = V_{\text{peak}}$

38. एक लोड $V_s = 200 \sin \omega t$ वोल्टेज के सोर्स से 0·6 पावर फैक्टर पर 2·5A अधिकतम धारा ($I_m$) लेता है। लोड प्रतिबाधा का मान—

(a) 64 + *j* 48 (b) 48 + *j* 64

(c) 24 + *j* 32 (d) उपरोक्त में कोई नहीं

39. निम्न परिपथ में धारा I का मान—

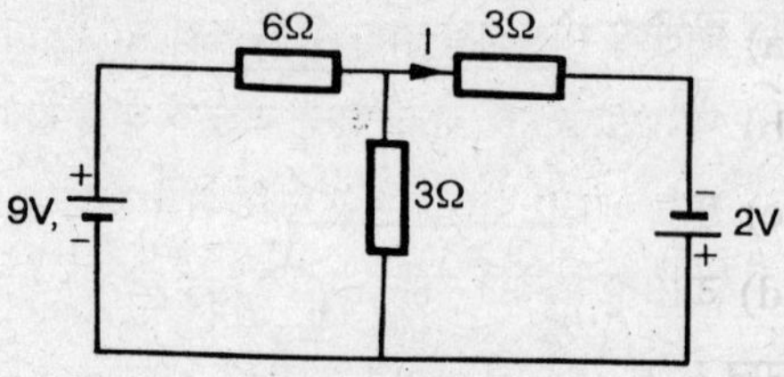


चित्र 1.39

(a) 1/3 amp (b) 1/5 amp

(c) 1 amp (d) 5/3 amp

40. निम्न परिपथ में प्रतिरोध $R_2$ में क्षय पावर *P* वाट है। सम्पूर्ण परिपथ में पावर क्षय—

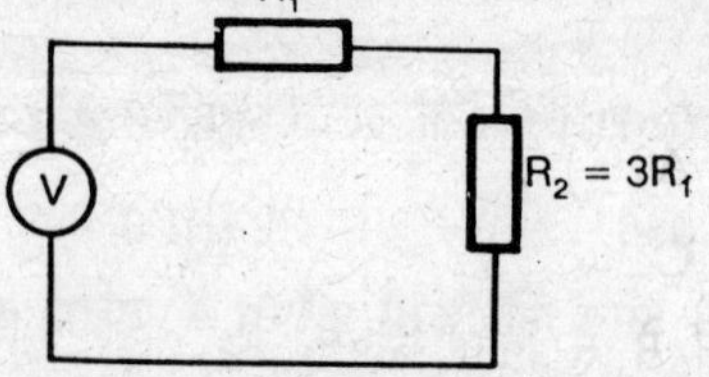


चित्र 1.40

(a) $\frac{3}{4}P$ (b) $\frac{4}{3}P$

(c) $\frac{3}{2}P$ (d) $\frac{2}{3}P$

41. एक श्रेणी *RLC* परिपथ में 1 MHz पर अनुनाद होता है। आवृत्ति 1·1MHz पर परिपथ की प्रतिबाधा होगी—

(a) कैपेसिटिव (b) इन्डक्टिव

(c) प्रतिरोधी (d) उपरोक्त में कोई नहीं

42. एक परिपथ में 3 कूलॉम आवेश प्रवाहित करने के लिये आवश्यक ऊर्जा का मान 3 जूल है। परिपथ में प्रयुक्त वोल्टेज—

(a) $3\mu V$ (b) $0\cdot66\, V$

(c) $1\cdot0\, V$ (d) $2\cdot0\, V$

43. एक समानान्तर *LC* परिपथ 1000kHz पर अनुनादित (resonant) होता है। यदि $Q = 100$ तब 3 dB बैन्ड विड्थ होगी—

(a) 5 kHz (b) 10 kHz

(c) $\frac{10}{2\pi}$ kHz (d) $\frac{50}{2\pi}$ kHz

**44.** एक निष्क्रिय (passive) नैटवर्क में—

(a) वोल्टेज सोर्स नहीं होता परन्तु धारा सोर्स होते हैं

(b) धारा सोर्स नहीं होता परन्तु वोल्टेज सोर्स होते हैं

(c) धारा अथवा वोल्टेज कोई सोर्स नहीं होता

(d) उपरोक्त में कोई नहीं

**45.** निम्न में से उपयुक्त (correct) वक्र है—

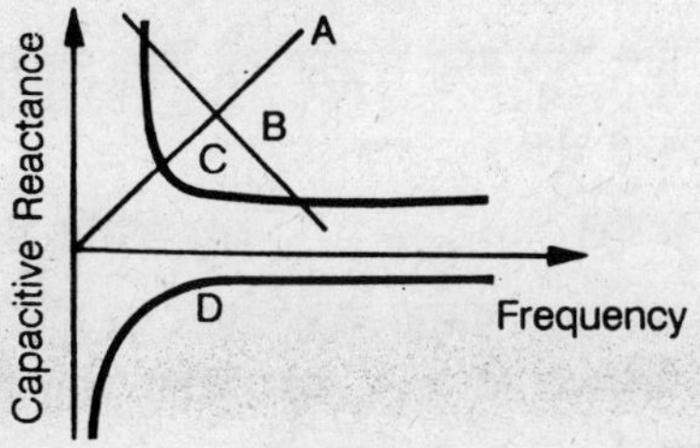


चित्र 1.41

(a) A (b) B

(c) C (d) D

**46.** निम्न में से किस आवृति का आवर्त काल (period) अधिकतम है—

(a) 10 Hz (b) 100 Hz

(c) 10 kHz (d) 100 kHz

**47.** थेवनिन प्रमेय में Z ज्ञात करने के लिये—

(a) समस्त independent वोल्टेज सोर्स शॉर्ट सर्किट किये जाते हैं तथा independent धारा सोर्स ओपिन सर्किट किये जाते हैं

(b) समस्त independent वोल्टेज सोर्स तथा dependent धारा सोर्स ओपिन सर्किट किये जाते हैं

(c) समस्त independent वोल्टेज सोर्स ओपिन सर्किट तथा independent धारा स्रोत शॉर्ट सर्किट किये जाते हैं

(d) समस्त वोल्टेज तथा धारा सोर्स शॉर्ट सर्किट किये जाते हैं

**48.** दो बिन्दुओं के मध्य ओपिन सर्किट वोल्टेज वह विभवान्तर (potential difference) है जब इन बिन्दुओं के मध्य प्रतिबाधा ........... होती है।

(a) अनन्त (infinity) (b) रिएक्टिव (reactive)

(c) शून्य (zero) (d) उपरोक्त में कोई नहीं

**49.** निम्न डेल्टा परिपथ में $R_1 = R_2 = R_3$। इस परिपथ के तुल्य स्टार परिपथ के प्रत्येक एलीमेन्ट का मान—

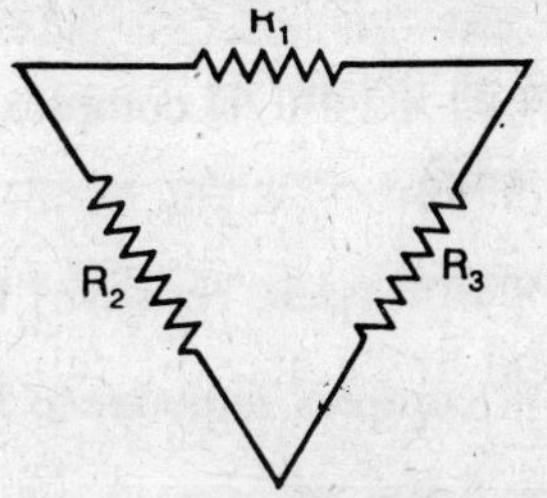


चित्र 1.42

(a) $\frac{R_1}{3}$ (b) $3R_1$

(c) $R_1$ (d) None of above

**50.** श्रेणी $RLC$ परिपथ में half-power आवृत्तियों पर धारा होगी—

(a) $\frac{1}{2}\times$ current at resonance

(b) $\frac{1}{\sqrt{2}}\times$ current at resonance

(c) $\frac{1}{4}\times$ current at resonance

(d) $\frac{1}{\sqrt{3}}\times$ current at resonance

**51.** एक समानान्तर अनुनाद परिपथ की प्रभावी (effective) प्रतिबाधा—

(a) $R$ (b) $\frac{L}{CR}$

(c) $\frac{C}{LR}$ (d) $\frac{LC}{R}$

**52.** निम्न नैटवर्क के नॉर्टन तुल्यांक में $I_{sc} = 5$ amp ( से a की ओर) तथा $R_{eq} = 2\,\Omega$ है। टर्मिनलों ab पर एक प्रतिरोध $R$ कनैक्ट करने पर प्रतिरोध $(R)$ में धारा 2A है। $R$ का मान होग—

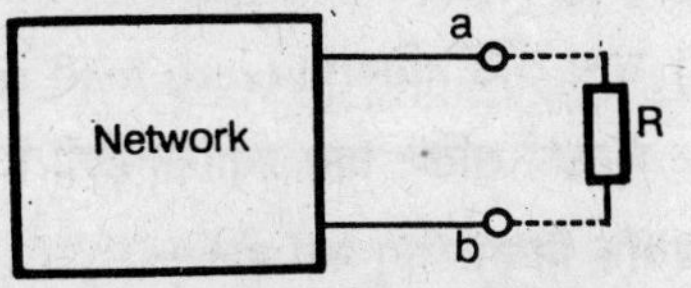


चित्र 1.43

(a) 6 Ω (b) 3 Ω

(c) 2 Ω (d) 1 Ω

53. एक परिपथ में complex impedance संयोजित है। अधिकतम पावर ट्रांसफर (max power transfer) के लिये लोड

(a) परिपथ की प्रतिबाधा का complex conjugate होना चाहिये

(b) शुद्ध प्रतिरोधी (pure resistive) होना चाहिये

(c) कोई भी complex impedance हो सकती है

(d) उपरोक्त में कोई नहीं

54. *RLC* श्रेणी परिपथ में अनुनाद पर प्रतिबाधा होती है—

(a) अधिकतम (b) न्यूनतम

(c) शून्य (zero) (d) अनन्त (infinite)

55. एक समानान्तर *RLC* परिपथ में $R = 10\,\text{k}\,\Omega$, $L = 10\,\text{mH}$ तथा $C = 1\,\mu\text{F}$ है। परिपथ की अनुनाद आवृत्ति $\omega_0$ (rad/sec) तथा $Q$ होंगे क्रमशः—

(a) $10^4$ तथा 200 (b) $10^2$ तथा 1

(c) $10^4$ तथा 100 (d) $10^2$ तथा 100

56. श्रेणी में कनैक्ट की गयी दो कुन्डलियों ($L_1$ तथा $L_2$) की प्रभावी इन्डक्टैन्स होगी—

(a) $L = L_1 + L_2 + M$

(b) $L = L_1 - L_2 + 2M$

(c) $L = L_1 + L_2 + 2M$

(d) $L = L_1 + L_2 - 2M$

57. निम्न में सत्य कथन है—

(a) थेवनिन एवं नॉर्टन प्रमेय एक ही है

(b) थेवनिन प्रमेय से केवल वोल्टेज सोर्स ज्ञात किया जा सकता है

(c) नॉर्टन प्रमेय का उपयोग सिस्टम में अधिकतम पावर ट्रांसफर ज्ञात करने के लिये किया जाता है

(d) शून्य लोड प्रतिबाधा (zero load impedance) में शॉर्ट सर्किट धारा प्रवाहित होती है

58. किरचॉफ नियम लागू नहीं होते—

(a) लीनियर नैटवर्क में (b) नॉन लीनियर नैटवर्क

(c) डुअल नैटवर्क में

(d) डिस्ट्रिब्यूटेड पैरामीटर नैटवर्क में

59. 5KHz आवृत्ति की sine wave अपने positive maximum पर पहुंचती है—

(a) 100 $\mu s$ में (b) 25 $\mu s$ में

(c) 50 $\mu s$ में (d) 75 $\mu s$ में

60. एक सामान्य 9V की बैटरी द्वारा $6{\cdot}25 \times 10^{18}$ इलेक्ट्रॉनों को प्रवाह करने के लिये, दी गयी ऊर्जा होगी—

(a) दिये गिये डाटा से ज्ञात नही किया जा सकता

(b) 4·5 जूल

(c) 9 जूल (d) उपरोक्त में कोई नहीं

61. एक 5000 $\mu F$ धारिता के कैपेसिटर का प्रतिरोध 2Ω है। जब कैपेसिटर में 20A धारा प्रवाह होती है तब व्यय शक्ति—

(a) 100 W (b) 4 W

(c) 25 W (d) 50 W

62. वोल्टेज डिवाइडर परिपथों में प्रयुक्त किये जाते हैं—

(a) समानान्तर परिपथ (b) श्रेणी-समानान्तर परिपथ

(c) केवल श्रेणी परिपथ (d) उपरोक्त में कोई नहीं

63. एक प्रतिरोध में प्रवाहित धारा, प्रतिरोध के टर्मिनलों के मध्य वोल्टेज ड्रॉप से—

(a) 90° lead करती है (b) 45° lag करती है

(c) 90° lag करती है (d) 0° lead करती है

64. निम्न परिपथ में ab के मध्य तुल्य कैपेसिटी ($C$) का मान—

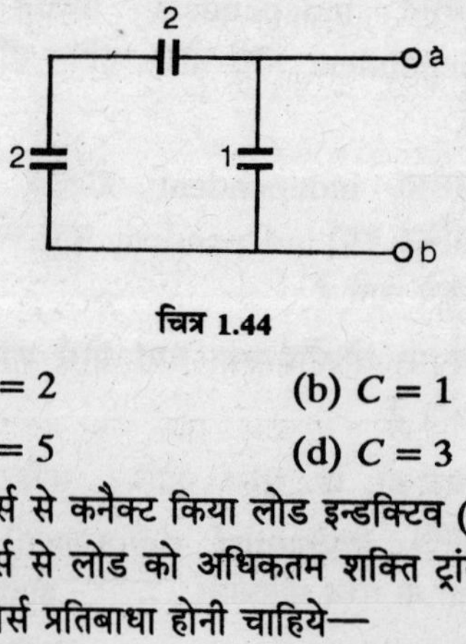


चित्र 1.44

(a) $C = 2$ (b) $C = 1$

(c) $C = 5$ (d) $C = 3$

65. एक सोर्स से कनैक्ट किया लोड इन्डक्टिव (inductive) है। सोर्स से लोड को अधिकतम शक्ति ट्रांसफर होने के लिये सोर्स प्रतिबाधा होनी चाहिये—

(a) इन्डक्टिव (b) कैपेसीटिव

(c) प्रतिरोधी (d) उपरोक्त में कोई नहीं

**66.** निम्न परिपथ में वोल्टेज ($E$) का प्रभावी मान 100V है। धारा का प्रभावी मान होगा—

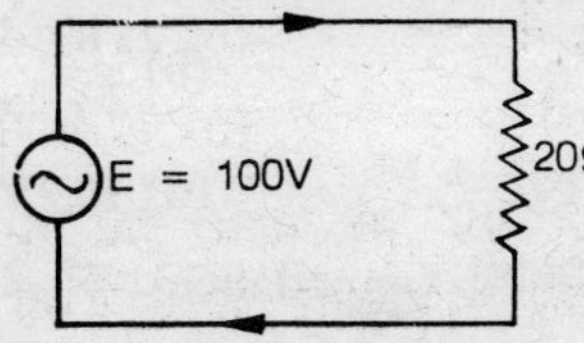


चित्र 1.45

(a) 20 A (b) 2,000 A
(c) 5 A (d) 52 A

**67.** कुण्डली का Q बढ़ाने के लिये कुण्डली में प्रयुक्त किया जाना चाहिये—

(a) पतला तार (thinner wire)
(b) मोटा तार (thicker wire)
(c) लम्बा तार (longer wire)
(d) कुन्डलित (coiled) तार

**68.** निम्न में सत्य सूत्र है—

(a) $E = -L\dfrac{di}{dt}$ (b) $E = -\dfrac{1}{L}\dfrac{di}{dt}$
(c) $E = -L\dfrac{dt}{di}$ (d) $E = -\dfrac{1}{L}\dfrac{dt}{di}$

**69.** किरचॉफ का धारा नियम उपयुक्त है केवल—

(a) DC परिपथों के लिये (b) AC परिपथों के लिये
(c) DC एवं AC दोनों परिपथों के लिये
(d) साइनुसॉयडल सोर्स के लिये

**70.** यदि अनुनाद आवृत्ति $f_0$ तथा 3dB आवृत्तियाँ $f_1$ तथा $f_2$ है, तब $RLC$ परिपथ का $Q$ होगा—

(a) $\dfrac{f_2 - f_1}{f_0}$ (b) $\dfrac{f_0}{f_2 - f_1}$
(c) $\dfrac{f_2 - f_1}{2f_0}$ (d) $\dfrac{2f_0}{f_2 - f_1}$

**71.** नॉर्टन प्रमेय एक 2-टर्मिनल को परिवर्तित करती है—

(a) एक स्थिर वोल्टेज सोर्स के साथ समानान्तर प्रतिबाधा के संयोजन में
(b) एक स्थिर वोल्टेज सोर्स के साथ एक श्रेणी प्रतिबाधा में
(c) एक स्थिर धारा सोर्स के साथ एक समानान्तर प्रतिबाधा में
(d) एक स्थिर धारा सोर्स के साथ एक श्रेणी प्रतिबाधा में

**72.** निम्न परिपथ में 2 Ω प्रतिरोध में धारा—

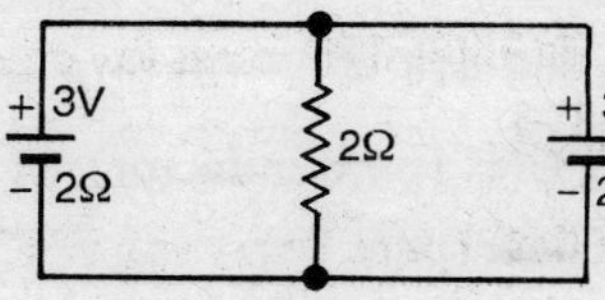


चित्र 1.46

(a) 1 A (b) 1·5 A
(c) 0·8 A (d) 2 A

**73.** निम्न स्टार नैटवर्क के तुल्य डेल्टा नैटवर्क में प्रत्येक एलीमेन्ट (delta element) होगा—

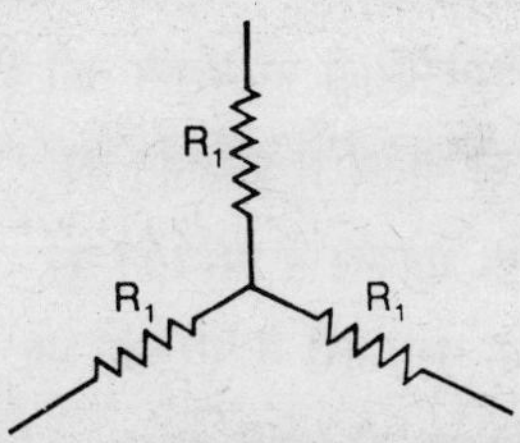


चित्र 1.47

(a) $3R_1$ (b) $R_1$
(c) $R_1/3$ (d) $2R_1$

**74.** जेनरेटर (generator) की प्रक्रिया (action) ...................... द्वारा समझायी जा सकता है।

(a) ओम के नियम (b) किरचॉफ [illegible]
(c) लेन्ज के नियम (d) न्यूटन के नियम

**75.** किसी परिपथ में वोल्टेज गेन प्रदर्शित किया जा सकता है—

(a) $R/Y$ द्वारा (b) $X_L/R$ द्वारा
(c) $Z/R$ द्वारा (d) $X_L/X_C$ द्वारा

**76.** एक 10V का dc वोल्टेज सोर्स जिसकी आन्तरिक प्रतिबाधा 2 Ω है। एक प्रतिरोध $R_L$ से कनैक्ट किया गया है। सोर्स से लोड को अधिकतम शक्ति स्थानान्तरण उस अवस्था में होगा जब—

(a) $R_L = 0\,\Omega$ (b) $R_L = \infty$
(c) $R_L = 2\,\Omega$ (d) $R_L = 4\,\Omega$

**77.** एक श्रेणी $RC$ परिपथ को 10V, dc सप्लाई सोर्स से कनैक्ट किया गया है, यदि $R = 50\,\Omega$ तथा

$C = 2\,\mu F$ तब अधिक धारा, स्विच ऑन किये जाने के ........ पश्चात् प्रवाहित होगी।

(a) $100\,\mu\, sec$ (b) $500\,\mu\, sec$

(c) स्विच ऑन करते ही (d) $50\,\mu\, sec$

**78.** एक शुद्ध इन्डक्टर (pure inductor) का शक्ति गुणक (power factor) होता है—

(a) 1 (b) $\frac{1}{\sqrt{2}}$

(c) Zero (d) $\sqrt{2}$

**79.** एक श्रेणी $RLC$ परिपथ का $Q$ तुल्य होता है—

(a) बैन्ड विड्थ के (b) वोल्टेज गेन के

(c) प्रतिबाधा के (d) अनुनाद आवृत्ति के

**80.** कैपेसिटर की कैपेसिटी पर प्रभाव नहीं होता—

(a) प्लेटों की मोटाई में परिवर्तन का

(b) प्लेटों के क्षेत्रफल में परिवर्तन का

(c) प्लेटों के मध्य दूरी में परिवर्तन का

(d) डाइलेक्ट्रिक की प्रकृति का

**81.** एक श्रेणी अनुनाद परिपथ की बैन्ड विड्थ के लिये उपयुक्त सूत्र—

(a) $2R/\pi L$ (b) $f_0/Q_0$

(c) $Q_0/f_0$ (d) $R/2\pi L$

**82.** एक श्रेणी $LRC$ सर्किट को अनुनाद आवृत्ति पर 0·1V एप्लाई किये जाते हैं। अनुनाद आवृत्ति पर कुण्डली का $Q = 30$ है। इन्डैक्टर के टर्मिनलों के मध्य वोल्टेज—

(a) 30 V (b) 0·1 V

(c) 3 V (d) None of above

**83.** एक वर्गाकार (squqre) तरंग के r.m.s. तथा औसत (average) मान में सम्बन्ध

(a) r.m.s. value > average value

(b) r.m.s. value < average value

(c) r.m.s. value = average value

(d) वर्गाकार तरंग में r.m.s. एवं average value का कोई अर्थ नहीं है

**84.** एक $RLC$ परिपथ में $R$, $L$ तथा $C$ पर वोल्टेज ड्रॉप क्रमशः $V_R$, $V_L$ तथा $V_C$ है। यदि परिपथ को एप्लाई की गयी वोल्टेज का मान $V$ है तब परिपथ का वोल्टेज गेन—

(a) $V/V_R$ (b) $\frac{V}{V_L}$

(c) $V_L/V_C$ (d) $V_L/V$

**85.** किसी प्रतिबाधा (impedance) की प्रकृति धारितीय (capacitive) होने के लिये आवश्यक प्रतिबन्ध है—

(a) $R = 0$ (b) $X_L > X_C$

(c) $X_L > X_C$ (d) केवल $X_L = 0$ होने पर

**86.** एक $RC$ नैटवर्क को dc वोल्टेज स्रोत से कनैक्ट किया जाता है। वह समय जिसमें कैपेसिटर, इनपुट वोल्टेज के तुल्य वोल्टेज तक चार्ज हो जाता है

(a) $RC$ (b) $2\,RC$

(c) $5\,RC$ (d) $10\,RC$

**87.** एक $RLC$ श्रेणी परिपथ में, वह आवृत्ति, जिस पर इन्डक्टर पर अधिकतम वोल्टेज होती है—

(a) $\frac{1}{2\pi\sqrt{LC}}$ (b) $\frac{1}{2\pi\sqrt{LC - R^2}}$

(c) $\frac{1}{2\pi\sqrt{LC - R^2/2}}$

(d) $\frac{1}{2\pi\sqrt{LC - \frac{C^2R^2}{2}}}$

**88.** दो प्रतिरोध $5\,\Omega$ तथा $30\,\Omega$ श्रेणी में कनैक्ट कर एक बैटरी से जोड़े गये हैं। यदि $5\,\Omega$ प्रतिरोध पर वोल्टेज ड्रॉप $20V$ है तब बैटरी वोल्टेज—

(a) 150 V (b) 140 V

(c) 175 V (d) 200 V

**89.** एक $RC$ श्रेणी परिपथ में प्रतिरोध $(R)$ का मान बढ़ाने पर, फेज कोण—

(a) बढ़ता है (b) परिवर्तित नहीं होता

(c) घटता है (d) उपरोक्त में कोई नहीं

**90.** एक समानान्तर अनुनाद परिपथ में धारा—

(a) $V/R$ (b) $V/RC$

(c) $\frac{V}{L/CR}$ (d) $\frac{V}{LC/R}$

91. यदि निम्न परिपथ में बिन्दु b को a से कनैक्ट न किये जाने पर $V = V_1$ हो तथा a को b से कनैक्ट करने पर $V = V_2$ हो तब $V_1$ एवं $V_2$ के मान होंगे क्रमशः—

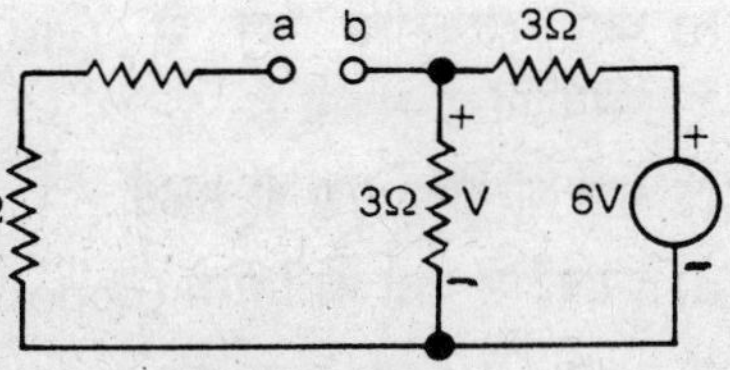


चित्र 1.48

(a) 3 तथा 3/2 volt
(b) 2 तथा 1 volt
(c) 3 तथा 1/2 volt
(d) 3 तथा 2 volt

92. निम्न परिपथ में A एवं B के मध्य कुल प्रतिरोध—

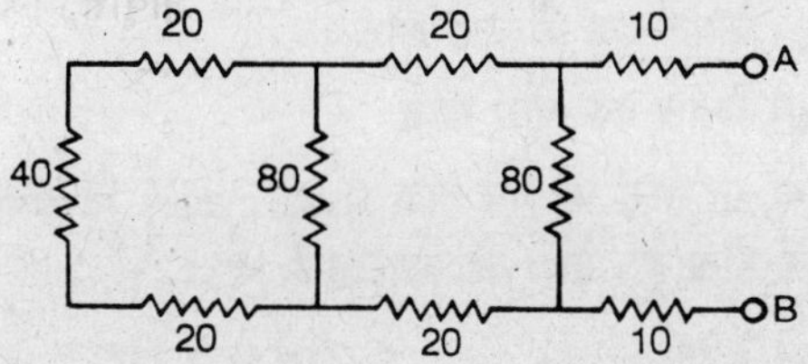


चित्र 1.49

(a) 100 Ω (b) 120 Ω
(c) 60 Ω (d) 40 Ω

93. निम्न परिपथ की थेवनिन तुल्य प्रतिबाधा (Thevenin's equivalent resistance) होगी—

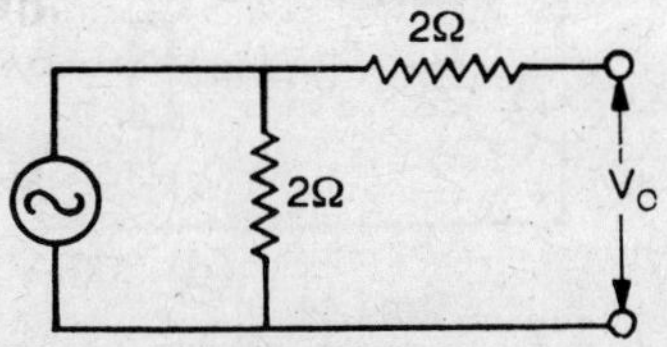


चित्र 1.50

(a) 2 Ω (b) 0 Ω
(c) 1 Ω (d) अनन्त (∞)

94. एक 100W लैम्प द्वारा 220V, 50Hz सप्लाई से ली गयी धारा—

(a) 100 A (b) 2·2 A
(c) 2A (d) उपरोक्त में कोई नहीं

95. एक 2-पोर्ट नैटवर्क में हाइब्रिड पैरामीटर्स प्रदर्शित करते हैं—

(a) $I_1$ तथा $I_2$ के पदों में $V_1, V_2$ को
(b) $V_1$ तथा $V_2$ के पदों में $I_1, I_2$ को
(c) $V_2$ तथा $V_2$ के पदों में $V_1, V_1$ को
(d) $V_2$ तथा $I_1$ के पदों में $V_1, I_2$ को

96. एक sinusoidal वोल्टेज तरंग का प्रभावी (effective) मान 14·14V है। तरंग का अधिकतम (peak) मान होगा—

(a) 10 V (b) 20 V
(c) 30 V (d) 7·07 V

97. निम्न परिपथ में वोल्टेज V का मान—

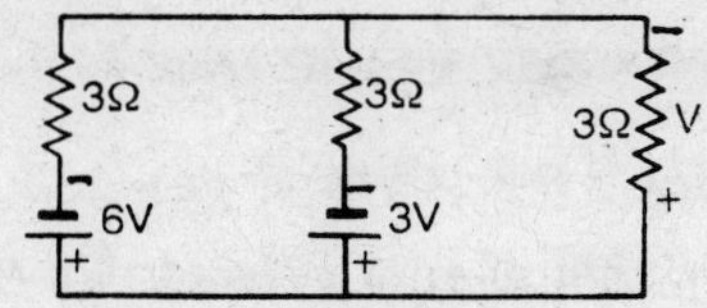


चित्र 1.51

(a) 2V (b) 0V
(c) 9V (d) 3V

98. निम्न परिपथ् में $I_0$ का मान—

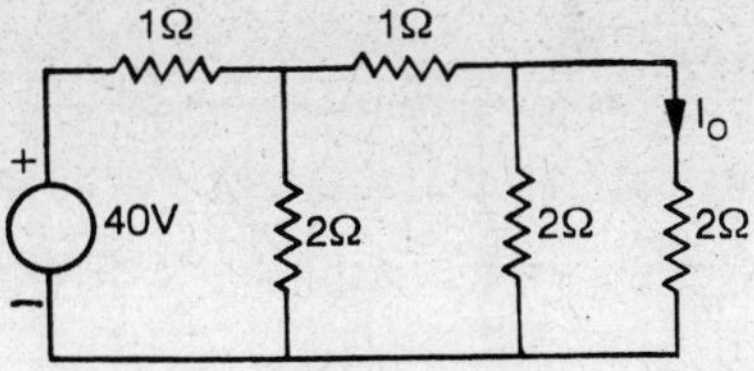


चित्र 1.52

(a) 10 A (b) 5 A
(c) 20 A (d) 25 A

99. एक समानान्तर अनुनाद परिपथ में $X_L = X_C$ है। यदि परिपथ का $Q$ कम (low) है तब—

(a) $I_L = I_C$ (b) $I_L < I_C$
(c) $I_L > I_C$ (d) Phase angle = 0

100. एक समानान्तर $RLC$ परिपथ में $\omega_0 = 10^8$, $Q = 20$, C = 20 pF है। परिपथ में सम्मिलित प्रतिरोध $R$ का मान—

(a) $10^4/2$ Ω (b) $10^4$ Ω

(c) $2 \times 10^4 \, \Omega$ (d) $25 \, \Omega$

**101.** कैपेसिटर में परावैद्युत हानियों (dielectric losses) का कारण है—

(a) क्षरण (leakage) धारा

(b) आणुविक विरूपण (molecular distortion)

(c) निम्न low डाइलैक्ट्रिक नियतांक dielectric constant

(d) डाइलैक्ट्रिक का चार्जिंग

**102.** किसी कुण्डली का $Q$ बढ़ाने पर—

(a) पावर फैक्टर बढ़ता है

(b) पावर फैक्टर घटता है

(c) पावर फैक्टर अपरिवर्तित् (unaltered) रहता है

(d) पावर क्षय बढ़ अथवा घट सकता है

**103.** एक $RLC$ श्रेणी परिपथ में $R = \pi \, \Omega$, $L = \frac{1}{\pi}$ henery, तथा $C = 21\pi$ farad है। परिपथ की अनुनाद (resonant) आवृत्ति होगी ..........

(a) $\sqrt{1/2}$ (b) 10

(c) 5 (d) $\sqrt{\pi}$

**104.** निम्न परिपथ में अन्तिम $1 \, \Omega$ के प्रतिरोध् पर वोल्टेज $E$ है। $E_S$ का मान होगा—

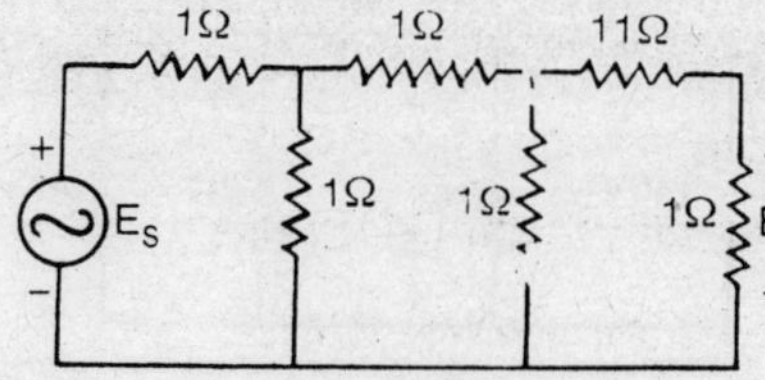


चित्र 1.53

(a) 13 E (b) 8 E

(c) 4 E (d) उपरोक्त में कोई नहीं

**105.** एक विषम (odd) आवृत्ति फंक्शन (periodic function) के फोरियर प्रसार (fourier expansion) में होते हैं—

(a) केवल cosine terms (b) केवल sine terms

(c) sine एवं cosine terms दोनों

(d) उपरोक्त में कोई नहीं

**106.** परिपथ में इन्डक्टैन्स कनैक्ट करने पर—

(a) धारा में तात्क्षणिक (instantaneous) परिवर्तन नहीं हो सकते

(b) धारा तात्क्षणिक रूप से (instantaneously) परिवर्तित हो सकती है

(c) धारा परिवर्तित नहीं हो सकती

(d) इन्डक्टैन्स धारा का विरोध (opposition) करती है

**107.** एक 200W के विद्युत बल्ब द्वारा 200V, 50Hz स्रोत से ली गयी धारा—

(a) 1·1 A (b) 200/220 A

(c) 100 A (d) 10 A

**108.** नॉर्टन प्रमेय से प्राप्त होता है—

(a) धारा स्रोत एवं एक प्रतिबाधा समानान्तर क्रम में

(b) धारा स्रोत एवं एक प्रतिबाधा श्रेणी क्रम में

(c) केवल एक वोल्टेज स्रोत

(d) केवल एक धारा स्रोत

**109.** एक ac तरंग का एक चक्र (one cycle) दो सेकण्ड में पूर्ण होता है . तरंग की आवृत्ति है-

(a) 2 Hz (b) 0·5 Hz

(c) 50 Hz (d) 5 Hz

**110.** निम्न परिपथ में A एवं B के मध्य किस मान का प्रतिरोध कनैक्ट किया जाये जिससे कि combined load में अधिकतम शक्ति ट्रांसफर हो—

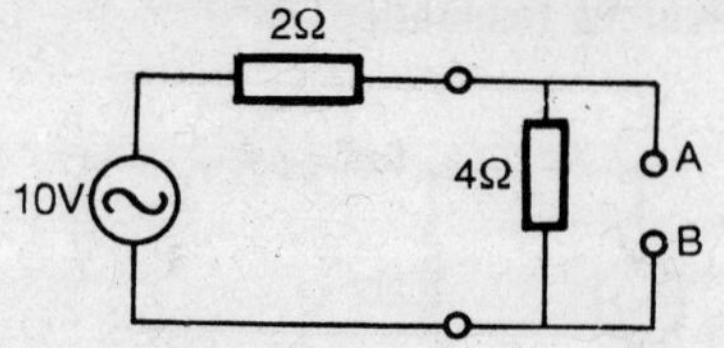


चित्र 1.54

(a) $2 \, \Omega$ (b) $4 \, \Omega$

(c) $\infty$ (d) zero

**111.** किसी तार का प्रतिरोध निर्भर करता है—

(a) तार के रंग (colour) पर

(b) इलेक्ट्रॉनों की संख्या पर

(c) न्यूट्रॉनों की संख्या पर

(d) ताप पर

**112.** निम्न परिपथ में इन्डक्टर पर वोल्टेज—

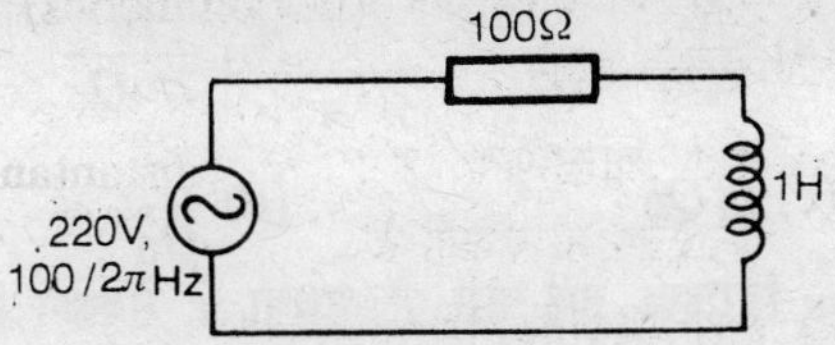


चित्र 1.55

(a) $\frac{220}{\sqrt{2}}$ V (b) 220 $\sqrt{2}$V

(c) 110 V (d) 220 V

**113.** एक 2H प्रेरकत्व (inductance) के इन्डक्टर में 2A धारा प्रवाहित होने पर संचित ऊर्जा—

(a) 2 W (b) 2 J

(c) 1 W (d) 4 J

**114.** डी० सी० पर कैपेसिटर का व्यवहार होता है—

(a) शॉर्ट-सर्किट के समान

(b) ओपिन सर्किट के समान

(c) उसी प्रकार जिस प्रकार ac पर होता है

(d) उपरोक्त में कोई नहीं

**115.** निम्न परिपथ में $I_1 = 2A$ , $V_1 = 2V$ है। $V_2$ का मान होगा—

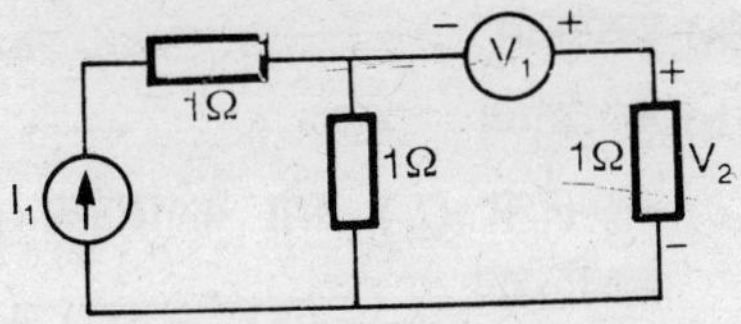


चित्र 1.56

(a) 2V (b) 1V

(c) 0V (d) −1V

**116.** एक $LC$ परिषथ 2000KHz पर अनुनादित (resonate) होता है। परिपथ का $Q = 100$ है। बैन्ड-विड्थ होगी—

(a) 10 KHz (b) 20 KHz

(c) 200 KHz (d) 2000 KHz

**117.** एक घन (cube) को 12, 1 Ω प्रतिरोध वाले समान लम्बाई के तारों को सोल्डर कर बनाया गया है। घन के किसी कर्ण के सिरों (diagonally opposite) के मध्य प्रतिरोध होगा—

(a) 1 Ω (b) 12 Ω

(c) 5/6 Ω (d) 6/5Ω

**118.** निम्न परिपथ के थेवनिन तुल्यांक में वोल्टेज सोर्स का मान होगा—

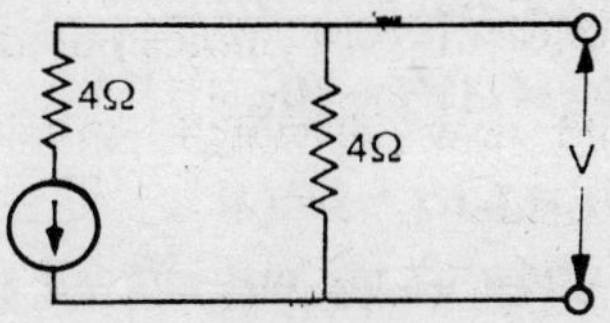


चित्र 1.57

(a) −20V , 4 Ω (b) 20V , 4 Ω

(c) −10V , 2 Ω (d) 10V , 2 Ω

**119.** एक कैपेसिटर पूर्णतया आवेशित (fully charge) हो जाता है—

(a) 1 T में (b) 3 T में

(c) 5 T में (d) 10 T में

यहाँ T, कैपेसिटर का समय नियतांक (time constant) है।

**120.** एक कैपेसिटर की वोल्टेज रेटिंग, जिसे 240V पर प्रयुक्त किया जाता है, होनी चाहिये—

(a) 240 V (b) 340 V

(c) 120 V (d) 720 V

**121.** एक सिगनल की आवृत्ति 1000Hz है। यह सिगनल है—

(a) ऑडियो फ्रीक्वैन्सी सिगनल

(b) रेडियो फ्रीक्वैन्सी सिगनल

(c) उच्च फ्रीक्वैन्सी सिगनल

(d) अल्ट्रा फ्रीक्वैन्सी सिगनल

**122.** निम्न 2-पोर्ट नैटवर्क की ट्रांसमिशन समीकरण होगी—

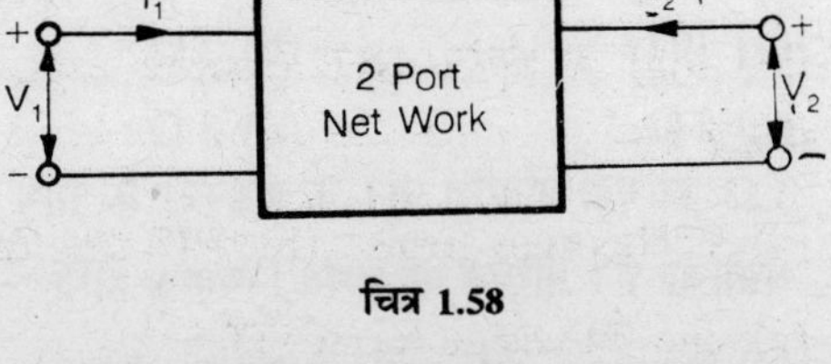


चित्र 1.58

(a) $V_1 = h_{11} I_1 + h_{12} V_2$

$I_2 = h_{21} I_1 + h_{22} V_2$

(b) $V_2 = AV_1 - BJ_1$

$I_2 = CV_1 - DJ_1$

(c) $V_1 = Z_{11} I_1 + Z_{12} I_2$

$V_2 = Z_{21} I_1 + Z_{22} I_2$

(d) $V_1 = AV_2 - BI_2$

$I_1 = CV_2 - DI_2$

**123.** निम्न परिपथ को एक धारा स्रोत एवं समानान्तर प्रतिरोध में परिवर्तित कीजिये—

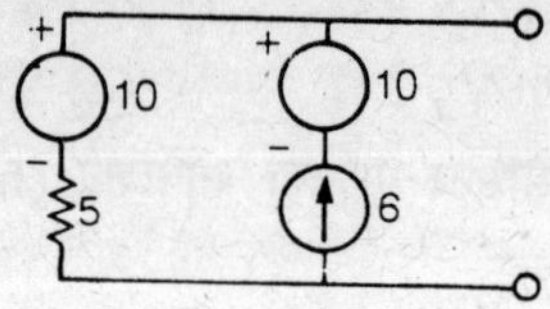


**चित्र 1.59**

(a) 8 A, 5 Ω   (b) 5 A, 8 Ω

(c) 1 A, 7 Ω   (d) 7 A, 1 Ω

**124.** एक *LR* परिपथ का समय नियतांक (time constant) होता है—

(a) LR   (b) L/R

(c) R/L   (d) $LR^2$

**125.** निम्न नैटवर्क में प्रत्येक प्रतिरोध का भान 3 ohm है। नैटवर्क के टर्मिनलों A एवं B के मध्य प्रतिरोध—

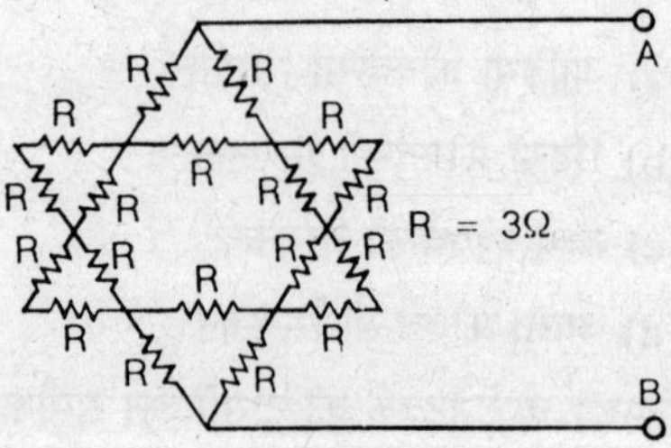


**चित्र 1.60**

(a) 10 Ω   (b) 7 Ω

(c) 5 Ω   (d) 3 Ω

**126.** 3 Ω का एक प्रतिरोध 9H के इन्डक्टर के साथ श्रेणी में संयोजित है। परिपथ का समय नियतांक होगा—

(a) 9 sec   (b) 3 sec

(c) 27 sec   (d) 0·33 sec

**127.** एक LCR परिपथ में 3 dB बैन्डविड्थ होती है—

(a) $\frac{f_0}{2Q_0}$   (b) $\frac{f_0}{2\pi Q_0}$

(c) $f_0 Q_0$   (d) $\frac{f_0}{Q_0}$

**128.** *m*-डिराइव्ड हाई-पास *T* अथवा *π* सैक्शन फिल्टरों में *m* का मान होता है—

(a) $\sqrt{1 - (f_\infty/f_c)^2}$   (b) $\sqrt{1 - \sqrt{f_\infty/f_c}}$

(c) $\sqrt{1 - f_\infty/f_c}$   (d) $\sqrt{1 - (f_c/f_\infty)^2}$

**129.** प्रतिरोध $R_L$ के परिपथ को, आन्तरिक प्रतिबाधा $R_i$ के सोर्स द्वारा अधिकतम पावर उस अवस्था में ट्रांसफर होगी जब—

(a) $R_i > R_L$   (b) $R_i < R_L$

(c) $R_i = R_L$   (d) $R_i = \frac{R_L}{2}$

**130.** अटेनुएटर का मुख्य फंक्शन है—

(a) इनपुट को बढ़ाना

(b) इनपुट को कम (reduce) करना

(c) उपरोक्त दोनों

(d) उपरोक्त में कोई नहीं

**131.** एक बैन्डपास फिल्टर में शन्ट एलीमैन्ट होता है—

(a) इन्डक्टिव

(b) कैपेसिटिव

(c) इन्डक्टैन्स (*L*) तथा कैपेसिटैन्स (*C*) का शन्ट कम्बीनेशन

(d) इन्डक्टैन्स (*L*) तथा कैपेसिटैन्स (*C*) का श्रेणी कम्बीनेशन

**132.** बैन्ड पास फिल्टर में श्रेणी एलीमैन्ट होता है—

(a) इन्डक्टिव

(b) कैपेसिटिव

(c) इन्डक्टैन्स (*L*) तथा कैपेसिटैन्स (*C*) का शन्ट कम्बीनेशन

(d) इन्डक्टैन्स (*L*) तथा कैपेसिटैन्स (*C*) का श्रेणी कम्बीनेशन

**133.** एक *R–L* श्रेणी परिपथ 200V, 40Hz पर 10A धारा लेता है। परिपथ में पावर हानि 1000 W है। परिपथ की प्रतिबाधा (*Z*) तथा प्रतिरोध (*R*) होंगे क्रमशः—

(a) 20 Ω, 10 Ω (b) 15 Ω, 8Ω

(c) 20 Ω, 15 Ω (d) 20 Ω, 5 Ω

**134.** वैक्टरों $V_L, V_C$ तथा $V_R$ में कौन-से वैक्टर 180° कलान्तर पर होते हैं ?

(a) $V_C$ तथा $V_L$ (b) $V_C$ तथा $V_R$

(c) $V_L$ तथा $V_R$ (d) उपरोक्त में कोई नहीं

**135.** *AC* परिपथ में आभासी शक्ति (apparent power) होती है—

(a) $V_{r.m.s.} I_{r.m.s.} \cos\phi$ (b) $V_{r.m.s.} I_{r.m.s.} \sin\phi$

(c) $V_{r.m.s.} I_{r.m.s.}$ (d) $V_{max} I_{max}$

**136.** श्रेणी *RLC* परिपथ में किस आवृत्ति पर इन्डक्टैन्स के टर्मिनलों पर वोल्टेज अधिकतम होती है ?

(a) $\dfrac{1}{2\pi\sqrt{LC}}$

(b) $\dfrac{1}{2\pi}\sqrt{\dfrac{1}{LC} - \dfrac{R^2}{2C^2}}$

(c) $\dfrac{1}{2\pi\sqrt{LC - \dfrac{C^2R^2}{2}}}$

(d) $\dfrac{1}{2\pi\sqrt{LC - R^2}}$

**137.** यदि $Z_1 = 10\angle 45°$ तथा $Z_2 = 15\angle -15°$ तब $Z_1 \times Z_2 = ?$

(a) 1·5 ∠60° (b) 150 ∠30°

(c) 150 ∠60° (d) 1·5 ∠30°

**138.** एक *RLC* परिपथ की हाफ पावर फ्रीक्वैन्सी $f_1$ तथा $f_2$ हैं तथा $f_0$ अनुनाद आवृत्ति है। परिपथ की सलैक्टिविटी (selectivity) होगी—

(a) $\dfrac{f_2 - f_1}{f_0}$ (b) $\dfrac{f_2 - f_1}{2f_0}$

(c) $\dfrac{f_2 - f_0}{f_1 - f_0}$ (d) $\dfrac{f_2 - f_1}{f_1 - f_0}$

**139.** धारा स्त्रोत (current source) को परिपथ में neglect करने के लिए सोर्स के स्थान पर सोर्स के टर्मिनलों के मध्य—

(a) कोई प्रतिरोध कनैक्ट किया जाता है

(b) एक कैपेसिटर कनैक्ट किया जाता है

(c) ओपिन-सरकिट रखा जाता है

(d) शॉर्ट सर्किट किया जाता है

**140.** दो पोर्ट नैटवर्क के विश्लेषण के लिये कौन-से पैरामीटर्स अधिक उपयोगी होते हैं ?

(a) हाइब्रिड पैरामीटर्स

(b) शॉर्ट-सर्किट एडमिटैन्स पैरामीटर्स

(c) ओपिन-सर्किट पैरामीटर्स

(d) ट्रांसमिशन पैरामीटर्स

**141.** परिपथ में वोल्टेज सोर्स को neglect करने के लिये सोर्स के स्थान पर, सोर्स टर्मिनलों—

(a) को शॉर्ट सर्किट किया जाता है

(b) पर धारा स्त्रोत (current source) कनैक्ट किया जाता है

(c) पर एक प्रतिरोध कनैक्ट किया जाता है

(d) को ओपिन सर्किट रखा जाता है

**142.** किन परिस्थितियों में किरचॉफ के नियम फेल (fail) हो जाते हैं ?

(a) लीनियर सर्किटों में

(b) नॉन-लीनियर सर्किटों में

(c) लम्पड् पैरामीटर्स परिपथों में

(d) डिस्ट्रिब्यूटेड सर्किटों में

**143.** *RLC* श्रेणी परिपथ में हाफ पावर फ्रीक्वैन्सी पर धारा अनुनाद (resonance) पर धारा का होती है—

(a) $\dfrac{1}{\sqrt{3}}$ (b) $\dfrac{1}{4}$

(c) $\dfrac{1}{\sqrt{2}}$ (d) 1/2

**144.** *RC* परिपथ का समय नियताँक (time constant), प्रतिरोध (*R*) बढ़ने पर—

(a) बढ़ता है

(b) घटता है

(c) उपरोक्त (a) अथवा (b)

(d) उपरोक्त में कोई नहीं

**145.** किसी परिपथ में ट्रांजियेन्ट धाराओं का कारण है—

(a) परिपथ का प्रतिरोध

(b) परिपथ की प्रतिबाधा (impedance)

(c) परिपथ को एप्लाई की गयी वोल्टेज

(d) इन्डक्टर अथवा कैपेसिटर में स्टोर ऊर्जा में परिवर्तन

146. एक वायर इस पेज के लम्बवत रखा है। वायर में इलेक्ट्रॉन नीचे की ओर प्रवाहित हो रहे हैं। वायर का—
(a) चुम्बकीय क्षेत्र पेज के तल में क्लॉक वाइज होगा
(b) चुम्बकीय क्षेत्र पेज के तल में एन्टीक्लॉकवाइज होगा
(c) चुम्बकीय क्षेत्र पेज के लम्बवत् तल में एन्टीक्लॉक वाइज होगा
(d) कोई चुम्बकीय क्षेत्र नहीं होगा

147. निम्न को फॉर्म फैक्टर के बढ़ते क्रम में (ascending order of form factor) व्यवस्थित कीजिये—
(a) Saw tooth wave, Sinusoidal wave, Square Wave
(b) Square wave, Sinusoidal wave, Saw tooth wave
(c) Sinusoidal wave, Saw tooth wave, Square wave
(d) उपरोक्त में कोई नहीं

148. एक *RL* डिसचार्जिंग परिपथ में प्रतिरोध (*R*) के टर्मिनलों के मध्य वोल्टेज—
(a) लीनियर राइज (linear rise) होती है
(b) लीनियर डिके (linear decay) होती है
(c) एक एक्सपोनेन्शियल ग्रोथ फंक्शन (exponential growth function) होता है
(d) एक एक्सपोनेन्शियल डिके फंक्शन (exponential decay function) होता है

149. एक इलेक्ट्रीकल नैटवर्क में 8 स्वतन्त्र (independent) नोड्स है। परिपथ की कितनी नोडल समीकरणें होंगी ?
(a) 4 (b) 6
(c) 7 (d) 8

150. एक 'odd periodic function' के फोरियर एक्सपेन्शन (Fourier expansion) में—
(a) केवल sine terms होती है
(b) केवल cosine terms होती है
(c) उपरोक्त (a) तथा (b) दोनों
(d) उपरोक्त में कोई नहीं

151. नैटवर्क में अनेक शाखाओं (branches) द्वारा निर्मित बन्द पथ (closed path) को कहते हैं—
(a) सर्किट (b) ब्रान्च
(c) जंक्शन (d) लूप

152. निम्न में किस समीकरण के अभिलक्षण नॉन-लीनियर प्रतिरोध (resistance) प्रदर्शित करते हैं—
(a) $V + 2i = 0$ (b) $i + 5V = 4$
(c) $V = 4i^2$ (d) उपरोक्त सभी

153. शुद्ध इन्डक्टर का पावर फैक्टर होता है—
(a) 1 (b) 0
(c) ∞ (infinite) (d) 0·8

154. 0·08 हेनरी की कुण्डली की 60Hz पर रिएक्टैन्स होगी—
(a) 10 Ω (b) 20 Ω
(c) 25 Ω (d) 30 Ω

155. 1000 टर्न (turns) की एक कुण्डली में 8A धारा प्रवाहित होती है जिससे $6 \times 10^{-6}$ wb फ्लक्स उत्पन्न होता है। कुण्डली का इन्डक्टैन्स है—
(a) 0·75 H (b) 0·075 H
(c) 0·0075 H (d) 0·00075 H

156. निम्न में किसके अभिलक्षण नॉन लीनियर है ?
(a) वेकुम डायोड (b) ट्रान्जिस्टर
(c) फिलामेन्ट लैम्प (d) उपरोक्त सभी

157. सपरपोजिशन प्रमेय किस अवधारणा पर आधारित है ?
(a) उत्क्रमणता (Reciprocity)
(b) डुएलिटी (Duality)
(c) नॉन-लीनियरिटी
(d) लीनियरिटी

158. प्रोटोटाइप हाई-पास फिल्टर में श्रेणी तथा शन्ट एलीमैन्ट होतें हैं क्रमशः—
(a) कैपेसिटिव तथा इन्डक्टिव
(b) इन्डक्टिव तथा कैपेसिटिव
(c) इन्डक्टिव तथा प्रतिरोधी
(d) प्रतिरोधी तथा कैपेसिटिव

159. एक constant-K बैन्ड पास फिल्टर में शन्ट एलीमैन्ट—
(a) कैपेसिटिव होता है
(b) इन्डक्टिव होता है
(c) *L* तथा *C* का श्रेणी संयोजन (series combination) होता है

(d) $L$ तथा $C$ का शन्ट संयोजन (shunt combination) होता है

**160.** $LCR$ समान्तर परिपथ में अनुनाद (resonant) आवृत्ति पर—

(a) लाइन धारा अधिकतम होती है

(b) कुल प्रतिबाधा (impedance) न्यूनतम होती है

(c) इन्डक्टिव ब्रान्च में धारा न्यूनतम होती है

(d) कुल प्रतिबाधा अधिकतम होती है

**161.** एक परिपथ में कुल धारा $i = 50 \sin (100\,\pi)\,t$ है। धारा की आवृत्ति तथा धारा का अधिकतम मान होगा—

(a) $25\sqrt{2}$ A, 100 Hz (b) $50\sqrt{2}$ A, 100 Hz

(c) 50 A, 50 Hz (d) 70·7 A, 50 Hz

**162.** यूनिट रैम्प फंक्शन के समाकलन (integration) पर प्राप्त होता है—

(a) यूनिट पैराबोलिक फंक्शन

(b) यूनिट रैम्प फंक्शन

(c) यूनिट डबलैट फंक्शन

(d) यूनिट इम्पल्स फंक्शन

**163.** वोल्टेज सोर्स—

(a) की टर्मिनल वोल्टेज, सोर्स e.m.f. से सदा कम होती है

(b) की टर्मिनल वोल्टेज, सोर्स e.m.f. से कभी अधिक नहीं हो सकती

(c) की टर्मिनल वोल्टेज तथा सोर्स e.m.f. सदा बराबर होते हैं

(d) उपरोक्त में कोई नहीं

**164.** एक 200 v, r.m.s. की त्रिभुजाकार तरंग (triangular wave) की अधिकतम वोल्टेज (peak voltage) होती है—

(a) 200 V (b) 222 V

(c) 282 V (d) 346 V

**165.** 50Hz आवृत्ति की एक AC वोल्टेज का अधिकतम (peak) मान 50V है। वोल्टेज के शून्य होने के क्षण (instant) के 1/600 सेकण्ड पश्चात् वोल्टेज का मान होगा—

(a) 5 V (b) 12·5 V

(c) 25 V (d) 43·3 V

**166.** एक परिपथ के किसी ऐलीमैन्ट के टर्मिनलों पर वोल्टेज तथा धारा तरंग में कलान्तर (phase difference) 30° है। इसका अर्थ है—

(a) दोनों तरंगों की आवृत्ति समान है

(b) दोनों तरंगों के अधिकतम मान बराबर हैं

(c) दोनों तरंगों के शून्य मान एक ही समय पर होते हैं

(d) उपरोक्त में कोई नहीं

**167.** एक AC परिपथ में सदा होती है—

(a) Apparent power > actual power

(b) Reactive power > apparent power

(c) Actual power > reactive power

(d) Reactive power > actual power

**168.** निम्न में कौन-सा कम्पोनैन्ट परिपथ में वोल्टेज परिवर्तन का विरोध करता है ?

(a) इन्डक्टैन्स (b) कैपेसिटैन्स

(c) कन्डक्टैन्स (d) प्रतिरोध

**169.** एक $RC$ परिपथ में प्रतिरोध (resistance) बढ़ाने पर फेज कोण का मान—

(a) घटता है

(b) बढ़ता है

(c) पहले के समान ही रहता है

(d) उपरोक्त में कोई नहीं

**170.** एक परिपथ में आभासी शक्ति (apparent power) 8 kVA तथा वास्तविक (active) पावर 4 KW है। रिएक्टिव पावर का मान होगा—

(a) 2kVA (b) 3 KVAR

(c) 4 KVAR (d) 8 KVAR

**171.** दो तरंगों के मध्य फेज कोण (phase angle) का मान क्या होगा। यदि उनकी आवृत्ति समान है तथा एक तरंग का मान अधिकतम उस समय होता है जब दूसरी तरंग का मान शून्य होता है—

(a) 0° (b) 45°

(c) 90° (d) 180°

**172.** समान्तर परिपथ में अनुनाद पर ——— का मैगनिफिकेशन होता हैं

(a) धारा (current) (b) वोल्टेज

(c) पावर (d) आवृत्ति

**173.** परिपथ में AC पावर का व्यय (dissipation) केवल ———— में होता है।

(a) प्रतिरोध (b) इन्डक्टैन्स

(c) कैपेसिटैन्स (d) उपरोक्त में कोई नहीं

**174.** एक constant-K, high pass $\pi$-section फिल्टर में पास बैन्ड में किसी आवृत्ति $f$ पर 'characteristics impedance' होती है—

(a) $R_0\sqrt{1-(f_c/f)^2}$ (b) $R_0\sqrt{1-(f/f_c)^2}$

(c) $\dfrac{R_0}{\sqrt{1-(f/f_c)^2}}$ (d) $\dfrac{R_0}{\sqrt{1-(f/f_c)^2}}$

**175.** एक $m$-derived low pass $T$ अथवा $\pi$ सैक्शन फिल्टर में $m$ का मान होता है—

(a) $\sqrt{1-(\omega_c/\omega_x)^2}$ (b) $\sqrt{1-(\omega_c/\omega_x)}$

(c) $\sqrt{1-(\omega_x/\omega_c)^2}$ (d) $\sqrt{1-(\omega_x/\omega_c)}$

**176.** कुण्डली का $Q$ बढ़ने पर उसका शक्ति गुणक ($\cos\phi$)

(a) बढ़ता है

(b) घटता है

(c) अपरिवर्तित रहता है

(d) बढ़ अथवा घट सकता है

**177.** Constant-K फिल्टर्स के लिए—

(a) $Z_{0T}\cdot Z_{0\pi}=1$ (b) $Z_{0T}\cdot Z_{0\pi}=R_0^2$

(c) $Z_{0T}\cdot Z_{0\pi}=\sqrt{2}$ (d) $Z_{0T}/Z_{0\pi}=\dfrac{1}{\sqrt{2}}$

**178.** किसी नैटवर्क की रैसपोन्स $K e^{st}$ के फॉर्म (form) की है जहाँ $s=\sigma+j\omega$। यहाँ $\omega$ है—

(a) रेडियन फ्रीक्वैन्सी

(b) नीपर (neper) फ्रीक्वैन्सी

(c) कॉम्पलैक्स फ्रीक्वैन्सी

(d) हर्टज में फ्रीक्वैन्सी

**179.** DC परिपथ में प्रयुक्त किये जाने वाले सभी नियम उस AC परिपथ में एप्लाई किये जा सकते है जिसमें हो।

(a) कैपेसिटैन्स (b) इन्डक्टैन्स

(c) प्रतिरोध (d) उपरोक्त सभी

**180.** एक कैपेसिटर के चार्जिंग समय धारा में—

(a) एक्सपोनेन्शियली वृद्धि (growth) होती है

(b) एक्सपोनेन्शियली कमी (decay) होती है

(c) स्टैप रूप से कमी (step decay) होती है

(d) लीनियर रूप से कमी (linear decay) होती है

**181.** एक constant-K $T$-सैक्शन बैन्ड पास फिल्टर में श्रेणी आर्म में जुड़ी इन्डक्टैन्स ($L_D$) का मान होता है—

(a) $R_0/\pi\,(f_2-f_1)$ (b) $R_0/2\pi\,(f_0-f_1)$

(c) $R_0/4\pi\,(f_2-f_1)$ (d) $R_0/(f_2-f_1)$

**182.** एक constant-K बैन्ड स्टॉप फिल्टर में शन्ट एलीमैन्ट होता है—

(a) कैपेसिटर (b) इन्डक्टर

(c) $LC$ श्रेणी परिपथ (d) $LC$ शन्ट परिपथ

**183.** प्रोटोटाइप highpass फिल्टर में श्रेणी एलीमैन्ट होता है—

(a) इन्डक्टिव

(b) कैपेसिटिव

(c) प्रतिरोधी

(d) $LC$ संयोजन ($LC$ combination)

**184.** एक $RLC$ श्रेणी परिपथ में $R=1\,k\Omega$, $L=100\times10^{-3}$H तथा $C=10\times10^{-6}$F है। परिपथ का $Q$-फैक्टर होगा—

(a) 10 (b) 20

(c) 50 (d) 100

**185.** एक शुद्ध cosine फंक्शन का r.m.s. मान होता है—

(a) अधिकतम (peak) मान का 0·5

(b) अधिकतम (peak) मान का 0·707

(c) अधिकतम (peak) मान के बराबर

(d) शून्य (zero)

**186.** यदि $A=16\angle60°$ तथा $B=4\angle30°$ तब $A/B$ का मान होगा—

(a) $8\angle30°$ (b) $16\angle30°$

(c) $12\angle30°$ (d) उपरोक्त में कोई नहीं

**187.** विभिन्न अनुनादी (resonant) परिपथों की तुलना उनकी ———— के पदों में की जाती है।

(a) प्रतिबाधाओं (impedance)

(b) प्रतिघातों (reactances)

(c) आवृत्तियों (frequencies)

(d) बैन्डविड्थ

**188.** एक श्रेणी परिपथ का अनुनाद वक्र आवृत्ति एवं .................. के मध्य खींचा जाता है।

(a) धारा

(b) वोल्टेज

(c) प्रतिबाधा (impedance)

(d) प्रतिघात (reactance)

**189.** यदि $i_1 = 40 \sin(\omega t + \pi/3)$ तथा $i_2 = 80 \sin(\omega t - \pi/4)$ तब $i_1$ तथा $i_2$ के मध्य कलान्तर होगा—

(a) 15°   (b) 50°

(c) 60°   (d) 105°

**190.** ऑपरेटर j के वर्ग ($j^2$) का मान है—

(a) शून्य (zero)   (b) +1

(c) −1   (d) $\sqrt{-1}$

**191.** किस परिपथ का पावर फैक्टर शून्य होता है—

(a) प्रतिरोध

(b) शुद्ध इन्डक्टैन्स

(c) शुद्ध कैपेसिटैन्स

(d) उपरोक्त (b) तथा (c) दोनों

**102.** एक constant-K, *T*-सैक्शन फिल्टर की characteristic impedance होगी—

(a) $Z_{0T} = \sqrt{Z_1 Z_2 (1 + Z_1/4Z_2)}$

(b) $Z_{0T} = Z_1 Z_2 \sqrt{1 + \frac{Z_1}{4Z_2}}$

(c) $Z_{0T} = \sqrt{1 + \frac{Z_1}{Z_2}}$

(d) $Z_{0T} = \sqrt{Z_1 (1 + Z_1/4Z_2)}$

**193.** 240 V सप्लाई पर प्रयुक्त किये जाने वाले कैपेसिटर की *DC* वोल्टेज रेटिंग होनी चाहिए—

(a) 120 V   (b) 240 V

(c) 360 V   (d) 720 V

**194.** एक *LCR* श्रेणी परिपथ को अनुनाद आवृत्ति पर 10 mV एप्लाई किये गये हैं। अनुनाद पर परिपथ का $Q = 40$ है। इन्डक्टर के टर्मिनलों के मध्य वोल्टेज होगी—

(a) 400 mV   (b) 4 mV

(c) 0·25 mV   (d) 200 mV

**195.** एक 5 $\mu F$ कैपेसिटी का कैपेसिटर 10V बैटरी से 200 Ω प्रतिरोध द्वारा चार्ज किया गया है। कैपेसिटर अपने अधिकतम मान तक कितने समय में चार्ज होगा ?

(a) 1 ms   (b) 5 ms

(c) 1 ms   (d) 20 ms

**196.** एक constant-K T-सैक्शन बैन्ड पास फिल्टर में श्रेणी में संयोजित इन्डक्टैन्स (series arm inductance $L_1$) का मान होता है

(a) $\frac{R_0}{\pi (f_2 - f_1)}$   (b) $\frac{R_0}{2\pi (f_2 - f_1)}$

(c) $\frac{R_0}{4\pi (f_2 - f_1)}$   (d) $\frac{R_0}{(f_2 - f_1)}$

**197.** दो परस्पर कपल्ड इन्डटर्स $L_1 = 0{\cdot}2$H तथा $L_2 = 0{\cdot}8$H के मध्य कपलिंग गुणांक (coefficient of coupling) का मान k = 0·7 है। इन्डक्टर्स के मध्य म्युचुअल इन्डक्टैन्स M का मान होगा।

(a) 0·2H   (b) 0·28H

(c) 0·112H   (d) 1H

**198.** एक constant-K बैन्ड-स्टॉप फिल्टर में शन्ट एलीमैन्ट ........ होता है

(a) कैपेसिटर   (b) इन्डक्टर

(c) श्रेणी L-C परिपथ   (c) श्रेणी L-C परिपथ

**199.** डिसचार्ज होते हुए एक कैपेसिटर में धारा

(a) exponential decay function होती है

(b) linear growth function होती है

(c) exponential growth function होती है

(c) उपरोक्त में कोई नहीं

**200.** एक *RLC* परिपथ में $R = 1000\Omega$, $L = 100$ mH, तथा $C = 10\,\mu$F है। परिपथ का $Q$ होगा

(a) 10   (b) 20

(c) 50   (d) 100

**201.** एक cosine फंक्शन का r.m.s. मान

(a) पीक मान (peak value) का 0·5 होता है

(b) पीक मान (peak value) का 0·707 होता है

(c) पीक मान (peak value) के बराबर होता है

(d) शून्य (zero) होता है

202. एक cosine तरंग का अधिकतम निगेटिव ......... पर होता है

(a) $30^\circ$ (b) $45^\circ$

(a) $90^\circ$ (a) $180^\circ$

203. विभिन्न अनुनाद (resonant) परिपथों की सैलेक्टिविटी की तुलना ......... के पदों में की जाती है

(a) प्रतिबाधा (impedances)

(b) प्रतिघात (reactances)

(c) आवृत्ति (frequencies)

(d) बैन्ड-विड्थ (band widths)

204. उस टर्मिनल को, जहाँ तीन या अधिक ब्रांच मिलती हैं उसे ...... कहते हैं

(a) कम्बीनेशन (b) टर्मिनस

(c) एनोड (d) नोड

205. एक $RLC$ परिपथ में

(a) पावर केवल प्रतिरोध में व्यय होती है तथा उसका मान $I^2R$ होता है

(b) इन्डक्टर तथा पावर सप्लाई के मध्य पावर का एक्सचेंज होता है

(c) कैपेसिटर तथा पावर सप्लाई के मध्य पावर का एक्सचेंज होता है

(d) प्रतिरोध तथा पावर सप्लाई के मध्य पावर का एक्सचेंज नहीं होता है

(e) उपरोक्त सभी

206. एक परिपथ में वोल्टेज का मान $v = 100 \sin \omega t$ है यदि फ्रीक्वैन्सी 25Hz है तब वोल्टेज को 50V तक बढने में कितना समय लगेगा ?

(a) $\frac{1}{50}$ sec (b) $\frac{1}{100}$ sec

(c) $\frac{1}{300}$ sec (c) $\frac{1}{600}$ sec

207. एक श्रेणी अनुनाद (resonant) परिपथ में एप्लाई की गयी वोल्टेज किस कम्पोनैन्ट ($R$, $L$ अथवा $C$) पर वोल्टेज के बराबर होती है ?

(a) इन्डक्टैन्स (L) (b) कैपेसिटैन्स (C)

(b) प्रतिरोध (R) (d) उपरोक्त में कोई नहीं

208. किसी परिपथ में अधिकतम पावर ट्रांसफर के समय पावर ट्रांसफर की दक्षता क्या होती है ?

(a) 100% (b) 80%

(c) 75% (d) 50%

209. किस परिपथ का शक्ति गुणक (power factor) शून्य होता है

(a) प्रतिरोध

(b) इन्डक्टैन्स

(c) कैपेसिटैन्स

(d) उपरोक्त (b) तथा (c) दोनों

210. एक $RC$ परिपथ को d.c. सप्लाई से कनैक्ट किया जाता है। कैपेसिटर के टर्मिनलों के मध्य वोल्टेज, एप्लाईड वोल्टेज के लगभग बराकर कितने समय पश्चात होगी ?

(a) 2CR (b) 10CR

(c) 5CR (d) 20CR

## Answers :

| | | | | | |
|---|---|---|---|---|---|
| 1. (b) | 36. (d) | 71. (c) | 106. (a) | 141. (a) | 176. (b) |
| 2. (a) | 37. (a) | 72. (b) | 107. (b) | 142. (d) | 177. (b) |
| 3. (b) | 38. (b) | 73. (a) | 108. (d) | 143. (c) | 178. (b) |
| 4. (c) | 39. (c) | 74. (c) | 109. (c) | 144. (a) | 179. (c) |
| 5. (a) | 40. (b) | 75. (d) | 110. (b) | 145. (c) | 180. (b) |
| 6. (b) | 41. (b) | 76. (c) | 111. (c) | 146. (b) | 181. (a) |
| 7. (c) | 42. (c) | 77. (c) | 112. (a) | 147. (b) | 182. (c) |
| 8. (b) | 43. (b) | 78. (c) | 113. (c) | 148. (b) | 183. (b) |
| 9. (c) | 44. (c) | 79. (d) | 114. (b) | 149. (c) | 184. (d) |
| 10. (b) | 45. (d) | 80. (a) | 115. (a) | 150. (a) | 185. (b) |
| 11. (a) | 46. (a) | 81. (d) | 116. (b) | 151. (d) | 186. (b) |
| 12. (b) | 47. (d) | 82. (c) | 117. (c) | 152. (c) | 187. (d) |
| 13. (a) | 48. (a) | 83. (a) | 118. (a) | 153. (b) | 188. (a) |
| 14. (b) | 49. (a) | 84. (d) | 119. (c) | 154. (b) | 189. (d) |
| 15. (d) | 50. (b) | 85. (c) | 120. (a) | 155. (d) | 190. (c) |
| 16. (a) | 51. (b) | 86. (c) | 121. (a) | 156. (d) | 191. (d) |
| 17. (b) | 52. (b) | 87. (d) | 122. (d) | 157. (d) | 192. (a) |
| 18. (b) | 53. (a) | 88. (b) | 123. (a) | 158. (a) | 193. (b) |
| 19. (b) | 54. (b) | 89. (c) | 124. (b) | 159. (d) | 194. (a) |
| 20. (a) | 55. (c) | 90. (c) | 125. (c) | 160. (b) | 195. (b) |
| 21. (c) | 56. (c) | 91. (d) | 126. (b) | 161. (c) | 196. (a) |
| 22. (c) | 57. (b) | 92. (c) | 127. (d) | 162. (a) | 197. (b) |
| 23. (a) | 58. (d) | 93. (a) | 128. (a) | 163. (b) | 198. (c) |
| 24. (c) | 59. (c) | 94. (b) | 129. (c) | 164. (d) | 199. (b) |
| 25. (c) | 60. (c) | 95. (d) | 130. (b) | 165. (c) | 200. (d) |
| 26. (a) | 61. (b) | 96. (b) | 131. (c) | 166. (a) | 201. (b) |
| 27. (a) | 62. (b) | 97. (d) | 132. (d) | 167. (a) | 202. (d) |
| 28. (c) | 63. (d) | 98. (b) | 133. (a) | 168. (b) | 203. (d) |
| 29. (b) | 64. (a) | 99. (a) | 134. (a) | 169. (a) | 204. (d) |
| 30. (a) | 65. (b) | 100. (b) | 135. (c) | 170. (b) | 205. (d) |
| 31. (d) | 66. (c) | 101. (d) | 136. (d) | 171. (c) | 206. (c) |
| 32. (b) | 67. (b) | 102. (b) | 137. (b) | 172. (d) | 207. (c) |
| 33. (b) | 68. (a) | 103. (a) | 138. (b) | 173. (a) | 208. (d) |
| 34. (a) | 69. (c) | 104. (a) | 139. (c) | 174. (c) | 209. (d) |
| 35. (d) | 70. (a) | 105. (b) | 140. (d) | 175. (a) | 210. (b) |

# 2

# इलैक्ट्रॉनिक युक्तियाँ एवं परिपथ
## (Electronic Devices and Circuits)

ऐसे तत्व जिनकी विशिष्ट प्रतिरोधकता (specific resistance) सामान्य तापक्रम पर $10^{-2}$ ohm cm या इससे कम होती है चालक की भाँति प्रयोग किये जाते हैं। $10^5$ ohm cm या इससे अधिक विशिष्ट प्रतिरोध वाले पदार्थ कुचालक (insluators) की भांति प्रयोग किये जाते हैं परन्तु $10^{-2}$ तथा $10^5$ ohm cm के मध्य विशिष्ट प्रतिरोध वाले तत्व अर्द्धचालक वर्ग में आते हैं।

विभिन्न तत्वों की विद्युत प्रतिरोधकता (electrical resistivity) 20°C पर ohm-meter में प्रदर्शित की गयी है—

**Table 2.1**

| धातु | अर्द्धचालक | कुचालक |
|---|---|---|
| Ag – $1 \cdot 6 \times 10^{-8}$ | Ge (pure)–$0 \cdot 47$ | Glass – $10^{10}$ to $10^{11}$ |
| Cu – $1 \cdot 7 \times 10^{-8}$ | Si (pure)–3000 | Mica – $7 \times 10^{14}$ |
| Al – $2 \cdot 8 \times 10^{-8}$ | $Fe_2O_4 = 0 \cdot 01$ | Diamond – $10^{14}$ |
| Fe – $10 \times 10^{-8}$ | In, Sb = $2 \times 10^4$ | |
| Constantan – $49 \times 10^{-8}$ | Sn (gray) = $2 \times 10^{-6}$ | |
| Nichrome – $100 \times 10^{-8}$ | | |

चालक, अर्द्धचालक तथा कुचालक पदार्थों की ताप-परिवर्तन के साथ प्रतिरोधकता में परिवर्तन चित्र 2.1 के अनुसार होता है।

**अर्द्धचालकों** में एक परमाणु दूसरे परमाणु के साथ हीरे के आकार की संरचना (diamond structure) बनाते हैं जिसके कारण क्रिस्टल के परमाणुओं के संयोजक इलेक्ट्रॉन अपने पास स्थित दूसरे परमाणुओं के संयोजक इलेक्ट्रॉनों से सहसंयोजी (co-valent) बन्ध बना लेते हैं। ये इलेक्ट्रॉन बन्ध बना लेने के कारण धारा चालन के लिये उपलब्ध नहीं हो पाते। अतः अर्द्धचालक के परमाणु में इन इलेक्ट्रॉनों से सम्बन्धित अन्तिम ऊर्जा पट्टिका (top energy band) पूर्णतया भरी हुई पट्टी (filled band) होती है जिसके कारण साधारण ताप पर ये कुचालक की भाँति व्यवहार करते हैं।

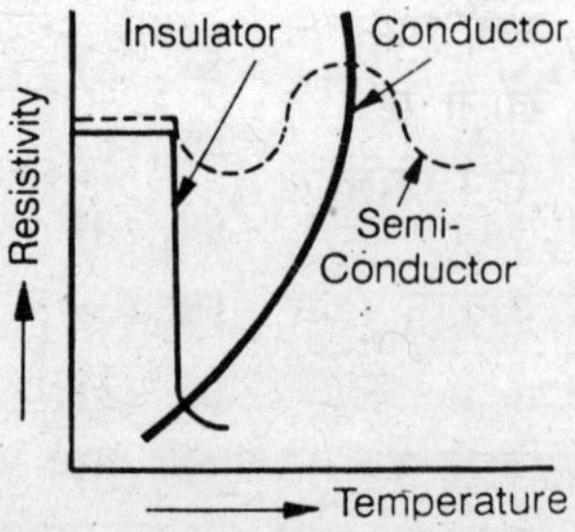


**चित्र 2.1–चालक, अर्द्धचालक तथा कुचालक पदार्थों की प्रतिरोधकता पर ताप का प्रभाव**

### 2.1. ऊर्जा स्तर (Energy Bands)

एक निश्चित कक्षा में घूमते हुए इलेक्ट्रॉन की ऊर्जा निश्चित होती है। नाभिक के निकटतम कक्ष में घूमते हुए इलेक्ट्रॉन की ऊर्जा न्यूनतम तथा बाहरी कक्षा में घूमते इलेक्ट्रॉन की ऊर्जा अधिकतम होती हे। चित्र 2.2 में कुचालक, अर्द्धचालक एवं चालक की ऊर्जा पट्टियाँ (energy bands) प्रदर्शित की गयी हैं।

इलेक्ट्रॉन पर यदि अत्यधिक ऊर्जा होगी तब वह पदार्थ से बाहर चला जायेगा। इस ऊर्जा से कुछ कम ऊर्जा वाले इलेक्ट्रॉन जो पदार्थ में घूमने के लिये स्वतन्त्र हैं एवं किसी विशेष परमाणु से नहीं बँधे हैं, कन्डक्शन बैंड (conduction band) में रहते हैं। पदार्थ में बाह्य विद्युत क्षेत्र लगाने कन्डक्शन बैंड (conduction band) पर के इलेक्ट्रॉनों के कारण ही धारा प्रवाह होता है।

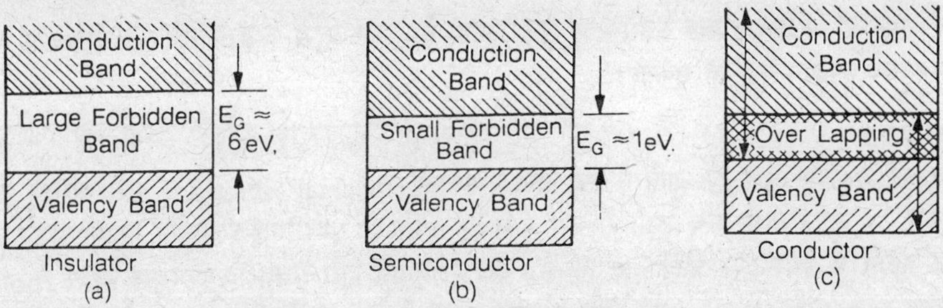


चित्र 2.2 — कुचालक, अर्द्धचालक एवं चालक में ऊर्जा पट्टी

कन्डक्शन बैंड प्रायः खाली रहती है। चित्र 2.2 में नीचे पूर्णतया भरी हुई पट्टियाँ प्रदर्शित की गयी हैं। अन्तिम भरी हुई पट्टी को संयोजन बैंड (valency band) कहते हैं।

## कुचालक (Insulator)

हीरे (diamond), जो कार्बन का ही एक ही रूप है, में संयोजन पट्टी तथा चालन पट्टी के मध्य अनेक इलेक्ट्रॉन वोल्ट ऊर्जा ($E_G \approx 6eV$) के तुल्य एक ऊर्जा दरार (energy gap) होती है। इस स्पेस में सामान्य अवस्था में इलेक्ट्रॉन नहीं रह सकते। अतः इसे वर्जित ऊर्जा दरार (forbidden energy gap) कहते हैं। किसी बाह्य विद्युत क्षेत्र से इस क्रिस्टल को इतनी ऊर्जा दिया जाना सम्भव नहीं है कि संयोजन पट्टी का कोई इलेक्ट्रॉन ऊर्जा प्राप्त कर तथा इस दरार को पार कर चालन पट्टी में पहुँच सके। अतः इस क्रिस्टल में कन्डक्शन सम्भव नहीं है तथा इसी कारण से हीरे को कुचालक कहा जाता है।

## अर्धचालक (Semiconductor)

वे पदार्थ, जिनमें वर्जित ऊर्जा दरार (forbidden energy gap) की चौड़ाई अपेक्षाकृत कम (लगभग 1eV) होती है, अर्धचालक कहलाते हैं। सबसे अधिक महत्वपूर्ण अर्धचालक पदार्थ जरमेनियम तथा सिलिकॉन हैं। परमशून्य ताप (0 K) पर जरमेनियम तथा सिलिकॉन के लिये इस ऊर्जा दरार के मान क्रमशः **0·785** तथा **1·21 eV** हैं। किसी भी विद्युत क्षेत्र से इस स्तर की ऊर्जा सामान्यतः अर्धचालक क्रिस्टल को नहीं दी जा सकती। अतः इस पदार्थ की संयोजन पट्टिका भरी रहती है तथा कन्डक्शन बैन्ड खाली रहती है। निम्न तापमानों पर ये पदार्थ कुचालकों की भाँति व्यवहार करते हैं तथापि इनकी चालकता (conductivity) ताप बढ़ने पर बढ़ती है।

## चालक (Metal)

इन पदार्थों में कन्डक्शन बैन्ड आंशिक रूप से भरी होती है। किसी बाह्य विद्युत क्षेत्र को एप्लाई करने पर इलेक्ट्रॉन ऊर्जा प्राप्त कर उच्च अवस्थाओं में जा सकते हैं। चूँकि इन इलेक्ट्रॉनों कि गति से धारा प्रवाहित होती है। अतः ये पदार्थ चालक पदार्थ कहलाते हैं। वैलेन्सी बैन्ड एवं कन्डक्शन बैन्ड परस्पर ओवरलैप (overlap) करती हैं।

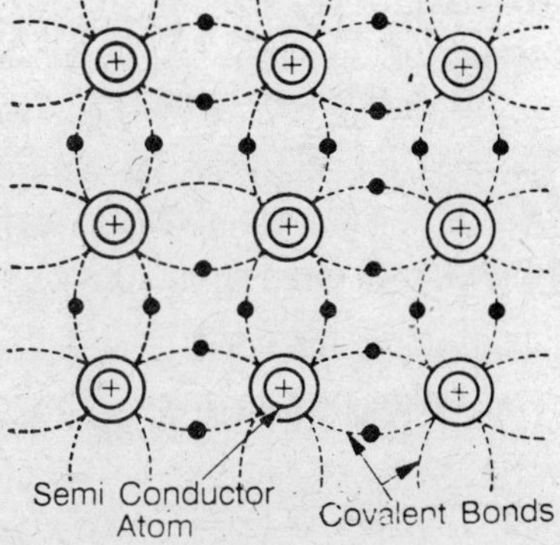


चित्र 2.3—शुद्ध अर्द्धचालक क्रिस्टल

शुद्ध (intrinsic) अर्धचालक में प्रत्येक परमाणु के चारों संयोजक इलेक्ट्रॉन चार सबसे अधिक निकट वाले इलेक्ट्रॉनों में से एक-एक के साथ भागीदार (shared) होकर सहसंयोजी बन्ध की रचना करते हैं। ये बन्ध ही पड़ोसी परमाणुओं के बीच बन्धन बल (bonding force) प्रदान करते हैं। इस प्रकार शुद्ध जरमेनियम अथवा सिलिकॉन में मुक्त इलेक्ट्रॉन उपलब्ध नहीं हैं। सामान्य ताप पर कभी-कभी परमाणु में ऊष्मीय विक्षोभ (thermal agitation) के कारण

कुछ सहसंयोजी बन्ध टूट जाते हैं जिससे कुछ इलेक्ट्रॉन ऊर्जा दरार (energy gap) को पार कर धारा चालन के लिये उपलब्ध हो जाते हैं। क्रिस्टल को गर्म करने पर, अधिकाधिक इलेक्ट्रॉन मुक्त होने के कारण क्रिस्टल की चालकता बढ़ने लगती है। साधारण ताप पर जरमेनियम के $10^9$ परमाणुओं में केवल एक सहसंयोजी बन्ध टूटता है। अतः शुद्ध अर्द्धचालकों की चालकता बहुत कम होती है जिससे उनका कोई व्यावहारिक उपयोग नहीं हो सकता।

## 2.2. विवर (Hole)

जब अर्द्ध-चालक को ऊष्मीय ऊर्जा दी जाती है तब तापीय कम्पन्न (thermal vibration) द्वारा परमाणु में एक या अधिक सहसंयोजी बन्ध टूट सकते हैं। सहसंयोजी बन्ध टूटने से उस बन्ध (bond) से सम्बन्धित इलेक्ट्रॉन अपना स्थान छोड़कर मुक्त हो जाता है तथा अर्धचालक पदार्थ में इधर-उधर भटकने लगता हे। इस इलेक्ट्रॉन द्वारा रिक्त किया स्थान विवर (hole) कहलाता है। विवर एक धनात्मक आवेश (positive charge) की भाँति व्यवहार करता है तथा अपने आस-पास आनेवाले इलेक्ट्रॉन को आकर्षित करने की क्षमता रखता है।

शुद्ध जरमेनियम या सिलिकॉन में ऊष्मीय ऊर्जा द्वारा बन्ध टूटने के फलस्वरूप उत्पन्न इलेक्ट्रॉन एवं विवर (holes) की संख्या बराबर होती है, क्योंकि एक इलेक्ट्रॉन मुक्त होने पर एक विवर उत्पन्न होता है। यह क्रिया इलेक्ट्रॉन-विवर युग्म उत्पादन (electron-hole pair generation) कहलाती है।

ये मुक्त इलेक्ट्रॉन अर्द्धचालक में इधर-उधर (randomly) सरकते (drift) रहते हैं तथा विवर मिलने पर आकर्षित हो जाते हैं। ऐसा होने पर विवर (hole) लुप्त हो जाता है तथा स्वतन्त्र इलेक्ट्रॉन फिर से बन्ध बना लेता है। स्वतन्त्र इलेक्ट्रॉन के विवर में जाकर लुप्त होने की क्रिया पुर्नसयोंग (recombination) कहलाती है।

## 2.3. अर्धचालक के प्रारूप (Types of Semiconductor)

अर्धचालक दो प्रकार के होते हैं—

(a) इन्ट्रेंजिक (Intrinsic) अर्द्धचालक तथा

(b) एक्सट्रेंजिक (Extrinsic) अर्द्धचालक

**(a) इन्ट्रेंजिक अर्धचालक** (Intrinsic Semiconductor) – सिलिकॉन अथवा जरमेनियम का शुद्ध क्रिस्टल जिनमें केवल मूल पदार्थ (जरमेनियम अथवा सिलिकॉन) के ही परमाणु हों इन्ट्रेंजिक अर्धचालक कहलाता है। इस अर्धचालक में समस्त परमाणु परस्पर शक्तिशाली बन्धों द्वारा जुड़े रहते हैं। क्रिस्टल का तापमान बढ़ने पर कोई बन्ध शक्तिहीन (weak) होकर टूट सकता है जिससे इलेक्ट्रॉन-विवर युग्म (electron-hole pair) उत्पन्न होता है। क्रिस्टल में इलेक्ट्रॉन तो स्वतन्त्रतापूर्वक घूमते हैं परन्तु विवर भी इन अर्थों में गतिशील (mobile) हैं कि अन्य बन्ध के टूटने पर स्वतन्त्र हुआ इलेक्ट्रॉन विवर के खाली स्थान को भर सकता है तथा विवर इलेक्ट्रॉन के स्थान पर ड्रिफ्ट (drift) हो जाता है।

इन्ट्रेंजिक जरमेनियम में विवर तथा इलेक्ट्रॉन का प्रति इकाई आयतन घनत्व (concentration) बराबर होता है।

**(b) एक्सट्रिन्जिक अर्धचालक** (Extrinsic Semiconductor) – सामान्य ताप पर शुद्ध अर्धचालक, कुचालक की भाँति व्यवहार करता है। अर्धचालक को प्रायोगिक दृष्टि से उपयोगी बाने के लिये इसमें अशुद्धि (impurity) मिलाई जाती है। ये अशुद्धियाँ पाँच अथवा तीन संयोजकता वाली होती हैं जैसे आरसेनिक (संयोजकता-5) तथा इन्डियम (संयोजकता-3)। अर्धचालक में अशुद्धि मिलाने की क्रिया डोपिंग (doping) कहलाती हैं। अशुद्धि मिलाने पर प्राप्त अर्धचालक एक्सट्रेंजिक अर्धचालक (extrinsic semiconductor) कहलाता है।

एक्सट्रेंजिक अर्धचालक दो प्रकार के होते हैं—

1. N-Type अर्धचालक
2. P-Type अर्धचालक

## 2.4. N-Type अर्धचालक

जब किसी जरमेनियम अथवा सिलिकॉन क्रिस्टल में पाँच (5) संयोजकता वाली अशुद्धि (जैसे आर्सेनिक, फॉसफोरस अथवा एन्टीमनी) मिलाया जाता है तो वह अर्धचालक के एक परमाणु को हटाकर उसका स्थान ले लेता है। चित्र 2.4 में जरमेनियम में

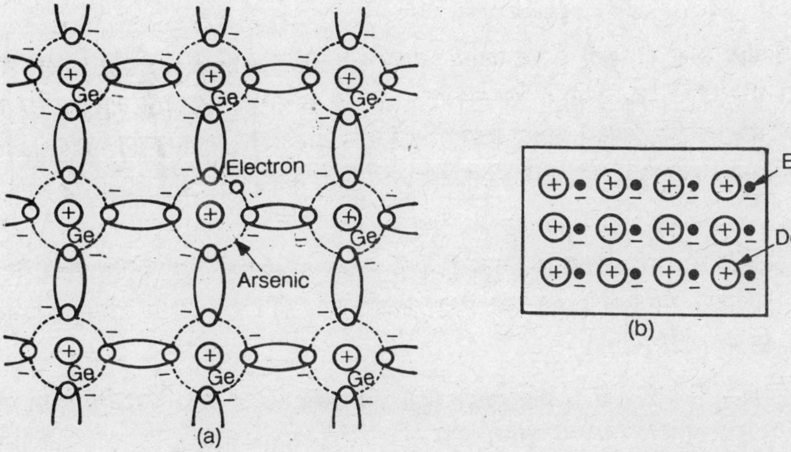


चित्र 2.4—N-Type अर्धचालक

आर्सेनिक अशुद्धि मिलाने पर नवनिर्मित क्रिस्टल की संरचना प्रदर्शित की गयी है। जरमेनियम को आर्सेनिक द्वारा डोप (dope) करने की विधि यह है कि शुद्ध जरमेनियम को उसके गलनांक (melting point) से अधिक तापक्रम तक गर्म करने के पश्चात् उसमें अशुद्धि (आर्सेनिक) की थोड़ी मात्रा मिला दी जाती है। यह मात्रा जरमेनियम की मात्रा का लगभग $10^{-4}$ प्रतिशत होती है। प्राप्त पदार्थ (जरमेनियम + आर्सेनिक) का शीतलन (cooling) करने से एक ठोस क्रिस्टल बन जाता है। इस क्रिस्टल का स्पैक्ट्रोकोप द्वारा निरीक्षण करने पर ज्ञात होता है कि आर्सेनिक परमाणु जरमेनियम का स्थान ले लेते हैं तथा जरमेनियम की मूल चतुष्फलकीय (tetrahedral) संरचना अप्रभावित रहती हे

जरमेनियम में आर्सेनिक अशुद्धि मिलाने के पश्चात् जो मुक्त इलेक्ट्रॉन प्राप्त होता है। वह किसी के साथ बन्ध नहीं बनाता और स्वतन्त्र रूप से धारा चालन के लिये प्राप्त हो जाता है। अतः यह N-टाइप अर्द्धचालक कहलाता है। प्रत्येक अशुद्धि परमाणु (impurity atom) से एक स्वतन्त्र इलेक्ट्रॉन मुक्त होता है। अतः इस अशुद्धि को दाता अशुद्धि (donor impurity) कहते हैं।

डोप किये गये जरमेनियम में डोपिंग के कारण स्वतन्त्र इलेक्ट्रॉन की संख्या, विवर की संख्या से बहुत अधिक होती है। इसी कारण से N-Type अर्द्धचालक में मुक्त इलेक्ट्रॉन को मेजॉरिटी कैरियर (majority carrier) तथा विवर को माइनॉरिटी कैरियर (minority carrier) कहते हैं (चित्र 2.4)।

## 2.5. P-Type अर्धचालक

यदि जरमेनियम क्रिस्टल में तीन (3) संयोजकता वाले पदार्थ (जैसे.इन्डियम, बोरॉन, गैलियम अथवा एल्यूमिनियम) को मिलाया जाये तो इस पदार्थ के परमाणु भी जरमेनियम परमाणु का स्थान ले लेते हैं। अशुद्धि परमाणु (impurity atom) के तीन संयोजक इलेक्ट्रॉन तीन निकटतम जरमेनियम परमाणुओं के एक-एक इलेक्ट्रॉन से मिलकर सहसंयोजी बन्ध बना लेते हैं तथा जरमेनियम का एक इलेक्ट्रॉन बन्ध नहीं बना पाता। अतः क्रिस्टल में अशुद्धि परमाणु के एक ओर रिक्त स्थान रह जाता है। इसे विवर (hole) कहते हैं।

इस अशुद्धि को स्वीकारक अशुद्धि (acceptor impurity) कहते हैं तथा इस विधि से प्राप्त अर्धचालक को P-Type अर्धचालक कहते हैं।

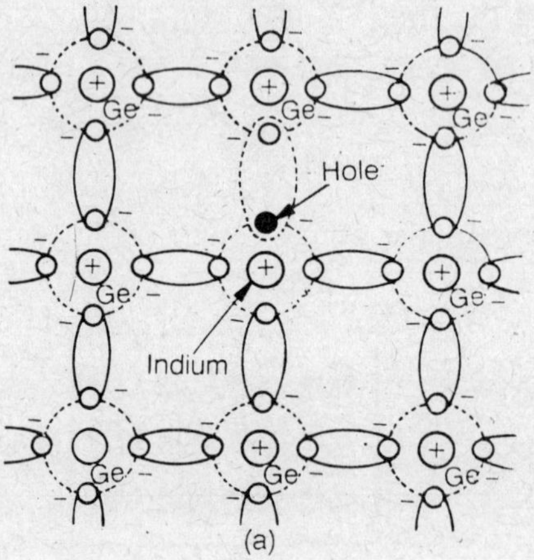


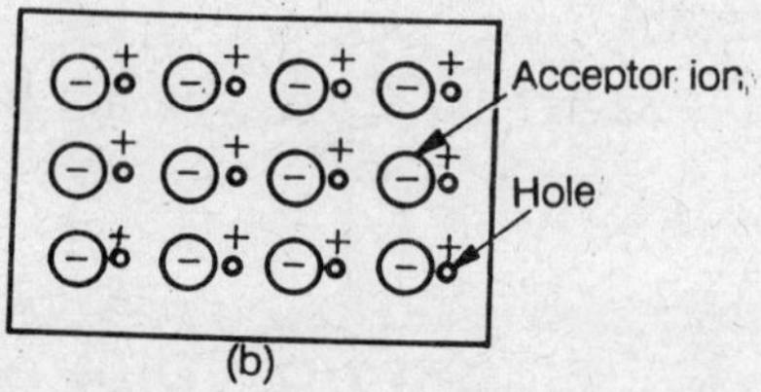


**चित्र 2.5—P-Type अर्ध चालक**

P-Type अर्धचालक में विवरों की संख्या मुक्त इलेक्ट्रॉन की संख्या से अधिक होती है। P-Type अर्धचालक पदार्थ में विवर (holes) मेजॉरिटी कैरियर तथा मुक्त इलेक्ट्रॉन माइनारिटी कैरियर कहलाते हैं (चित्र 2.5)।

## 2.6. अर्धचालक की चालकता (Conductivity of Semiconductor)

कैरियर्स की सान्द्रता (concentration) ताप पर निर्भर करती है। माइनॉरिटी कैरियर्स के कारण कुल धारा ड्रिफ्ट (drift) एवं डिफ्यूजन (diffusion) धारा का योग होती है।

यदि अर्ध चालक पदार्थ में

$\mu_n =$ Mobility of electrons in $cm^2$/sec/volt

$\mu_p =$ Mobility of holes in $cm^2$/sec/volt

$n =$ Concentration of electrons per cubic cm

$p =$ Concentration of holes per cubic cm

$E =$ Electric field applied across the semiconductor in volt/cm.

तब इलेक्ट्रानों के कारण धारा घनत्व (current density)

$$j_n = ne\mu_{nE}$$

$\therefore$ चालकता (conductivity due to electrons ), $\sigma_n = \dfrac{\text{Current density}}{\text{Electric field}} = \dfrac{ne\mu_{nE}}{E}$

$$= ne\mu_n \text{ mho/cm}$$

इसी प्रकार होल्स के कारण चालकता (conductivity due to holes)

$$\sigma_p = pe\mu_p \quad \text{mho/cm}$$

$\therefore$ अर्धचालक की कुल चालकता

$$\sigma = \sigma_n + \sigma_p = ne\mu_n + pe\mu_p = e\,(n\,\mu_n + p\mu_p) \quad \text{mho/cm}$$

इन्ट्रिन्जिक अर्धचालक के लिये $n = p = n_i$ (माना)

$\therefore$ इन्ट्रिन्जिक कन्डक्टिविटी, $\sigma_i = en_i (\mu_n + \mu_p)$

## फरमी लेविल (Fermi Levels)

इन्ट्रिन्जिक अर्धचालक में फरमी लेविल ($E_F$) वैलेन्सी बैंड (valency band) तथा कन्डक्शन बैन्ड के मध्य ऊर्जा गैप में पड़ता है।

N-टाइप तथा P-टाइप अर्धचालकों में फरमी लेविल ताप पर निर्भर करता है।

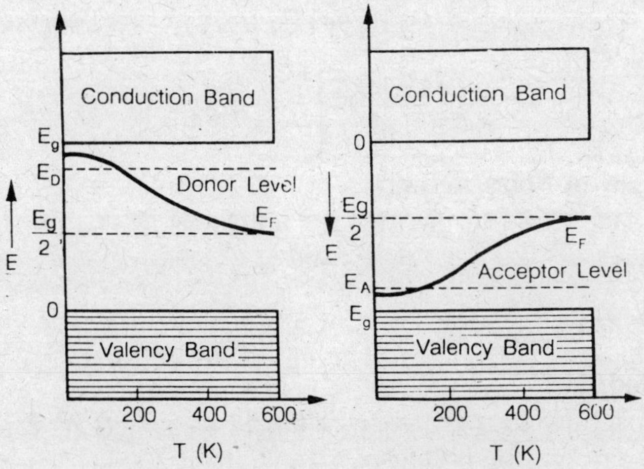


**चित्र 2.6—(a) N-टाइप अर्धचालक में फरमी स्तर**
**(b) P-टाइप अर्धचालक में फरमी स्तर**

यदि किसी अर्धचालक पदार्थ में फ्री इलेक्ट्रॉम कन्सैन्ट्रेशन (free electron concentration) '$n$' तथा होल कन्सैन्ट्रेशन $p$ है तब

$$n = N_C e^{-(E_C - E_F)/KT}$$

तथा
$$p = N_v e^{-(E_F - E_v)/KT}$$

यहाँ $N_c$ एक नियतांक है जो पदार्थ के ताप पर निर्भर करता है। यह कन्डक्शन बैन्ड में 'effective density of states' कहलाती है। इसका मान निम्न होता है—

$$N_c = 2\left[\frac{2\pi m_e^* KT}{h^2}\right]^{3/2}$$

यहाँ $E_v$ = संयोजन बैन्ड के 'top' पर ऊर्जा का मान है

$E_c$ = कन्डक्शन बैन्ड की तली (bottom) में ऊर्जा का मान है

$m^*$ = फ्री इलेक्ट्रॉन का 'effective mass' है

तथा $N_v$ संयोजन बैन्ड (valency band) में effective density of states है। इसका मान निम्न होता है—

$$N_v = 2\left[\frac{2\pi m_h^* KT}{h^2}\right]^{3/2}$$

इन्ट्रिन्जिक अर्धचालक के लिये

$$n = p\,,\, m_e^* = m_h^*$$

$$\therefore \quad E_F = \frac{E_c + E_v}{2}$$

यदि संयोजन बैन्ड के top को शून्य स्तर माना जाये, अर्थात् $E_V = 0$, तब

$$\therefore \quad E_F = E_g/2$$

यहाँ $E_g$ एक बॉन्ड को तोड़ने के लिये आवश्यक ऊर्जा है।

Intrinisic Density, $\quad n_i = CT^{3/2}\, e^{\left(-E_g/2KT\right)}$

यहाँ $\quad C = 2\left[\frac{2\pi\, mKT}{h^2}\right]^{3/2} = 4{\cdot}83 \times 10^{21}$

## मॉस एक्शन का नियम (Law of Mass Action)

इस नियम के अनुसार फरमी स्तर के किसी भी मान के लिये $n$ तथा $p$ का गुणनफल स्थिर (constant) होता है

n-टाइप अर्धचालक के लिये, $n_n p_n = n_i^2$

p-टाइप अर्द्ध चालक के लिये, $n_p p_p = n_i^2$

## Charge Neutrality Condition

सन्तुलन की अवस्था में शुद्ध तथा अशुद्ध दोनों अर्धचालक विद्युतीय रूप से न्यूट्रल होते हैं

n-टाइप अर्धचालक में,

$$n_n p_n = n_i^2, \quad \text{तथा} \quad n_n = n_D$$

$$\therefore \quad p_n = \frac{n_i^2}{N_D}$$

p-टाइप अर्धचालक में, $\quad n_p p_p = n_i^2; \quad$ तथा $\quad p_p = N_A$

$$\therefore \quad n_p = \frac{n_i^2}{N_A}$$

## 2.7. P-N जंक्शन (P-N Junction)

जब एक P-type पदार्थ का क्रिस्टल किसी N-type पदार्थ के क्रिस्टल से स्पर्श करता है तब दोनों पदार्थों (N तथा P) के मध्य का इन्टरफेस P-N सन्धि कहलाता है। P-N सन्धि की चौड़ाई लगभग $10^{-4}$ सेमी० होती है।

P-Type पदार्थ में ऋण (−) चिह्न स्थिर स्वीकारक (acceptor) परमाणुओं को प्रदर्शित करता है तथा इन परमाणुओं के साथ लगा धन चिह्न P-Type पदार्थ में एक होल (hole) है। यह मोबाइल आवेश वाहक (mobile charge carrier) है जबकि acceptor ion अचल आवेश वाहक (immobile charge carrier) है।

इसी प्रकार N-type क्रिस्टल में इलेक्ट्रॉन, मोबाइल आवेश वाहक (mobile charge carrier) तथा धन (+) चिह्न से प्रदर्शित आयन अचल आवेश वाहक (immobile charge carrier) है।

इन आवेशों के अतिरिक्त P तथा N दोनों पदार्थों में माइनॉरिटी कैरियर्स (minority carriers) भी अल्प संख्या में होते हैं।

P-N सन्धि केवल P तथा N प्रकार के अर्द्धचालकों को पास-पास रखने से नहीं बनती। P-N सन्धि निर्मित करने के लिये एक शुद्ध (intrinsic) जरमेनियम अथवा सिलिकॉन क्रिस्टल की सतह की पाँच संयोजकता वाली अशुद्धि से तथा दूसरी सतह को तीन संयोजकता वाली अशुद्धि से प्रक्रिया करायी जाती है। सन्धि बनने के क्षण पर भी सन्धि के P भाग में होल्स तथा N-भाग में

इलेक्ट्रॉन अधिक संख्या में होते हैं। सन्धि के दोनों ओर आवेश घनत्व (charge concentration) समान न होने के कारण सन्धि पर विसरण (diffusion) की क्रिया होती है जिसके फलस्वरूप P-type पदार्थ के होल्स N-type पदार्थ में तथा N-type पदार्थ के स्वतन्त्र इलेक्ट्रॉन, P-type पदार्थ में विसरित (diffuse) हो जाते हैं एवं सन्धि के पास के विपरीत आवेशों से संयोग कर उदासीन हो जाते हैं।

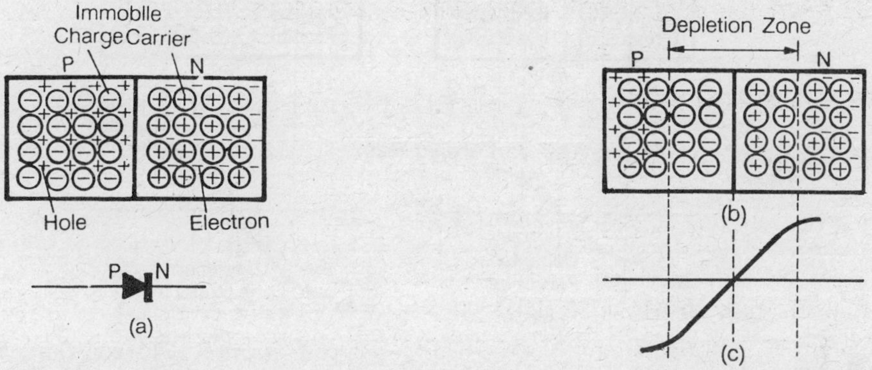


P-N जंक्शन

P-N जंक्शन पर डिपलीशन क्षेत्र की उत्पत्ति

चित्र 2.7

* **डिपलीशन क्षेत्र** (Delepetion Zone) – सन्धि के पास इलेक्ट्रॉन एवं होल्स के संयोग से एक आवेश रहित (charge free) क्षेत्र का निर्माण होता है जिसे **डिपलीशन क्षेत्र** (depletion region) कहते हैं। डिपलीशन का अर्थ है कि इस स्थान पर मोबाइल (mobile) आवेश वाहक नहीं है। इस क्षेत्र में केवल अचल (immobile) आवेश वाहक ही होते हैं जिन पर विद्युत आवेश होता है अतः इसे **स्पेस-चार्ज** (space charge) क्षेत्र भी कहा जाता है। Acceptor तथा Donor आयन के आवेश के कारण सन्धि पर एक विद्युत क्षेत्र स्थापित हो जाता है। इस विद्युत क्षेत्र को बैरियर (barrier) कहते हैं। इस विद्युत क्षेत्र के विभव (potential) के कारण ही सन्धि पर विर्सरण की क्रिया समाप्त होने के पश्चात् इलेक्ट्रॉन तथा होल्स सन्धि को पार नहीं कर सकते। यह विभव बैरियर वोल्टेज (barrier potential) कहलाता है। सामान्य ताप पर जरमेनियम P-N सन्धि के लिये इस विभव का मान 0·3 volt तथा सिलिकॉन P-N सन्धि के लिये लगभग 0·7 volt होता है।

**ड्रिफ्ट धारा** (Drift Current) – अर्द्धचालक में जब आवेश वाहकों (charge carriers) का प्रवाह अर्द्धचालक पर एप्लाई की गयी वोल्टेज के कारण होता है तब परिणामी धारा ड्रिफ्ट धारा (drift current) कहलाती है।

**डिफ्यूजन धारा** (Diffusion Current) – वह धारा जो अर्द्धचालक में विभिन्न स्थानों पर आवेश वाहकों (electrons and holes) के असमान घनत्व (difference of carrier concentration) के कारण प्रवाहित होती है, डिफ्यूजन धारा कहलाती है।

## P-N सन्धि का बायसिंग (Biasing of P-N Junction)

P-N सन्धि की बायसिंग (biasing) दो प्रकार से की जा सकती है—

**(1) फारवर्ड बायसिंग** (Forward Biasing) – बायसिंग की इस विधि में P-N सन्धि का P सिरा बैटरी के धनात्मक सिरे से तथा N सिरा बैटरी के ऋणात्मक सिरे से संयोजित किया जाता है (चित्र 2.8a)।

फारवर्ड बायसिंग में बाह्य बैटरी (external battery) के कारण सन्धि पर उत्पन्न विद्युत क्षेत्र, बैरियर पोटेन्शियल की दिशा के विपरीत होता है जिसके कारण बैरियर की तीव्रता (height of barrier) कम हो जाती है अर्थात् बैरियर पोटेन्शियल कम हो जाता है।

सन्धि पर बैरियर पोटेन्शियल कम होने के कारण P-material से होल्स तथा N-material से इलेक्ट्रॉन, जो कि मेजॉरिटी कैरियर्स है, सन्धि पार कर जाते हैं। जैसे ही N-पदार्थ से इलेक्ट्रॉन सन्धि पार करते हैं, बैटरी के ऋणात्मक (negative) सिरे से नये

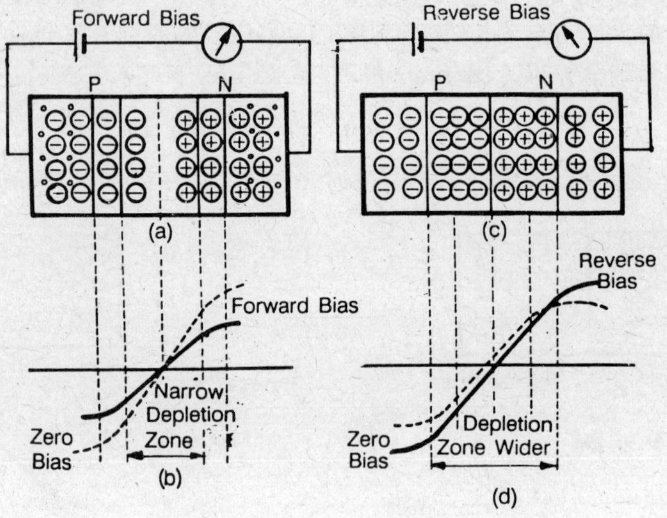


**चित्र 2.8—(a) P-N सन्धि की फारवर्ड बायसिंग, (b) फारवर्ड बायसिग का डिपलीशन क्षेत्र पर प्रभाव, (c) P-N सन्धि की रिवर्स बायसिंग (d) रिवर्स बायसिंग का डिपलीशन क्षेत्र पर प्रभाव**

इलेक्ट्रॉन N-material में पहुँच जाते हैं। इस प्रकार बैटरी के ऋण टर्मिनल तथा N-material को जोड़ने वाले तार में धारा का प्रवाह होता है। ये इलेक्ट्रॉन सन्धि पार कर जब P-material में पहुँचते हैं तब P-material से होल्स N-material में ड्रिफ्ट कर जाते हैं। इस प्रकार P-N संधि एवं परिपथ में धारा प्रवाह होने लगता है।

**(2) रिवर्स बायसिंग** (Reverse biasing)—रिवर्स बायसिंग में बैटरी का ऋण टर्मिनल P-type material से तथा धनात्मक टर्मिनल N-type material से संयोजित किया जाता है। P-क्षेत्र के विवर बैटरी के ऋण टर्मिनल की ओर तथा N-क्षेत्र के इलेक्ट्रॉन बैटरी के धन टर्मिनल की ओर आकर्षित होते हैं। इस प्रकार मेजॉरिटी कैरियर सन्धि से दूर खींच लिये (drawn away) जाते हैं। इस क्रिया के कारण सन्धि पर डिपलीशन क्षेत्र की चौड़ाई अधिक हो जाती है (चित्र 2.8 d)। अतः जंक्शन पर एक शक्तिशाली बैरियर उत्पन्न हो जाता है जिसके कारण जंक्शन पर चालन (conduction) नहीं होता।

रिवर्स बायसिंग (reverse biasing) में माइनॉरिटी कैरियर्स के कारण परिपथ में एक क्षणिक (instantaneous) सूक्ष्म धारा प्रवाहित होती है। इसे रिवर्स बायसिंग धारा (reverse saturation current) कहते हैं।

सिलिकॉन डायोड में इस धारा का क्रम (order) $10^{-9}$ एम्पियर तथा जरमेनियम डायोड में $10^{-6}$ एम्पियर के क्रम में होता है।

## जंक्शन धारिता (Junction Capacitance)

रिवर्स बायस्ड P-N जंक्शन डायोड के डिपलीशन क्षेत्र की प्रतिरोधकता (resistivity) बहुत उच्च होती है तथा यह क्षेत्र दो क्षेत्रों (एक P तथा दूसरा N) के मध्य सेन्डविच (sandwitched) होता है। P तथा N क्षेत्र एक संधारित्र की प्लेट की भाँति कार्य करते हैं तथा स्पेस चार्ज (डिपलीशन क्षेत्र), परावैद्युत माध्यम की भाँति कार्य करता है। इस प्रकार एक उत्क्रम अभिनति P-N सन्धि की कुछ प्रभावी धारिता (effective capacitance) होती है। यह धारिता, जंक्शन धारिता अथवा 'ट्राँजिशन धारिता' (transition capacitance) कहलाती है।

रिवर्स बायस्ड PN जंक्शन की प्रभावी धारिता (capacitance) निम्न होती है—

$$C = \frac{\varepsilon}{X}$$

जहाँ $\varepsilon$ अर्द्धचालक पदार्थ की वैद्युतशीलता (permitivity) तथा '$X$' डिपलीशन क्षेत्र की चौड़ाई (width) है। डिपलीशन क्षेत्र की चौड़ाई (width) रिवर्स वोल्टेज के वर्गमूल $\sqrt{V}$ के समानुपाती होता है। प्लेटों का क्षेत्रफल तथा $\varepsilon$ अर्द्धचालक PN जंक्शन के लिये नियतांक हैं, अतः $C = \frac{K}{\sqrt{V}}$ जहाँ $K$ नियतांक है।

फारवर्ड बायस बढ़ने पर '$X$' का मान कम होता है तथा जंक्शन धारिता बढ़ जाती है।

रिवर्स बायस वोल्टेज बढ़ाने पर डिपलीशन क्षेत्र की मोटाई $X$ बढ़ती है जिससे जंक्शन धारिता घट जाती है।

## जंक्शन डायोड के अभिलक्षण

P-N जंक्शन डायोड की समीकरण निम्न प्रकार होती है—

$$I = I_0 \left(e^{V/\eta V_T} - 1\right)$$

यहाँ $I_0 =$ Reverse saturation current

$V_T = \frac{KT}{q}$ volts

$V =$ Diode terminal volts

$T =$ Temperature of PN Junction.

$K =$ Boltzmann's constant ($= 1{\cdot}38 \times 10^{-23}$ j/K)

$q =$ Charge on electron ($= 1{\cdot}6 \times 10^{-19}$ C)

$\eta =$ A constant; 1 for Ge and 2 for Si

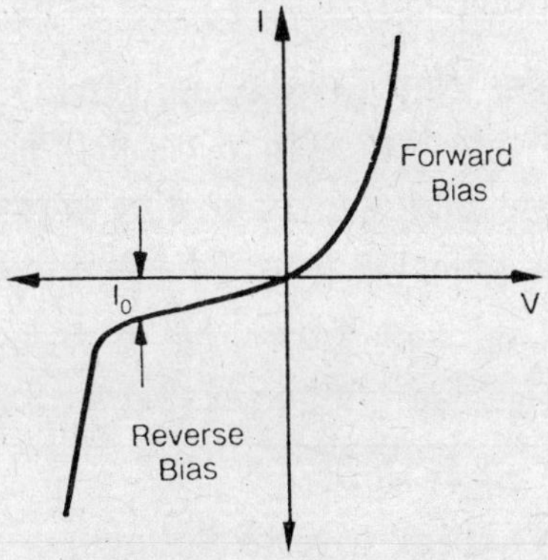


चित्र 2.9—डायोड के V-I अभिलक्षण

सामान्य ताप (room temperature) पर, $T = 300°$ K

$$V_T = \frac{(1{\cdot}38 \times 10^{-23}) \times 300}{1{\cdot}6 \times 10^{-19}} = 26\text{mV}$$

जब $V$ धनात्मक (positive) है तथा $V >> V_T$ तब डायोड समीकरण

$$I = I_0\, e^{V/\eta V_T}$$

## डायोड के V-I अभिलक्षणों पर ताप का प्रभाव

ताप बढ़ने पर बहुत अधिक संख्या में सहसंयोजी बन्ध (covalent bonds) टूटते हैं जिससे मेजॉरिटी तथा माइनॉरिटी कैरियर्स की संख़्या बढ़ती है। अतः धारा का मान चित्र 2.10 के अनुसार परिवर्तित होता है।

फारवर्ड बायस (forward bias) के सूक्ष्म परिवर्तन से फारवर्ड धारा में अत्यधिक परिवर्तन होते हैं। धारा में ये परिवर्तन चरघातांकी (exponential) होते हैं। अर्द्धचालक डायोड का फारवर्ड प्रतिरोध (forward resistance) कम (लगभग 5 ohm) होता है।

रिवर्स बायस में P-material के होल्स एवं N-material के इलेक्ट्रॉन सन्धि से दूर हटते हैं जिससे मेजॉरिटी कैरियर के कारण परिपथ में कोई धारा प्रवाहित नहीं होती। माइनॉरिटी कैरियर्स अर्थात् P-material के कुछ इलेक्ट्रॉन तथा N-material के होल्स (holes) के कारण सन्धि में अल्प मात्रा में रिवर्स धारा ($I_0$) प्रवाहित होती है।

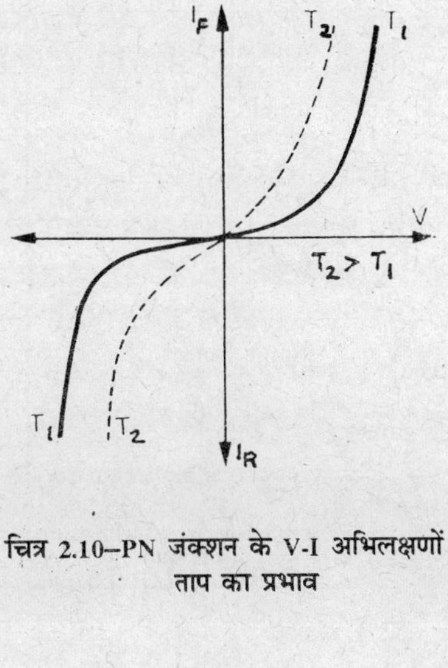


चित्र 2.10–PN जंक्शन के V-I अभिलक्षणों पर ताप का प्रभाव

रिवर्स अभिनति को एक विशेष मान से अधिक करने पर रिवर्स धारा (reverse current) तीक्ष्ण रूप से बढ़ती है। सन्धि का तापक्रम बढ़ता है तथा

सन्धि विच्छेदित हो जाती है। यह **जीनर ब्रेकडाउन** (Zener breakdown) कहलाता है। इस बिन्दु पर प्रयुक्त वोल्टेज जीनर वोल्टेज (Zener voltage) कहलाती है। जीनर ब्रेक डाउन के पश्चात् तीव्र आन्तरिक विद्युत क्षेत्र के कारण असंख्य इलेक्ट्रॉन-होल पेयर उत्पन्न होते हैं जिसके फलस्वरूप रिवर्स धारा असीमित रूप से बढ़ती है। जीनर क्रिया के बाद सन्धि पर वोल्टेज स्थिर हो जाती है जबकि धारा परिवर्तित होती है। P-N सन्धि के इस गुण का उपयोग वोल्टेज रेगुलेटर (voltage regulators) में किया जाता है।

### थरमल रन-अवे (Thermal Run-Away)

P-N जंक्शन में फारवर्ड बायस की सूक्ष्म वृद्धि से धारा अत्यधिक बढ़ती है। यदि फारवर्ड बायस में निरन्तर वृद्धि की जाये तब एक स्थिति ऐसी होगी कि सन्धि का (potential barrier) शून्य हो जायेगा। इस स्थिति में धारा में असीमित वृद्धि होने के कारण सन्धि नष्ट हो सकती है। सन्धि का इस प्रकार नष्ट होना थरमल रन-अवे (thermal run-away) कहलाता है।

### एवलांचे प्रभाव (Avalanche Effect)

उच्च रिवर्स बायस पर माइनॉरिटी कैरियर इतना अधिक वेग ग्रहण कर लेते हैं, कि अर्द्धचालक के अन्य परमाणुओं से टकराकर उनके सहसंयोजी बन्ध तोड़ देते हैं। फलस्वरूप और अधिक संख्या में इलेक्ट्रॉन एवं होल्स जन्म लेते हैं और विद्युत क्षेत्र से ऊर्जा प्राप्त कर अन्य परमाणुओं से टकराकर उनके ढीले बन्ध वाले इलेक्ट्रॉन स्वतन्त्र करा देते हैं।

इस प्रकार आवेश वाहकों की संख्या संचयी (cummulative) रूप में बढ़ती जाती है एवं सन्धि का विच्छेदन हो जाता है। यह प्रभाव एवलांचे प्रभाव तथा सन्धि के इस प्रकार के विच्छेदन को एवलांचे ब्रेकडाउन (avalanche breakdown) कहते हैं।

### पीक इनवर्स वोल्टैज
### 'P.I.V.' (Peak Inverse Voltage)

PIV डायोड की रिवर्स बायस में उस अधिकतम वोल्टेज का मान है जो बिना ब्रेकडाउन हुये सन्धि पर प्रयुक्त की जा सकती है।

## 2.8. रैक्टीफायर्स तथा पावर सप्लाई (Rectifiers and Power Supplies)

विभिन्न रैक्टीफायर परिपथों का प्रतिरोध ($R$) लोड के लिये तुलनात्मक विवरण निम्न तालिका में दिया गया है।

**Table 2.2**

| Parameter | Single Phase | | | Three Phase | |
|---|---|---|---|---|---|
| | Half Wave | Full Wave | Bridge | Half Wave | Full Wave |
| Number of diodes | 1 | 2 | 4 | 3 | 6 |
| Secondary Voltage ($V_m = \sqrt{2}V$) | V | 2V | V | V | V |
| PIV | $V_m$ | $2V_m$ | $V_m$ | $V_m$ | $V_m$ |
| $V_{dc}$ | $\frac{V_m}{\pi}$ | $\frac{2V_m}{\pi}$ | $\frac{2V_m}{\pi}$ | $0\cdot482V_m$ | $\frac{3V_m}{\pi}$ |
| Ripple factor | 1·21 | 0·482 | 0·482 | 0·17 | 0·055 |
| Rectification efficiency | 40·6% | 81·2% | 81·2% | 96·5% | 99·5% |
| Lowest ripple frequency | f | 2f | 2f | 3f | 6f |
| Transformer Utilization factor (TUF) | 0·287 | 0·623 | 0·812 | 0·675 | 0·955 |

पूर्ण-तरंग दिष्टकारी (full-wave rectifier) के साथ विभिन्न फिल्टर्स ($L$, $C$, $LC$, $\pi$) प्रयुक्त कर विवरण निम्न प्रकार है—

**Table 2.3**

| Characteristic | Without Filter | Type of Filter | | | |
|---|---|---|---|---|---|
| | | L | C | LC | $\pi$ |
| $V_{ac}$ (no load) | $\frac{2V_m}{\pi} = 0 \cdot 636\ V_m$ | $0 \cdot 636\ V_m$ | $V_m$ | $V_m$ | $V_m$ |
| $V_{dc}$ (On load $I_{dc}$) | $\frac{2V_m}{\pi} = 0 \cdot 636\ V_m$ | $0 \cdot 636\ V_m$ | $V_m - \frac{I_{dc}}{4fc}$ | $0 \cdot 636\ V_m$ | $V_m - \frac{I_{dc}}{4fc}$ |
| Ripple factor | $0 \cdot 482$ | $\frac{R_L}{3\sqrt{2}\,\omega L}$ | $\frac{1}{4\sqrt{3} f RC}$ | $\frac{1}{6\sqrt{2}\omega^2 LC}$ | $\frac{1}{4\sqrt{2}\omega^2 C^2 L R_L}$ |
| Ripple factor or 50 Hz (C is in $\mu f$) | $0 \cdot 482$ | $\frac{R_L}{1333\ L}$ | $\frac{2887}{RC}$ | $\frac{1 \cdot 2}{LC}$ | $\frac{5714}{C^2 L R_L}$ |
| PIV | $2\ V_m$ | $2\ V_m$ | $2\ V_m$ | $2\ V_m$ | $2\ V_m$ |

## 2.9. जीनर डायोड रेगुलेटर

चित्र 2.11 में एक जीनर वोल्टेज रेगुलेटर का परिपथ दिखाया गया है।

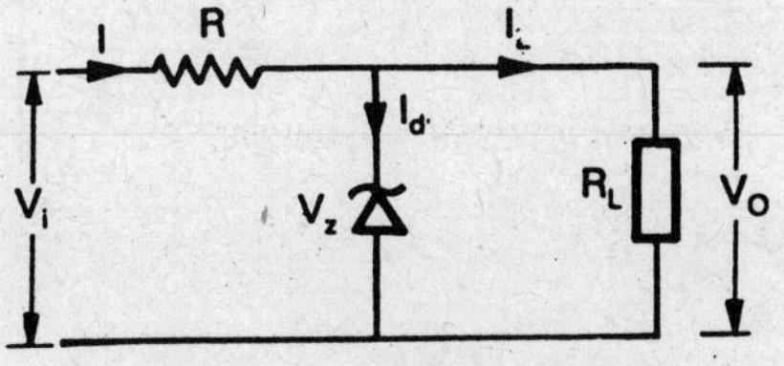


**चित्र 2.11–जीनर वोल्टेज रेगुलेटर**

**श्रेणी प्रतिरोध (series resistance) *R* का मान—**

$$R = \frac{V_i - V_o}{I_d\,(\max)}$$

यहाँ $R =$ Series resistance

$V_o =$ Output voltage

$V_i =$ Input voltage

$I_d =$ Max zener current

उदाहरणत: एक 20V, 500mW जीनर के लिये

$$I_d(\max) = \frac{500\ \text{mW}}{20\text{V}} = 25\ \text{mA}$$

किसी लोड $R_L$ के लिये

$$I_L = \frac{V_o}{R_L}$$

तथा

$$I_d = I - I_L$$

## 2.10 बाईपोलर जंक्शन ट्रांजिस्टर (Bipolar Junction Transistor)

बाईपोलर जंक्शन ट्रांजिस्टर NPN टाइप अथवा PNP टाइप हो सकते हैं। सामान्य ऑपरेशन में इसका बेस-एमिटर जंक्शन फारवर्ड बायस्ड तथा बेस-कलैक्टर जंक्शन रिवर्स बायस्ड होता है। ट्रांजिस्टर तीन प्रकार के कॉनफिगुरेशन में ऑपरेट हो सकता है :

1. CE (Common emitter) कॉनफिगुरेशन
2. CB (Common base) कॉनफिगुरेशन
3. CC (Common collector) कॉनफिगुरेशन

विभिन्न जंक्शनों की बायसिंग के आधार पर ट्रांजिस्टर अपने अभिलक्षणों के एक्टिव (active), सेचुरेशन (saturation) अथवा कट-ऑफ क्षेत्र में अथवा इवर्टर की भांति कार्य कर सकता है। यह निम्न तालिका से स्पष्ट है—

**Table 2.4**

| Input Junction $J_1$ (EB Junction) | Output Junction $J_2$ (CB Junction) | Region of Operation |
|---|---|---|
| Forward biased | Reverse biased | Active |
| Forward biased | Forward biased | Saturation |
| Reverse biased | Reverse biased | Cut off |
| Reverse biased | Forward biased | Inverted |

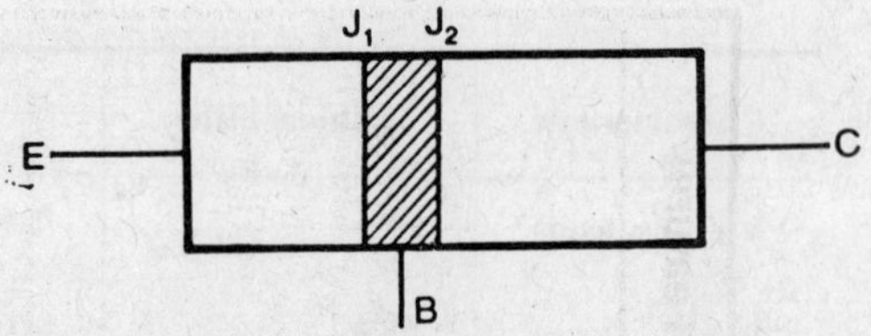


**चित्र 2.12–बाईपोलर जंक्शन ट्रान्जिस्टर**

## उष्मीय स्थिरता (Thermal Stability)

ट्रांजिस्टर की कलैक्टर धारा की समीकरण निम्न है—

$$I_C = \beta I_B + (1+\beta) I_{CO}$$

ट्रांजिस्टर में $I_{CO}, \beta$ तथा $I_B$ के परिवर्तनों के कारण उष्मीय अस्थिरता (thermal instability) उत्पन्न होती है। अतः ट्रान्जिस्टर की बायसिंग में इन तीन पैरामीटर्स ($I_{CO}, \beta$ तथा $I_B$ ) पर विचार किया जाता है।

ट्रांजिस्टर का स्थिरता गुणांक (stability factor)

$$S = \frac{\delta I_C}{\delta I_{CO}} \Bigg| \begin{array}{l} V_{BE} = \text{Constant} \\ \beta = \text{Constant} \end{array}$$

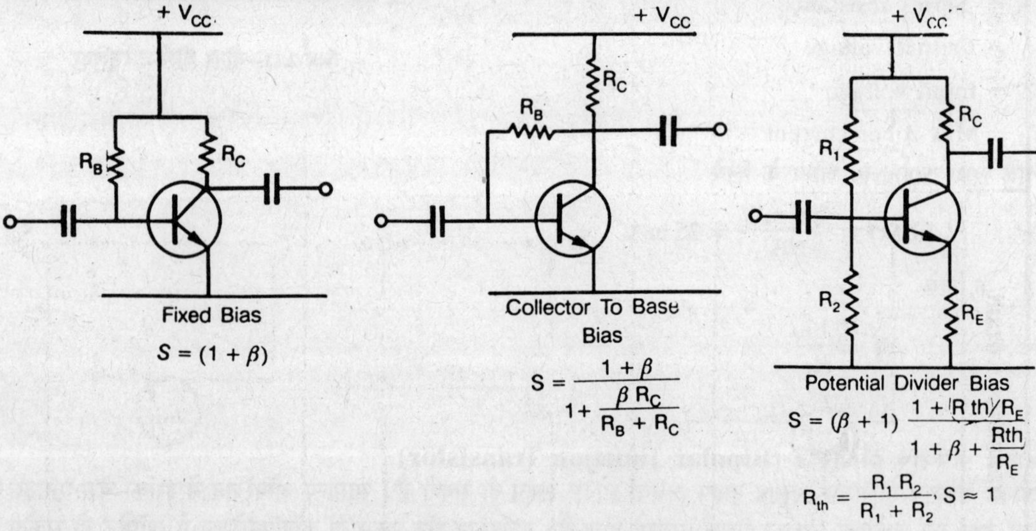


**चित्र 2.13 ट्रान्जिस्टर के विभिन्न बायसिंग परिपथ**

## 2.11. ट्रांजिस्टर के तुल्यांक परिपथ (Equivalent Circuits of Transistor)

तालिका 2·5 में ट्रांजिस्टर के CE, CC तथा CB प्रणाली में हाइब्रिड तुल्यांक परिपथ एवं उनकी समीकरणें दी गयी हैं।

ट्रांजिस्टर का लघु सिगनल (small signal) पर विश्लेषण निम्न प्रकार है—

Table 2·5—CE, CB एवं CC ट्रॉंजिस्टर के हाइब्रिड मोडल एवं उनकी समीकरणें

| Configuration | Transistor Circuit | Hybrid Model | Network Equation | Features |
|---|---|---|---|---|
| Common Emitter | 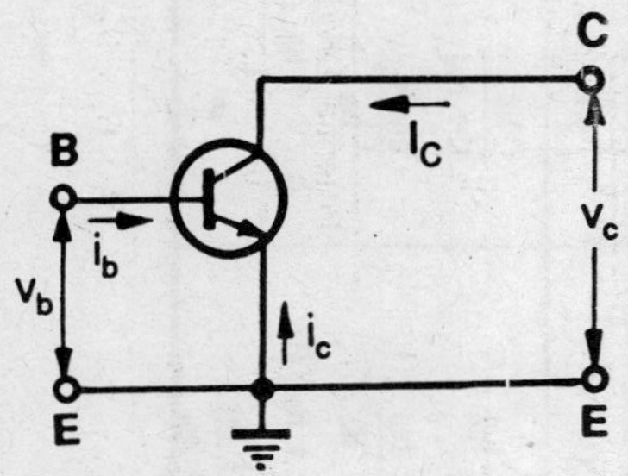  | 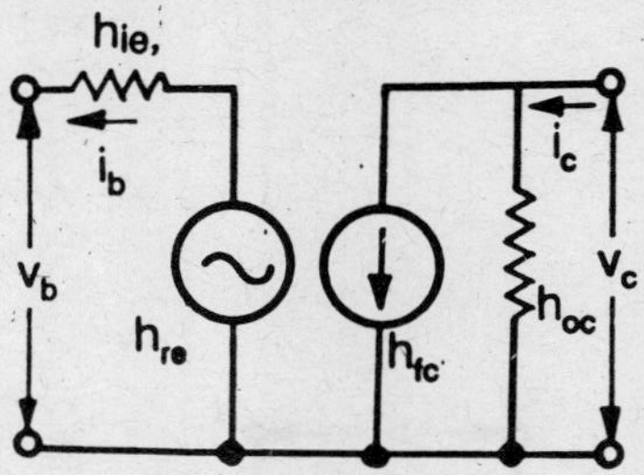  | $v_b = h_{ie}\, i_b + h_{rc}\, v_c$<br>$i_c = h_{fc}\, i_b + h_{oc}\, v_c$ | $A_i$ – High<br>$A_v$ – High<br>$Z_{in}$ – Medium<br>$Z_{out}$ – Medium High |
| Common Base | 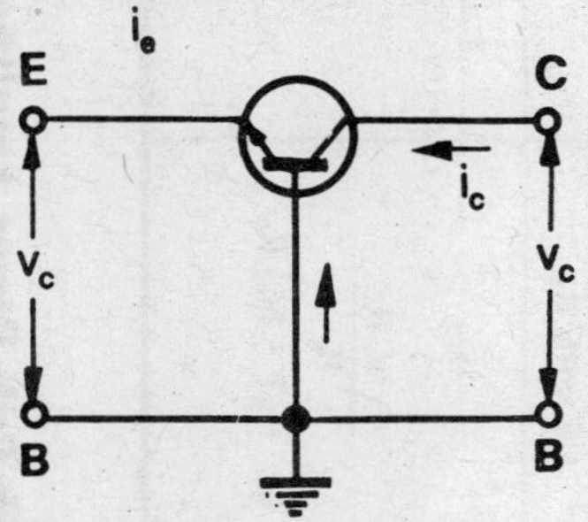  | 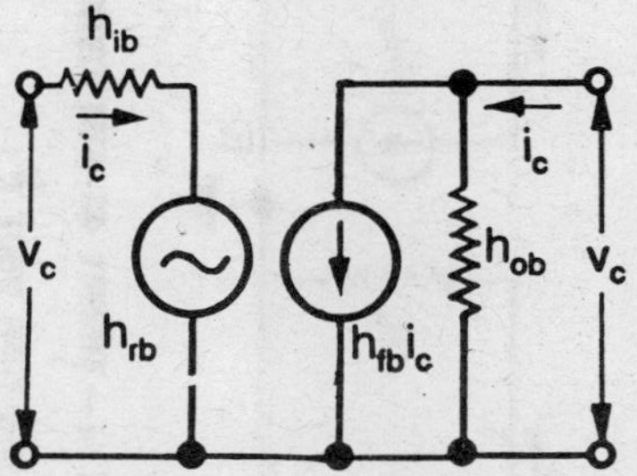  | $v_c = h_{ib}\, i_e + h_{rb}\, V_C$<br>$i_c = h_{fb}\, i_e + h_{ob}\, v_c$ | $A_i$ – Low<br>$A_v$ – High<br>$Z_{in}$ – Low<br>$Z_{out}$ – High |
| Common Collector | 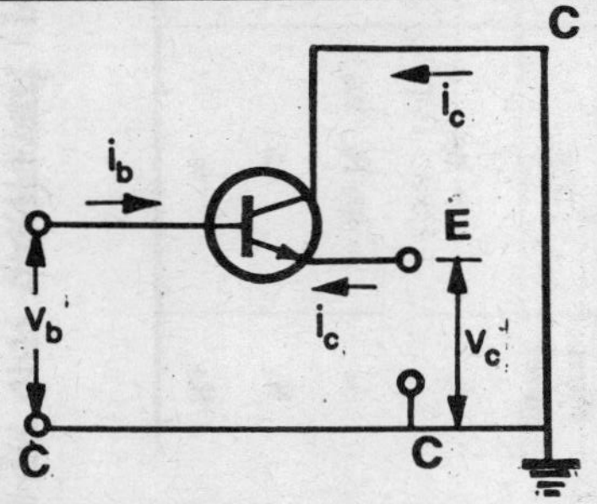  | 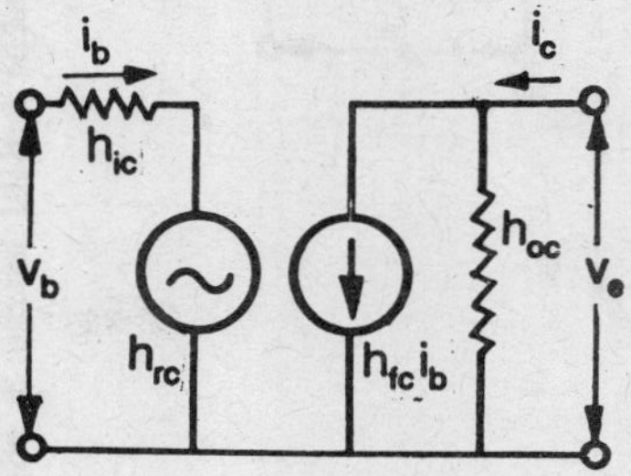  | $v_b = h_{ic}\, i_b + h_{rc}\, v_c$<br>$i_c = h_{fc}\, i_b + h_{oc}\, v_c$ | $A_i$ – High<br>$A_v$ – Low<br>$Z_{in}$ – Low<br>$Z_{out}$ – High |

धारा लाभ (current gain), $A_i = -\dfrac{h_f}{1 + h_o R_L}$

वोल्टेज लाभ (voltage gain), $A_v = A_i \dfrac{R_L}{R_i}$

पावर गेन (power gain), $A_p = A_v \times A_i$

इनपुट प्रतिरोध (Input resistance), $R_i = h_i + h_r h_i R_L$

आउटपुट प्रतिरोध (output resistance), $R_o = \dfrac{R_s + h_i}{h_o (R_s + h_i) - h_f h_r}$

उपरोक्त समीकरणों से CE, CB तथा CC कॉनफिगुरेशन में $A_i$ , $A_v$ , $A_p$ , $R_i$ तथा $R_o$ ज्ञात करने के लिये $h_i$ , $h_f$ , $h_o$ तथा $h_r$ के स्थान पर कॉनफिगुरेशन के संगत पैरामीटर्स (उदाहरणतः CC में $h_{ic}$ , $h_{fc}$ , $h_{oc}$ , $h_{rc}$ आदि) का प्रयोग किया जाना है।

## 2.12. सरल हाइब्रिड मॉडल (Approximate Hybrid Model)

ट्रांजिस्टर का सरल हाइब्रिड तुल्यांक परिपथ निम्न प्रकार होता है:

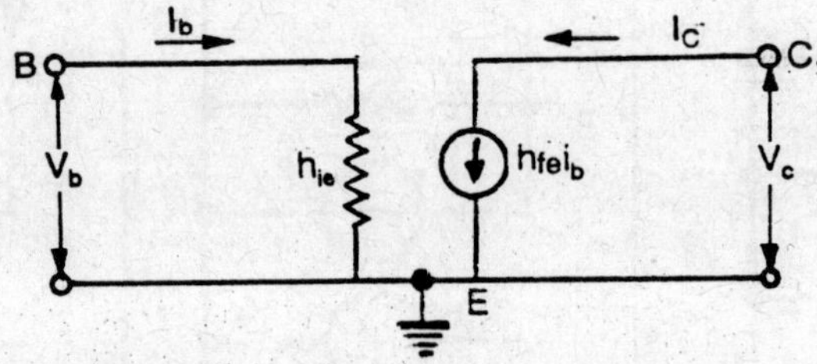


**चित्र 2.14—ट्रांजिस्टर का सरल हाइब्रिड मॉडल**

इस मॉडल के अनुसार विभिन्न राशियों के मान निम्न प्रकार हैं।

| Para meter | CE | CE with $R_E$ | CC | CB |
|---|---|---|---|---|
| $A_i$ | $-h_{fe}$ | $-h_{fe}$ | $1 + h_{fe}$ | $\dfrac{h_{fe}}{1 + h_{fe}}$ |
| $A_v$ | $-h_{fe} R_L / h_{ie}$ | $\dfrac{-h_{fe} R_L}{R_i}$ | $1 - \dfrac{h_{ie}}{R_i}$ | $\dfrac{h_{fe} R_L}{h_{ie}}$ |
| $R_i$ | $h_{ie}$ | $h_{ie} + (1 + h_{fe}) R_e$ | $h_{ie} + (1 + h_{fe}) R_L$ | $h_{ie}/1 + h_{fe}$ |
| $R_0$ | $\infty$ | $\infty$ | $\dfrac{R_s + h_{ie}}{1 + h_{fe}}$ | $\infty$ |

## 2.13. पुश-पुल पावर एम्पलीफायर्स (Push-Pull Power Amplifiers)

क्लास-B पुश-पुल पावर एम्पलीफायर के लिये

1. Power output

$$P_o = \frac{I_m V_m}{2} = \frac{I_m}{2} [V_{cc} - V_{min}]$$

**2.** Maximum power output

$$P_{o(max)} = \frac{I_m}{2} V_{cc} \qquad \text{(When } V_{\min} = 0\text{)}$$

**3.** Collector current (dc)

$$I_{dc} = \frac{I_m}{\pi}$$

**4.** D.C. power input to transistor

$$P_i = \frac{2V_{cc} I_m}{2}$$

**5.** Collector circuit efficiency

$$\eta = \frac{P_o}{P_i} \times 100\% = \frac{\pi}{4}\left(1 - \frac{V_{\min}}{V_{cc}}\right) \times 100\%$$

$$\approx 78 \cdot 5 \qquad \text{for } V_{\min} = 0$$

**6.** Collector dissipation $\quad P_d = P_{\text{i}} - P_{\text{o}} = \frac{2}{\pi} \frac{V_{\text{cc}} V_{\text{m}}}{R_{\text{L}}} - \frac{V_{\text{m}}^2}{2R_{\text{L}}}$

For max collector dissipation

$$V_{\text{m}} = \frac{2V_{\text{cc}}}{\pi}$$

Maximum power dissipation

$$P_{\text{d}}(\text{max}) = \frac{2V_{\text{cc}}^2}{\pi^2 R_{\text{L}}'}$$

**7.** Relation between $P_{\text{d}}$ (*max*) and $P_o$ (*max*)

$$P_{\text{d}}\,(max) \approx 0 \cdot 4\, P_o\,(max)$$

## 2.14. एम्पलीफायर्स में फीडबैक (Feedback in Amplifier)

यदि बिना फीडबैक के किसी एम्पलीफायर का गेन $A$ है तब फीडबैक प्रयुक्त करने पर गेन

$$A_f = \frac{A}{1 + \beta A}$$

यहाँ $\beta$ फीडबैक कैकटर है।

यदि $\quad |1 + \beta A| > 1$ तब निगेटिव (negative or inverse or degenerative) फीडबैक होता है।

यदि $\quad |1 + \beta A| < 1$ तब पॉजिटिव (regenerative or positive) फीडबैक होता है ।

यदि $\quad |AB| = 1$ तब परिपथ दोलित्र (oscillator) के समान ऑपरेट होता है।

**निगेटिव फीड बैक (Negative Feed back)** – इस फीडबैक में आउटपुट वोल्टेज ($V_o$) का कुछ भाग इनपुट में विपरीत कला (output of phase) में फीड किया जाता है। निगेटिव फीडबैक के निम्न लाभ हैं।

**1.** स्थिरता में सुधार (improvement in stability)

**2.** फेज तथा फ्रीक्वैन्सी डिसर्टोशन में कमी (decreased phase and frequency distortion)

| Characteristics | Type of Feedback | | | |
|---|---|---|---|---|
| | Voltage series | Voltage shunt | Current shunt | Current series |
| Output resistance ($R_o$) | Decreases | Decreases | Increases | Increases |
| Input resistance ($R_i$) | Increases | Decreases | Decreases | Increases |
| Bandwidth | Increases | Increases | Increases | Increases |
| Nonlinear distortion | Decreases | Decreases | Decreases | Decreases |

3. शोर के स्तर में कमी (decreased noise level)
4. एम्पलीफायर की बैंड-विड्थ में वृद्धि (increase in bandwidth of amplifier)
5. लोड के साथ मैचिंग के लिये इनपुट एवं आउटपुट प्रतिबाधा का समायोजन (adjustment in input and output impedance to match with the load)

फीडबैक, वोल्टेज शन्ट (voltage shunt), वोल्टेज सीरीज (voltage series), धारा शन्ट (current shunt) अथवा धारा सीरीज (current series) कोई भी हो सकता है। ये विधियाँ निम्न प्रकार हैं—

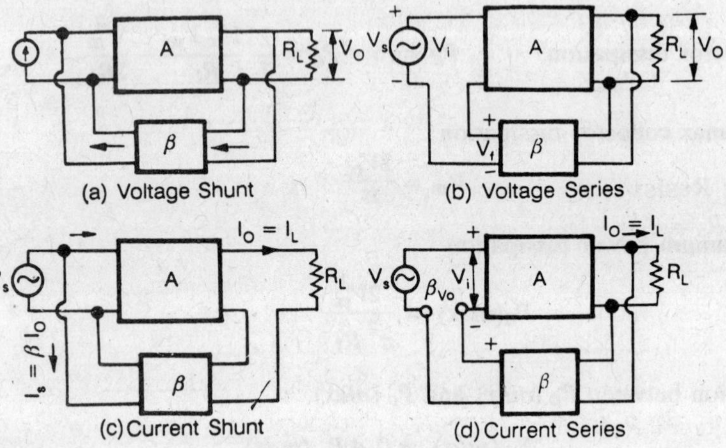


चित्र 2.15 — फीड बैक प्रणालियाँ

## एमिटर फालोअर (Emitter Follower)

चित्र 2·16 (*a*) में एक एमिटर फालोअर प्रवर्धक का परिपथ प्रदर्शित किया गया है। कलेक्टर परिपथ में प्रतिरोध $R_C$ संयोजित है। परिपथ की आउटपुट वोल्टेज एमिटर प्रतिरोध $R_e$ पर प्राप्त होती है। $R_e$ फीड-बैक प्रतिरोध का कार्य भी करता है। चित्र

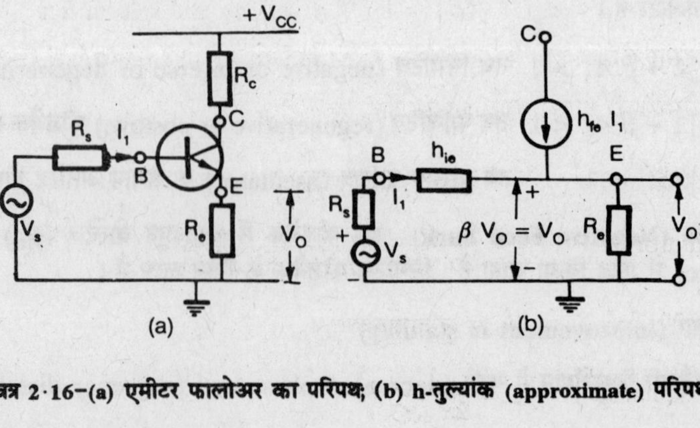


चित्र 2·16–(a) एमीटर फालोअर का परिपथ; (b) h-तुल्यांक (approximate) परिपथ

2·16 (b) में प्रवर्धक का लघु-संकेत h-तुल्यांक परिपथ (small signal approximate hybrid model) प्रदर्शित किया गया है। परिपथ में फीडबैक लोड प्रतिरोध $R_e$ द्वारा वोल्टेज शंट (voltage shunt) विधि से प्राप्त होती है।

## वोल्टेज लब्धि (Voltage Gain)

प्रवर्धक का फीडे-बैक की अनुपस्थिति में लाभ, $V_s$ का ग्राउन्ड टर्मिनल, एमिटर से कनैक्ट करने पर ज्ञात किया जा सकता है। (इस स्थिति में फीड-बैक प्रतिरोध $R_e$ परिपथ से बाहर हो जायेगा) अत: फीड-बैक की अनुपस्थिति में—

$$V_s = (R_s + h_{ie})I_1 \qquad \ldots(i)$$

तथा
$$V_o = h_{fe} I_1 R_e \qquad \ldots(ii)$$

अत:
$$A_v = \frac{V_o}{V_s} = \frac{h_{fe} I_1 R_e}{(R_s + h_{ie})I_1} = \frac{h_{fe} I_1}{R_s + h_{ie}} \qquad \ldots(iii)$$

परिपथ से स्पष्ट है कि सम्पूर्ण आउटपुट वोल्टेज $V_o$ फीड-बैक हो जाती है अर्थात्

$$\beta V_o = V_o \text{ या } \beta = 1$$

फीड-बैक के साथ वोल्टेज लाभ (gain),
$$A_{vf} = \frac{A_v}{1 + \beta A_v} = \frac{A_v}{1 + A_v} \qquad (\because \beta = 1) \qquad \ldots(iv)$$

समीकरण (iii) से $A_v$ का मान समीकण (iv) में रखने पर

$$A_{vf} = \frac{h_{fe} R_e/(R_s + h_{ie})}{1 + \dfrac{h_{fe} R_e}{R_s + h_{ie}}} = \frac{h_{fe} R_e}{R_s + h_{ie} + h_{fe} R_e} \qquad \ldots(v)$$

## इनपुट प्रतिरोध (Input Resistance)

समीकरण (iii) में $R_s = 0$ रखने पर

$$A_v = \frac{h_{fe} R_e}{h_{ie}} \quad \text{तथा } R_i = h_{ie} \qquad \ldots(vi)$$

$\because$
$$R_{i(f)} = R_i (1 + \beta A_v) \qquad \ldots(vii)$$

समीकरण (vi) से $A_v$ तथा $R_i$ का मान समीकरण (vii) में रखने पर

$$R_{i(f)} = h_{ie} \left[1 + \frac{h_{fe} R_e}{h_{ie}}\right]$$
$$= h_{ie} + h_{fe} R_e \qquad \ldots(viii)$$

## 2.15. दोलित्र (Oscillators)

किसी परिपथ द्वारा सतत (sustained) दोलन जेनरेट किये जाने के लिये बारखॉजन क्राइटेरियन निम्न है—

$$|A\beta| = 1 \text{ तथा } \phi = 0^\circ \text{ or multiple of } 2\pi$$

इस क्राइट्रेरियन के अनुसार दोलित्र द्वारा साइनुसॉयडल दोलन के लिये लूप-गेन 1 तथा फेज शिफ्ट शून्य होता है।

विभिन्न ऑसीलेटर परिपथों की दोलन आवृत्ति निम्न होती है—

Hartley Oscillator : $f_o = \dfrac{1}{2\pi \sqrt{(L_1 + L_2)C_2}}$

Colpitt's Oscillator : $f_o = \dfrac{1}{2\pi \sqrt{[C_1 C_2/(C_1 + C_2)]L_3}}$

Clapp Oscillator : $f_o = \dfrac{1}{2\pi \sqrt{L_3 C_3}}$

Weinbridge Oscillator : $f_o = \dfrac{1}{2\pi RC}$

RC-phase shift oscillator : $f_o = \dfrac{1}{2\pi \sqrt{6}\, RC}$

## 2.16. वेवशेपिंग परिपथ (Wave Shaping Circuits)

वेवशेपिंग परिपथों द्वारा किसी तरंग के आकार में वांछित परिवर्तन किये जा सकते हैं मुख्य वेवशोपिंग परिपथ डिफेन्शियेटिंग इन्टीग्रेटिंग, क्लिपिंग तथा क्लैम्पिंग परिपथ हैं।

**1. डिफ्रेन्शियेटिंग सर्किट**—इस परिपथ से इनपुट की डिफ्रेन्शियेटड आउटपुट प्राप्त होती है।

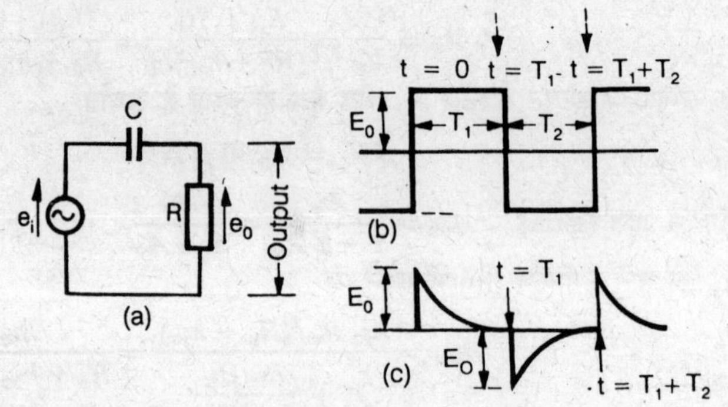


**चित्र 2.17 — RC डिफ्रेन्शीयेटिंग सर्किट, (a) सर्किट, (b) पल्स इनपुट, (c) आउटपुट** $e_o = \dfrac{de_i}{dt}$

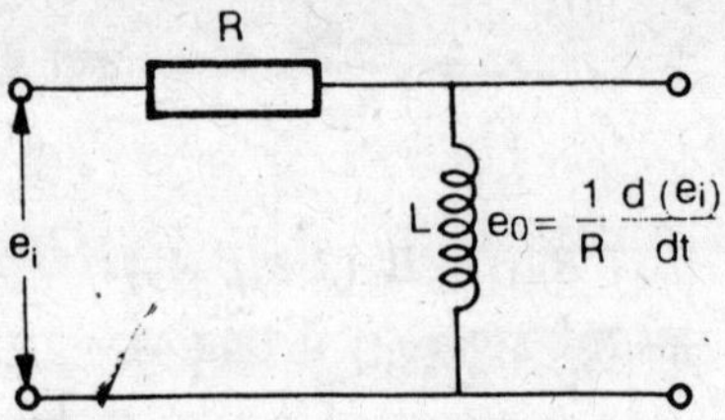


**चित्र 2.18—RL डिफ्रेन्शियेटिंग सर्किट**

**2. इन्टीग्रेटर परिपथ**

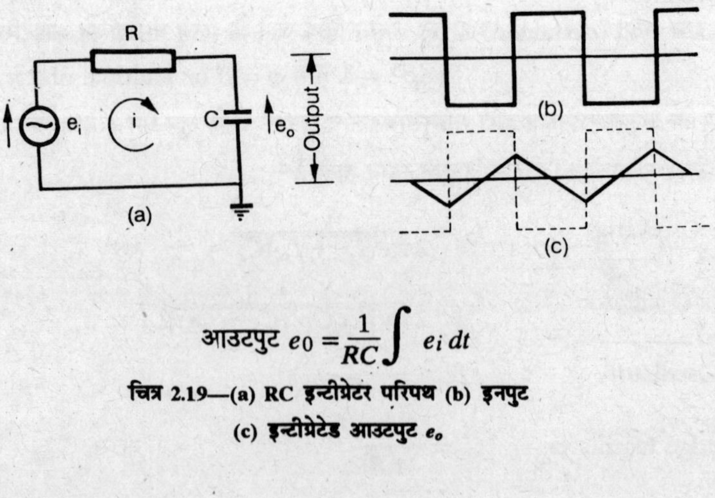


$$\text{आउटपुट } e_0 = \frac{1}{RC}\int e_i\, dt$$

**चित्र 2.19—(a) RC इन्टीग्रेटर परिपथ (b) इनपुट**

**(c) इन्टीग्रेटेड आउटपुट $e_o$**

### 3. क्लिपर परिपथ (Clipper circuit)

क्लिपर परिपथों का उपयोग एक निश्चित वोल्टेज स्तर एवं आकार की तरंग उत्पन्न करने के लिये किया जाता है। इन्हें वोल्टेज अथवा धारा लिमिटर्स (voltage or current limiters) भी कहते हैं। कुछ मुख्य क्लिपर परिपथ एवं उनसे प्राप्त आउटपुट तरंग निम्न प्रकार हैं—

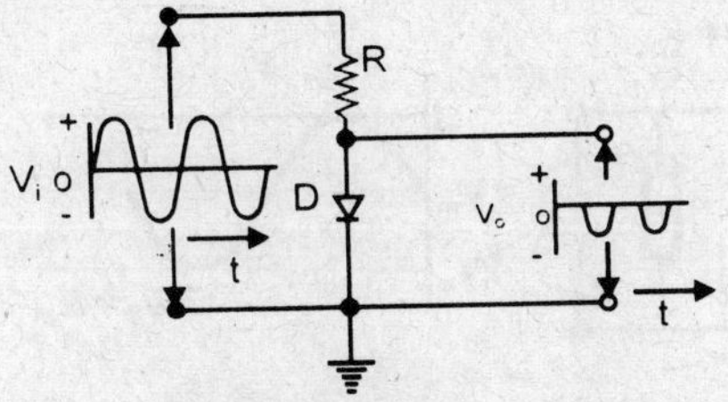


(a) Positive Peak clipper

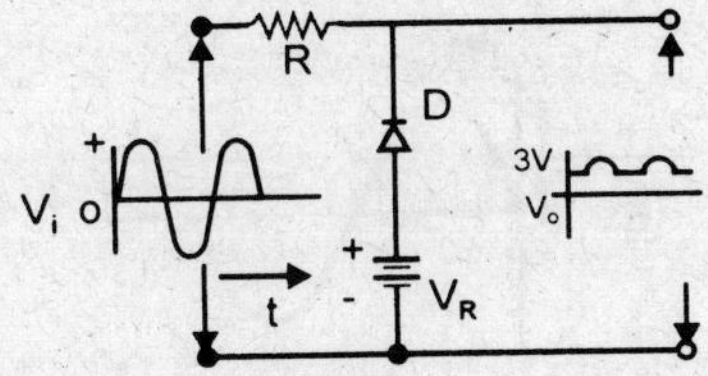


(e) Negative Peak clipper When $V_R$ is Negative

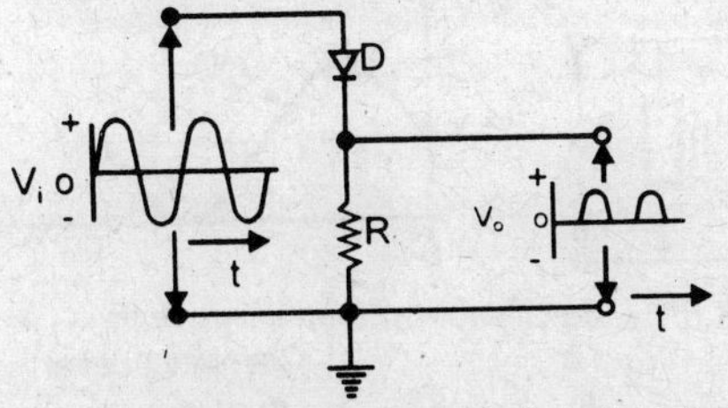


(b) Negative Peak clipper (Series diode)

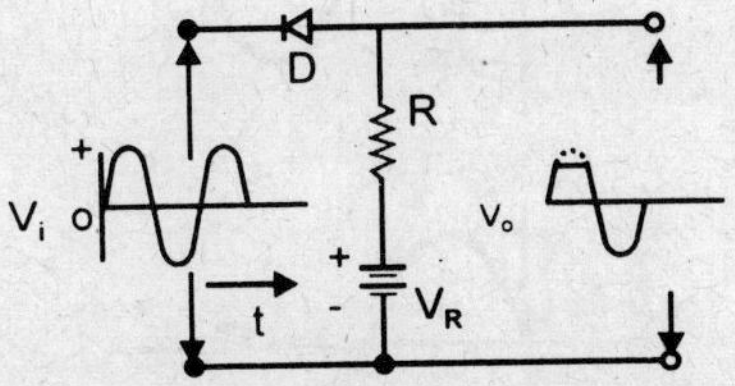


(f) Positive Peak clipper When $V_R$ is Positive

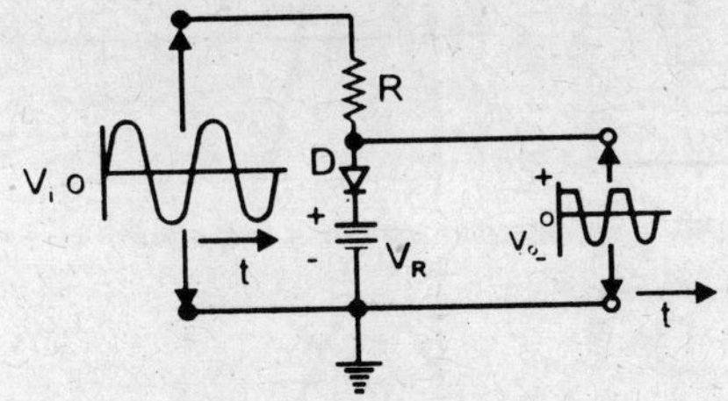


(c) Positive Peak clipper When $V_R$ is Positive

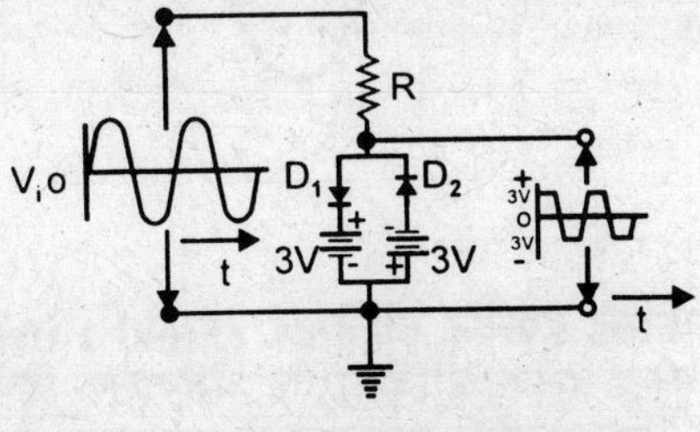


(g) Combination clipper

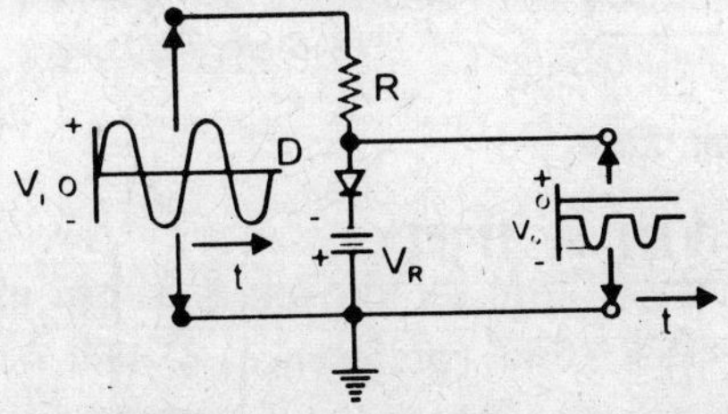


(d) Positive Peak clipper When $V_R$ is Positive

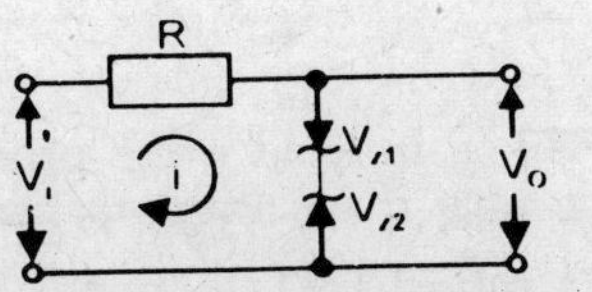


(h) Zener diode double clipper

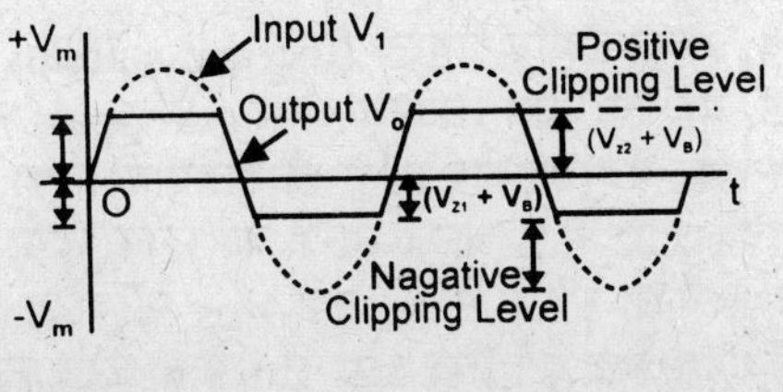


**चित्र 2.20 — क्लिपर परिपथ एवं उनकी आउटपुट**

### 4. क्लैम्पिंग परिपथ (Clamping Circuits)

किसी सिगनल को कैपेसिटर में से गुजारने पर, सिगनल का dc कम्पोनैन्ट ब्लॉक हो जाता है। अतः आउटपुट में dc उपलब्ध नहीं होती। क्लैम्पिंग परिपथों द्वारा आउटपुट में पुनः dc स्तर प्राप्त (restore) किया जा सकता है। कुछ मुख्य क्लैम्पिंग परिपथ हैं : (i) पॉजिटिव पीक क्लैम्पर, (ii) निगेटिव पीक क्लैम्पर, (iii) एक दिये गये + dc लेविल पर क्लैम्पिंग के लिये परिपथ, (iv) एक दिये गये – dc लेविल पर क्लैम्पिंग के लिये परिपथ।

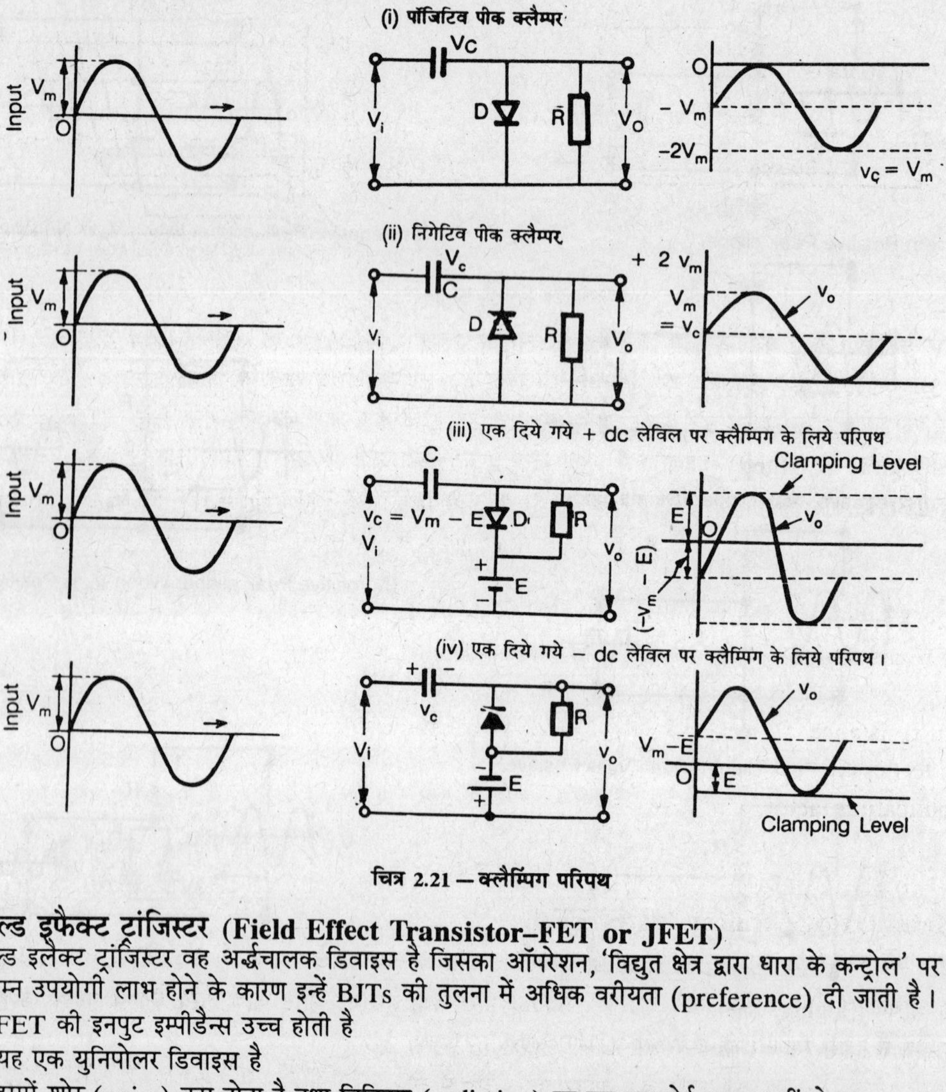


चित्र 2.21 — क्लैम्पिंग परिपथ

## 2.17. फील्ड इफैक्ट ट्रांजिस्टर (Field Effect Transistor–FET or JFET)

फील्ड इलैक्ट ट्रांजिस्टर वह अर्द्धचालक डिवाइस है जिसका ऑपरेशन, 'विद्युत क्षेत्र द्वारा धारा के कन्ट्रोल' पर निर्भर करता है। FET के निम्न उपयोगी लाभ होने के कारण इन्हें BJTs की तुलना में अधिक वरीयता (preference) दी जाती है।

**1.** FET की इनपुट इम्पीडैन्स उच्च होती है

**2.** यह एक युनिपोलर डिवाइस है

**3.** इसमें शोर (noise) कम होता है तथा विकिरण (radiation) का इस पर कोई प्रभाव नहीं होता

**4.** इसकी उष्मीय स्थिरता (thermal stability) उत्तम है

**5.** यह एक उत्तम सिगनल चोपर (chopper) है।

FETs में मुख्य दोष BJT की तुलना में उनका अपेक्षाकृत कम GBW प्रोडक्ट (gain band width product) है।

चित्र 2.22 में n चैनल FET का संकेत दिया गया है। p-चैनल FET के संकेत में गेट जंक्शन पर तीर विपरीत दिशा में होता है। n-चैनल FET में $I_D$ तथा $V_{DS}$ पॉजिटिव एवं $V_{GS}$ निगेटिव होता है। p-चैनल FET में $I_D$ तथा $V_{DS}$ निगेटिव एवं $V_{DS}$ पॉजिटिव होता है। चित्र 2.22 (b) में n-चैनल FET के कॉमन सोर्स-ड्रेन अभिलक्षण दिये गये हैं।

FET के ट्रांसफर अभिलक्षण निम्न समीकरण द्वारा प्रदर्शित किये जाते हैं—

$$I_{DS} = I_{DSS}\left[1 - \frac{V_G}{V_P}\right]^2$$

यहाँ $I_{DSS} =$ ड्रेन धारा जब $V_{GS} = 0, V_P =$ पिंच-ऑफ वोल्टेज

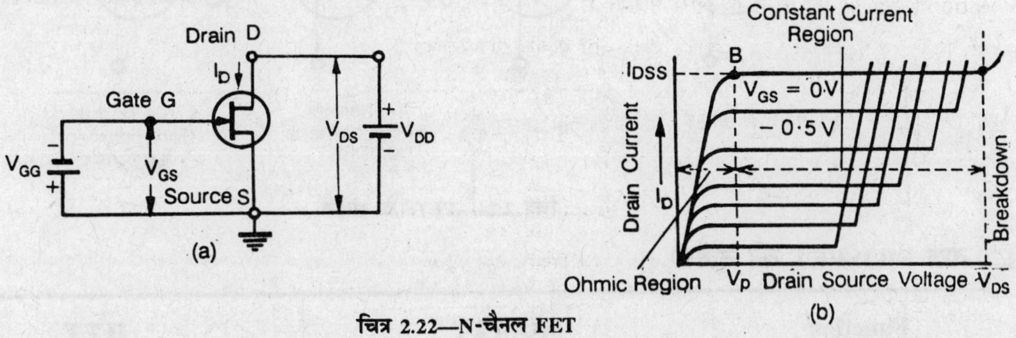


चित्र 2.22—N-चैनल FET

$V_{GS} = 0V$ के लिए $V_{DS}$ का वह मान जिस पर $I_D$ लगभग स्थिर (constant) हो जाती है (चित्र 2.22 (b) में बिन्दु B) पिंच ऑफ वोल्टेज $V_p$ कहलाता है। एक दिये गये JFET के लिए $V_p$ का मान स्थिर होता है। चित्र 2.22(b) से स्पष्ट है कि $V_p$ के पश्चात् $V_{DS}$ में लगातार वृद्धि से लगभग स्थिर ड्रेन धारा प्रवाहित होती है। धारा का यह मान $I_{DSS}$ (Drain to source current with gate short circuited) कहलाता है। यह JFET की डाटा शीट में अवश्य दिया जाता है। $I_{DSS}$ वह अधिकतम ड्रेन धारा है जो एक JFET, कोई भी बाह्य परिपथ होने पर उत्पन्न कर सकता है। यह सदा $V_{GS} = 0V$ पर निर्दिष्ट (specify) किया जाता है।

## FET पैरामीटर्स

Transconductance, $g_m = \dfrac{I_d}{V_{gs}}$ $\quad V_{DS}$ = constant

Drain resistance, $r_d = \dfrac{V_{DS}}{i_D}$ $\quad V_{GS}$ = constant

Amplification factor, $\mu = -\dfrac{V_{DS}}{V_{GS}}$

तथा $\mu = r_d \times g_m$

## MOSFET (Metal Oxide Semiconductor FET)

MOSFET को इनसुलेटेड गेट FET भी कहा जाता है। p-चैनल मॉसफेट में एक हल्का डोप किया गया n-टाइप सब्सट्रेट होता है जिसमें दो अधिक (highly) डोप किये गये $p^+$ सेक्शन सोर्स तथा ड्रेन की भांति कार्य करते हैं। ये परस्पर 5 to 10 $\mu$m तक दूरी पर स्थित होते हैं। इस स्ट्रक्चर के उपर एक पतली (1000 to 2000 Å) $SiO_2$ की लेयर उत्पन्न (grow) की जाती है। ऑक्साइड लेयर में दो सुराख कर सोर्स एवं ड्रेन टर्मिनल निकाले जाते हैं (चित्र 2.23)। गेट क्षेत्र के ऊपर किसी धातु (aluminium) द्वारा समस्त चैनल क्षेत्र को ढक दिया जाता है। गेट क्षेत्र का धातु वाला मार्ग, अर्द्धचालक चैनल तथा $SiO_2$ की इन्सुलेटिंग डाइलेक्ट्रिक लेयर मिलकर एक पैरेलल-प्लेट कैपेसिटर बनाती हैं।

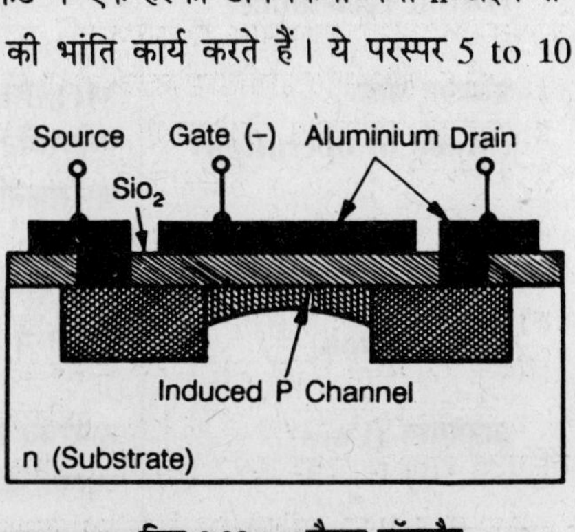


चित्र 2.23—p-चैनल मॉसफैट

MOSFET दो प्रकार के होते हैं—(1) एन्हेन्समैन्ट टाइप (enhancement type) तथा (2) डिपलीशन टाइप (depletion type)।

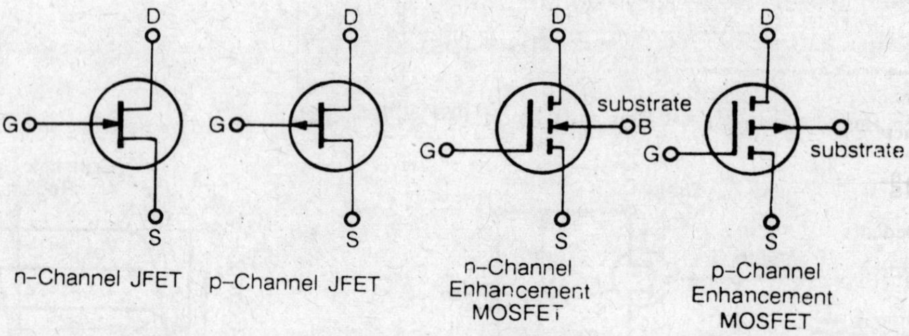


**चित्र 2.24—FETs के संकेत**

## JFET तथा MOSFET की तुलना

| Function | MOSFET | JFET |
|---|---|---|
| **प्रचालन सिद्धान्त (Principle of operation)** | डिपलीशन तथा एन्हेन्समैंट मासफेट दोनों में चैनल की चालकता अर्द्धचालक पर एक इनसुलेटर $SiO_2$ की परत में प्रयुक्त विद्युत क्षेत्र द्वारा नियंत्रित की जाती है। इस विद्युत क्षेत्र द्वारा चैनल में आवेश प्रेरित होता है। प्रेरित आवेश की मात्रा गेट पर प्रयुक्त विभव पर निर्भर करती है। | JFET में चैनल की चालकता रिवर्स-बायस किये गये P-N जंक्शन ($V_{GS}$) पर विद्युत क्षेत्र प्रयुक्त कर नियन्त्रित की जाती है। |
| **इनपुट प्रतिबाधा (Input Impedance)** | MOSFET में गेट क्षरण धारा बहुत कम (लगभग $10^{-12}$ amp) होती है। अतः इसकी इनपुट प्रतिबाधा उच्च ($10^{10}$ से $10^{15}$ Ω के क्रम की) होती है। | JFET में गेट क्षरण धारा मॉसफेट की तुलना में अधिक (लगभग $10^{-9}$amp) होती है। अतः इसकी इनपुट प्रतिबाधा MOSFET से कम (क्रम $10^{8}$ Ω) होती है। |
| **ड्रेन प्रतिरोध (Drain resistance)** | JFET से कम (1 से 50 K Ω तक) | MOSFET से अधिक (0·1 M Ω से 1 M Ω तक) |
| **प्रचालन मोड (Mode of operation)** | MOSFET को डिपलीशन तथा एन्हेन्समैंट दोनों मोड में प्रचालित किया जा सकता है। | JFET केवल डिपलीशन मोड में प्रचालित होता है। |
| **फेब्रीकेशन (Fabrication)** | MOSFET का निर्माण JFET की तुलना में सरल है। | MOSFET की तुलना में जटिल है। |
| **अनुप्रयोग (Uses)** | उपरोक्त लाभ के कारण MOSFET को व्यापक रूप से प्रयोग किया जाता है। | MOSFET की तुलना में कम वरीयता (preference) दी जाती है। |

## 2.18. ऑपरेशनल एम्पलीफायर (Operational Amplifier)

एक आदर्श (ideal) ऑपरेशन एम्पलीफायर के निम्न अभिलक्षण होते हैं—

| | अभिलक्षण (Characteristics) | संकेत (Symbol) | मान (Value) |
|---|---|---|---|
| 1. | इनपुट इम्पीडैन्स (Input Impedance) | $R_i$ | ∞ (infinite) |
| 2. | आउटपुट इम्पीडैन्स (Output Impedance) | $R_0$ | 0 (Zero) |
| 3. | वोल्टेज गेन (Voltage gain) | $A_v$ | – ∞ (Infinite) |
| 4. | बैन्ड विड्थ (Band width) | BW | ∞ |
| 5. | ताप के साथ ड्रिफ्ट (Drift with temprature) | | Zero |
| 6. | बैलेन्स (Balance) | | Perfect |

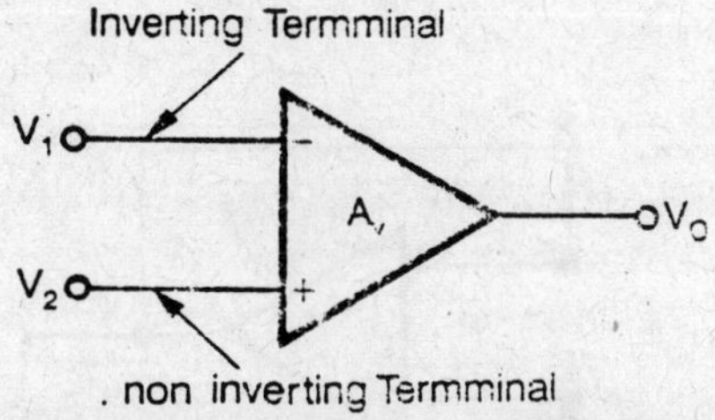


चित्र 2.25—OP-AMP का संकेत

एक OP-AMP का वोल्टेज गेन

$$A_V = -\frac{V_o}{V_S} \propto \frac{Z_2}{Z_1}$$

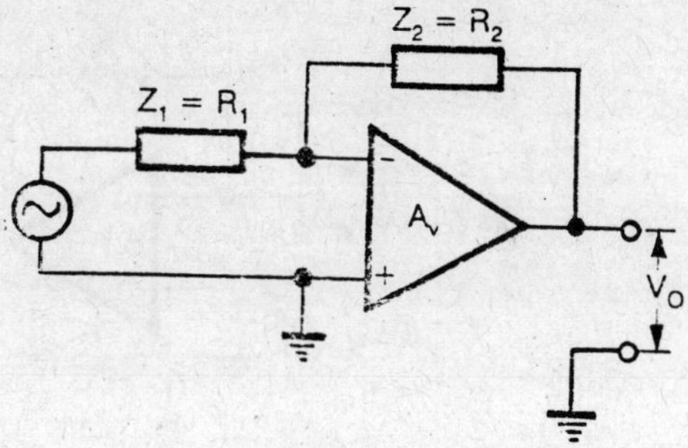


चित्र 2.26—OP-AMP का बेसिक सर्किट

**1. इनपुट बायस धारा (Input bias current)** – यदि शून्य आउटपुट ($V_o = 0$) पर, इनपुट टर्मिनलों पर धाराएँ $I_1$ तथा $I_2$ है तब, इनपुट बायस धारा

$$I_{bias} = \frac{I_1 + I_2}{2}$$

**2. इनपुट ऑफसैट धारा (Input offset current)** – यदि शून्य आउटपुट ($V_o = 0$) पर, इनपुट टर्मिनलों पर धाराएँ $I_1$ तथा $I_2$ हैं तब, इनपुट ऑफसैट धारा

$$I_{io} = I_1 \sim I_2$$

**3. इनपुट ऑफसैट वोल्टेज (Input offset voltage)** – इनपुट वोल्टेज का वह मान जो आउटपुट टर्मिनल पर वोल्टेज शून्य (zero) कर दे इनपुट ऑफसैट वोल्टेज ($V_{io}$) कहलाती है। $V_{io}$ का मान ताप (temprature) के साथ ड्रिफ्ट होता है।

**4. PSRR (Power Supply Voltage Rejection Ratio)**

$$PSRR = \frac{\text{Change in input offset voltage}}{\text{Change in power supply voltage}} = \frac{\Delta V_{io}}{\Delta V_{cc}}$$

**5. CMRR (Common Mode Rejection Ratio)**

$$CMRR = \frac{\text{Amplification in diffrential mode}}{\text{Amplification in common mode}} = \frac{A_d}{A_c}$$

**6. स्ल्यू रेट (Slew Rate)** – OP-AMP को स्टेप इनपुट (step input) देने पर आउटपुट वोल्टेज में अधिकतम परिवर्तन की दर 'slew rate' कहलाती है। ऑपरेशनल एम्पलीफायर के मुख्य अनुप्रयोग (applications) निम्न प्रकार हैं :

**OP-AMP के विभिन्न अनुप्रयोग**

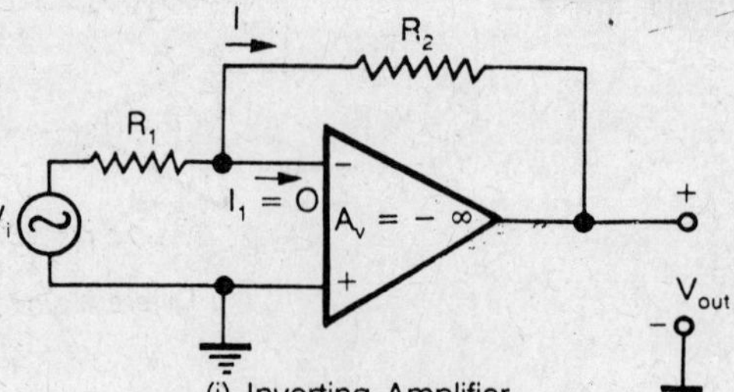


(i) Inverting Amplifier

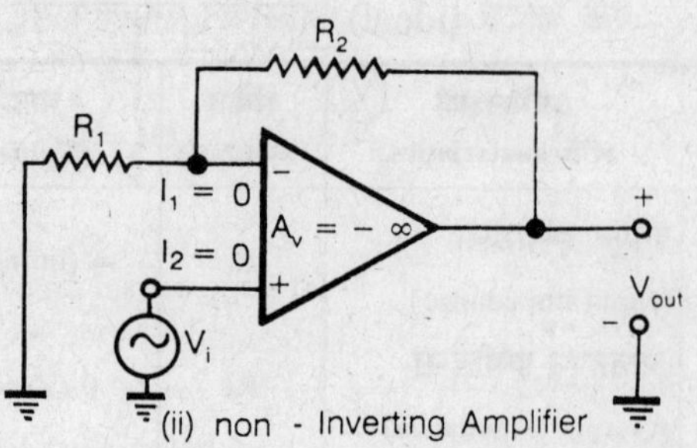


(ii) non - Inverting Amplifier

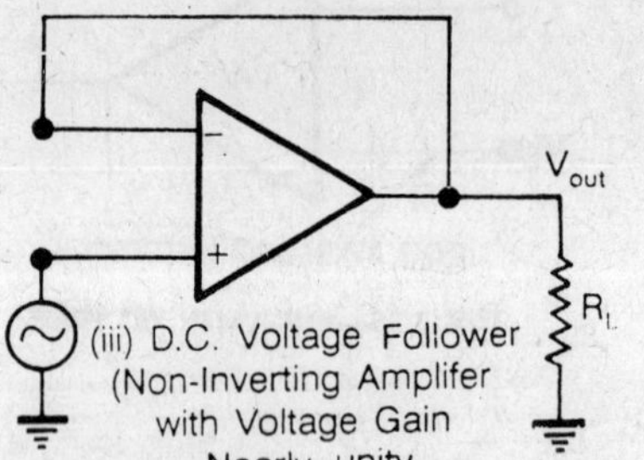


(iii) D.C. Voltage Follower (Non-Inverting Amplifer with Voltage Gain Nearly unity

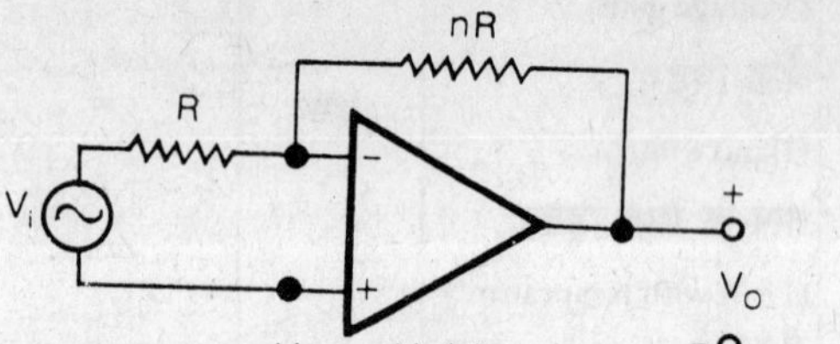


$V_o = -V_i\,(n)$

(iv) scale Changer

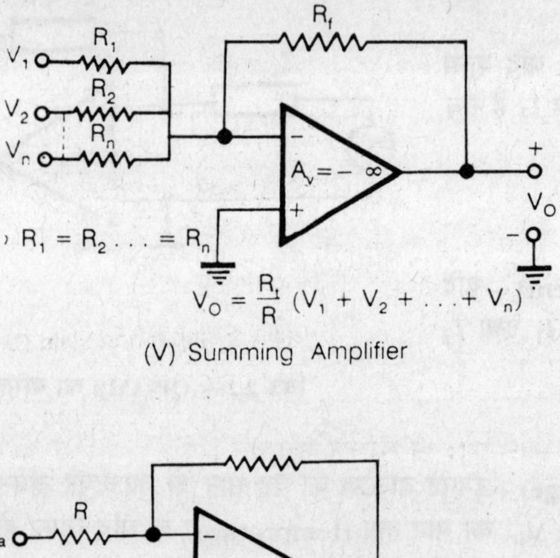


$R_1 = R_2 \ldots = R_n$

$$V_O = \frac{R_f}{R}(V_1 + V_2 + \ldots + V_n)$$

(V) Summing Amplifier

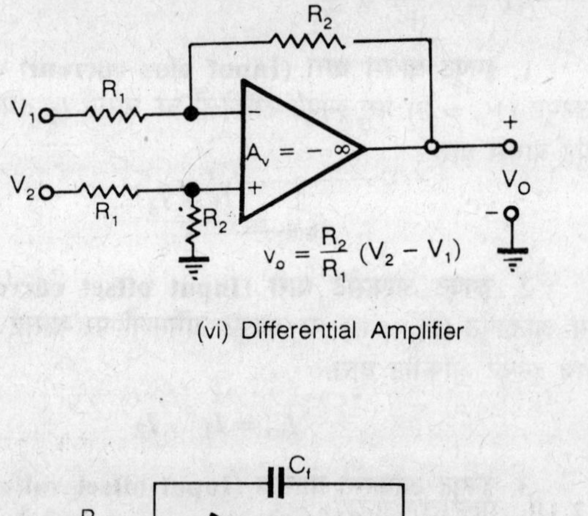


$$v_o = \frac{R_2}{R_1}(V_2 - V_1)$$

(vi) Differential Amplifier

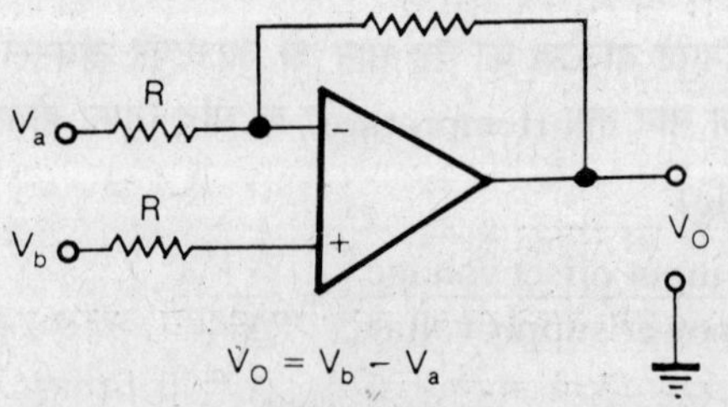


$V_O = V_b - V_a$

(vii) Subtractor

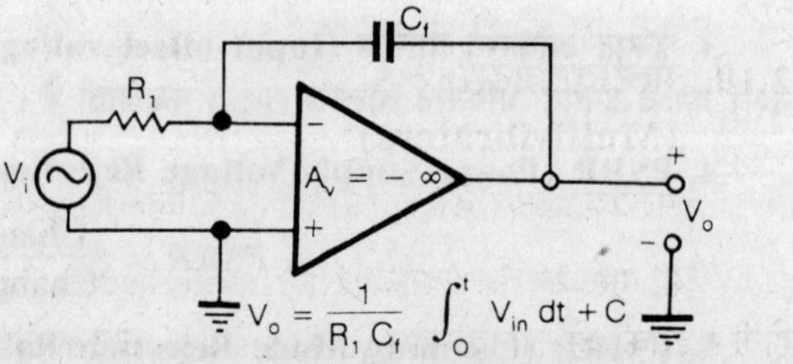


$$V_o = \frac{1}{R_1 C_f}\int_0^t V_{in}\,dt + C$$

(viii) Integrator

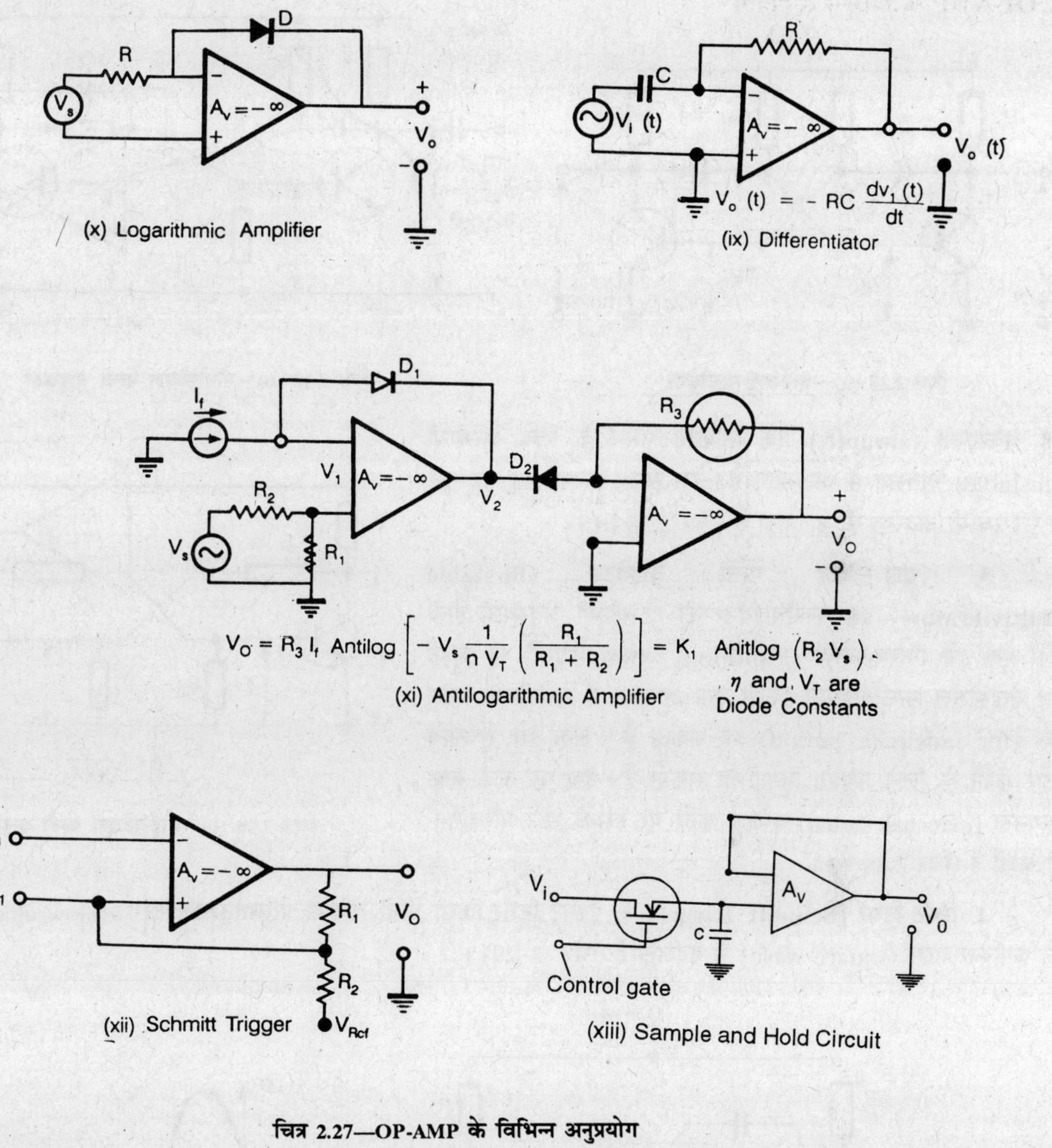


चित्र 2.27—OP-AMP के विभिन्न अनुप्रयोग

## 2.19. मल्टीवाइब्रेटर्स (Multivibrators)

मल्टीवाइब्रेटर्स को तीन समूहों में वर्गीकृत (classify) किया जा सकता है—

**1. एस्टेबल मल्टीवाइब्रेटर (Astable Multivibrators)** – इस वाइब्रेटर की कोई भी स्थायी अवस्था (stable state) नहीं होती। इसकी दो अनियमित (quasi-stable) स्टेट होती हैं। ये स्टेट, किसी बाहरी (external) ट्रिगर सिगनल एप्लाई किये बिना ही निश्चित समयान्तराल (definite time interval) पर बदलती रहती हैं। एस्टेबल मल्टीवाइब्रेटर वर्गाकार तरंगें उत्पन्न करने के लिये उपयोग में लाया जाता है (चित्र 2.28 a)।

**2. मोनोस्टेबल मल्टीवाइब्रेटर (Monostable Multivibrator)** – यह 1-शॉट (one-shot) मल्टीवाइब्रेटर है। इसे यूनिवाइब्रेटर भी कहते हैं। इसकी केवल एक स्थायी अवस्था (stable state) होती है। इसकी इनपुट पर कोई पल्स एप्लाई करने पर

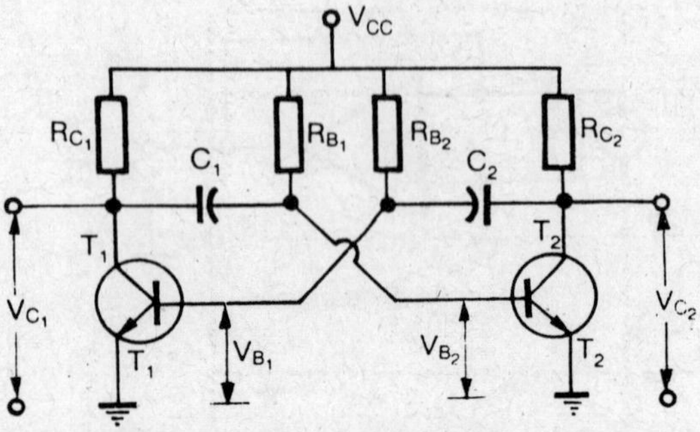

चित्र 2.28 (a)—एस्टेबल मल्टीब्रेटर

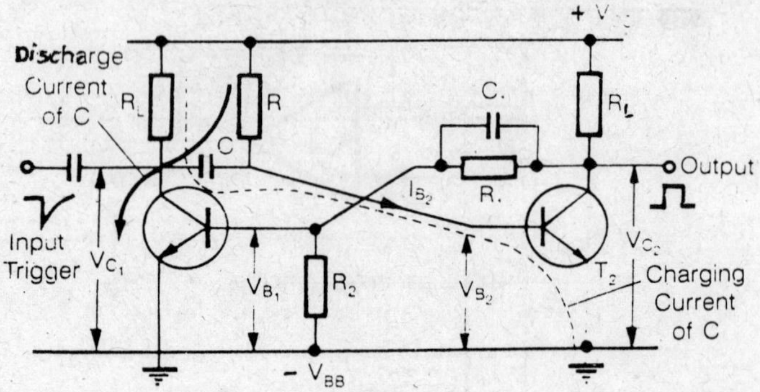

चित्र 2.28 (b)—मोनोस्टेबल मल्टी बाइब्रेटर

यह अक्समात् (abruptly) एक निश्चित समय के लिये अस्थायी (unstable) अवस्था में आ जाता है। इस समय के पश्चात् यह पुनः अपनी स्थायी अवस्था में आ जाता है (चित्र 2.28 b)।

**3. बाई-स्टेबल मल्टी वाइब्रेटर (Bi-stable Multivibrator)** – इस मल्टीवाइब्रेटर की दो स्थायी अवस्थायें होती हैं। अतः इसे फ्लिप-फ्लॉप (Flip-Flop) अथवा बाइनरी भी कहते हैं। बाइस्टेबल मल्टीवाइब्रेटर किसी एक अवस्था में अनिश्चित काल तक (for indefinite period) रह सकता है। अतः इसे सूचनायें स्टोर करने के लिये प्रयुक्त किया जा सकता है। इस पर कोई बाह्य सिगनल (external signal) एप्लाई करने पर इसकी स्टेट परिवर्तित हो जाती है (चित्र 2.28 b)।

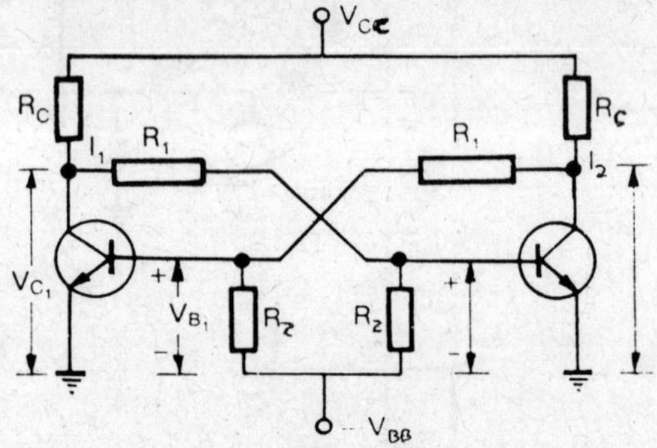

चित्र 2.28 (c)—बाई-स्टेबल मल्टी बाइब्रेटर

**4. श्मिट ट्रिगर (Schmitt Trigger)** — श्मिट ट्रिगर किसी धीमी गति से परिवर्तनशील तरंग (slow changing wave) को वर्गाकार तरगों (square wave) में बदलता है (चित्र 2·29)।

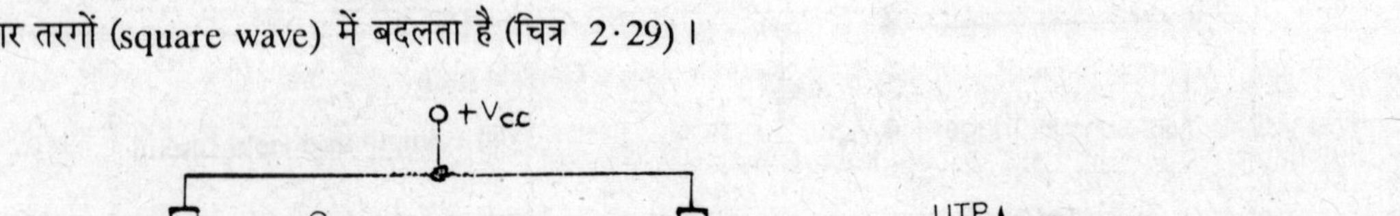

चित्र 2.29—स्मिट ट्रिगर; (a) परिपथ (b) इनपुट एवं आउटपुट तरंग

## कछ मूख्य इलैक्ट्रॉनिक युक्तियों के संकेत

| | Device | Symbol |
|---|---|---|
| 1. | P N Junction Diode |  |
| 2. | Zener Diode |  |
| 3. | Light Emitting Diode |  |
| 4. | Tunnel Diode |  |
| 5. | Varactor Diode |  |
| 6. | P N P Transistor | 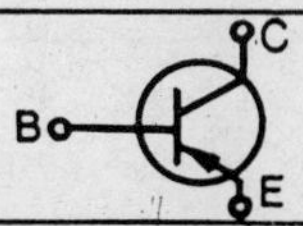 |
| 7. | N P N Transistor | 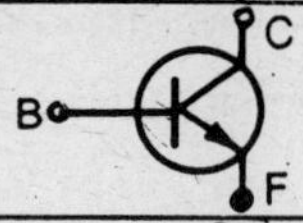 |
| 8. | P-Channel JFET | 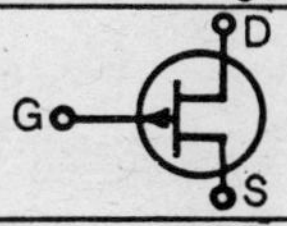 |
| 9. | P-Channel MOSFET | 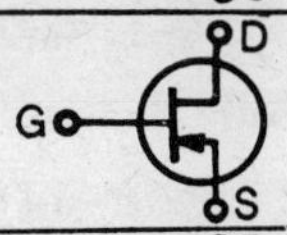 |
| 10. | P-Channel Enhancement MOSEFT | 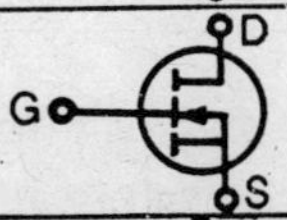 |
| 11. | S C R |  |
| 12. | U J T | 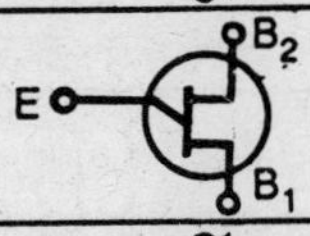 |
| 13. | Diac |  |
| 14. | Triac |  |

चित्र 2.30

# Objective type questions

## (Electronic Devices and Circuits)

**1.** एक P-टाइप अर्द्धचालक में—

(a) होल घनत्व (hole concentration), इलेक्ट्रॉन घनत्व से कम होता है

(b) इलेक्ट्रॉन मेजॉरिटी कैरियर्स होते हैं

(c) सामान्य ताप पर होल घनत्व (hole concentration) स्वीकारक (acceptor) घनत्व के बराबर होता है

(d) इलेक्ट्रॉन घनत्व ताप परिवर्तन होने पर परिवर्तित नहीं होता

**2.** कौन-से तत्व में 4 वैलेन्सी इलेक्ट्रॉन होते हैं—

(a) सिलिकॉन (b) जरमेनियम

(c) सिलिकॉन एवं जरमेनियम दोनों

(d) उपरोक्त में कोई नहीं

**3.** एन्टीमनी तथा फासफोरस अशुद्धियाँ मिलाने पर अर्द्ध चालक हो जाता है क्रमशः—

(a) Donor, acceptor (b) Acceptor, donor

(c) Donor, donor (d) Acceptor, donor

**4.** एक PN जंक्शन के डिपलीशन क्षेत्र में—

(a) P साइड पॉजिटिव तथा N साइड निगेटिव चार्जड (charged) हो जाती है

(b) N साइड पॉजिटिव तथा P साइड निगेटिव चार्जड हो जाती है

(c) P साइड में होल कन्सैन्ट्रेशन तथा N साइड में इलेक्ट्रॉन कन्सैन्ट्रेशन अधिक हो जाता है

(d) उपरोक्त में कोई नहीं

**5.** इन्ट्रिन्जिक अर्द्धचालक के लिये 'FALSE' है—

(a) होल्स की संख्या, इलेक्ट्रॉनों की संख्या से कम होती है

(b) होल्स कन्सैन्ट्रेशन (p) तथा इलेक्ट्रॉन कन्सैन्ट्रेशन (n) का गुणनफल स्थिर (constant) होता है

(c) पदार्थ की 'net charge density' शून्य होती है

(d) उपरोक्त सभी

**6.** डायोड के लिये उपयुक्त चिन्ह नहीं है—

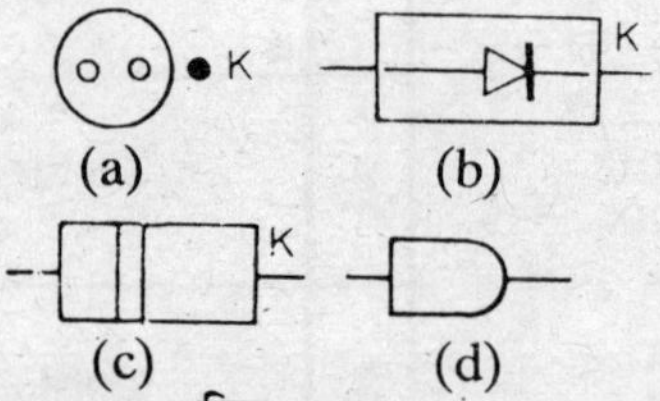


चित्र 2.31

**7.** एक अर्ध चालक में सहसंयोजी बन्ध को तोड़ने के लिये आवश्यक ऊर्जा—

(a) कन्डक्शन बैंड की ऊर्जा के बराबर होती है

(b) फर्मी स्तर की ऊर्जा के बराबर होती है

(c) बैन्ड गैप की ऊर्जा के बराबर होती है

(d) 2eV से अधिक होती है

**8.** PN जंक्शन के डिपलीशन क्षेत्र में—

(a) कोई आवेश नहीं होता

(b) मोबाइल आवेश नहीं होता

(c) धारा नहीं होती (d) उपरोक्त सभी

**9.** जरमेनियम को $10^{15}$ donor atoms/cm$^3$ वाली अशुद्धि (phosphorous) से डोप किया गया। जरमेनियम में इन्ट्रिन्जिक चार्ज कैरियर कन्सैन्ट्रेशन $10^{10}/\text{cm}^3$ है। डोप किये गये अर्ध चालक (Ge) में सन्तुलन की अवस्था में होल्स की संख्या लगभग होती है—

(a) $10^5$ (b) 0

(c) $10^{10}$ (d) $10^{12}$

**10.** कट-ऑफ क्षेत्र में—

(a) एमिटर तथा कलैक्टर दोनों जंक्शन फारवर्ड बायस्ड होते हैं

(b) दोनों जंक्शन रिवर्स बायस्ड् होते हैं

(c) एमिटर जंक्शन, फारवर्ड में तथा कलैक्टर जंक्शन रिवर्स बायस में होता है

(d) किसी बायसिंग की आवश्यकता नहीं है

**11.** PN जंक्शन पर रिवर्स बायस एप्लाई करने पर—

(a) बैरियर पोटैन्शियल घट जाता है

(b) मैजॉरिटी कैरियर्स पोटैन्शियल बैरियर पर नीचे की ओर फ्लो (flow down) करते हैं

(c) उष्मीय विक्षोभ के कारण उत्पन्न (thermally generated) माइनॉरिटी कैरियर्स के कारण सेचुरेशन धारा प्रवाहित होती है

(d) P साइड से माइनॉरिटी कैरियर्स होल्स N साइड की ओर चलते हैं

**12.** ........................ डायोड में PN जंक्शन को heavily dope किया जाता है—

(a) PIN डायोड (b) टनल डायोड

(c) गन (Gunn) डायोड (d) उपरोक्त सभी

**13.** निम्न में विपरीत ध्रुवता के दो जंक्शन किस में होते हैं ?

(a) टनल डायोड (b) जीनर डायोड

(c) वेरिस्टर (d) उपरोक्त में कोई नहीं

**14.** धातुओं में मुक्त (free) इलेक्ट्रॉनों के कारण ऊर्जा होती है।

(a) अति उच्च (b) पॉजिटिव

(c) निगेटिव (d) शून्य (zero)

**15.** जीनर डायोड में

(a) केवल P-क्षेत्र heavily doped होता है

(b) केवल N-क्षेत्र heavily doped होता है

(c) दोनों P तथा N क्षेत्र heavily doped होते हैं

(d) दोनों P तथा N क्षेत्र lightly doped होते हैं

**16.** एक सेन्टर-टैप F.W. रैक्टीफायर में ट्रांसफॉरमर के सेन्टर-टैप तथा सेकेन्डरी के सिरे के मध्य अधिकतम (peak) वोल्टेज 50V है। रिवर्स बायस्ड् डायोड के across वोल्टेज होगी—

(a) 100V (b) 72V

(c) 50V (d) 38V

**17.** एवलान्चे ब्रेक डाउन में

(a) सहसंयोजी बन्ध (covalent bonds) टक्करों (collisions) के कारण टूटते हैं

(b) बंध सीधे (directly) टूट जाते हैं

(c) उपरोक्त (a) तथा (b) दोनों

(d) उपरोक्त में कोई नहीं

**18.** n-चैनल FETs, p-चैनल FETs की तुलना में उत्तम होते हैं, क्योंकि—

(a) उनकी इनपुट इम्पीडैंस अधिक होती है

(b) उनका स्विचिंग टाइम उच्च होता है

(c) उनमें शक्ति व्यय कम होता है

(d) इलेक्ट्रॉनों की गतिशीलता (mobility) होल्स की गतिशीलता से कम होती है

**19.** पॉजिटिव फीडबैक एम्पलीफायर्स को जब ऑसिलेटर की भाँति प्रयुक्त किया जाता है, तब प्रतिबन्ध $A\beta = 1$ कहलाता है ऑसिलेशन के लिये बारवॉजन क्राइट्रेनियन

(a) True (b) False

**20.** निम्न परिपथ में डायोड $D_1$ का कार्य है—

(a) F.W. रेक्टीफाइड धारा को गेल्वेनोमीटर G में प्रवाहित कराना

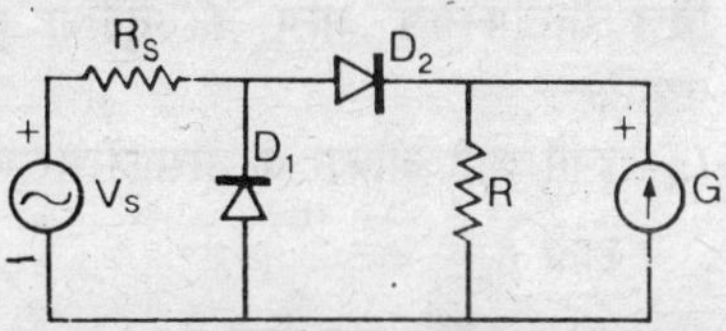


चित्र 2.32

(b) इनपुट वोलटेज के निगेटिव चक्र में सोर्स से धारा प्रवाहित कराना

(c) डायोड $D_2$ पर अनावश्यक अधिक वोल्टेज एप्लाई होने से रोकना

(d) कुछ नहीं, इसे परिपथ से हटाया जा सकता है

**21.** जीनर डायोड में—

(a) फारवर्ड वोल्टेज रेटिंग उच्च होती है

(b) Negative resistance अभिलक्षण होते हैं

(c) निम्न (low) रिवर्स वोल्टेज पर तीव्र ब्रेकडाउन (sharp breadown) होता है

(d) उपरोक्त सभी

**22.** निम्न परिपथ में $\beta = 99$, $V_{EB} = 0 \cdot 6\,V$। प्रचालन बिन्दु (operating point) होगा

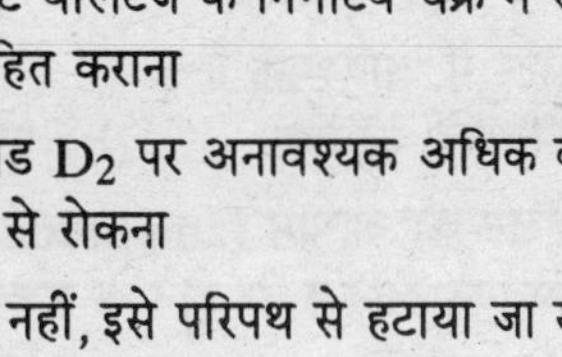


चित्र 2.33

(a) $V_c = 4 \cdot 6$ V, $I_c = 1 \cdot 98$ mA

(b) $V_c = 4 \cdot 7$ V, $I_c = 2 \cdot 0$ mA

(c) $V_c = 5 \cdot 4$ V, $I_c = 1 \cdot 56$ mA
(d) $V_c = 4 \cdot 2$ V, $I_c = 2 \cdot 1$ mA

**23.** निम्न में असत्य (false) है—
(a) ट्रांजिस्टर में $\beta$ का मान 0·93 तथा 0·99 के मध्य होता है
(b) SCR में कैथोड से एनोड की ओर प्रवाहित होने वाली धारा गेट द्वारा कन्ट्रोल की जा सकती है
(c) सिलिकॉन NPN ट्रान्जिस्टर की फारवर्ड वायस वोल्टेज 0·6 V होती है
(d) उपरोक्त में कोई नहीं

**24.** ब्रिज रैक्टीफायर्स अन्य की तुलना में उत्तम होते हैं क्योंकि—
(a) इनमें छोटे आकार के ट्रांसफॉरमर की आवश्यकता होती है
(b) इनकी PIV कम होती हैं
(c) उपरोक्त (a) तथा (b) दोनों सत्य हैं
(d) उपरोक्त में कोई नहीं

**25.** ऑसिलेटर में आवश्यक हैं—
(a) पॉजिटिव फीडबैक (b) प्रारम्भ में $A\beta > 1$
(c) दोलन का आयाम (amplitude of oscillation) उपयुक्त लेविल का होने के पश्चात् $A\beta < 1$
(d) उपरोक्त सभी

**26.** ऑसिलेटर की फ्रीक्वैन्सी स्थिर (stablize) करने में सबसे अधिक सहायक है—
(a) ऑटोमैटिक बायसिंग का उपयोग
(b) ट्यून्ड परिपथ का उपयोग
(c) लब्धि (gain) का नियन्त्रण
(d) उपरोक्त में कोई नहीं

**27.** एक एम्पलीफायर का पावर गेन 50 है। डेसीबल (dB) में गेन होगा—
(a) 17 (b) 31
(c) 34 (d) 67

**28.** एक JEFT की पिच ऑफ वोल्टेज 4V है। यदि $V_{GS} = 1$ तब पिंच ऑफ के लिये $V_{DS}$ का मान होगा—
(a) 3V (b) 5V
(c) 4V (d) 1V

**29.** एक इलेक्ट्रॉन 500V विभवान्तर (potential difference) से गुजरता है। इलेक्ट्रॉन द्वारा ग्रहण की गयी ऊर्जा होगी—
(a) $800 \times 10^{-22}$ J (b) 800 eV
(c) 500 J (d) 500 eV

**30.** होल (hole) के सन्दर्भ में निम्न में कौन-सा कथन असत्य (false) है—
(a) होल्स विद्युत धारा निर्मित कर सकते हैं
(b) होल्स को धनात्मक आवेश माना जा सकता है
(c) होल्स किसी भी पदार्थ में (चालक में भी) उत्पन्न हो सकते हैं
(d) होल्स केवल अर्द्धचालक पदार्थों में ही उत्पन्न हो सकते हैं

**31.** एमिटर फालोअर की इनपुट प्रतिबाधा उच्च होती है, क्योंकि—
(a) उच्च लोड प्रतिबाधा का प्रयोग किया जा सकता है
(b) उच्च बायसिगं प्रतिरोध का प्रयोग किया जाता है
(c) उच्च एमिटर प्रतिरोध का उपयोग किया जा सकता है
(d) बेस-एमिटर परिपथ में उच्च ऋणात्मक प्रतिरोध होता है

**32.** तंग (narrow) बैन्ड एम्पलीफायर की पास बैन्ड होती है लगभग—
(a) सैन्ट्रल फ्रीक्वैन्सी का 10%
(b) सैन्ट्रल फ्रीक्वैन्सी का 25%
(c) सैन्ट्रल फ्रीक्वैन्सी का 33%
(d) सैन्ट्रल फ्रीक्वैन्सी का 40%

**33.** शुद्ध (intrinisc) जरमेनियम, जिसके $2 \cdot 5 \times 10^{13}/cm^3$ चार्ज कैरियर्स को इस प्रकार डोप किया जाता है कि प्रत्येक $10^6$ जरमेनियम परमाणुओं से एक अशुद्धि परमाणु सम्बद्ध हैं। यदि जरमेनियम परमाणुओं का घनत्व $4 \cdot 4 \times 10^{22}/cm^2$ है तब होल घनत्व—
(a) $4 \cdot 4 \times 10^{16}/cm^3$ (b) $1 \cdot 4 \times 10^{16}/cm^3$
(c) $4 \cdot 4 \times 10^{16}/cm^3$ (d) $1 \cdot 4 \times 10^{16}/cm^3$

**34.** एक सिंगल स्टेज ट्रांसफार्मर कपल्ड क्लास A एम्पलीफायर एक लोड को 1·25W, ac पावर सप्लाई

करता है। डी० सी० सप्लाई से ली गयी डी० सी० पावर होगी—

(a) 1·25W (b) 2·5W

(c) 5W (d) 0·65W

35. ट्यून्ड वोल्टेज एम्पलीफायर्स का उपयोग किस उपकरण का नहीं किया जाता है ?

(a) टेलीविजन रिसीवर्स में

(b) रेडियो रिसीवर्स में

(c) पब्लिक एड्रैस सिस्टम में

(d) उपरोक्त सभी में

36. किस प्रकार के कैपेसिटर्स में उनकी कैपेसिटी दर्शाने के लिये कलर कोडिंग प्रयुक्त नहीं की जाती—

(a) पेपर कैपेसिटर्स (b) सिरेमिक कैपेसिटर्स

(c) माइका कैपेसिटर्स

(d) इलेक्ट्रोलायटिक कैपेसिटर्स

37. डोप किये गये एक अर्द्धचालक में आयनाइज्ड स्वीकारक (acceptor) तथा डोनर के घनत्व क्रमशः $N_A$ तथा $N_D$ है। इन्ट्रिन्जिक लेविल के सापेक्ष फरमी लेविल की स्थिति निर्भर करती है—

(a) $N_A - N_D$ पर (b) $N_A + N_D$ पर

(c) $\frac{N_A N_D}{N_i^2}$ पर (d) $n_i$ पर

38. डायरेक्टली हीटेड कैथोड निर्मित करने के लिये प्रयुक्त किया जाता है—

(a) टगंस्टन (b) थोरियेटेड टगंस्टन

(c) स्ट्रोन्शियम ऑक्साइड की कोटिंग के साथ टगंस्टन

(d) उपरोक्त में कोई भी

39. एक LP (low pass) फिल्टर को 0-15 KHz आवृत्ति तक के सिगनल दिये गये हैं। लोड प्रतिरोध पर किस आवृत्ति की वोल्टेज अधिकतम विकसित होगी—

(a) 0Hz (b) 15Hz

(c) 150Hz (d) 15sKHz

40. एक सिगनल में 445KHz से 465KHz तक फ्रीक्वैन्सी कम्पोनैन्ट है। इसे एम्पलीफाइ करने के लिये उपयुक्त एम्पलीफायर है—

(a) D.C. एम्पलीफायर

(b) R.C. कपल्ड एम्पलीफायर

(c) पैराफेज एम्पलीफायर (d) ट्यून्ड एम्पलीफायर

41. एक 0·2 $\mu F$ कैपेसिटर की किस आवृत्ति पर रिएक्टैन्स 1000 Ω होगी—

(a) 800Hz (b) 1KHz

(c) 1MHz (d) 8MHz

42. जीनर डायोड में—

(a) केवल P क्षेत्र की डोपिंग अधिक (heavy) होती है

(b) केवल N क्षेत्र की डोपिंग अधिक (heavy) होती है

(c) P तथा N दोनों क्षेत्रों की अधिक (heavy) होती है

(d) P तथा N दोनों क्षेत्रों की डोपिंग हल्की (light) होती है

43. PN जंक्शन की बैरियर कैपेसिटैन्स—

(a) स्पेस चार्ज लेयर की चौड़ाई के साथ बढ़ती है

(b) रिवर्स वोल्टेज बढ़ने पर बढ़ती है

(c) जंक्शन पर वोल्टेज एप्लाई करने पर immobile आवेशों में परिवर्तन के कारण होती है

44. निम्न में से कार्बन कम्पोजिशन प्रतिरोध की उपयुक्त रेटिंग है—

(a) 100K, 1W (b) 5 Ω, 5W

(c) 10K, 10W (d) 1K, 100W

45. सिल्वर की प्रतिरोधकता (resistivity) का क्रम (order) है—

(a) $10^{-12}$ ohm metre (b) $10^{-9}$ ohm metre

(c) $10^{-6}$ ohm metre (d) $10^{-3}$ ohm metre

46. एक उच्च (heavily) डोपिंग वाल N टाइप सेमी कन्डक्टर पर प्रकाश डालने पर उस की इलेक्ट्रॉन तथा होल कन्सैन्ट्रेशन में क्रमशः $\Delta n$ तथा $\Delta p$ की वृद्धि होती है। यदि इन्ट्रिन्जिक कन्सैन्ट्रेशन $n_i$ है तब—

(a) $\Delta n < \Delta P$ (b) $\Delta n > \Delta P$

(c) $\Delta n = \Delta P$ (d) $\Delta n \times \Delta P = n_i^2$

47. निम्न चित्र में यदि डायोड $D_1$ तथा $D_2$ आदर्श (ideal) है तथा मूविंग कॉयल (moving coil) एमीटर का प्रतिरोध भी शून्य है तब मीटर रीडिंग होगी—

(a) 0·1 (b) $0{\cdot}2/\pi$

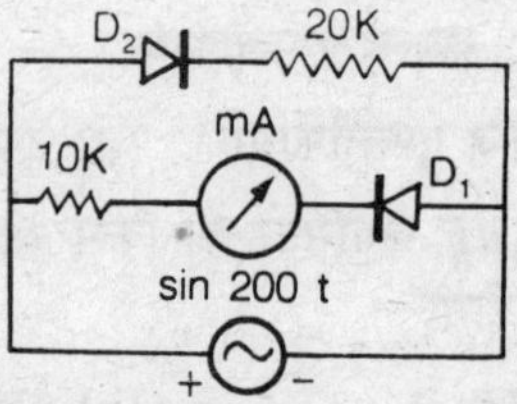


चित्र 2.34

(c) $\frac{0 \cdot 1}{2\pi}$ (d) $0 \cdot 1/\pi$

**48.** निम्न चित्र में प्रदर्शित FET परिपथ के लिये निम्न 4 कथन (statements) दिये गये हैं—

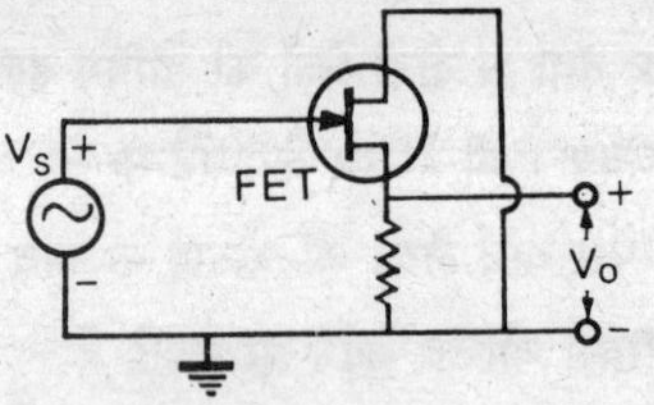


चित्र 2.35

(1) यह धारा श्रेणी (current series) फीड बैक है

(2) यह वोल्टेज श्रेणी (voltage series) फीड बैक है

(3) फीड बैक का इनपुट प्रतिरोध पर कोई प्रभाव नहीं होता

(4) आउटपुट प्रतिरोध बढ़ जाता है

उपरोक्त में सत्य (true) है—

(a) 1, 2 (b) 2, 3
(c) 3, 4 (d) 1, 4

**49.** आयरन तथा निकिल की प्रतिरोधकता (resistivity) का क्रम होता है—

(a) $10^{-9}$ ohm meter (b) $10^{7}$ ohm meter
(c) $10^{-6}$ ohm meter (d) $10^{-3}$ ohm meter

**50.** एक ट्रांजिस्टर का टर्न-ऑफ (turn-off) टाइम होता है लगभग

(a) 10ns (b) 60ns
(c) 70ns (d) 40ns

**51.** एक पदार्थ के फरमी लेविल का मान 2·1 ev है। फरमी लेविल पर इलेक्ट्रॉन का वेग होगा—

(a) $3 \cdot 2 \times 10^{5}$ m/s (b) $4 \cdot 9 \times 10^{4}$ m/s
(c) $8 \cdot 6 \times 10^{5}$ m/s (d) $9 \cdot 7 \times 10^{4}$ m/s

**52.** एक जीनर डायोड को 100V सप्लाई के रेगुलेशन के लिये प्रयुक्त किया गया है—

(a) डायोड के p तथा n दोनों क्षेत्रों की डोपिंग समान है

(b) डायोड के p तथा n दोनों क्षेत्रों की डोपिंग उच्च (heavy) है

(c) डायोड के p तथा n दोनों क्षेत्रों की डोपिंग हल्की (light) है

(d) इस स्तर की उच्च वोल्टेज पर जीनर डायोड का उपयोग नहीं किया जा सकता

**53.** धातुओं में—

(a) धारा का प्रवाह इलेक्ट्रॉन तथा होल्स दोनों के कारण होता है

(b) ताप वृद्धि के साथ पदार्थ की चालकता घटती है

(c) कन्डक्शन बैन्ड खाली (empty) होती है

(d) दो बैन्ड्स के मध्य ऊर्जा गैप छोटा (small) होता है

**54.** एक 500V विभवान्तर से गुजरने वाले इलेक्ट्रॉन की गतिज ऊर्जा (kinetic energy) तथा डि-ब्रोगली वेव लैंग्थ (de Broglie wave length) होती है—

(a) 500eV, 0·18 Å (b) 500eV, 0·57 Å
(c) 500eV, 0·18 Å (d) 5000eV, 0·57 Å

**55.** निम्न चित्र में प्रदर्शित अनुनाद परिपथ की अनुनाद आवृत्ति $\omega_0 = 10^5$, Q = 50 तथा $R_1 = 400$ ohm है। कैपेसिटर $C$ का मान होगा—

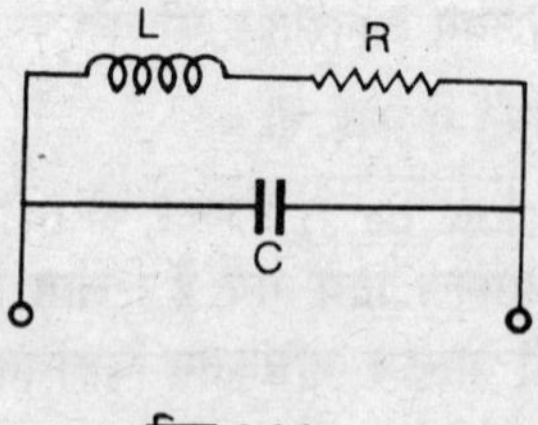


चित्र 2.36

(a) 250pf (b) 100pf
(c) 500pf (d) 1·25pf

**56.** एक ट्रान्जिस्टर का $h_{fe} = 50$ है। ट्रान्जिस्टर के $h_{fc}$ का मान होगा—

(a) −50 (b) +50

(c) −51 (d) +51

57. ब्लॉकिंग ऑसिलेटर्स का उपयोग किया जाता है—
(a) Aprupt पल्स जेरनेटर्स में
(b) निम्न प्रतिबाधा (low impedance) स्विच के समान
(c) उच्च प्रतिबाधा (high impedance) स्विचों तथा फ्रीक्वैन्सी डिवाइडर्स के समान
(d) उपरोक्त में कोई नहीं

58. PN जंक्शन पर पोटेन्शियल बैरियर निर्मित होता है—
(a) इलेक्ट्रॉन एवं होल्स के कारण
(b) अचल (immobile) डोनर तथा स्वीकारक (acceptor) आयनों के कारण
(c) मेजॉरिटी तथा माइनॉरिटी कैरियर्स के कारण
(d) उपरोक्त में कोई नहीं

59. निम्न परिपथ की दक्षता कम होने का कारण है—

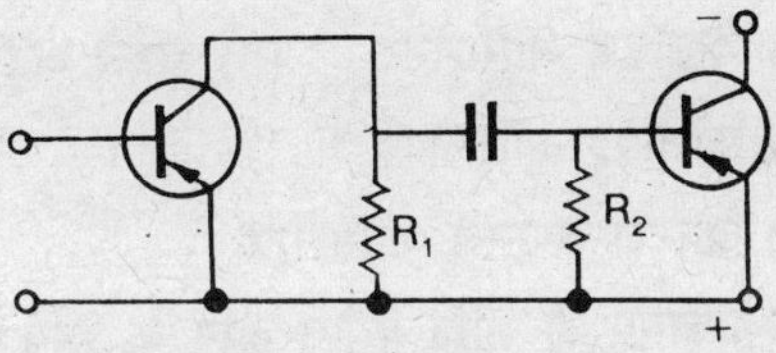


चित्र 2.37

(a) प्रतिरोध $R_2$ में dc पावर क्षय
(b) प्रतिरोध $R_1$ में dc पावर क्षय
(c) निम्न आवृत्ति (low frequency) कम्पैनसेशन के कारण
(d) $R_1$ तथा $R_2$ दोनों प्रतिरोधों में dc पावर क्षय के कारण

60. निम्न में से किस पदार्थ की प्रतिरोधकता सबसे कम है—
(a) मोलिब्डनम (Molybdenum)
(b) प्लेटिनम (Platinum)
(c) टेन्टेलम (Tantelum)
(d) टंगस्टन (Tungsten)

61. P-टाइप सिलिकॉन प्राप्त करने के लिये उपयुक्त डोपिंग पदार्थ—
(a) बोरॉन (b) फॉसफोरस
(c) गैल्यिम (d) आर्सेनिक

62. वर्ग-B एम्पलीफायर की दक्षता ——— की तुलना में कम होती है।
(a) क्लास A (b) क्लास AB
(c) क्लास C
(d) क्लास A, AB तथा C

63. निम्न में से किस अभिलक्षण द्वारा सीधे $\beta$ का मान ज्ञात किया जा सकता है—
(a) $V_{CE} - I_C$ when $\Delta I_B = 0$
(b) $V_{BE} - I_B$ when $\Delta V_{CE} = 0$
(c) $V_{CB} - I_C$ when $\Delta I_E = 0$
(d) उपरोक्त सभी से

64. किस ऑसिलेटर $LC$ ट्यून्ड परिपथ में टैप्ड कुन्डली (tapped coil) प्रयुक्त की जाती है—
(a) आर्मस्ट्रांग ऑसिलेटर (b) कॉलपिट्ट ऑसिलेटर
(c) हार्टले ऑसिलेटर (d) उपरोक्त सभी में

65. मॉसफेट में इनवर्जन लेयर की पोलेरिटी वही होती है जो—
(a) गेट पर चार्ज की होती है
(b) ड्रेन में माइनॉरिटी कैरियर्स की होती है
(c) सब्सट्रेट में मेजॉरिटी कैरियर्स की होती है
(d) सोर्स में मेजॉरिटी कैरियर्स की होती है

66. CE कॉनफिगुरेशन में क्षरण धारा (leakage current) का क्रम होता है, लगभग—
(a) $10^{-9}$ amp (b) $10^{-6}$ amp
(c) $10^{-4}$ amp (d) $10^{-3}$ amp

67. JEFT के अभिलक्षण ——— के समान होते हैं।
(a) निर्वात् ट्यूब्स (thermionic valves)
(b) NPN ट्रांजिस्टर्स
(c) PNP ट्रांजिस्टर्स
(d) यूनिजंक्शन ट्रांजिस्टर्स (UJT)

68. एक फ्री-रनिंग मल्टीवाइब्रेटर में प्रत्येक स्टेज $1 \mu s$ के लिये कट-ऑफ होती है। ऑसिलेटर की आवृत्ति है—
(a) 10MHz (b) 5MHz
(c) 1MHz (d) 0·5MHz

69. निम्न में से किसे एम्पलीफायर की भांति प्रयुक्त नहीं किया जा सकता?

(a) PN जंक्शन (b) NPN ट्रांजिस्टर
(c) SCR (d) UJT

70. निम्न परिपथ है—

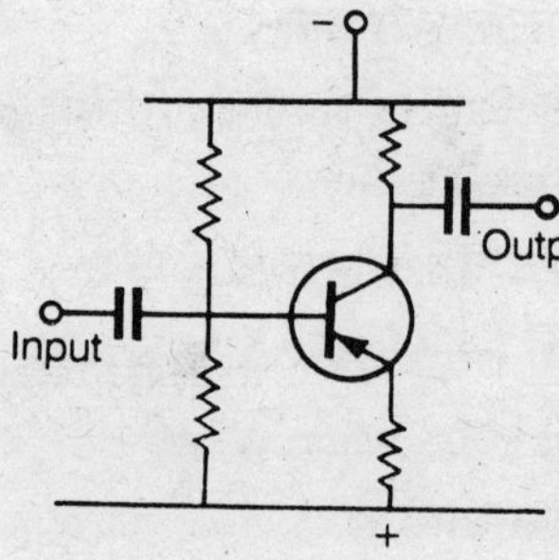


चित्र 2.38

(a) एक स्थिर वोल्टेज स्रोत (constant voltage generator)
(b) रैक्टीफायर
(c) कॉमन एमिटर एम्पलीफायर
(d) एमिटर फालोअर

71. एक JFET के गेट पर रिवर्स बायस एप्लाई करने पर डिपलीशन क्षेत्र की चौड़ाई—
(a) चैनल में एक समान (uniform) रहती है
(b) सोर्स के पास अधिक तथा ड्रेन की ओर कम (taper) हो जाती है
(c) ड्रेन के पास अधिक तथा सोर्स की ओर कम (taper) हो जाती है
(d) शून्य हो जाती है

72. निम्न में से किस ट्रांजिस्टर को एन्हेन्समैन्ट मोड में प्रयुक्त किया जा सकता है ?
(a) UJT (b) JEFT
(c) MOSFET (d) NPN ट्रांजिस्टर

73. किस प्रणाली में Noise factor होता है ?
(a) Output signal/Input signal
(b) $\frac{\text{Output S/N ratio}}{\text{Input S/N Ratio}}$
(c) $\frac{\text{Input S/N Ratio}}{\text{Output S/N Ratio}}$
(d) $\frac{\text{Input Signal}}{\text{Output noise ratio}}$

74. इनपुट वोल्टेज ($V_i$) के अत्यधिक निगेटिव मान पर $D_1$ तथा $D_2$ की अवस्थायें होगी—

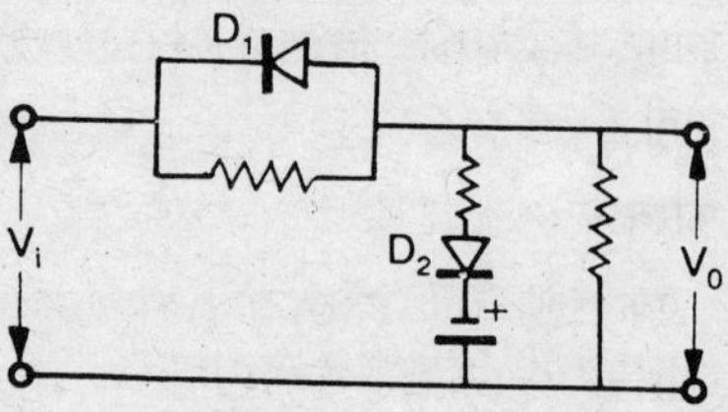


चित्र 2.39

(a) $D_1$ on , $D_2$ on (b) $D_1$ on , $D_2$ off
(c) $D_1$ off , $D_2$ off (d) $D_1$ off , $D_2$ on

75. निम्न एम्पलीफायर्स में किस में सबसे अधिक पावर गेन प्राप्त होता है ?
(a) कॉमन बेस (b) कॉमन एमिटर
(c) कॉमन कलैक्टर (d) एमिटर फालोअर

76. निम्न में से सबसे अधिक स्थायी (stable) ऑसिलेटर है—
(a) वेन-ब्रिज ऑसिलेटर (b) हार्टले ऑसिलेटर
(c) कॉलपिट्ट ऑसिलेटर
(d) क्रिस्टल कन्ट्रोल्ड ऑसिलेटर

77. एम्पलीफायर की भाँति प्रयोग करने के लिये FET को ऑपरेट किया जाता है—
(a) कन्ट्रोल्ड प्रतिरोध (controlled resistance) क्षेत्र में
(b) कन्ट्रोल्ड सोर्स क्षेत्र में
(c) एवेलान्चे ब्रेकडाउन क्षेत्र में
(d) उपरोक्त में किसी में नहीं

78. अर्ध चालक डिवाइस में माइनॉरिटी कैरियर्स का घनत्व (concentration) निर्भर करता है—
(a) डोपिंग की मात्रा पर (b) ताप पर
(c) फारवर्ड बायसिंग वोल्टेज पर
(d) रिवर्स बायसिंग वोल्टेज पर

79. पुश-पुल एम्पलीफायर्स की दक्षता उच्च होती है, क्योंकि—
(a) प्रत्येक ट्रांजिस्टर अलग-अलग अर्द्ध- चक्रों में कार्य करता है

(b) ट्रांजिस्टर CE कॉनफिगुरेशन में कनैक्ट किये जाते हैं

(c) इनपुट न होने की अवस्था में कलैक्टर धारा शून्य होती है

(d) फारवर्ड बायसिंग वोल्टेज कम होती है

**80.** यदि एक NPN ट्रांजिस्टर का प्रचालन बिन्दु (operating point) सेचुरेशन क्षेत्र (saturation region) में सैलक्ट किया जाये तब—

(a) ट्रान्जिस्टर में थरमल रन अवे हो जाता है

(b) इनपुट सिगनल के पॉजिटिव अर्द्ध- चक्र में आउटपुट क्लिप हो जाती हैं

(c) उच्च dc कलैक्टर सप्लाई की आवश्यकता होती है

(d) इनपुट सिगनल के निगेटिव अर्द्ध-चक्र में आउटपुट क्लिप हो जाती हैं

**81.** ऑसिलेटर के स्थायित्व के लिये बारखॉजन क्राइटेरियन है—

(a) $A\beta = 0$ (b) $A\beta = 1$

(c) $A\beta = -1$ (d) $A\beta = \sqrt{2}$

**82.** RC फेज शिफ्ट ऑसिलेटर में

(a) फीडबैक नैटवर्क के कारण 180° फेज शिफ्ट उत्पन्न होता है

(b) फीडबैक नैटवर्क के कारण 360° फेज शिफ्ट उत्पन्न होता है

(c) $A\beta = -1$

(d) एम्पलीफायर का गेन एक धन पूर्णांक (positive number) होता है

**83.** *RC* फेज शिफ्ट ऑसिलेटर में दोलन की आवृत्ति होती है—

(a) $\dfrac{1}{2\pi\sqrt{6}\,RC}$ (b) $\dfrac{1}{2\pi R\sqrt{C}}$

(c) $\dfrac{2\pi}{\sqrt{RC}}$ (d) $2\pi\sqrt{RC}$

**84.** ऑसिलेटर परिपथ

(a) dc को ac में कनवर्ट करता है

(b) dc को dc में कनवर्ट करता है

(c) ac को dc में कनवर्ट करता है

(d) ac को ac में कनवर्ट करता है

**85.** ऑसिलेटर्स में Class-C ऑपरेशन को वरीयता (preference) दी जाती है क्योंकि—

(a) यह सबसे अधिक दक्ष (efficient) है

(b) इसमें आवृत्ति स्थिरता होती है

(c) अधिक आउटपुट प्राप्त होती है

(d) इसमें केवल लगभग वर्गाकार तरंगें (square waves) उत्पन्न होती है

**86.** वेन ब्रिज ऑसिलेटर की आवृत्ति होती है—

(a) $\dfrac{1}{2\pi\sqrt{RC}}$ (b) $\dfrac{1}{\sqrt{2\pi RC}}$

(c) $\dfrac{1}{2\pi RC}$ (d) $2\pi/RC$

**87.** एक सामान्य लाउडस्पीकर की प्रतिबाधा होती है लगभग—

(a) 1 Ω (b) 8 Ω

(c) 100 Ω (d) 500 Ω

**88.** उच्च(high) इनपुट तथा निम्न(low) आउटपुट प्रतिबाधा उत्पन्न करने के लिये ट्रांजिस्टर को परिपथ में किस कॉनफिगुरेशन में कनैक्ट करना उपयुक्त है—

(a) कॉमन एमिटर (b) कॉमन बेस

(c) कॉमन कलैक्टर (d) उपरोक्त में कोई भी

**89.** निम्न फीड बैक एम्पलीफायर में—

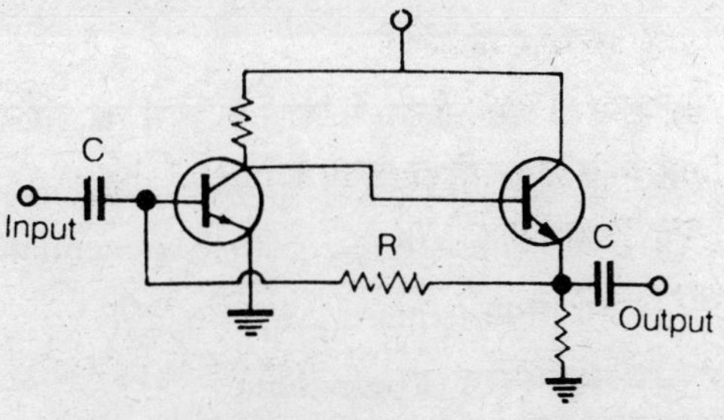


**चित्र 2.40**

(a) श्रेणी धारा (current series) फीड बैक, उच्च इनपुट प्रतिबाधा तथा उच्च आउटपुट प्रतिबाधा

(b) श्रेणी-वोल्टेज (voltage series) फीड बैक, उच्च इनपुट तथा निम्न (low) आउटपुट प्रतिबाधा

(c) शन्ट-वोल्टज (voltage shunt) फीड बैक, निम्न (low) इनपुट तथा निम्न (low) आउटपुट प्रतिबाधा

(d) धारा शन्ट (current shunt) फीड बैक, निम्न इनपुट तथा उच्च आउटपुट प्रतिबाधा

**90.** माइक्रोवेव आवृत्तियों पर निम्न में से किस sinusoidal ऑसिलेटर का उपयोग किया जाना उपयुक्त होगा

(a) अनुनाद परिपथ ऑसिलेटर (Resonant Circuit Oscillators)

(b) RC फेज शिफ्ट ऑसिलेटर

(c) निगेटिव प्रतिरोध (Negative resistance) ऑसिलेटर

(d) उपरोक्त सभी में

**91.** ट्रांजिस्टर के फॉरवर्ड एम्पलीफिकेशन फैक्टर का अर्थ है—

(a) CE एम्पलीफायर का धारा गेन (current gain)

(b) CB एम्पलीफायर का धारा गेन (current gain)

(c) CC एम्पलीफायर का वोल्टेज गेन (voltage gain)

(d) CE एम्पलीफायर का वोल्टेज गेन (voltage gain)

**92.** ऑडियो फ्रीक्वैन्सी रेंज में आवृत्ति बढ़ने पर Noise factor –

(a) कम होकर न्यूनतम (minimum) हो जाता है फिर बढ़ता है

(b) बढ़कर अधिकतम (maximum) हो जाता है फिर घटता है

(c) लगातर बढ़ता है

(d) लगातार घटता है

**93.** इन्ट्रिन्जिक अर्द्ध-चालक में चार्ज कैरियर्स की संख्या ताप पर किस प्रकार निर्भर करती है—

(a) रेखीय (linearly) (b) Exponentially

(c) वर्ग नियम (square law) के अनुसार

(d) लघुगणकीय (Logarithmic)

**94.** लाइट एमिटिंग डिवाइस (LEDS) में पावर क्षय (power consumption) का क्रम है—

(a) $5 \times 10^{-9}$ amp to $10 \times 10^{-9}$ amp

(b) $5 \times 10^{-6}$ amp to $10 \times 10^{-6}$ amp

(c) $5 \times 10^{-3}$ amp to $10 \times 10^{-3}$ amp

(d) 5 to 10 amp

**95.** एक हाफ-वेव रैक्टीफाइड sinusoidal तरंग की पीक वोल्टेज (peak voltage), 10V है। इसकी मूल आवृत्ति (fundamental) के कम्पोनैन्ट्स के average तथा rms मान होंगे—

(a) $\frac{20}{\pi}$ V, $\frac{10}{\sqrt{2}}$ V (b) $\frac{16}{\pi}$ V, $\frac{10}{52}$ V

(c) $\frac{10}{\pi}$ V, 5V (d) $\frac{22}{\pi}$ V, 5V

**96.** एक धारा वाही चालक में इलेक्ट्रॉनों के कारण धारा घनत्व ($J_0$)—

(a) $J_0 = \frac{ne\tau\varepsilon}{m}$ (b) $J_0 = \frac{ne\tau\varepsilon^2}{m}$

(c) $J_0 = \frac{ne^2\tau\varepsilon}{m}$ (d) $J_0 = \frac{e^2\tau\varepsilon}{m}$

जहाँ $n$ = number of free electrons/unit volume

**97.** निम्न में सबसे उत्तम इनसुलेटर—

(a) बैकेलाइट (b) पोर्सलेन

(c) PVC (d) $SiO_2$

**98.** इन्ट्रिन्जिक अर्ध-चालक में डोपिंग के लिये प्रयुक्त किया जाने वाला trivalent परमाणु होता है—

(a) जरमेनियम (b) डोनर

(c) एक्सैप्टर (acceptor) (d)सिलिकॉन

**99.** 1KHz आवृत्ति के दोलन उत्पन्न करने के लिये उपयुक्त ऑसिलेटर है—

(a) वेन ब्रिज

(b) ट्यून्ड कलैक्टर ऑसिलेटर

(c) हार्टले ऑसिलेटर (d) कॉलपिट्ज ऑसिलेटर

**100.** *RC* कपल्ड एम्पलीफायर में dc कम्पनोनैन्ट ब्लॉक होता है—

(a) ट्रांजिस्टर द्वारा

(b) कपलिंग कैपेसिटर द्वारा

(c) बेस प्रतिरोध ($R_B$) द्वारा

(d) कलैक्टर प्रतिरोध ($R_C$) द्वारा

**101.** निम्न को प्रतिरोधकता के बढ़ते क्रम में लिखिये—

Diamond, Mica, PVC, $SiO_2$

(a) PVC, $SiO_2$, Diamond, Mica

(b) $SiO_2$, PVC, Mica, Diamond

(c) Mica, PVC, $SiO_2$, Diamond

(d) Diamond, Mica, PVC, $SiO_2$,

**102.** निम्न में से किस परिपथ में कपलिंग कैपेसिटर की आवश्यकता नहीं है ?

(a) प्रतिरोध लोड (resistance loaded)

(b) इम्पीडैन्स कपल्ड (impedance coupled)

(c) सिंगल ट्यून्ड (d) ट्रांसफॉर्मर कपल्ड

**103.** ऑसिलेटर परिपथ

(a) क्लास A में ऑपरेट नहीं किये जा सकते

(b) साइनुसायडल तरंग प्राप्त करने के लिये क्लास A में ऑपरेट किये जा सकते हैं

(c) विरूपित (distorted) तरंग प्राप्त करने के लिये क्लास A में ऑपरेट किये जा सकते हैं

(d) अच्छी तरंगाकार प्राप्त करने के लिये क्लास A में ऑपरेट किये जा सकते हैं

**104.** पुश-पुल एम्पलीफायर के लिये आवश्यक है—

(a) समान कला में दो समान इनपुट वोल्टेज

(b) 90° कलान्तर पर दो समान इनपुट वोल्टेज

(c) 180° कलान्तर पर दो समान इनपुट वोल्टेज

(d) सैकेन्डरी में सेन्टर-टेप वाला आउटपुट ट्रांसफॉर्मर

**105.** एक जंक्शन ट्रांजिस्टर के लिये $\beta = 49$ तथा $I_{CO} = I_{CBO} = 1\mu A$ है। यदि बेस धारा $I_B = 10\,\mu A$ तक कलैक्टर धारा—

(a) $441\mu A$ (b) $490\mu A$

(c) $539\mu A$ (d) $540\mu A$

**106.** एक ट्रांजिस्टर में $I_{CO} = I_{CBO} = 2\,\mu A$ है। यदि $\alpha = 0\cdot99$ तब $I_{CEO}$ का मान—

(a) $2\,\mu A$ (b) $99\,\mu A$

(c) $198\,\mu A$ (d) $200\,\mu A$

**107.** एक कॉलपिट ऑसिलेटर में निम्न ट्यून्ड परिपथ प्रयुक्त किया गया है। परिपथ की दोलन आवृति (frequency of oscillation) होगी—

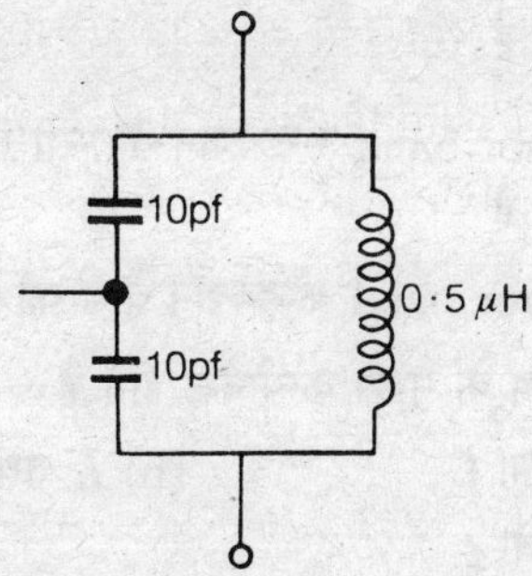


चित्र 2.41

(a) 0·1MHz (b) 1MHz

(c) 10MHz (d) 100MHz

**108.** एक डिफरेन्शियल एम्पलीफायर का डिफ्रेन्शियल गेन $A_D = 20{,}000$ है। यदि CMMR = 80 dB तब कॉमन मोड गेन होगा—

(a) 2 (b) 1

(c) $\frac{1}{2}$ (d) 0

**109.** एक ट्रांजिस्टर एम्पलीफायर का गेन (gain), ट्रांजिस्टर के पैरामीटर परिवर्तित होने से अधिक प्रभावित होगा यदि एम्पलीफायर में—

(a) पॉजिटिव फीडबैक प्रयुक्त की गयी है

(b) निगेटिव फीडबैक प्रयुक्त की गयी है

(c) कोई फीडबैक न हो

(d) उपरोक्त में कोई नहीं

**110.** अर्धचालक पदार्थ को P-टाइप अशुद्धि (impurity) से डोप करने पर अशुद्धि परमाणु पर चार्ज होगा—

(a) निगेटिव

(b) पॉजिटिव

(c) कोई चार्ज नहीं होगा

(d) अशुद्धि परमाणु एक इलेक्ट्रॉन मुक्त् (release) कर देगा

**111.** P-टाइप अर्धचालक के ऊर्जा बैन्ड (energy band) डायग्राम में—

(a) Acceptor band कन्डक्शन बैन्ड के समीप होती है

(b) Acceptor band कन्डक्शन वैलेन्सी बैन्ड के समीप होती है

(c) Donor band कन्डक्शन वैलेन्सी बैन्ड के समीप होती है

(d) Donor band कन्डक्शन बैन्ड की समीप होती है

**112.** टैंक परिपथ के मुख्य कम्पोनैन्ट होते हैं—

(a) $R$ तथा $C$ (b) $L$ तथा $C$

(c) $R$ तथा $L$

(d) $R$ एवं PNP अथवा NPN ट्रांजिस्टर

**113.** NPN ट्रांजिस्टर में एमिटर, इलेक्ट्रॉन इन्जैक्ट करता है—

(a) कलैक्टर जंक्शन में (b) एमीटर-बेस जंक्शन में

(c) उपरोक्त a तथा b दोनों (d) उपरोक्त में कोई नहीं

**114.** FET में—

(a) एक जंक्शन फारवर्ड तथा दूसरा रिवर्स बायस में होता है

(b) दोनों जंक्शन रिवर्स बायस्ड् होते हैं

(c) एक जंक्शन के दोनों ओर रिवर्स बायस होती है

(d) एक जंक्शन के एक ओर रिवर्स बायस तथा दूसरी ओर फारवर्ड बायस होती है

**115.** एक एम्पलीफायर का वोल्टेज गेन 400 है। यदि आउटपुट 4V है तब इनपुट होगी—

(a) 1600V (b) 400V

(c) 100mV (d) $\frac{1}{1000}$V

**116.** फेब्रिकेशन की क्रिया में फोटोमार्किंग (photo marking) द्वारा—

(a) डिफ्यूजन की गहराई (depth) नियन्त्रित की जाती है

(b) एक इन्सुलेटिंग परत बनायी जाती है जो कि सैलेक्टेड स्थानों के अतिरिक्त अन्य स्थानों पर डिफ्यूजन को रोकती है

(c) $SiO_2$ के सैलेक्टेड क्षेत्रों का हटाया जाता है

(d) फोटोरजिस्ट को हटाया जाता है

**117.** एक 3-फेज हॉफ-वेव कन्ट्रोल्ड ब्रिज रैक्टीफायर की आउटपुट वोल्टेज में रिपल फ्रीक्वैन्सी निर्भर करती है—

(a) फायरिंग कोण पर (b) लोड इन्डक्टैन्स पर

(c) लोड प्रतिरोध (resistance) पर

(d) सप्लाई फ्रीक्वैन्सी पर

**118.** JFET में किस इलेक्ट्रोड को रेफ्रेन्स माना जाता है ?

(a) ड्रेन (b) गेट

(c) सोर्स (d) उपरोक्त में कोई नहीं

**119.** निम्न परिपथ (चित्र 2.42) में दिये गये ट्रांसफॉर्मर कपल्ड एम्पलीफायर की लोड लाइन होगी—

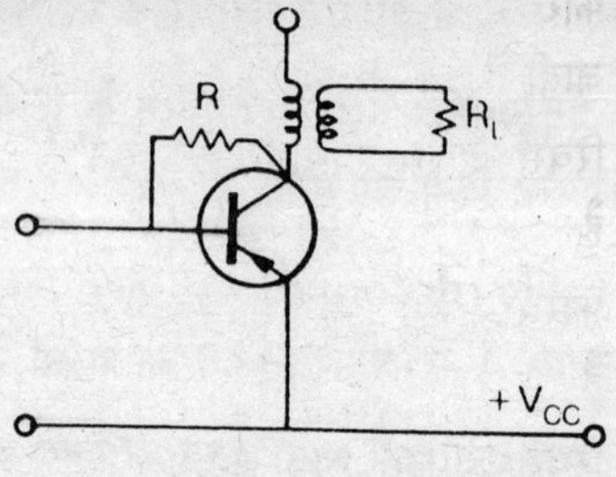


**चित्र 2.42**

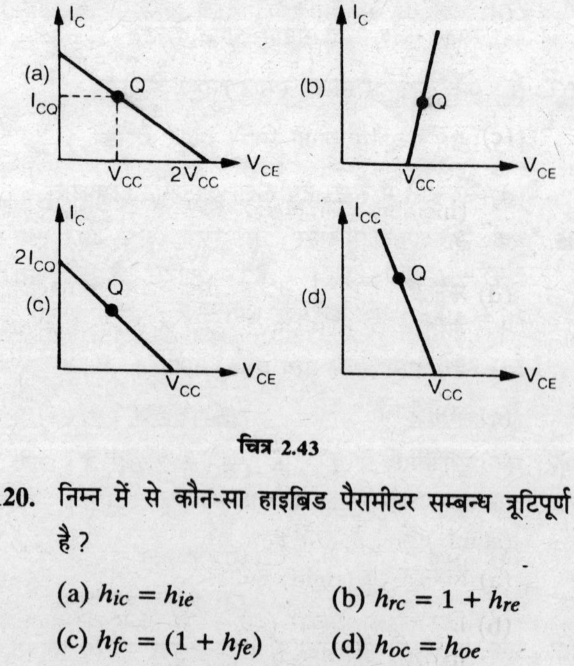


**चित्र 2.43**

**120.** निम्न में से कौन-सा हाइब्रिड पैरामीटर सम्बन्ध त्रूटिपूर्ण है ?

(a) $h_{ic} = h_{ie}$ (b) $h_{rc} = 1 + h_{re}$

(c) $h_{fc} = (1 + h_{fe})$ (d) $h_{oc} = h_{oe}$

**121.** एमिटर फालोअर का पावर गेन होता है—

(a) 1 से कम (b) 1

(c) 1 से अधिक

(d) परिपथ कम्पोनैन्ट्स पर निर्भर नहीं करता

**122.** अर्धचालक में होल्स (holes) की गति (movement) का कारण है—
(a) कन्डक्शन बैड मे होल्स की गति
(b) कन्डक्शन बैंड में इलेक्ट्रॉनों की गति
(c) वैलेन्सी बैन्ड में इलेक्ट्रॉनों की गति
(d) वैलेन्सी बैन्ड में होल्स की गति

**123.** डायोड में एवलांचे ब्रेक डाउन उस अवस्था में होता है जब—
(a) पोटैन्शियल बैरियर कम होकर शून्य हो जाता है
(b) फारवर्ड बायस एक निश्चित मान से अधिक हो जाती है
(c) रिवर्स बायस एक निश्चित मान से अधिक हो जाती है
(d) फारवर्ड धारा एक निश्चित मान से अधिक हो जाती है

**124.** एक रिवर्स बायस्ड PN जंक्शन फोटोडायोड के सन्दर्भ में निम्न विवरण दिया गया है—
(a) फोटोन धारा तथा सेचुरेशन धारा एक ही दिशा में है
(b) जब कि फोटोन धारा मुख्य रूप से माइनॉरिटी कैरियर्स के कारण होती है, सैचुरेशन धारा मेजॉरिटी कैरियर्स के प्रवाह के कारण होती है
(c) प्रकाश (illumination) के कारण उत्पन्न इलेक्ट्रॉन–होल पेयर्स (pairs), आपतित (incident) फोटोन की संख्या के समानुपाती होते हैं
(d) प्रकाश (illumination) का प्रभाव, मेजॉरिटी कैरियर्स के इन्जैक्शन के तुल्य ही कहा जा सकता है। उपरोक्त में सत्य है—
(a) सभी चारों (b) 1 तथा 2
(c) 2 तथा 4 (d) 1 तथा 3

**125.** क्रिस्टल ऑसिलेटर की फ्रीक्वैन्सी अत्यधिक स्थिर (stable) होती है, क्योंकि—
(a) क्रिस्टल दृढ़ (rigid) होता है
(b) क्रिस्टल का आकार (size) इस प्रकार का होता है कि स्थिर आवृत्ति उत्पन्न होती है
(c) क्रिस्टल का स्ट्रक्चर इस प्रकार का होता है कि स्थिर आवृत्ति उत्पन्न होती है
(d) क्रिस्टल का Q उच्च होता है।

**126.** जरमेनियम में 'Forbidden energy' गैप का मान है—
(a) 0·3 eV (b) 3·5 eV
(c) 0·7 eV (d) 1·12 eV

**127.** यदि $L$ को दोगुना तथा $C$ को आधा कर दिया जाये तब आवृत्ति—
(a) दो गुनी हो जाती है (b) आधी हो जाती है
(c) $\frac{1}{4}$ रह जाती है (d) परिवर्तित नहीं होती

**128.** अर्धचालक में acceptor टाइप अशुद्धि मिलाने पर—
(a) इलेक्ट्रॉन जेनरेट होते हैं तथा नया पदार्थ N-टाइप कहलाता है
(b) इलेक्ट्रॉन जेनरेट होते हैं तथा नया पदार्थ P-टाइप कहलाता है
(c) होल्स जेनरेट होते हैं तथा नया पदार्थ N-टाइप कहलाता है
(d) होल्स जेनरेट होते हैं तथा नया पदार्थ P-टाइप कहलाता है

**129.** एक एम्पलीफायर को फीडबैक देने पर उसका गेन घटकर $\frac{1}{10}$ गुणा रह जाता है। एम्पलीफायर की बैन्ड-विडथ—
(a) $\frac{1}{10}$ गुनी रह जायेगी (b) 10 गुनी हो जायेगी
(c) परिवर्तित नहीं होगी (d) Narrow हो जायेगी

**130.** निम्न परिपथ में A एवं B बिन्दुओं के मध्य प्रतिबाधा होगी—

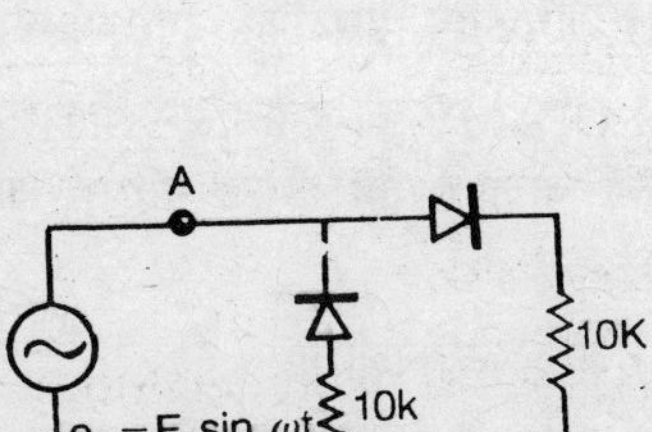


चित्र 2.44

(a) 5 K Ω (b) 30 K Ω
(c) 10 K Ω (d) उपरोक्त में कोई नहीं

**131.** इन्ट्रिन्जिक अर्धचालक में—

(a) होल्स (holes) नहीं होते

(b) होल्स बहुत कम संख्या में होते हैं

(c) पदार्थ में इलेक्ट्रॉन, होल्स द्वारा न्यूट्रलाइज हो जाते हैं

(d) पदार्थ में इलेक्ट्रॉन नहीं होते

**132.** एक एम्पलीफायर की पावर 10 watt से बदलकर 20 watt हो जाती है dB में गेन होगा—

(a) 2 dB (b) 3 dB

(c) 6 dB (d) 10 dB

**133.** निम्न परिपथ में FET का कॉनफिगुरेशन है—

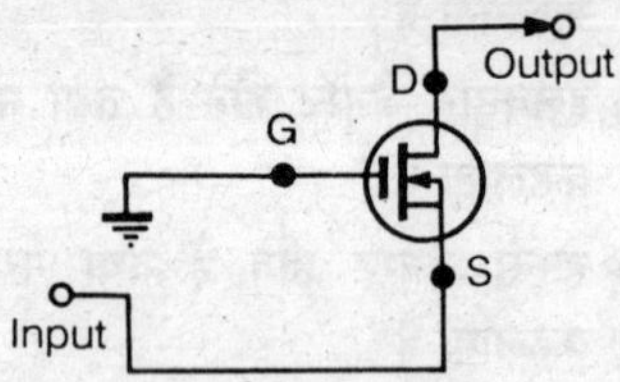


चित्र 2.45

(a) कॉमन सोर्स (b) कॉमन गेट

(c) सोर्स फालोअर (d) उपरोक्त में कोई नहीं

**134.** एमिटर फ़ालोअर का मुख्य लाभ यह है कि यह—

(a) अधिकतम गेन उपलब्ध कराता है

(b) अधिकतम दक्षता उपलब्ध कराता है

(c) अधिकतम प्रतिबाधा उपलब्ध कराता है

(d) अधिकतम डिसर्टोशन उपलब्ध कराता है

**135.** जब OPAMP को ट्यून्ड एम्पलीफायर की भांति प्रयुक्त किया जाता है तब ट्यून्ड परिपथ, कनैक्ट किया जाता है—

(a) इनपुट टर्मिनलों पर

(b) इनपुट में कनैक्ट की गयी प्रतिबाधा के सिरो पर

(c) फीडबैक इम्पीडैन्स $Z_f$ के सिरों के मध्य

(d) आउटपुट टर्मिनलों पर

**136.** विभिन्न प्रकार के ऑसिलेटर्स में—

(a) क्रिस्टल ऑसिलेटर्स की तुलना में $LC$ ऑसिलेटर्स अधिक स्थायी (stable) होते हैं

(b) क्रिस्टल ऑसिलेटर्स का $Q$ उच्चतम (highest) उच्च होता है

(c) फेज शिफ्ट ऑसिलेटर्स की फ्रीक्वैन्सी रेंज अधिकतम (widest) होती है

(d) वेन ब्रिज ऑसिलेटर को उस स्थान पर प्रयुक्त किया जाता है। जहाँ सिंगल फ्रीक्वैन्सी जेनरेशन की आवश्यकता होती है

**137.** एक CE फीडबैक एम्पलीफायर में एमीटर प्रतिरोध को बाईपास नहीं किया गया है। एमीटर प्रतिरोध से सैम्पल किया सिगनल तथा फीडबैक सिगनल क्रमशः होते हैं—

(a) धारा एवं धारा (current and current)

(b) वोल्टेज एवं धारा (voltage and current)

(c) धारा एवं वोल्टेज (current and voltage)

(d) वोल्टेज एवं वोल्टेज (voltage and voltage)

**138.** रैक्टीफायर्स में 50 Hz आवृत्ति की इनपुट ac सप्लाई प्रयुक्त करने पर रिपल फ्रीक्वैन्सी—

(a) हॉफ-वेव रैक्टीफायर तथा फुल-वेव रैक्टीफायर दोनों की dc आउटपुट में 50 Hz होती है

(b) हॉफ-वेव रैक्टीफायर तथा फुल-वेव रैक्टीफायर दोनों की dc आउटपुट में 100 Hz होती है

(c) हॉफ-वेव रैक्टीफायर की dc आउटपुट में 50 Hz तथा फुल-वेव रैक्टीफायर में 100 Hz होती है

(d) हॉफ-वेव रैक्टीफायर की dc आउटपुट में 100 Hz तथा फुल-वेव रैक्टीफायर में 50 Hz होती है

**139.** फरमी ऊर्जा (Fermi energy) ऊर्जा की वह मात्रा है—

(a) जिसे सामान्य ताप पर एक वैलेन्सी इलेक्ट्रॉन रख सकता है

(b) जिसे एक इलेक्ट्रॉन को कन्डक्शन बैन्ड में ले जाने के लिये दी जानी आवश्यक है

(c) जिसे एक होल को वैलेन्सी बैन्ड में ले जाने के लिये आवश्यक है

(d) एक होल सामान्य ताप पर ग्रहण कर सकता है

**140.** एम्पलीफायर्स में उच्चतम गेन (highest gain) प्राप्त करने के लिये उपयुक्त कपलिंग (coupling) है—

(a) कैपेसिटेन्स कपलिंग

(b) प्रतिरोध (resistance) कपलिंग

(c) इम्पीडैन्स कपलिंग

(d) ट्रांसफॉर्मर कपलिंग

**141.** DC पावर सप्लाई में अधिक 'Hum' होने का सम्भावित कारण है—

(a) ओपिन (open) फिल्टर चोक

(b) कैपेसिटर

(c) दोषयुक्त (defective) रैक्टीफायर

(d) उपरोक्त में कोई भी

**142.** ट्रांजिस्टर के निम्न बायसिंग परिपथ में स्टेबिलिटी फैक्टर (S) लगभग 1 होगा यदि—

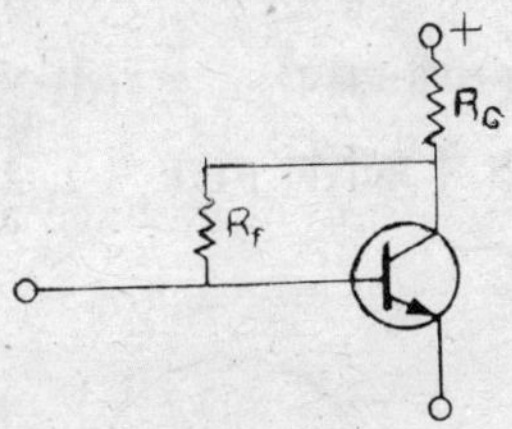


चित्र 2.46

(a) $R_f$ को बढ़ाया जाये

(b) $R_C$ को कम कर दिया जाये

(c) $R_f$ को कम तथा $R$ को बढ़ाया जाये

(d) $R_f$ को बढ़ाया तथा $R_C$ को कम किया जाये

**143.** LED से प्रकाश प्राप्त होने के कारण है—

(a) आवेशों (charges) का पुर्नसंयोग (recombination)

(b) चूंकि हम LED पर प्रकाश डालते हैं

(c) LED गर्म होने पर प्रकाश उत्सर्जित (emit) करता है

(d) उपरोक्त में कोई नहीं

**144.** FET में पिच-ऑफ वोल्टेज—

(a) वह ड्रेन वोल्टेज है जिस पर शून्य (zero) ड्रेन धारा प्राप्त होती है

(b) वह गेट-सोर्स वोल्टेज है जिस पर इकाई (unity) ड्रेन धारा प्राप्त होती है

(c) वह गेट-सोर्स वोल्टेज है जिस पर शून्य (unity) ड्रेन धारा प्राप्त होती है

(d) वह ड्रेन वोल्टेज है जिस पर अनन्त (infinite) ड्रेन धारा प्राप्त होती है

**145.** *LC* ऑसिलेटर्स का उपयोग ............ आवृत्ति जेनरेट करने के लिये किया जाता है—

(a) 1 MHz (b) 5 MHz

(c) 50 MHz (d) 500 MHz

**146.** डेसीबल को परिभाषित (define) किया जाता है—

(a) वोल्टेज अनुपात के पदों में

(b) धारा अनुपात के पदों में

(c) पावर अनुपात के पदों में

(d) उपरोक्त में कोई भी

**147.** कास्केडिंग में सामान्यतः प्रयुक्त परिपथ—

(a) CE (b) CB

(c) CC (d) उपरोक्त में कोई भी

**148.** PNP ट्रांजिस्टर एक्टिव क्षेत्र (active region) में ऑपरेट करने पर, बेस क्षेत्र में होते हैं—

(a) केवल होल्स (b) केवल इलेक्ट्रॉन

(c) अधिकांश होल्स (d) अधिकांश इलेक्ट्रॉन

**149.** जीनर रेगुलेटेड पावर सप्लाई में यदि इनपुट (unregulated) वोल्टेज $V_i$ तथा आउटपुट रेगुलेटेड वोल्टेज $V_O$ है तब—

(a) $V_i = V_O$ (b) $V_i < V_O$

(c) $V_i > V_O$ (d) उपरोक्त में कोई भी

**150.** ट्रांजिस्टर के TO18 प्लास्टिक पैकेज में, एमिटर, बेस तथा कलैक्टर के लिये क्रमशः टर्मिनल है—

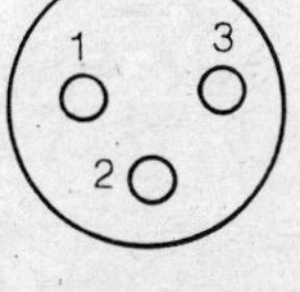


चित्र 2.47

(a) 2, 1, 3 (b) 3, 2, 1

(c) 1, 2, 3 (d) 2, 3, 1

**151.** CB कॉनफिगुरेशन में संयोजित ट्रांजिस्टर—

(a) कम प्रतिबाधा (low impedance) के परिपथ से धारा उच्च प्रतिबाधा में ट्रांसफर करता है

(b) उच्च प्रतिबाधा (high impedance) के परिपथ से धारा कम प्रतिबाधा में ट्रांसफर करता है

(c) कम प्रतिबाधा (low impedance) के परिपथ से वोल्टेज उच्च प्रतिबाधा में ट्रांसफर करता है

(d) उच्च प्रतिबाधा (high impedance) के परिपथ से वोल्टेज कम प्रतिबाधा में ट्रांसफर करता है

**152.** एक उपयुक्त रूप से बायस्ड् NPN ट्रांजिस्टर में—

(a) बेस, कलैक्टर की तुलना में पॉजिटिव होता है

(b) बेस, कलैक्टर तथा एमिटर दोनों की तुलना में पॉजिटिव होता है

(c) बेस, कलैक्टर तथा एमिटर दोनों की तुलना में निगेटिव होता है

(d) उपरोक्त में कोई नहीं

**153.** एक CE एम्पलीफायर में $R_L = 1000\,\Omega$, $R_E = 100\,\Omega$, $h_{fe} = 99$, तथा $h_{ie} = 1000\,\Omega$ है। एम्पलीफायर की इनपुट प्रतिबाधा होगी—

(a) 100 Ω (b) 10 KΩ

(c) 1000 Ω (d) 11 KΩ

**154.** एक एम्पलीफायर का mid band गेन $A = 500$ है। एम्पलीफायर में $\beta = \frac{1}{1000}$ के तुल्य निगेटिव फीड बैक सप्लाई की गयी है। यदि फीड बैक बिना, अपर कट-ऑफ फ्रीक्वैन्सी ($f_h$) का मान 60 KHz है तब फीड बैक प्रयुक्त करने पर, $f_h$ का मान—

(a) 10 KHz (b) 12 KHz

(c) 300 KHz (d) 360 KHz

**155.** एक फारवर्ड बायस्ड PN जंक्शन डायोड की डिफ्यूजन कैपेसिटैन्स ($C_d$) धारा के सापेक्ष किस प्रकार परिवर्तित होती है।

(a) $C_d \propto i$ (b) $C_d \propto \frac{1}{i}$

(c) $C_d \propto i^2$ (d) $C_d \propto \sqrt{i}$

**156.** एक एम्पलीफायर का गेन 200 है। इनपुट सिगनल का मान 0·25 cos 313t है। एम्पलीफायर की आउटपुट होगी

(a) 200 cos 313t

(b) $200 \cos (313t + \frac{\pi}{2})$

(c) 5 cos 403t

**157.** ट्रांजिस्टर में लीकेज धारा ($I_{CBO}$) को कम (low) रखने के लिये आवश्यक है—

(a) $I_B$ को कम (low) रखना

(b) $V_{CC}$ को कम (low) रखना

(c) $I_E$ को कम (low) रखना

(d) उपरोक्त में कोई भी

**158.** एमीटर एम्पलीफायर में किस प्रकार की फीडबैक होती है?

(a) वोल्टेज -शन्ट टाइप (b) वोल्टेज-श्रेणी टाइप

(c) धारा-श्रेणी टाइप (d) धारा-शन्ट टाइप

**159.** निम्न चित्र में प्रदर्शित FET में 1, 2, 3 तथा 4 टर्मिनल हैं क्रमशः—

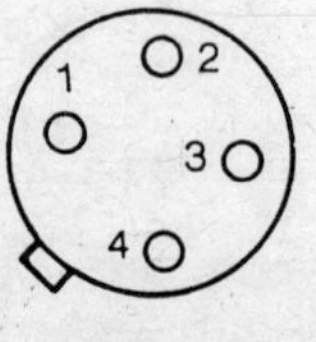


चित्र 2.48

(a) गेट-1, गेट-2, सोर्स तथा ड्रेन + सब्स्ट्रेट + केस

(b) सब्सट्रेट, ड्रेन, सोर्स, गेट

(c) ड्रेन, गेट-1, गेट-2, सोर्स + सब्सट्रेट + केस

(d) सोर्स, ड्रेन, गेट-1, गेट-2

**160.** PN जंक्शन पर रिवर्स वोल्टेज एप्लाई करने पर—

(a) मेजॉरिटी कैरियर्स, पोटेन्शियल ड्रॉप की दिशा में फ्लो करते हैं

(b) बैरियर पोटेन्शियल घट जाता है

(c) थर्मली जेनेरेटड मॉइनारिटी कैरियर्स के कारण सेचुरेशन धारा प्रवाहित होती है

(d) P-साइड से माइनारिटी कैरियर्स जो कि होल्स होते हैं, n साइड में गति करते हैं

**161.** क्लास-C एम्पलीफायर्स में कलैक्टर, धारा, प्रवाहित होती है—

(a) इनपुट साइकिल के आधे चक्र से अधिक के लिये

(b) इनपुट साइकिल के आधे चक्र से कम के लिये

(c) इनपुट साइकिल के आधे चक्र के लिये

(d) इनपुट साइकिल के पूर्ण चक्र के लिये

**162.** एक पावर सप्लाई की full-load वोल्टेज 24 V है। 0% रेगुलेशन के लिये no-load वोल्टेज होगी—
(a) 24 V (b) 12 V
(c) 0 (d) 48 V

**163.** पुश-पुल एम्पलीफायर का निम्न में से कौन-सा लाभ नहीं है?
(a) यह अधिक आउटपुट देता है
(b) यह सम तथा विषम (even and odd) दोनों हार्मोनिक्स समाप्त कर देता है
(c) इस पर, पावर सप्लाई का कोई प्रभाव नहीं होता
(d) इसमें कम पावर व्यय (consume) होती है

**164.** कामन एमिटर मोड में कनैक्ट किये गये ट्रांजिस्टर की—
(a) इनपुट प्रतिबाधा कम तथा आउटपुट प्रतिबाधा अधिक होती है
(b) इनपुट प्रतिबाधा अधिक तथा आउटपुट प्रतिबाधा कम होती है
(c) इनपुट प्रतिबाधा मध्यम (medium) तथा आउटपुट प्रतिबाधा अधिक होती है
(d) इनपुट प्रतिबाधा कम तथा आउटपुट प्रतिबाधा भी कम होती है

**165.** पदार्थ की कन्डक्टिविडी के सन्दर्भ में ओम का नियम (ohm's law) है—
(a) $V = \frac{R}{J}$ (b) $J = \sigma E$
(c) $P = 1/\sigma$ (d) उपरोक्त में कोई नहीं

**166.** ताप बढ़ने (temperature rise) का प्रभाव हो सकता है—
(a) MOSFET की धारा $I_{DS}$ में वृद्धि
(b) BJT की धारा $I_B$ में वृद्धि
(c) MOSFET की धारा $I_{DS}$ में कमी
(d) BJT की धारा $I_C$ में कमी

**167.** PN जंक्शन को फारवर्ड बायस करने पर—
(a) डिपलीशन क्षेत्र कम हो जाता है
(b) माइनॉरिटी कैरियर्स पर कोई प्रभाव नहीं होता
(c) होल्स तथा इलेक्ट्रॉन जंक्शन से दूर हटते हैं
(d) बैरियर का ब्रेकडाउन हो जाता है

**168.** *RC* कपल्ड एम्पलीफायर में निम्न आवृत्ति पर अनुक्रिया (low frequency response) में सुधार के लिये—
(a) कम मान का लोड प्रतिरोध ($R_L$) प्रयुक्त किया जाता है
(b) अधिक बायस प्रयुक्त की जाती है
(c) गेन (gain) कम रखा जाता है
(d) उच्च धारिता का कपलिंग कैपेसिटर ($C_c$) प्रयुक्त किया जाता है

**169.** निम्न में कौन-सा परिपथ Class AB ऑडियो पावर एम्पलीफायर के लिये उपयुक्त है—
(a) एमिटर फालोअर (b) पुश-पुल
(c) कास्केड (d) डारलिगंटन पेयर

**170.** निम्न में से किस क्लास की दक्षता (efficiency) उच्चतम है?
(a) कलास A (b) क्लास B
(c) क्लास C (d) क्लास AB

**171.** 3-फेज ब्रिज रैक्टीफायर में प्रत्येक डायोड कन्डक्ट करता है—
(a) 180° के लिये (b) 60° के लिये
(c) 120° के लिये (d) 360° के लिये

**172.** निम्न में सबसे अधिक तीव्र (fastest) स्विचिंग डिवाइस है—
(a) JFET (b) BJT
(c) MOSFET (d) Triode valve

**173.** एमीटर धारा का वह भाग जो कलैक्टर धारा बन जाता है—
(a) $I_E - \alpha I_E$ (b) $I_{CBO} - (I_E - \alpha I_E)$
(c) $I_E - \beta I_B$ (d) $\alpha I_E$

**174.** उत्तम स्थिरता (good stability) के लिये ट्यून्ड परिपथ में होना चाहिये—
(a) High *Q* (b) Low *R*
(c) Low *L* (d) Low *C*

**175.** निम्न में से कौन-सी डिवाइस 'एक NPN तथा दूसरा PNP ट्रांजिस्टर जिन्हें base-to-base तथा

emitter-to-collector कनैक्ट किया गया है' के समान कार्य करती है ?

(a) UJT (b) SCR
(c) Diac (d) Triac

**176.** एक $LC$ ट्यून्ड ऑसिलेटर में $L = 58 \cdot 6 \times 10^{-6}$H तथा $C = 300 \times 10^{-12}$ F है। ऑसिलेटर के दोलन की आवृत्ति होगी—

(a) 12 KHz (b) 120 KHz
(c) 1200 KHz (d) 12,000 KHz

**177.** एक इन्डक्टिव लोड के परिपथ में कभी-कभी फ्री व्हीलींग डायोड (free wheeling diode) कनैक्ट किया जाता है। इसका उद्देश्य है—

(a) सप्लाई के निगेटिव हॉफ चक्र में कन्डक्ट करना
(b) उत्तम फिल्टरिंग उपलब्ध कराना तथा रिपल कम करना
(c) कन्डक्शन इस प्रकार करना कि कन्डक्शन कोण (conduction angle) घटकर $\pi$ हो जाने
(d) ट्रांसफॉर्मर युटिलाइजेशन में सुधार लाना

**178.** उचित रूप से (properly) बायस किये गये ट्रांजिस्टर में—

(a) दोनों डिपलीशन क्षेत्र छोटे (small) होते हैं
(b) दोनो डिपलीशन क्षेत्र बड़े (large) होते हैं
(c) E-B डिपलीशन क्षेत्र बड़ा तथा C-B डिपलीशन क्षेत्र छोटा होता है
(d) E-B डिपलीशन क्षेत्र छोटा तथा C-B डिपलीशन क्षेत्र बड़ा होता है

**179.** निम्न में से False कथन सैलेक्ट कीजिये—

(a) जीनर डायोड एक स्थिर वोल्टेज स्रोत (constant voltage source) की भांति प्रयुक्त किया जाता है
(b) SCR एक सिलिकॉन रैक्टीफायर है जिसमें गेट इलेक्ट्रोड, कैथोड से एनोड की ओर धारा प्रवाहित होने पर डिवाइस को कन्ट्रोल करता है
(c) FET में गेट इलेक्ट्रोड, बाइपोलर ट्रांजिस्टर (BJT) में कलैक्टर के समान है
(d) उपरोक्त में कोई नहीं

**180.** 1MHz स्तर की आवृत्ति जेनरेट करने के लिये उपयुक्त ऑसिलेटर—

(a) कॉलपिट्ट ऑसिलेटर (b) वेन ब्रिज ऑसिलेटर
(c) फेज शिफ्ट ऑसिलेटर (d) उपरोक्त में कोई भी

**181.** एक ब्रिज रैक्टीफायर की तुलना एक F.W. रैक्टीफायर से की जाती है—

(1) ब्रिज रैक्टीफायर में ट्रांसफॉर्मर यूटीलाइजेशन फैक्टर उच्च (high) होता है
(2) ब्रिज रैक्टीफायर में सेन्टर टैप ट्रांसफार्मर की आवश्यकता होती है
(3) F.W. रैक्टीफायर की तुलना में वोल्टेज दो गुनी होती है
(4) ब्रिज रैक्टीफायर में डायोड्स की PIV केवल $V_m$ होती है

इनमें से True हैं

(a) सभी (b) 1, 2, 3
(c) 1, 4 (d) 3, 4

**182.** एम्पलीफायर की दक्षता (efficiency) है—

(a) Unity – distortion
(b) $P_{ac}$ (output) – $P_{dc}$ at output electrode
(c) $P_{ac}$ (output)/$P_{dc}$ dissipated at the output electrode
(d) $\dfrac{P_{ac}\text{ (Output)}}{P_{ac}\text{ (output)} - P_{dc}\text{ at the output electrode}}$

[$P_{ac} = AC$ power, $P_{dc} = DC$ power]

**183.** जीनर डायोड की कार्य प्रणाली निर्भर करती है—

(a) चार्ज कैरियर्स की क्रिस्टल आयनों से टक्कर (collision) के सिद्धान्त पर
(b) स्किन इफैक्ट पर
(c) उच्च फारवर्ड बायस एप्लाई करने पर
(d) प्रबल विद्युत क्षेत्र (strong electric field) के प्रभाव से सहसंयोजी बल (covalent bonds) टूटने के कारण

**184.** एक सिलिकॉन डायोड की PIV, 1·2 KV है। यदि सप्लाई वोल्टेज 6·6 KV है तब प्रयुक्त किये जाने वाले डायोड की संख्या—

(a) 6 (b) 1

(c) 6 समान्तर में (d) 6 श्रेणी में

**185.** एक JFET की पिच-ऑफ वोल्टेज 5·0V है। इसकी कट-ऑफ वोल्टेज है—

(a) $\sqrt{(5\cdot 0)}$ V (b) 2·5 V

(c) 5 ·0V (d) $[5\cdot 0]^{3/2}$ V

[Hint :

$$i_D = I_{DSS}\left(1 - \frac{V_{GS}}{v_p}\right)^2$$

for cut off $i_D = 0$

$$\therefore \quad 0 = \left(1 - \frac{V_{GS}}{V_p}\right)^2$$

or $V_{GS} = V_p$]

**186.** IGFET एक—

(a) वर्ग-नियम (square law) डिवाइस है

(b) हाफ पावर डिवाइस है

(c) 3/2 पावर-नियम डिवाइस है

(d) लीनियर डिवाइस है

**187.** फ्री इलेक्ट्रॉन के ड्रिफ्ट वेग का सूत्र है—

(a) $v = \frac{e\tau}{\in m}$ (b) $v = \frac{e\in}{\tau m}$

(c) $v = \frac{\in e\tau}{m}$ (d) $v = \frac{e\tau m}{\in}$

**188.** एक CE एम्पलीफायर में $V_{CE}$ बढ़ने पर, ऑपरेटिंग प्वाइंट—

(a) लोड लाइन पर ऊपर की ओर जाता है

(b) लोड लाइन पर नीचे की ओर जाता है

(c) अपने स्थान पर ही रहता है

**189.** फेज-शिफ्ट ऑसिलेटर में लूप गेन होता है—

(a) 45° (b) 90°

(c) 180° (d) 360°

**190.** निम्न में किसकी कट-ऑफ फ्रीक्वैन्सी उच्चतम (highest) है ?

(a) कॉमन एमीटर (b) कॉमन बेस

(c) कॉमन कलैक्टर

(d) उपरोक्त सभी की बराबर

**191.** एक क्रिस्टल का Q सामान्यत: होता है—

(a) 25 (b) 250

(c) 2500 (d) 25000

**192.** एक ट्रांजिस्टर को एक्टिव क्षेत्र (active region) में बायस किया गया है। ट्रांजिस्टर में थर्मल रन-अवे (run away) का कारण है—

(a) ट्रांजिस्टर की हीटिंग

(b) $\beta$ में परिवर्तन जो ताप बढ़ने के साथ घटता है

(c) बेस एमिटर वोल्टेज $V_{BE}$ जो ताप वृद्धि के साथ घटती है

(d) ताप बढ़ने से रिवर्स कलैक्टर धारा में वृद्धि

**193.** किन परिस्थितियों में एक ऑसिलेटर, दोलन (oscillate) करना बन्द कर सकता है ?

(a) ट्रांजिस्टर गेन में वृद्धि (b) ट्रांजिस्टर गेन में कमी

(c) ट्रिगरिंग पल्स का लुप्त (eliminate) होना

(d) उपरोक्त में कोई नहीं

**194.** एक हाफ वेव रैक्टीफायर जिसमें कैपेसिटर फिल्टर प्रयुक्त किया गया, हो की PIV रेटिंग है—

(a) $V_m$ (b) $2V_m$

(c) $0\cdot 5\ V_m$ (d) उपरोक्त में कोई नहीं

**195.** निम्न परिपथ के लिये 'True' कथन है—

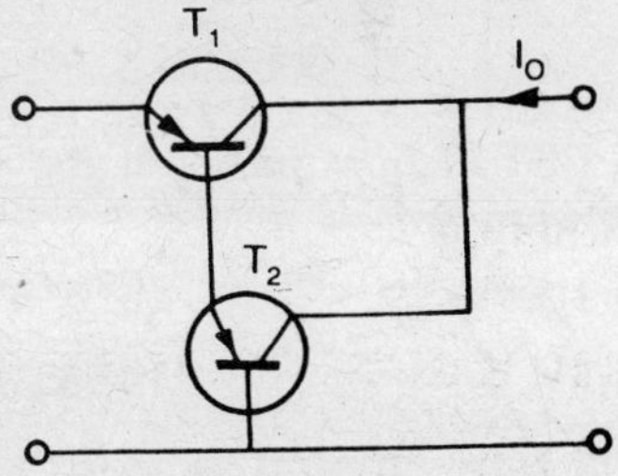


चित्र 2.49

(a) $I_{B_2} = I_{c_2} - I_{E_1}$ (b) $I_{E_1} = I_{C_1} + I_{E_2}$

(c) $I_{E_2} = I_{B_1}$ (d) $I_O = I_{C_1} - I_{C_2}$

**196.** निम्न में से किस परिपथ द्वारा sin wave को square wave में कनवर्ट किया जा सकता है—

(a) शिमिट ट्रिगर (Schmitt trigger)

(b) बाइस्टेबिल मल्टीवाइब्रेटर

(c) एस्टेबिल (astable) मल्टीवाइब्रेटर

(d) उपरोक्त सभी

**197.** एक N-चैनल JFET में, $V_{GS}$ का मान ब्रेकडाउन वोल्टेज से कम है। जब $V_{DS}$ को बढ़ाया जाता है तब—

(a) चैनल का कन्डक्टिंग cross section area *'S'* तथा चैनल धारा घनत्व *J* दोनों बढ़ते हैं

(b) *S* तथा *J* दोनों घटते हैं

(c) *S* घटता है तथा *J* बढ़ता है

(d) *S* बढ़ता है तथा *J* घटता है

**198.** फेज-शिफ्ट ऑसिलेटर में प्रयुक्त किये जाते हैं—

(a) *RC* परिपथ (b) *RL* परिपथ

(c) *LC* परिपथ (d) *RLC* परिपथ

**199.** निम्न प्रदर्शित डिफ्रैन्स एम्पलीफायर परिपथ में यदि $V_1 = +5V$ तथा $V_2 = 0V$ तब आउटपुट $(V_{C_2} - V_{C_1})$ होगी—

(a) 0V (b) 5V

(c) 10V (d) 15V

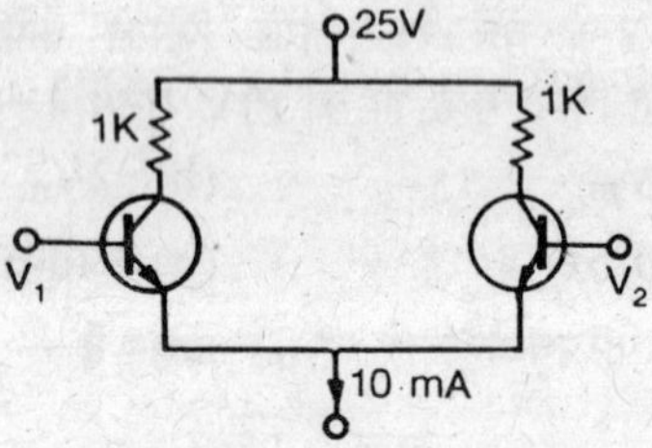


**चित्र 2.50**

**200.** एक FET में $I_S = 5mA$ तथा $R_S = 330\ ohm$ है। सोर्स बायस होगी—

(a) 1·65V (b) 3·3V

(c) 5V (d) 33V

**201.** निम्न अनुनाद परिपथ में $\omega_0 = 10^5$ तथा $Q = 50$ है। *C* का मान होगा—

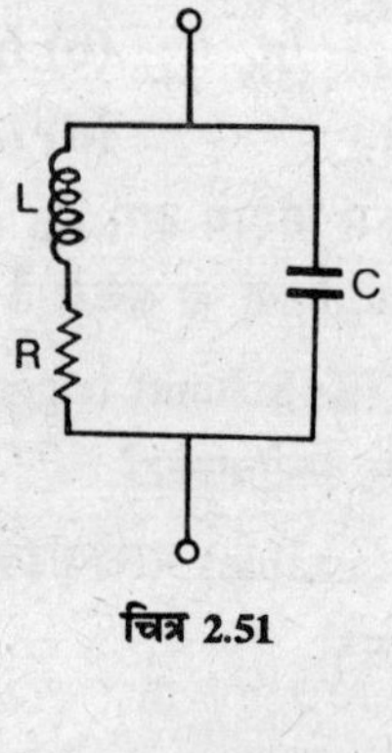


**चित्र 2.51**

(a) 250 pF (b) 1000 pF

(c) 500 pF (d) 1·25 $\mu F$

**202.** एक CC एम्पलीफायर में प्रयुक्त ट्रांजिस्टर के h पैरामीटर्स निम्न प्रकार हैं—

$h_{ic} = 900\ \Omega, h_{fc} = 1$। यदि $R_L = 500$ तथा सोर्स प्रतिरोध (source resistance) का मान 10K हो तब एम्पलीफायर का वोल्टेज गेन—

(a) 0·53 (b) 0·93

(c) 1·2 (d) 2·3

**203.** एक डिफ्रेन्शियल एम्पलीफायर में इनपुट बायस-धारा ऑफसैट I होती है—

(a) इनपुट बायस धाराओं का वह अन्तर (difference) जिसे सप्लाई कर एक दी गयी आउटपुट ऑफसैट धारा प्राप्त हो सके

(b) इनपुट बायस धाराओं का वह अन्तर (difference) जिसके द्वारा आउटपुट-ऑफसैट धारा को शून्य किया जा सके

(c) इनपुट बायस धाराओं का वह अन्तर जिसे सप्लाई कर इनपुट ऑफसैट को शून्य किया जा सके

(d) उपरोक्त में कोई नहीं

**204.** ऑडियो फ्रीक्वैन्सी रेंज की अधिक रेंज (wide range) में दोलन उत्पन्न करने के लिये उपयुक्त ऑसिलेटर है—

(a) हॉर्टले (b) फेज शिफ्ट

(c) वेन ब्रिज (d) हार्टले तथा कॉलपिट्ट

**205.** ICs में प्रयुक्त कास्केड एम्पलीफायर प्राय: होते हैं—

(a) इनडक्टिवली कपल्ड (inductively coupled)

(b) कैपेसिटिवली कपल्ड (capacitively coupled)

(c) डायरेक्ट कपल्ड (directly coupled)

(d) ट्रांसफॉर्मर कपल्ड (transformer coupled)

**206.** CE एम्पलीफायर में एमिटर प्रतिरोध ($R_E$) प्रयुक्त करने के प्रभाव हैं—

(a) वोल्टेज गेन में वृद्धि (b) वोल्टेज गेन में कमी

(c) धारा गेन में वृद्धि (d) धारा गेन में कमी

**207.** एक 10 $\mu$F कैपेसिटर को 10V तक चार्ज करने पर स्टोर किया गया आवेश—

(a) 10 $\mu$C (b) 100 $\mu$C

(c) 200 $\mu$C (d) 1 C

**208.** एक एम्पलीफायर का फीडबैक के बिना गेन 1000 है। यदि उसमें $\beta = 0 \cdot 009$ के तुल्य फीड बैक (निगेटिव) प्रयुक्त किया जाये तब गेन होगा—

(a) 100 (b) 10

(c) 900 (d) 125

**209.** दो 1000 ohm, 1W प्रतिरोध समानान्तर में कनैक्ट किये गये हैं। संयोजन (combination) का प्रतिरोध तथा पावर रेटिंग है—

(a) 500 Ω, 1W (b) 500 Ω, 2W

(c) 1000 Ω, 2W (d) 2K, 2W

**210.** एक बाईपोलर ट्रान्जिस्टर ——— कन्ट्रोल्ड डिवाइस है जब कि FET एक ——— कन्ट्रोल्ड डिवाइस है।

(a) धारा, वोल्टेज (b) धारा, धारा

(c) वोल्टेज, धारा (d) वोल्टेज, वोल्टेज

**211.** $R_c C_c$ कपलिंग सर्किट, पल्सेटिंग dc वोल्टेज के लिये हाई-पास फिल्टर का कार्य करता है क्योंकि—

(a) उच्च आवृत्तियों पर $C_c$ की रिएक्टैन्स उच्च होती है

(b) $C_c$, डी० सी० वोल्टेज को ब्लॉक करता है

(c) निम्न (low) फ्रीक्वेन्सियों पर $C_c$ की रिएक्टैन्स कम होती है

(d) $R_c$ निम्न (low) आवृत्तियों का विरोध बहुत कम करता है

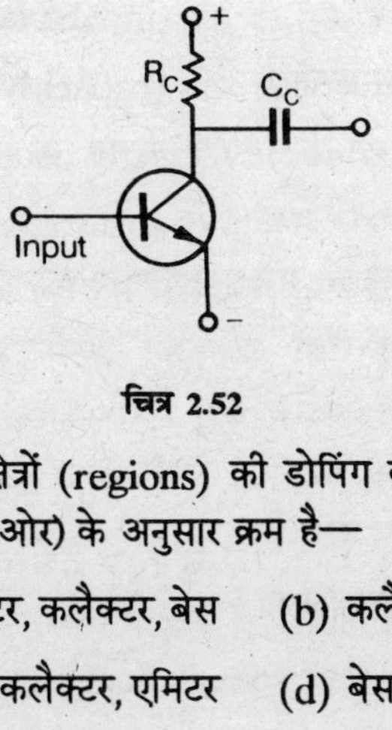


चित्र 2.52

**212.** विभिन्न क्षेत्रों (regions) की डोपिंग की मात्रा (उच्च से निम्न की ओर) के अनुसार क्रम है—

(a) एमिटर, कलैक्टर, बेस (b) कलैक्टर, एमिटर, बेस

(c) बेस, कलैक्टर, एमिटर (d) बेस, एमिटर, कलैक्टर

**213.** ऑक्साइड कोटेड कैथोड्स का उपयोग उन ट्यूब्स में होता है जिन्हें—

(a) कम (small) पावर हैन्डल करने के लिये डिजाइन किया जाता है

(b) अधिक (large) पावर हैन्डल करने के लिये डिजाइन किया जाता है

(c) रेडियो ट्रांसमीटर्स में प्रयुक्त किया जाता है

(d) उपरोक्त में कोई नहीं

**214.** कॉमन बेस कॉनफिगुरेशन को कम उपयोग में लाया जाता है क्योंकि—

(a) इसकी इनपुट प्रतिबाधा कम (low) होती है

(b) इसकी इनपुट प्रतिबाधा उच्च (high) होती है

(c) इसमें ट्रांजिस्टर अधिक गर्म नहीं होता

(d) इसका गेन उच्च होता है

**215.** यदि एक ट्रांजिस्टर की एमीटर बायस 1V है तथा $I_E = 300\,mA$ है। तब $R_E$ का मान होगा—

(a) 1 Ω (b) 3·33 Ω

(c) 6·67 Ω (d) 33·3 Ω

**216.** एक 45V स्रोत जिसका आन्तरिक (internal) प्रतिरोध 2 Ω है एक वायर वाउन्ड प्रतिरोध के साथ कनैक्ट किया गया है। प्रतिरोध में आधिकतम शक्ति व्यय होगी यदि $R$ का मान ——— होगा।

(a) 0 (Zero) (b) 2 Ω

(c) 4 Ω (d) 8 Ω

**217.** सिंगल ट्यून्ड परिपथ की सैलेक्टिविटी निर्भर करती है—

(a) परिपथ की कैपेसिटैन्स पर

(b) परिपथ की प्रेरकता (inductance) पर

(c) परिपथ के प्रतिरोध पर

(d) परिपथ की रिएक्टैन्स पर

**218.** ट्रान्जिस्टर का टर्न-ऑफ टाइम सामान्यतः होता है—

(a) 10 ns (b) 60 ns

(c) 70 ns (d) 40 ns

**219.** MOSFET में इनवर्जन लेयर की पोलेरिटी वही होती जो—

(a) गेट इलेक्ट्रोड पर आवेश की होती है

(b) ड्रेन में माइनॉरिटी कैरियर्स की होती है

(c) सब्सट्रेट में मेजॉरिटी कैरियर्स की होती है

(d) सोर्स में मेजॉरिटी कैरियर्स की होती है

**220.** किस वर्ग (class) का एम्पलीफायर एक हॉफ वेव रैक्टीफायर के समान है ?

(a) Class A (b) Class B

(c) Class C (d) Class AB

**221.** N-टाइप FET में गेट को सोर्स की तुलना में पॉजिटिव नहीं किया जाता क्योंकि—

(a) गेट से सोर्स की ओर धारा का प्रवाह रोकना आवश्यक है

(b) ड्रेन धारा नहीं बढ़ती

(c) ड्रेन धारा स्थिर नहीं रहती

(d) ड्रेन धारा बहुत उच्च हो जाती है

**222.** ट्रान्जिस्टर के एक पैकेज में निम्न प्रकार के चिन्ह हैं। एमिटर, बेस कलैक्टर टर्मिनल होंगे क्रमशः—

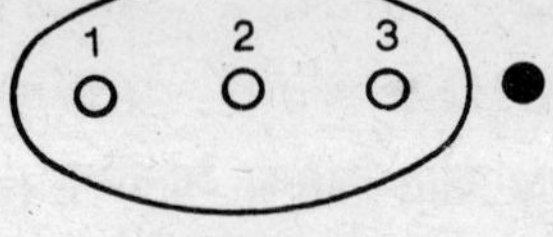


**चित्र 2.53**

(a) 1, 2, 3 (b) 2, 1, 3

(c) 3, 2, 1 (d) 3, 1, 2

**223.** JFET में गेट पर रिवर्स बायस एप्लाई करने पर डिपलीशन क्षेत्र की चौड़ाई—

(a) चैनल में एक समान (uniform) रहती है

(b) सोर्स के समीप अधिक (wider) तथा ड्रेन के समीप टेपर (taper) हो जाती है

(c) ड्रेन के समीप अधिक (wider) तथा सोर्स के समीप टेपर (taper) हो जाती है

(d) शून्य हो जाती है

**224.** शुद्ध टंगस्टन का वर्क फंक्शन है—

(a) 1·5 eV (b) 2·5 eV

(c) 8·5 eV (d) 4·5 eV

**225.** एक सोर्स फालोअर FET का गेन होता है—

(a) +100 से अधिक

(b) 1 से कुछ कम परन्तु पॉजिटिव

(c) 1 परन्तु निगेटिव (d) लगभग –10

**226.** एक माइका कैपेसिटर में 6 डॉट हैं, white, red, green, brown, red तथा yellow। कैपेसिटर का मान होगा—

(a) 25 pF (b) 124 pF

(c) 250 pF (d) 925 pF

**227.** एक ऑक्साइड कोटिड (oxide coated) एमिटर का वर्क फंक्शन होता है लगभग—

(a) 1·0 eV (b) 2·63 eV

(c) 3·98 eV (d) 4·52 eV

**228.** एक कार्बन कम्पोजिशन प्रतिरोध में बायें से दायें निम्न कलर्स (colours) की स्ट्रिप्स हैं—

green, black, gold तथा silver'

प्रतिरोध का मान तथा टॉलरेन्स होंगे—

(a) 0·5 Ω ± 5% (b) 0·5 Ω ± 10%

(c) 5 Ω ± 10% (d) 50 Ω ± 10%

**229.** बारखॉजन क्राइटेरियन है—

(a) स्थिरता की शर्त (condition for stability)

(b) अधिकतम गेन जिस पर दोलन उत्पन्न नहीं होते

(c) दोलन के लिये आवश्यक फेज शिफ्ट

(d) स्थिर (stable) एम्पलीफायर के लिये अधिकतम फीडबैक

**230.** निम्न में यूनिपोलर डिवाइस है—

(a) FET (b) P-N डायोड

(c) जीनर डायोड (d) उपरोक्त में कोई नहीं

**231.** शुद्ध (intrinsic) अर्ध चालक के लिये 'False' कथन हैं—

(a) होल्स की संख्या इलेक्ट्रॉन की संख्या से कम होती है

(b) होल तथा इलेक्ट्रॉन कन्सैन्ट्रेशन का गुणनफल (product) नियत (constant) होता है

(c) पदार्थ का नैट चार्ज घनत्व (charge density) शून्य होता है

(d) उपरोक्त सभी False हैं

**232.** एक constant voltage generator की—

(a) आन्तरिक प्रतिबाधा (internal impedance) कम (low) होती है
(b) आन्तरिक प्रतिबाधा (internal impedance) उच्च (high) होती है
(c) दक्षता ($\eta$) न्यूनतम होती है
(d) धारा क्षमता (current capacity) न्यूनतम होती है

**233.** ऑडियो एम्पलीफायर के शन्ट में कैपेसिटिव रिएक्टैन्स करने का प्रभाव होता है—
(a) Bass Cut (b) Treble boost
(c) Treble cut
(d) अधिक निगेटिव फीडबैक

**234.** डिफ्रेन्शियल एम्पलीफायर में एमिटर प्रतिरोध प्रयुक्त करने का उद्देश्य है—
(a) उच्च आउटपुट प्रतिबाधा उपलब्ध कराना
(b) उच्च गेन उपलब्ध कराना
(c) ट्रान्जिस्टर को एक्टिव क्षेत्र में बायस करना
(d) स्थिर धारा स्रोत उपलब्ध कराना

**235.** निम्न चित्र में फीड बैक है—

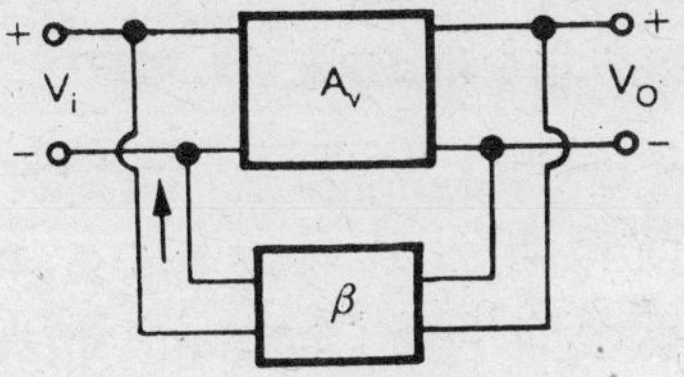


चित्र 2.54

(a) श्रेणी-वोल्टेज (series voltage)
(b) शन्ट-वोल्टेज (shunt voltage)
(c) श्रेणी-धारा (series current)
(d) शन्ट-धारा (shunt current)

**236.** एक ट्रान्जिस्टर में $h_{fe} = 50$, $h_{ie} = 830\,\Omega$, $h_{oe} = 10^{-4}$ mho है। CB कॉनफिगुरेशन में कनैक्ट करने पर आउटपुट प्रतिरोध (output resistance) होगा, लगभग—
(a) 2M $\Omega$ (b) 500 K $\Omega$
(c) 2·5 M $\Omega$ (d) 780 K $\Omega$

**237.** एम्पलीफायर की निम्न-आवृत्ति (low-frequency) पर अनुक्रिया (response) सीमित होती है—
(a) इनपुट कैपेसिटर द्वारा
(b) बाई-पास कैपेसिटर द्वारा
(c) आउटपुट कैपेसिटर द्वारा
(d) वायसिंग कैपेसिटर द्वारा

**238.** कॉमन कलैक्टर (CC) कॉनफिगुरेशन में ट्रांजिस्टर कनैक्ट करने पर प्राप्त होता हैं—
(a) उच्च धारा गेन (high current gain) तथा उच्च इनपुट प्रतिरोध (high input resistance)
(b) उच्च धारा गेन (high current gain) तथा निम्न इनपुट प्रतिरोध (low input resistance)
(c) निम्न धारा गेन (low current gain) तथा उच्च इनपुट प्रतिरोध (high input resistance)
(d) निम्न धारा गेन (low current gain) तथा निम्न इनपुट प्रतिरोध (low input resistance)

**239.** वोल्टेज अनुपात (voltage ratio) तथा डैसिबल (dB) के कुछ सम्बन्ध निम्न प्रकार है। इनमें से कौन-सा परस्पर तुल्य (equivalent) नहीं है ?

| | Voltage Ratio | Decibel |
|---|---|---|
| (a) | 1 | 0 |
| (b) | 3 | 10 |
| (c) | 1000 | 60 |
| (d) | 100,000 | 160 |

**240.** कामन क्लैक्टर एम्पलीफायर में धारा की स्थिरता (current stability) सुधारी जा सकती है—
(a) $R_E$ तथा $R_B$ को कम (decrease) कर
(b) $R_E$ तथा $R_B$ को बढ़ा (increase) कर
(c) $R_E$ को घटा कर तथा $R_B$ को बढ़ा कर
(d) $R_E$ को बढ़ाकर तथा $R_B$ को घटा कर

**241.** कॉमन एमिटर (CE) ट्रांजिस्टर की विशेषता है—
(a) उच्च धारा तथा उच्च वोल्टेज गेन
(b) निम्न धारा गेन तथा निम्न वोल्टेज गेन
(c) उच्च धारा गेन तथा निम्न वोल्टेज गेन
(d) निम्न धारा तथा वोल्टेज गेन

**242.** इन्वर्टर का उपयोग ———— कनवर्ट करने के लिये किया जाता है—

(a) AC to DC (b) DC to AC

(c) AC to AC (d) DC to DC

**243.** एक n-चैनल FET को सक्रिय क्षेत्र (active region) में ऑपरेट किया जाता है। ऑपरेशन के सम्बन्ध में निम्न चार कथन हैं—

(1) गेट वोल्टेज $V_{GS}$ जंक्शन को रिवर्स बायस कर देती है

(2) ड्रेन वोल्टेज, $V_{DD}$ सोर्स की तुलना में निगेटिव होती है

(3) n-चैनल में धारा इलेक्ट्रॉनों के कारण होती है

(4) रिवर्स बायस $V_{GS}$ बढ़ाने पर, कन्डक्शन के लिये क्रॉस-सैक्शन बढ़ता है

उपरोक्त में सत्य है—

(a) 1, 2 (b) 1, 3

(c) 1, 4 (d) 2, 4

**244.** सुपर कन्डक्टर की आपेक्षिक चुम्बकशीलता ($\mu_r$) होती है—

(a) शून्य (Zero) (b) 1

(c) अनन्त (infinite) (d) निगेटिव

**245.** यदि वेन ब्रिज ऑसिलेटर में प्रयुक्त कैपेसिटैन्स $C$ है तब ब्रिज की दोलन आवृत्ति समानुपाती होगी—

(a) $\frac{1}{C^2}$ (b) $\frac{1}{C}$

(c) $C$ (d) $C^2$

**246.** चालकों एवं अर्धचालकों (conductors and semi conductors) को उनकी ———— के अनुसार सन्तोषजनक रूप से प्रदर्शित किया जा सकता है—

(a) चालकता (Conductivity)

(b) द्रवणांक (Melting point)

(c) बैन्ड गैप ऊर्जा (Band gap energy)

(d) प्रतिरोध ताप गुणांक (Temperature coefficient of resistance)

**247.** एक एम्पलीफायर का वोल्टेज गेन 50 है। डेसीबल में गेन होगा—

(a) 17 dB (b) 31 dB

(c) 34 dB (d) 68 dB

**248.** हार्टले दोलित्र की आवृत्ति होती है—

(a) $\frac{1}{2\pi LC}$ (b) $\frac{2\pi}{\sqrt{LC}}$

(c) $\frac{1}{2\pi\sqrt{LC}}$ (d) $\frac{1}{2\pi LC}$

**249.** उच्च आवृत्ति परिपथों (high frequency circuits) के लिये सर्वाधिक उपयुक्त (most suitable) ट्रांजिस्टर है—

(a) ग्रोन-डिफ्यूजन ट्रान्जिस्टर (grown-diffusion-transistor)

(b) एलॉय (alloy) ट्रान्जिस्टर

(c) रेट-ग्रोन (rate-grown) ट्रान्जिस्टर

(d) पूर्णतया सील्ड (hermetically sealed) ट्रान्जिस्टर

**250.** टनल डायोड—

(a) मुख्यतः रिवर्स बायस में ऑपरेट होते हैं

(b) रिवर्स बायस करने पर उनके अभिलक्षणों में निगेटिव प्रतिरोध (negative resistance) का क्षेत्र उत्पन्न होता है

(c) में अशुद्धि (impurities) का घनत्व उच्च होता है जिससे बैरियर की चौड़ाई (width) बढ़ जाती है

(d) इलेक्ट्रॉनों द्वारा पोटेशियम बैरियर को भेदने (penetration) की सम्भावना (probability) सीमित होती है

**251.** परमाणु (atom) में इलेक्ट्रॉन की नैट (net) ऊर्जा तब अधिकतम होती है जब वह—

(a) नाभिक (nucleus) के समीप होता है

(b) किसी even number के ऑरबिट में होता है

(c) किसी odd number के ऑरबिट में होता है

(d) नाभिक से सबसे अधिक दूर (farthest) ऑरबिट में होता है

**252.** सामान्यतः अधिक प्रयुक्त किये जाने वाले फोटो-चालकीय (photo-conductive) सैल ———— होते हैं।

(a) लैड सल्फाइड (Lead sulphide)

(b) जिंक सल्फाइड

(c) बेरियम सल्फाइड (d) कैडमियम सल्फाइड

**253.** ट्रांजिस्टर के दोनों जंक्शन फारवर्ड बायस में करने पर वह—

(a) सक्रिय क्षेत्र (active region) में होता है

(b) निष्क्रीय क्षेत्र (passive region) में होता है

(c) कट-ऑफ क्षेत्र (cut-off region) में होता है

(d) सन्तृप्त क्षेत्र (saturation region) में होता है

**254.** फीडबैक उपलब्ध कराने के लिये किस ऑसिलेटर में कैपेसिटिव वोल्टेज डिवाइडर का उपयोग किया जाता है—

(a) हार्टले (b) कॉलपिट्ट

(c) मल्टीवाइब्रटेट (d) आर्मस्ट्राँग

**255.** एक CE एम्पलीफायर में $R_L = 10\,K\Omega$ है। यदि प्रयुक्त ट्रांजिस्टर के हाइब्रिड पैरामीटर्स $h_{ie} = 1\,K\Omega$, $h_{fe} = 50$, $h_{re} = 0$ तथा $\frac{1}{h_{oe}} = 40\,K\Omega$ हैं तब वोल्टेज गेन $A_V$ होगा—

(a) – 500 (b) – 400

(c) – 50 (d) – 40

**256.** कामन एमीटर (CE) एम्पलीफायर की कितनी स्टेज कास्केड की जायें जिससे की इनपुट सिगनल की पोलेरिटी विपरीत (polarity inversion) हो जाये—

(a) 2 (b) 3

(c) 5 (d) उपरोक्त में कोई नहीं

**257.** एक 12-phase full-wave रैक्टीफायर को 50 Hz आवृत्ति की इनपुट दी जाती है। रिपल फ्रीक्वैन्सी होगी—

(a) 1200 Hz (b) 600 Hz

(c) 100 Hz (d) 50 Hz

**258.** वोल्टेज स्टेब्लाइजर के समान प्रयोग करने के लिये जीनर डायोड को ऑपरेट किया जाता है—

(a) फारवर्ड बायस में (b) रिवर्स बायस में

(c) ब्रेकडाउन क्षेत्र के Knee के समीप रिवर्स बायस में

(d) ब्रेकडाउन से आगे (beyond breakdown)

**259.** उच्च आवृत्ति क्षेत्र में एम्पलीफायर का व्यवहार होता है—

(a) बैन्ड-पास फिल्टर (BFE) के समान

(b) लो-पास फिल्टर (LPF) के समान

(c) हाई-पास फिल्टर (HPF) के समान

(d) उपरोक्त् में कोई भी

**260.** समान रूप से (uniformly) डोप किये गये एक एबरप्ट (abrupt) PN जंक्शन में N साइड का डोपिंग लेविल, P-साईड के डोपिंग लेविल का 4 गुना है। डिपलीशन लेयर की चौड़ाई का अनुपात होगा—

(a) 0·25 (b) 0·5

(c) 1·0 (d) 2·0

**261.** एक जंक्शन डायोड को फारवर्ड से रिवर्स बायस में स्विचिंग करने पर धारा को सेचुरेशन मान तक रिकवर करने में देरी (delay) होती है—

(a) इस अवधि (period) में अतिरिक्त (excess) मॉइनरिटी कैरियर्स को शून्य (0) होना होता है

(b) इस अवधि में धारा, फारवर्ड दिशा में ही प्रवाहित होती है

(c) इस अवधि में अतिरिक्त (excess) माइनॉरिटी कैरियर्स लुप्त (disappear) हो जाते हैं तथा जंक्शन पर माइनॉरिटी कैरियर्स का घनत्व शून्य हो जाता है

(d) इस अवधि में डायोड पर वोल्टेज फारवर्ड बायस की दिशा में ही होती है

**262.** एक CC एम्पलीफायर के सन्दर्भ में निम्न कथन दिये गये हैं—

(1) यह निम्न (low) प्रतिरोध को उच्च (higher) प्रतिरोध में ट्रांसफॉर्म करता है

(2) इसका धारा गेन लगभग 1 होता है

(3) इसका वोल्टेज गेन लगभग 1 होता है

(4) इसकी फ्रीक्वैन्सी रेंज, एम्लीफायर की तुलना में उच्च (higher) होती है

उपरोक्त में सत्य है—

(a) 1, 2 (b) 1, 3

(c) 2, 4 (d) 3, 4

**263.** दो कुन्डलियों के मध्य 'coefficient of coupling' निर्भर करता है—

(a) परिपथ की इन्डक्टैन्स पर

(b) परिपथ की आवृत्ति पर

(c) परिपथ की बैन्ड विड्थ पर

(d) कुन्डलियों की स्थितियों (locations) पर

**264.** 455 KHz इन्टरमीडिएट फ्रीक्वैन्सी (IF) एम्पलीफायर के लिये उपयुक्त परिपथ—

(a) *R-C* एम्पलीफायर

(b) डबल ट्यून्ड एम्पलीफायर

(c) वीडियो एम्पलीफायर (d) क्लास C एम्पलीफायर

**265.** JFET प्रचालित होता है—

(a) डिपलीशन मोड में (b) एनेहन्समैन्ट मोड में

(c) उपरोक्त (a) तथा (b) दोनों

(d) उपरोक्त में कोई नहीं

**266.** निम्न में विषम (odd) है—

(a) BJT (b) UJT

(c) FET (d) MOSFET

**267.** एक FET पर गेट-सोर्स वोल्टेज ($V_{GS}$) का मान $-2V$ है। यदि ac इनपुट सिगनल $\pm 1 \cdot 2$ V है। तब ऑपरेशन किस वर्ग (class) में होगा?

(a) A (b) B

(c) C (d) AB

**268.** डायक है, एक—

(a) 2 टर्मिनल वाला बाइडायरैक्शनल स्विच

(b) 2 टर्मिनल वाला यूनिलेटरल स्विचैं

(c) 3 टर्मिनल वाला बाइडायरैक्शनल स्विच

(d) उपरोक्त में कोई नहीं

**269.** डिफरेन्स एम्पलीफायर की बैन्ड-विड्थ ———— के समान होती है—

(a) सिंगल-स्टेज CE एम्पलीफायर

(b) डबल-स्टेज CE एम्पलीफायर

(c) कासकोड एम्पलीफायर

(d) डार्लिगंटन एम्पलीफायर

**270.** एक बाईजंक्शन ट्रांजिस्टर को अलग-अलग निम्न चार प्रकार बायस किया गया है। किस परिपथ की स्थिरता (bias stability) अधिकतम होगी?

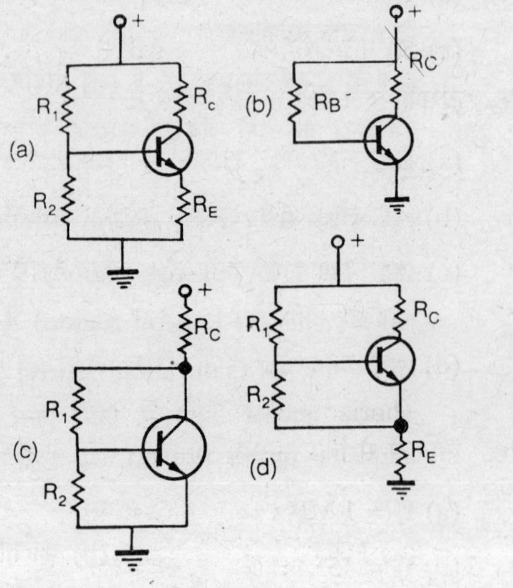


**चित्र 2.55**

**271.** कैपेसिटर फिल्टर की विशेषता है—

(a) उच्च (high) लोड पर कम रिपल तथा उच्च (high) वोल्टेज

(b) अधिक रिपल तथा कम (low) वोल्टेज

(c) कम (light) लोड पर कम (small) रिपल तथा उच्च वोल्टेज

(d) उपरोक्त में कोई भी

**272.** किस परिपथ की उष्मीय स्थिरता (thermal stability) कम है—

(a) CE (b) CB

(c) CC (d) उपरोक्त सभी की

**273.** एक CE एम्पलीफायर में—

(a) इनपुट एवं आउटपुट वोल्टेज के मध्य कोई फेज परिवर्तन नहीं होता

(b) इनपुट एवं आउटपुट धाराओं के मध्य 180° फेज परिवर्तन होता है

(c) इनपुट एवं आउटपुट धाराओं के मध्य कोई फेज परिवर्तन नहीं होता

(d) उपरोक्त में कोई नहीं

**274.** SCR का टर्न-ऑफ टाइम सामान्यतः होता है—

(a) 1 माइक्रोसेकेन्ड (b) 2 माइक्रोसेकेन्ड
(c) 50 माइक्रोसेकेन्ड (d) 1 सेकेण्ड

**275.** ट्रांसफॉर्मर कपल्ड एम्पलीफायर्स में—
(a) DC लोड लाइन लगभग वर्टीकल होती है
(b) AC लोड लाइन लगभग वर्टीकल होती है
(c) AC तथा DC दोनों लोड लाइन लगभग वर्टीकल होती है
(d) AC तथा DC दोनों लोड लाइन लगभग क्षैतिज (horizontal) होती है

**276.** निम्न में से किस परिपथ की बैंड विडथ अधिकतम है ?
(a) $f_r = 1$ MHz ; Q = 10
(b) $f_r = 455$ MHz ; Q = 100
(c) $f_r = 1$ MHz ; Q = 100
(d) $f_r = 50$ MHz ; Q = 50

**277.** निम्न किस डिवाइस का संकेत है ?
(a) क्रिस्टल
(b) वेकुम डायोड
(c) जीनर डायोड
(d) गैस डायोड

चित्र 2.56

**278.** एक फीडबैक एम्पलीफायर का गेन ($A_{fb}$) है—
(a) $\frac{A}{1+\beta A}$
(b) $\frac{\beta}{1+\beta A}$
(c) $\frac{\beta}{1-\beta A}$
(d) $\frac{A}{1-\beta A}$

**279.** किस ऑपरेशन में ट्रान्जिस्टर का बेस-एमीटर जंक्शन sinusoidal इनपुट वोल्टेज के लिये प्रत्यावर्ती रूप से (alternately) रिवर्स से फारवर्ड तथा फारवर्ड से रिवर्स बायस में जाता रहता है ?
(a) क्लास A (b) क्लास B
(c) क्लास C (d) उपरोक्त में कोई नहीं

**280.** एक सैल्फ-बायस्ड CE ट्रान्जिस्टर एम्पलीफायर में केवल एक बैटरी $V_{CC}$ प्रयुक्त की जाती है, क्योंकि—
(a) वोल्टेज डिवाइडर, बायसिंग एक्शन कर देता है
(b) एमीटर-बेस जंक्शन का प्रतिरोध कम होता है
(c) कलैक्टर जंक्शन, $V_{CC}$ द्वारा रिवर्स बायस्ड हो जाता है
(d) उपरोक्त सभी

**281.** ट्रांसफॉर्मर कपल्ड एम्पलीफायर्स की दक्षता उच्च होती है क्योंकि—
(a) उसका dc प्रतिरोध कम होता है
(b) कलैक्टर वोल्टेज बढ़ जाती है
(c) फ्लक्स लिंकेज अपूर्ण (incomplete) रहती हैं
(d) उपरोक्त सभी

**282.** सिलिकॉन ट्रान्जिस्टर के निम्न परिपथ में बायसिंग प्रतिरोध $R_B$ का मान क्या होगा ? यदि $\beta = 60$ है—

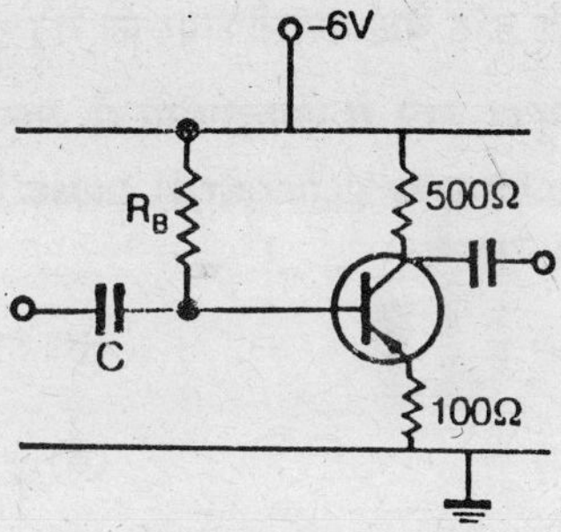


चित्र 2.57

(a) 10 K (b) 22 K
(c) 37 K (d) 57 K

**283.** कम्पलीमेन्ट्री-सीमेट्री एम्पलीफायर में होते हैं—
(a) 1 PNP तथा 1 NPN ट्रान्जिस्टर
(b) 2 PNP ट्रान्जिस्टर
(c) 2 NPN ट्रान्जिस्टर
(d) 2 N-चैनल FET

**284.** एम्पलीफायर्स में हार्मोनिक डिस्टॉर्शन का कारण है—
(a) पॉजिटिव फीडबैक
(b) शोर (noise) की उपस्थिति

(c) दोषयुक्त एक्टिव डिवाइस

(d) एक्टिव डिवाइस का नॉन-लीनियर ऑपरेशन

**285.** पावर लाइन फिल्टर में RF इन्टरफीरेन्स समाप्त करने के लिये प्रयुक्त किये जाते हैं—

(a) पावर लाइन के श्रेणी में RF कपलिंग कैपेसिटर्स

(b) पावर लाइन के शन्ट में RF चोक्स (chokes)

(c) पावर लाइन के श्रेणी में 60 Hz चोक्स (chokes)

(d) पावर लाइन के शन्ट में RF बाईपास कैपेसिटर्स

**286.** आडियो एम्पलीफायर की बैन्ड विड्थ होती है लगभग—

(a) 20 Hz – 2000 Hz

(b) 20 Hz – 10000 Hz

(c) 20 Hz – 20,000 Hz

(d) 20 Hz – 100,000 Hz

**287.** एक फीड बैक एम्पलीफायर का गेन $\frac{A}{1-x}$ है। फीडबैक प्रयुक्त करने से एम्पलीफायर में आन्तरिक रूप से उत्पन्न (internally generated) noise किस फैक्टर से कम हो जाता है ?

(a) $x$ (b) $(1-x)$

(c) $\frac{1}{x}$ (d) $\frac{1}{(1-x)}$

**288.** ट्रान्जिस्टर एम्पलीफायर में एमीटर प्रतिरोध $R_E$ का क्या फंक्शन है ?

(a) $I_{CQ}$ को वांछित (desirable) मान पर रखना

(b) पॉजिटिव फीड-बैक उपलब्ध कराना

(c) निगेटिव फीड-बैक उपलब्ध कराना

(d) उपरोक्त में कोई नहीं

**289.** यदि ac वोल्टेज तथा लोड इम्पीडैन्स समान है तब रैक्टीफायर्स के सम्बन्ध में उपयुक्त कथन है—

(a) FW रैक्टीफायर में औसत लोड धारा HW रैक्टीफायर की तुलना में दो गुणी होती है

(b) FW रैक्टीफायर में औसत लोडधारा HW रैक्टीफायर की तुलना में $\pi$ गुनी होती है

(c) HW रैक्टीफायर में ट्रांसफार्मर का आकार FW रैक्टीफायर की तुलना में बड़ा होता है

(d) उपरोक्त में कोई नहीं

**290.** एक एमीटर फालोअर में $R_L = 10K\Omega$ है। यदि $h_{fe} = 99, h_{oe} = \left(\frac{1}{40}\right) \times 10^{-3}$ mho, तथा $h_{ie} = 1K\Omega$ है। तब धारा गेन $(A_i)$ तथा इनपुट प्रतिरोध $(R_i)$ होंगे—

(a) 25 तथा 250 KΩ (b) 80 तथा 800 KΩ

(c) 99 तथा 990 KΩ (d) 100 तथा 100 KΩ

**291.** हाल इफैक्ट (Hall effect) में क्रिस्टल पर उत्पन्न वोल्टेज का कारण है—

(a) एप्लाईड चुम्बकीय क्षेत्र के कारण उत्पन्न वोल्टेज

(b) क्रिस्टल में धारा प्रवाहित होने के कारण क्रिस्टल पर ड्रॉप

(c) चार्ज कैरियर्स का एक सिरे (one end) पर गति करना

(d) उपरोक्त सभी

**292.** RF फीडबैक ऑसिलेटर की ट्यूनिंग सामान्यत ........... परिवर्तित कर की जाती है।

(a) बायस (b) सप्लाई वोल्टेज

(c) $L$ अथवा $C$ (d) लोड इम्पीडैन्स

**293.** एक PNP ट्रान्जिस्टर में होल (hole) एमिटर धारा 100 होल्स के कारण प्रवाहित होती है। इनमें से 4 होल्स बेस क्षेत्र में पुर्नसंयोग (recombine) कर जाते हैं। ट्रान्जिस्टर का $\alpha$ तथा $\beta$ होंगे—

(a) 0·95, 20 (b) 0·90, 48

(c) 0·96, 48 (d) 0·96, 24

**294.** ट्रान्जिस्टर में सबसे अधिक डोप किया गया क्षेत्र है—

(a) बेस (b) कलैक्टर

(c) एमीटर

(d) एमीटर तथा कलैक्टर दोनों

**295.** एक JFET की पिच ऑफ वोल्टेज 5V है। इसकी कट-ऑफ वोल्टेज होगी—

(a) $(5\cdot0)^{\frac{1}{2}}$ V (b) 2·5 V

(c) 5·0 V (d) $(5 \cdot 0)^{\frac{3}{2}}$ V

**296.** एक $RC$ कपल्ड परिपथ की निम्न तथा उच्च (low and high) फ्रीक्वैन्सी पर परफॉर्मेन्स (response) बढ़ाई जा सकती है—

(a) लोड प्रतिरोध बढ़ाकर

(b) लोड प्रतिरोध घटाकर

(c) कपलिंग कैपेसिटर का मान बढ़ाकर

(d) कपलिंग कैपेसिटर का मान घटाकर

**297.** एक PNP ट्रान्जिस्टर में सेचुरेशन धारा का कारण है—

(a) कलैक्टर से बेस में इलेक्ट्रॉनों का प्रवाह

(b) कलैक्टर से बेस में होल्स का प्रवाह

(c) एमीटर से बेस में इलेक्ट्रॉनों का प्रवाह

(d) एमीटर से बेस में होल्स का प्रवाह

**298.** दो 0·02 $\mu F$, 500V कैपेसिटर्स को समान्तर में कनैक्ट करने पर संयोजन ( combination) की धारिता एवं ब्रेक डाउन रेटिंग होगी—

(a) 0·01 $\mu F$, 1000 V (b) 0·02 $\mu F$, 500 V

(c) 0·04 $\mu F$, 500 V (d) 0·04 $\mu F$, 1000 V

**299.** क्लास-A एम्पलीफायर में—

(a) बेस को कट-ऑफ बायस किया जाता है

(b) कलैक्टर धारा ($I_C$) सदैव प्रवाहित होती है

(c) एमिटर धारा ($I_E$) सदैव प्रवाहित होती है

(d) उपरोक्त में कोई नहीं

**300.** डि-ब्रोगली समीकरण है—

(a) $\lambda = \frac{h}{m v}$ (b) $\lambda = \frac{hv}{m}$

(c) $\lambda = \frac{nh}{2\pi}$ (d) $\lambda = \frac{2\pi}{h}$

**301.** स्टीरियो प्रणाली में 45° – 45° का सम्बन्ध है—

(a) मैगनेटिक टेप रिकार्डस से

(b) फोनोग्राफ रिकार्ड से

(c) क्रिस्टल माइक्रोफोनों से

(d) लाउडस्पीकर्स से

**302.** एक NPN ट्रान्जिस्टर को दो डायोडों के तुल्य किस प्रकार दर्शाया जा सकता है ?

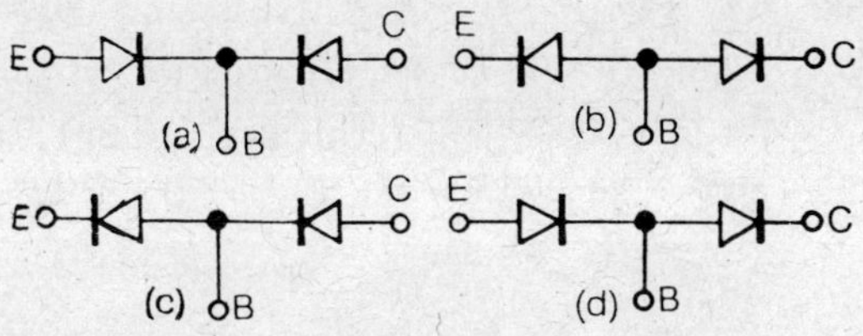


चित्र 2.58

**303.** ऑसिलेटर्स में—

(a) कोई फीडबैक नहीं होता

(b) निगेटिव फीडबैक होता है

(c) पॉजिटिव फीडबैक होता है

(d) पॉजिटिव अथवा निगेटिव कोई भी फीडबैक हो सकता है

**304.** कम्पलीमेन्टरी पुश-पुल एम्पलीफायर के लिये 'False' है—

(a) दक्षता क्लास-B पुश-पुल एम्पलीफायर के समान होती है

(b) इसमें केवल एक पावर सप्लाई की आवश्यकता होती है

(c) इसमें किसी ट्रांसफॉर्मर की आवश्यकता नहीं होती

(d) इसमें NPN तथा PNP ट्रान्जिस्टर्स का उपयोग किया जाता है

**305.** कैसेट, टेपरिकार्डर की स्पीड होती है—

(a) 1 inch/sec (b) $1\frac{7}{8}$ inch/sec

(c) 5 cm/sec (d) 10 cm/sec

**306.** PNP तथा NPN ट्रान्जिस्टर्स में एमिटर पर लगाया गया तीर (arrow) प्रदर्शित करता है—

(a) होल्स तथा इलेक्ट्रॉनों के प्रवाह की दिशा

(b) इलेक्ट्रॉनों तथा होल्स के प्रवाह की दिशा

(c) होल्स तथा होल्स के प्रवाह की दिशा

(d) इलेक्ट्रॉनों तथा इलेक्ट्रॉनों के प्रवाह की दिशा

**307.** अर्धचालकों की प्रतिरोधकता की रेंज होती है—

(a) $10^{-3}$ to $10^{3}\ \Omega$ m (b) $10^{-5}$ to $10^{5}\ \Omega$ m

(c) $10^{-5}$ to $10^{3}\ \Omega$ m (d) $10^{-3}$ to $10^{5}\ \Omega$ m

**308.** एक डबल टयून्ड अनुनाद (resonant) परिपथ में प्रयुक्त ट्रांसफॉर्मर की सेकन्डरी कुण्डलियों का $Q = 50$ है। क्रिटिकल कपलिंग (critical coupling) का मान होगा—

(a) 0·2 (b) 0·5

(c) 1 (d) 2

**309.** पुश-पुल एम्पलीफायर में समाप्त हो जाते हैं—

(a) विषम (odd) हार्मोनिक्स

(b) सम (even) हार्मोनिक्स

(c) सम तथा विषम दोनों हार्मोनिक्स

(d) सम अथवा विषम कोई भी हार्मोनिक्स नहीं समाप्त नहीं होते

**310.** निम्न परिपथ है—

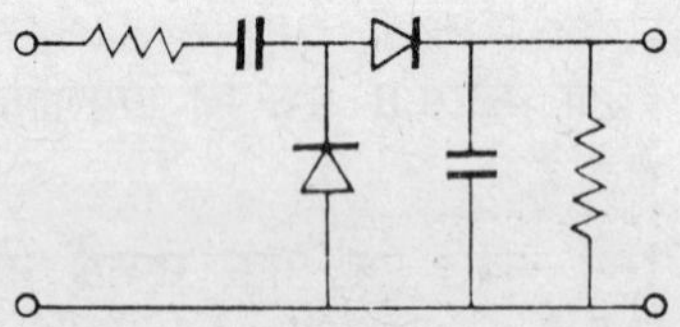

चित्र 2.59

(a) ब्रिज रैक्टीफायर

(b) निम्न आवृत्ति (low frequency) ऑसिलेटर

(c) हाफ-वेव डबलर (d) फुल-वेव डबलर

**311.** थोरिएटेड टंगस्टन का वर्क फंक्शन होता है—

(a) 1·1 eV (b) 2·63 eV

(c) 3·98 eV (d) 4·52 eV

**312.** निम्न परिपथों में से किस की इनपुट इम्पीडैन्स सबसे कम होती है—

(a) CE (b) CC

(c) CB

(d) CB तथा CC दोनों की

**313.** एक मल्टीस्टेज एम्पलीफायर की आउटपुट 8·9 V है। यदि एम्पलीफायर का dB में गेन 65 है तब इनपुट वोल्टेज होगी लगभग—

(a) 1 mV (b) 5 mV

(c) 25 mV (d) 125 mV

**314.** PN जंक्शन की बैरियर कैपेसिटैन्स $C_T$—

(a) स्पेस चार्ज लेयर की विड्थ बढ़ने पर बढ़ती है

(b) रिवर्स वोल्टेज बढ़ने पर बढ़ती है

(c) जंक्शन पर एप्लाईड वोल्टेज के परिवर्तन पर अचल आवेशों (inmobile charges) में परिवर्तन के कारण होती है

(d) $\frac{Q}{V}$ द्वारा प्रदर्शित की जा सकती है

**315.** निम्न परिपथों में से किस परिपथ की आउटपुट इम्पीडेन्स उच्चतम (highest) होती है—

(a) CE (b) CC

(c) CB (d) CE तथा CB

**316.** ट्रिमर—

(a) एक परिवर्ती कैपेसिटर होता है

(b) गैंग कन्डैन्सर (gang condensor) को ही कहते हैं

(c) प्री-सैट कैपेसिटर को ही कहते हैं

(d) उपरोक्त में कोई भी

**317.** फारवर्ड एम्पलिफिकेशन फैक्टर—

$$\alpha = \frac{\text{Output current}}{\text{Input current}} \text{ जब}$$

(a) इनपुट शॉर्ट-सर्किट होता है

(b) आउटपुट शॉर्ट-सर्किट होता है

(c) इनपुट ओपिन-सर्किट होता है

(d) आउटपुट ओपिन-सर्किट होता है

**318.** सैकन्डरी उत्सर्जन (secondary emission) सामान्यतः होता है—

(a) डायोड्स में (b) ट्रायोड्स में

(c) टेट्रोड्स में (d) उपरोक्त में कोई नहीं

**319.** ताप बढ़ने पर ठोस पदार्थों में परमाणुओं की कम्पन आवृत्ति (frequency of vibration)—

(a) अधिक तीव्रता से बढ़ती है

(b) अधिक तीव्रता से घटती है

(c) बढ़ अथवा घट सकती है

(d) स्थिर (constant) होने का प्रयत्न करती है

**320.** एक ट्रान्जिस्टर में यदि एमीटर-बेस जंक्शन की चौड़ाई $J_E$ तथा बेस-क्लैक्टर जंक्शन की चौड़ाई $J_C$ है तब—

(a) $J_E > J_C$ (b) $J_C < J_E$

(c) $J_E = J_C$

(d) $J_E = 0$ तथा $J_C$ कॉफी अधिक

**321.** फेज डिस्टॉर्शन के कारण एक परिपथ की मूल आवृत्ति (fundamental frequency) में 12° शिफ्ट होता है। तीसरे (third) हार्मोनिक में शिफ्ट होगा—

(a) 12° (b) 24°

(c) 36° (d) 48°

**322.** डबल ट्यून्ड परिपथ से प्राप्त होता है—

(a) पास-बैंड आवृत्तियों (passband frequencies) के लिये उच्च (high) गेन

(b) समस्त आवृत्तियों पर फ्लैट अनुक्रिया (flatter response)

(c) समस्त पास बैन्ड आवृतियों पर फ्लैट अनुक्रिया (flatter response)

(d) समस्त स्टॉप बैन्ड आवृतियों पर फ्लैट अनुक्रिया (flatter response)

**323.** पावर सप्लाई में इनपुट कैपेसिटर शॉर्ट (short) होने पर—

(a) अत्यधिक (hum) उत्पन्न होता है

(b) आउटपुट वोल्टेज कम हो जाती है

(c) आउटपुट वोल्टेज शून्य हो जाती है

(d) उपरोक्त में कोई नहीं

**324.** निम्न चित्र में प्रदर्शित है—

(a) LED

(b) वैरिस्टर

(c) SCR

(d) डायक

चित्र 2.60

**325.** धात्वीय पदार्थों में—

(a) विद्युत चालन (conduction) इलेक्ट्रॉन तथा होल्स द्वारा होता है

(b) ताप बढ़ने पर चालकता (conductivity) कम होती है

(c) कन्डक्शन बैंड खाली (empty) होती है

(d) दो बैन्ड्स के मध्य ऊर्जा गैप (energy gap) कम होता है

**326.** हॉल इन्फेक्ट से ——— का मापन किया जा सकता है—

(a) विद्युत क्षेत्र की तीव्रता (intensity of electric field)

(b) चुम्बकीय क्षेत्र की तीव्रता

(c) कैरियर कन्सैन्ट्रेशन

(d) उपरोक्त में कोई नहीं

**327.** RC कपल्ड एम्पलीफायर में निम्नलिखित में से किसके कारण सिगनल में हार्मोनिक डिस्टॉशन उत्पन्न होता है—

(a) ट्रान्जिस्टर

(b) बायसिंग प्रतिरोध

(c) कपलिंग कैपेसिटर्स (coupling capacitors)

(d) पावर सप्लाई

**328.** स्टैगर्ड ट्यून्ड (staggered tuned) एम्पलीफायर्स में सामान्यतः प्रयुक्त किया जाता है—

(a) कॉमन एमीटर कॉनफिगुरशेन

(b) कॉमन कलैक्टर कॉनफिगुरेशन

(c) कॉमन बेस कॉनफिगुरेशन

(d) MOSFET

**329.** वेन ब्रिज ऑसिलेटर में—

(a) ब्रिज असन्तुलित (unbalanced) होता है जिससे दोलन का आयाम (amplitude of oscillations) स्थिर (stabilize) होता है

(b) दोलन आवृत्ति पर ब्रिज पूर्णतया सन्तुलित होता है

(c) दोलन का आयाम स्थिर करने के लिये ब्रिज की एक भुजा में ताप-सुग्राही (temperature sensitive) प्रतिरोध प्रयुक्त किया जाता है

(d) दोलन आवृत्ति पर गेन का मान 3 होता है

**330.** ——— एम्पलीफायर में न्यूनतम डिस्टॉशन होता है।

(a) क्लास A (b) क्लास B

(c) क्लास C (d) क्लास AB

**331.** थायरिस्टर को टर्न-ऑफ किया जा सकता है—
(a) एनोड धारा को होल्डिंग धारा के मान से कम रखकर
(b) एनोड वोल्टेज को रिवर्स कर
(c) उपरोक्त (a) तथा (b) दोनों
(d) उपरोक्त में कोई नहीं

**332.** लाउड स्पीकर्स की ट्रेबिल टोन का सम्बन्ध है—
(a) उच्च आवृत्तियों (high frequencies) से
(b) निम्न आवृत्तियों (low frequencies) से
(c) उच्च आयाम (large amplitudes) से
(d) कम आयाम (small amplitudes) से

**333.** ट्रांजिस्टर एम्पलीफायर की 3dB कट-ऑफ फ्रीक्वैन्सी वह फ्रीक्वैन्सी है जिस पर—
(a) धारा गेन 3dB अधिक हो जाता है
(b) धारा गेन 3dB हो जाता है
(c) धारा गेन (current gain) मध्य आवृत्ति गेन (mid frequency gain) का 0·707 गुना रह जाता है
(d) पावर गेन 3dB कम हो जाता है

**334.** आडियो एम्पलीफायर्स में निगेटिव फीड बैक प्रयुक्त करने का उद्देश्य—
(a) क्लास C में ऑपरेशन (b) डिस्टॊर्शन कम करना
(c) डिस्टॊर्शन बढ़ाना (d) गेन बढ़ाना

**335.** एक वेन ब्रिज ऑसिलेटर में $R_1 = R_2 = 220\Omega$ तथा $C_1 = C_2 = 250$ pF है। दोलन आवृत्ति होगी—
(a) 0·89 KHz (b) 1·89 KHz
(c) 2·89 KHz (d) 3·89 KHz

**336.** किस ट्रान्जिस्टर एम्पलीफायर की दक्षता लगभग 85% होती है?
(a) क्लास A (b) क्लास B
(c) क्लास C (d) क्लास AB

**337.** एक एम्पलीफायर में कलैक्टर वोल्टेज 12V के स्थान पर 28V पायी जाती है। इसका कारण हो सकता है—
(a) ओपिन (open) लोड प्रतिरोध ($R_L$)
(b) ओपिन (open) कपलिंग कैपेसिटर ($C_C$)
(c) ओपिन (open) एमीटर प्रतिरोध ($R_E$)
(d) शॉर्टसर्किट कपलिंग कैपेसिटर ($C_C$)

**338.** बूट-स्ट्रैप कनैक्शन में, प्रायः प्रयुक्त किया जाता है—
(a) CB कानफिगुरेशन (b) CE कानफिगुरेशन
(c) एमीटर फालोअर (d) उपरोक्त में कोई नहीं

**339.** किस डिवाइस में एक टर्मिनल तथा बेस के साथ दो कनैक्शन होते हैं, परन्तु कलैक्टर टर्मिनल नहीं होता?
(a) UJT (b) डायक
(c) ट्रायक (d) SCR

**340.** इनफ्रारेड LEDs में प्रयुक्त किया जाने वाला पदार्थ है—
(a) गैलियम आर्सेनाइड (Galium Arsenide)
(b) कैलशियम फॉसफाइड (Calcium Phosphide)
(c) सिलिकॉन
(d) उपरोक्त में कोई नहीं

**341.** एक पावर सप्लाई की dc आउटपुट 140V है। इसमें 1·4V की एक 60Hz रिपल है। प्रतिशत रिपल का मान होगा—
(a) 0·1% (b) 0·14%
(c) 1% (d) 2·4%

**342.** ट्रान्जिस्टर में लीकेज धारा निर्भर करती है, मुख्यतः—
(a) बेस की डोपिंग पर (b) एमीटर के साइज पर
(c) ट्रांजिस्टर की रेटिंग पर (d) ताप पर

**343.** एक कैपेसिटर इनपुट फिल्टर (C–input filter) युक्त FW रैक्टीफायर से 300V पर 100mA धारा प्राप्त की जाती है। इसके लिये ट्रांसफॉर्मर की सैकन्डरी वोल्टेज होनी चाहिये—
(a) 200 – 0 – 200 V
(b) 234 – 0 – 234 V
(c) 300 – 0 – 300 V
(d) 420 – 0 – 420 V

**344.** एक FET के पैरामीटर्स निम्न हैं— $g_m = 3\text{m/V}$, $r_d = 30\text{ K}$। FET को सोर्स फालोअर की भांति प्रयुक्त किया गया है, तथा लोड

$R_L = 3K\,\Omega$ है। परिपथ की आउटपुट इम्पीडैन्स होगी—

(a) $333\,\Omega$ (b) $3\,K\,\Omega$

(c) $2 \cdot 7\,K\,\Omega$ (d) $300\,\Omega$

**345.** कैथोड की उत्सर्जन दक्षता (emission efficiency) होती है—

(a) Emission Current/V

(b) Emmission Current/°C

(c) Emission Current/W

(d) Emission Current/elecron density

**346.** वोल्टेज एम्पलीफायर्स में लोड प्रतिरोध होना चाहिये—

(a) जितना सम्भव हो सके कम मान (lower value) का

(b) जितना सम्भव हो सके अधिक मान (larger value) का

(c) आउटपुट इम्पीडैन्स के बराबर

(d) आउटपुट इम्पीडैन्स के आधे के बराबर

**347.** UJT का उपयोग नहीं किया जा सकता—

(a) ट्रान्जिस्टर एम्पलीफायर के समान

(b) स्विचिंग डिवाइस के समान

(c) टाइमिंग डिवाइस के समान

(d) उपरोक्त में कोई नहीं

**348.** एक रैक्टीफायर की आउटपुट 15V, dc में 20mV रिपल वोल्टेज है। % रिपल फैक्टर होगा—

(a) $0 \cdot 013\%$ (b) $0 \cdot 066\%$

(c) $0 \cdot 13\%$ (d) $1 \cdot 3\%$

**349.** गैंग (Gang) होता है—

(a) वायु डायलैक्ट्रिक वाला एक परिवर्ती कैपेसिटर

(b) स्थिर (fixed) कैपेसिटर

(c) माइका डायलैक्ट्रिक वाला एक परिवर्ती कैपेसिटर

(d) उपरोक्त में कोई नहीं

**350.** एक एम्पलीफायर का उच्च आवृत्ति पर गेन निम्न सूत्र द्वारा दिया जाता है—

$$A = \frac{A_0}{1 + j\left(\omega/\omega_h\right)}$$

। यदि $A_0 = 1000$ तथा $\omega_h = 104$ है तब, यदि एम्पलीफायर में निगेटिव फीडबैक $\beta = 0 \cdot 009$ प्रयुक्त किया जाये तो $\omega_h$ का मान होगा—

(a) $10^4$ (b) $10^3$

(c) $10^5$ (d) उपरोक्त में कोई नहीं

**351.** निम्न में से कौन-सी डिवाइस 'bidirectional' है परन्तु उसमें गेट नहीं है—

(a) SCR (b) ट्रायक

(c) डायक (d) उपरोक्त में कोई नहीं

**352.** निम्न में से किस डिवाइस के अभिलक्षण एक आदर्श धारा स्रोत (ideal current source) के समान है—

(a) गैस डायोड (b) क्रिस्टल डायोड

(c) CB ट्रान्जिस्टर (d) उपरोक्त सभी

**353.** DC एम्पलीफायर एम्पलीफाई करता है—

(a) केवल dc को (b) केवल ac को

(c) dc तथा ac दोनों को

(d) उपरोक्त में से किसी को नहीं

**354.** एक एम्पलीफायर में यदि

$P_{CC} =$ बैटरी द्वारा सप्लाई की गयी पावर,

$P_L =$ लोड में क्षय dc पावर तथा

$P_C =$ कलैक्टर में क्षय पावर, तब—

(a) $P_C = P_{CC} + P_L$

(b) $P_C = P_{CC} - P_L$

(c) $P_C = P_L - P_{CC}$

(d) $P_C = P_{CC} - P_L/2$

**355.** थायरिस्टर के अभिलक्षण .......... के लगभग समान है—

(a) PN जंक्शन

(b) स्थिर वोल्टेज स्रोत (constant voltage source)

(c) स्थिर धारा स्रोत (constant current source)

(d) थायरेट्रॉन गैस ट्यूब

**356.** एक SCR की गेट ट्रिगरिंग वोल्टेज होती है लगभग—

(a) $0 \cdot 2V$ (b) 6V

(c) 60V (d) 600 V

**357.** पावर सप्लाई की गुणवत्ता (quality) ज्ञात होती है—

(a) उसके साइज से (b) वोल्टेज से

(c) रेगुलेशन से (d) उपरोक्त सभी से

**358.** ट्रांजिस्टर के quiescent ऑपरेशन का अर्थ है—

(a) शून्य बायस (zero bias)

(b) शून्य आउटपुट

(c) डिस्टॉर्शन का न होना

(d) शून्य इनपुट सिगनल

**359.** मूल आवृत्ति 300Hz का तीसरा (third) हार्मोनिक है—

(a) 100 Hz (b) 300 Hz

(c) 900 Hz (d) 2700 Hz

**360.** एक SCR की कन्डक्शन की अवस्था में उसके एक्रोस वोल्टेज ड्राप होता है लगभग—

(a) 100 V (b) 1 V

(c) 1 mV (d) 1 $\mu$ V

**361.** एक 2-स्टैज CE एम्पलीफायर का गेन-बैन्ड-विड्थ-प्रोडक्ट (GBW)–

(a) वही होता है जो एक स्टेज का होता है

(b) एक स्टेज के GBW से अधिक होता है

(c) एक स्टेज के GBW से कम होता है

(d) प्रत्येक स्टेज के GBW की गुणा के तुल्य होता है

**362.** निम्न में से कौन सी डिवाइस 4 लेयर की नहीं है ?

(a) SCR (b) ट्रायक

(c) थायरिस्टर (d) डायक

**363.** फोनोन (phonons)–

(a) प्रकाश ऊर्जा के क्वान्टम (quanta) होते हैं

(b) 0°K पर क्रिस्टल में परमाणुओं के कम्पन्न होते हैं

(c) किसी भी ताप पर क्रिस्टल में परमाणुओं के कम्पन्न होते हैं

(d) उपरोक्त में कोई नहीं

**364.** ट्रांजिस्टर में बेस-एमीटर जंक्शन को रिवर्स बायस करने पर कलैक्टर धारा होगी—

(a) अधिकतम (b) शून्य (Zero)

(c) $I_{CBO}$ के बराबर (d) $I_E$ के बराबर

**365.** एक 3-स्टेज एम्पलीफायर की स्टेजो का गेन क्रमशः 40, 50 तथा 80 है। एम्पलीफायर का dB में सम्पूर्ण गेन होगा—

(a) 120,000 dB (b) 1200 dB

(c) 101·58 dB (d) 16 dB

**366.** टेलीविजन की किस स्टेज में वैरैक्टर्स (varactors) का उपयोग किया जाता है—

(a) IF सेक्शन (b) वीडियो सेक्शन

(c) RF सेक्शन

(d) लोकल ऑसिलेटर सेक्शन

**367.** शुद्ध जरमेनियम में चार्ज कैरियर्स का घनत्व $2{\cdot}5 \times 10^{13}/\text{cm}^3$ है। 300° K पर इलेक्ट्रॉन तथा होल मोबिलिटी क्रमशः 3600 $\text{cm}^2$/V sec तथा 1700 $\text{cm}^2$/V sec है। अर्धचालक की चालकता (conductivity) होगी—

(a) 0·02 mho/cm (b) 0·5 mho/cm

(c) 0·05 ohm – cm (d) 0·02 ohm–cm

**368.** एक रैगुलेटर की फुल-लोड वोल्टेज 40V तथा शून्य लोड पर 41V है। लोड रैगुलेशन होगा—

(a) 0·24% (b) 0·48%

(c) 0·96% (d) 2·4%

**369.** SCR में कन्डक्शन कन्ट्रोल किया जाता है—

(a) गेट द्वारा (b) एनोड द्वारा

(c) कैथोड द्वारा (d) उपरोक्त सभी के द्वारा

**370.** लघुगणकीय (logarithmic) एम्पलीफायर का उपयोग किया जाता है—

(a) एड्रर्स (adders) में (b) डिवाइडर्स में

(c) मल्टीप्लायर्स में (d) उपरोक्त सभी में

**371.** प्वाइन्ट कॉन्टेक्ट डायोड का मुख्य लाभ है—

(a) फारवर्ड धारा एवं रिवर्स धारा का अनुपात उच्च होता है

(b) कट-इन (cut-in) वोल्टेज शून्य होती है

(c) इसका रिवर्स प्रतिरोध (reverse resistance) अनन्त (infinite) होता है

(d) उपरोक्त में कोई भी

**372.** डबल ट्यून्ड परिपथ की अनुक्रिया वक्र (response curve) में दो पीक (peaks) उस समय प्राप्त होती है जब ट्रांसफॉर्मर में—

(a) डेम्पिंग उच्च (excessive damping) होती है

(b) कपलिंग टाइट होती है

(c) ढीली कपलिंग (loose coupling) होती है

(d) क्रिटिकल कपलिंग होती है

**373.** एक FET में $V_{GS} = 0$ पर पिंच ऑफ वोल्टेज $V_p$ है। यदि $V_{GS}$ गेट को रिवर्स बायस में कर देता है तब पिंच ऑफ वोल्टेज—

(a) $V_p$ से कम होगी (b) $V_p$ के बराबर होगी

(c) $V_p$ से अधिक होगी

(d) $V_{GS}$ पर निर्भर नहीं करती

**374.** टनल डायोड का उपयोग किया जाता है—

(a) अत्यन्त कम आवृत्तियों (very low frequencies) पर

(b) 50 Hz पर

(c) उच्च आवृत्तियों पर

(d) माइक्रोवेव आवृत्तियों पर

**375.** निम्न संकेत हैं—

चित्र 2.61

(a) इसाकी डायोड (Esaki diode) का

(b) ट्रायक का

(c) वैरेक्टर का (d) गन डायोड का

**376.** एक RF एम्पलीफायर का गेन जिसके कलैक्टर में LC ट्यून्ड परिपथ प्रयुक्त किया गया है, अनुनाद आवृत्ति पर उच्तम होता है। इसका कारण है—

(a) निम्न (low) Q (b) उच्च एमीटर प्रतिरोध

(c) समान्तर अनुनाद (parallel resonance)

(d) श्रेणी अनुनाद (series resonance)

**377.** एम्पलीफायर्स में पैरासाइटिक दोलन (parasitic oscillations) उत्पन्न होने के कारण हैं—

(a) ट्रांजिस्टर की जंक्शन धारितायें (transistor's interjunction capacitances)

(b) पुश-पुल ऑपरेशन

(c) निगेटिव फीड बैक

(d) इन्टर-स्टेज कपलिग का सन्तोषजनक न होना

**378.** ट्रायक की तुलना की जा सकती है—

(a) यूनिडायरेक्शनल SCR से

(b) बाईडायरेक्शनल SCR से

(c) NPN ट्रान्जिस्टर से (d) PNP ट्रान्जिस्टर से

**379.** डार्लिगंटन पेयर में, दो स्टेज कौन-कौन-सी होती हैं—

(a) CE तथा CC (b) दोनों CE

(c) दोनों CC (d) CE तथा CB

**380.** $R$–$C$ कपल्ड एम्पलीफायर में dc कम्पोनेन्ट को ब्लॉक करता है—

(a) लोड प्रतिरोध $R_L$

(b) कपलिंग कैपेसिटर $C_C$

(c) बेस प्रतिरोध $R_B$ (d) ट्रान्जिस्टर

**381.** एम्पलीफायर का पावर लेविल 13 W से 26 W होने पर डेसीबल (dB) गेन होगा—

(a) 1 (b) 2

(c) 3 (d) 8

**382.** 110·7 MHz आवृत्ति जेनरेटर करने के प्रयुक्त LC परिपथ में $C = 20$ pF है। L का मान होगा—

(a) $0 \cdot 1 \mu$ H (b) $0 \cdot 5 \mu$ H

(c) $1 \mu$ H (d) $5 \mu$ H

**383.** एम्पलीफायर्स में किस कपलिंग द्वारा अधिकतम गेन प्राप्त होता है—

(a) ट्रांसफॉर्मर कपलिंग

(b) प्रतिरोध (resistance) कपलिंग

(c) इम्पीडैन्स कपलिंग (d) कैपेसिटैन्स कपलिंग

**384.** कैथोड-रे-ट्यूब (CRT) में किस इलेक्ट्रोड पर अधिकतम धनात्मक वोल्टेज होती है—

(a) कैथोड (b) एनोड

(c) हीटर (d) कन्ट्रोल ग्रिड

385. एमीटर फालोअर उदाहरण है—

(a) वोल्टेज शन्ट फीडबैक का

(b) वोल्टेज श्रेणी फीडबैक का

(c) धारा श्रेणी फीडबैक का

(d) धारा शन्ट फीडबैक का

386. एक अर्धचालक को टेस्ट करने पर दोनों दिशाओं में समान प्रतिरोध *(R)* प्राप्त होता है। इसका अर्थ है कि—

(a) डायोड शॉर्ट (shorted) है

(b) डायोड ओपिन (open) है

(c) डायोड ठीक (satisfactory) है

(d) उपरोक्त में कोई नहीं

387. एक रेगुलेटर की शून्य लोड पर वोल्टेज $V_O$ तथा लोड पर वोल्टेज $V_L$ है। रेगुलेशन होगा—

(a) $\frac{V_O - V_L}{V_O + V_L} \times 100$ (b) $\frac{V_O - V_L}{V_O} \times 100$

(c) $\frac{V_O - V_L}{V_L} \times 100$ (d) $\frac{V_O + V_L}{V_O - V_L} \times 100$

388. एक एम्पलीफायर में दो स्टेज कास्केड में है। प्रत्येक का गेन 30 है। एम्पलीफायर का सम्पूर्ण (overall) गेन होगा—

(a) 3 (b) 9

(c) 30 (d) 900

389. RC कपल्ड एम्पलीफायर में निम्न-आवृत्ति पर रेसपोंस (low frequency response) सुधारा जा सकता है—

(a) $R_L$ को घटाकर (b) बायसिंग बढ़ाकर

(c) गेन कम कर (d) $C_C$ का मान बढ़ाकर

390. सरफेस-एकाउस्टिक वेव ऑसिलेटर्स उपयुक्त है—

(a) निम्न आवृत्ति दोलनों (low frequency oscillations) के लिये

(b) निम्न पावर दोलनों (low power oscillations) के लिये

(c) नान-साइनुसायडल (non-sinusoidal) दोलनों के लिये

(d) $IC_s$ में अनुप्रयोगों के लिये

391. क्लास B पुश-पुल एम्पलीफायर्स में क्रास-ओवर डिसटॉर्शन (cross-over-distortion) समाप्त किया जा सकता है—

(a) एम्पलीफायर को क्लास C में ऑपरेट कर

(b) एम्पलीफायर को क्लास AB में ऑपरेट कर

(c) आउटपुट ट्रांसफॉर्मर हटाकर

(d) टांजिस्टर्स की बायसिंग कम (reduce) कर

392. एक प्रतिरोधी (resistive) अटेनुएटर 10 mW इनपुट को घटाकर 5 mW कर देता है। डेसीबल (dB) में हानि (loss) है—

(a) –3dB (b) –6dB

(c) –9dB (d) –30dB

393. एक एम्पलीफायर एक चक्र (cycle) में 0 से 90° तथा पुनः 180° से 270° तक कन्डक्ट (conduct) करता है। एम्पलीफायर का ऑपरेशन है—

(a) क्लास A (b) क्लास B

(c) क्लास C (d) क्लास AB

394. डायक की ब्रेकडाउन वोल्टेज का क्रम (order) होता है—

(a) 0·3V (b) 3V

(c) 30V (d) 300V

395. एक आदर्श (ideal) वोल्टेज एम्पलीफायर की इनपुट तथा आउटपुट प्रतिबाधायें (input and output resistances) होनी चाहिये—

(a) $R_i = 0$, $R_o = 0$ (b) $R_i = 0$, $R_o = \infty$

(c) $R_i = \infty$, $R_o = 0$ (d) $R_i = \infty$, $R_o = \infty$

396. SCR के चालन (conduction) की अवस्था में—

(a) उसका प्रतिरोध बहुत अधिक (infinitely large) होता है

(b) उसका प्रतिरोध कुछ मेगाओम (few mega–ohm) होता है

(c) उसका प्रतिरोध बहुत कम (low) होता है

(d) उसका प्रतिरोध शून्य (zero) होता है

397. मनुष्य के कान का वास्तविक 'frequency response' प्रदर्शित किया जाता है—

(a) लघुगणकीय स्केल पर (on logarithmic scale)

(b) सेमीलघुगणकीय स्केल पर (on semilogarithmic scale)

(c) लीनियर ग्राफ पर (on linear graph paper)

(d) डेसीबल चार्ट पर (on decibel chart)

**398.** मोनोस्टेबिल मल्टीवाइब्रेटर का उपयोग ........... तरंगें जेनरेट करने के लिये किया जा सकता है।

(a) स्वीप

(b) साइनुसॉयडल (sinusoidal)

(c) उपरोक्त (a) तथा (b) दोनों

(d) उपरोक्त में कोई नहीं

**399.** एक हाफवेव रैक्टीफाइड साइन वेव का प्रभावी मान (effective value) 20 है। तरंग का औसत मान (average value) होगा—

(a) 13·5 (b) 12·5

(c) 12·7 (d) 13·55

**400.** ट्यून्ड ग्रिड ऑसिलेटर में ट्यून्ड परिपथ कनैक्ट किया जाता है—

(a) ग्रिड एवं प्लेट के मध्य

(b) ग्रिड एवं कैथोड के मध्य

(c) ग्रिड एवं ग्राउन्ड के मध्य

(d) उपरोक्त में कोई नहीं

**401.** बफर एम्पलीफायर होता है एक—

(a) कैथोड फालोअर

(b) उच्च गेन का dc एम्पलीफायर

(c) उपरोक्त (a) तथा (b) दोनों

(d) उपरोक्त में कोई नहीं

**402.** एक एम्पलीफायर का वोल्टेज गेन 100 तथा धारा (current) गेन 2 है। एम्पलीफायर का पावर गेन होगा—

(a) 100 (b) 200

(c) 350 (d) 450

**403.** निम्न OP AMP परिपथ में $V_o$ का मान होगा—

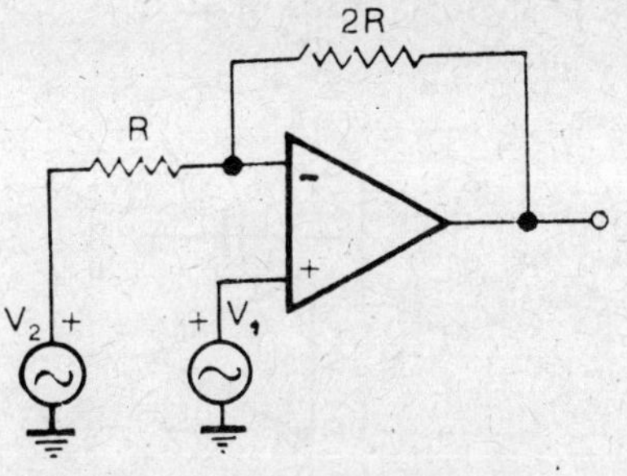


चित्र 2.62

(a) $3V_1 - 6V_2$ (b) $2V_1 - 3V_2$

(c) $2V_1 - 2V_2$ (d) $3V_1 - 2V_2$

**404.** निम्न परिपथ में $V_o$ का मान होगा—

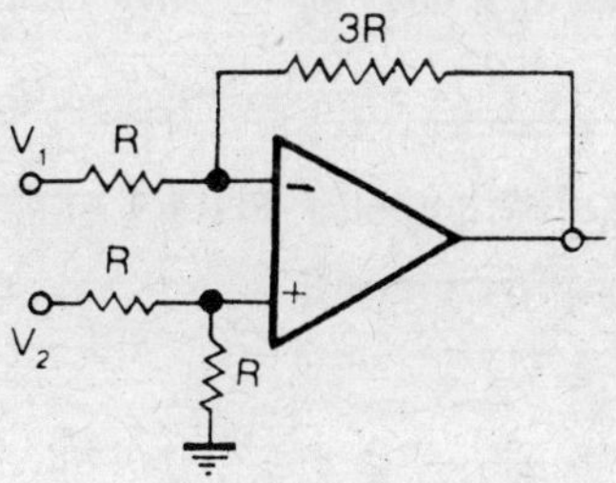


चित्र 2.63

(a) $-3V_1 + \frac{V_2}{2}$ (b) $\frac{-3V_2}{2} - \frac{9V_1}{4}$

(c) $-3V_2$ (d) $2V_2 - 3V_1$

**405.** निम्न OP AMP की आउटपुट होगी—

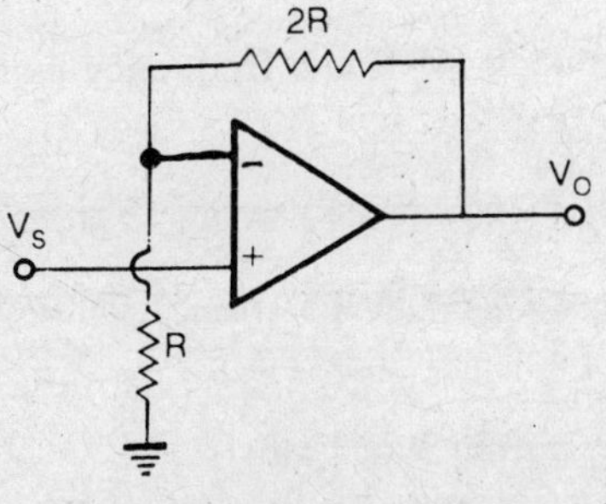


चित्र 2.64

(a) $V_o = 2V_s$ (b) $V_o = -2V_s$

(c) $V_O = 3V_s$ (d) $V_O = -3V_s$

**406.** निम्न डिफ्रेन्शियेशन परिपथ में—

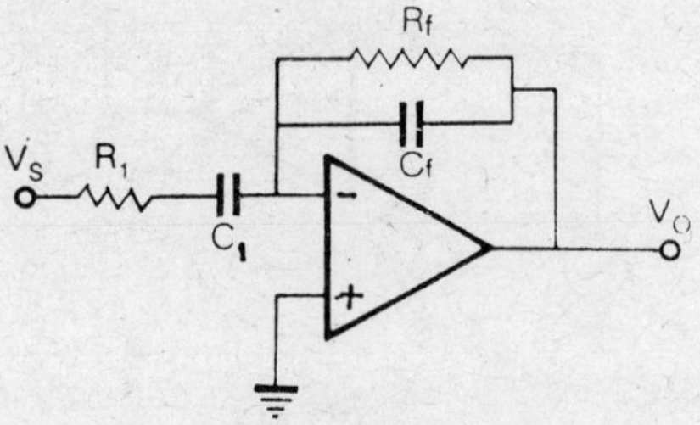


चित्र 2.65

(a) कैपेसिटर $C_f$ उच्च आवृत्ति शोर (high frequency noise) को कट-ऑफ करता है

(b) $R_1$ निम्न आवृत्तियों (low free noise) को कट-ऑफ करता है

(c) $R_1$ तथा $C_f$ बेसिक डिफ्रेन्शियेशन एलीमेन्टस् हैं

(d) $C_f$ स्थिर (stable) ऑपरेशन सुनिश्चित करता है

**407.** निम्न इन्टीग्रेटर परिपथ में—

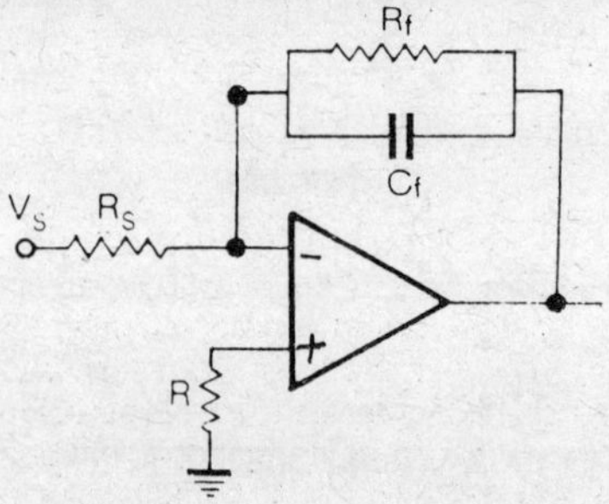


चित्र 2.66

(a) $R_f$ के कारण low frequency gain सीमित होता है

(b) $R_S$ का मान बढ़ने पर गेन भी बढ़ता है

(c) इन्टीग्रेशन के मूल (basic) एलीमेन्ट्स $R$ तथा $C_f$ है

(d) उपरोक्त में कोई नहीं

**408.** OP AMP के डिफ्रेन्शियल एम्पलीफायर के कलैक्टर में एक एक्टिव लोड प्रयोग किया जाता है—

(a) आउटपुट प्रतिरोध बढ़ाने के लिये

(b) डिफ्रेन्शियल गेन $A_D$ बढ़ाने के लिये

(c) बड़े आयाम के (large) सिगनल हेन्डल करने के लिये

(d) सीमेट्री (symmetry) के लिये

**409.** एक अच्छे OP AMP की इनपुट इम्पीडैंस होती है लगभग—

(a) कुछ ओम (few ohms)

(b) 1 K Ω

(c) 10 Ω (d) 100 K Ω से अधिक

**410.** एक डिफरेन्शियल एम्पलीफायर में $R_E$ का मान बढ़ाने पर—

(a) डिफ्रेन्शियल गेन $A_d$ बढ़ता है

(b) कॉमन मोड गेन $A_C$ बढ़ता है

(c) CMRR बढ़ती है

(d) CMRR घटती है

**411.** डिफ्रेन्शियल एम्पलीफायर्स में कॉमन एमीटर धारा को स्थिर रखा जाता है—

(a) $A_d$ को बहुत कम करने के लिये

(b) $A_c$ को बहुत कम करने के लिये

(c) एम्पलीफायर को सीमेट्रिकल (Symmetrical) बनाने के लिये

(d) CMRR स्थिर (constant) रखने के लिये

**412.** डिफरैन्स एम्पलीफायर के लिये किस स्पेसिफिकेशन को नहीं दिया जाता ?

(a) आउटपुट-ऑफसैट वोल्टेज

(b) इनपुट-ऑफसैट वोल्टेज

(c) कॉमन-मोड धारा रेंज (common-mode current range)

(d) इनपुट बायस-धारा ऑफसैट

**413.** ट्रान्जिस्टर ऑपरेशन में ट्रान्जिस्टर की अधिकतम पावर रेटिंग (maximum power rating) पार (exceed) नहीं होती यदि—

(a) ऑपरेटिंग प्वाइन्ट (Q), आउटपुट अभिलक्षणों के दोनों अक्षों एवं constant power dissipation लाइन के मध्य हो

(b) लोड लाइन दोनों अक्षों एवं constant power dissipation लाइन के मध्य हो

(c) लोड लाइन constant power dissipation लाइन को काटती हो

(d) उपरोक्त में कोई नहीं

**414.** ट्रान्जिस्टर के कलैक्टर में अधिकतम शक्ति व्यय (maximum power dissipated) है—

(a) $P_L = \frac{V_{CC}^2}{4R_L}$  (b) $P_L = V_{CC}^2$

(c) $P_L = \frac{V_{CC}^2}{R_L}$  (d) $P_L = \frac{2V_{CC}^2}{R_L}$

**415.** निम्न ट्रान्जिस्टर में एमीटर, बेस एवं कलेक्टर टर्मिनल हैं—

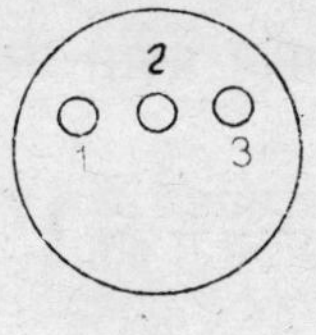


चित्र 2.67

(a) 1, 2, 3  (b) 3, 2, 1

(c) 2, 3, 1  (d) 3, 1, 2

**416.** पावर ट्रान्जिस्टर AD149 के निम्न संकेत में एमीटर, बेस, कलेक्टर टर्मिनल हैं—

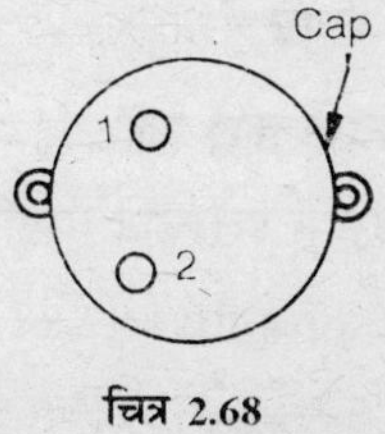


चित्र 2.68

(a) 2, 1, Cap  (b) 1, 2, Cap

(c) 1, Cap, 2  (d) Cap, 2, 1

**417.** ट्रान्जिस्टर BFY 51 के संकेत में एमीटर, बेस, कलैक्टर, टर्मिनल है—

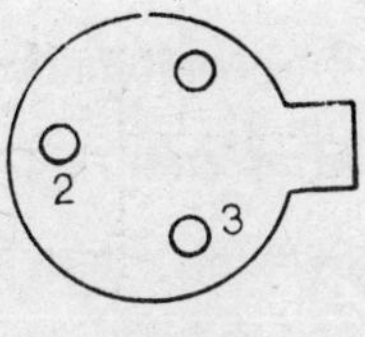


चित्र 2.69

(a) 1, 2, 3  (b) 3, 2, 1

(c) 2, 3, 1  (d) 3, 1, 2

**418.** निर्वात (vacuum) ट्यूब्स में किस प्रकार का इलेक्ट्रॉन उत्सर्जन (emission) होता है ?

(a) तापायनिक (thermionic) उत्सर्जन

(b) सैकन्ड्री (secondary)

(c) फोटोइलेक्ट्रिक (photo-electric)

(d) उपरोक्त में से कोई भी

**419.** किसी सतह से प्रकाश के प्रभाव (influence of light) से इलेक्ट्रॉन उत्सर्जन को क्या कहते हैं ?

(a) तापायनिक (thermionic) उत्सर्जन

(b) सैकन्ड्री (secondary)

(c) फोटोइलेक्ट्रिक (photo-electric)

(d) उपरोक्त कोई भी

**420.** ऑक्साइड कोटिड कैथोड (oxide coated cathode) का उपयोग किया जाता है—

(a) रेडियो ट्रांसमीटर्स में प्रयुक्त ट्यूब्स में

(b) पावर रेक्टीफायर्स में प्रयुक्त ट्यूब्स में

(c) कम शक्ति हेन्डल करने करने के लिये प्रयुक्त ट्यूब्स में

(d) उपरोक्त में कोई नहीं

**421.** रेडियो ट्रांसमीटर्स में वैकुम ट्यूब्स (vacuum tubes) का उपयोग किया जाता है—

(a) प्रोग्राम रिकार्डिंग के लिये

(b) dc सप्लाई के लिये

(c) उच्च शक्ति की रेडियो तरंगें जेनरेट करने के लिये

(d) उपरोक्त में कोई नहीं

**422.** अर्धचालकों में 'recombination' का अर्थ है—

(a) दो या अधिक होल्स (holes) का परस्पर संयोग (merge) करना

(b) किसी उत्पन्न हुये (generated) इलेक्ट्रॉन एवं होल्स (holes) का परस्पर संयोग करना

(c) उपरोक्त (a) तथा (b) दोनों

(d) उपरोक्त में कोई नहीं

**423.** एक आदर्श (ideal) डायोड—

(a) का फारवर्ड तथा रिवर्स दोनों दिशाओं में प्रतिरोध शून्य होना चाहिये

(b) का फारवर्ड बायस में अनन्त (infinite) तथा रिवर्स वायस में प्रतिरोध शून्य होना चाहिये

(c) का फारवर्ड बायस में शून्य (zero) तथा रिवर्स वायस में प्रतिरोध अनन्त होना चाहिये

(d) उपरोक्त में कोई नहीं

**424.** किसी फोटो सतह (photo sensitive surface) में amp/watt में धारा का मान निर्भर करता है—

(a) आपतित (incident) प्रकाश की तीव्रता पर

(b) आपतित (incident) प्रकाश की आवृत्ति पर

(c) उपरोक्त (a) तथा (b) दोनों पर

(d) उपरोक्त में कोई नहीं

**425.** सेमीकन्डक्टर्स में 'forbidden energy gap'—

(a) वैलेन्सी एवं कन्डक्शन बैन्ड के मध्य होता है

(b) वैल्सी एवं कन्डक्शन बैन्ड के ऊपर होता है

(c) सदा शून्य होता है

(d) उपरोक्त् में कोई नहीं

**426.** PN जंक्शन के उस भाग को जिसमें आवेशित (uncompensated and charged) डोनर (donor) तथा स्वीकारक (acceptor) आयन होते हैं, कहते हैं—

(a) एक्टिव क्षेत्र (active region)

(b) P-क्षेत्र (P-region)

(c) N-क्षेत्र (N-region)

(d) डिपलीशन क्षेत्र (depletion region)

**427.** पावर डायोड सामान्यतः होते हैं—

(a) जरमेनियम डायोड (b) सिलिकॉन डायोड

(c) उपरोक्त दोनों (d) उपरोक्त में कोई नहीं

**428.** एक फुल-वेव ब्रिज रेक्टीफायर (FW bridge rectifier) को 50Hz आवृत्ति की इनपुट दी जाती है। रिपल्स की न्यूनतम आवृत्ति होगी—

(a) 100 Hz (b) 95 Hz

(c) 75 Hz (d) 200 Hz

**429.** किस अर्द्धचालक का गलनांक (melting point) उच्चतम (highest) होता है ?

(a) गैलियम आर्सेनाइड (b) जरमेनियम

(c) सिलिकॉन (d) उपरोक्त में कोई नहीं

**430.** LED उस समय प्रकाश उत्सर्जित (emit) करते हैं जब—

(a) फारवर्ड बायस में होते हैं

(b) रिवर्स बायस में होते हैं

(c) unbiased होते हैं

(d) उपरोक्त में कोई नहीं

**431.** जीनर डायोड को प्रयुक्त किया जाता है—

(a) फारवर्ड बायस में

(b) शून्य (zero) वायस में

(c) रिवर्स बायस में

(d) उपरोक्त में कोई नहीं

**432.** किस डिवाइस में इलेक्ट्रॉन मेजॉरिटी कैरियर्स होते हैं—

(a) NPN ट्रान्जिस्टर

(b) PNP ट्रान्जिस्टर

(c) N-टाइप सेमीकन्डक्टर

(d) P-टाइप सेमी कन्डक्टर

**433.** N-चैनल डिपलीशन टाइप MOSFET को एनेहन्समैन्ट मोड (enhancement mode) में प्रयुक्त करने के लिये—

(a) गेट को ग्राउन्ड लेविल पर रखा जाता है

(b) गेट को पॉजीटिव रखा जाता है

(c) गेट को निगेटिव रखा जाता है

(d) उपरोक्त में कोई नहीं

**434.** शून्य (zero) सिगनल पर कलैक्टर धारा ($I_C$) तथा कलैक्टर एमीटर वोल्टेज ($V_{CE}$) को कहा जाता है—

(a) ऑपरेटिंग प्वाइन्ट

(b) ब्रेकडाउन प्वाइन्ट

(c) कट-ऑफ

(d) उपरोक्त में कोई नहीं

**435.** ट्रायक की कार्यप्रणाली किसके समान है—

(a) 3 टर्मिनल बाइडायरैक्शनल स्विच के

(b) 2 टर्मिनल यूनिडायरैक्शनल स्विच के

(c) 4 टर्मिनल मल्टी डायरैक्शनल स्विच के

(d) उपरोक्त में कोई नहीं

**436.** किस परिपथ में आउटपुट सिगनल एमीटर से प्राप्त किया जाता है—

(a) कॉमन एमीटर (b) एमीटर फालोअर

(c) कॉमन बेस (d) उपरोक्त में कोई नहीं

**437.** 0° K पर शुद्ध जरमेनियम का व्यवहार होता है—

(a) विद्युत के चालक (conductor) के समान

(b) विद्युत के कुचालक (nonconductor) के समान

(c) अर्द्धचालक

(d) उपरोक्त में कोई नहीं

**438.** इन्ट्रिन्जिक सेमी-कन्डक्टर पर विद्युत क्षेत्र एप्लाई करने पर इलेक्ट्रॉन गति कर जाते हैं—

(a) कन्डक्शन बैन्ड में

(b) खाली (empty) कन्डक्शन बैन्ड में

(c) किसी भी बैन्ड में

(d) उपरोक्त में कोई नहीं

**439.** सेमीकन्डक्टर की चालकता बढ़ाई जा सकती है—

(a) किसी भी पदार्थ के परमाणुओं को मिला (add) कर

(b) विशेष अशुद्धि परमाणुओं (specific impurity atoms) मिलाकर

(c) उपरोक्त (a) तथा (b) दोनों

(d) उपरोक्त में कोई नहीं

**440.** P-टाइप अर्द्धचालक में—

(a) होल्स (holes) की बड़ी संख्या होती है

(b) होल्स (holes) नहीं होते

(c) मुक्त इलेक्ट्रॉनों की संख्या अधिक होती है

(d) उपरोक्त में कोई नहीं

**441.** सिलिकॉन के लिये इन्ट्रिन्जिक कैरियर कन्सैन्ट्रेशन लगभग $10^{10}$ कैरियर्स प्रतिघन सेमी (carriers/cm$^3$) है। यदि उसमें $10^4$ donor atoms/cm$^3$ कन्सैन्ट्रेशन की अशुद्धि मिलायी जाये तब इलेक्ट्रॉन कन्सैन्ट्रेशन .................... होगी।

(a) $10^6$ (b) $10^{10}$

(c) $10^{16}$ (d) $10^{10}$

**Answers :**

| | | | | | | | | | | | | |
|---|---|---|---|---|---|---|---|---|---|---|---|---|
| 1. (c) | 36. (d) | 71. (c) | 106.(d) | 141.(b) | 176.(c) | 211.(b) | 246.(c) | 281.(a) | 316.(c) | 351.(c) | 386.(a) | 421.(c) |
| 2. (c) | 37. (b) | 72. (c) | 107.(d) | 142.(c) | 177.(c) | 212.(a) | 247.(c) | 282.(d) | 317.(b) | 352.(c) | 387.(b) | 422.(b) |
| 3. (c) | 38. (d) | 73. (c) | 108.(a) | 143.(a) | 178.(d) | 213.(a) | 248.(c) | 283.(a) | 318.(c) | 353.(c) | 388.(d) | 423.(c) |
| 4. (b) | 39. (a) | 74. (b) | 109.(a) | 144.(c) | 179.(d) | 214.(a) | 249.(a) | 284.(d) | 319.(d) | 354.(b) | 389.(d) | 424.(b) |
| 5. (a) | 40. (d) | 75. (b) | 110.(a) | 145.(d) | 180.(a) | 215.(b) | 250.(d) | 285.(d) | 320.(b) | 355.(d) | 390.(d) | 425.(a) |
| 6. (c) | 41. (a) | 76. (d) | 111.(b) | 146.(c) | 181.(c) | 216.(b) | 251.(d) | 286.(c) | 321.(c) | 356.(d) | 391.(b) | 426.(d) |
| 7. (c) | 42. (c) | 77. (b) | 112.(b) | 147.(a) | 182.(c) | 217.(c) | 252.(d) | 287.(b) | 322.(c) | 357.(c) | 392.(a) | 427.(b) |
| 8. (b) | 43. (c) | 78. (b) | 113.(b) | 148.(c) | 183.(d) | 218.(d) | 253.(d) | 288.(c) | 323.(c) | 358.(d) | 393.(b) | 428.(a) |
| 9. (a) | 44. (a) | 79. (c) | 114.(c) | 149.(c) | 184.(d) | 219.(d) | 254.(c) | 289.(a) | 324.(a) | 359.(c) | 394.(c) | 429.(c) |
| 10. (b) | 45. (b) | 80. (b) | 115.(c) | 150.(c) | 185.(c) | 220.(b) | 255.(b) | 290.(b) | 325.(b) | 360.(b) | 395.(c) | 430.(a) |
| 11. (c) | 46. (d) | 81. (c) | 116.(c) | 151.(a) | 186.(a) | 221.(a) | 256.(b) | 291.(c) | 326.(b) | 361.(b) | 396.(c) | 431.(c) |
| 12. (b) | 47. (b) | 82. (a) | 117.(d) | 152.(b) | 187.(c) | 222.(a) | 257.(a) | 292.(c) | 327.(a) | 362.(d) | 397.(b) | 432.(a) |
| 13. (c) | 48. (b) | 83. (a) | 118.(c) | 153.(d) | 188.(a) | 223.(c) | 258.(c) | 293.(d) | 328.(c) | 363.(c) | 398.(a) | 433.(b) |
| 14. (b) | 49. (b) | 84. (a) | 119.(a) | 154.(d) | 189.(d) | 224.(d) | 259.(b) | 294.(c) | 329.(c) | 364.(c) | 399.(c) | 434.(a) |
| 15. (c) | 50. (c) | 85. (a) | 120.(b) | 155.(a) | 190.(b) | 225.(b) | 260.(a) | 295.(c) | 330.(a) | 365.(c) | 400.(b) | 435.(a) |
| 16. (a) | 51. (c) | 86. (c) | 121.(c) | 156.(c) | 191.(d) | 226.(d) | 261.(c) | 296.(b) | 331.(c) | 366.(a) | 401.(a) | 436.(b) |
| 17. (a) | 52. (c) | 87. (a) | 122.(c) | 157.(d) | 192.(d) | 227.(a) | 262.(d) | 297.(a) | 332.(a) | 367.(a) | 402.(b) | 437.(b) |
| 18. (b) | 53. (b) | 88. (c) | 123.(c) | 158.(b) | 193.(b) | 228.(c) | 263.(d) | 298.(c) | 333.(c) | 368.(d) | 403.(d) | 438.(b) |
| 19. (a) | 54. (c) | 89. (d) | 124.(d) | 159.(c) | 194.(b) | 229.(c) | 264.(b) | 299.(c) | 334.(c) | 369.(a) | 404.(d) | 439.(b) |
| 20. (b) | 55. (c) | 90. (c) | 125.(d) | 160.(c) | 195.(a) | 230.(a) | 265.(a) | 300.(a) | 335.(c) | 370.(b) | 405.(a) | 440.(a) |
| 21. b,c | 56. (c) | 91. (b) | 126.(c) | 161.(b) | 196.(a) | 231.(a) | 266.(b) | 301.(b) | 336.(c) | 371.(a) | 406.(d) | 441.(b) |
| 22. (a) | 57. (c) | 92. (d) | 127.(d) | 162.(a) | 197.(c) | 232.(a) | 267.(a) | 302.(b) | 337.(c) | 372.(d) | 407.(a) | |
| 23. (b) | 58. (b) | 93. (b) | 128.(d) | 163.(b) | 198.(a) | 233.(c) | 268.(a) | 303.(c) | 338.(c) | 373.(a) | 408.(b) | |
| 24. (c) | 59. (b) | 94. (c) | 129.(b) | 164.(c) | 199.(c) | 234.(d) | 269.(c) | 304.(d) | 339.(a) | 374.(d) | 409.(d) | |
| 25. (d) | 60. (d) | 95. (c) | 130.(c) | 165.(b) | 200.(a) | 235.(b) | 270.(a) | 305.(b) | 340.(a) | 375.(c) | 410.(c) | |
| 26. (b) | 61. (a) | 96. (a) | 131.(b) | 166.(c) | 201.(c) | 236.(b) | 271.(c) | 306.(c) | 341.(c) | 376.(c) | 411.(b) | |
| 27. (b) | 62. (a) | 97. (d) | 132.(b) | 167.(a) | 202.(a) | 237.(b) | 272.(a) | 307.(a) | 342.(d) | 377.(b) | 412.(c) | |
| 28. (b) | 63. (a) | 98. (c) | 133.(b) | 168.(d) | 203.(b) | 238.(a) | 273.(c) | 308.(a) | 343.(b) | 378.(b) | 413.(b) | |
| 29. (d) | 64. (c) | 99. (a) | 134.(d) | 169.(c) | 204.(c) | 239.(d) | 274.(a) | 309.(a) | 344.(c) | 379.(c) | 414.(c) | |
| 30. (c) | 65. (d) | 100.(b) | 135.(c) | 170.(a) | 205.(c) | 240.(d) | 275.(a) | 310.(c) | 345.(c) | 380.(b) | 415.(a) | |
| 31. (d) | 66. (c) | 101.(c) | 136.(b) | 171.(c) | 206.(b) | 241.(a) | 276.(d) | 311.(b) | 346.(b) | 381.(c) | 416.(b) | |
| 32. (a) | 67. (b) | 102.(d) | 137.(c) | 172.(c) | 207.(b) | 242.(b) | 277.(d) | 312.(c) | 347.(a) | 382.(a) | 417.(b) | |
| 33. (b) | 68. (d) | 103.(d) | 138.(c) | 173.(d) | 208.(a) | 243.(b) | 278.(d) | 313.(b) | 348.(c) | 383.(a) | 418.(a) | |
| 34. (b) | 69. (a) | 104.(c) | 139.(b) | 174.(a) | 209.(a) | 244.(a) | 279.(c) | 314.(c) | 349.(a) | 384.(b) | 419.(c) | |
| 35. (c) | 70. (b) | 105.(d) | 140.(d) | 175.(b) | 210.(a) | 245.(b) | 280.(d) | 315.(c) | 350.(c) | 385.(b) | 420.(c) | |

# 3

# डिजिटल प्रणालियाँ

## (Digital Systems)

### 3.1. संख्या प्रणालियाँ (Number Systems)

मुख्य संख्या प्रणालियाँ निम्न हैं—

(1) डेसीमल संख्या प्रणाली (Decimal Number System)

(2) बाइनरी संख्या प्रणाली (Binary Number System)

(3) ऑक्टल संख्या प्रणाली (Octal Number System)

(4) हेक्साडेसीमल संख्या प्रणाली (Hexadecimal Number System)

**डेसीमल संख्या प्रणाली**

इस प्रणाली में 0, 1, 2, 3, 4, 5, 6, 7, 8 तथा 9 डिजिट्स का उपयोग किया जाता है। किसी में डेसीमल संख्या को उसके स्थानीय मान के अनुसार 10 की घातों में (in powers of ten) में प्रदर्शित किया जा सकता है। उदाहरणत:

$$(3687 \cdot 45)_{10} = 3 \times 10^3 + 6 \times 10^2 + 8 \times 10^1 + 7 \times 10^0 + 4 \times 10^{-1} + 5 \times 10^{-2}$$
$$= 3687 \cdot 45$$

### 3.1.1 बाइनरी संख्या प्रणाली

बाइनरी सिस्टम में केवल दो अंको 0 तथा 1 का उपयोग किया जाता है। इस प्रणाली का आधार (base or radix), 2 है। तालिका 3.1 में डेसीमल संख्याओं को बाइनरी सिस्टम में प्रदर्शित किया गया है।

**Table 3.1**

**डेसीमल संख्याओं के बाइनरी तुल्यांक**

**(Binary equivalent of decimal numbers)**

| Decimal | Binary |
|---|---|
| 0 | 0000 |
| 1 | 0001 |
| 2 | 0010 |
| 3 | 0011 |
| 4 | 0100 |
| 5 | 0101 |
| 6 | 0110 |
| 7 | 0111 |
| 8 | 1000 |
| 9 | 1001 |
| 10 | 1010 |
| 11 | 1011 |
| 12 | 1100 |
| 13 | 1101 |
| 14 | 1110 |
| 15 | 1111 |

**बाइनरी को डेसीमल में बदलना—**

(i) $(10111)_2 = 1 \times 2^4 + 0 \times 2^3 + 1 \times 2^2 + 1 \times 2^1 + 1 \times 2^0$

$$= 16 + 0 + 4 + 2 + 1 = 23$$

(ii) $(101011 \cdot 1101)_2$

$$= 1 \times 2^5 + 0 \times 2^4 + 1 \times 2^3 + 0 \times 2^2 + 1 \times 2^1 + 1 \times 2^0$$
$$+ 1 \times 2^{-1} + 1 \times 2^{-2} + 0 \times 2^{-3} + 1 \times 2^{-4}$$
$$= 32 + 0 + 8 + 0 + 2 + 1 + \frac{1}{2} + \frac{1}{4} + 0 + \frac{1}{16}$$
$$= (43 \cdot 812)_{10}$$

**डेसीमल को बाइनरी में बदलना**

डेसीमल संख्या को बाइनरी में परिवर्तित करने के लिये डबल डेबिल (double dabble) विधि का उपयोग किया जाता है। इस प्रणाली में डेसीमल संख्या को लगातार 2 से भाग (divide) किया जाता है तथा

शेषफल (remainder) उल्टे क्रम में (reverse order) में लिखा जाता है। इस क्रम में पहला अंक MSB तथा अन्तिम अंक LSB होता है। उदाहरणतः $(43)_{10}$ को बाइनरी में निम्न प्रकार परिवर्तित करेंगे—

| | | Remainder | |
|---|---|---|---|
| 2 | 43 | | |
| 2 | 21 | 1 | ↑ |
| 2 | 10 | 1 | |
| 2 | 5 | 0 | Read Upwards |
| 2 | 2 | 1 | |
| 2 | 1 | 0 | |
| | 0 | 1 | |

$$\therefore \quad (43)_{10} = 101011$$

डेसीमल भिन्न को बाइनरी में कनवर्ट करने के लिये लगातार 2 से गुणा किया जाता है। गुणनफल में प्राप्त 'carry' को एक क्रम में लिखने पर बाइनरी संख्या प्राप्त होती है। उदाहरणतः $(0\cdot4375)_{10}$ को बाइनरी में निम्न प्रकार कनवर्ट करेंगे।

0·4375 × 2 = 0·8750 → Carry 0

0·8750 × 2 = 1·7500 → Carry 1

0·7500 × 2 = 1·5000 → Carry 1

0·5000 × 2 = 1·000 → Carry 1

कैरी अंकों को एक क्रम में रखने पर $(0\cdot4375)_{10} = (0\cdot0111)_2$

### 3.1.2. ऑक्टल संख्या प्रणाली (Octal Number System)

इस प्रणाली में 0, 1, 2, 3, 4, 5, 6 तथा 7 आठ डिजिट का उपयोग किया जाता है। बाइनरी को ऑक्टल में परिवर्तित करने के लिये दायें से 3-3 बिट्स का समूह बनाया जाता है। अन्तिम समूह को पूर्ण करने में यदि आवश्यकता हो तो शून्य का उपयोग कर समूह बना दिया जाता है। प्रत्येक समूह का मान लिखने पर ऑक्टल संख्या प्राप्त होती है। उदाहरणतः

| | |
|---|---|
| बाइनरी | 1 1 1 1 1 0 1 1 1 1 0 1 0 1 |
| तीन-तीन बिट्स के समूह | 011, 111, 011, 110, 101 |
| डेसीमल में मान रखने पर | 3, 7, 3, 6 5 (ऑक्टल) |

$$\therefore \quad (37365)_8 = (11111011110101))_2$$

तालिका 3.2 में कुछ डेसीमल, ऑक्टल तथा बाइनरी तुल्यांक दिये गये हैं।

## ऑक्टल से डेसीमल में परिवर्तन

इसके लिये ऑक्टल अंक को उसके स्थानीय मान से गुणा कर सभी प्रोडक्ट्स को जोड़ा जाता है।

$$(7423)_8 = 7 \times (8)^3 + 4\,(8)^2 + 2\,(8)^1 + 3\,(8)^0$$

$$= 3584 + 256 + 16 + 3$$

$$= (3859)_{10}$$

इसी प्रकार

$$(257)_8 = 2 \times (8)^2 + 5 \times (8)^1 + 7 \times (8)^0$$

$$= 128 + 40 + 7$$

$$= (175)_{10}$$

**Table 3.2**

| Decimal | Octal | Binary |
|---|---|---|
| 0 | 0 | 0000 |
| 1 | 1 | 0001 |
| 2 | 2 | 0010 |
| 3 | 3 | 0011 |
| 4 | 4 | 0100 |
| 5 | 5 | 0101 |
| 6 | 6 | 0110 |
| 7 | 7 | 0111 |
| 8 | 10 | 1000 |
| 9 | 11 | 1001 |
| 10 | 12 | 1010 |
| 11 | 13 | 1100 |
| 12 | 14 | 1101 |
| 13 | 15 | 1110 |
| 14 | 16 | 1110 |
| 15 | 17 | 1111 |
| 16 | 20 | 10000 |

## डेसीमल से ऑक्टल में परिवर्तन

डेसीमल को ऑक्टल में परिवर्तित करने के लिये डेसीमल संख्या को लगातार 8 से भाग दिया जाता है तथा शेषफलों (remainder) को उल्टे क्रम में रख कर आक्टल संख्या प्राप्त की जाती है। उदाहरणतः $(175)_{10}$ को ऑक्टल में निम्न प्रकार परिवर्तित करेंगे।

| | | Remainder |
|---|---|---|
| 8 | 175 | |
| 8 | 21 | 7 ↑ |
| 8 | 2 | 5 Read Upwards |
| | 0 | 2 |

$$\therefore \quad (175)_{10} = (257)_8$$

भिन्नात्मक (fraction) डेसीमल संख्या को ऑक्टल में परिवर्तित करने के लिये लगातार 8 से गुणा करते हैं तथा प्रत्येक गुणनफल में प्राप्त कैरी (carry) को एक क्रम में रखने पर ऑक्टल तुल्यांक प्राप्त होता है। उदाहरणतः डेसीमल संख्या $(0.6875)_{10}$ को ऑक्टल में निम्न प्रकार कनवर्ट करेंगे—

$$\begin{array}{r} 0\cdot6875 \\ \times 8 \\ \hline 5\cdot5000 \end{array} \longrightarrow \begin{array}{r} 0\cdot5000 \\ \times 8 \\ \hline 4\cdot0000 \end{array}$$

Carry ↓ 5      Carry ↓ 4·0000

$$(0\cdot6875)_{10} = (54)_8$$

## ऑक्टल से बाइनरी तथा बाइनरी से ऑक्टल

ऑक्टल को बाइनरी में कनवर्ट करने के लिए प्रत्येक ऑक्टल डिजिट के स्थान पर उसका समतुल्य (equivalent) बाइनरी डिजिट लिखा जाता है। उदाहरणतः

| | | | | |
|---|---|---|---|---|
| ऑक्टल | 7 | 4 | 2 | 3 |
| बाइनरी | 111 | 100 | 010 | 011 |

∴ $(7423)_8 = (111100010011)_2$

इसी प्रकार बाइनरी संख्या को ऑक्टल में परिवर्तित करने के बाइनरी संख्या के दांयी ओर से 3-3 बिट के समूह बनाए जाते हैं। अन्तिम समूह को पूर्ण करने में यदि आवश्यकता हो तो शून्य (0) का उपयोग कर समूह बना दिया जाता है। प्रत्येक समूह के तुल्य ऑक्टल डिजिट प्रयुक्त कर ऑक्टल संख्या ज्ञात की जा सकती है। उदाहरणतः बाइनरी $(1001110)_2$ को ऑक्टल में निम्न प्रकार परिवर्तित करेंगे।

बाइनरी $(1001110)_2 = 001 \quad 001 \quad 110$

ऑक्टल $= 1 \quad 1 \quad 6$

∴ $(1001110)_2 = (116)_8$

बाइनरी भिन्न को ऑक्टल में निम्न प्रकार परिवर्तित करेंगे—

बाइनरी $[0 \cdot 110101]_2 = \cdot 110 \quad 101$

ऑक्टल $= \cdot 6 \quad 5$

∴ $(0 \cdot 110101)_2 = (0 \cdot 65)_8$

### 3.1.3 हैक्साडेसीमल संख्या प्रणाली (Hexadecimal Number System)

इस प्रणाली की आधार संख्या (radix), 16 है। हैक्स प्रणाली में 0 से 9 तक अंक डेसीमल प्रणाली के समान होते हैं। उसके पश्चात् 10 को A द्वारा, 11 को B द्वारा 12 को C द्वारा, 13 को D द्वारा, 14 को E द्वारा तथा 15 को F द्वारा प्रदर्शित किया जाता है। इसके पश्चात् डेसीमल संख्या 16 को हैक्सा प्रणाली में 10 द्वारा, 17 को 11 द्वारा, 18 को 12 द्वारा, 32 को 20 द्वारा प्रदर्शित किया जाता है। तालिका 3.3 में हैक्साडेसीमल डिजिट्स तथा उनके बाइनरी एवं डेसीमल तुल्यांक दिये गये हैं।

## हैक्स से बाइनरी में परिवर्तन

हैक्स संख्या को बाइनरी में कनवर्ट करने के लिये हैक्स संख्या के प्रत्येक अंक को उसके 4-बिट बाइनरी तुल्यांक द्वारा प्रदर्शित किया जाता है। उदाहरणतः

$$(5A2)_{16} = (0101 \quad 1010 \quad 0010)_2$$
$$(5FB2)_{16} = (0101 \quad 1111 \quad 1011 \quad 0010)_2$$

## बाइनरी से हैक्स में परिवर्तन

बाइनरी से हैक्सा डैसीमल में परिवर्तन के लिये दायें (LSB) से चार-चार बाइनरी बिट्स के समूह बनाये जाते हैं तथा प्रत्येक समूह को उसके हैक्स तुल्यांक द्वारा प्रदर्शित किया जाता है। उदाहरणतः

| | | | |
|---|---|---|---|
| बाइनरी | 0101 | 1101 | 1001 |
| | ↓ | ↓ | ↓ |
| हैक्स | 5 | D | 9 |

∴ $(0101 \quad 1101 \quad 1001)_2 = (5D9)_{16}$

## हैक्स से डेसीमल में परिवर्तन

इस परिवर्तन के लिये प्रत्येक हैक्स डिजिट को उसके स्थानीय मान (power of sixteen) से गुणा कर, सभी प्रोडक्ट्स को जोड़ते हैं। उदाहरणतः

$$(5A9)_{16} = 5 \times 16^2 + A \times 16 + 9 \times 16$$
$$= 1280 + 10 \times 16 + 9$$
$$= (1449)_{10}$$

## डेसीमल से हैक्स में परिवर्तन

इस परिवर्तन के लिये हैक्स संख्या को लगातार 16 से भाग दिया जाता है तथा शेषफलों को उल्टे क्रम में लिखा जाता है। भिन्नात्मक (fractional) हैक्स संख्या को डेसीमल में कनवर्ट करने के लिये लगातार 16 से गुणा करते हैं तथा गुणनफलों में प्राप्त Carry को एक क्रम में रखने पर हैक्स तुल्यांक प्राप्त होता है। उदाहरणतः संख्या $(2479)_{10}$ को हैक्स में निम्न प्रकार कनवर्ट करेंगे—

| | | Remainder |
|---|---|---|
| 16 | 2479 | |
| 16 | 154 | 15 → F |
| 16 | 9 | 10 → A |
| | 0 | 9 → 9 |

↑ Read Upwards

**Table 3.3**

| Decimal | Binary | Hexadecimal |
|---|---|---|
| 0 | 0000 | 0 |
| 1 | 0001 | 1 |
| 2 | 0010 | 2 |
| 3 | 0011 | 3 |
| 4 | 0100 | 4 |
| 5 | 0101 | 5 |
| 6 | 0110 | 6 |
| 7 | 0111 | 7 |
| 8 | 1000 | 8 |
| 9 | 1001 | 9 |
| 10 | 1010 | A |
| 11 | 1011 | B |
| 12 | 1100 | C |
| 13 | 1101 | D |
| 14 | 1110 | E |
| 15 | 1111 | F |
| 16 | 10000 | 10 |

$$\therefore \quad (2479)_{10} = (9AF)_{16}$$

हैक्स फ्रैक्शन $(0 \cdot 625)_{16}$ को डेसीमल में निम्न प्रकार कनवर्ट करेंगे

$$\begin{array}{r} 0 \cdot 625 \\ \times\ 16 \\ \hline 10 \cdot 000 \end{array}$$

Carry ↓ A

$$\therefore \quad (0 \cdot 625)_{16} = (0 \cdot A)_{16}$$

## 3.14. 1's तथा 2's कम्पलीमेन्ट (1's and 2's Complement)

**1's कम्पलीमेण्ट**—बाइनरी संख्या के प्रत्येक बिट को '1' में से घटाने पर उस संख्या को 1's कम्पलीमेण्ट प्राप्त होता है। 1's कम्पलीमेण्ट ज्ञात करने के लिये बाइनरी संख्या में प्रत्येक 1 को 0 से, तथा प्रत्येक 0 को 1 से प्रतिस्थापित किया जा सकता है। उदाहरणतः 1 का 1's कम्पलीमेण्ट $1 - 1 = 0$ तथा 0 का 1's कम्पलीमेण्ट $1 - 0 = 1$ है। इसी प्रकार 111 का 1's कम्पलीमेण्ट 000 तथा 1011 का 0100 है। 1's कम्पलीमेन्ट, संख्या का इनवर्जन प्रदर्शित करता है।

**2's कम्पलीमेण्ट**—किसी भी बाइनरी संख्या के 1's कम्पलीमेन्ट में 1 जोड़ने पर प्राप्त संख्या, बाइनरी संख्या का 2's कम्पलीमेन्ट होती है।

$$2's\ \text{complement} = 1's\ \text{complement} + 1$$

उदाहरणत: 01001110 का 2's कम्पलीमेण्ट निम्न प्रकार ज्ञात करेंगे

| | |
|---|---|
| बाइनरी संख्या | 01001110 |
| 1's कम्पलीमेन्ट | 10110001 |
| '1' जोड़िये | +1 |
| 2's कम्पलीमेन्ट | 10110010 |

## 2's कम्पलीमेण्ट द्वारा बाइनरी घटाना

$$\begin{array}{c} X_1 \\ -X_2 \\ \hline Y \end{array} \equiv \begin{array}{c} X_1 \\ +X_2 \text{ का } 2's \text{ कम्पलीमेन्ट} \\ \hline Y \end{array}$$

यदि दो संख्यायें $X_1$ तथा $X_2$ हैं तब $X_2$ को $X_1$ में से घटाने के लिये $X_1$ में $X_2$ का 2's कम्पलीमेण्ट जोड़ा जाता है।

## 3.15. बाइनरी कोड्स (Binary Codes)

डेसीमल अंकों (digits) के बाइनरी कोड में न्यूनतम चार बिट्स होते हैं। तालिका 3.4 में मुख्य बाइनरी कोड दिये गये हैं।

**Table 3.4**

| Decimal digit | (BCD) 8421 | Excess−3Code | 8-4-2-1 | 2421 | (Biquinary) 5043210 |
|---|---|---|---|---|---|
| 0 | 0000 | 0011 | 0000 | 0000 | 0100001 |
| 1 | 0001 | 0100 | 0111 | 0001 | 0100010 |
| 2 | 0010 | 0101 | 0110 | 0010 | 0100100 |
| 3 | 0011 | 0110 | 0101 | 0011 | 0101000 |
| 4 | 0100 | 0111 | 0100 | 0100 | 0110000 |
| 5 | 0101 | 1000 | 1011 | 1011 | 1000001 |
| 6 | 0110 | 1001 | 1010 | 1100 | 1000010 |
| 7 | 0111 | 1010 | 1001 | 1101 | 1000100 |
| 8 | 1000 | 1011 | 1000 | 1110 | 1001000 |
| 9 | 1001 | 1100 | 1111 | 1111 | 1010000 |

## 3.16. बूलियन बीजगणित (Boolean Algebra)

बूलियन बीजगणित बाइनरी संख्याओं से सम्बन्धित हैं। इसे प्रयुक्त कर बूलियन समीकरणों को सरल डिजिटल परिपथों में परिवर्तित किया जा सकता है। मुख्य बूलियन नियम अग्रलिखित हैं—

| Theorem No. | Theorem |
|---|---|
| 1 | $A + B = B + A$ |
| 2 | $A \,.\, B = B \,.\, A$ |
| 3 | $A + (B + C) = (A + B) + C$ |
| 4 | $A \,.\, (B \,.\, C) = (A \,.\, B) \,.\, C$ |
| 5 | $A \,.\, (B + C) = (A \,.\, B) + (A \,.\, C)$ |
| 6 | $\overline{0} = 1$ |
| 7 | $\overline{1} = 0$ |
| 8 | $\overline{A} = 1$ (if $A = 0$) |
| 9 | $\overline{A} = 0$ (if $A = 1$) |
| 10 | $\overline{\overline{A}} = A$ |
| 11 | $A + 0 = A$ |
| 12 | $A + 1 = 1$ |
| 13 | $A + A = A$ |
| 14 | $A + \overline{A} = A$ |
| 15 | $A \,.\, 0 = 0$ |
| 16 | $A \,.\, 1 = A$ |
| 17 | $A \,.\, A = A$ |
| 18 | $A \,.\, \overline{A} = 0$ |
| 19 | $A + (B \,.\, C) = (A + B) \,.\, (A + C)$ |
| 20 | $A + (\overline{A} \,.\, B) = (A + B)$ |
| 21 | $\overline{A + B + C + \ldots + N} = \overline{A} \,.\, \overline{B} \,.\, \overline{C} \ldots \overline{N}$ } Demorgan'sTheorem |
| 22 | $\overline{A \,.\, B \,.\, C + \ldots N} = \overline{A} + \overline{B} + \overline{C} + \ldots \overline{N}$ |

चित्र 3.1 में कुछ बेसिक बूलियन ऑपरेशन, उनके संकेत (symbol) तथा सत्य तालिकायें (truth tables) दी गयी हैं।

## डुएलिटी प्रमेय (Theorem of Duality)

डुआलिटी प्रमेय के अनुसार किसी भी बूलियन सम्बन्ध (expression) को उसके तुल्य किसी दूसरे सम्बन्ध में प्रदर्शित किया जा सकता है। इस प्रमेय का उपयोग बूलियन व्यंजकों को सरल (simplify) करने में किया जाता है। इसकी विधि निम्न है—

(i) प्रत्येक OR को AND में परिवर्तित कीजिये।

(ii) प्रत्येक AND को OR में परिवर्तित कीजिये।

(iii) व्यंजक के 0s तथा 1s को कम्पलीमेण्ट कीजिये।

कुछ मुख्य डुएल पेयर्स अग्रलिखित हैं—

| Logic | Symbol | Algebraic Function | Truth Table |
|---|---|---|---|
| OR | 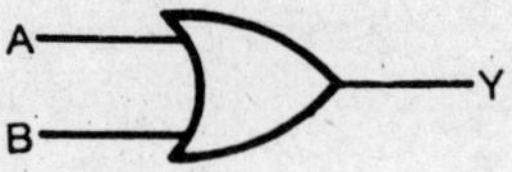 | $Y = A + B$ | A B Y<br>0 0 0<br>0 1 1<br>1 0 1<br>1 1 0 |
| AND |  | $Y = A . B$ | A B Y<br>0 0 0<br>0 1 0<br>1 0 0<br>1 1 1 |
| NOR (Inverter) | 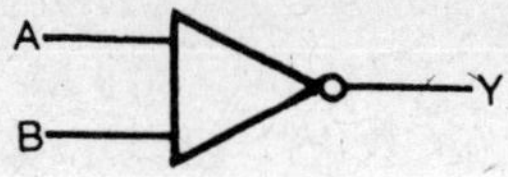 | $Y = \overline{A}$ | A Y<br>0 1<br>1 0 |
| NOR | 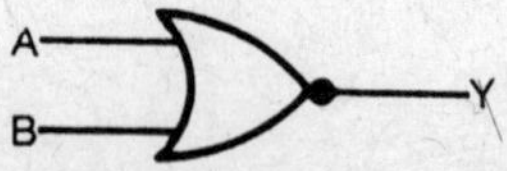 | $Y = \overline{A + B}$ | A B Y<br>0 0 1<br>0 1 0<br>1 0 0<br>1 1 0 |
| XOR (Exclusive –OR) | 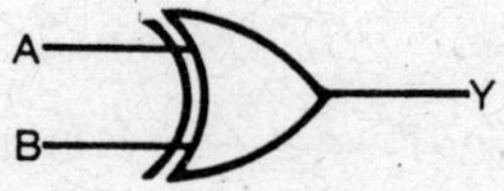 | $Y = A\overline{B} + \overline{A}B$<br>$= A \oplus B$ | A B Y<br>0 0 0<br>0 1 1<br>1 0 1<br>1 1 0 |
| Exclusive NOR | 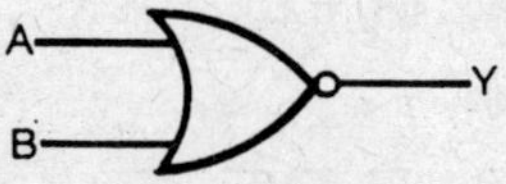 | $Y = AB + \overline{AB}$<br>$= A \odot B$ | A B Y<br>0 0 1<br>0 1 0<br>1 0 0<br>1 1 1 |
| NAND | 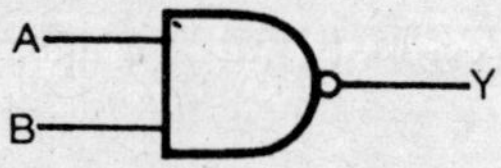 | $Y = \overline{AB}$ | A B Y<br>0 0 1<br>0 1 1<br>1 0 1<br>1 1 0 |
| Buffer | 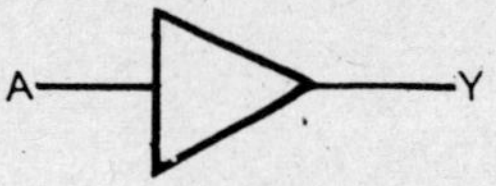 | $Y = A$ | A Y<br>0 0<br>1 1 |

चित्र 3.1 — मुख्य बूलियन ऑपरेशन, संकेत एवं सत्य तालिका

## कुछ मुख्य बूलियन व्यंजक एवं उनके डुअल पेयर्स (Boolean Identities and their Dual pairs)

| S.No. | Laws | Dual pair | Remarks |
|---|---|---|---|
| 1. | $A + B = B + A$ | $AB = BA$ | Commutative law |
| 2. | $A + (B + C) = (A + B) + C$ | $A(BC) = (AB)C$ | Associative law |
| 3. | $A(B + C) = AB + AC$ | $A + (BC) = (A + B).(A + C)$ | Distributive law |
| 4. | $A + 0 = A$ | $A.1 = A$ | Identity |
| 5. | $A + 1 = 1$ | $A.0 = 0$ | Identity |
| 6. | $A + A = A$ | $A.A = A$ | Identity |
| 7. | $A + \overline{A} = A$ | $A.\overline{A} = 0$ | Identity |
| 8. | $\overline{\overline{A}} = A$ | $\overline{\overline{A}} = A$ | — |
| 9. | $\overline{A + B} = \overline{A}.\overline{B}$ | $\overline{A.B} = \overline{A} + \overline{B}$ | De Morgan's Theorem |
| 10. | $A + AB = A$ | $A(A + B) = A$ | Theorem |
| 11. | $A + \overline{A}B = A + B$ | $A(\overline{A} + B) = A$ | Theorem |

## मिनटर्म एवं मैक्सटर्म (Minterms and Maxterms)

**(i) मिनटर्म**—बाइनरी राशि (variable) अपने सामान्य आकार $(A)$ अथवा इसके कम्पलीमेनट $(\overline{A})$ में हो सकती है। इसी प्रकार दो बाइनरी राशियाँ $A$ तथा $B$ को उसके विभिन्न स्वरूपों में लेकर एवं उनमें से किन्हीं दो को AND करने पर निम्न चार कम्बीनेशन प्राप्त किये जा सकते हैं—

$$\overline{A}\,\overline{B}, \quad \overline{A}B, \quad A\overline{B} \quad \text{तथा} \quad AB$$

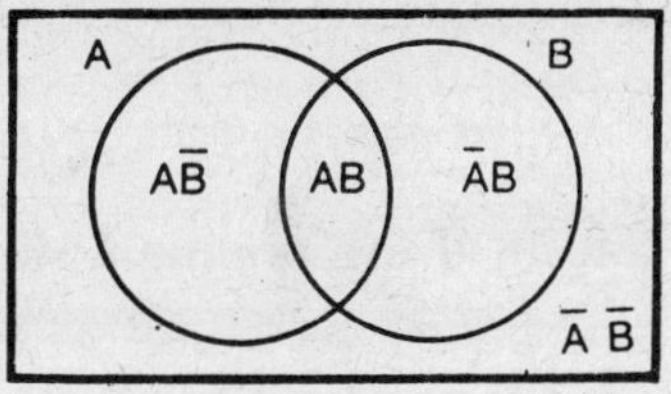


चित्र 3.2

ये चारों AND व्यंजक वेन चित्र (Venn diagram) में अपना निश्चित स्थान रखते हैं (चित्र 3.2)। ये पद (terms) मिनटर्म (minterms or standard product) कहलाते हैं। चित्र 3.2 इसी प्रकार $n$ राशियों से $2^n$ मिनटर्म प्राप्त की जा सकती है। मिनटर्म को $m_j$ से प्रदर्शित करते हैं जहाँ $j$ मिनटर्म के बाइनरी नम्बर का डेसीमल तुल्यांक है उदाहरणतः $m_0, m_1, m_2$ तथा $m_3$।

**(ii) मैक्सटर्म (Maxterms)**—यदि $n$ राशियों (binary variables) को उनकी कम्पलीमेन्ट अवस्था अथवा सामान्य अवस्था में OR किया जाये तब $2^n$ कॉनफिगुरेशन प्राप्त होते हैं। इन्हें मैक्सटर्म (maxterms or standard sums) कहते हैं। मैक्सटर्म को $M_j$ द्वारा प्रदर्शित किया जाता है।

तीन बाइनरी राशियों के लिये मिनटर्म तथा मैक्सटर्म निम्न प्रकार हैं—

| Minterms | | | | | Maxterms | |
|---|---|---|---|---|---|---|
| A | B | C | Designation | Term | Term | Designation |
| 0 | 0 | 0 | $m_0$ | $\overline{A}\overline{B}\overline{C}$ | $A + B + C$ | $M_0$ |
| 0 | 0 | 1 | $m_1$ | $\overline{A}\overline{B}C$ | $A + B + \overline{C}$ | $M_1$ |
| 0 | 1 | 0 | $m_2$ | $\overline{A}B\overline{C}$ | $A + \overline{B} + C$ | $M_2$ |
| 0 | 1 | 1 | $m_3$ | $\overline{A}BC$ | $A + \overline{B} + \overline{C}$ | $M_3$ |
| 1 | 0 | 0 | $m_4$ | $A\overline{B}\overline{C}$ | $\overline{A} + B + C$ | $M_4$ |
| 1 | 0 | 1 | $m_5$ | $A\overline{B}C$ | $\overline{A} + B + \overline{C}$ | $M_5$ |
| 1 | 1 | 0 | $m_6$ | $AB\overline{C}$ | $\overline{A} + \overline{B} + C$ | $M_6$ |
| 1 | 1 | 1 | $m_7$ | $ABC$ | $\overline{A} + \overline{B} + \overline{C}$ | $M_7$ |

## कनोकिल फॉर्म (Canonical Form)

जब बूलियन फंक्शनों को minterms के योग (sum) अथवा maxterms के प्रोडक्ट (product) के रूप में प्रदर्शित किया जाता है तब यह कैनोनिकल फार्म कहलाती है। उदाहरणत:

$$F = m_1 + m_4 + m_5 + m_6 + m_7$$

or $$F(A, B, C) = \Sigma\,(1, 4, 5, 6, 7)$$

यहाँ $\Sigma$ संकेत पदों (terms) की ORing प्रदर्शित करता है तथा संख्यायें 1 4, 5, 6, 7 फंक्शन की minterms हैं।

इसी प्रकार मैक्सटर्म्स के प्रोडक्ट का अर्थ उन्हें ANDing कररना है। उदाहरणत:

$$F = M_0\, M_2\, M_4\, M_5$$

या $$F = \pi\,(0, 2, 4, 5)$$

यहाँ संकेत $\pi$ मैक्सटर्म्स की ANDing प्रदर्शित करता है तथा 0, 2, 4, 5 फंक्शन की मैक्सटर्म्स की संख्यायें हैं।

## Sum of Products (SOP)

SOP एक बूलियन व्यंजक है जिसमें AND टर्म्स (terms) होती है। उदाहरणत:

$$F_1 = \overline{B} + AB + \overline{A}BC \qquad \text{...(SOP)}$$

वास्तव में SOP विभिन्न AND की गयी राशियों के ORing करने पर प्राप्त होती है। SOP में '1' आउटपुट प्राप्त करने के लिये फन्डामेन्टल प्रोडक्ट होते हैं।

## Product of Sums (POS)

इस बूलियन व्यंजक में OR पद (terms) होते हैं इन्हें Sum terms भी कहते हैं। प्रत्येक टर्म में एक या अधिक बाइनरी राशि (literal) हो सकती हैं। प्रोडक्ट इन पदों (terms) का प्रोडक्ट होता है। उदाहरणत:

$$F_2 = A(\overline{B} + C) \cdot (\overline{B} + B + \overline{C} + D)$$

इस प्रकार POS एक AND ऑपरेशन है। POS में प्रत्येक fundamental sum के संगत आउटपुट '0' होती है।

## कारनॉप मैप (Karnaugh Mapping)

कारनॉप मैप द्वारा बूलियन फंक्शनों तथा लॉजिक परिपथों को सरल (simplify) किया जाता है।

**पेयर (Pair)** – कारनॉप मैप में जब दो 1s परस्पर समीप (horizontally or vertically) होते हैं तब उसे पेयर कहते हैं।

**क्वाड (Quad)** – जब चार 1s इस प्रकार समीप स्थित होते हैं कि उन्हें एक समूह में (vertically or horizontally) रखा जा सके हैं तब उसे क्वाड कहते हैं।

**ऑक्टेट (Octet)** – जब समीप स्थित आठ 1s को horizontally अथवा vertically एक समूह में रखा जाता है तब इसे ऑक्टेट कहते हैं।

**रिडन्डैन्ट ग्रुप** (Redundant Group) – वह समूह जिसके 1s, अन्य ग्रुप के 1s के साथ ओवरलैप करते हैं तब उसे रिडन्डैन्ट ग्रुप कहते हैं।

## कारनॉप मैप द्वारा बूलियन फंक्शन को सरल करना

(a) $F\,(A, B, C, D) = \Sigma\, m\,(0, 2, 7, 8, 10, 15)$

यह फंक्शन SOP फॉर्म में है।

इस फंक्शन का कारनॉप चित्र 3.3 अनुसार होगा—

Pair $\rightarrow m_7 + m_{15}$

Quad $\rightarrow m_0 + m_2 + m_8 + m_{10}$

सरल करने पर $F = BCD + \overline{BD}$

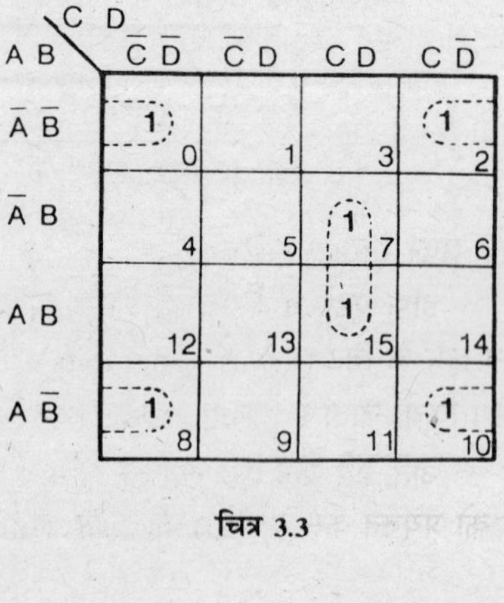


चित्र 3.3

(b) $F = f(A, B, C) = \Sigma(1, 3, 7, 11, 15) + \Sigma d\ (0, 2, 5)$

सरल करने पर

$$F = f(A, B, C, D) = AB + \overline{C}\,\overline{D}$$

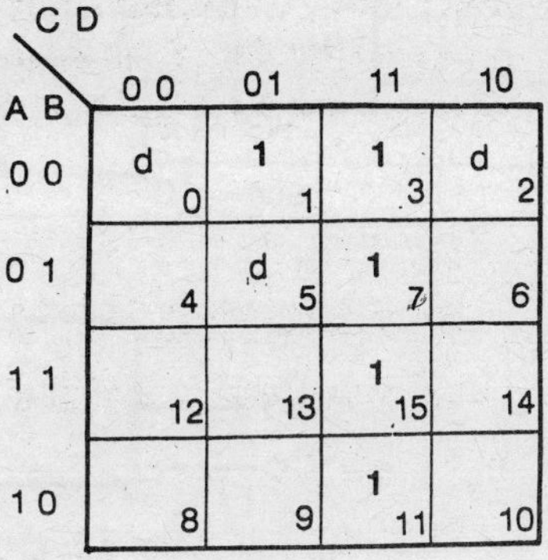


चित्र 3.4

(c) मिनटर्म (minterm) फंक्शन $f = \Sigma m\ (0, 3, 6, 7, 10, 12, 15)$ को maxterm में प्रदर्शित करना

मिनटर्म उन फन्डामेन्टल प्रोडक्ट को प्रदर्शित करते हैं जिनके लिए आउटपुट 1 है। अतः उपरोक्त फंक्शन के K-map में 0, 3, 6, 7, 10, 12 तथा 15th सैल में आउटपुट 1 अंकित होगी तथा शेष 1, 2, 4, 5, 8, 9, 11, 13 तथा 14th सैल में 0 अंकित होगा। चूंकि 0 फन्डामेन्टल योग को प्रदर्शित करने वाले व्यंजक के पद maxterm होते हैं इस फंक्शन की maxterm समीकरण निम्न होगी

$$Y = \pi M\ (1, 2, 4, 5. 8, 9, 11, 13, 14)$$

यह फंक्शन दिये गये minterm फंक्शन $f = \Sigma m\ (0, 3, 6, 7, 10, 12, 15)$ का कम्पलीमेन्टरी फंक्शन है।

## 3.17. गणितीय परिपथ (Arithmetic Circuits)

### हाफ एडर (Half Adder) :

दो 1-बिट संख्याओं को जोड़ने के लिये प्रयुक्त किया जाने वाला लॉजिक परिपथ 'हॉफ एडर' कहलाता है। हम बाइनरी संख्याओं को योग करने की विधि का अध्ययन कर चुके हैं। हॉफ एडर द्वारा जोड़ने की क्रिया भी उसी प्रकार है। दो बाइनरी संख्याओं को जोड़ने पर कैरी (carry) उत्पन्न हो सकती है। उदाहरणतः 1 एवं 1 को योग करने पर योग 0 तथा कैरी 1 प्राप्त होती है। चित्र 3.5 में एक हॉफ एडर निर्मित करने की विधि दी गई है। हॉफ एडर परिपथ में दो इनपुट तथा दो-आउटपुट टर्मिनल होते हैं। आउटपुट टर्मिनल में से एक पर इनपुट में प्रयुक्त संख्याओं का योग (sum) तथा दूसरे पर कैरी (carry) प्राप्त होती है। हॉफ एडर में एक Ex–OR तथा दूसरा AND गेट प्रयुक्त किया जाता है। Ex-OR गेट की अउटपुट, इनपुट संख्याओं A एवं B का योग $(\overline{A}B + A\overline{B})$ तथा AND गेट की आउटपुट योग में प्राप्त कैरी (carry) होती है।

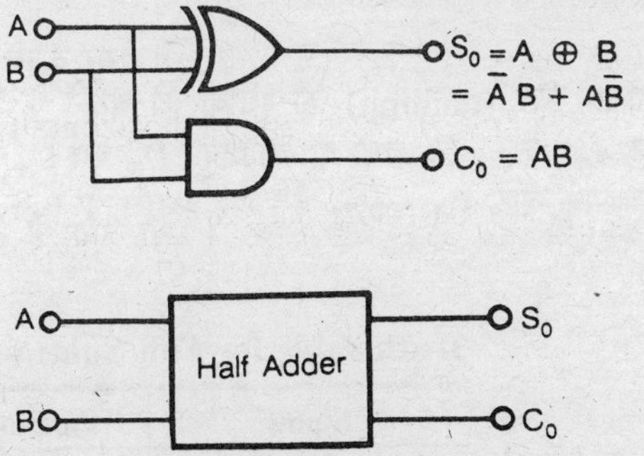


चित्र 3.5–हाफ एडर

**Truth Table of Half Adder**

| A | B | Sum | Carry |
|---|---|---|---|
| 0 | 0 | 0 | 0 |
| 0 | 1 | 1 | 0 |
| 1 | 0 | 1 | 0 |
| 1 | 1 | 0 | 1 |

Sum, $S = A \oplus B = \overline{A}B + A\overline{B}$

Carry, $C = AB$

### फुल एडर (Full Adder)

हॉफ एडर में केवल दो-इनपुट टर्मिनल होते हैं तथा यदि, जोड़ी जाने वाली संख्या मल्टी बिट संख्यायें हैं तब हॉफ एडर में निम्न क्रम के बिट (lower order bits) से प्राप्त कैरी को जोड़ने का प्राविधान (provision) नहीं है। इसके लिये Full Adder का प्रयोग किया जाता है। Full Adder एक समय में 3 बिट का योग कर सकता है।

अतः हमें एक ऐसे लॉजिक परिपथ की आवश्यकता है। जिसमें 3-इनपुट तथा 2 आउटपुट हों। दो हॉफ एडर तथा एक OR गेट को प्रयुक्त कर चित्र 3.6 की भांति Full Adder बनाया जा सकता है।

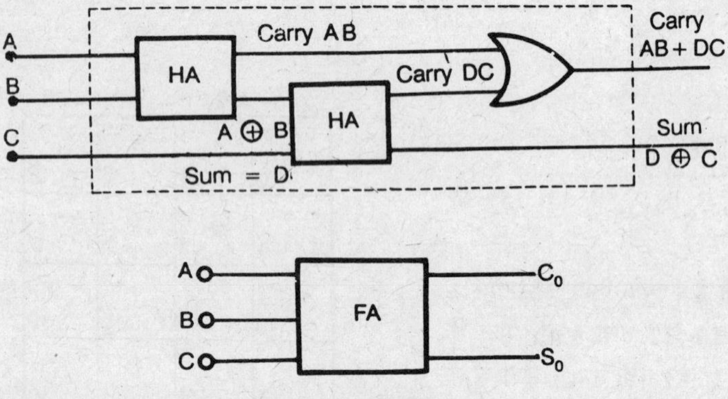


चित्र 3.6–फुल एडर

**Truth Table of Full Adder**

| A | B | C | Carry | Sum |
|---|---|---|---|---|
| 0 | 0 | 0 | 0 | 0 |
| 0 | 0 | 1 | 0 | 1 |
| 0 | 1 | 0 | 0 | 1 |
| 0 | 1 | 1 | 1 | 0 |
| 1 | 0 | 0 | 0 | 1 |
| 1 | 0 | 1 | 1 | 0 |
| 1 | 1 | 0 | 1 | 0 |
| 1 | 1 | 1 | 1 | 1 |

## हाफ सब्ट्रेक्टर
## (Half Subtractor)

किसी एक 1-बिट संख्या से कोई अन्य 1-बिट संख्या घटाने के लिये प्रयुक्त किया गया लॉजिक परिपथ हॉफ सब्ट्रेक्टर (half-subtractor) कहलाता है।

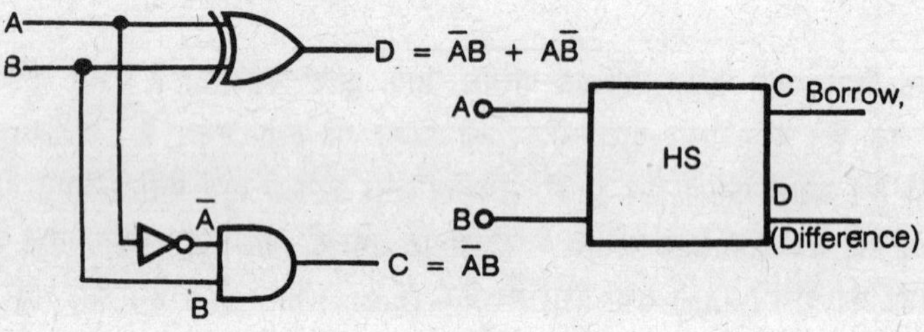


चित्र 3.7–हाफ सब्ट्रेक्टर

**Truth Table for Half Subtractor**

| A | B | D (Difference) | C (Borrow) |
|---|---|---|---|
| 0 | 0 | 0 | 0 |
| 0 | 1 | 1 | 1 |
| 1 | 0 | 1 | 0 |
| 1 | 1 | 0 | 0 |

## फुल सब्ट्रेक्टर
## (Full Subtractor)

हॉफ सब्ट्रेक्टर केवल 1-बिट संख्याओं को घटा सकता है। एक से अधिक बिट (multibit) की संख्या को घटाने के लिये प्रयुक्त परिपथ Full Subtractor कहलाता है। Full subtractor में 3 इनपुट $A_n$, $B_n$, $C_n$ तथा दो आउटपुट $D_n$ एवं $C_n - 1$ होती है। $C_n - 1$ निम्न क्रम (low order) के बिट को घटाने के लिये आवश्यक बारो (borrow) है। यह INPUT borrow कहलाती है। $C_n$ आउटपुट borrow है (चित्र 3.8)।

**Truth Table for Full Subtractor**

| Inputs | | | Outputs | |
|---|---|---|---|---|
| $A_n$ | $B_n$ | $C_n - 1$ | $D_n$ | $C_n$ |
| 0 | 0 | 0 | 0 | 0 |
| 0 | 0 | 1 | 1 | 1 |
| 0 | 1 | 0 | 1 | 1 |
| 0 | 1 | 1 | 0 | 1 |
| 1 | 0 | 0 | 1 | 0 |
| 1 | 0 | 1 | 0 | 0 |
| 1 | 1 | 0 | 0 | 0 |
| 1 | 1 | 1 | 1 | 1 |

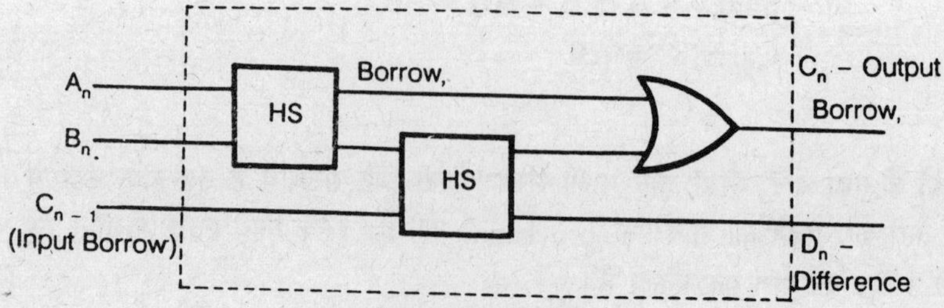


चित्र 3.8–फुल सब्ट्रेक्टर

## 3.18. फ्लिप-फ्लॉप (Flip Flops)

फ्लिप-फ्लॉप एक बेसिक डिजिटल मैमोरी परिपथ है। यह एक sequential logic परिपथ है। इन युक्तियों में फीड बैक प्रयुक्त की जाती है तथा इनकी आउटपुट external इनपुट तथा आउटपुट की present स्टेट पर निर्भर करती है। इसकी दो स्थायी अवस्थायें (stable states) होती हैं।

### RS फ्लिप-फ्लॉप

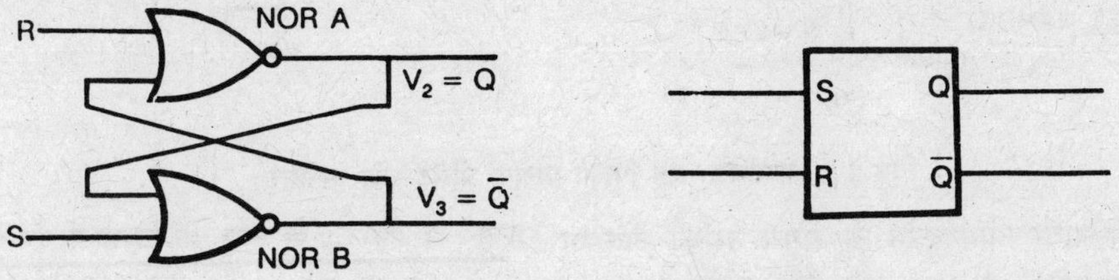


चित्र 3.9–NOR गेट RS फ्लिप फ्लॉप

चित्र 3.9 में NOR गेट प्रयुक्त कर RS फ्लिप-फ्लॉप का परिपथ दिया गया है। NOR गेट के स्थान पर NAND गेट भी प्रयुक्त किया जा सकता है। फ्लिप-फ्लॉप की आउटपुट Q तथा $\overline{Q}$ सदा परस्पर कम्पलीमेन्टरी होती है।

**NOR गेट RS फ्लिप फ्लॉप की सत्य तालिका**

| R | S | Q | Action |
|---|---|---|---|
| 0 | 0 | Last Value | No change |
| 0 | 1 | 1 | Set |
| 1 | 0 | 0 | Reset |
| 1 | 1 | ? | Not Permitted |

### Clocked RS फ्लिप-फ्लॉप

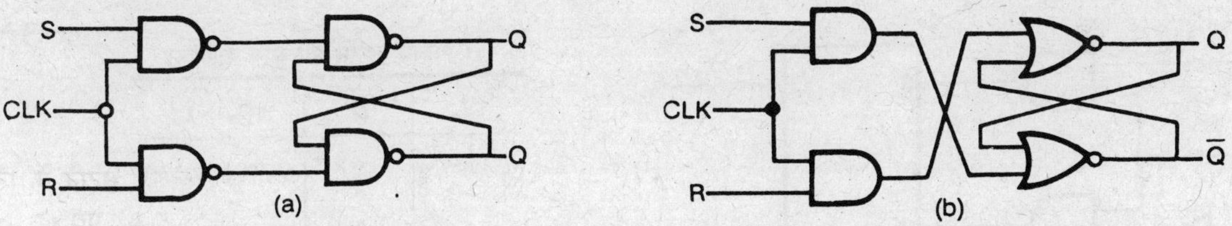


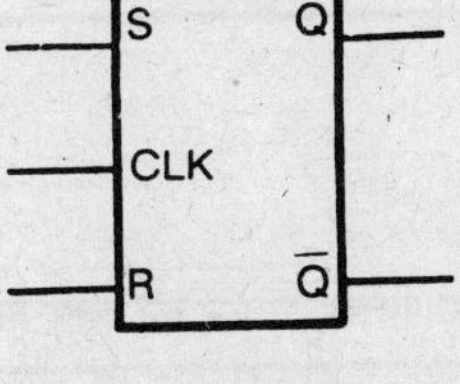


चित्र 3.10–क्लॉक्ड RS फ्लिप

**क्लॉक्ड RS फ्लिप फ्लॉप की सत्य तालिका**

| *S* | *R* | $Q_{n+1}$ |
|---|---|---|
| 0 | 0 | No change |
| 0 | 1 | 0 |
| 1 | 0 | 1 |
| 1 | 1 | ? (illegal) |

## Clocked RS फ्लिप-फ्लॉप, प्रीसैट तथा क्लीयर इनपुट के साथ

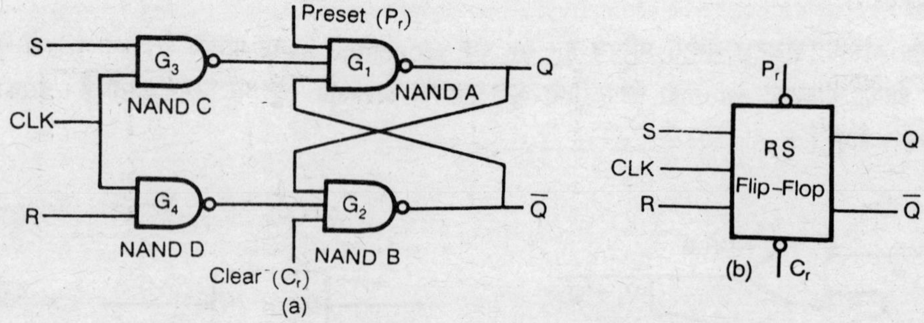


चित्र 3.11–क्लॉक्ड RS फ्लिप फ्लॉप, प्रीसैट तथा क्लीयर

फ्लिप-फ्लॉप में पावर ऑन करने के समय उसकी अवस्था SET अथवा RESET कोई भी हो सकती है। आवश्यकतानुसार फ्लिप-फ्लॉप को SET अथवा RESET करने के लिए फ्लिप-फ्लॉप को एक asynchronous इनपुट दी जाती है। यह इनपुट Preset (Pr) तथा Clear (Cr) कहलाती है।

**इनपुट Pr तथा Cr के साथ RS फ़्लिप-फ्लॉप की सत्य तालिका**

| *CK* | *Cr* | *Pr* | *Q* | Operation Performed |
|---|---|---|---|---|
| 1 | 1 | 1 | $Q_n + 1$ | Normal Flip-flop |
| 0 | 0 | 1 | 0 | Clear |
| 0 | 1 | 0 | 1 | Preset |

## D फ्लिप-फ्लॉप

सामान्य RS फ्लिप-फ्लॉप में दो इनपुट R तथा S इनपुट प्रयुक्त की जाती है। किसी High बिट को स्टोर करने के लिए S इनपुट को, तथा Low बिट स्टोर करने के लिए R इनपुट को High रखा जाता है। इस प्रकार RS फ्लिप-फ्लॉप में दो सिगनलों की आवश्यकता होती है। D फ्लिप-फ्लॉप में केवल एक डाटा इनपुट की आवश्यकता होती है। यह इनपुट (D) आउटपुट पर तब तक प्राप्त नहीं होती जब तक CLK पल्स टर्मिनल पर नहीं आती।

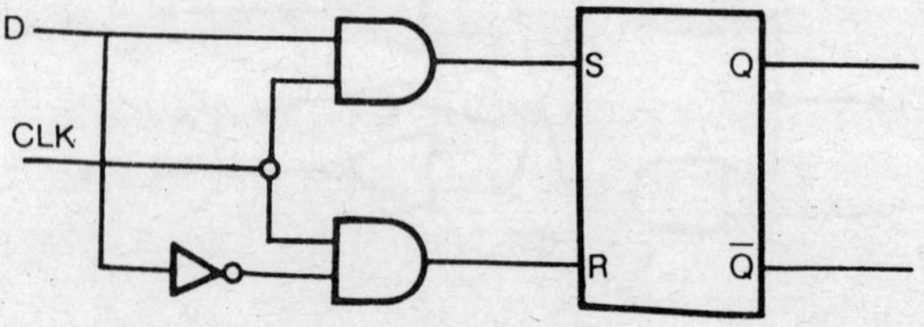


चित्र 3.12–D फ्लिप-फ्लॉप

**D फ्लिप फ्लॉप की सत्य तालिका**

| *CL.* | *D* | $Q_n + 1$ |
|---|---|---|
| 0 | X | $Q_n$ (last value) |
| 1 | 0 | 0 |
| 1 | 1 | 1 |

## एज-ट्रिगर्ड D फ्लिप-फ्लॉप

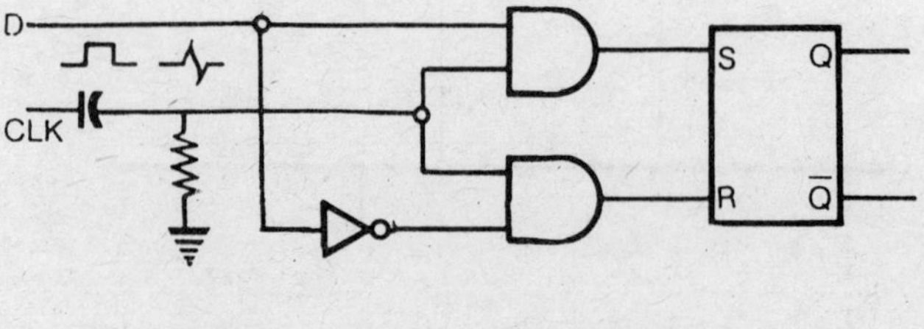


चित्र 3.13–एज-ट्रिगर्ड D फ्लिप-फ्लॉप

**एज-ट्रिगर्ड D फ्लिप फ्लॉप की सत्य तालिका**

| *CLK* | *D* | $Q_n + 1$ |
|---|---|---|
| 0 | X | $Q_n$ (last state) |
| ↑ | 0 | 0 |
| ↑ | 1 | 1 |
| ↓ | X | $Q_n$ (last state) |

## ीसैट एवं क्लीयर के साथ एज ट्रिगर्ड D फ्लिप-फ्लॉप

चित्र 3.14 में एक एज-ट्रिगर्ड फ्लप-फ्लॉप CLEAR तथा RESET फंक्शन के साथ दिखाया या है। OR गेट्स द्वारा High reset अथवा High Clear को युक्त कर आउटपुट को सैट किया जा कता है। High Preset द्वारा Q को तथा High Clear द्वारा Q को 0 पर सैट किया जा सकता है।

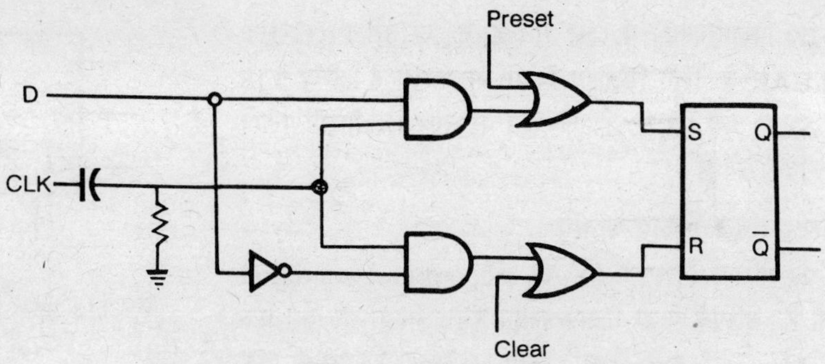


चित्र 3.14–प्रीसैट एवं क्लीयर के साथ एज ट्रिगर्ड D फ्लिप-फ्लॉप

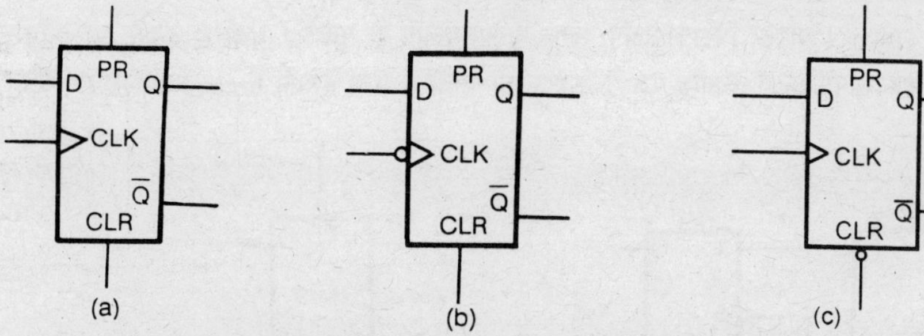


चित्र 3.15–(a) पॉजिटिव एज-ट्रिगर्ड, (b)निगेटिव एज ट्रिगर्ड तथा (c) Active-low प्रीसैट तथा क्लीयर के साथ पॉजिटिव एज ट्रिगर्ड D फ्लिप-फ्लॉप के संकेत

## फ्लिप-फ्लॉप

इस फ्लिप-फ्लॉप में केवल एक इनपुट होती है। इसे क्लॉक्ड RS फ्लिप-फ्लॉप में आउटपुट से इनपुट को फीडबैक देकर नाया जा सकता है।

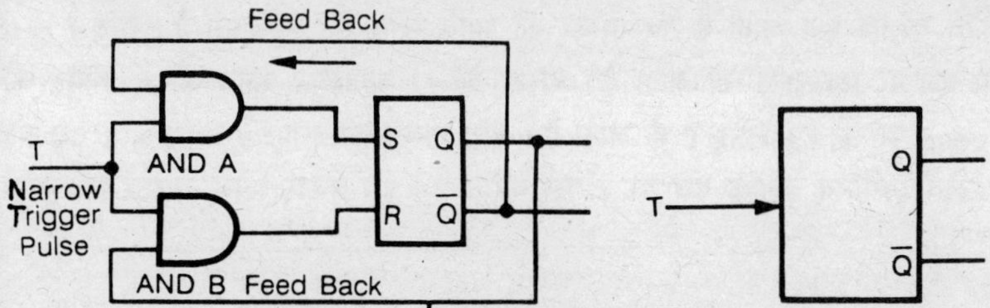


चित्र 3.16–T फ्लिप-फ्लॉप

T फ्लिप फ्लॉप की सत्य तालिका

| $Q_n$ | $T$ | $Q_{n+1}$ |
|---|---|---|
| 0 | 0 | 0 |
| 0 | 1 | 1 |
| 1 | 1 | 0 |
| 1 | 0 | 1 |

## K फ्लिप-फ्लॉप

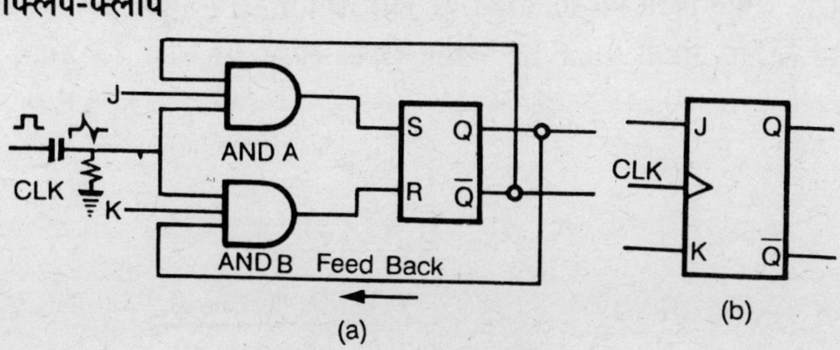


चित्र 3.17–JK फ्लिप-फ्लॉप

JK फ्लिप-फ्लॉप की सत्य तालिका

| *CLK* | *J* | *K* | $Q_n + 1$ |
|---|---|---|---|
| X | 0 | 0 | $Q_n$ (last state) |
| ↑ | 0 | 1 | 0 |
| ↑ | 1 | 0 | 1 |
| ↑ | 1 | 1 | $\overline{Q_n}$ (Toggle) |

### प्रीसेट तथा क्लीयर के साथ JK फ्लिप-फ्लॉप

JK फ्लिप-फ्लॉप में OR गेट प्रयुक्त कर इसे PRESET तथा CLEAR के लिए डिजाइन किया जा सकता है। चित्र 3.18 में PRESET तथा CLEAR फंक्शन के साथ JK फ्लिप-फ्लॉप के संकेत दिये गये हैं।

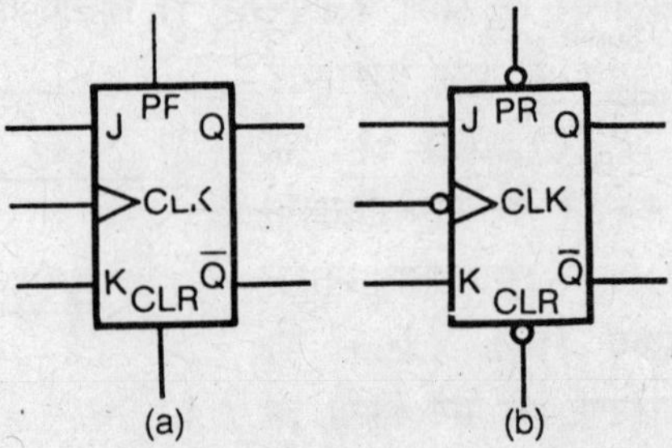


**चित्र 3.18–प्रीसेट तथा क्लीयर के साथ JK फ्लिप-फ्लॉप**

**(a) Positive edge triggered**

**(b) Neagative edge triggered**

### JK मास्टर-स्लेव फ्लिप-फ्लॉप

यह परिपथ फ्लिप-फ्लॉप को race-around condition से रोकता है। परिपथ में दो फ्लिप-फ्लॉप प्रयुक्त किये जाते हैं। एक मास्टर (Master) तथा दूसरा स्लेव (Slave)। मास्टर एक positive-edge-triggered तथा स्लेव एक negative-edge-triggered फ्लिप-फ्लॉप होता है। मास्टर फ्लिप-फ्लॉप, स्लेव फ्लिप-फ्लॉप से पहले $J$ तथा $K$ इनपुट पर ऑपरेट हो जाता है। यदि $J = 1$ तथा $K = 0$ तब मास्टर, पॉजिटिव क्लॉक एज पर SET हो जाता है तथा इसकी high आउटपुट $Q$, स्लेव फ्लिप-फ्लॉप की $J$

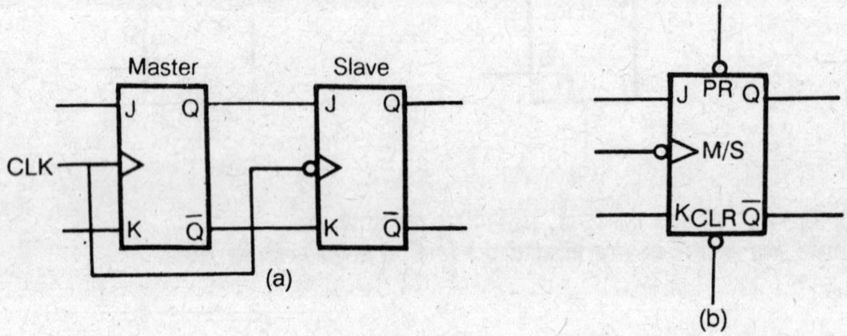


**चित्र 3.19–JK मास्टर-स्लेब फ्लिप-फ्लॉप, (b) फ्लिप-फ्लॉप का संकेत**

इनपुट को ड्राइव करती है। इसी प्रकार जब निगेटिव क्लॉक एज आती है तब मास्टर की भांति स्लेव सैट हो जाता है। यदि $J = 0$ तथा $K = 1$ तब मास्टर, क्लॉक पल्स की लीडिंग एज पर RESET हो जाता है। मास्टर की $\overline{Q}$ आउटपुट, स्लेव की $K$ इनपुट को ड्राइव करती है। अतः क्लॉक पल्स की trailing edge पर स्लेव RESET हो जाता है। यदि मास्टर की इनपुट $J = K = 1$ तब यह पॉजिटिव क्लॉक एज पर toggle करता है तथा स्लेव निगेटिव क्लॉक एज पर टॉगल करता है। इस प्रकार स्लेव, मास्टर की कॉपी करता है।

## 3.19. शिफ्ट रजिस्टर्स (Shift Registers)

फ्लिप-फ्लॉप के सैट या समूह जिन्हें 0s अथवा 1s अर्थात किसी बाइनरी संख्या को स्टोर करने के लिये प्रयुक्त किया जाता है रजिस्टर (registers) कहलाते हैं। शिफ्ट रजिस्टर द्वारा बाइनरी संख्या 'shift in' अथवा शिफ्ट आउट की जाती है। प्रयोग के अनुसार ये चार प्रकार के होते हैं—

1. Serial in-Serial out
2. Serial in- Parallel out
3. Parallel in-Serial out
4. Parallel in-Parallel out

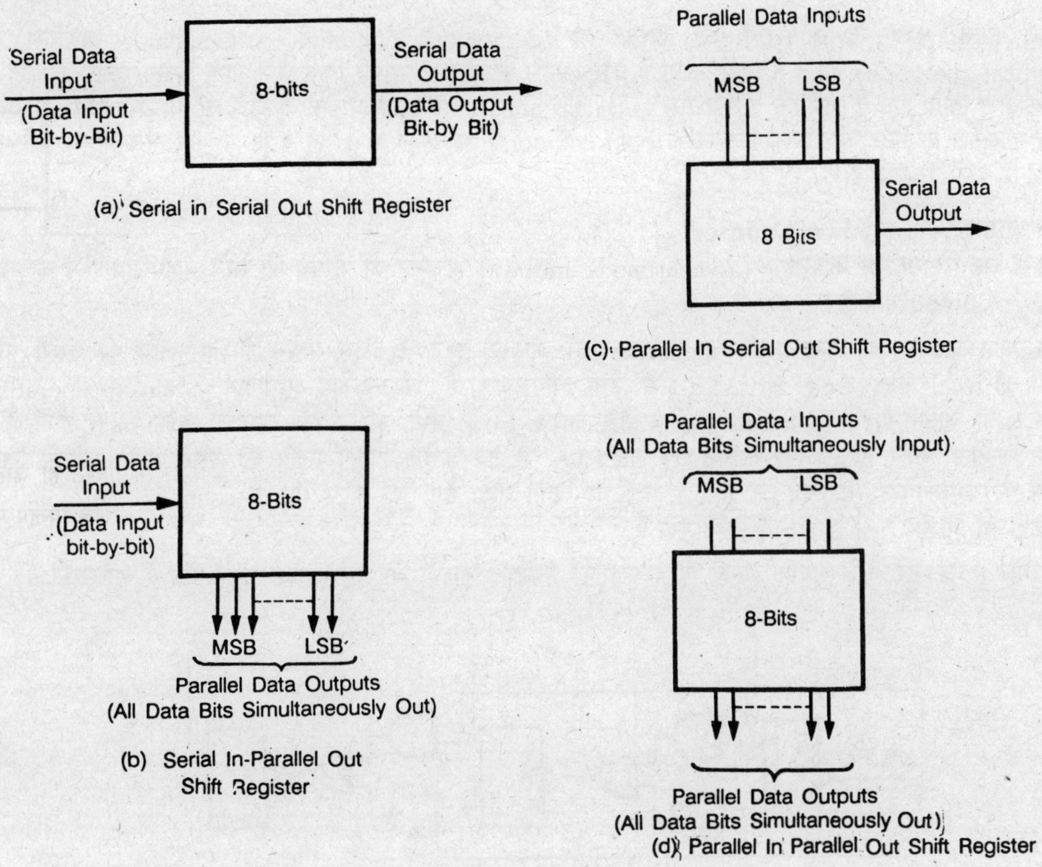


(a) Serial in Serial Out Shift Register

(b) Serial In-Parallel Out Shift Register

(c) Parallel In Serial Out Shift Register

(d) Parallel In Parallel Out Shift Register

**चित्र 3.20–विभिन्न प्रकार के शिफ्ट रजिस्टर्स**

चित्र 3.20 में ये रजिस्टर प्रदर्शित किये गये हैं।

## 3.20. काउन्टर्स (Counters)

फ्लिप-फ्लॉप को काउन्टर्स की भाँति प्रोग्राम कर, विभिन्न प्रकार के काउन्टिंग कार्यों में प्रयोग किया जाता है। काउन्टर का बेसिक फंक्शन, यह याद (memorize) रखना है कि उसकी इनपुट पर कितनी पल्स सप्लाई की जा चुकी है। काउन्टर्स का उपयोग

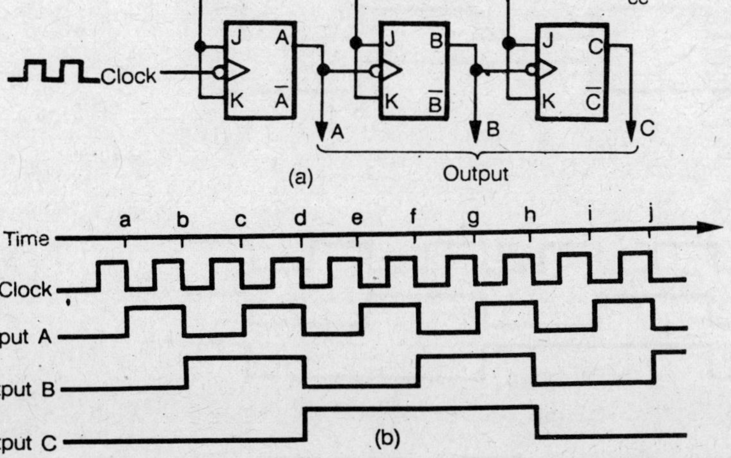


**(c) Truth table for 3-bit (Mod-8) binary counter**

| Clock Transitions | C | B | A |
|---|---|---|---|
| 0 | 0 | 0 | 0 |
| 1 | 0 | 0 | 1 |
| 2 | 0 | 1 | 0 |
| 3 | 0 | 1 | 1 |
| 4 | 1 | 0 | 0 |
| 5 | 1 | 0 | 1 |
| 6 | 1 | 1 | 0 |
| 7 | 1 | 1 | 1 |
| 0 | 0 | 0 | 0 |

**चित्र 3.21–3-bit (Mod-8) रिपल (asynchronous) काउन्टर; (a) लॉजिक डायग्राम, (b) आटपुट तरंगें (c) सत्य तालिका**

पल्स काउन्ट करने, यन्त्रों के ऑपरेशन की सीक्वैन्सिंग (equipment operation sequencing), गणितीय क्रियायें, (mathematical operation) आदि में किया जाता है। सिन्क्रोनस काउन्टर में प्रयुक्त किये जाने वाले फ्लिप-फ्लॉप, एक ही क्लॉक पल्स द्वारा कन्ट्रोल किये जाते हैं जब कि एसिन्क्रोनस (asynchronous) काउन्टर में प्रत्येक काउन्टर की कन्ट्रोल पल्स अलग-अलग होती है। एसिन्क्रोनस काउन्टर को रिपल काउन्टर (ripple counters) भी कहते हैं। चित्र 3.21 में एक एसिन्क्रोनस काउन्टर तथा उसकी आउटपुट तरंगें दी गयी हैं।

## अप-डाउन काउन्टर (Up-Down Counter)

एक 3-बिट एसिन्क्रोनस अप-डाउन (asynchronous updown) काउन्टर का परिपथ जो सीधे बाइनरी क्रम में काउन्ट करता है चित्र 3.22 (a) में दिया गया है।

अप-डाउन काउन्टर को काउन्ट-अप (Count-up) में ऑपरेट करने के लिये प्रत्येक फ्लिप-फ्लॉप को उससे पहले के फ्लिप-फ्लॉप की true आउटपुट (*A, B,* ...........) से ट्रिगर किया जाता है। काउन्ट-अप ऑपरेशन (count-up operation) के समय काउन्टर की काउन्ट-डाउन (count-down) कन्ट्रोल लाइन 'Low' तथा काउन्ट-अप कन्ट्रोल लाइन high होती है। यदि काउन्ट-डाउन कन्ट्रोल लाइन high तथा काउन्ट-अप लाइन low है तब प्रत्येक फ्लिप-फ्लॉप को उससे पहले कनैक्ट किये गये फ्लिप-फ्लॉप की कम्पलीमेन्ट आउटपुट ($\overline{A}, \overline{B}$ ...) से ट्रिगर किया जाता है। चित्र 3.22 (b) में count-up तथा count-down मोड्स में तरंगों का आकार (waveforms) दिया गया है।

यह मोड-8 काउन्टर ही है क्योंकि इसकी भी 8 स्पष्ट एवं निश्चित काउन्ट अप एवं काउन्ट-डाउन मोड में अवस्थायें हैं।

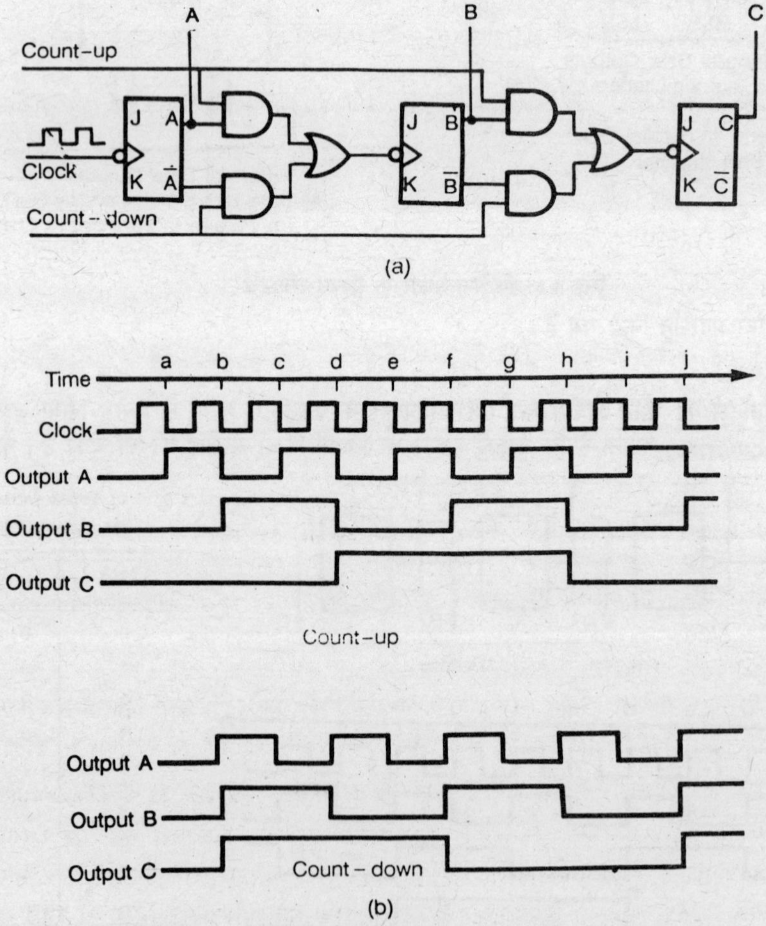


**चित्र 3.22–(a) 3-बिट up/down काउन्टर, (b) तरंगों का आकार**

## 5-बिट सिन्क्रोनस काउन्टर (5-bit synchronous counter)

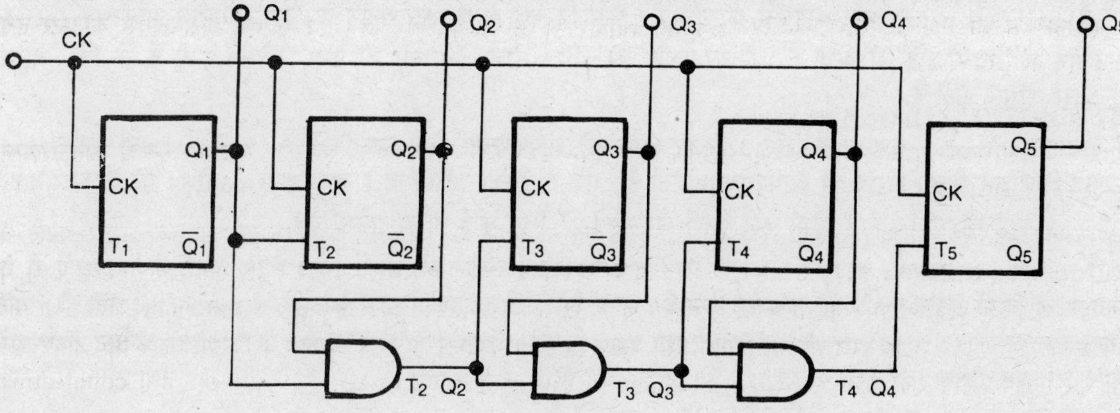


चित्र 3.23–5-बिट सिन्क्रोनस (with series carry)

## डिकेड काउन्टर (Decade or mod-10 Counter)

डिकेट काउन्टर mod-10 काउन्टर होता है। इसे एक mod-5 तथा दूसरा mod-2 काउन्टर प्रयुक्त कर बनाया जा सकता है।

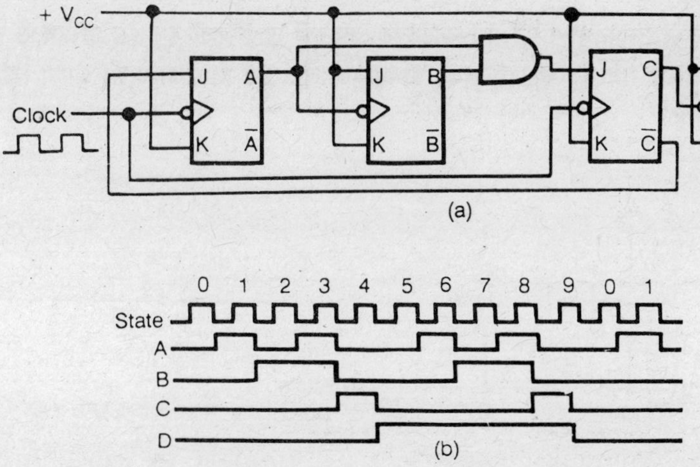


चित्र 3.24–डिकेड काउन्टर, (a) लॉजिक डायग्राम, (b) तरंगों का आकार

**Table 10.7—डिकेड काउन्टर की सत्य तालिका**

| D | C | B | A | State |
|---|---|---|---|---|
| 0 | 0 | 0 | 0 | 0 |
| 0 | 0 | 0 | 1 | 1 |
| 0 | 0 | 1 | 0 | 2 |
| 0 | 0 | 1 | 1 | 3 |
| 0 | 1 | 0 | 0 | 4 |
| 1 | 0 | 0 | 0 | 5 |
| 1 | 0 | 0 | 1 | 6 |
| 1 | 0 | 1 | 0 | 7 |
| 1 | 0 | 1 | 1 | 8 |
| 1 | 1 | 0 | 0 | 9 |
| 0 | 0 | 0 | 0 | 0 |

## डिवाइड बाई N काउन्टर्स (Divide by N Counters)

काउन्टर में प्रयुक्त फ्लिप-फ्लॉप की संख्या ($n$) द्वारा काउन्टर का मॉडुलस ($2^n$) ज्ञात होता है। उदाहरणतः mod-2 काउन्टर बनाने के लिए केवल एक फ्लिप-फ्लॉप की आवश्यकता है; चार फ्लिप-फ्लॉप के काउन्टर का मॉडुलस 16 होता है। इसी प्रकार एक 3 फ्लिप-फ्लॉप बाइनरी काउन्टर का मॉडुलस $2^3 = 8$ होता है, इसी प्रकार हम 2, 4, 8, 16, 32 इत्यादि natural count के काउन्टर फ्लिप-फ्लॉप की उपयुक्त संख्या प्रयुक्त कर बना सकते हैं। परन्तु अनेक काउन्टिंग प्रक्रियाओं में $2^n$ से अन्यथा (other than $2^n$) मॉडुलस के काउन्टर की आवश्यकता होती है।उदाहरणतः mod-3, mod-5, mod-10 काउन्टर्स। एक निम्न मॉडुलस (smaller modulus) का काउन्टर, एक अधिक मॉडुलस के काउन्टर से, उसकी कुछ अवस्थाओं (states) को छोड़ कर (skip) बनाया जा सकता है। उदाहरणतः मॉडुलस-3 का काउन्टर दो फ्लिप-फ्लॉप वाले (mod-4) के काउन्टर से बनाया जा सकता है। इसके लिये

उसकी किसी एक अवस्था को छोड़ना होगा। यह 2 फ्लिप-फ्लॉप वाला mod-3 काउन्टर divide by 3 काउन्टर कहलाता है। इसमें एक क्लॉक इनपुट तथा दो आउटपुट A एवं B है। प्रत्येक आउटपुट तरंग की आवृत्ति क्लॉक आवृत्ति का 1/3 है।

ये modified count वाले काउन्टर्स कहलाते हैं। डिवाइड बाई N काउन्टर बनाने के लिये सर्वप्रथम आवश्यक (needed) फ्लिप-फ्लॉप की संख्या ज्ञात की जाती है। फ्लिप्-फ्लॉप की उचित संख्या निम्नतम $2^n$ द्वारा निश्चित होती है जो कि आवश्यक काउन्ट N से अधिक होती है।

उदाहरणत: mod-5 काउन्टर के लिए 3 फ्लिप-फ्लॉप की आवश्यकता होगी (क्योंकि $2^3 > 5 > 2^2$)। इसी प्रकार mod-10 काउन्टर के लिए चार फ्लिप-फ्लॉप की आवश्यकता होती है। एक N फ्लिप-फ्लॉप वाले काउन्टर से mod-N का काउन्टर बनाने के लिए $2^n - N$ स्टेट छोड़नी पड़ती है छोड़ी जाने वाली अवस्थायें $2^n$ में से कोई भी हो सकती है।

Mod-N (divide/N) काउन्टर बनाने के लिये कुछ अवस्थायें छोड़ने की सबसे सरल विधि किसी फ्लिप-फ्लॉप से, उससे संयोजित पहले किसी फ्लिप-फ्लॉप को फीडबैक देना है। माना हमें 3-फ्लिप-फ्लॉप वाले काउन्टर से mod-7 का काउन्टर बनाना है तब हमें केवल $2^3 - 7 = 1$ काउन्टर छोड़ना होगा। इसी प्रकार mod-9 काउन्टर के लिए न्यूनतम 4 फ्लिप-फ्लॉप की आवश्यकता है क्योंकि चार फ्लिप-फ्लॉप वाले काउन्टर का natural count 16 है जो 9 से बड़ा है।

एक अकेले फ्लिप-फ्लॉप का natural count 2 होता है; अत: एक फ्लिप-फ्लॉप को प्रयुक्त कर हम mod-2 काउन्टर बना सकते हैं। तथापि 2 फ्लिप-फ्लॉप वाले काउन्टर का natural count 4 है। एक काउन्ट छोड़ने पर mod-3 काउन्टर प्राप्त होता है। अत: 2 फ्लिप-फ्लॉप प्रयुक्त कर mod-4 अथवा mod-3 काउन्टर निर्मित किया जा सकता है।

## 3.21. बाइनरी R/2R लेडर नैटवर्क (Binary R/2R Ladder Network)

बाइनरी लेडर को $n$-bit डिजिटल इनपुट देकर उसके तुल्य एनेलॉग आउटपुट प्राप्त की जा सकती है। इस परिपथ में केवल दो मान (values) के प्रतिरोध $R$ तथा $2R$ प्रयोग किये गये हैं। बाइनरी लेडर की सम्पूर्ण आउटपुट वोल्टेज अलग-अलग डिजिटल स्तरों (digital levels) की वोल्टेज के बराबर होती है।

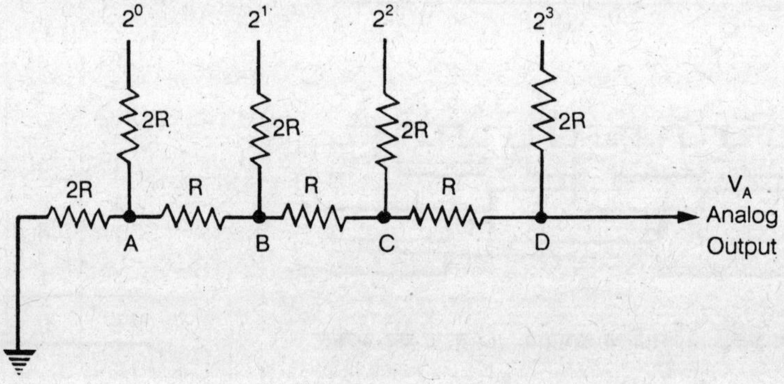


चित्र 3.25–बाइनरी लेडर

बाइनरी लेडर की $n$-bit की पोजिशन के अनुसार बाइनरी weight आउटपुट निम्न प्रकार होती हैं—

समीकरण रूप में $n$-bit डिजिटल इनपुट को एनेलॉग आउटपुट के पदों में निम्न प्रकार लिख सकते हैं—

$$V_A = \frac{V_0 2^0 + V_1 2^1 + V_2 2^2 + V_3 2^3 + .... + V_{n-1} 2^{n-1}}{2^n}$$

यहाँ $V_0, V_1, V_2 \dots V_{n-1}$ डिजिटल इनपुट के वोल्टेज स्तर हैं।

## 3.22. D/A तथा A/D कनवर्टर्स

माइक्रोप्रोसेसर में डाटा डिजिटल फॉर्म में होता है जबकि वह डाटा जिसे हम हेन्डल करते हैं एनेलॉग फॉर्म में होता है। एनेलॉग से डिजिटल कनवर्जन के लिये analog-to-digital (A/D) कनवर्टर का उपयोग किया जाता है। A/D कनवर्टर एनेलॉग वोल्टेज तथा धारा को उसके तुल्य डिजिटल राशियों में परिवर्तित करता है।

इसके विपरीत माइक्रोप्रोसेसर में, CPU द्वारा डाटा प्रोसेस किये जाने के पश्चात्, प्रायः यह आवश्यक हो जाता है कि डिजिटल परिणामों को उसके तुल्य एनेलॉग वोल्टेज अथवा धारा में परिवर्तित किया जाये। इस कनवर्जन के लिये digital-to-analog (D/A) कनवर्टर का उपयोग किया जाता है। चित्र 3.26 में बाइनरी weighted तथा चित्र 3.27 में सक्सैसिव एप्रोक्सिमेशन टाइप D/A कनवर्टर का परिपथ दिया गया है।

| Bit Position | Binary Weight | Analog Output Voltage |
|---|---|---|
| MSB | 1/2 | V/2 |
| 2nd MSB | 1/4 | V/4 |
| 3rd MSB | 1/8 | V/8 |
| 4th MSB | 1/16 | V/16 |
| 5th MSB | 1/32 | V/32 |
| 6th MSB | 1/64 | V/64 |
| 7th MSB | 1/128 | V/128 |
| ............... | ........... | ........... |
| nth MSB | $1/2^n$ | $V/2^n$ |

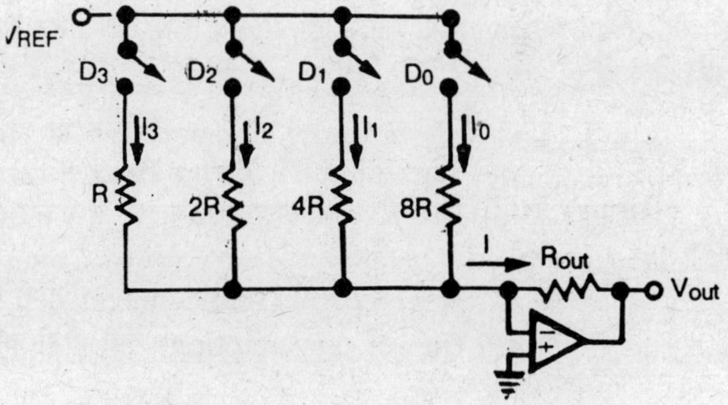


चित्र 3.26–4-बिट बाइनरी Weighted D/A कनवर्टर

एक 4-bit D/A कनवर्टर (चित्र 3.26) में आउटपुट धारा निम्न समीकरण द्वारा दी जा सकती है।

$$I = \frac{V_{Ref}}{R}\left[\frac{D_3}{2^0} + \frac{D_2}{2^1} + \frac{D_1}{D^2} + \frac{D_0}{2^3}\right]$$

यदि $V_{ref} = 5V$ तथा $R = 5\,k\Omega$ तब आउटपुट धारा 0 तथा 1·875 mA के मध्य परिवर्तित होती है।

सक्सैसिव एप्रोक्सिमेशन A/D कनवर्टर का ऑपरेशन अत्यन्त तीव्र (fast) है। अधिक से अधिक

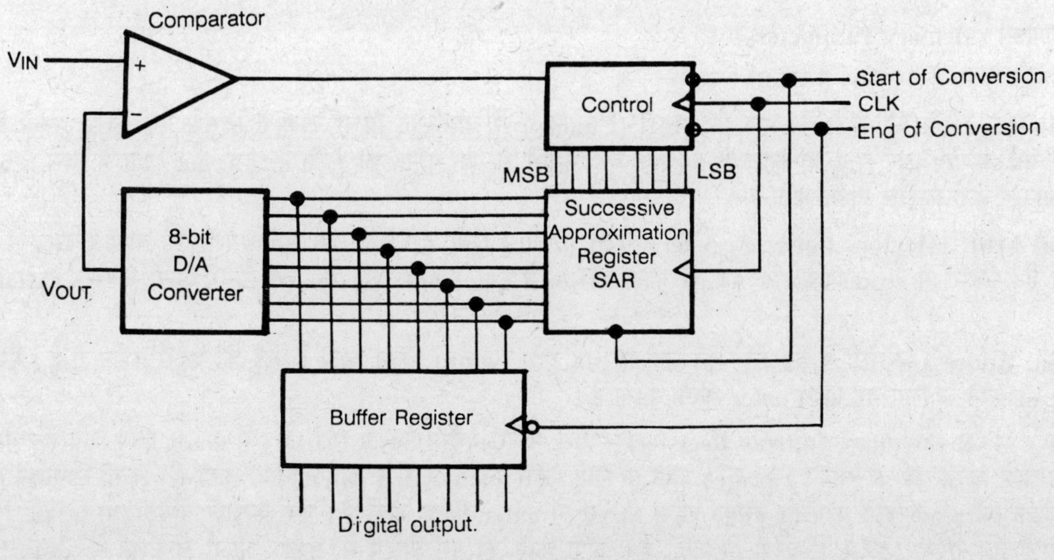


चित्र 3.27—एक 8-बिट सक्सैसिव एप्रोक्सिमेशन टाइप A/D कनवर्टर

किसी एनेलॉग सिगनल के $n$-bit रिज़ॉल्यूशन उत्पन्न करने के लिये यह $n$ क्लॉक पल्स लेता है। चित्र 3.27 में एक 8-bit सक्सैसिव एप्रोक्सिमेशन A/D कनवर्टर का परिपथ दिया गया है।

**मैमोरी यूनिट (Memory Unit)**

डिजिटल कम्प्युटेशन में आवश्यक विशाल (bulk) डाटा अथवा इनफॉर्मेशन को स्टोर करने के लिए एक मैमोरी अथवा स्टोरेज यूनिट प्रयोग की जाती है। मैमोरी सैल एक सर्किट अथवा एक डिवाइस होती है जो सूचना के एक बिट को स्टोर करती है तथा इन सैलो (cells) की एक क्रमिक व्यवस्था (orderly cell arrangement) को मैमोरी कहते हैं। मैमोरी तीन प्रकार की होती है—

1. सीक्वैन्शियली एक्सैस्ड मैमोरी (Sequentially accessed memory)
2. रैन्डम एक्सैस्ड मैमोरी (Random accessed memory – RAM or read/write memory)
3. रीड ओनली मैमोरी (Read only memory – ROM)

सीक्वैन्शियली अथवा सीरियल एक्सैस मैमोरी में एक सिंगल इनपुट पर वर्ड का बिट क्रमिक रूप से (sequentially) 'enter' किया जाता है तथा स्टोर किये गये बिट एक सिंगल आउटपुट पर सीक्वैन्शियली पढ़े जाते हैं। RAM (read and write memory) द्वारा आउटपुट पर किसी एड्रैस किये गये सैल में स्टोर किया गया बिट पढ़ा जाता है। इसके अतिरिक्त इस मैमोरी द्वारा डाटा इनपुट टर्मिनल पर लिखा गया बिट (written bit) सैल में स्टोर किया जा सकता है। ROM में स्टोर किये गये बिट्स होते हैं जो कि फैब्रिकेशन के समय फिक्स हो जाते हैं तथा परिवर्तित नहीं किये जा सकते है। इन्हें प्रायः 'fixed programme storage' कहा जाता है।

मैमोरी यूनिट में अनेक (large number) रजिस्टर होते है तथा डाटा प्रोसेसिंग के समय इनमें सूचना अर्धस्थायी रूप से (semipermanently) स्टोर होती है। ये रजिस्टर, शिफ्ट रजिस्टर्स से अलग (different) होते हैं।

बाइनरी मैमोरी सैल की भांति प्रयुक्त डिवाइस, सेमीकन्डक्टर, ICs, मैगनेटिक कोर तथा टेप आदि के निम्न अभिलक्षण होने हैं—

1. इनकी दो स्थायी अवस्थाएँ (stable states) होनी चाहिए। जब यह किसी एक स्थायी अवस्था में होती है, इसमें कोई शक्ति व्यय (power consumption) नहीं होना चाहिए। यदि इनमें कोई शक्ति व्यय है तब मैमोरी में व्यय ऊर्जा बहुत कम होनी चाहिए।
2. प्रत्येक बाइनरी द्वारा घेरी गयी स्पेस बहुत कम होनी चाहिए।
3. सैलों के किसी समूह से सूचना read करने में लगा समय अथवा स्टोर (write) करने में लगा समय बहुत कम होना चाहिए।

**मैमोरी पैरामीटर्स (Memory Parameters)**

मैमोरी से सम्बन्धित मुख्य पैरामीटर्स निम्न हैं—

**(i) Word**—बाइनरी सैलों का एक सैट समूहों (Chunks) में व्यवस्थित किया जाता है जिससे एक यूनिट बनती है। यह यूनिट एक वर्ड अथवा बाइट (byte) कहलाती है। एक वर्ड, मैमोरी से एक यूनिट की भांति in तथा out होता है जिसे read तथा write सिगनलों द्वारा कन्ट्रोल किया जाता है।

**(ii) MBR (Memory Buffer Register)**—स्टोर (write) किये जाने वाले वर्ड सर्वप्रथम मैमोरी बफर रजिस्टर में enter किये जाते है। मैमोरी से read किये गये वर्ड भी पहले MBR में enter किये जाते हैं। इसे मैमोरी डाटा रजिस्टर (MDR) भी कहते हैं।

**(iii) Address**—मैमोरी में वह लोकेशन जहां पर वर्ड स्टोर (write) किया जाता है, वर्ड का एड्रैस कहलाती है। मैमोरी से वर्ड को read करने के लिए यह एड्रैस enter करना पड़ता है।

**(iv) MAR (Memory Address Register)**—एड्रैस, मैमोरी एड्रैस रजिस्टर (MAR) में enter किये जाते हैं। मैमोरी में लिखे जाने वाले किसी वर्ड को लोकेट (locate) करने के लिए एड्रैस पुनः MAR में enter किया जाता है। किसी लोकेशन में स्टोर की गई संख्या को read करने के लिऐ उसका एड्रैस MAR में enter किया जाता है। जब कन्ट्रोल यूनिट द्वारा 'read' सिगनल दिया जाता है तब संख्या MBR में कॉपी हो जाती है। कॉपी करने की इस प्रोसेस में, संख्या अपनी लोकेशन में 'disturb' नहीं होती। इस क्रिया कों 'non-destructive read out' कहते हैं। Read-out डैस्ट्रक्टिव (destructive) भी हो सकता है। यह

मैमोरी के बाइनरी सैल में प्रयुक्त डिवाइस पर निर्भर करता है। फ्लिप-फ्लॉप बाइनरी सैल non-destructive होते हैं जबकि मैगनेटिक कोर से 'read-out' destructive होता है तथा उसके डाटा को सुरक्षित रखने के लिए वर्ड को पुनः लिखना (rewrite) करना पड़ता है। इस प्रकार मैगनेटिक कोर की स्थिति में प्रत्येक read-out के पश्चात् 'write' ऑपरेशन किया जाता है।

**(v) Access time, Write time, Cycle time and Memory Systems**

**Access time**—यह read सिगनल के प्रारम्भ होने तथा MBR में word उपलब्ध होने के मध्य की समयावधि है।

**Write time**—यह write सिगनल के प्रारम्भ होने तथा मैमोरी में निर्धारित एड्रैस पर इनफॉर्मेशन स्टोर होने के मध्य की समयावधि है।

**Memory Cycle time**—यदि मैमोरी से इनफॉर्मेशन read करने की विधि destructive है तब read तथा rewrite करने के लिए आवश्यक समय मैमोरी Cycle टाइम कहलाता है।

**(vi) Memory Systems**— RAM मैमोरी में इनफॉर्मेशन writing तथा reading करने का समय मैमोरी की उस लोकेशन पर निर्भर (depend) नहीं करता जिस पर इनफॉर्मेशन स्टोर की गयी है अर्थात् एक्सैस टाइम (access time) वर्ड के एड्रैस पर निर्भर नहीं करता। इस प्रकार के मैमोरी सिस्टम में बाइनरी सैल IC फ्लिप-फ्लॉप होते हैं अथवा बाइनरी सैल मैगनेटिक कोर द्वारा बनाये जाते हैं। परन्तु सीक्वैन्शियली एक्सैस्ड मैमोरी में (उदाहरणतः मैगनेटिक टेप), किसी इनफॉर्मेशन को एक्सैस करने का समय मैमोरी में वास्तविक लोकेशन (actual physical location in the memory) पर निर्भर करता है। इस अवस्था में औसत एक्सैस टाइम (average access time) जिसे 'latency time' भी कहते हैं, RAM मैमोरी के एक्सैस टाइम से अधिक होता है।

वे मैमोरी प्रणालियाँ जिनमें स्टोर की गयी इनफॉर्मेशन पावर टर्न-ऑफ होने पर लुप्त (lost) हो जाती है अथवा समय के साथ नष्ट हो जाती है 'volatile memories' कहलाती है; उदाहरणतः IC फ्लिप-फ्लॉप बाइनरी सैल वाली मैमोरी यूनिट। परन्तु उस मैमोरी में, जिनकी बाइनरी सैल में मैगनेटक कोर होता है, स्टोर की गयी सूचना non-volatile होती है। ये मैमोरी non-volatile कहलाती है।

**सेमीकन्डक्टर (RAM)**

सेमी कन्डक्टर RAM दो प्रकार की होती है

1. बाइपोलर RAMs, 2. MOS RAMs (dynamic and static)

बाइपोलर RAMs में BJTs का उपयोग किया जाता है तथा इन्हें TTL, ECL अथवा $I^2L$ टेक्नोलोजी प्रयुक्त कर निर्मित किया जाता है। प्रत्येक मैमोरी सैल एक फ्लिप-फ्लॉप होता है तथा इनके एक्सैस टाइम एवं साइकिल टाइप बहुत कम, लगभग 10-100 nsec रेंज में होते हैं।

MOS RAMs निर्मित करने में NMOS अथवा CMOS टेक्नोलोजी प्रयुक्त की जाती है। बहुत कम पावर व्यय (very low power consumption) के लिए CMOS RAMs अधिक प्रयोग किये जाते हैं।

बाइपोलर RAMs प्रायः सभी स्टैटिक होती है जब कि MOS RAMs स्टैटिक अथवा डायनेमिक हो सकती है। स्टैटिक RAMs में स्टोरेज के लिए फ्लिप-फ्लॉप प्रयुक्त किये जाते हैं तथा प्रत्येक मैमोरी सैल में 6 से 8 तक MOS ट्रान्जिस्टर्स होते हैं।

डायनेमिक MOS RAMs में स्टोरेज सैल के लिए फ्लिप-फ्लॉप का उपयोग नहीं किया जाता बल्कि प्रत्येक मैमोरी सैल में एक कैपेसिटर ($\approx 0 \cdot 05$ pF) तथा 1 MOS ट्रान्जिस्टर प्रयुक्त किया जाता है।

**READ ONLY MEMORY (ROM)**

ROM वह मैमोरी डिवाइस है जो फिक्सड (fixed) इनफॉर्मेशन स्टोर करने के लिए डिजाइन की जाती है, अर्थात एक प्रारम्भिक (initial) ऑपरेशन में मैमोरी में इनफॉर्मेशन 'write' (स्टोर) की जाती है तथा उसके पश्चात् मैमोरी को केवल 'Read' किया जाता है, उसमें कुछ अन्य write नहीं किया जाता। परन्तु ऐसी ROMs भी उपलब्ध है जिन्हें यूजर (user) प्रोग्राम कर सकता है। इन्हें प्रोग्रामेबिल ROMs अथवा PROMs कहते हैं। PROMs को केवल एक बार प्रोग्राम किया जा सकता है। परन्तु ऐसी ROMs भी उपलब्ध है जिन्हें इरेज़ (erase) कर पुनः अनेक बार प्रोग्राम किया जा सकता है, इन्हें EPROM कहते हैं। स्पष्ट है कि ये अत्यन्त उपयोगी डिवाइस है तथा माइक्रोप्रोसेसर प्रणालियों में इनका व्यापक उपयोग किया जा सकता है।

# Objective type Questions

## (Digital Systems)

**1.** एक बाइट (byte) में कितने बिट होते हैं ?

(a) 2 (b) 4

(c) 8 (d) 16

**2.** निम्न में से कौन-सी बाइनरी संख्या, डेसीमल संख्या 20 के बराबर है ?

(a) 10100 (b) 1001

(c) 1000010 (d) 11111

**3.** बाइनरी प्रणाली का रैडिक्स होता है—

(a) 2 (b) 10

(c) 16 (d) 18

**4.** $2'S$ कम्पलीमेन्ट प्रणाली में sign bit होता है—

(a) LSB (b) MSB

**5.** Signed बाइनरी में $+112_{10}$ तुल्य है—

(a) +11010000 (b) 11110000

(c) 111100001 (d) 01110000

**6.** बाइनरी संख्या प्रणाली में डिजिट्स की संख्या होती है—

(a) 10 (b) 2

(c) 4 (d) 6

**7.** एक बाइट (byte) लम्बी सबसे बड़ी (maximum) बाइनरी संख्या का डेसीमल तुल्यांक—

(a) 8 (b) 64

(c) 255 (d) 256

**8.** एक निबल (nibble) में बिट्स (bits) की संख्या होती है—

(a) 2 (b) 4

(c) 6 (d) 8

**9.** ऑक्टल संख्या $(567)_8$ का डेसीमल तुल्यांक है—

(a) $567_{10}$ (b) $887_{10}$

(c) $375_{10}$ (d) $501_{10}$

**10.** डेसीमल संख्या $-7$ को 4-bit signed बाइनरी में किस संख्या द्वारा प्रदर्शित किया जा सकता है—

(a) 0·111 (b) 0111

(c) 01111 (d) 1111

**11.** डेसीमल संख्या प्रणाली का रैडिक्स है—

(a) 10 (b) 12

(c) 8 (d) 16

**12.** हैक्साडेसीमल संख्या प्रणाली का रैडिक्स है—

(a) 6 (b) 8

(c) 16 (d) 10

**13.** AND, OR, NOT आदि डिजिटल ऑपरेशन में प्रयुक्त किये जाते हैं—

(a) स्विच (b) रैक्टीफायर्स

(c) ऑसिलेटर्स (d) एम्पलीफायर्स

**14.** एक गेट की आउटपुट उस समय 'Low' होती है जब इसकी कम से कम एक इनपुट 'High' होती है। यह गेट है—

(a) NAND (b) OR

(c) AND (d) NOR

**15.** किस गेट की एक इनपुट Low होने पर उसकी आउटपुट Low होती है ?

(a) AND (b) NAND

(c) NOR (d) OR

**16.** एक गेट की आउटपुट उस अवस्था में High होती है जब कम-से-कम उसकी एक इनपुट 'High' होती है। यह गेट है—

(a) EX-OR (b) AND

(c) OR (d) NAND

**17.** किस गेट की सभी इनपुट केवल 'Low' होने पर उसकी आउटपुट 'Low' होती है—

(a) EX-OR (b) NOR

(c) OR (d) AND

18. निम्न में कौन-सा ऑपरेशन 'associative' नहीं है—

(a) NOR (b) AND

(c) OR (d) EX-OR

19. निम्न गेट की आउटपुट 'High' होगी जब—

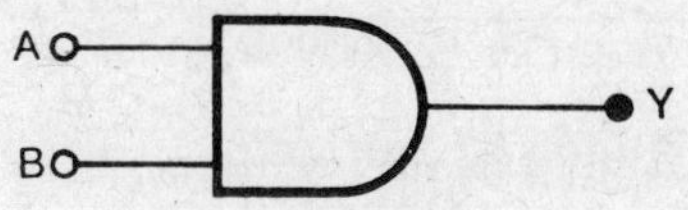


चित्र 3.28

(a) $A$ तथा $B$ दोनों High हैं

(b) $A$ तथा $B$ दोनों Low हैं

(c) $A$ अथवा $B$, High है

(d) $A$ अथवा $B$ Low है

20. बूलियन व्यंजक $\overline{\bar{A} \cdot \bar{B} \cdot \bar{C}}$ तुल्य है—

(a) $\bar{A} + \bar{B} + \bar{C}$ (b) $A \cdot \bar{B} \cdot C$

(c) $A + B + C$ (d) $\overline{A \cdot B \cdot C}$

21. $\overline{\bar{A} + \bar{B} + \bar{C}}$ तुल्य है—

(a) $A \cdot B \cdot C$ (b) $\overline{A + B + C}$

(c) $\bar{A} \cdot \bar{B} \cdot \bar{C}$ (d) $\bar{A} + \bar{B} + C$

22. कम्युनिकेशन प्रणालियों में प्रयुक्त की जाने वाली विधि—

(a) डिजिटल (b) एनेलॉग

(c) डिजिटल तथा एनेलॉग दोनों

(d) उपरोक्त में कोई नहीं

23. कम्पलीमेन्टेशन के नियम के अनुसार $\bar{0}$ तुल्य है—

(a) 0 (b) 1

(c) 2 (d) 3

24. 'NOT' के नियमों के अनुसार $\bar{1}$ तुल्य है—

(a) 0 (b) 1

(c) 2 (d) 3

25. NOT के नियमों के अनुसार $\bar{\bar{A}}$ तुल्य है—

(a) $A$ (b) $\bar{A}$

(c) $\bar{\bar{A}}$ (d) उपरोक्त में कोई नहीं

26. AND के नियमों के अनुसार $A \cdot 0$ तुल्य है—

(a) 1 (b) 0

(c) $A$ (d) उपरोक्त में कोई नहीं

27. AND के नियमों के अनुसार $A \cdot 1$ तुल्य है—

(a) $A$ (b) $\bar{A}$

(c) $\bar{\bar{A}}$ (d) उपरोक्त में कोई नहीं

28. 'OR' नियमों के अनुसार A + 0 तुल्य है—

(a) $A$ (b) $\bar{A}$

(c) 0 (d) उपरोक्त में कोई नहीं

29. OR के नियमों के अनुसार $A + A$ तुल्य है—

(a) $2A$ (b) $A$

(c) 0 (d) $\bar{A}$

30. OR के नियमों के अनुसार $A + \bar{A}$ तुल्य हैं—

(a) $A$ (b) $\bar{A}$

(c) 0 (d) उपरोक्त में कोई नहीं

31. बाइनरी संख्या 1010, डेसीमल प्रणाली में किस संख्या के तुल्य है ?

(a) 25 (b) 27

(c) 21 (d) 32

32. डेसीमल संख्या 15 किस बाइनरी संख्या के तुल्य हैं ?

(a) 11 (b) 111

(c) 1111 (d) 1000

33. पॉजिटिव लॉजिक में डिजिटल सिगनल का 'high' वोल्टेज लेविल है—

(a) Zero (b) 1

(c) 2 (d) उपरोक्त में कोई नहीं

34. बाइनरी प्रणाली में, बाइनरी प्वाइन्ट के बायें अथवा दायें डिजिट्स का weight, .......... की बढ़ती हुयी (increasing) अथवा घटती हुयी (decreasing) पावर्स के तुल्य होता है।

(a) 3 (b) 2

(c) 10 (d) 5

35. डेसीमल संख्या को बाइनरी में कनवर्ट करने के लिए डेसीमल संख्या को लगातार ____ से भाग दिया जाता है।

(a) 10 (b) 2

(c) 8 (d) 16

36. 2' कम्पलीमेन्ट प्रणाली का उपयोग ____ प्रदर्शित करने के लिये किया जाता है।

(a) किसी भी संख्या को

(b) धनात्मक संख्याओं को

(c) ऋणात्मक संख्याओं को

(d) उपरोक्त में कोई नहीं

**37.** हैक्सा डेसीमल संख्या E5 तुल्य है डेसीमल संख्या ...... के।

(a) 229 (b) 325

(c) 115 (d) 220

**38.** $(101101)_2 = (?)_8$

(a) 45 (b) 35

(c) 55 (d) 75

**39.** $(43)_{10} = (?)_2$

(a) 101011 (b) 110101

(c) 111011 (d) 100011

**40.** $(200)_{10} = (?)_2$

(a) 1100 1100 (b) 1100 1000

(c) 1000 1010 (d) 0110 1100

**41.** कौन-सा गेट दो समान्तर में संयोजित स्विचों के तुल्य है ?

(a) OR (b) NOR

(c) AND (d) उपरोक्त में कोई नहीं

**42.** AND तथा NOT फंक्शन का संयोजन (combination) करने पर प्राप्त होता है—

(a) NOR गेट (b) NAND गेट

(c) OR गेट (d) उपरोक्त में कोई नहीं

**43.** एक OR गेट की इनपुट *A* तथा *B* हैं तथा आउटपुट *C* है। यदि *A* 'true' है OR *B* 'true' है तब *C* ......... होगी।

(a) false (b) true

(c) false अथवा true कुछ भी हो सकती है

(d) उपरोक्त में कोई नहीं

**44.** व्यंजक '$A + BC + AB$' का कम्पलीमेन्ट है—

(a) $\overline{A} + \overline{B}\,\overline{C}$ (b) $\overline{B} + \overline{AC}$

(c) $\overline{ABC}$ (d) उपरोक्त में कोई नहीं

**45.** व्यंजक $AB + A\overline{B} + A\overline{C} + \overline{A}C$ तुल्य है—

(a) $A\overline{C} + \overline{A}$ (b) Zero

(c) 2 (d) ABC

**46.** व्यंजक $(A + B)(B + C)(A + C)$ का कम्पलीमेन्ट है—

(a) $\overline{A}(\overline{B} + \overline{C})$ (b) $\overline{AB} + \overline{BC} + \overline{AC}$

(c) $A(B\overline{C} + C\overline{A})$ (d) उपरोक्त में कोई नहीं

**47.** निम्न identity प्रदर्शित करती है—

$\overline{A + B + C + .... + N} = \overline{A} \cdot \overline{B} \cdot \overline{C} ... \overline{N}$

(a) डि-मोर्गन की प्रथम प्रमेय

(b) डि-मोर्गन की द्वितीय प्रमेय

(c) OR ऑपरेशन

(d) उपरोक्त में कोई नहीं

**48.** व्यंजक $\overline{ABC ..... N} = \overline{A} + \overline{B} + \overline{C} + ... + \overline{N}$ प्रदर्शित करता है—

(a) डि-मोर्गन की प्रथम प्रमेय

(b) डि-मोर्गन की द्वितीय प्रमेय

(c) OR ऑपरेशन (d) उपरोक्त में कोई नहीं

**49.** बाइनरी कोडेड डेसीमल संख्यायें (BCD), प्रत्येक डेसीमल डिजिट को ...... प्रदर्शित करती है।

(a) BCD संख्याओं में

(b) निबल BCD संख्याओं में

(c) उपरोक्त (a) तथा (b) दोनों

(d) उपरोक्त में कोई नहीं

**50.** 'AND' गेट की आउटपुट 1 होने के लिए समस्त इनपुट होनी चाहिये—

(a) 1 (b) 0

(c) 1 अथवा 0 (d) उपरोक्त में कोई नहीं

**51.** व्यंजक $A(A + B)$ तुल्य है—

(a) $A + AB$ (b) $AB$

(c) $A$ (d) $B$

**52.** यदि $A = T$ तथा $B = T$ तब $\overline{AB}$ तुल्य है—

(a) 0 (b) 1

(c) 2 (d) उपरोक्त में कोई नहीं

**53.** किसी डेसीमल संख्या का 9s कम्पलीमेन्ट लिखने के लिए संख्या के प्रत्येक डिजिट को ...... घटाया जाता है।

(a) 9 में से (b) 10 में से

(c) 1 में से (d) 2 में से

**54.** निम्न कथनों (statements) पर विचार कीजिये—

(1) 2's कम्पलीमेन्ट प्रणाली में निगेटिव संख्यायें 'sign magnitude form' में स्टोर होती हैं

(2) 2's कम्पलीमेन्ट लेने का अर्थ 'sign' परिवर्तित करनां है

(3) 4-बिट बाइनरी प्रणाली में बाइनरी संख्या $A$ के लिए $A+1$s complement of $A = 2^4$

(4) 2's कम्पलीमेन्ट प्रणाली में, धनात्मक (positive) संख्या के लिए MSB शून्य होता है।

उपरोक्त में 'true' है

(a) 1 तथा 2 (b) 2 तथा 3

(c) 1 तथा 4 (d) 2 तथा 4

**55.** डेसीमल संख्या 35 को बाइनरी में प्रदर्शित करने के लिये बिट्स (bits) की संख्या होगी—

(a) 6 (b) 5

(c) 4 (d) 33

**56.** 2's कम्पलीमेन्ट प्रणाली में एक निगेटिव संख्या $-N$ का मान 1011 है। $+N$ को ...... द्वारा प्रदर्शित किया जायेगा।

(a) 0100 (b) 0101

(c) 0110 (d) 0011

**57.** हाफ एडर में $A$ तथा $B$ को जोड़ने (summing) पर, प्राप्त योग का व्यंजक (expression for sum) होगा—

(a) $AB$ (b) $A + B$

(c) $A \oplus B$ (d) उपरोक्त में कोई नहीं

**58.** 8-बिट प्रणाली में एक संख्या का 2s कम्पलीमेन्ट 1101 0000 है। इसका हैक्सा डेसीमल तुल्यांक है—

(a) $-50$ (b) D0

(c) 30 (d) $-30$

**59.** बूलियन व्यंजक $(\overline{A} + B)(A + \overline{C})(\overline{B} + \overline{C})$ को सरल करने पर प्राप्त होगा—

(a) $(A + B)\overline{C}$ (b) $(A + \overline{B})\overline{C}$

(c) $(\overline{A} + B)\overline{C}$ (d) उपरोक्त में कोई नहीं

**60.** बाइनरी संख्या 1101 का 1's कम्पलीमेण्ट है—

(a) 1101 (b) 0010

(c) 0000 (d) 0011

**61.** निम्न में से किस फ्लिप-फ्लॉप को लैच के समान उपयोग में लाया जाता है ?

(a) TTL (b) ECL

(c) CMOS (d) LSI

**62.** ECL के निर्माताओं द्वारा संस्तुत (recommended) फैन-आउट है—

(a) 5 (b) 10

(c) 15 (d) 25

**63.** किस फ्लिप-फ्लॉप को लैच (latch) के समान प्रयुक्त किया जाता है ?

(a) JK फ्लिप-फ्लॉप (b) D फ्लिप-फ्लॉप

(c) RS फ्लिप-फ्लॉप (d) T फ्लिप-फ्लॉप

**64.** डेसीमल संख्या 16 के तुल्य बाइनरी संख्या में कितने बिट्स होंगे ?

(a) 6 (b) 5

(c) 4 (d)3

**65.** एक 4-इनपुट वाले पोटेन्शियल डिवाइडर में वोल्टेज लेविल भिन्न प्रकार हैं—

$$0 = 0V$$

$$1 = +10V$$

यदि डिजिटल इनपुट 1001 है तब एनेलॉग आउटपुट होगी—

(a) 3V (b) 6V

(c) $7\frac{1}{8}$V (d) 8V

**66.** MOS परिवार के सदस्यों PMOS, NMOS तथा CMOS में से किसमें न्यूनतम पावर क्षय (minimum power consumption) होती है ?

(a) NMOS (b) CMOS

(c) PMOS

(d) NMOS तथा CMOS दोनों में

**67.** NOR ऑपरेशन है—

(a) $\overline{A} + \overline{B}$ (b) $\overline{AB}$

(c) $\overline{A} \cdot \overline{B}$ (d) $(A + B)(\overline{A} + \overline{B})$

**68.** डेसीमल संख्या $(0 \cdot 68)_{10}$, बाइनरी में तुल्य है—

(a) $0 \cdot 010101_2$ (b) $0 \cdot 101_2$

(c) $0 \cdot 10101_2$ (d) $0 \cdot 10111_2$

69. किस गेट से high आउटपुट प्राप्त करने के लिये उसकी समस्त इनपुट low होती है ?

(a) इनवर्टर (b) NOR

(c) AND (d) NAND

70. एक गेट में शिफ्ट रजिस्टर्स निम्न प्रकार कनैक्ट किये गये हैं। शून्य (0) पर रिसैट करने के पश्चात्, कितनी क्लॉक पल्स, शिफ्ट रजिस्टर में पुनः 000 प्रदर्शित होगा ?

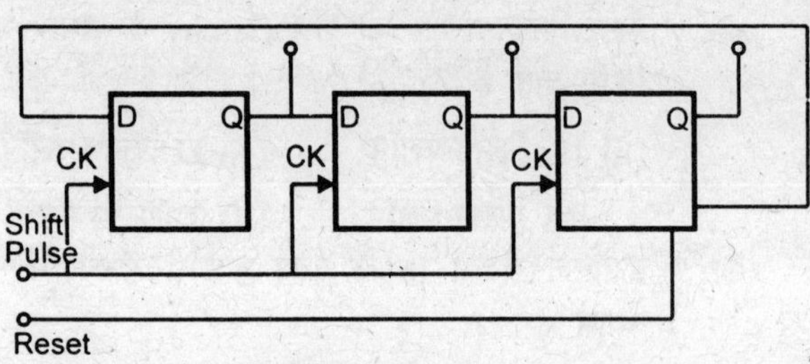


चित्र 3.29

(a) 3 (b) 6

(c) 16 (d) 8

71. निम्न परिपथ में आउटपुट Y = 0 के लिए इनपुट होगी—

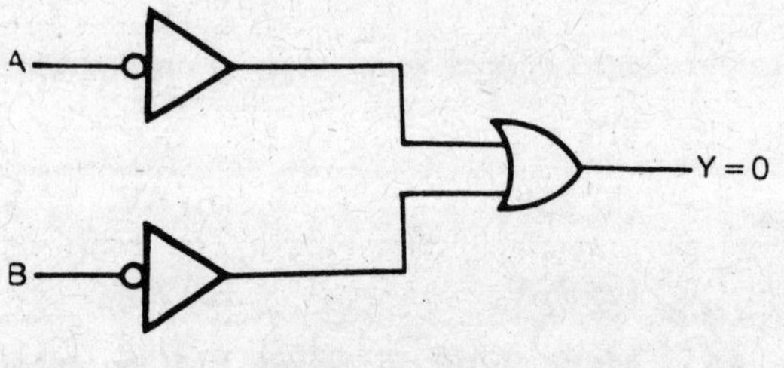


चित्र 3.30

(a) 00 (b) 01

(c) 10 (d) 11

72. हैक्सा डेसीमल संख्या A0 का डेसीमल मान है—

(a) 80 (b) 256

(c) 100 (d) 160

73. 'Sign magnitude' प्रणाली में $A$ तथा $B$ का 8-bit मान निम्नलिखित है—

$A = 00011110, B = 10011100$

$A + B$ का मान होगा—

(a) 1000 0010 (b) 0001 1111

(c) 1001 1101 (d) 1110 0001

74. LSI चिप में होते हैं—

(a) 100 से अधिक परन्तु 1000 से कम गेट्स

(b) 500 से अधिक परन्तु 1000 से कम गेट्स

(c) 1000 से अधिक गेट्स

(d) 5000 से अधिक गेट्स

75. डिजिटल ICs की स्पेसिफिकेशन्स में निम्न में से कौन-सा पैरीमीटर नहीं होता—

(a) गेट अपक्षय (Gate dissipation)

(b) प्रोपेगेशन डिले (Propagation delay)

(c) Noise margin

(d) बैन्ड-विड्थ (Band-width)

76. एक 12-bit D/A कनवर्टर में प्रयुक्त बाइनरी लेडर की फुल-स्केल आउटपुट +10V है। कनवर्टर का रिजॉल्यूशन होगा—

(a) 2·44mV (b) 3·50mV

(c) 4·32mV (d) 5·12mV

77. एक 3-bit simultaneous A/D कनवर्टर बनाने के लिए कितने कम्पेरेटर्स की आवश्यकता है ?

(a) 7 (b) 8

(c) 15 (d) 16

78. बाइनरी संख्या 0110 का 2's कम्पलीमेन्ट है—

(a) 1001 (b) 1000

(c) 1010 (d) उपरोक्त में कोई नहीं

79. संख्या 6, ग्रे कोड में होगी—

(a) 1100 (b) 1001

(c) 0101 (d) 0110

80. MSI (medium scale integration) चिप में होते हैं—

(a) 12 से कम गेट्स (b) 100 से कम गेट्स

(c) 1000 से कम गेट्स (d) 5000 से कम गेट्स

81. BCD संख्या 1001 0011 का डेसीमल तुल्यांक है—

(a) 147 (b) 143

(c) 93 (d) 39

**82.** बाइनरी संख्या 110·101 के भिन्नात्मक मान का डेसीमल मान है—

(a) 0·125 (b) 0·625

(c) 0·825 (d) 0·5

**83.** बूलियन व्यंजक $Y = (A + \overline{B} + \overline{A}B)\,\overline{C}$ को सरल करने पर प्राप्त होगा—

(a) $A\overline{C}$ (b) $B\overline{C}$

(c) $\overline{C}$ (d) उपरोक्त में कोई नहीं

**84.** एक NAND गेट के सम्बन्ध में कुछ कथन निम्न प्रकार हैं—

(1) यदि सभी इनपुट high हैं तब आउटपुट low होती है

(2) यदि सभी इनपुट low हैं तब आउटपुट low होती है

(3) यह एक NOT एवं AND गेट के संयोजन (combination) के तुल्य है

(4) दो राशियों पर NAND ऑपरेशन, उन पर OR ऑपरेशन के समान है

उपरोक्त में 'true' है—

(a) 1, 2 (b) 1, 3

(c) 1, 4 (d) 2, 4

**85.** BCD कोड 8421 में, डेसीमल संख्या 125 तुल्य होगी—

(a) 1111101 (b) 0001 0010 0101

(c) 7D (d) FF2

**86.** यदि master/slave क्लॉक्ड फ्लिप-फ्लॉप की कुल प्रोपेगेशन डिले 200$\mu$sec है तब अधिकतम क्लॉक फ्रीक्वैन्सी होगी—

(a) 20MHz (b) 50MHz

(c) 100MHz (d) 2000MHz

**87.** एक फुल-एडर की आउटपुट में यदि Sum = S तथा Carry = C है तब—

(a) S = 1, यदि दो या अधिक इनपुट 1 हैं

(b) C = 1, यदि दो या अधिक इनपुट 1 हैं

(c) C = 1 यदि सभी इनपुट 1 हैं

(d) S = 1 यदि सभी इनपुट 1 है

**88.** डेसीमल संख्या 149 को आक्टल कोड में लिखा जायेगा—

(a) 154 (b) 178

(c) 254 (d) 225

**89.** एक इनवर्टर के सम्बन्ध में कुछ कथन निम्नलिखित हैं—

(1) इसमें 1 अथवा अधिक इनपुट हो सकती है

(2) आउटपुट की स्टेट, इनपुट की स्टेट से विपरीत होती है

(3) इसकी केवल एक इनपुट होती है

(4) यदि एक इनपुट high है तब आउटपुट low होती है

उपरोक्त में 'true' है—

(a) 1, 2 (b) 2, 3

(c) 3, 4 (d) 1, 4

**90.** समस्त बेसिक फंक्शन सम्पन्न (implement) करने के लिए आवश्यक है केवल—

(a) OR गेट (b) NOT गेट

(c) AND तथा NOT गेट (d) उपरोक्त में कोई नहीं

**91.** एमीटर-कपल्ड लॉजिक की स्विचिंग स्पीड उच्च होती है क्योंकि—

(a) इसमें निगेटिव लॉजिक का उपयोग किया जाता है

(b) कन्डक्शन के समय ट्रान्जिस्टर्स सेचुरेट नहीं होते

(c) एमीटर-कपल्ड ट्रान्जिस्टर्स का उपयोग किया जाता है

(d) मल्टी-एमीटर ट्रान्जिस्टर्स का उपयोग किया जाता है

**92.** पॉजिटिव लॉजिक में NAND गेट ____ के समान ऑपरेट होगा।

(a) निगेटिव लॉजिक में NOR गेट

(b) निगेटिव लॉजिक में AND गेट

(c) निगेटिव लॉजिक इनपुट के साथ OR गेट

(d) निगेटिव लॉजिक आउटपुट के साथ AND गेट

**93.** एक $n$ डिजिट्स की बाइनरी संख्या का मान जिसमें प्रत्येक डिजिट 1 है, ____ होगा।

(a) $n^2 - 1$ (b) $2^n$

(c) $2^{(n-1)}$ (d) $2^n - 1$

**94.** NMOS इनवर्टर में—

(a) ड्राइवर तथा एक्टिव लोड एनेहन्समैन्ट टाइप होते हैं

(b) ड्राइवर एनेहन्समैन्ट टाइप तथा लोड डिपलीशन टाइप होता है

(c) ड्राइवर डिपलीशन टाइप तथा लोड एनेहन्समैन्ट टाइप होता है

(d) ड्राइवर तथा लोड दोनों डिपलीशन टाइप होते हैं

**95.** निम्न में से कौन-सी डिवाइस, बाइनरी सूचना स्टोर करने के लिए प्रयोग की जाती है।

(a) रजिस्टर (b) लैच

(c) फ्लिप-फ्लॉप (d) उपरोक्त सभी

**96.** निम्न में से TTL लॉजिक के लिए क्या true नहीं है?

(a) उत्तम स्पीड

(b) प्रति गेट, कम शक्ति व्यय (Low power dissipaton per gate)

(c) उच्च मूल्य (high cost)

(d) उपरोक्त में कोई नहीं

**97.** डेसीमल संख्या 7 के लिए ग्रे कोड है—

(a) 1100 (b) 1001

(c) 0100 (d) 0110

**98.** एक 6 बिट बाइनरी लेडर के लिए वोल्टेज लेविल निम्न प्रकार हैं—

$$0 \rightarrow 0V$$

$$1 \rightarrow +10V$$

इनपुट 101001 के लिए आउटपुट होगी

(a) 0·423V (b) 0·552V

(c) 0·641V (d) 0·923V

**99.** 'Sign magnitude representation' में लीडींग (leading) बिट—

(a) संख्या का ही एक भाग होता है

(b) पॉजिटिव संख्या के लिए 1 होता है

(c) सदा 1 होता है

(d) चिन्ह (sign) प्रदर्शित करता है

**100.** एक निगेटिव डेसीमल – N संख्या 2's कम्पलीमेन्ट में 1011 है। संख्या – (N + 1) होगी—

(a) 1010 (b) 1100

(c) 1110 (d) 1101

**101.** ECL लॉजिक का उपयोग ____ स्तर की उच्च आवृत्तियों को स्विच करने के लिए किया जा सकता है।

(a) 1MHz (b) 100MHz

(c) 500MHz (d) 1GHz

**102.** डेसीमल संख्या 2 के लिए ग्रे कोड है—

(a) 0010 (b) 00011

(c) 1000 (d) 0101

**103.** एंस्टेबिल (astable) मल्टीवाइब्रेटर द्वारा जेनरेट की गयी वर्गाकार (square) तरंगों की आवृत्ति होती है—

(a) $f = \frac{1}{0\cdot69\,RC}$ (b) $f = \frac{1}{1\cdot38\,RC}$

(c) $f = \frac{0\cdot69}{RC}$ (d) $f = \frac{1\cdot38}{RC}$

**104.** निम्न में 'false' है—

(a) $X = \overline{X}Y = X$ (b) $X(\overline{X} + Y) = XY$

(c) $XY + X\overline{Y} = X$

(d) $ZX + Z\overline{X}Y = ZX + ZY$

**105.** डेसीमल संख्या 6 के लिए ग्रे कोड है—

(a) 1100 (b) 1001

(c) 0101 (d) 0110

**106.** 'Sign magnitude' संख्या प्रणाली में—

(a) लीडिंग बिट (leading bit), चिन्ह प्रदर्शित करता है

(b) लीडिंग बिट संख्या के मान (magnitude) का भाग होता है

(c) लीडिंग बिट सदा 0 होता है

(d) लीडिंग बिट सदा 1 होता है

**107.** मल्टीवाइब्रेटर्स में कम्युटेटिंग कैपेसिटर्स का मान होता है—

(a) 10pF (b) 50 pF

(c) 0·5$\mu$F (d) 10 $\mu$F

**108.** 10-बिट A/D कनवर्टर्स में क्वान्टाइजेशन त्रुटि (quantaization error), प्रतिशत में होती है ____

(a) 1 (b) 2,

(c) 0·1 (d) 0·2

**109.** एक NAND गेट के सन्दर्भ में निम्न कथन दिये गये हैं—

(1) यह एक AND तथा एक इनवर्टर गेट के संयोजन (combination) के तुल्य (equivalent) है

(2) यदि इसकी समस्त इनपुट 'low' है तब आउटपुट भी low होगी

(3) यदि इसकी समस्त इनपुट 'high' है तब आउटपुट low होगी

(4) दो राशियों पर NAND ऑपरेशन, उन पर OR ऑपरेशन के तुल्य है

उपरोक्त में 'true' हैं—

(a) 1, 2 (b) 1, 3

(c) 1, 4 (d) 2, 4

**110.** डेसीमल संख्या – 19 को 8-बिट 2's कम्पलीमेन्ट फॉर्म में ...... द्वारा प्रदर्शित किया जा सकता है।

(a) 1110 1110 (b) 1110 1101

(c) 1110 1100 (d) उपरोक्त में कोई नहीं

**111.** डेसीमल संख्या 13·8125, डिजिटल फॉर्म में ...... के तुल्य है ?

(a) 1101·1011 (b) 1011·1111

(c) 1101·1101 (d) 1011·1010

**112.** डेसीमल संख्या – 4 को 2's कम्पलीमेन्ट में ...... द्वारा प्रदर्शित किय। जा सकता है।

(a) 0100 (b) 1100

(c) 1011 (d) 1010

**113.** निम्न में से किस IC में केवल एक NAND गेट है ?

(a) 7410 (b) 7420

(c) 7430 (d) 7447

**114.** NOR गेट को इनवर्टर की भाँति प्रयुक्त करने के लिये—

(a) इसकी समस्त इनपुट एक साथ कनैक्ट (tied) कर दी जाती है

(b) इसकी समस्त इनपुट खुली (open) रखी जाती हैं

(c) प्रत्येक इनपुट को इनवर्टर इनपुट के समान प्रयुक्त किया जाता है

(d) उपरोक्त में कोई नहीं

**115.** एक लैम्प को स्टेयर केस परिपथ के समान दो पोजिशनों A एवं B से कन्ट्रोल किया जाता है। इस परिपथ के लिये बूलियन व्यंजक है—

(a) $A\overline{B} + \overline{A}B$ (b) $AB + \overline{AB}$

(c) $\overline{A}B + \overline{AB}$ (d) $A\overline{B} + AB$

**116.** शिमिट (Schimitt) ट्रिगर को प्रयुक्त किया जा सकता है—

(a) एक कम्परेटर के समान

(b) एक वर्गाकार जेनरेटर (square-wave generator) के समान

(c) एक फ्लिप फ्लॉप के समान

(d) उपरोक्त सभी

**117.** निम्न परिपथ में स्विच ओपिन (open) होने पर 0 को तथा क्लोज (close) होने पर 1 को प्रदर्शित करता है। परिपथ में Y के लिए व्यंजक होगा—

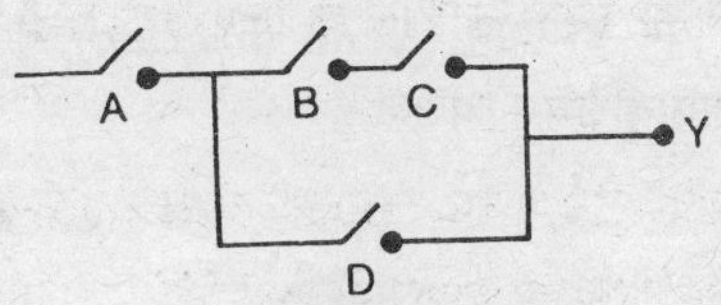


चित्र 3.31

(a) $A + (B + C) D$ (b) $A + BC + D$

(c) $A (BC + D)$ (d) उपरोक्त में कोई नहीं

**118.** किसी संख्या का 2's कम्पलीमेन्ट में 8-बिट फार्मेट 1101 0000 है। इसके तुल्य हेक्साडेसीमल फॉर्मेट होगा—

(a) –50 (b) D0

(c) 30 (d) –30

**119.** एक मल्टीवाइब्रेटर द्वारा उत्पन्न पल्स की विड्थ $t$ तथा प्रोपेगेशन डिले $\Delta t$ है। यदि पल्स ट्रेन का पीरियड $T$ है तब 'race around condition' को हटाने (avoid) के लिए शर्त है—

(a) $t = \Delta t = T$ (b) $2t > \Delta t > T$

(c) $t < \Delta t < T$ (d) $2t < \Delta t < T$

**120.** डेसीमल संख्या 17 को बाइनरी में लिखने के लिए आवश्यक डिजिट्स की संख्या है—

(a) 4 (b) 6

(c) 7 (d) 5

**121.** डेसीमल संख्या 837 को Excess-3 BCD कोड में किस प्रकार प्रदर्शित किया जायेगा ?

(a) 1001 0011 0111 (b) 1000 0001 1001

(c) 1011 0110 1010 (d) 1000 0011 0111

**122.** Mod-19 काउन्टर बनाने के लिए आवश्यक फ्लिप-फ्लॉप की संख्या है—

(a) 4 (b) 5

(c) 6 (d) 7

**123.** 60 Hz इनपुट देकर 1 Hz आवृत्ति प्राप्त करने के लिये, प्रयोग किया जाता है—

(a) 4 स्टेज का रिपल काउन्टर

(b) रिंग काउन्टर

(c) Divide by 60 काउन्टर

(d) Divide by 12 काउन्टर्स

**124.** निम्न वेन डायग्राम (Venn diagram) में शेडेड भाग के लिए बूलियन व्यंजक है—

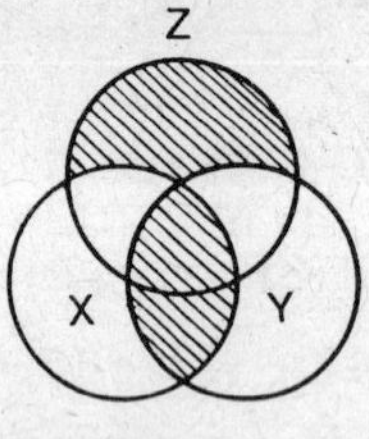


चित्र 3.32

(a) $\overline{X} + \overline{Y} + Z$

(b) $X\overline{Y}Z + \overline{X}YZ$

(c) $\overline{XY}Z + XY$

(d) $X + Y + Z$

**125.** टोटेमपोल (totempole) ड्राइवर के साथ 'Wired AND' कनैक्शन का प्रयोग नहीं किया जाता क्योंकि—

(a) फैन-आउट (fanout) घट जाता है

(b) डिले बढ़ जाती है

(c) Noise बढ़ जाता है

(d) ट्रांजियेन्ट धारा स्पाइक उत्पन्न होते हैं

**126.** निम्न 3-बिट बाइनरी डाउन काउन्टर में क्लॉक पल्स देने पर आउटपुट होगी—

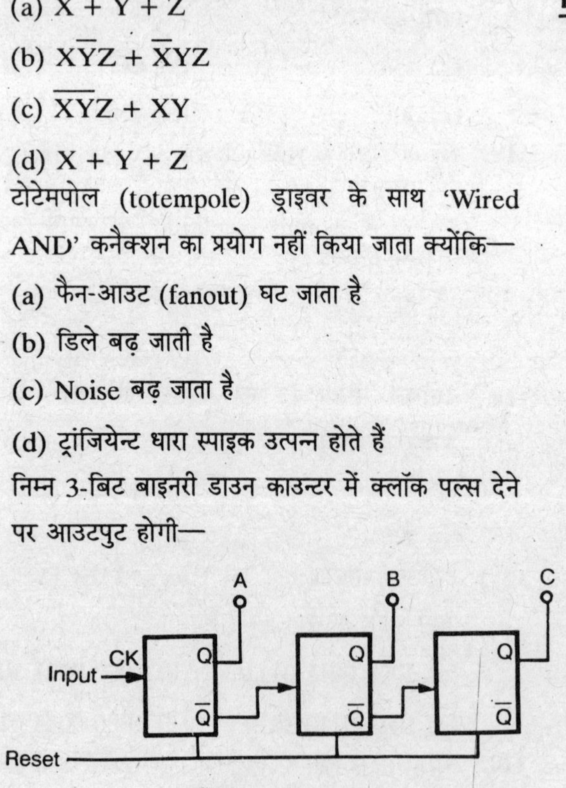


चित्र 3.33

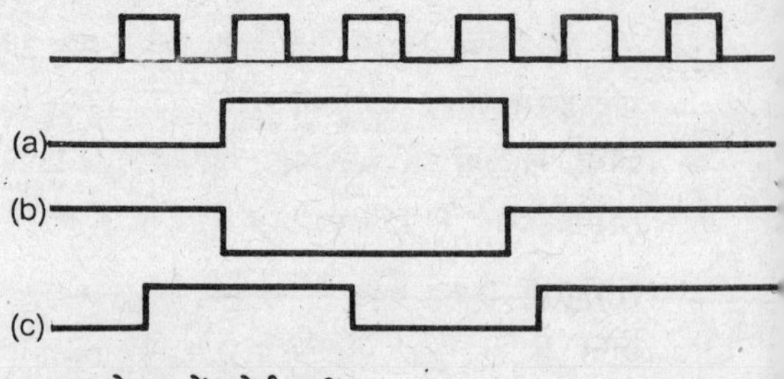


(d) उपरोक्त में कोई नहीं

**127.** व्यंजक $A\ (A + B)$ में प्रथम पद $A$ को $A + 0$ लिखने पर व्यंजक का सरल रूप होगा–

(a) $A + AB$ (b) $AB$

(c) $A$ (d) $A + B$

**128.** निम्न परिपथ की प्रारम्भिक स्थिति $Y_1 = Y_2 = 1$ है। चार इनपुट पल्स देने पर $Y_1$ तथा $Y_2$ होंगे—

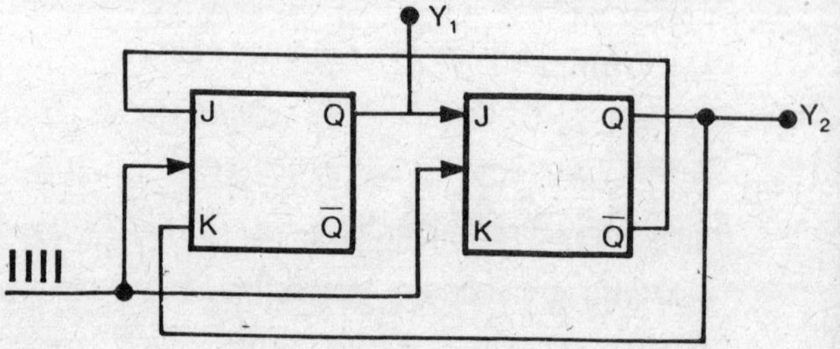


चित्र 3.34

(a) $Y_1 = 1, Y_2 = 0$ (b) $Y_1 = 0, Y_2 = 0$

(c) $Y_1 = 0, Y_2 = 1$ (d) $Y_1 = 1, Y_2 = 1$

**129.** एक हाफ एडर में A तथा B का योग (sum) ज्ञात करने के लिए प्रयुक्त NAND गेट्स की संख्या K है। K का मान होगा—

(a) 3 (b) 4

(c) 5 (d) उपरोक्त में कोई नहीं

**130.** एक कोड में संख्याओं को ट्रांसफर करने के लिये क्रमागत संख्याओं (succeeding numbers) में केवल एक डिजिट के परिवर्तन की आवश्यकता होती है। यह कोड है—

(a) ASCII (b) XS-3

(c) Gray (d) उपरोक्त में कोई नहीं

**131.** डिजिटल ICs में व्यापक रूप से प्रयुक्त की जाने वाली तकनीक है—

(a) DTL (b) TTL

(c) ECL (d) उपरोक्त में कोई नहीं

**132.** एक कनवर्टर की इनपुट पर बिट्स की संख्या क्या होगी यदि इससे 5mV का रिजॉल्यूशन प्राप्त किया जाना है? लोडर की फुल स्केल वोल्टेज +10V है।

(a) 5 (b) 8

(c) 10 (d) 11

**133.** निम्न में से किस डिवाइस को parallel-to-series कनवर्टर के समान प्रयुक्त किया जा सकता है?

(a) डिजिटल काउन्टर (b) डिकोडर

(c) डि-मल्टीप्लैक्सर (d) मल्टीप्लैक्सर

**134.** डेसीमल संख्या – 19 को 8-बिट 2's कम्पलीमेण्ट में किस प्रकार प्रदर्शित करेंगे?

(a) 1110 1110 (b) 1110 1101

(c) 1110 1100 (d) उपरोक्त में कोई नहीं

**135.** डिकोडर 7477 से ड्राइव किया जा सकता है—

(a) 7-सेगमेन्ट डिसप्ले को (b) निक्सी ट्यूब को

(c) रिले को (d) डायोड मैट्रिक्स को

**136.** एक 3-इनपुट NAND गेट को इनवर्टर की भाँति किस प्रकार प्रयुक्त किया जा सकता है—

(a) सभी इनपुट को एक साथ कनैक्ट कर एक इनपुट बना दी जाये

(b) दो इनपुट, जिन्हें प्रयुक्त न किया गया है लॉजिक 1 से कनैक्ट कर दी जाये

(c) दो इनपुट, जिन्हें प्रयुक्त न किया गया है लॉजिक 0 से कनैक्ट कर दिया जाये

(d) उपरोक्त में कोई नहीं

**137.** हाफ एडर (half adder) में होती है—

(a) एक इनपुट तथा एक आउटपुट

(b) दो इनपुट तथा एक आउटपुट

(c) दो इनपुट तथा दो आउटपुट

(d) तीन इनपुट तथा दो आउटपुट

**138.** एक 8-bit LED डिसप्ले, LED, ऑन होने पर बाइनरी 1 तथा ऑफ होने पर बाइनरी 0 प्रदर्शित करता है। यदि डिसप्ले निम्न प्रकार का है तब डिसप्ले की गयी बाइनरी संख्या का डेसीमल तुल्यांक क्या होगा?

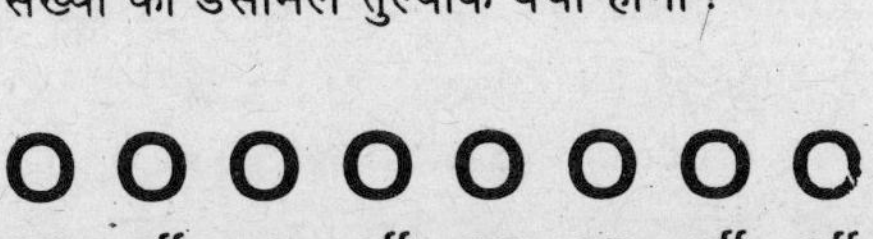


चित्र 3.35

(a) 100 (b) 121

(c) 144 (d) 172

**139.** सबसे अधिक तीव्र (fastest) बाइपोलर लॉजिक फैमिली है—

(a) DTL (b) TTL

(c) ECL (d) उपरोक्त में कोई नहीं

**140.** AND गेट के सम्बन्ध में निम्न कथन दिये गये हैं—

(1) इसकी केवल 2 इनपुट होती है

(2) इसकी 2 या अधिक इनपुट होती है

(3) यदि कोई इनपुट 'high' है तब आउटपुट भी high होती है

(4) आउटपुट 'high' प्राप्त करने के लिये सभी इनपुट 'high' होनी चाहिये

उपरोक्त में 'true' है—

(a) 1, 2 (b) 1, 4

(c) 1, 3 (d) 2, 4

**141.** निम्न में 'weighted' कोड है—

(a) XS-3 कोड (b) शिफ्ट काउन्टर कोड

(c) ग्रे कोड (d) 5111 कोड

**142.** किस गेट की आउटपुट 'low' होने के लिए सभी इनपुट 'high' होनी चाहिये?

(a) इनवर्टर (b) AND

(c) NOR (d) NAND

**143.** डेसीमल संख्या 39, बाइनरी में है—

(a) 1000111 (b) 100111

(c) 101011 (d) 100101

**144.** निम्न परिपथ में—

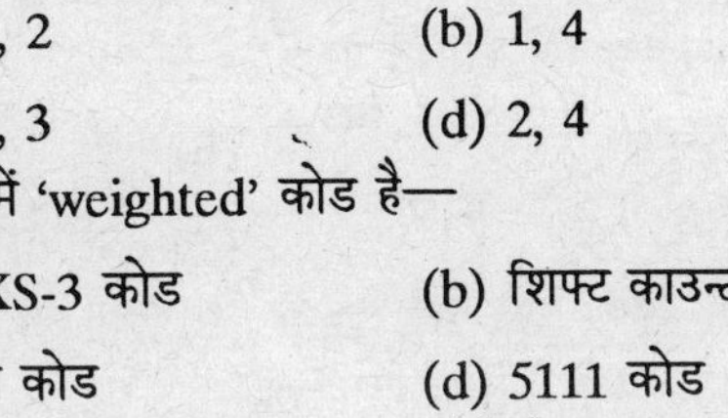


चित्र 3.36

यदि $AB$ = 00 तब $AB$ = 01 के लिए $C$ तथा $S$ के मान हैं—

(a) 0, 0 तथा 0, 1 (b) 0, 0 तथा 1, 0

(c) 0, 1 तथा 0, 0 (d) 1, 0 तथा 0, 0

**145.** डेसीमल संख्या 149, BCD कोड 8421 में odd पैरिटी के साथ है—

(a) 00001 00100 11001

(b) 0001 0100 1001

(c) 00010 01001 10011

(d) उपरोक्त में कोई नहीं

**146.** NMOS युक्ति को वरीयता (preference) दी जाती है क्योंकि—

(a) इसकी इनपुट इम्पीडैन्स उच्च होती है

(b) इसमें स्टैटिक (static) पावर व्यय कम है

(c) इसके लिए कम सिलिकॉन क्षेत्र (area) की आवश्यकता होती है

(d) इसके लिए अधिक सिलिकॉन क्षेत्र की आवश्यकता होती है

**147.** बाइनरी संख्या 00000111 का 2's कम्पलीमेन्ट हेक्साडेसीमल फॉर्म में है—

(a) F8 (b) F9

(c) – 79 (d) उपरोक्त में कोई नहीं

**148.** एक हाफ एडर की इनपुट A तथा B है। इसकी आउटपुट में कैरी C होगी—

(a) $A + B$ (b) $AB$

(c) $\overline{AB}$ (d) उपरोक्त में कोई नहीं

**149.** 'Charge Coupled device' (CCD) में—

(a) प्रति बिट मूल्य कम होता है (low cost per bit)

(b) प्रति बिट मूल्य अधिक होता है (high cost per bit)

(c) घनत्व कम होता है (low density)

(d) उपरोक्त में कोई नहीं

**150.** डेसीमल संख्या 175, ऑक्टल प्रणाली में होगी—

(a) 257 (b) 752

**151.** रिंग काउन्टर तथा ...... एक समान ही होते हैं।

(a) Up-down काउन्टर (b) Parallel काउन्टर

(c) शिफ्ट रजिस्टर (d) उपरोक्त में कोई नहीं

**152.** 8K क्षमता की मैमोरी का अर्थ है—

(a) $10^8$ (b) 8000

(c) $8 \times 1024$ (d) उपरोक्त में कोई नहीं

**153.** बूलियन व्यंजक $\overline{XYZ} + \overline{X}Z + YZ + XY\overline{Z}$ को कम्पलीमेन्टरी मैप से सरल करने पर न्यूनतम (minimum) प्राप्त होगा—

(a) $\overline{XY} + XY + \overline{X}Y$ (b) $\overline{XY} + XY + YZ$

(c) $(X + \overline{Y} + Z)(\overline{X} + Y)$

(d) $(\overline{X} + \overline{Y})(X + Y + Z)$

**154.** एक 8-बिट A/D कनवर्टर को, जिसकी रैफ्रेन्स वोल्टेज +10V है, डिजिटल डाटा 1010 1100 फीड करने पर एनेलॉग आउटपुट होगी—

(a) 1·05V (b) 6·53V

(c) 10·10V (d) 11·11V

**155.** किस फ्लिप-फ्लॉप में रेस की समस्या (race problem) नहीं होती—

(a) T फ्लिप-फ्लॉप (b) D फ्लिप-फ्लॉप

(c) JK फ्लिप-फ्लॉप

(d) मास्टर-स्लेव फ्लिप-फ्लॉप

**156.** BCD संख्या 1001 0011 का डेसीमल तुल्यांक है—

(a) 147 (b) 143

(c) 93 (d) 39

**157.** डेसीमल संख्या – 7 का 2's कम्पलीमेन्ट है—

(a) 1·1001 (b) 1·1000

(c) 1·0111 (d) 0·0111

**158.** निम्न परिपथ में—

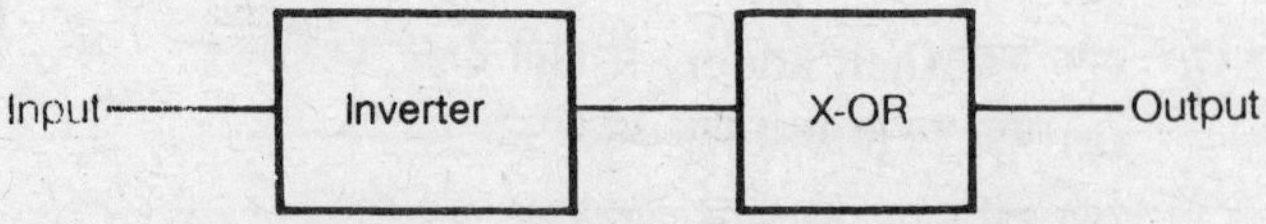


चित्र 3.37

(a) इनपुट वर्ड की पैरिटी even होने पर आउटपुट high होगी

(b) इनपुट वर्ड की पैरिटी odd होने पर आउटपुट high होगी

(c) आउटपुट, इनपुट word की 1's कम्पलीमेन्ट होगी

(d) आउटपुट, इनपुट word की 2's कम्पलीमेन्ट होगी

**159.** शिमिट ट्रिगर को साइनुसायडल (sinusoidal) इनपुट देने पर आउटपुट ...... होगी।

(a) Saw tooth तरंग

(b) वर्गाकार (square) तरंग

(c) साइनुसॉयडल

(d) उपरोक्त में कोई नहीं

**160.** ASCII कोड ...... को बाइनरी कोड में परिवर्तित करता है।

(a) केवल अक्षर (alphabet only)

(b) केवल संख्यायें (numbers only)

(c) एल्फा-न्यूमेरिक तथा अन्य सामान्य संकेत (alphanumerics and other common symbols)

(d) उपरोक्त में कोई नहीं

**161.** पैरिटी चैक से सामान्यतः ज्ञात की जाती है—

(a) 1-bit त्रुटि (b) डबल बिट त्रुटि

(c) 3-bit त्रुटि

(d) कितने भी बिट की त्रुटि

**162.** संख्या $2^5$ का आक्टल प्रणाली में मान है—

(a) 40 (b) 20

(c) 400 (d) 200

**163.** हैक्साडेसीमल संख्या C3 को बाइनरी में प्रदर्शित कर सकते हैं—

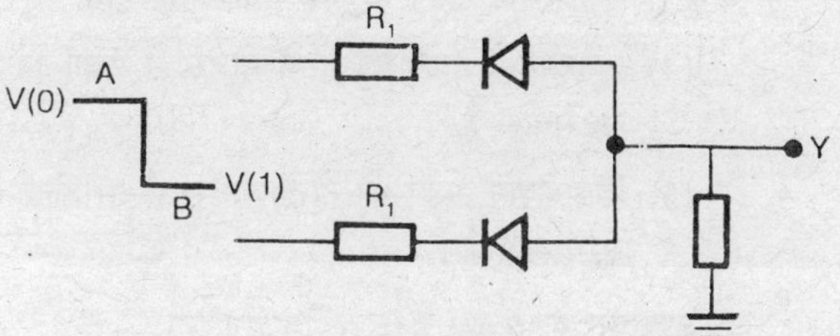


चित्र 3.38

(a) 1111 (b) 110 011

(c) 111 100 (d) 1100 0011

**164.** निम्न परिपथ है—

(a) पॉजिटिव लॉजिक OR सर्किट

(b) निगेटिव लॉजिक OR सर्किट

(c) पॉजिटिव लॉजिक AND सर्किट

(d) निगेटिव लॉजिक AND सर्किट

**165.** EX-OR के लिये व्यंजक है—

(a) $\overline{(A + B)}\,(AB)$ (b) $AB + \overline{AB}$

(c) $(A + B)\,(\overline{AB})$ (d) उपरोक्त में कोई नहीं

**166.** किस लॉजिक फैमिली में 'Logging' होती है—

(a) RTL (b) HTL (c) DCTL (d) TTL

**167.** XS-3 कोड में ऐसी दो संख्यायें जोड़ने के लिये, जिनका योग 9 से कम हो, यह आवश्यक है कि—

(a) योग (sum) में से 0011 घटाया (subtract) जाये

(b) योग (sum) में 0011 जोड़ा जाये

(c) योग (sum) में से 0110 घटाया जाये

(d) योग (sum) में 0110 जोड़ा जाये

**168.** बाइट (byte) का अर्थ है—

(a) 2 बिट्स की स्ट्रिंग (b) 4 बिट्स की स्ट्रिंग

(c) 8 बिट्स की स्ट्रिंग (d) उपरोक्त में कोई नहीं

**169.** MOS फैमिली के कुछ सदस्य है PMOS, NMOS, CMOS। वह फैमिली जिसमें पावर क्षय कम (low power consumption) होता है तथा LSI के क्षेत्र में व्यापक रूप से प्रयुक्त की जाती है,

(a) NMOS (b) CMOS

(c) PMOS (d) NMOS तथा CMOS दोनों

**170.** एक 5-बिट प्रतिरोधी (resistive) लेडर में LSB का स्थानीय मान (weight) होता है—

(a) 32 (b) 1/32

(c) 31 (d) 1/31

**171.** ASCII एक इनपुट-आउटपुट कोड है। यह—

(a) 2-bit कोड है (b) 4-bit कोड है

(c) 7-bit कोड है (d) 8-bit कोड है

**172.** काउन्टर्स का उपयोग ...... मापन में किया जा सकता है।

(a) फ्रीक्वैन्सी (b) समय (time)

(c) दूरी (distance) (d) a, b तथा c तीनों

**173.** निम्न में से कौन-सा विद्युत परिपथ दिये गये लॉजिक परिपथ के तुल्य—

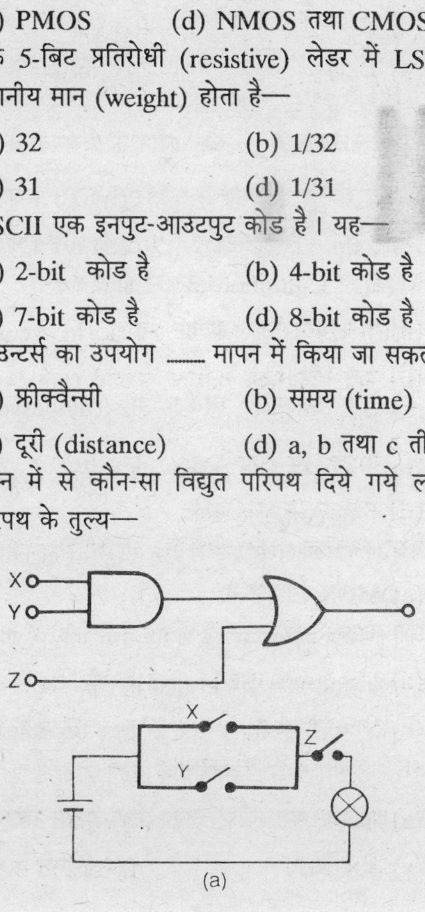


(a)

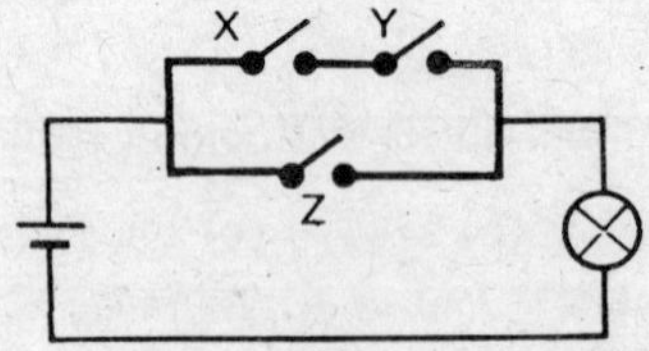

(b)

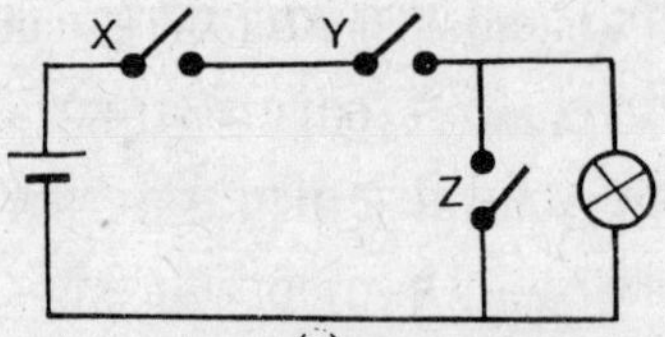

(c)

(d) उपरोक्त में कोई नहीं

चित्र 3.39

**174.** निम्न में Unweighted कोड है—

(a) 8421 (b) XS–3

(c) 2421 (d) 63210

**175.** निम्न बाइनरी संख्या में कितने बाइट हैं ?

1010 1100 0101 1101 1110

(a) 2 (b) 3

(c) $2\frac{1}{2}$ (d) $3\frac{1}{2}$

**176.** रिपल काउन्टर ....... के समान कार्य करता है—

(a) $2^n : 1$ काउन्टर (b) 2 : 1 काउन्टर

(c) 2n : 1 काउन्टर (d) n : 1 काउन्टर

**177.** 'Race Condition' उत्पन्न होती है—

(a) कम्बीनेशन सर्किट में (in combination circuits)

(b) एसिन्क्रोनस सर्किट में (in asynchronous circuits)

(c) सिन्क्रोनस सर्किट में (in synchronous circuits)

(d) डिजिटल सर्किट में (in digital circuits)

**178.** CMOS इनवर्टर में—

(1) एक ट्रान्जिस्टर N चैनल तथा एक P चैनल होता है

(2) दोनों एनेहन्सेमैन्ट टाइप होते हैं

(3) दोनों N चैनल होते हैं परन्तु एक एनेहन्समैन्ट टाइप तथा दूसरा डिपलीशन टाइप होता है

(4) एक एन्हेन्समैन्ट टाइप तथा दूसरा डिपलीशन टाइप होता है

उपरोक्त में 'true' है—

(a) 4 (b) 1, 2

(c) 1, 3 (d) उपरोक्त में कोई नहीं

**179.** बूलियन व्यंजक $X(Y + \overline{Z}) + W$ का सरल (simplified) POS है—

(a) $XY + X\overline{Z} + W$

(b) $(X + YZ)W$

(c) $(X + W)(Y + \overline{Z})$

(d) $(X + W)(Y + \overline{Z} + W)$

**180.** एस्टेबिल (astable) मल्टीवाइब्रेटर की ....... होती है ।

(a) 2 स्थायी अवस्थायें (2 stable states)

(b) 1 स्थायी तथा 1 quasistable स्टेट

(c) 2 quasistable state

(d) उपरोक्त में कोई नहीं

**181.** डिपलीशन टाइप तथा एनेहन्समैन्ट टाइप NMOS में मुख्य अन्तर है—

(1) डिपलीशन टाइप में एक + V थ्रेशोल्ड होता है

(2) डिपलीशन टाइप में $V_P$ निगेटिव होता है

(3) एन्हेन्समैन्ट टाइप में कोई चैनल नहीं होता

(4) एन्हेन्समैन्ट टाइप को दोनों मोड्स में प्रचालित किया जा सकता है

(5) डिपलीशन टाइप को दोनों मोड्स में प्रचालित किया जा सकता है

उपरोक्त में 'true' है—

(a) 1, 2, 3 (b) 3, 4, 5

(c) 2, 3, 5 (d) 2, 3, 4

**182.** NAND गेट को यूनिवर्सल लॉजिक गेट कहा जाता है क्योंकि—

(a) केवल NAND गेट्स को प्रयुक्त कर कोई भी लॉजिक realize किया जा सकता है

(b) NAND गेट realize करने के लिये सरल करने की किसी भी विधि (minimizing techniques) का उपयोग किया जा सकता है

(c) अधिकांश डिजिटल कम्प्यूटर्स NAND गेट का उपयोग करते हैं

(d) उपरोक्त सभी

**183.** वह गेट जिससे 'high' आउटपुट प्राप्त करने के लिये सभी इनपुट 'low' होनी चाहिये—

(a) इनवर्टर (b) NOR

(c) AND (d) NAND

**184.** एक स्टेबिल मल्टीवाइब्रेटर में बेस प्रतिरोधों (base resistors) का मान 100K तथा कैपेसिटर्स का मान 1,000 pF है। आउटपुट की फ्रीक्वैन्सी होगी—

(a) 1·2 KHz (b) 5·5 KHz

(c) 6·9 KHz (d) 12·8 KHz

**185.** स्टैन्डर्ड BCD संख्या 0110 0001 1001 का डेसीमल तुल्यांक है—

(a) 615 (b) 916

(c) 619 (d) 919

**186.** निम्न परिपथ से प्राप्त होता है—

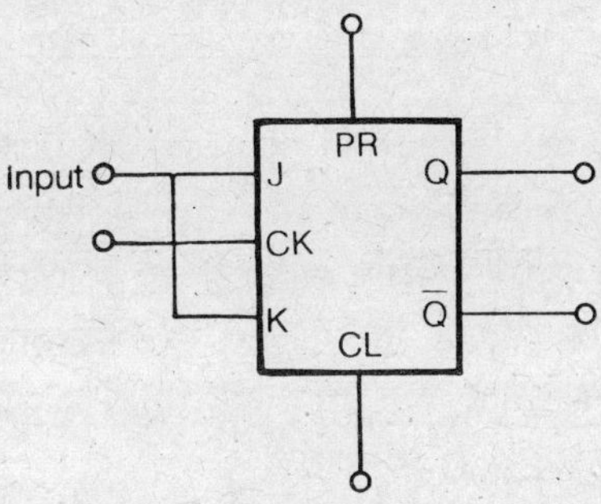


चित्र 3.40

(a) मास्टर-स्लेव एक्शन (b) डिले गेट

(c) टॉगल स्विच (d) उपरोक्त में कोई नहीं

**187.** निम्न परिपथ की आउटपुट ($Y$) है—

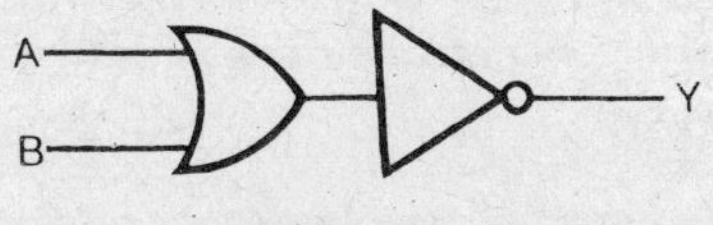


चित्र 3.41

(a) $\overline{A} + \overline{B}$ (b) $AB$

(c) $\overline{AB}$ (d) उपरोक्त में कोई नहीं

**188.** कारनॉप मैप (K-Map) द्वारा केवल ____ फंक्शन सरल (simplify) किये जा सकते हैं।

(a) SOP form (b) POS form

(c) Canonical form (d) All forms

**189.** डेसीमल संख्या 85 को किस कोड में 1100 0101 द्वारा प्रदर्शित करते हैं—

(a) 8421 (b) 4421

(c) 2421 (d) 2221

**191.** बाइनरी भिन्न 0·0111 का डेसीमल तुल्यांक है—

(a) 0·4375 (b) 0·6225

(c) 0·8325 (d) 0·1105

**191.** बाइनरी संख्याओं 1111 तथा 1101 को जोड़ने के लिये आवश्यकता होगी—

(a) 1FA तथा 1HA (b) 3FA

(c) 3FA तथा 1HA (d) उपरोक्त में कोई नहीं

[FA – Full adder, HA – Half adder]

**192.** निम्न परिपथ की आउटपुट ($Y$) होगी—

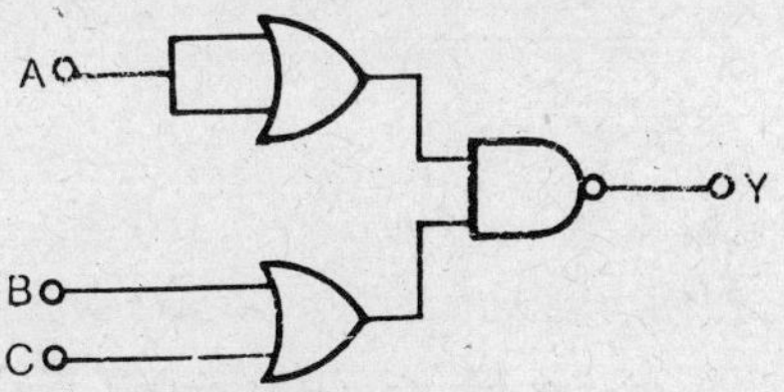


चित्र 3.42

(a) $Y = \overline{A} + \overline{BC}$ (b) $Y = A + BC$

(c) $Y = \overline{AB} + \overline{AC}$ (d) $Y = A + B\overline{C}$

**193.** एक AND गेट के चार इनपुट ABCD है। आउटपुट 1 होने के लिए इनपुट होगी—

(a) 0000 (b) 1000

(c) 1111 (d) 0001

**194.** IC श्रेणी 74 की फैन-आउट है—

(a) 4 (b) 5

(c) 8 (d) 10

**195.** एक binary-to-decimal डिकोडर को 1-of-10 डिकोडर कहते हैं क्योंकि—

(a) एक समय पर एक इनपुट high होती है

(b) सभी इनपुट 'high' होने पर ही आउटपुट high होती है

(c) एक समय पर केवल एक आउटपुट लाइन high होती है

(d) इसकी 10 इनपुट लाइनें होती हैं

**196.** फ्लिप-फ्लॉप एक ...... होता है।

(a) 1-bit स्टोरेज सैल (b) 2-bit स्टोरेज सैल

(c) 3-bit स्टोरेज सैल (d) 4-bit स्टोरेज सैल

**197.** D फ्लिप-फ्लॉप तथा T फ्लिप-फ्लॉप का उपयोग क्रमशः ...... के समान होता है।

(a) टोगल स्विच तथा डिले गेट

(b) डिले गेट एवं टोगल स्विच

(c) दोनों डिले गेट के समान

(d) दोनों टोगल स्विच के समान

**198.** NAND ऑपरेशन है—

(a) $\overline{X + Y}$ (b) $\overline{X} + \overline{Y}$

(c) $\overline{XY}$ (d) $(\overline{X} + \overline{Y})(X + Y)$

**199.** एक बोतल में इलेक्ट्रॉनिक काउन्टर प्रयुक्त कर 60 कैपसूल भरे जाने हैं। इस काउन्टर में फ्लिप-फ्लापों की संख्या होगी—

(a) 4 (b) 5

(c) 6 (d) 7

**200.** एक 10-bit काउन्टर टाइप कनवर्टर को 1MHz क्लॉक द्वारा ड्राइव किया जाता है। अधिकतम कनवर्जन टाइम (conversion time) होगा—

(a) $1 \cdot 42\,\mu$sec (b) $10 \cdot 54\,\mu$sec

(c) $0 \cdot 460$ msec (d) $1 \cdot 024$ msec

**201.** निम्न K-मैप को सरल करने पर बूलियन व्यंजक में ...... पद (terms) प्राप्त होंगे—

| YZ \ WX | 00 | 01 | 11 | 10 |
|---|---|---|---|---|
| 00 | 1 | 0 | 1 | 0 |
| 01 | 0 | 1 | 0 | 0 |
| 11 | 1 | 0 | 1 | 0 |
| 10 | 0 | 1 | 0 | 1 |

चित्र 3.43

(a) 2 (b) 4

(c) 7 (d) 16

**202.** फुल एडर (FA) में ...... होती है।

(a) 2 बाइनरी इनपुट तथा 2 आउटपुट

(b) 3 बाइनरी इनपुट तथा 2 आउटपुट

(c) 3 बाइनरी इनपुट तथा 3 आउटपुट

(d) उपरोक्त में कोई नहीं

**203.** एक काउन्टर हैक्साडेसीमल संख्याओं को एक क्रम में प्रदर्शित करता है। यदि एक संख्या F52E है तब अगली रीडिंग होंगी क्रमश—

(a) F 52F, F 520 (b) F 530, F 531

(c) F 52F, F 530 (d) F 52F, F 52G

**204.** सर्वाधिक उपयोग में लाये जाने वाले यूनिवर्सल गेट्स हैं—

(a) OR तथा AND (b) NOR तथा NAND

(c) NOR तथा AND (d) NAND तथा OR

**205.** शिफ्ट रजिस्टरों में प्रयुक्त किये जाने वाले फ्लिप-फ्लॉप हैं—

(a) SR फ्लिप-फ्लॉप (b) JK फ्लिप-फ्लॉप

(c) D फ्लिप-फ्लॉप (d) T फ्लिप-फ्लॉप

**206.** जब अनेक एनेलॉग सिगनलों को डिजिटल में कनवर्ट करना होता है तब एनेलॉग मल्टीप्लैक्सर का उपयोग किया जाता है। इस कार्य के लिए सबसे अधिक उपयुक्त A/D कनवर्टर है—

(a) फारवर्ड काउन्टर टाइप

(b) Up/down काउन्टर टाइप

(c) सक्सैसिव एप्रेक्सिमेशन टाइप

(d) डुएल स्लोप टाइप

**207.** निम्न में 'correct' है—

(a) $(X + Y)(X + Z) = X$

(b) $(X + Y)(X + Z) = X + X(Y + Z)$

(c) $(X + Y)(X + Z) = X(1 + YZ)$

(d) $(X + Y)(X + Z) = X + YZ$

**208.** बूलियन व्यंजक $(A + \overline{C})(\overline{B} + \overline{C})$ को सरल करने पर प्राप्त होगा—

(a) $\overline{C} + A\overline{B}$ (b) $\overline{C}(\overline{A} + B)$

(c) $\overline{B}\,\overline{C} + A\overline{B}$ (d) उपरोक्त में कोई नहीं

**209.** 3 परिवर्ती (variables) राशियों के लॉजिक फंक्शन में पदों (terms) की संख्या होगी—

(a) 3 (b) 4

(c) 8 (d) 16

**210.** निम्न में से कौन-सा परिपथ मैमोरी कम्पोनेन्ट की भाँति प्रयुक्त किया जा सकता है—

(a) एस्टेबिल (astable) मल्टीवाइब्रेटर

(b) बाइस्टेबिल (bistable) मल्टीवाइब्रेटर

(c) NAND गेट (d) EX-OR गेट

**211.** निम्न बूलियन व्यंजक के सरल करने पर प्राप्त होगा—

$$F(X, Y, Z) = (\bar{X} + \bar{Y} + \bar{Z}) \cdot (X + \bar{Y} + Z) \cdot (X + Y + Z)$$

(a) $\bar{X} + \bar{Z}$ (b) $X$

(c) $X + \bar{Y}Z$ (d) $XY + \bar{Z}$

**212.** OR गेट में—

(1) केवल एक इनपुट होती है

(2) केवल दो इनपुट होती है

(3) दो या अधिक इनपुट होती है

(4) यदि कोई एक इनपुट 'high' है तब आउटपुट भी 'high' होती है

उपरोक्त में 'true' है—

(a) 1, 2 (b) 3, 4

(c) 2, 3 (d) 1, 4

**213.** बूलियन व्यंजक $\bar{A}B + A\bar{B}C + \overline{(A + B + C)}$ को सरल करने पर प्राप्त होगा—

(a) $A\bar{B} + \bar{B}C$ (b) $\bar{A}B + BC$

(c) $A\bar{B} + B\bar{C}$ (d) $\bar{A}B + \bar{B}C$

**214.** निम्न परिपथ बाइनरी इनपुट $Y_1, Y_2, Y_3$ को किस कोड में कनवर्ट करता है—

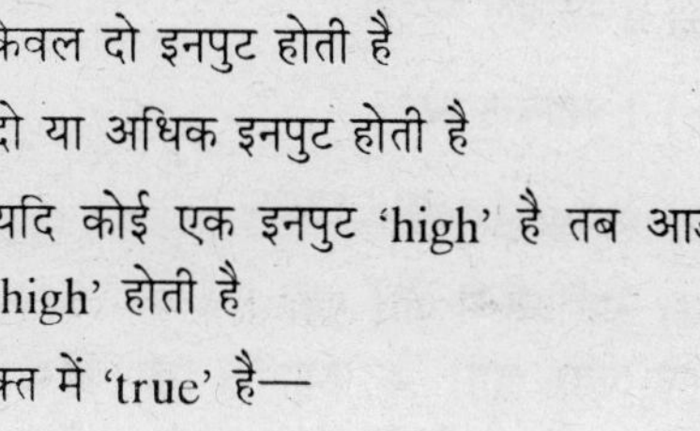


चित्र 3.44

(a) Excess-3 कोड (b) ग्रे कोड

(c) डेसीमल कोड (d) BCD कोड

**215.** निम्न परिपथ में आउटपुट $X_1$ तथा $X_2$ होंगी—

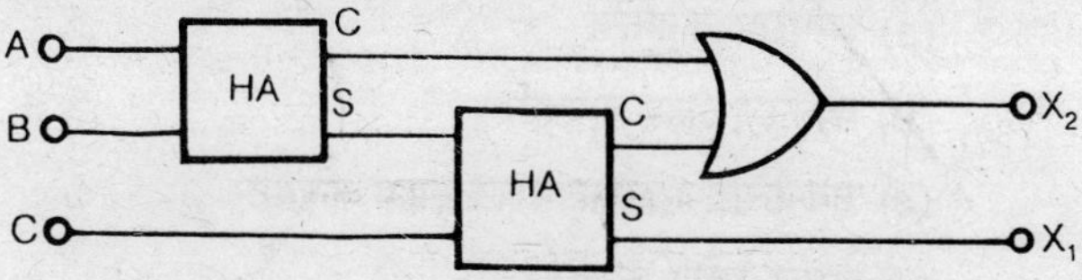


चित्र 3.45

(a) $X_1 = A\bar{B}\,\bar{C} + \bar{A}\,B\bar{C} + \bar{A}\,\bar{B}C + ABC$

$X_2 = AB + AC + BC$

(b) $X_1 = (A \oplus B) \oplus C$

$X_2 = (A \oplus B)\, C \oplus \bar{A}\,\bar{B}$

(c) उपरोक्त (a) तथा (b) दोनों

(d) उपरोक्त में कोई नहीं

**216.** निम्न परिपथ में आउटपुट Y का मान होगा—

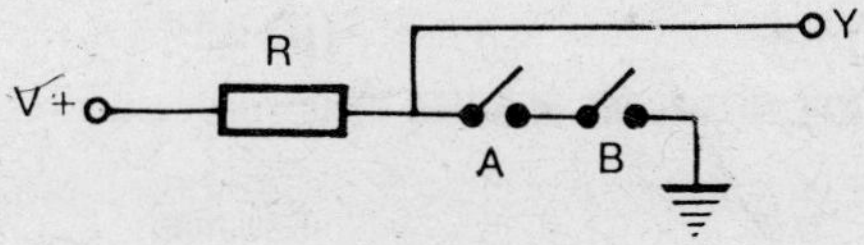


चित्र 3.46

(a) $AB$ (b) $\overline{AB}$

(c) $\overline{A + B}$ (d) उपरोक्त में कोई नहीं

**217.** एक 6-बिट एल्फा–न्यूमेरिक कोड द्वारा ________ कैरेक्टर्स को कोड किया जा सकता है।

(a) 36 (b) 48

(c) 64 (d) 128

**218.** निम्न मल्टीपल-एमीटर ट्रांजिस्टर लॉजिक है—

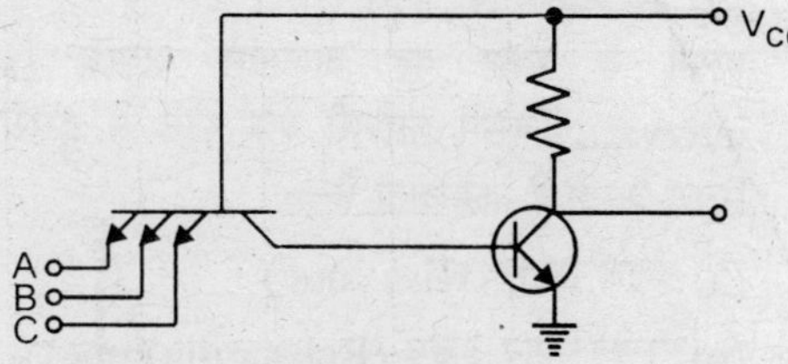


चित्र 3.47

(a) पॉजिटिव लॉजिक में AND गेट

(b) पॉजिटिव लॉजिक में NOR गेट

(c) पॉजिटिव लॉजिक में NAND गेट

(d) निगेटिव लॉजिक में NAND गेट

**219.** सर्वाधिक तीव्र (fastest) A/D कनवर्टर हैं—

(a) कम्पेरेटर कनवर्टर

(b) काउन्टर टाइप कनवर्टर

(c) सक्सैसिव एप्रोक्सिमेशन टाइप कनवर्टर

(d) डुएल स्लोप कनवर्टर

**220.** AND गेट है एक—

(a) सीक्वैन्शियल (sequential) परिपथ

(b) कम्बीनेशनल (combinational) परिपथ

(c) मैमोरी (memory) परिपथ

(d) रिलैक्सेशन (relaxation) परिपथ

**221.** 60 पल्स काउन्ट करने के लिए प्रयुक्त काउन्टर में फ्लिप-फ्लॉप की संख्या होगी—

(a) 4 (b) 6

(c) 8 (d) 10

**222.** निम्न परिपथ की आउटपुट होगी—

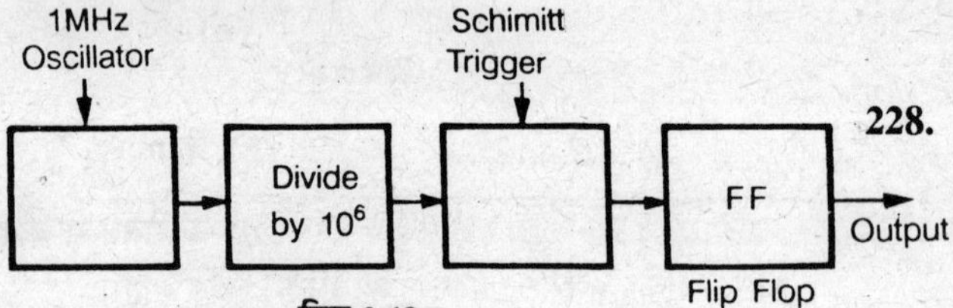


**चित्र 3.48**

(a) 0·5s अवधि (duration) की पल्स ट्रेन

(b) 2s अवधि की पल्स ट्रेन

(c) 1s अवधि की पल्स ट्रेन

(d) 5s अवधि की पल्स ट्रेन

**223.** पल्सों के मध्य वह अल्पतम अवधि (shortest interval), जिसमें बाइनरी एक स्टेट से दूसरी स्टेट में स्विच करता है, कहलाती है—

(a) राइज टाइम (Rise time)

(b) रिलैक्सेशन टाइम (Relaxation time)

(c) रिज़ॉल्विंग टाइम (Resolving time)

(d) डिले टाइम (Delay time)

**224.** 'Sign magnitude' तथा 8-बिट फॉर्मेट में दो संख्यायें निम्न प्रकार हैं—

$A = 0001\ 1110,\ B = 1001\ 1100$

इनके डेसीमल तुल्यांक होंगे—

(a) 30, 156 (b) 14, – 12

(c) 30, – 100 (d) – 28, 30

**225.** डेसीमल संख्या 2 का ग्रे कोड है—

(a) 0010 (b) 0010

(c) 1000 (d) 0101

**226.** बूलियन व्यंजक $\left[(\overline{A}B+\overline{C})D+\overline{E}\right]F$ का कम्पलीमेन्ट है—

(a) $\left[(\overline{A}+B)\overline{C}+D\right]\overline{E}+F$

(b) $(A+\overline{B})-\overline{C}D+\overline{E}+F$

(c) $\left[(\overline{A}+B)+\overline{D}\right]+\overline{E}.F$

(d) $\left[(A+\overline{B})C+\overline{D}\right]E+F$

**227.** एस्टेबिल मल्टी वाइब्रेटर की होती हैं —

(a) 2 स्टेबिल स्टेट्स

(b) 1 स्टेबिल स्टेट्

(c) 2 quasistable स्टेट्स

(d) उपरोक्त में कोई नहीं

**228.** हाफ एडर द्वारा $A$ तथा $B$ का योग (sum) प्राप्त होगा—

(a) $AB$ (b) $A + B$

(c) $A \oplus B$ (d) उपरोक्त में कोई नहीं

**229.** एस्टेबिल मल्टीवाइब्रेटर को ....... के समान उपयोग में लाया जा सकता है।

(a) वोल्टेज से फ्रीक्वैन्सी में कनवर्जन के लिये

(b) फ्रीक्वैन्सी से वोल्टेज में कनवर्जन के लिये

(c) वर्ग करने के लिये (squaring) परिपथ

(d) कम्पेरेटर परिपथ

**230.** यदि दो normally open कॉन्टेक्टस को एक normally closed रिले के श्रेणी में प्रयुक्त किया जाये तब इस परिपथ द्वारा कौन-सा लॉजिक ऑपरेशन होगा—

(a) AND (b) NAND

(c) NOR (d) उपरोक्त में कोई नहीं

**231.** N आउटपुट बिट्स के लिये सक्सैसिव एप्रोक्सिमेशन विधि में आवश्यक क्लॉक पल्स की संख्या है—

(a) (N + 2) or N (b) 2N + 1

(c) $2^N$ (d) $2^N$

**232.** K-मैप द्वारा ...... चर राशियों (variables) के व्यंजकों को सरल (reduce) करना अधिक उपयुक्त होगा—

(a) 2 (b) 3
(c) 4 (d) 5

**233.** निम्न वेन डायग्राम में शेडेड भाग (shaded portion) के लिए बूलियन व्यंजक है—

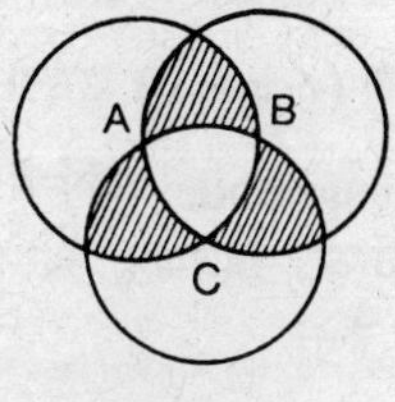


**चित्र 3.49**

(a) $AB + BC + CA$
(b) $AB\bar{C} + \bar{A}BC + A\bar{B}C$
(c) $ABC + \overline{ABC}$ (d) $\overline{ABC} + A\overline{BC}$

**234.** मोनोस्टेबिल वाइब्रेटर द्वारा उत्पन्न पल्स की विड्थ होती है—

(a) $T = RC$ (b) $T = 2RC$
(c) $T = 0{\cdot}69\,RC$ (d) $T = RC/2$

**235.** एक इनवर्टर में पॉजिटिव लॉजिक पर NOT ऑपरेशन के लिए एक NPN ट्रांजिस्टर प्रयुक्त किया गया है। यदि त्रुटिवश ट्रांजिस्टर के स्थान पर एक PNP ट्रांजिस्टर कनैक्ट कर दिया जाये तब परिपथ से प्राप्त लॉजिक होगा—

(a) पॉजिटिव लॉजिक में NOT ऑपरेशन
(b) निगेटिव लॉजिक में NOT ऑपरेशन
(c) उपयुक्त बैटरी कनैक्शन करने पर NOT ऑपरेशन
(d) उपरोक्त में कोई नहीं

**236.** हैक्सा डेसीमल संख्या BC का बाइनरी तुल्यांक है—

(a) 1010 1011 (b) 1011 1101
(c) 1011 1100 (d) 1100 1011

**237.** एक शिमिट ट्रिगर में UTP तथा LTP के मान क्रमशः 3V तथा 1V है। ट्रिगर की high एवं low स्टेटस 15V तथा 2V है। ट्रिगर को 10V peak की साइनुसॉयडल (sinusoidal) देने पर आउटपुट ...... के मध्य होगी।

(a) 1V तथा 3V (b) 2V तथा 15V
(c) 3V तथा 15V (d) 10V तथा 15V

**238.** एक 2-इनपुट गेट द्वारा बाइनरी गुणा (binary multiplication) की क्रिया की जाती है। इसके लिए उपयुक्त गेट हैं—

(a) EX-OR (b) NOR
(c) AND (d) OR

**239.** 64K क्षमता की मैमोरी का अर्थ है—

(a) 64000 (b) 6400
(c) 65536 (d) 66536

**240.** बूलियन व्यंजक $\overline{AB}C + BC + CA$ को सरल करने पर प्राप्त होगा—

(a) $\bar{A}$ (b) $B$
(c) $C$ (d) $A + B$

**241.** डायनेमिक मैमोरी निर्मित करने के लिए प्रयुक्त किये जाते हैं—

(a) ट्रांजिस्टर्स (b) फ्लिप-फ्लॉप
(c) MOSFETS (d) FETs

**242.** एक SR फ्लिप-फ्लॉप में S = R = 1 है। फ्लिप-फ्लॉप की आउटपुट होगी—

(a) 1 (b) 0
(c) Infinite
(d) Ambiguous or Indeterminate

**243.** हैक्स संख्या A0 का डेसीमल तुल्यांक है—

(a) 80 (b) 256
(c) 100 (d) 160

**244.** व्यंजक $\bar{X}YZ + ZX$ को सरल करने पर प्राप्त होगा—

(a) $Z(\bar{X} + Y)$ (b) $Z + Y$
(c) $Z(X + Y)$ (d) $ZY + X$

**245.** TTL की संस्तुत (recommended) फैन आउट है—

(a) 10 (b) 15
(c) 20 (d) 25

**246.** निम्न में कौन-सा योग (addition) सही है—

(a)
```
    0 1 0 1
    1 1 1 1
  ---------
  1 1 0 1 0
```
(b)
```
    0 1 0 1
    1 1 1 1
  ---------
  1 0 1 0 0
```
(c)
```
    0 1 0 1
    1 1 1 1
  ---------
  1 1 0 0 1
```
(d)
```
    0 1 0 1
    1 1 1 1
  ---------
  1 0 1 1 1
```

**247.** यदि एक JK फ्लिप-फ्लॉप में K इनपुट, J इनपुट का इनवर्जन है तब परिणामी फ्लिप-फ्लॉप होगा—

(a) SR फ्लिप-फ्लॉप (b) JK फ्लिप-फ्लॉप

(c) D फ्लिप-फ्लॉप (d) T फ्लिप-फ्लॉप

**248.** डेसीमल संख्या 59 को Odd पैरिटी के साथ 8421 BCD कोड में ...... द्वारा प्रदर्शित किया जा सकता है।

(a) 0101 1001 1 (b) 0101 1111 0

(c) 1001 0110 1 (d) 0100 1011 0

**249.** एक डिजिटल कन्ट्रोल परिपथ में 3 इनपुट $X, Y, Z$ हैं। यदि दो इनपुट होने पर भी परिपथ से आउटपुट प्राप्त होती है तब आउटपुट के लिए बूलियन व्यंजक होगा—

(a) $XY + YZ + ZX$

(b) $XYZ + XY\overline{Z} + \overline{X}YZ + X\overline{Y}Z$

(c) $Y\overline{Z} + X\overline{Y}Z + \overline{X}YZ$

(d) $X\overline{Y} + Y\overline{Z} + \overline{Z}X$

**250.** मल्टी प्लैक्सर का कार्य है—

(a) N इनपुट डेटा स्त्रोतों (sources) में से 1 सलैक्ट कर, एक सिंगल चैनल पर ट्रांसमिट करना

(b) N लाइनों पर डेटा ट्रांसमिट करना

(c) सीरियल से पेरेलल (serial-to-parallel) कनवर्जन करना

(d) सूचनायें डिकोड करना

**251.** डेसीमल संख्या 10 के लिए BCD कोड है—

(a) 0001 0000 (b) 1000 0000

(c) 0010 0000 (d) 0000 0001

**252.** एक लॉजिक परिपथ की तीन इनपुट हैं। इनपुट परिपथ की आउटपुट की सत्य तालिका (truth table) में विभिन्न इनपुट की संख्या होगी—

(a) 3 (b) 7

(c) 8 (d) 9

**253.** NMOS तथा PMOS के संदर्भ (reference) में—

(1) NMOS की कैरियर मोबिलिटी उच्च है

(2) PMOS को NMOS की तुलना में कम क्षेत्र (area) की आवश्यकता है

(3) NMOS परिपथ, PMOS से छोटे होते हैं

(4) PMOS की स्विचिंग तीव्र (faster) है

उपरोक्त में 'true' है—

(a) 2, 4 (b) 2, 3

(c) 1, 2, 3 (d) 1, 3

**254.** किसी संख्या के 2's कम्पलीमेन्ट का पुनः 2's कम्पलीमेण्ट लेने पर प्राप्त होता है—

(a) 1's कम्पलीमेन्ट

(b) वास्तविक (true) कम्पलीमेन्ट

(c) वास्तविक (original) संख्या

(d) 'sign magnitude' फॉर्म में संख्या

**255.** बाइनरी काउन्टर डिजाइन करने के लिए उपयुक्त फ्लिप-फ्लॉप है—

(a) D-टाइप (b) SR-टाइप

(c) लैच (d) JK टाइप

**256.** एज-ट्रिगर्ड (edge-triggered) JK फ्लिप-फ्लॉप द्वारा निर्मित रिपल काउन्टर में ...... पर पल्स इनपुट दी जाती है।

(a) सभी फ्लिप-फ्लॉप के क्लॉक इनपुट पर

(b) एक फ्लिप-फ्लॉप के क्लॉक इनपुट पर

(c) एक फ्लिप-फ्लॉप के J तथा K इनपुट पर

(d) सभी फ्लिप-फ्लॉप के J तथा K इनुपट पर

**257.** डेसीमल संख्या 12 का 9's कम्पलीमेन्ट है—

(a) 3 (b) 21

(c) 111 (d) 87

**258.** एक 2-इनपुट EX-OR गेट निर्मित करने के लिए आवश्यक 7400's की संख्या है—

(a) 1 (b) 2

(c) 3 (d) 4

**259.** एक JK फ्लिप-फ्लॉप की आउटपुट उस समय 'toggle' करती है जब—

(a) $J = 1, K = 0$ (b) $J = 0, K = 1$

(c) $J = 1, K = 1$ (d) $J = 0, K = 0$

**260.** एक 4-स्टेज BCD एडर में वह अधिकतम (maximum) संख्यायें जिन्हें जोड़ा जा सकता है ...... हैं तथा अधिकतम सम्भव योग (maximum sum possible) है।

(a) [9, 9] sum 18 (b) [10, 9] sum 19

(c) [9, 9] sum 18 (d) [10, 10] sum 20

**261.** एक इलैक्ट्रॉनिक घड़ी (clock) की क्लॉक फ्रीक्वैन्सी 32 KHz है। इस फ्रीक्वैन्सी को डिवाइड कर 1Hz तक लाने के लिए आवश्यक है—
(a) 2 डिकेड काउन्टर्स, एक 2-bit बाइनरी काउन्टर तथा एक T फ्लिप-फ्लॉप
(b) 3 डिकेड काउन्टर्स, एक 4-bit बाइनरी काउन्टर तथा एक T फ्लिप फ्लॉप
(c) एक 4-bit बाइनरी काउन्टर, एक T-फ्लिप-फ्लॉप तथा 1 डिकेड काउन्टर
(d) चार 4-bit बाइनरी काउन्टर तथा एक डिकेड काउन्टर

**262.** सर्वाधिक तीव्र (fastest) मैमोरी सैल है—
(a) कोर मैमोरी
(b) अर्धचालक (semi conductor) मैमोरी
(c) डबल मैमोरी (d) सुपर कन्डक्टर मैमोरी

**263.** हैक्साडेसीमल संख्या C3 का बाइनरी तुल्यांक है—
(a) 1111 (b) 110011
(c) 1111100 (d) 11000011

**264.** एक 2-इनपुट EX-OR गेट में—
(1) जब इनपुट अलग-अलग (different) होती है केवल तब आउटपुट 1 होती है
(2) जब दोनों इनपुट 'low' होती हैं तब आउटपुट 'high' होती है
(3) जब दोनों इनपुट 'high' होती है तब आउटपुट 'high' होती है
(4) जब एक इनपुट 'low' तथा दूसरी 'high' होती है तब आउटपुट high होती है।
उपरोक्त में 'true' है—
(a) 1, 2 (b) 2, 3
(c) 3, 4 (d) 4, 1

**265.** निम्न परिपथ है—

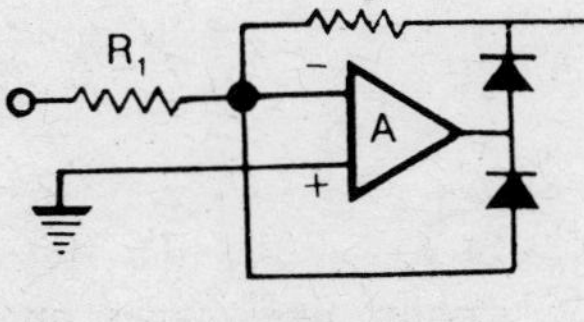


चित्र 3.50

(a) औसत डिटैक्टर (average detector)
(b) क्लैम्पिंग परिपथ (clamping circuit)
(c) हाफ-वेव रेक्टीफायर (HW rectifier)
(d) शिमिट ट्रिगर (Schimitt Trigger)

**266.** निम्न परिपथ द्वारा किया गया लॉजिक ऑपरेशन है—

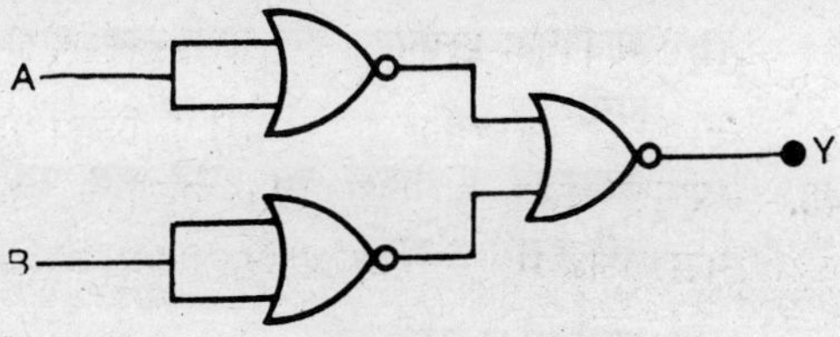


चित्र 3.51

(a) NAND (b) AND
(c) EX-OR (d) उपरोक्त में कोई नहीं

**267.** निम्न में सीक्वैन्शियल सर्किट है—
(a) AND गेट
(b) NAND गेट
(c) बाइस्टेबिल मल्टी वाइब्रेटर
(d) EX-OR गेट

**268.** डेसीमल संख्या 72905 का हैक्स तुल्यांक (hexadecimal equivalent) है—
(a) 9CC 11 (b) 11CC9
(c) 72905 (d) उपरोक्त में कोई नहीं

**269.** निम्न ट्रांजिस्टर परिपथ द्वारा किया गया लॉजिक फंक्शन है—

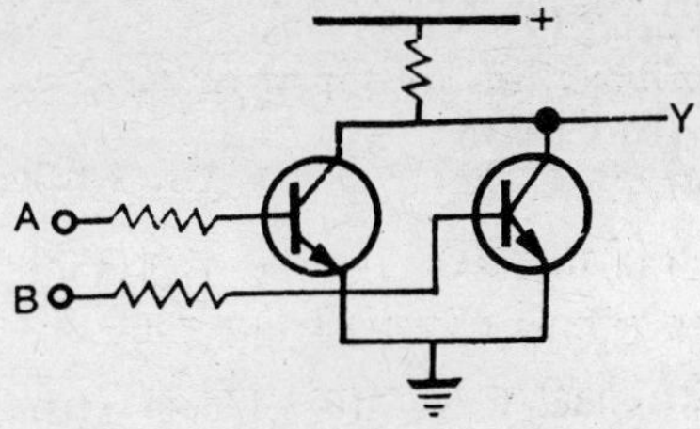


चित्र 3.52

(a) AND (b) NOR
(c) NAND (d) OR

**270.** निम्न 2-इनपुट गेट में—

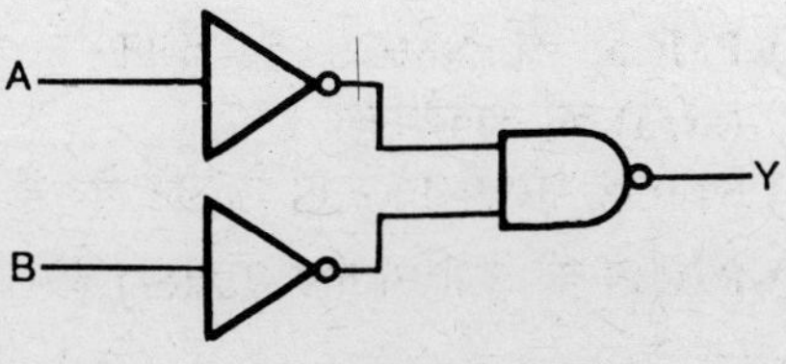


चित्र 3.53

(a) आउटपुट 1 केवल तब होगी जब दोनों इनपुट 0 होंगी

(b) आउटपुट 1 केवल तब होगी जब दोनों इनपुट 1 होगी

(c) आउटपुट 1 केवल तब होगी जब एक इनपुट 1 तथा दूसरी 0 होगी

(d) उपरोक्त में कोई नहीं

**271.** एक EX-OR गेट की सभी इनपुट $A$ है। गेट की आउटपुट $(Y)$ ......... होगी।

(a) $Y = A$

(b) $Y = 1$

(c) $Y = 0$

(d) उपरोक्त में कोई नहीं

**272.** बूलियन व्यंजक $\overline{A}B + A\overline{B}C + \overline{(A + B + C)}$ को सरल करने पर प्राप्त होगा—

(a) $A\overline{B} + \overline{B}C$ (b) $AB + BC$

(c) $A\overline{B} + B\overline{C}$ (d) $\overline{A}B + \overline{B}C$

**273.** ASCII है—

(a) 2-बिट कोड (b) 4-बिट कोड

(c) 7-बिट कोड (d) 8-बिट कोड

**274.** किस लॉजिक का Fan-out, 50 से अधिक है—

(a) TTL

(b) CMOS

(c) उपरोक्त (a) तथा (b) दोनों का

(d) उपरोक्त में कोई नहीं

**275.** किसी बाइनरी संख्या के 2's कम्पलीमैन्ट का पुनः 2's कम्पलीमैन्ट लेने पर प्राप्त होगा—

(a) 1's कम्पलीमेन्ट

(b) True कम्पलीमेन्ट

(c) मूल (original) संख्या

(d) संख्या की sign magnitude फॉर्म

**276.** BCD संख्यायें प्राप्त करने के लिये—

(a) डेसीमल संख्याओं को ऑक्टल में कनवर्ट किया जाता है

(b) डेसीमल संख्याओं को ऑक्टल में कनवर्ट किया जाता है

(c) प्रत्येक डेसीमल डिजिट को 4-बिट बाइनरी में प्रदर्शित किया जाता है

(d) बाइनरी को डेसीमल में कनवर्ट किया जाता है

**277.** EXCLUSIVE-OR के लिये व्यंजक है—

(a) $\overline{(A + B)}\,(AB)$

(b) $AB + \overline{AB}$

(c) $(A + B)\,\overline{(AB)}$

(d) उपरोक्त में कोई नहीं

**Answers :**

| | | | | | | | |
|---|---|---|---|---|---|---|---|
| 1. (c) | 36. (c) | 71. (d) | 106. (a) | 141. (d) | 176. (a) | 211. (c) | 246. (b) |
| 2. (a) | 37. (a) | 72. (d) | 107. (b) | 142. (b) | 177. (b) | 212. (b) | 247. (c) |
| 3. (a) | 38. (c) | 73. (a) | 108. (c) | 143. (b) | 178. (b) | 213. (d) | 248. (a) |
| 4. (b) | 39. (a) | 74. (a) | 109. (b) | 144. (a) | 179. (d) | 214. (b) | 249. (a) |
| 5. (d) | 40. (b) | 75. (d) | 110. (b) | 145. (a) | 180. (c) | 215. (a) | 250. (a) |
| 6. (b) | 41. (a) | 76. (a) | 111. (c) | 146. (c) | 181. (c) | 216. (b) | 251. (b) |
| 7. (c) | 42. (b) | 77. (a) | 112. (b) | 147. (b) | 182. (b) | 217. (c) | 252. (c) |
| 8. (b) | 43. (b) | 78. (c) | 113. (c) | 148. (b) | 183. (b) | 218. (c) | 253. (d) |
| 9. (c) | 44. (b) | 79. (c) | 114. (a) | 149. (a) | 184. (c) | 219. (a) | 254. (c) |
| 10. (b) | 45. (a) | 80. (b) | 115. (a) | 150. (a) | 185. (c) | 220. (b) | 255. (a) |
| 11. (a) | 46. (b) | 81. (c) | 116. (d) | 151. (c) | 186. (c) | 221. (b) | 256. (b) |
| 12. (c) | 47. (a) | 82. (b) | 117. (c) | 152. (c) | 187. (c) | 222. (b) | 257. (d) |
| 13. (a) | 48. (b) | 83. (a) | 118. (b) | 153. (c) | 188. (a) | 223. (c) | 258. (d) |
| 14. (b) | 49. (b) | 84. (b) | 119. (c) | 154. (b) | 189. (b) | 224. (c) | 259. (c) |
| 15. (a) | 50. (a) | 85. (a) | 120. (d) | 155. (d) | 190. (a) | 225. (b) | 260. (c) |
| 16. (c) | 51. (b) | 86. (b) | 121. (c) | 156. (c) | 191. (c) | 226. (d) | 261. (b) |
| 17. (c) | 52. (b) | 87. (b) | 122. (b) | 157. (a) | 192. (a) | 227. (c) | 262. (b) |
| 18. (a) | 53. (a) | 88. (d) | 123. (c) | 158. (a) | 193. (c) | 228. (c) | 263. (d) |
| 19. (a) | 54. (d) | 89. (b) | 124. (c) | 159. (d) | 194. (d) | 229. (a) | 264. (d) |
| 20. (c) | 55. (a) | 90. (c) | 125. (d) | 160. (c) | 195. (c) | 230. (c) | 265. (c) |
| 21. (a) | 56. (b) | 91. (b) | 126. (a) | 161. (a) | 196. (a) | 231. (a) | 266. (d) |
| 22. (c) | 57. (c) | 92. (a) | 127. (c) | 162. (a) | 197. (b) | 232. (c) | 267. (c) |
| 23. (b) | 58. (b) | 93. (d) | 128. (d) | 163. (d) | 198. (b) | 233. (b) | 268. (b) |
| 24. (a) | 59. (c) | 94. (b) | 129. (b) | 164. (a) | 199. (c) | 234. (c) | 269. (b) |
| 25. (a) | 60. (b) | 95. (d) | 130. (c) | 165. (c) | 200. (d) | 235. (c) | 270. (a) |
| 26. (b) | 61. (b) | 96. (c) | 131. (b) | 166. (a) | 201. (c) | 236. (c) | 271. (c) |
| 27. (a) | 62. (d) | 97. (c) | 132. (d) | 167. (a) | 202. (b) | 237. (b) | 272. (b) |
| 28. (a) | 63. (c) | 98. (c) | 133. (d) | 168. (c) | 203. (c) | 238. (c) | 273. (c) |
| 29. (b) | 64. (b) | 99. (d) | 134. (b) | 169. (b) | 204. (b) | 239. (c) | 274. (b) |
| 30. (a) | 65. (d) | 100. (a) | 135. (a) | 170. (d) | 205. (b) | 240. (c) | 275. (c) |
| 31. (c) | 66. (b) | 101. (c) | 136. (b) | 171. (c) | 206. (c) | 241. (c) | 276. (c) |
| 32. (c) | 67. (c) | 102. (b) | 137. (c) | 172. (d) | 207. (d) | 242. (d) | 277. (c) |
| 33. (b) | 68. (c) | 103. (b) | 138. (d) | 173. (b) | 208. (a) | 243. (d) | |
| 34. (b) | 69. (b) | 104. (a) | 139. (c) | 174. (b) | 209. (c) | 244. (c) | |
| 35. (b) | 70. (b) | 105. (c) | 140. (d) | 175. (c) | 210. (b) | 245. (a) | |

# 4

# माइक्रोप्रोसेसर्स

## (Microprocessors)

### 4.1. माइक्रोप्रोसेसर (Microprocessor)

माइक्रोप्रोसेसर एक प्रोग्रामेबिल (programmable) डिवाइस है। यह 4 से 16 बिट तक लम्बाई (length) के वर्ड हेन्डल करता है। ये वर्ड्स (words) कम्प्यूटर के शब्दों से अलग होते हैं। माइक्रोप्रोसेसर में 1 से 30 तक ICs हो सकते हैं। इसमें ALU (arithmetic logic unit), रजिस्टर्स, RAM, डेटा बस, तथा ROMs होती है। ROMs में ऑपरेटिंग माइक्रोप्रोग्राम होते हैं। चित्र 4.1 में माइक्रोप्रोसेसर 8085 का ब्लॉक डायग्राम दिया गया है तथा चित्र 4.2 में इसका पिन-आउट डायग्राम दिया गया है।

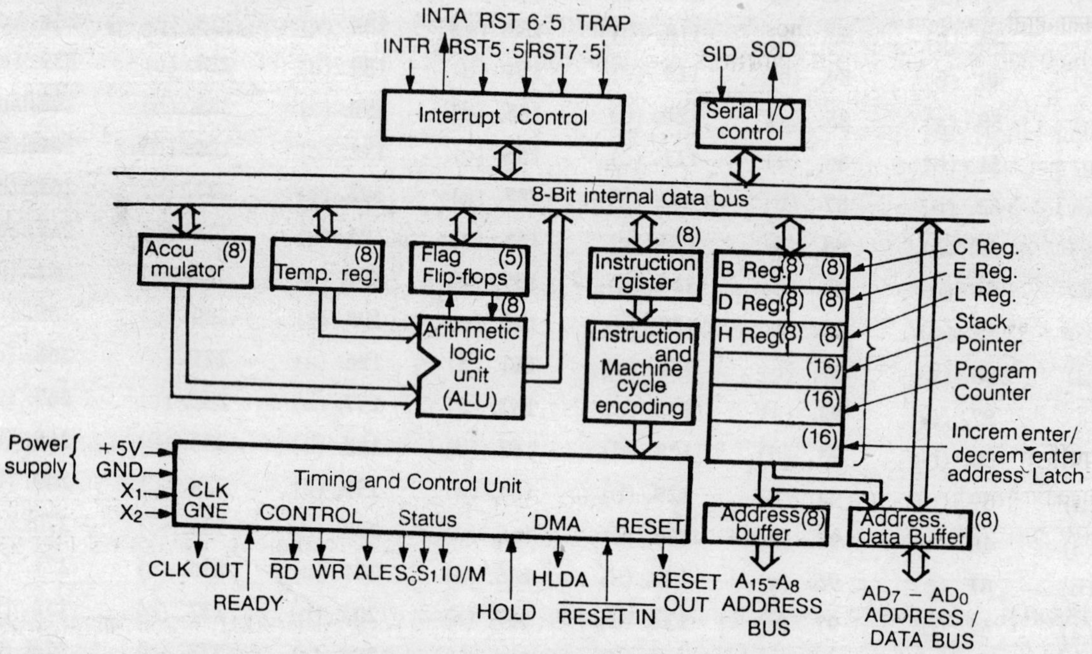


**चित्र 4.1 — इन्टेल 8085 माइक्रोप्रोसेसर का ब्लॉक डायग्राम**

माइक्रोप्रोसेसर 8085 के मुख्य भाग निम्न हैं—

(i) Arithmetic and Ligic Unit (ALU)

(ii) टाइमिंग एवं कन्ट्रोल यूनिट (Timing and Control Unit)

(iii) इन्सट्रक्शन रजिस्टर (Instruction Register)

(iv) इन्सट्रक्शन डिकोडर (Instruction Decoder)

(v) जनरल परपज़ रजिस्टर्स (GPR)

(vi) इन्टरप्ट कन्ट्रोल (Interrupt Control)

(vii) सीरियल I/O कन्ट्रोल (Serial Input/Output Control)

ALU, माइक्रोप्रोसेसर में समस्त गणितीय एवं लॉजिक इन्सट्रक्शन एक्जीक्यूट करता है। ALU के निम्न मुख्य भाग हैं—

(a) एकुमुलेटर (Accumulator)

(b) टेम्पोरेरी रजिस्टर (Temporary Register)

(c) Arithmetic and Logic Circuits

(d) फ्लैग (Flags)

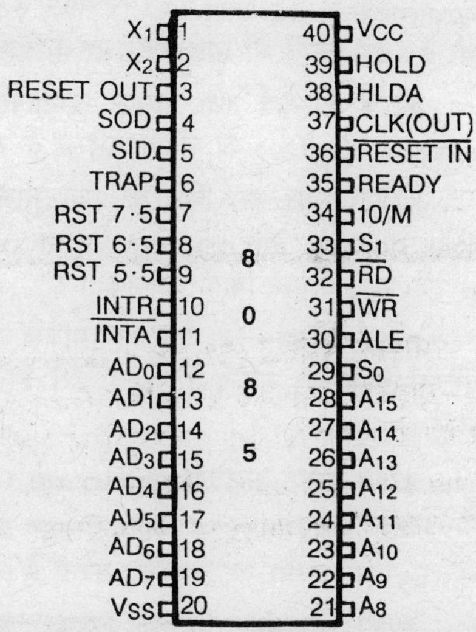


चित्र 4.2—8085 का पिन आउट डायग्राम

### एड्रैस एवं डाटा बस का टाइम मल्टीप्लेक्सिंग
### (Time Multiplexing of Address/Data Bus)

इन्टेल-8085 एक 8-बिट माइक्रोप्रोसेसर है। इसकी डाटा बस पर माइक्रोप्रोसेसर से 8-बिट्स (bits) समानान्तर में भेजे जा सकते हैं। इसी प्रकार किसी डाटा के 8-बिट्स समानान्तर में माइक्रोप्रोसेसर को भेजे जा सकते हैं। मैमोरी एड्रैस 16-बिट डाटा होता है अतः माइक्रोप्रोसेसर-8085 में 16-बिट एड्रैस बस की आवश्यकता होती है। एड्रैस के आठ most significant bits (MSB) एड्रैस बस (A-bus) द्वारा प्रेषित होते हैं। माइक्रोप्रोसेसर के पिन डायग्राम (चित्र 4.2) में पिन $A_{15}$ से $A_8$ तक एड्रैस बस को प्रदर्शित करती हैं। एड्रैस के 8 least significant bits (LSB) एड्रैस/डाटा बस (AD-bus) द्वारा भेजे जाते हैं। पिन $AD_7$ से $AD_0$ तक डाटा बस को प्रदर्शित करते हैं। एड्रैस/डाटा बस, डाटा एवं एड्रैस को एक साथ नहीं भेजती। किसी विशेष समय पर यह डाटा अथवा एड्रैस प्रेषित (transmit) करती है। इस प्रकार AD-bus टाइम शेयर्ड विधि (time shared mode) से प्रचालित होती है। यह प्रक्रिया मल्टीप्लेक्सिंग (multiplexing) कहलाती है।

सर्वप्रथम माइक्रोप्रोसेसर 16-बिट एड्रैस को AD बस पर भेजता है। इस एड्रैस के 8 MSBs एड्रैस डाटा बस (AD-bus) पर प्रेषित होते हैं। इस प्रकार एड्रैस बस की प्रभावी क्षमता (effective width) 16-बिट होती है। AD बस पर भेजे गये 8 LSB, सिगनल 'ALE' द्वारा लैच हो जाते हैं।

इस प्रकार सम्पूर्ण 16-बिट एड्रैस अगले ऑपरेशन के लिए उपलब्ध रहता है।

## 4.2. सपोर्टिंग चिप्स (Some Support Chips)

माइक्रोप्रोसेसर पर प्रोग्रामिंग करने के लिये विभिन्न सपोर्ट चिप्स की आवश्कयता होती है। इन चिप्स की सहायता से माइक्रोप्रोसेसर द्वारा विभिन् कन्ट्रोल ऑपरेशन किये जाते हैं। कुछ सामान्य रूप से प्रयुक्त (commonly used) चिप्स निम्न प्रकार हैं—

**8155/8156 R/W मैमोरी चिप**—यह एक 40 पिन चिप है। 8155 में R/W मैमोरी (RAM) के 256 बाइट्स के लिये स्पेस, तीन I/O पोर्ट्स तथा एक टाइमर होता है। मैमोरी लोकेशन 2000H – 20FFH तक होती है। पोर्ट A तथा B, 8-bit वर्ड लैच कर सकते हैं जबकि पोर्ट C केवल 8-बिट वर्ड लैच कर सकता है। पोर्ट C का उपयोग सामान्यतः सीरियल I/O अथवा हैन्डशेकिंग के लिये किया जाता है।

8156 चिप को एनेबिल (enable) करने के एक्टिव 'high' सिगनल CE की आवश्यकता होती है।

**2114 R/W मैमोरी चिप**—यह एक 18-पिन स्टैटिक RAM चिप है। इसमें 4096-बिट मैमोरी स्पेस 1024 × 4 फॉर्मेट में उपलब्ध है। इसका अधिकतम access time 450 ns है। इसके नये संस्करण (new version) 2114A का एक्सैस टाइम 100 ns है।

**8355/8755 मैमोरी चिप**—8355 तथा 8755 दोनों 16384-बिट चिप है। ये 2048 × 8 फॉर्मेट में ऑर्गेनाइज्ड हैं। 8355 एक ROM तथा 8755 EPROM चिप है। इनमें 2 आठ बिट के I/O पोर्ट है। प्रत्येक पोर्ट को इनपुट अथवा आउटपुट पोर्ट की भांति प्रोग्राम किया जा सकता है।

**8255 PPI चिप**—यह एक 40-पिन DIP पैकेज है। इसे इन्टरफेसिंग के लिये व्यापक रूप से प्रयोग किया जाता है। यह programmable parallel I/O डिवाइस है। यह एक साधारण I/O अथवा Interrupt I/O डिवाइस की भांति प्रयोग में लाई जा सकती है। इसे किसी भी माइक्रोप्रोसेसर के साथ प्रयोग किया जा सकता है।

**8279 की-बोर्ड तथा डिसप्ले कन्ट्रोलर**—यह एक 40-पिन IC पैकेज है। इसे कुंजी बोर्ड अथवा डिसप्ले डिवाइस (e, g, 7-segment display) का माइक्रोप्रोसेसर के साथ इन्टरफेसिंग के लिये उपयोग किया जाता है।

**8212 चिप**—इस चिप को एक सामान्य गेटेड बफर (gated buffer), सामान्य लैच आउटपुट बफर (simple latch output buffer), interrupting input port, output port, bidirectional bus driver तथा interrupt instruction port की भांति प्रयुक्त किया जा सकता है।

**8251A चिप**—यह एक प्रोग्रामेबिल कम्युनिकेशन इन्टरफेस है। इसके द्वारा Synchronous तथा Asynchronous दोनों ऑपरेशन किये जा सकते हैं। अतः इसे Universal Synchronous/Asynchronous Receiver/Transmitter (USART) कहते हैं।

**8259 इन्ट्रप्ट कन्ट्रोलर (Interrupt Controller 8259)** – यह एक NMOS 28-पिन DIP IC पैकेज है।

यह डिवाइस इन्ट्रप्ट डेटा ट्रांसफर (interrupt data transfer) विधि में अनेक I/O युक्तियों को उनकी प्राइरॉटी (priority) के आधार पर नियन्त्रित करती है। यह एक प्रोग्रामेबिल डिवाइस है।

**8253 प्रोग्रामेबिल इन्टरवल टाइमर**—इसका उपयोग टाइम डिले जेनरेट करने के लिये किया जाता है। यह चिप निम्न फंक्शन कर सकती है—

Complex waveform generator, Square wave generator, Digital one shot, Real-time clock आदि।

## 4.3. 8085 का इन्सट्रक्शन सैट (Instruction Set for 8085)

माइक्रोप्रोसेसर 8085 एक 8-बिट माइक्रोप्रोसेसर है अतः इसके लिये $2^8 = 256$ इन्सट्रक्शन हो सकती है। 8085 की इन्सट्रक्शन्स को 5 मुख्य समूहों में विभाजित किया गया है :

**1. Data transfer group** – MOV, MVI, LXI, LDA, STA, LHLD, SHLD, LDAX, STAX, XCHG

**2. Arithmetic group** – ADD, ADI, ADC, SUB, SUI, SBB, SBI, INR, DCR, INX, DCX, DAD, DAA

**3. Logical group** – ANA, ANI, XRA, XRI, ORA, OR-I, CMP, CPI, RLC, RRC, RAL, RAR, CMA, CME, STC

**4. Branching group** – JMP, J, CALL, RET, R, RST, PCHL,

**5. Control operations**

### एड्रैसिंग मोड (Addressing Modes)

8085 माइक्रोप्रोसेसर के इन्सट्रक्शन सैट में निम्न एड्रैसिंग मोड़ होते हैं :

1. Immediate Addressing.
2. Register Addressing.
3. Direct Addressing.
4. Indirect Addressing.

## 4.4. माइक्रोप्रोसेसर्स की कार्यप्रणाली (Working of Microprocessors)

1. कम्पयूटर में प्रायः 5 यूनिट्स होती हैं। इनपुट, मैमोरी, कन्ट्रोल यूनिट, ALU (Arithmetic-logic unit) तथा आउटपुट। कन्ट्रोल यूनिट तथा ALU प्रायः एक यूनिट में संयुक्त (combine) कर दिये जाते हैं जिसे सैन्ट्रल प्रोसेसिंग यूनिट (CPU) कहते हैं। जब CPU को किसी चिप पर निर्मित करते हैं तब इसे माइक्रोप्रोसेसर कहते हैं। माइक्रोकम्प्यूटर अपने CPU में एक माइक्रोप्रोसेसर का उपयोग करता है। अब केवल एक चिप पर माइक्रोकम्प्यूटर्स भी उपलब्ध हैं।

2. बस (bus), कन्डक्टिंग वायर्स (conducting wires) का एक समूह होता है जिनके द्वारा इलेक्ट्रिकल सिगनल ट्रांसमिट किये जाते हैं। एक सामान्य माइक्रोप्रोसेसर में विभिन्न I/O यूनिट्स तथा मैमोरी इन बसों (buses) द्वारा CPU से जुड़ी (connected) रहती है। बस (bus) एक दिशीय अथवा द्वि-दिशीय (bidirectional) हो सकती है। प्रत्येक माइक्रोकम्प्यूटर में तीन प्रकार की बसें होती हैं—एड्रैस बस (Address bus), कन्ट्रोल बस (control bus) तथा डाटा बस (Data bus)। एड्रैस बस तथा कन्ट्रोल बस यूनिडायरेक्शनल होती है जबकि डाटा बस बाइडायरेक्शनल होती है। बस की चौड़ाई (width of bus) उन सिगनल लाइनों की संख्या के बराबर होती है जो बस में होती है। उदाहरणतः एक 8-बिट माइक्रोप्रोसेसर (जैसे 8085) में 8-बिट वाइड डाटा बस होती है। 8-बिट माइक्रोप्रोसेसर्स में सामान्यतः 16-बिट वाइड एड्रैस बस होती है। अतः 8-बिट माइक्रोप्रोसेसर्स 64 Kbytes मैमोरी एड्रैस कर सकते हैं। 8085 में 16 बिट एड्रैस बस तथा 8-बिट डाटा बस मल्टीफ्लैक्स्ड (multiplexed) होती है अर्थात् एड्रैस बस के निम्न क्रम के (lower) 8-बिट्स तथा डाटा बिट्स एक ही डाटा बस (8-bits) पर ट्रांसमिट किये जाते हैं। एड्रैस बस के इस (lower) भाग को $AD_0 - AD_7$ द्वारा प्रदर्शित किया जाता है।

3. कम्प्यूटर में दो प्रकार की मैमोरी का उपयोग किया जाता है। ROM (read only memory) तथा RWM (read-write memory)। RWM को RAM भी कहा जाता है। माइक्रोकम्प्यूटर में ROM, अनेक EPROMS तथा RAM चिप्स होती हैं। ये सभी CPU से कनैक्ट रहती हैं। सभी चिप्स् ट्राइस्टेटेड (tristated) होती हैं तथा कॉमन बस से संयोजित (connected) होती है।

4. माइक्रोप्रोसेसर में एक एकुमुलेटर (ACC), एक प्रोग्राम काउन्टर (PC), एड्रैस तथा डाटा बफर्स, एक इन्सट्रक्शन रजिस्टर (IR), एक ALU, एक फ्लैग रजिस्टर, अनेक जनरल परपज रजिस्टर्स (GPRs), स्टैक प्वाइन्टर (SP) तथा एक कन्ट्रोल एवं टाइमिंग यूनिट होती है। माइक्रोप्रोसेसर में इन्डैक्स रजिस्टर्स, मैमोरी रिफ्रैश काउन्टर्स भी हो सकते हैं। 8085 में इन्डैक्स रजिस्टर्स तथा रिफ्रैश काउन्टर्स नहीं होते। इसमें ACC के अतिरिक्त 6 GPR तथा एक टेम्पोरेरी रजिस्टर होता है। इसमें एक 5-बिट फ्लैग रजिस्टर होता है। 8085 की टाइमिंग एवं कन्ट्रोल यूनिट की सहायता से हार्डवेयर इन्ट्रप्ट, DMA (direct memory access) सिगनल तथा सीरियल I/O कन्ट्रोल सिगनल से सम्बन्धित ऑपरेशन किये जा सकते हैं।

5. माइक्रोप्रोसेसर 8085 चिप एक 40-पिन DIP पैकेज हैं तथा यह +5V सप्लाई द्वारा ऑपरेट होती है। एड्रैस बस के lower, 8-bits डाटा बस मल्टीप्लैक्स होने के कारण, 8085 में 8-पिनों की बचत हो जाती है। इन पिनों को अन्य फंक्शनो जैसे SID (serial input data), इन्ट्रप्ट के 5 लेविल तथा DMA कन्ट्रोल सिगनलों (HOLD तथा HLDA) के लिये उपयोग में लाया जाता है। READY सिगनल, डाटा ट्रांसफर के हैन्डशेक मोड़ में प्रयुक्त किया जाता है। $IO^{-}/M$ सिगनल, $\overline{WR}$ तथा $\overline{RD}$ सिगनलों के साथ 'टाइप ऑफ ऑपरेशन' को प्रदर्शित करते हैं।

6. प्रोग्राम, इन्सट्रक्शन्स का एक क्रम होता है जिसे यूजर माइक्रोप्रोसेसर पर प्रचालित (run) करता है। इन्सट्रक्शन एक बाइनरी पैटर्न होता है जिसे माइक्रोप्रोसेसर समझता है तथा एग्जीक्यूट करता है।

   प्रत्येक माइक्रोप्रोसेसर का अपना अलग इन्सट्रक्शन सैट होता है। जो इसकी संरचना (architectural features) पर निर्भर करता है। प्रत्येक इन्सट्रक्शन में एक OPCODE तथा एक OPERAND अथवा दूसरे ऑपरेण्ड के लिये एड्रैस होता है। इन्सट्रक्शन के साइज को छोटा रखने के लिये, प्रायः एक ऑपरेन्ड एकुमुलेटर (ACC) में होता है। ऑपरेशन का परिणाम (result) ACC में स्टोर होता है। प्रोग्राम एक क्रम (sequence) में लिखा जाता है। सभी इन्सट्रक्शन्स मैमोरी में एक क्रम से लोकेशन में (in continuous locations) स्टोर होती हैं, अतः प्रत्येक (next) इन्सट्रक्शन के लिये एड्रैस देने की आवश्यकता नहीं होती। अनेक इन्सट्रक्शन इस प्रकार की होती हैं कि उन्हें ऑपरेन्ड की आवश्यकता नहीं होती। 8085 के ऑपकोड में 8-बिट्स होते हैं तथा किसी एड्रैस को प्रदर्शित करने के लिये 16 बिट्स प्रयोग किये जाते हैं। अतः 8085 में इन्सट्रक्शन की अधिकतम लम्बाई 3 बाईट तथा न्यूनतम एक बाइट होती है।

7. मैमोरी से डाटा प्राप्त (aquire) करने की विधि एड्रैसिंग मोड पर निर्भर करती है। एड्रैसिंग की अनेक विधियाँ हैं, direct addressing, register indirect addresing, register immediate addressing, implied addressing, relative addressing, indexed addressing, stack addressing। 8085 में relative तथा indexed addressing विधि उपलब्ध नहीं है। डायरेक्ट एड्रैसिंग विधि सरल है। इसमें किसी गणना की आवश्यकता नहीं है परन्तु इसके द्वारा अधिक डाटा (data arrays) को हेन्डल नहीं किया जा सकता। इसमें समय भी अधिक लगता है। इन्डायरेक्ट एड्रैसिंग में एड्रैस का एड्रैस इन्सट्रक्शन का पार्ट (address of the address is a part of instruction) होता है। इसके द्वारा डाटा arrays तथा

सबरूटीन सरलता से प्रोसेस किये जा सकते हैं। यद्यपि यह विधि डायरेक्ट एड्रैसिंग की तुलना में धीमी (slow) है परन्तु इसमें प्रोग्रामर को अधिक सुविधायें (flexibility) प्राप्त होती है। Immediate addressing में वास्तविक डाटा (actual data) इन्सट्रक्शन का पार्ट होता है। Immediate एड्रैसिंग को प्रयुक्त कर इन्सट्रक्शन शीघ्रता से एक्जीक्यूट की जा सकती हैं परन्तु इस विधि में flexibility कम है। Implied addressing में इन्सट्रक्शन में कोई ऑपरेन्ड नहीं होता। Indoxed addressing विधि में एक ही इन्सट्रक्शन द्वारा डाटा ऐरे (data array) के समस्त एलीमैन्टस हेन्डल किये जा सकते हैं।

8. स्टैक एड्रैसिंग में SP (stack pointer) के contents उस एड्रैस को प्रदर्शित करते हैं जहाँ डाटा स्टोर है। इस डाटा को मुख्य प्रोग्राम में आवश्यकतानुसार प्रयोग में लाया जाता है। प्रोसेसर, बाइनरी कोड में लिखे गये प्रोग्राम को ही प्रोसेस कर सकता है। मशीन भाषा में लिखे गये प्रोग्राम (machine language program), प्रोग्रामिंग का निम्नतम स्तर (lowest level) है। इसे समझना अत्यन्त कठिन है। माइक्रोप्रोसेसर की असैम्बली भाषा (assembly language) उसके इन्सट्रक्शन सैट पर निर्भर करती है। असैम्बल (assemble) एक development tool है जो असैम्बली भाषा में लिखे गये प्रोग्राम को मशीनी भाषा (machine language) में कनवर्ट करता है। इसके अतिरिक्त असैम्बलर सोर्स तथा आब्जैक्ट कोड्स की सूचि बनाता (listing) है, symbol table बनाता है, वास्तविक एड्रैस (actual address) नोट करता है, स्टोर करने के लिये मैमोरी स्पेस (store allocation) उपलब्ध कराता है तथा असैम्बली भाषा में दिये गये समस्त गणितीय ऑपरेशन (assembly time arithmetic) सम्पन्न करता है।

9. इनपुट-आउटपुट युक्तियों (I/O devices) को एड्रैस करने के लिये, I/O, I/O mapped अथवा memory mapped I/O विधि प्रयुक्त की जाती है।

10. माइक्रोप्रोसेसर 8085 का इन्सट्रक्शन सैट 4 मुख्य समूहों में विभाजित किया जा सकता है—

Data transfer group, Arithmetic and logical group, Branching group तथा Control group or I/O and machine group.

डाटा ट्रांसफर ग्रुप की इन्सट्रक्शन्स किसी भी फ्लैग को परिवर्तित (affect) नहीं करती। इस ग्रुप में direct, indirect, immediate तथा implied addressing विधियों से सम्बन्धित डाटा को लोड, शिफ्ट (move), स्टोर तथा एक्सचेंज करने से सम्बन्धित इन्सट्रक्शन्स होती हैं।

Arithmetic and logical ग्रुप की समस्त इन्सट्रक्शन्स फ्लैग्स परिवर्तित (affect) करती है। 8085 में गुणा (multiplication) तथा भाग (divide) करने के लिये कोई इन्सट्रक्शन नहीं है। फ्लैग को Reset कर तथा RAL इन्सट्रक्शन प्रयुक्त कर एकुमुलेटर (ACC) के डाटा को दो गुना (double) किया जा सकता है। इसी प्रकार RAR इन्सट्रक्शन ACC के contents को 2 से divide करती है। समस्त Rotate इन्सट्रक्शन्स Cy (Carry) फ्लैग को परिवर्तित करती है।

ब्रांच गुप में Unconditional अथवा conditional jump, conditional and unconditional call and return इन्सट्रक्शन्स, DCHL तथा software restart इन्सट्रक्शन्स हैं।

11. 8085 में स्टैक, LIFO (Last-in-first-out) के सिद्धान्त पर ऑपरेट होता है। RST इन्सट्रक्शन प्रोग्राम कन्ट्रोल को किसी पूर्व निर्धारित 'vectored' लोकेशन पर ट्रांसफर करती है। Stack, I/O तथा कन्ट्रोल ग्रुप की इन्सट्रक्शन्स I/O ऑपरेशन, स्टैक ऑपरेशन तथा आन्तरिक (internal) कन्ट्रोल फ्लैग्स को ऑपरेट करती है।

इन्सट्रक्शन्स RIM तथा SIM का उपयोग भी क्रमशः serial input तथा serial output ऑपरेशन के लिये किया जाता है।

12. CPU कम्प्यूटर प्रणाली में समस्त I/O युक्तियों से बसों (buses) के माध्यम से कम्युनिकेट करता है। अतः आउटपुट तथा इनपुट डिवाइस को माइक्रोप्रोसेसर से कनैक्ट करने के लिये Latching तथा 'Isolation' की आवश्यकता है। इस क्रिया के लिये तीन बेसिक I/O स्कीम प्रयुक्त की जाती है (i) Memory mapped I/O, (ii) Isolated I/O तथा (iii) Attached I/O।

Memory mapped I/O विधि में I/O का एड्रैस स्पेस, मैमोरी एड्रैस स्पेस का एक पार्ट (subset) होता है तथा इसके लिये किसी विशेष I/O इन्सट्रक्शन की आवश्यकता नहीं होती। वह प्रोसेसर, जिसमें isolated I/O स्पेस स्कीम प्रयुक्त की जाती है,

I/O एड्रैस स्पेस की, स्वयं सिगनल जेनरेट कर पहचान (distinguish) कर लेता है। इसके लिये विशेष I/O इन्सट्रक्शन्स की आवश्यकता होती है।

Attached I/O स्कीम में अनेक अतिरिक्त I/O पोर्ट्स माइक्रोप्रोसेसर अथवा मैमोरी चिप्स के पार्ट्स के रूप में उपलब्ध रहते हैं। इन पोर्ट्स से कम्युनिकेशन के लिये विशेष I/O इन्सट्रक्शन्स की आवश्यकता होती है।

**13.** डाटा ट्रांसफर ऑपरेशन की तीन मुख्य विधियाँ हैं—

प्रोग्राम्ड I/O (Programmed I/O), इन्ट्रप्ट ड्रिवेन I/O (Interrupt driven I/O) तथा DMA। प्रोग्राम्ड I/O में डाटा ट्रांसफर पूर्णतया माइक्रोप्रोसेसर के नियन्त्रण में होता है तथा माइक्रोप्रोसेसर को ज्ञात होता है कि किस I/O के साथ और कब कम्युनिकेशन करना है।

यदि डाटा ट्रांसफर से पहले I/O डिवाइस का स्टेटस ज्ञात करने की आवश्यकता होती है तब हैन्डशेक कन्ट्रोल विधि प्रयुक्त कर 'Asynchronous' विधि (or closed loop) द्वारा डाटा ट्रांसफर किया जाता है। ओपिन लूप अथवा सिन्क्रोनस डाटा ट्रांसफर (open loop or synchronous data transfer) विधि को उस अवस्था में उपयोग में लाया जाता है जब I/O डिवाइस का स्टेटस ज्ञात करने की आवश्यकता नहीं होती है।

इन्ट्रप्ट ड्रिवेन I/O डाटा ट्रांसफर विधि में डाटा ट्रांसफर की क्रिया डिवाइस द्वारा प्रारम्भ (initiate) की जाती है। इन्ट्रप्ट इन्सट्रक्शन (interrupt request) प्राप्त होने पर, माइक्रोप्रोसेसर अपनी नार्मल प्रोसेसिंग क्रिया रोक (suspend) कर देता है तथा इन्ट्रप्ट सर्विस रुटीन (ISR) का एक्जीक्यूशन प्रारम्भ कर देता है। इन्ट्रप्ट एक अनियोजित (unplanned) सबरुटीन 'call' के समान है। एक सिंगल इन्ट्रप्ट लाइन पर अनेक डिवाइस कनैक्ट की जा सकती हैं। परन्तु ऐसी अवस्था में पोलिंग (polling) तथा प्राथमिकता (priority) का निर्धारण किया जाता है जिसके द्वारा यह निश्चित होता है कि सर्वप्रथम किस डिवाइस से कम्युनिकेशन होना है।

**14.** माइक्रोप्रोसेसर 8085 में हार्डवेयर इन्ट्रप्ट के चार स्तर (level) है जिनकी प्राथमिकता (priority) घटते हुये क्रम में (descending order of priority) है। ये इन्ट्रप्ट हैं—TRAP, RST 7·5, RST 6·5, RST 5·5 तथा INTR। TRAP, एज ट्रिगर्ड तथा लेविल ट्रिगर्ड (edge triggered and level triggered) दोनों प्रकार से प्रयुक्त किया जा सकता है जबकि RST 7·5 केवल edge triggered है। RST 6·5 तथा RST 5·5 दोनों 'level triggered' है। TRAP एक unmaskable इन्ट्रप्ट है।

इन्सट्रक्शन DI, TRAP के अतिरिक्त अन्य सभी इन्ट्रप्ट को डिसेबिल (disable) कर देती है। इन्सट्रक्शन EI सामान्यतः ISR में ही सम्मिलित होती है। इन्स्ट्रक्शन SIM का उपयोग उस अवस्था में किया जाता है जब किसी विशेष कार्य को करने के समय, अवांछित (undesired) इन्ट्रप्ट को मास्क-ऑफ (mask off) करना हो।

इन्सट्रक्शन RIM, एक्जीक्यूट करने पर एकुमलेटर (ACC) में ऐसा बिट पैटर्न लोड करती है जिसके द्वारा 'pending interrupts' का स्टेटस मास्क (masks) तथा SID पिन चैक किया जा सकता है। 8085 की इन्ट्रप्ट प्रणाली को इन्ट्रप्ट कन्ट्रोलर (interrupt controller) 8259 द्वारा INTR लाइन पर बढ़ाया (extend) जा सकता है।

**15.** DMA का उपयोग उस समय किया जाता है जब बहुत अधिक डाटा अत्यन्त तीव्र गति से (at a fast rate) ट्रांसफर करना होता है। इस विधि में CPU का डाटा ट्रान्सफर पर कोई कन्ट्रोल नहीं होता तथा पेरीफैरल से डाटा सीधे (directly) मैमोरी में अथवा मैमोरी से पैरीफैरल में ट्रांसफर होता है। DMA डाटा ट्रांसफर के तीन मोड हैं—(i) बर्स्ट मोड (burst mode), (ii) साईकिल स्टीलिंग (cycle stealing) तथा (iii) इन्टरलीविंग (interleaving)। माइक्रोप्रोसेसर 8085 में DMA डाटा ट्रांसफर के लिये दो पिन HOLD तथा HLDA है।

माइक्रोकम्प्युटर, यूजर (user) के साथ उपयुक्त इन्टरफेसिंग युक्तियों द्वारा इन्टरएक्ट करता है। ऑपरेशनल इन्टरफेसिंग डिवाइस वे कम्पोनैन्टस हैं, जो कि माइक्रोप्रोसेसर के बेसिक फंक्शन के लिये आवश्यक है। उदाहरणतः बस ड्राइवर्स (bus drivers), रिसीवर्स (receivers), मैमोरी एवं डाटा स्टोरेज युक्तियां। यूजर (user) से डाटा प्राप्त करने अथवा यूजर को डाटा ट्रांसमिट करने के लिये जो इन्टरफेस प्रयुक्त किये जाते हैं उन्हें यूजर इन्टरएक्शन इन्टरफेस (user interaction interfaces) कहते हैं, उदाहरणतः वीडियो टर्मिनल्स, टेलीटाइपराइटर्स, कुंजी बोर्ड (Key boards) आदि।

16. डाटा की प्रकृति (nature of data i.e, analog or digital) सैन्स करने के लिये कन्ट्रोल सिस्टम में ADC तथा DAC इन्टरफेस का उपयोग किया जाता है। सैन्स किये गये स्टेटस के आधार पर माइक्रोकम्प्यूटर द्वारा लिये जाने वाले आवश्यक स्टैप्स (steps), कन्ट्रोल इन्टरफेस द्वारा लिये जाते हैं। डाटा कम्युनिकेशन में इन्टरफेस मॉडुलेशन तथा डिमॉडुलेशन के लिये सिंगल चिप इन्टरफेस का उपयोग किया जाता है। इन्हें मोडेम (modem) कहते हैं। इन्टरफेसिंग युक्तियों को तीन प्रकार से वर्गीकृत किया जा सकता है—

(i) जनरल परपज (general purpose), (ii) स्पेशल परपज़ (special purpose) तथा (iii) गणितीय प्रोसेसर पेरीफैरल्स (arithmetic processor peripherals)।

मुख्य जनरल परपज पैरीफेरल्स है—बस ट्रांसमीटर्स/रिसीवर्स, I/O पोर्टस, PIA or PPI, तथा DMA कन्ट्रोलर।

विशेष कार्यों हेतु प्रयुक्त पेरीफैरल्स (special purpose peripherals) हैं—फ्लॉपी डिस्क कन्ट्रोलर्स (FDC), CRT कन्ट्रोलर्स तथा ग्राफिक्स डिसप्ले कन्ट्रोलर्स। गणितीय प्रोसेसर्स (arithmetic processors) माइक्रोप्रोसेसर की प्रोसेसिंग क्षमता (processing capabilities) बढ़ाते हैं।

17. प्रोग्रामेबिल पेरीफैरल इन्टरफेस (PPI) एक महत्वपूर्ण इन्टरफेसिंग डिवाइस है। यह अनेक प्रकार के I/O पोर्टस उपलब्ध करा सकती है। उदाहरणत: I/O direction, I/O mode, interrupt mode, control signal polarity and direction। प्रोग्रामेबिल इन्टरफेसिंग चिप्स को अनेक प्रकार से उपयोग में लाया जा सकता है, उदाहरणत: प्रिन्टर इन्टरफेस, कुंजी बोर्ड तथा डिसप्ले इन्टरफेस आदि।

UART तथा USART चिप्स द्वारा सीरियल डाटा पैरीफैरल्स को भेजा जा सकता है अथवा पैरीफैरल्स से प्राप्त किया जा सकता है। Asynchronous फॉर्मेट में एक स्टार्ट बिट होता है जो सदा low होता है, 5, 6, 7 या 8 डाटा बिट्स, एक optional पैरिटी बिट तथा 1, $1\frac{1}{2}$ या 2 स्टॉप बिट्स होते हैं। स्टॉप बिट्स RS232C प्रोटोकोल के अनुसार सदा high होते हैं। बिट्स ट्रांसमीशन की दर बॉड रेट (baud rate) कहलाती है। धीमे (slow) पैरीफैरल्स जैसे कि टेलीटाइपराइटर्स के लिये बॉडरेट सामान्यत: 75 तथा 110 होती है तथा तीव्र गति वाले (fast) पेरीफैरल्स उदाहरणत: वीडियो मोनीटर के लिये 96200 तथा 19200 बॉड्स (bauds) होती है। सिन्क्रोनस (synchronous) सीरियरल फॉमेट में रिसीवर तथा ट्रांसमीटर एक ही क्लॉक से ऑपरेट होते हैं अत: स्टार्ट एवं स्टॉप बिट्स की आवश्यकता नहीं होती। सिन्क्रोनस सीरियल फॉर्मिट के लिये व्यापक रूप से प्रयुक्त किये जाने वाले दो प्रोटोकोल BISYNC तथा SLDC हैं। इनमें SLDC अधिक दक्ष (efficient) है।

18. प्राइरॉटी इन्ट्रप्ट कन्ट्रोलर (PIC) चिप्स उस माइक्रोप्रोसेसर के लिये अधिक उपयोगी है जिनमें इन्ट्रप्ट लाइनों की संख्या सीमित होती है। PICs, इन्ट्रप्ट की प्राइरॉटी निर्धारित करने तथा इन्ट्रप्ट वैक्टर्स जेनरेट करने के लिये प्रयुक्त किये जाते हैं। विशेष प्रकार की पैरीफैरल युक्तियाँ (special purpose peripheral devices) जो सामान्यत: सिंगल चिप कन्ट्रोलर्स होती है जटिल (complex) प्रकार के कन्ट्रोल तथा डाटा फंक्शन हेन्डल करती है। उदाहरणत: फ्लॉपी डिस्क कन्ट्रोलर (FDC) तथा CRT कन्ट्रोलर्स आदि। फ्लॉपी डिस्क मूल्य में सस्ती होती है तथा इसमें विशाल डाटा स्टोर किया जा सकता है। इनका प्रयोग माइक्रोप्रोसेसर सिस्टम के साथ किया जाता है। फ्लॉपी डिस्क को हार्ड तथा सॉफ्ट सैक्टरिंग विधियों (hard and soft sectoring methods) द्वारा फॉमेंट किया जा सकता है। हार्ड सैक्टर्ड डिस्क (hard sectored disk) में सेक्टर के आरम्भ (start of a sector) की पहचान के लिये अतिरिक्त छिद्र (holes) होते हैं। सोफ्ट सैक्टरिंग (soft sectoring) में केवल एक होल (hole) समस्त ट्रैक्स (tracks) के प्रारम्भ को प्रदर्शित करता है। IBM 3740 सोफ्ट सैक्टर्ड फॉर्मेट की भांति व्यापक रूप से प्रयुक्त किया जाता है। प्रत्येक सैक्टर 188 बाइट रिकार्ड रखते हैं जिनमें 128 डाटा बाइट होते हैं। इस फॉमेंट में 76 डाटा ट्रेक्स होते हैं तथा प्रत्येक ट्रैक में 26 सैक्टर होते हैं। इस प्रकार सम्पूर्ण स्टोरेज कैपेसिटी 250 KB होती है।

19. फ्लॉपी पर अधिक डाटा स्टोर करने के लिये उस पर डबल साइडेड रिकॉर्डिंग तथा डबल डेन्सिटी रिकॉर्डिंग (double side recording and double density recording) की जाती है। FDC द्वारा किये जाने वाले मुख्य फंक्शन, track-to-track head stepping, status checking तथा सिंगल एवं मल्टीपल रिकार्ड्स के लिये 'read and write control', 'full track read and write capability', soft sector timing generation, automatic sector searching, DMA capability आदि हैं।

ASCII कुंजीबोर्ड के साथ एक वीडियो मोनीटर, वीडियो टर्मिनल की भांति प्रयुक्त किया जाता है। विडियो टर्मिनल सामान्यतः डाटा को सीरियल फॉर्म में ग्रहण (accept) करते हैं तथा सीरियल फॉर्म में जेनरेट करते हैं। कैरेक्टर जेनरेटर एक mask-programmed ROM होती है यह वांछित (desired) कैरेक्टर्स के पैटर्न स्टोर करती है। अधिकांश कैरेक्टर जेनरेटर्स प्रत्येक कैरेक्टर के लिये $7 \times 9$ डॉट मैट्रिक्स (dot matrix) प्रयोग करते हैं। एक सामान्य वीडियो कैरेक्टर जेनरेटर में एक RAM, एक शिफ्ट रजिस्टर, एडर, वीडियो एम्पलीफायर, एक ऑसिलेटर तथा अनेक काउन्टर्स होते हैं।

**20.** I/O युक्तियाँ तीन वर्गों में विभाजित की जा सकती हैं—

(i) devices for interaction with human operators, e.g., switches, keybords, LEDS, printers, CRT displays etc.

(ii) devices for bulk storage. e.g., floppy disk drives.

(iii) devices for interaction with A/D and D/A convertors, data aequisition systems etc.

कुंजीबोर्ड में अनेक SPST (single pole single throw) स्विच होते हैं जिन्हें मैनुअली कन्ट्रोल किया जाता है। इनके द्वारा डाटा एन्ट्री (data entry) का कार्य किया जाता है।

सिंगल चिप LSI पेरीफैरल युक्तियों द्वारा कुंजीबोर्ड का सीरियल अथवा पैरेलल इनपुट के साथ इन्टरफेसिंग किया जाता है। LEDs, माइक्रोप्रोसेसर्स सिस्टम के लिये ऑप्टिकल डिस्प्ले के समान प्रयुक्त किये जाते हैं। डिसप्ले के लिये LCD तथा incandescent devices का भी उपयोग किया जाता है।

**21.** माइक्रोप्रोसेसर्स के लिये सामान्यतः उपलब्ध प्रिन्टर्स की गति 80 से 100 कैरेक्टर्स प्रति सेकण्ड होती हैं। टाइप प्रिन्टर्स, इम्पेक्ट अथवा नान इम्पैक्ट (impact or nonimpact) टाइप हो सकते हैं।

प्रायः सभी प्रिन्टर्स में, mechanical sequencing तथा serial or parallel इन्टरफेस के लिये अन्दर ही इलेक्ट्रॉनिक उपकरण लगे होते हैं। कैरेक्टर सीरियल प्रिन्टर इन्टरफेस प्रिन्ट की जाने वाली सूचना (information) को character-by-character ग्रहण (accept) करता है। इन्टरफेस में डाटा लाइन्स तथा हैन्डशेकिंग लाइन्स माइक्रोकम्प्यूटर के I/O पोर्ट्स से कनैक्ट की जाती है। एक $7 \times 9$ डॉट मैट्रिक्स प्रिन्टर को 7 सोलेनायड (solenoid) कन्ट्रोल सिगनल, दो हैन्डशेकिंग सिगनल एक NEW LINE तथा एक NEW LINEACK सिगनल की आवश्यकता होती है। इसे सोफ्टवेयर अथवा हार्डवेयर किसी में भी प्रयुक्त (implement) किया जा सकता है। टेलीटाइप (TTY) में एक कुंजीबोर्ड, एक प्रिन्टर, एक पेपर टाइप रीडर तथा एक पेपर टेप पंच होते हैं। ये सभी 110 बॉड्स (bauds) पर ऑपरेट होते हैं। ये, डाटा को Asynchronous serial फॉर्मेट में रिसीव तथा ट्रांसमिट करते हैं। TTY को माइक्रोकम्प्यूटर से इन्टरफेस करने के लिये UART का उपयोग किया जा सकता है। ऑडियो कैसेट टेप पर रिकार्डिंग फॉर्मेट प्रायः ANSI/ECMA स्टैन्डर्ड का होता है। कैसेट ड्राइव द्वारा किये गये विभिन्न फंक्शन निम्न हैं—

(i) डाटा/फाइल को ढूंढना (searching for specified data file)।

(ii) रिवाइन्ड (rewind)।

(iii) स्किप फारवर्ड तथा बैकवर्ड (skip forward or backward)।

(iv) इरेज (erase)।

(v) Read or record।

(vi) Write a record।

## 4.5. 8086/8088 माइक्रोप्रोसेसर्स (Microprocessors 8086/8088)

इन्टेल 8086 16-बिट माक्रोप्रोसेसर है। इसका उपयोग माक्रोकम्प्यूटर्स में CPU की भांति किया जाता है। 16-बिट का अर्थ है कि इसकी ALU, इसके रजिस्टर्स तथा इसकी अधिकाँश इन्सट्रक्शनस, 16-बिट बाइनरी वर्ड के साथ कार्य करने के लिये डिजाइन की गयी हैं। 8086 में एक 16-बिट डेटा बस है, अतः यह मैमोरी तथा पोर्ट्स में एक समय पर 16 अथवा 8 बिट्स Write कर सकता

है अथवा उनमें से Read कर सकता है। 8086 में एक 20-बिट एड्रैस बस है अतः यह $2^{20}$ अर्थात 1048576 (1 megabyte) मैमोरी लोकेशन एड्रैस कर सकता है, जहाँ प्रत्येक मैमोरी लोकेशन की विड्थ 1 बाइट (1 byte-wide location) है। 8086 में वर्डस (words) दो क्रमिक (consecutive) लोकेशन्स मे स्टोर होते हैं। यदि वर्ड का पहला बाइट किसी सम (even) एड्रैस पर है तब माइक्रोप्रोसेसर सम्पूर्ण शब्द (16-bits) को एक ऑपरेशन में पढ़ सकता है। यदि पहला बाइट किसी विषम (odd) एड्रैस पर है तब 8086 पहले बाइट को एक ऑपरेशन में तथा दूसरे बाइट को दूसरे ऑपरेशन में पढता है।

इन्टेल 8088 में भी 8086 के समान ही ALU तथा रजिस्टर्स होते हैं तथा दोनों का इन्सट्रक्शन सैट भी समान है। 8088 में भी एक 20-बिट एड्रैस बस है अतः यह भी 1048576 मैमोरी बाइट एड्रैस कर सकता है। मुख्य अन्तर यह है कि 8088 में 8-बिट डेटा बस है। अतः यह मैमोरी अथवा पार्टस में एक समय में 8-बिट Write/Read कर सकता है। दो क्रमिक (successive) मैमोरी लोकेशन्स से 16-बिट वर्ड पढ़ने के लिये 8088 सदैव दो read ऑपरेशन करता है। माइक्रोप्रोसेसर 8088 का उपयोग मुख्य रूप से IBM पर्सनल कम्प्यूटर्स में CPU की भांति किया जाता है।

## 4.6. 8086 की संरचना (Structure of 8086)

इन्टेल 8086 एक 16-बिट HMOS माइक्रोप्रोसेसर है। यह एक 40-पिन IC पैकेज है। यह 5V de सप्लाई पर ऑपरेट होता है। इसमें 20-बिट एड्रैस बस तथा 16-बिट डेटा बस है। 16-बिट डेटा वर्ड low-order तथा high-order बाइट में विभाजित रहता है। 20-बिट एड्रैस बस मल्टीप्लैक्स्ड मोड (multiplexed mode) में ऑपरेट होती है। 16-low-order एड्रैस बस लाइनें डाटा के साथ तथा 4-high order लाइनें स्टेटस सिगनलों संरचना के साथ मल्टीप्लैक्स्ड रहती हैं।

चित्र 4·3 में 8086 की आन्तरिक संरचना (internal structure) दिखाया गया है।

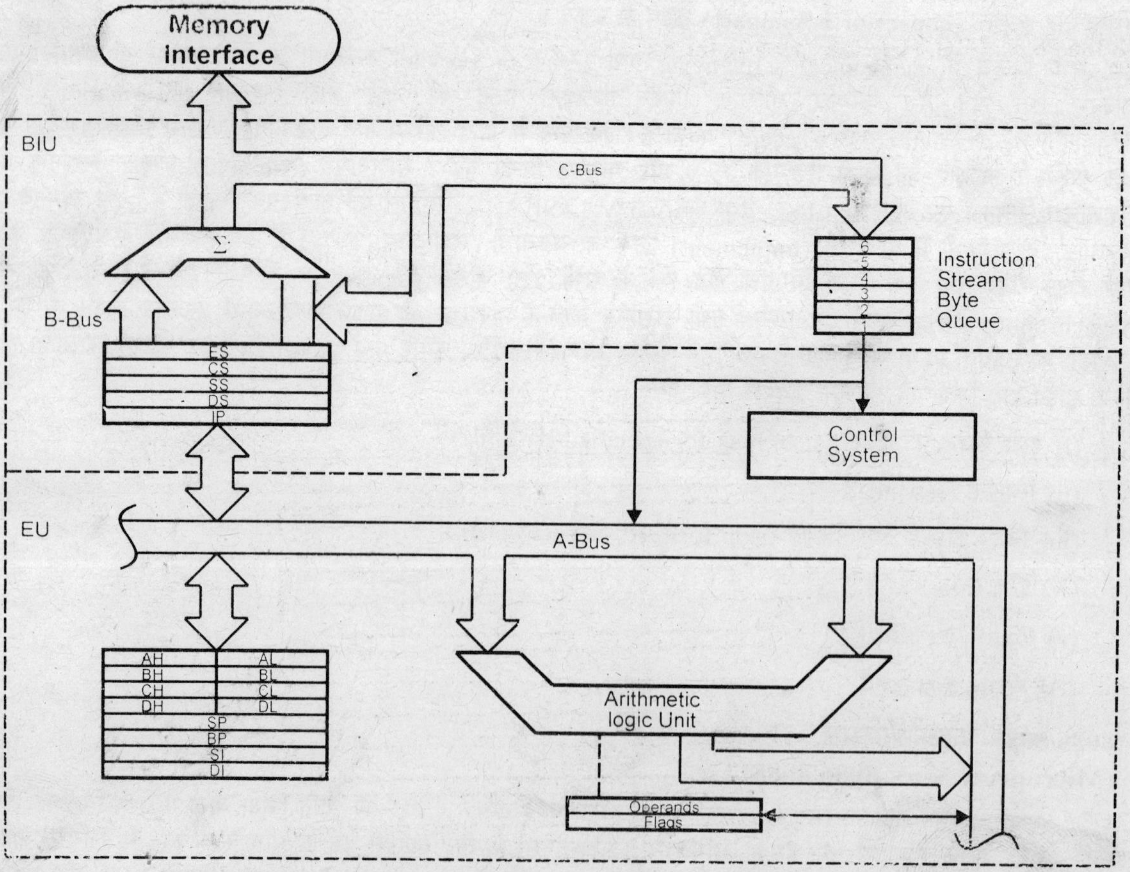


**चित्र 4.3–8086 की आन्तरिक संरचना का ब्लॉक डायग्राम (Internal Block Diagram of 8086)**

8086 का CPU दो अलग-अलग भागों मे विभाजित है; बस इन्टरफेस यूनिट (Bus interface Unit-BIU) तथा एक्जीक्यूशन यूनिट (Execution Unit-EU)। माइक्रोप्रोसेसर का कार्य, इन दोनों भागों में विभाजित होने के कारण, 8086 में प्रोसेसिंग तीव्र (fast processing) होता है। BIU, एड्रैस बाहर भेजती है, मैमोरी इन्सट्रक्शन्स फैच करती है, पोर्टस तथा मैमोरी से डेटा read करती है, पोर्टस एवं मैमोरी में डेटा Write करती है। इस प्रकार BIU, एक्जीक्यूशन यूनिट के लिये, बस (buses) पर समस्त डेटा एवं एड्रैस के ट्रांसफर का कार्य सम्पन्न करती है। यह एक 6-बाइट का ऑपकोड क्यू (queue) भी बराबर बनाये रखती है।

एक्जीक्यूशन यूनिट, क्यू (queue) से इन्सट्रक्शन ऑब्जेक्ट कोड (instruction object code) प्राप्त करती है, इन्स्ट्रक्शन्स को डिकोड करती है तथा एक्जीक्यूट करती है।

**क्यू (Queue)** – प्रोग्राम एक्जीक्यूशन की गति बढ़ाने (speed up) क लिये BIU, मैमोरी से 6 इन्सट्रक्शन बाइट, समय से पहले फैच (fetch) कर लेती है। इस प्रकार पहले से फैच किये गये (perfetched) इन्सट्रक्शन बाइट्स (instruction bytes) एक्जीक्यूशन यूनिट (EU) के लिये रजिस्टर्स के एक FIFO समूह (first-in-first-out group of registers) में स्टोर किये जाते हैं, जिसे QUEUE कहते हैं। जब EU किसी ऐसी इन्सट्रक्शन को डिकोड अथवा एक्जीक्यूट कर रही होती है जिसमें बस (buses) की आवश्यकता नहीं होती है, उस समय भी BIU इन्सट्रक्शन फैच कर सकती है। जब EU अगली (next) इन्सट्रक्शन एक्जीक्यूट करने के लिये तैयार (ready) होती है तब वह BIU में क्यू (queue) से इन्सट्रक्शन पढ़ लेती है। यह प्रक्रिया, सिस्टम मैमोरी पर कोई एड्रैस भेज कर, मैमोरी द्वारा अगली (next) इन्सट्रक्शन भेजे जाने की प्रतीक्षा करने से अधिक तीव्र है।

इन्सट्रक्शन्स की इस प्रीफैच तथा क्यू (prefetch and queue) स्कीम से प्रोसेसिंग की क्रिया तीव्र हो जाती है। किसी इन्सट्रक्शन के एक्जीक्यूट किये जाने की अवधि में ही दूसरी फैच करने की क्रिया पाइपलाइनिंग (pipelining) कहलाती है।

## इन्टेल 8086 के रजिस्टर्स (Registers of Intel 8086)

चित्र 4·4 में इन्टेल 8086 के विभिन्न रजिस्टर्स दिखाये गये हैं। इन्हें निम्न प्रकार से वर्गीकृत किया जा सकता है—

1. जनरल-परपज रजिस्टर्स (General Purpose Registers)
2. सेगमेन्ट रजिस्टर्स (Segment Registers)
3. स्टैक प्वाइन्टर रजिस्टर्स (Stack Pointer Registers)
4. अन्य प्वाइन्टर तथा इन्डैक्स रजिस्टर (Other Pointer and Index Registers)

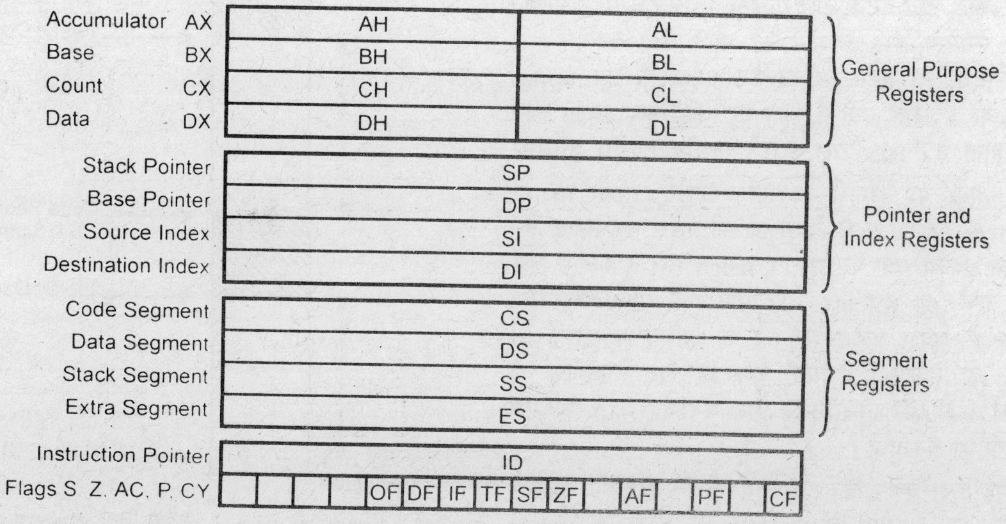


चित्र 4.4–8086 के रजिस्टर्स

## जनरल परपज रजिस्टर्स (General Purpose Registers)

इन्टेल 8086 की एक्जीक्यूशन यूनिट (EU) में 8 जनरल परपज रजिस्टर्स हैं। इसका नामांकन निम्न प्रकार है—

AH, AL, BH, CH, CL, DH तथा DL

इन रजिस्टरों को अलग-अलग 8-बिट डेटा के अस्थायी स्टोरेज (temporary storage) के लिये प्रयोग किया जा सकता है। रजिस्टर AL को एकुमुलेटर की भांति प्रयोग किया जाता है। इस रजिस्टर में कुछ ऐसी विशेषताएँ (features) हैं जो अन्य रजिस्टरों में नहीं है।

जनरल परपज, रजिस्टरों के कुछ विशेष जोड़ो (certain pairs) को एक साथ 16-बिट डाटा वर्ड स्टोर करने के लिये प्रयुक्त किया जा सकता है। अनुमन्य (acceptable) रजिस्टर पेयर्स AH-AL, BH-BL, CH-CL तथा DH-DL है AH-AL पेयर को AX रजिस्टर, BH-BL पेयर को BX रजिस्टर, CH-CL पेयर को CX रजिस्टर तथा DH-DL पेयर को DX रजिस्टर कहा जाता है। 16-बिट ऑपिरशन के लिये रजिस्टर AX, एकुमलेटर कहलाता है।

डाटा के अस्थायी (temporary) स्टोरेज के लिये internal रजिस्टर्स प्रयोग करने का मुख्य लाभ यह है कि, चूंकि डाटा EU में ही रहता है अतः external मैमोरी की तुलना में इनसे सरलता एवं शीघ्रता से (quickly) सम्पर्क (access) किया जा सकता है।

## सेगमेन्ट रजिस्टर्स (Segment Registers)

बस इन्टरफेस यूनिट में चार 16-बिट सेगमेन्ट रजिस्टर्स होते हैं—

1. कोड सेगमेन्ट रजिस्टर (Code Segment Registers) – CS
2. स्टैक सेगमेन्ट रजिस्टर (Stack Segment Registers) – SS
3. एक्स्ट्रा सेगमेन्ट रजिस्टर (Extra Segment Registers) – ES
4. डेटा सेगमेन्ट रजिस्टर (Data Segment Registers) – DS

माइक्रोप्रोसेसर 8086 की सिस्टम मैमोरी इन चार सेगमन्ट्स, कोड, डेटा, स्टैक तथा एक्स्ट्रा सेगमेन्ट्स में विभाजित रहती है। सेगमेन्ट, बेस रजिस्टर्स की भांति कार्य करते हैं। ये रजिस्टर मैमोरी, सेगमेन्ट्स के स्टार्टिंग एड्रैस के उन upper 16-बिट्स को प्रदर्शित करते हैं, जिन पर किसी क्षण 8086 कार्य कर रहा होता है। 8086 का BIU, 20-बिट एड्रैस ट्रांसमिट करता है अतः यह मैमोरी के $2^{20}$ अर्थात् 1048576 (1 megabytes) बाइट्स में से किसी को भी एड्रैस कर सकता है। परन्तु 8086 किसी क्षण पर इस (1 mega byte) रेंज में चार, 65,536 बाइट (64 Kilobyte) सेगमेन्टस के साथ कम्युनिकेट करता है। इस प्रकार प्रत्येक सेगमेन्ट की अधिकतम क्षमता 64 Kilobyte हो सकती है। किसी क्षण इन चार सेगमेन्टस की मैमोरी को 00000H-FFFFFH रेंज में चित्र 4·5 अनुसार स्थित किया जा सकता है।

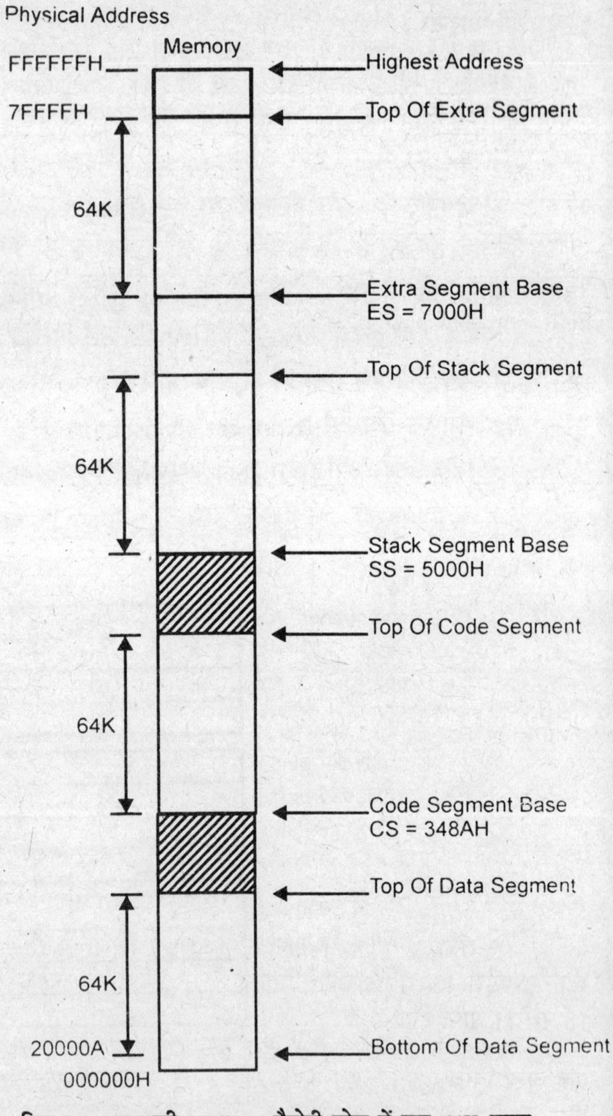


**चित्र 4.5–8086 की 1 Mbyte मैमोरी स्पेस में चार 64K बाइट, सेगमेन्टस को स्थित करने की एक विधि**

यह ऊपर वर्णन किया जा चुका है कि सेगमेन्ट रजिस्टर, प्रत्येक सेगमेन्ट के प्रारम्भिक (starting) एड्रैस के upper 16-बिट्स होल्ड करता है। उदाहरण के लिये कोड सेगमेन्ट

रजिस्टर उस सेगमेन्ट के स्टार्टिंग एड्रैस के upper 16-बिट्स होल्ड करता है जिससे BIU, उस समय (currently) इन्सट्रक्शन बाइट फैच कर रहा होता है। BIU सेगमेन्ट के 20-बिट स्टार्टिंग एड्रैस के lowest 4-बिट्स के स्थान पर Zeros अंकित करता है। उदाहरणत: यदि कोड सेगमेन्ट रजिस्टर 348AH होल्ड करता है तब कोड सेगमेन्ट का स्टार्टिंग एड्रैस 348A0H होगा। दूसरे शब्दों में 64 Kilobyte सेगमेन्ट, 1 megabyte एड्रैस स्पेस में कहीं पर स्थित की जा सकती है, परन्तु सेगमेन्ट सदा उसी एड्रैस से स्टार्ट होगी जिसके lowest 4-बिट्स शून्य हो। यह प्रतिबन्ध सेगमेन्ट्स की लोकेशन्स पर इस कारण से लगाया गया है, जिससे कि सेगमेन्ट के स्टार्टिंग एड्रैस के साथ कार्य करते समय केवल 16-बिट संख्यायें ही स्टोर एवं हेन्डल करने की आवश्यकता हो। सेगमेन्ट के स्टार्टिंग एड्रैस का वह भाग (16-बिट्स) जिसे सेगमेन्ट रजिस्टर में स्टोर किया जाता है सेगमेन्ट बेस (Segment Base) कहलाता है।

स्टैक, किसी subprogram के एक्जीक्यूशन के समय एड्रैस तथा डेटा स्टोर करने के लिये मैमोरी का एक अलग छोड़ा हुआ भाग (section set aside) होता है। स्टैक सेगमेन्ट रजिस्टर, स्टैक प्रोग्राम के स्टार्टिंग एड्रैस के upper 16-बिट्स होल्ड करता है।

एक्स्ट्रा सेगमन्ट रजिस्टर तथा डेटा सेगमेन्ट रजिस्टर, इन मैमोरी के स्टार्टिंग एड्रैस के Upper 16-बिट्स होल्ड करते हैं (चित्र 4·5) इनका प्रयोग डेटा के लिये किया जाता है।

**इन्सट्रक्शन प्वाइन्टर (Instruction Pointer)**

बस इन्टरफेस यूनिट (BIU) का एक अन्य मुख्य रजिस्टर इन्सट्रक्शन प्वाइन्टर (IP) रजिस्टर है। जैसा कि पहले बताया जा चुका है कि, कोड सेगमेन्ट रजिस्टर, उस सेगमेन्ट के स्टार्टिंग एड्रैस के अपर (upper) 16-बिट्स होल्ड करता है जहाँ से BIU इन्सट्रक्शन कोड फैच करता है। इन्सट्रक्शन प्वाइन्टर, कोड सेगमेन्ट के अगले (next) कोड वाइट का 16-बिट एड्रैस होल्ड करता है। IP रजिस्टर द्वारा प्रदर्शित यह मान (value), प्राय: ऑफसैट अथवा प्रभावी एड्रैस (Offset or Effective Address) कहलाता है। ऑफसैट को सेगमेन्ट बेस एड्रैस में जोड़ कर मैमोरी लोकेशन का 20-bit physical address ज्ञात किया जाता है।

चित्र 4·6 (a) में physical address गणना करने की विधि दी गयी है। CS रजिस्टर current code segment का बेस एड्रैस प्रदर्शित करता है। IP रजिस्टर, इस बेस रजिस्टर के उस एड्रैस से ऑफसैट (offset) प्रदर्शित करता है, जहाँ से एक्जीक्यूट किया जाने वाला next इन्सट्रक्शन बाइट फैच किया जाना है। ऑफसैट को Effective Address (EA) भी कहा जाता है। चित्र 4·6 (b) में IP रजिस्टर द्वारा प्रदर्शित 16-बिट ऑफसैट (or EA) को CS के 16-बिट एड्रैस के साथ जोड़ कर 20-बिट physical एड्रैस प्राप्त करने की विधि दिखायी गयी है।

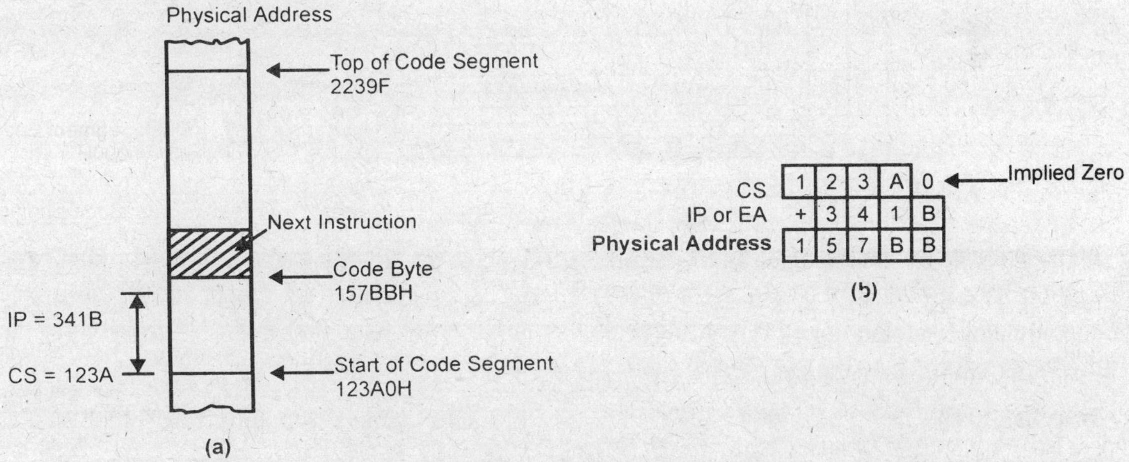


**चित्र 4·6–CS के साथ IP को जोड़ कर कोड बाइट के 20-बिट एड्रैस की गणना करना**

IP रजिस्टर के contents, CS रजिस्टर में जोड़ने से पहले, CS रजिस्टर को 4-बिट left शिफ्ट करने पर कोड सेगमेन्ट का स्टार्टिंग एड्रैस 123A0H प्राप्त होता है। IP रजिस्टर के ऑफसैट 341BH को इस बेस में जोड़ने पर 20-बिट physical address, 157BBH प्राप्त होता है।

8086 के 20-बिट एड्रैस प्राय: Segment Base: Offset के रूप में भी प्रदर्शित किये जाते हैं। कोड बाइट व्यक्त करने की एक अन्य विधि CS:IP है। उदाहरण के लिये उपरोक्त गणना किया गया एड्रैस 157BBH निम्न प्रकार भी प्रदर्शित किया जा सकता है—

$$CS : IP \rightarrow 123A : 341B$$

सारांश यह है कि CS रजिस्टर, 8086 की 1 megabyte मैमोरी स्पेस में कोड सेगमेन्ट के स्टार्टिंग एड्रैस के ऊपर 16-बिट प्रदर्शित करता है। इन्सट्रक्शन प्वाइन्टर रजिस्टर 16-बिट ऑफसैट (or EA) प्रदर्शित करता है, जिससे ज्ञात होता है कि कोड सेगमेन्ट के 64 kilobyte मैमोरी स्पेस में next इन्सट्रक्शन किस स्थान से फैच की जानी है। मैमोरी को भेजा जाने वाला वास्तविक एड्रैस (actual physical address) CS रजिस्टर को 4-bit left शिफ्ट कर IP द्वारा प्रदर्शित ऑफसैट में जोड़ने पर प्राप्त होता है।

## फ्लैग रजिस्टर (Flag Register)

फ्लैग, एक फ्लिप-फ्लॉप है जो किसी इन्सट्रक्शन के एक्जीक्यूट किये जाने पर उत्पन्न किसी स्थिति (condition) को प्रदर्शित करता है। फ्लैग द्वारा, एक्जीक्यूशन यूनिट के किसी विशेष ऑपरेशन को कन्ट्रोल भी किया जा सकता है।

8086 की एक्जीक्यूशन यूनिट (EU) में एक 16-बिट फ्लैग रजिस्टर है। इसमें 9 एक्टिव फ्लैग्स हैं। चित्र 4·7 में फ्लैग रजिस्टर में 9 एक्टिव फ्लैग्स की लोकेशन दिखायी गयी हैं। इनमें से 6 फ्लैग्स किसी इन्सट्रक्शन के एक्जीक्यूशन से उत्पन्न स्थिति प्रदर्शित करते हैं। उदाहरणतः कैरी फलैग (Carry flag) उस समय सैट (1) होता है जब दो 16-बिट बाइनरी संख्याओं को जोड़ने पर most significant bit (MSB) पोजीशन से कैरी (Carry) उत्पन्न होती है। यदि जोड़नं पर MSB पोजीशन से कैरी उत्पन्न नहीं होती, तब कैरी फ्लैग जीरो (0) रहता है। फ्लैग रजिस्टर के 6 conditional फ्लैग्स निम्न हैं—

Carry flag (CF), Parity flag (PF), Auxiliary Carry flag (AF), Zero flag (ZF), Sign flag (SF), तथा Overflow flag (OF)। इन फ्लैग्स के नाम से स्पष्ट होता है कि कौन सी condition इन्हें प्रभावित (affect) करती है। 8086 की कुछ इन्सट्रक्शन्स इन फ्लैग्स को चैक कर यह निर्धारित करती है कि इन्सट्रक्शन को एक्जीक्यूट करने के लिये कौन सी वैकल्पिक क्रिया (alternative action) की जाये।

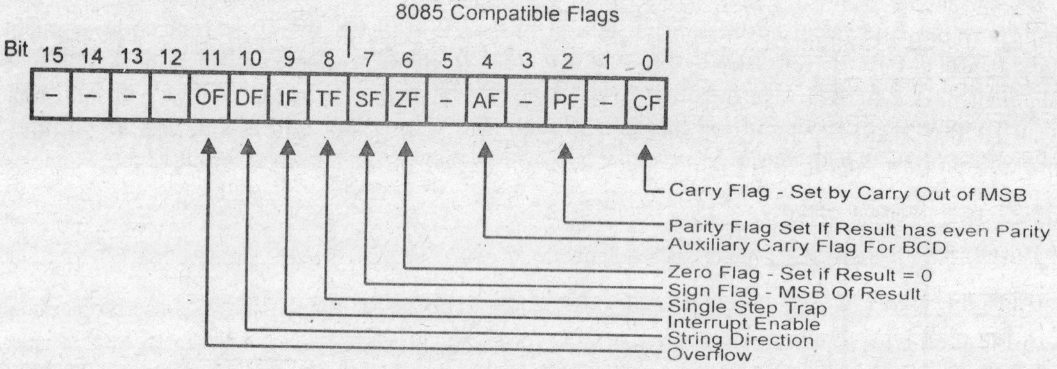


चित्र 4·7–8086 का फ्लैग रजिस्टर

फ्लैग रजिस्टर के शेष तीन फ्लैग्स का उपयोग माइक्रोप्रोसेसर के कुछ विशेष ऑपरेशन कन्ट्रोल करने के लिये किया जाता है। इनके सैट अथवा रिसैट होने की विधि अन्य 6 फ्लैग्स से भिन्न हैं। EU, 6 Conditional फ्लैग, किसी गणितीय अथवा लॉजिक ऑपरेशन (arithmetic or logic operation) के परिणाम के अनुसार सैट अथवा रिसैट करती है जब कि कन्ट्रोल फ्लैग्स, प्रोग्राम में दी गयी इन्सट्रक्शन द्वारा (deliberately) सैट/रिसैट किये जाते हैं। ये तीन कन्ट्रोल फ्लैग्स निम्न हैं—

Trap flag (TF) : इसका प्रयोग प्रोग्राम द्वारा सिंगल स्टैपिंग (single stepping) के लिये किया जाता है।

Interrupt flag (IF) : इसका उपयोग प्रोग्राम इन्टरप्ट को enable/disable के साथ किया जाता है।

Direction flag (DF) : इसका उपयोग स्ट्रिंग इन्सट्रक्शन्स (string instructions) के साथ किया जाता है।

## स्टैक प्वाइन्टर रजिस्टर (Stack Pointer Register)

स्टैक, मैमोरी का एक सैक्शन है जिसे किसी subprogram के एक्जीक्यूशन के समय एड्रैस एवं डेटा स्टोर करने के लिये अलग छोड़ दिया जाता है। 8086 में एक 64K byte की सम्पूर्ण सेगमेन्ट स्टैक के लिये reserve रखी जा सकती है। इस सेगमेन्ट के स्टार्टिंग एड्रैस के अपर (upper) 16-बिट्स स्टैक सेगमेन्ट रजिस्टर (SS) में होल्ड रहते हैं। स्टैक प्वाइन्टर (SP) रजिस्टर, सेगमेन्ट के स्टार्ट से उस मैमोरी लोकेशन का ऑफसैट (offset) होल्ड करता है जहाँ पर सबसे अन्तिम वर्ड (most recent word) स्टोर

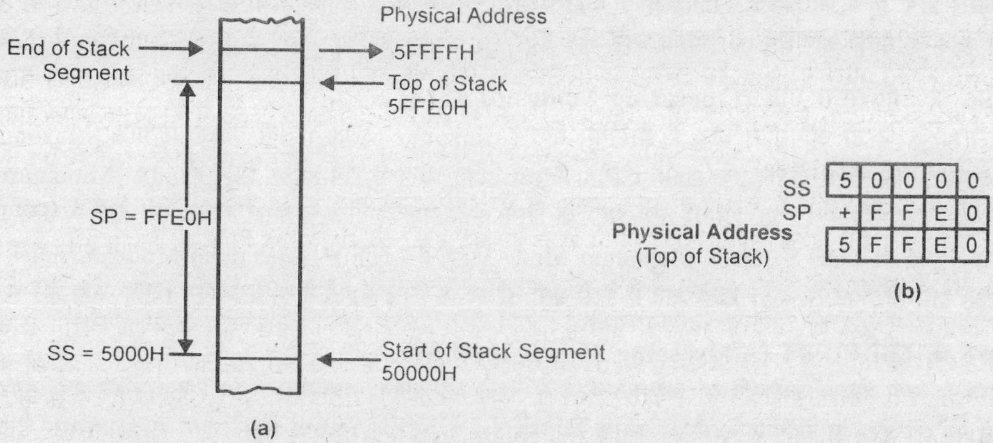


**चित्र 4.8–SS तथा IP को जोड़कर स्टैक टॉप (stack top) का physical address ज्ञात करना**

किया गया है। वह मैमोरी लोकेशन जहाँ पर सबसे अन्त में (most recently) वर्ड स्टोर किया गया है 'top of stack' कहलाती है (चित्र 4·8)।

स्टैक में reading अथवा writing के लिये फिजीकल एड्रैस, स्टैक प्वाइन्टर रजिस्टर के contents को स्टैक सेगमेन्ट के बेस एड्रैस में जोड़ कर ज्ञात किया जाता है। इसके लिये स्टैक सेगमेन्ट रजिस्टर के contents 4-बिट पोजिशन बांयें (left) शिफ्ट किये जाते हैं तथा SP रजिस्टर के contents इस शिफ्ट की गयी संख्या में जोड़े जाते हैं। इसका उदाहरण चित्र 4·8 में दिया गया है।

स्टैक सेगमेन्ट के बेस़ एड्रेस 5000H को 4-बिट बाँयें शिफ्ट कर तथा दांयी ओर चार, $0_s$ लगाकर 50000 प्राप्त होता है। जब SP रजिस्टर के contents FFE0H इसमें जोड़े जाते हैं तब स्टैक टॉप का physical address 5FFE0H प्राप्त होता है। इस एड्रैस को एक संख्या 5FFE0H द्वारा अथवा SS:SP फॉर्म में 5000:FFE0H द्वारा प्रदर्शित किया जा सकता है।

## अन्य प्वाइन्टर तथा इन्डैक्स रजिस्टर्स (Other Pointer and Index Registers)

एक्जीक्यूशन यूनिट (EU) में, SP रजिस्टर के अतिरिक्त एक 16-बिट बेस प्वाइन्टर रजिस्टर (base pointer register) तथा एक 16-बिट डेस्टीनेशन इन्डैक्स रजिस्टर (destination index register) होते हैं। इन रजिस्टरों का उपयोग, जनरल-परपज रजिस्टर की भांति डेटा के अस्थायी स्टोरेज (temporary storage) के लिये किया सकता है। परन्तु उनका मुख्य उपयोग किसी सेगमेन्ट में डेटा वर्ड के 16-बिट ऑफसैट को होल्ड (hold) करने के लिये किया जाता है। उदाहरणतः सोर्स इन्डैक्स (SI) रजिस्टर डेटा सेगमेन्ट में किसी डेटा वर्ड के ऑफसैट को होल्ड करने के लिये प्रयुक्त किया जा सकता है।

डेटा एड्रैस जेनरेट करने के लिये BX अथवा BP रजिस्टर के contents, SI या DI रजिस्टर के Contents तथा लोकेशन का डिसप्लेसमेन्ट जोड़ा जा सकता है। इस प्रकार एड्रैस की गणना करने पर effective address (EA) या ऑफसैट प्राप्त होता है। डेटा का अन्तिम एड्रैस, EA तथा उपयुक्त डेटा सेगमेन्ट (DS) एक्सट्रा सेगमेन्ट (ES) अथवा स्टैक सेगमेन्ट (SS) रजिस्टर द्वारा ही निर्धारित होता है।

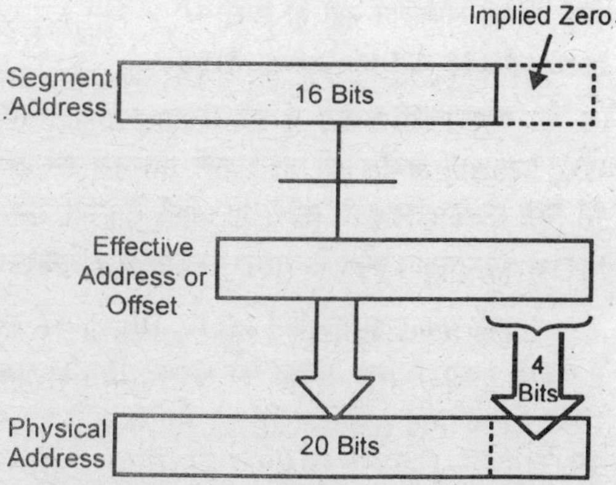


**चित्र 4·9–20-बिट फिजीकल एड्रैस का फॉर्मेशन**

एड्रैसिंग के लिये BX,IP, SP, BP, SI अथवा DI रजिस्टर कोई भी प्रयुक्त किया जा सकता है। ये सभी 16-बिट रजिस्टर हैं अतः EA में केवल 16 बिट होते हैं। इसके विपरीत एड्रैस बस पर भेजा जाने वाले PA (physical address) में 20-बिट होने आवश्यक है। ये अतिरिक्त 4-बिट, EA को सेगमेन्ट बेस एड्रैस में चित्र

4·9 के अनुसार प्राप्त किये जा सकते हैं। यह क्रिया चित्र 4·6 तथा चित्र 4·8 में भी दिखायी गयी है। स्पष्ट है कि जोड़ने से पूर्व सेगमेन्ट बेस एड्रैस के दांयी ओर चार $0_s$ लगायी जाती हैं।

## 4.7. 8086 के ऑपरेटिंग मोड (Operating Modes of 8086)

इन्टेल 8086 के दो ऑपरेटिंग मोड हैं; मिनिमम मोड (Minimum Mode) तथा मैक्सिमम मोड (Maximum Mode) जब किसी कम्प्यूटर प्रणाली में केवल एक 8086 CPU प्रयुक्त किया जाता है, तब 8086 मिनिमम मोड (Minimum Mode) में ऑपरेट होती है। इस मोड में CPU, मैमोरी तथा I/O के लिये आवश्यक कन्ट्रोल सिगनल भेजता है। ऐसी प्रणाली जिसमें अनेक माइक्रोप्रोसेसर प्रयुक्त किये जाते हैं, तब यह Maximum Mode में ऑपरेट होती है। Maximum Mode में कन्ट्रोल सिगनल, बस कन्ट्रोलर 8288 द्वारा ट्रांसमिट (issue) किये जाते हैं जिसे इसी उद्देश्य के लिये 8086 के साथ प्रयुक्त किया जाता है।

## 4.8. 8086 के एड्रैसिंग मोड (Addressing Modes in 8086)

एसेम्बली भाषा प्रोग्राम तकनीकी का अध्ययन करने से पहले यह जानना आवश्यक है कि 8086, किस प्रकार डेटा पर ऑपरेट करता है। 8086 की डेटा पर ऑपरेट करने की अनेक विधियाँ हैं। वे विभिन्न विधियाँ जिनके द्वारा माइक्रोप्रोसेसर डेटा को एक्सेस (access) करता है उसके एड्रैसंग मोड कहलाते हैं। 8086 के एड्रैसिंग मोड्स निम्न हैं—

1. Immediate Addressing Mode
2. Register Addressing Mode
3. Direct Addressing Mode
4. Register Indirect
5. Register Relative
6. Based Indexed
7. Relative Based Indexed

सर्वप्रथम इन्सट्रक्शन MOV destination, source पर विचार कीजिये। इस इन्सट्रक्शन को एक्जीक्यूट करने पर, एक वर्ड अथवा बाइट किसी दी गयी सोर्स लोकेशन (source location) से दी गयी डेस्टिनेशन लोकेशन (destination location) में कॉपी होता है। सोर्स को सीधे सीधे इन्सट्रक्शन में लिखा जा सकता है। यह एक संख्या, या एक रजिस्टर अथवा एक मैमोरी लोकेशन, जिसे 24 विधियों द्वारा प्रदर्शित किया जा सकता है, हो सकती है। डेस्टिनेशन भी इसी प्रकार, कोई रजिस्टर अथवा 24 विभिन्न विधियों द्वारा प्रदर्शित की जा सकने वाली मैमोरी लोकेशन्स में से कोई एक, हो सकती है। किसी इन्सट्रक्शन में सोर्स तथा डेस्टिनेशन दोनों, मैमोरी लोकेशन नहीं हो सकते।

**Immediate Addressing Mode**

माना किसी प्रयोग में हमें संख्या 326AH रजिस्टर BX में लोड करनी है। इस कार्य को करने के लिये इन्सट्रक्शन MOV BX, 326AH प्रयोग की जा सकती है। इस इन्सट्रक्शन को एक्जीक्यूट करने पर immediate हैक्साडेसीमल संख्या 326AH, 16-बिट रजिस्टर BX में कॉपी हो जाती है। यह immediate addressing मोड कहलाता है क्योंकि लोड की जाने वाली संख्या, MOV इन्सट्रक्शन कोड के तुरन्त पश्चात् BX रजिस्टर में दो मैमोरी लोकेशन्स में लोड हो जाती है।

इसी प्रकार इन्सट्रक्शन MOV BL, 37H एक्जीक्यूट करने पर 8-बिट immediate संख्या BL रजिस्टर में लोड हो जाती है। इसी प्रकार 8-बिट संख्या को 8-बिट मैमोरी लोकेशन में लोड करने के लिये इन्सट्रक्शन लिखी जा सकती है अथवा 16-बिट संख्या दो क्रमागत (consecutive) मैमोरी लोकेशन में लोड की जा सकती है। Immediate addressing के कुछ उदाहरण निम्न हैं—

```
MOV AL,0FAH      ; Move 0FAH to register AL
ADD BX, 4H       ; Add 4H to the contents of BX, result placed in BX
AND CX,0FFAH     ; Logically AND the constant 0FFAH with the contents of register CX
```

**Register Addressing**

रजिस्टर एड्रैसिंग का अर्थ है कि इन्सट्रक्शन में ऑपरेन्ड (operand) का सोर्स कोई रजिस्टर है। उदाहरणतः इन्सट्रक्शन MOV CX,AX एक्जीक्यूट करने पर 16-बिट रजिस्टर AX के contents, 16-बिट रजिस्टर CX में कॉपी होते हैं। ध्यान दें, कि इन्सट्रक्शन में सोर्स से पहले डेस्टिनेशन लोकेशन का विवरण दिया गया है। यह भी समझना आवश्यक है कि AX के contents, CX में केवल कॉपी होते हैं move नहीं होते। दूसरे शब्दों में, रजिस्टर CX में पहले लोड किये गये contents के स्थान पर अब रजिस्टर AX के contents कॉपी होते हैं। AX के contents में कोई परिवर्तन नहीं होता।

इसी प्रकार कोई भी 16-बिट रजिस्टर, किसी अन्य 16-बिट रजिस्टर में MOV किया जा सकता है अथवा कोई 8-बिट रजिस्टर, किसी अन्य 8-बिट रजिस्टर में MOV किया जा सकता है।

परन्तु हम MOV CX,AL प्रकार की इन्सट्रक्शन प्रयुक्त नहीं कर सकते क्योंकि इस इन्सट्रक्शन में एक 1-बाइट ऑपरेन्ड (AL), एक Word-बाइट डेस्टिनेशन (CX) में कॉपी करने का प्रयास किया गया है। यद्यपि AL रजिस्टर का बाइट, CX में लोड किया जा सकता है परन्तु 8086 को यह ज्ञान नहीं होगा कि उसे CX के किस अर्धभाग (CL or CH) में रखा गया है। यदि यह इन्सट्रक्शन एक उत्तम एसेम्बलर द्वारा दी जाये तब वह इसे 'type error' दर्शायेगा। AL से CX के high बाइट (CH) में कॉपी करने के लिये हमें MOV CH, AL का प्रयोग करना होगा। इसी प्रकार इन्सट्रक्शन रजिस्टर, इन्सट्रक्शन MOV CL,AL को CX के low बाइट (CL) मे कॉपी करनी है। रजिस्टर एड्रैसिंग के कुछ अन्य उदाहरण निम्न हैं—

```
MOV    AL,BL    ; Move contents of BL to Al
MOV    DS,AX    ; Move contents of AX to segment register DS
INC    SI       ; Increment contents of SI by 1
ADD    AX,BX    ; Add BX to AX, the result is to be placed in AX
```

रजिस्टर एड्रैसिंग मोड में 16-बिट ऑपरेन्ड के लिये रजिस्टर AX, BX, CX, DX, SI, SP अथवा BP प्रयुक्त किये जा सकते हैं तथा 8-बिट ऑपरेन्ड के लिये AL, AH, BL, BH, CL, CH, DL अथवा DH में से कोई भी प्रयुक्त किया जा सकता है। रजिस्टर एड्रैसिंग में कोई EA नहीं होता।

**Direct Addressing Mode**

मैमोरी को एड्रैस की करने की सबसे सरल विधि यह है कि इन्सट्रक्शन में सीधे 8 या 16-बिट effective address (EA) लिख दिया जाये। इसका एक उदाहरण इन्सट्रक्शन MOV CL,[426AH] है। संख्या 426AH के दोनों ओर ब्रेकेटस (brackets) लगाये गये हैं। ब्रेकेट्स के अन्दर लिखी गयी संख्या, सेगमेन्ट बेस से मैमोरी लोकेशन का डिसप्लेसमेन्ट ऑफसैट प्रदर्शित करती है। एक्जीक्यूट करने पर यह इन्स्ट्रक्शन, डेटा सेगमेन्ट बेस से 426AH डिस्पलेसमेन्ट पर मैमोरी लोकेशन के contents, CL रजिस्टर में लोड करती है। मैमोरी का फिजीकल (physical) एड्रैस, डेटा सेगमेन्ट बेस (DS) को 4-बिट बायें (left) शिफ्ट कर, शिफ्ट हुई संख्या में, यह डिसप्लेसमेन्ट जोड़ने पर प्राप्त होता है। यह चित्र 4·10 में प्रदर्शित किया गया है।

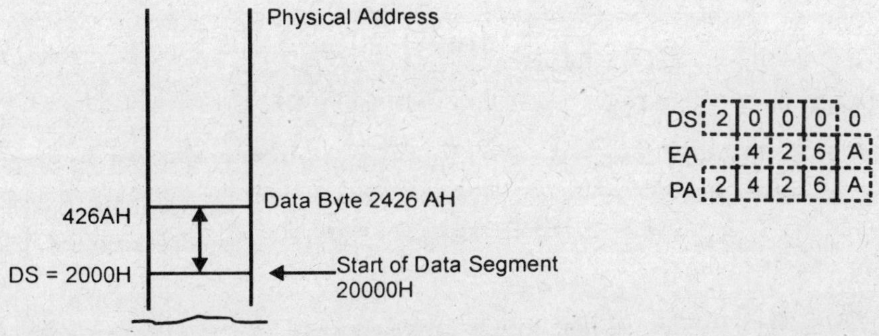


चित्र 4.10

$$EA = 426\ AH$$

$$DS = 2000H$$

$$PA = 426A + 20000 = 2426\ AH$$

यह डायरेक्ट एड्रैसिंग (direct addressing) कहलाता है क्योंकि, सेगमेन्ट बेस से ऑपरेन्ड का डिसप्लेसमेन्ट या ऑफसैट सीधे इन्सट्रक्शन में दिया जाता है। यह डिसप्लेसमेंट इन्सट्रक्शन का EA है। यह डिसप्लेसमेन्ट, डेटा सेगमेन्ट (DS) बेस के साथ जोड़ा जाता है (यदि इन्सट्रक्शन में कोई 'segment override perfix' न हो जो इसे किसी अन्य सेगमेन्ट बेस में जोड़ने के निर्देश देता है)।

डायरेक्ट एड्रैसिंग मोड का एक अन्य उदाहरण इन्सट्रक्शन MOV CX, [426AH] है। एक्जीक्यूट करने पर यह इन्सट्रक्शन मैमोरी से एक वर्ड रजिस्टर CX में कॉपी करती है। चूंकि 8086 का प्रत्येक मैमोरी एड्रैस पर एक बाइट स्टोर करता है अतः वर्ड (Word) दो मैमोरी लोकेशन्स से आयेगा। डेटा सेगमेन्ट बेस से 426AH डिसप्लेसमेन्ट पर स्थित बाइट, रजिस्टर CL में कॉपी होगा। अगले उच्च एड्रैस (next higher address) अर्थात् 426BH से बाइट CH रजिस्टर में कॉपी होगा। 8086 स्वतः ही किसी दी गयी इन्सट्रक्शन के लिये मैमोरी में बाइट्स की संख्या एक्सैस (access) करता है।

उपरोक्त दोनों उदाहरणों से स्पष्ट है कि डायरेक्ट एड्रैसिंग मोड, किसी ऑपरेन्ड के सोर्स को दर्शाने के लिये प्रयुक्त किया जा सकता है। इसके द्वारा ऑपरेन्ड का डेस्टिनेशन भी बताया जा सकता है। उदाहरणतः इन्सट्रक्शन MOV [426AH], CX, रजिस्टर CX के contents, डेटा सेगमेन्ट में दो मैमोरी लोकेशन्स पर कॉपी करती है। रजिस्टर CL के contents डिसप्लेसमेन्ट 426AH पर तथा CH के contents, डिसप्लेसमेन्ट 426BH पर मैमोरी लोकेशन्स में कॉपी होते हैं।

**Register Indirect**

इस विधि में, इन्सट्रक्शन में दिये गये बेस रजिस्टर BX अथवा किसी इन्डैक्स रजिस्टर में EA (effective address) होता है अर्थात्

$$EA = \begin{Bmatrix} (BX) \\ (DI) \\ (SI) \end{Bmatrix}$$

**Register Relative**

इस मोड में बेस रजिस्टर अथवा इन्डैक्स रजिस्टर के contents एवं 8 या 16-बिट डिसप्लेसमेन्ट का योग EA होता है। अर्थात्

$$EA = \begin{Bmatrix} (BX) \\ (BP) \\ (SI) \\ (DI) \end{Bmatrix} + \begin{Bmatrix} 8-\text{bit or } 16-\text{bit} \\ \text{displacement} \end{Bmatrix}$$

**Based Indexed**

इस मोड में EA, किसी बेस रजिस्टर तथा एक इन्डैक्स रजिस्टर का योग होता है। वे दोनों इन्सट्रक्शन मे दिये जाते हैं। अर्थात्

$$EA = \begin{Bmatrix} (BX) \\ (BP) \end{Bmatrix} + \begin{Bmatrix} (SI) \\ (DI) \end{Bmatrix}$$

**Relative Based indexed**

इस मोड में EA, 8-बिट या 16-बिट डिसप्लेसमैन्ट तथा based indexed एड्रैस का योग होता है। अर्थात्

$$EA = \begin{Bmatrix} (BX) \\ (BP) \end{Bmatrix} + \begin{Bmatrix} (SI) \\ (DI) \end{Bmatrix} + \begin{Bmatrix} 8-\text{bit or } 16-\text{bit} \\ \text{displacement} \end{Bmatrix}$$

उदाहरण के लिये माना,

(BX) = 0158H, (DI) = 10A5A, Displacement (Offset) = 1B57H तथा DS = 2100, तब डेटा सेगमेन्ट (DS) को सेगमेन्ट रजिस्टर मानकर विभिन्न मोड्स में EA तथा PA निम्न प्रकार होंगे—

**Direct :**

EA = 1B57

Physical address = 21000 + 1B57 = 22B57

**Register :**

No effective address

**Register indirect assuming register BX :**

EA = 0158

Physical address = 21000 + 0158 = 21158

**Register relative, assuming register BX :**

EA = 0158 + 1B57 = 1CAF

Physical address = 21000 + 1CAF = 22CAF

**Based indexed, assuming registers BX and DI :**

EA = 0158 + 10A5 = 11FD

Physical address = 21000 + 11FD = 221FD

**Relative based indexed, assuming BX and Di :**

EA = 0158 + 10A5 + 1B57 = 2D54

Physical address = 21000 + 2D54 = 23D54

## 4.9. माइक्रोप्रोसेसर 8086/8088 का इन्सट्रक्शन सैट (Instruction Set for 8086/8088)

माइक्रोप्रोसेसर 8086 एवं 8088 के इन्सट्रक्शन सैट एक समान हैं। समस्त इन्सट्रक्शन निम्न समूहों में विभाजित हैं—

1. डेटा ट्रांसफर ग्रुप (Data Transfer Group)
2. गणितीय ग्रुप (Arithmetic Group)
3. बिट मेनीपुलेशन (Bit Manipulation)
4. स्ट्रिंग मेनिपुलेशन (String Manipulation)
5. कन्ट्रोल ट्रांसफर इन्सट्रक्शन्स (Control Transfer)
6. प्रोसेसर कन्ट्रोल (Process Control Instructions)

## DATA TRANSFER INSTRUCTIONS

इन समूहों में विभिन्न इन्सट्रक्शन्स का विवरण निम्न प्रकार है—

*General purpose byte or word transfer instructions:*

| MNEMONIC | DESCRIPTION |
|---|---|
| MOV | Copy byte or word from specified source to specified destination. |
| PUSH | Copy specified word to top of stack. |
| POP | Copy word from top of stack to specified location. |
| XCHG | Exchange bytes or exchange word. |

| | |
|---|---|
| XLAT | Translate a byte in AL using a table in memory. |

*Simple input and output port transfer instructions:*

| | |
|---|---|
| IN | Copy a byte a or word from specified port to accumulator. |
| OUT | Copy a byte or word from accumulator to specified port. |

*Special address transfer instructions:*

| | |
|---|---|
| LEA | Load effective address of operand into specified register. |
| LDS | Load DS register and other specified register from memory. |
| LES | Load ES register and other specified register from memory. |

*Flag transfer Instructions:*

| | |
|---|---|
| LAHF | Load (copy to) AH with the low byte of the flag register. |
| SAHF | Store (copy) AH register to low byte of flag register. |
| PUSHF | Copy flag register to top of stack. |
| POPF | Copy word at top of stack to flag register. |

**ARITHMETIC INSTRUCTIONS**

*Addition instructions:*

| | |
|---|---|
| ADD | Add specified byte to byte, or specified word to word. |
| ADC | Add specified byte + byte + carry flag or word + word + carry flag. |
| INC | Increment specified byte or specified word by one. |
| AAA | ASCII adjust after addition. |
| DAA | Decimal (BCD) adjust after addition. |

*Subtraction instructions:*

| | |
|---|---|
| SUB | Subtract byte from byte, or word from word. |
| SBB | Subtract byte and carry flag byte, or word and carry flag from word. |
| DEC | Decrement specified byte or specified word by one. |
| NEG | Negate-invert each bit of a specified byte or word and add 1 (from 2's complement). |
| CMP | Compare two specified bytes or two specified words. |
| AAS | ASCII adjust after subtraction. |
| DAS | Decimal (BCD) adjust subtraction. |

*Multiplication instructions:*

| | |
|---|---|
| MUL | Multiply unsigned byte by byte or unsigned word by word. |
| IMUL | Multiply signed byte by byte or signed word by word. |
| AAM | ASCII adjust after multiply. |

*Division instructions:*

| | |
|---|---|
| DIV | Divide unsigned word by byte or unsigned double word by word. |

| | |
|---|---|
| IDIV | Divide signed byte by byte or signed double word by word. |
| AAD | ASCII adjust before division. |
| CBW | Fill upper byte of word with copies of sign bit of lower byte. |
| CWD | Fill upper word of double word with sign bit of lower word. |
| JBE/JNA | Jump if below or equal/Jump if not above. |
| JC | Jump if carry flag (CF) = 1. |
| JE/JZ | Jump if equal/Jump if zero flag (ZF) = 1. |
| JG/JNLE | Jump if greater/Jump if not less than nor equal. |
| JGE/JNL | Jump if greater than or equal/Jump if not less than. |
| JL/JGNE | Jump if less than/Jump if not greater than nor equal. |
| JLE/JNG | Jump if less than or equal/Jump if not greater than. |
| JNC | Jump if no carry (jump if carry flag = 0) |
| JNE/JNZ | Jump if not equal/Jump if not zero (zero flag = 0) |
| JNO | Jump if no overflow (Jump if overflow flag = 0) |
| JNP/JPO | Jump if no parity/Jump if parity odd (PF = 0) |
| JNS | Jump if no sign (Jump if sign flag = 0) |
| JO | Jump if overflow flag = 1 |
| JP/JPE | Jump if parity/Jump if parity even (PF = 1) |
| JS | Jump if sign flag = 1 |

*Iteration control instructions:*

इन इन्स्ट्रक्शन्स द्वारा इन्सट्रक्शन के एक समूहं को कई बार (some number of times) एक्जीक्यूट करने के लिये प्रयुक्त किया जा सकता है।

| | |
|---|---|
| LOOP | Loop through a sequence of instruction until CX = 0. |
| LOOPE/LOOPZ | Loop through a sequence of instructions while zero flag = 1 and CX ≠ 0. |
| LOOPNE/LOOPNZ | Loop through a sequence of instructions while zero flag = 0 and CX ≠ 0. |
| JCXZ | Jump to specified address if CX = 0. |

*Interrupt instructions:*

| | |
|---|---|
| INT | Interrupt program execution, call service procedure. |
| INTO | Interrupt program execution if overflow flag = 1. |
| IRET | Return from interrupt service procedure to main program, |

*High-level language interface instructions:*

| | |
|---|---|
| ENTER | (80186/80188 ONLY) Enter procedure. |
| LEAVE | (80186/80188 ONLY) Leave procedure. |
| BOUND | (80186/80188 ONLY) Check if effective address within specified array bounds. |

## PROCESSOR CONTROL INSTRUCTIONS

*Flag set/clear instructions:*

| | |
|---|---|
| STC | Set carry flag (CF) to 1. |
| CLC | Clear carry flag (CF) to 0. |
| CMC | Complement the state of the carry flag (CF). |
| STD | Set direction flag (DF) to 1 (decrement string pointers). |
| CLD | Clear direction flag (DF) to 0. |
| STI | Set interrupt enable flag to 1 (enable INTR input). |
| CLI | Clear interrupt enable flag to 0 (disable INTR input). |

*External hardware synchronization instructions:*

| | |
|---|---|
| HLT | Halt (do nothing) until interrupt or reset. |
| WAIT | Wait (do nothing) until signal on the TEST pin is low. |
| ESC | Escape to external coprocessor. |
| LOCK | An instruction prefix. Prevents another processor from taking bus while the adjacent instruction executes. |

*No operation instructions:*

| | |
|---|---|
| NOP | No action execept fetch and decode. |

## BIT MANIPULATIONS INSTRUCTIONS

*Logical instructions:*

| | |
|---|---|
| NOT | Invert each bit of a byte or word. |
| AND | AND each bit in byte or word with the corresponding bit in another byte or word. |
| OR | OR each bit in a byte or word with the corresponding bit in another byte or word. |
| XOR | Exculsive OR each bit in a byte or word with the corresponding bit in another byte or word. |
| TEST | AND operands to update flags, but don't change operands. |

*Shift Instructions:*

| | |
|---|---|
| SHL/SAL | Shift bits of word or byte left, put zero (s) in LSB (s). |
| SHR | Shift bits of word or byte right, put zero (s) in MSB (s). |
| SAR | Shift bits of word or byte right, copy old MSB into new MSB. |

*Rotate instruction:*

| | |
|---|---|
| ROL | Rotate bits of byte or word left, MSB to LSB and to CF. |
| ROR | Rotate bits of byte or word right, LSB to MSB and to CF. |
| RCL | Rotate bits of byte or word left, MSB to CF and CF to LSB. |

| | |
|---|---|
| RCR | Rotate bits of byte or word right, LSB to CF and CF to MSB. |

**STRING INSTRUCTIONS**

स्ट्रिंग सिक्वैन्शियल (Sequential) मैमोरी लोकेशन्स में बाइट्स अथवा वर्डस की एक श्रेणी (series) होती है। स्ट्रिंग में सामान्यतः ASCII कैरेक्टर्स होते हैं। निमोनिक्स में अक्षर B बाइटस का तथा W वर्डस को प्रदर्शित करता है।

| | |
|---|---|
| REP | An instruction prefix. Repeat following instructions untill CX = 0 |
| REPE/REPZ | An instruction prefix. Repeat instruction until CX = 0 or ZF ≠ 1. |
| REPNE/REPNZ | An instruction prefix. Repeat until CX = 0 or ZF = 1. |
| MOVS/MOVSB/MOVSW | Move byte or word from one string to another. |
| COMPS/COMPSB/COMPSW | Compare two string bytes or two string words. |
| INS/INSB/INSW | (80186/80188) Input string byte or word from port. |
| OUTS/OUTSB/OUTSW | (80186/80188) Output string byte or word to port. |
| SCAS/SCASB/CASW | Scan a string. Compare a string byte with byte in AL or a string word with word in AX. |
| LODS/LODSB/LODSW | Load string byte into AL or string word into AX. |
| STOS/STOSB/STOSW | Store byte from AL or word from AX into string. |

**PROGRAM EXECUTION TRANSFER INSTRUCTIONS**

ये इन्सट्रक्शन्स किसी क्रम में जारी रहने के स्थान पर किसी नये एड्रैस से इन्सट्रक्शन्स फैच करने के लिये प्रयुक्त की जाती हैं।

*Unconditional transfer instructions :*

| | |
|---|---|
| CALL | Call a procedure (subprogram), save return address on stack. |
| RET | Return from procedure to calling program. |
| JMP | Go to specified address to get next instruction. |

*Conditional transfer instructions:*

ये इन्सट्रक्शन्स सामान्यतः COMPARE इन्सट्रक्शन के पश्चात् प्रयोग की जाती है।

| | |
|---|---|
| JA/JNBE | Jump if above/Jump if not below nor equal. |
| JAE/JNB | Jump if above or equal/Jump if not below. |
| JB/JNAE | Jump if below/Jump if not above nor equal. |

# Objective type Questions
## (Microprocessors)

**1.** 8085 माइक्रोप्रोसेसर में एकुमुलेटर (ACC) रजिस्टर की लम्बाई (length) है—

(a) 6 bits (b) 8 bits

(c) 12 bits (d)16 bits

**2.** 8085 की डाटा बस में लाइनों की संख्या है—

(a) 6 (b) 8

(c) 12 (d) 16

**3.** किस मैमोरी की स्टोरेज कैपेसिटी उच्चतम (highest storage capacity) होती है—

(a) मेगनेटिक डिस्क

(b) मेगनेटिक टेप

(c) अर्धचालक (semi conductor) मैमोरी

(d) कोर (core) मैमोरी

**4.** कार्ड रीडर की नार्मल-स्पीड होती है—

(a) 1000 कार्ड्स/मिनट (b) 10000 कार्ड्स/मिनट

(c) 100000 कार्ड्स/मिनट (d) उपरोक्त में कोई नहीं

**5.** 8085 में टेम्पोरेरी रजिस्टर की लम्बाई होती है—

(a) 6 bitss (b) 8 bits

(c) 12 bits (d) 16 bits

**6.** 8085 में डाटा बफर रजिस्टर की लम्बाई होती है—

(a) 6 bits (b) 8 bits

(c) 12 bits (d) 16 bits

**7.** 8K कैपेसिटी की मैमोरी का अर्थ है—

(a) $10^8$ (b) 8000

(c) $8 \times 1024$ (d) $5 \times 10^3$

**8.** किसी स्टोरेज डिवाइस के एक्सैस टाइम (access time) का अर्थ है—

(a) मैमोरी में एक वर्ड लोड (write) करना

(b) मैमोरी से एकवर्ड read करना

(c) मैमोरी एक वर्ड लोड (write) करना तथा मैमोरी से एक वर्ड read करना

(d) एक वर्ड लोड (write) करना अथवा read करना

**9.** डिजिटल कम्प्यूटर में इन्डैक्स रजिस्टर का उपयोग किया जाता है—

(a) Airthmetic तथा logic ऑपरेशन करने के लिये

(b) परिणामों (results) के अस्थायी (temporary) स्टोरेज के लिये

(c) वह संख्या काउन्ट करने के लिये, जितनी बार किसी प्रोग्राम को एक्जीक्यूट किया गया हो

(d) एड्रैस को संशोधित (modify) करने के लिये

**10.** डिजिटल कम्प्यूटर में प्रोग्राम काउन्टर (PC) –

(a) मशीन से प्रचालित (run) किये गये प्रोग्रामों की काउन्टिंग करता है

(b) सबरुटीन 'call' होने की संख्या काउन्ट करता है

(c) लूपों (loops) के एक्जीक्यूशन की संख्या काउन्ट करता है

(d) वर्तमान में (current) एक्जीक्यूट की जा रही अथवा next एक्जीक्यूट की जाने वाली इन्सट्रक्शन का मैमोरी एड्रैस प्रदर्शित करता है

**11.** बाइपोलर IC मैमोरी का फैब्रिकेशन करने के लिये—

(a) High density के बाइपोलर ट्रांजिस्टर फ्लिप-फ्लॉप प्रयुक्त किये जाते हैं

(b) Low density के यूनिपोलर ट्रांजिस्टर फ्लिप-फ्लॉप प्रयुक्त किये जाते हैं

(c) High density के MOSFET ट्रांजिस्टर फ्लिप-फ्लॉप प्रयुक्त किये जाते हैं

(d) Low density के MOSFET ट्रांजिस्टर फ्लिप-फ्लॉप प्रयुक्त किये गये हैं

12. डिस्क तथा ड्रम—
(a) कम्प्यूटर के हार्डवेयर पार्ट हैं
(b) सोफ्टवेयर पार्ट हैं
(c) फर्मवेयर (firm ware) हैं
(d) उपरोक्त में कोई नहीं

13. किसी इन्सट्रक्शन के एक्जीक्यूशन के समय Read cycle के पश्चात् सदा—
(a) Read cycle होता है
(b) Write cycle होता है
(c) Delete signal होता है
(d) उपरोक्त में कोई नहीं

14. इन्ट्रप्ट RST 7·5, RST 6·5 तथा RST 5·5 को एनेबिल (enable) करने के लिये आवश्यक इन्सट्रक्शन है—
(a) केवल EI (b) केवल SIM
(c) EI तथा SIM दोनों (d) उपरोक्त में कोई नहीं

15. कम्पाईलर (compiler) वह सोफ्टवेयर प्रोग्राम है जो—
(a) High level programing language को low level machine language में परिवर्तित करता है
(b) प्रोग्राम को बाइनरी फॉर्म में परिवर्तित करता है
(c) प्रोग्राम को असैम्बल (assemble) करता है
(d) प्रोग्राम को एक्जीक्यूट करता है

16. INHIBIT ऑपरेशन में—
(a) जब दोनों इनपुट 0 होती हैं तब आउटपुट 1 होती है
(b) जब ब्लॉकिंग इनपुट (blocking input) 0 अथवा 1 होती है तब आउटपुट 1 होती है
(c) जब ब्लॉकिंग इनपुट 0 होती है तब आउटपुट 0 होती है
(d) जब ब्लॉकिंग इनपुट 0 अथवा 1 होती है तब आउटपुट 0 होती है

17. इन्सट्रक्शन रजिस्टर के contents .................... प्रदर्शित करते हैं—
(a) एक्जीक्यूट की जा रही इन्स्ट्रक्शन के लिये ऑपरेन्ड
(b) एक्जीक्यूट की जा रही इन्स्ट्रक्शन के लिये ऑपकोड
(c) Next एक्जीक्यूट की जाने वाली इन्सट्रक्शन के लिये ऑपकोड
(d) Next एक्जीक्यूट की जाने वाली इन्सट्रक्शन के लिये ऑपरेन्ड

18. TRAP इनपुट को enable करने के लिये आवश्यक इन्सट्रक्शन हैं—
(a) केवल EI (b) केवल SIM
(c) EI तथा SIM दोनों (d) कोई नहीं

19. एड्रैस बस की दिशा क्या होती है ?
(a) माइक्रोप्रोसेसर में यूनिडायरेक्शनल (unidirectional)
(b) माइक्रोप्रोसेसर के बाहर यूनिडायरेक्शनल (unidirectional)
(c) बाइडायरेक्शनल (bidirectional)
(d) उपरोक्त में कोई नहीं

20. EAROM मैमोरी को—
(a) चुम्बकीय विधि से परिवर्तित (alter) किया जा सकता है
(b) विद्युत विधि से परिवर्तित (alter) किया जा सकता है
(c) उपरोक्त (a) तथा (b) दोनों
(d) उपरोक्त में कोई नहीं

21. प्रत्येक इन्सट्रक्शन का पहला मशीन चक्र होता है—
(a) Memory Read cycle
(b) Fetch cycle
(c) I/O Read cycle
(d) Memory Write Cycle

22. सेकेन्डरी मैमोरी—
(a) सदैव वाष्पशील (volatile) होती है
(b) प्राइमरी मैमोरी से महंगी होती है
(c) प्राइमरी मैमोरी से धीमी (slow) होती है
(d) उपरोक्त में कोई नहीं

23. READY चक्र का क्या फंक्शन है ?
(a) यह सूचना देता है कि माइक्रोप्रोसेसर कार्य कर रहा है तथा प्रयोग हेतु ready है
(b) यह उपयुक्त WAIT स्टेट्स उपलब्ध कराने के लिये प्रयुक्त किया जाता है

(c) यह तीव्र (fast) पैरीफैरल्स को माइक्रोप्रोसेसर की स्पीड के साथ कम्यूनिकेट करने के लिये धीमी (slow) करने के लिये प्रयुक्त किया जाता है

(d) उपरोक्त में कोई नहीं

24. कम्प्यूटर हार्डवेयर से तात्पर्य है—

(a) Physical components

(b) Programming components

(c) उपरोक्त दोनों

(d) उपरोक्त में कोई नहीं

25. इन्सट्रक्शन LDA 0465H में एड्रैसिंग मोड क्या है ?

(a) डायरेक्ट (b) इन्डायरेक्ट

(c) इन्डैक्सड् (Indexed) (d) Immediate

26. 8085 में इन्ट्रप्ट लाइनों की संख्या क्या है ?

(a) 6 (b) 8

(c) 12 (d) 16

27. इन्सट्रक्शन MOV A, M के एक्जीक्यूशन में कितनी तथा कौन-से मशीन चक्रो (machine cylce) की आवश्यकता है ?

(a) 1, फैच

(b) 2, फैच तथा मैमोरी रीड (MR)

(c) 2, फैच तथा मैमोरी राइट (MW)

(d) 2, फैच तथा bus idle

28. माइक्रोप्रोसेसर 8085 की मैमोरी का वर्डसाइज (word size) क्या है ?

(a) 6 bits (b) 8 bits

(c) 12 bits (d) 16 bits

29. यदि प्रोग्राम काउन्टर (PC) के contents 0450H तथा स्टैक प्वाइन्टर (SP) के contents 08DH है, तब लोकेशन 02AFH पर स्थित सबरुटीन को CALL करने के पश्चात् PC तथा SP के contents क्या होंगे ?

(a) 0453H 08D8H

(b) 0453H, 08D4H

(c) 02AFH, 08D8H

(d) 02AFH, 08D4H

30. कन्ट्रोल बस की डायरेक्शन क्या है ?

(a) माइक्रोप्रोसेसर में यूनिडायरेक्शनल

(b) माइक्रोप्रोसेसर से बाहर यूनिडायरेक्शनल

(c) बाइडायरेक्शनल

(d) कुछ लाइनें माइक्रोप्रोसेसर के अन्दर तथा कुछ बाहर की ओर

31. यदि माइक्रोप्रोसेसर को सभी इन्ट्रप्ट 'request' एक साथ प्राप्त होती हैं, तब सबसे अन्त में सर्विस की जाने वाली request होगी—

(a) RST5·5 (b) RST6·5

(c) RST7·5 (d) TRAP

32. इन्टेल 8085 की एड्रैस बस 16 बिट् वाइड है अतः इस एड्रैस बस द्वारा एक्सैस (access) की जाने वाली मैमोरी साइज होगा—

(a) 1K Byte (b) 16K Byte

(c) 32K Byte (d) 64K Byte

33. एक गणितीय (arithmetic) ऑपरेशन में MSB को कैरी इनपुट (carry input) वही है जो एकुमुलेटर में MSB की कैरी आउटपुट है। इसका अर्थ है कि ऑपरेशन में—

(a) ओवरफ्लो (overflow) है

(b) अन्डरफ्लो (underflow) है

(c) उपरोक्त (a) अथवा (b)

(d) प्राप्त परिणाम ठीक (correct) है

34. रिसैट ऑपरेशन के पश्चात् कौन-सा इन्ट्रप्ट 'enabled' रहता है ?

(a) INTR (b) RST5·5

(c) RST7·5 (d) TRAP

35. INTR इन्ट्रप्ट को 'enable' करने के लिये आवश्यक इन्सट्रक्शन है—

(a) EI (b) SIM

(c) EI तथा SIM दोनों (d) कोई नहीं

36. जब TRAP इन्ट्रप्ट ट्रिगर किया जाता है तब कन्ट्रोल किस लोकेशन पर ट्रांसफर हो जाता है ?

(a) 0020H (b) 0024H

(c) 0028H (d) 002CH

37. 8085 में इन्सट्रक्शन रजिस्टर की length है—

(a) 6 बिट्स (b) 8 बिट्स

(c) 12 बिट्स (d) 16 बिट्स

38. 8085 में प्रोग्राम काउन्टर (PC) की length है—

(a) 6 बिट्स (b) 8 बिट्स

(c) 12 बिट्स (d) 16 बिट्स

39. सेमीकन्डक्टर मैमोरी—

(a) Volatile होती है

(b) Nonvolatile होती है

(c) छोटे आकार की Volatile होती है

(d) बड़े आकार की nonvolatile होती है

40. माइक्रोप्रोग्राम—

(a) माइक्रोकम्प्यूटर्स में सोर्स प्रोग्राम को कहते हैं

(b) किसी सिस्टम में प्रारम्भिक (primitive) ऑपरेशन्स को प्रदर्शित करने वाला इन्सट्रक्शन सैट होता है

(c) असैम्बली भाषा प्रोग्रामिंग में 'MACROs' को कहते हैं

(d) बुहत छोटे आकार के प्रोग्राम को कहते हैं

41. बाईपोलर (bipolar or static MOS memories) में एक्सैस टाइम (access time) का आर्डर होता है—

(a) 20 – 400 nsec (b) 20 – 400 $\mu$sec

(c) 20 – 400 msec (d) 20 – 400 sec

42. 50 rps पर रोटेट कर रहे मैगनेटिक ड्रम का औसत एक्सैस टाइम है—

(a) 10 msec (b) 20 msec

(c) 30 msec (d) 50 msec

43. 12-bit की संख्याओं को प्रयुक्त कर भाग (division) करने की क्रिया में कितना समय लगेगा यदि Clock 1MHz हो— ?

(a) 12 $\mu$sec (b) 19 $\mu$sec

(c) 31 $\mu$sec (d) 48 $\mu$sec

44. एक माइक्रोकम्प्यूटर की मैमोरी में 64 K मैमोरी का उपयोग किया गया है। प्रथम (first) मैमोरी लोकेशन का हैक्स नोटेशन क्या होगा ?

(a) 0000 (b) FFFF

(c) 0FFF (d) 3FFF

45. PPI 8255A का कौन-सा पार्ट दो भागों (halves) में विभाजित रहता है ?

(a) Port A (b) Port B

(c) Port C (d) Port A, B

46. डिजिटल कम्प्यूटर मैमोरी की भांति प्रयुक्त मैगनेटिक टेप की स्टैन्डर्ड लम्बाई ——— होती है।

(a) 1200 feet (b) 1600 feet

(c) 2400 feet (d) 3600 feet

47. PPI 8255 के कितने ऑपरेशन मोड हैं ?

(a) 1 (b) 2

(c) 3 (d) 4

48. निम्न में 16-bit माइक्रोप्रोसेसर है—

(a) Intel 8085 (b) Intel 8086

(c) zilog 80 (d) Motrola 6800

49. इन्ट्रप्ट सर्विस रुटीन RST 5·5 किस लोकेशन से प्रारम्भ होती है ?

(a) 0020 H (b) 0024 H

(c) 0028 H (d) 002 CH

50. मैगनेटिक ड्रम स्टोरेज में दोष है—

(a) उसका बड़ा साइज

(b) उसमें केवल 'Read out' सम्भव है

(c) एक्सैस टाइम उच्च है

(d) एक्सैस टाइम कम है

51. PPI 8255A में पोर्ट्स का कौन-सा ग्रुप दो मोड्स में ऑपरेट किया जा सकता है ?

(a) Group A (b) Group B

52. इन्ट्रप्ट request सर्व होती है—

(a) Request प्राप्त होने पर तुरन्त

(b) उस समय एक्जीक्यूट हो रही इन्सट्रक्शन के पूर्ण होने के पश्चात्

(c) उस समय चल रहे मशीन चक्र के अन्त (end) में

(d) उपरोक्त सभी

53. इन्सट्रक्शन RIM, एक इनपुट डाटा लाइन ($D_7$) के साथ इन्सट्रक्शन IN के तुल्य (equivalent) है—

(a) True (b) False

54. माइक्रोप्रोसेसर 8085, माइक्रोप्रोसेसर ——— का संशोधित संस्करण (enhanced version) है।

(a) 6800 (b) 68000

(c) 8080 (d) 8000

55. समस्त इन्ट्रप्ट request प्राप्त होने पर सर्वप्रथम सर्विस (serve) की जाने वाली इन्ट्रप्ट है—

(a) RST5·5 (b) RST6·5

(c) RST7·5

56. Memory mapped विधि द्वारा कितने I/O पोर्टस एक्सैस किये जा सकते हैं ?

(a) 3 (b) 256

(c) 32 K (d) 64 K

57. एक I/O प्रोसेसर ——— एवं ——— के मध्य information flow का नियन्त्रण करता है।

(a) Cache memory तथा I/O devices

(b) Main memory तथा I/O devices

(c) दो I/O devices

(d) Cache तथा main memories

58. इन्सट्रक्शन XTHL के एक्जीक्यूशन के लिये कितने एवं कौन-कौन-से मशीन चक्रों की आवश्यकता है—

(a) 1, Fetch

(b) 3, Fetch, Memory read and Memory write

(c) 4, Fetch, 2 Memory read and 1 Memory write

(d) 5, Fetch, 2 Memory read and 2 Memory write

59. निम्न में किस इन्ट्रप्ट की प्राइरॉटी 'lowest' है—

(a) RST 5·5 (b) RST 7·5

(c) TRAP (d) INTR

60. इन्सट्रक्शन PUSH C के एक्जीक्यूशन में कितने एवं कौन-कौन से मशीन चक्रों की आवश्यकता है—

(a) 2, Fetch and Memory Write

(b) 3, Fetch and 2 Memory Write

(c) 3, Fetch, Memory read and Memory write

(d) 3, Fetch and 2 Memory read

61. निम्न में कौन-सा रजिस्टर पेयर (RP) सीधे मैमोरी में स्टोर किया जा सकता है—

(a) BC (b) DE

(c) HL (d) उपरोक्त में कोई नहीं

62. निम्न में भाषाओं के स्तर के घटने की दृष्टि से (descending order of levels) ठीक क्रम है—

(a) FORTRAN, ASSEMBLY, PASCAL

(b) PASCAL, ASSEMBLY, FORTRAN

(c) PASCAL, FORTRAN, ASSEMBLY

(d) उपरोक्त में कोई नहीं

63. डायनेमिक मैमोरी—

(a) की स्पीड, स्टैटिक मैमोरी की तुलना में कम (low) होती है

(b) में शक्ति क्षय (power consumption) कम होता है

(c) का डाटा कुछ समय पश्चात् नष्ट (decay) हो जाता है

(d) के लिये उपरोक्त सभी सत्य है

64. किस इन्ट्रप्ट को सर्व करने के लिये माइक्रोप्रोसेसर को 'active low INTA' सिगनल की आवश्यकता नहीं है ?

(a) TRAP (b) INTR

(c) RST7·5 (d) RST5·5

65. 4-bit लैच IC है—

(a) 7475 (b) 7446

(c) 7400 (d) 7490

66. निम्न में FORTRAN के लिये प्रोग्राम स्ट्रक्चर का सही (correct) क्रम कौन-सा है ?

(a) Control cards, declarations, main program, subroutines

(b) Declarations, subroutines, main program, control cards

(c) Main program, declarations, Subroutines, control cards

(d) उपरोक्त में कोई नहीं

67. माइक्रोप्रोग्रामिंग का अर्थ है—

(a) माइक्रोप्रोसेसर्स की प्रोग्रामिंग

(b) छोटे (small) प्रोग्राम लिखना

(c) कम्प्यूटर की प्रोग्रामिंग के लिये कन्ट्रोल स्टेप्स लिखना

(d) आउटपुट/इनपुट रुटीन (routines) की प्रोग्रामिंग करना

68. डाटा ट्रांसमिशन के लिये पैरब्ब ट्रांसफर की तुलना में सीरियल ट्रांसफर के लाभ हैं—

(a) इसमें एक ही वायर (wire) की आवश्यकता है

(b) यह तीव्र (faster) है

(c) यह BCD कम्पेटेबिल (compatible) है

(d) उपरोक्त सभी

69. इन्सट्रक्शन LXI B 0345H में एड्रैसिंग मोड क्या है ?

(a) डायरेक्ट (direct)

(b) इनडायरेक्ट (indirect)

(c) इनडैक्स्ड (indexed)

(d) Immediate

70. स्टैक प्वाइन्टर के contents प्रदर्शित करते हैं—

(a) स्टैक bottom का एड्रैस

(b) स्टैक top का एड्रैस

(c) स्टैक bottom के contents

(d) स्टैक top के contents

71. इन्सट्रक्शन DDA के एक्जीक्यूशन के पश्चात् CY तथा AC का मान क्या होगा—

(a) 0, 0 (b) 0, 1

(c) 1, 0 (d) 1, 1

72. डायनेमिक RAMs की रिफ्रेशिंग रेट की रेंज है—

(a) 5000 msec

(b) 2 msec

(c) 2 microsec

(d) उपरोक्त में कोई नहीं

73. रजिस्टर इन्डैक्स एड्रैसिंग मोड में effective address होता है—

(a) Sum of register value

(b) ऑपरेन्ड (operand) का एड्रैस

(c) उपरोक्त (a) तथा (b) दोनों

(d) उपरोक्त में कोई नहीं

74. कम्प्यूटर द्वारा किये जाने वाले प्रत्येक ऑपरेशन के लिये—

(a) एक कोड होता है

(b) एक बाइनरी कोड होता है

(c) एक भाषा होती है

(d) उपरोक्त में कोई नहीं

75. मशीनी भाषा (machine language) को—

(a) केवल 'language' भी कहते हैं

(b) केवल मशीन भी कहते हैं

(c) बाइनरी भाषा भी कहते हैं

(d) उपरोक्त में कोई नहीं

76. एक 'On' बिट प्रदर्शित करता है—

(a) विद्युत धारा की उपस्थिति (presence of electric current)

(b) विद्युत धारा की अनुपस्थिति (absence of electric current)

(c) कोई एड्रैस (d) उपरोक्त में कोई नहीं

77. सुपरवाइजर प्रोग्राम—

(a) सिस्टम का मुख्य कम्पोनैन्ट होता है

(b) ऑपरेटिंग सिस्टम का मुख्य कम्पोनैन्ट होता है

(c) समस्त प्रणालियों (systems) के मुख्य कम्पोनैन्ट होते हैं

(d) भाषा (language) का कम्पोनैन्ट होता है

78. कम्प्यूटर केवल वह इन्स्ट्रक्शन एक्जीक्यूट कर सकता है जो—

(a) सैकेन्डरी मैमोरी में होती हैं

(b) मशीनी भाषा (machine language) में होती हैं

(c) पास्कल (pascal) में होती हैं

(d) उपरोक्त में कोई नहीं

79. असैम्बली भाषा (assembly language) को—
(a) 'low level' language भी कहते हैं
(b) 'high level' language भी कहते हैं
(c) उपरोक्त (a) तथा (b) दोनों कहते हैं
(d) उपरोक्त में कोई नहीं

80. हार्डवेयर का अर्थ है—
(a) मुख्य मैमोरी (main memory)
(b) कन्ट्रोल यूनिट
(c) उपरोक्त (a) तथा (b) दोनों
(d) उपरोक्त में कोई नहीं

81. वर्तमान समय में निर्मित मिनिकम्प्यूटर्स ———— से अधिक शक्तिशाली (powerful) होते हैं।
(a) मेन-फ्रेम (b) सुपर कम्प्यूटर्स
(c) माइक्रो-कम्प्यूटर्स (d) उपरोक्त में कोई नहीं

82. पेरीफैरल यूनिट जो 'writing' तथा 'displaying' का कार्य कर सकती है, ———— कहलाती हैं।
(a) आउटपुट डिवाइस (b) इनपुट डिवाइस
(c) उपरोक्त (a) तथा (b) दोनों
(d) उपरोक्त में कोई नहीं

83. क्लॉक जेनरेटर के लिये कौन-सा परिपथ प्रयुक्त किया जाता है?
(a) JK फ्लिप-फ्लॉप (b) फ्रीरनिंग मल्टीवाइब्रेटर
(c ) उपरोक्त (a) तथा (b) दोनों
(d) उपरोक्त में कोई नहीं

84. परिवर्ती राशियों (variable quantites) को स्टोर करने के लिये प्रयुक्त मैमोरी है—
(a) EPROM (b) PROM
(c) RAM (d) उपरोक्त में कोई नहीं

85. निम्न में टेम्पोरैरी मैमोरी (temporary memory) है—
(a) ROM (b) RAM
(c) ROM तथा RAM दोनों
(d) उपरोक्त में कोई नहीं

86. निम्न में इलैक्ट्रोस्टैटिक डिवाइस है—
(a) PNP ट्रांजिस्टर (b) MOSFET
(c) उपरोक्त (a) तथा (b) दोनों
(d) उपरोक्त में कोई नहीं

87. डिजिटल कम्प्यूटर में इन्डैक्स रजिस्टर का उपयोग 'indirect' एड्रैस के लिये किया जाता है—
(a) True (b) False

88. ———— माइक्रोप्रोसेसर ऑपरेशन का कम्पोनेन्ट नहीं है—
(a) Memory read cycle
(b) Carnot cycle
(c) Memory write cycle
(d) I/O read cycle

89. डिजिटल कम्प्यूटर में दो बाइनरी संख्याओं की गुणा (multiply) करने के लिये एक 'हार्डवेयर' मल्टीप्लायर आवश्यक है—
(a) True (b) False

90. निम्न में non-linear है—
(a) Sample and hold circuit
(b) Logarithmic amplifer
(c) उपरोक्त (a) तथा (b) दोनों
(d) उपरोक्त में कोई नहीं

91. मशीन इन्सट्रक्शन के बेसिक कम्पोनैन्ट है—
(a) ऑपरेशन पार्ट (b) एड्रैस पार्ट
(c) उपरोक्त (a) तथा (b) दोनों
(d) उपरोक्त में कोई नहीं

92. कम्प्यूटर के लिये उपलब्ध समस्त प्रोग्राम रेंज को कहते हैं—
(a) हार्डवेयर (b) सॉफ्टवेयर
(c) उपयुक्त (a) तथा (b) दोनों
(d) उपरोक्त में कोई नहीं

93. टोगल ऑपरेशन (toggle operation) का सम्बन्ध है—
(a) फ्लिप-फ्लॉप से (b) गेट सर्किट से
(c) उपरोक्त (a) तथा (b) दोनों
(d) उपरोक्त में कोई नहीं

94. डिस्क तथा टेप ड्राइव प्रायः—

(a) हार्डकॉपी (hard copy) के लिये प्रयुक्त किये जाते हैं

(b) सॉफ्ट कॉपी (soft copy) के लिये प्रयुक्त किये जाते हैं

(c) सैकेन्ड्री स्टोरेज डिवाइस के लिये प्रयुक्त किये जाते हैं

(d) उपरोक्त में कोई नहीं

**95.** एक 8085 माइक्रोप्रोसेसर पर निम्न प्रोग्राम एक्जीक्यूट किया गया—

| Memory Address | Instruction |
|---|---|
| 2000 | LXI SP, 1000 |
| 2003 | PUSH H |
| 2004 | PUSH D |
| 2005 | CALL 2050 |
| 2008 | POP H |
| 2009 | HLT |

प्रोग्राम एक्जीक्यूशन के पश्चात् 8085 के PC के contents होंगे—

(a) 2000 (b) 2050

(c) 2009 (d) 1000

**96.** एक स्टैन्डर्ड TTL में टोटैम्पाल स्टेज से क्या तात्पर्य है—

(a) मल्टीएमीटर इनपुट स्टेज

(b) फेज स्पलिटर

(c) आउटपुट बफर

(d) ओपिन कलेक्टर आउटपुट स्टेज

**97.** 8085 में इन्सट्रक्शन RST केवल उस अवस्था में इन्ट्रप्ट उत्पन्न करेगी जब—

(a) कोई इन्ट्रप्ट सर्विस रुटीन एक्जीक्यूट न किया जा रहा हो

(b) इन्ट्रप्ट मास्क में कोई बिट 0 कर दिया गया हो

(c) Interrupts, इन्सट्रक्शन EI द्वारा enable कर दिये गये हो

(d) उपरोक्त में कोई नहीं

**98.** एक TTL गेट का noise margin है—

(a) 0·2 V (b) 0·4 V

(c) 0·6 V (d) 0·8 V

**99.** एक एनेलॉग कम्प्यूटर्स की अपेक्षा डिजिटल कम्प्यूटर्स का अधिक उपयोग किया जाता है क्योंकि वे—

(a) मूल्य में सस्ते होते हैं

(b) अधिक तीव्र (faster) होते हैं तथा ठीक परिणाम देते हैं

(c) अधिक विविध प्रकार (big variety) के प्रश्नों को हल कर सकते हैं

(d) रखरखाव (maintenance) में सरल होते हैं

**100.** कम्प्यूटर में Carry Flag को सैट करने के लिये इन्सट्रक्शन को किस प्रकार वर्गीकृत किया जा सकता है ?

(a) data transfer (b) arithmetic

(c) logical (d) program control

**101.** निम्न में से कौन सी डिवाइस कम्प्यूटर से सम्बन्धित नहीं है ?

(a) माइस (mice) (b) प्रिन्टर

(c) वी० डी० यू० (VDU) (d) कुँजी बोर्ड

**102.** एक 64K बिट वर्ड कम्प्यूटर में कितने बिट्स होते हैं ?

(a) 64×1000 बिट्स (b) 64×1012 बिट्स

(c) 64×1020 बिट्स (d) 64×1024 बिट्स

**103.** हाइ-लेविल लेंग्वेज (high level language) –

(a) को ट्रांसलेशन की आवश्यकता नहीं है

(b) में केवल बाइनरी संख्याओं का उपयोग होता है

(c) में इंगलिश तथा गणितीय संकेतों का उपयोग होता है

(d) को कम्प्यूटर सीधे समझ लेता है

**104.** माइक्रो कम्प्यूटर में फाइल से क्या तात्पर्य है ?

(a) एक गत्ते (cardboard) की फाइल में पेपर्स

(b) यूजर (user) द्वारा फीड की गयी विशिष्ट (particular) इन्सट्रक्शन्स

(c) मैगेनेटिक डिस्केट (d) रजिस्टर्स

**105.** कम्प्यूटर प्रणाली में सबसे अधिक दोष किस यूनिट में होता है ?

(a) CPU (b) CRT

(c) प्रिन्टर (d) फ्लॉपी डिस्क

**106.** डिजिटल कम्प्यूटर को सरलता से प्रोग्राम करने के लिए उसमें.......मैमोरी होती है ?

(a) कोर (b) RAM

(c) ROM (d) EPROM

**107.** दूसरी जेनरेशन के कम्प्यूटर्स में—

(a) ट्रांजिस्टर्स का उपयोग किया जाता है

(b) LSI चिप्स का उपयोग किया जाता है

(c) वैकुम ट्यूब्स का उपयोग किया जाता है

(d) उपरोक्त में कोई नहीं

**108.** बफर रजिस्टर्स.......का भाग होते हैं।

(a) डाटा बस (b) CPU

(c) मुख्य मैमोरी (d) धीमी I/O डिवाइसेज

**109.** हार्डवेयर यूनिट जो कम्प्यूटर प्रोसैसिंग को मोनीटर करता है उसे.......कहते हैं।

(a) कन्सोल (b) डॉट मैट्रिक्स प्रिन्टर

(c) माऊस (d) ROM

**110.** सोफ्टवेयर प्रणाली में डाटा—

(a) बहुत कम यूजर्स के मध्य शेयर होता है

(b) अनेक विभिन्न यूजर्स के मध्य शेयर होता है

(c) दो यूजर्स के मध्य शेयर होता है

(d) उपरोक्त में कोई नहीं

**111.** निम्न में से कौन सोर्स प्रोग्राम को ऑब्जैक्ट प्रोग्राम में ट्रांसलेट करता है ?

(a) असैम्बलर (b) इन्टरप्रेटर

(c) कम्पाइलर (d) एब्सोलूट असैम्बलर

**112.** डाटा मॉडल से क्या अभिप्राय है ?

(a) वह पैटर्न जिसके अनुसार डाटा ऑरगेनाइज किया जाता है

(b) वह पैटर्न जिसके अनुसार डाटा लोजिकली ऑरगेनाइज किया जाता है

(c) वह पैटर्न जिसके अनुसार डाटा ठीक प्रकार ऑरगेनाइज किया जाता है

(d) उपरोक्त में कोई नहीं

**113.** ऑफ लाइन डिवाइस का उपयोग

(a) कम्प्यूटर का समय बचाने के लिए किया जाता है

(b) कम्प्यूटर का ऑपरेशन कन्ट्रोल करने के लिए किया जाता है

(c) छोटे प्रोग्राम एक्जीक्यूट करने के लिए किया जाता है

(d) उपरोक्त सभी

**114.** रजिस्टर—

(a) सहायक (auxiliary) मैमोरी का भाग होता है

(b) धारा सिगनल को वोल्टेज सिगनल में कनवर्ट करने की डिवाइस है

(c) CPU के अन्दर टेम्पोरेरी स्टोरेज यूनिट होती है

(d) एक फाइल में रखे गये पेपर्स, टेप्स (tapes) आदि स्टेशनरी होती है

**115.** CPU एवं मुख्य (main) मैमोरी के मध्य कनैक्ट की गयी बस (bus) जो मुख्य मैमोरी एवं CPU के मध्य सूचना ट्रांसफर करती है उसे.......कहते हैं।

(a) DMA बस (b) मैमोरी बस

(c) एड्रैस बस (d) कन्ट्रोल बस

**116.** SQL एक बीजगणितीय भाषा (algebric language) नहीं है तथा एक—

(a) मशीनी भाषा (machine language) भी नहीं है

(b) असैम्बली भाषा (assembly language) भी नहीं है

(c) पूर्वानुमान भाषा (predictive language) भी नहीं है

(d) उपरोक्त में कोई नहीं

**117.** OP कोड का उपयोग—

(a) निमोनिक को ट्रांसलेट करने के लिए किया जाता है

(b) CPU को इन्सट्रक्ट करने के लिए किया जाता है

(c) डाटा स्टोर करने के लिए किया जाता है

(d) उपरोक्त सभी

**118.** लिंकर—

(a) एक सोफ्टवेयर प्रोग्राम है

(b) प्रोग्राम के पार्ट को कम्बाइन करता है

(c) मुख्य मैमोरी में मोनीटर लोड करने के लिए एक प्रोग्राम है

(d) उपरोक्त (a) तथा (b) दोनों

**119.** किस एड्रैसिंग मोड में इन्सट्रक्शन में दिये गयें रजिस्टर के contents पहले decrement किये जाते हैं तथा, उसके पश्चात् इन 'contents' को operand के 'effective' एड्रैस की भाँति प्रयुक्त किया जाता है ?

(a) इन्डैक्स एड्रैसिंग

(b) इनडायरैक्ट (indirect) एड्रैसिंग

(c) ऑटो इन्क्रीमैन्ट (d) ऑटो डिक्रीमैन्ट

**120.** किसी भी कम्प्यूटर प्रणाली में—

(a) केवल एक इनपुट डिवाइस होती है

(b) दो से अधिक इनपुट डिवाइस नहीं होती

(c) अनेक अलग-अलग इनपुट डिवाइस हो सकती है

(d) उपरोक्त में कोई नहीं

**121.** प्राइमरी स्टोरेज यूनिट को.......भी कहते हैं।

(a) मुख्य (main) मैमोरी, प्राइमरी मैमोरी

(b) इन्टरनल स्टोरेज

(c) उपरोक्त (a) तथा (b) दोनों

(d) उपरोक्त में कोई नहीं

**122.** कन्ट्रोल यूनिट में, निम्न में से कौन-सी यूनिट होती है ?

(a) प्रोग्राम काउन्टर (PC)

(b) मैमोरी रजिस्टर (MR)

(c) ऐड्रैस रजिस्टर (AR)

(d) फंक्शन रजिस्टर (FR)

(e) उपरोक्त सभी

**123.** पन्चड् कार्ड में—

(a) 8 कतारें (rows) तथा 60 कॉलम होते हैं

(b) 10 कतारें (rows) तथा 72 कॉलम होते हैं

(c) 12 कतारें (rows) तथा 80 कॉलम होते हैं

(d) 16 कतारें (rows) तथा 100 कॉलम होते हैं

**124.** MOSRAM–

(a) की 'memory density' कम होती है

(b) की 'memory density' उच्च होती है

(c) में कम क्षेत्र, कम उठना क्षय तथा कम एक्सैस टाइम ($1\mu s$) होता है

(d) उपरोक्त (b) तथा (c)

**125.** डिजिटल कम्प्यूटर में प्रयुक्त किये जाते हैं—

(a) प्रकाशीय डिजिट (light digits)

(b) अकांत्मक डिजिट (numerical digits)

(c) बाइनरी डिजिट (binary digits)

(d) उपरोक्त में कोई नहीं

**126.** बड़े प्रोग्रामों में सबरूटीन का उपयोग—

(a) प्रोग्राम का एक्सटैन्सन टाइम कम करने के लिए नहीं किया जाता

(b) प्रोग्रामिंग की सरलता (easiness) को बढ़ाने के लिए नहीं किया जाता

(c) स्टोरेज उपकरण कम करने के लिए नहीं किया जाता

(d) प्रोग्राम development के समय प्रोग्राम टेस्टिंग को सरल बनाने के लिए नहीं किया जाता

**127.** निम्न में 'false' है—

(a) एक 8-बिट एकुमुलेटर 255 इन्टीजर (integer) तक स्टोर कर सकता है

(b) माइक्रोप्रोसेसर में प्रोग्राम मैमोरी में तथा डाटा रजिस्टर में स्टोर होता है

(c) एक PC 'run' किये जा रहे प्रोग्रामों की संख्या काउन्ट करता है

**128.** फ्लो चार्ट—

(a) प्रोसेस फ्लो को प्रदर्शित करता है

(b) समस्त events को तार्किक क्रम (logical sequence) में प्रदर्शित करता है तथा उनके मध्य सम्बन्ध दर्शाता है

(c) फिजीकल प्रणाली के 'events' प्रदर्शित करता है

(d) उपरोक्त में कोई भी

**129.** माइक्रोप्रोग्राम—

(a) छोटे आकार के प्रोग्राम होते हैं

(b) माइक्रो कम्प्यूटर में सोर्स प्रोग्राम होते हैं

(c) सिस्टम में होने वाले ऑपरेशन्स का इन्सट्रक्शन सैट होता है

(d) असैम्बली लैंग्वेज प्रोग्रामिंग में MACRO's का दूसरा नाम है

**130.** माइक्रोप्रोसेसर की CPU को अस्थायी (temporarily) रोकने की क्षमता तथा इस समय को, सूचना सीधे बसों (buses) पर भेजने के लिए प्रयोग करने को कहते हैं—

(a) DMA (direct memory access)

(b) इन्ट्रप्ट को वैक्टर करना

(c) पोलिंग

(d) साइकिल स्टीलिंग (cycle stealing)

131. किसी कार्य को बारम्बार रिपीट (repetition task) करने की सबसे सुगम विधि लूप (loop) है। उदाहरणतः

(a) कुछ नामों की सूचि (list) प्रिन्ट करना

(b) सैकड़ों नामों की सूचि (list) प्रिन्ट करना

(c) केवल एक नाम की सूची (list) प्रिन्ट करना

(d) उपरोक्त में कोई नहीं

132. जॉब कन्ट्रोल प्रोग्राम (job control program) का कार्य प्रोग्रामर द्वारा लिखे गये जॉब कन्ट्रोल कमाण्डस को____भाषा (language) में ट्रान्सलेट करना है।

(a) हाई-लेविल (high-level)

(b) असैम्बली (assembly)

(c) मशीन (machine)

(d) उपरोक्त में कोई नहीं

133. पैरीफैरल को बस से कनैक्ट करने के लिए उपयुक्त डिवाइस है—

(a) कन्ट्रोल रजिस्टर (b) इन्टरफेस

(c) कम्युनिकेश प्रोटोकोल (d) उपरोक्त में कोई नहीं

134. मैमोरी से ALU में डिलीवर करने के लिए, 'call' की गयी सूचनाओं के लिए 'wait', करने में व्यय समय (delay) को कहते हैं—

(a) शिफ्ट (b) ओवर फ्लो

(c) लेटेन्सी (d) मैमोरी

135. ब्लॉक स्ट्रक्चर्ड कम्प्यूटर लैंग्वेज है—

(a) फोरट्रान तथा असैम्बली

(b) एलगॉल (ALGOL)

(c) पास्कल (PASCAL)

(d) उपरोक्त (b) तथा (c) दोनों

136. फ्लॉपी डिस्क की मुख्य विशेषता क्या है ?

(a) इसमें ऑटोमैटिक लोडिंग की सुविधा है तथा इसे कम रख-रखाव (maintenance) की आवश्यकता है

(b) यह एक 'removable disc' प्रणाली है। डिस्क प्लास्टिक पदार्थ की बनी होती है जिसका व्यास 200 mm होता है तथा यह फैराइट कोटिंग से कोटिड (coated) होती है

(c) यह एक चक्र (revolution), 83 ms में पूरा करती है

(d) इसमें 73 डाटा ट्रैक होते हैं। प्रत्येक ट्रैक में 26 सेक्टर, तथा प्रत्येक सेक्टर में 64 वर्डस होते हैं। यह 121472 वर्ड स्टोर कर सकती है इसकी स्पीड 360 r.p.m. है

(e) उपरोक्त सभी

137. निम्न में 'incorrect' स्टेटमेन्ट है—

(a) कम्प्यूटर्स को एनेलॉग, डिजिटल तथा हाइब्रिड वर्गों में वर्गीकृत किया जा सकता है

(b) कम्प्यूटर गणना (computation) में सहायक है

(c) डिजिटल कम्प्यूटर में 0 से 9 तक डिजिट्स का उपयोग किया जाता है

(d) ऑटोमैटिक कम्प्यूटिंग मशीनों को कम्प्यूटर्स कहते हैं

(e) एनेलॉग कम्प्यूटर्स सामान्य रूप से प्रयोग किये जाते हैं तथा इनके द्वारा योग (addition), स्केलर मल्टीप्लीकेशन तथा इन्टीग्रेशन की क्रियाएँ की जा सकती हैं

138. मैमोरी अनेक भागों में विभाजित होती है। प्रत्येक भाग का एक एड्रैस होता है। इन भागों को____कहते हैं।

(a) एड्रैस (b) कोड

(c) लोकेशन (d) सैल

139. कम्प्यूटर प्रणाली के किस भाग में मिकेनिकल कम्पोनेन्ट्स की संख्या अधिकतम होती है—

(a) मेगनेटिक ड्रम (b) मैमोरी

(c) प्रिन्टर (d) हार्ड डिस्क

140. बूट स्ट्रैप से क्या अभिप्राय है ?

(a) कम्प्यूटर को सपोर्ट करने वाली एक डिवाइस

(b) मैमोरी डिवाइस

(c) त्रुटि ठीक करने की डिवाइस (error correlation device)

(d) अक्रिय (inactive) कम्प्यूटर को स्टार्ट करने के लिए 'initialisation program'

**141.** समान अभिलक्षणों के डाटा आइटम को ग्रुप अथवा वर्गों में रखने (organise in groups or classes) को कहते हैं

(a) सोर्टिंग (sorting)

(b) स्टोरिंग (storing)

(c) क्लासिफाइंग (classfying)

(d) प्रोसेसिंग

**142.** कम्प्यूटर की पावर सप्लाई अचानक फेल (fail) होने से सबसे अधिक हानि किस यूनिट को होती है—

(a) CPU (b) disk

(c) CRT (d) प्रिन्टर

**143.** निम्न में कौन मेगनेटिक मैमोरी नहीं है ?

(a) कोर (core) (b) डिस्क

(c) फ्लिप-फ्लॉप (d) टेप

**144.** कम्प्यूटर प्रोसेसिंग में डाटा ऑरगेनाइजेशन में सबसे छोटा लॉजिकल डाटा एलीमैन्ट (smallest data entity) है—

(a) फाइल (b) फील्ड

(c) रिकॉर्ड (d) डाटा बेस

**145.** निम्न को मैच कीजिए—

| | |
|---|---|
| 1. OCR | A. Storage device |
| 2. Plotter | B. A device used to read data directly from paper |
| 3. Floppy disk | C. An input device used in graphics |
| 4. Witty mouse | D. An output device used in graphics |

(a) 1-B, 2-D, 3-C, 4-A

(b) 1-B, 2-D, 3-A, 4-C

(c) 1-D, 2-B, 3-A, 4-C

(d) 1-D, 2-A, 3-B, 4-C

**146.** एनेलॉग कम्प्यूटर में वह कौन-सी डिवाइस है जिसके द्वारा एक वैक्टर को दो परस्पर लम्बवत् कम्पोनैन्ट्स में रिजाल्व (resolve) किया जा सकता है ?

(a) सबरूटीन (b) रजिस्टर

(c) रिजॉल्वर (d) उपरोक्त में कोई नहीं

**147.** सीक्वैन्शियन परिपथ—

(a) क्लॉवड अथवा सिन्क्रोनस होते हैं

(b) अनक्लॉक्ड अथवा asynchronous होते हैं

(c) उपरोक्त (a) अथवा (b)

(d) उपरोक्त में कोई नहीं

**148.** कम्प्यूटर सोफ्टवेयर से क्या तात्पर्य है ?

(a) ऑपरेटिंग सिस्टम (b) सिस्टम प्रोग्राम

(c) एप्लीकेशन प्रोग्राम (d) उपरोक्त सभी

**149.** कम्प्यूटर में असैम्बलर एक—

(a) प्रोग्राम होता है

(b) एक भाषा (languages) होती है

(c) हार्डवेयर होता है

(d) एक मेकेनिकल डिवाइस होती है

**150.** हौलरिथ (Hollerith) कोड का उपयोग—

(a) CPU के लिए होता है

(b) मैगनेटिक ड्रम के लिए होता है

(c) पेपर टेप के लिए होता है

(d) पन्चड् (punched) कार्ड के लिए होता है

**151.** डेजी व्हील का सम्बन्ध है—

(a) CPU से (b) कोर मैमोरी से

(c) प्रोग्राम से (d) मैमोरी यूनिट से

**152.** व्यापारिक कार्यों (business) के डाटा प्रोसेसिंग के लिए मुख्यतः कौन-सी भाषा का उपयोग होता है—

(a) पास्कल (b) फॉरट्रान (Fortran)

(c) कोबोल (cobol) (d) लिस्प (Lisp)

## Answers :

**1.** (b)
**2.** (b)
**3.** (a)
**4.** (a)
**5.** (b)
**6.** (b)
**7.** (c)
**8.** (d)
**9.** (d)
**10.** (d)
**11.** (a)
**12.** (a)
**13.** (b)
**14.** (c)
**15.** (a)
**16.** (b)
**17.** (c)
**18.** (d)
**19.** (b)
**20.** (b)
**21.** (b)
**22.** (c)
**23.** (b)
**24.** (a)
**25.** (a)
**26.** (a)
**27.** (b)
**28.** (c)
**29.** (d)
**30.** (d)
**31.** (a)
**32.** (d)
**33.** (d)
**34.** (d)
**35.** (a)
**36.** (b)
**37.** (b)
**38.** (d)
**39.** (c)
**40.** (a)
**41.** (a)
**42.** (c)
**43.** (b)
**44.** (a)
**45.** (c)
**46.** (c)
**47.** (c)
**48.** (b)
**49.** (d)
**50.** (c)
**51.** (b)
**52.** (b)
**53.** (a)
**54.** (c)
**55.** (c)
**56.** (c)
**57.** (b)
**58.** (d)
**59.** (d)
**60.** (b)
**61.** (c)
**62.** (c)
**63.** (c)
**64.** (a)
**65.** (a)
**66.** (b)
**67.** (c)
**68.** (a)
**69.** (d)
**70.** (b)
**71.** (d)
**72.** (c)
**73.** (c)
**74.** (b)
**75.** (c)
**76.** (a)
**77.** (b)
**78.** (b)
**79.** (a)
**80.** (c)
**81.** (a)
**82.** (a)
**83.** (b)
**84.** (c)
**85.** (b)
**86.** (b)
**87.** (b)
**88.** (b)
**89.** (b)
**90.** (c)
**91.** (c)
**92.** (b)
**93.** (c)
**94.** (c)
**95.** (b)
**96.** (c)
**97.** (c)
**98.** (b)
**99.** (c)
**100.** (b)
**101.** (d)
**102.** (d)
**103.** (c)
**104.** (b)
**105.** (d)
**106.** (b)
**107.** (a)
**108.** (d)
**109.** (a)
**110.** (b)
**111.** (d)
**112.** (b)
**113.** (a)
**114.** (c)
**115.** (b)
**116.** (c)
**117.** (b)
**118.** (d)
**119.** (d)
**120.** (c)
**121.** (c)
**122.** (c)
**123.** (c)
**124.** (d)
**125.** (c)
**126.** (d)
**127.** (c)
**128.** (b)
**129.** (c)
**130.** (d)
**131.** (b)
**132.** (c)
**133.** (b)
**134.** (c)
**135.** (d)
**136.** (c)
**137.** (c)
**138.** (c)
**139.** (c)
**140.** (d)
**141.** (c)
**142.** (b)
**143.** (c)
**144.** (b)
**145.** (b)
**146.** (c)
**147.** (c)
**148.** (d)
**149.** (a
**150.** (c)
**151.** (d)
**152.** (c)

# 5

# कम्यूनिकेशन प्रणालियों के सिद्धान्त

## (Principles of Communication Systems)
## (Modulation, Transmitters, Receivers, Satellite Communication, Radar)

### 5.1. मॉडुलेशन (Modulation)

मॉडुलेशन में एक उच्च आवृत्ति की साइन वेव (high frequency sine wave), जिसे कैरियर (carrier) कहते हैं, के किसी अभिलक्षण (characteristic) को एक मॉडुलेटिंग सिगनल के तात्क्षणिक मान (instantaneous value) के अनुसार परिवर्तित किया जाता है। कैरियर वेव की सामान्य समीकरण $e_c = E_c \cos(\omega_\chi t + \theta)$ होती है। मॉडुलेशन में तरंग का आयाम ($E_c$), आवृत्ति ($\omega_c$) अथवा फेज ($\theta$) परिवर्तित किया जाता है।

### 5.1.1. आयाम मॉडुलेशन (Amplitude Modulation)

एम्पलीट्यूड मॉडुलेशन (AM) में कैरियर के एम्पलीट्यूड को, मॉडुलेटिंग सिगनल के तात्क्षणिक (instantaneous) एम्पलीट्यूड के अनुसार परिवर्तित किया जाता है। यदि मॉडुलेशन वेव की समीकरण $e_m = E_m \cos \omega_m t$ है तब आयाम मॉडुलेटेड (AM) तरंग की समीकरण निम्न प्रकार होती है—

$$e = E_c(1 + m_a \cos \omega_m t)\cos \omega_c t \qquad \ldots (5.1)$$

यहाँ $e$ = AM सिगनल का instantanteous मान

$\omega_m$ = मॉडुलेटिंग सिगनल की आवृत्ति

$\omega_c$ = कैरियर वेव की आवृत्ति

$m_a$ = मॉडुलेटिंग इन्डैक्स

समीकरण 5.1 से

$$e = E_c \cos \omega_c t + \frac{m_a E_c}{2}\left[\cos(\omega_c + \omega_m)t + \cos(\omega_c - \omega_m)t\right] \qquad \ldots (5.2)$$

इस प्रकार AM सिगनल में कैरियर वेव तथा दो साइड बैन्ड्स होती है।

मॉडुलेटिंग इन्डैक्स का मान

$$m_a = \frac{E_c}{E_m} \qquad \ldots (5.3)$$

अथवा

$$m_a = \frac{(E_c)_{max} - (E_c)_{min}}{(E_c)_{max} + (E_c)_{min}} \qquad \ldots (5.4)$$

### कैरियर तथा साइड बैन्ड्स में ऊर्जा वितरण
### (Energy Distribution in Carrier and Sidebands)

(i) कैरियर में पावर

यहाँ K एक नियतांक है $\quad P_c = K E_c^2 \qquad \ldots (5.5)$

(ii) अपर साइडबैन्ड में पावर (power dissipated in USB)

$$P_{USB} = K\frac{ma^2}{4}E_c^2 \qquad ..(5.6)$$

(iii) लोअर साइडबैन्ड में पावर (power dissipated in LSB)

$$P_{LSB} = K\frac{ma^2}{4}E_c^2 \qquad ...(5.7)$$

(iv) AM तरंग में कुल पावर (total power in AM wave)

$$P_t = P_c\left(1 + \frac{m_a^2}{2}\right) \qquad ...(5.8)$$

(v) यदि मॉडुलेशन 100% है अर्थात् $m_a = 1$ तब

AM तरंग में पावर, $$P_t = P_c\left(1 + \frac{1}{2}\right) = \frac{3}{2} \times P_c \qquad ...(5.9)$$

कैरियर तरंग में पावर, $$P_c = \frac{2}{3} \times \text{ Power in AM wave} \qquad ...(5.10)$$

साइडबैन्ड्स में पावर, $$P_{\text{side bands}} = \frac{1}{2}P_c \qquad ...(5.11)$$

तथा $$\frac{P_{\text{side bands}}}{P_t} = \frac{\frac{1}{2}P_c}{\frac{3}{2}P_c} = \frac{1}{3} \qquad ...(5.12)$$

(vi) मॉडुलेंटेड कैरियर में कुल धारा, $$I_t = I_c\sqrt{1 + \frac{m_a^2}{2}}$$

यहाँ $I_c$ कैरियर धारा है। ...(5.13)

(vii) यदि कैरियर को अनेक तरंगों द्वारा मॉडुलेट किया जाये तब कुल मॉडुलेशन इन्डैक्स

$$m_t = (m_1^2 + m_2^2 + m_3^2 + ....)^{1/2} \qquad ...(5.14)$$

**DSB तथा DSB-SC** – एक सामान्य AM ब्रॉडकास्ट प्रणाली में दोनों साइड बैन्ड्स के साथ कैरियर भी ट्रांसमिट की जाती है। इसे डबल साइड बैन्ड (DSB) प्रणाली कहते हैं। यदि AM सिगनल से कैरियर को विलुप्त कर दिया जाये तथा केवल साइडबैन्ड्स (USB एवं LSB) ट्रांसमिट की जाये तब यह DSB-SC प्रणाली कहलाती है।

**SSB तथा SSB-SC** – SSB ट्रांसमिशन में एक साइड बैन्ड एवं कैरियर को सप्रैस (suppress) कर दिया जाता है तथा केवल एक साइड बैन्ड ट्रांसमिट की जाती है। इस साइड बैन्ड में भी सूचना (information) के समस्त कम्पौनैन्ट होते हैं। इस प्रणाली को SSB-SC कहते हैं।

SSB सिगनलों के लिए, DSB सिगनलों की तुलना में केवल आधी (half) बैन्ड विड्थ की आवश्यकता होती है। परन्तु उच्च स्तर (high level) के SSB सिगनल जेनरेट करना DSB सिगनलों की तुलना में कठिन होता है। वैस्टिजियल साइडबैन्ड (VSB) ट्रांसमिशन में यह दोष भी दूर हो जाता है। VSB ट्रांसमिशन एक प्रंकार से SSB तथा DSB के मध्य compromise है। VSB में दोनों प्रणालियों के गुण होते हैं तथा समस्त दोष समाप्त हो जाते हैं। VSB ट्रांसमिशन में एक साइडबैन्ड का कुछ भाग सप्रैस (suppress) कर दिया जाता है। इस प्रकार एक पूर्ण साइडबैन्ड (one full side band) एवं दूसरी साइडबैन्ड का शेष भाग (unsuppressed or vestige part) ट्रांसमिट किया जाता है। अतः इस प्रणाली को VSB सिस्टम कहा जाता है।

VSB प्रणाली में SSB के समान बैन्ड विड्थ की ही आवश्यकता होती है तथा इसे DSB सिगनलों से सामान्य फिल्टर प्रयुक्त कर प्राप्त की जा सकती है।

## 5.1.2. आवृति मॉडुलेशन (Frequency Modulation)

फ्रीक्वैन्सी मॉडुलेटेड कैरियर की समीकरण निम्न होती है :

$$e = E_c \sin\left[\omega_c t + K_f \frac{E_m}{\omega_m} \sin \omega_m t\right] \quad \ldots (5.15)$$

मॉडुलेशन इन्डैक्स

$$m_f = K_f \frac{E_m}{\omega_m} \quad \ldots (5.16)$$

### फ्रीक्वैन्सी विचलन (Frequency Deviation)

मॉडुलेटेड कैरियर की अधिकतम आवृत्ति $f_{max} = \dfrac{\omega_c}{2\pi} + K_f \dfrac{E_m}{2\pi}$

तथा न्यूनतम आवृत्ति, $f_{min} = \dfrac{\omega_c}{2\pi} - K_f \dfrac{E_m}{2\pi}$

∴ फ्रीक्वैन्सी विचलन, $\Delta f = f_{max} - f_c = f_c - f_{min}$

$$= K_f \frac{E_m}{2\pi} \quad \ldots (5.17)$$

### कैरियर स्विंग (Carrier Swing)

$$CS = (f_c + \Delta_f) - (f_c - \Delta f)$$

$$= 2\Delta f \quad \ldots (5.18)$$

फ्रीक्वैन्सी मॉडुलेशन में अनेक साइडबैन्ड्स होती है। मॉडुलेशन इन्डैक्स यह निर्धारित करता है कि कितनी साइड बैन्ड्स में उपयुक्त (significant) एम्पलीट्यूड होता है। FM में ट्रांसमिट की गयी कुल शक्ति नियत (constant) रहती है परन्तु $m_f$ बढ़ने पर बैन्ड विड्थ बढ़ जाती है।

FM कैरियर की पावर, अनमॉडुलेटेड कैरियर की पावर के बराबर होती है। यह निम्न सूत्र द्वारा दी जाती है :

$$P_t = \frac{A^2}{2} \quad \ldots (5.19)$$

### FM तरंगों में बैन्ड विड्थ

FM तरंगों की BW, फ्रीक्वैन्सी स्पैक्ट्रम की वह चौड़ाई (width) है जिसमें वे सभी फ्रीक्वैन्सी कम्पोनैन्ट होते हैं जिनका एम्पलीट्यूड, कैरियर के आयाम के 1% के बराबर या उससे अधिक होता है।

यदि किसी FM तरंग में significant frequency pairs की संख्या $n$ है, तब

बैन्ड विड्थ, $BW = 2 n f_m$

$$= 2n \frac{\Delta f}{m_f} \quad \ldots (5.20)$$

समीकरण 5.20 से

$$\frac{BW}{2\Delta f} = \frac{n}{m_f} \quad \ldots (5.21)$$

मॉडुलेशन इन्डैक्स ($m_f$) का मान 10 से अधिक होने पर $n/m_f$ का मान लगभग 1 हो जाता है तथा बैन्ड विड्थ $2\Delta f$ के लगभग बराबर हो जाती है।

For narrow band FM (NBFM) : $f_m < 1$

For wide band FM (WBFM) : $f_m > 1$

## 5.1.3. फेज मॉडुलेशन (Phase Modulation)

फेज मॉडुलेशन में कैरियर के तात्क्षणिक (instantaneous) फेज को मॉडुलेटिंग सिगनल के तात्क्षणिक आयाम (instantanteous amplitude) के समानुपाती परिवर्तित किया जाता है। फेज मॉडुलेटेड कैरियर तरंग की समीकरण निम्न होती है :

$$e = E_c \sin(\omega_c t + \Delta\phi \sin \omega_m t) \quad \ldots (5.22)$$

यहाँ

$$\Delta\phi = K_p E_m \quad \ldots (5.23)$$

$\Delta\phi$ मॉडुलेटेड तरंग में फेज विचलन (phase deviation) है इसे तरगं का मॉडुलेशन इन्डैक्स कहते हैं।

फेज मॉडुलेशन में फ्रीक्वैन्सी शिफ्ट (frequency shift)

$$\Delta f = \Delta\phi f_m \quad \ldots (5.24)$$

### 5.1.4. पल्स मॉडुलेशन (Pulse Modulation)

पल्स मॉडुलेशन में मॉडुलेटिंग सिगनल को रेगुलर इन्टरवल पर सैम्पल किया जाता है। सिगनल की सैम्पलिंग के लिए एक पल्स प्रयुक्त की जाती है। पल्स के बेसिक अभिलक्षण (basic characteristics), अर्थात् पल्स का आयाम (amplitude), विड्थ (width) अथवा पोजिशन मॉडुलेटिंग सिगनल के अनुसार परिवर्तित किये जाते हैं। सैम्पलिंग प्रमेय (sampling theorem) के अनुसार पीरियॉडिक पल्स (periodic pulse) की फ्रीक्वैन्सी '$f_s$' मॉडुलेटिंग सिगनल की उच्चतम आवृति '$f_m$' से कम से कम दो गुनी होती है अर्थात्

$$f_s \geq 2 f_m$$

जब मॉडुलेटिंग सिगनल (or information source) को सैम्पल कर लिया जाता है तब सैम्पलिंग से प्राप्त पल्स के एम्पलीट्यूड को ट्रांसमिट करने की चार मुख्य विधियों का उपयोग किया जाता है। इन सभी विधियों में कैरियर को एक पल्स द्वारा मॉडुलेट किया जाता है जिसके पैरामीटर्स (amplitude, width or position) को परिवर्तित किया जाता है।

**1. पल्स एम्पलीट्यूड मॉडुलेशन (Pulse amplitude modulation PAM)** – PAM में पल्स की ऊँचाई (height), सैम्पल्ड पल्स के समानुपाती (proportional to the sampled value) होती है।

**2. पल्स पोजिशन मॉडुलेशन (Pulse position modulation)** – PPM में पल्स की पोजिशन, स्टैन्डर्ड पोजिशन के सापेक्ष 'sampled value' के अनुसार परिवर्तित की जाती है।

**3. पल्स ड्युरेशन मॉडुलेशन (Pulse duration modulaton or PDM or PWM)** – PDM में पल्स की विड्थ (or duration), 'sampled value' के अनुसार परिवर्तित की जाती है।

**4. पल्स कोड मॉडुलेशन (Pulse code modulation or PCM)** – PCM में सर्वप्रथम 'sampled value' की, किसी डिजिटल कोड में कोडिंग (coding) की जाती है, उसके पश्चात् 'कोड ग्रुप' को ट्रांसमिट किया जाता है।

## 5.2. राडार प्रणालियाँ (Radar Systems)

राडार प्रणालियों में सामान्यतः एक पल्स लक्ष्य (target) की ओर ट्रांसमिट की जाती है तथा लक्ष्य (target) से परावर्तित पल्स (or echo) को पुनः रिसीव कर लक्ष्य की स्थिति ज्ञात की जाती है।

राडार ट्रांसमीटर द्वारा ट्रांसमिट की गयी प्रत्येक पल्स अवधि में निम्न क्रियायें होती हैं—

राडार में आन्तरिक रूप से जेनरेट किए गये ट्रिगर सिगनल (internally generated trigger signal) के लिए ट्रांसमीटर शॉर्ट आयताकार पल्स (short rectangular pulse) जेनरेट करता है। जैसे ही पल्स पावर का एक अंश (small fraction) डूप्लैक्सर में जाता है, तब रिसीवर एन्टीना से डिसकनैक्ट हो जाता है तथा ट्रांसमीटर कनैक्ट हो जाता है। एन्टीना एक पूर्वनिर्धारित पैटर्न में घूमता है तथा जेनरेट की गयी पल्सों को उस दिशा में ट्रांसमिट कर देता है जो उस समय एन्टीना की दिशा होती है। एन्टीना की स्कैनिंग स्पीड उस अवधि (time) की तुलना में कम होती है जो पल्स के टारगेट की नार्मल रेंज से वापस होने की होती है।

जैसे ही ट्रांसमिट की गयी पल्स टर्मिनेट होती है, डूप्लैक्सर, ट्रांसमीटर को एन्टीना से डिसकनैक्ट कर देता है तथा रिसीवर को एन्टीना से पुनः कनैक्ट कर देता है जिसमें वापस आयी हुयी पल्सें (returning echoes) ठीक प्रकार से प्रोसेस होती हैं। रिसीवर, रिसीव की गयी पल्सों को एम्पलीफाई कर डिमॉडुलेट करता है। डिमॉडुलेशन से प्राप्त पल्स किसी डिसप्ले डिवाइस पर डिसप्ले हो जाती हैं।

राडार सैट, टारगेट की स्थिति प्रदर्शित कर सकता है क्योंकि एन्टीना के एजीमथ (azimuth or horizontal direction) तथा वर्टीकल दिशा के चारों और की सूचना उपलब्ध रहती है। इसके अतिरिक्त टारगेट की दूरी, पल्स द्वारा फारवर्ड तथा रिटर्न होने में लिए गये कुल समय से ज्ञात की जा सकती है।

ट्रांसमीटर की आउटपुट में सामान्यतः पल्स मॉडुलेटेड मेगनेट्रॉन (pulse modulated magnetron), क्लिस्ट्रॉन (klystrons), TWTs अथवा CFAs का उपयोग किया जाता है एवं रिसीवर की प्रथम स्टेज प्रायः एक डायोड मिक्सर होती है। एन्टीना में सामान्यतः एक पैराबोलिक रिफ्लैक्टर (parabolic reflector) का उपयोग किया जाता है।

राडार की रेंज समीकरण निम्न होती है :

$$Y_{max} = \left[\frac{P_t A_0^2 S}{4\pi \lambda^2 P_{min}}\right]^{1/4}$$

जहाँ $Y_{max}$ = Maximum range

$P_t$ = Peak transmitted power

$A_0$ = Capture area of receiving antenna

$S$ = Cross-section or effective area of radar

$P_{min}$ = Minimum receivable power of the receiver

$\lambda$ = Wavelength of transmitted frequency

## राडार प्रणाली द्वारा ट्रैकिंग
## (Tracking radar system)

टारगेट प्राप्त (acquire) करने के पश्चात् उसकी ट्रैकिंग की जा सकती है। ट्रैकिंग की सामान्य विधियाँ 'कोनिकल स्कैनिंग' (conical scanning) तथा मोनोपल्स (monopulse) प्रणालियाँ हैं। वह सिस्टम, जो टारगेट की कोणीय स्थिति (angular position) ठीक प्रकार प्रदर्शित करता है, कोणीय ट्रैकिंग (tracking in angle) करता है। यदि कोणीय स्थिति के साथ टारगेट की रेंज की सूचना भी निरन्तर प्राप्त की जाती है तब इसे 'tracking in range' कहते हैं तथा जब सिस्टम डॉप्लर शिफ्ट (Doppler Shift) द्वारा निरन्तर टारगेट का वेग मोनीटर करता है तब उपरोक्त के साथ ट्रैकर डॉपलर में भी ट्रैकिंग करता है।

## मूविंग टारगेट इन्डिकेशन (MTI)

राडार डिसप्ले में स्थिर वस्तुओं से प्राप्त echoes के कारण क्लटर्स (clutters) आ जाती हैं। इनमें से अधिकांश क्लटर्स को हटाया (remove) जा सकता है जिससे डिसप्ले पर केवल गतिशील लक्ष्य (moving targets) ही प्रदर्शित होते हैं। क्लटर्स को समाप्त करने की एक विधि MTI है। इसके ऑपरेशन में डॉप्लर प्रभाव का उपयोग किया जाता है।

डॉपलर प्रभाव के अनुसार विद्युत चुम्बकीय तरंगों एवं ध्वनि तरंगों की आवृति सोर्स एवं आब्जर्वर की सापेक्षीय गति (relative motion) पर निर्भर करती है। फ्रीक्वैन्सी में इस परिवर्तन के आधार पर, पल्स्ड (pulsed) अथवा CW राडार द्वारा टारगेट की 'relative speed' ज्ञात की जा सकती है।

MTI राडार में रिसीव की गयी 'echoes' को उससे पूर्व (previous) स्वीप में प्राप्त echoes से कम्पेयर किया जाता है। वे 'echoes' जिनके फेज स्थिर (constant) रहते हैं उन्हें कैन्सिल (cancel) कर दिया जाता है। ये 'echoes' स्थिर वस्तुओं (stationary objects) के कारण होती है। परन्तु गतिमान (moving) वस्तुओं के कारण प्राप्त 'echoes' के फेज में परिवर्तन होता है तथा वे कैन्सिल नहीं होते।

## CW डॉपलर राडार

एक सामान्य डॉपलर राडार, पल्सों (pulses) के स्थान पर 'continuous sine waves' ट्रांसमिट करता है। इसमें गतिमान वस्तुओं (moving target) के कारण फ्रीक्वैन्सी में परिवर्तन ज्ञात करने के लिए डॉपलर प्रभाव का उपयोग किया जाता है तथा उसे 'relative velocity' के पदों में डिसप्ले करता है।

CW राडार 'relative velocities' का मापन अत्यन्त शुद्धता से (accurate) करता है। इसमें पल्स्ड राडार की तुलना में कम शक्ति के ट्रांसमीटर्स, सरल परिपथ, कम शक्ति व्यय (lower power consumption), तथा छोटे आकार के उपकरण का उपयोग किया जाता है। इस पर स्थिर लक्ष्यों (stationary targets) का कोई प्रभाव नहीं होता। यह 'targets' की गतियों की एक बड़ी रेंज में शीघ्रता से तथा शुद्धता से मापन कर सकता है।

CW डॉपलर राडार द्वारा ट्रांसमिट की गयी शक्ति सीमित (limited) होती है जिससे अधिकतम रेंज (maximum range) भी सीमित हो जाती है। डॉपलर राडार टारगेट की रेंज नहीं प्रदर्शित कर सकता, यह केवल टारगेट की गति प्रदर्शित कर सकता है क्योंकि इसके द्वारा ट्रांसमिट किया गया सिगनल मॉडुलेटेड नहीं होता।

## 5.3. रेडियो रिसीवर्स (Radio Receivers)

रेडियो रिसीवर्स दो प्रकार के होते हैं 'AM तथा FM'।

### AM रिसीवर

आयाम मॉडुलेटेड (AM) रिसीवर्स में TRF रिसीवर (tuned radio frequency receiver) एक मूल (basic) रिसीवर है। इसका ब्लॉक डायग्राम चित्र 5.1 में दिया गया है। ये रिसीवर्स अब प्रयोग में नहीं हैं।

AM रेडियो रिसीवर्स में मुख्य स्टेज निम्न होती हैं :

1. R.F. एम्पलीफायर
2. लोकल आसिलेटर
3. I.F. एम्पलीफायर
4. डिटैक्टर
5. आडियो पावर एम्पलीफायर
6. पावर सप्लाई

चित्र 5.1 में एक AM रिसीवर का ब्लॉक डायग्राम दिया गया है। RF एम्पलीफायर, एन्टीना से AM सिगनल प्राप्त करता है तथा उसे एम्पलीफाई करता है। लोकल आसिलेटर एक ऐसी आवृत्ति का सिगनल जेनरेट करता है जिसे RF सिगनल के साथ हीट्रोडाइन करने पर IF सिगनल जेनरेट होता है। IF सिगनल भी मॉडुलेटेड सिगनल होता है। इस सिगनल को IF एम्पलीफरयर द्वारा एम्पलीफाई करने के पश्चात् डिटैक्टर में दिया जाता है। डिटैक्टर AM सिगनल में से सूचना (information) or AF सिगनल डिटैक्ट करता है जिसे पावर एम्पलीफायर द्वारा एम्पलीफाई किया जाता है। इस एम्पलीफाइड सिगनल द्वारा लाउडस्पीकर ड्राइव किया जाता है।

पावर सप्लाई स्टेज अन्य स्टेजों के सामान्य ऑपरेशन के लिए dc सप्लाई करती है।

### FM रिसीवर

FM रिसीवर को फ्रीक्वैन्सी मॉडुलेटेड सिगनल दिया जाता है। एक FM रिसीवर में मुख्य स्टेज निम्न होती हैं—

1. RF एम्पलीफयर
2. लोकल ऑसिलेटर
3. मिक्सर
4. I.F. एम्पलीफायर
5. लिमिटर
6. फ्रीक्वैन्सी डिमॉडुलेटर अथवा डिसक्रिमिनेटर
7. AF एम्पलीफायर

चित्र 5.3 में FM रिसीवर का ब्लॉक डायग्राम दिया गया है। यह एक सुपरहीट्रोडाइन परिपथ है। RF स्टेज के ट्यून्ड परिपथ तथा लोकल ऑसिलेटर एक 3-ganged कैपेसिटर से ट्यून्ड होते हैं। IF एम्पलीफायर में दो या अधिक उच्च गेन की स्टेज होती हैं जिनसे उपयुक्त बैन्ड-पास अभिलक्षण प्राप्त होते हैं। इस स्टेज में एक लिमिटर भी होता है। FM डिटैक्टर, AFC के साथ एक

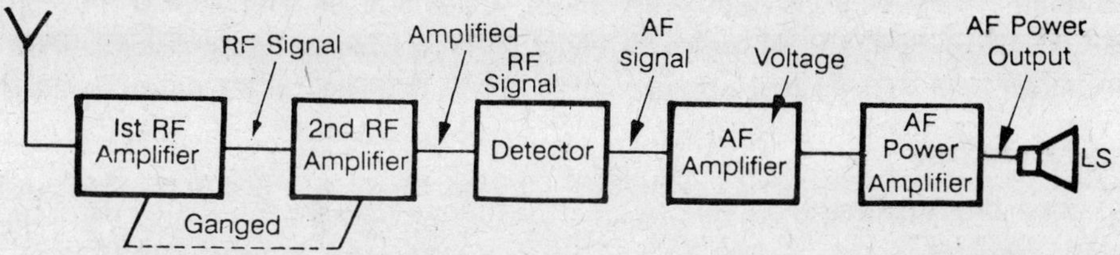


चित्र 5.1–ट्यून्ड R.F. रिसीवर (Tuned Radio Frequency Receiver) का ब्लॉक डायग्राम

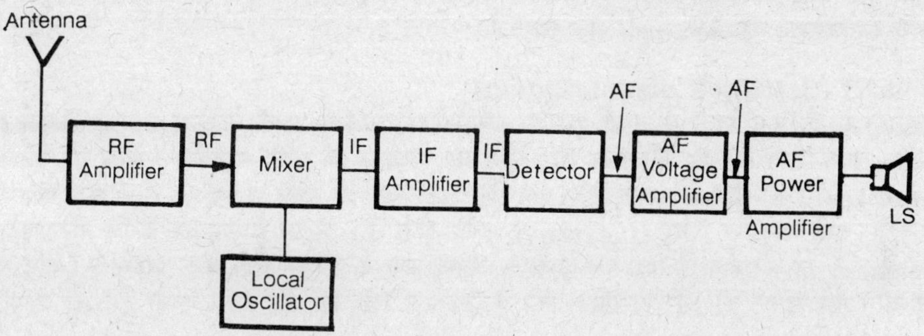


चित्र 5.2–AM रिसीवर (Amplitude Modulated Receiver) का ब्लॉक डायग्राम

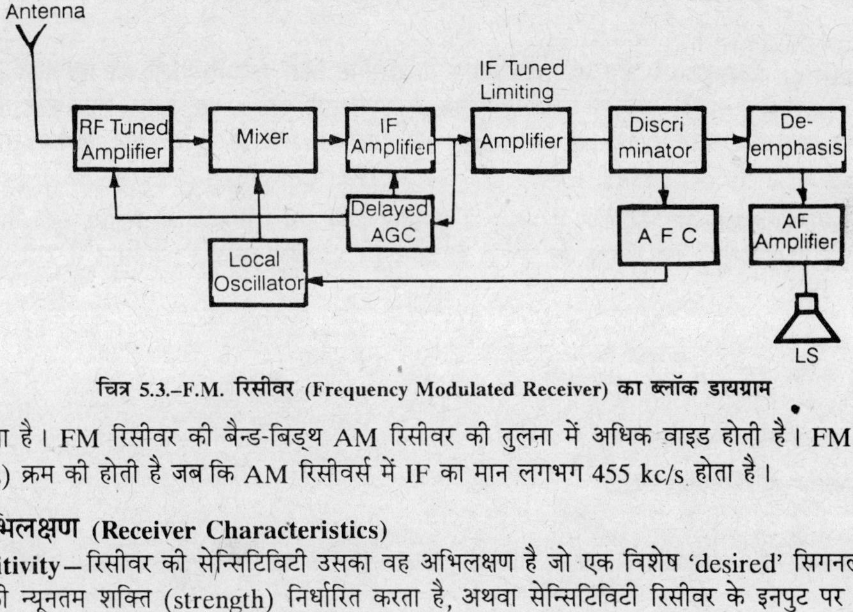


चित्र 5.3.–F.M. रिसीवर (Frequency Modulated Receiver) का ब्लॉक डायग्राम

डिसक्रिमिनेटर होता है। FM रिसीवर की बैन्ड-बिड्थ AM रिसीवर की तुलना में अधिक वाइड होती है। FM रिसीवर्स में IF भी उच्च (10.7 mc/s) क्रम की होती है जब कि AM रिसीवर्स में IF का मान लगभग 455 kc/s होता है।

## रिसीवर के अभिलक्षण (Receiver Characteristics)

**1. Sensitivity**–रिसीवर की सेन्सिटिविटी उसका वह अभिलक्षण है जो एक विशेष 'desired' सिगनल आउटपुट के लिए, इनपुट सिगनल की न्यूनतम शक्ति (strength) निर्धारित करता है, अथवा सेन्सिटिविटी रिसीवर के इनपुट पर वह न्यूनतम वोल्टेज (or power) है जो रिसीवर की आउटपुट में एक स्टैन्डर्ड आउटपुट उपलब्ध कराता है।

**2. Selectivity**–सेलेक्टिविटी रिसीवर का वह अभिलक्षण है जिसके द्वारा रिसीवर की, desired frequency तथा अन्य आवृत्तियों में अन्तर करने की क्षमता ज्ञात होती है।

**3. Fidelity**–रिसीवर की फीडेलेटी उसकी वह क्षमता है जिसके द्वारा वह आउटपुट सिगनल में उन सभी आवश्यक अभिलक्षणों को रिप्रोड्यूस करता है जो इनपुट सिगनल में उपस्थित होते हैं।

**4. Stability**–यह रिसीवर की उस स्थिति में निश्चित समय तक स्थिर आउटपुट पावर देने की क्षमता की माप है जब रिसीवर को स्थिर आयाम एवं आवृत्ति का इनपुट सिगनल दिया जाता है।

**5. S/N Radio**–रिसीवर की noise figure इस बात से ज्ञात होती है कि उसमें सिगनल की अनुपस्थिति में noise, परफेक्ट रिसीवर होने की दशा में न्यूनतम सम्भव 'noise' से कितना अधिक है। Noise figure डेसीबल अथवा पावर के अनुपात (power ratio) से प्रदर्शित किया जाता है। Noise figure अधिक होने पर रिसीवर भी अधिक noisy हो जाता है।

## प्री-एम्फेसिस तथा डि-एम्फेसिस
## (Pre-emphasis and de-emphasis)

उच्च मॉडुलेटिंग फ्रीक्वैन्सी (higher modulating frequencies) पर noise का प्रभाव, निम्न (lower) आवृत्ति की तुलना में अधिक होता है। अतः यदि ट्रांसमीटर पर उच्च आवृत्तियों को कृत्रिम रूप से (artificially) बूस्ट कर दिया जाये तथा रिसीवर पर उन्हें कट (cut) कर दिया तब S/N अनुपात में सुधार होता है। उच्च आवृत्तियों को बूस्ट करने की क्रिया 'pre-emphasis' तथा रिसीवर पर किये गये कम्पेनसेशन को 'de-emphasis' कहते हैं।

## सैटेलाइट कम्युनिकेशन (Satellite Communication)

ग्लोब (globe) के विभिन्न भागों में लम्बी दूरी के कम्युनिकेशन के लिए पृथ्वी के कक्ष (orbit around the earth) में एक सैटेलाइट स्थापित किया जाता है। इस सैटेलाइट को प्रयुक्त कर डिजाइन की गयी वायरलैस प्रणाली को सैटेलाइट कम्युनिकेशन कहते हैं। यदि 11000 km/hr की गति से चलता हुआ एक सैटेलाइट पृथ्वी की सतह से 35860 km ऊपर स्थापित किया जाये तब यह पृथ्वी की सतह के एक बिन्दु पर स्थिर (stationary) प्रतीत होता है। इसका कारण यह है कि सैटेलाइट का आवर्त काल (period of revolution) 24 घंटे होता है तथा यह पृथ्वी के अपनी अक्ष के परिभ्रमण काल के बराबर है। यदि सैटेलाइट पर पृथ्वी से सिगनल रिसीव करने तथा पृथ्वी की ओर ट्रांसमिट करने के उपकरण रखे जाएं तब इससे लम्बी दूरी का कम्युनिकेशन किया जा सकता है।

सैटेलाइट दो प्रकार के होते हैं : (1) निष्क्रिय सैटेलाइट (passive satellite) तथा (2) सक्रिय सैटेलाइट (active satellite)।

**निष्क्रिय (passive) सैटेलाइट**—ये सैटेलाइट अर्थस्टेशन से ट्रांसमिट किये गये सिगनलों को परावर्तित (reflect) करते हैं तथा इनमें सिगनलों को रिसीव अथवा ट्रांसमिट करने के लिए उपकरण नहीं होते। यह केवल रिफ्लेक्टर का कार्य करते हैं। रिफ्लेक्शन के पश्चात् उपयुक्त शक्ति (suitable strength) का सिगनल प्राप्त करने के लिए अधिक ट्रांसमिटिंग पावर की आवश्यकता होती है।

**सक्रिय (active) सैटेलाइट**—इन सैटेलाइट में पृथ्वी से ट्रांसमिट किये गये सिगनलों को रिसीव करने के उपकरण होते हैं। रिसीव करने के पश्चात् ये सैटेलाइट उन्हें प्रोसेस कर पृथ्वी की ओर पुनः ट्रांसमिट करते हैं। वर्तमान में इसी प्रकार के (active) सैटेलाइट ही प्रयोग में हैं।

सैटेलाइट का कक्षीय वेग (orbital velocity), $v = \sqrt{\dfrac{GM}{r}}$ m/sec

यहाँ $G$ = Gravitational constant

$r$ = Radius of circular orbit

सैटेलाइट का $r$ अर्धव्यास के कक्ष में पीरियड, $T = \dfrac{2\pi r}{v} = 2\pi\sqrt{\dfrac{r^3}{GM}} = 1\cdot66 \times 10^{-4} \times r$ minutes

कक्ष (orbit) की ऊँचाई (H), $H = (r - 6370)$km

यहाँ 6370 km पृथ्वी का अर्धव्यास है।

सैटेलाइट पृथ्वी के चारों ओर विभिन्न ऊँचाईयों पर कक्षों में स्थापित किये जा सकते हैं। कक्षों को तीन प्रकार वर्गीकृत किया गया है।

(1) Low earth orbit (2) Medium attitude orbit (3) Geosynchronous orbit

1. Low orbit के लिए सैटेलाइट की स्पीड उच्च (high) होनी चाहिये। Low orbit में सैटेलाइट $28 \times 10^3$ km/hr की गति से परिभ्रमण करते हैं तथा पृथ्वी का एक चक्कर (revolution) $1\cdot5$ घंटों में पूर्ण करते हैं।

2. यदि कक्ष (orbit) पृथ्वी की सतह से 355860 km उँचाई पर हैं तथा equitorial plane में हैं तब इसे Geosynchronous ऑरबिट कहते हैं। पृथ्वी के परितः इस कक्ष में सैटेलाइट 11000 km/hr गति से चलकर एक चक्कर 24 घंटों में पूर्ण करता है। यह पृथ्वी के अपने अक्ष के परितः एक परिभ्रमण के समय के बराबर है। अतः वह सैटेलाइट जो पृथ्वी के रोटेशन की दिशा में घूमता है, पृथ्वी की सतह पर, एक बिन्दु से स्थिर (stationary) दिखायी देता है। इस प्रकार का ऑरबिट 'geostationary' अथवा geosynchronous ऑरबिट कहलाता है।

3. सूत्र $T = 2\pi \sqrt{\dfrac{r^3}{GM}}$ इस आधार पर प्राप्त किया गया है कि सैटेलाइट निर्वात (vacuum) में गति करता है। वास्तव में 1500 km से कम ऊँचाई पर, वातावरण, सैटेलाइट पर एक ड्रैग (drag) उत्पन्न करता है जिससे पीरियड (T) के उपरोक्त सूत्र का संशोधन (modification) होता है। 1500 Km के पश्चात्, सैटेलाइट पर कोई ड्रैग न हीं होता तथा वह वर्षों तक ऑरबिट में रह सकता है।

## सैटेलाइट में प्रयुक्त उपकरण
## (Equipments at Satellite)

सैटेलाइट में प्रयुक्त उपकरण चित्र 5.4 में प्रदर्शित किये गये हैं। ये निम्न प्रकार हैं—

Antenna subsystem, Transponders, Power generation and condition subsystems, Command and telemetry subsystems, Thrust subsystem, Stabilization system, Solar pannels.

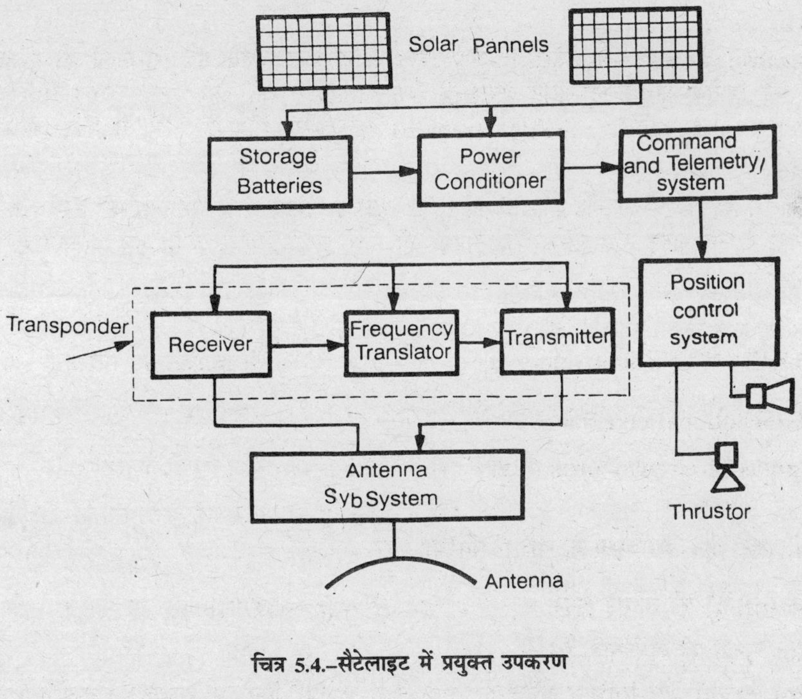


चित्र 5.4.–सैटेलाइट में प्रयुक्त उपकरण

# Objective type questions

## (Modulation, Transmitters, Receivers, Radar)

1. फ्रीक्वैन्सी मॉडुलेशन में कैरियर का आयाम (amplitude) –
(a) परिवर्तित (variable) होता है
(b) स्थिर (constant) रहता है
(c) कुछ समय स्थिर तथा कुछ समय परिवर्तित होता है
(d) उपरोक्त में कोई नहीं

2. मॉडुलेशन विधियों द्वारा सूचना ............ पर ट्रांसमिट की जाती है।
(a) आडियो फ्रीक्वैन्सी (AF) पर
(b) सिगनल फ्रीक्वैन्सी पर
(c) रेडियो फ्रीक्वैन्सी (RF) पर
(d) उपरोक्त सभी पर

3. ट्रांसमिट किये जाने वाले सिगनल का 'magnitude' तथा फ्रीक्वेन्सी, ............ के अभिलक्षण पर निर्भर करता है।
(a) फ्रीक्वैन्सी (b) मॉडुलेशन
(c) मॉडुलेशन (d) उपरोक्त में कोई नहीं

4. सूचना (intelligence or information) को ट्रांसमिशन द्वारा ले जाने वाली कैरियर को ............ कहते हैं।
(a) कैरियर वेव (b) मॉडुलेटेड कैरियर वेव
(c) वेव ट्रेन (d) उपरोक्त में कोई नहीं

5. एक 1000 kHz आवृत्ति की कैरियर, 3 kHz की आडियो तरंग से मॉडुलेटेड की जाती है। RF सिगनल में अपर साइडबैंड (USB) फ्रीक्वैन्सी होगी—
(a) 1003 kHz (c) 1250 kHz
(c) 997 kHz (d) 1000 kHz

6. आयनोस्फेयर द्वारा विद्युत चुम्बकीय तरंगें ............ के साथ इन्टरएक्शन के कारण परावर्तित होती हैं।
(a) प्रोटॉन (b) इलेक्ट्रॉन
(c) उपरोक्त (a) तथा (b) दोनों
(d) उपरोक्त में कोई नहीं

7. SSB के 'DSB full carrier AM' पर लाभों (advantages) के सम्बन्ध में असत्य कथन (false statement) है—
(a) अधिक चैनल स्पेस उपलब्ध है
(b) सिगनल noise का अधिक विरोध (noise-resistant) करता है
(c) ट्रांसमीटर परिपथ, उत्तम reception देने के लिए अधिक स्थायित्व वाले (stable) होने चाहियें
(d) समान सिगनल स्ट्रैन्थ के लिए काफी कम पावर की आवश्यकता होती है

8. रेडियो रिसीवर में अधिकतम इमेज सिगनल सेन्सिटिविटी प्राप्त होती है—
(a) RF एम्पलीफायर से (b) IF एम्पलीफायर से
(c) AF एम्पलीफायर से (d) फ्रीक्वैन्सी मिक्सर से

9. SSB को डिमॉडुलेट करने के लिए ............ नहीं प्रयुक्त किया जा सकता।
(a) प्रोडक्ट डिटैक्टर
(b) डायोड बैलेन्स्ड मॉडुलेटर
(c) बाईपोलर ट्रान्जिस्टर बैलेन्स्ड मॉडुलेटर
(d) फेज शिफ्ट जेनरेटर

10. MTI राडार में ' blind speeds' का परिणाम होता है—
(a) डिटैक्ट की जा सकने वाली टारगेट की स्पीड की सीमा (restriction in speed of detectable targets)
(b) PPI की ब्लैन्किंग
(c) फेज डिटैक्टर की आउटपुट में कोई परिवर्तन न होना
(d) विद्युत चुम्बकीय तरंगों का अवशोषण

**11.** एक ट्रांसमीटर 20 KW शक्ति विकरित (radiate) करता है। इसकी बेस धारा 18A है। एन्टीना का रेडियेशन प्रतिरोध होगा ..........

(a) 1111 ohms (b) 900 ohms

(c) 75 ohms (d) 62 ohms

**12.** TRF (Tuned radio frequency) रिसीवर में मुख्य दोष है ..........

(a) उसकी अस्थिरता (instability)

(b) Adjacent-frequency rejection का उपयुक्त (sufficient) न होना

(c) बैन्ड विड्थ में परिवर्तन

(d) उपरोक्त सभी

**13.** कार्बन माइक्रोफोन एक परिवर्तित (variable) –

(a) प्रतिरोध डिवाइस है

(b) इन्डक्टैन्स डिवाइस है

(c) कैपेसिटैन्स डिवाइस है

(d) उपरोक्त में कोई नहीं

**14.** पल्स्ड राडार (pulsed radar) की अधिकतम रेंज निर्भर करती है—

(a) पल्स की पीक पावर पर

(b) पल्स अवधि (duration) पर

(c) पल्स की ऊर्जा (energy) पर

(d) पल्स की पुनरावर्ती दर (repetition rate) पर

**15.** तरंग समीकरण (wave equation)

$e = 10 \cos (2\pi \times 10^8 t + 20 \cos 2\pi \times 10^2 t)$

की बैंड विड्थ है—

(a) 108 Hz (b) 42 kHz

(c) 21 kHz (d) $10^8 \pm 10^3$ Hz

**16.** फ्रीक्वैन्सी डिवाइडर एक .......... है।

(a) रिजेनरेटिव डिवाइडर (regenerative divider)

(b) एस्टेबिल मल्टीवाइब्रेटर डिवाइडर (Astable multivibrator divider)

(c) बाइस्टेबिल मल्टीवाइब्रेटर डिवाइडर (Bistable multivibrator divider)

(d) लॉक्ड ऑसिलेटर डिवाइडर

**17.** निम्न प्रश्न में (A), (B), (C) को उपयुक्त 1, 2, 3, 4 अथवा 5 से मैच कीजिए—

(A) Single side band

(B) Amplitude modulation

(C) Binary phase-shift keying

(1) Envelope detector

(2) Integrate and dump

(3) Hilbert transform

(4) Ratio detector

(5) Phase-locked loop

(a) A – (1), B – (3), C – (5)

(b) A – (2), B – (1), C – (3)

(c) A – (3), B – (1), C – (5)

(d) A – (2), B – (4), C – (1)

**18.** सैटेलाइट कम्युनिकेशन द्वारा लम्बी दूरी के ट्रांसमिशन में प्रयुक्त आवृत्ति रेंज है ..........

(a) 3-6 GHz (b) 10550 GHz

(c) 100-200 GHz (d) 3-6 MHz

**19.** एक साइनुसॉयडल वोल्टेज, एक अन्य 1KV एम्पलीट्यूड की साइनुसॉयडल वोल्टेज को एम्पलीट्यूड मॉडुलेट करती है जिससे दो साइड बैन्ड प्राप्त होती हैं। प्रत्येक साइड बैन्ड का एम्पलीट्यूड 400V है। मॉडुलेशन इन्डैक्स का मान है ..........

(a) 0·1 (b) 0·2

(c) 0·4 (d) 0·5

**20.** रेडियो रिसीवर में selectivity तथा sensitivity के लिए उत्तरदायी (responsible) स्टेज है—

(a) IF (b) मिक्सर (Mixer)

(c) डिटैक्टर (d) उपरोक्त में कोई नहीं

**21.** एक सिगनल को, जिसकी आवृत्ति $f_m$ है, $2f_m$ से कम आवृत्ति के सिगनल द्वारा सैम्पल किया जाता है। नया निर्मित (reconstructed) सिगनल होगा—

(a) डिस्टॉर्टेड (distorted)

(b) कम आयाम का

(c) उपरोक्त (a) तथा (b) दोनों
(d) उपरोक्त में कोई नहीं

**22.** डि-एम्फैसिस परिपथ का उपयोग ........ किया जाता है।
(a) उच्च आवृति कम्पोनैन्ट को कम्पैन्सेट (de-emphasize) करने में
(b) मॉडुलेशन से पहले
(c) उपरोक्त (a) तथा (b) दोनों
(d) उपरोक्त में कोई नहीं

**23.** निम्न आयाम मॉडुलेशन (low-level modulation) प्रणालियों में मॉडुलेटेड स्टेज के पश्चात् प्रयुक्त डिवाइस—
(a) एक नॉन-लीनियर डिवाइस होती है
(b) एक क्लास-C एम्पलीफायर होता है
(c) एक लीनियर डिवाइस होती है
(d) उपरोक्त में कोई नहीं

**24.** सुपर-हाई फ्रीक्वैन्सी (SHF) का उपयोग किया जाता है—
(a) सैटेलाइट कम्युनिकेशन में
(b) FM रेडियो ब्रॉडकास्ट में
(c) उपरोक्त (a) तथा (b) दोनों
(d) उपरोक्त में कोई नहीं

**25.** एक AM सिगनल में कैरियर सिगनल का आयाम अनमॉडुलेटेड (unmodulated) सिगनल के आयाम का दो गुना है। प्रतिशत मॉडुलेशन है ........
(a) 200 (b) 100
(c) 50 (d) 75

**26.** सैटेलाइट कम्युनिकेशन में 'atmosphere drag' ........ से कम ऊँचाई (altitudes) पर सबसे अधिक (strongest) होता है।
(a) 3000 Km (b) 2000 Km
(c) 1500 Km (d) 36000 Km

**27.** AM रिसीवर्स के लिए स्टैन्डर्ड IF है......
(a) 455 kHz (b) 455 MHz
(c) 270 kHz (d) 107 kHz

**28.** फ्रीक्वैन्सी शिफ्ट कींग (FSK) का उपयोग अधिकतर ........ में किया जाता है।
(a) रेडियो ट्रांसमिशन (b) टेलीग्राफी
(c) टेलीफोनी (d) उपरोक्त में कोई नहीं

**29.** डिलेड (delayed) AGC का अर्थ है—
(a) ON-OFF स्विच OFF होने पर AGC सप्लाई करना
(b) रिसीवर की अन्तिम स्टेज (last stage) को AGC सप्लाई करना
(c) कुछ time lag पर AGC सप्लाई करना
(d) सिगनल का मान एक निर्दिष्ट मान से अधिक होने पर AGC सप्लाई करना

**30.** लम्बी दूरी के broad band ट्रांसमिशन केवल ........ के विकास के पश्चात् ही सम्भव हो सके।
(a) भूस्थिर सैटेलाइट्स (Geostationary satellites)
(b) उच्च आवृत्ति रेडियो प्रणाली (HF Radio system)
(c) रिपीटर एम्पलीफायर (d) टेलीग्राफ केबिल

**31.** किसी स्टेशन को 1600 kHz पर ट्यून करने पर इमेज फ्रीक्वैन्सी होगी ........
(a) 1600 kHz (b) 1145 kHz
(c) 2055 kHz (d) 2510 kHz

**32.** रेडियो रिसीवर्स में सामान्यत: noise ........ स्टेज के कारण बढ़ता है।
(a) मिक्सर (b) लोकल ऑसिलेटर
(c) पावर एम्पलीफायर (d) पावर सप्लाई

**33.** आर्मस्ट्राँग मॉडुलेशन के सम्बन्ध में 'false' है—
(a) सिस्टम मूलत: फ्रीक्वैन्सी मॉडुलेशन नहीं, फेज मॉडुलेशन है
(b) AFC की आवश्यकता नहीं है
(c) 'Equalization' की आवश्यकता नहीं है
(d) फ्रीक्वैन्सी मल्टीप्लीकेशन (frequency multiplication) का उपयोग किया जाना चाहिये

**34.** स्टैगर 'PRF' का उपयोग—
(a) उन टारगेट के वेग शिफ्ट करने के लिए किया जाता है जिन के लिए MTI ब्लाइन्ड (blind) होता है
(b) क्लटर बैकग्राउन्ड (clutter background) में मूविंग टारगेट के डिटैक्शन को सुधारने के लिये किया जाता है

(c) ट्रांसमिट की जाने वाली औसत पावर (average power) को बढ़ाने के लिए किया जाता है

(d) ट्रांसमिट की जाने वाली पीक (peak) पावर को बढ़ाने के लिए किया जाता है

35. TRF तथा सुपरहीट्रोडाइन रिसीवर में कॉमन नहीं है—

(a) RF एम्पलीफायर (b) IF एम्पलीफायर

(c) डिटैक्टर स्टेज (d) AF एम्पलीफायर

36. FM डिस्क्रिमिनेटर FM सिगनल को ——— में परिवर्तित करता है।

(a) AM सिगनल (b) FM सिगनल

(c) Phase Modulated सिगनल

(d) उपरोक्त में कोई नहीं

37. निम्न में उपयुक्त कथन (correct statements) का चयन कीजिये—

(1) AM सिगनल में दो साइड बैन्ड्स होती हैं

(2) FM सिगनल में दो साइड बैन्ड्स होती हैं

(3) Phase मॉडुलेटेड सिगनल में कोई साइडबैन्ड नहीं होतीं

(4) AM तरंग में 2 साइडबैन्ड्स, FM तथा फेज मॉडुलेटेड तरंगों में अनन्त साइडबैन्ड्स होती हैं

(a) 2, 3 (b) 2

(c) 4 (d) 1, 2, 3, 4

38. क्लास-C एम्पलीफायर में कलैक्टर मॉडुलेशन की तुलना में बेस मॉडुलेशन का एक लाभ है—

(a) उत्तम दक्षता (better efficiency)

(b) कम मॉडुलेटिंग पावर की आवश्यकता

(c) उत्तम लीनयरिटी (better linearity)

(d) प्रति ट्रान्जिस्टर अधिक पावर आउटपुट (higher power output per transistor)

39. निम्न ऑरबिट (lower orbit) में सैटेलाइट की ट्रैकिंग के लिए प्रयुक्त एन्टीना प्रायः होता है—

(a) डाइकोन (dicone)

(b) कैशेग्रेन फीड एन्टीना (cassegrain feed antenna)

(c) उपरोक्त में कोई भी

40. 455 IF वाले एक AM रेडियो पर 710 kHz फ्रीक्वैन्सी के स्टेशन को ट्यून करने के लिए ऑसिलेटर फ्रीक्वैन्सी होगी—

(a) 1165 kHz (b) 1015 kHz

(c) 255 kHz (d) 127·5 kHz

41. VHF रेंज है—

(a) 3 MHz – 30 MHz

(b) 30 MHz – 300 MHz

(c) 300 MHz – 3000 MHz

(d) 3000 MHz – 30,000 MHz

42. एक ब्रॉडकास्ट रिसीवर को कैरियर फ्रीक्वैन्सी से कुछ अधिक या कम आवृत्ति (slightly lesser more) के सिगनलों को डिस्क्रिमिनेट करने के लिए डिजाइन किया गया है। रिसीवर की—

(a) फिडेलिटी प्रभावित (affected) नहीं होती

(b) उच्च आवृत्ति पर फीडेलिटी प्रभावित होती है

(c) फीडेलिटी की बहुत कम हानि होती है

(d) निम्न आवृत्ति पर फीडेलिटी प्रभावित होती है

43. यदि टारगेट का क्रॉस-सेक्शन लगातार परिवर्तित होता है तब ट्रैकिंग के लिए सर्वाधिक उत्तम प्रणाली ——— है।

(a) कोनिकल स्कैनिंग (conical scanning)

(b) लोब स्विचिंग (Lobe switching)

(c) हैलीकल स्कैनिंग (Helical scanning)

(d) मोनोपल्स (Monopulse)

44. प्रतिरोध का मान दो गुना करने से जेनरेट होने वाली थरमल noise पावर—

(a) परिवर्तित नहीं होती (b) आधी हो जाती है

45. अर्धव्यास $r$ के वृत्ताकार ऑरबिट में गतिमान सैटेलाइट का पीरियड ——— के सीधे समानुपाती (directly proportional) होता है।

(a) $r$ (b) $r^{1/3}$

(c) $r^{1/2}$ (d) $r^{3/2}$

46. LORAN प्रणाली—

(a) में मास्टर तथा स्लेव स्टेशन होते हैं

(b) लोकलाइजर तथा ग्लाइड पथ होते हैं

(c) होमिंग पथ (homming path) होता है

(d) उपरोक्त में कोई नहीं

47. FM रेडियो में बेसबैन्ड सिगनलों की आवश्यक बैन्ड विड्थ है—

(a) 0·3 – 3 kHz (b) 0·5 – 1·5 kHz

(c) 15 kHz तक (d) 15 MHz तक

48. एक FM ब्रॉड कास्ट स्टेशन की निर्धारित (assigned) कैरियर फ्रीक्वैन्सी 96·3 MHz है। इसके FM सिगनल की सेन्टर फ्रीक्वैन्सी होगी—

(a) 96·3 MHz (b) 92·3 MHz

(c) 100·3 MHz (d) उपरोक्त में कोई नहीं

49. वायुयानों की ग्राउन्ड से ऊँचाई ज्ञात करने के लिए प्रयुक्त उपकरण को ——— कहते हैं।

(a) MTI (b) पल्स राडार

(c) राडार एल्टीमीटर (radar altimeter)

(d) CW राडार

50. Low level मॉडुलेशन AM ट्रांसमीटर—

(a) की दक्षता कम (poor efficiency) होती है

(b) को उच्च ऑडियो पावर की आवश्यकता होती है

(c) में एम्पलीफिकेशन के लिए क्लास–C एम्पलीफायर्स की आवश्यकता होती है

(d) उपरोक्त में कोई नहीं

51. एक कैरियर को दो भिन्न साइन (sine) तरंगों द्वारा 40% एम्पलीट्यूड मॉडुलेट किया गया है। परिणामी मॉडुलेशन इन्डैक्स है—

(a) 1 (b) 0·72

(c) 0·4 (d) 0·6

52. जब मॉडुलेटिंग फ्रीक्वैन्सी डबल कर दी जाती है तब मॉडुलेशन इन्डैक्स आधा (halved) हो जाता है तथा मॉडुलेटिंग वोल्टेज स्थिर रहती है। इस प्रकार का मॉडुलेशन सिस्टम है—

(a) AM (b) FM

(c) PM (d) उपरोक्त में कोई नहीं

53. सैम्पलिंग थ्योरम का उपयोग ——— में किया जाता है।

(a) AM (b) FM

(c) PCM

(d) उपरोक्त में से किसी में नहीं

54. FM का AM पर क्या लाभ नहीं है ?

(a) उत्तम noise immunity

(b) कम (lower) बैन्डविड्थ की आवश्यकता

(c) ट्रांसमिट की गयी पावर का अधिक उपयोग होना

(d) कम (less) मॉडुलेटिंग पावर की आवश्यकता

55. एक कैरियर को दो साइन तरंगों (sine waves) द्वारा 0·8 तथा 0·6 मॉडुलेशन इन्डैक्स द्वारा मॉडुलेट किया गया है। कुल (overall) मॉडुलेशन इन्डैक्स—

(a) 1 होगा

(b) फेज सम्बन्ध (phase relation) ज्ञात हुए बिना गणना नहीं किया जा सकता

(c) 0·5 होगा (d) 0·7 होगा

56. बैन्ड विड्थ में 25% कमी होने पर सिगनल पावर में ——— वृद्धि (लगभग) होती है—

(a) 25% (b) 50%

(c) 60% (d) 70%

57. एक कैरियर का $1 \times 10^6$ Hz आवृत्ति पर पीक एम्पलीट्यूड 10 V है। 1 kHz का एक साइनुसॉयडल सिगनल R.F. तरंग के आयाम (amplitude) को 7·5 V तथा 12·5 V के मध्य परिवर्तित करता है। मॉडुलेटिंग सिगनल का पीक एम्पलीट्यूड है—

(a) 10 V (b) 2·5 V

(c) 7·5 V (d) 12·5 V

58. एक 1 KW क्षमता की अनमॉडुलेटेड (unmodulated) कैरियर को एक ऑडियो साइनुसायडल वोल्टेज (audio sinusoidal voltage) द्वारा 100% मॉडुलेट किया गया है। कुल मॉडुलेटेड कैरियर पावर होगी—

(a) 1·25 KW (b) 1·5 KW

(c) 1·8 KW (d) 2 KW

59. एक 910·7 MHz IF वाले FM रेडियो पर 90 MHz आवृत्ति का स्टेशन ट्यून करने के लिए ऑसिलेटर की फ्रीक्वैन्सी होगी—

(a) 100·7 MHz (b) 10·7 MHz

(c) 91·7 MHz (d) 79·3 MHz

60. EHF रेंज होती है—

(a) 3 – 300 GHz (b) 30 – 3030 GHz

(c) 3 – 3000 GHz (d) 300 – 3000 GHz

61. एक 10 KW ट्रांसमीटर को 80% मॉडुलेट किया जा रहा है। औसत साइडबैन्ड पावर होगी—

(a) 1·80 KW (b) 8 KW

(c) 3·2 KW (d) 4·6 KW

62. FM ब्रॉडकास्ट में प्रयुक्त उच्चतम मॉडुलेशन फ्रीक्वैन्सी सामान्यत: होती है—

(a) 5 kHz (b) 10 kHz

(c) 15 kHz (d) 25 kHz

63. प्री-एम्फेसिस को उपयोग ———— एम्पलीफाई करने के लिए किया जाता है।

(a) निम्न आवृत्तियाँ (low frequency)

(b) उच्च आवृत्तियाँ (high frequency)

(c) निम्न तथा उच्च आवृत्तियाँ दोनों

(d) उपरोक्त में कोई नहीं

64. निम्न में कौन-सा परिपथ SSB को डिमॉडुलेट नहीं कर सकता—

(a) बैलेन्स्ड मॉडुलेटर (b) BFO

(c) फेज डिस्क्रिमिनेटर (d) प्रोडक्ट डिटैक्टर

65. फेज डिस्क्रिमिनेटर का स्लोप डिटैक्टर की तुलना में लाभ है—

(a) सरल (much easier) एलाइनमैन्ट

(b) उत्तम लीनियरिटी (better linearity)

(c) Greater limiting (d) पावर ट्यून्ड परिपथ

66. निम्न में से कौन-सी विधि द्वारा SSB में से अवांछित (unwanted) साइडबैन्ड को विलुप्त (eliminate) नहीं किया जा सकता—

(a) फिल्टर प्रणाली (b) फेज शिफ्ट विधि

(c) बैलेन्स्ड मॉडुलेटर

67. एक स्टेब्लाइज्ड रिएक्टैन्स मॉडुलेटर AFC प्रणाली में—

(a) डिमॉडुलेशन रोकने के लिए डिस्क्रिमिनेटर का टाइम नियतांक (time constant) पूर्ण (full) होना चाहिये

(b) डिस्क्रिमिनेटर की आवृत्ति जितनी उच्च होगी, ऑसिलेटर फ्रीक्वैन्सी की स्थिरता भी उतनी ही अधिक होगी

(c) डिस्क्रिमिनेटर की आवृत्ति बहुत कम नहीं होनी चाहिये अन्यथा सिस्टम फेल हो जायेगा

(d) इक्वलाइजर परिपथ द्वारा फेज मॉडुलेशन को FM में कनवर्ट किया जाता है

68. FM सिगनल जेनरेट करने की अप्रत्यक्ष (indirect) विधि है—

(a) रिएक्टिव FM मॉडुलेटर

(b) आर्मस्ट्रांग मॉडुलेशन

(c) वैरेक्टर डायोड मॉडुलेशन

(d) रिएक्टैन्स BJT मॉडुलेटर

69. AM ब्रॉडकास्ट में प्रयुक्त उच्चतम मॉडुलेशन फ्रीक्वैन्सी होती है—

(a) 5 kHz (b) 10 kHz

(c) 15 kHz (d) 25 kHz

70. एक 1000 kHz आवृत्ति की कैरियर, 3 kHz ऑडियो द्वारा मॉडुलेट की जाती है। RF सिगनल में अपर साइड फ्रीक्वैन्सी है—

(a) 1003 kHz (b) 1000 kHz

(c) 3000 kHz (d) 455 kHz

71. कलैक्टर मॉडुलेटेड AM एम्पलीफायर में कौन-सा कम्पोनैन्ट मॉडुलेटिंग सिगनल को कैरियर में add करता है——

(a) टैन्क परिपथ (b) मॉडुलेशन चोक

(c) कैपेसिटर (d) मॉडुलेशन ट्रांसफार्मर

72. यदि 4V पीक ऑडियो एम्पलीट्यूड, RF सिगनल फ्रीक्वैन्सी को 200 kHz से 210 kHz में परिवर्तित करता है तब फ्रीक्वैन्सी विचलन (frequency deviation) है—

(a) 5 (b) 10

(c) 15 (d) 100

**73.** फ्रीक्वैन्सी मॉडुलेशन में मॉडुलेशन इन्डैक्स समानुपाती होता है—

(a) $\omega_m$ (b) $\frac{1}{\omega_m}$

(c) $\omega_m^2$ (d) $\frac{1}{\omega_m^2}$

**74.** एक AM ट्रांसमीटर की rms एन्टीना धारा, अनमॉडुलेटेड (unmodulated) मान से 20% बढ़ती है। प्रतिशत मॉडुलेशन है—

(a) 20 (b) 120

(c) 94 (d) 50

**75.** एक FM सिगनल में फ्रीक्वैन्सी विचलन $\delta$ है। इसे फ्रीक्वैन्सी मिक्सर में से गुजारने पर इसकी फ्रीक्वैन्सी $\frac{1}{3}$ rd रह जाती है । मिक्सर की आउटपुट में फ्रीक्वैन्सी विचलन होगा—

(a) $3\delta$ (b) $\delta/3$

(c) $\delta$ (d) उपरोक्त में कोई नहीं

**76.** Ratio detector में—

(a) सिगनल की तीव्रता (strength) में परिवर्तनों को स्थिर किया जाता है

(b) फेज डिस्क्रिमिनेटर की तुलना में लीनियरिटी कम होती है

(c) समान प्रकार के डिस्क्रिमिनेटर की तुलना में आउटपुट दो गुनी होती है

(d) परिपथ, डिस्क्रिमिनेटर के परिपथ के समान होता है परन्तु डायोड रिवर्सड (reversed) होते हैं

77. DSB तथा SSB ट्रांसमिशन में क्या अन्तर है ?

(a) DSB में एक कैरियर तथा दो साइडबैन्ड्स होते हैं जबकि SSB में एक कैरियर तथा एक साइडबैन्ड होती है

(b) DSB में दो साइड बैन्ड्स होती है जबकि SSB में एक साइडबैन्ड होती है

(c) DSB में दो साइडबैन्ड्स के साथ एक कैरियर हो सकती है अथवा नहीं हो सकती जबकि SSB में बिना कैरियर के दो साइडबैन्ड्स में से एक हो सकती है

(d) DSB में दो साइडबैन्ड्स तथा एक कैरियर होती है जबकि SSB में बिना कैरियर के, दो भिन्न-भिन्न साइडबैन्ड्स हो सकती है

**78.** एक तरंग को मॉडुलेशन इन्डैक्स 1 के साथ फ्रीक्वैन्सी मॉडुलेट किया जाता है तथा इसकी फ्रीक्वैन्सी 8 गुनी कर दी जाती है। मॉडुलेशन इन्डैक्स का मान—

(a) अपरिवर्तित (unchanged) रहता है

(b) 8 गुना बढ़ जाता है

(c) 8 गुना कम हो जाता है

(d) 4 गुना बढ़ जाता है

79. ट्रांसमीटर में बफर एम्पलीफायर का कार्य है—

(a) हार्मोनिक जेनरेटर की भाँति कार्य करना

(b) RF सिगनलों को एम्पलीफाई करना

(c) ओवर मॉडुलेशन (over modulation) को रोकना

(d) मास्टर ऑसिलेटर को हार्मोनिक जेनरेटर से अलग (isolate) करना

**80.** कम्पैन्डिंग (companding) का उपयोग ——— के लिये किया जाता है।

(a) PCM में लघु (small) सिगनलों की क्वान्टाइजिंग डिस्ट्रॉशन से सुरक्षा करने

(b) PCM में क्वान्टाइजिंग noise को समाप्त (overcome) करने

(c) इम्पल्स noise को समाप्त करने

(d) उपरोक्त में कोई नहीं

**81.** कौन-सा परिपथ SSB को डिमॉडुलेट नहीं कर सकता ?

(a) बैलेन्स्ड मॉडुलेटर (b) प्रोडक्ट डिटेक्टर

(c) BFO (d) फेज डिस्क्रिमिनेटर

**82.** प्रतिरोध $R$ के कारण जेनरेट की गयी noise पावर ——— के समानुपाती होती है—

(a) $R^{3/2}$ (b) $R^2$

(c) $R$ (d) $\sqrt{R}$

**83.** 4V peak की एक आडियो तरंग किसी कैरियर की फ्रीक्वैन्सी 200 kHz से 210 kHz में परिवर्तित करती है। फ्रीक्वैन्सी विचलन (deviation) है—

(a) 5 kHz (b) 10 kHz

(c) 15 kHz (d) 20 kHz

**84.** मीडियम वेव ब्रॉडकास्ट का उपयोग किया जाता है—

(a) क्षेत्रीय (regional) ब्रॉडकॉस्ट में

(b) राष्ट्रीय (national) ब्रॉडकास्ट में

(c) अन्तर्राष्ट्रीय (international) ब्रॉडकॉस्ट में

(d) उपरोक्त में कोई नहीं

**85.** SSB में पाइलट (pilot) कैरियर को किस फंक्शन के लिए उपलब्ध कराया जाता है ?

(a) कम शक्ति व्यय (lower power consumption)

(b) उत्तम noise immunity

(c) आवृत्ति स्थिरता (frequency stability)

(d) उपरोक्त में कोई नहीं

**86.** आयाम (amplitude) लिमिटर के सन्दर्भ में असत्य (false) है—

(a) लीक (leak) टाइप बायस होने के कारण परिपथ सदा class-C में बायस किया जाता है

(b) इनपुट बढ़ने पर, आउटपुट स्थिर (constant) रखने के लिए gain कम हो जाता है

(c) आउटपुट ट्यून्ड (tuned) होनी चाहिये

(d) लीक (leak) टाइप बायस का उपयोग किया जाना चाहिये

**87.** एक AM सिगनल का मॉडुलेशन इन्डैक्स 0 से बढ़ाकर 1 कर दिया जाता है। कैरियर पावर—

(a) अपरिवर्तित (unchanged) रहती है

(b) दो गुनी हो जाती है

(c) 50% बढ़ जाती है

(d) 25% कम हो जाती है

**88.** एक low-level AM ट्रांसमीटर में मॉडुलेटेड स्टेज के पश्चात् प्रयुक्त एम्पलीफायर होता है—

(a) Class A (b) Linear Class B

(c) Class C (d) Class AB

**89.** कम्युनिकेशन प्रणाली में noise अधिकतर, सिगनल को .................. प्रभावित करता है।

(a) ट्रांसमीटर में (b) चैनल में

(c) रिसीवर में

(d) उपरोक्त सभी स्थानों पर

**90.** सैम्पल किये गये सिगनल से पुनः मूल (original) सिगनल प्राप्त करने के लिए .................. का उपयोग आवश्यक है।

(a) Low pass filter (b) High pass filter

(c) Band pass filter (d) Band stop filter

**91.** फ्रीक्वैन्सी शिफ्ट कींग (FSK) में मूलतः .................. प्रयुक्त किया जाता है।

(a) एम्पलीट्यूड मॉडुलेशन

(b) फ्रीक्वैन्सी मॉडुलेशन

(c) फेज मॉडुलेशन (d) उपरोक्त में कोई नहीं

**92.** 10 KV तथा 1 MHz आवृत्ति की एक कैरियर को 50% एम्पलीट्यूड मॉडुलेटेड (AM) किया गया है। मॉडुलेट सिगनल की पीक वोल्टेज होगी—

(a) 500 KV (b) 5 KV

(c) 1200 KV (d) 10 KV

**93.** प्लेट मॉडुलेटेड क्लास-C एम्पलीफायर्स में लीक टाइप बायस का उपयोग ......

(a) बैन्ड विड्थ बढ़ाने के लिए किया जाता है

(b) ग्रिड धारा में अधिक वृद्धि (excessive) को रोकने के लिए किया जाता है

(c) ट्यून्ड परिपथ की डैम्पिग रोकने के लिए किया जाता है

(d) ओवर मॉडुलेशन रोकने के लिए किया जाता है

**94.** उच्च आवृत्तियों पर कौन-सा noise महत्वपूर्ण है—

(a) Shot noise (b) Thermal noise

(c) Transit time noise

(d) उपरोक्त सभी

**95.** मॉडुलेशन के सम्बन्ध में निम्न तीन स्टेटसमैन्ट्स दिये गये हैं—

**1.** यदि मॉडुलेशन इन्डैक्स 1 है तब AM तथा FM एक समान है

**2.** यदि FM का मॉडुलेशन इन्डैक्स 1 तथा FM का 1·5 है तब AM तथा FM समान है

**3.** यदि FM का माडुलेशन इन्डैक्स 0·5 है तब AM तथा FM समान है

उपरोक्त में सत्य है—

(a) 1, 2 (b) 2, 3

(c) 1, 3 (d) 3

**96.** SSB प्रणाली में पावर की बचत (saving) है—

(a) 100% (b) 75%

(c) 75% के तुल्य या उससे अधिक

(d) 50%

**97.** FSK (Frequency Shift Keying) का उपयोग अधिकतर ———— में किया जाता है।

(a) रेडियो ट्रांसमिशन (b) टेलीग्राफी

(c) टेलीफोनी (d) उपरोक्त में कोई नहीं

**98.** SSB प्रणाली का ब्रॉडकास्टिंग में उपयोग नहीं किया जाता क्योंकि—

(a) एक साइडबैन्ड ट्रांसमिट किये जाने के कारण फीडेलिटी (fidelity) उत्तम नहीं होती

(b) साइडबैन्ड्स में पावर नहीं होती

(c) ट्रांसमीटर्स तथा रिसीवर्स जटिल (complicated) होते हैं

(d) उपरोक्त में कोई नहीं

**99.** 8 KV आयाम की एक RF कैरियर को 7KV के ऑडियो सिगनल द्वारा मॉडुलेट किया गया है। प्रतिशत मॉडुलेशन है—

(a) 87·5 % (b) 187·5 %

(c) 114 % (d) 0%

**100.** DSB – SC मॉडुलेशन प्रणाली में पावर की बचत (saving) है—

(a) कुछ नहीं (b) 80%

(c) 88·3 % (d) 50%

**101.** लीनियर डिमॉडुलेशन परिपथ में *RC* सर्किट का समय नियतांक (time constant) –

(a) बहुत अधिक (very high) होना चाहिये

(b) बहुत कम (very low) होना चाहिये

(c) निम्नतम (lowest) मॉडुलेटिंग फ्रीक्वैन्सी के लिए समायोजित किया जाना चाहिये

(d) उच्चतम (highest) माडुलेटिंग फ्रीक्वैन्सी के लिए समायोजित किया जाना चाहिये

**102.** 6 KV आयाम की एक कैरियर 4KV ऑडियो सिगनल द्वारा आयाम मॉडुलेट (amplitude modulate) की जाती है। मॉडुलेशन इन्डैक्स है—

(a) 1·5 (b) 0·66

(c) 1·66 (d) 2·5

**103.** विभिन्न मॉडुलेशन प्रणालियों में, मॉडुलेशन की लीनियरिटी तथा दक्षता की दृष्टि से उपयुक्त मॉडुलेशन प्रणाली है—

(a) एनोड (or collector) मॉडुलेशन

(b) कन्ट्रोल ग्रिड मॉडुलेशन

(c) सप्रैसर अथवा स्क्रीन ग्रिड मॉडुलेशन

(d) मॉडुलेटेड ऑसिलेटर्स

**104.** कम्युनिकेशन प्रणालियों में सैम्पलिंग तकनीकी से—

(a) उपरकरण की लागत कम हो जाती है

(b) उत्तम दक्षता (efficiency) प्राप्त होती है

(c) कम्युनिकेशन स्पीड बढ़ती है

(d) ऑपरेशन सरल हो जाता है

**105.** 20 kHz आवृत्ति की कैरियर को 250-3000 Hz की फ्रीक्वैन्सी बैन्ड द्वारा मॉडुलेट किया जाता है। लोअर (lower) साइडबैन्ड को एक बैलेन्स्ड मॉडुलेटर में फिल्टर किया गया। आउटपुट होगी—

(a) 20·25 kHz to 23 kHz

(b) 19·75 – 17 kHz

(c) 20·25 kHz to 23 kHz with carrier

**106.** तीव्र गति से (fast) कम्युनिकेशन के लिए आवश्यक है—

(a) चैनल की उच्च क्षमता (high channel capacity)

(b) उच्च S/N अनुपात (high S/N Ratio)

(c) बड़ी (large) बैन्ड विड्थ

(d) उपरोक्त में कोई नहीं

**107.** लम्बी दूरी का ब्रॉड बैन्ड कम्युनिकेशन (broad band long distance communication) ———— के विकास के बाद ही सम्भव हुआ।

(a) टेलीग्राफ केबिल्स

(b) रिपीटर एम्पलीफायर

(c) HF रेडियो

(d) भूस्थिर उपग्रह (Geostationary Satellites)

**108.** एक कैरियर का अधिकतम आयाम (peak amplitude), $10^6$ Hz पर 10 V है। कैरियर की फ्रीक्वैन्सी एक 1 kHz की ऑडियो द्वारा, 0·925 तथा 1·075 MHz के मध्य साइनुसायडली (sinusoidally) परिवर्तित की गयी है। मॉडुलेटेड तरंग की समीकरण होगी—

(a) $10 \cos 2\pi (0{\cdot}925 \times 10^5)\, t \,.\, \cos 1{\cdot}075$

(b) $7{\cdot}7 \cos 2\pi\, 10^6\, t\, [\cos 2\pi\, (0{\cdot}925 \times 10^6)\, t]$

(c) $7{\cdot}7 \cos 2\pi\, 10^6\, t \,.\, \sin 2\pi\, 10^3\, t$

(d) $10 \sin (2\pi\, 10^6\, t - 75 \cos 2\pi\, 10^3\, t)$

**109.** एक स्पीच, जिसकी फ्रीक्वैन्सी 200 – 2000 Hz है, को 40 MHz कैरियर में SSB द्वारा ट्रांसमिट किया जाता है—

(a) यह सम्भव नहीं है

(b) यह सम्भव है परन्तु स्पीच स्पष्ट (clear) नहीं होगी

(c) इसके लिए 2 कैरियर्स की आवश्यकता है

(c) यह 2 कैरियर आवृत्तियों द्वारा क्रमशः (successively) मॉडुलेट करने पर ही सम्भव है

**110.** फ्रीक्वैन्सी मॉडुलेशन में—

1. 100% मॉडुलेशन पर कुल शक्ति (total power) कैरियर पावर का $2\frac{1}{2}$ गुना होती है
2. 100% मॉडुलेशन पर कुल शक्ति कैरियर पावर के बराबर होती है तथा उसके पश्चात् घटती है
3. प्रत्येक मॉडुलेशन इन्डैक्स पर कैरियर साइडबैन्ड्स की कुल शक्ति तथा कैरियर पावर के बराबर होती है
4. 100% मॉडुलेशन पर कैरियर लुप्त (disappear) हो जाती है

उपरोक्त में सत्य है—

(a) 1, 4 (b) 1, 2, 3

(c) 4 (d) 3

**111.** एक प्लेट मॉडुलेटेड क्लास–C एम्पलीफायर पर dc वोल्टेज 8 KV तथा पीक (peak) मॉडुलेटिंग वोल्टेज 4KV है। लोड को डिलीवर की गयी पीक (peak) RF वोल्टेज है—

(a) 32 KV (b) 12 KV

(c) 5 KV (d) 24 KV

**112.** मॉडुलेशन इन्डैक्स 'mf' का एक FM सिगनल, फ्रीक्वैन्सी डबलर (frequency doubler) में से गुजारा जाता है। डबलर की आउटपुट तरंग का मॉडुलेशन इन्डैक्स होगा—

(a) $2\, m_f$ (b) $m_f$

(c) $\frac{m_f}{2}$ s(d) $4\, m_f$

**113.** PWM (Pulse width modulation) को सरलता से ———— द्वारा जेनरेट किया जा सकता है।

(a) PPM (Pulse position modulation) को डिफ्रेन्शियेट (differentiate) कर

(b) मोनोस्टेबिल मल्टीबाईब्रेटर द्वारा

(c) सिगनल को इन्टीग्रेट कर

(d) फ्री-रनिंग मल्टीवाईब्रेटर द्वारा

**114.** निम्न में कौन-सा सिस्टम डिजिटल है?

(a) PPM (b) PCM

(c) PWM

(d) Pulse frequency modulation

**115.** निम्न पदों (terms) में से ———— द्वारा noise factor प्रदर्शित किया जा सकता है—

(a) $\frac{S_i/N_i}{S_o/N_o}$ (b) $\frac{S_o/N_o}{S_i/N_i}$

(c) $\frac{S_o/N_o}{\sqrt{S_i/N_i}}$ (d) $\frac{S_i/N_i}{\sqrt{S_o/N_o}}$

**116.** टेलीग्राफी में प्रयुक्त मॉडुलेशन प्रणाली है—

(a) FSK (b) PCM

(c) PSK (d) उपरोक्त में कोई नहीं

**117.** कौन-सी प्रणाली सर्वाधिक noise प्रतिरोधी (resistant) है?

(a) सप्रैस्ड कैरियर के साथ SSB (SSB – SC)

(b) फ्रीक्वैन्सी मॉडुलेशन

(c) PPM (d) PCM

**118.** 12 KV की RF कैरियर 1 MHz आवृत्ति पर, 6 KV पीक एवं 1 KHz आवृत्ति के सिगनल द्वारा आयाम

मॉडुलेट (amplitude modulate) किया जाता है। प्राप्त मॉडुलेटेड तरंग का आयाम होगा—

(a) 18 KV (b) 1·001 KV

(c) 18 V (d) 36 KV

**119.** चूँकि noise, FM तरंग को फेज मॉडुलेट करता है अतः जब noise sideband frequency कैरियर फ्रीक्वैन्सी के बराबर होती है तब noise amplitude–

(a) स्थिर रहता है (b) घट जाता है

(c) बढ़ जाता है (d) equalize हो जाता है

**120.** एक 700 kHz आवृत्ति की RF कैरियर 10 KV peak value पर 5 KV एवं 2 kHz के ऑडियो सिगनल द्वारा आयाम मॉडुलेट (amplitude modulate) की गयी है। उत्पन्न साइडबैन्ड्स होगी—

(a) 698 kHz (b) 702 kHz

(c) 702 kHz, 698 kHz

(d) 72 kHz

## रिसीवर्स (Receivers)

**121.** कम्युनिकेशन रिसीवर्स में ———— स्टेज फीडेलिटी उपलब्ध कराती है।

(a) ऑडियो स्टेज (b) मिक्सर स्टेज

(c) IF स्टेज (d) उपरोक्त सभी

**122.** रेडियो रिसीवर्स में पैडर्स (padders) का उपयोग—

(a) ट्रैकिंग में सुधार के लिए किया जाता है

(b) सैन्सिटिविटी में सुधार के लिए किया जाता है

(c) उपरोक्त (a) तथा (b) दोनों

(d) उपरोक्त में कोई नहीं

**123.** हीट्रोडाइनिंग की प्रक्रिया में सिगनल का मॉडुलेशन—

(a) अपरिवर्तित (unchanged) रहता है

(b) बढ़ता है

(c) घटता है

(d) उपरोक्त (b) तथा (c) दोनों

**124.** रेडियो रिसीवर्स में noise में वृद्धि ———— स्टेज के कारण होती है।

(a) मिक्सर (b) पावर सप्लाई

(c) लोकल ऑसिलेटर (d) उपरोक्त सभी

**125.** मिक्सर स्टेज की इनपुट में ———— होते हैं—

(a) केवल RF सिगनल

(b) केवल लोकल ऑसिलेटर के सिगनल

(c) उपरोक्त (a) तथा (b) दोनों

(d) AF सिगनल

**126.** सिगनलों 1400 khz तथा 1855 khz के मध्य बीट फ्रीक्वैन्सी (beat frequency) है—

(a) 1400 khz (b) 1855 khz

(c) 455 khz (d) 3255 khz

**127.** डायोड डिटैक्टर की आउटपुट में नहीं होता—

(a) RF सिगनल (b) मॉडुलेटिंग सिगनल

(c) उपरोक्त (a) तथा (b) दोनों

(d) उपरोक्त में कोई नहीं

**128.** रेडियो ट्रांसमीटर्स में सर्वप्रथम ध्वनि तरंगों (sound waves) को ———— में परिवर्तित किया जाता है।

(a) माइक्रोन द्वारा विद्युत तरंगों में

(b) चुम्बकीय तरंगों में

(c) उपरोक्त (a) तथा (b) दोनों

**129.** रेडियो रिसीवर में वांछित (desired) ब्रॉडकास्टिंग स्टेशन का चयन (selection) ———— द्वारा किया जाता है।

(a) IF स्टेज (b) ट्यूनर

(c) AF स्टेज (d) उपरोक्त में कोई नहीं

**130.** AM रिसीवर्स में मॉडुलेटिंग सिगनल अलग करने के लिए प्रयुक्त डिटैक्टर एक सरल ———— होता है।

(a) एम्पलीफायर (b) रेक्टीफायर

(c) बैन्ड स्टॉप फिल्टर (d) बैन्डपास फिल्टर

**131.** रिसीवर में R.F. परिपथों का एक लाभ है—

(a) इमेज फ्रीक्वैन्सी (image frequency) टाइप इन्टरफ्रेन्स को रिजैक्ट करना

(b) रिसीवर की 'noise figure' को कम करना

(c) उपरोक्त (a) तथा (b) दोनों

(d) उपरोक्त में कोई नहीं

**132.** FDM प्रणाली में चैनलों को अलग-अलग करने के लिए ———— प्रयुक्त किये जाते हैं।
(a) इन्टीग्रेटर्स (b) बैन्डपास फिल्टर्स
(c) उपरोक्त (a) तथा (b) दोनों
(d) उपरोक्त में कोई नहीं

**133.** ट्रान्जिस्टर मूलतः ———— एम्पलीफायर है।
(a) वोल्टेज (b) धारा
(c) वोल्टेज तथा धारा दोनों
(d) उपरोक्त में कोई नहीं

**134.** सुपरहीट्रोडाइन रिसीवर में ———— स्टेज IF सिगनल जेनरेट करती है।
(a) R.F. एम्पलीफायर (b) मिक्सर
(c) उपरोक्त (a) तथा (b) दोनों
(d) उपरोक्त में कोई नहीं

**135.** रेडियो रिसीवर में IF एम्पलीफायर किन आवश्यकताओं की पूर्ति करता है—
(a) सेन्सिटिविटी (b) गेन (gain)
(c) बैन्ड विड्थ (d) उपरोक्त में कोई नहीं

**136.** सुपरहीट्रोडाइन रिसीवर्स में IF सिगनल का रेक्टीफिकेशन ———— स्टेज द्वारा होता है।
(a) IF सैक्शन (b) डिटैक्टर
(c) उपरोक्त (a) तथा (b) दोनों
(d) उपरोक्त में कोई नहीं

**137.** हीट्रोडाइन टाइप के फ्रीक्वैन्सी चेंजर को कह सकते हैं—
(a) मिक्सर (b) फ्रीक्वैन्सी ट्रांसलेटर
(c) मॉडुलेटर (d) डिमॉडुलेटर

**138.** रिसीवर की IF स्टेज में किस प्रकार की कपलिंग का उपयोग किया जाता है ?
(a) *RC* कपलिंग
(b) डबल-ट्यून्ड इन्डक्टिव कपलिंग
(c) इन्डक्टैन्स कपलिंग (d) उपरोक्त में कोई नहीं

**139.** AM रिसीवर्स में ऑसिलेटर फ्रीक्वैन्सी सदा—
(a) सिगनल फ्रीक्वैन्सी से अधिक होती है
(b) सिगनल फ्रीक्वैन्सी के बराबर होती है
(c) सिगनल फ्रीक्वैन्सी से कम होती है
(d) उपरोक्त में कोई नहीं

**140.** FM रिसीवर की बैन्ड विड्थ हो सकती है—
(a) 150 kHz (b) 200 kHz
(c) 350 kHz (d) 450 kHz

**141.** अन्तिम IF ट्रांसफार्मर की सैकेन्ड्री किस स्टेज में होती है ?
(a) मिक्सर (b) डिटैक्टर
(c) ऑसिलेटर (d) उपरोक्त में कोई हीं

**142.** यदि रिसीवर में लिमिटर स्टेज नहीं है तब यह ———— रिसीवर है।
(a) FM (b) AM
(c) FM तथा AM दोनों
(d) उपरोक्त में कोई नहीं

**143.** रिसीवर में फ्रीक्वैन्सी डिसर्टोशन उस समय होता है जब समस्त फ्रीक्वैन्सी कम्पोनैन्ट्स समान रूप से एम्पलीफाई नहीं होते—
(a) True (b) False

**144.** एक डायोड डिटैक्टर के लोड में $0 \cdot 01 \mu$ F तथा 5 KΩ प्रतिरोध समान्तर में कनैक्टेड है। 1000 Hz तथा 10 kHz पर डायगोनल क्लिपिंग के बिना मॉडुलेशन डेप्थ (modulation depth) होगी—
(a) 0·76, 0·24 (b) 0·95, 0·3
(c) 0·24, 0·76 (d) 0·3, 0·95

**145.** सुपरहीट्रोडाइन रिसीवर में इमेज फ्रीक्वैन्सी—
(a) रिसीवर में ही जेनरेट होती है
(b) Adjacent चैनल रिजैक्शन अधिक होने के कारण होती है
(c) IF ट्यून्ड परिपथों द्वारा रिजैक्ट नहीं होती
(d) रिसीवर को ट्यून की गयी फ्रीक्वैन्सी पर निर्भर नहीं करती

**146.** यदि सिगनल फ्रीक्वैन्सी $f_s$ तथा ऑसिलेटर फ्रीक्वैन्सी $f_o$ है तब IF होगी—
(a) $f_o - f_s$ (b) $f_s - f_o$
(c) $f_o - 2f_s$ (d) $2f_s - f_o$

**147.** 'Neper' डैसीबल (decibel) से ———— होता है।
(a) बड़ा (lage) (b) कम (smaller)

(c) डेसीबल के बराबर (d) उपरोक्त में कोई नहीं

148. स्पेस डाइवर्सिटी (space diversity) रिसीविंग प्रणाली में अनेक रिसीवर्स की आउटपुट किस स्टेज की आउटपुट पर मिलाई (combined) जाती है—

(a) RF एम्पलीफायर (b) IF एम्पलीफायर
(c) डिटैक्टर (d) आडियो एम्पलीफायर

149. किस स्टेज में AGC बायस होती है—

(a) लोकल ऑसिलेटर (b) मिक्सर
(c) RF एम्पलीफायर
(d) उपरोक्त में किसी में नहीं

150. डायोड डिटैक्टर में ac तथा dc लोड इम्पीडैन्स का अनुपात कम होने पर—

(a) डायोगोनल क्लिपिंग (diagonal clipping) हो जाती है
(b) AGC ऑपरेशन उत्तम नहीं होता
(c) निगेटिव पीक क्लिपिंग हो जाती है
(d) AF रैस्पोन्स (response) उत्तम नहीं होता

151. डायोड में शॉट नॉयज (shot noise) समानुपाती है—

(a) $\sqrt{I_p}$ (b) $I_p^2$
(c) $I_p$ (d) $\frac{1}{I_p^2}$

152. यदि ट्रांजिस्टर रिसीवर के प्रथम AF एम्पलीफायर में ट्रान्जिस्टर के स्थान पर FET का उपयोग किया जाये तब—

(a) रिसीवर की सैलेक्टिविटी में सुधार होगा
(b) Low modulation depths पर शोर (noise) का प्रभाव कम होगा
(c) AGC अधिक प्रभावी होगी
(d) निगेटिव पीक क्लिपिंग का प्रभाव कम होगा

153. एक रिसीवर 1000 kHz पर ट्यून्ड है। इमेज फ्रीक्वैन्सी होगी—

(a) 1000 kHz (b) 1455 kHz
(c) 1919 kHz (d) 545 kHz

154. सामान्य (simple) AGC वाले रेडियो रिसीवर में—

(a) सिगनल पावर बढ़ने पर अधिक AGC उत्पन्न होती है
(b) ऑडियो स्टेज का गेन (gain) सामान्यतः AGC द्वारा कन्ट्रोल होता है
(c) AGC परिपथ का समय नियतांक (time constant) तीव्र (fast) होने पर आउटपुट अधिक शुद्ध (accurate) होती है
(d) दो स्टेशनों के मध्य अधिकतम AGC उत्पन्न होती है

155. एम्पलीट्यूड लिमिटर के सम्बन्ध में असत्य (false) है—

(a) आउटपुट ट्यून्ड होनी चाहिये
(b) लीक (leak) टाइप बायस प्रयोग करनी चाहिये
(c) लीक टाइप बायस प्रयोग किये जाने के कारण सर्किट सदा क्लास-C में बायस होता है
(d) जब इनपुट लिमिटिंग की सीमा (threshold of limiting) से अधिक हो जाता है तब आउटपुट को स्थिर रखने के लिए गेन कम हो जाता है

156. Noise का मापन किया जा सकता है—

(a) AC वोल्टमीटर द्वारा
(b) DC वोल्टमीटर द्वारा
(c) उपरोक्त (a) तथा (b) दोनों
(d) उपरोक्त में कोई नहीं

157. सुपरहीट्रोडाइन रिसीवर में उच्च IF रखने से—

(a) सैलेक्टिविटी में सुधार होता है
(b) ट्रैकिंग समस्या बढ़ जाती है
(c) Adjacent channel rejection कम हो जाता है
(d) उपरोक्त में कोई नहीं

158. रिसीवर, जो मॉडुलेटिंग सिगनल को मूल रूप में उत्पन्न करता है, की .......... होती है।

(a) उत्तम फीडेलिटी (good fidelity)
(b) वाइड (wide) बैन्ड विड्थ
(c) उच्च सैन्सिटिविटी (high sensitivity)
(d) उत्तम सैलेक्टिविटी

**159.** Hi-Fi रेडियो में बेस बैन्ड सिगनल की आवश्यक बैन्ड विड्थ होती है—

(a) 0·3–3 kHz (b) 3–5 kHz

(c) 10 kHz तक (d) 20 kHz तक

**160.** एक मूविंग कायल (moving coil) माइक्रोफोन की कुण्डली की लम्बाई 0·3 मी है। यह 2 $Wb/m^2$ तीव्रता के चुम्बकीय क्षेत्र में रखी है। यदि डायफ्राम का वेग 0·06 m/sec है तब माइक्रोफोन में उत्पन्न वोल्टेज होगी—

(a) 0·036 V (b) 0·02 V

(c) 10 V (d) 0·4 V

**161.** लीनियर डायोड डिटैक्टर के ऑपरेशन के लिये ............ प्रयुक्त किया जाता है।

(a) डायोड के डायनेमिक अभिलक्षणों का (square law) भाग

(b) डायोड के डायनेमिक अभिलक्षणों का रेखीय (linear) भाग

(c) डायोड के रेक्टीफिकेशन के गुण

(d) उपरोक्त में कोई नहीं

**162.** FM रिसीवर्स में IF का स्टैन्डर्ड मान ............ है।

(a) 455 kHz (b) 455 MHz

(c) 107 kHz (d) 10·7 MHz

**163.** 20 $N/m^2$ का ध्वनि दाब ............ के तुल्य है।

(a) 0 dB (b) 120 dB

(c) 60 dB (d) 20 dB

**164.** यदि इमेज फ्रीक्वैन्सी 2100 kHz है तब स्टेशन की फ्रीक्वैन्सी होनी चाहिये—

(a) 3020 kHz (b) 2655 kHz

(c) 1655 kHz (d) 1200 kHz

**165.** रिसीवर के लोकल ऑसिलेटर की फ्रीक्वैन्सी इनकमिंग सिगनल की फ्रीक्वैन्सी से अधिक रखी जाती है जिससे कि ............

(a) इमेज फ्रीक्वैन्सी रिजेक्शन हो सके

(b) ट्रैकिंग सरलता से हो सके

(c) इन्टरमीडिएट फ्रीक्वैन्सी (IF) जेनरेट हो सके

(d) स्विचिंग के बिना ही काफी फ्रीक्वैन्सी रेंज कवर हो सके

**166.** सुपरहीट्रोडाइन रिसीवर में—

(a) RF एम्लीफायर, कैरियर फ्रीक्वैन्सी से 455 kHz अधिक पर कार्य करता है

(b) मिक्सर इनपुट, सिगनल फ्रीक्वैन्सी पर ट्यून होनी चाहिये

(c) लोकल ऑसिलेटर सिगनल फ्रीक्वैन्सी से कम पर ऑपरेट होता है

(d) लोकल ऑसिलेटर की फ्रीक्वैन्सी सामान्यतः IF से दो गुनी होती है

**167.** कार्बन माइक्रोफोन में इलेक्ट्रिकल पावर आउटपुट—

(a) डायफ्राम पर आपतित (incident) एकाउस्टिकल पावर से अधिक होती है

(b) डायफ्राम पर आपतित (incident) एकाउस्टिकल पावर से कम होती है

(c) डायफ्राम पर आपतित (incident) एकाउस्टिकल पावर के बराबर होती है

(d) उपरोक्त में कोई नहीं

**168.** डायोड डिटैक्टर की आउटपुट में ............ नहीं होती।

(a) DC वोल्टेज (b) आउटपुट सिगनल

(c) RF रिपल (d) मॉडुलेटिंग सिगनल

**169.** TRF रिसीवर में फ्रीक्वैन्सी बढ़ने पर—

(a) सैलेक्टिविटी बढ़ती है

(b) सैलेक्टिविटी घटती है

(c) सैलेक्टिविटी पर कोई प्रभाव नहीं होता

(d) फिडेलिटी बढ़ती है

**170.** रेडियो ट्रांसमीटर्स में पीक क्लिपर परिपथ का कार्य है—

(a) बैन्डविड्थ कम करना

(b) बैन्डविड्थ बढ़ाना

(c) ओवर मॉडुलेशन को रोकना

(d) ऑसिलेटर की इनपुट वोल्टेज को रेगुलेट करना

**171.** किस माइक्रोफोन में बेंकग्राउन्ड 'noise' नहीं होता—

(a) कार्बन माइक्रोफोन (b) रिब्बन माइक्रोफोन

(c) क्रिस्टल माइक्रोफोन (d) कन्डैन्सर माइक्रोफोन

**172.** किस माइक्रोफोन में ध्रुवण धारा (polarising current) की आवश्यकता नहीं होती—

(a) माइक्रोफोन (b) किस्टल माइक्रोफोन

(c) कार्बन माइक्रोफोन (d) उपरोक्त सभी

**173.** कम्युनिकेशन रिसीवर्स में फीडेलिटी (fidelity) प्राप्त होती है—

(a) ऑडियो स्टेज से (b) मिक्सर स्टेज से

(c) डिटैक्टर स्टेज से (d) उपरोक्त में कोई नहीं

**174.** एक रिसीवर 750 kHz आवृत्ति पर ट्यून्ड है तथा इसकी ऑसिलेटर आवृत्ति 295 kHz है। इमेज फ्रीक्वैन्सी होगी—

(a) 900 kHz (b) 1000 kHz

(c) 1100 kHz (d) 1150 kHz

## राडार (Radar)

**175.** राडार का उपयोग .......... को गाइड करने में किया जा सकता है।

(a) सैटेलाइट्स (b) स्पेस रिसर्च

(c) सौर प्रणाली (d) उपरोक्त में कोई नहीं

**176.** मिलेट्री द्वारा राडार का उपयोग .......... किया जाता है।

(a) सर्वेक्षण हेतु (b) सुरक्षा

(c) अस्त्र-शस्त्रों में (weapons)

(d) उपरोक्त में कोई नहीं

**177.** डिस्टैन्स अर्ली वार्निंग (distance early warning–DEW) टाइप राडार का उपयोग .......... डिटैक्ट करने में किया जाता है।

(a) वायुयान (aircraft) (b) शत्रु (enemies)

(c) उपरोक्त (a) तथा (b) दोनों

(d) उपरोक्त में कोई नहीं

**178.** Ballastic Missile Early Warning प्रणाली वाले राडार, .......... को ट्रैक (track) करने तथा डिटैक्ट करने में प्रयुक्त किये जाते हैं।

(a) मिसाइल (b) बैलास्टिक मिसाइल

(c) ICBM (Inter Continental Ballastic Missiles)

(d) उपरोक्त a, b तथा c सभी

**179.** Airborne Interception Radar का उपयोग फाइटर एयरक्राफ्ट को—

(a) टारगेट की ओर गाइड करने में किया जा सकता है

(b) राडार की बॉम्बिंग (bombing) करने में किया जा सकता है

(c) उपरोक्त (a) तथा (b) दोनों

(d) उपरोक्त में कोई नहीं

**180.** खराब मौसम (bad weather) में राडार का उपयोग GCA (Ground control of approach) की सहायता से वायुयानों को—

(a) सुरक्षित लैन्डिंग (safe landing) के लिए गाइड करने में किया जाता है

(b) किसी भी दिशा में गाइड करने में किया जाता है

(c) आकाश में फ्लाई करने के लिए गाइड करने में किया जाता है

(d) उपरोक्त में कोई नहीं

**181.** राडार की कार्य प्रणाली पर .......... का प्रभाव नहीं होता।

(a) अन्धेरा (darkness) (b) कोहरा (fog)

(c) वर्षा

(d) उपरोक्त (a), (b) तथा (c) तीनों

**182.** ऊँचे उड़ने वाले वायुयान तथा जलयानों (ships) में राडार स्थापित (install) कर—

(a) पर्वतों तथा समुद्र में बर्फ की चट्टानों की स्थिति ज्ञात की जा सकती है

(b) समुद्रीय किनारे की स्थिति ज्ञात की जा सकती है

(c) झीलों की स्थिति ज्ञात की जा सकती है

(d) उपरोक्त (a), (b) तथा (c) तीनों

**183.** आयताकार वेव गाइड (rectangular wave guide) का व्यवहार .......... के समान होता है।

(a) High pass फिल्टर (b) Low pass फिल्टर

(c) उपरोक्त (a) तथा (b) दोनों

(d) उपरोक्त में कोइं नहीं

**184.** टारगेट का क्रॉस सैक्शन परिवर्तन होने पर ट्रैकिंग—

(a) डुअल पल्स स्कैनिंग द्वारा की जाती है

(b) मोनो पल्स स्कैनिंग द्वारा की जाती है

(c) उपरोक्त (a) तथा (b) दोनों
(d) उपरोक्त में कोई नहीं

**185.** ब्लाइन्ड स्पीड (blind speed) समस्या हल की जा सकती है—
(a) मोनो पल्स के प्रयोग द्वारा
(b) डॉपलर फ्रीक्वैन्सी में परिवर्तन द्वारा
(c) PRF में परिवर्तन द्वारा
(d) उपरोक्त में कोई नहीं

**186.** 'इन्सट्रुमैन्ट लैन्डिंग प्रणाली' (ILS) युक्त वायुयानों में—
(a) मास्टर स्टेशन होता है
(b) स्लेव (slave) स्टेशन होता है
(c) उपरोक्त (a) तथा (b) दोनों
(d) उपरोक्त में कोई नहीं

**187.** ब्लाइन्ड स्पीड के कारण टारगेट—
(a) समान (uniform) स्पीड पर चलती प्रतीत होती है
(b) स्थिर (stationary) प्रतीत होती है
(c) उपरोक्त (a) तथा (b) दोनों
(d) उपरोक्त में कोई नहीं

**188.** राडार ट्रांसमीटर कम अवधि की शक्तिशाली पल्स (short powerful pulse) –
(a) ग्राउन्ड की ओर ट्रांसमिट करता है
(b) वर्षा (rain) में ट्रांसमिट करता है
(c) रात्रि (night) में ट्रांसमिट करता है
(d) स्पेस में ट्रांसमिट करता है

**189.** राडार प्रणाली में पल्स (pulses) –
(a) पूर्व निश्चित (predetermined) समय पर ट्रांसमिट की जाती हैं
(b) समान अन्तरालों (regular intervals) पर ट्रांसमिट की जाती हैं
(c) किसी भी अन्तराल (any interval) पर ट्रांसमिट की जा सकती है
(d) उपरोक्त में कोई नहीं

**190.** राडार प्रणाली में एक निश्चित आवृत्ति (definite frequency) की पल्स ट्रांसमिट की जाती है। इन्हें ———— कहते हैं।
(a) पल्स रिपिटीशन फ्रीक्वैन्सी (pulse repetition frequency)
(b) पल्स फ्रीक्वैन्सी
(c) उपरोक्त (a) तथा (b) दोनों
(d) उपरोक्त में कोई नहीं

**191.** राडार प्रणाली में रिसीव की गयी RF पल्स मिक्सर में एप्लाई की जाती है। मिक्सर इन्हें—
(a) IF पल्स में कनवर्ट करता है
(b) बड़े आयाम (large) की वीडियो पल्स में कनवर्ट करता है
(c) उपरोक्त (a) तथा (b) दोनों
(d) उपरोक्त में कोई नहीं

**192.** डूप्लैक्सर रिसीविंग यूनिट को ट्रांसमिशन के समय प्रबल (strong) ट्रांसमिटिंग पल्सों से सुरक्षित करता है अन्यथा रिसीविंग यूनिट—
(a) में दोष आ सकता है (b) नष्ट हो सकती है
(c) में पावर हानि (power loss) हो सकती है
(d) उपरोक्त में कोई नहीं

**193.** स्पेस में टारगेट को तलाश (search) करने के लिए डायरेक्शनल एन्टीना को—
(a) गति दी जाती है
(b) घूर्णीय (rotatory) गति दी जाती है
(c) उपरोक्त (a) तथा (b) दोनों
(d) उपरोक्त में कोई नहीं

**194.** राडार प्रणाली में हजारों चक्र (several hundred cycles/sec) की रिपिटीशन फ्रीक्वैन्सी की बड़ी (large) वीडियो पल्स ———— द्वारा सप्लाई हाती है।
(a) मॉडुलेटर ऑसिलेटर (b) माइक्रोवेव
(c) माइक्रोवेव ऑसिलेटर (d) उपरोक्त में कोई नहीं

**195.** राडार प्रणाली में कैथोड रे ट्यूब (CRT) का उपयोग ———— के समान किया जाता है।
(a) इन्डिकेटर (b) एम्पलीफायर
(c) पल्स जेनरेटर (d) उपरोक्त सभी

**196.** प्लेन पोजिशन इन्डिकेटर (PPI) –
(a) टाइप B इन्डिकेटर के समान है

(b) टाइप C इन्डिकेटर के समान है

(c) उपरोक्त (a) तथा (b) दोनों

**197.** टाइप A इन्डिकेटर प्रणाली में CRT की बीम को स्क्रीन पर डिफ्लैक्ट करने के लिए ———— का उपयोग किया जाता है।

(a) वोल्टेज

(b) लीनियर सॉटूथ वोल्टेज (linear sawtooth voltage)

(c) उपरोक्त (a) तथा (b) दोनों

(d) उपरोक्त में कोई नहीं

**198.** टाइप B इन्डिकेटर में CRT बीम द्वारा ———— प्रदर्शित किये जाने के लिए 'intensity modulate' किया जाता है।

(a) पोजिशन (b) टारगेट

(c) उपरोक्त (a) तथा (b) दोनों

(d) उपरोक्त में कोई नहीं

**199.** टाइप C इन्डिकेटर टारगेट को 'intensity modulation' द्वारा प्रदर्शित करता है तथा टारगेट की कोणीय स्थिति (angular position) ———— में प्रदर्शित करता है।

(a) डिग्री (degree) में

(b) आयताकार (rectangular) कोर्डिनेट्स में

(c) उपरोक्त (a) तथा (b) दोनों

(d) उपरोक्त में कोई नहीं

**200.** राडार प्रणाली की कार्य प्रणाली —— पर निर्भर करती है।

(a) ऑपरेटिंग रेंज (b) ऑपरेटिंग फ्रीक्वैन्सी

(c) पल्स अवधि (duration) तथा रिपिटीशन रेट

(d) टाइप ऑफ इन्डीकेटर (e) उपरोक्त सभी

**201.** राडार प्रणाली की कार्य प्रणली ———— पर निर्भर करती है।

(a) रिसीवर के बैंड विड्थ

(b) एन्टीना की रेडियेशन पैटर्न

(c) उपरोक्त (a) तथा (b) दोनों

(d) उपरोक्त में कोई नहीं

**202.** सामान्यतः राडार की ऑपरेटिंग फ्रीक्वैन्सी —— होती है।

(a) 1000 mc/s to 70,000 mc/s

(b) 2000 mc/s to 70,000 mc/s

(c) 1000 mc/s to 50,000 mc/s

(d) उपरोक्त में कोई नहीं

**203.** राडार में उच्च आवृत्ति प्रयुक्त करने पर—

(a) Noise figure आवृत्ति के साथ अधिक बढ़ता है

(b) Noise figure आवृत्ति के साथ अधिक कम होता है

(c) Noice figure आवृत्ति पर निर्भर नहीं करता

(d) उपरोक्त में कोई नहीं

**204.** राडार प्रणाली में उत्तम रिजाल्यूशन के लिए ———— अवधि (duration) अथवा इससे कम अवधि की पल्स प्रयुक्त की जाती है।

(a) $2\mu$ s (b) $3\mu$ s

(c) $1\mu$ s (d) $5\mu$ s

**205.** कम रेंज (short range) के राडार में—

(a) पल्स की रिपिटीशन रेट कम (low) होती है—

(b) पल्स की रिपिटीशन रेट स्थिर (constant) होती है

(c) पल्स की रिपिटीशन रेट उच्च (high) होती है

(d) उपरोक्त में कोई नहीं

**206.** राडार प्रणाली में अधिकतम रेंज (maximum range) समानुपाती है—

(a) $(\text{Transmitter peak power})^{1/4}$

(b) $(\text{Transmitter peak power})^{1/2}$

(c) Transmitter Peak Power

(d) उपरोक्त में कोई नहीं

**207.** राडार में उच्च (higher) ऑपरेटिंग फ्रीक्वैन्सी के लिए कैविटी मेगनेट्रॉन (cavity magnetron)—

(a) नियत (constant) पीक पावर जेनरेट करने के लिए उपयुक्त है

(b) कम (low) पीक पावर जेनरेट करने के लिए उपयुक्त है

(c) उच्च (high) पीक पावर जेनरेट करने के लिए उपयुक्त है

(d) उपरोक्त में कोई नहीं

**208.** उच्च पावर क्लिस्ट्रॉन (high power klystron) का उपयोग ———— के स्थान पर किया जाता है।

(a) मेगनेट्रॉन (b) पीक पावर के लिये

(c) मॉडुलेटर (d) उपरोक्त में कोई नहीं

**209.** राडार प्रणाली में डायरैक्शनल एन्टीना के उपयोग से—

(a) रेंज अधिक प्राप्त होती है

(b) उत्तम angular resolution प्राप्त होता है

(c) उपरोक्त (a) तथा (b) दोनों

(d) उपरोक्त में कोई नहीं

**210.** VOR नेविगेशन प्रणाली से—

(a) टारगेट की रेंज ज्ञात की जाती है

(b) वायुयान की ऊँचाई ज्ञात की जाती है

(c) जलयान (ship) अथवा वायुयान की स्थिति ज्ञात की जाती है

(d) उपरोक्त में कोई नहीं

**211.** एक आदर्श (ideal) पल्स राडार रिसीवर—

(a) की बैन्डविड्थ (BW) बड़ी होती है

(b) की बैन्डविड्थ (BW) छोटी होती है

(c) उपरोक्त में कोई नहीं

**212.** MTI राडार में COHO ———— के समान ऑपरेट होता है।

(a) इन्टरमीडिएट फ्रीक्वैन्सी (IF)

(b) ट्रांसमिट की जाने वाली फ्रीक्वैन्सी

(c) रिसीव की जाने वाली फ्रीक्वैन्सी

(d) पल्स रिपिटीशन फ्रीक्वैन्सी

**213.** डॉप्लर शिफ्ट के लिए सूत्र है—

(a) $\Delta f = \frac{V_r}{\lambda}$ (b) $\Delta f = \frac{2\sqrt{V_r}}{\lambda}$

(c) $\Delta f = \frac{V_r}{2\lambda}$ (d) $\Delta f = \frac{2V_r}{\lambda}$

**214.** ILS (instrument landing system) में—

(a) मास्टर तथा स्लेव स्टेशन होते हैं

(b) ग्लाइडपाथ लोकलाइजर होता है

(c) MTI होता है

(d) उपरोक्त में कोई नहीं

**215.** ब्लाइन्ड स्पीड (blind speed) का हल है—

(a) डॉप्लर फ्रीक्वैन्सी में परिवर्तन

(b) PRF में परिवर्तन

(c) मोनोपल्स का उपयोग

(d) MTI का उपयोग

**216.** ब्लाइन्ड स्पीड के कारण टारगेट—

(a) गतिमान (moving) प्रतीत होती है

(b) स्थिर (stationary) प्रतीत होती है

(c) स्पष्ट दिखायी देती है

(d) उपरोक्त में कोई नहीं

**217.** Ground Control Approach में ———— प्रयुक्त किया जाता है।

(a) ग्राउन्ड तथा स्लेव स्टेशन

(b) दो राडार

(c) लोकलाइजर तथा ग्लाइडर पथ (path)

(d) उपरोक्त में कोई नहीं

**218.** निम्न में 'false' है—

राडार में ———— के लिए फ्लैट टॉप्ड पल्स (flat topped pulse) ट्रांसमिट की जाती है।

(a) न्यूनतम उत्तम (good minimum) रेंज के लिए

(b) Echoes तथा noise में अन्तर करने के लिए

(c) मेगनेट्रॉन में फ्रीक्वैन्सी परिवर्तन को रोकने के लिए

(d) Accurate range transmission के लिए

**219.** निम्न में से किस में राडार का उपयोग व्यर्थ होता है—

(a) टारगेट की पहचान (target identification)

(b) नैविगेशन (Navigation)

(c) अधिकतम रेंज का प्रसार (Extention of Maximum Range)

(d) शत्रु के टारगेट की शुद्ध ट्रैकिंग (Accurate tracking of target)

**220.** अधिकतम रेंज ———— पर निर्भर करती है।

(a) पल्स पीक पावर

(b) पल्स ऊर्जा (pulse energy)

(c) पल्स अवधि (pulse duration)

(d) पल्स की फ्रीक्वैन्सी

**221.** Cosecant beam pattern का उपयोग—

(a) डायरैक्शन फाइन्डिंग में किया जाता है

(b) वर्टीकल पैटर्न में कोण की एक रेंज (range of angles) में नियत (constant) सिगनल रिटर्न उपलब्ध कराने के लिए किया जाता है

(c) जटिल टारगेट (complicated objects) को डिटैक्ट करने के लिए किया जाता है

(d) उपरोक्त सभी

**222.** राडार ट्रांसमिटिंग एन्टीना का गेन—

(a) राडार रिसिविंग एन्टीना के गेन से कम होता है

(b) राडार रिसिविंग एन्टीना के गेन के लगभग बराबर होता है

(c) राडार रिसिविंग एन्टीना के गेन से कुछ अधिक होता है

(d) राडार रिसिविंग एन्टीना के गेन से बहुत अधिक होता है

**223.** वायुयानों (aircrafts) को डिटैक्ट करने वाले अधिकांश राडार ———— में ऑपरेट होते हैं।

(a) C band (b) X band

(c) L band (d) S band

**224.** पल्स्ड (pulsed) राडार ट्रांसमीटर एन्टीना की औसत शक्ति (average power) ——— के बराबर होती है।

(a) Peak Pulse Power × Duty cycle

(b) Peak pulse power/Number of pulses repeated per second

(c) Peak pulse power/duty cycle

(d) उपरोक्त में कोई नहीं

**225.** 'Second time around' echoes उत्पन्न होने का कारण है—

(a) टारगेट से दूसरा परावर्तन

(b) CRT की रेंज से दूर स्थित टारगेट से आने वाली इको (echoes)

(c) अगली (next) पल्स ट्रांसमिट होने के बाद आने वाली पल्स

(d) बैन्डविड्थ के दोनों सिरों (extreme ends) के कारण

**226.** राडार रिसीवर की बैन्ड विड्थ ———— के विलोमानुपाती (inversely proportional) है।

(a) पल्स इन्टरवल

(b) पल्स रिपिटीशन फ्रीक्वैन्सी

(c) ट्रांसमिट की गयी पीक पावर का वर्गमूल Square root of peak transmitted power

(d) पल्स विड्थ

**227.** यदि राडार प्रणाली द्वारा ट्रांसमिट की गयी पीक पावर को 81 गुना बढ़ा दिया जाये तब अधिकतम रेंज ———— गुना हो जायेगी।

(a) 81 (b) 9

(c) 3 (d) 6

**228.** PPI से तात्पर्य है—

(a) Plan position indicator

(b) Pulse position indicator

(c) Plan position image

(d) Prior position indicator

**229.** राडार बीकन (becons) का उपयोग —— के लिए किया जाता है।

(a) टारगेट की पहचान (target identification)

(b) नैविगेशन

(c) अधिकतम रेंज में वृद्धि

(d) उपरोक्त सभी

## सैटेलाइट कम्युनिकेशन
## (Satellite Communication)

**230.** पृथ्वी की छाया (earth's shadow), 'geosynchronous' सैटेलाइट पर ———— दिन तक पड़ती है।

(a) 12 (b) 31

(c) 88 (d) 365

**231.** ग्लोबल कम्युनिकेशन के लिए आवश्यक सैटेलाइटों की संख्या ———— है।

(a) 1 (b) 2

(c) 3 (d) 10

**232.** सैटेलाइट अर्थ स्टेशन में—

(a) केवल ट्रांसमिटिंग उपकरण होता है

(b) केवल रिसिविंग उपकरण होता है

(c) ट्रांसमिटिंग तथा रिसीविंग दोनों उपकरण होते हैं

(d) उपरोक्त में कोई नहीं होता

**233.** पृथ्वी की सतह से geostationary सैटेलाइट की दूरी लगभग ——— होती है।

(a) 360 Km (b) 3600 Km

(c) 36,000 Km (d) 360,000 Km

**234.** सैटेलाइट ट्रांसमिशन में एनेलॉग सिगनलों को डिजिटल फॉर्म में बदलने के लिए ——— प्रयुक्त किया जा सकता है।

(a) मोडेम (Modem) (b) ट्रांसपोन्डर

(c) कम्पेन्डर (d) कोडेक (codec)

**235.** किस शोर (noise) का स्त्रोत अन्य से अलग होता है ?

(a) गैलेक्टिक शोर (Galactic noise)

(b) कॉस्मिक शोर (Cosmic noise)

(c) सोलर शोर (Solar noise)

(d) वातावरणीय शोर (Atmospheric noise)

**236.** सैटेलाइट कम्युनिकेशन के लिए फ्रीक्वैन्सी ——— होनी चाहिये।

(a) आयनोस्फेयर की क्रिटिकल फ्रीक्वैन्सी से कम

(b) आयनोस्फेयर की क्रिटिकल फ्रीक्वैन्सी के बराबर

(c) आयनोस्फेयर की क्रिटिकल फ्रीक्वैन्सी से अधिक

(d) उपरोक्त में कोई नहीं

**237.** वृत्ताकार कक्ष (circular orbit) में सैटेलाइट का रेखीय वेग (linear velocity) –

(a) द्रव्यमान (mass) के सीधे समानुपाती होता है

(b) द्रव्यमान (mass) के वर्गमूल के समानुपाती होता है

(c) द्रव्यमान (mass) के वर्ग के समानुपाती होता है

(d) द्रव्यमान (mass) पर निर्भर नहीं करता

**238.** चौबीस घंटे सैटेलाइट (24 hour satellite) को equitorial orbit में लगभग ——— ऊँचाई पर स्थापित किया जाता है।

(a) 1500 Km (b) 2000 Km

(c) 5000 Km (d) 36000 Km

**239.** भूस्थिर सैटेलाइट (geostationary satellite) अपने ऑरबिट का एक चक्कर ——— में पूर्ण करता है।

(a) 1 घंटा (b) 5 घंटे

(c) 24 घंटे (d) 28 दिन

**240.** भूस्थिर (geostationary) सैटेलाइट तथा पृथ्वी का कॉमन अभिलक्षण —— है।

(a) समान लीनियर वेग (same linear velocity)

(b) समान कोणीय वेग (same angular velocity)

(c) समान गुरुत्व बल (same gravitational force)

(d) समान त्वरण (same acceleration)

**241.** कम्युनिकेशन सैटेलाइट ——— के मध्य एक रिपीटर (repeater) का कार्य करता है।

(a) एक ट्रांसमिटिंग स्टेशन तथा एक रिसीविंग स्टेशन

(b) एक ट्रांसमिटिंग स्टेशन तथा अनेक रिसीविंग स्टेशन

(c) अनेक ट्रांसमिटिंग स्टेशन तथा एक रिसीविंग स्टेशन

(d) उपरोक्त में कोई नहीं

**242.** ट्रांसपोन्डर (transponder) में ——— होता है।

(a) ट्रांसमीटर (b) रिसीवर

(c) एन्टीना (d) उपरोक्त तीनों

**243.** चन्द्रमा अपने कक्ष में एक परिभ्रमण (one revoloution) ——— में पूर्ण करता है।

(a) 1 दिन (b) 25 घण्टे से कम

(c) 28 दिन (d) 31 दिन

**244.** सैटेलाइट का लीनियर वेग है—

(a) $v = \sqrt{\frac{GM}{r}}$ m/sec

(b) $v = \sqrt{\frac{GM}{r^3}}$ m/sec

(c) $v = \frac{GM}{r}$ m/sec (d) $v = \frac{GM}{r^2}$ m/sec

यहाँ $G = 6 \cdot 67 \times 10^{11}$ m$^3$/kg-sec, $M$-Mass of the earch $r$ - radius of orbit

**245.** सैटेलाइट के ऑरबिट की ऊँचाई H किस सूत्र से दी जाती है ?

(a) H = ($r$ km – 6370) km

(b) H = ($r$ km + 6370) km

(c) H = $r$ km

(d) उपरोक्त में कोई नहीं

**246.** अन्तर्राष्ट्रीय कम्युनिकेशन (international communication) के लिए उपयोग में लाये जाने वाला सैटेलाइट है—

(a) Comsat (b) Domsat

(c) Intelsat (d) उपरोक्त में कोई नहीं

**247.** सम्पूर्ण विश्व को ——— सैटेलाइटो द्वारा कवर किया जा सकता है।

(a) 2 (b) 3

(c) 1 (d) 4

**248.** सिन्क्रोनस सैटेलाइट प्रत्येक ——— पर पृथ्वी का एक परिभ्रमण करता है।

(a) 1 घंटा (b) 90 मिनट

(c) 24 घण्टे (d) $365\frac{1}{4}$ दिन

**249.** सैटेलाइट रिपीटर का कार्य है—

(a) सैटेलाइट से सिगनल रिसीव करना

(b) सैटेलाइट से प्राप्त किये गये सिगनलों को रिपीट करना

(c) रिपीटर से रिसीव किये गये सिगनलों की आवृत्ति बदलना

(d) उपरोक्त में कोई नहीं

**250.** भारत का प्रथम कम्युनिकेशन सैटेलाइट ——— था।

(a) आर्यभट्ट (b) एपल (Apple)

(c) इनसैट 1A (d) इनसैट 1B

**251.** एक सामान्य मल्टीपरपज सैटेलाइट की बैन्डविड्थ ——— होती है।

(a) 50 MHz (b) 200 MHz

(c) 500 MHz (d) 4 GHz

**252.** सैटेलाइट की कक्षीय गति (orbital speed) ——— के समानुपाती होती है।

(a) $r^{3/2}$ (b) $r^2$

(c) $r$ (d) $\sqrt{r}$

यहाँ $r$ = radius of orbit

**253.** कम्युनिकेशन सैटेलाइट—

(a) स्थिर (stationary) होते हैं

(b) भूस्थिर (geostationary) होते हैं

(c) अपनी स्पीड पर परिभ्रमण करते रहते हैं

(d) अपना ट्रैक तथा वेग बदलते रहते हैं

**254.** वर्टीकल रेडियेटर की प्रभावी ऊँचाई (effective height) ——— बढ़ाई जा सकती है।

(a) लम्पड् (lumped) इन्डक्टैन्स द्वारा लोडिंग कर

(b) कैपेसिटी हैट (capacity hat) का उपयोग कर

(c) इन्सुलेटर पर सपोर्ट कर

(d) अधिक पावर पम्प (pump) कर

**255.** लीक टाइप बायस का उपयोग क्लास-C एम्पलीफायर्स में—

(a) बैन्डविड्थ बढ़ाने के लिए किया जाता है

(b) ग्रिडधारा में वृद्धि (excess) को रोकने के लिए किया जाता है

(c) ट्यून्ड सर्किट की डैम्पिंग को रोकने के लिए किया जाता है

(d) ओवर मोडुलेशन रोकने के लिए किया जाता है

**256.** अलग-अलग स्थानों पर स्थित ट्रांसमीटरों को कपल करने की उपयुक्त विधि है—

(a) लिंक कपलिंग (b) इम्पीडैन्स कपलिंग

(c) सिंगल ट्यून्ड ट्रांसफॉर्मर कपलिंग

(d) डबल ट्यून्ड ट्रांसफॉर्मर कपलिंग

**257.** लीनियर एम्पलीफायर वह है जिसमें—

(a) आउटपुट, इनपुट के साथ बढ़ती है

(b) आउटपुट, इनपुट के साथ लीनियर रूप से सम्बन्धित होती है

(c) आउटपुट, इनपुट के साथ लीनियर रूप से विलोमानुपाती (universely) परिवर्तित होती है

(d) उपरोक्त में कोई नहीं

**258.** 'White noise' का ऑटो-कोरीलेशन (auto-correlation) फंक्शन है—

(a) डेल्टा फंक्शन (b) एक नियतांक

(c) गॉसियन (d) उपरोक्त में कोई नहीं

**259.** एक PCM प्रणाली में 16 क्वान्टाइजेशन लेविल है तथा अधिकतम सिगनल फ्रीक्वैन्सी 4kHz है। बिट ट्रांसमिशन रेट होगी—

(a) 64 kbits/sec (b) 16 kbits/sec

(c) 32 kbits/sec (d) 32 bits/sec

260. हाइब्रिड कम्युनिकेशन रिसीवर—
(a) में सोलिड स्टेट डिवाइसेज तथा इलेक्ट्रॉनिक वाल्व दोनों होते हैं
(b) हीट्रोडाइन सिद्धान्त पर आधारित है
(c) ट्रिपल डिटेक्शन सिद्धान्त पर आधारित है
(d) इलेक्ट्रॉनिक वाल्व, एक्टिव डिवाइस के समान तथा अन्य 'passive' कम्पोनैन्ट्स प्रयुक्त किये जाते हैं

261. मोडुलेटेड सिगनल के जेनरेशन में वैरेक्टर डायोड का उपयोग—
(a) केवल FM जेनरेशन के लिए किया जा सकता है
(b) केवल AM जेनरेशन के लिए किया जा सकता है
(c) केवल PM जेनरेशन के लिए किया जा सकता है
(d) AM तथा PM दोनों के लिए किया जा सकता है

262. अधिकांश ग्रिड मोडुलेटेड मोडुलेटर्स में—
(a) कैरियर, एनोड पर एप्लाई की जाती है
(b) कैरियर तथा मोडुलेटिंग सिगनल दोनों ग्रिड पर एप्लाई किये जाते हैं
(c) कुल दक्षता (overall efficiency) उच्च होती है
(d) उपरोक्त में कोई नहीं

263. Noise का मापन .................... द्वारा किया जा सकता है।
(a) डी० सी० वोल्टमीटर (b) ए० सी० वोल्टमीटर
(c) डी० सी० अथवा ए० सी० किसी भी वोल्टमीटर
(d) उपरोक्त में कोई नहीं

264. भारत का त्रि-अक्षीय भूस्थिर कम्युनिकेशन सैटेलाइट (Three-axis stabilised geostationary communication satellites) कौन-सा है ?
(a) एपल (Apple) (b) भास्कर
(c) रोहिणी (d) आर्यभट्ट

265. एक ट्रांसमीटर की आउटपुट, अनमोडुलेटेड कैरियर के साथ 100 KW तथा साइनुसायडल तरंग द्वारा मॉडुलेट करने पर 132 W है। मॉडुलेशन डैप्थ (modulation depth) होगी—
(a) 16 (b) 32
(c) 64 (d) 80

266. निम्न में 'correct' स्टेटमैन्ट कौन-सा है ?
एक FM तरंग के स्पैक्ट्रम में
(a) साइडबैन्ड्स की संख्या मॉडुलेशन इन्डैक्स पर निर्भर करती है
(b) मॉडुलेशन इन्डैक्स अधिक होने पर कैरियर फ्रीक्वैन्सी लुप्त (disappear) हो जाती है
(c) कैरियर फ्रीक्वैन्सी लुप्त नहीं हो सकती
(d) साइडबैन्ड का आयाम कैरियर के मॉडुलेशन इन्डैक्स पर निर्भर करता है

267. S.S.B. में ट्रांसमीटर किसे सप्रेस (suppress) करता है—
(a) ऑडियो तथा एक साइडबैन्ड फ्रीक्वैन्सी को
(b) कैरियर तथा एक साइडबैन्ड फ्रीक्वैन्सी को
(c) कैरियर तथा एक साइडबैन्ड फ्रीक्वैन्सी को
(d) उपरोक्त में कोई नहीं

268. एक VHF एम्पलीफायर का noise factor '10' dB है। एम्पलीफायर की आउटपुट में noise का कितना भाग एम्पलीफायर में अन्दर से ही जेनरेट होता है ?
(a) 1/10 (b) 1/2
(c) 1/4 (d) 9/10

269. डिमोडुलेशन के सन्दर्भ में सत्य है—
(a) इसमें साइडबैन्ड्स विलुप्त (remove) होती हैं
(b) इसमें मॉडुलेटेड सिगनल का रैक्टीफिकेशन होता है
(c) इसमें मोडुलेशन के विपरीत क्रिया होती है
(d) यह क्रिया ट्रांसमिटिंग स्टेशन पर होती है

270. यदि कैरियर तथा मॉडुलेटिंग फ्रीक्वैन्सी का मान 100 kHZ तथा 5 kHz है, तब AM ट्रांसमिशन की बैन्ड विड्थ होगी—
(a) 2 kHz (b) 5 kHz
(c) 10 kHz (d) 40 kHz

271. PDM जेनरेशन में प्रयोग किये जाते हैं—
(a) JK फ्लिप-फ्लॉप (b) शिमिट ट्रिगर
(c) मोनोस्टेबिल वाइब्रेटर (d) फ्रीरनिंग वाइब्रेटर

272. सामान्य स्पीच (normal speech) के ट्रांसमिशन के लिए PCM के चैनल में बैन्डविड्थ क्या होती है ?
(a) 2 kHz (b) 4 kHz
(c) 16 kHz (d) 64 kHz

273. टेपरिकार्डर में मैगनेटिक टेप को इरेज (erase) करने की सामान्य विधि है—
(a) 40 Hz से कम आवृत्ति का सिगनल एप्लाई करना

(b) कुछ कम मान की (small) d.c. वोल्टेज एप्लाई करना
(c) 20 kHz से अधिक आवृत्ति का सिगनल एप्लाई करना
(d) उपरोक्त में कोई नहीं

**274.** निम्न में से किस विधि द्वारा उच्च 'noise' वाले सिगनल डिमॉडुलेट किये जाते हैं ?
(a) सिन्क्रोनस डिटैक्टर (b) एनवेलप डिटैक्टर
(c) एनवेलप डिटैक्टर के साथ LPF प्रयुक्त कर
(d) एनवेलप डिटैक्टर के साथ HPF प्रयुक्त कर

**275.** RF एम्पलीफायर्स में न्यूट्रलाइजेशन क्यों किया जाता है ?
(a) सैलेक्टिविटी सुधारने के लिए
(b) आसिलेशन समाप्त करने के लिए
(c) बैन्डविड्थ बढ़ाने के लिए
(d) उपरोक्त सभी

**276.** एम्पलीट्यूड लिमिटर के सन्दर्भ में असत्य (incorrect) है—
(a) लीक-टाइप बायस होने के कारण सर्किट को सदा class-C में बायस किया जाता है
(b) आउटपुट ट्यून्ड होनी चाहिए
(c) लीक-टाइप बायस का उपयोग किया जाना चाहिए
(d) उपरोक्त में कोई नहीं

**277.** PCM प्रणाली में लम्बी दूरी पर रिजेनरेटिव रिपीटर्स की आवश्यकता होती है। रिपीटर में होने वाले फंक्शनों का उपयुक्त क्रम (proper sequence) है—
(a) टाइमिंग, इक्वलाइजेशन, निर्णय लेना (decision making)
(b) इक्वलाइजेशन, टाइमिंग, निर्णय लेना
(c) टाइमिंग, निर्णय लेना, इक्वलाइजेशन
(d) निर्णय लेना, टाइमिंग, इक्वलाइजेशन

**278.** न्यूट्रलाइजेशन सामान्यतः—
(a) पेन्टोड्स में किया जाता है
(b) टेट्रोड्स में किया जाता है
(c) ट्रायोड्स में किया जाता है
(d) उपरोक्त में कोई नहीं

**279.** क्रिस्टल फिल्टर........के तुल्य (equivalent) है।
(a) उच्च Q का श्रेणी अनुनाद (resonant) परिपथ
(b) उच्च Q का समान्तर श्रेणी अनुनाद (resonant) परिपथ
(c) वाइड बैन्ड एम्पलीफायर
(d) निम्न (low) Q का श्रेणी अनुनाद परिपथ

**280.** DSB रिसीवर्स का मूल्य अधिक होता है क्योंकि—
(a) इनमें सिन्क्रोनस डिटैक्शन की आवश्यकता है
(b) रिसीवर पर लोकल कैरियर जेनरेट करना कठिन होता है
(c) रिसीव किये गये सिगनल की पावर कम होती है
(d) उपरोक्त में कोई नहीं

**281.** ध्वनि तरंगों (sound waves) की फ्रीक्वैन्सी, ध्वनि के कौन से गुण को परिभाषित (define) करती है ?
(a) क्वालिटी (quality) (b) गूंज (echo)
(c) प्रबलता (loudness) (d) पिच (pitch)

**282.** रिसीवर की IF स्टेज में किस प्रकार की कपलिंग प्रयुक्त की जाती है ?
(a) इन्डक्टिव (b) कैपेसिटिव
(c) डबल ट्यून्ड ट्रांसफॉर्मर (d) उपरोक्त में कोई नहीं

**283.** रिसीवर में किस स्टेज से अधिकतम इमेज सिगनल सैलेक्टिविटी प्राप्त होती है—
(a) फ्रीक्वैन्सी मिक्सर (b) ऑडियो एम्पलीफायर
(c) I.F. एम्पलीफायर (d) R.F. एम्पलीफायर

**284.** आर्मस्ट्रांग मॉडुलेशन सिस्टम, निम्न में कौन-सा स्टेटमैन्ट 'incorrect' है ?
(a) फ्रीक्वैन्सी मल्टीप्लीकेशन का उपयोग किया जाना चाहिये
(b) इक्वलाइजेशन आवश्यक है
(c) यह प्रणाली मूलतः फेज मॉडुलेशन होती है, फ्रीक्वैन्सी मॉडुलेशन नहीं
(d) AFC की आवश्यकता नहीं है

**285.** रिसीवर्स में डबल स्पॉटिंग का क्या कारण है ?
(a) रिसीवर की उच्च सैलेक्टिविटी
(b) इमेज-फ्रीक्वैन्सी रिजेक्शन काफी (adequate) न होना

(c) IF एम्पलीफायर का उच्च गेन

(d) RF एम्पलीफायर की निम्न (low) सैन्सिटिविटी

**286.** शॉर्ट टर्म फेडिंग सामान्यतः किस प्रणाली में होती है—

(a) सैटेलाइट कम्युनिकेशन

(b) ट्रोपोस्कैटर कम्युनिकेशन

(c) ग्राउन्ड वेव प्रोपेगेशन

(d) उपरोक्त में कोई नहीं

**287.** ऑटोमैटिक गेन कन्ट्रोल का क्या लाभ है ?

(a) उच्च आवृत्तियों पर एम्पलिफिकेशन बढ़ाना

(b) ट्यूनिंग ठीक रहना

(c) विभिन्न प्रबलताओं (strength) के स्टेशनों पर आउटपुट का वाल्यूम समान रखना

(d) उच्च (loud) स्तर के संगीत (music) के वाल्यूम को कम करना

**288.** एक AM तरंग का मॉडुलेशन इन्डैक्स 100% है। यदि कैरियर को सप्रैस कर दिया जाये तब पावर में बचत (saving) होगी—

(a) 50% (b) 66·6%

(c) 80% (d) 92%

**289.** निम्न में से किस परिपथ के अभिलक्षण अन्य के समान नहीं है ?

(a) अनुपात (ratio) डिस्क्रिमिनेटर

(b) फेज डिस्क्रिमिनेटर

(c) एम्पलीट्यूड डिस्क्रिमिनेटर

(d) डायोड डिटैक्टर

**290.** फ्रीक्वैन्सी मोडुलेशन में किसी निश्चित (given) आवृत्ति विचलन (frequency deviation) के लिए मोडुलेशन इन्डैक्स—

(a) मोडुलेटिंग फ्रीक्वैन्सी के सीधे समानुपाती (directly proportional) होता है

(b) मोडुलेटिंग फ्रीक्वैन्सी के लिये विलोमानुपाती (inversely proportional) होता है

(c) मोडुलेटिंग फ्रीक्वैन्सी में परिवर्तन पर निर्भर नहीं करता

(d) उपरोक्त में कोई नहीं

**291.** FET का ऑपरेशन—

(a) रिवर्स बायस्ड जंक्शन के परिवर्तन पर निर्भर करता है

(b) फारवर्ड बायस्ड जंकशन के परिवर्तन पर निर्भर करता है

(c) चुम्बकीय क्षेत्र के परिवर्तन पर निर्भर करता है

(d) रिवर्स वोल्टेज के साथ डिपलिशन लेयर की विड्थ के परिवर्तन पर निर्भर करता है

**292.** स्किप दूरी, निम्न में से किस पर निर्भर नहीं करती ?

(a) वेव प्रोपेगेशन की टाइप पर

(b) वेव, बीम करने (beaming) के कोण पर

(c) ट्रांसमिट की गयी पावर पर

(d) ट्रांसमिट किये गये सिगनल की फ्रीक्वैन्सी पर

(e) उपरोक्त में कोई नहीं

**293.** रेडियो ट्रांसमीटर्स में पीक क्लिपर परिपथों का क्या उपयोग है ?

(a) ओवर मोडुलेशन न रोकना

(b) बैन्डविड्थ कम करना

(c) बैन्ड विड्थ बढ़ाना

(d) आसिलेटर की इनपुट वोल्टेज को रेगुलेट करना

(e) उपरोक्त में कोई नहीं

**294.** उच्च आवृत्तियों पर निम्न में से कौन-सा फिल्टर प्रयुक्त नहीं किया जाता ?

(a) अर्ध लैटिस (half lattice)

(b) लेडर

(c) क्रिस्टल गेट

(d) फुल लैटिस (full lattice)

**295.** कॉस्मिक शोर (cosmic noise) का क्या कारण है ?

(a) दूरस्थ तारे (distant stars)

(b) आकाशीय विद्युत का डिसचार्ज (lightening discharge)

(c) सूर्य में प्रतिक्रियाएँ (solar erruptions)

(d) उपरोक्त में कोई नहीं

**296.** डायोड डिटैक्टर में $\frac{\text{AC load impedance}}{\text{DC load impedance}}$ अनुपात कम होने पर—

(a) AGC ऑपरेशन प्रभावित (poor) हो जाता है

(b) निगेटिव पीक क्लिपिंग हो जाती है

(c) डायोगोनल क्लिपिंग हो जाती है
(d) ऑडियो फ्रीक्वैन्सी रैसपोंस 'poor' हो जाता है
(e) उपरोक्त में कोई नहीं

**297.** किस कारण से राडार डिटैक्शन लाइन-आफ-साइट तक ही सीमित (limited) होता है ?
(a) शॉर्ट वेव लैग्थ प्रयोग करने के कारण
(b) लाँग (long) वेव लैग्थ प्रयोग करने के कारण
(c) पृथ्वी में वक्रता (curvature) के कारण
(d) तरंगें आयोनोस्फीयर से परावर्तित नहीं होती

**298.** AM प्रणाली में, मोडुलेशन—
(a) से कैरियर एनवेलप में मोडुलेटिंग सिगनल के अनुसार परिवर्तन होते हैं
(b) ट्रांसमीशन प्रणाली में आवश्यक पावर उपलब्ध कराता है
(c) मोडुलेटिंग सिगनल तथा कैरियर सिगनल को मल्टीप्लाई करता है
(d) उपरोक्त (a) तथा (b) दोनों

**299.** मिक्सर स्टेज की इनपुट—
(a) बहुत कम कैरियर पावर होती है
(b) केवल RF सिगनल होती है
(c) लोकल आसिलेटर का सिगनल होती है
(d) आडियो फ्रीक्वैन्सी सिगनल होती है

**300.** एक रेडियो रिसीवर की आउटपुट पावर डबल (double) हो जाती है। वाल्यूम में वृद्धि होगी—
(a) – 3dB (b) 1 dB
(c) 2 dB (d) 3 dB

**301.** एम्फैसिस परिपथों का उपयोग किन आवृत्तियों पर S/N अनुपात सुधारने के लिए किया जाता है ?
(a) उच्च (higher) (b) मध्य (mid)
(c) निम्न (lower) (d) उपरोक्त में कोई नहीं

**302.** आर्मस्ट्रांग मोडुलेटर किस प्रकार के सिगनल जेनरेट करता है ?
(a) फ्रीक्वैन्सी मोडुलेटेड (b) फेज मोडुलेट
(c) आयाम मोडुलेटेड (AM)
(d) उपरोक्त (a) तथा (b) दोनों

**303.** **रिसीवर की सैन्सिटिविटी एक महत्वपूर्ण क्वालिटी है क्योंकि—**
(a) यह रिसीवर की, दुर्बल (weak) सिगनल पर कार्य करने की क्षमता को परिभाषित (define) करती है
(b) यह रिसीवर की उपयोग की जा सकने वाली (usable) बैन्ड विड्थ को परिभाषित (define) करती है
(c) यह रिसीवर की IF बैन्डविड्थ परिभाषित करती है
(d) उपरोक्त में कोई नहीं

**304.** AM ट्रांसमीटर नें मॉडुलेटर एम्पलीफायर होते हैं—
(a) क्लास A (b) क्लास B
(c) क्लास AB
(d) क्लास C निगेटिव फीडबैक के साथ

**305.** सिनेमा (movies) में प्रत्येक सेकन्ड में प्रदर्शित 'still pictures' की संख्या है—
(a) 12 (b) 16
(c) 24 (d) 32

**306.** निम्न में से कौन-सा स्टेटमैन्ट रेडियो रिसीवर के सम्बन्ध में सत्य है ?
(a) रिसीवर में उत्पन्न noise का अधिकांश भाग मिक्सर स्टैज के कारण होता है
(b) सभी स्टेज समान noise उत्पन्न करती है
(c) RF स्टेज का S/N अनुपात पर कोई प्रभाव नहीं होता
(d) उपरोक्त सभी

**307.** 'White noise' की स्पैक्ट्रल डेन्सिटी (spectral density)–
(a) फ्रीक्वैन्सी के साथ परिवर्तित होती है
(b) स्थिर (constant) रहती है
(c) बैन्ड-विड्थ के साथ परिवर्तित होती है
(d) उपरोक्त में कोई नहीं

**308.** रिसीवर में कौन-सी स्टेज RF सिगनल को रैक्टीफाई करती है ?
(a) लाउडस्पीकर (b) फ्रीक्वैन्सी कनवर्टर
(c) मिक्सर (d) डिटैक्टर

**309.** 'Narrow-band' FM सिगनल का मोडुलेशन इन्डैक्स—
(a) लगभग 1 होता है
(b) 1 से काफी कम होता है
(c) 1 से काफी अधिक होता है
(d) 40% होता है

**310.** ट्रिमर क्या होता है ?
(a) एक इनसुलेटर (b) एक इन्डक्टर

(c) एक कैपेसिटर (d) एक परिवर्ती प्रतिरोध

**311.** क्रिस्टल ऑसिलेटर कैरियर वेव जेनरेट करता है क्योंकि—
(a) इससे उच्च आउटपुट पावर प्राप्त होती है
(b) बफर स्टेज की आवश्यकता नहीं होती
(c) ट्यून्ड परिपथ की आवश्यकता नहीं होती
(d) इसकी स्थिरता (stability) उत्तम होती है

**312.** 'Longwave' AM ब्रॉडकास्ट ट्रांसमीटर को—
(a) बहुत कम कैरियर पावर की आवश्यकता होती है
(b) बहुत अधिक कैरियर पावर की आवश्यकता होती है
(c) कम कैरियर पावर की आवश्यकता होती है
(d) अधिक कैरियर पावर की आवश्यकता होती है

**313.** FM में कैरियर पर साइनुसायडल तरंग द्वारा सूचना (informations) –
(a) कैरियर की फ्रीक्वैन्सी में परिवर्तन द्वारा ट्रांसमिट होती है
(b) कैरियर के आयाम में परिवर्तन द्वारा ट्रांसमिट होती है
(c) साइनुसायल तरंग को OFF तथा ON कर ट्रांसमिट होती है
(d) उपरोक्त में कोई नहीं

**314.** FM प्रणाली में 'noise' बढ़ सकता है यदि—
(a) विचलन (deviation) स्थिर रहता है
(b) विचलन (deviation) बढ़ता है
(c) विचलन (deviation) कम होता है
(d) उपरोक्त में कोई नहीं

**315.** फ्रीक्वैन्सी एवं फेज मोडुलेशन में मुख्य क्या अन्तर है—
(a) उनकी तरंगाकार (waveform) में
(b) एक दूसरे का साथ समतुल्यता (compatibility)
(c) मोडुलेशन इन्डैक्स की परिभाषाएँ
(d) उपरोक्त सभी

**316.** कम्युनिकेशन सैटेलाइट से सीधे TV सिगनल रिसीव करने के लिए उपयुक्त एन्टीना है—
(a) लूप (b) हॉर्न
(c) चिकन-मैश (chicken mesh)
(d) उपरोक्त में कोई नहीं

**317.** लाउडनैस के मात्रक (unit) है—
(a) डेसीबल (b) मैल (mel)
(c) फोन (d) सोन (sone)

**318.** फ्रीक्वैन्सी मल्टीप्लायर परिपथ—
(a) प्रायः पल्स मोडुलेटेड होता है
(b) को पैरासाइटिक ऑसिलेशन्स की आवश्यकता है
(c) Class-A के समान ऑपरेट होता है
(d) इनपुट सिगनल के किसी हार्मोनिक पर ट्यून होता है

**319.** AM सिगनल के 'square law' डिमॉडुलेटर की 'noise performance' –
(a) एनवेलप डिटैक्टर से 'poor' होती है
(b) सिन्क्रोनस डिटैक्टर से अच्छी होती है
(c) एनवेलप डिटैक्टर से अच्छी होती है
(d) सिन्क्रोनस डिटैक्टर के समान होती है

**320.** FDM रिसीवर में चैनलों को अलग करने के लिए .................. प्रयुक्त करना आवश्यक है।
(a) AND गेट्स (b) बैन्ड पास फिल्टर्स
(c) बैन्ड स्टाप फिल्टर्स (d) इन्टीग्रेटर्स

**321.** निम्न में से किस विधि द्वारा 'noise' कम नहीं किया जा सकता—
(a) चैनल बैन्ड विड्थ बढ़ाकर
(b) ट्रांसमिट की गयी पावर
(c) सिगनलिंग रेट बढ़ाकर
(d) रिडन्डैक्सी (redundancy) प्रयुक्त कर

**322.** FM रिसीवर में एम्पलीट्यूड लिमिटर का क्या फंक्शन है—
(a) निम्न आवृत्ति सिगनल एम्पलीफाई करना
(b) IF एम्पलीफायर से मैच करने के लिए आयाम को कम करना
(c) FM सिगनल के एम्पलीट्यूड में परिवर्तन को रोकना
(d) उपरोक्त में कोई नहीं

**323.** निम्न में से किस स्टेज में AGC बायस होती है—
(a) मिक्सर (b) RF एम्पलीफायर
(c) AFT डिस्क्रिमिनेटर (d) लोकल ऑसिलेटर

**324.** FM में मोडुलेटेड कैरियर पावर, मोडुलेटिंग सिगनल पावर के साथ—
(a) घटती है (b) बढ़ती है
(c) पर निर्भर करती है (d) उपरोक्त में कोई नहीं

**325.** रेडियो रिसीवर के ट्यून्ड परिपथ की पास बैन्ड होनी चाहिए—
(a) 10 kHz (b) 20 kHz
(c) 455 kHz (d) 800 kHz

**Answers :**

| | | | | | | | | | |
|---|---|---|---|---|---|---|---|---|---|
| 1. (b) | 36. (a) | 71. (d) | 106. (c) | 141. (b) | 176. (a) | 211. (a) | 246. (c) | 281. (d) | 316. (c) |
| 2. (c) | 37. (c) | 72. (d) | 107. (d) | 142. (b) | 177. (a) | 212. (a) | 247. (b) | 282. (c) | 317. (c) |
| 3. (b) | 38. (b) | 73. (b) | 108. (d) | 143. (a) | 178. (c) | 213. (d) | 248. (c) | 283. (b) | 318. (b) |
| 4. (b) | 39. (c) | 74. (c) | 109. (d) | 144. (b) | 179. (c) | 214. (b) | 249. (d) | 284. (b) | 319. (a) |
| 5. (a) | 40. (a) | 75. (c) | 110. (d) | 145. (c) | 180. (c) | 215. (b) | 250. (b) | 285. (b) | 320. (d) |
| 6. (b) | 41. (b) | 76. (b) | 111. (d) | 146. (a) | 181. (d) | 216. (b) | 251. (b) | 286. (b) | 321. (a) |
| 7. (c) | 42. (b) | 77. (c) | 112. (a) | 147. (a) | 182. (d) | 217. (b) | 252. (a) | 287. (c) | 322. (b) |
| 8. (a) | 43. (d) | 78. (b) | 113. (d) | 148. (d) | 183. (a) | 218. (b) | 253. (b) | 288. (b) | 323. (a) |
| 9. (c) | 44. (a) | 79. (d) | 114. (c) | 149. (c) | 184. (b) | 219. (d) | 254. (b) | 289. (d) | 324. (a) |
| 10. (a) | 45. (d) | 80. (a) | 115. (a) | 150. (c) | 185. (c) | 220. (b) | 255. (b) | 290. (b) | 325. (b) |
| 11. (b) | 46. (a) | 81. (d) | 116. (a) | 151. (a) | 186. (c) | 221. (b) | 256. (a) | 291. (d) | |
| 12. (d) | 47. (c) | 82. (d) | 117. (d) | 152. (a) | 187. (b) | 222. (d) | 257. (b) | 292. (a) | |
| 13. (a) | 48. (a) | 83. (b) | 118. (d) | 153. (c) | 188. (d) | 223. (c) | 258. (a) | 293. (b) | |
| 14. (c) | 49. (c) | 84. (a) | 119. (b) | 154. (a) | 189. (b) | 224. (a) | 259. (b) | 294. (d) | |
| 15. (b) | 50. (a) | 85. (c) | 120. (c) | 155. (c) | 190. (a) | 225. (c) | 260. (a) | 295. (d) | |
| 16. (a) | 51. (b) | 86. (a) | 121. (a) | 156. (a) | 191. (a) | 226. (d) | 261. (a) | 296. (d) | |
| 17. (c) | 52. (b) | 87. (c) | 122. (a) | 157. (b) | 192. (b) | 227. (c) | 262. (b) | 297. (b) | |
| 18. (a) | 53. (c) | 88. (b) | 123. (a) | 158. (a) | 193. (b) | 228. (a) | 263. (b) | 298. (d) | |
| 19. (c) | 54. (b) | 89. (b) | 124. (a) | 159. (d) | 194. (c) | 229. (d) | 264. (a) | 299. (c) | |
| 20. (a) | 55. (a) | 90. (a) | 125. (c) | 160. (a) | 195. (a) | 230. (c) | 265. (d) | 300. (a) | |
| 21. (a) | 56. (c) | 91. (b) | 126. (c) | 161. (c) | 196. (a) | 231. (c) | 266. (d) | 301. (c) | |
| 22. (a) | 57. (b) | 92. (b) | 127. (a) | 162. (d) | 197. (b) | 232. (c) | 267. (a) | 302. (b) | |
| 23. (c) | 58. (b) | 93. (b) | 128. (a) | 163. (d) | 198. (b) | 233. (c) | 268. (d) | 303. (c) | |
| 24. (a) | 59. (a) | 94. (c) | 129. (b) | 164. (a) | 199. (b) | 234. (d) | 269. (c) | 304. (a) | |
| 25. (b) | 60. (a) | 95. (d) | 130. (b) | 165. (d) | 200. (e) | 235. (d) | 270. (c) | 305. (c) | |
| 26. (c) | 61. (c) | 96. (c) | 131. (c) | 166. (d) | 201. (c) | 236. (c) | 271. (c) | 306. (b) | |
| 27. (a) | 62. (c) | 97. (b) | 132. (b) | 167. (b) | 202. (a) | 237. (d) | 272. (b) | 307. (a) | |
| 28. (b) | 63. (b) | 98. (c) | 133. (b) | 168. (b) | 203. (a) | 238. (d) | 273. (c) | 308. (a) | |
| 29. (d) | 64. (c) | 99. (a) | 134. (b) | 169. (b) | 204. (c) | 239. (c) | 274. (a) | 309. (a) | |
| 30. (c) | 65. (c) | 100. (c) | 135. (d) | 170. (c) | 205. (c) | 240. (b) | 275. (b) | 310. (a) | |
| 31. (d) | 66. (c) | 101. (d) | 136. (d) | 171. (a) | 206. (a) | 241. (c) | 276. (a) | 311. (d) | |
| 32. (a) | 67. (c) | 102. (b) | 137. (a) | 172. (a) | 207. (c) | 242. (d) | 277. (a) | 312. (c) | |
| 33. (c) | 68. (b) | 103. (a) | 138. (b) | 173. (a) | 208. (a) | 243. (c) | 278. (c) | 313. (b) | |
| 34. (a) | 69. (a) | 104. (c) | 139. (a) | 174. (c) | 209. (c) | 244. (a) | 279. (a) | 314. (a) | |
| 35. (b) | 70. (a) | 105. (b) | 140. (b) | 175. (a) | 210. (c) | 245. (a) | 280. (a) | 315. (b) | |

# 6

# एन्टीना, वेव प्रोपेगेशन, ट्रांसमिशन लाइन्स
# (Antenna, Wave Propagation, Transmission Lines)

## 6.1. एन्टीना (Antenna)

एन्टीना एक धारावाही चालक (current carrying conductor) होता है। यदि एन्टीना की लम्बाई रेडियो फ्रीक्वैन्सी तरंग (r.t. wave) की तरंग दैर्ध्य से बहुत कम रखी जाये तब यह एक धारा एलीमेन्ट (current element) कहलाता है। धारा एलीमेन्ट एक ऑसिलेटिंग डाइपोल (oscillatıng dipole) की भाँति कार्य करता है।

### हाफवेव डबलेट (Half-wave doublet)

हाफवेव डबलेट एक सरल डाइपोल होता है। इसे फन्डामेन्टल एन्टीना कहते हैं। इसकी फ्री-स्पेस में लम्बाई $\lambda/2$ होती है। हाफवेव डाइपोल एक अनुनादीय परिपथ (resonant circuit) के समान होता है। इसमें $L$, $C$ तथा $R$ वितरित रूप में (distributed) होते हैं। धारा प्रवाहित होने पर इसके धात्विक तत्वों (metallic elements) में इन्डक्टैन्स $(L)$ उत्पन्न होती है। RF धारा प्रवाहित होने पर एन्टीना में इलेक्ट्रिक्ल हानियाँ (losses) प्रतिरोध '$R$' को प्रदर्शित करती है। अन्य $LC$ परिपथों दे: समान हाफवेव एन्टीना को केवल एक फ्रीक्वैन्सी पर अनुनादित किया जा सकता है। इन्डक्टैन्स $L$ एन्टीना की लम्बाई पर निर्भर करती है। लम्बाई परिवर्तित कर एन्टीना की अनुनाद आवृत्ति (resonant frequency) परिवर्तित की जा सकती है। अनुनाद की प्रकृति (nature of resonance) एन्टीना के क्वालिटी फैक्टर $(Q)$ पर निर्भर करती है। $Q$, एन्टीना में प्रयुक्त छड़ों के बाहरी व्यास पर निर्भर करता है। व्यास जितना अधिक होगा एन्टीना का $Q$ भी उतना ही कम होता है जिससे एन्टीना की रिसेप्शन बैन्ड विड्थ (acceptance band width) अधिक चौड़ी (broad) होती है।

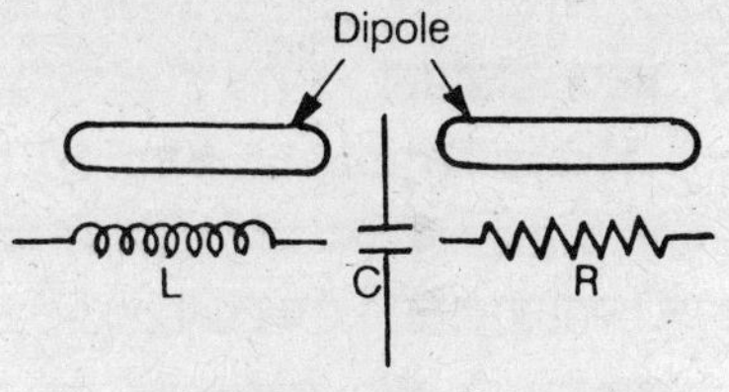

चित्र 6.1–डाइपोल एन्टीना के एलीमैन्ट्स

### रेडियेशन पैटर्न (Radiation Pattern)

प्रायः एन्टीना के रेडियेशन पैट्र्न स्फेरीकल कोर्डिनेट्स (spherical co-ordinates) प्रणाली $(r, \theta, \phi)$ में दिये जाते हैं जिसमें एन्टीना, प्रणाली के मूल बिन्दु (origin) पर स्थित होता है तथा क्षेत्र की तीव्रता $r$ त्रिज्या की स्फेरीकल सतह पर दर्शायी (specify) जाती है। रेडियेशन पैटर्न का आकार, $r$ पर निर्भर नहीं करता, जब तक रेडियेशन की फ्रीक्वेन्सी (or $\lambda$) का मान $r$ से काफी कम (अर्थात् $r >> \lambda$) होता है। रेडियेशन पैटर्न, होरीजोन्टल तथा वर्टीकल प्लेन (planes) में अलग-अलग प्रदर्शित किये जाते हैं।

जब रेडियेशन पैटर्न, फील्ड स्ट्रैन्गथ अर्थात् E को v/m में प्रदर्शित करते हैं तब यह 'field strength' पैटर्न कहलाता है।

जब रेडियेशन, किसी दिशा में power/unit solid angle प्रदर्शित किया जाता है तब इसे पावर पैटर्न कहते हैं। रेडियेशन पैटर्न सामान्यतः 'field strength' पैटर्न होते हैं।

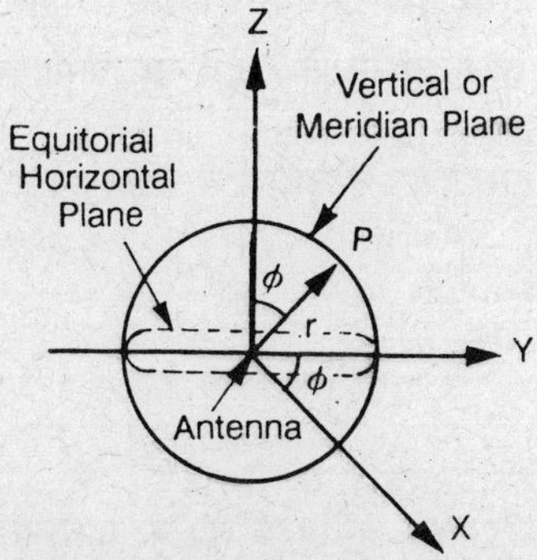

चित्र 6.2–स्फेरीकल कोर्डिनेट प्रणाली

## रेडियेशन प्रतिरोध (Radiation Resistance)

रेडियेशन प्रतिरोध, एन्टीना द्वारा रेडियेट की गयी पावर तथा फीडिंग प्वायंट (feeding point) पर धारा के अनुपात के बराबर होता है। यह d.c. प्रतिरोध नहीं बल्कि a.c. प्रतिरोध होता है

## इनपुट इम्पीडैन्स

एन्टीना की इनपुट प्रतिबाधा फीडिंग सिरे (feeding end) पर वोल्टेज तथा धारा के अनुपात के बराबर होती है। यह ऑपरेटिंग फ्रीक्वैन्सी के परिवर्तन पर निर्भर करती है—

## रेडियेशन दक्षता (Radiation Efficiency)

$$\text{रेडियेशन दक्षता} \quad `\eta' = \frac{R_r}{R_r + R_d}$$

यहाँ $R_r$ – Radiation resistance of antenna

$R_d$ – Resistance, representing loss in antenna, ground, corona effects, guy wires etc.

## बीम विड्थ (Beam Width)

यह एन्टीना की डायरेक्टिविटी की माप है तथा उन बिन्दुओं के मध्य कोण द्वारा प्रदर्शित की जाती है जिन पर रेडियेशन पावर, अधिकतम मान की आधी होती है अथवा क्षेत्र तीव्रता (field strength) अधिकतम मान का $\frac{1}{\sqrt{2}}$ या 0·707 रह जाती है (चित्र 6.3)।

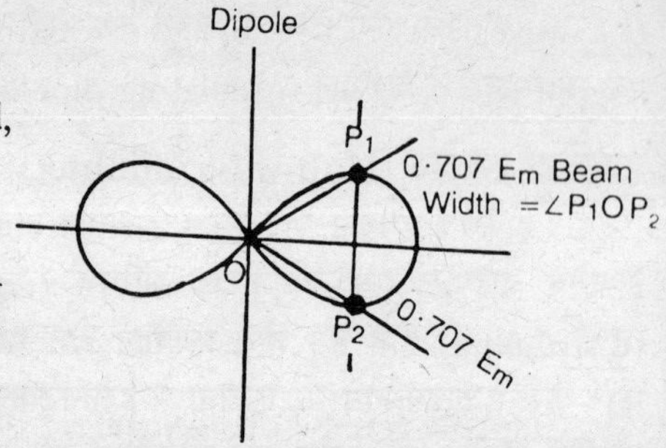


चित्र 6.3–बीम विड्थ

## 6.2. हर्ट्ज डाइपोल (Hertz Dipole or Short Electric Doublet)

हर्ट्ज डाइपोल एक शॉर्ट लीनियर एन्टीना है जिसके सिरे एक कैपेसिटर की प्लेटों के समान व्यवहार करते हैं (चित्र 6.4)।

डाइपोल में धारा प्रवाह होने पर उत्पन्न चुम्बकीय क्षेत्र के दो कम्पोनैन्ट होते हैं—(i) इन्डक्शन फील्ड (induction field) तथा (ii) रेडियेशन फील्ड (radiation field)।

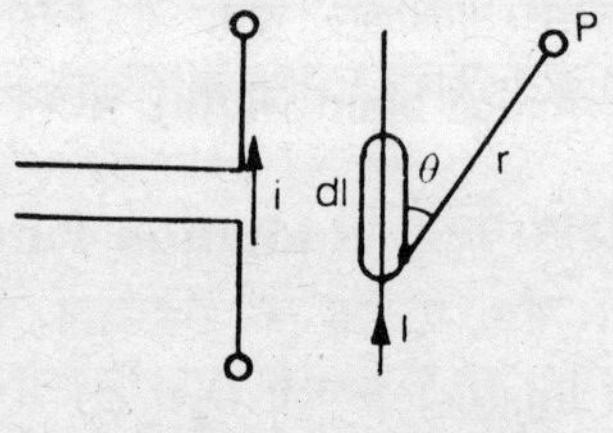


चित्र 6.4–हर्ट्ज डाइपोल

इन्डक्शन फील्ड कन्डक्टर के चारों ओर चुम्बकीय क्षेत्र में स्टोर हुयी ऊर्जा प्रदर्शित करता है। यह ऊर्जा प्रत्येक अर्धचक्र में स्टोर होती है तथा दूसरे अर्धचक्र में सोर्स को वापस हो जाती है। डबलेट से $r$ दूरी पर किसी बिन्दु पर इन्डक्शन फील्ड $r^2$ के विलोमानुपाती (inversely proportional) होता है।

ट्रांसमिशन के उद्देश्य से रेडियेशन फील्ड महत्त्वपूर्ण होता है इसका मान निम्न समीकरण द्वारा दिया जाता है—

$$dH = \frac{2\pi I_0 \, dl \sin\theta}{\lambda r} \cos\omega\,(t - r/c) \quad \text{in CGS units}$$

$$= \frac{I_0 \, dl \sin\theta}{2\lambda r} \cos\,(t - r/c) \text{ amp turn/meter in MKS units}$$

यहाँ $c$ प्रकाश का वेग है।

रेडियेटिव चुम्बकीय क्षेत्र के साथ टाइम फेज में एक इलेक्ट्रोस्टेटिक फील्ड ($dE$) होता है। इसका मान $120\pi\, dH$ होता है। अत:

$$dE = \frac{60\pi I_0 \, dl \sin\theta}{\lambda r} \cos\omega\,(t - r/c) \text{ volt/cm}$$

$dH$ तथा $dE$ परस्पर लम्बवत् तथा टाइम फेज में होते हैं।

डबलेट से $r$ दूरी पर 'power density'

$$dP = dE \cdot dH = \frac{(dE)^2}{120\pi}$$

## 6.3. रेडियेशन पैटर्न (Radiation Pattern)

चित्र 6.5 में $\lambda/2, 2\lambda/2, 3\lambda/2, 4\lambda/2$ रेजोनेन्ट डाइपोल एन्टीना के रेडियेशन पैटर्न दिखाये गये हैं।

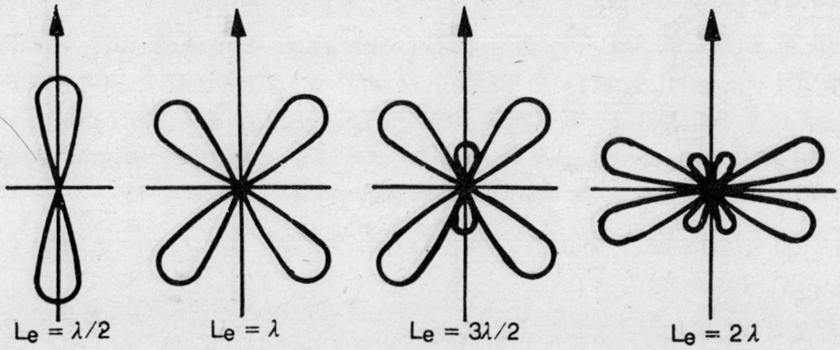


**चित्र 6.5–रेजोनैन्ट डाइपोल्स के रेडियेशन पैटर्न (Le = Effective length)**

डाइपोल में अनुनाद (resonance) केवल हाफ-वेव फ्रीक्वैन्सी तक ही सीमित नहीं होता बल्कि हॉफ वेव फ्रीक्वैन्सी के सभी पूर्ण गुण्कों (integer multiples of half wave frequency) पर भी होता है। प्रत्येक अवस्था में धारा का वितरण (current distribution) भिन्न प्रकार का होता है तथा प्रत्येक अनुनाद आवृत्ति पर रेडियेशन पैटर्न अलग होता है (चित्र 6·5)।

## एन्टीना ऐरे (Antenna Array)

एन्टीना ऐरे में अनेक $\lambda/2$ डाइपोल्स एक लाइन में समान दूरी पर व्यवस्थित होते हैं। प्रत्येक एलीमेन्ट के रेडियेशन की उपयुक्त (proper) फेजिंग कर ऐरे की डायरेक्टिविटी परिवर्तित की जा सकती है। यदि एन्टीना में $n$ एलीमेन्ट हैं तथा प्रत्येक एलीमेन्ट के फील्ड में फेज शिफ्ट $\Psi$ है तब एन्टीना का ऐरे फेक्टर

$$AF = \frac{\sin \frac{n\Psi}{2}}{\sqrt{n} \sin\left(\frac{\Psi}{2}\right)}$$

तथा $$AF_{max} = \sqrt{n}$$

ब्रॉडसाइड ऐरे में सभी डाइपोल, एक ही कला ($\Psi = 0$) में फीड किये जाते हैं। एन्ड फायर ऐरे में प्रत्येक एलीमेन्ट में धारा यद्यपि समान होती है परन्तु उनमें परस्पर कलान्तर होता है।

## 6.5. यागी एन्टीना (Yagi Antenna)

हाफवेव डाइपोल की डायरेक्टिविटी तथा गेन एक रिफ्लेक्टर (reflector) एवं एक या अधिक डायरेक्टर्स प्रयुक्त कर बढ़ाई जा सकती है। रिफ्लेक्टर प्रयुक्त करने से डाइपोल एन्टीना के अभिकक्षण 'unidirectional' हो जाते हैं। इस प्रकार का एन्टीना यागी एन्टीना कहलाता है। यागी एन्टीना में 'driven' एलीमेन्ट अर्थात् डाइपोल वास्तविक एन्टीना होता है तथा रिफ्लेक्टर एवं डायरेक्टर पैरासाइटिक एलीमेन्ट होते हैं।

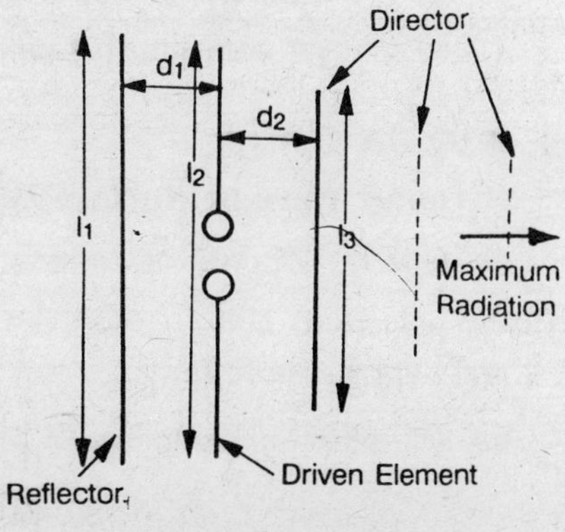


**चित्र 6.6–यागी एन्टीना**

यागी एन्टीना में रिफ्लेक्टर्स की लम्बाई डाइपोल से सामान्यतः 5% से 15% तक अधिक होती है तथा डायरेक्टर्स की लम्बाई 5% से 15% कम होती जाती है। रिफ्लेक्टर तथा डाइपोल के मध्य स्पेसिंग ($d_1$) का मान $0\cdot10\lambda$ से $0\cdot25\lambda$ तथा डायरेक्टर्स के मध्य स्पेसिंग ($d_2$) मान का $0\cdot10\lambda$ से $0\cdot15\lambda$ तक हो सकता है। यह एन्टीना के डिजाइन पर निर्भर करता है।

## पैराबोलिक रिफ्लैक्टर (Parabolic Reflector)

एन्टीना ऐरे का प्रयोग निम्न (lower) आवृत्तियों पर किया जाता है। सामान्यतः इनका प्रयोग 1000 mc/s तक ही सीमित रहता है परन्तु विशेष अवस्था में 3000 mc/s पर भी किया जा सकता है। परावर्तकों का प्रयोग 1000 mc/s आवृत्ति से ऊपर माइक्रोवेव क्षेत्र में व्यापक रूप से किया जाता है, यद्यपि पेराबोलिक परावर्तक, 300 mc/s तक की निम्न आवृत्तियों के लिए भी प्रयुक्त किये जाते हैं। लैंस एक माइक्रोवेव डिवाइस है तथा इसका प्रयोग सामान्यतः 3000 mc/s से कम आवृत्तियों पर नहीं किया जाता।

पेराबोलिक परावर्तक के फोकस पर रखे गये किसी स्रोत (source) से आने वाली तरंगें, परावर्तक की सतह से परावर्तित होकर एक समानान्तर किरण-पुंज (parallel beam) में परिवर्तित हो जाती है। इस प्रक्रिया में स्रोत से गोलाकार तरंगें (spherical waves) निकलती (originate) हैं तथा परावर्तन के पश्चात् पेराबोला (parabola) के माऊथ (अथवा aperture) से समान कला (uniform phase) की प्लेन तरंगों (plane waves) में परावर्तित होती हैं। पेराबोलिक परावर्तक के फोकस पर सामान्यतः एक डाइपोल अथवा हार्न एन्टीना स्थित किया जाता है जो प्राइमरी एन्टीना कहलाता है।

पेराबोलिक परावर्तक की डायरेक्टिविटी, प्राइमरी एन्टीना की डायरेक्टिविटी तथा $L/D$ पर निर्भर करती है जहाँ $L$ परावर्तक की फोकस दूरी (focal length) तथा $D$ व्यास है।

परावर्तक की बीम-बिड्थ भी प्राइमरी रेडियेटर तथा उसकी स्थिति पर निर्भर करती है। विश्लेषण से ज्ञात हुआ है कि अधिकांश अवस्थाओं में −3db बैन्ड विड्थ निम्न सूत्र द्वारा व्यक्त की जा सकती है।

$$BW_{(-3db)} = 70\frac{\lambda}{D}\text{ degrees}$$

तथा Nulls के मध्य बीम विड्थ

$$\text{Nulls BW} = 2\left[BW_{(-3db)}\right]$$
$$= 140\frac{\lambda}{D}\text{ degrees}$$

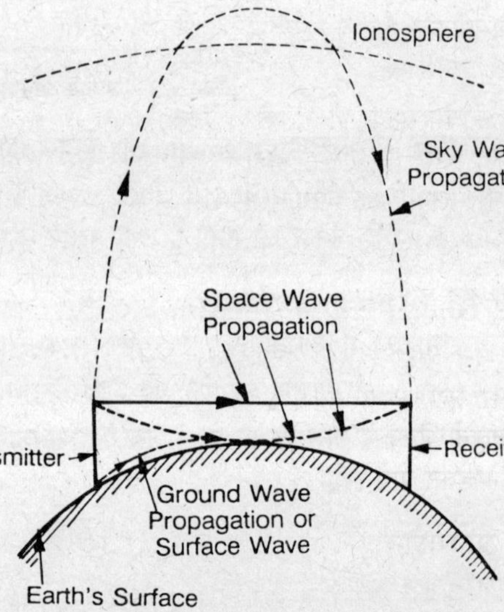

चित्र 6.7–तरंग प्रोपेगेशन की विभिन्न विधियां

## 6.6. वेव प्रोपेगेशन (Wave Propagation)

वेव प्रोपेगेशन की मुख्य विधियाँ निम्न हैं—

1. ग्राउन्ड वेव अथवा सरफेस वेव प्रोपेगेशन
2. स्पेस वेव अथवा ट्रोपोस्फेरिक प्रोपेगेशन
3. स्काई वेव अथवा आयनोस्फेरिक प्रोपेगेशन
4. डक्ट प्रोपेगेशन अथवा सुपर रिफ्रेक्शन

### 6.6.1. ग्राउन्ड वेव प्रोपेगेशन (Ground Wave or Surface Wave Propagation)

इस विधि में तरंगें पृथ्वी की सतह के साथ (along the surface of earth) चलती हैं तथा वर्टीकली पोलेराइज्ड (vertically polarized) होती हैं। सरफेस वेव प्रोपेगेशन उस अवस्था में होता है जब ट्रांसमिटिंग तथा रिसीविंग स्टेशन पृथ्वी की सतह के समीप होते हैं। यह विधि मीडियम तथा अधिक वैव लैंग्थ (long wave) वाले सिगनलों के लिए उपयोगी हैं।

एक शॉर्ट वर्टीकल एन्टीना के लिए,

$$E_0 = 186\cdot4\sqrt{P}\ \text{mV/m}$$

यहाँ $P$, किलोवाट में रेडियेटेड पावर तथा $E_0$ विद्युत क्षेत्र है।

### 6.6.2. स्पेस वेव अथवा ट्रोपोस्फेरिक प्रोपेगेशन (Space Wave or Tropospheric Propagation)

स्पेस वेव के दो कम्पोनैन्ट होते हैं, (1) डायरेक्ट वेव तथा (2) ग्राउन्ड से परावर्तित (ground reflected wave)।

प्रोपेगेशन की इस विधि का उपयोग 30 MHz आवृत्ति से अधिक के लिए किया जाता है उदाहरणात्: TV तथा FM ब्रॉडकॉस्ट।

लाइन ऑफ साइट (line of sight) प्रोपेगेशन के लिए ट्रांसमिशन की कुल रेंज निम्न होती है—

$$d = 3550\,(\sqrt{h_t} + \sqrt{h_r})$$

यहाँ $h_t$ – height of transmitting antenna

$h_r$ – height of receiving antenna

ट्रोपोस्फेयर तरंग के विद्युत क्षेत्र की तीव्रता ($E_t$) निम्न होती है—

$$E_t = \frac{88\sqrt{P}\,h_t \cdot h_r}{\lambda\, d^2}$$

### 6.6.3. स्काई वेव अथवा आयनोस्फेरिक प्रोपेगेशन (Sky Wave or Ionospheric Propagation)

आयनोस्फेरिक प्रोपेगेशन, शार्ट वेव (high frequency) रेंज में प्रयुक्त किया जाता है। उपयुक्त वातावरण मिलने पर रेडियो तरंगें आयनाइज्ड क्षेत्र की विभिन्न परतों (layers) से अपवर्तित (refract) होकर नीचे की ओर झुक जाती हैं तथा पृथ्वी पर दूर किसी स्थान पर वापस आ जाती हैं। लम्बी दूरी के कम्युनिकेशन इसी विधि द्वारा होते हैं॥

आयनोस्फेयर में D-लेयर दिन के समय (in day-time) तरंगों को अटेनुएट (attenuate) करती है। E तथा $F_1$ लेयर अपेक्षाकृत स्थिर (stable) होती हैं तथा $F_2$ लेयर में मौसम के अनुसार अधिक परिवर्तन होते हैं। रात्रि के समय $F_1$ तथा $F_2$ लेयर्स एक साथ मिलकर एक सिंगल लेयर $F_2$ निर्मित करती हैं।

### 6.6.4. डक्ट प्रोपेगेशन तथा सुपररिफ्रेक्शन (Duct Propagation and Super-refraction)

जब वातावरण में ताप-उत्क्रमण (temperature-inversion) होता है तथा तरंग की आवृत्ति काफी उच्च होती है तब उन स्थानों पर जहाँ अपवर्तनांक (refractive index) में काफी परिवर्तन होता है, ऊर्जा ट्रैप हो जाती है तथा तरंग पृथ्वी की सतह पर इस प्रकार चलती है जैसे कि वेव गाइड में चल रही हो। यह क्रिया सुपर-रिफ्रेक्शन कहलाती है तथा सुपर-रिफ्रेक्शन द्वारा होने वाला प्रोपेगेशन डक्ट प्रोपेगेशन कहलाता है।

## 6.7. प्रोपेगेशन से सम्बन्धित परिभाषायें

**वरचुअल ऊँचाई (Virtual Height)** – यह वह ऊँचाई है जहाँ तक, प्रकाश के वेग से चलती हुई एक शॉर्ट पल्स उतने ही समय में पहुँचती है जितने समय में एक वास्तविक पल्स उस लेयर से परावर्तित होकर आती है।

वरचुअल हाइट, लेयर की वास्तविक ऊँचाई (true height) से अधिक होती है।

**क्रिटिकल फ्रीक्वैन्सी (Critical Frequency)** – यह किसी आयनाइज्ड लेयर की वह अधिकतम आवृत्ति है जो लेयर द्वारा 'vertical incidence' पर परावर्तित होती है। इसे निम्न प्रकार प्रदर्शित करते हैं—

$$f_c = \sqrt{81\,N_m}\ \text{kHz}$$

यहाँ $N_m$ लेयर में अधिकतम इलेक्ट्रॉन घनत्व (electron density) है।

**स्किप दूरी (Skip Distance)** – यह ट्रांसमिटिंग स्टेशन से वह न्यूनतम दूरी है जहाँ पर एक निर्दिष्ट आवृत्ति की स्काई वेव, आयनोस्फेयर से अपवर्तित होकर पृथ्वी पर वापस आती है। फ्रीक्वैन्सी बढ़ने पर स्किप दूरी बढ़ती है, लेयर्स में आयनाइजेशन घटता है तथा लेयर की ऊँचाई बढ़ती है।

**अधिकतम प्रयोज्य आवृत्ति (Maximum Usable Frequency)** – किसी नियत (fixed) रिसीविंग प्वाइन्ट पर किसी समय, एक अधिकतम आवृत्ति होती है जिसे, स्काई वेव द्वारा रिसीविंग प्वाइन्ट को स्किप किये बिना प्रयुक्त किया जा सकता है। यह फ्रीक्वैन्सी 'maximum usable frequency' (MUF) कहलाती है।

$$MUF = F_c \sqrt{\left[\left(\frac{S}{2h}\right)^2 - 1\right]}$$

$$= f_c \sec \varphi_0$$

यहाँ $S$ = स्किप दूरी (skip distance)

$h$ = लेयर की वरचुअल हाइट (virtual height of layer)

$\varphi_0$ = आपतन कोण (angle of incidence)

$f_c$ = क्रिटिकल फ्रीक्वैन्सी (critical frequency)

## 6.8. रेडियो तरंगों का वर्गीकरण (Classification of Radio Waves)

| Frequency Range | Class | Propagation Characteristics | Applications |
|---|---|---|---|
| 10–30 kHz | Very Low Frequency (VLF) | Attenuation always low, reliable | Surface wave to great distance, Long distance point to point communication. |
| 30–300 kHz | Low Frequency (LF) | Less reliable than VLF | Surface wave, Sky wave Radio, Navigation |
| 300–3000 kHz | Medium Frequency (MF) | High attenuation at day time, low at night | Ground wave for short distance, ionosphere waves for longer distance, broadcast and radio communication, navigation |
| 3–30 MHz | High Frequency (HF) | Ionsophere propagation | Short wave Radio communication |
| 30–300 MHz | Very High Frequency (VHF) | Straight line propagation | Space wave, F.M. T.V., Radar broadcast services |
| 300–3000 MHz | Ultra High Frequency (UHF) | Straight line propagation | Space wave, F.M. T.V., Radar broadcast services |
| 3–30 GHz | Super High Frequency (SHF) | Straight line propagation | Space wave, Radar, Space, Microwave communication |

## 6.9. ट्रांसमिशन लाइन्स (Transmission Lines)

रेडियो फ्रीक्वैन्सी ऊर्जा (RF energy) को एक बिन्दु से किसी दूसरे बिन्दु पर ट्रांसमिट करने के लिए जिस माध्यम की आवश्यकता होती है उसे ट्रांसमिशन लाइन कहते हैं। मुख्य ट्रांसमिशन लाइन्स निम्न हैं—

1. दो समानान्तर चालकों के रूप में (Parallel wire transmission line)
2. कोएक्सियल लाइन (Coaxial lines)
3. एन्टीना फीडर केबिल (Antenna feeder cable)
4. वेव गाइड टाइप केबिल (Wave guide type cable)

## ट्रांसमिशन लाइन की समीकरण
## (General Equation of Transmission Line)

ट्रांसमिशन लाइन के प्रेषक सिरे (sending end) से $x$ दूरी पर धारा तथा वोल्टेज निम्न समीकरणों द्वारा दी जा सकती है—

$$I = I_s \cos h\, \gamma x - \frac{V_s}{Z_0} \sin h\, \gamma x$$

तथा
$$V = V_s \cos h\, \gamma x - I_s Z_0 \sin h\, \gamma x$$

यहाँ $Z_0$ – characteristic impedance

$\gamma$ – propagation constant

$R, L, G, C$ – primary constants per km.

$I_s$ – sending end current

$V_s$ – sending end voltage

**अभिलाक्षणिक प्रतिबाधा (Characteristic Impedance)**

$$Z_0 = \sqrt{\frac{R + j\omega L}{G + j\omega C}}$$

**प्रोपेगेशन नियतांक (Propagation Constant)**

$$\gamma = \sqrt{(R + j\omega L)(G + j\omega C)}$$

**यदि लाइन में हानियाँ कम (small losses) हैं तब**

$$Z_0 = \sqrt{\frac{L}{C}} \left[1 + j\left(\frac{G}{2\omega C} - \frac{R}{2\omega L}\right)\right]$$

**हानि रहित (lossless) लाइन के लिए**

$$R = G = 0$$

$$\therefore \quad Z_0 = \sqrt{\frac{L}{C}}$$

तथा Attenuation constant $\quad \alpha = 0$

Phase constant $\quad \beta = j\omega\sqrt{LC}$

Velocity of propagation $\quad v = \frac{\omega}{\beta} = \frac{1}{\sqrt{LC}}$

**डिस्टॉर्शन रहित (distortionless) लाइन के लिए**

$$RC = LG$$

इस अवस्था में $Z_0$ वास्तविक (real) होता है। यह 'Heaviside Condition' कहलाती है।

## 6.10. 2–वायर लाइन तथा कोएक्सियल लाइन

वायु डाइलैक्ट्रिक से पूरित (filled) कोएक्सिलं लाइन की अभिलाक्षणिक प्रतिबाधा

$$Z_0 = 138 \log \left(\frac{b}{a}\right)$$

यहाँ $b$ – inner diameter of outer conductor

$a$ – diameter of inner conductor

$\varepsilon_r$ परावैद्युतांक (permittivity) की कोएक्सिल लाइन के लिए

$$Z_0 = \frac{138}{\sqrt{\varepsilon_r}} \log \left(\frac{b}{a}\right)$$

2-वायर लाइन वायु डायलेक्ट्रिक ($\varepsilon_r = 1$) के साथ ($D >> a$)

$$Z_0 = 276 \log \left[\frac{D}{a}\right]$$

परावैद्युतांक $\varepsilon_r$ के साथ 2-वायर लाइन के लिए

$$Z_0 = \frac{276}{\varepsilon_r} \log \left(\frac{D}{a}\right)$$

## 6.11. टर्मिनेटेड ट्रांसमिशन लाइन (Terminated Transmission Line)

यदि लाइन प्रतिबाधा $Z_L$ द्वारा टर्मिनेटेड है तब lossy ट्रांसमिशन लाइन की इनपुट प्रतिबाधा,

$$Z_{in} = Z_0 \frac{Z_L + Z_0 \tan h \, \gamma x}{Z_0 + Z_L \tan h \, \gamma x}$$

Lossless ट्रांसमिशन लाइन के लिए,

$$Z_{in} = Z_0 \frac{Z_L + jZ_0 \tan \beta x}{Z_0 + j Z_L \tan \beta x}$$

यदि लाइन open circuited है तब $Z_L = \infty$, अतः

$$Z_{in} = Z_{oc} = -jZ_0 \cot \beta x$$

यदि लाइन शार्ट-सर्किटेड है तब $Z_L = 0$, अतः

$$Z_{in} = Z_{SL} = jZ_0 \tan \beta x$$

$$\therefore \quad Z_{OC} \, . \, Z_{SC} = Z_0^2$$

## 6.12. परावर्तन गुणांक तथा VSWR (Reflection Coefficient & VSWR)

जब ट्रांसमिशन लाइन की $Z_0$, लोड ($Z_L$) से मैच नहीं करती तब तरंग लोड पर परावर्तित (reflect) होकर वापस आ जाती है। परावर्तित वोल्टेज अथवा धारा तरंग के आयाम एवं आपतित (incident) वोल्टेज अथवा धारा तरंग के आयाम के अनुपात के परावर्तन गुणांक ($K$) कहते हैं।

Reflection coefficient , $$K = \frac{E_R}{E_i} = -\frac{I_R}{I_i}$$

वोल्टेज के लिये $$K = \frac{Z_L - Z_0}{Z_L + Z_0}$$

धारा के लिये $$K' = \frac{Z_0 - Z_L}{Z_0 + Z_L} = -K$$

Voltage Standing Wave Ratio (VSWR)—उच्च आवृत्ति ट्रांसमिशन लाइन में रिफ्लैक्शन के कारण उत्पन्न स्टैन्डिंग वेव की अधिकतम वोल्टेज तथा न्यूनतम वोल्टेज के अनुपात VSWR कहते हैं।

$$\text{VSWR} = \frac{|V_{\max}|}{|V_{\min}|} = \frac{|I_{\max}|}{|I_{\min}|} = \frac{1 + |K|}{1 - |K|}$$

तथा $$K = \frac{VSWR - 1}{VSWR + 1}$$

मैच्ड लाइन (Matched line) के लिए $Z_L = Z_0$, $K = 0$, VSWR = 1

खुली लाइन (Open circuited line) के लिए $Z_L = \infty$, $|K| = 1$ VSWR = $\infty$

शॉर्ट सर्किटेड लाइन (Short circuited line) के लिए $Z_L = 0$, $|K| = 1$ VSWR = $\infty$

इन्डक्टिव लोड (Inductive load) के लिए $Z_L = jX_L$, $K = 1 \angle 90°$ VSWR = $\infty$

कैपेसिटिव लोड (Capacitive load) के लिए $Z_L = -jX_C$, $K = 1 \angle -90°$ $VSWR = \infty$

यदि loss less लाइन की लम्बाई परिवर्तित होती है तब उसकी इनपुट इम्पीडैन्स निम्न प्रकार परिवर्तित होती है—

| **Length of line, l** | **Input Impedance, $Z_{in}$** |
|---|---|
| $\lambda$ | $Z_L$ |
| $\lambda/2$ | $Z_L$ |
| $\lambda/4$ | $Z_0^2/Z_L$ |
| $\lambda/8$ | $Z_0 \left(\frac{Z_L + jZ_0}{Z_0 + jZ_L}\right)$ |

## 6.13. स्टब मैचिंग (Stub Matching)

ओपिन सर्किटेड अथवा शॉर्ट सर्किटेड 'lossless' लाइन की इनपुट इम्पीडैन्स सदा रिएक्टिव होती है। स्टब एक प्रकार का इम्पीडैन्स मैचिंग सैक्शन होता है। इसे लाइन पर किसी उपयुक्त बिन्दु से कनैक्ट कर दिया जाता है। इस बिन्दु पर लोड की ओर से देखने पर (looking towards), स्टब, इम्पीडैन्स के रिएक्टिव पार्ट को कैन्सिल कर देता है। सामान्यतः स्टब की लम्बाई $\lambda/4$ के अन्दर रखी जाती है जिससे कि यह समस्त उच्च आवृत्तियों पर लगभग lossless रहे ।

$\lambda/4$ से कम लम्बाई का एक शॉर्ट सर्किट स्टब इनपुट पर इन्डक्टिव रिएक्टैन्स प्रदर्शित करता है जबकि ओपिन सर्किट स्टब ($\lambda/4$ से कम लम्बाई का) इनपुट पर कैपेसिटिव रिएक्टैन्स प्रदर्शित करता है।

सिंगल स्टब मैचिंग केवल एक नियत (fixed) फ्रीक्वैन्सी पर ही उपयोगी है क्योंकि आवृत्ति बदलने पर स्टब लाइन की स्थिति बदलनी पड़ती है।

डबल स्टब मैचिंग विभिन्न उच्च आवृत्तियों पर उपयोग में लाई जा सकती है। डबल स्टब मैचिंग में दो शार्ट-सर्किटेड स्टब जिनकी लम्बाईयाँ परिवर्तित की जा सकती हैं, प्रयुक्त किये जाते हैं। इस विधि में स्टब की स्थितियाँ स्थिर होती हैं।

स्टब के अतिरिक्त लाइन की इम्पीडैन्स मैचिंग के लिएं क्वार्टर वेव ट्रांस फॉर्मर, बैलून (balun) आदि भी प्रयुक्त किये जाते हैं।

# Objective type questions

## (Antenna, Wave Propagation, Transmission Lines)

### एन्टीना (Antenna)

1. निम्न में कौन-सा एन्टीना अनुनादी नहीं (non-resonant) है—
(a) फोल्डेड डाइ पोल (b) एन्ड फायर ऐरे
(c) ब्रॉड साइड ऐरे
(d) उपरोक्त (b) तथा (c) दोनों

2. ब्रॉडकास्ट में प्रयुक्त एन्टीना प्रायः—
(a) वर्टीकल टाइप होते हैं
(b) होरीजोन्टल टाइप होते हैं
(c) उपरोक्त (a) तथा (b) दोनों
(d) उपरोक्त में कोई नहीं

3. लूप एन्टीना सामान्यतः ——— में प्रयुक्त किया जाता है।
(a) डायरेक्शन फाइन्डिंग
(b) सैटेलाइट कम्युनिकेशन
(c) राडार
(d) उपरोक्त (a) तथा (b) दोनों

4. रात्रि प्रभाव (night effect) में ——— अधिक प्रभावी होता है।
(a) वर्टीकल एन्टीना
(b) एडकोक (adcock antenna)
(c) लूप एन्टीना
(d) उपरोक्त में कोई नहीं

5. एक आइसोट्रोपिक रेडियेटर के सापेक्ष हाफवेव डाइपोल का पावर-गेन ——— होता है।
(a) 6 dB (b) 2·15 dB
(c) 7·25 dB (d) 10·12 dB

6. किस प्रक्रिया के कारण एन्टीना की लम्बाई विद्युतीय रूप से अधिक (electrically longer) हो जाती है—
(a) वर्टीकल पोलेराइजेशन
(b) होरीजोन्टल पोलेराइजेशन
(c) उपरोक्त (a) तथा (b) दोनों
(d) उपरोक्त में कोई नहीं

7. एक 'current element' का गेन ——— होता है।
(a) 1·76 dB (b) 2·52 dB
(c) 3·58 dB (d) 7·25 dB

8. एन्टीना की रेडियेशन दक्षता (radiation efficiency) ——— द्वारा बढ़ाई जा सकती है।
(a) कन्डक्टर को इनसुलेट कर
(b) एन्टीना की top loading कर
(c) उपरोक्त (a) तथा (b) दोनों
(d) उपरोक्त में कोई नहीं

9. फोल्डेड डाईपोल को—
(a) 2-वायर लाइन से कनैक्ट किया जाता है
(b) फ्लैट रिबन टाइप ट्रांसमिशन लाइन से कनैक्ट किया जाता है
(c) उपरोक्त (a) तथा (b) दोनों
(d) उपरोक्त में कोई नहीं

10. किस एन्टीना का ऑपरेशन फ्रीक्वैन्सी पर निर्भर नहीं करता—
(a) Log Periodic (b) यागी एन्टीना
(c) उपरोक्त (a) तथा (b) दोनों
(d) उपरोक्त में कोई नहीं

11. एक हाफवेव डाइपोल का गेन ——— होता है।
(a) 1·641 (b) 1·252
(c) 3·25 (d) 7·95

12. एन्टीना—
(a) कैपेसिटिव होता है (b) इन्डक्टिव होता है
(c) उपरोक्त (a) तथा (b) दोनों
(d) उपरोक्त में कोई नहीं

13. किस एन्टीना से सरकुलर पोलेराइजेशन होता है—
(a) हैलीकल (b) डाईपोल

(c) उपरोक्त (a) तथा (b) दोनों

(d) उपरोक्त में कोई नहीं

**14.** निम्न में से कौन-सा एन्टीना मल्टीबैन्ड HF रिसीविंग एन्टीना है—

(a) फोल्डेड डाईपोल (b) लॉग-पीरियॉडिक

(c) वर्गाकार लूप (square loop)

(d) उपरोक्त में कोई नहीं

**15.** पैराबोलिक एन्टीना सामान्यतः ——— आवृत्ति पर प्रयुक्त किया जाता है।

(a) 5000 MHz (b) 4000 MHz

(c) 7000 MHz (d) 8500 MHz

**16.** किस कोर्डिनेट प्रणाली (coordinate system) में फील्ड की 'power density' का प्लॉट (plot), रेडियेटिंग प्रणाली का ——— होता है।

(a) पैटर्न (b) रेडियेशन पैटर्न

(c) एलीमेन्ट (d) उपरोक्त में कोई नहीं

**17.** ग्राउन्ड के सापेक्ष एन्टीना वर्टीकल होने से तरंगें—

(a) होरीजोन्टली पोलेराइज्ड होती हैं

(b) स्थिर (constant) होती हैं

(c) वर्टीकली पोलेराइज्ड होती हैं

(d) उपरोक्त में कोई नहीं

**18.** एक शॉर्ट लीनियर कन्डक्टर को प्रायः ——— कहते हैं—

(a) डबलेट (b) शॉर्ट डबलेट

(c) डाइपोल (d) मोनोपोल

**19.** डबलेट में कन्डक्टर की लम्बाई ——— की तुलना में छोटी (short) होती है।

(a) तरंग दैर्ध्य (wavelength)

(b) फ्रीक्वैन्सी

(c) धारा (d) उपरोक्त में कोई नहीं

**20.** लीनियर एन्टीना को ——— की अनेक संख्याओं द्वारा निर्मित माना जा सकता है।

(a) शॉर्ट कन्डक्टर्स

(b) बहुत छोटे (short) कन्डक्टर्स

(c) बड़े कन्डक्टर्स

(d) बहुत बड़े (big) कन्डक्टर्स

**21.** एक पतले लीनियर एन्टीना (short linear antenna) में एरियल के दोनों सिरे ——— पर होते हैं।

(a) समान पोटैन्शियल (b) विपरीत पोटैन्शियल

(c) उपरोक्त (a) तथा (b) दोनों

(d) उपरोक्त में कोई नहीं

**22.** मारकोनी एरियल को ——— भी कहते हैं।

(a) $\lambda/4$ एरियल (b) $\lambda/2$ एरियल

(c) $\lambda/3$ एरियल (d) उपरोक्त में कोई नहीं

**23.** मारकोनी एरियल को उस ट्रांसमिशन लाइन से फीड किया जाता है जिसकी अभिलाक्षणिक प्रतिबाधा (characteristic impedance) ——— होती है।

(a) 25 ohms (b) 75 ohms

(c) 36 hms (d) 48 lhms

**24.** 25 KW पावर के ट्रांसमिटिंग स्टेशन से 30 km दूर क्षेत्र तीव्रता (field strength) होगी—

(a) 54·83 mV/m (b) 75·25 mV/m

(c) 47·96 mV/m (d) 54·23 mV/m

**25.** एक 75 मीटर ऊँचे तथा 500 मीटर वेवलैंथ पर ऑपरेट होने वाले ट्रांसमिटिंग एरियल में 100A एरियल धारा प्रवाहित होती है। 200 km दूर विद्युत क्षेत्र का मान होगा—

(a) 1·25 V/m (b) 3·75 V/m

(c) 8·25 V/m (d) 0·028 V/m

**26.** एन्टीना के प्रभावी प्रतिरोध (total effective resistance) में ——— भी सम्मिलित होता है।

(a) रेडियेशन प्रतिरोध

(b) हानि प्रतिरोध (loss resistance)

(c) उपरोक्त (a) तथा (b) दोनों

(d) उपरोक्त में कोई नहीं

**27.** एरियल की दक्षता, रेडियेटेड पावर तथा ——— का अनुपात होती है।

(a) सप्लाई की गयी शक्ति (power supplied)

(b) ऊर्जा (energy)

(c) उपरोक्त (a) तथा (b) दोनों

(d) उपरोक्त में कोई नहीं

**28.** एन्टीना से किसी वांछित दिशा (desired direction) में अधिकतम रेडियेशन प्राप्त करने के लिए ऐरे के एन्टीना को ——— में उत्तेजित (excite) किया जाता है—

(a) उपयुक्त सेंस में (b) उपयुक्त फेज में

(c) उपयुक्त दिशा में (d) किसी भी दिशा में

29. किस एन्टीना में अधिकतम फील्ड (maximum field) की दिशा ऐरे के अनुदिश (along) होती है—
(a) ब्रॉडसाइड ऐरे (b) एन्ड-फायर ऐरे
(c) उपरोक्त दोनों में
(d) उपरोक्त में से किसी में नहीं

30. ब्रॉडसाइड ऐरे के प्रत्येक एलीमेन्ट में धारा ——— होनी चाहिये।
(a) विभिन्न दिशाओं में (b) समान फेज में
(c) विभिन्न फेज में (d) समान दिशा में

31. यागी एन्ड फायर ऐरे में सामान्यतः ——— होते हैं।
(a) 2 ड्रिवेन (driven) एलीमेन्ट
(b) 3 ड्रिवेन एलीमेन्ट
(c) 1 ड्रिवेन एलीमेन्ट
(d) उपरोक्त में कोई नहीं

32. एक साधारण (simple) डाइपोल की इनपुट इम्पीडैन्स—
(a) बहुत अधिक (very high) होती है
(b) कम (low) होती है
(c) बहुत कम (very low) होती है
(d) उपरोक्त में कोई भी

33. एक फोल्डेड डाइपोल में दो हाफ-वेव रेडियेटर्स होते हैं जो ——— पर कनैक्टेड होते हैं।
(a) Top (b) Bottom
(c) Top and bottom both
(d) उपरोक्त में कोई नहीं

34. निम्न में वाइड बैन्ड एन्टीना नहीं है—
(a) फोल्डेड डाइपोल (b) हेलीकल
(c) मारकोनी (d) उपरोक्त में कोई नहीं

35. निम्न में कौन-सा एन्टीना ओमनीडायरेक्शनल नहीं है—
(a) मारकोनी (b) डिसकोन (discone)
(c) हाफ वेव डाइपोल (d) उपरोक्त में कोई नहीं

36. हर्टज डाइपोल के रेडियेशन पैटर्न में ——— होता है।
(a) डाइपोल की दिशा में पीक (peak)
(b) डाइपोल की दिशा में null
(c) उपरोक्त (a) तथा (b) दोनों
(d) उपरोक्त में कोई नहीं

37. हॉफ-वेव रेडियेटर्स ——— आवृत्ति तक सामान्य रिसीविंग (reception) के लिए प्रयुक्त किये जा सकते हैं।
(a) 20 MHz (b) 23 MHz
(c) 35 MHz (d) उपरोक्त में कोई नहीं

38. ऐरे की डायररेक्टिविटी ——— पर निर्भर करती है।
(a) फेज धाराओं (phase currents)
(b) आपेक्षिक मान (relative magnitude)
(c) स्पेसिंग (spacing)
(d) उपरोक्त सभी पर

39. एक 3-वायर फोल्डेड डाइपोल की इनपुट इम्पीडैन्स, एक सिंगल डाइपोल का ——— गुना होती है।
(a) 4 (b) 3
(c) 7 (d) 9

40. ग्राउन्ड के समीप लगाया गया एक undergrounded एन्टीना—
(a) एन्टीना ऐरे के समान कार्य करता है
(b) दो गुनी ऊँचाई के सिंगल एन्टीना के समान कार्य करता है
(c) होरीजोन्टली पोलेराइज्ड होता है
(d) उपरोक्त में कोई नहीं

41. कोएक्सियल लाइन को पैरेलल वायर लाइन से जोड़ने के लिए उपयुक्त डिवाइस ——— है।
(a) बैलून (balun)
(b) स्लॉटिड लाइन (slotted line)
(c) डायरेक्शनल कपलर (d) क्वार्टर वेव लाइन

42. एन्टीना की विद्युतीय लम्बाई (electrical length), उसकी—
(a) वास्तविक (physical) लम्बाई से अधिक होती है
(b) वास्तविक (physical) लम्बाई के बराबर होती है
(c) वास्तविक (physical) लम्बाई से छोटी होती है
(d) उपरोक्त में कोई नहीं

43. एन्टीना के डायरेक्टिव गेन ($A_d$) के लिए उपयुक्त सूत्र है—
(a) $\frac{\text{Radiation density in a particular direction}}{\text{Maximum power radiated}}$

(b) $\frac{\text{Average radiated power}}{\text{Maximum power radiated}}$

(c) $\frac{\text{Radiation density in a particular direction}}{\text{Average radiated power}}$

(d) $\frac{\text{Average radiated power}}{\text{Radiation density in a particular direction}}$

**44.** रोम्बिक (rhombic) एन्टीना के लिए 'false' है—

(a) यह एक अनुनादी (resonant) एन्टीना है

(b) यह 3-30MHz रेंज के अधिकांश भाग में कार्य करता है

(c) इसकी लम्बाई $\lambda/2$ का पूर्ण गुणक (integral number) होना आवश्यक नहीं है

(d) यह ब्रॉडबैन्ड एन्टीना है

**45.** ब्रॉडसाइड ऐरे में अधिकतम रेडियेशन ...... होता है।

(a) ऐरे के अनुदिश (b) ऐरे के लम्बवत्

(c) ऐरे से 45° पर (d) उपरोक्त में कोई नहीं

**46.** एक हाफ-वेव डाइपोल का अधिकतम response ......... दिशा में होता है।

(a) ब्रॉडसाइड दिशा (b) सिरो पर

(c) उपरोक्त (a) अथवा (b)

(d) उपरोक्त में कोई नहीं

**47.** एक हाफ वेव डाइपोल द्वारा 250 MHz का सिगनल रेडियेट किया जाता है। यदि एन्टीना एलीमेन्टस की लम्बाई 0·85 m है, तब उसकी लम्बाई होगी—

(a) 0·3 m (b) 0·51m

(c) 0·6 m (d) 1·2 m

**48.** एक 800 फीट ऊँचे ट्रांसमिटिंग एन्टीना से 50 मील दूर 'line of sight' विधि द्वारा तरंगें रिसीव करने के लिए रिसीविंग एन्टीना की ऊँचाई होगी .........

(a) 12·5 फीट (b) 22 फीट

(c) 50 फीट (d) 100 फीट

**49.** रेडियेशन की तीव्रता (radiation intensity) ......... पर निर्भर नहीं करती।

(a) एन्टीना की दिशा (b) रेडियेटर से दूरी

(c) उपरोक्त (a) तथा (b) दोनों

(d) उपरोक्त में कोई नहीं

**50.** TV सिगनल रिसीव करने के लिए व्यापक रूप से प्रयुक्त किया जाने वाला एन्टीना है ......... ।

(a) यागी (Yagi) एन्टीना

(b) साधारण डाईपोल (simple dipole)

(c) लॉग पीरियॉडिक (log periodic)

(d) उपरोक्त में कोई नहीं

**51.** 'Directiveness' के लिए, स्टैन्डर्ड रेफ्रेन्स एन्टीना ......... है।

(a) सामान्य डबलैट (elementary doublet)

(b) हाफ वेव डाईपोल

(c) आईसोट्रोपिक एन्टीना (d) रोम्बिक एन्टीना

**52.** निम्न में वाइड बैन्ड एन्टीना है ..........

(a) फोल्डेड डाईपोल (b) डिसकोन (discone)

(c) मारकोनी

(d) उपरोक्त (a) तथा (b) दोनों

**53.** माइक्रोवेव लिंक में सामान्यतः प्रयुक्त किया जाने वाला एन्टीना—

(a) लूप एन्टीना (b) लॉग पीरियॉडिक

(c) पैराबोलिक डिश (d) रोम्बिक

**54.** आइसोट्रोपिक रेडियेटर की तुलना में एलीमैन्टरी डबलैट का डायरैक्टिव गेन ......... होता है।

(a) 1·5 गुना (b) 2 गुना

(c) 1·64 गुना (d) 3·5 गुना

**55.** 3·5m लम्बे डाइपोल एन्टीना के आपरेशन की फ्रीक्वैन्सी ......... होती है।

(a) 21·45 MHz (b) 42·9 MHz

(c) 85·8 MHz (d) 100·5 MHz

**56.** एन्टीना की "top laoding" ......... बढ़ाने के लिए की जाती है।

(a) बीम विड्थ (b) इनपुट कैपेसिटैन्स

(c) प्रभावी कैपेसिटैन्स (effective capacitance)

(d) उपरोक्त सभी

**57.** एक $\lambda/16$ वायर डाईपोल का रेडियेशन प्रतिरोध ......... होता है।

(a) 1 Ω (b) 3 Ω

(c) 13 Ω (d) 30 Ω

**58.** केन्द्रीय रूप से फीड किये गये (centrally fed) तथा $1\lambda$ लम्बे एन्टीना के रेडियेशन पैटर्न में लोब्स (lobes) की संख्या ......... होगी।

(a) 2 (b) 4

(c) 6 (d) 1

**59.** एक वर्टीकल रेडियेटर की प्रभावी ऊँचाई (effective height) ——— द्वारा बढ़ाई जा सकती है।

(a) लम्पड् इन्डक्टैन्स (lumped inductance) द्वारा लोडिंग कर

(b) कैपेसिटी हैट द्वारा

(c) इनसुलेटर पर सपोर्ट कर (d) अधिक पावर पम्प कर

**60.** एक हाफ वेव डाइपोल की 100 MHz पर लम्बाई ——— होगी।

(a) 100 m (b) 3 m

(c) 1·5 m (d) 0·75 m

**61.** एन्टीना की रेडियेशन दक्षता (radiation efficiency) ——— द्वारा बढ़ाई जा सकती है।

(a) सिस्टम का रेडियेशन प्रतिरोध घटा कर

(b) सिस्टम का रेडियेशन प्रतिरोध बढ़ा कर

(c) प्रभावी अर्थ (effective earthing) द्वारा

(d) उपरोक्त में कोई नहीं

**62.** फोल्डेड डाईपोल एन्टीना के रेडियेशन पैटर्न की आकृति (form) है ———

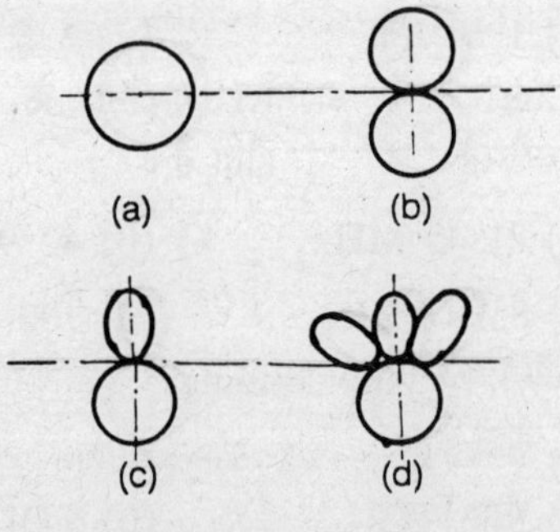


चित्र 6.8

**63.** निम्न में से कौन-सा एन्टीना डायरेक्शन फाइन्डिंग में प्रयुक्त किया जा सकता है—

(a) लूप एन्टीना

(b) लम्बे तार का (long wire) एन्टीना

(c) ब्रॉड साइड ऐरे (d) उपरोक्त में कोई नहीं

**64.** राडार प्रणाली में एन्टीना का व्यास 4 गुना करने पर न्यूनतम (minimum) रेंज में कितनी वृद्धि होगी ?

(a) 1 (b) 2

(c) $2\sqrt{2}$ (d) 4

**65.** एक एन्टीना ऐरे प्रणाली द्वारा एन्टीना से काफी दूर उत्पन्न कुल क्षेत्र का मान ——— होगा।

(a) ऐरे प्रणाली के समस्त एन्टीनाओं द्वारा अलग-अलग उत्पन्न क्षेत्रों का योग।

(b) एन्टीना के डायरेक्शनल गेन के बराबर

(c) लीनियर एन्टीना गेन के बराबर

(d) ऐसे प्रणाली के समस्त एन्टीनाओं द्वारा अलग-अलग उत्पन्न क्षेत्रों का वैक्टर योग

**66.** निम्न में से किस अभिलक्षण को माइक्रोवेव एन्टीना प्रदर्शित करता है—

(a) उच्च गेन (high gain)

(b) कम इनपुट प्रतिबाधा (low input impedance)

(c) उच्च डायरेक्टिविटी (high directivity)

(d) उपरोक्त में कोई नहीं

**67.** एक हाफवेव डाइपोल का गेन ——— होता है।

(a) 1 (b) 1·641

(c) 6 (d) 16

**68.** एन्टीना का $Q$ कम (lower) होने पर उसकी—

(a) बैन्डविड्थ बड़ी (higher) होगी

(b) बैन्डविड्थ छोटी (lower) होगी

(c) डिसर्टोशन अधिक होगा (d) डिसर्टोशन कम होगा

**69.** ग्राउन्ड से 16 मीटर ऊँचे रिसीविंग एन्टीना का रेडियो होरीजन (radio horizon) होगा—

(a) 16 km (b) 60 km

(c) 76 km (d) 20 km

**70.** एक माइक्रोवेव एन्टीना की डायरेक्टिविटी 900 है। उसका अधिकतम प्रभावी एपरचर (maximum effective aperture) ——— होगा।

(a) $71 \cdot 619\lambda^2$ (b) $716 \cdot 19\lambda^2$

(c) $7161 \cdot 9\lambda^2$ (d) $81619\lambda^2$

**71.** किसी दिशा में रेडियेशन प्रतिरोध (radiation resistance) ——— है।

(a) प्रतिवर्गमीटर रेडियेट की गयी पावर

(b) प्रति वर्ग मीटर रेडियेट की गयी ऊर्जा (energy)

(c) उस दिशा में रेडियेट की गयी पावर प्रति यूनिट सोलिड कोण (power radiated per unit solid angle in that direction)

(d) उपरोक्त में कोई नहीं

**72.** एक 1200 मी॰ ऊँचे पर्वत पर स्थित 150m ऊँची टावर के ऊपर (top) एक TV ट्रांसमिटिंग एन्टीना लगाया गया है। ट्रांसमीटर की रेंज होगी—

(a) 152 km (b) 51 km

(c) 152 m (d) 51 m

**73.** घरों में प्रयुक्त TV रिसीवर को एन्टीना से कनैक्ट करने वाली लीड (lead) होती है—

(a) एक सामान्य ट्विस्टेड वायर

(b) 75 Ω इम्पीडैन्स का कोएक्सियल केबिल

(c) 300 Ω का ट्विन वायर फ्लैट रिबन

(d) bare कॉपर वायर

**74.** ओपिन सर्किट स्टब की तुलना में शॉर्ट सर्किट स्टब को preference दिया जाता है क्योंकि ओपिन सर्किट—

(a) स्टबों की अभिलाक्षणिक प्रतिबाधा (characteristic impedance) अलग-अलग होती है

(b) स्टब जटिल (complex) होते हैं

(c) स्टब रेडियेट कर सकते हैं

(d) उपरोक्त में कोई नहीं

**75.** राडार एन्टीना सामान्यतः ———— होते हैं।

(a) डाइपोल्स (b) यागी एन्टीना

(c) पैराबोलिक डिश (d) उपरोक्त में कोई नहीं

**76.** एक सामान्य राडार एन्टीना की बीम विड्थ होती है ————।

(a) 1° (b) 2°

(c) 3° (d) 5°

**77.** ग्राउन्ड लेविल से 225 मी॰ ऊँचे ट्रांसमीटिंग एन्टीना का रेडियो होराइजन (horizon) होगा—

(a) 60 km (b) 76 km

(c) 120 km (d) 225 km

**78.** एन्टीना ऐरे के लीनियर होने के लिए आवश्यक है कि ————

(a) उसके समस्त एन्टीनाओं का साइज समान हो

(b) उसके समस्त एन्टीना एक सीधी रेखा में समान दूरियों पर स्थित हो

(c) कोई भी दो एन्टीना एक ही दिशा में न हों

(d) उपरोक्त में कोई नहीं

**79.** एक आइसोट्रोपिक एन्टीना का गेन ———— होता है।

(a) 0 dB (b) 3 dB

(c) 10 dB (d) 12 dB

**80.** एन्टीना 'reciprocity' का उपयोग ———— में किया जाता है।

(a) TV ब्रॉडकास्ट प्रणालियों में

(b) कॉमर्शियल ब्रॉडकास्ट में

(c) राडार प्रणालियों में

(d) उपरोक्त सभी में

**81.** लम्बाई $dl$ के धारा एलीमेन्ट का रेडियेशन प्रतिरोध ———— होता है।

(a) $80\left(\frac{\pi dl}{\lambda}\right)$ ohms (b) $80\left(\frac{\pi dl}{\lambda}\right)^2$ ohms

(c) $80\left(\frac{\lambda dl}{\pi}\right)^2$ ohms (d) $80\left(\frac{\lambda dl}{2\pi}\right)^2$ ohms

**82.** यागी-उदा (Yagi-uda) एन्टीना के सन्दर्भ में 'false' है—

(a) इसमें ड्रिवेन एलीमैन्ट तथा पैरासाइटिक एलीमैन्ट्स एक लाइन में समीप-समीप स्थित होते हैं

(b) इसका गेन बहुत अधिक होता है

(c) इसमें ड्रिवेन एलीमैन्ट फोल्डेड डाइपोल होता है

(d) इसे VHF, TV एन्टीना की भाँति प्रयुक्त किया जा सकता है

**83.** टावर एन्टीना के 'series excitation' में—

(a) वोल्टेज, वर्टीकल रेडियेटर के ऊपरी भाग (upper part) पर एप्लाई की जाती है तथा टावर को ग्राउन्ड से इन्सुलेट किया जाता है

(b) वोल्टेज, वर्टीकल रेडियेटर के नीचे वाले भाग (lower part) पर एप्लाई की जाती है तथा टावर को ग्राउन्ड से इन्सुलेट किया जाता है

(c) वोल्टेज केवल top T कन्डक्टर पर एप्लाई की जाती है तथा टावर को ग्राउन्ड किया जाता है

(d) वोल्टेज केवल top T कन्डक्टर पर एप्लाई की जाती है

**84.** रोम्बिक एक—

(a) अनुनादीय (resonant) एन्टीना है

(b) non resonant एन्टीना है

(c) डायरेक्शनल H.F. एन्टीना है

(d) उपरोक्त में कोई नहीं

**85.** धारा एलीमेन्ट (current element) का गेन होता है—

(a) 0 dB (b) 1·67 dB

(c) 1·76 dB (d) 3 dB

**86.** एन्टीना की बीम-विड्थ के सम्बन्ध में 'false' है—

(a) यह वह कोण है जिसमें, अधिकतम बिन्दु (maximum point) पर पावर का 1/2 रेडियेट होता है

(b) यह वह कोण है जिसमें विकसित वोल्टेज अधिकतम बिन्दु की वोल्टेज का 70·7% रहता है

(c) यह वह कोण है जिसमें पावर, अधिकतम पावर का 3 dB होती है

(d) उपरोक्त में कोई नहीं

**87.** निम्न में कौन से फैक्टर के कारण एन्टीना प्रतिरोध होता है—

(a) परावैद्युत हानि (dielectric loss)

(b) इनसुलेशन में लीकेज हानियाँ

(c) ग्राउन्ड कनैक्शन में हानियाँ

(d) उपरोक्त सभी

**88.** एन्डफायर ऐरे के सम्बन्ध में 'false' है—

(a) ऐरे के तल (plane) के लम्बवत् (right angles) कोई रेडियेशन नहीं होता

(b) इसमें डाइपोल स्पेसिंग $\lambda/2$ होती है

(c) इसे लीनियर अनुनादी डाइपोल (linear resonant dipole) कहते हैं

(d) इसकी बैन्ड विड्थ छोटी (narrow) होती है

**89.** एक तरंग दैर्ध्य ($\lambda$) के बराबर लम्बे ट्रांसमिटिंग वायर रेडियेटर के रेडियेशन पैटर्न में लूप की संख्या ........ होगी।

(a) 1 (b) 2

(c) 3 (d) 4

**90.** अनुनादीय आवृत्ति (resonant frequency) '$f$' तथा $Q = 20$ वाले एन्टीना की बैन्ड विड्थ 20 MHz है। $f$ का मान होगा........

(a) 10 MHz (b) 20 MHz

(c) 200 MHz (d) उपरोक्त में कोई नहीं

**91.** ब्रॉड साइड ऐरे में—

(a) रेडियेशन की मुख्य दिशा ऐरे की अक्ष के तथा ऐरे एलीमैन्ट्स के प्लेन के लम्बवत् होती है

(b) रेडियेशन की मुख्य दिशा ऐरे की अक्ष के तथा ऐरे एलीमैन्ट्स के प्लेन के समानान्तर होती है।

(c) रेडियेशन की मुख्य दिशा ऐरे की अक्ष के समानान्तर तथा ऐरे एलीमैन्ट्स के प्लेन के लम्बवत् होती है

(d) रेडियेशन की मुख्य दिशा ऐरे की अक्ष के लम्बवत् तथा ऐरे एलीमैन्ट्स के प्लेन के समानान्तर होती है

**92.** यागी एन्टीना में—

(a) केवल ड्रिवेन एन्टीना होता है

(b) ड्रिवेन एन्टीना तथा एक रिफ्लेक्टर होता है

(c) ड्रिवेन एन्टीना तथा डायरेक्टर्स होते हैं

(d) ड्रिवेन एन्टीना, डायरेक्टर्स तथा रिफ्लैक्टर्स होते हैं

**93.** डायरेक्टिविटी—

(a) स्पेस में रेडियेटेड पावर के डिस्ट्रिब्यूशन पर निर्भर करती है

(b) फील्ड पैटर्न के 'solid angle' पर निर्भर करती है

(c) उपरोक्त (a) तथा (b) दोनों

(d) उपरोक्त में कोई नहीं

**94.** डायरेक्टिव गेन का अकांत्मक (numerical) मान ........ एवं ........ के मध्य होता है।

(a) 1 तथा +1 (b) 0 तथा 1

(c) 0 तथा ∞ (d) 1 तथा ∞

**95.** एन्टीना द्वारा किसी वांछित (desired) दिशा में रेडियेटेड पावर तथा विपरीत दिशा में रेडियेटेड पावर के अनुपात को ........ कहते हैं।

(a) ट्रांसमिशन दक्षता (transmission efficiency)

(b) फ्रन्ट-टू-बैक अनुपात (front to back ratio)

(c) हानि गुणक (Loss coefficient)

(d) उपरोक्त में कोई नहीं

**96.** टावर रेडियेटर की प्रभावी लम्बाई (effective length) होती है ..........

(a) $l_e = \frac{l}{2\pi}$ (b) $l_e = \frac{2\pi}{l}$

(c) $l_e = \frac{2l}{\pi}$ (d) उपरोक्त में कोई नहीं

**97.** दो आइसोट्रोपिक एन्टीना परस्पर $2\lambda$ की दूरी पर है। यदि दोनों एन्टीनाओं को समान फेज तथा आयाम (magnitude) की धारा द्वारा उत्तेजित (feed) किया जाये तब 'horizontal' प्लेन में रेडियेशन पैटर्न की संख्या .......... होगी।

(a) 2 (b) 4

(c) 6 (d) 8

**98.** एन्टीना की प्रभावी लम्बाई (effective height) उसकी फिजिकल लम्बाई (physical length) से कुछ अधिक होती है क्योंकि—

(a) कन्डक्टर में तरंग का वेग (wave velocity) फ्री-स्पेस में वेग से कम होता है

(b) कन्डक्टर में तरंग का वेग (wave velocity) फ्री-स्पेस में वेग से अधिक होता है

(c) कन्डक्टर का प्रतिरोध फ्री-स्पेस के प्रतिरोध से कम होता है

(d) उपरोक्त में कोई नहीं

**99.** एक सामान्य राडार एन्टीना की बैन्ड विड्थ .......... होती है।

(a) 5° (b) 3°

(c) 2° (d) 1°

**100.** एन्टीना कपलर का प्रयोग अनेक कारणों से किया जाता है परन्तु .......... कारण नहीं होता है।

(a) लोकल ऑसिलेटर के रेडियेशन को रोकना

(b) हारमोनिक्स के मध्य विभेद करना

(c) एन्टीना को प्रतिरोधी बनाना

(d) आउटपुट एम्पलीफायर को उपयुक्त (correct) लोड इम्पीडैन्स उपलब्ध कराना

**101.** यूनिपोल (unipole) को .......... भी कहते हैं—

(a) ओमनी डायरेक्शनल रेडियेटर

(b) यूनिडायरेक्शनल रेडियेटर

(c) लाइन रेडियेटर

(d) उपरोक्त में कोई नहीं

**102.** वर्टीकल ग्राउन्डेड (vertical grounded) एन्टीना में बेस इनपुट इम्पीडैन्स .......... ऊँचाई के लिए इन्डक्टिव होती है—

(a) $\lambda/4$ के कम

(b) $\lambda/4$ तथा $\lambda/2$ के मध्य

(c) $\lambda/2$ तथा $3\lambda/4$ के मध्य

(d) $3\lambda/4$ से अधिक के लिए

**103.** एन्टीना का किसी दिशा में डायरेक्टिव गेन है..........

(a) $G_d = \frac{\text{Radiation intensity in that direction}}{\text{Average power radiated}}$

(b) $G_d = \frac{\text{Radiation intensity in that direction}}{\text{Total input power radiated}}$

(c) $G_d = \frac{\text{Average pwoer}}{\text{Maximum power}}$

(d) उपरोक्त में कोई नहीं

**104.** प्रभावी क्षेत्रफल (effective area) 'A' वाले एन्टीना का गेन है ......।

(a) $G = \frac{4\pi\lambda}{A^2}$ (b) $G = \frac{4\pi A}{\lambda}$

(c) $G = \frac{4\pi A}{\lambda^2}$ (d) उपरोक्त में कोई नहीं

**105.** किसी ट्रांसमिशन लाइन को रेडियेटिंग एन्टीना में कनवर्ट करने के उद्देश्य से, फ्री स्पेस से कपल (couple) करने के लिए आवश्यक है कि ..........

(a) लाइन ओपिन सर्किट (open circuited) हो

(b) लाइन शॉर्ट सर्किट (short circuited) हो

(c) रिसीविंग सिरे (ends), 90° पर बाहर की ओर मुड़े हुए हों

(d) उपरोक्त सभी

**106.** $\lambda/4$ से कम ऊँचाई के वर्टीकल ग्राउन्डेड एन्टीना के लिए—

(a) बेस इनपुट इम्पीडैंस कैपेसिटिव (capacitive) होगी

(b) बेस इनपुट इम्पीडैंस प्रतिरोधी (resistive) होगी

(c) बेस इनपुट इम्पीडैंस इन्डक्टिव (inductive) होगी

(d) बेस इनपुट इम्पीडैंस बहुत कम (negligibly small) होगी

**107.** एन्डफायर तथा ब्रॉडसाइड ऐरे दोनों—

(a) नॉन-लीनियर (non-linear) होते हैं

(b) अनुनादी नहीं (non-resonant) होते हैं

(c) चौड़ी बैंडविड्थ (wide bandwidth) के होते हैं

(d) शॉर्ट वेव ट्रांसमिशन के लिए उपयुक्त नहीं होते

**108.** स्क्वायर कॉर्नर रिफ्लेक्टर को ———— में प्रयुक्त किया जाता है।

(a) प्वाइन्ट-टू-प्वाइन्ट कम्युनिकेशन

(b) रेडियो एस्ट्रोनोमी

(c) TV ब्रॉडकास्ट (d) उपरोक्त सभी

**109.** डाइपोल की लम्बाई ज्ञात करने के लिए उपयुक्त सूत्र ———— है।

(a) $L = 500/f$ (b) $L = 462/f^2$

(c) $L = \dfrac{46^2}{f}$ (d) $L = c/f$

**110.** बैलून (balun) एक ट्रांसफॉर्मर है जो—

(a) असन्तुलित लाइन (unbalanced line) को सन्तुलित (balanced) में परिवर्तित करता है

(b) सन्तुलित लाइन (balanced line) को असन्तुलित (unbalanced) में परिवर्तित होते हैं

(c) जीरो इम्पीडैन्स अनन्त (unfinite) में बदलना है

(d) इनपुट को ट्रांसफॉर्मर की भाँति बदलता है

**111.** $\lambda/2$ एन्टीना का रेडियेशन प्रतिरोध (radiation resistance) होता है—

(a) 700 ohms (b) 300 ohms

(c) 73 ohms (d) 47 ohms

**112.** एक $\lambda$ लम्बे तथा सैन्टर में फीड किये गये (centre fed) एन्टीना के रेडिशन पैटर्न में लोब्स (lobes) की संख्या ———— होगी।

(a) 1 (b) 2

(c) 4 (d) 6

**113.** वेव गाइड्स का उपयोग सामान्यतः ———— से अधिक आवृत्ति के लिए किया जाता है।

(a) 20 MHz (b) 100 MHz

(c) 200 MHz (d) 1000 MHz

**114.** उच्च दैशिकता (higher directivity) का अर्थ है—

(a) उच्च गेन उच्च बैन्डविड्थ (high gain high bandwidth)

(b) कम गेन कम बैन्डविड्थ (low gain low bandwidth)

(c) उच्च गेन उच्च बैन्डविड्थ (high gain low bandwidth)

(d) उपरोक्त में कोई नहीं

**115.** लूप एन्टीना का रेडियेशन पैटर्न ———— होता है।

(a) कारडॉयड (cardiod)

(b) अर्धवृत्त (semicircle)

(b) वृत्त (circle)

(d) उपरोक्त में कोई नहीं

**116.** पैराबोलिक तथा लैंस एन्टीना का उपयोग ———— में किया जाता है।

(a) MW फ्रीक्वैन्सी

(b) शार्ट वेव्स (short waves)

(c) मीडियम वेव्स (d) उपरोक्त में कोई नहीं

**117.** डाईपोल ऐरे में सम्पूर्ण रेडियेशन पैटर्न ———— पर निर्भर नहीं करता—

(a) एलीमैन्ट्स के डायरेक्शनल पैटर्न

(b) एलीमैन्ट्स के मध्य स्पेसिंग

(c) विभिन्न फीड प्वाइन्ट्स के मध्य कलान्तर (phase difference)

(d) उपरोक्त में कोई नहीं

**118.** निम्न में से कौन-सा पद यागी ऐरे पर एप्लाई नहीं होता—

(a) उच्च गेन (high gain) (b) पैरासाइटिक एलीमैन्ट

(c) उत्तम बैन्डविड्थ (d) फोल्डेड डाइपोल

**119.** एक फोल्डेड डाईपोल का सिंगल-वायर डाईपोल की तुलना में कौन-सा लाभ नहीं है—

(a) इम्पीडैन्स 4 गुना होती है

(b) प्रत्येक आर्म में, सम्पूर्ण धारा का केवल आधा प्रवाहित होता है

(c) इसका रेडियेशन पैटर्न भिन्न है

(d) उपरोक्त में कोई नहीं

**120.** उच्च Q वाले एन्टीना—

(a) का रेसपोंस फ्लैट होता है

(b) की बैन्डविड्थ कुछ अधिक (larger) होती है

(c) की बैन्डविड्थ कुछ कम (lower) होती है

(d) उपरोक्त में कोई नहीं

**121.** $Z_0$ रिएक्टैन्स उत्पन्न करने के लिए स्टब की सबसे कम लम्बाई ($\lambda$ के पदों में) ——— है।

(a) $\lambda$ (b) $\lambda/8$

(c) $\lambda/4$ (c) $2\lambda$

**122.** ऊँचाई $h = l/2$ के मोनोपोल का रेडियेशन प्रतिरोध होगा ———।

(a) $400\,(h\lambda)^2$ (b) $400\left(\frac{\lambda}{h}\right)^2$

(c) $400\left(\frac{h}{\lambda}\right)^2$ (d) $200\left(\frac{h}{\lambda}\right)^2$

**123.** आइसोट्रोपिक रेडियेटर—

(a) एक निश्चित दिशा में ऊर्जा (energy) रेडियेट करता है

(b) एक खोखले गोले (hollow sphere) में ऊर्जा रेडियेट करता है

(c) सभी दिशाओं में समान रूप से (uniformly) ऊर्जा रेडियेट करता है

(d) उपरोक्त में कोई नहीं

**124.** क्वान्टाइजिंग noise ——— बढ़ाकर, कम किया जा सकता है—

(a) बैन्डविड्थ (b) सैम्पलिंग रेट

(c) स्टैन्डर्ड क्वान्टम लेविल (levels)

(d) उपरोक्त सभी

**125.** वर्टीकली पोलेराइज्ड (vertically polarized) तरंग को रिसीव करने के लिए डाईपोल का चालक ——— माउन्ट किया जाना चाहिये—

(a) क्षैतिज (horizontally) (b) ऊर्ध्वाधर (vertically)

(c) 45° के कोण पर (d) उपरोक्त में कोई नहीं

**126.** विद्युत चुम्बकीय तरंगों (electromagnetic waves) की चाल $3 \times 10^8$ m/s मानकर 5 MHz आवृत्ति के रेडियो सिगनल को रिसीव करने के लिए हाफवेव डाईपोल की लम्बाई ——— होनी चाहिये।

(a) 7·5 m (b) 15 m

(c) 30 m (d) 60 m

**127.** निम्न में 'false' स्टेटमेन्ट ——— है।

(a) एक $\lambda/4$ ग्राउन्डेड एन्टीना की लम्बाई $\lambda/2$ डाइपोल की लम्बाई का आधा होती है

(b) वर्टीकल एन्टीना, होरीजोन्टल प्लेन में एक वृत्त (circle) में सभी दिशाओं में ट्रांसमिट करता है

(c) ग्राउन्डेड वर्टीकल एन्टीना ग्राउन्ड तथा स्काई तरंगें ट्रांसमिट करता है

(d) काउन्टर पायज़ (counter poise) एक उत्तम इनसुलेटर होता है

**128.** एक ट्रासमीटर की बेस धारा 18 A है। यह 20 KW पावर रेडियेट करता है। एन्टीना का रेडियेशन प्रतिरोध होगा—

(a) 1111 ohms (b) 900 ohms

(c) 75 ohms (d) 62 ohms

**129.** एन्टीना ——— के समान होता है।

(a) जेनरेटर (b) ट्रांसफॉर्मर

(c) रेगुलेटर (d) रिफ्लैक्टर

**130.** .......... non-resonant एन्टीना है।

(a) रोम्बिक (rhombic) (b) फोल्डेड डाईपोल

(c) एन्डफायर ऐरे (d) ब्रॉडसाइड ऐरे

**131.** लोडिंग अवस्था में क्वालिटी फैक्टर ($Q_L$) तथा अनलोडिंग अवस्था में ($Q_{UL}$) में सम्बन्ध है—

(a) $Q_L = 2\,Q_{UL}$ (b) $Q_L = \frac{1}{2}\,Q_{UL}$

(c) $Q_L = Q_{UL}$ (d) $Q_L = \frac{1}{3}\,Q_{UL}$

**132.** एन्टीना क्षेत्र (antenna region) तथा फ्री-स्पेस क्षेत्र (free space region) के मध्य बाउन्ड्री स्फेयर (boundary sphere) ——— अपारदर्शी प्रतीत होता है।

(a) डाईपोल अक्ष के अनुदिश

(b) लम्बवत् दिशा में

(c) उपरीक्त (a) तथा (b) दोनों दिशाओं में

(d) उपरोक्त (a) तथा (b) में से किसी भी दिशा में नहीं

**133.** रेडियेशन पैटर्न पर ग्राउन्ड के प्रभाव से—

(a) तरंगदैर्ध्य (wave length) बढ़ती है

(b) 'Null' अधिक संख्या में उत्पन्न होते हैं

(c) ग्राउन्ड के अनुदिश रेडियेशन केन्सिल हो जाते हैं

(d) उपरोक्त (b) तथा (c)

**134.** Non-resonant एन्टीना के सन्दर्भ में 'false' हैं—

(a) यह 'far end' पर open circuited होता है

(b) इसके standing wave pattern होते हैं

(c) कोई पावर परावर्तित (reflect) नहीं होती

(d) इसका रेडियेशन पैटर्न यूनिडायरेक्शनल होता है

**135.** डाईपोल तथा रिफ्लैक्टर के मध्य स्पेसिंग ———— होती है।

(a) 0·9 m (b) 0·12 m

(c) 0·18 m (d) 0·28 m

**136.** एन्टीना के साथ earthmat प्रयुक्त करने का कारण ———— नहीं है।

(a) एन्टीना के लिए अर्थ उपलब्ध कराना

(b) अच्छे ग्राउन्ड कनैक्शन की सम्भावना न होना

(c) एन्टीना के रेडियेशन पैटर्न में सुधार

(d) कार्य करने वाले कर्मचारियों की सुरक्षा

**137.** विद्युतीय दृष्ट (electrical view point) से किस विधि द्वारा एन्टीना की लम्बाई बढ़ाई जा सकती है—

(a) श्रेणी कैपेसिटर (series capacitor) के प्रयोग द्वारा

(b) कैपेसिटिव टॉप लोडिंग द्वारा

(c) वर्टीकल पोलेराइजेशन द्वारा

(d) उपरोक्त सभी

**138.** 1605 KHz आवृत्ति तक प्रयुक्त किया जाने वाला एन्टीना ____ है।

(a) ग्राउन्डेड एन्टीना (b) मारकोनी

(c) यागी एन्टीना (d) उपरोक्त में कोई नहीं

**139.** एक स्टेन्डिंग वेव में maxima तथा minima के मध्य दूरी ———— होती है।

(a) $\lambda$ (b) $\lambda/2$

(c) $\lambda/4$ (d) $2\lambda$

**140.** इम्पीडैन्स इनवर्जन (impedance inversion) ———— द्वारा प्राप्त किया जा सकता है।

(a) शॉर्ट सर्किटेड स्टब (c) ओपिन सर्किटेड स्टब

(c) क्वार्टर वेव लाईन (d) हाफ वेव लाईन

**141.** ट्रायटिक्स (triatics) ———— होते हैं।

(a) जीप, जलयान (ship) आदि पर माउन्ट किए गये कम ऊँचाई के एन्टीना

(b) रेडियेटर्स की तरह उपयोग में लाये जाने वाले टावर्स तथा मास्ट (masts)

(c) रेडियेटर्स की तरह न उपयोग में लाये जाने वाले टावर्स तथा मास्ट (masts)

(d) एन्टीना कन्डक्टर्स के लिए सर्पोट

**142.** एन्टीना के 'near' तथा 'far' जोन क्रमशः ———— कहलाते हैं।

(a) फ्रेजनेल क्षेत्र, फ्रॉनहोफर क्षेत्र

(b) फ्रॉनहोफर क्षेत्र, फ्रेजनेल क्षेत्र

(c) रेडियेशन क्षेत्र, कन्डक्टिंग क्षेत्र

(d) उपरोक्त में कोई नहीं

**143.** डायरेक्टर की लम्बाई ———— होती है।

(a) 0·52 m (b) 0·85 m

(c) 0·860 m (d) 0·945 m

**144.** यागी-उदा (Yagi-uda) ऐरे में ———— नहीं होता।

(a) उच्च गेन (high gain)

(b) उच्च बैन्ड-विड्थ (high bandwidth)

(c) पैरासाइटिक रिफ्लैक्टर

(d) पैरासाइटिक डायरेक्टर

**145.** रेडियेट करने के समय एक एन्टीना का रेडियेशन पैटर्न अत्याधिक डायरेक्शनल है। जब एन्टीना रिसीव करता है तब इसका रेडियेशन पैटर्न ———— होगा।

(a) ओर अधिक डायरेक्टिव (b) कम डायरेक्टिव

(c) पहले के समान रहेगा

(d) डायरेक्टिव प्रदर्शित नहीं करेगा

## Wave Propagation

**146.** लम्बी दूरी के शॉर्ट वेव ब्रॉडकास्ट में ———— प्रयुक्त की जाती है।

(a) आयनोस्फेरिक तरंगें (b) डायरेक्ट तरंगें

(c) उपरोक्त (a) तथा (b) दोनों

(d) उपरोक्त में कोई नहीं

**147.** वातावरण में रेडियो तरंगों का अवशोषण (absorption) .............. पर निर्भर करता है।

(a) वातावरण के पोलेराइजेशन पर

(b) तरंगों की आवृत्ति पर

(c) उपरोक्त (a) तथा (b) दोनों पर

(d) उपरोक्त में कोई नहीं

**148.** एनोमेलस (anomalus) प्रोपेगेशन का कारण है—

(a) ट्रोपोस्कैटर

(b) सुपर रिफ्रक्टिव डक्ट

(c) मीटरोलोजिकल परिस्थितियाँ

(d) उपरोक्त में कोई नहीं

**149.** D-लेयर का विस्तार .............. से .............. तक है।

(a) 95 to 150 km (b) 50 to 90 km

(c) 110 to 250 km (d) 135 to 270 km

**150.** मॉडुलेटेड सिगनल में किस प्रकार की फेडिंग के कारण अत्यधिक विरुपण (distortion) होता है?

(a) पोलेराइजेशन फेडिंग

(b) अवशोषण (absorption) फेडिंग

(c) सैलेक्टिव फेडिंग

(d) उपरोक्त (a) तथा (b) दोनों

**151.** टेलीविजन ब्रॉडकास्ट में प्रायः .............. का उपयोग किया जाता है।

(a) डायरेक्ट तरंगें (direct waves)

(b) ग्राउन्ड वेव्स

(c) आयनोस्फेरिक तरंगें (d) उपरोक्त सभी

**152.** जब कोई तरंग वायु से आयनोस्फेयर में प्रवेश करती है तब उसका वेग—

(a) घटता है (b) बढ़ता है

(c) परिवर्तित नहीं होता

**153.** UHF रेंज में सिगनल का प्रोपेगेशन .............. द्वारा होता है।

(a) ग्राउन्ड वेव्स (ground waves)

(b) स्काई वेव्स (sky waves)

(c) स्पेस वेव्स (space waves)

(d) उपरोक्त सभी

**154.** रेडियो तरंगों के लिए आयनोस्फेयर का प्रभावी अपवर्तनांक (refractive index) .............. होता है।

(a) शून्य (zero) (b) 1

(c) 1 से कम (d) 2

**155.** .............. आवृत्ति पर प्रोपेगेशन में आयनोस्फेयर का विशिष्ट योगदान है।

(a) निम्न आवृत्तियाँ (low frequencies)

(b) उच्च आवृत्तियाँ (high frequencies)

(c) ऑप्टिकल आवृत्तियाँ (optical frequencies)

(d) उपरोक्त में कोई नहीं

**156.** बाह्य वातावरण (outer atmosphere) की न्यूनतम ऊँचाई .............. है।

(a) 400 km (b) 700 km

(c) 850 km (d) 250 km

**157.** सरफेस तरंगों (surface waves) के प्रोपेगेशन में किसी बिन्दु पर क्षेत्र की तीव्रता (field strength) .............. के सीधे समानुपाती है।

(a) एन्टीना से बिन्दु की दूरी

(b) एन्टीना में धारा

(c) एन्टीना की ऊँचाई

(d) उपरोक्त में कोई नहीं

**158.** ट्रोपोस्फीयर पृथ्वी सतह से .............. ऊँचाई तक है।

(a) 15 km (b) 35 km

(c) 65 km (d) उपरोक्त में कोई नहीं

**159.** स्किप दूरी (skip distance)–

(a) ट्रांसमीटर से वह अधिकतम दूरी है जिस पर किसी दी गयी आवृत्ति की स्काई तरंग आयनोस्फेयर से अपवर्तित होकर पृथ्वी पर आती है

(b) ट्रासमीटर से वह न्यूनतम दूरी है जिस पर किसी दी गयी आवृत्ति की स्काई तरंग आयनोस्फेयर से अपवर्तित होकर पृथ्वी पर आती है

(c) $\frac{3 \times 10^8}{f}$ metres (d) उपरोक्त में कोई नहीं

**160.** VHF बैन्ड है—

(a) 30 Hz – 300 Hz

(b) 300 Hz – 3 kHz

(c) 3 kHz – 30 kHz

(d) 30 kHz – 300 kHz

**161.** बड़ी तरंग दैर्घ्य (long wave) का ट्रांसमिशन किस आवृत्ति रेंज में होता है ?

(a) 5 – 15 khz (b) 15 – 500 kHz

(c) 3 – 30 khz (c) 30 – 70 Mhz

**162.** कम्युनिकेशन प्रणालियों में VLF तरंगों के उपयोग का कारण है—

(a) कम पावर की आवश्यकता

(b) उनमें डिसटोंशन कम होता है

(c) ये आयनोस्फीयर को सरलता से बेध जाती है

(d) ट्रांसमिटिंग एन्टीना का आकार सुविधाजनक (convenient) होता है

**163.** जब विद्युत-चुम्बकीय तरंगें (e.m. waves) फ्री-स्पेस में चलती हैं तब केवल एक क्रिया हो सकती है। वह क्रिया ——— है।

(a) अवशोषण (absorption)

(b) अटेनुएशन

(c) परावर्तन (reflection)

(d) अपवर्तन (refraction)

**164.** उच्च आवृत्ति प्रोपेगेशन में किस लेयर का महत्त्व सबसे कम है—

(a) D (b) E

(c) $F_2$ (d) $F_2$

**165.** 10 MHz क्रिटिकल फ्रीक्वैन्सी के लिए 60° आपतन (incidence) कोण के लिए प्रयोग की जा सकने वाली अधिकतम आवृत्ति (MUF) ................ है।

(a) 10 MHz (b) 20 MHz

(c) 11·7 MHz (d) 45 MHz

**166.** एक प्लेन उत्तम कन्डक्टर के लिए 'skin depth' में परिवर्तन—

(a) कन्डक्टिविटी के सीधे समानुपाती (proportional) होते हैं

(b) कन्डक्टिविटी के विलोमानुपाती (inversely proportional) होते हैं

(c) कन्डक्टिविटी के वर्गमूल के विलोमानुपाती (inversely proportional) होते हैं

(d) कन्डक्टिविटी के वर्गमूल के समानुपाती होते हैं

**167.** $F_2$ के लिए निम्न में से कौन-सा स्टेटमैन्ट 'false' है ?

(a) यह अत्यधिक आयनीकृत (highly ionised) लेयर है

(b) इसमें वायु का घनत्व (air density) बहुत कम है

(c) रात्रि के समय इसकी अधिकतम ऊँचाई बढ़ जाती है

(d) इसकी औसत मोटाई (average thickness) लगभग 200 km है

**168.** एक अच्छे चालक के लिए 'skin depth' –

(a) फ्रीक्वैन्सी *(f)* के सीधे समानुपाती है

(b) $\sqrt{f}$ के सीधे समानुपाती है

(c) $f$ के विलोमानुपाती है

(d) $\sqrt{f}$ के विलोमानुपाती है

**169.** उच्च आवृत्ति की तरंगें—

(a) $F_2$ लेयर द्वारा अवशोषित हो जाती हैं

(b) D लेयर द्वारा परावर्तित हो जाती हैं

(c) सौर चक्र (solar cycle) द्वारा प्रभावित होती हैं

(d) उपरोक्त में कोई नहीं

**170.** रेडियो फ्रीक्वैन्सी की रेंज ——— है।

(a) 30 kHz – 300 kHz

(b) 300 kHz – 3000 kHz

(c) 3 MHz – 30 MHz

(d) 30 MHz – 3 GHz

**171.** VHF तरंगें ——— की सहायता से प्रोपेगेट होती हैं—

(a) आयनोस्फीयर (b) ग्राउन्ड

(c) ट्रोपोस्फीयर (d) उपरोक्त में कोई नहीं

**172.** किसी लेयर के लिए क्रिटिकल फ्रीक्वैन्सी—

(a) वह न्यूनतम (lowest) फ्रीक्वैन्सी है जो किसी भी बीमिंग (beaming) कोण के लिए पृथ्वी पर वापस आ सके

(b) वह अधिकतम (highest) फ्रीक्वैन्सी है जो किसी भी बीमिंग (beaming) के लिए पृथ्वी पर वापस आ सके

(c) वह न्यूनतम (lowest) फ्रीक्वैन्सी है जो 90° बीमिंग (beaming) कोण के लिए पृथ्वी पर वापस आ सके

(d) उपरोक्त में कोई नहीं

**173.** सन-स्पाट चक्र (sunspot cycle) की अवधि (duration) ---------- है।

(a) 1 वर्ष (b) 11 वर्ष

(c) 55 वर्ष (d) 100 वर्ष

**174.** एक प्लेन उत्तम चालक के लिए स्किन की गहराई (skin depth) में परिवर्तन—

(a) फ्रीक्वैन्सी के वर्गमूल के सीधे समानुपाती होते हैं

(b) चुम्बकशीलता (permeability) के वर्गमूल के सीधे समानुपाती होते हैं

(c) कन्डक्टिविटी के वर्गमूल के विलोमानुपाती होते हैं

(d) विद्युतशीलता (permittivity) के विलोमानुपाती होते हैं

**175.** होरीजोन्टली (horizontally) पोलेराइज्ड तरंग में—

(a) विद्युत क्षेत्र (electric field) कम्पोनैन्ट पृथ्वी के लम्बवत् होता है

(b) विद्युत क्षेत्र (electric field) कम्पोनैन्ट पृथ्वी के समानान्तर होता है

(c) चुम्बकीय क्षेत्र (magnetic field) कम्पोनैन्ट पृथ्वी के समानान्तर होता है

(d) चुम्बकीय क्षेत्र (magnetic field) कम्पोनैन्ट पृथ्वी के लम्बवत् होता है

**176.** इन्डक्शन तथा रेडियेशन फील्ड ---------- दूरी पर बराबर होते हैं।

(a) $\frac{6}{\lambda}$ (b) $6\lambda$

(c) $\lambda/6$ (d) $\lambda/2\pi$

**177.** किस मोड में beyond-the-horizon पोलेराइजेशन हो सकता है—

(a) ट्रोपोस्फीयेरिक स्कैटर (tropospheric scatter)

(b) सरफेस तरंग (surface wave)

(c) सैटेलाइट कम्युनिकेशन

(d) उपरोक्त में कोई नहीं

**178.** निम्न में किस आवृत्ति की तरंग दैर्ध्य न्यूनतम होगी—

(a) VLF (b) EHF

(c) VHF (d) UHF

**179.** सरफेस वेव प्रोपेगेशन में इलेक्ट्रिक कम्पोनैन्ट को शॉर्ट-सर्किट से बचाने के लिए तरंग

(a) वर्टीकली (vertically) पोलेराइज्ड होनी चाहिये

(b) होरीजोन्टली (horizontally) पोलेराइज्ड होनी चाहिये

(c) सरकुलरली (circularly) पोलेराइज्ड होनी चाहिये

(d) उच्च शक्ति की होनी चाहिये

**180.** SHF रेंज ---------- से ---------- तक है।

(a) 30 – 300 MHz (b) 300 – 3000 MHz

(c) 3 – 30 GHz (d) 30 – 300 GHz

**181.** स्काई वेव प्रोपेगेशन के लिए MUF (maximum usable frequency) की रेंज ---------- है।

(a) 10 – 500 kHz (b) 8 – 35 MHz

(c) 30 – 300 MHz (d) 100 – 500 MHz

**182.** विद्युत चुम्बकीय तरंगों (e.m. waves) का अपवर्तन (refraction) उस समय होता है जब वे—

(a) किसी कन्डक्टिंग प्लेन में एक छोटे स्लॉट (small slot) से गुजरती हैं

(b) विभिन्न परावैद्युत (different dielectric constant) के माध्यम से गुजरती है

(c) प्रोपेगेशन की दिशा से 90° पर पोलेराइज होती है

(d) किसी पूर्ण कन्डक्टिंग सरफेस में चलती है

**183.** दिन के समय आयनोस्फीयर की D-लेयर—

(a) रहती है (exists)

(b) लुप्त हो जाती है (disappears)

(c) 2 भागों में विभाजित हो जाती है

(d) मोटी (thick) हो जाती है

**184.** VHF बैन्ड की रेंज है—

(a) 0·3 – 3 MHz (b) 3 – 30 MHz

(c) 30 – 300 MHz (d) 0·3 – 3 GHz

**185.** एक परफेक्ट कन्डक्टर पर आपतित (incident) तरंग—

(a) आंशिक रूप से (partially) ट्रांसमिट हो जाती हैं तथा आंशिक रूप से परावर्तित हो जाती है

(b) पूर्णतया ट्रांसमिट हो जाती है

(c) पूर्णतया परावर्तित (reflect) हो जाती है

(d) उपरोक्त में कोई नहीं

**186.** रेडियो तरंगों के लिए आयनोस्फीयर का अपवर्तनांक (refractive index) –

(a) 1 से अधिक है (b) 1 है

(c) 1 से कम है (d) शून्य है

**187.** कम्युनिकेशन में VLF का उपयोग—

(a) उनकी कम पावर की आवश्यकता (low power requirements) के कारण है

(b) उनकी उच्च विश्वसनीयता (higher reliability) के कारण है

(c) उनमें सरल एन्टीना के उपयोग के कारण है

(d) इन तरंगों का उपयोग ही नहीं किया जाता

**188.** जब एक वेवगाइड में विद्युत तरंगें प्रोपेगेट की जाती हैं तब—

(a) वे गाइड की चौड़ी दीवारों (broader walls) के अनुदिश चलती हैं

(b) वे दीवारों से परावर्तित हो जाती हैं परन्तु उनके अनुदिश चलती नहीं

(c) वे डाइलैक्ट्रिक में दीवारों को स्पर्श किये बिना चलती हैं

(d) वे वेव गाइड की समस्त चारों दीवारों के अनुदिश चलती हैं

**189.** एक MW ट्रांसमीटर का ग्राउन्ड वेव कवरेज 100 km है तथा रात्रि में प्रथम परावर्तित तरंग (first reflected ray) 800 km दूरी पर है। स्किप दूरी होगी—

(a) 900 km (b) 700 km

(c) 100 km (d) 800 km

**190.** विद्युत चुम्बकीय तरंगों में पोलेराइजेशन—

(a) परावर्तन द्वारा होता है

(b) आइसोट्रोपिक मीडियम में सदा वर्टीकल होता है

(c) तरंगों की 'longitudinal' प्रकृति के कारण होता है

(d) तरंगों की 'transverse' प्रकृति के कारण होता है

**191.** ———— आवृत्ति रेंज में होने वाला ट्रोपोस्फीयर स्कैटर सर्वाधिक उपयोगी होता है।

(a) 3 – 30 MHz (b) 30 – 70 MHz

(c) 400 MHz – 5 GHz (d) 30 – 300 GHz

**192.** स्किन गहराई (skin depth) का सूत्र है—

(a) $\delta = \sqrt{\frac{\rho\mu}{f}}$ (b) $\delta = \sqrt{\frac{\rho\mu}{2f}}$

(c) $\delta = \sqrt{\rho\mu f}$ (d) $\delta = 2\sqrt{\frac{\rho}{\mu f}}$

**193.** $F_1$ लेयर का अधिकतम आयनिक घनत्व (ionic density) $2 \cdot 3 \times 10^6$ electrons/cc है। इस पर्त की क्रिटिकल फ्रीक्वैन्सी ———— होगी।

(a) 1·36 MHz (b) 13·6 MHz

(c) 135 MHz (d) 0·136 MHz

**194.** वेव प्रोपेगेशन के ट्रोपोस्फीयरिक मोड का उपयोग ———— में किया जाता है।

(a) VLF (b) VHF

(c) HF (d) SHF

**195.** किसी आयनाइज्ड लेयर के अपवर्तनांक (refractive index) का सूत्र है—

(a) $\mu = \sqrt{1 + \frac{81f^2}{N}}$ (b) $\mu = \sqrt{1 - \frac{8N}{f^2}}$

(c) $\mu = \sqrt{1 - \frac{81N}{f^2}}$ (d) $\mu = \sqrt{1 - \frac{f^2}{81N}}$

**196.** अभिलाक्षणिक तरंग प्रतिबाधा (characteristic wave impedance) ............ का सूत्र है।

(a) $\varepsilon/\mu$ (b) $\sqrt{\varepsilon/\mu}$

(c) $\sqrt{\frac{E_x}{H_y}}$ (d) $E_x/H_y$

**197.** जब कोई आपतित (incident) तरंग समान्तर अथवा ऊर्ध्वाधर (parallel or vertically) पोलेराइज्ड होती है तब $\tan\theta_1 = \sqrt{\frac{\varepsilon_2}{\varepsilon_1}}$ ब्रूस्टर कोण (Brewster angle) कहलाता है। इस अवस्था में—

(a) कोई परावर्तन नहीं होता

(b) तरंग पूर्ण परावर्तित (fully reflected) हो जाती है

(c) आंशिक रूप से (partially) परावर्तित होती है

(d) आंशिक रूप से ट्रांसमिट होती है

**198.** विद्युत चुम्बकीय तरंगों में विद्युत क्षेत्र कम्पोनैन्ट (electric field component) एक पूर्णतया ग्राउन्ड

सरफेस (perfectly ground surface) पर ———— कोण पर मिलती है।

(a) 0°　(b) 45°
(c) 90°　(d) 180°

**199.** निम्न में से कौन-सी प्रक्रिया आयनोस्फीयर में सामान्य परिवर्तन है ?

(a) सनस्पॉट साइकिल (sunspot cycle)
(b) फेडिंग
(c) व्हिस्लर्स (whistlers)　(d) उपरोक्त में कोई नहीं

**200.** ग्राउन्ड वेव प्रोपेगेशन के लिए 'false' है—

(a) तरंग डिफ्रैक्शन के कारण लगातार झुकती (tilt) जाती है
(b) तरंग, विद्युत क्षेत्र के अधिकाधिक शॉर्ट सर्किटिंग (greater short-circuiting) के कारण अटेनुएट हो जाती है
(c) प्रोपेगेशन beyond-the-horizon होता है
(d) रेंज, आवृत्ति पर निर्भर नहीं करती

**201.** स्किप दूरी (skip distance) ———— पर निर्भर नहीं करती।

(a) ट्रांसमिट की गयी पावर
(b) तरंग प्रोपेगेशन की विधि
(c) तरंग को बीम किये जाने का कोण (beaming angle)
(d) ट्रांसमिट किये गये सिगनल की आवृत्ति

**202.** स्किप दूरी—

(a) आवृत्ति बढ़ने पर बढ़ती है
(b) आवृत्ति घटने पर बढ़ती है
(c) आवृत्ति बढ़ने पर घटती है
(d) आवृत्ति घटने पर घटती है

**203.** अधिक शोर से दूषित सिगनलों (signals contaminated with great noise) को ———— द्वारा डिमॉडुलेट किया जाता है।

(a) एनवेलप डिटेक्टर　(b) सिन्क्रोनस डिटेक्टर
(c) एनवेलप डिटेक्टर के साथ low-pass फिल्टर प्रयुक्त कर
(d) एलवेलप डिटेक्टर के साथ high-pass फिल्टर प्रयुक्त कर

**204.** MUF ———— पर निर्भर करती है।

(a) ट्रांसमीटर द्वारा जेनरेट की गयी आवृत्ति की रेंज
(b) ट्रांसमीटर से रिसीविंग स्टेशन की दूरी
(c) आयनोस्फीयरिक लेयर के इलेक्ट्रॉन घनत्व (electron density) पर
(d) उपरोक्त में कोई नहीं

**205.** वेवगाइड में तरंग की तरंगदैर्ध्य (wavelength)–

(a) फ्री-स्पेस की तुलना में अधिक होती है
(b) वेव-गाइड की माप (dimensions) पर तथा स्पेस में तरंग की तरंगदैर्ध्य ($\lambda$) पर निर्भर करती है
(c) फेज वेग (phase velocity) के विलोम पर निर्भर करती है
(d) ग्रुप वेग (group velocity) के सीधे समानुपाती होती है

**206.** तरंग का पोलेराइजेशन—

(a) स्पेस में किसी स्थिर बिन्दु (fixed point) पर चुम्बकीय क्षेत्र की दिशा है
(b) विद्युत क्षेत्र की दिशा है
(c) तरंग प्रोपेगेशन की दिशा है
(d) उपरोक्त में कोई नहीं

**207.** दो स्थिर (fixed) बिन्दुओं के मध्य कम्युनिकेशन की आवृत्ति सामान्यतः ———— में अधिक होती है।

(a) शीतकाल (winter)　(b) ग्रीष्मकाल (summer)
(c) वर्षा ऋतु (rainy season)
(d) सभी मौसमों में समान

**208.** MUF का सूत्र है—

(a) $f_c \cos\theta$　(b) $f_c \sec\theta$
(c) $\dfrac{f_c}{\sec\theta}$　(d) $f_c \tan\theta$

**209.** स्पेस वेव द्वारा प्रोपेगेशन ———— रेंज में होता है।

(a) HF　(b) VHF
(c) UHF　(d) VLF

**210.** वायु से आयनोस्फीयर में प्रवेश के समय तरंग का वेग—

(a) बढ़ता है　(b) घटता है

(c) शून्य हो जाता है (d) परावर्तित नहीं होता

211. ट्रोपोस्फीयरिक स्कैटर लिंक्स में—
(a) उच्च ट्रांसमिटिंग पावर होना आवश्यक है
(b) पैराबोलिक एन्टीना रिफ्लैक्टर्स होना आवश्यक है
(c) कम शोर वाले (low noise) रिसीवर्स होना आवश्यक है
(d) उपरोक्त सभी

212. ट्रोपोस्फीयरिक स्कैटर प्रोपेगेशन में निम्न में से कौन-सा प्रभाव होता है ?
(a) फैराडे प्रभाव (Faraday effect)
(b) फेडिंग
(c) सुपर रिफ्रेक्शन (super refraction)
(d) वायुमण्डलीय आँधियाँ (atmospheric Storms)

213. सरफेस वेव्स में किसी बिन्दु पर क्षेत्र (field strength) ............ के सीधे समानुपाती है।
(a) एन्टीना की ऊँचाई (b) तरंग की फ्रीक्वैन्सी
(c) एन्टीना में धारा
(d) एन्टीना से बिन्दु की दूरी

214. निम्न में कौन-सी लेयर उच्च आवृत्ति प्रोपेगेशन में महत्त्वपूर्ण है—
(a) D लेयर (b) E लेयर
(c) $F_1$ लेयर (d) $F_2$ लेयर

215. प्लेन कन्डक्टिंग दीवार पर परावर्तनों (reflections) के कारण विद्युत चुम्बकीय तरंगें स्पेस में प्रकाश का वेग ग्रहण कर लेती हैं। इसे ............ कहते हैं।
(a) प्रोपेगेशन वेग (velocity of propagation)
(b) सानान्य वेग (normal velocity)
(c) ग्रुप वेग (group velocity)
(d) फेज वेग (phase velocity)

216. किसी आयनोस्फीयरिक लेयर की वरचुअल ऊँचाई (virtual height) –
(a) तरंग द्वारा वास्तव में भेदी गयीं (penetrated) ऊँचाई से अधिक होती है
(b) तरंग द्वारा वास्तव में भेदी गयी (penetrated) ऊँचाई से कम होती है
(c) तरंग द्वारा वास्तव में भेदी गयी (penetrated) ऊँचाई के बराबर होती है
(d) उपरोक्त में कोई नहीं

217. आयाम-आवृत्ति (amplitude-frequency) स्पैक्ट्रम में रेडियो तरंगें ............ के मध्य होती हैं।
(a) ऑडियो रेंज तथा इन्फ्रारैड क्षेत्र
(b) इन्फ्रारैड तथा अल्ट्रावायलैट क्षेत्र
(c) अल्ट्रावायलैट तथा गामा किरणें
(d) गामा किरणें तथा X-किरणें

218. फ्री-स्पेस में विद्युत चुम्बकीय तरंगों का वेग ............ है।
(a) $\sqrt{\mu_0/\varepsilon_0}$ (b) $\sqrt{\mu_0 \varepsilon_0}$
(c) $\frac{1}{\sqrt{\mu_0/\varepsilon_0}}$ (d) $\sqrt{\varepsilon_0/\mu_0}$

219. निम्न में किस आवृत्ति पर रिपीटर्स के बिना beyond-the-horizon कम्युनिकेशन विश्वसनीय नहीं है ?
(a) 20 kHz (b) 400 MHz
(c) 900 MHz (d) 10 GHz

220. सरकुलर पोलेराइज्ड तरंगें उस अवस्था में उत्पन्न होती है जब—
(a) दो तरंगों का समान आयाम होता है
(b) दोनों तरंगों के आयाम समान तथा कलान्तर शून्य होता है
(c) दोनों तरंगों के आयाम समान तथा कलान्तर 90° होता है
(d) फेज समान होता है

221. प्वाइन्टिंग वैक्टर (Poynting vector) से ............
(a) ऊर्जा प्रवाह की दर (rate of energy flow) ज्ञात होती है
(b) पोलेराइजेशन की दिशा ज्ञात होती है
(c) विद्युत क्षेत्र की तीव्रता ज्ञात होती है
(d) चुम्बकीय क्षेत्र की तीव्रता ज्ञात होती है

222. यदि अधिकतम इलेक्ट्रॉन घनत्व $N$ per cubic metre है तब क्रिटिकल फ्रीक्वैन्सी $f_c$ ............ होती है।
(a) $9N$ (b) $9N^{3/2}$
(c) $9\sqrt{N}$ (d) $\frac{9}{\sqrt{N}}$

223. अनुप्रस्थ चुम्बकीय तरंगों (transverse magnetic waves) में $H_y$ कम्पोनैन्ट ............ प्रकार का होता है।

(a) $H_y = C\cos\frac{m\pi}{a}x\sin\frac{m\pi}{a}x$

(b) $H_y = C\cos\frac{m\pi}{a}x$

(c) $H_y = C\sin\frac{m\pi}{a}x$

(d) उपरोक्त में कोई नहीं

**224.** जब सिगनल की फ्री स्पेस में तरंग दैर्ध्य (wavelength), वेवगाइड की कट-ऑफ तरंग दैर्ध्य के बराबर होती है तब, निम्न में 'false' स्टेटमेन्ट ——— है।

(a) सिगनल का ग्रुप वेग (group velocity) शून्य हो जाता है

(b) सिगनल का फेज वेग (phase velocity) अनन्त (infinitive) हो जाता है

(c) गाइड की 'characteristic impedance' अनन्त (infinitive) हो जाती है

(d) गाइड के अन्तर तरंग दैर्ध्य ($\lambda$) अनन्त हो जाती है।

**225.** 300MHz से 30GHz रेंज में UHF तथा माइक्रोवेव्स को ——— विधि द्वारा ठीक प्रकार ट्रांसमिट किया जा सकता है।

(a) ग्राउनड वेव प्रोपेगेशन

(b) डक्ट (duct) प्रोपेगेशन

(c) स्काई वेव प्रोपेगेशन (d) उपरोक्त में कोई नहीं

**226.** यदि 30 MHz क्रिटिकल फ्रीक्वैन्सी की तरंग 60° पर विचलित (depart) हो रही है तब MUF ——— होगी।

(a) 10 MHz (b) MHz

(c) 30 MHz (d) 60 MHz

## वेवगाइड (Wave Guides)

**227.** कट-ऑफ फ्रीक्वैन्सी के समीप वेवगाइड में अटेनुएशन—

(a) शून्य होता है

(b) बहुत कम (very low) होता है

(c) बहुत अधिक होता है

(d) औसतन अधिक (medium high) होता है

**228.** उपयुक्त कथन ——— है।

(a) वेवगाइड तथा ट्रांसमिशन लाइन एक ही होते हैं

(b) वेवगाइड केवल माइक्रोवेव पर प्रयुक्त किये जा सकते हैं जबकि ट्रांसमिशन लाइन माइक्रोवेव से कम पर प्रयुक्त की जाती है

(c) वेवगाइड धातु के बन्द बॉक्स टाइप होते हैं जब कि ट्रांसमिशन लाइन खुलेतार (open wires) की होती है

(d) वेवगाइड तथा ट्रांसमिशन लाइन एक समान ही होते हैं परन्तु वेवगाइड्स की एक कट-ऑफ फ्रीक्वैन्सी होती है

**229.** निम्न तरंगों में से कौन-सी तरंग वेवगाइड में नहीं होती है—

(a) TE (b) TM

(c) TE तथा TM (d) TEM

**230.** यदि 36Hz वेवगाइड्स की तुलना, उनके तुल्य ट्रांसमिशन लाइन से की जाये तब 'false' स्टेटमैन्ट ——— है।

(a) 36Hz वेवगाइड्स में कम हानि होगी (less lossy) है

(b) 36Hz वेवगाइड्स अधिक उच्च पावर ले जा सकती है

(c) 36Hz वेवगाइड्स का भार कम होता है

(d) 36Hz वेवगाइड्स में कम अटेनुएशन होता है

**231.** वेवगाइड WR284 की आन्तरिक माप (internal dimensions) $7 \times 3\cdot5$ cm है। यह $TE_{10}$ मोड में ऑपरेट हो रही है तथा इसमें परावैद्युतांक $\varepsilon_r = 9$ का डाइलेक्ट्रिक भरा हुआ है। कट-ऑफ फ्रीक्वैन्सी ——— होगी।

(a) 2·1 GHz (b) 0·7 GHz

(c) 3 GHz (d) 1 GHz

**232.** वेवगाइड्स में TE/TM मोड्स के सफिक्स mn क्या प्रदर्शित करते हैं ?

(a) $E$ फील्ड की $\frac{1}{2}$ wavelength तथा $H$ फील्ड की 'full wavelength'

(b) गाइड अक्ष के अतिरिक्त अन्य दिशाओं में $E$ तथा $H$ फील्ड की $\frac{1}{2}$ wavelength

(c) $E$ फील्ड की full wavelength तथा $H$ फील्ड की $\frac{1}{2}$ wavelength

(d) $E$ तथा $H$ फील्ड की $\frac{1}{2}$ wavelength

**233.** स्किप दूरी, आवृत्ति बढ़ने के साथ बढ़ती है—

(a) True (b) False

**234.** वेवगाइड्स में कट-ऑफ फ्रीक्वैन्सी के निकट अटेनुएशन—

(a) कम (low) होता है

(b) अधिक (high) होता है

(c) बहुत अधिक (very high) होता है

(d) शून्य होता है

**235.** जब वेवगाइड में कोई विशेष मोड जेनरेट (excite) किया जाता है तब प्रोपेगेशन की दिशा में एक अतिरिक्त इलेक्ट्रिक कम्पोनैन्ट उत्पन्न होता है। परिणामी मोड ........ होगा।

(a) ट्रांसवर्स इलेक्ट्रिक (transverse electric)

(b) ट्रांसवर्स मेगनेटिक (transverse magnetic)

(c) अनुदैर्ध्य (longitudinal)

(d) ट्रांसवर्स इलेक्ट्रोमेगनेटिक (transverse electromagnetic)

**236.** ट्रांसवर्स इलेक्ट्रिक (TE) तरंगों में ........ होता है।

(a) प्रोपेगेशन की दिशा में इलेक्ट्रिक कम्पोनैन्ट तथा इस दिशा में मेगनेटिक फील्ड H का कोई कम्पोनैन्ट नहीं

(b) प्रोपेगेशन की दिशा में चुम्बकीय कम्पोनैन्ट तथा इस दिशा में विद्युत क्षेत्र E का नहीं

(c) प्रोपेगेशन की दिशा में E तथा H कम्पोनैन्ट दोनों

**237.** एक वायुपूरित (airfilled) आयताकार वेवगाइड (rectangular waveguide) की माप 6 cm × 4 cm है। कट ऑफ फ्रीक्वैन्सी होगी—

(a) 2·5 GHz (b) 25 GHz

(c) 25 MHz (d) 5 GHz

**238.** निम्न से कौन-सा रेडियेटर वेवगाइड द्वारा सबसे अच्छा उत्तेजित (best excited) होता है ?

(a) बाइकोनिकल (a) होर्न

(c) हेलीकल (d) डिसकोन

**239.** एक आयताकार वेवगाइड को 3 GHz पर डोमिनैन्ट मोड (dominant mode) $TE_{10}$ प्रोपेगेट करने के लिए डिजाइन किया गया है। कट-ऑफ फ्रीक्वैन्सी, सिगनल फ्रीक्वैन्सी का 0·8 है। गाइड की ऊँचाई एवं चौड़ाई का अनुपात 2 है। गाइड की माप (dimensions) ........ होगी।

(a) 3·75 cm × 1·875 cm

(b) 4 cm × 2 cm

(c) 8 cm × 4 cm

(d) 2·54 cm × 1·27 cm

**240.** कैविटी के $Q$ फैक्टर की परिभाषा ........ है।

(a) $Q = \dfrac{\omega \times \text{maximum energy stored}}{\text{power loss}}$

(b) $Q = \dfrac{\text{maximum energy stored}}{\omega \times \text{power loss}}$

(c) $Q = \dfrac{\omega \times \text{power loss}}{\text{maximum energy stored}}$

(d) उपरोक्त में कोई नहीं

**241.** कुछ परिस्थितियों में सरकुलर वेवगाइड को आयताकार वेवगाइड की तुलना में अधिक पसन्द (prefer) किया जाता है क्योंकि—

(a) किसी भी फ्रीक्वैन्सी पर अपेक्षाकृत कम अनुप्रस्थ क्षेत्र (lesser cross-section area) की आवश्यकता होती है

(b) कम अटेनुएशन होता है

(c) पोलेराइजेशन का रोटेशन (rotation of polarization) होता है

(d) अस्थायी (spurious) मोड्स से मुक्ति (freedom) मिल जाती है

**242.** TWT में हैलिक्स का उपयोग—

(a) RF क्षेत्र का अक्षीय वेग (axial velocity) कम करने के लिए किया जाता है

(b) ब्रॉडबैन्ड ऑपरेशन सुनिश्चित करने के लिए किया जाता है

(c) दक्षता (efficiency) बढ़ाने के लिए किया जाता है

(d) शोर (noise) कम करने के लिए किया जाता है

**243.** निम्न में से किस अवस्था में दो जेनरेटर्स, बिना परस्पर कपल किये एक वेवगाइड सिस्टम से कपल नहीं किये जा सकते ?

(a) रैट-रेस (rat-race)

(b) हाइब्रिड रिंग (hybrid ring)

(c) बैलून (balun)

(d) मैजिक T (magic T)

244. TWT की ग्लास ट्यूब को ———— के लिए एक्वेडग (aquadag) से कोट किया जा सकता है।

(a) गेन बढ़ाने के लिए (to increase gain)

(b) अटेनुएशन प्राप्त करने के लिए

(c) फोकसिंग में सहायता करने के लिए

(d) बन्चिंग (bunching) में सुधार के लिए

245. मैजिक T –

(a) एक H तथा एक E प्लेन tee का संयोजन (combination) है

(b) 2 H तथा एक E प्लेन tee का संयोजन (combination) है

(c) H तथा 2 E प्लेन tees का संयोजन (combination) है

(d) उपरोक्त में कोई नहीं

246. TWT's के साथ पीरियॉडिक परमानैन्ट-मैगनेट फोकसिंग का उपयोग—

(a) पल्स्ड ऑपरेशन (pulsed operation) के लिए किया जाता है

(b) उच्चतम आवृत्तियों पर कपल्ड कैविटी ऑपरेशन के लिए किया जाता है

(c) उच्चतम आवृत्तियों पर इलेक्ट्रॉन बन्चिंग में सुधार के लिए किया जाता है

(d) बड़े आकार के इलेक्ट्रोमैगनेट प्रयुक्त करने की कठिनाई समाप्त करने के लिए किया जाता है

247. वेवगाइड की तुलना में ऑप्टिकल फाइबर्स में क्या दोष (disadvantage) है ?

(a) यह एक नवीन टैक्नॉलोजी है

(b) इनकी चैनल कैपेसिटी कम है

(c) इनमें क्रॉसटॉक (cross-talk) अधिक है

(d) चुम्बकीय क्षेत्र इन्हें सरलता से प्रभावित कर देता है

248. स्ट्रिपलाइन (stripline) को ———— के समान समझा जा सकता है।

(a) वेवगाइड (b) पैरेलल वायर लाइन

(c) बैलून

(d) फ्लैटैन्ड कोएक्सियल लाइन (flattened coaxial line)

249. कैविटी (cavities) का उपयोग ———— की भाँति किया जाता है।

(a) सरकिट एलीमैन्ट (circuit elements)

(b) मापन यन्त्र (measuring instruments)

(c) उपरोक्त (a) तथा (b) दोनों

(d) उपरोक्त में कोई नहीं

250. वेवगाइड में विद्युत चुम्बकीय तरंगों की तरंगदैर्ध्य (wavelength) –

(a) फेज वेग (phase velocity) के विलोमानुपाती है

(b) फ्री-स्पेस में वेग से अधिक होती है

(c) फेज वेग के सीधे समानुपाती होती है

(d) केवल वेवगाइड की माप (dimensions) तथा फ्री-स्पेस 'wavelength' पर निर्भर करती है

251. वेवगाइड में एक प्रोजेक्टिंग स्क्रू (projecting screw) –

(a) एक 'capacitive discontinuity' है

(b) एक 'inductive discontinuity' है

(c) गाइड में उसकी स्थिति (position) के अनुसार कैपेसिटिव अथवा इन्डक्टिव हो सकता है

(d) उपरोक्त में कोई नहीं

252. निम्न में कौन-सी क्रॉसफील्ड डिवाइस है—

(a) मैगनेट्रॉन (b) रिफ्लैक्स क्लिस्ट्रॉन

(c) 2-कैविटी क्लिस्ट्रॉन (d) TWT

## ट्रांसमिशन लाइन्स (Transmission Lines)

253. कोएक्सिल लाइन ———— फ्रीक्वैन्सी पर अधिक उपयुक्त होती है—

(a) निम्न (low)

(b) प्रत्येक (any) फ्रीक्वैन्सी

(c) उच्च (high) फ्रीक्वैन्सी

(d) उपरोक्त में कोई नहीं

254. पैरेलल वायर लाइन की अभिलाक्षणिक (characteristic) इम्पीडैन्स—

(a) 100 ohm से 300 ohm तक होती है

(b) 200 ohm से 500 ohm तक होती है

(c) 300 ohm से 700 ohm तक होती है

(d) उपरोक्त में कोई नहीं

**255.** ट्रांसमिशन लाइन में ...... होते हैं।

(a) प्रतिरोध *(R)* (b) इन्डक्टैन्स *(L)*

(c) कैपेसिटैन्स *(C)* (d) उपरोक्त सभी

**256.** एक ट्रांसमिशन लाइन की अभिलाक्षणिक प्रतिबाधा (characteristic impedance) का मान 300 Ω है तथा लाइन शुद्ध प्रतिरोध लोड में टर्मिनेट की गयी है। SWR मापन के समय मीटर अधिकतम $7\cdot5\,\mu$V तथा न्यूनतम $5\,\mu$V प्रदर्शित करता है। लोड प्रतिरोध (load resistance) का मान .......... होगा।

(a) 200 ohm (b) 350 ohm

(c) 450 ohm (d) 700 ohm

**257.** क्वार्टर वेव लाइन (quarter wave line) का उपयोग ट्रांसमिशन लाइन को .......... से मैच करने के लिए किया जा सकता है।

(a) एन्टीना (b) लोड

(c) उपरोक्त (a) तथा (b) दोनों

(d) उपरोक्त में कोई नहीं

**258.** उन लाइनों में, जो characteristic impedance में टर्मिनेट नहीं होती—

(a) परावर्तित तरंग (reflected wave) रहती है

(b) आपतित तरंग (incident wave) रहती है

(c) स्टेशनरी तरंग (stationary wave) रहती है

(d) उपरोक्त में कोई नहीं

**259.** लाइन को $Z_0$ में टर्मिनेट करने पर लाइन में परावर्तन—

(a) होता है (b) नहीं होता

(c) स्थिर (constant) होता है

(d) उपरोक्त में कोई नहीं

**260.** लाइन के विरुपणहीन (distortionless) होने की शर्त .......... है।

(a) $L/C = R/G$ (b) $L/G = R/C$

(c) $L/C = G/R$ (d) उपरोक्त में कोई नहीं

**261.** ट्रांसमिशन लाइन का VSWR –

(a) लोड इम्पीडैन्स $(Z_L)$ के सीधे समानुपाती तथा $(Z_0)$ के विलोमानुपाती होता है

(b) लोड इम्पीडैन्स $Z_0$ के सीधे समानुपाती तथा $Z_L$ के विलोमानुपाती होता है

(c) $Z_0$ तथा $Z_L$ के समानुपाती होता है

(d) न्यूनतम वोल्टेज $(V_m)$ के सीधे समानुपाती तथा अधिकतम वोल्टेज $(V_m)$ के विलोमानुपाती होता है।

**262.** ट्रांसमिशन लाइन का—

(a) VSWR $\geq 1$

(b) VSWR, 0 तथा 1 के मध्य होता है

(c) VSWR $-\infty$ तथा $+\infty$ के मध्य होता है

(d) VSWR 1 तथा $\infty$ के मध्य होता है

**263.** SWR का अधिक मान (higher value) प्रदर्शित करता है कि—

(a) लाइन तथा लोड के मध्य मिसमैचिंग (mismatching) कम है

(b) लाइन तथा लोड के मध्य मिसमैचिंग (mismatching) अधिक है

(c) नोड्स तथा एन्टीनोड्स की संख्या बराबर है

(d) उपरोक्त में कोई नहीं

**264.** एक 500 ohm की lossless लाइन 100 Ω के शुद्ध प्रतिरोध में टर्मिनेट की गयी है। VSWR होगा—

(a) 1 : 2 (b) 2 : 1

(c) 4 : 1 (d) 1 : 4

**265.** कम हानियों वाली (low loss) ट्रांसमिशन लाइन के लिए—

(a) $R << \omega L$ (b) $R >> \omega C$

(c) $R >> \omega C$ (d) $G << \omega C$

(d) उपरोक्त में कोई नहीं

**266.** निम्न में उच्च आवृत्ति ट्रांसमिशन लाइन कौन-सी है ?

(a) कोएक्सियल केबिल (b) ओपिन वायर

(c) ट्विन लीड (d) उपरोक्त सभी

**267.** ट्रांसमिशन लाइन में फेज वेग (phase velocity) का सूत्र है।

(a) $v = \dfrac{1}{\sqrt{LC}}$ (b) $v = \dfrac{1}{LC}$

(c) $v = \sqrt{LC}$ (d) $v = LC$

**268.** निम्न में वैक्टर राशि है—

(a) SWR (standing wave ratio)

(b) परावर्तन गुणांक (reflection coefficient)

(c) गेन (gain)

(d) उपरोक्त सभी

**269.** ट्रांसमिशन लाइन के सैकेन्डरी नियतांक (secondary constants) ———— हैं।

(a) $\alpha, \beta, Z_0$ (b) $R, G, \gamma$

(c) $\gamma, v_p, \beta$ (d) $\alpha, \beta, v_p$

**270.** ट्रांसमिशन लाइन में लोड मैचिंग के लिए सबसे उपयुक्त (best) डिवाइस ———— है।

(a) बैलून ट्रांसफॉर्मर (balun transformer)

(b) सिंगल स्टब जिसका एडजस्टमैन्ट (adjustable single stub) किया जा सके

(c) डबल स्टब (double stub)

(d) ब्रॉडबैन्ड डायरैक्शनल कपलर (broadband directional coupler)

**271.** $\lambda/4$ से कम लम्बाई की तथा एक सिरे (far end) पर ओपिन सर्किट ट्रांसमिशन लाइन की इनपुट इम्पीडैन्स ———— होती है।

(a) कैपेसिटिव (capacitive)

(b) इन्डक्टिव (inductive)

(c) प्रतिरोधी (resistive) (d) उपरोक्त में कोई नहीं

**272.** 100 ohm लोड तथा 225 Ω अभिलाक्षणिक प्रतिबाधा ($Z_0$) की ट्रांसमिशन लाइन के मध्य कनैक्ट किये गये क्वार्टर वेव ट्रांसफार्मर की अभिलाक्षणिक प्रतिबाधा ($Z_0$) ———— होगी।

(a) 100 Ω (b) 225 Ω

(c) 600 Ω (d) 150 Ω

**273.** क्वार्टर-वेव ट्रांसफार्मर की $Z_0, Z_R$ तथा $Z_S$ में सम्बन्ध ———— है।

(a) $Z_0 = \sqrt{Z_R/Z_S}$ (b) $Z_0 = \sqrt{Z_R Z_S}$

(c) $Z_0 = \sqrt{\dfrac{Z_S}{Z_R}}$ (d) $Z_0 = \dfrac{1}{\sqrt{Z_R Z_S}}$

यहाँ $Z_0$ – Characteristic impedance

$Z_S$ – Input impedance

$Z_R$ – Load impedance

**274.** ओपिन स्पेस (open space) में एक 2-वायर ट्रांसमिशन लाइन की इम्पीडैन्स 300 Ω होने के लिए वायर के अर्धव्यास *(r)* तथा दोनों वायर्स के मध्य दूरी *(d)* का अनुपात —— होना चाहिये।

(a) $\dfrac{r}{d} = \dfrac{2\cdot5}{1}$ (b) $\dfrac{r}{d} = \dfrac{4}{10}$

(c) $\dfrac{r}{d} = \dfrac{12\cdot2}{1}$ (d) $\dfrac{r}{d} = \dfrac{6\cdot1}{1}$

**275.** एक अन्डरग्राउन्ड केबिल जिस पर लम्प लोडिंग (lump loading) हो, एक ———— के समान व्यवहार करता है।

(a) टैंक सर्किट

(b) हाई-पास फिल्टर (HPF)

(c) लो-पास फिल्टर (LPF)

(d) बैन्ड पास फिल्टर (BPF)

**276.** एक 'lossless' ट्रांसमिशन लाइन के लिए—

(a) $Z_0 = \sqrt{LC}$ (b) $Z_0 = \sqrt{L/C}$

(c) $Z_0 = \sqrt{C/L}$ (d) $Z_0 = \dfrac{1}{\sqrt{LC}}$

**277.** एक 2-वायर ट्रांसमिशन लाइन, को एक लोड $Z_L$ ($Z_L \neq Z_0$) से कनैक्ट किया गया है। इस लाइन में ———— द्वारा इम्पीडैन्स मैचिंग नहीं की जा सकती।

(a) क्वार्टर वेव ट्रांसफॉर्मर

(b) हाफ-वेव ट्रांसफॉर्मर

(c) ओपिन सर्किटेड पैरेलल स्टब

(d) शार्ट सर्किटेड पैरेलल स्टब

**278.** उपयुक्त (correct) सूत्र ———— है।

(a) $\text{VSWR} = \dfrac{1+|K|}{1-|K|}$

(b) $\text{VSWR} = \dfrac{1-|K|}{1+|K|}$

(c) $\text{VSWR} = 1+|K|$

(d) $\text{VSWR} = 1-|K|$

यहाँ $K$ – Reflection coefficient

**279.** सबसे सरल (simplest) स्टैन्डिंग वेव उस समय उत्पन्न होती है जब परावर्तन गुणांक *(K)* ———— होता है।

(a) 1 (b) 0

(c) -1 (d) उपरोक्त में कोई नहीं

**280.** (a) ओपिन वायर TL तथा कैबिल्स (cables) पर लोडिंग की जा सकती है

(b) लोडिंग केवल केबिल्स पर की जाती है

(c) लोडिंग केवल उन केबिल्स पर की जाती है जिनमें केवल voice frequency सिगनल प्रवाहित होता है, कैरियर नहीं

(d) लोडिंग, किसी भी केबिल अथवा लाइन पर किसी भी उद्देश्य से की जा सकती है

**281.** ट्रान्समिशन लाइन में फेज वेग (phase velocity) ——— होती है।

(a) $v = \frac{1}{LC}$ (b) $v = \sqrt{LC}$

(c) $v = LC$ (d) $v = \frac{1}{\sqrt{LC}}$

**282.** एक ओपिन वायर ट्रांसमिशन लाइन के 1 kHz आवृत्ति पर प्राइमरी नियतांक निम्न हैं—

$R = 20\ \Omega/\text{km},\ G = 0\cdot 3 \times 10^3\ \text{s/km},$
$L = 0\cdot 25\ \text{mH/km}$ तथा $C = 0\cdot 1\ \mu\text{F/km}$

लाइन $Z_0$ का मान ——— है।

(a) $169\cdot 73\ \Omega, \angle -25°$ (b) $258\cdot 2\ \Omega, \angle -25°$

(c) $715\ \Omega, \angle -25°$ (d) $50\ \Omega, \angle -25°$

**283.** किस प्रकार की ट्रांसमिशन लाईन की प्रतिमीटर धारिता (capacitance per metre) कम होगी ?

(a) ओपिन वायर लाइन (b) ट्विन लीड लाइन

(c) कोएक्सियल केबिल (d) उपरोक्त में कोई नहीं

**284.** VSWR की परिभाषा ——— है।

(a) $\frac{E_{max}}{E_{min}}$ (b) $\frac{E_{min}}{E_{max}}$

(c) $E_{max} \times E_{min}$ (d) उपरोक्त में कोई नहीं

**285.** 50 Ω अभिलाक्षणिक प्रतिबाधा ($Z_0$) वाली लाइन को एक सिरे पर $+j50\ \Omega$ द्वारा टर्मिनेट किया गया है। लाइन द्वारा उत्पन्न VSWR का मान ——— होगा।

(a) +1 (b) 0

(c) ∞ (d) +j

**286.** एक 2-होल डायरैक्शनल कपलर का मुख्य अवगुण क्या है ?

(a) डायरैक्शनल कपलिंग कम (Low directional coupling)

(b) खराब दैशिकता (poor directivity)

(c) उच्च SWR

(d) छोटी (narrow) बैन्ड विड्थ

**287.** प्राइमरी लाइन के नियतांकों (primary line constants) के पदों में लाइन की 'characteristic impedance ($Z_0$)' क्या होगी ?

(a) $Z_0 = \sqrt{Z_{sc}\, Z_{oc}}$

(b) $Z_0 = \sqrt{Z_1 Z_2 + \frac{Z_2^2}{4}}$

(c) $Z_0 \sqrt{\frac{R}{G}} = \sqrt{\frac{L}{C}}$

(d) $Z_0 = \sqrt{\frac{R + j\omega L}{G + j\omega C}}$

**288.** निम्न लाइन की इनपुट इम्पीडैन्स ——— होगी।

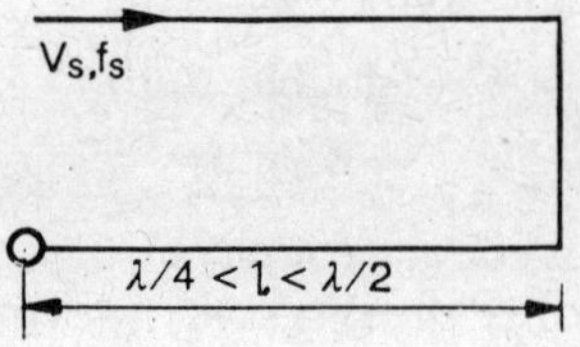


चित्र 6.9

(a) इन्डक्टिव (b) कैपेसिटिव

(c) प्रतिरोधी (d) शून्य

**289.** यदि $Z_0$ = Characteristic impedance

$Z_{sc}$ = Input Impedance when line is terminated in short circuit

$Z_{oc}$ = Input Impedance when line is open circuited तब

(a) $Z_0 = \sqrt{Z_{sc}/Z_{oc}}$ (b) $Z_0 = \sqrt{Z_{sc}\, Z_{oc}}$

(c) $Z_0 = Z_{sc}\, Z_{oc}$ (d) $Z_0 = Z_{sc}/Z_{oc}$

**290.** अनुनादी (resonant) ट्रांसमिशन लाइन का $Q$ ——— होता है।

(a) $\omega/LR$ (b) $\frac{\omega R}{L}$

(c) $\frac{\omega L}{R}$ (d) $\frac{L}{R}$

**291.** एक शॉर्ट ट्रांसमिशन लाइन को उसकी 'characteristic impedance' ($Z_0$) में टर्मिनेट किया गया है।

(1) लाइन की इनपुट इम्पीडैन्स शून्य होगी
(2) लाइन एक अनन्त (infinite) लाइन की भाँति व्यवहार करती है
(3) लाइन में कोई परावर्तन (reflection) नहीं होगा
(4) लाइन की इनपुट इम्पीडैन्स $Z_0$ के बराबर होगी

उपरोक्त में 'false' है—

(a) 1 (b) सभी
(c) 1, 2, 3 (d) 2, 3, 4

**292.** कोएक्सियल लाइन को पैरेलल वायर लाइन से कपल करने की सर्वोत्तम (best) विधि है ————

(a) स्लॉटेड लाइन (slotted line) का उपयोग
(b) बैलून (balun) का उपयोग
(c) डायरैक्शनल कपलर का उपयोग
(d) क्वार्टर वेव ट्रांसफॉर्मर का उपयोग

**293.** उत्तम (good) कन्डक्टर्स के लिए नियतांकों (constants) को निम्न प्रकार दिया जा सकता है—

(a) $\alpha = \beta = \sqrt{\frac{\omega \mu \sigma}{2}}$
(b) $\alpha = \sqrt{\frac{\omega \mu \sigma}{2}}$, $\beta = \angle 90°$
(c) $\alpha = \beta = \sqrt{\mu \varepsilon}$
(d) उपरोक्त में कोई नहीं

**294.** एक कोएक्सिल लाइन का बाहरी व्यास $b$ तथा अन्दर का व्यास $a$ है। लाइन की $Z_0$ ———— पर निर्भर करती है।

(a) $\frac{b}{a}$ (b) केबिल की लम्बाई
(c) $\log \frac{b}{a}$ (d) $\log \frac{b}{a\sqrt{\varepsilon}}$

**295.** एक ट्रांसमिशन लाइन के श्रेणी में लम्पड् इन्डक्टैंस (lumped inductance) लोड के रूप में कनैक्ट की गयी है—

(a) इन्डक्टैन्स का मान कुछ भी हो सकता है
(b) इन्डक्टैन्स किसी भी इन्टरवल पर कनैक्ट की जा सकती है
(c) इन्डक्टैन्स का मान ऐसा होना चाहिए कि स्पीच के लिये LP फिल्टर निर्मित हो
(d) इन्डक्टैन्स का मान ऐसा होना चाहिये कि LP फिल्टर निर्मित हो तथा कुछ अन्तरालों (intervals) पर अटेनुएशन 10 dB से कम हो

**296.** एक 300 Ω लाइन को $100 + j200\Omega$ इम्पीडैन्स द्वारा टर्मिनेट किया गया है। लाइन का वोल्टेज परावर्तन गुणांक (voltage reflection coefficient) होगा—

(a) $0 \cdot 6325 \angle 108°$ (b) $0 \cdot 7 \angle 30°$
(c) $0 \cdot 27 + j0 \cdot 196$ (d) $0 \cdot 377 \angle 42 \cdot 7°$

**297.** एक पैरेलल प्लेन गाइड में अटेनुएशन फैक्टर ($\alpha$) का मान ———— होगा।

(a) $\alpha = \frac{\text{power loss/unit length}}{2 \times \text{power trnasmitted}}$
(b) $\alpha$ सदैव नियत (constant) होता है
(c) $\alpha = \frac{2 \times \text{power lost}}{\text{power transmitted}}$
(d) $\alpha = \frac{\text{power lost}}{\text{power transmitted}}$

**298.** एक ट्रांसमिशन लाइन के लिए $Z_{oc} = 20\,\Omega$ तथा $Z_{sc} = 5\,\Omega$ है। लाइन की $Z_0$ होगी—

(a) 100 Ω (b) 10 Ω
(c) 15 Ω (d) 1000 Ω

**299.** कम्युनिकेशन लाइनों में समीप स्थित पावर लाइनों के कारण आने वाले डिसटर्बेन्स को ———— कहते हैं।

(a) क्रॉसटाक (b) क्रॉस फायर
(c) इन्डक्टिव डिसटर्बेन्स (d) उपरोक्त सभी

**300.** निम्न में 'false' स्टेटमैन्ट ———— है।

(a) किसी लाइन की $Z_0$ उसका एक ac अभिलक्षण (characteristics) होता है तथा लाइन की प्रत्येक लम्बाई के लिए समान रहता है
(b) $Z_0$ को एक संवेदी (sensitive) ओममीटर द्वारा मापा जा सकता है
(c) $Z_0$ में टर्मिनेट की गयी लाइन एक फ्लैट (flat) अथवा अन-अनुनादी (non-resonant) लाइन होती है
(d) ट्विन लीड की $Z_0$ अधिक होती है परन्तु उसमें कोएक्सियल केबिल की तुलना में कम हानियाँ होती हैं

**301.** एक कोएक्सियल लाइन की 10 GHz पर $Z_0$ का मान 75 Ω है। लाइन के साथ $(75 - j50)\,\Omega$ लोड कनैक्ट

किया जाना है। उत्तम मैचिंग के लिए कौन-सी विधि उपयुक्त होगी ?

(a) लोड के साथ एक शॉर्ट सर्किटेड स्टब का कनैक्शन

(b) लोड के साथ एक इन्डक्टैन्स का कनैक्शन

(c) लोड से एक निश्चित दूरी पर एक कैपेसिटैन्स का कनैक्शन

(d) लोड से एक निश्चित दूरी पर एक शॉर्ट सर्किटेड स्टब का कनैक्शन

**302.** यदि VSWR = 2 है परावर्तन गुणांक (reflection coefficient) ——— होगा।

(a) 1 (b) 0

(c) 1/2 (d) 2/3

**303.** ट्रांसमिशन लाइन की शंट एडमिटैन्स *(Y)* का सूत्र ——— है।

(a) $Y = R + j\omega L$ (b) $Y = R - j\omega L$

(c) $Y = G + j\omega C$ (d) $Y = j\omega G + C$

**304.** ट्रांसमिशन लाइन तथा वेवगाइड्स में मुख्य अन्तर यह है कि—

(a) ट्रांसमिशन लाइन के समान वेवगाइड डिस्ट्रिब्यूटेड नहीं होती

(b) ट्रांसमिशन लाइन में स्टब तथा क्वार्टरवेव लाइन का उपयोग किया जा सकता है परन्तु वेवगाइड में नहीं

(c) ट्रांसमिशन लाइन में प्रोपेगेशन के लिए प्रिन्सिपल मोड का उपयोग किया जाता है अतः उनमें LF कट-ऑफ की समस्या नहीं होती

(d) वेवगाइड के उपयोग में इम्पीडैन्स मैचिंग तथा SWR आदि पदों का उपयोग नहीं किया जा सकता

**305.** 10T सैक्शनों की लम्पड् पैरामीटर्स की एक लाइन के प्रत्येक सैक्शन में श्रेणी प्रतिरोध (series resistance) का मान 10Ω/सेक्शन तथा शन्ट प्रतिरोध 200 Ω है। यह लाइन यह 3V emf के जेनरेटर से मैच्ड की गयी है। जेनरेटर को उसकी 'characteristic impedance' में टर्मिनेट किया गया है। सैन्डिंग एन्ड (sending end) पर धारा ——— होगी।

(a) 0·133 A (b) 0·667 A

(c) 6·67 A (d) 0·033 A

**306.** एक वोल्टमीटर, एक ट्रांसमिशन लाइन में प्रत्येक 30 cm की दूरी पर शून्य वोल्ट (0V) प्रदर्शित करता है। वोल्टेज तरंग की तरंगदैर्ध्य (λ) एवं आवृत्ति ——— होगी।

(a) 30 cm, 1000 MHz (b) 60 cm, 500 MHz

(c) 120 cm, 250 MHz (d) 6 m, 500 MHz

**307.** यदि परातर्वन गुणांक (reflection coefficient) का मान 1/2 है तब VSWR का मान ——— होगा।

(a) 2 (b) 4

(c) 8 (d) 0

**308.** एक $\frac{nl}{4}$ लम्बाई की लाइन (n is a integer) दूर वाले सिरे पर शॉर्ट सर्किट की गयी है। इनपुट इम्पीडैंस ——— होगी।

(a) शून्य (0) (b) अनन्त (infinite)

(c) $Z_0$ (d) उपरोक्त में कोई नहीं

**309.** एक $\frac{n\lambda}{4}$ लम्बाई (n is a odd multiple) की लाइन की—

(a) प्रतिबाधा अनन्त होगी (b) प्रतिबाधा शून्य होगी

(c) प्रतिबाधा 1 होगी (d) उपरोक्त में कोई नहीं

**310.** लोड एवं ट्रांसमिशन लाइन के मध्य मिसमैच (mismatch) को ——— कह सकते हैं—

(a) डायरैक्टिविटी (b) गेन

(c) SWR

(d) परावर्तन गुणांक (reflection coefficient)

**311.** VSWR के उच्च मानों (higher values) के मापन की उपयुक्त विधि है—

(a) सिंगल मिनिमा (single minima) विधि

(b) डबल मिनिमा (double minima) वधि

(c) उपरोक्त (a) अथवा (b) में कोई भी

(d) उपरोक्त में कोई नहीं

**312.** निम्न में 'false' स्टेटमैन्ट का चयन कीजिये—

एक लाइन की SWR अनन्त (infinite) है। इसका अर्थ है कि लाइन को ——— के समान टर्मिनेट किया गया है।

(a) शॉर्ट सर्किट (b) कॉम्पलैक्स इम्पीडैन्स

(c) ओपिन सर्किट

(d) शुद्ध प्रतिघात (pure reactance)

समस्त सॉलिड स्टेट माइक्रोवेव युक्तियों का सामान्य अभिलक्षण उनका ऋणात्मक प्रतिरोध (negative resistance) है जिसका प्रयोग माइक्रोवेव जेनरेशन तथा ऑसिलेशन के लिए किया जा सकता है।

## 7.3. माइक्रोवेव प्रणाली (Microwave Systems)

माइक्रोवेव प्रणाली में सामान्यतः ट्रांसमिशन साइड में एक ट्रांसमीटर, एक माइक्रोवेव ऑसिलेटर, वेवगाइड्स तथा ट्रांसमिटिंग एन्टीना होते हैं। रिसीवर साइड में एक रिसीविंग एन्टीना, ट्रांसमिशन लाइन (or waveguide), एक माइक्रोवेव ऑसिलेटर तथा एक रिसीवर होता है। चित्र 7.1 में एक माइक्रोवेव प्रणाली का ब्लॉक डायग्राम प्रदर्शित किया गया है।

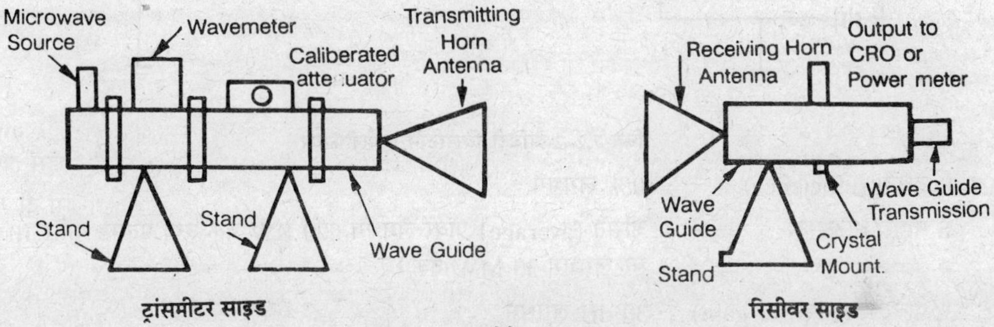


**चित्र 7.1–माइक्रोवेव प्रणाली**

## 7.4. माइक्रोवेव ट्यूब्स (Microwave Tubes)

विभिन्न माइक्रोवेव ट्यूब्स की आपरेशन की विधि यद्यपि अलग-अलग होती है परन्तु उन सभी में dc वोल्टेज सोर्स से ac वोल्टेज सोर्स को पावर एक धारा घनत्व (current density) द्वारा मॉडुलेटेड इलेक्ट्रॉन बीम द्वारा ट्रांसफर की जाती है। इसके लिए इलेक्ट्रॉनों को एक स्टैटिक विद्युत क्षेत्र (static electric field) में त्वरित (accelerate) तथा ac विद्युत क्षेत्र में मन्दित (retard) किया जाता है। इलेक्ट्रॉन बीम में इलेक्ट्रानों का घनत्व (density) मॉडुलेशन होने के कारण ac फील्ड द्वारा काफी इलेक्ट्रॉनों का मन्दन (retardation) होता है तथा पुनः ac फील्ड द्वारा त्वरण (acceleration) होता है अतः ac विद्युत क्षेत्र को एक निश्चित ऊर्जा (net energy) डिलिवर हो जाती है। विभिन्न माइक्रोवेव ट्यूब्स में निम्न अन्तर होता है—

(1) घनत्व या वेग (velocity or density) मॉडुलेशन उत्पन्न करने की विधि

(2) AC फील्ड में accelerate तथा retard करने की विधि

(3) शॉर्ट गैप अथवा किसी extended क्षेत्र पर इलेक्ट्रॉनों का मन्दन

## 7.5. मल्टीकैविटी क्लिस्ट्रॉन एम्पलीफायर (Multicavity Klystron Amplifier)

यह उच्च शक्ति का माइक्रोवेव का सोर्स तथा एम्पलीफायर है। दो कैविटी वाली क्लिस्ट्रॉन को माइक्रोवेव एम्पलीफायर की भाँति ऑपरेट किया जाता है तथा यह वेग एवं धारा (velocity and current) मॉडुलेशन के सिद्धान्त पर कार्य करती है। कैथोड से इन्जैक्ट किये गये समस्त इलेक्ट्रॉन पहली कैविटी पर एक समान (uniform) वेग से आते हैं। कैविटी पर RF सिगनल एप्लाई किया जाता है। वे इलेक्ट्रॉन जो कैविटी में गैप वोल्टेज (or signal voltage) के जीरो (zero) पर पहुँचते हैं, अपना वेग परिवर्तित किये बिना (with unchanged velocity) गुजर जाते हैं तथा जो गैप वोल्टेज के निगेटिव स्विंग के समय गुजरते हैं, उनके वेग में कमी हो जाती है। इन क्रियाओं के कारण, जब इलेक्ट्रॉन ड्रिफ्ट स्पेस में से गुजरते हैं, धीरे-धीरे परस्पर बंच (bunch) कर जाते हैं। दूसरे कैविटी गैप में इलेक्ट्रॉन घनत्व (electron density), समय के साथ चक्रीय रूप में (cyclically) परिवर्तित होता है। इलेक्ट्रॉन पुंज (electron beam) में एक ac कम्पोनैन्ट होता है। अतः इसे धारा मॉडुलेटेड (current modulated) कहते हैं। अधिकतम बंचिग, रिटार्डिंग फेज में लगभग दूसरी कैविटी के मध्य में होता है। इस प्रकार इलेक्ट्रॉनों की गतिज ऊर्जा (kinetic energy) दूसरी कैविटी के फील्ड को ट्रांसफर हो जाती है। उसके पश्चात् इलेक्ट्रॉन दूसरी कैविटी से घटे हुए वेग (reduced velocity) से बाहर आते हैं तथा अन्त में कलैक्टर पर पहुँचते हैं। 2-कैविटी क्लिस्ट्रॉन एम्पलीफायर की विशेषताएँ निम्न हैं—

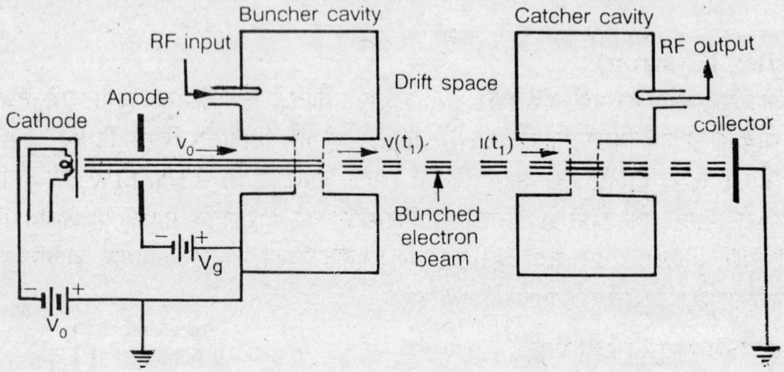


चित्र 7.2–2-कैविटी क्लिस्ट्रॉन एम्पलीफायर

1. दक्षता (efficiency) : 40% लगभग

2. पावर आउटपुट : औसत (average) पावर लगभग 500 KW तक तथा पल्सड पावर 10 GHz पर लगभग 30 MW तक

3. पावर गेन (Power gain) : 30 dB लगभग

चित्र 7.2 में प्रदर्शित 2-कैविटी क्लिस्ट्रॉन में कैथोड के समीप की कैविटी बन्चर कैविटी (buncher cavity) अथवा इनपुट कैविटी कहलाती है। यह कैविटी इलेक्ट्रॉनों को वेग-मॉडुलेट (velocity modulate) करती है। दूसरी कैविटी कैचर कैविटी (catcher cavity) अथवा आउटपुट कैविटी कहलाती है। यह बन्चड् इलेक्ट्रॉन बीम से ऊर्जा कैच करती है। उसके पश्चात् बीम कैचर कैविटी से निकल कर कलैक्टर पर टर्मिनेट होते हैं।

दो कैविटी वाले क्लिस्ट्रॉन एम्पलीफायर का गेन लगभग 30 dB होता है। उच्च गेन (Overall high gain) प्राप्त करने के लिए अनेक 2-कैविटी ट्यूब्स की परस्पर कास्केडिंग की जा सकती है। एक ट्यूब की आउटपुट, दूसरी (next) ट्यूब की इनपुट में फीड-की जाती है। ट्यूब निर्माताओं ने उच्च गेन की पूर्ति के लिए मल्टीकैविटी ट्यूब डिजाइन की है। इसी प्रकार का एक 4-कैविटी क्लिस्ट्रॉन एम्पलीफायर चित्र 7.3 में प्रदर्शित किया गया है।

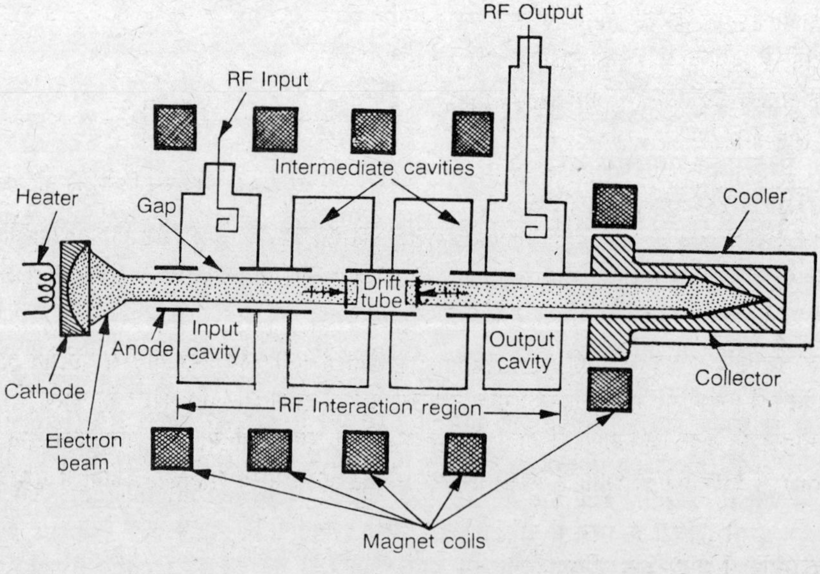


चित्र 7.3–4-कैविटी क्लिस्ट्रॉन एम्पलीफायर का डायाग्राम

## रिफ्लैक्स क्लिस्ट्रॉन (Reflex Klystron)

यदि क्लिस्ट्रॉन की आउटपुट पावर का एक अंश (fraction) इनपुट कैविटी को फीड कर दिया जाये, तथा लूप गेन, $2\pi$ के पूर्ण गुणक (multiple) के साथ 1 हो तब क्लिस्ट्रॉन दोलन (oscillate) करेगी। रिफ्लैक्स क्लिस्ट्रॉन एक कम शक्ति का जेनरेटर (low power generator) है। 1 से 25 GHZ तक आवृत्ति रेंज में इसकी आउटपुट 10 से 500 MW तक होती है। इसकी दक्षता (efficiency) लगभग 20% से 30% तक होती है। रिफ्लैक्स क्लिस्ट्रॉन को माइक्रोवेव मापन, माइक्रोवेव रिसीवर्स में लोकल ऑसिलेटर्स के समान, कॉमर्शियल, मिलेट्री, राडार, तथा मिसाइलों में प्रयुकत किया जाता है। इसके अतिरिक्त इसे अन्य अनेक उपकरणों में निम्न कार्यों के लिए उपयोग में लाया जाता है—

1. माइक्रोवेव जेनरेटर्स में सिगनल सोर्स के समान
2. माइक्रोवेव रिसीवर्स में लोकल ऑसिलेटर्स के समान
3. पोर्टेबिल माइक्रोवेव लिन्क्स में फ्रीक्वैन्सी मॉडुलेटेड रिसीवर्स के समान
4. पैरामीट्रिक एम्पलीफायर्स के लिए पम्प ऑसिलेटर्स के समान

कैथोड से इन्जैक्ट की गयी इलेक्ट्रॉन बीम सर्वप्रथम कैविटी गैप वोल्टेज द्वारा वेग मॉडुलेट (velocity modulate) होती है। एक्सलरेटिंग फील्ड द्वारा त्वरित (accelerated) कुछ इलेक्ट्रॉन, अधिक वेग से रिपैलर स्पेस (repeller space) में प्रवेश करते हैं। कुछ इलेक्ट्रॉन जो रिटार्डिंग फील्ड द्वारा मन्दित (retard) हो जाते हैं रिपैलर क्षेत्र में कम वेग से प्रवेश करते हैं। वे सभी इलेक्ट्रॉन जो रिपैलर वोल्टेज द्वारा वापस (turn around) हो जाते हैं कैविटी गैप में से बन्चों में (in bunches) गुजरते हैं। यह क्रिया एक चक्र (cycle) में एक बार होती है। वापस जाते समय बन्च्ड (bunched) इलेक्ट्रॉन ac फील्ड के रिटार्डिंग फेज (retarding phase) गैप से गुजरते हैं तथा अपनी गतिज ऊर्जा (kinetic energy) कैविटी में क्षेत्र की इलेक्ट्रोमैगनेटिक ऊर्जा को दे देते हैं। उसके पश्चात् कैविटी से ऑसिलेटर की आउटपुट ऊर्जा प्राप्त होती है। अन्त में इलेक्ट्रॉन कैविटी की दिवारों अथवा ट्यूब के ग्राउन्ड हुए धात्वीय भाग (metallic part) द्वारा कलैक्ट हो जाते हैं।

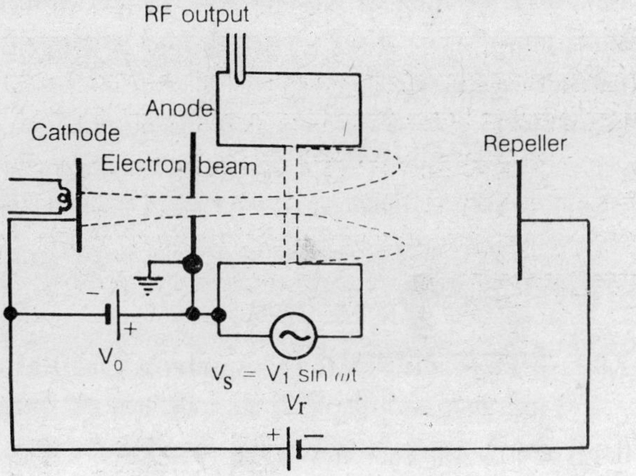

चित्र 7.4–रिफ्लैक्स क्लिस्ट्रॉन की रचना

## 7.7. ट्रैवलिंग वेव ट्यूब (TWT)

ब्रॉडबैन्ड के लिए हैलिक्स ट्रेवलिंग वेव ट्यूब (helix TWTs) का व्यापक रूप से उपयोग किया जाता है जबकि मध्यम उच्च (high-average) पावर के लिए (जैसे radar transmitters) सामान्यतः कपल्ड-कैविटी TWTs (coupled cavity TWTs) का उपयोग किया जाता है।

TWT में माइक्रोवेव सर्किट अनुनादी नहीं (nonresonant) होता है तथा तरंग उसी गति से प्रोपेगेट होती है जिस गति से इलेक्ट्रॉन, बीम में गति करते हैं। बीम पर सबसे पहला प्रभाव, ट्रैवलिंग वेव के दुर्बल (weak) फील्ड के कारण, वेग मॉडुलेशन के रूप में होता है। यह वेग मॉडुलेशन बहुत कम मात्रा में होता है। क्लिस्ट्रॉन के समान ही यह वेग मॉडुलेशन बाद में धारा मॉडुलेशन (current modulation) में परिवर्तित हो जाता है जिससे परिपथ में RF धारा प्रेरित (induce) होती है तथा एम्लीफिकेशन होता है।

TWT तथा क्लिस्ट्रॉन में मुख्य अन्तर निम्न हैं—

**1.** TWT में इलेक्ट्रॉन बीम तथा RF फील्ड का इन्टरएक्शन सर्किट की पूरी लम्बाई में लगातार होता है परन्तु क्लिस्ट्रॉन में यह इन्टरएक्शन केवल कुछ अनुनादी कैविटीज (resonant cavities) के गैपों में होता है।

2. TWT में प्रोपेगेटिव तरंग होती है जबकि क्लिस्ट्रॉन में प्रोपेगेटिग नहीं होती।

3. कपल्ड कैविटी TWT में कैविटियों के मध्य कपलिंग प्रभाव (coupling effect) होता है जबकि क्लिस्ट्रॉन में प्रत्येक कैविटी अलग-अलग ऑपरेट होती है।

हैलिक्स TWT में एक इलेक्ट्रॉन बीम तथा एक slow-wave स्ट्रक्चर होता है। इलेक्ट्रॉन बीम एक नियत (constant) चुम्बकीय क्षेत्र द्वारा slow-wave स्ट्रक्चर तथा इलेक्ट्रॉन बीम की दिशा में फोकस होती है। यह O-टाइप TWT कहलाती है। स्लो-वेव स्ट्रक्चर हैलीकल टाइप अथवा फोल्डेड बैक लाइन होता है। एप्लाई किया गया सिगनल हैलिक्स की कुन्डलियों के परितः (around the turns of helix) प्रोपेगेट होता है तथा हैलिक्स के सेन्टर पर एक विद्युत क्षेत्र उत्पन्न करता है। अक्षीय विद्युत क्षेत्र (axial electric field) उस वेग से आगे बढ़ता है जो प्रकाश के वेग तथा हैलिक्स के पिच एवं परिधि के अनुपात की गुणा के बराबर होता है। जब इलेक्ट्रॉन हैलिक्स ट्यूब में प्रवेश करते है तब गतिमान एक्सियल विद्युत क्षेत्र तथ गतिमान इलेक्ट्रॉनों के मध्य इन्टरएक्शन होता है। इलेक्ट्रॉन, हैलिक्स पर तरंग ऊर्जा ट्रांसफर करते हैं। इस इन्टरएक्शन से हैलिक्स पर सिगनल की तरंग (wave) बड़ी हो जाती है। जीरो फील्ड पर हैलिक्स में प्रवेश करने वाले इलेक्ट्रॉनों पर सिगनल वेव का कोई प्रभाव नहीं होता तथा एक्सीलरेटिंग फील्ड पर प्रवेश करने वाले इलेक्ट्रॉन एक्सीलेरट हो जाते हैं एवं रिटार्डिंग फील्ड पर प्रवेश करने वाले इलेक्ट्रॉन मन्दित (decelerate) हो जाते हैं। जब इलेक्ट्रॉन हैलिक्स के अनुदिश (along) चलते हैं तब वे कलैक्टर मोइड में बंच (bunch) हो जाते हैं। बंचिग के कारण फेज $\pi/2$ शिफ्ट हो जाता है। बंच के प्रत्येक इलेक्ट्रॉन पर प्रबल (stronger) रिटार्डिंग फील्ड एप्लाई होता है। उसके पश्चात् इलेक्ट्रॉनों की माइक्रोवेव ऊर्जा, इलेक्ट्रॉन बन्च द्वारा हैलिक्स पर तरंग (wave) को डिलिवर हो जाती है तथा सिगनल वेव का एम्पलीफिकेशन होता है। TWT के मुख्य अभिलक्षण निम्न प्रकार होते हैं—

| | |
|---|---|
| आवृत्ति रेंज (frequency range) | : 3 GHz तथा उससे अधिक |
| बैन्डविड्थ (bandwidth) | : 0.8 GHz (लगभग) |
| दक्षता (efficiency) | : 20 to 40% |
| पावर आउटपुट (power output) | : 10 KW तक (औसतन) |
| पावर गेन (power gain) | : 60 dB तक |

## 7.8. मैगनेट्रॉन ऑसिलेटर्स (Magnetron Oscillators)

सभी प्रकार की मैगनेट्रानों में एक एनोड तथा एक कैथोड होता है। एनोड एवं कैथोड के मध्य एक dc विद्युत क्षेत्र (electric field) होता है तथा इसके लम्बवत् एक स्थिर चुम्बकीय क्षेत्र (magnetic field) होता है। कैथोड एवं एनोड के मध्य क्रॉसफील्ड (cross field) होने के कारण कैथोड से उत्सर्जित (emitted) इलेक्ट्रॉन, क्रॉसफील्ड से प्रभावित होकर वक्रीय पथ (curved path) में चलते हैं। यदि मैगनेटिक फील्ड काफी प्रबल (strong) है तब इलेक्ट्रॉन एनोड पर आकर पुनः कैथोड की ओर वापस हो जाते हैं जिससे धारा कट-ऑफ (current cut-off) हो जाती है। मैगनेट्रॉन निम्न प्रकार वर्गीकृत की जा सकती हैं—

**1.** स्पलिट एनोड मैगनेट्रॉन (Split anode magnetron) : इस प्रकार की मैगनेट्रॉन में दो एनोड सेगमेन्ट्स के मध्य एक स्टैटिक निगेटिव प्रतिरोध (static negative resistance) का उपयोग किया जाता है।

**2.** साइक्लोट्रॉन फ्रीक्वैन्सी मैगनेट्रॉन (Cyclotron frequency magnetron) : यह मैगनेट्रॉन, विद्युत क्षेत्र के एक कम्पोनैन्ट तथा इलेक्ट्रॉनों के, फील्ड के समानान्तर पीरियॉडिक ऑसिलेशन के परस्पर सिन्क्रोनिज्म में ऑपरेट होती है।

### ट्रैवलिंग वेव मैगनेट्रॉन (Travelling Wave Magnetron)

इस प्रकार की मैगनेट्रॉन की कार्य प्रणाली, इलेक्ट्रॉनों एवं लीनियर वेग से चलते हुए विद्युत चुम्बकीय क्षेत्र (travelling electromagnetic field of linear velocity) के मध्य इन्टरएक्शन पर निर्भर करती है। इन्हें केवल मैगनेट्रॉन भी कहते हैं।

मैगनेट्रॉन का उपयोग राडार तथा लीनियर कण (linear particle) एक्सीलरेटर्स में किया जाता है। इनकी डयूटी साइकिल सामान्यतः 0·1% होती है। मैगनेट्रॉन के ऑपरेशन के लिए आवश्यक पावर 10 KW से 5 MW तक होती है। यह ऑपरेटिंग

फ्रीक्वैन्सी तथा अनुप्रयोग पर निर्भर करता है। VTM (Voltage Tunable Magnetron), 1 KW कैरियर पावर के साथ 200 MHz से X-बैन्ड तक फ्रीक्वैन्सी रेंज में कार्य कर सकती हैं। इनकी दक्षता 75% तक होती है। इस प्रकार की ट्यूब्स, स्वीप ऑसिलेटर्स, टेलीमीट्री तथा मिसाइल सम्बन्धी उपकरणों में प्रयुक्त की जाती हैं। नियत-आवृत्ति (fixed frequency) कैरियर वेव मैगनेट्रॉन भी उपलब्ध हैं जिनका उपयोग इन्डस्ट्रियल हीटिंग (industrial heating) तथा माइक्रोवेव ओवेन (microwave ovens) में किया जाता है। इनकी ऑपरेटिंग फ्रीक्वैन्सी 900 MHz तथा 2.5 GHz के लगभग होती है। इनकी दक्षता (efficiency) सामान्यतः 70% से अधिक होती है।

## 7.9. क्रॉस फील्ड एम्पलीफायर (Cross-field Amplifier)

क्रॉस-फील्ड एम्पलीफायर (CFA) माइक्रोवेव पावर एम्पलीफायर होता है। यह TWT तथा मैगनेट्रॉन दोनों की कार्यप्रणाली का मिश्रित (mixed or cross) रूप है। इसकी रचना मैगनेट्रॉन के समान होती है जिससे परस्पर क्रॉस करते हुए dc विद्युत क्षेत्र एवं चुम्बकीय क्षेत्रों के मध्य इन्टरएक्शन प्राप्त होता है तथा साथ-साथ ही एक RF फील्ड भी प्राप्त होता है। इलेक्ट्रॉन बीम तथा गतिमान RF फील्ड के मध्य निरन्तर (continuous) इन्टरएक्शन के लिए इसमें slow-wave स्ट्रक्चर का उपयोग किया जाता है।

पल्स्ड (pulsed) क्रॉस-फील्ड एम्पलीफायर्स 1–50 GHz आवृत्ति रेंज में ऑपरेट होते हैं। इनसे UHF रेंज में अधिकतम 10 MHz पावर, 10 GHz पर 1 MW एवं S-बैन्ड में 400 KW पावर उपलब्ध हो सकती है। इसका ड्यूटी साइकिल 5% तक, दक्षता 70%, बैन्डविड्थ सैन्टर फ्रीक्वैन्सी का 25% तथा पावर गेन लगभग 20 dB तक प्राप्त होता है।

CFAs का उपयोग लगभग सभी राडार एवं इलेक्ट्रॉनिक काउन्टर प्रणालियों में किया जाता है।

## 7.10. बैकवर्ड-वेव ऑसिलेटर (BWO)

BWO एक माइक्रोवेव कैरियर वेव (CW) ऑसिलेटर है इसकी ट्यूनिंग तथा फ्रीक्वैन्सी कवरेज रेंज काफी बड़ी है। यह TWT के सिद्धान्त (इलेक्ट्रॉन बीम एवं RF फील्ड के मध्य इन्टरएक्शन) पर प्रचलित होता है। इसमें सामान्यतः हैलिक्स slow-wave स्ट्रक्चर का उपयोग किया जाता है। इसकी बैन्ड विड्थ बीम तथा slow-wave स्ट्रक्चर के इन्टरएक्शन द्वारा सीमित (limited) होती है। इन्टरएक्शन बढ़ाने के लिए BWO में एक रिंग कैथोड का उपयोग किया जाता है जो एक खोखली (hollow) बीम उत्पन्न करता है तथा जिसकी तीव्रता (intensity) हैलिक्स के समीप अधिकतम होती है।

एक सामान्य BWO लगभग 10 MW पावर उत्पन्न करता है। इसे 60 GHz से 110 GHz रेंज में इलेक्ट्रॉनिक विधि द्वारा ट्यून किया जा सकता है। कलैक्टर धारा 12 से 15 mA (average) तथा पावर क्षय (dissipation) लगभग 30 W होता है।

## 7.11. वैरेक्टर (Varactor) डायोड

वैरेक्टर अथवा परिवर्ती धारिता (variable capacitance) डायोड में यह गुण है कि डायोड जंकशन पर रिवर्स बायस परिवर्तित कर जंकशन कैपेसिटैन्स परिवर्तित की जा सकती है। इस प्रकार के डायोड ट्यूनिंग के लिए माइक्रोवेव फ्रीक्वैन्सी मल्टीप्लायर के समान प्रयुक्त किये जाते हैं तथा कम शोर वाले (low moise) माइक्रोवेव पैरामीट्रिक एम्पलीफायर्स के समान प्रयुक्त किये जाते हैं। ये डायोड GaAs के फैब्रिकेशन से बनाये जाते हैं। GaAs की ऑपरेटिंग फ्रीक्वैन्सी रेंज उच्च तथा निम्न तापों (low temperature) पर उत्तम कार्य प्रणाली (functioning) होती है।

## 7.12. स्टैप-रिकवरी डायोड (Step-recovery Diodes)

स्टैप-रिकवरी डायोड को स्नैप-ऑफ वैरेक्टर (snap-off varactor) भी कहते हैं। यह सिलिकॉन अथवा गैलियम आर्सेनाइड द्वारा निर्मित PN जंकशन डायोड होता है। इसकी रचना वैरेक्टर डायोड के समान ही होती है। यह एक ऐपीटेक्सियल डिफ्यूज्ड जंकशन डायोड होता है। फारवर्ड बायस में कन्डक्ट करने के समय इसे चार्ज स्टोर करने के लिए डिजाइन किया जाता है। रिवर्स बायस एप्लाई करने पर डायोड अपनी स्टोर्ड ऊर्जा शार्प पल्स के रूप में डिस्चार्ज कर देता है। इन पल्सों में अनेक हार्मोनिक्स होते हैं। इस पल्स की अवधि सामान्यतः 100 से 1000 psec तक होती है। इन डायोडों को बिना ट्यून्ड परिपथों के मल्टीपल हार्मोनिक्स जेनरेट करने के लिए भी प्रयुक्त किया जा सकता है जिन्हें प्रायः काम्ब जेनरेटर्स (comb generators) कहते हैं। सामान्यतः दो या अधिक स्टैप रिकवरी डायोडों को उच्च पावर हैन्डलिंग कैपेसिटी के लिए एक पैकेज में स्टैक कर दिया जाता है।

## 7.13. टनैल डायोड (Tunnel Diode)

टनैल डायोड पतले जंकशन (thin junction) का डायोड होता है। कम फारवर्ड बायस (low forward bias) पर यह निगेटिव प्रतिरोध (negative resistance) प्रदर्शित करता है। इसे एम्पलीफिकेशन तथा दोलन (oscillation) के लिए उपयोग में लाया जा सकता है। पतले जंकशन तथा कम (short) ट्रान्जिट टाइम के कारण यह माइक्रोवेव आवृत्तियों के लिए अत्याधिक उपयुक्त है।

टनैल डायोड एक अत्याधिक डोपिंग वाला (highly doped) PN जंक्शन डायोड होता है। इसकी जंक्शन कैपेसिटैन्स बायस वोल्टेज तथा ताप (temperature) पर बहुत अधिक निर्भर करती है।

टनैल डायोड को परिपथों में प्रयोग करने के लिए प्रायः इसे इसके ट्यून्ड परिपथ के साथ ढीला युग्मित (loosely couple) किया जाता है। यह एक 'low noise' डिवाइस है। टनैल डायोड एम्पलीफायर (TDA) एक ब्रॉड बैन्ड, उच्च गेन (high gain) का माइक्रोवेव एम्पलीफायर होता है। यह स्पेस कार्यों (space work) के लिए भी उपयुक्त है क्योंकि TDA पर इन्टर-प्लेनेटरी स्पेस (inter planetary space) में विद्यमान रेडियेशन का कोई प्रभाव नहीं होता। टनैल डायोड, मिक्सर की भाँति भी प्रयोग में लाये जाते हैं। ये एक्टिव ऑसिलेशन उत्पन्न कर सकते हैं अतः इन्हें सेल्फ-एक्साइटेड मिक्सर्स (self-excited mixers) की भाँति भी उपयोग में लाया जाता है। उच्च गति की डिवाइस होने के कारण इन्हें उच्च स्पीड स्विचिंग तथा लॉजिक ऑपरेशन के लिए भी उपयोग में लाया जाता है। अपनी सरलता के कारण इन्हें 100 GHz तक 'low power' ऑसिलेटर्स के समान तथा आवृत्ति स्थिरता (frequency stability) के लिए प्रयोग में लाया जाता है।

## 7.14. गन डायोड (Gunn Diodes)

गन प्रभाव (Gunn effect) को प्रयुक्त कर बल्क (bulk) सेमीकन्डक्टर मेटीरियल में माइक्रोवेव दोलन उत्पन्न किये जा सकते हैं। गन डायोड, प्रायः, GA सिलिकॉन से डोप किये गये GaAs अथवा InP से एपीटैक्सियली ग्रो किये जाते हैं। उत्तम कॉन्टेक्ट (ohmic contact) के लिए (for good conductivity) सब्सट्रेट की डोपिंग उच्च (highly doped) होती है जब कि पतली लेयर कुछ कम डोप्ड (doped) होती है। GaAs गन डायोड 4 GHz (1 to 2 W of CW maximum) से 100 GHz (50 mW of CW maximum) तक उपलब्ध हैं। इनकी दक्षता केवल 2·5% से 5% तक होती है।

गन VCOs का उपयोग इन्स्ट्रुमेन्टेशन में किया जाता है। इनसे 2 ऑक्टेव (2 octaves) तक फ्रीक्वैन्सी रेंज प्राप्त की जा सकती है जो वैरेक्टर की रेंज से काफी अधिक है। गन डायोड एम्लीफायर्स की तुलना में गन ऑसिलेटर्स का उपयोग अधिक किया जाता है।

## 7.15. इम्पैट डायोड (Impatt Diodes)

इम्पैट डायोड मूलतः Impact एवलांचे एवं ट्रान्ज़िट टाइम डायोड हैं। निम्न (lower) माइक्रोवेव आवृत्तियों पर यह निगेटिव प्रतिरोध प्रदर्शित करता है तथा उच्च पल्स पावर डिलीवर करता है। निगेटिव प्रतिरोध का अर्थ डिवाइस का वह गुण है जिसके कारण उसमें धारा, डिवाइस के एक्रोस वोल्टेज से 180° कलान्तर (out of phase) पर होती है। इम्पैट डायोड में एवलांचे धारा मल्टीप्लीकेशन (avalanche current multiplication), जेनरेशन में डिले तथा ड्रिफ्ट स्पेस में ट्रान्जिट टाइम के कारण डिले मिलकर एप्लाईड वोल्टेज तथा परिणामी धारा में 180° फेज अन्तर प्राप्त होता है।

एक सामान्य इम्पैट डायोड लगभग 50 GHz पर कार्य करता है तथा इसमें GaAs अथवा Si चिप होती है।

इम्पैट डायोड के निर्माण में $N^+$ सब्सट्रेट पर N लेयर एपीटेक्सियली ग्रो की जाती है। P लेचर एपीटेक्सियली अथवा आयन इम्पलीमेन्टेशन द्वारा ग्रो की जाती है तथा अन्त में डिफ्यूजन द्वारा $P^+$ लेयर फॉर्म की जाती है। ये $P^+PNN^+$ डिवाइस, इम्पैट डायोड कहलाती है। इन्हें डबल-ड्रिफ्ट इम्पैट डायोड भी कहते हैं। इन डायोड का उपयोग उच्च आवृत्तियों पर तथा उच्च आउटपुट पॉवर के लिए किया जाता है।

## 7.16. ट्रैपेट डायोड (Trapatt Diodes)

ये डायोड TRApped Plasma Avalanche Triggered Transit डायोड होते हैं। ये भी निम्न (lower) माइक्रोवेव आवृत्तियों पर निगेटिव प्रतिरोध प्रदर्शित करते हैं तथा उच्च पल्स्ड पावर डिलीवर करते हैं। ये प्लेनर (planar) सिलिकॉन डायोड होते

हैं तथा इनका स्ट्रक्चर इम्पैट डायोड के समान होता है परन्तु इनमें जंकशन एवं एनोड के मध्य डोपिंग लेविल में धीरे-धीरे (gradual) परिवर्तन होता है, अचानक (abrupt) नहीं होता। TRAPATT डायोड में $P^+NN^+$ Impatt चिप के बजाये $N^+PP^+$ कम्पलीमेन्टरी स्ट्रक्चर का उपयोग किया जाता है। इससे डायोड में शक्ति व्यय (dissipation) में सुधार होता है।

एक सामान्य TRAPATT डायोड का ड्यूटी साइकिल 0·1%, पल्स्ड पावर 3 GHz पर 200 W तथा दक्षता 30% होती है। अधिकांश TRAPATT ऑसिलेटर्स तथा एम्पलीफायर्स पर अभी भी प्रयोगशालाओं में सुधार किया जा रहा है। इन डायोडों को एयरबोर्न तथा मेरीन (airborne and marine) राडार में प्रयुक्त किया जाता है।

## 7.17. पिन एवं शॉटकी डायोड (PIN and Schottkey Diode)

पिन, शॉटकी बैरियर तथा बैकवर्ड डायोड का उपयोग पावर जेनरेशन तथा एम्पलीफिकेशन में नहीं किया जाता है। इन कार्यों के लिए ये निष्क्रिय (passive) होते हैं परन्तु मिक्सर्स, डिटैक्टर्स तथा पावर कन्ट्रोल में ये एक्टिव होते हैं।

पिन डायोड में P-टाइप सेमीकन्डक्टर की एक पतली (narrow) लेयर तथा N-टाइप मेटीरियल की एक लेयर होती है। दोनों के मध्य इन्ट्रिन्जिक मेटीरियल का अपेक्षाकृत मोटा क्षेत्र (thicker region) होता है। वास्तव में इन्ट्रिन्जिक लेयर एक हल्का डोप किया गया (light doped) सेमीकन्डक्टर होता है। पिन डायोड का उपयोग माइक्रोवेव पावर स्विचिंग, लिमिटिंग (limiting) तथा मॉडुलेशन में किया जाता है। सामान्यतः पिन डायोड 700 GHz कट ऑफ फ्रीक्वैन्सी तक उपलब्ध हैं। ये लगभग 200 KW peak पावर हेन्डल कर सकते हैं तथा इनका स्विचिंग टाइम उच्च शक्ति (high powers) के लिए 40ns तथा कम शक्तियों (lower power) पर 1ns होता है।

शॉटकी बैरियर डायोड, प्वाइन्ट कॉन्टेक्ट डायोड का संशोधित रूप है। इसमें प्वाइन्ट कॉन्टेक्ट के स्थान पर धातु एवं सेमीकन्डक्टर के मध्य इन्टरफेसिंग सरफेस शॉटकी बैरियर होती है। इसमें, सामान्य प्रकार के जन्कशन डायोड में होल-इलेक्ट्रॉन के रिकम्बीनेशन टाइम के कारण होने वाली डिले नहीं होती। प्वाइन्ट कॉन्टेक्ट डायोड की तुलना में धातु एवं सेमीकन्डक्टर के मध्य अधिक कॉन्टैक्ट क्षेत्र (barrier) होने के कारण इसका फारवर्ड प्रतिरोध (forward resistance) कम होता है अतः noise भी कम होता है।

शॉटकी बैरियर डायोड, 100 GHz माइक्रोवेव फ्रीक्वैन्सी तक उपलब्ध हैं। इन्हें डिटैक्टर्स तथा मिक्सर्स में प्रयोग किया जाता है। X-बैन्ड से अधिक उच्च आवृत्तियों पर GaAs डायोड अधिक उपयोग (prefer) किये जाते हैं क्योंकि उनमें कम noise होता है।

बैकवर्ड डायोड में, निर्माण के समय उपयुक्त डोपिंग एवं एचिंग (etching) द्वारा, टनैल डायोड का निगेटिव प्रतिरोध वाला "Peak and Valley" क्षेत्र हटाया जा सकता है। अतः बैकवर्ड डायोड, लघु-आयाम के सिगनल (small signal) रैक्टीफायर के समान प्रयोग किया जाता है। इसमें एक तंग (narrow) जंक्शन होता है तथा आवृत्ति एवं ऑपरेटिंग स्पीड उच्च होती है।

## 7.18. मेसर एम्पलीफायर्स (Maser Amplifiers)

मैसर एक low-noise माइक्रोवेव एम्पलीफायर है। मेसर से तात्पर्य है, 'Microwave Amplification by Stimulated Emission of Radiation'।

सामान्य मेसर 1·6 GHz पर ऑपरेट होते हैं। इस आवृत्ति पर इनका गेन 25 dB, तथा बैन्डविड्थ 25 MHz होती है एवं 48 GHz पर 120 mW CW पावर के पम्प की आवश्यकता होती है। यह 20K से अधिक noise temperature के लिए उपयुक्त है, अर्थात् noise figure 0·3 dB से उत्तम (better) होती है। मेसर में यह दोष है कि यह low-level एम्पलीफायर है तथा 1 $\mu$W से अधिक इनपुट लेविल पर सेचुरेट हो सकता है। अतः यह रेडियो एस्ट्रोनोमी के समान 'extraterrestrial' कम्युनिकेशन के लिए उपयुक्त है। राडार में मेसर का उपयोग नहीं किया जाता।

## 7.19. लेसर (Laser)

लेसर अर्थात् 'Light Amplification by Stimulated Emission of Radiation' द्वारा प्रकाश पुंज (coherent light) का जेनरेशन अथवा एम्पलीफिकेशन किया जा सकता है। यहाँ कोहेरेन्ट (coherent) का अर्थ सिंगल फ्रीक्वैन्सी, एक फेज में,

पोलेराइज्ड तथा डायरेक्शनल है जैसे कि माइक्रोवेव रेडियो तरंगें। लेसर एक ऑसिलेटर के समान है। लेसर का उपयोग रिमोट मापन (remote measurement), इन्डस्ट्रियल वैल्डिंग, एचिंग (etching) आदि में किया जाता है। इसका उपयोग चन्द्रमा (moon) के एक छोटे भाग (small area) को पृथ्वी द्वारा ऑपरेटेड किये गये (earth-operated) लेसर से प्रकाशित करने, त्रि-विमिय होलोग्राम (3-dimensional holograms), ऑप्टिकल सर्जरी एवं सैनिक कार्यों के लिए भी किया जात है।

लेसर का उपयोग कर आप्टिकल फाइबर कम्युनिकेशन लगभग 0·85 $\mu$m पर किया जाता है।

## 7.20. पैरामीट्रिक एम्पलीफायर्स (Parametric Amplifiers)

इन का उपयोग रेडियो टेलीस्कोप, स्पेस प्रोब ट्रैकिंग तथा कम्युनिकेशन, एवं ट्रोपोस्फीयरिक स्कैटर रिसीवर्स में किया जाता है। पैरामीट्रिक एम्पलीफायर्स, 'low noise' माइक्रोवेव एम्पलीफायर्स होते हैं।

पैरामीट्रिक एम्पलीफायर्स में ऐसी डिवाइस का उपयोग किया जाता है जिसका रिएक्टैन्स परिवर्तित कर एम्पलीफिकेशन प्राप्त किया जा सकता है। एम्पलीफिकेशन में किसी प्रतिरोध की आवश्यकता नहीं होती है अतः यह 'low noise' डिवाइस है। इसमें वैरेक्टर डायोड को एक्टिव एलीमेन्ट की भाँति प्रयोग किया जाता है। जब डायोड की रिएक्टैन्स एम्पलीफिकेशन किये जाने वाले सिगनल की फ्रीक्वैन्सी से अधिक आवृत्ति पर परिवर्तित की जाती है तब एम्पलीफिकेशन होता है। इस एम्पलीफायर को पैरामीट्रिक इसलिए कहा गया है क्योंकि कैपेसिटैन्स, ट्यून्ड सर्किट का एक पैरामीटर होता है।

पैरामीट्रिक एम्पलीफायर्स से एम्पलीफाइड आउटपुट किसी अन्य फ्रीक्वैन्सी पर भी प्राप्त हो सकती है, जिससे गेन के साथ फ्रीक्वैन्सी कनवर्जन भी प्राप्त किया जा सकता है। यदि पम्प फ्रीक्वैन्सी, सिगनल फ्रीक्वैन्सी की तुलना में काफी अधिक है, तब idler फ्रीक्वैन्सी ($f_i$) जो '$f_P - f_S$' के बराबर होती है, $f_S$ से अधिक होगी तथा इस अवस्था में परिपथ 'up-converter' कहलाता है। इसके विपरीत यदि पम्प फ्रीक्वैन्सी ($f_P$) कुछ ही अधिक होती है तब $f_i$, सिगनल फ्रीक्वैन्सी $f_s$ से कम होगी। इस अवस्था में यह परिपथ down-converter कहलाता है। यह रेडियो रिसीवर के मिक्सर परिपथ के समान होता है।

पैरामीट्रिक एम्पलीफायर्स दो प्रकार के हो सकते हैं—(1) Narrowband एम्पलीफायर्स, जिनमें वैरेक्टर डायोड ट्यून्ड सर्किट का एक पार्ट होता है तथा, (2) वाइडबैन्ड एम्पलीफायर्स (Wide band amplifiers) जिनमें ट्रैवलिंग वेव स्ट्रक्चर में अनेक डायोड प्रयोग किये जाते हैं।

## 7.21. माइक्रोवेव हाइब्रिड सर्किट (Microwave Hybrid Circuits)

माइक्रोवेव परिपथों में अनेक माइक्रोवेव डिवाइस इस प्रकार कनैक्ट की जाती है कि माइक्रोवेव सिगनल का आवश्यकतानुसार ट्रांसमिशन हो सके। दो या अधिक माइक्रोवेव युक्तियों का इन्टर कनैक्शन, माइक्रोवेव जंकशन कहलाता है। माइक्रोवेव जंकशन में सामान्यतः वेवगाइड टी (waveguide tees) उदाहरणतः E-plane tee, H-plane tee, magic tee, हाइब्रिड रिंग (rate-race circuit), डायरैक्शनल कपलर तथा सरकुलेटर आदि का प्रयोग किया जाता है।

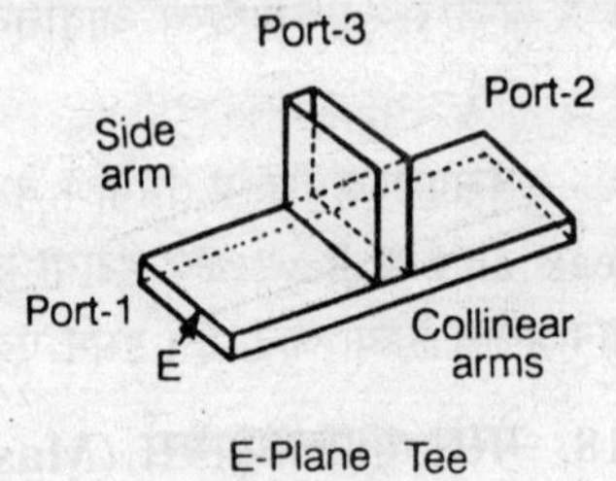


चित्र 7.5–E-Plane tee

**E-plane tee :** E-प्लेन टी एक वेवगाइड 'tee' है जिसमें साइड आर्म की अक्ष (axis), मुख्य गाइड (main guide) के फील्ड के सामान्तर होती है (चित्र 7.5)। यदि सीधी भुजाएँ (collinear arms), साइड आर्म के परितः सिमेट्रिकल हो तब दो भिन्न ट्रांसमिशन अभिलक्षण होते हैं। जब तरंगे साइड आर्म (port 3) में फीड की जाती है तब कोलिनियर आर्म के पोर्ट 1 तथा पोर्ट 2 में उत्पन्न तरंगें विपरीत कला में होगीं परन्तु आयाम (magnitude) में समान होगीं।

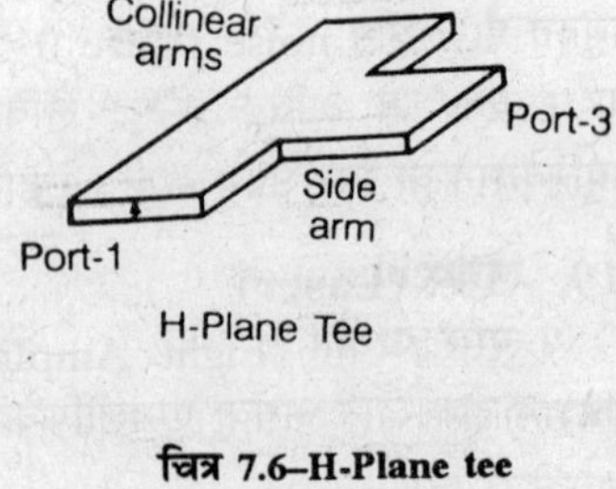


चित्र 7.6–H-Plane tee

**H-plane tee :** H-प्लेन टी वह वेवगाइड टी है जिसमें साइड आर्म की अक्ष E-फील्ड को शन्ट करती है अथवा मुख्य गाइड के H-फील्ड के समान्तर होती है। यदि कोलीनियर आर्म के पोर्ट 1 तथा पोर्ट 2 में दो इनपुट तरंगें फीड की जाये तब पोर्ट 3 पर आउटपुट एक ही फेज में अर्थात् 'additive' होगीं। इसके विपरीत यदि इनपुट, पोर्ट 3 में फीड की जाये तब तरंग पोर्ट 1 तथा पोर्ट 2 में बराबर विभाजित (split equally) होगीं तथा इनके फेज एवं आयाम (magnitude) समान होंगे (चित्र 7·6)।

**Magic tee :** चित्र 7.7 में एक मैजिक टी का डायग्राम दिया गया है। यह मैजिक टी, E-प्लेन टी तथा H-प्लेन T का संयोजन (combination) होती है। इसकी निम्न विशेषताएँ होती हैं—

**1.** यदि पोर्ट 1 तथा पोर्ट 2 में समान आयाम तथा समान फेज की दो तरंगें फीड की जाएँ तब पोर्ट 3 पर आउटपुट शून्य एवं पोर्ट 4 पर 'additive' होगी।

**2.** यदि कोई तरंग पोर्ट 4 में फीड की जाती है तब यह कोलीनियर आर्म के पोर्ट 1 तथा पोर्ट 2 में बराबर-बराबर विभाजित हो जायेगी तथा पोर्ट 3 पर प्राप्त नहीं होगी।

**3.** यदि कोई तरंग पोर्ट 3 में फीड की जाती है तब यह पोर्ट 1 तथा पोर्ट 2 पर समान आयाम (magnitude) तथा विपरीत फेज (opposite phase) की आउटपुट वोल्टेज उत्पन्न करेगी।

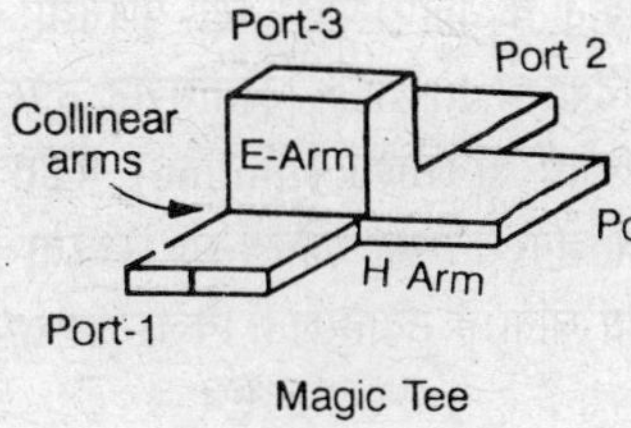


**चित्र 7.7–Magic tee**

**4.** यदि कोई तरंग कोलीनियर आर्म्स के पोर्ट 1 अथवा पोर्ट 2 में फीड की जाती है तब वह दूसरी कोलीनियर आर्म्स में पोर्ट 2 अथवा पोर्ट 1 में प्राप्त नहीं होगी क्योंकि E-ऑर्म फेज डिले (Phase delay) उत्पन्न करती है जबकि H-आर्म फेज एडवान्स (phase advance) उत्पन्न करती है।

मैजिक टी का उपयोग सामान्यतः मिक्सिग (mixing), डुप्लैक्सिग (duplexing) तथा प्रतिबाधा मैचिंग (impedance matching) में किया जाता है।

## Hybrid Rings (Rat-Race Circuits)

चित्र 7.8 में एक हाइब्रिड रिंग दिखायी गयी। इसमें उपयुक्त विद्युतीय लम्बाई की एक एनुलर रिंग (annular ring) होती है जिसमें स्थावर तरंगें (standing waves) उत्पन्न हो सके। रिंग में उपयुक्त दूरियों (proper intervals) पर चार आर्म, श्रेणी अथवा समानान्तर जंकशनों द्वारा संयोजित (connected) होती है। हाइब्रिड रिंग के अभिलक्षण हाइब्रिड टी के समान ही होते हैं। जब कोई तरंग पोर्ट 1 में फीड की जाती है तब यह पोर्ट 3 पर प्राप्त नहीं होती है क्योंकि क्लॉकवाइज तथा एन्टीक्लॉकवाइज दिशाओं में चलने वाली तरंगों के लिए फेज शिफ्ट का अन्तर 180° होता है। इस प्रकार तरंगें पोर्ट 3 पर केन्सिल हो जाती है। इसी प्रकार पोर्ट 2 में फीड की गयी तरंगे पोर्ट 4 पर प्राप्त नहीं होगी।

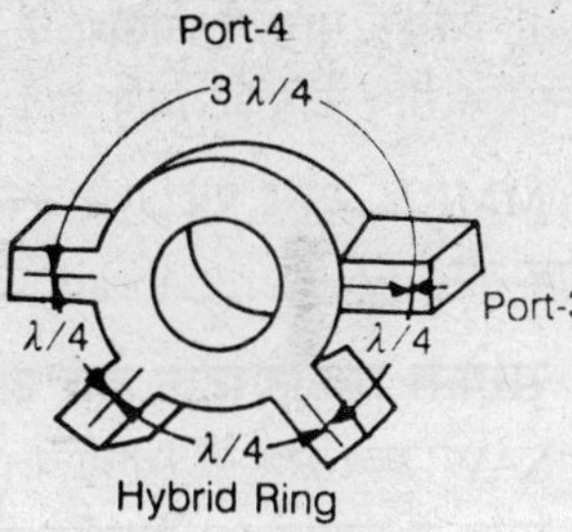


**चित्र 7.8–हाइब्रिड रिंग**

**Directional Coupler :** चित्र 7.9 में एक डायरैक्शनल कपलर दिखाया गया है।

यह चार पोर्ट का वेवगाइड जंकशन होता है। जब सभी पोर्ट उनकी अभिलाक्षणिक प्रतिबाधा (characteristic impedance) में टर्मिनेट किये जाते हैं तब पोर्ट 1 तथा पोर्ट 2 के मध्य बिना परावर्तन (without reflection) पावर का फ्री ट्रांसमिशन होता है तथा पोर्ट 1 एवं पोर्ट 3 अथवा पोर्ट 2 एवं पोर्ट 4 के मध्य पावर का ट्रांसमिशन नहीं होता क्योंकि इन दो पोर्ट-पेयर्स के मध्य कोई कपलिंग नहीं होती। पोर्ट 1 एवं पोर्ट 4 के मध्य तथा पोर्ट 2 एवं पोर्ट 3 के मध्य 'डिग्री ऑफ कपलिंग' कपलर के स्ट्रक्चर पर निर्भर करती है।

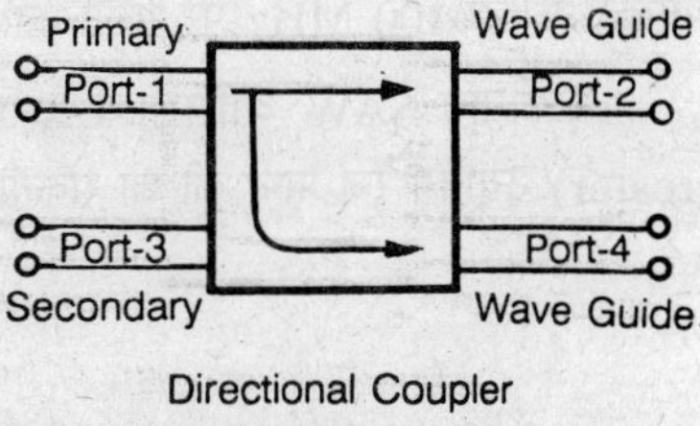


**चित्र 7.9–डायरैक्शनल कपलर**

**Circulator and Isolators :** ये non-reciprocal ट्रांसमिशन युक्तियाँ हैं। ये युक्तियाँ फैराइट मेटीरियल में फैराडे रोटेशन के सिद्धान्त पर ऑपरेट होती हैं। माइक्रोवेव सरकुलेटर एक मल्टीपोर्ट वेवगाइड जंकशन होता है जिसमें तरंग nth पोर्ट से केवल (n + 1)th पोर्ट की ओर एक दिशा में प्रवाहित हो सकती है। चित्र 7.10 में एक सरकुलेटर दिखाया गया है।

आइसोलेटर भी एक non-reciprocal ट्रांसमिशन डिवाइस है। इसका उपयोग ट्रांसमिशन लाइनों एवं कम्पोनैन्ट्स को दूसरे कम्पोनैन्ट्स के परावर्तनों (reflections) से अलग (isolate) करना है। एक आदर्श आइसोलेटर किसी दिशा में प्रोपेगेशन के लिए पावर को पूर्णतया अवशोषित (absorb) कर लेता है तथा विपरीत दिशा में lossless ट्रांसमिशन उपलब्ध कराता है। इस प्रकार के आइसोलेटर को सामान्यतः यूनिलाइन (uniline) कहते हैं। आइसोलेटर्स का उपयोग सामान्यतः माइक्रोवेव जेनरेशन की फ्रीक्वैन्सी स्थिरता (frequency stability) को सुधारने के लिए किया जाता है उदाहरणतः क्लिस्ट्रॉन तथा मैगनेट्रॉन।

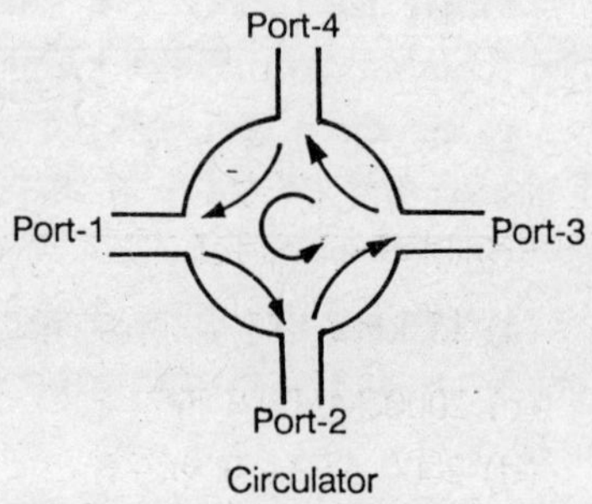


चित्र 7.10–सरकुलेटर

## 7.22. माइक्रोस्ट्रिप लाइन्स (Microstrip Lines)

मोनोलिथिक माइक्रोवेव इन्टीग्रेटिड सर्किट (MMICs) के विकास के फलस्वरूप, माइक्रोस्ट्रिप लाइन्स तथा कोप्लेनर स्ट्रिप लाइन्स, सोलिड स्टेट युक्तियों को माउन्ट करने के लिए उपयुक्त (free and accessible) सरफेस उपलब्ध कराती है।

माइक्रोस्ट्रिप लाइनों पर केवल 'quasi transverse electric and magnetic' मोड (TEM) ही होते हैं। माइक्रोस्ट्रिप लाइनों के न्यूमेरिकल विश्लेषण (numerical analysis) के लिए बड़े डिजिटल कम्प्यूटर्स की आवश्यकता है जब कि माइक्रोस्ट्रिप लाइनों की समस्याओं को, बिना न्यूमेरिकल गणना के सामान्यतः 'conformal transformations' द्वारा हल किया जा सकता है।

## 7.23. MMICs (Monolithic Microwave Integrated Circuits)

सामान्य डिस्क्रीट परिपथों की तुलना में MMICs के निम्न लाभ हैं—

1. अधिक मात्रा में निर्माण के कारण मूल्य में कमी, 2. कम भार, 3. छोटा आकार, 4. उच्च विश्वसनीयता क्योंकि समस्त कम्पोनैन्ट एक साथ फैब्रिकेट किये जाते हैं तथा सोल्डर्ड जंकशन (soldered joints) नहीं होते, 5. उत्तम परफोरमेन्स

MMICs स्पेस एवं रक्षा उपकरणों में अत्यधिक उपयुक्त है क्योंकि वे शॉक (shocks), ताप (temperature) एवं अत्याधिक कम्पन्न (severe vibrations) के कारण उत्पन्न स्थितियों में उचित रूप से फंक्शन करते हैं।

## 7.24. सरफेस एकाउस्टिक वेव ऑसिलेटर्स (SAW Oscillators)

SAW उच्च स्तर के स्थायीत्व (stable) वाले क्वार्टज ऑसिलेटर्स की श्रेणी की अत्याधुनिक एवं संशोधित डिवाइस है। यह, वर्तमान समय में प्रयुक्त IC टेक्नॉलोजी के लिए अत्यधिक उपयुक्त है। SAW डिवाइस, पीजोइलेक्ट्रिक सब्सट्रेट (piezoelectric substrate) द्वारा एकाउस्टिक सिगनल के प्रोपेगेशन पर निर्भर करती है। यह एकाउस्टिक सिगनल, फोटोएचिंग विधि द्वारा निर्मित पतली फिल्म के ट्रांसड्यूर्स द्वारा जेनरेट तथा रिसीव किया जाता है। SAW ऑसिलेटर्स का उपयोग 100 MHz से कम तथा 1 GHz आवृत्ति से ऊपर तक किया जा सकता है। इनकी फ्रीक्वैन्सी स्थिरता (stability) लगभग 1 ppm per volt है। SAWO का क्वालिटी फैक्टर 100 MHz पर सामान्यतः 20,000 होता है।

मल्टीमोड SAW ऑसिलेटर्स द्वारा, Q तथा डिवाइस के स्थायित्व (device stability) को प्रभावित किये बिना अधिक (greater) ट्यूनिंग रेंज प्राप्त की जा सकती है।

# Objective Type Questions
## (Microwave Devices and Circuits)

1. माइक्रोवेव्स की आवृत्ति ........... होती है।
   (a) 15 kHz (b) 15 MHz
   (c) 2000 MHz से कम
   (d) 2000 MHz से अधिक
2. निम्न में से ........... डायोड अधिकतम पल्स्ड (pulsed) पावर उत्पन्न करता है—
   (a) गम डायोड
   (b) शॉटकी बैरियर डायोड
   (c) वैरेक्टर डायोड (d) इम्पैट डायोड
3. रिफ्लैक्स क्लिस्ट्रॉन में विभिन्न मोड्स (modes) –
   (a) रेजोनेटर गैप पर अधिक ट्रांजिट टाइम होने के कारण होते हैं
   (b) कैविटी की विभिन्न दोलन आवृत्तियों के संगत (corresponding to different oscillating frequencies) होते हैं
   (c) अनियमित (spurious) आवृत्ति के कारण होते हैं
   (d) से लगभग समान आवृत्तियाँ परन्तु भिन्न-भिन्न ट्रांजिट टाइम प्राप्त होता है
4. रिफ्लैक्स क्लिस्ट्रॉन की रिपैलर स्पेस (repeller space) में ट्रान्जिट टाइम $n + \frac{3}{4}$ होना चाहिये जिससे कि—
   (a) यह कैविटी के दोलन के पीरियड के बराबर हो
   (b) वापस आने वाले इलेक्ट्रॉन अपनी ऊर्जा गैप में दोलनों (gap oscillations) को दे सकें
   (c) स्ट्राइकिंग इलेक्ट्रॉन, रिपैलर को नष्ट न कर सके
   (d) वापस होने पर इलेक्ट्रॉन गैप वोल्टेज द्वारा त्वरित (accelerate) हो सकें
5. माइक्रोवेव आवृत्तियों पर एन्टीना का आकार—
   (a) बहुत बड़ा होता है (b) बहुत छोटा होता है
   (c) छोटा होता है (d) बड़ा होता है
6. पिन (PIN) डायोड—
   (a) माइक्रोवेव स्विच की भाँति उपयोग में लाया जा सकता है
   (b) प्रायः माइक्रोवेव डिटेक्टर की भाँति प्रयोग किया जाता है
   (c) एक सेमीकन्डक्टर प्वाइन्ट कान्टैक्ट डायोड है
   (d) एक माइक्रोवेव मिक्सर डायोड है
7. निम्न में से कौन सा डायोड सबसे अधिक पल्सड् पावर उत्पन्न करता है—
   (a) शॉटकी बैरियर डायोड (b) गन डायोड
   (c) इम्पैट डायोड (d) इम्पैक्ट डायोड
8. निम्न में से 'false' स्टेटमैन्ट का चयन कीजिए—
   माइक्रोवेव ट्यूब में ट्रान्जिट टाइम कम हो जायेगा यदि—
   (a) इलेक्ट्रोड्स समीप लाये जाएँ
   (b) अधिक एनोड धारा का उपयोग किया जाए
   (c) मल्टीपल अथवा कोएक्सियल लीड्स (leads) का उपयोग किया जाए
   (d) उपरोक्त में कोई नहीं
9. बेलनाकार टाइप कैविटी रेजोनेटर्स (cylindrical cavity resonator) का उपयोग क्लिस्ट्रॉन के साथ नहीं किया जाता क्योंकि—
   (a) उनका Q बहुत कम होता है
   (b) उनकी अनुनाद आवृत्ति (resonant frequency), हार्मोनिक रूप से सम्बन्धित (harmonically related) होती है
   (c) उनका आकार ऐसा नहीं होता जिससे कि अनुनाद आवृत्ति का सरलता से समायोजन (adjustment) हो सके
   (d) उपरोक्त में कोई नहीं
10. सरकुलर वेवगाइड के TE मोड में अटेनुएशन—
   (a) आवृत्ति बढ़ने के साथ घटता है
   (b) आवृत्ति घटने के साथ बढ़ता है

(c) आवृत्ति घटने के साथ घटता है

(d) उपरोक्त में कोई नहीं

**11.** LASER किस पद का लघु रूप है—

(a) Light Amplification by Stimulated Emission of Radiation

(b) Last Aligned Sound Emitting Radio waves

(c) Low Amplification Signal Emitting Radio waves

(d) उपरोक्त में से कोई नहीं

**12.** निम्न में से कौन TWT slow-wave स्ट्रक्चर नहीं है—

(a) हैलिक्स (b) रिंग बार

(c) पीरियॉडिक स्थायी चुम्बक

(d) कपल्ड कैविटी

**13.** फैराडे इफैक्ट मुख्य रूप से—

(a) उच्च आवृत्ति ट्रांसमिशन में होता है

(b) सामान्य रेडियो ट्रांसमिशन में होता है

(c) ट्रान्सआयनोस्फीयरिक प्रोपेगेशन में होता है

(d) उपरोक्त में कोई नहीं

**14.** एन्टीना में टॉपलोडिंग (top loading),..........बढ़ाने के लिए किया जाता है—

(a) प्रभावी ऊँचाई (effective height)

(b) बैन्डविड्थ

(c) बीमविड्थ (d) इनपुट कैपेसिटैन्स

**15.** जब विद्युत चुम्बकीय तरंगें किसी वेवगाइड में प्रोपेगेट की जाती हैं तब—

(a) वे गाइड की चौड़ी (broader) दिवारों के अनुदिश (along) चलती है

(b) वे दिवारों (walls) से परावर्तित (reflect) हो जाती है परन्तु उनके अनुदिश नहीं चलती

(c) वे बिना दिवारों को स्पर्श किये डाइलेक्ट्रिक में चलती है

**16.** 2-कैविटी क्लिस्ट्रॉन में सैकेन्ड्री कैविटी को—

(a) कैचर कैविटी कहते हैं (b) बन्चर कैविटी कहते हैं

(c) वेग-माडुलेटिड (velocity modulated) कैविटी कहते हैं

(d) उपरोक्त में कोई नहीं

**17.** एक आदर्श (ideal) क्लिस्ट्रॉन की दक्षता लगभग .................... होती है।

(a) 25% (b) 50%

(c) 75% (d) 90%

**18.** मैच्ड लोड (matched load) वह है जिसमें—

(a) परावर्तन (reflection) शून्य होता है

(b) परावर्तन (reflection) 1 (unity) होता है

(c) आंशिक (partial) परावर्तन तथा आंशिक ट्रांसमिशन होता है

(d) उपरोक्त में कोई नहीं

**19.** किस माइक्रोवेव ट्यूब एम्पलीफायर में एक्सियल चुम्बकीय क्षेत्र तथा रेडियल विद्युत क्षेत्र का उपयोग होता है—

(a) कोएक्सियल मैगनेट्रान (b) CFA

(c) ट्रेवलिंग वेव मैगनेट्रॉन (d) रिफ्लैक्स क्लिस्ट्रॉन

**20.** वेवगाइड में माइक्रोवेव ऊर्जा, साइड की दिवारों से .................... द्वारा वेवगाइड की लम्बाई के अनुदिश प्रोपेगेट होती है।

(a) परावर्तन (reflection)

(b) अपवर्तन

(c) दूर चलने पर (moving off)

(d) उपरोक्त में कोई नहीं

**21.** अधिक (large) माइक्रोवेव पावर के मापन के लिए उपयुक्त डिवाइस है—

(a) कैलोरी मीटर (b) थर्मिस्टर

(c) बोलोमीटर (d) बैरेटर

**22.** किसी वेवगाइड प्रणाली में दो जेनरेटर इस प्रकार कपल करने के लिए कि वे (generators) परस्पर कपल न हो प्रयुक्त नहीं किये जा सकता—

(a) रैट-रेस (Rat race) (b) E Plane T

(c) हाइब्रिड रिंग (d) मैजिक T

**23.** इम्पैट डायोड में मुख्य दोष है—

(a) अधिक शोर (high noise)

(b) प्ल्स्ड ऑपरेशन उपलब्ध कराने की असमर्थतता

**24.** इम्पैट डायोड का एक मुख्य दोष है—

(a) अन्य माइक्रोवेव डायोड की तुलना में कम दक्षता

(b) अधिक शोर (high noise)

(c) पल्स्ड ऑपरेशन उपलब्ध कराने की असमर्थता

(d) कम पावर हेन्डल करने की क्षमता

**25.** E-प्लेन टी में दोनों भुजाओं (two arms) से प्राप्त आउटपुट—

(a) समान फेज में होती है

(b) 180° out of phase होती हैं

(c) 90° कलान्तर पर होती है

(d) उपरोक्त में कोई नहीं

**26.** निम्न में 'false' स्टेटमैन्ट है.........

(a) माइक्रोवेव आवृत्तियों पर वेवगाइड का उपयोग स्किन इफैक्ट (skin effect) कम करने के लिए किया जाता है

(b) सरकुलर वेवगाइड HPF (high pass filter) के समान कार्य करता है

(c) मोड $TE_{10}$ कोएक्सियल केबिल के लिए डोमिनैन्ट मोड है

(d) उपरोक्त में कोई नहीं

**27.** किसी प्लेन कन्डक्टिंग सतह से परावर्तन (reflection) के पश्चात् विद्युत चुम्बकीय तरंगों का आभासी वेग (apparent velocity), स्पेस में प्रकाश के वेग से अधिक होता है। इस वेग को कहते हैं—

(a) प्रोपेगेशन वेग

(b) नार्मल वेग (normal velocity)

(c) ग्रुप वेग (group velocity)

(d) फेज वेग (phase velocity)

**28.** माइक्रोस्ट्रिप .................. के समान है।

(a) बैलून (balun)

(b) वेव गाइड

(c) फ्लैटैन्ड कोएक्सियल लाइन (Flattened Coaxial line)

(d) उपरोक्त में कोई नहीं

**29.** उच्च पावर हैन्डल करने के लिए उपयुक्त ट्रांसमिशन लाइन है—

(a) कोएक्सियल लाइन (b) माइक्रोस्ट्रिप

(c) स्ट्रिप लाइन

(d) आयताकार (rectangular) वेवगाइड

**30.** एक पैरामीट्रिक एम्पलीफायर की इनपुट तथा आंउटपुट आवृत्तियाँ 2·25 GHz है तथा इसे 475 GHz पर पम्प किया गया है। यह एक .................. है।

(a) डिजेनरेट एम्पलीफायर

(b) ट्रैवलिंग वेव एम्पलीफायर

(c) लोअर साइडबैन्ड (LSB) अपकनर्वटर

(d) USB अपकनवर्टर

**31.** राडार द्वारा डिटैक्शन केवल लाइन-ऑफ-साइट तक सीमित होता है। इसका कारण है—

(a) पृथ्वी की वक्रीय सतह (curvature of earth)

(b) तरंगे आयनोस्फीयर द्वारा परावर्तित नहीं होती

(c) बड़ी तरंगदैर्ध्य (long wavelengths) का उपयोग किया जाता है

(d) उपरोक्त सभी

**32.** 500Ω अभिलाक्षणिक प्रतिबाधा ($Z_0$) की एक ट्रांसमिशन लाइन द्वारा 72 Ω इनपुट इम्पीडैन्स के एक डाइपोल को किसी विशेष आवृत्ति पर फीड किया जाता है। लाइन से डाइपोल को अधिकतम पावर ट्रांसफर करने के लिए उनके मध्य कनैक्ट किये गये इम्पीडैन्स ट्रासफॉर्मर को ..................

(a) 60 Ω अभिलक्षणिक प्रतिबाधा ($Z_0$) का 'Half wavelength' ($\lambda/2$) ट्रांसफॉर्मर होना चाहिये

(b) 50 Ω अभिलाक्षणिक प्रतिबाधा ($Z_0$) का क्वार्टर वेव ट्रांसफॉर्मर होना चाहिये

(c) 50 Ω अभिलाक्षणिक प्रतिबाधा ($Z_0$) का 'Half wavelength' ट्रांसफॉर्मर होना चाहिये

(d) 60 Ω अभिलाक्षणिक प्रतिबाधा ($Z_0$) का क्वार्टर वेव ट्रांसफॉर्मर होना चाहिये

**33.** एक निश्चित औसत शक्ति के लिए रुबी लेसर की पीक पावर आउटपुट .................. द्वारा बढ़ायी जा सकती है।

(a) फैब्री-पैरट (Fabry-Parot) रेजोनेटर प्रयोग का

(b) Q-स्पलिटिंग द्वारा

(c) कूलिंग द्वारा (d) चुम्बकीय क्षेत्र बढ़ाकर

**34.** मैजिक टी संयोजन (combination) है—

(a) एक H तथा एक E प्लेन टी का

(b) दो H तथा एक E प्लेन टी का

(c) एक H तथा दो E प्लेन टी का

(d) उपरोक्त में कोई नहीं

**35.** LSA तथा गन डायोड में अन्तर यह है कि LSA डायोड—

(a) GaAs द्वारा निर्मित होना आवश्यक नहीं है

(b) डोमेन फॉर्मेशन को रोकता है

(c) को निगेटिव प्रतिरोध की आवश्यकता नहीं

(d) एक true डायोड होता है

**36.** मैगनेट्रॉन एक—

(a) उच्च पावर का माइक्रोन एम्पलीफायर है

(b) कम पावर का एम्पलीफायर है

(c) उच्च पावर का माइक्रोवेव ऑसिलेटर है

(d) कम पावर का माइक्रोवेव ऑसिलेटर है

**37.** वेवगाइडों का निम्न आवृत्तियों पर उपयोग नहीं किया जा सकता क्योंकि इसकी परिपथ माप (circuit dimensions) –

(a) तरंगदैर्ध्य (wavelength) की तुलना में कम होती है

(b) तरंगदैर्ध्य (wavelength) की तुलना में बड़ी होती है

(c) परिपथ माप का कोई महत्व नहीं है

(d) उपरोक्त में कोई नहीं

**38.** डुप्लैक्सर का उपयोग........

(a) पल्स्ड राडार में पल्सो की स्पीड बढ़ाने के लिए किया जाता है

(b) दो एन्टीनाओं को बिना परस्पर इन्टरफीरेन्स के ट्रांसमीटर से कपल करने के लिए किया जाता है

(c) दो एन्टीनाओं के मध्य इन्टरफीरेन्स के बिना रिसीवर से कनैक्ट करने के लिए किया जाता है

(d) बिना परस्पर (mutual) इन्टरफीरेन्स के एक एन्टीना को रिसैप्शन अथवा ट्रांसमिशन के लिए प्रयोग किया जाता है

**39.** H प्लेट Tee को ............ भी कहते हैं।

(a) शन्ट टी (b) श्रेणी (series) टी

(c) शन्ट-सीरीज टी (d) उपरोक्त में कोई नहीं

**40.** पैरामीट्रिक एम्पलीफायर को ............ शीतल (cool) किया जाता है।

(a) Noise Performance में सुधार के लिये

(b) बैन्ड विड्थ में वृद्धि के लिये

(c) पल्सों (pulses) के लिए उपयुक्त (suitable) बनाने के लिये

(d) सामान्य ताप पर ऑपरेट न हो सकने के कारण

**41.** रूबी लेसर को एमोनिया मेसर की तुलना में अधिक वरीयता (preference) दी जाती है, क्योंकि रूबी लेसर की—

(a) तरंगदैर्ध्य (wavelength) अधिक होती है

(b) इसमें noise कम होता है

(c) cooling की आवश्यकता नहीं

(d) फ्रीक्वैन्सी स्थिरता (frequency stability) उत्तम होती है

**42.** वेवगाइड की तुलना में आप्टिकल फाइबर में क्या दोष है ?

(a) कम चैनल कैपेसिटी (inadequate channel capacity)

(b) अधिक क्रॉस टाक

(c) नयी तकनीकी (technology) का होना

(d) चुम्बकीय क्षेत्रों द्वारा शीघ्र प्रभावित होना

**43.** निम्न में से किस डायोड द्वारा अधिकतम पल्स पावर प्राप्त होगी—

(a) वैरेक्टर (b) गन (Gunn)

(c) शॉटकी बैरियर (d) रीमपैट (RIMPATT)

**44.** कैविटी मैगनेट्रॉन में स्ट्रैपिंग प्रयुक्त करने का उद्देश्य—

(a) मोड जम्पिंग को रोकना है

(b) कैथोड बैक हीटींग को रोकना है

(c) बचिंग होना निश्चित करता है

(d) फेज-फोकसिंग इफैक्ट को सुधारना है

**45.** बैकवर्ड वेव ऑसिलेटर आधारित है—

(a) राइजिंग सन मैगनेट्रॉन (rising sun magnetron) पर

(b) क्रॉस फील्ड एम्पलीफायर पर

(c) कोएक्सियल मैगनेट्रॉन पर

(d) TWT पर

**46.** सिस्टम, जिसमें दो ग्राउन्ड प्लेन उपयोग किये जाते हैं

(a) माइक्रोस्ट्रिप (b) होर्न एन्टीना

(c) पैरेलल वायर लाइन (d) स्ट्रिप लाइन

47. रूबी मेसर में चुम्बकीय क्षेत्र का उपयोग करने का उद्देश्य है—

(a) इलेक्ट्रॉन बीम के लिए शार्प फोकसिंग उपलब्ध कराना

(b) पापुलेशन इनवर्जन बढ़ाना

(c) सामान्य ताप पर ऑपरेशन सम्भव करना

(d) आवृत्ति समायोजन (frequency adjustment) उपलब्ध कराना

48. लेसर द्वारा कम्युनिकेशन के लिए आप्टिकल फाइवर्स लिंक का उपयोग किया जाता है क्योंकि वे—

(a) अन्य लेसर के कारण इन्टरफीरेन्स को रोकते हैं

(b) बीम को फैलने से रोकते हैं

(c) वातावरण के कारण इन्टरफीरेन्स रोकते हैं

(d) उपरोक्त में कोई नहीं

49. निम्न में 'false' स्टेटमैन्ट है—

रिफ्लैक्स क्लिस्ट्रॉन के रिपैलर की सुरक्षा के लिए

(a) प्रायः एक कैथोड प्रतिरोध का उपयोग किया जाता है

(b) क्लिस्ट्रॉन के एक्रॉस प्रायः एक डायोड कनैक्ट किया गया है

(c) कैथोड के साथ एक निगेटिव वोल्टेज स्थायी रूप से (permanently) कनैक्ट की जाती है

(d) एनोड वोल्टेज से पहले रिपैलर वोल्टेज एप्लाई की जाती है

50. गन डायोड के निर्माण में सिलिकॉन की तुलना में GaAs अधिक पसन्द (prefer) किया जाता है क्योंकि—

(a) इसकी फ्रीक्वैन्सी स्थिरता (frequency stability) उत्तम होती है

(b) इसकी आयन मोबिलिटी (ion mobility) उच्च होती है

(c) यह उच्च पावर घनत्व (high power densities) हैन्डल कर सकता है

(d) इसमें खाली (empty) ऊर्जा बैन्ड होती है जो सिलिकॉन में नहीं होती

51. गन डायोड (Gunn diode) में निगेटिव प्रतिरोध (negative resistance) का क्या कारण है ?

(a) अपेक्षाकृत कम मोबाइल (less mobile) ऊर्जा स्तर को इलेक्ट्रॉन ट्रांसफर

(b) उच्च रिवर्स बायस

(c) जंकशन पर इलेक्ट्रॉन डोमेन का फॉर्मेशन

(d) जंकशन पर टनैलिंग

52. निम्न में किस परिपथ में 'noise figure' को फिगर ऑफ मैरिट के समान उपयोग में लाया गया है ?

(a) ऑसिलेटर (b) एम्पलीफायर

(c) मोडरेटर (d) आइसोलेटर

53. कपलिंग क्रिया अधिक होने से—

(a) BW बढती है

(b) डायरैक्टिविटी बढ़ती है

(c) BW घटती है

(d) उपरोक्त (a) तथा (b) दोनों

54. TV ट्रांसमिशन के लिए माइक्रोवेव लिंक्स को अधिक वरीयता (preference) दी जाती है क्योंकि—

(a) उनमें इम्पल्स noise नहीं होता

(b) उनके कारण फेज डिसटोंशन कम होता है

(c) वे सस्ते हैं

(d) उनकी बैन्ड विड्थ बड़ी होती है

55. कैशेग्रेन फीड (Cassegrain feed) का उपयोग पैराबोलिक रिफ्लैक्टर के साथ क्यों किया जाता है ?

(a) प्रणाली का गेन बढ़ाने के लिए

(b) प्रणाली की बैन्ड विड्थ बढ़ाने के लिए

(c) मुख्य परावर्तक (main reflector) का साइज कम करने के लिए

(d) फीड को किसी उपयुक्त बिन्दु पर रखने के लिए

56. TWT में हैलिक्स का मूल उद्देश्य (primary purpose) –

(a) लम्बी ट्यूब में इलेक्ट्रॉन बीम को फैलने से रोकना है

(b) RF फील्ड का अक्षीय वेग (axial velocity) कम करना है

(c) ब्रॉड बैन्ड ऑपरेशन सुनिश्चित करता है

(d) 'Noise figure' को कम करता है

57. निम्न में कौन-सा माइक्रोवेव डायोड 'low power' दोलनों (oscillations) के लिए उपयुक्त है ?
(a) टनैल (Tunnel) (b) LSA
(c) गन (Gunn) (d) इम्पैट (Impatt)

58. जब विद्युत चुम्बकीय तरंगें दीवार से किसी कोण पर परावर्तित (reflect) होती है तब दिवार के अनुदिश (along the wall) उनकी वेवलैंग्थ—
(a) फ्री स्पेस में वेवलैंग्थ के बराबर ही होती है
(b) वेवलैंग्थ नहीं बदलती परन्तु दीवार के लम्बवत् होती है
(c) डॉपलर इफैक्ट के कारण कम (shortened) हो जाती है
(d) प्रोपेगेशन की वास्तविक दिशा में वेवलैंग्थ से बड़ी होती है

59. वेवगाइड की वैवलैंग्थ—
(a) फ्री स्पेस में वैवलैंग्थ से अधिक होती है
(b) केवल वेवगाइड की माप (dimensions) तथा फ्री स्पेस वेवलैंग्थ पर निर्भर करती है
(c) फेज वेग (phase velocity) के विलोमानुपाती (inversely proportional) होती है
(d) फेज वेग (phase velocity) के समानुपाती (directly proportional) होती है

60. विद्युत चुम्बकीय तरंगों (e.m. waves) को वेवगाइड में प्रोपेगेट करने पर—
(a) वे दीवारों (walls) से परावर्तित (reflect) हो जाती है
(b) वे दीवारों (walls) द्वारा अवशोषित (absorb) हो जाती है
(c) वे गाइड की चौड़ी (broader) दीवारों के अनुदिश (along) चलती है
(d) उपरोक्त में कोई नहीं

61. निम्न में कौन सा स्टेटमैन्ट 'False' है ?
पैराबोलिक रिफ्लैक्टर
(a) एक ओमनीडायरैक्शनल एन्टीना है
(b) पेन्सिल बीम एन्टीना है
(c) का उपयोग प्रायः 'line-of-sight' कम्युनिकेशन के लिए किया जाता है
(d) बॉडकास्ट एन्टीना नहीं है

62. सिलिकॉन का उपयोग टनैल डायोड के निर्माण में नहीं किया जाता। इसका कारण निम्न में से कौन सा नहीं है ?
(a) उच्च शोर (high noise)
(b) बड़ी ऊर्जा दरार (high forbidden gap)
(c) आयन गतिशीलता कम (low ion mobility)
(d) सिलिकॉन पर कार्य करना कठिन है

63. निम्न में से कौन-सी डिवाइस पल्स ऑपरेशन में प्रयोग नहीं की जाती है—
(a) CFT (b) BWO
(c) TWT (d) मल्टीकैविटी क्लिस्ट्रॉन

64. निम्न में 'false' स्टेटमैन्ट का चयन कीजिए—
स्ट्रिपलाइन का वेवगाइड की तुलना में लाभ .......... है
(a) कम मात्रा (smaller bulk)
(b) बड़ी बैन्डविड्थ (big bandwidth)
(c) पावर हैन्डलिंग क्षमता उच्च
(d) अर्धचालक युक्तियों के साथ अधिक समानता (compatibility)

65. हैलीकल एन्टीना का उपयोग सैटेलाइट ट्रैकिंग में किया जाता है क्योंकि—
(a) इसकी बैन्डविड्थ चौड़ी (broad) है
(b) इसे सरलता से ऑपरेट किया जा सकता है
(c) इसमें सरकुलर पोलेराइज़ेशन होता है
(d) इसका "front to back" अनुपात उत्तम है

66. टनैल डायोड के निर्माण में जरमेनियम की तुलना में गैलियम एन्टीमोनाइड को अधिक वरीयता (preference) दी जाती है क्योंकि इससे—
(a) Low noise ऑपरेशन प्राप्त होता है
(b) अधिक वोल्टेज स्विंग हेन्डल किया जा सकता है
(c) अपेक्षाकृत उत्तम फ्रीक्वैन्सी स्थायीत्व (frequency stability) प्राप्त होता है
(d) फैब्रिकेशन प्रोसेस सरल हो जाती है

67. निम्न में से कौन-सा माइक्रोवेव डायोड केवल कम शक्ति के (low power) ऑसिलेटर के लिए उपयुक्त है ?
(a) गन (Gunn) डायोड (b) टनैल डायोड
(c) LSA डायोड (d) IMPATT डायोड

68. TWT में अटेनुएटर का उपयोग—

(a) बंचिग में सहायता (help in bunching) के लिए किया जाता है

(b) दोलन (oscillations) रोकने के लिए किया जाता है

(c) सेचुरेशन (saturation) रोकने के लिए किया जाता है

(d) गेन (gain) बढ़ाने के लिए किया जाता है

69. एक आयताकार वेवगाइड, जिसकी broader dimension तथा narrow dimension क्रमशः a तथा b है की $TE_{10}$ मोड में कट ऑफ वेवलैंग्थ क्या होगी ?

(a) a (b) b

(c) 2a (d) 2b

70. रोडोम (Rodome) –

(a) एन्टीना की सुरक्षा के लिए कवर (protective cover) होता है

(b) डोम में निर्मित राडार होता है

(c) डोम के आकार का राडार एन्टीना होता है

(d) उपरोक्त में कोई नहीं

71. टनैल डायोड एवं इसकी कैविटी के मध्य कपलिंग ढीली (loose) रखी जाती है। इसका उद्देश्य है—

(a) आवृत्ति स्थिरता (frequency stability) बढ़ाना

(b) उपलब्ध निगेटिव प्रतिरोध बढ़ाना

(c) उच्च आवृत्तियों पर ऑपरेशन सम्भव करना

(d) अधिक वोल्टेज स्विंग उपलब्ध कराना

72. कैविटी एक—

(a) LPF के समान है (b) HPF के समान है

(c) BPF के समान है

(d) बैन्ड रिजैक्ट फिल्टर के समान है

73. नॉनडिजेनरेट (nondegenerate) एक पोर्ट वाले पैरामीट्रिक एम्पलीफायर का 'pump to signal' फ्रीक्वैन्सी अनुपात उच्च होना चाहिए क्योंकि इससे—

(a) 'Noise figure' low प्राप्त होती है

(b) पम्पिंग के लिए कम पावर की आवश्यकता होती है

(c) कम पावर पर ऑपरेशन (low power operation) सन्तोषजनक होता है

(d) उच्च पावर पर ऑपरेशन (high power operation) सन्तोषजनक होता है

74. उच्च मान के VSWR के मापन के लिए उपयुक्त विधि है—

(a) Single minima method

(b) Double minima method

(c) Double maxima method

(d) उपरोक्त में कोई नहीं

75. एक वेवगाइड को एक विशेष मोड में उत्तेजित (excite) करने पर प्रोपेगेशन की दिशा में एक अतिरिक्त धारा प्रवाहित होती हुई प्रतीत होती है। परिणामी मोड ———— है।

(a) Longitudinal

(b) Transverse-electric

(c) Transverse-magnetic

(d) Transverse electro-magnetic

76. निम्न आवृत्ति के (lower frequency) माइक्रोवेव सिगनल का क्या लाभ है—

(a) बढ़ी हुई बैन्डविड्थ (increased bandwidth)

(b) उच्च गेन एवं डायरैक्टिविटी के एन्टीना प्रयुक्त करने की क्षमता होना

(c) अधिक गोपनीयता

(d) उपरोक्त सभी

77. वैरेक्टर डायोड माइक्रोवेव आवृत्तियों पर—

(a) फ्रीक्वैन्सी मल्टीप्लीकेशन के लिए उपयुक्त है

(b) ऑसिलेटर के समान उपयोगी है

(c) पैरामीट्रीक एम्पलीफायर के समान उपयोगी है

(d) इलेक्ट्रॉनिक ट्यूनिंग के लिए उपयोगी है

78. दो वेवगाइडों को कपल करने के लिए चोक फ्लेंज का उपयोग किया जा सकता है—

(a) जिससे वेवगाइडों का एलाइनमेन्ट सरलता से किया जा सके

(b) क्योंकि यह अन्य जोड़ों (joints) की तुलना में सरल है

(c) जिससे ज्वायन्ट पर 'discontinuities' को कम्पैनसेट किया जा सके

(d) प्रणाली की बैन्ड विड्थ बढ़ाने के लिए

79. TWT के साथ पीरियॉडिक परमानेन्ट मैगनेट फोकसिंग का उपयोग किया जाता है जिससे—
(a) भारी इलेक्ट्रोमैगनेट की आवश्यकता न हो
(b) पल्स्ड ऑपरेशन प्राप्त हो सके
(c) इलेक्ट्रॉन बन्चिग में सुधार हो सके
(d) उच्च आवृत्तियों पर कपल्ड कैविटी ऑपरेशन प्राप्त हो सके

80. किस एम्पलीफायर में न्यूनतम शोर (minimum noise) होता है ?
(a) टनैल डायोड एम्पलीफायर
(b) मल्टी कैविटी क्लिस्ट्रॉन
(c) पैरामीट्रिक एम्पलीफायर
(d) सभी में noise लगभग समान होता है

81. आयताकार (rectangular) वेवगाइड की तुलना में सरकुलर वेवगाइड को ........... के कारण समान कार्य के लिए अधिक वरीयता (preference) दी जाती है।
(a) रोटेशन (Rotation)
(b) कम अनुप्रस्थ क्षेत्र (lower cross-section)
(c) अवांछित (spurious) मोड्स से मुक्ति
(d) उपरोक्त में कोई नहीं

82. यदि पीक पावर 1000 KW तथा औसत (average) पावर 0·8 KW हो तब ड्यूटी साइकिल होगा—
(a) 0·008% (b) 0·08%
(c) 0·8% (d) 8%

83. निम्न में से किस डिवाइस को माइक्रोवेव मिक्सर अथवा डिटैक्टर की भाँति प्रयुक्त नहीं कर सकते ?
(a) क्रिस्टल डायोड (b) शॉटकी बैरियर डथोड
(c) बैकवर्ड डायोड (d) PIN डायोड

84. X-बैन्ड में सर्वोत्तम low level noise ऑपरेशन के लिए एम्पलीफायर में ........... प्रयुक्त किया जाना चाहिए।
(a) BJT (b) FET
(c) IMPATT डायोड (d) Gunn डायोड

85. उच्च आवृत्तियों की स्ट्रैपिंग के साथ होने वाली कठिनाइयों को समाप्त करने के लिए मैगनेट्रॉन के लिए उपयुक्त टाइप का कैविटी स्ट्रक्चर है—
(a) होल एवं स्लाट (hole and slot)
(b) स्लॉट (slot)
(c) राइजिंग सन (rising sun)
(d) वेन (vane)

86. निम्न में से किस डिवाइस को पल्स्ड डिवाइस की भाँति प्रयोग में नहीं लाया जा सकता ?
(a) TWT (b) CFA
(c) BWO (d) मल्टीकैविटी क्लिस्ट्रॉन

87. एक TWT में एक्सीलरेटिंग पोटेन्शियल 1600V है हैलिक्स स्ट्रक्चर के लिए वायर तथा हैलिक्स की लम्बाइयों का अनुपात होगा—
(a) 20 (b) 15
(c) 10 (d) 5

88. निम्न में से कौन-सी फ्रीक्वैन्सी बैन्ड माइक्रोवेव फ्रीक्वैन्सी रेंज में है ?
(a) SHF तथा UHF (b) SHF तथा EHF
(c) UHF, SHF तथा EHF
(d) VLF, LF तथा MF

89. बोलोमीटर्स का उपयोग ........... के मापन के लिए किया जाता है।
(a) RF पावर (b) ऑडियो पावर
(c) माइक्रोवेव पावर (d) उपरोक्त में कोई नहीं

90. जब किसी सिगनल की फ्री स्पेस वेवलैंग्थ, वेवगाइड की कट-ऑफ वेव लैंग्थ के बराबर होती है तब वेवगाइड की अभिलाक्षणिक प्रतिबाधा (characteristic impedance) ........... हो जाती है।
(a) शून्य (b) 377 ohms
(c) 3·7 Mega ohms (d) अनन्त (infinite)

91. क्रिस्टल को मिक्सर के समान प्रयुक्त करने के लिए उसे—
(a) अरेखीय क्षेत्र (non-linear region) में ऑपरेट किया जाता है
(b) रेखीय क्षेत्र (linear region) में ऑपरेट किया जाता है
(c) उपरोक्त (a) तथा (b) दोनों
(d) उपरोक्त में कोई नहीं

**92.** बैकवर्ड (backward) वेव ऑसिलेटर आधारित है—

(a) कोएक्सियल मैगनेट्रॉन पर

(b) ट्रैवलिंग वेवट्यूब पर

(c) राइजिंग सन मैगनेट्रॉन (Rising sun magnetron) पर

(d) क्रॉस फील्ड एम्पलीफायर (CFA) पर

**93.** यदि रिसिविंग एन्टीना, ट्रासमिटिंग एन्टीना के सापेक्ष 90° पर पोलेराइज्ड हो तब एन्टीना—

(a) कोई सिगनल रिसीव नहीं करेगा

(b) अधिकतम सिगनल रिसीव करेगा

(c) न्यूनतम सिगनल रिसीव करेगा

(d) उपरोक्त में कोई नहीं

**94.** वेवगाइड में अन्दर की ओर लगा (protruding) स्क्रू उत्पन्न करता है—

(a) Capacitive discontinuity

(b) Inductive discontinuity

(c) वेवगाइड के अन्दर उसकी स्थिति के कारण 'capacitive' अथवा inductive discontinuity

(d) वेवगाइड पर उसके कोई प्रभाव नहीं होता

**95.** डाइप्लेक्सर—

(a) दो एन्टीनाओं को अलग-अलग करता है

(b) दो ट्रांसमिशन लाइनों को अलग-अलग करता है

(c) फ्रीक्वैन्सी के आधार पर दो सिगनलों को अलग-अलग करता है

(d) उपरोक्त में कोई नहीं

**96.** क्लिस्ट्रॉन ——— के सिद्धान्त पर ऑपरेट होता है।

(a) वेग मॉडुलेशन (Velocity modulation)

(b) आयाम मॉडुलेशन (Amplitude modulation)

(c) आवृत्ति मॉडुलेशन (Frequency Modulation)

(d) पल्स मॉडुलेशन (Pulse Modulation)

**97.** माइक्रोवेव प्रणाली में सर्किट एलीमैंन्टस को ——— माना जाता है।

(a) लम्पड सर्किट एलीमैन्ट्स (Lumped Circuit Elements)

(b) डिस्ट्रीब्यूटिड सर्किट एलीमेन्ट्स (Distributed Circuit Elements)

(c) उपरोक्त (a) तथा (b) दोनों

(d) उपरोक्त में कोई नहीं

**98.** रिफ्लैक्स क्लिस्ट्रॉन में—

(a) केवल एक कैविटी, बंचर तथा कैचर दोनों का कार्य करती है

(b) दो कैविटी होती हैं एक बंचर के लिए तथा दूसरी कैचर के लिए

(c) तीन कैविटी होती हैं दो बंचर के लिए तथा एक कैचर के लिए

(d) कोई कैविटी नहीं होती

**99.** बैरेटर्स तथा बोलोमीटर का उपयोग—

(a) माइक्रोवेव पावर मापन में किया जाता है

(b) VSWR पावर मापन में किया जाता है

(c) ट्रांसमिशन हानियों के मापन में किया जाता है

(d) उपरोक्त में कोई नहीं

**100.** राडार ट्रांसमीटर में मैगेनेट्रॉन के स्थान पर TWT का उपयोग किया जाता है क्योंकि यह—

(a) कम शोर वाली (loss noisy) डिवाइस है

(b) अधिक चौड़ी बैड (broad band) उपलब्ध कराती है

(c) लम्बी ड्यूटी साइकिल (longer duty cycle) दे सकती है

(d) अधिक दक्ष साइकिल (more efficient cycle) दे सकती है

**101.** TWT की मुख्य विशेषता है ———

(a) Low Noise figure, वाइड बैन्डविड्थ, औसत गेन (average gain)

(b) 40dB से अधिक गेन, वाइड बैन्डविड्थ, low noise figure

(c) अधिक शोर (more noise), वाइड बैन्डविड्थ

(d) उपरोक्त में से कोई नहीं

**102.** निम्न में कौन सा स्ट्रक्चर TWT स्लो वेव स्ट्रक्चर नहीं है?

(a) रिंग बार (b) कपल्ड कैविटी

(c) पीरियॉडिक परमानैन्ट मैगनेट

(d) हैलिक्स

103. मास्टर RF एम्पलीफायर ———— के लिए उपयुक्त नहीं है।

(a) रेडियोएस्ट्रोनोमी (b) सैटेलाइट कम्युनिकेशन

(c) राडार (d) ट्रोपोस्कैटर रिसीवर्स

104. वेवगाइड का कौन-सा ट्यूनिंग कम्पोनैन्ट सरलता से एडजस्ट नहीं किया जा सकता है?

(a) आइरिस (Iris) (b) प्लन्जर (Plunger)

(c) स्क्रू (Screw) (d) स्टब (Stub)

105. रिफ्लैक्स क्लिस्ट्रॉन ———— के समान कार्य करती है।

(a) माइक्रोवेव एम्पलीफायर

(b) माइक्रोवेव ऑसिलेटर

(c) उच्च गेन की कैविटी (High gain cavity)

(d) उपरोक्त (a) तथा (b) दोनों

106. माइक्रोवेव लिंक रिपीटर्स सामान्यतः 50 Km दूरी पर स्थापित किये जाते हैं। इसका कारण है—

(a) पृथ्वी की वक्रता (earth's curvature)

(b) वातावरण के कारण अटेनुएशन (atmospheric attenuation)

(c) आउटपुट ट्यूब की पावर सीमित (limited) होना

(d) यह सुनिश्चित करना कि एप्लाई की गयी dc वोल्टेज अत्यधिक न हो

107. निम्न में 'false' स्टेटमैन्ट है—

मैगनीज फैराइड का उपयोग

(a) सरकुलेटर के समान किया जा सकता है

(b) आइसोलेशन के समान किया जा सकता है

(c) गारनेट के समान किया जा सकता है

(d) फेज शिफ्टर के समान किया जा सकता है

108. एक मैगनेट्रॉन की औसत आउटपुट पावर 50W तथा ड्यूटी साइकिल 2% है। इसकी पीक आउटपुट पावर होगी—

(a) 25 W (b) 100 W

(c) 2500 W (d) 10 KW

109. यदि पीक पावर $10^4$ W तथा औसत पावर 800 W है तब ड्यूटी साइकिल—

(a) 0·08% (b) 0·8%

(c) 8·0% (d) 0·04%

110. TWT का ग्लास एक्वेडेग (aquadag) से कोटिगं करने पर—

(a) फोकसिंग (focussing) में सहायता मिलती है

(b) अटेनुएशन प्राप्त होता है

(c) बंचिंग में सुधार होता है

(d) गेन (gain) में वृद्धि होती है

111. वेवगाइड्स का उपयोग सामान्यतः किन आवृत्तियों पर नहीं किया जाता?

(a) 1 GHz से कम (b) 10 GHz से कम

(c) 50 GHz से कम (d) 150 GHz से कम

112. क्रॉस-सेक्शनल माप (Cross-sectional dimensions) कम करने के लिये प्रायः किस वेवगाइड का उपयोग किया जाता है?

(a) फ्लेक्सिबिल (Flexible)

(b) आयताकार (Rectangular)

(c) वृत्ताकार (Circular) (d) रिज (Ridged)

113. कौन सी डिवाइस केवल कम शक्ति के दोलनों (low power oscillations) के लिए उपयुक्त है?

(a) गन डायोड (b) टनैल डायोड

(c) इम्पैट डायोड

(d) ट्रैपैट (Trapatt) डायोड

114. माइक्रोवेव ऊर्जा (energy) को कपल करने के लिए किस डिवाइस का उपयोग किया जाता है ?

(a) ट्रांसमीटर (b) रैजोनेटर

(c) वेवगाइड (d) लूप

115. किस डिवाइस में एक एक्सियल मैगनेटिक फील्ड तथा एक रेडियल इलेक्ट्रिक फील्ड प्रयोग किया जाता है?

(a) कोएक्सियल मैगनेट्रॉन (b) CFA

(c) रिफ्लैक्स क्लिस्ट्रॉन (d) ट्रैवलिंग वेव मैगनेट्रान

116. पैराबोलिक डिश एन्टीना के लिए यदि फ्री-स्पेस वेवलैंग्थ $\lambda$ तथा व्यास $D$ है तब बैन्डविड्थ होगी—

(a) $70\lambda D$ (b) $\frac{70D}{\lambda}$

(c) $\frac{70\lambda}{D}$ (d) $\frac{D}{70\lambda}$

117. माइक्रोवेव परिपथ की इम्पीडैन्स तथा एडमिटैन्स निम्न में से किन पाठयांकों (readings) से ज्ञात की जा सकती है?

(a) क्रिस्टल धारा का अधिकतम तथा न्यूनतम (maximum & minimum) मान
(b) VSWR
(c) उपरोक्त दोनों (d) उपरोक्त में कोई नहीं

**118.** कोएक्सियल लाइन में TEM मोड—
(a) की कोई कट-ऑफ तरंगदैर्ध्य नहीं होती
(b) में dc धारा नहीं प्रवाहित हो सकती
(c) उपरोक्त (a) तथा (b) दोनों
(d) उपरोक्त में कोई नहीं

**119.** पैरामीट्रिक एम्पलीफायर का गेन ———— तथा low noise figure होती है।
(a) मध्यम (medium) (b) नगण्य (negligible)
(c) कम (low) (d) उच्च (high)

**120.** इलेक्ट्रॉनों का वेग ———— होने पर बीम लोड उच्च होता है।
(a) बहुत कम (b) कम
(c) मध्यम (medium) (d) उच्च (high)

**121.** परिपथ में 6 dB पैड (Pad) प्रयुक्त करने से—
(a) 6 dB अटेनुएशन होता है
(b) 6 dB गेन होता है
(c) 4 dB अटेनुएशन होता है
(d) 4 dB गेन होता है

**122.** ट्रैवलिंग वेव मैगनेट्रान से कौन सा फील्ड सम्बन्धित है?
(a) एक्सियल मैगनेटिक फील्ड केवल
(b) एक्सियल मैगनेटिक फील्ड तथा एक्सियल इलैक्ट्रिक फील्ड
(c) एक्सियल मैगनेटिक फील्ड तथा गैप RF फील्ड
(d) एक्सियल मैगनेटिक फील्ड, डायरैक्ट इलैक्ट्रिक फील्ड तथा गैप RF फील्ड

**123.** डायोड मल्टीप्लायर से उच्च आर्डर (high order) का फ्रीक्वैन्सी मल्टीप्लीकेशन प्राप्त करने के लिए—
(a) प्रतिरोधी (resistive) कट-ऑफ फ्रीक्वैन्सी उच्च होनी चाहिए
(b) बेस प्रतिरोध कम होना चाहिए
(c) स्टैप रिकवरी डायोड का उपयोग किया जाना चाहिए
(d) कैपेसिटी परिवर्तन की रेंज बड़ी होनी चाहिए

**124.** टी (Tees) तथा जंकशन्स् (junctions)—
(a) 3-पोर्ट नैटवर्क होते हैं
(b) 2-पोर्ट नैटवर्क होते हैं
(c) 1-पोर्ट नैटवर्क होते हैं
(d) 3-पोर्ट अथवा अधिक पोर्ट के नैटवर्क होते हैं

**125.** निम्न में कौन-सा डायोड अन्य तीन से अलग है?
(a) शॉटकी बैरियर (b) बैकवर्ड
(c) ESBAR
(d) हॉट कैरियर (hot carrier)

**126.** ट्रांसफर्ड बल्क इलेक्ट्रॉन इफैक्ट में होता है—
(a) जरमेनियम में (b) गैलियम आर्सेनाइड में
(c) सिलिकॉन में
(d) धात्विक सेमीकन्डक्टर्स फंकशन में

**127.** मेसर का उपयोग—
(a) ऑप्टोइलेक्ट्रॉनिक्स में किया जाता है
(b) फाइबर में किया जाता है
(c) टेलीफोन्स में किया जाता है
(d) उपरोक्त सभी में किया जाता है

**128.** निम्न में 'false' उत्तर बताइये—
वैरैक्टर डायोड, माइक्रोवेव फ्रीक्वैन्सी पर
(a) इलेक्ट्रॉनिक ट्यूनिंग के लिए उपयोगी होता है
(b) फ्रीक्वैन्सी मल्टीप्लीकेशन के लिए उपयोगी होता है
(c) एक ऑसिलेटर की भाँति उपयोगी होता है
(d) एक पैरामीट्रिक एम्पलीफायर की भाँति उपयोगी होता है

**129.** जब माइक्रोवेव सिगनल पृथ्वी की वक्रता (curvature) के अनुदिश चलते हैं तब यह कहलाता है—
(a) फैराडे इफैक्ट
(b) डक्टिंग (ducting) प्रभाव
(c) ट्रोपोस्फियरिक स्कैटर
(d) आयनोस्फीयरिक रिफ्लैक्शन प्रभाव

**130.** निम्न में कौन एक वेवगाइड की टाइप नहीं है?
(a) रिज (Ridged) (b) कोएक्सियल
(c) फ्लैक्सिबिल
(d) इलिप्टिकल (elliptical)

131. VOR से तात्पर्य है—
(a) VHF Omni Range
(b) Visually Operated radar
(c) Voltage Output of Regulator
(d) VLF Omni Range

132. निम्न में 'false' स्टेटमैन्ट का चयन कीजिये—
क्लिस्ट्रॉन एम्पलीफायर्स में इन्टरमीडिएट कैविटीज (cavities) का उपयोग
(a) 2-कैविटी क्लिस्ट्रॉन में उत्पन्न दोलनों (oscillations) को रोकने के लिए किया जा सकता है
(b) पावर गेन सुधारने के लिए किया जा सकता है
(c) क्लिस्ट्रॉन की दक्षता (efficiency) बढ़ाने के लिए किया जा सकता है
(d) डिवाइस की बैन्डविड्थ (BW) बढ़ाने के लिए किया जा सकता है

133. कैविटी मैगनेट्रॉन में एक चुम्बकीय क्षेत्र का उपयोग—
(a) दोलनों के पल्स्ड (pulsed) होने को सुनिश्चित करने के लिए किया जाता है
(b) दोलनों की अनुपस्थिति में एनोड धारा को रोकने के लिए किया जाता है
(c) इलेक्ट्रॉनों के कैथोड के परितः (around) ऑरबिट (orbitting) सुनिश्चित करने के लिए किया जाता है
(d) इलेक्ट्रॉन बीम की फोकसिंग में सहायता के लिए किया जाता है जिससे इलेक्ट्रॉनों के फैलाव (spreading of electrons) को रोका जा सके

134. माइक्रोवेव आवृत्तियों की तरंगदैर्ध्य (wavelength) होती है ?
(a) 1m से अधिक (b) 1mm से कम
(c) 1mm से 1m तक
(d) 0·3m से 300m तक

135. एक सिरे पर शॉर्ट किये गये (shorted at the end) स्टब की प्रतिबाधा किस बिन्दु पर उच्च होती है—
(a) शॉर्ट किये गये सिरे पर
(b) शॉर्ट से $\lambda/4$ दूरी पीछे की ओर (at the back)
(c) शॉर्ट से $\lambda/2$ दूरी पीछे की ओर (at the back)
(d) मध्य (centre) में

136. यदि एन्टीना की डायरैक्टिविटी, पावर गेन तथा दक्षता क्रमशः $D$, $G$ तथा $\eta$ हैं, तब—
(a) $D = \eta G$ (b) $D = G/\eta$
(c) $\eta = DG$ (d) $\eta^2 = DG$

137. मैजिक टी संशोधन (modification) होता है—
(a) H-प्लेट टी का (b) E-प्लेन टी का
(c) दो E-प्लेन टी का
(d) E-प्लेन टी तथा H-प्लेन टी का

138. कौन-सा माइक्रोवेव डायोड बहुत कम पावर के ऑसिलेटर (very low power oscillator) के लिए उपयुक्त है ?
(a) टनैल (Tunnel) (b) गन (Gunn)
(c) इम्पैट (Impatt) (d) LSA

139. रिफ्लैक्स क्लिस्ट्रॉन ........ स्तर की उच्च आवृत्तियों पर ऑपरेट हो सकती है।
(a) 1 GHz (b) 10 GHz
(c) 80 GHz (d) 5 GHz

140. इनपुट फ्रीक्वैन्सी $f_i$ तथा पम्प फ्रीक्वैन्सी $f_p$ के नानडिजेनरेट (nondegenerate) पैरामीट्रीक एम्पलीफायर की idler फ्रीक्वैन्सी है—
(a) $f_p - f_i$ (b) $f_i - f_p$
(c) $f_i + f_p$ (d) $\frac{f_i + f_p}{2}$

141. किस माइक्रोवेव ट्यूब में बंचर तथा कैचर दोनों कैविटी होती है—
(a) मैगनेट्रॉन (b) क्लिस्ट्रॉन
(c) रिफ्लैक्स क्लिस्ट्रॉन (d) TWT

142. निम्न में कौन सा noise अन्य प्रकार के noises से अलग है—
(a) सौर (Solar) (b) कॉस्मिक (Cosmic)
(c) वातावरणीय (Atmospheric)
(d) गैलेक्सी के कारण (Galactic)

143. डायरैक्टिव गेन ज्ञात करने के लिए उपयुक्त रेफ्रेन्स एन्टीना कौन-सा है ?
(a) हाफवेव डाइपोल
(b) अनन्त सिंगल डाइपोल (infinite single dipole)

(c) मूल (elementary) डाइपोल

(d) आइसोट्रोपिक एन्टीना

**144.** मैचिंग के लिए ट्रासफॉर्मरों की तुलना में वेवगाइड टेपर्स (waveguide tapers) अधिक प्रयुक्त (prefer) किये जाते हैं क्योंकि—

(a) उनका मूल्य कम है

(b) वे सरलता से फैब्रिकेट किये जा सकते है

(c) उनका जीवन अधिक होता है (durable)

(d) उपरोक्त में कोई नहीं

**145.** मैगनेट्रॉन के कैथोड में प्रयुक्त किया जाने वाला पदार्थ है—

(a) टंगस्टन (b) थोरिएटेड टंगस्टन

(c) थोरियम ऑक्साइड

(d) बेरियम स्ट्रोन्शियम आक्साइड

**146.** एक अर्थ स्टेशन रिसीवर में 50 Ω इनपुट के टर्मिनलों के मध्य सिगनल पावर $4 \times 10^{-12}$ W है। माइक्रोवोल्ट में सिगनल का मान होगा—

(a) 1·6 (b) 14·14

(c) 328 (d) 1000

**147.** माइक्रोवेव तरंगों को सबसे अधिक उपयोग किया जाता है—

(a) इन्डस्ट्रियल हीटिंग में

(b) अन्वेषण (research) में

(c) कुकिंग (cooking) में (d) कम्युनिकेशन्स में

**148.** वेवगाइड निर्मित करने के लिए उत्तम (preferred) पदार्थ है—

(a) ब्रास तथा एल्युमीनियम

(b) कास्ट आयरन एवं स्टील

(c) प्लास्टिक तथा अधात्विक पदार्थ

(d) हाई कार्बन स्टील एवं वैनेडियम स्टील

**149.** यदि सभी TV सैटेलाइट्स डाउनलिंक सिगनलों के लिए 3·7 से 4·2 GHz तक आवृत्ति बैन्ड का उपयोग करें तब अर्थ स्टेशन किसी एक सैटेलाइट को किस प्रकार सैलेक्ट करेगा ?

(a) वेवगाइड की ट्यूनिंग कर

(b) तंग-पुंज (narrow beam) रिसीविंग एन्टीना द्वारा

(c) low-noise पैरामीट्रीक एम्पलीफायर द्वारा

(d) उच्च Q वाले कैविटी रेजोनेटर्स द्वारा

**150.** एन्टीना में साइड लोब (side lobe) के कारण—

(a) एन्टीना के गेन में कमी होती है

(b) एन्टीना की बीम-वीड्थ कम (reduce) हो जाती है

(c) डायरैक्शन फाइन्डिंग ठीक प्रकार नहीं होता

(d) एन्टीना के गेन में वृद्धि होती है

**151.** निम्न आवृत्तियों (low frequencies) की तुलना में माइक्रोवेव का लाभ है—

(a) बैन्डविड्थ में वृद्धि (increased bandwidth)

(b) अधिक गोपनीयता (greater privacy)

(c) उच्चगेन प्रयुक्त करने की क्षमता, उच्च डायरैक्टिविटी के एन्टीना का उपयोग

(d) उपरोक्त सभी

**152.** लेसर की आउटपुट मोनोक्रोमेटिक (monochromatic) होती है इसका अर्थ है कि लेसर—

(a) इनफ्रारेड तरंगे हैं (b) पोलेराइज्ड है

(c) तंग-पुंज (narrow beam) है

(d) एक सिंगल फ्रीक्वैन्सी है

**153.** स्किन इफैक्ट के कारण धारा ........... प्रवाहित होती है।

(a) कन्डक्टर के सैन्टर में

(b) कन्डक्टर की सतह के समीप

(c) कन्डक्टर के सैन्ट्रल कोर में

(d) कन्डक्टर में समान रूप से (uniformly)

**154.** वेवगाइड सामान्यतः बनायी जाती है—

(a) कॉपर से (b) ब्रांज (bronze) से

(c) एल्युमीनियम से (d) उपरोक्त में कोई नहीं

**155.** निम्न में 'false' स्टेटमैन्ट सैलेक्ट कीजिये—

पैरामीट्रीक एम्पलीफायर तथा मेसर दोनों एक समान होते हैं क्योंकि दोनों

(a) को पम्पिंग (pumping) की आवश्यकता है

(b) 'low noise' एम्पलीफायर्स हैं

(c) को कुछ डिगरी कैलविन (°K) तक शीतल (cool) करना पड़ता है

(d) को सामान्यतः एक सरकुलेटर की आवश्यकता होती है क्योंकि वे 1–पोर्ट डिवाइस है

**156.** माइक्रोवेव फ्रीक्वैन्सी रेंज ........... से अधिक होती है।
(a) 3–30 MHz (b) 30–300 MHz
(c) 300–30000 MHz
(d) 500 MHz–30,000 MHz

**157.** सामान्य थरमल 'noise'–
(a) तब तक नियत (constant) रहता है जब तक बैन्डविड्थ नियत (fixed) होती है
(b) चैनल लोडिंग पर निर्भर करता है
(c) प्रणाली में आयाम की अरेखीयता (non-linearity of amplitude) के कारण होता है
(d) माइक्रोवेव प्रणाली से सम्बन्धित नहीं है

**158.** किस स्तर तक की आवृत्ति पर ऑपरेट होने वाली रिफ्लैक्स क्लिस्ट्रॉन उपलब्ध हैं?
(a) 10 GHz (b) 3 GHz
(c) 50 GHz (d) 70 GHz

**159.** गन डायोड में निगेटिव प्रतिरोध (negative resistance) प्राप्त होने का कारण है—
(a) अपेक्षाकृत कम मोबाइल ऊर्जा स्तर (less mobile energy level) को इलेक्ट्रॉन ट्रांसफर
(b) उच्च वोल्टेज ग्रेडियेन्ट (high voltage gradient) तथा एवेलान्चे ब्रेक डाउन
(c) जंकशन में टनैलिंग (tunneling across the junction)
(d) जंकशन पर इलेक्ट्रॉन डोमेन का फॉर्मेशन

**160.** एक TWT में वायर की लम्बाई तथा हैलिक्स की लम्बाई का अनुपात 13 है। बीम एक्सीलरेटिंग वोल्टेज होगी—
(a) 2000 V (b) 1500 V
(c) 1200 V (d) 1000 V

**161.** पृथ्वी की वक्रता (curvature) के कारण माइक्रोवेव लिंक परस्पर कितनी दूरी पर स्थापित किये जाते हैं—
(a) 50 Km (b) 150 Km
(c) 250 Km (d) 400 Km

**162.** निम्न में से किसे 'negative resistance' अभिलक्षणों के कारण उपयोग में लाया जाता है?
(a) प्वाइन्ट कॉन्टैक्ट डायोड (b) GASFET
(c) शॉटकी डायोड (d) टनैल डायोड

**163.** फैराइट—
(a) चुम्बकीय गुणों के साथ एक कुचालक (non-conducting) पदार्थ है
(b) माइक्रोवेव सेमीकन्डक्टर है
(c) उत्तम चालकता (good conductivity) वाला intermetallic कम्पाउण्ड है
(d) ऐसा कुचालक पदार्थ है जो चुम्बकीय क्षेत्र को बहुत अधिक अटेंनुएट कर देता है

**164.** वेवगाइड में ऊर्जा (energy) का प्रोपेगेशन—
(a) विभवान्तर (voltage difference) के कारण होता है
(b) धारा परिवर्तनों (current variations) के कारण होता है
(c) परिवर्ती चुम्बकीय क्षेत्रों (varying magnetic field) के कारण होता है
(d) परिवर्ती चुम्बकीय एवं विद्युत क्षेत्रों (varying magnetic and electric fields) के कारण होता है

**165.** किसी परावैद्युत (dielectric medium) में वेवलैन्थ $\lambda_d$, फ्री-स्पेस में वेवलैन्थ $\lambda_0$ तथा माध्यम का परावैद्युतांक (dielectric constant) $\varepsilon_0$ परस्पर किस सूत्र द्वारा सम्बन्धित है?
(a) $\lambda_d = \lambda_0 \sqrt{\varepsilon_r}$ (b) $\lambda_d = \dfrac{\lambda_0}{\sqrt{\varepsilon_r}}$
(c) $\lambda_0 = \dfrac{\lambda_d}{\sqrt{\varepsilon_r}}$ (d) $\lambda_0 \lambda_d = \sqrt{\varepsilon_r}$

**166.** निम्न में कौन सा डायोड 'Square law' डिवाइस है—
(a) वैरेक्टर डायोड (b) जीनर डायोड
(c) टनैल डायोड (d) क्रिस्टल डायोड

**167.** दो वेवगाइड्स को कपल करने के लिए चोक फ्लेन्ज (choke flange) का प्रयोग—
(a) प्रणाली की बैन्डविड्थ बढ़ाने के लिए किया जा सकता है
(b) कपल करने की अन्य विधियों की तुलना में सरल है
(c) वेवगाइड्स के एलाइनमैन्ट के लिए किया जा सकता है
(d) ज्वायंट (joint) में 'discontinuities' को कम्पैनसेट करने के लिए किया जा सकता है

**168.** निम्न में false स्टेटमैन्ट सैलेक्ट कीजिए—
3 GHz वेवगाइड्स- में, तुल्य ट्रांसमिशन लाइन की तुलना में

(a) कम हानियाँ (less lossy) होती हैं
(b) अधिक पावर ट्रांसमिट की जा सकती है
(c) कम भार (less bulky) होती है
(d) रचना (construction) में सरल होती है

**169.** वेवगाइड का उपयोग मुख्य रूप से माइक्रोवेव सिगनलों के लिए किया जाता है क्योंकि—
(a) वे 'straight line' प्रोपेगेशन पर निर्भर करती है जो केवल माइक्रोवेव पर एप्लाई होता है
(b) निम्न आवृत्तियों (lower frequencies) पर हानियाँ बहुत अधिक होती है
(c) निम्न आवृत्तियों पर उन्हें उत्तेजित (excite) करने के लिए शक्तिशाली (powerful) जेनरेटर्स नहीं है
(d) निम्न आवृत्ति पर उनका आकार बहुत बड़ा (bulky) हो जायेगा

**170.** निम्न में से किस डिवाइस में माइक्रोवेव कैविटीज का उपयोग नहीं किया जाता—
(a) बैन्ड पास फिल्टर (BPF)
(b) बैन्ड स्टॉप फिल्टर
(c) ऑसिलेटर फ्रीक्वैन्सी कन्ट्रोल
(d) डिटैक्टर

**171.** $TE_{01}$ मोड में सरकुलर गाइड का अटेनुएशन इस प्रकार का होता है जो—
(a) फ्रीक्वैन्सी बढ़ने के साथ बढ़ता है
(b) फ्रीक्वैन्सी बढ़ने के साथ घटता है
(c) फ्रीक्वैन्सी बढ़ने पर अपरिवर्तित (unaltered) रहता है
(d) उपरोक्त में कोई नहीं

**172.** निम्न में 'false' स्टेटमैन्ट है—
क्लिस्ट्रॉन एम्पलीफायर इन्टरमीडिएट कैविटिज का उपयोग
(a) उन दोलनों (oscillations) को रोकने में कर सकते हैं जो 2-कैविटी क्लिस्ट्रॉन में उत्पन्न होते हैं
(b) डिवाइस की बैन्डविड्थ बढ़ाने में कर सकते हैं
(c) पावर गेन सुधारने में कर सकते हैं
(d) क्लिस्ट्रॉन की दक्षता बढ़ाने में कर सकते हैं

**173.** एक हैलिक्स slow-wave स्ट्रक्चर वाली TWT में बीम को 1000 V से एक्सीलरेट किया जा रहा है। धारा 100 $\mu$A है तथा $Z_0 = 300\,\Omega$ है। TWT की आउटपुट पावर है—
(a) 10 W (b) 22 W
(c) 50 W (d) 100 W

**174.** एक आयताकार वेवगाइड (rectangular waveguide) के लिए $TM_{212}$ मोड में—
(a) पहले दो सफिक्स वेवगाइड का मोड प्रदर्शित करते हैं जबकि तीसरा सफिक्स हाफ गाइड वेवलैन्थ में कैविटी की वेवलैंग्थ प्रदर्शित करता है
(b) पहला तथा तीसरा सफिक्स वेवगाइड के मोड को प्रदर्शित करता है जबकि दूसरा सफिक्स कैविटी की लम्बाई दर्शाता है
(c) पहला सफिक्स कैविटी की लम्बाई प्रदर्शित करता है जबकि दूसरा तथा तीसरा सफिक्स वेवगाइड के मोड को दर्शाता है
(d) उपरोक्त में कोई नहीं

**175.** मैगनेट्रॉन में इलेक्ट्रॉन साइक्लोडायल (cycloidal) पथ में चलते हैं क्योंकि—
(a) एनोड निगेटिव होता है
(b) कैथोड पॉजिटिव होता है
(c) स्थायी चुम्बक (permanent magnets) एक प्रबल (strong) फील्ड सप्लाई करते हैं
(d) कैविटीज अनुनादी (resonant) होती हे

**176.** वेवगाइड्स को निम्न में से किस वर्ग में रखा जा सकता है?
(a) RF लाइन्स (b) UHF लाइन्स
(c) VHF लाइन्स (d) LF लाइन्स

**177.** यदि किसी सिगनल की फ्रीस्पेस वेवलैंग्थ, वेवगाइड की कट-ऑफ वेव लैंग्थ के बराबर हो तब वेवगाइड की अभिलाक्षणिक प्रतिबाधा (characteristic impedance) होगी—
(a) 1 KΩ (b) 300 KΩ
(c) अनन्त (infinite) (d) नगण्य (negligible)

**178.** निम्न में कौन सा स्टेटमैन्ट अनुपयुक्त (invalid) है—
वैरैक्टर डायोड, माइक्रोवेव आवृत्तियों पर
(a) इलेक्ट्रॉनिक ट्यूनिंग के लिए उपयोगी है
(b) ऑसिलेटर के समान उपयोगी है
(c) पैरामीट्रिक एम्पलीफायर के समान उपयोगी है
(d) फ्रीक्वैन्सी मल्टीप्लीकेशन के लिए उपयोगी है

## Answers :

| | | | | | |
|---|---|---|---|---|---|
| **1.** (d) | **36.** (c) | **71.** (a) | **106.** (c) | **141.** (b) | **176.** (b) |
| **2.** (d) | **37.** (a) | **72.** (c) | **107.** (c) | **142.** (c) | **177.** (c) |
| **3.** (d) | **38.** (d) | **73.** (a) | **108.** (c) | **143.** (d) | **178.** (b) |
| **4.** (b) | **39.** (a) | **74.** (b) | **109.** (a) | **144.** (b) | |
| **5.** (b) | **40.** (a) | **75.** (c) | **110.** (b) | **145.** (d) | |
| **6.** (a) | **41.** (a) | **76.** (b) | **111.** (a) | **146.** (b) | |
| **7.** (c) | **42.** (c) | **77.** (d) | **112.** (d) | **147.** (d) | |
| **8.** (c) | **43.** (d) | **78.** (c) | **113.** (b) | **148.** (a) | |
| **9.** (b) | **44.** (a) | **79.** (a) | **114.** (c) | **149.** (c) | |
| **10.** (a) | **45.** (d) | **80.** (c) | **115.** (b) | **150.** (a) | |
| **11.** (c) | **46.** (d) | **81.** (d) | **116.** (c) | **151.** (d) | |
| **12.** (c) | **47.** (b) | **82.** (b) | **117.** (a) | **152.** (d) | |
| **13.** (c) | **48.** (c) | **83.** (d) | **118.** (a) | **153.** (b) | |
| **14.** (a) | **49.** (c) | **84.** (b) | **119.** (d) | **154.** (a) | |
| **15.** (b) | **50.** (d) | **85.** (c) | **120.** (d) | **155.** (c) | |
| **16.** (a) | **51.** (a) | **86.** (c) | **121.** (a) | **156.** (d) | |
| **17.** (b) | **52.** (b) | **87.** (a) | **122.** (c) | **157.** (a) | |
| **18.** (a) | **53.** (d) | **88.** (c) | **123.** (c) | **158.** (a) | |
| **19.** (b) | **54.** (b) | **89.** (c) | **124.** (d) | **159.** (a) | |
| **20.** (a) | **55.** (d) | **90.** (d) | **125.** (b) | **160.** (a) | |
| **21.** (a) | **56.** (b) | **91.** (b) | **126.** (b) | **161.** (a) | |
| **22.** (b) | **57.** (a) | **92.** (d) | **127.** (a) | **162.** (d) | |
| **23.** (a) | **58.** (b) | **93.** (a) | **128.** (c) | **163.** (a) | |
| **24.** (b) | **59.** (a) | **94.** (c) | **129.** (b) | **164.** (d) | |
| **25.** (b) | **60.** (a) | **95.** (c) | **130.** (b) | **165.** (b) | |
| **26.** (c) | **61.** (a) | **96.** (a) | **131.** (a) | **166.** (b) | |
| **27.** (d) | **62.** (d) | **97.** (b) | **132.** (a) | **167.** (d) | |
| **28.** (d) | **63.** (b) | **98.** (a) | **133.** (c) | **168.** (c) | |
| **29.** (d) | **64.** (c) | **99.** (a) | **134.** (c) | **169.** (d) | |
| **30.** (a) | **65.** (c) | **100.** (c) | **135.** (b) | **170.** (d) | |
| **31.** (a) | **66.** (b) | **101.** (b) | **136.** (b) | **171.** (b) | |
| **32.** (d) | **67.** (b) | **102.** (c) | **137.** (b) | **172.** (a) | |
| **33.** (d) | **68.** (b) | **103.** (c) | **138.** (a) | **173.** (b) | |
| **34.** (a) | **69.** (b) | **104.** (a) | **139.** (b) | **174.** (b) | |
| **35.** (b) | **70.** (a) | **105.** (b) | **140.** (a) | **175.** (c) | |

# 8

# टेलीग्राफी एवं टेलीफोनी

## (Telegraphy and Telephony)

### 8.1. कम्युनिकेशन (Communication)

वर्तमान समय में टेलीकम्युनिकेशन के क्षेत्र में, टेलीग्राफी, टेलीफोनी, फेसीमाइल (facsimile), टेलीविजन, टेलीमीटरींग, राडार एवं सैटेलाइट कम्युनिकेशन आदि प्रणालियों का उपयोग किया जाता है। इन सभी प्रणालियों में सिगनल ट्रांसफर के लिये किसी न किसी विद्युत सिगनलिंग विधि का प्रयोग किया जाता है। वह यन्त्र जिसमें सिगनल ट्रांसमिशन के लिये सूचना (information) की प्रोसेसिंग की जाती है उसे ट्रांसमीटर कहते हैं तथा वह यन्त्र जिसमें सिगनल को पुनः मूल सूचना (original information) में कनवर्ट किया जाता है उसे रिसीवर कहते हैं। ट्रांसमीटर से रिसीवर तक सूचना एक चैनल द्वारा ट्रांसमिट की जातीहै। यदि चैनल ट्रासमिशन लाइन के रूप में होता है तब यह प्रणाली लाइन कम्युनिकेशन (line communication) कहलाती है।

इसके विपरीत यदि चैनल ओपिन स्पेस (open space) है तब यह सम्पूर्ण प्रणाली रेडियो अथवा वायरलैस (radio or wireless) कम्युनिकेशन कहलाती है।

टेलीग्राफी तथा टेलीफोनी, लाइन कम्युनिकेशन की दो शाखायें हैं। टेलीग्राफी का अर्थ दूरस्थ (distant) स्थानों पर सूचना लिखना (writing information) है। टेलीग्राफी की खोज सन् 1844 में मोर्स ने की थी।

टेलीग्राफी में सूचना ट्रांसमिशन के लिये अक्षर (letters), अंकों (figures) तथा पन्क्चुएशन चिन्हों (punctuation marks) उदाहरणतः पूर्ण विराम (full stop), कोमा (comma) आदि का उपयोग किया जाता है। ये कैरेक्टर्स (characters) कहलाते हैं। इन कैरेक्टर्स का सम्पूर्ण सैट सिगनल कोड कहलाता है।

### 8.2. मोर्स कोड (Morse Code)

मोर्स कोड में डैश सिगनल (dash signal) की अवधि (duration,) डॉट सिगनल (dot signal) की अवधि का तीन गुना होती है तथा दो सिगनल एलीमेन्ट्स के मध्य स्पेस की अवधि (duration) डॉट एलीमेन्ट की अवधि के बराबर होती है। इस प्रकार डॉट तथा डैश सिगनलों को लाइनों द्वारा प्रदर्शित किया जाता है तथा लाइन की लम्बाई कैरेक्टर (character) को प्रदर्शित करती है। लैन्ड लाइन (land line) प्रणालियों में मोर्स कोड को ac सिगनल धारा अथवा dc सिगनलिंग के लिये प्रयुक्त किया जा सकता है। इस प्रणाली में मार्किंग (marking) के लिये 'current on' तथा स्पेसिंग (spacing) के लिये 'current off' का उपयोग किया जाता है।

डबल धारा सिगनलिंग (double current d.c. signalling) में पॉजिटिव पोटैन्शियल 'स्पेसिंग' के लिये तथा निगेटिव पोटैन्शियल मार्किंग के लिये प्रयुक्त किया जा सकता है। सिगनल कम्बीनेशन की कुल अवधि प्रत्येक कैरेक्टर के लिये समान नहीं होती। अंक '0' के लिये सबसे अधिक तथा कैरेक्टर E के लिये सबसे कम (shortest) होती है। अंक '0' की अवधि E की अवधि का 19 गुना होती है।

### 8.3. केबिल कोड (Cable Code)

यह मोर्स कोड का एक विशेष स्वरूप (special form) है। यह मुख्यतः सबमैरीन केबिल टेलीग्राफी (submarine cable telegraphy) में प्रयुक्त किया जाता है। यह कोड दो प्रकार का होता है—

1. नॉर्मल केबिल कोड (normal cable code)
2. डबल धारा केबिल कोड (double current cable code)

नॉर्मल केबिल कोड में डॉट को पॉजिटिव धारा (positive current) से तथा डैश के समान अवधि (equal duration) की निगेटिव धारा द्वारा प्रदर्शित किया जाता है। अक्षरों (letters) के मध्य की स्पेसिंग में कोई धारा प्रवाहित नहीं होती।

डबल धारा केबिल कोड में डॉट को कम अवधि की धारा तथा डैश को अधिक अवधि की धारा द्वारा प्रदर्शित किया जाता है। इस प्रणाली में लाइन किसी भी समय ग्राउन्ड नहीं होती अर्थात् लाइन में सदा कोई धारा पॉजिटिव अथवा निगेटिव अवश्य रहती है। इसे 2-level सिस्टम कहते हैं। इस प्रणाली में पॉजिटिव अथवा निगेटिव धारा, एक यूनिट सिगनल तथा एक स्पेस के योग से अधिक अवधि तक प्रवाहित नहीं होती।

## 8.4. 5–यूनिट कोड (5–Unit Code)

मोर्स कोड में कैरेक्टर्स में एलीमेन्ट्स (elements) की संख्या अर्थात् डॉट्स एवं डैश की संख्या बराबर नहीं है जिसके कारण मोर्स कोड की लम्बाई असमान (non-uniform) होती है। इसके विपरीत 5-यूनिट कोड के प्रत्येक कैरेक्टर में एलीमैन्ट्स की संख्या समान (5) होती है।

5-यूनिट कोड के दो सेट हैं, (1) बोडॉट कोड (Baudot Code) अथवा सिन्क्रोनस कोड तथा (2) मुरे कोउ (Murray code)।

बोडॉट कोड को CCITT Code No. 1 तथा मुरे कोड को CCITT Code No. 2 कहते हैं।

## 8.5. टेलीप्रिन्टर कोड (Teleprinter Code)

टेलीप्रिन्टर कोड CCITT Code No. 2. का संशोधित रूप है। जब CCITT Code No. 2 के 5 यूनिट्स के पहले एक स्टार्ट एलीमैन्ट तथा 5 यूनिट्स के बाद स्टॉप एलीमेन्ट प्रयुक्त किया जाता है तब यह Start/Stop कोड अथवा टेलीप्रिन्टर कोड कहलाता है। स्टार्ट एलीमेन्ट सदा एक 'space' तथा स्टॉप एलीमेन्ट सदा एक 'mark' होता हे।

## 8.6. टेलीफोनी (Telephony)

टेलीफोनी में समस्त संचार व्यवस्था (communication), टेलीफोन एक्सचेंजों (telephone exchanges) के माध्यम से सम्पन्न होता है। टेलीफोन एक्सचेंज का मुख्य कार्य 4-वायर लाइन को उपयुक्त रूप से इन्टरकनैक्ट करना है जिससे कि कॉल (calls) ठीक ढंग से स्थापित (establish) हो जाये। यदि 'Calling' तथा 'Called' सब्सक्राइवर एक ही एक्सचेंज से सम्बन्धित होते हैं तब एक्सचेंज उन्हें केवल इन्टरकनैक्ट करता है। यदि 'Called' सब्सक्राइबर किसी अन्य एक्सचेंज से सम्बन्धित है तब एक 'Calling exchange' सब्सक्राइबर को अन्य एक्सचेंजों के माध्यम से 'Called' एक्सचेज के साथ रुट (route) करता है।

एक्सचेंज की वर्तमान समय तक तीन जेनरेशन उपयोग में लायी गयी हैं

1. स्ट्राउजर प्रणाली (Strowger System)
2. क्रॉसबार प्रणाली (Crossbar System)
3. प्रोसेसर कन्ट्रोल्ड सिस्टम (Processor Controlled System) अथवा स्टोर्ड प्रोग्राम स्विचिंग (Stored Program Switching system.

## 8.7. स्टोर्ड प्रोग्राम कन्ट्रोल स्विचिंग (Stored Programmed Control Switching)

वर्तमान समय में सामान्यतः समस्त एक्सचेंज स्टोर्ड प्रोग्राम कन्ट्रोल स्विचिंग (SPC) के सिद्धान्त पर ही प्रचालित होते हैं। इस प्रक्रिया में टेलीफोन काल (call) प्रोसेसिंग के लिये डिजिटल कम्प्यूटर्स का उपयोग किया जाता है। डिजिटल कम्प्यूटर्स में एक्सचेंज से सम्बन्धित समस्त कन्ट्रोल लॉजिक एक प्रोग्राम के रूप में स्टोर रहता है। टेलीफोन एक्सचेंज द्वारा सम्पन्न किये जाने वाले समस्त फंक्शन जिस मैमोरी में स्टोर रहते हें उसे **'प्रोग्राम स्टोर'** (program store) कहते हैं। एक्सचेंज के मूल कन्ट्रोल लॉजिक के अतिरिक्त अन्य सूचनायें, उदारणतः 'calling' सब्सक्राइबर्स की पहचान से सम्बन्धित डाटा, डॉयल किये गये नम्बर आदि, जिनकी काल प्रोसेसिंग में आवश्यकता होती है, **'डाटा स्टोर'** (data stores) सैकशन में स्टोर रहते हैं। इसी प्रकार, सर्विस लाइन की क्लास (class of service), रूटिंग (routing) एवं चार्जिंग से सम्बन्धित सूचनायें 'ट्रांसलेशन स्टोर' (translation store) में स्टोर रहती हैं। ये तीन प्रकार के स्टोर एक सैन्ट्रल कन्ट्रोल यूनिट (CCU) द्वारा नियन्त्रित होते हैं। इस यूनिट में एक प्रोसेसर का उपयोग किया जाता है जो समस्त यूनिटों में परस्पर समन्वय (coordination) रखता है ।

चित्र 8.1 में एक स्टोर्ड प्रोग्राम कन्ट्रोल्ड (SPC) इलेक्ट्रॉनिक टेलीफोन एक्सचेंज का ब्लॉक डायग्राम दिया गाय है। सैन्ट्रल प्रोसेसर के अतिरिक्त इलेक्ट्रॉनिक एक्सचेंज के तीन अन्य मुख्य भाग, स्कैनर्स (scanners) डिस्ट्रिब्यूटर्स (distributors) तथा स्विचिंग नैटवर्क (switching network) होते हैं। लाइन स्कैनर्स, सब्सक्राइबर्स द्वारा की जाने वाली 'call' को डिटैक्ट करने के लिये, प्रत्येक 100ms के अन्तराल (interval) पर लाइनों की स्कैनिंग करते हैं। ट्रन्क स्कैनर्स ट्रन्क लाइनों के व्यस्त अथवा खाली (idle) होने की स्थिति की जांच के लिये इसी अवधि के अन्तराल पर स्कैनिंग करते हैं। मास्टर स्कैनर्स का उपयोग मुख्यतः सम्पूर्ण प्रणाली के ऑपरेशन से सम्बन्धित सूचनायें एकत्र करने के लिये किया जाता है।

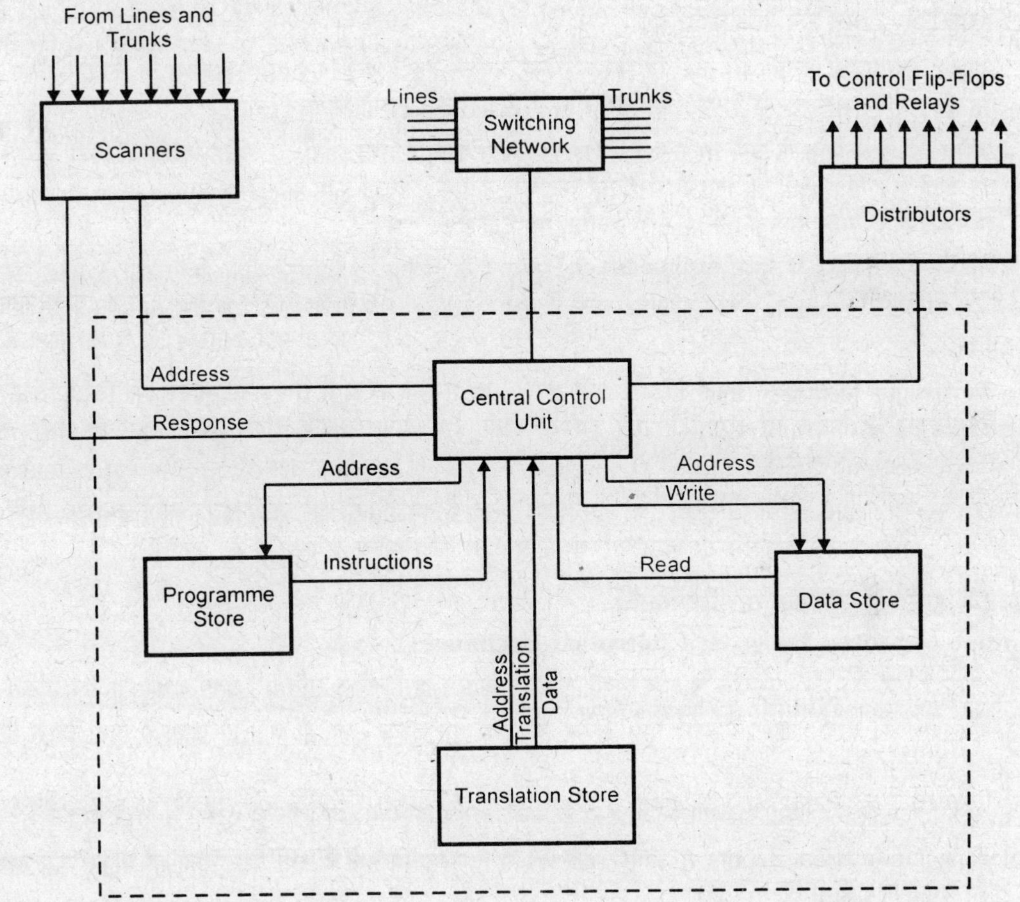


**चित्र 8.1—स्टोर्ड प्रोग्राम कन्ट्रोल (SPC) पर आधारित इलेक्ट्रॉनिक एक्सचेंज का ब्लॉक डायग्राम**

डिस्ट्रिब्यूटर्स का उपयोग प्रणाली में प्रयुक्त फ्लिप-फ्लॉप को सैट अथवा रिसैट करने अथवा ट्रन्क परिपथ एवं सर्विस सर्किट्स में किसी विशेष रिले को कन्ट्रोल करने के लिये किया जाता है।

स्विचिंग नैटवर्क (SN) का उपयोग लाइनों, ट्रन्क तथा सर्विस परिपथों के परस्पर इन्टरकनैक्शन के लिये किया जाता है। अधिकांश इलेक्ट्रॉनिक स्विचिंग (stored) एक्सचेंज, स्पेस डिविजन (space division) के सिद्धान्त पर कार्य करते हैं। इनमें प्रिन्टेड सर्किट बोर्ड्स पर मिनि-रीड क्रॉस प्वाइन्ट्स (mini-reed cross points) माउन्ट होते हैं।

स्विचिंग नैटवर्क के मुख्य भाग होते हैं—(1) लाइन लिंक नैटवर्क (LLN) तथा (2) ट्रन्क लिंक नैटवर्क (TLN)।

## स्टोर्ड प्रोग्राम कन्ट्रोल प्रणाली में Call प्रोसेसिंग
## (Call Processing in Stored Program Control System)

1. किसी 'call' के आने की सूचना स्कैनर्स द्वारा प्राप्त होती है। ये लाइन को प्रत्येक 100 ms पर स्कैन क़रते रहते हैं। 'call' प्राप्त होने पर 'calling' सब्सक्राइबर का डाटा, डाटा स्टोर में रिकॉर्ड हो जाता है।
2. 'Calling' लाइन की पहचान होने पर ट्रांसलेशन स्टोर से 'calling' लाइन से सम्बन्धित ट्रांसलेशन सूचना प्राप्त की जाती है तथा फ्री डिजिट रिसीवर सलैक्ट किया जाता है।
3. फ्री डिजिट रिसीवर सलैक्ट होने पर स्विचिंग नैटवर्क उसे 'calling' सब्सक्राइबर से कनैक्ट करता है तथा 'calling' सब्सक्राइबर डॉयल टोन प्राप्त करता है।
4. डिजिट रिसीवर की प्रत्येक 10 ms पर, मास्टर स्कैनर प्रयुक्त कर डायल किये गये डिजिट्स के लिये स्कैनिंग होती है तथा डिस्ट्रिब्यूटर की सहायता से डायल टोन डिसकनैक्ट (disconnect) हो जाती है।
5. समस्त डिजिट्स प्राप्त हो जाने पर उनका विशलेषण किया जाता है तथा 'called' लाइन के फ्री होने की जाँच (checking) की जाती है। यदि 'called' लाइन फ्री है तब स्विचिंग नैटवर्क, लोकल फीड जंक्टर के माध्यम से 'called' तथा 'calling' सब्सक्राइबर के मध्य सम्पर्क (contact) स्थापित कर देता है।
6. लोकल फीड जंक्टर में स्थित उपयुक्त रिले, डिस्ट्रिब्यूटर के निर्देश पर ऑपरेट होती है जिससे 'called' सब्सक्राइबर के फोन पर रिंगिंग (ringing) धारा ट्रांसमिट होती है तथा 'calling' सब्सक्राइबर को रिंग बैक (ring back) टोन प्राप्त होती है।
7. जब 'called' सब्सक्राइबर अपना हैन्डसैट उठा कर 'call' रिसीव करता है तब ट्रन्क स्कैनर इसे डिटैक्ट कर लेता है तथा डिस्ट्रिब्यूटर के निर्देश पर रिंग ट्रिप रिले ऑपरेट होती है। इसके पश्चात् दोनों सब्सक्राइबर्स के मध्य सीधे बातचीत (conversation) होती है।
8. ट्रन्क स्कैनर्स, 'call' अवधि में 'call' को सुपरवाइज करते हैं तथा किसी भी पार्टी द्वारा अपना हैन्डसैट रखने पर स्विचिंग नैटवर्क, स्टोर्ड डिसकनैक्शन प्रोग्राम द्वारा परिपथ को पुनः उसकी सामान्य अवस्था में ले आता है।

## स्टोर्ड प्रोग्राम कन्ट्रोल एक्सचेंज की विशेषतायें
## (Advantage of Stored Program Controlled Exchange)

1. स्टोर्ड प्रोग्राम कन्ट्रोल एक्सचेंज में आवश्यकतानुसार प्रोग्रामिंग द्वारा अनेक सुविधायें उतपन्न की जा सकती हैं।

2. एक्सचेंज की कार्य प्रणाली में कोई दोष उत्पन्न होने पर दोष, तुरन्त स्वतः ही ज्ञात हो जाता है अतः उसका निवारण शीघ्र एवं सरलता से हो जाता है।

3. अधिक क्षमता के इलेक्ट्रॉनिक एक्सचेंज, अन्य स्ट्राउजर अथवा क्रॉसबार प्रणाली की तुलना में सस्ते होते हैं।

4. इलेक्ट्रॉनिक एक्सचेंज तीव्र गति से ऑपरेट होते हैं। ये विश्वसनीय होते हैं तथा उनमें दोष अपेक्षाकृत कम उत्पन्न होते हैं।

## 8.8. डिजिटल इलेक्ट्रॉनिक एक्सचेंज
## (New Technology Electronic Exchange)

वर्तमान समय में डिजिटल इलेक्ट्रॉनिक एक्सचेंज, पुराने इलेक्ट्रोमकैनिकल टाइप के एक्सचेंजों को तथा पुरानी तकनीक पर आधारित इलेक्ट्रॉनिक एक्सचेंजों (conventional type of electronic exchange) को तीव्रता से विस्थापित कर रहे हैं। इन एक्सचेंजों में प्रयुक्त नई स्विचिंग प्रणालियाँ (new switching systems) एनेलॉग तथा डिजिटल दोनों प्रकार की 'call' हैन्डल कर सकती हैं।

चित्र 8.2 में सक आधुनिक एक्सचेंज का सामान्य (general) ब्लॉक डायग्राम दिया गया है।

भारत में प्रयुक्त अधिकांश इलेक्ट्रॉनिक एक्सचेंज, उदारणतः EWSD, FETEX-150, AXE-10 आदि डिजिटल स्विचिंग प्रणालियाँ भी लगभग इसी डायग्राम के अनुसार ही कार्य करती हैं। एक्सचेंज की मख्य हार्डवेयर यूनिटस निम्न प्रकार हैं—

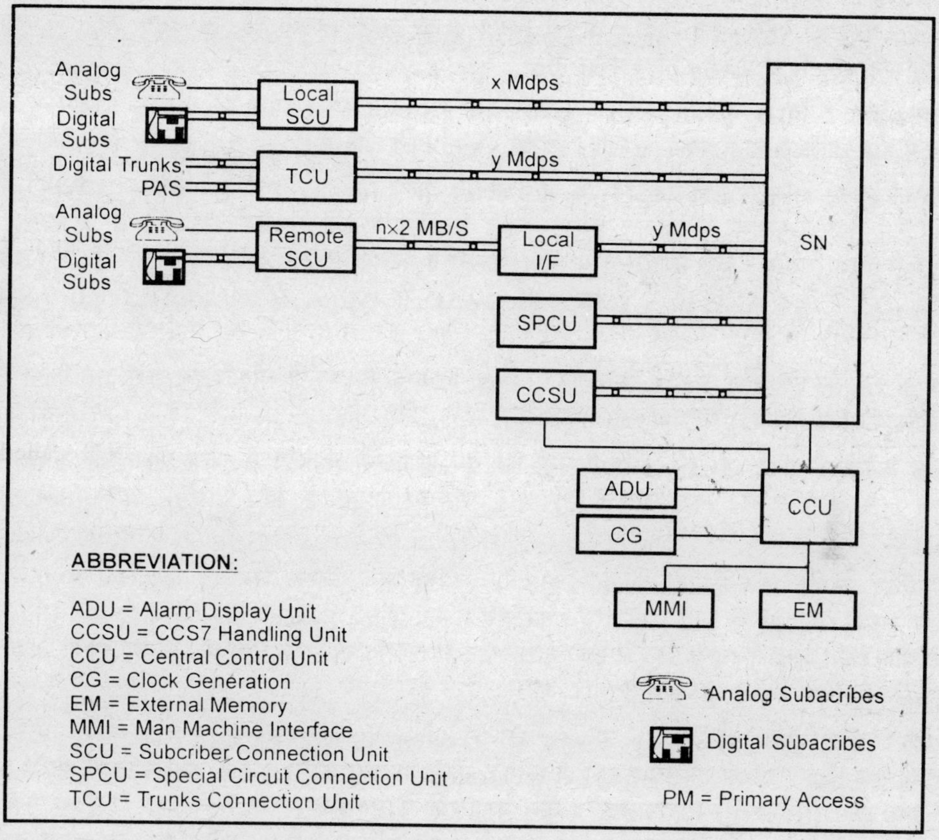


**चित्र 8.2–एक डिजिटल इलेक्ट्रॉनिक एक्सचेंज का ब्लॉक डायग्राम**

**1.** सब्सक्राइबर कनैक्शन यूनिट्स (SCU)

**2.** ट्रन्क कनैकशन यूनिट (TCU)

**3.** स्विचिंग नैटवर्क (SN)

**4.** स्पेशल सर्किट यूनिट (SPCU), अर्थात् टोन्स (tones), मेन फ्रेम रिसीवर्स जेनरेटर्स (MF receivers, generators) आदि।

**5.** सैन्ट्रल कन्ट्रोल यूनिट (CCU) एवं इससे सम्बद्ध अन्य यूनिट, उदाहरणतः —

(a) मैन मशीन इन्टरफेस (MMI – Man Machine Interface)

(b) बाह्य मैमोरी (External Memory – EM)

(c) एलार्म डिस्प्ले यूनिट (Alarm Display unit – ADU)

(d) क्लॉक जेनरेटर (CG)

**6.** CCS7* हैन्डलिंग यूनिट (CCSU)

---

* CCS7 एक सिगनलिंग सिस्टम है जिसे CCITT ने स्टैन्डर्ड किया है।

डिजिटल एक्सचेंजों में समस्त परिपथ कार्ड्स (cards) पर असैम्बल कर रैक में लगा दिये जाते हैं। किसी परिपथ में दोष आने पर सामान्यतः कार्ड को बदल दिया जाता है अथवा सम्भव हो तो उसकी मरम्मत कर पुनः उसके स्थान पर लगा दिया जाता है। एक्सचेंज की विभिन्न यूनिट्स के फंक्शन निम्न प्रकार हैं—

**1. सब्सक्राइबर कनैक्शन यूनिट (SCU)** – एनेलॉग तथा डिजिटल सब्सक्राइबर्स इन यूनिट्स में टर्मिनेट किये जाते हैं। इस यूनिट में एनेलॉग तथा डिजिटल दोनों प्रकार के लाइन कार्ड्स प्रयुक्त किये जाते हैं।

कुछ प्रणालियों में डिजिटल तथा एनेलॉग एक साथ ही एक शेल्फ (or rack) में लगे होते हैं। EWSD में कार्ड इसी प्रकार व्यवस्थित होते हैं। कुछ प्रणालियों में लोकल SCUs सीधे स्विचिंग प्रणाली से संयोजित रहते हैं, उदाहरणतः AXE-10 तथा FETEX-150 स्विचिंग सिस्टम। कुछ प्रणालियों में SCU स्विचिंग नैटवर्क से ट्रंक कनैक्शन यूनिट (TCU) द्वारा कनैक्ट रहते हैं, उदाहरणतः EWSD। ये लिंक AXE-10 में 2Mbps पर, EWSD में 4Mbps पर तथा FETEX-150 में 8Mbps पर ऑपरेट होते हैं।

रिमोट SCUs का एक्सचेंज के साथ कनैक्शन 2Mbps लिंक के माध्यम से लोकल इन्टरफेस द्वारा किया जाता है। इन्टरफेस यूनिट ट्रंक कनैक्शन यूनिट (TCU) के समान हो सकती है।

**2. ट्रंक कनैक्शन यूनिट (TCU)** – समस्त नयी स्विचिंग प्रणालियों (NSS) में अन्य एक्सचेजों अथवा रिमोट SCUs से 2Mbps लिंक TCUs पर टर्मिनेट किये जाते हैं। TCUs, स्विचिंग नैटवंर्क के साथ 2Mbps अथवा 8Mbps लिंक द्वारा जुड़े (connected) रहते हैं।

**3. स्विचिंग नैटवर्क (Swtiching Network-SN)** – अधिकांश डिजिटल स्विचिंग प्रणालियाँ 2Mbps के 2048 लिंक (AXE-10) में अथवा 8Mbps के 512 लिंक स्विच करती हैं। इनमें Time-Space-Time डिविजन स्विचिंग (TST switching) प्रणाली का उपयोग किया जाता है। EWSD में उच्च ट्रांसमिशन रेट पर TSSST स्विचिंग का उपयोग किया जाता है। केवल OCB प्रणाली में 'Time' स्विचिंग प्रयुक्त की जाती है।

**4. स्पेशल सर्किट यूनिट (SPCU, i.e. Tones, MF receivers/generators etc.)** – अधिकांश नवीन स्विचिंग प्रणालियों (NSS) में, टोन्स तथा MF रिसीवर्स एक्सचेंज द्वारा ही (centrally) उपलब्ध कराये जाते हैं अतः ये विश्व भर में (globally) समस्त सब्सक्राइबर्स तथा ट्रंक्स (trunks) पर उपलब्ध हैं। कुछ प्रणालियों में सब्सक्राइबर्स के लिये MF रिसीवर्स सब्सक्राइबर्स कनैक्शन यूनिट्स (SCUs) में ही उपलब्ध हैं, उदाहरणतः AXE-10 तथा कुछ प्रणालियों में ये TCUs में उपलब्ध कराये जाते हैं। अतः TCU से जुड़े हुये ट्रंक्स सब्सक्राइबर्स को स्थानीय रूप से (locally) उपलब्ध हैं।

**5. सैन्ट्रल कन्ट्रोल यूनिट (CCU)** – सैन्ट्रल कन्ट्रोल यूनिट में समस्त काल प्रोसेसिंग सॉफ्टवेयर (call processing software), एनेलिसिस (analysis), रूटिंग (routing) तथा मीटरिंग (metering) डाटा उपलब्ध होता है। यूनिट में प्रयुक्त प्रोसेसर्स तथा मैमोरी का साइज, एक्सचेंज की क्षमता (capacity) पर निर्भर करता है।

सैन्ट्रल कन्ट्रोल यूनिट से सम्बद्ध अन्य यूनिट्स निम्न हैं—

**(a) मैन-मशीन इन्टरफेस (Man Machine Interface 'MMI')** – डिजिटल एक्सचेंज में कमान्ड देने के लिये तथा प्रणाली की अनुक्रिया (response) डिसप्ले करने के लिये सामान्य प्रकार के PC-ATs उपयोग में लाये जाते हैं। कुछ प्रणालियों (उदाहरणतः EWSD, FETEX-150) में मीनू-ड्रिवेन (menu driven) कमान्ड्स भी उपलब्ध होते हैं।

**(b) बाह्य मैमोरी (External Memory 'EM')** – ब्राह्य मैमोरी (EM) उन सॉफ्टवेयर प्रोग्रामों के लिये प्रयुक्त की जाती है जिनका कभी-कभी उपयोग किया जाता है। इसके अतिरिक्त EM में अस्थायी (non-permanent) डाटा भी स्टोर किया जाता है, उदाहरणतः एलार्म, मीटरिंग तथा बिलिंग (billing) से सम्बन्धित विस्तृत सूचनायें आदि। हार्ड-डिस्क, ड्राइव एवं मैगनेटिक टेप को EM की भाँति प्रयोग किया जाता है।

**(c) एलार्म डिसप्ले यूनिट (Alarm Display Unit 'ADU')** – एक्सचेंज में कोई दोष आने पर तथा ट्रैफिक ऑपरेशन में किसी असामान्य स्थिति उत्पन्न होने पर ADU एलार्म देती है जिसे सुना जा सकता है तथा वीडियो यूनिट पर डिस्प्ले भी होता है।

**(d) क्लॉक जेनरेटर (Clock Generator 'CG')** – क्लॉक जेनरेटर (CG) एक्सचेंज की विभिन्न यूनिटों के फंक्शनों को सिन्क्रोनाइज करने के लिये टाइमिंग पलस उपलब्ध कराता है।

**6. CCS7 हैन्डलिंग यूनिट (CCSU)** – समस्त (NSS) डिजिटल एक्सचेंज ISDN तथा CCS7 सर्विसेज हैन्डल कर सकते हैं। इसके लिये TCUs से सिगनलिंग लिंक, स्विचिंग नैटवर्क (SN) के माध्यम से CCSU पर ट्रांसपोर्ट किये जाते हैं तथा प्रोसेस किये जाते हैं।

सिगनलिंग ट्रांसफर प्वाइन्ट मोड में CCSU द्वारा, सिगनलिंग लिंक पुनः उत्पन्न (recreate) किये जाते हैं तथा दूर स्थित एक्सचेंज के लिये ट्रांसमिशन हेतु सम्बन्धित TCU पर ट्रांसपोर्ट किये जाते हैं। सिगनलिंग प्वाइन्ट फंक्शन में सिगनलिंग संदेश (Message) सम्बन्धित TCU पर भेजा जाता है जहाँ पर CCU तथा SN द्वारा सब्सक्राइबर हेतु वास्तविक फंक्शन उपलब्ध कराये जाते हैं।

## 8.9. कैरियर टेलीफोनी (Career Telephony)

कैरियर टेलीफोनी में टेलीफोन सिगनल को उनके मूल रूप में लाइनों पर ट्रासमिट नहीं किया जाता बल्कि सिगनल को ट्रांसमिट करने के लिय उच्च आवृत्ति तरंगों (high frequency waves) का उपयोग किया जाता है। इन उच्च आवृत्ति तरंगों को कैरियर (carrier) कहते हैं। कैरियर तरंगों को वायस सिगनल (voice signal) द्वारा मॉडुलेट कर लाइनों द्वारा ट्रांसमिट किया जाता है। कैरियर टेलीफोन प्रणाली में आयाम मॉडुलेशन (amplitude modulation) विधि प्रयुक्त की जाती है। जबकि कैरियर टैलीग्राफी में आयाम तथा आवृत्ति माडुलेशन (AF and FM) दोनों विधियाँ प्रयोग की जाती हैं। मॉडुलेशन के पश्चात् अनेक आवृत्तियों की साइड बैन्ड्स (side bands) जेनरेट होती हैं जिनमें टेलीफोन सिगनल होता है। जब उच्च आवृत्तियों की विभिन्न कैरियर्स (different carriers) को निम्न आवृत्तियों के टेलीफोन सिगनलों द्वारा मॉडुलेट किया जाता है तब प्रत्येक कैरियर के संगत (corresponding) अलग साइड बैन्ड प्राप्त होती है। इन सभी साइड बैन्ड्स को अलग-अलग चैनलों द्वारा एक साथ, एक ही वायर पेयर (pair of lines) पर ट्रांसमिट किया जा सकता है। यह क्रिया फ्रीक्वैन्सी डिविजन मल्टीप्लैक्सिग (FDM) कहलाती है।

रिसीविंग स्टेशन पर इन विभिन्न साइड बैन्ड्स को उपयुक्त फिल्टरों द्वारा अलग-अलग किया जाता है तथा डिमॉडुलेशन द्वारा सिगनलों को पुनः प्राप्त किया जाता है।

अधिकांश टेलीफोन प्रणालियों में कैरियर तथा एक साइड बैन्ड को सप्रेस कर दिया जाता है तथा रिसीविंग स्टेशन के लिये केवल एक साइड बैन्ड (single side band) ट्रांसमिट की जाती है।

## 8.11 रेडियो पेजर (Radio Pager)

रेडियो पेजिंग एकदिशीय (one way) कम्युनिकेशन है जिसमें 'calling' सब्सक्राइबर, 'called' सब्सक्राइबर के लिये संदेश (message) छोड़ता है। सन्देश, अंकों में, (numeric), एल्फान्यूमैरिक अथवा किसी प्रकार का ध्वनि सिगनल हो सकता है। इस प्रणाली में 'called' सब्सक्राइबर रेडियो पेजिंग सर्विस का सब्सक्राइबर होना चाहिये। रेडियो पेजिंग का मुख्य लाभ यह है कि सब्सक्राइबर को सन्देश किसी भी स्थान पर दिया जा सकता है। सब्सक्राइबर गति में (on the move) रहते हुये भी सन्देश प्राप्त कर सकता है। रेडियो पेजिंग वास्तव में मोबाइल कम्युनिकेशन की एक अत्यन्त उपयोगी एवं सस्ती विधि है।

रेडियो पेजिंग सर्विस उन व्यक्तियों के लिये अत्यन्त महत्वपूर्ण है जो प्रायः गतिमान रहते हैं। उदाहरणतः चिकित्सक, सेल्समैन, सेल्स इन्जीनियर्स, मार्केटिंग मैनेजर्स, सर्विस इन्जीनियर्स तथा फायर ब्रिगेड, फैक्टरी, ट्रक ऑपरेटर्स, बिल्डर्स इत्यादि से सम्बन्धित व्यक्ति।

पेजर एक पॉकेट साइज कैलकुलेटर के समान एक पोर्टेबिल यन्त्र है जिसे सरलता से पॉकेट में रखा जा सकता है। पेजर अनेक प्रकार के होते हैं। उदाहरणतः टोन/वाइब्रेशन पेजर, न्यूमैरिक पेजर तथा एल्फान्यूमैरिक पेजर इत्यादि।

केवल टोन (tone) वाले पेजर में सब्सक्राइबर को एक ध्वनि सुनाई देती है। जब कोई व्यक्ति किसी रेडियो पेजर सब्सक्राइबर को 'पेज' करता है तब वह ध्वनि संकेत प्राप्त करता है। जिसका अर्थ है कि कोई व्यक्ति उसे 'call' कर रहा है। वाइब्रेशन टाइप पेजर में सब्सक्राइबर को अपने पेजिंग यन्त्र द्वारा कम्पन का आभास होता है। चूँकि टोन एवं बाइब्रेशन पेजर में 'calling' सब्सक्राइबर को कोई विवरण नहीं प्राप्त होता अतः इनका प्रयोग केवल उन व्यक्तियों द्वारा किया जाता है जिन्हें एक अथवा दो स्थानों से ही 'call' प्राप्त करने की आशा होती है। जब उसे संकेत प्राप्त होता है तब वह समझ जाता है कि उसे किसे स्रोत (source) ने 'call' किया है। तब वह अपने समीपस्थ टेलीफोन द्वारा 'calling' सब्सक्राइबर में सम्पर्क स्थापित कर सकता है। वाइब्रेशन टाइप पेजर उन व्यक्तियों के लिये अधिक उपयोगी है जो किसी शोरयुक्त (noisy) स्थान पर उदाहरणतः खदान उद्योग (mining industries) में कार्य करते हैं।

न्यूमैरिक पेजर में टोन के साथ-साथ डिजिट्स (digits) भी डिस्पले होते हैं।

एल्फान्यूमैरिक पेजर में अंक (digits) तथा अक्षर (alphabets) दोनों डिस्पले हो सकते हैं परन्तु एल्फान्यूमैरिक सन्देश भेजने के लिये 'calling' सब्सक्राइबर के पास अंकों के साथ अक्षर डायल करने की सुविधा भी होनी चाहिये। चूँकि सामान्य टेलिफोन में अक्षर डायल करने की सुविधा नहीं होती अतः उसे अपने टेलीफोन के साथ अक्षरों वाला कुंजी बोर्ड (Keypad) प्रयोग करना पड़ता है अथवा वह ऑपरेटर से सहायता प्राप्त कर सकता है।

## रेडियो पेजिंग प्रणाली का एक्सचेंज से सम्बन्ध (System Connectivity)

रेडियो पेजिंग सर्विस के ऑपरेशन के लिये एक अलग टेलीफोन एक्सचेंज की आवश्यकता होती है। रेडियो पेजिंग प्रणाली का मुख्य उपकरण पेजिंग कन्ट्रोल टर्मिनल (PCT) होता है (चित्र 8.3)। PCT अनेक जंक्शनों द्वारा टेलीफोन नैटवर्क से जुड़ा होता है। ये जंक्शन किसी अलग एक्सचेंज से PCT को उपलब्ध कराये जा सकते हैं अथवा PCT को किसी एक्सचेंज के साथ सम्बन्धित कर दिया जाता है जिसके माध्यम से समस्त पेजिंग सर्विस ट्रैफिक (all calls and signals) गुजरता है। PCT को जंक्शन उपलब्ध कराने के लिये एक से अधिक एक्सचेंज भी प्रयुक्त किये जा सकते हैं। इस ट्रैफिक (number of paging calls and subscribers) की मात्रा, PCT की लोकेशन्स तथा नगर में एक्सचेंज के अन्तर्गत कार्य करता है।

रेडियो पेजिंग प्रणाली में सब्सक्राइबर्स को एक सामान्य टेलीफोन नम्बर के समान ही एक रेडियो पेजर नम्बर दिया जाता है। 'Calling' सब्सक्राबर रेडियो पेजर नम्बर को उसी प्रकार डायल करता है जैसे कि वह एक साधारण टेलीफोन सब्सक्राइबर से बात करने के लिये उसका नम्बर डायल करता है।

## रेडियो पेजर की कार्यप्रणाली (Working of a Radio Pager System)

चित्र 8.3 में रेडियो पेजिंग सिस्टम की कार्यप्रणाली दिखायी गयी है। पेजिंग कन्ट्रोल टर्मिनल (PCT) रेडियो पेजिंग प्रणाली का मुख्य उपकरण है। इसी उपकरण में सभी सब्सक्राइबर्स का डाटा स्टोर किया जाता है। इसके अतिरिक्त 'call' प्रोसेस करने के लिये तथा सिस्टम मॉनीटरिंग के लिये प्रोग्राम भी PCT में ही रहते हैं। PCT को टेलीफोन नैटवर्क तथा ऑपरेटर कन्ट्रोल से कनैक्ट करने के लिये विशेष प्रकार के जंकशन तथा पोर्टस (RS-232 ports) प्रयुक्त किये जाते हैं।

PCT समस्त पेजों (pages) को रिसीव करता है, उन्हें क्यू (queue) में रखता है तथा एक विशेष बाइनरी डिजिटल कोड में परिवर्तित करता है। यह कोड PCSAG (Post Office Code Standard Advisory Group) प्रोटोकोल कहलाता है। इसे रेडियो पेजिंग सिस्टम में व्यापक रूप से प्रयुक्त किया जाता है।

PCT की आउटपुट पुनः रिले करने के लिये लिंक ट्रांसमीटर (link transmitter) को दी जाती है। लिंक ट्रांसमीटर कुछ सलैक्टेड पेजिंग फ्रीक्वैन्सी बैन्ड्स (selected paging frequency bands) में ऑपरेट होता है। प्रारम्भिक पेजिंग प्रणालियाँ (old paging system), 150-174 MHz बैन्ड में विभिन्न आवृतियों पर ऑपरेटर होती थी। वर्तमान समय में अधिकांश प्रणालियाँ 930-932 MHZ बैन्ड में प्रचालित होती हैं।

लिंक ट्रांसमीटर द्वारा ट्रांसमिट किये गये सिगनल सभी बेस स्टेशनों (base stations) पर रिसीव करते हैं। बेस स्टेशन में रिसीवर तथा ट्रांसमीटर दोनों होते हैं। बेस स्टेशन, रिसीव किये गये सिगनल को रेडियो फ्रीक्वैन्सी बैन्ड में किसी अन्य आवृति पर परिवर्तित (retranslate) करता है तथा एम्पलीफाई कर, ओमनी डायरैक्शनल एन्टीना द्वारा सभी दिशाओं में ट्रांसमिट करता है। नगर के विभिन्न भागों में अनेक बेस स्टेशन स्थापित किये जाते हैं। सभी बेस स्टेशन लिंक ट्रांसमीटर से एक साथ (simultaneously) सिगनल रिसीव करते हैं तथा पुनः एक साथ ही ट्रांसमिट करते हैं। अनेक बेस ट्रांसमीटर्स द्वारा एक साथ सिगनल रिले करने की क्रिया साइमलकास्टिंग (simulcasting) कहलाती है।

एक रेडियो पेजिंग चैनल लगभग 1,00,000 सब्सक्राइबर्स तक की पेजिंग सर्विस उपलब्ध करा सकता है तथा पेजिंग प्रक्रिया में बहुत अधिक देरी (delay) भी नहीं होती। अतः एक नगर की पेजिंग आवश्यकताओं की पूर्ति के लिये बहुत कम चैनलों की आवश्यकता होती है।

रेडियो पेजिंग सिस्टम में इनपुट लगातार (continuous) नहीं होती तथा आउटपुट (message), रेडियो तरंगों के पुंज (burst) के रूप में होती है। एक बर्स्ट में लगभग 30 बाइट हाते हैं जिनकी अवधि (duration) लगभग 100 ms होती है।

पेजिंग प्रणाली में ट्रांसमिट किया जाने वाला समस्त कम्यूनिकेशन एक सिंगल फ्रीक्वैन्सी (one-way nature) पर होता है।

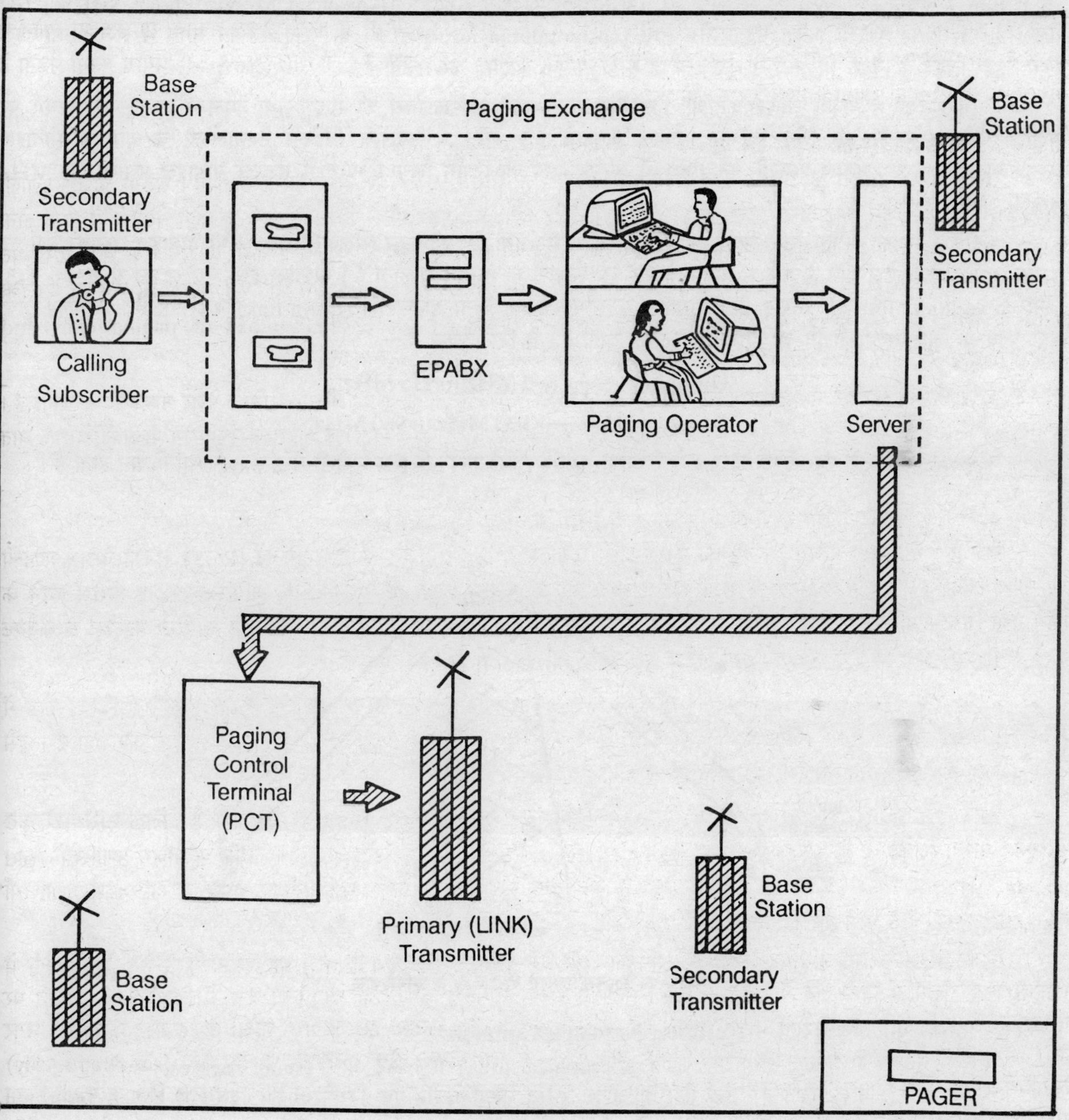


**चित्र 8.3–पेजिंग सिस्टम की कार्यप्रणाली**

इसके विपरीत मोबाइल टेलीफोन प्रणाली 2-way कम्यूनिकेशन है जिसमें प्रत्येक 'call' के लिये दो अलग-अलग आवृतियाँ का प्रयोग किया जाता है।

## 8.12. मोबाइल टेलीफोन प्रणाली (Mobile Telephone System)

सामान्य टेलीफोन प्रणाली (conventional telephone system) का उसकी क्षमता के अनुसार उपयोग किया जाना इस कारण से सम्भव नहीं हो सका क्योंकि टेलीफोन कनैक्शन के लिये तारों (wires) का जाल बिछाने की भी एक सीमा है। इस सीमा

(restriction) को सैलुलर फोन प्रणाली के विकास ने समाप्त कर दिया। सैलुलर फोन प्रणाली की स्थापना सर्वप्रथम बैल प्रयोगशाला (Bell Labs) ने 1982 में अमेरिका में की। इस नयी प्रणाली का नाम AMPS (Advanced Mobile Phone System) रखा गया। प्रारम्भ में यह प्रणाली केवल महानगरीय स्तरों (cosmopolitan level) पर ही थी परन्तु वर्तमान समय में सैलुलर मोबाइल सब्सक्राइबर विश्व के किसी भी भाग से कुछ सेकण्ड में ही सम्पर्क स्थापित कर सकता है।

विभिन्न देशों ने अपनी आवश्यकताओं, भौगोलिक अवस्थाओं, सब्सक्राइवर्स की संख्या तथा उपलब्ध आवृत्ति के आधार पर सैलुलर मोबाइल सर्विस के लिये विभिन्न स्टैन्डर्ड अपनाये हैं। भारत में उपलब्ध विभिन्न टैक्नोलोजी के दृष्टिगत मोबाइल कम्यूनिकेशन के लिये ग्लोबल प्रणाली सन् 1991 में प्रारम्भ करने का निर्णय लिया। भारत में सैलुलर मोबाइल प्रणाली 900MHz बैन्ड में ऑपरेट होती है।

मोबाइल प्रणाली के दो मुख्य अवयव हैं—(1) बेस स्टेशन तथा (2) मोबाइल (सैलुलर) फोन। सभी मोबाइल सब्सक्राइबर्स का परस्पर अथवा किसी टेलीफोन नैटवर्क से कम्यूनिकेशन बेस स्टेशनों के माध्यम से होता है। मोबाइल द्वारा बेस स्टेशन से सम्पर्क करना अपलिंक (uplink) तथा बेस स्टेशन द्वारा मोबाइल से सम्पर्क किया जाना डाउनलिंक (down-link) कहलाता है। अपलिंक तथा डाउनलिंक के लिये अलग-अलग आवृत्तियाँ प्रयुक्त की जाती हैं। ये निम्न प्रकार हैं—

For uplink ⟶ 890 MHz to 915 MHz

For downlink ⟶ 935 MHz to 960 MHz

मोबाइल नैटवर्क के एक खण्ड को 8.4 में दिखाया गया है। इस प्रकार सैलुलर प्रणाली में 2-way कम्युनिकेशन होता है।

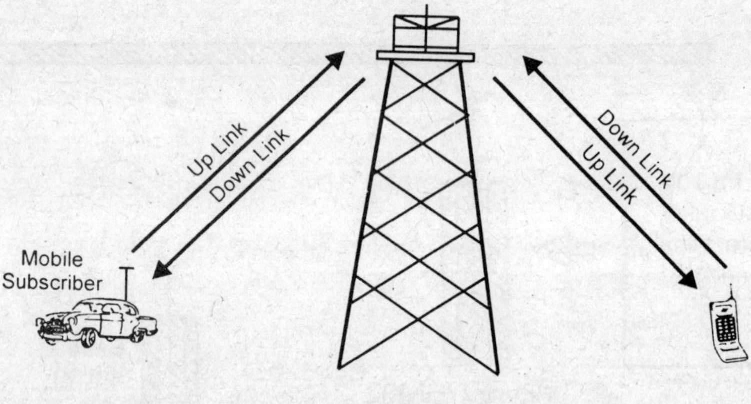


**चित्र 8.4–सैलुलर प्रणाली में 2-way कम्यूनिकेशन**

## सैलुलर नैटवर्क की अवधारणा (Cellular Network Concept)

सैलुलर नैटवर्क में प्रत्येक भौगोलिक क्षेत्र (geographical area) छोटे-छोटे भागों (small regions) में विभाजित किया जाता है। इन्हें सैल (cells) कहते हैं। एक सैल के अन्दर समस्त कम्युनिकेशन एक निर्धारित बैन्ड विड्थ में होता है जिसकी एक सैन्टर फ्रीक्वैन्सी होती है। चित्र 8.5 में एक सैलुलर क्षेत्र दिखाया गया है।

प्रत्येक सैल के सैन्टर में एक बेस स्टेशन होता है। बेस स्टेशन पर कम शक्ति का ट्रांसमीटर होता है जिसके द्वारा ट्रांसमिट किये गये सिगनल कम दूरी (short distance) तक ही संचारित (propagate) होते हैं। अतः एक सैल का रिसीविंग एन्टीना, किसी दूसरे सैल द्वारा ट्रांसमिट किये गये सिगनल को डिटैक्ट नहीं कर सकता तथा दो समीपस्थ सैलों को एक ही सैन्टर फ्रीक्वैन्सी निर्धारित (allot) की जा सकती है। उदाहरणतः सैल $A_1$ तथा $A_2$ एक ही सैन्टर फ्रीक्वैन्सी का प्रयोग करते हैं। इस प्रकार आवृत्ति के पुन प्रयोग (reuse) से मोबाइल सब्सक्राइबर्स की संख्या काफी अधिक बढ़ायी जा सकती है।

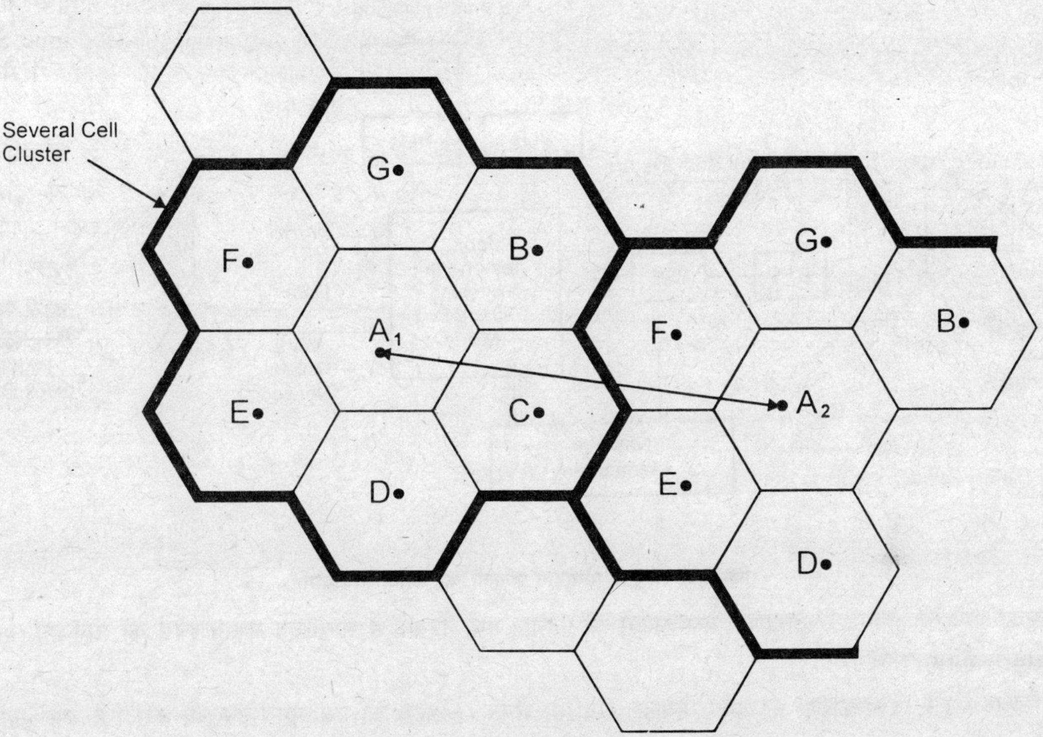


चित्र 8.5–सेलुलर नेटवर्क

सब्सक्राइबर्स के मध्य इन्टरफीरेन्स (interference) को कम करने के लिये उन सैलों के मध्य दूरी (seperation) अधिक रखी जाती है जो समान फ्रीक्वैन्सी प्रयुक्त करते हैं। इसके लिये कुछ सैलों को एक समूह में रख क्लस्टर्स (clusters) बनाये जाते हैं जो कि समस्त उपलब्ध रेडियो चैनलों का उपयोग कर सकते हैं। चित्र 8.5 में 7 सैलों का एक क्लस्टर दिखाया गया है। प्रत्येक बेस स्टेशन पर ओमनीडायरैक्शनल एन्टीना प्रयोग किया गया है। इसी प्रकार के 7 सैलों के अनेक क्लस्टर्स बनाकर सम्पूर्ण देश को कवर किया जा सकता है।

## सैलुलर टेलीफोन का कार्य प्रणाली (Working of Cellular Mobile System)

चित्र 8.6 में सैलुलर टलीफोन प्रणाली का ब्लॉक डायग्राम दिया गया है। मोबाइल सब्सक्राइबर द्वारा ट्रांसमिट किया गया सिगनल बेस स्टेशन सब-सिस्टम (BSS) को एन्टीना द्वारा प्राप्त होता है। BSS में दो स्टेज हैं—बेस ट्रांसीवर स्टेशन (BTS) तथा बेस स्टेशन कन्ट्रोलर (BSC)। ट्रांसीवर में ट्रांसमीटर तथा रिसीवर दोनों यूनिट होती हैं।

BTS एक रेडियो रिपीटर की भाँति कार्य करता है तथा यह सैल के भौगोलिक क्षेत्र को कवर करता है। यह सैल के केन्द्र में स्थित होता है तथा सैलुलर नैटवर्क के लिये मोबाइल इन्टरफेस की भाँति कार्य करता है। BTS सीधे मोबाइल स्टेशन (MS) के साथ कम्प्यूनिकेट करता है।

एक बेस स्टेशन (BSC), बेस ट्रांसीवर्स (BTS) के एक समूह को कन्ट्रोल करता है। इस कन्ट्रोल में BSC यह सुनिश्चित करता है कि प्रयुक्त की जा रही फ्रीक्वैन्सी तथा पावर निर्धारित स्टैन्डर्ड के अनुसार है।

लोकेशन रजिस्टर सब-सिस्टम में दो प्रकार के रजिस्टर्स हैं—(1) होम लोकेशन रजिस्टर (HLR) तथा (2) विजिटर लोकेशन रजिस्टर (VLR)। रजिस्टर HLR में सब्सक्राइबर (user) का डाटा तथा अन्तर्राष्ट्रीय मोबाइल सब्सक्राइबर नम्बर (IMSI), डायरैक्ट्री नम्बर, अवशेष धनराशि (subscription level) आदि होते हैं। रजिस्टर VLR में भी HLR के समान डाटा होता है। इसमें कुछ

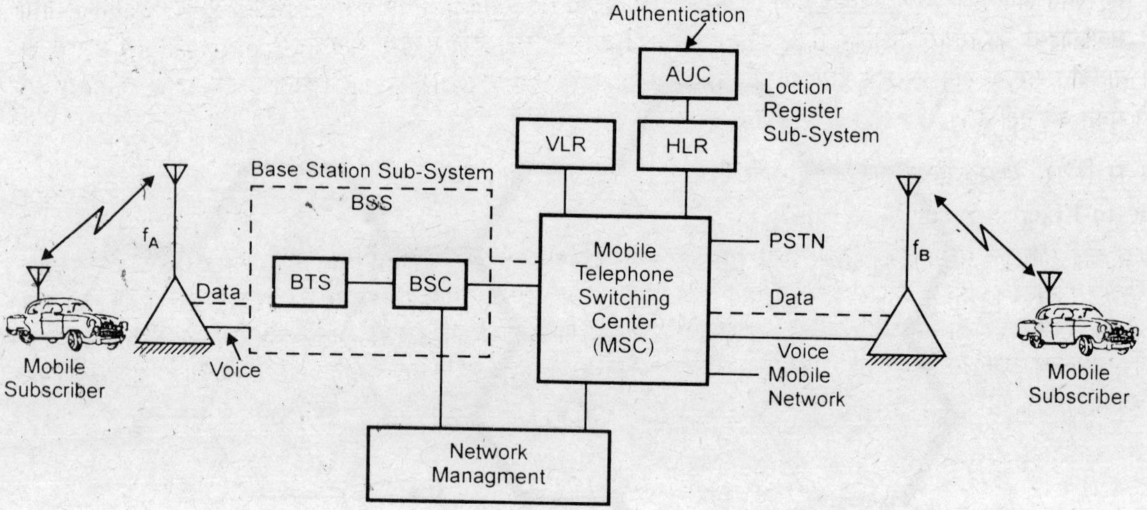


**चित्र 8.6–सैलुलर मोबाइल प्रणाली का ब्लॉक डायाग्राम**

अस्थायी डाटा भी स्टोर होता है। उदाहरणतः सब्सक्राइबर की पहचान तथा नैटवर्क से सम्बन्धित सब्सक्राइबर्स की लोकेशन (location area and identity) आदि।

रजिस्टर HLR, सब्सक्राइबर का डाटा मोबाइल स्विचिंग सैन्टर (MSC) को उस समय उपलब्ध कराता है जब 'call' किसी PSTN (public switched telephone network) से आती है तथा VLR रजिस्टर, MSC को सब्सक्राइबर का डाटा उस समय उपलब्ध कराता है जब 'call' मोबाइल से आती है।

ऑथैन्टिकेशन सैन्टर (ASC) एक अन्य सब-सिस्टम है जो कि HLR के साथ कार्य करता है। यह 'सब्सक्राइबर' के वैध (authentic) होने की सूचना देता है तथा किसी सम्भव फ्रॉड (possible fraud), चोरी किये गये SIM कार्ड तथा भुगतान किये गये बिल्स (bills) आदि की सूचना देता है।

रजिस्टर EIR (equipment identity register) भी प्रणाली की सुरक्षा के लिये है। यह प्रत्येक 'call' आने पर मोबाइल यूनिट की आइडेन्टीटी (identity) चैक करता है।

नैटवर्क मैनेजमैन्ट सैन्टर (NMC) समस्त नैटवर्क के ऑपरेशन पर दृष्टि रखता है।

मोबाइल स्विचिंग सैन्टर (MSC), सैलुलर प्रणाली का मुख्य भाग है। यह सैलुलर टेलीफोन प्रणाली के एक्सचेंज के समान कार्य करता है।

जब कोई मोबाइल सब्सक्राइबर 'call' करना चाहता है तब सर्वप्रथम मोबाइल यूनिट उपलब्ध चैनल तथा उसकी सैन्टर फ्रीक्वैन्सी की पूछताछ (enquiry) करती है। यह कार्य BTS में होता है। उपयुक्त सैन्टर फ्रीक्वैन्सी निर्धारित होने के पश्चात् मोबाइल यूनिट अपनी पहचान (identification) से सम्बन्धित डाटा तथा 'called' सब्सक्राइबर का नम्बर ट्रांसमिट करती है। BTS तथा BSC यूनिट इस डाटा को मोबाइल स्विचिंग सैन्टर (MSC) में भेजती है। MSC अपने उपकरणों द्वारा 'call' का विश्लेषण करती है तथा सुनिश्चित करती है कि यूजर एक वैध (authentic) सब्सक्राइबर है। उसके पश्चात् मोबाइल स्विचिंग सैन्टर 'called' सब्सक्राइबर का विश्लेषण कर ज्ञात करती है कि वह मोबाइल सब्सक्राइबर है अथवा स्थिर (fixed) सब्सक्राइबर। यदि 'call' किसी मोबाइल यूनिट के लिये है तब MSC यूनिट, पेजिंग (paging) प्रक्रिया द्वारा 'called' सब्सक्राइबर का नम्बर प्रत्येक सैल (cell) को भेजता है। प्रत्येक मोबाइल सब्सक्राइबर यूनिट, प्रत्येक मिनट में एक बार उस सैल के सभी चैनलों की स्कैनिंग करती है जिसमें वह स्थित होता है। वह 'called' यूनिट डाटा सन्देश (data message) को सैन्स करती है तथा उस सैल को प्रत्युत्तर (response) देती

है जिसमें वह स्थित होती है। इसके पश्चात् यह सैल MSC को सूचित (respond) करती है। जब MSC यूनिट, 'Calling' तथा 'Called' सब्सक्राइबर को वॉयस लाइन (voice line) कनैक्शन उपलब्ध करा देती है तथा बातचीत (conversation) प्रारम्भ हो जाती है। बातचीत सम्पन्न होने पर जब दोनों में से कोई भी सब्सक्राइबर हैंग अप (hangs up) करता है तब MSC दोनों वॉयस लाइनों को मुक्त कर देती है।

## मोबाइल से स्थिर सब्सक्राइबर को 'Call' करना (Mobile-to-Fixed Subscriber calls)

जब कोई मोबाइल सब्सक्राइबर, किसी स्थिर (fixed) सब्सक्राइबर को 'Call' करता है। तब सैल उपरोक्त वर्णन के अनुसार मोबाइल स्विचिंग सैन्टर (MSC) से सम्पर्क करता है। अब यद्यपि MSC, डायल किये गये नम्बर को पहचान लेता है कि यह एक स्थिर (fixed) सब्सक्राइबर का नम्बर है परन्तु वह काल को पब्लिक स्विचिंग टेलीफोन नैटवर्क (PSTN) की दिशा में रूट कर देता है। PSTN, उपलब्ध टेलीफोन नैटवर्क एवं एक्सचेंज के माध्यम से स्थिर सब्सक्राइबर मोबाइल यूनिट को वॉयस लाइन से कनैक्ट कर देता है (चित्र 8.7)।

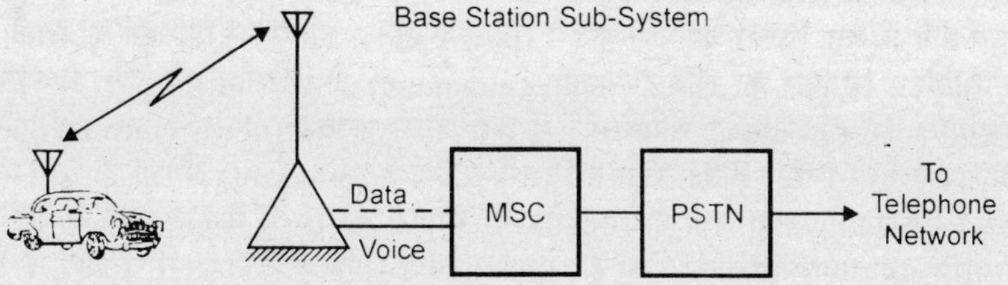


**चित्र 8.7–मोबाइल से स्थिर सब्सक्राइबर को 'call'**

## स्थिर सब्सक्राइबर से मोबाइल सब्सक्राइबर को 'Call' करना (Fixed-to-Mobile Subscriber calls)

जब एक स्थिर सब्सक्राइबर, किसी मोबाइल सब्सक्राइबर को 'call' करता है तब 'call' उस क्षेत्र के उपयुक्त एक्सचेंज (PSTN) के माध्यम से 'called' नम्बर के MSC की दिशा में रूट हो जाती है। डायल किया गया नम्बर प्रदर्शित कर देता है कि 'call' मोबाइल सब्सक्राइबर के लिये है। अब MSC यूनिट 'called' सब्सक्राइबर को 'पेज' करता है तथा उसकी पहचान (identity) स्थापित कर दोनों सब्सक्राइबर के मध्य डाटा/वॉयस लाइन कनैक्ट कर देता है।

## सैलों के मध्य हैन्डओवर (Handover between Cells)

जब कोई मोबाइल सब्सक्राइबर 'call' करता है तब बेस स्टेशन लगातार मोबाइल के द्वारा ट्रांसमिट किये जा रहे सिगनल की पावर मॉनीटर करता रहता है। यदि सिगनल पावर एक निश्चित स्तर (certain level) से कम होती है तब बेस स्टेशन निष्कर्ष निकाल लेता है कि मोबाइल, सैल की बाउन्ड्री से बाहर जा रहा है (चित्र 8.8)।

अतः वह मोबाइल को हैन्डओवर करने की प्रक्रिया प्रारम्भ कर देता है। MSC समीपस्थ (adjacent) सैलों के बेस स्टेशनों को प्रयुक्त किये जा रहे चैनल पर सिगनल पावर मॉनीटर करने की प्रार्थना करता है। यह अनुमान लगाया जाता है कि मोबाइल सबसे अधिक प्रबल (strongest) सिगनल के संगत बेस स्टेशन वाले सैल में प्रवेश कर गया है। मॉनीटरिंग से प्राप्त सूचना पुनः MSC को प्राप्त होती है तथा वह निर्णय लेता है कि मोबाइल यूनिट को कब हैन्डओवर किया जाये। अब MSC, मोबाइल को रिट्यून कमांड (retune command) भेजता है। ये सिगनल काल की अवधि में भी ट्रांसमिट किये जाते हैं। इस अवस्था में वॉयस सिगनल अत्यन्त अल्पावधि (very short period) के लिये बाधित (interrupt) होता है तथा इस अवधि में ही डाटा दूसरे सैल को ट्रांसमिट हो

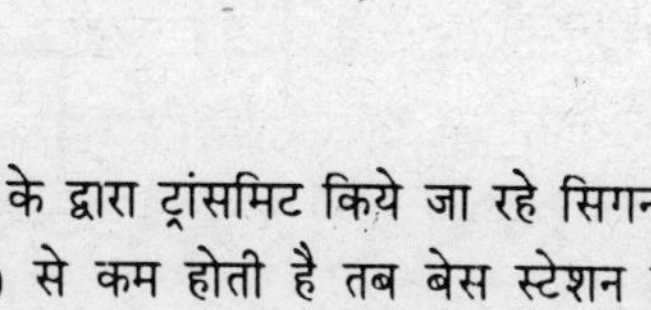


**चित्र 8.8–सैलों के मध्य हैन्डओवर**

जाता है। यह क्रिया 'blank and burst' कहलाती है। मोबाइल नई फ्रीक्वैन्सी पर पुनः ट्यून (retune) हो जाता है तथा कन्ट्रोल सम्बन्धी सूचना नये बेस स्टेशन को भेजता है। इसी अवधि में MSC, लाइन सर्किट्स की पुनर्रचना (reconfiguration) कर देता है।

हैन्डओवर के समय लगभग 400ms अवधि की, वॉयस ट्रांसमिशन में बाधा (interruption), यूजर को प्रतीत ही नहीं होती तथा उसे अपनी 'call' में कोई अनियमितता नहीं लगती।

कठिनाई उस समय होती है जब 'call' किसी दूर के बेस स्टेशन को की जाती है। यह रेडियो तरंगों के संचरण (propagation) के कारण होती है। इस अवस्था में मोबाइल ऐसे क्षेत्र (cell area) में लगता है जो समीप के बेस स्टेशन द्वारा कवर नहीं होता है। ऐसा होने पर काल टर्मिनेट (lost) हो सकती है।

## सैलुलर मोबाइल यूनिट की संरचना (Architecture of an analog Cellular Unit)

मोबाइल सब्सक्राइबर द्वारा उपयोग में लाये जाने वाले हैन्ड सैट का ब्लॉक डायाग्राम चिह्न 8.9 में दिखाया गया है। एन्टीना से रिसीव किया गया सिगनल डाइप्लैक्सर को दिया जाता है। डाइप्लैक्सर एक उच्च कोटि (high performance) का फिल्टर होता है जो रिसीविंग तथा ट्रांसमिटिंग सिगनलों के लिये सलैक्टिव फिल्टर का कार्य करता है। चूँकि रिसीविंग तथा ट्रांसमिटिंग सिगनल अलग-अलग फ्रीक्वैन्सी बैन्ड्स में होते हैं अतः फिल्टर की पास-बैन्ड्स (pass-bands) इस प्रकार डिजाइन की जाती है कि रिसीवर से कपल (couple) होने वाले ट्रांसमिटिंग सिगनल का लेविल न्यूनतम (minimum) हो। रिसीव की गयी फ्रीक्वैन्सी को फ्रीक्वैन्सी सिन्थेसाइजर के सिगनल का उपयोग कर इन्टरमीडिएट फ्रीक्वैन्सी (IF) में डाउन कनवर्ट (down convert) किया जाता है। IF स्टेज से प्राप्त सिगनल को एम्पलीफाई तथा फिल्टर किया जाता है जिससे समीप के (adjacent) चैनलों के सिगनल लुप्त (reject) हो जाते हैं। चित्र में केवल एक IF ब्लॉक दिखाया गया है परन्तु सैट मे सिगनल को IF में कनवर्ट करने के लिये अनेक स्टेज हो सकती हैं। प्रत्येक स्टेज में फिल्टरिंग तथा एम्पलीफिकेशन होता है। इसके पश्चात् सिगनल डिमॉडुलेटर में जाता है जिसकी आउटपुट, डाटा अथवा वॉयस सिगनल होता है। यदि आउटपुट, डाटा है तब यह कन्ट्रोल सिस्टम में जाता है एवं यदि आउटपुट, वॉयस सिगनल है तब लाउडस्पीकर ड्राइव करने के लिये उसे एम्पलीफाई किया जा सकता है।

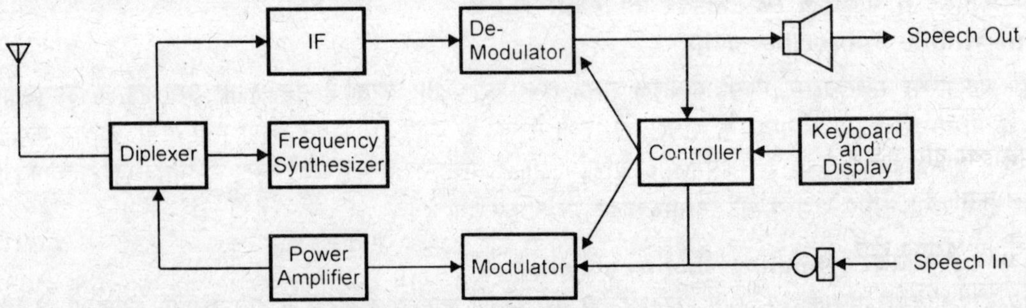


चित्र 8.9–सैलुलर मोबाइल यूनिट का ब्लॉक डायग्राम

ट्रांसमिटिंग साइड मे वॉयस सिगनल सीधे, फाइनल आउटपुट फ्रीक्वैन्सी में मॉडुलेट किया जाता है तथा पावर एम्पलीफायर द्वारा एम्पलीफाई कर एन्टीना से ट्रांसमिट कर दिया जाता है।

सब्सक्राइबर की मोबाइल यूनिट एक सामान्य टेलीफोन हैन्ड सैट के समान ही होती है तथा उसे उसी के समान ऑपरेट किया जाता है। मुख्य अन्तर यह है कि जब मोबाइल यूनिट सिस्टम की रेंज में नहीं होती तब उसमें 'No service' डिस्प्ले हो जाता है तथा किसी नम्बर को डायल करने के पश्चात् 'send' बटन दबाने की आवश्यकता हो सकती है।

## 8.13. ऑटोमैटिक एक्सचेंज में प्रयुक्त टोन्स (Tones used in Auto Exchange)

ऑटोमैटिक एक्सचेंज में निम्न प्रकार की विभिन्न टोन्स (tones) का उपयोग किया जाता है—

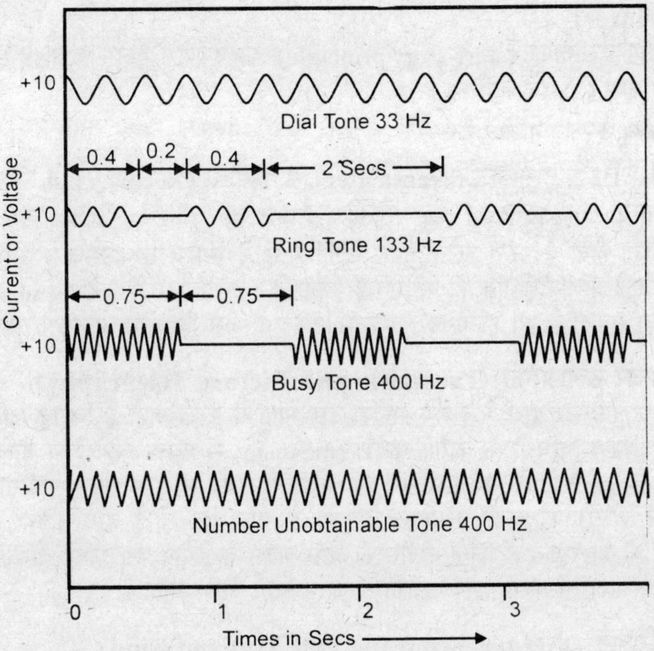


**चित्र 8.10– विभिन्न प्रकार की टोन्स—(a) डायल टोन, (b) रिंगिंग टोन, (c) व्यस्त (busy) टोन, (d) लाइन दोषयुक्त होने की स्थिति में प्राप्त टोन**

**1.** डायल टोन (Dial tone), **2.** रिंगिंग टोन (Ringing tone), **3.** व्यस्त टोन (Busy tone), **4.** डायल किया गया नम्बर प्राप्त न होने की अवस्था में प्राप्त टोन।

**1. डायल टोन (Dial tone) –** यह टोन सलेक्टर्स के प्रथम ग्रुप द्वारा डायलिंग सब्सक्राइबर को भेजी जाती है। यह 33Hz की एक कन्टीनुअस टोन होती है। क्रैडिल से हैन्ड सैट उठाने पर यदि डायल टोन प्राप्त हो जाती है तब इसका अर्थ है कि एक्सचेंज, सब्सक्राइबर द्वारा की जाने वाली डायलिंग स्वीकार (accept) करने के लिये तैयार है। डायल टोन प्राप्त होने पर सब्सक्राइबर नम्बर डायल करता है। सब्सक्राइबर द्वारा प्रथम डिजिट डायल करने पर डायल टोन बन्द (stop) हो जाती है।

**2. रिंगिंग टोन (Ringing tone) –** किसी सब्सक्राइबर का नम्बर डायल करने पर जब 'called' सब्सक्राइबर के टेलीफोन में घण्टी बजती है तब 'calling' सब्सक्राइबर को यह टोन सुनाई देती है। जब 'called' सब्सक्राइबर अपना हैन्ड सैट उठाता है तब यह टोन बन्द हो जाती है। यह 133Hz की, निम्नलिखित ब्रेक पीरियड़ (interruption) के साथ टोन होती है—

0·4 sec on, 0.2 sec off, 0.4 sec on, 2 sec off आदि।

**3. व्यस्त टोन (Busy tone) –** जब 'called' सब्सक्राइबर का फोन व्यस्त (engaged) होता है तब यह टोन एक्सचेंज द्वारा 'calling' सब्सक्राइबर को भेजी जाती है। यह सलैक्टर्स के किसी भी ग्रुप से उस अवस्था में भेजी जाती है जब वह अगली (next) स्टेज में सलैक्टर को खाली (free) नहीं पाता। यह टोन उस समय बन्द हो जाती है जब 'calling' सब्सक्राइबर अपना हैन्डसैट रख देता है। यह निम्नलिखित ब्रेक पीरियड्स (interruptions) के साथ 400Hz की टोन होती है—

0·75 sec on, 0·75 sec off आदि।

**4. डायल किया गया नम्बर प्राप्त न होने की अवस्था में टोन (Tone when dialed number is unobtainable) –** यह टोन फाइनल सलैक्टर द्वारा उस समय 'calling' सब्सक्राइबर को भेजी जाती है जब 'called' सब्सक्राइबर की लाइन दोषयुक्त हो अथवा किसी कारण से डिसकनैक्ट हो। यह 400Hz की सतत (continuous tone) होती है।

## 8.14. टेलीप्रिन्टर (Teleprinter)

टेलीप्रिन्टर में स्टार्ट-स्टॉप टैलीग्राफी (start-stop principle) का उपयोग किया जाता है। टेलीप्रिन्टर्स प्रायः दो प्रकार के होते हैं, (1) इलेक्ट्रोमिकेनिकल तथा (2) इलेक्ट्रॉनिक।

टेलीप्रिन्टर्स के मुख्य कम्पोनैन्ट निम्न होते हैं—

1. कुंजीबोर्ड (Keyboard), 2. ट्रांसमीटर (Transmitter), 3. रिसीवर (Receiver), 4. प्रिन्टर (Printer)

इलेक्ट्रॉनिक टेलीप्रिन्टर्स में माइक्रोप्रोसेसर्स तथा डिजिटल मैमोरी डिवाइसेज़ का प्रयोग किया जाता है। इलेक्ट्रोमिकेनिकल टेलीप्रिन्टर्स का आकार बहुत बड़ा होता है परन्तु इलेक्ट्रॉनिक टेलीप्रिन्टर्स में स्टोरेज डिवाइसेज के उपयोग से आकार बहुत छोटा हो गया है जो कि लगभग प्रिन्टर एवं कुंजीबोर्ड तक ही सीमित हो गया है। टेलीप्रिन्टर में संदेश (message or information) एक साधारण पेपर पर प्राप्त किया जा सकता है एवं ट्रांसमिट किया जा सकता है जैसे कि सामान्य टाइप राइटर पर किया जाता है।

## 8.15. फेसीमाइल एवं पिक्चर टेलीग्राफी (Facsimile and Picture Telegraphy)

मोर्स ट्रांसमीटर अथवा टेलीप्रिन्टर द्वारा भेजे गये सन्देश उस भाषा में लिखे जाते हैं जिसके अक्षरों (alphabets) की कोडिंग की जा सकती है। कोडिंग की विशेष विधियों के कारण सन्देश (message) में प्रयुक्त किये जाने वाले शब्दों एवं अंकों की सीमा हो जाती है तथा अनेक बातें (matter) ऐसी हो सकती हैं जिनकी कोडिंग न की जा सके परन्तु टेलीग्राफिक स्पीड पर ट्रांसमिट करना आवश्यक हो। उदाहरणतः कोई फोटोग्राफ, किसी कॉन्फ्रेन्स/सेमीनार से सम्बन्धित फोटो, हस्तलिपियाँ, चैक/ड्राफ्ट इत्यादि।कभी-कभी अति आवश्यक डॉक्यूमेंट ऐसे भी हो सकते हैं जिन्हें टेलीग्राफी द्वारा भेजने के स्थान पर उनको वास्तविक रूप (actual shape) में भेजना आवश्यक हो। ऐसी अवस्थाओं में फेसीमाइल टेलीग्राफी का उपयोग किया जाता है।

### पिक्चर स्कैनिंग तथा ट्रांसमिशन (Picture Scanning and Transmission)

किसी भी पिक्चर को हम काले एवं सफेद वर्गों (squares) के निश्चित क्रम द्वारा निर्मित मान सकते हैं। इन वर्गों को हम मूल क्षेत्र (elemental area) कह सकते हैं। एक काले वर्ग को मार्क (mark) तथा सफेद वर्ग को स्पेस (space) माना जा सकता है। यदि हम किसी लाइन के इन मार्क एवं स्पेस को ट्रांसमिट करें तथा, यदि रिसीवर मार्क के लिए काले रंग का प्रभाव एवं स्पेस के लिए, सफेद रंग का प्रभाव उत्पन्न करता है तब प्राप्त कॉपी (received copy).मूल कॉपी के समान ही उसकी प्रतिलिपि होगी, यदि ट्रांसमीटर एवं रिसीवर के मध्य उपयुक्त सामंजस्य (perfect synchronism) है। लाइन पर स्थित वर्गों की प्रकृति (black or white) ज्ञात करने के लिए, स्कैनिंग (scanning) की क्रिया की जाती है। ऑप्टिकल स्कैनिंग (optical scanning) विधि का व्यापक प्रयोग किया जाता है। इस विधि में पिक्चर एक बेलनाकार (cylindrical) ड्रम पर माउन्ट की जाती है। ट्रांसमिटिंग स्टेशन पर पिक्चर स्कैन करने के लिए ड्रम को एक मोटर द्वारा उपयुक्त designed एवं एक समान गति पर घुमाया जाता है। ड्रम की गति स्थिर होनी आवश्यक है तथा यह गति, रिसीविंग स्टेशन पर गतिमान ड्रम की गति के ठीक बराबर होनी चाहिए। ट्रांसमिटिंग तथा रिसीविंग स्टेशनों पर ड्रमों को परस्पर सिन्क्रोनिज्म में रखने के लिए ट्रांसमिटिंग स्टेशन पर प्रयुक्त ड्रम के मुख्य स्पिन्डल (spindle) पर एक सिन्क्रोनाइजिंग क्लच लगा होता है। क्लच एक फेजिंग पल्स (phasing pulse) भेजता है जो कि ट्रांसमिशन के प्रारम्भ में रिसीवर ड्रम को स्टार्ट करता है। ऑप्टिकल स्कैनिंग में, स्कैनिंग स्पॉट को प्रकाशित किया जाता है। इसके लिए दो लैम्पों से उत्सर्जित प्रकाश को दो उत्तल (convex) लैसों द्वारा स्कैनिंग स्पॉट से कुछ अधिक क्षेत्र पर डाला जाता है। पिक्चर सतह से परावर्तित प्रकाश, एक माइक्रोस्कोप के ऑब्जैक्टिव लैन्स एवं एपरचर (aperture) से गुजर कर फोटोसैल पर पड़ता है। फेसीमाइल की स्कैनिंग होने पर फोटोसैल की आउटपुट, निम्न (low) आवृत्ति की एक डी०सी० धारा होती है। ट्रांसमिशन के लिए उपयुक्त आवृत्ति की एक कैरियर (carrier) को फोटोसैल की आउटपुट द्वारा आयाम-मॉडुलेट (AM) किया जाता है।

### रिसीवर (Receiver)

रिसीवर में विद्युत पिक्चर सिगनलों का एक फोटोग्राफिक पेपर पर ऑसिलोग्राफी विधि द्वारा रूपान्तरण किया जाता है। इस विधि में एक स्थिर प्रकाश पुंज, एक दर्पण द्वारा परावर्तित होता है। दर्पण एक डूडेल ऑसिलोग्राफ के कम्पन करते हुए तारों के साथ लगा होता है। परावर्तित किरण पुंज, शेप्ड एपरचर (shaped aperture) तथा स्कैनिंग एपरचर से गुजर कर ड्रम पर माउन्ट किये गये फोटोग्राफिक पेपर पर एक छोटे स्पॉट पर गिरती है। ड्रम, ट्रांसमिटिंग स्टेशन पर लगे ड्रम के साथ सिन्क्रोनिज्म में रोटेट करता है। ओसिलोग्राफ का दर्पण इस प्रकर व्यवस्थित किया जाता है कि पिक्चर सिगनल के पॉजिटिव पीक पर, जो कि मूल (original) कॉपी पर सफेद स्पॉट को प्रदर्शित करता है, एपरचर से कोई भी प्रकाश न गुजरे तथा फोटोग्राफिक पेपर पर न गिरे। निगेटिव पीक के लिए, जो कि मूल कॉपी में काले स्पॉट को प्रदर्शित कता है, पेपर पर अधिकतम प्रकाश गिरता है। जब रिसीव की जाने वाली कॉपी निगेटिव होती है तब इसके विपरीत व्यवस्था होती है।

# Objective type Questions
## (Telegraphy and Telephony)

1. बोडॉट प्रणाली में किसी कैरेक्टर के कम्बीनेशन के लिये ऑपरेटर कितनी कुंजियों (keys) का उपयोग करता है—
   (a) 3 (b) 5
   (c) 7 (d) 4
2. बोडॉट प्रणाली का मुख्य लाभ यह है कि इसके द्वारा मल्टीप्लेक्सिंग .......... के आधार पर की जा सकती है।
   (a) टाइम-डिवीजन के आधार पर
   (b) घन्टों (hours) के आधार पर
   (c) दिनों (days) के आधार पर
   (d) माह (months) के आधार पर
3. स्टार्ट-स्टॉप सिद्धान्त पर कार्य करने वाली मशीनों को .......... कहते हैं।
   (a) टेलीप्रिन्टर्स (b) कम्प्युटर्स
   (c) टेलीफोन (d) उपरोक्त में कोई नहीं
4. टेप द्वारा सिगनल ट्रांसमिट किया जा सकता है—
   (a) बोडॉट प्रणाली में
   (b) सामान्य टाइप मशीन द्वारा
   (c) उपरोक्त (a) तथा (b) दोनों द्वारा
   (d) उपरोक्त में कोई नहीं
5. वायस फ्रीक्वैन्सी टेलीग्राफी में—
   (a) फ्रीक्वैन्सी डिविजन मल्टीप्लैक्सिंग का सिद्धान्त प्रयुक्त किया जाता है
   (b) स्टोर्ड प्रोग्राम स्विचिंग की जाती है
   (c) वायस सीधे लाइन द्वारा ट्रांसमिट कर दी जाती है
   (d) उपरोक्त में कोई नहीं
6. फ्रीक्वैन्सी डिविजन मल्टीप्लैक्सिग में प्रत्येक चैनल के लिये एक कैरियर निर्धारित होती है। इसे—
   (a) चैनल सिगनल द्वारा मॉडुलेट किया जाता है
   (b) चैनल सिगनल के साथ बिना मॉडुलेशन ट्रांसमिट किया जाता है
   (c) उपरोक्त में कोई नहीं
7. बोडॉट सिस्टम में—
   (a) 5-यूनिट CCITT कोड नं० 1 प्रयुक्त किया जाता है
   (b) 7·5-यूनिट CCITT कोड नं० 1 प्रयुक्त किय जाता है
   (c) CCITT कोड नं० 2 प्रयुक्त किया जाता है
   (d) उपरोक्त में कोई नहीं
8. बोडॉट प्रणाली में—
   (a) प्रत्येक बोडॉट स्टेशन पर एक अपना डिस्ट्रिब्यूटर होता है
   (b) एक डिस्ट्रिब्यूटर अनेक बोडॉट स्टेशनों को सर्व करता है
   (c) उपरोक्त (a) अथवा (b) कोई भी हो सकता है
   (d) उपरोक्त में कोई नहीं
9. बोडॉट गवर्नर का उपयोग weight-driven—
   (a) डिस्ट्रिब्यूटर्स के साथ किया जाता है
   (b) रिंग के साथ किया जाता है।
   (c) सेगमेन्ट के साथ किया जाता है
10. बोडॉट प्रणाली में कुंजी बोर्ड पर 5-5 कुंजियाँ एक साथ व्यवस्थित (arranged) होती है। सामान्यतः इन्हें—
   (a) 4 उंगलियों द्वारा ऑपरेट किया जाता है
   (b) 5 उंगलियों द्वारा ऑपरेट किया जाता है
   (c) 2 उंगलियों द्वारा ऑपरेट किया जाता है
   (d) 3 उंगलियों द्वारा ऑपरेट किया जाता है
11. टेलीफोन ट्रैफिक का मापन .......... में किया जाता है।
   (a) सर्विस के ग्रेड के पदों में
   (b) एरलांग (Erlangs) में

(c) डेसीबल में (d) उपरोक्त में कोई नहीं

12. सामान्य प्रकार के टेलीफोन में प्रयुक्त माइक्रोफोन—
(a) कार्बन माइक्रोफोन होता है
(b) क्रिस्टल माइक्रोफोन होता है
(c) पीजोइलेक्ट्रिक माइक्रोफोन होता है
(d) प्रेशर माइक्रोफोन होता है

13. कम्युनिकेशन सैटेलाइट के माध्यम से टेलीफोन द्वारा बातचीत (conversation) में प्रतिक्षा समय (waiting time) होता है—
(a) 960 ms (b) 680 ms
(c) 540 ms (d) 350 ms

14. चेनल कैपेसिटी .................. के ठीक बराबर (exactly equal) होती है।
(a) प्रति सेकेन्ड सूचना (information/sec) की मात्रा पर
(b) वांछित बैड विड्थ (band width of demand)
(c) चैनल में शोर की दर (noise rate in the channel)
(d) उपरोक्त में कोई नहीं

15. कम्युनिकेशन रिसीवर्स के सम्बन्ध में 'false' स्टेटमैन्ट है—
(a) मोर्स कोड को रिसीव करने के लिये प्रोडक्ट रिसीवर (product receiver) का उपयोग किया जा सकता है
(b) सैलेक्टिव फेडिंग (selective fading) को समाप्त करने के लिये 'variable sensitivity' का उपयोग किया जाता है

16. टाइम डिवीजन मल्टीप्लैक्सिग द्वारा—
(a) अनेक चैनल, समीपस्थ (adjacent) फ्रीक्वैन्सी स्लॉट्स में स्टैक किये जाते हैं
(b) विभिन्न ट्रांसमिशनों से सम्बन्धित पल्सों (pulses) को इन्टरलीव (interleave) किया जाता है।
(c) 5 ग्रुप को एक सिंगल सुपरग्रुप में कम्बाइन किया जाता है
(d) केवल PCM प्रणाली में कम्युनिकेशन किया जा सकता है

17. टेलीफोन में एन्टीसाइडटोन परिपथ (ASTIC) का उपयोग—
(a) साइडटोन एम्पलीफाई करने के लिये किया जाता है
(b) साइड टोन सप्रैस (suppress) करने के लिये किया जाता है
(c) साइड टोन लुप्त (eliminate) करने के लिये किया जाता है
(d) साइड टोन अटेनुएट करने के लिये किया जाता है

18. (a) हाइब्रिड ट्रांसफॉर्मर का उपयोग 4-वायर नैटवर्क को 2-वायर नैटवर्क से अलग (isolate) करने के लिये किया जाता है
(b) हाइब्रिड ट्रांसफॉर्मर, रिपीटर स्टेशन पर 2-वायर सर्किट को 4-वायर सर्किट से कनैक्ट करता है
(c) हाइब्रिड ट्रांसफार्मर अटेनुएशन कम करने के लिये लाईन को लोड करने के लिये प्रयुक्त किया जाता है
(d) हाइब्रिड ट्रांसफॉर्मर टेलीफोन नैटवर्क में प्रयुक्त नहीं किया जाता है

19. SSB ट्रांसमिशन में पाईलट कैरियर (pilot carrier) का उपयोग—
(a) शोर के प्रति अक्रियता (noise immunity) उत्तम, उपलब्ध कराने के लिये किया जाता है
(b) आवृत्ति स्थिरता (frequency stability) के लिये किया जाता है
(c) शक्ति व्यय कम (lower power consumption) के लिये किया जाता है
(d) उपरोक्त में कोई नहीं

20. ब्रिज डुप्लैक्स प्रणाली किस सिद्धान्त पर कार्य करती है ?
(a) प्रतिरोध सन्तुलन (resistance balance)
(b) धारा सन्तुलन (current balance)
(c) पोटेन्शियल सन्तुलन (potential balance)
(d) उपरोक्त में कोई नहीं

21. एक कोएक्सियल लिंक पर रिपीटर्स की संख्या किस पर निर्भर करती है ?
(a) ट्यूब में कोएक्सियल केबिलों की संख्या पर
(b) प्रणाली की बैन्डविड्थ पर

(c) इक्वलाइजर्स के सेपेरेशन पर

(d) उपरोक्त में कोई नहीं

22. सबमैरीन केबिल रिपीटर में अनेक उपकरणों के साथ—

(a) एक dc पावर सप्लाई भी होती है

(b) दो दिशाओं में ट्रांसमिशन के लिये फिल्टर्स होते हैं

(c) मल्टीप्लैक्सिग तथा डिमल्टीप्लैक्सिग उपकरण होते हैं

(d) पाइलॉट इन्जैक्ट (inject) तथा पाइलॉट एक्सट्रेक्ट (extract) उपकरण होते हैं

23. (a) लोडिंग (loading) केवल केबिल्स पर की जाती है

(b) ओपिन वायर ट्रांसमिशन लाइन्स तथा केबिल्स पर लोडिंग की जा सकती है

(c) लोडिंग केवल उन केबिल्स पर की जाती है जिनमें वायस फ्रीक्वैन्सी सिगनल प्रवाहित होता है तथा जो कैरियर कम्युनिकेशन के लिये नहीं है

(d) लोडिंग किसी भी केबिल अथवा लाइन पर किसी भी उद्देश्य से की जा सकती है

24. एक टेलीफोन एक्सचेंज में, जो 6400 सब्सक्राइबर्स को सर्व करता है। पीक पीरियड में प्रति घण्टा कॉल्स (calls/hour) की संख्या 8315 है। कालिंग रेट है—

(a) 8315 (b) 1·3

(c) 1·77 (d) 6400

25. एक प्रणाली जिसके व्यस्त घण्टे (busy hour) में काल्स की (calls/busy hour) संख्या 300 है, में बातचीत (conversation) का टाइम 3 मिनट तथा सैटिंग अप टाइम 24 sec है। प्रणाली में ट्रैफिक फ्लो है—

(a) 4562·5 TUs (b) 1620 TUs

(c) 4700 TUs (d) 283·33 TUs

26. यदि सैम्पलिंग रेट (sampling rate) निकविस्ट रेट (Nyquist rate) से कम है तब—

(a) बैन्डविड्थ बढ़ती है

(b) चैनल कैपेसिटी बढ़ती है

(c) गार्ड टाइम (guard time) घटता है

(d) मूल (orignal) सिगनल प्राप्त करने के लिये साधारण (simpler) फिल्टर्स का उपयोग किया जा सकता है

27. चैनल की कैपेसिटी (Capacity) का अर्थ है ———

(a) कोडिंग में प्रयुक्त डिजिट्स की संख्या

(b) सूचना की माना जो चैनल ग्रहण कर सकता है

(c) सूचना ट्रांसमिशन की अधिकतम दर

(d) सूचना के लिये आवश्यक बैन्ड विड्थ

28. टेलिफोन रिसीवर में स्थायी चुम्बक (permanent magnet) का उपयोग—

(a) वायस सिगनल एम्पलीफाई करने के लिये किया जाता है

(b) सैन्सिटिविटी बढ़ाने के लिये किया जाता है

(c) द्वितीय (second) हार्मोनिक्स लुप्त (eliminate) करने के लिये किया जाता है

(d) बड़ी बैन्डविड्थ प्राप्त करने के लिये किया जाता है

29. (a) स्टोनमेन ब्रिज में कैपेसिटिव कपलिंग प्रयुक्त की जाती है जबकि हेय ब्रिज में इन्टक्टिव कपलिंग प्रयुक्त की जाती है

(b) स्टोनमेन ब्रिज में प्रतिरोधी (resistive) कपलिंग प्रयुक्त की जाती है जबकि हेय ब्रिज में इन्डक्टिव कपलिंग प्रयुक्त की जाती है

(c) दोनों ब्रिजों में एक ही इन्डक्टिव कपलिंग का उपयोग किया जाता है

(d) दोनों ब्रिजों में एक ही कैपेसिटिव कपलिंग का उपयोग किया जाता है

30. मोर्स कोड में एलीमेन्ट्स के मध्य स्पेसिंग होती है—

(a) 1 डॉट (b) 2 डॉट

(c) 3 डॉट (d) 4 डॉट

31. जब टेलीफोन लाइन व्यस्त (occupied) नहीं होती तब ट्रैफिक ——— होता है।

(a) 0 erlangs (b) 1 erlangs

(c) 2 erlangs (d) none of these

32. आर्मड (armoured) सबमैरीन केबिल का उपयोग—

(a) अधिक गहराई पर केबिल की सुरक्षा के लिये किया जाता है

(b) केबिल की 'ploughing-in' से सुरक्षा के लिये किया जाता है

(c) केबिल के 'shallow shore ends' के लिये किया जाता है

(d) उच्च फीड वोल्टेज (high fed voltage) से इन्सुलेशन के ब्रेकडाउन को रोकने के लिये किया जाता है—

33. टैलेक्स—

(a) विभिन्न सब्सक्राइबर्स के मध्य टेलीफोन सेवा है

(b) विभिन्न सब्सक्राइबर्स के मध्य टेलीप्रिन्टर सेवा है

(c) विभिन्न सब्सक्राइबर्स के मध्य टेलीविजन सेवा है

(d) विभिन्न सब्सक्राइबर्स के मध्य टेलीग्राफी सेवा है

34. टेलीफोन में डायल टोन की फ्रीक्वैन्सी ............ है।

(a) 1 Hz (b) 13 Hz

(c) 33 Hz (d) 133 Hz

35. ब्रिज डूपलैक्स ............ के सिद्धान्त पर कार्य करता है।

(a) पोटेन्शियल बैलेन्स (b) प्रतिरोध बैलेन्स

(c) धारा बैलेन्स (d) पावर बैलेन्स

36. किसी डाटा सोर्स की आउटपुट टेलीफोन लाइनों से कनैक्ट करने के लिये एक ............ आवश्यक है।

(a) फ्रीक्वैन्सी माडुलेटेट वायस फ्रीक्वैन्सी टर्मिनल (FMVFT) प्रणाली

(b) मोडेम

(c) फेज शिफ्ट कींग (PSK)

(d) उपरोक्त सभी

37. बोडॉट प्रणाली में ............ कोड का उपयोग किया जाता है।

(a) 5-यूनिट (b) 7-यूनिट

(c) मोर्स (d) ASCII

38. टेलीप्रिन्टर की स्पीड—

(a) Rpm में मापी जाती है

(b) Wpm में मापी जाती है

(c) बाईट्स में मापी जाती है

(d) बॉड्स में मापी जाती है

39. कम्पैन्डिंग का उपयोग—

(a) PCM में क्वान्टाइजिंग शोर (quantizing noise) को समाप्त करने के लिये किया जाता है

(b) PCM ट्रांसमीटर्स में रिसीवर्स में 'amplitude limiting' के लिये किया जाता है

(c) PCM में लघु (small) सिगनलों की क्वान्टाइजिंग डिस्टॉर्शन से सुरक्षा के लिये किया जाता है

(d) PCM रिसीवर्स में इम्पल्स 'noise' समाप्त करने के लिये किया जाता है

40. सुपरग्रुप पाईलॉट—

(a) प्रत्येक 'adjustable equalizer' पर एप्लाई की जाती है

(b) प्रत्येक मल्टीप्लैक्सिग 'bay' पर एप्लाई की जाती है

(c) GTE में फीड की जाती है

(d) अलग-अलग रिपीटर्स का गेन रेगुलेट करने के लिये प्रयोग की जाती है

41. निम्न में से किस एक्सचेंज में कम्प्यूटर्स का उपयोग किया जाता है ?

(a) स्ट्राउजर टाइप एक्सचेंज

(b) क्रॉस बार एक्सचेंज

(c) प्रोसेसर कन्ट्रोल्ड एक्सचेंज

(d) उपरोक्त सभी में

42. टेलीग्राफ रिपीटर का कार्य है—

(a) सिगनल को रिपीट करना

(b) सिगनल को एम्पलीफाई करना

(c) सिगनल को एम्पलीफाई करना तथा डिस्टॉर्शन समाप्त करना

(d) सिगनल को डिमॉडुलेट करना

43. निम्न से किस माइक्रोफोन में बैकग्राउन्ड 'noise' उपस्थित रहता है ?

(a) कारबन माइक्रोफोन (b) रिबन माइक्रोफोन

(c) क्रिस्टल माइक्रोफोन (d) कन्डैन्सर माइक्रोफोन

44. सर्वाधिक आधुनिक (most modern) टेलीफोन एक्सचेंज प्रणाली है—

(a) स्ट्राउजर प्रणाली (b) क्रॉसबार प्रणाली

(c) इलेक्ट्रॉनिक प्रणाली (d) उपरोक्त में कोई नहीं

45. निम्न में से किस एक्सचेंज को समान क्षमता के लिये न्यूनतम स्पेस की आवश्यकता है?
(a) स्ट्राउजर एक्सचेंज (b) क्रॉस बार एक्सचेंज
(c) प्रोसेसर कन्ट्रोल्ड
(d) सभी को समान स्पेस की आवश्यकता है

46. टेलीग्राफ साउन्डर मूलतः एक—
(a) मिकेनिकल डिवाइस है
(b) इलेक्ट्रोस्टैटिक डिवाइस है
(c) इलेक्ट्रोमेगनेटिक डिवाइस है
(d) इलेक्ट्रॉनिक डिवाइस है

47. सिम्पलैक्स टेलीग्राफ प्रणाली में—
(a) दो सिगनल ट्रांसमिट किये जा सकते हैं
(b) दो सिगनल रिसीव किये जा सकते हैं
(c) एक समय पर एक स्टेशन से एक सिगनल ट्रांसमिट अथवा रिसीव किया जा सकता है
(d) उपरोक्त में कोई नहीं

48. टेलीफोन प्रणाली में जब डायल किया गया नम्बर प्राप्त (establish) नहीं होता तो प्राप्त टोन (tone) की आवृत्ति होती है—
(a) 33 Hz (b) 50 Hz
(c) 100 Hz (d) 400 Hz

49. Erlang का मात्रक है—
(a) मिनट (b) $\frac{1}{\text{मिनट}}$
(c) संख्या/मिनट (numbers/minute)
(d) कोई मात्रक नहीं

50. विभिन्न एक्सचेंजों से सम्बन्धित एकसमान टेलीफोन नम्बर्स में अन्तर किस प्रकार किया जाता है—
(a) Language digits द्वारा
(b) Area Code द्वारा
(c) Modulation indices द्वारा
(d) Access digits द्वारा

51. टेलीग्राफी में सामान्यतः प्रयोग की जाने वाली मॉडुलेशन विधि है—
(a) 2-टोन मॉडुलेशन (b) पल्स कोड मॉडुलेशन
(c) सिंगल टोन मॉडुलेशन
(d) फ्रीक्वैन्सी शिफ्ट कींग (FSK)

52. टेलीप्रिन्टर में एक प्रयुक्त कोड ........ है।
(a) मोर्स कोड (b) 5-यूनिट कोड
(c) 5-यूनिट सिन्क्रोनस कोड
(d) 5-यूनिट स्टार्ट-स्टॉप कोड

53. टेलीफोनी में बेस-बैन्ड सिगनलों के लिये आवश्यक बैन्ड विड्थ है—
(a) 0·3 – 3·4 kHz (b) 3·5 – 7·7 kHz
(c) 15 kHz तक (d) 20 kHz तक

54. जब किसी एक स्टेशन से एक समय ही (simultaneously) में सिगनल ट्रांसमिट किये जाते हैं तथा उसी समय पर दूसरे स्टेशन द्वारा रिसीव किये जाते हैं तब यह टेलीग्राफ परिपथ ........ कहलाता है।
(a) डाइप्लैक्स परिपथ (b) डूप्लैक्स परिपथ
(c) मल्टीप्लैक्स परिपथ (d) उपरोक्त में कोई नहीं

55. टैलेक्स (Telex) का अर्थ है—
(a) टेलीफोन एक्सचेंज (b) टेलीग्राफ एक्सचेंज
(c) टैलीप्रिन्टर एक्सचेंज (d) उपरोक्त सभी

56. एक टेलीग्राफ लाइन में समीप की दूसरी लाइन के कारण होने वाले डिसर्टोशन को कहते हैं—
(a) क्रॉस फायर (Cross fire)
(b) रिएक्टिव डिसटर्बेन्स (Reactive disturbance)
(c) क्रॉस टॉक (Cross talk)
(d) उपरोक्त में कोई नहीं

57. टेलीफोन प्रणाली में चैनल की आवश्यक बैन्ड विड्थ है—
(a) 3 kHz (b) 5 kHz
(c) 15 kHz (d) 25 kHz

58. टाइम डिविजन मल्टीप्लैक्स (TDM)–
(a) केवल PCM के साथ प्रयोग किया जा सकता है
(b) 5 ग्रुपों (groups) को एक सुपरग्रुप में संयुक्त (combine) करता है
(c) समीप के (adjacent) फ्रीक्वैन्सी स्लॉट में 24 ग्रुप स्टैक करता है

(d) विभिन्न ट्रांसमिशनों से सम्बन्धित पल्सों (pulses) को इन्टरलीव (interleave) करता है

**59.** टेलीफोन रिले का आर्मेचर किस पदार्थ से बनाया जाता है ?

(a) उच्च विद्युत चालकता (high electrical conductivity) वाले पदार्थ से

(b) निम्न विद्युत चालकता (Low electrical conductivity) वाले पदार्थ से

(c) नगण्य विद्युत चालकता (Negligible electrical conductivity) वाले पदार्थ से

(d) उपरोक्त में कोई नहीं

**60.** कोड 7·5 जेनरेट करता है ———

(a) 7 पल्स (b) $7\frac{1}{2}$ पल्स

(c) 5 पल्स (d) $3\frac{1}{2}$ पल्स

**61.** दो स्थानों के मध्य 4 टेलीफोन सर्किट हैं। किसी आधे घंटे की अवधि में (in a period of half hour) परिपथों में क्रमशः 25, 15, 5 तथा 24 मिनट ट्रैफिक रहता है। Erlangs में ट्रैफिक का मान है—

(a) 2·3 (b) 6·2

(c) 1·15 (d) 69

**62.** टेलीप्रिन्टर की स्पीड सामान्यतः ——— होती है।

(a) 10 बॉड (b) 25 बॉड

(c) 50 बॉड (d) 80 बॉड

**63.** एक टाइम डिविजन मल्टीप्लैक्स/रिसीवर में चैनलों को अलग-अलग (seperate) करने के लिये ——— परिपथ का प्रयोग आवश्यक है।

(a) AND गेट्स

(b) बैन्ड पास फिल्टर्स (BPF)

(c) डिफ्रेन्शियेटर (d) इन्टीग्रेटर

**64.** क्वान्टाइजिंग 'noise' किस प्रणाली में उत्पन्न होता है ?

(a) टाइम डिविजन मल्टीप्लैक्स (TDM)

(b) फ्रीक्वैन्सी डिविजन मल्टीप्लैक्स (FDM)

(c) पल्सकोड मॉडुलेशन (PCM)

(d) पल्स विड्थ मॉडुलेशन (PWM)

**65.** टेलीफोन एक्सचेंजों की प्रथम जेनरेशन है—

(a) स्ट्राउजर टाइप एक्सचेंज

(b) क्रॉस बार

(c) प्रोसेसर कन्ट्रोल्ड एक्सचेंज

(d) डिजिटल एक्सचेंज

**66.** टेलीग्राफी में हैन्ड सिगनलिंग के लिये प्रयुक्त कोड है—

(a) ASCII (b) Cable Code

(c) 5-Unit Code (d) None of these

**67.** 1 डिट = .......................

(a) 1 बिट (b) 1·17 बिट

(c) 3·32 बिट (d) 10 बिट

**68.** टेलीग्राफी में सबसे छोटे (smallest) कोड की अवधि 25 ms है। बॉड्स (bauds) में स्पीड होगी—

(a) 25 (b) 40

(c) 50 (d) 25,000

**69.** PCM में मुख्य दोष है—

(a) एनेलॉग सिगनलों को हेन्डलिंग करने की अक्षमता (inability)

(b) TDM के साथ असमानता (incompatibility)

(c) इसके लिये आवश्यक बडी (large) बैन्डविडथ

(d) इसके क्वान्टाइजिंग noise द्वारा उत्पन्न त्रूटियों की उच्च रेट (high error rate due to its quantizing noise)

**70.** FDM रिसीवर्स में चैनल सेपरेशन के लिये—

(a) बैन्डपास फिल्टर्स (BPF) का उपयोग किया जाता है

(b) बैन्ड स्टॉप फिल्टर्स (Band stop filters) का उपयोग किया जाता है

(c) डिफ्रेन्शियटेर्स (differentiators) का उपयोग किया जाता है

(d) इन्टीग्रेटर्स का उपयोग किया जाता है

**71.** डबल धारा टेलग्राफ प्रणाली (double current system) में—

(a) कोई धारा प्रवाहित नहीं होती

(b) केवल एक ध्रुवता (polarity) की धारा प्रवाहित होती है

(c) दो ध्रुवताओं (polarities) की धारायें प्रवाहित होती हैं

(d) उपरोक्त में कोई नहीं

72. 'On line real time data transmission' के लिये उपयुक्त परिपथ है—

(a) डूप्लैक्स (Duplex)

(b) सिम्पलैक्स (Simplex)

(c) सेमी-डुप्लैक्स (Semi-duplex)

(d) टाइम शेयर्ड (Time shared)

73. निम्न पल्स मॉडुलेशन प्रणालियों में कौन-सी प्रणाली एनेलॉग है ?

(a) डेल्टा (b) PCM

(c) डिफ्रैन्शियल PCM (d) PWM

74. मोर्स कोड प्रणाली में dot/dash अवस्था को कहते हैं—

(a) मार्किंग

(b) स्पेसिंग

(c) उपरोक्त (a) तथा (b) दोनों

(d) उपरोक्त में कोई नहीं

75. डबल धारा केबिल कोड में केवल .............. अवस्था ही सम्भव है।

(a) धनात्मक धारा (positive current)

(b) ऋणात्मक धारा (negative current)

(c) उपरोक्त (a) अथवा (b)

(d) उपरोक्त में कोई नहीं

**निम्न डाटा प्रश्न 76 एवं 77 से सम्बन्धित है—**

एक मोर्स ऑपरेटर 20 Wpm की स्पीड से किसी सन्देश को ट्रांसमिट कर रहा है—

76. डॉट की अवधि (duration) होगी—

(a) 50 ms (b) 60 ms

(c) 70 ms (d) 85 ms

77. बॉड (baud) में स्पीड होगी—

(a) 12·3 (b) 15·4

(c) 16·66 (d) 25

**प्रश्न 78 तथा 79 निम्न डाटा पर आधारित है—**

**एक टेलीप्रिन्टर में 7·5 यूनिट स्टार्ट/स्टॉप कोड प्रयुक्त किया गया है। टेलीप्रिन्टर 75 Wpm की स्पीड पर ट्रांसमिट कर रहा है—**

78. बॉड में स्पीड होगी—

(a) 50·25 (b) 56·25

(c) 45·5 (d) 47·2

79. स्टॉप एलीमेन्ट की अवधि होगी—

(a) 25·2 ms (b) 15·2 ms

(c) 25·12 ms (d) 26·66 ms

80. एक क्वाडुपिल (quadruple) बोडॉट प्रणाली का डिस्ट्रिब्यूटर 24 बराबर-बराबर सेगमैन्ट्स में विभाजित है।

प्रणाली की टार्किंग स्पीड होगी—

(a) 70 बॉड्स (b) 75 बॉड्स

(c) 65 बॉड्स (d) 85 बॉड्स

81. प्रश्न 80 में एक कैरेक्टर को ट्रांसमिट करने में लगा समय होगा—

(a) 5/72 sec (b) 3/25 sec

(c) 1/2 sec (d) 7/11 sec

82. प्रश्न 80 में प्रयुक्त चैनल की वास्तविक स्पीड होगी—

(a) 30 Wpm (b) 25 Wpm

(c) 15 Wpm (d) 35 Wpm

**Answers :**

**1.** (b)
**2.** (a)
**3.** (a)
**4.** (a)
**5.** (a)
**6.** (a)
**7.** (a)
**8.** (a)
**9.** (a)
**10.** (b)
**11.** (b)
**12.** (a)
**13.** (c)
**14.** (a)
**15.** (b)
**16.** (b)
**17.** (c)
**18.** (b)
**19.** (b)
**20.** (c)
**21.** (b)
**22.** (b)
**23.** (c)
**24.** (b)
**25.** (d)
**26.** (d)
**27.** (c)
**28.** (c)
**29.** (a)
**30.** (a)
**31.** (a)
**32.** (c)
**33.** (b)
**34.** (c)
**35.** (a)
**36.** (b)
**37.** (a)
**38.** (b)
**39.** (c)
**40.** (c)
**41.** (c)
**42.** (c)
**43.** (a)
**44.** (c)
**45.** (c)
**46.** (c)
**47.** (d)
**48.** (d)
**49.** (d)
**50.** (b)
**51.** (d)
**52.** (d)
**53.** (a)
**54.** (c)
**55.** (c)
**56.** (a)
**57.** (a)
**58.** (d)
**59.** (c)
**60.** (a)
**61.** (a)
**62.** (c)
**63.** (a)
**64.** (c)
**65.** (a)
**66.** (c)
**67.** (c)
**68.** (b)
**69.** (c)
**70.** (a)
**71.** (c)
**72.** (a)
**73.** (d)
**74.** (a)
**75.** (c)
**76.** (b)
**77.** (c)
**78.** (b)
**79.** (d)
**80.** (b)
**81.** (a)
**82.** (a)

# 9

# टेलीविजन
# (Television)

## 9.1. टेलीविजन ब्रॉडकास्ट चैनल (TV Broadcast Channels)

टेलीविजन, ब्रॉडकास्ट चैनल, VHF तथा UHF रेंज में निम्न प्रकार विभाजित हैं—

**Table 9.1**

| Frequency Range | Name of Band | Channel No. | Channel Width | Remarks |
|---|---|---|---|---|
| Lower VHF Range | Band I (41–68 MHz) | 1 | 41–47 MHz (Not used for TV) | Allotted to India |
| | | 2 | 47–54 MHz | |
| | | 3 | 54–61 MHz | |
| | | 4 | 61–68 MHz | |
| | Band II (68–174 MHz) | Used for other services. Not used for TV. 88-108 MHz is allotted to FM broadcasting | | |
| Upper VHF Range | Band III (174–230 MHz) | 5 | 174–181 MHz | Allotted to India |
| | | 6 | 181–188 MHz | |
| | | 7 | 188–195 MHz | |
| | | 8 | 195–202 MHz | |
| | | 9 | 202–209 MHz | |
| | | 10 | 209–216 MHz | |
| | | 11 | 216–223 MHz | |
| | | 12 | 223–230 MHz | |
| UHF Range | Band IV (470–580 MHz) | | 7 MHz Channel width | |
| | Band V (606–742 MHz) | | 8 MHz Channel width | |

## 9.2. टेलीविजन स्टैन्डर्डस (Various Television Standards)

CCIR (Consultative Committee for International Radio) द्वारा विभिन्न टेलीविजन प्रणालियों का मानकीकरण (standardisation) किया गया। ये प्रणालियाँ A, B, C.....N कहलाती हैं। इनमें से प्रणाली B, जो CCIR-B के नाम से प्रचलित है, भारत में प्रयुक्त की जाती है।

कलर टेलीविजन प्रणालियों में जर्मनी, फ्रांस तथा अमेरिका ने अपने अलग-अलग एन्कोडिंग एवं डिकोडिंग सिस्टम का विकास किया जो क्रमशः PAL, SECAM तथा NTSC हैं। मुख्य TV प्रणालियों के स्टैन्डर्ड निम्न प्रकार हैं—

भारत में कलर टेलीविजन PAL प्रणाली पर आधारित है।

मुख्य CCIR स्टैन्डर्ड्स का विवरण तालिका 9.2 में दिया गया है।

**Table 9.2 – CCIR Standards**

| | Item | CCIR-B (European) | CCIR-L (French) | CCIR-M (American) |
|---|---|---|---|---|
| 1. | Colour System | PAL | SECAM | NTSC |
| 2. | Lines per frame | 625 | 625 | 525 |
| 3. | Frames per second | 25 | 25 | 30 |
| 4. | Fields per second | 50 | 50 | 60 |
| 5. | Lines per second | 15625 | 15625 | 15750 |
| 6. | Aspect ratio (width to height ratio) | 4 : 3 | 4 : 3 | 4 : 3 |
| 7. | Chroma modulation | AMSC | FM | AMSC |
| 8. | Sound modulation | FM | AM | FM |
| 9. | Sub-carrier frequency (MHz) | 4.43 | 4.43 | 3.58 |
| 10. | Polarity of modulation | Negative | Positive | Negative |
| 11. | Video bandwidth (MHz) | 5 | 6 | 4.2 |
| 12. | Intercarrier frequency (MHz) | 5.5 | 6.5 | 4.5 |
| 13. | Picture to sound power | 5 : 1 | 10 : 1 | 10 : 1 |
| 14. | Channel width | 7 | 8 | 6 |

**Table 9.3 – International Use of CCIR TV Standards**

| CCIR designated standards | Names of some countries using the standard |
|---|---|
| B (PAL) | Germany, Indian sub-continent, Australia |
| B (SECAM) | Egypt, Saudi Arabia, Iran and Iraq |
| D (PAL) | China |
| D & K (PAL) | North Korea, Romania |
| D & K (SECAM) | Russia, Afghanistan, Hungary |
| I (PAL) | U.K., Hong Kong, South Africa |
| K & I (SECAM) | Central African Countries |
| L (SECAM) | France |
| M (NTSC) | USA, Canada, Japan Myanmar, S.Korea |
| M (PAL) | Brazil |

## भारत में प्रयुक्त CCIR-B मोनोक्रोम प्रणाली की विशिष्टतायें
## (Specifications of CCIR-B Monochrome System adopted by India)

**Video Characteristics**

| | |
|---|---|
| No. of lines per picture (frame) | 625 |
| Field frequency | 50 field/sec |
| Interlace ratio (No. of fields/ frame) | 2 : 1 |
| Picture frequency | 25 per sec |
| Line frequency | 15625 lines/sec |

| | |
|---|---|
| Aspect ratio | 4 : 3 |
| Scanning sequence for lines | left to right |
| Scanning sequence for frames | Top to bottom |
| Video bandwidth | 5 MHz |
| Approximate gamma for picture signal ($\gamma$) | 0.5 |
| **Composite Video Signal** | |
| *Line blanking periods* | |
| Line period (H) | 64$\mu$s |
| Line blanking period (HB) | 12 $\pm$ 0.3 $\mu$s |
| Front porch | 1.5 $\pm$ 0.3 $\mu$s |
| Line sync. pulse | 4.7 $\pm$ 0.2$\mu$s |
| Back porch | 5.8 $\pm$ 0.3 $\mu$s |
| *Field blanking periods* | |
| Field blanking period | 20 H or 1280 $\mu$s |
| Duration of pre-equalising pulses (5 pulses of 1/2 H duration i.e. 32 $\mu$s) | 160 $\mu$s |
| Post-equalising pulses | Same as pre-equalising pulses |
| Width of equalising pulses | 2.35 $\pm$ 0.1 $\mu$s |
| Interval between field sync. pulses (serrations) | 4.7 $\pm$ 0.2 $\mu$s |
| Interval between equalising pulses | 29.65 $\mu$s |
| Field sync. pulses, 5 pulses at H/2 interval, pulse width | 27.3 $\mu$s |
| Build-up time of the field sync pulse | 0.2 $\pm$ 0.1 $\mu$s |
| Build-up time of the field blanking edges | $-0.3 \pm 0.1$ $\mu$s |
| **RF Characteristics** | |
| Channel bandwidth | 7 MHz |
| Sound carrier relative to picture carrier | + 5.5 MHz |
| Sound carrier relative to the nearest edge of a channel | – 0.25 MHz |
| Vestigial sideband-lower | – 0.75 MHz |
| Minimum attenuation of vestige sideband beyond –1.25 MHz | 20 dB |
| Type and polarity of video modulation | A5, AM negative |
| Synchronising level as percentage of peak carrier | 100% |
| Blanking level as percentage of peak carrier | 72.5% to 75.5% |
| Peak white level as percentage of peak carrier | 10% to 12.5% |
| Sound modulation | |
| Type | F3, FM |
| Carrier deviation | $\pm$ 50 kHz at 100% mod. |
| Ratio of radiated powers of vision and sound | 5 : 1 |

टेलीविजन कैमरे की आउटपुट (Camera signal) सीधे ट्रांसमिट नहीं की जाती। इसके साथ रिसीवर तथा ट्रांसमीटर पर स्कैनिंग सिन्क्रोनाइज करने के लिए एवं रिट्रेस को समाप्त करने के लिए ब्लेन्किंग पल्स मिलायी जाती है। ये सभी सिगनल कम्पोजिट वीडियो सिगनल कहलाता है। इस प्रकार कम्पोजिट वीडियो के तीन कम्पोनैन्ट होते हैं—

1. Camera signal carrying the picture information.

2. Sync pulses to synchronise the scanning at transmitter and receiver

3. Blanking pulses to make the retrace invisible

चित्र 9.1 में तीन लाइनों के लिए कम्पोजिट वीडियो सिगनल दिखाया गया है।

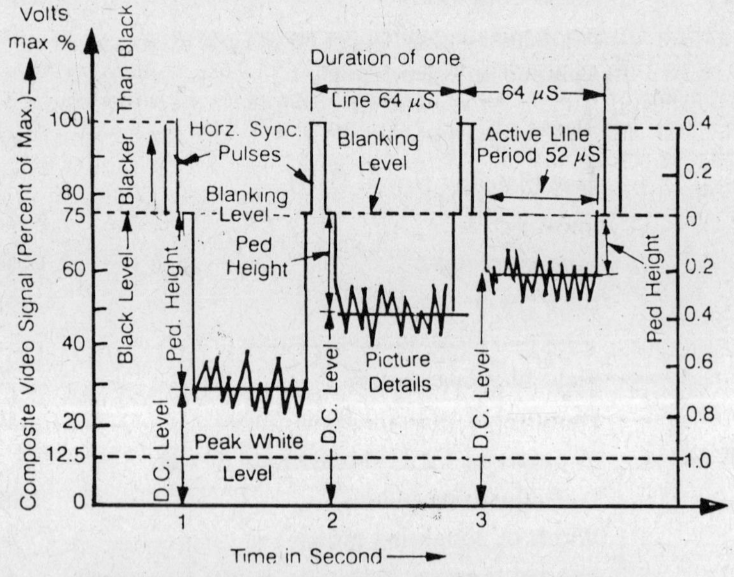


चित्र 9.1–तीन स्कैनिंग लाइनों के लिये कम्पोजिट वीडियो सिगनल

रिसीवर में पिक्चर ट्यूब का ट्रांसमीटर के साथ स्टैप में (in step) रहने के लिए आवश्यक है कि उपयुक्त (proper) सिगनल ट्रांसमिट किये जायें। यह सिन्क सिगनल (synchronizing signal) होता है जिसे पिक्चर सिगनल के साथ ट्रांसमिट किया जाता है। ये दोनों सिगनल टाइम डिविजन मल्टीप्लैक्स विधि के समान इन्टरलीव (interleave) किये जाते हैं तथा पिक्चर कैरियर सम्पूर्ण सूचना से आयाम मॉडुलेट (amplitude modulate) की जाती है। रिसीवर में, ट्रासमिट किये गये सिंक से सिगनल प्राप्त किये जाते हैं जो वर्टीकल तथा होरीजोन्टल स्कैनिंग परिपथों को कन्ट्रोल करते हैं। इस प्रकार रिसीवर में पिक्चर ट्यूब, ट्रांसमीटर में कैमरा ट्यूब के साथ स्टैप में ऑपरेट होती है।

## 9.3. टेलीविजन ट्रांसमीटर (TV Transmitter)

टेलीविजन ट्रांसमीटर 7 MHz विड्थ द्वारा ऑडियो तथा वीडियो दोनों सिगनल ट्रांसमिट करता है। सिगनल ट्रांसमिशन के लिए दो ट्रांसमीटर प्रयोग किये जाते हैं—एक वीडियो (picture) सिगनल के लिए जो आयाम मॉडुलेटेड (AM) होता है एवं वैस्टिजियल साइड बैन्ड (VSB) प्रयुक्त करता है तथा दूसरा ऑडियो सिगनल के लिए जो फ्रीक्वैन्सी मॉडुलेटेड होता है। पिक्चर सिगनल (वीडियो सिगनल) का आयाम मॉडुलेशन तीन प्रकार किया जा सकता है—

1. हाई लेविल मॉडुलेशन (High level modulation)
2. लो लेविल मॉडुलेशन (Low level modulation)
3. इन्टरमीडिएट फ्रीक्वैन्सी लो लेविल मॉडुलेशन (Intermediate frequency low level modulation)

## हाई लेविल मॉडुेशन प्रणाली (High Level Modulation System)

इस प्रकार के मॉडुलेशन में वीडियो सिगनल को पिक्चर कैरियर द्वारा अन्तिम पावर एम्पलीफायर (final power amplifier) में मॉडुलेट किया जाता है। अतः इसका पावर लेविल 'उच्च' (high power level) होता है। इस विधि में ग्रिड बायस मॉडुलेशन प्रयुक्त किया जाता है। चूंकि मॉडुलेशन उच्च लेविल (high level) पर किया जाता है अतः सिगनल के ओर एम्पलीफिकेशन की आवश्यकता नहीं होती। परन्तु इस मॉडुलेशन के कुछ दोष (disadvantages) भी हैं।

1. वीडियो मॉडुलेशन, उच्च कैपेसिटिव लोड (highly capacitive loads) में उच्च वीडियो वोल्टेज (several hundred volts) सप्लाई करता है। ये लोड वीडियो फ्रीक्वैन्सियों पर उच्च धारा (large currents) लेते हैं। अतः ट्रांसमिटिंग टाइप की ट्यूब्स (tubes) का प्रयोग किया जाना आवश्यक है।

2. ग्रिड मॉडुलेशन प्रयोग किये जाने के कारण ड्राइवर स्टेज पर आने वाला लोड परिवर्ती (variable) होता है।
3. वेस्टिजियल साइड बैन्ड अभिलक्षणों को उत्पन्न करने के लिए VSB फिल्टर्स प्रयोग किये जाते हैं। इन फिल्टर्स को ऑपरेटिंग चैनल पर उच्च शक्ति हेन्डल करनी पड़ती है। लीनियरिटी तथा उच्च वीडियो ड्राइविंग पावर होने के कारण डिजाइन की समस्याऐं उत्पन्न होती हैं।

## लो लेविल मॉडुशन प्रणाली (Low Level Modulation System)

इस विधि में वीडियो सिगनल को सीधे पिक्चर कैरियर द्वारा मॉडुलेट किया जा सकता है तथा उसके पश्चात् लीनियर वाइड बैन्ड एम्पलीफायर्स (linear wide band amplifiers) की अनेक स्टेज प्रयुक्त की जाती हैं। VSB फिल्टर को, मॉडुलेटर के तुरन्त पश्चात् रखा जाता है तथा इसे (VSB फिल्टर को) कम शक्ति (low power) हेन्डल करनी पड़ती है। परन्तु यह आवश्यक है कि मॉडुलेटर के पश्चात् प्रयोग किये गये एम्पलीफायर्स VHF रेंज के लिए सावधानीपूर्वक ट्यून किये गये हों। इस मॉडुलेशन में उच्च शक्ति की सिरेमिक टेट्रोड्स (high power ceramic tetrodes) प्रयोग की जाती हैं जिनका गेन (gain) तथा बैन्ड विड्थ उच्च तथा लीनियरिटी (linearity) उत्तम होती है। चित्र 9.2 में एक TV ट्रांसमीटर का ब्लॉक डायग्राम दिया गया है।

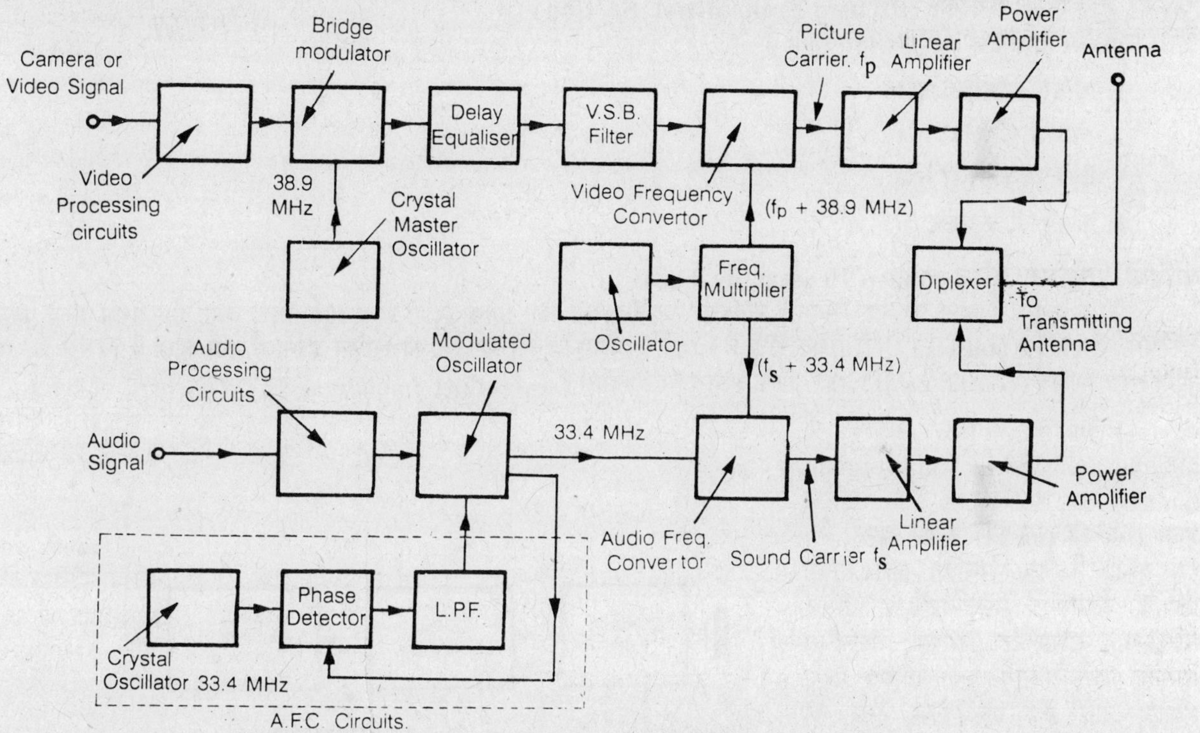


**चित्र 9.2–TV ट्रांसमीटर का ब्लॉक डायग्राम**

## IF मॉडुलेशन प्रणाली

इस प्रणाली में मॉडुलेशन, स्टैन्डर्ड इन्टरमीडिएट फ्रीक्वैन्सी 38·9 MHz (वीडियो IF) तथा 33·4 MHz (ऑडियो IF) पर किया जाता है। 38·9 MHz फ्रीक्वैन्सी, टेलीविजन रिसीवर्स में वीडियो IF होती है। आवश्यक चैनल फ्रीक्वैन्सी प्राप्त करने के लिए इसे किसी उपयुक्त ऑसिलेटर फ्रीक्वैन्सी के साथ मिक्स (mix) किया जाता है। मॉडुलेटर्स के पश्चात् उच्च लीनियरिटी के एम्पलीफायर्स (highly linear amplifiers) प्रयोग किये जाते हैं।

IF मॉडुलेशन प्रणाली के निम्न लाभ हैं—

1. चूँकि मॉडुलेशन, पावर के कम स्तर (low power level) पर एवं इन्टरमीडिएट फ्रीक्वैन्सी पर किया जाता है, अतः ट्रांसमीटर निर्मित करने के लिए अर्धचालक युक्तियाँ (solid state devices) प्रयुक्त की जा सकती है जो अधिक दक्ष (efficient) तथा विश्वसनीय (reliable) होती हैं।

**2.** मॉडुलेशन स्टेज के तुरन्त पश्चात् VSB फिल्टर प्रयोग किया जा सकता है। लोअर तथा अपर साइड बैन्ड रैसपोन्स को उपयुक्त आकार (proper shape) देने के लिए लम्प्ड कम्पोनैन्ट्स प्रयोग किये जा सकते हैं।

**3.** VSB फिल्टर के बाद की स्टेज, वाइड बैन्ड लीनियर ऑपरेशन के लिए स्थायी रूप से (permanently) ट्यून की जा सकती हैं। इससे ट्यूनिंग प्रक्रिया (tuning procedure) सरल हो जाती है।

**4.** UHF तथा VHF बैन्ड में ट्रांसमीटर्स एक ही जैसे होते हैं। अतः प्रणाली का मूल्य कम होता है।

इन ट्रांसमीटर्स में वीडियो तथा ऑडियो सिगनल का मॉडुलेशन स्टेन्डर्ड IF पर (वीडियो के लिए 38·9 MHz) तथा ऑडियो के लिए 33·4 MHz) किया जाता है। प्राप्त IF कैरियर्स की फ्रीक्वैन्सी एक क्रिस्टल ऑसिलेटर के सिगनल के साथ हीट्रोडाइन कर वांछित मान (required value) तक बढ़ाई जाती है। VSB, इस समय इन्टरमीडिएट फ्रीक्वैन्सी स्तर (IF level) पर होती है। दोनों, हीट्रोडाइन किये गये सिगनल अलग-अलग (वीडियो तथा ऑडियो) पावर एम्पलीफायर्स को दिये जाते हैं। पावर एम्पलीफायर्स से प्राप्त सिगनल डाइप्लैक्सर को दिये जाते हैं।

## पिक्चर ट्रांसमीटर सेक्शन (Picture Transmitter Section)

पिक्चर ट्रांसमीटर के मुख्य भाग निम्न हैं—

1. वीडियो प्रोसेसिंग यूनिट
2. वीडियो मॉडुलेटर
3. डिले इक्वलाइजर तथा
4. फ्रीक्वैन्सी कनवर्टर

## वीडियो प्रोसेसिंग यूनिट (Video Processing Unit)

कैमरा ट्यूब से प्राप्त वीडियो सिगनल, वीडियो एम्पलीफायर्स की अनेक स्टेजों में एप्लाई किया जाता है। प्रथम स्टेज कैमरा हाउसिंग (Camera housing) में ही स्थित होती है। यहाँ पर सिगनल की वोल्टेज का लेविल इतना बढ़ाया जाता है जिससे कि यह कोएक्सिल केबिल (coaxial cable) द्वारा, आगे अन्य एम्पलीफायर्स (succeeding amplifiers) को ट्रांसमिट किया जा सके।

सिन्क्रोनस जेनरेटर, सिस्टम के उपयुक्त टाइमिंग (appropriate timings) पर ऑपरेशन के लिए विभिन्न पल्स (set of pulses) उत्पन्न करता है। इस यूनिट में वेव जेनरेटिंग तथा शेपिंग परिपथ, उदाहरणतः मलटीवाइब्रेटर परिपथ, ब्लॉकिंग ऑसिलेटर परिपथ, क्लिपिंग परिपथ, डिले परिपथ एवं लॉजिक गेट्स इत्यादि होते हैं। इन पल्स ट्रेन्स की रिपिटीशन रेट (R/R) फ्रीक्वैन्सी स्टेब्लाइज्ड मास्टर ऑसिलेटर द्वारा नियन्त्रित की जाती है।

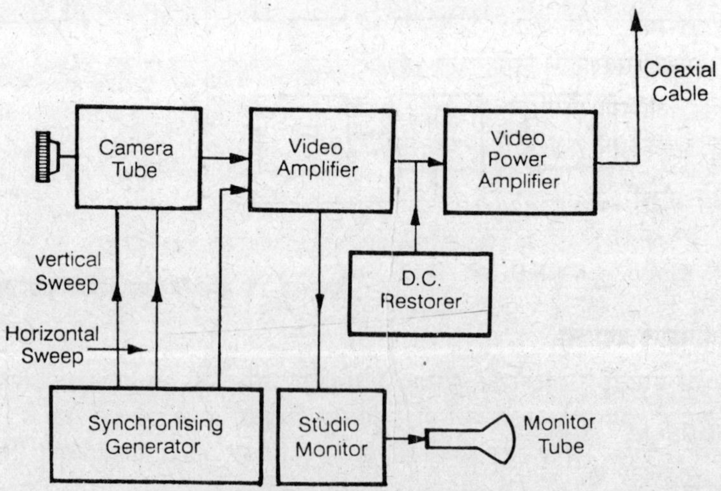


चित्र 9.3–वीडियो प्रोसेसिंग यूनिट

होरीजोन्टल सिंक पल्स, horizontal saw tooth जेनरेटर को, वर्टीकल सिंक पल्स, वर्टीकल डिफ्लैक्शन saw tooth जेनरेटर को तथा horizontal एवं vertical रिट्रेस में ब्लैन्किंग पल्स के दो सैट कैमरा ट्यूब के कन्ट्रोल ग्रिड पर एप्लाई किये जाते हैं। इसके अतिरिक्त इन सभी पल्सों के समूह ट्रांसमिशन के लिए वीडियो एम्पलीफायर चैनल पर एप्लाई किये जाते हैं।

## ब्रिज मॉडुलेटर एवं मास्टर क्रिस्टल ऑसिलेटर (Bridge Modulator and Master Crystal Oscillator)

मास्टर क्रिस्टल ऑसिलेटर में एक क्रिस्टल ऑसिलेटर एवं फ्रीक्वैन्सी मल्टीप्लायर स्टेज होती हैं। यह वीडियो IF, 38·9 MHz जेनरेट करता है। इस फ्रीक्वैन्सी (38·9 MHz) पर वीडियो सिगनल, ब्रिज मॉडुलेटर में आयाम मॉडुलेट (AM) किया जाता है।

## VSB फिल्टर तथा डिले इक्वलाइजर (VSB Filter and Delay Equalizer)

VSB फिल्टर में लो-पास (low-pass) फिल्टर (adder network) के चार सेक्शन होते हैं जो कैरियर फ्रीक्वैन्सी से 1·25 MHz से अधिक आवृत्ति के कम्पोनेन्ट्स (20 dB या इससे अधिक) को अटेनुएट करते है। एटेनुएट की गई साइडबैन्ड को, मॉडुलेटेड सिगनल के अपकनवर्जन (up conversion) द्वारा लोअर साइड बैन्ड (LSB) बनायी जाती है। फेज तथा डिस्टोंशन के कम्पैनसेशन के लिए VSB फिल्टर के साथ एक डिले इक्वलाइजर (or phase compensator) स्टेज प्रयुक्त की जाती है।

## वीडियो फ्रीक्वैन्सी कनवर्टर (Video Frequency Convertor)

एक अन्य क्रिस्टल ऑसिलेटर द्वारा अधिक आवृत्ति '38·9 MHz + carrier' का सिगनल जेनरेट किया जाता है। इस सिगनल को VSB मॉडुलेटेड IF कैरियर के साथ वीडियो फ्रीक्वैन्सी कनवर्टर (up converter) में हीट्रोडाइन किया जाता है। अपकनवर्टर की आउटपुट पर एक बैन्ड पास (band pass) फिल्टर कनैक्ट किया जाता है जो कैरियर पर ट्यून्ड रहता है। बैन्ड पास फिल्टर केवल VSB मॉडुलेटेड पिक्चर कैरियर, ऑसिलेटर फ्रीक्वैन्सी, योग एवं अन्तर (sum and difference) फ्रीक्वैन्सी तथा हारमोनिक्स को पास करता है।

## लीनियर तथा पावर एम्पलीफायर्स (Linear Amplifier and Power Amplifier)

ये एम्पलीफायर्स बढ़ाई गई (up converted) आवृत्तियों को एम्पलीफाई करते हैं। इनमें सामान्यतः सिरेमिक टेट्रोड प्रयुक्त की जाती है जो ग्राउन्डेड ग्रिड प्रणाली (grounded grid configuration) में संयोजित की जाती है। इन एम्पलीफायर्स की इनपुट साइड, सिंगल ट्यून्ड (single tuned) होती है जिनकी बैन्ड विड्थ बड़ी (large) होती है जबकि आउटपुट डबल ट्यून्ड होती है। डबल ट्यून्ड परिपथ में एक परिवर्ती (variable) केपेसिटर संयोजित किया जाता है जो बैन्डपास रैसपोन्स को एडजस्ट करने के लिए प्रयोग किया जाता है।

## साउन्ड ट्रांसमीटर सेक्शन (Sound Transmitter Section)

साउन्ड सेक्शन में निम्न मुख्य परिपथ होते हैं—

1. ऑडियो प्रोसेसिंग परिपथ, 2. ऑटोमैटिक फ्रीक्वैन्सी कन्ट्रोल परिपथ, 3. मॉडुलेटेड ऑसिलेटर, 4. ऑडियो फ्रीक्वैन्सी कनवर्टर, 5. लीनियर तथा पावर एम्पलीफायर

## ऑडियो प्रोसेसिंग परिपथ (Audio Processing Unit)

इस यूनिट में माइक्रोफोन, हाई पास नैटवर्क तथा एम्पलीफायर्स होते हैं। सर्वप्रथम ऑडियो सिगनल को एक 50 $\mu$ s समय नियतांक (time constant) के हाई-पास नैटवर्क द्वारा प्री-एम्फेसाइज (pre-emphasize) किया जाता है। इसके पश्चात् इसे एम्प्लीफाई किया जाता है। एम्पलीफाइड ऑडियो सिगनल, मॉडुलेटर को सप्लाई किया जाता है जहाँ एक क्रिस्टल कन्ट्रोल्ड मॉडुलेटर इस (audio) सिगनल को फ्रीक्वैन्सी मॉडुलेट करता है।

## मॉडुलेटेड ऑसिलेटर तथा ऑटोमेटिक फ्रीक्वैन्सी कन्ट्रोल (Modulated Oscillator and AFC Circuits)

मॉडुलेटर एक क्रिस्टल कन्ट्रोल्ड ऑसिलेटर है जिसके *LC* ऑसिलेटर की फ्रीक्वैन्सी एक ऑटोमैटिक फ्रीक्वैन्सी कन्ट्रोल परिपथ द्वारा नियन्त्रित होती है। AFC परिपथ में एक 33·4 MHz (sound IF) फ्रीक्वैन्सी का क्रिस्टल ऑसिलेटर, फेज डिटेक्टर, एवं एक Low pass फिल्टर स्टेज होती है।

मॉडुलेटेड ऑसिलेटर के *LC* परिपथ की सेन्टर फ्रीक्वैन्सी भी 33·4 MHz होती है। यह फ्रीक्वैन्सी तथा क्रिस्टल ऑसिलेटर की फ्रीक्वैन्सी फेज डिटेक्टर में कम्पेयर (compare) होती हैं। फेज डिटेक्टर की आउटपुट एक डी० सी० वोल्टेज होती है जो दोनों आवृत्तियों के समानुपाती होती है।

जब $LC$ ऑसिलेटर तथा क्रिस्टल ऑसिलेटर की आवृत्तियाँ पूर्णतया बराबर तथा परस्पर 90° कलान्तर पर (out of phase) होती हैं तब फेज डिटेक्टर की आउटपुट शून्य (zero) होती है। यदि आसिलेटर (FM) की आवृत्ति अधिक है तब फेज डिटेक्टर की आउटपुट एक पॉजिटिव वोल्टेज होती है। यह डी० सी० (dc) आउटपुट वोल्टेज एक वेरेक्टर डायोड (varactor diode) को दी जाती है जो $LC$ ऑसिलेटर के समानान्तर में होता है। डी० सी० आउटपुट वोल्टेज वेरेक्टर डायोड की जंक्शन कैपेसिटी बढ़ा देती है जिससे $LC$ ऑसिलेटर की फ्रीक्वैन्सी कम हो जाती है।

$LC$ ऑसिलेटर की फ्रीक्वैन्सी, क्रिस्टल ऑसिलेटर की फ्रीक्वैन्सी से कम होने की अवस्था में, फेज डिटेक्टर की आउटपुट निगेटिव होती है जिससे वेरेक्टर डायोड की कैपेसिटी कम हो जाती है तथा $LC$ ऑसिलेटर की फ्रीक्वैन्सी बढ़ जाती है। मॉडुलेटेड ऑसिलेटर सेक्शन में ऑडियो सिगनल का 33·4 MHz फ्रीक्वैन्सी के सिगनल द्वारा फ्रीक्वैन्सी मॉडुलेशन किया जाता है।

## ऑडियो फ्रीक्वैन्सी कनवर्टर (Audio Frequency Convertor)

मॉडुलेटेड ऑसिलेटर से प्राप्त इन्टरमीडिएट फ्रीक्वैन्सी (33·4 MHz) पर ऑडियो सिगनल द्वारा फ्रीक्वैन्सी मॉडुलेटेड सिगनल ऑडियो फ्रीक्वैन्सी कनवर्टर को दिया जाता है। इस स्टेज में FM सिगनल का फ्रीक्वैन्सी मल्टीप्लायर से प्राप्त '33·4 MHz + $f_s$' आवृत्ति के सिगनल के साथ हीट्रोडाइनिंग कर वांछित (desired) फ्रीक्वैन्सी '$f_s$' का FM साउन्ड सिगनल प्राप्त किया जाता है।

## लीनियर एवं पावर एम्पलीफायर (Linear and Power Amplifiers)

ये एम्पलीफायर्स RF एम्पलीफायर्स होते हैं तथा साउन्ड कैरियर की पावर इतनी बढ़ाते हैं जिससे कि उसे डाइप्लैक्सर को दिया जा सके।

डाइप्लैक्सर में साउन्ड तथा पिक्चर मॉडुलेटेड कैरियर को मिलाया (mix) जाता है। डाइप्लैक्सर से प्राप्त कम्बाइन्ड सिगनल (picture and sound signal) कोएक्सिल केबिल द्वारा, ट्रांसमीशन के लिए दिया जाता है।

## 9.4. प्री-एम्फैसिस तथा डि-एम्फैसिस (Pre-emphasis and De-emphasis)

मॉडुलेटिंग वोल्टेज में उच्च आवृत्ति घटकों (high frequency components) का आयाम (amplitude) कम होता है अतः ये कम्पोनैन्ट अनुमन्य आवृत्ति विचलन (allowed frequency deviation) 75 KHz से अधिक विचलन उत्पन्न करते हैं। इस कारण से इन उच्च मॉडुलेटिंग आवृत्तियों पर सिगनल की पावर (signal strength) ट्रांजिस्टर तथा सर्किट noise की तुलना में बहुत कम हो जाता है। ट्रांजिस्टर तथा सर्किट noise चैनल के सम्पूर्ण स्पैक्ट्रम (entire spectrum) पर समान रूप से वितरित (distributed) रहता है। सिगनल एवं ओर के अनुपात (S/N ratio) को सुधारने के लिए, इन उच्च मॉडुलेटिंग आवृत्तियों को मॉडुलेशन से पहले एम्फेसाइज किया जाता है।

प्री-एम्फैसिस की क्रिया ट्रांसमीटर पर की जाती है। इस क्रिया में उच्च मॉडुलेटिंग आवृत्तियों (high modulating frequencies) को बूस्ट किया जाता है। इसी प्रकार टेलीविजन रिसीवर में उच्च आवृत्तियों पर ट्रांसमीटर में की गई प्री-एम्फैसिस को कम्पैनसेट करने के लिए डि-एम्फैसिस परिपथ प्रयोग किया जाता है।

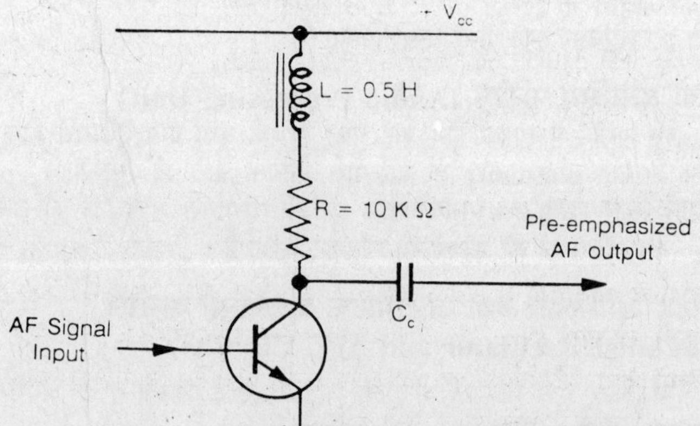


चित्र 9.4–प्री एम्फैसिस परिपथ (Using LR high-pass filter)

## प्री-एम्फैसिस (Pre-emphasis)

चित्र 9.4 तथा चित्र 9.5 में AF सिगनल की प्री-एम्फैसिस के लिए परिपथ प्रदर्शित किये गये हैं। ये दोनों परिपथ हाई-पास नैटवर्क (high-pass) फिल्टर्स हैं। फिल्टर का डिजाइन एक पूर्व निर्धारित रैसपोंस के लिए किया जाता है। चित्र 9·4 में *LR* हाई-पास तथा चित्र 9·5 में *RC* हाई-पास फिल्टर है। भारत में प्रयुक्त CCIR प्रणाली के लिए समस्त प्री-एम्फैसिस फिल्टरों के समय नियतांक (*L*/*R* अथवा *RC*) का मान 50 $\mu s$ है।

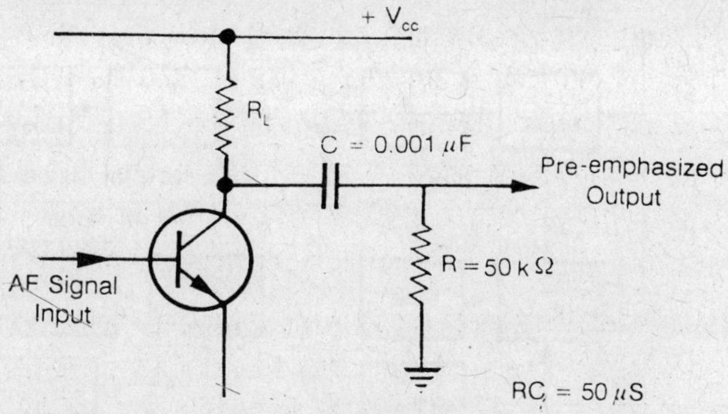


चित्र 9.5–प्री-एम्फैसिस परिपथ (Using RC high-pass filter)

प्री-एम्फैसिस परिपथ सामान्यतः निम्न सम्बन्ध के अनुसार होता है

$$\frac{V_o}{V_i} = \frac{1}{\sqrt{1+\left(\frac{\omega_1}{\omega}\right)^2}}$$

$$= \frac{1}{\sqrt{1+\left(\frac{f_1}{f}\right)^2}}$$

यहाँ $\omega$ = operating frequency, तथा $\omega_1$ = reference frequency

$\frac{1}{\omega_1}$ का सामान्य मान 50 $\mu s$ अथवा $f_1$ =3100Hz होता है। $\frac{V_0}{V_i}$ का मान 3100Hz से अधिक आवृत्ति के लिए लगभग 1, 3100Hz के लिए $\frac{1}{\sqrt{2}}$ तथा 310Hz के लिए $\frac{1}{10}$ होता है। इस प्रकार उच्च आवृत्ति कम्पोनैन्ट अपेक्षाकृत एम्फैसाइज हो जाते है।

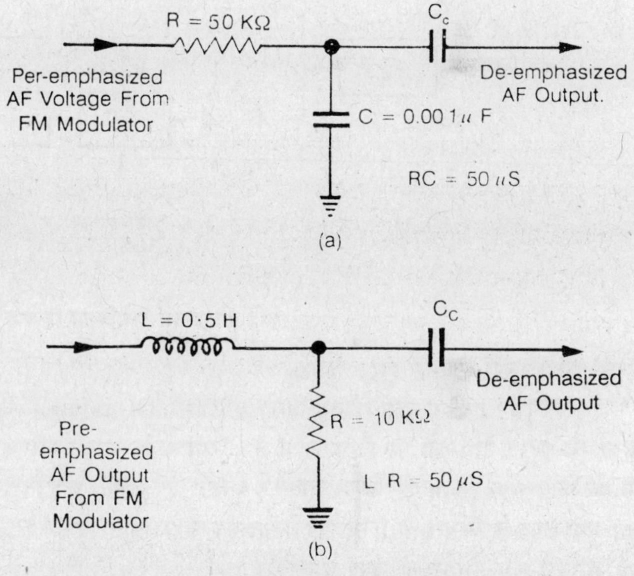


चित्र 9.6–डी-एम्फैसिस परिपथ (a) Using RC low-pass filter, (b) Using LR low pass filter

## डि-एम्फैसिस (De-emphasis)

डि-एम्फैसिस की क्रिया टेलीविजन रिसीवर में सम्पन्न की जाती है। इस प्रक्रिया में, ट्रांसमीटर पर की गई प्री-एम्फैसिस के कारण, उच्च आवृत्तियों में उत्पन्न बूस्ट को कम्पैनसेट किया जाता है। चित्र 9.6 में डि-एम्फैसिस के लिए दो परिपथ प्रदर्शित किये गये हैं। इनमें लो-पास (low-pass) फिल्टर्स प्रयुक्त किये गये हैं। फिल्टर्स का समय नियतांक (*RC* अथवा *L*/*R*) समस्त CCIR प्रणालियों द्वारा स्टैन्र्डडाइजेशन के अनुसार 50 $\mu s$ है। अमेरिकन FM तथा TV स्टैन्डर्ड्स में 75 $\mu s$ समय नियतांक (time constant) वाले नैटवर्क प्रयुक्त किये जाते हैं।

## 9.5. टेलीविजन रिसीवर (TV Receiver)

चित्र 9.7 में एक मोनोक्रोम (ब्लैक एन्ड व्हाइट) टेलीविजन रिसीवर का ब्लॉक डायग्राम दिया गया है। रिसीवर की विभिन्न स्टेजों का विवरण निम्न प्रकार है—

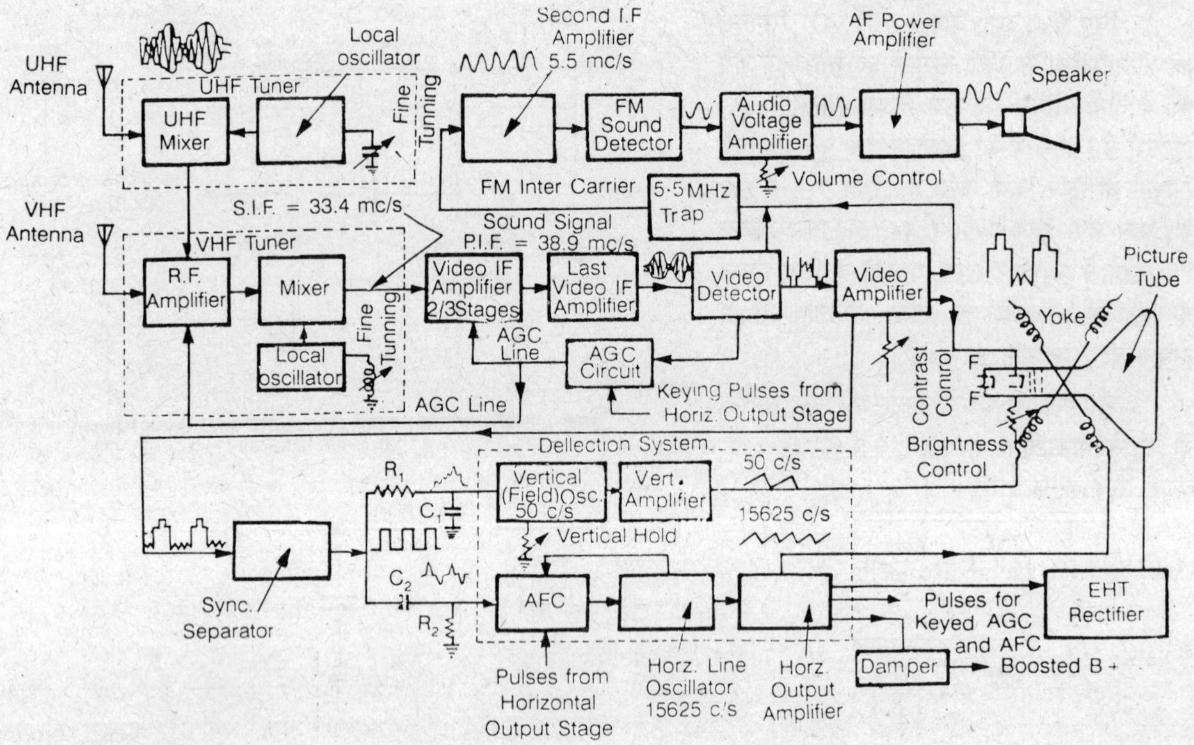


**चित्र 9.7–B/W टेलीविजन रिसीवर का ब्लॉक डायग्राम**

## रेडियो फ्रीक्वैन्सी ट्यूनर (RF Tuner)

टेलीविजन एन्टीना द्वारा रिसीव किया गया सिगनल 300 ohm ट्विन-वायर फीडर अथवा 75 ohm कोएक्सियल केबिल द्वारा रिसीवर के इनपुट टर्मिनलों पर दिया जाता है। रिसीवर के इनपुट परिपथ की प्रतिबाधा का डिजाइन, 300 ohm फीडर वायर से मैच करने के लिए 300 ohm ही किया जाता है। यदि 75 ohm कोएक्सियल केबिल का प्रयोग किया जाता है तब रिसीवर की 300 ohm प्रतिबाधा से मैचिंग के लिए '75 ohm to 300 ohm' बैलून (balun) प्रयोग किया जाता है। फीडर वायर अथवा बैलून से प्राप्त सिगनल RF ट्यूनर को दिया जाता है।

RF ट्यूनर में एक RF एम्प्लीफायर, मिक्सर तथा लोकल ऑसिलेटर स्टेज होती हैं।, ट्यूनर RF एम्पलीफायर तथा ऑसिलेटर में प्रयुक्त प्री-ट्यून्ड परिपथों की स्विचिंग द्वारा इच्छित (desired) चैनल सलैक्ट करता है उसके पश्चात् यह साउन्ड तथा पिक्चर दोनों सिगनलों को एम्पलीफाई करता है तथा कैरियर फ्रीक्वैन्सियों एवं उनकी साइड बैन्ड्स को इन्टरमीडिएट फ्रीक्वैन्सी एवं उसकी साइडबैन्ड्स में कनवर्ट करता है।

विभिन्न TV स्टेशनों से प्राप्त मॉडुलेटेड सिगनल लोकल ऑसिलेटर द्वारा जेनरेट की गई फ्रीक्वैन्सी के साथ मिक्सर में हीट्रोडाइन कर मॉडुलेटेड IF सिगनल प्राप्त किया जाता है। लोकल ऑसिलेटर की फ्रीक्वैन्सी की सैटिंग द्वारा ही वांछित (desired) स्टेशन रिसीव होता है। भारत में प्रयुक्त 625-B प्रणाली में पिक्चर के लिए स्टैन्डर्ड IF, 38·9 MHz तथा साउन्ड के लिए 33·4 MHz है।

चैनल सैलेक्टर एक गैंग्ड (ganged switch) होता है जिसके द्वारा RF एम्पलीफायर, मिक्सर तथा ऑसिलेटर के ट्यून्ड परिपथ परिवर्तित किये जाते हैं। RF एम्पलीफायर की बैन्ड विड्थ का डिजाइन इस प्रकार किया जाता है कि यह पिक्चर तथा साउन्ड दोनों सिगनलों को स्वीकार कर सके।

चित्र 9.8 में VHF ट्यूनर का ब्लॉक डायग्राम प्रदर्शित किया गया है।

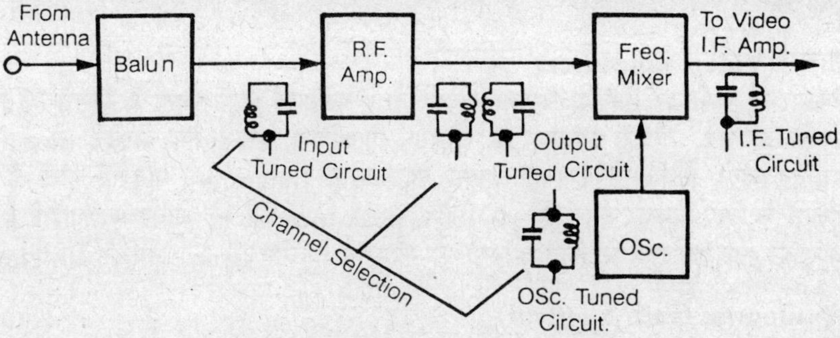


**चित्र 9.8–VHF ट्यूनर का ब्लॉक डायग्राम**

वर्तमान ट्यूनर परिपथों में एक MOSFET रेडियो फ्रीक्वैन्सी एम्पलीफायर की भांति प्रयुक्त किया जाता है जिसमें एक गेट पर चैनल सिगनल फीड किया जाता है तथा दूसरे गेट पर AGC वोल्टेज दी जाती है। VHF के उच्च तथा निम्न (higher and lower) बैन्ड्स का सलैक्शन स्विचिंग डायोड्स द्वारा किया जाता है। मिक्सर भी एक MOSFET होता है जिसका एक गेट एम्पलीफाइड RF सिगनल रिसीव करता है तथा दूसरा गेट लोकल ऑसिलेटर की आउटपुट रिसीव करता है।

लोकल ऑसिलेटर की फ्रीक्वैन्सी ($f_o$) इस प्रकार सैट की जाती है कि इस फ्रीक्वैन्सी एवं पिक्चर कैरियर फ्रीक्वैन्सी $f_{c\,(p)}$ का अन्तर ($f_o - f_{c\,(p)}$) साउन्ड IF अर्थात् 33·4 MHz के बराबर हो।

RF कैरियर सिगनलों के मूल मॉडुलेशन (original modulation) IF सिगनलों में उपस्थित रहते हैं। इसके अतिरिक्त पिक्चर तथा साउन्ड कैरियर सिगनलों में 5·5 MHz का अन्तर (separation), IF कैरियर आवृत्तियों में भी रखा जाता है [Picture IF (38·9 MHz) – Sound IF (33·4 MHz) = 5·5 MHz]।

मिक्सर से प्राप्त पिक्चर तथा साउन्ड IF सिगनल, वीडियो IF एम्पलीफायर को दिया जाता है।

## वीडियो IF एम्पलीफायर (Video IF Amplifier)

वीडियो IF एम्पलीफायर में कई (2 to 4) ट्यून्ड स्टेज होती है। ट्यून्ड परिपथों की बैन्डविड्थ इतनी होती है कि उसमें IF पिक्चर सिगनल एवं उसकी साइड बैन्ड्स तथा साउन्ड IF सिगनल समाहित (accomodate) हो सकें। इस स्टेज का कार्य मिक्सर से प्राप्त पिक्चर IF सिगनल को एम्पलीफाई करना तथा वीडियो डिटेक्टर के लिये आवश्यक वोल्टेज जेनेरट करना है। एम्पलीफायर का गेन (gain), ऑटोमेटिक गेन कन्ट्रोल (AGC) परिपथ द्वारा सिगनल की शक्ति (strength) के अनुसार स्वतः कन्ट्रोल होता रहता है। वीडियो IF एम्पलीफायर के मुख्य कार्य निम्न हैं—

**1.** मिक्सर से प्राप्त लगभग 0·5 mV सिगनल को एम्पलीफाई कर वीडियो डिटेक्टर को लगभग 4V उपलब्ध कराना।

**2.** 7 MHz की बैन्डविड्थ उपलब्ध कराना तथा वेस्टिजियल साइडबैन्ड TV सिगनलों के कम्पैनसेशन के लिए बैन्डपास रैस्पोन्स (band pass response) उत्पन्न करना जिससे समस्त वीडियो तथा साउन्ड आवृत्तियों पर समान एम्पलीफिकेशन (equal gain) प्राप्त हो सके।

**3.** उत्तम चैनल सलैक्टिविटी उपलब्ध कराना।

## वीडियो डिटेक्टर (Video Detector)

अन्तिम वीडियो IF एम्पलीफायर (last video IF stage) की आउटपुट वीडियो डिटेक्टर को दी जाती है जो सामान्तयः एक डायोड डिटैक्टर होता है। यह स्टेज AM वीडियो IF सिगनल को रैक्टीफिकेशन की क्रिया द्वारा डिमॉडुलेट करती है।

डिटेक्टर की आउटपुट में निम्न मुख्य कम्पोनेन्ट्स होते हैं—

**1.** कम्पोजिट वीडियो सिगनल तथा उसके हार्मोनिक्स,

**2.** 5·5 MHz इन्टरकैरियर साउन्ड सिगनल।

वीडियो डिटेक्टर से प्राप्त वीडियो फ्रीक्वैन्सी सिगनल वीडियो एमपलीफायर को तथा साउन्ड कैरियर सिगनल, साउन्ड IF एम्पलीफायर को दिया जाता है।

## वीडियो एम्पलीफायर (Video Amplifier)

इस एम्पलीफायर में कम्पोजिट वीडियो सिगनल को इतना एम्पलीफाई किया जाता है जिससे कि पिक्चर ट्यूब के ग्रिड-कैथोड सक्रिट को ड्राइव किया जा सके। कैमरा सिगनल के परिवर्तन तात्क्षणिक ग्रिड-कैथोड वोल्टेज (instantaneous grid-cathode voltage) को परिवर्तित करते हैं जिससे इलेक्ट्रॉन बीम की तीव्रता (intensity) मॉडुलेट होती है। उत्तम कन्ट्रास्ट (strong contrast) उत्पन्न करने के लिए पिक्चर ट्यूब को 80–100V, peak-to-peak की आवश्यकता होती है। डिटेक्टर से प्राप्त लगभग 2 वोल्ट को उत्तम कन्ट्रॉस्ट स्तर तक लाने के लिए वीडियो एम्पलीफायर का गेन (gain) लगभग 40 एवं 60 के मध्य रखा जाता है।

## AGC परिपथ (Automatic Gain Control)

पिक्चर कैरियर सिगनल जितना अधिक प्रबल (strong) होता है उतनी ही अधिक AGC बायस उत्पन्न होती है तथा रिसीवर का गेन (gain) उसी अनुपात में कम होता है। परिणामस्वरूप विभिन्न कैरियर सिगनल पावर्स (strength) पर वीडियो सिगनल का amplitude स्थिर रहता है। इस प्रकार पिक्चर सिगनल के लिए AGC, पिक्चर ट्यूब में उत्पन्न पिक्चर के ऑटोमैटिक कन्ट्रास्ट की भाँति कार्य करता है।

## सिंक पल्स सैपरेटर परिपथ (Sync Pulse Seperator Circuits)

वीडियो डिटैक्टर की आउटपुट में प्राप्त कम्पोजिट वीडियो सिगनल में सिन्क्रोनाइजिंग पल्स (sync pulses) भी होती हैं। अतः यह सिगनल सिंक परिपथों के लिए भी प्रयोग किया जाता है। सिंक परिपथ वर्टीकल तथा हॉरीजोन्टल (vertical and horizontal) डिफ्लैक्शन ऑसिलेटर्स की फ्रीक्वैन्सी कन्ट्रोल करने के लिए आवश्यक टाइमिंग पल्स उपलब्ध कराता है।

चूँकि आउटपुट में क्षैतिज (horizontal) तथा वर्टीकल स्कैनिंग दोनों के लिए, सिंक पल्स होती हैं अतः सिंक सैपरेटर की आउटपुट को दो भागों में विभाजित किया जाता है।

इन्टीग्रेटर एक low-pass RC फिल्टर परिपथ होता है जो सैपरेट की गई समस्त सिंक वोल्टेज में से वर्टीकल पल्स को छोड़कर शेष सभी को फिल्टर आउट कर देता है। उसके पश्चात् वर्टीकल सिंक सिगनल वर्टीकल डिफ्लैक्शन ऑसिलेटर को 50 Hz पर लॉक (lock) कर सकता है। क्षैतिज सिंक (horizontal synchronisation) के लिए एक ऑटोमैटिक फ्रीक्वैन्सी कन्ट्रोल (AFC) परिपथ, क्षैतिज डिफ्लैक्शन ऑसिलेटर (horizontal deflection oscillator) को 15625 Hz पर लॉक (lock) करने के लिए प्रयोग किया जाता है।

## वर्टीकल डिफ्लैक्शन परिपथ (Vertical Deflection Circuits)

इस स्टेज में 50 Hz पर वर्टीकल स्कैनिंग के लिए वर्टीकल ऑसिलेटर तथा एम्पलीफायर होते हैं। वर्टीकल ऑसिलेटर स्टेज में ब्लॉकिंग ऑसिलेटर अथवा कैथोड कॅपलड् मल्टीवाइब्रेटर का प्रयोग किया जाता है। वर्टीकल स्कैनिंग के लिए आवश्यक saw-tooth वोल्टेज एक कैपेसिटर को विभिन्न समय नियतांक (time constants) द्वारा चार्ज एवं डिस्चार्ज पर प्राप्त की जाती है। यह कैपेसिटर एक वेवशेपिंग परिपथ का भाग होता है जो ऑसिलेटर के समानान्तर (across) में संयोजित होता है।

ऑसिलेटर की फ्रीक्वैन्सी एक RC कपलिंग नैटवर्क का प्रतिरोध परिवर्तित कर कन्ट्रोल की जाती है। इस के द्वारा वर्टीकल ऑसिलेटर की फ्रीक्वैन्सी 50 Hz से ड्रिफ्ट होने पर रिसैट की जा सकती है।

ऑसिलेटर की आउटपुट एक पावर एम्लीफायर को दी जाती है। पावर एम्पलीफायर को ड्राइव करने के लिए उससे पहले एक ड्राइविंग एम्पलीफायर प्रयुक्त किया जाता है। पावर एम्पलीफायर की आउटपुट पिक्चर ट्यूब पर लगी वर्टीकल डिफ्लैक्शन कुन्डलियों को दी जाती है जो स्क्रीन पर वर्टीकल डिफ्लैक्शन उत्पन्न करती हैं।

## क्षैतिज डिफ्लैक्शन परिपथ (Horizontal Deflection Circuits)

इस स्टेज में भी एक होरीजॉन्टल (horizontal) ऑसिलेटर तथा पावर एम्पलीफायर परिपथ होते हैं। होरीजॉन्टल ऑसिलेटर वर्टीकल ऑसिलेटर के समान ही होता है तथा 15625 Hz फ्रीक्वैन्सी पर स्वीप ड्राइव वोल्टेज उत्पन्न करने के लिए सैट किया जाता है। इस ऑसिलेटर की फ्रीक्वैन्सी AFC परिपथ द्वारा विकसित dc कन्ट्रोल वोल्टेज द्वारा नियन्त्रित की जाती है। ऑसिलेटर की

आउटपुट की, होरीजॉन्टल डिफ्लैक्शन कुन्डलियों में धारा में लीनियर वृद्धि (linear rise of current) के लिए वेव शेपिंग की जाती है।

होरीजॉन्टल आउटपुट परिपथ में एक डैम्पर डायोड (damper diode) तथा एक उच्च वोल्टेज एम्पलीफायर (high voltage amplifier) भी होता है। डैम्पर डायोड, horizontal saw-tooth स्कैनिंग परिपथ में साइन-वेव ऑसिलेशन्स (sine-wave oscillations) को कम (reduce) करता है जो फ्लाई बैक के तुरन्त पश्चात् उत्पन्न होते हैं।

## पावर सप्लाई

TV रिसीवर में प्रायः तीन पावर सप्लाई स्टेज होती हैं—

1. Low Voltage Power Supply
2. EHT power supply
3. Boosted B + Supply

सामान्य B+ सप्लाई (low voltage) सप्लाई, AC मेन सप्लाई को रेक्टीफाई तथा फिल्टर कर प्राप्त की जाती है। सॉलिड स्टेट रिसीवर्स में सामान्यतः रेगुलेटेड low-voltage पावर सप्लाई प्रयुक्त की जाती है। रिसीवर में dc सप्लाई को अलग-अलग सेक्शन में ब्रांच करने के लिए डिकपलिंग नैटवर्क (decoupling networks) का प्रयोग किया जाता है जिससे रिसीवर की विभिन्न स्टेजों के मध्य कॅपलिंग का प्रभाव न हो। पिक्चर ट्यूब के लिए फिलामेन्ट पावर, मेन ट्रांसफॉर्मर पर स्थित एक low-voltage वाइन्डिंग से प्राप्त की जाती है।

हाई वोल्टेज रेक्टीफायर पिक्चर ट्यूब के एनोड के लिए हाईवोल्टेज (EHT) उत्पन्न करता है। यह रेक्टीफायर होरीजॉन्टल एम्पलीफायर से ac इनपुट प्राप्त करता है। यह फ्लाई-बैक सप्लाई (fly back supply) प्रणाली कहलाती है। होरीजान्टल स्कैनिंग के रिट्रेस इन्टरवल में होरीजॉन्टल आउटपुट ट्रासफार्मर की प्राइमरी वाइन्डिंग में 6 से 9 kV तक आयाम की हाई-वोल्टेज पल्स उत्पन्न होती हैं। ये पल्स एक ऑटोट्रांसफॉर्मर वाइन्डिंग द्वारा 10 से 20 kV तक स्टैप-अप कर हाई-वोल्टेज रेक्टीफायर को दी जाती हैं। रेक्टीफायर की आउटफट को फिल्टर कर पिक्चर ट्यूब के एनोड के लिए आवश्यक dc वोल्टेज प्राप्त की जाती है। ब्लैक एन्ड व्हाइट पिक्चर ट्यूब में 9 से 20 kV तक तथा कलर ट्यूब में 18 से 25 kV तक एनोड वोल्टेज की आवश्यकता होती है।

क्षैतिज (horizontal) आउटपुट परिपथ को इस प्रकार डिजाइन किया जाता है कि यह EHT सोर्स को सप्लाई देने के अतिरिक्त, रिट्रेस इन्टरवल में होरीजॉन्टल डिफ्लैक्शन कुन्डलियों में संचय ऊर्जा एक डैम्पर डायोड (damper diode) के माध्यम से टैप (tap) कर एक कैपेसिटर को चार्ज करता है। इस प्रकार कैपेसिटर में विकसित वोल्टेज सामान्यतः B+ वोल्टेज में 200 से 300 V की वृद्धि कर, लगभग 400 से 700 V तक की बूस्टेड B+ सप्लाई उपलब्ध कराती है। यह वोल्टेज पिक्चर ट्यूब के प्रथम तथा द्वितीय एनोड के लिए उपयुक्त होती है।

## टेलीविजन रिसीवर का साउन्ड सेक्शन (Sound Section of TV Receiver)

टेलीविजन रिसीवर का साउन्ड सेक्शन एक FM रिसीवर होता है। इसमें साउन्ड IF एम्पलीफायर, आयाम लिमिटर, FM डिमॉडुलेटर, ऑडियो प्री-एम्पलीफायर, ऑडियो पावर एम्पलीफायर तथा लाउडस्पीकर होते हैं। IF स्टेज से प्राप्त 38·9 MHz की पिक्चर IF, वीडियो डिटैक्टर पर कैरियर की भाँति कार्य करती है तथा 33·4 MHz की साउन्ड कैरियर से बीट (beat) कर 5·5 MHz ±50MHz आवृत्तियों के कम्पोनैट्स उत्पन्न करती है। यह इन्टर कैरियर बीट सिगनल कहलाता है तथा वास्तव में साउन्ड कैरियर का दूसरा कनवर्जन होता है। इस सिगनल में साउन्ड के समस्त FM मॉडुलेशन होते हैं। यह 5·5 MHz का FM सिगनल वीडियो डिटैक्टर की आउटपुट पर अथवा प्रथम वीडियो एम्पलीफायर के कलैक्टर परिपथ में संयोजित साउन्ड IF ट्रैप पर प्रयुक्त एक, कपलिंग द्वारा पिक-अप किया जा सकता है। इस FM साउन्ड सिगनल का आयाम कुछ मिलिवोल्ट (order of a few millivolt) होता है।

## कलर टेलीविजन (Colour Television)

कलर टेलीविजन प्रणाली का विकास सर्वप्रथम अमेरिका (U.S.A.) में नेशनल टेलीविजन सिस्टम कमैटी (NTSC) द्वारा किया गया। प्रणाली का डिजाइन इस प्रकार किया गया कि उस समय प्रचलित (existing) ब्लैक एण्ड व्हाइट रिसीवर्स, कलर ट्रांसमिशन को रिसीव कर सकें तथा कलर टेलीविजन रिसीवर्स, ब्लैक एन्ड व्हाइट ट्रांसमिशन को रिसीव कर सकें, अर्थात् कलर

टेलीविजन में मोनोक्रोम टेलीविजन प्रणाली वाली बैन्ड-स्मिथ में ही अतिरिक्त कलर इनफॉर्मेशन ट्रांसमिट की जा सके। यह प्रक्रिया कॉम्पेटिबिलिटी (comptability) कहलाती है।

कलर टेलीविजन एवं मोनोक्रोम टेलीविजन प्रणाली में कॉम्पेटिबिलिटी (comptability) होने के लिए कम्पोजिट कलर सिगनल के निम्न अभिलक्षण होने आवश्यक हैं—

(i) कलर टेलीविजन एवं मोनोक्रोम ट्रांसमिशन में बैन्ड-विड्थ समान (equal) होनी चाहिये।

(ii) पिक्चर तथा साउन्ड कैरियर के मध्य स्पेसिंग तथा बैन्ड में उनकी स्थितियाँ (locations) मोनोक्रोम प्रणाली की भाँति ही होनी चाहिये।

(iii) एक दृश्य (scene) के ट्रांसमिशन में मोनोक्रोम सिगनल की ल्यूमिनैन्स (brightness) तथा कलर सिगनल की ल्यूमिनैन्स समान होनी चाहिये।

(iv) कम्पोजिट कलर सिगनल में, कलर इनफॉर्मेशन को डिकोड करने के लिए आवश्यक सिगनल भी होना चाहिये।

(v) कम्पोजिट सिगनल में कलर इनफॉर्मेशन इस प्रकार एडजस्ट होनी चाहिये कि यह मोनोक्रोम सिगनल पर कोई कुप्रभाव न उत्पन्न करें।

(vi) दोनों प्रणालियों में लाइन फ्रीक्वैन्सी, वर्टीकल स्वीप फ्रीक्वैन्सी तथा सिंक सिगनल फ्रीक्वैन्सी समान होनी चाहिये।

उपरोक्त आवश्यकताओं की पूर्ति के लिए यह आवश्यक है कि कलर इनफॉर्मेशन की कोडिंग इस प्रकार की जानी चाहिये कि यह ब्राइटनैस (luminance) सिगनल को प्रभावित किये बिना मोनोक्रोम प्रणाली में प्रयुक्त 7 MHz बैन्ड-विड्थ में ट्रांसमिट की जा सके। इसी प्रकार कलर टेलीविजन रिसीवर में इस सिगनल में से कलर इनफॉर्मेशन को डिकोड करने के लिए आवश्यक परिपथ होने चाहिये।

## कलर ट्रांसमिशन तथा रिसैप्शन
## (Colour Transmission and Reception)

सफेद (White) कलर नीले (B), हरे (G) तथा लाल (R) के उपयुक्त मिश्रण से प्राप्त किया जा सकता है। कलर सिगनल का ब्लैक एण्ड व्हाइट भाग ल्यूमिनैन्स सिगनल (Y) कहलाता है। ल्यूमिनैन्स सिगनल में 30% लाल, 59% हरा तथा 11% नीला कलर होता है, अर्थात्

$$Y = 0{\cdot}30\,R + 0{\cdot}59\,G + 0{\cdot}11\,B$$

## कलर डिफ्रेन्स सिगनल (Colour Difference Signal)

ल्यूमिनेन्स सिगनल (Y) का मॉडुलेशन तथा ट्रांसमिशन मोनोक्रोम टेलीविजन प्रणाली की भाँति ही किया जाता है परन्तु कलर ट्रांसमिशन में तीनों प्राइमरी कलर्स (R, G एवं B) अलग-अलग ट्रांसमिट नहीं किये जाते, बल्कि लाल (red) तथा नीले (blue) कैमरे की आउटपुट Y सिगनल से मिलाकर कलर डिफ्रेन्स सिगनल प्राप्त करने के लिए ल्यूमिनैन्स वोल्टेज को R तथा B वोल्टेज से घटाया जाता है जिससे (R – Y) तथा (B – Y) कलर डिफ्रेन्स वोल्टेज प्राप्त होते हैं। तीसरा कलर डिफ्रेन्स सिगनल (G – Y) उत्पन्न करने की आवश्यकता नहीं होती क्योंकि (R – Y) एवं (B – Y) सिगनल से तीसरा सिगनल प्राप्त किया जा सकता है। अतः तीन कलर डिफ्रेन्स सिगनल में से केवल दो ही ट्रांसमिट किये जाते हैं। इन्हें U तथा V सिगनल कहते हैं। PAL–B प्रणाली में इनका मान निम्न होता है—

$$U = 0{\cdot}493\,(B - Y)$$

$$V = 0{\cdot}877\,(R - Y)$$

## I तथा Q सिगनल

NTSC प्रणाली में Y सिगनल के साथ दो अन्य सिगनल I तथा Q ट्रांसमिट किये जाते हैं। I तथा Q सिगनल कलर डिफ्रेरेन्स सिगनलों (R – Y) तथा (B – Y) से ही प्राप्त किये जाते हैं। इनका मान निम्न हैं—

$$I = 0{\cdot}60\,R - 0{\cdot}28\,G - 0{\cdot}32\,B$$

$$Q = 0{\cdot}21\,R - 0{\cdot}52\,G + 0{\cdot}31\,B$$

## कलर बर्स्ट सिगनल (Colour Burst Signal)

ट्रांसमीटर पर मॉडुलेशन के समय कलर सब-कैरियर ($f_{sc}$) को सप्रैस (suppress) कर दिया जाता है। यह रिसीवर में रिप्रोड्यूस की गई पिक्चर में डॉट पैटर्न प्रभाव (dot pattern effect) को कम करने के लिए किया जाता है। परन्तु, चूँकि डिमॉडुलेशन के लिए कैरियर का होना आवश्यक है, अतः इसे रिसीवर में पुनः जेनरेट किया जाता है। कैरियर का रिसीवर में जेनरेशन उपयुक्त (proper) आवृत्ति एवं फेज में होना चाहिये क्योंकि कलर्स का पुनरोत्पादन (reproduction) कैरियर के फेज कोण (relative phase) पर निर्भर करता है।

इस कार्य के लिए एक सिगनल, जिसे कलर बर्स्ट (colour burst) कहते हैं सिंक पल्स के साथ ट्रांसमिट किया जाता है। कलर्स बर्स्ट सिगनल होरीजोन्टल ब्लैन्किंग पैडस्टल के बैक पोर्च पर सिंक पल्सों के साथ ट्रांसमिट किया जाता है। चित्र 9·9 में कलर बर्स्ट के साथ वीडियो सिगनल प्रदर्शित किया गया है।

कलर बर्स्ट सिगनल में कलर सब-कैरियर के लगभग दस चक्र (ten cycles) होते हैं। ये कलर सब कैरियर चक्र, TV रिसीवर में कलर सब-कैरियर जेनरेटर के सिन्क्रोनाइजेशन के लिए प्रत्येक लाइन ब्लैन्किंग पल्स के बैक-पोर्च पर स्थित किये जाते हैं।

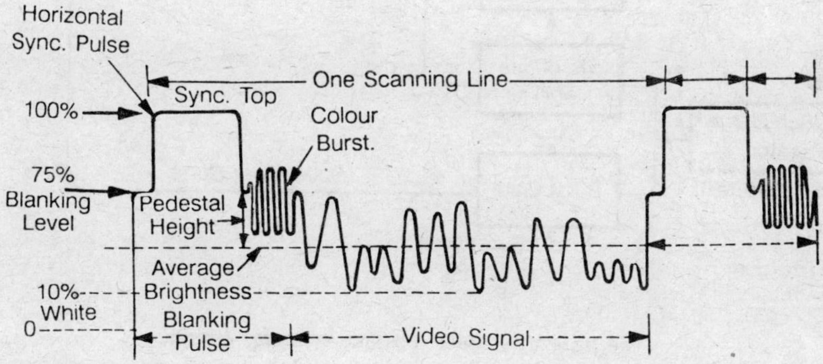


**चित्र 9.9–कम्पोजिट वीडियो सिगनल में कलर बर्स्ट की स्थिति, यह सिगनल प्रत्येक होरीजोन्टल सिंक पल्स के बैक पोर्च पर स्थित होता है।**

कलर बर्स्ट सिगनल होरीजोन्टल सिंक सिगनल को इन्टरफीयर (interfere) नहीं करता क्योंकि इसका peak-to-peak आयाम सिंक पल्स के आयाम से कुछ कम होता है। ट्रांसमिटर –(B – Y) अक्ष पर, सब-कैरियर फ्रीक्वैन्सी की एक कन्टीनुअस ज्या तरंग (sine wave) जेनरेट पर रैफ्रेन्स फेज उपलब्ध कराता है।

यह सिगनल रिसीवर में सिन्क्रोनस डिटैक्टर की आउटपुट पर निगेटिव सिगनल उत्पन्न करता है। अतः ब्लैन्किग पीरियड में इस सिगनल के कारण कोई बीम धारा (beam current) उत्पन्न नहीं होती क्योंकि इस अवधि (blanking period) में ल्यूमिनैन्स सिगनल शून्य होता है तथा पिक्चर ट्यूब ब्लॉक हो जाती है। इस प्रकार कलर बर्स्ट सिगनल रिसीवर स्क्रीन पर दिखायी नहीं देता रिसीवर में कलर बर्स्ट सिगनल अलग (gated out) कर लिया जाता है तथा एक फेज कम्परेटर परिपथ के साथ इसके फेज की तुलना कर लोकल सब-कैरियर ऑसिलेटर द्वारा उपयुक्त फ्रीक्वैन्सी एवं फेज की सब-कैरियर जेनरेट की जाती है।

## 9.8. NTSC कलर ट्रांसमीटर

चित्र 9.10 में टेलीविजन ट्रांसमिटिंग स्टेशन पर NTSC प्रणाली में कोडिग (Coding) की प्रक्रिया प्रदर्शित की गई हैं। कलर सिगनल I एवं Q प्राप्त करने के लिए एक उपयुक्त प्रतिरोध मैट्रिक्स (resistance matrix) प्रयोग की जाती है। सिगनल $I = 0{\cdot}60\,R - 0{\cdot}28\,G - 0{\cdot}32\,B$ होता है जिसमें G तथा B निगेटिव हैं। अतः ग्रीन तथा ब्लू कैमरा की आउटपुट मैट्रिक्स को देने से पहले इनवर्ट (invert) की जाती है। इसी प्रकार सिगनल $Q = 0{\cdot}21\,R - 0{\cdot}52\,G + 0{\cdot}31\,B$ के लिए ग्रीन कैमरा की आउटपुट इनवर्ट करने के पश्चात् लाल (Red) तथा ब्लू (blue) कैमरा की आउटपुट के साथ जोड़ी (add) जाती है।

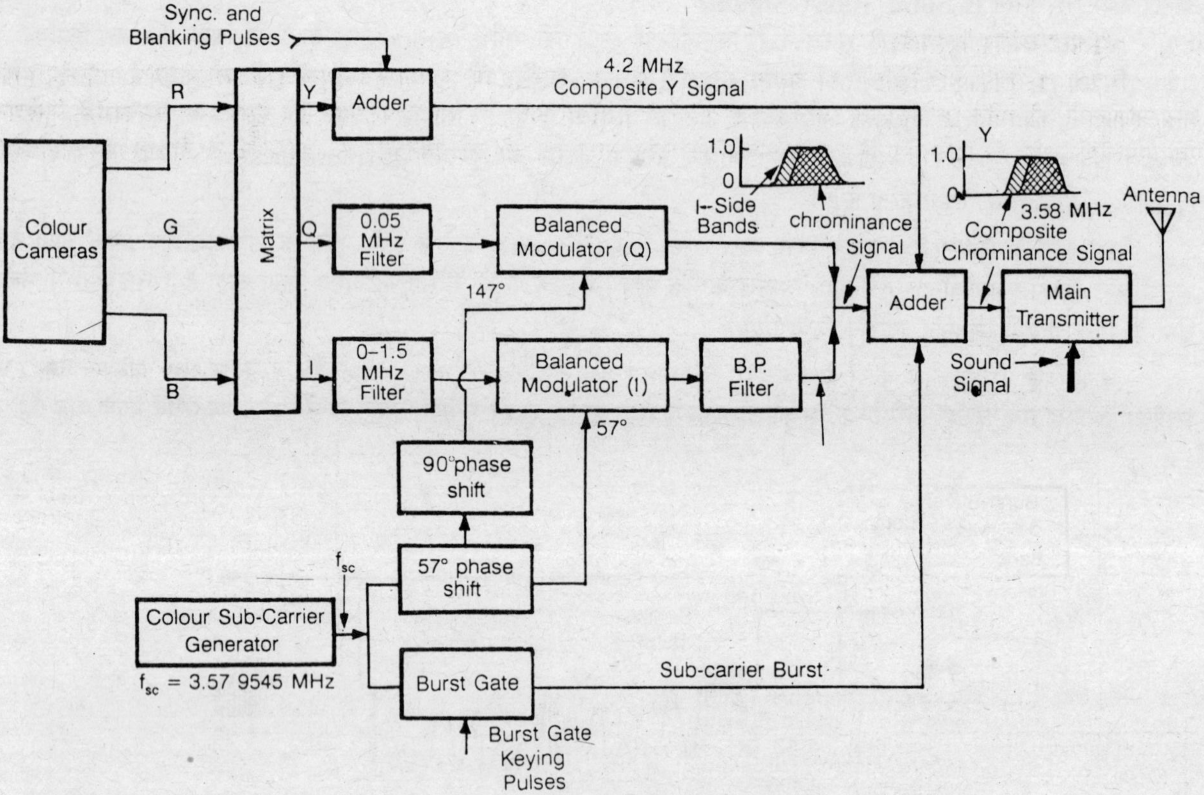


**चित्र 9.10–NTSC कलर ट्रांसमीटर का ब्लॉक डायग्राम**

I एवं Q सिगनल के मॉडुलेशन के लिए अलग-अलग बैलेन्स्ड मॉडुलेटर प्रयुक्त किये जाते हैं, परन्तु मॉडुलेटर्स को फीड करने से पहले I एवं Q सिगनलों की वैन्ड विड्‌थ, फिल्टर्स द्वारा क्रमशः 0 – 1·5 MHz तथा 0 – 0·5 MHz तक सीमित की जाती है।

कलर सब-कैरियर जेनरेटर 3·579545 MHz फ्रीक्वैन्सी की तरंग जेनरेट करता है। इस सब-कैरियर को मॉडुलेटर (1) में देने से पहले, इसका फेज, एक फेज शिफ्टिंग नैटवर्क द्वारा कलर बर्स्ट के फेज के सापेक्ष 57° क्लॉकवाइज शिफ्ट किया जाता है। इस सब-कैरियर (57° shifted) को Q मॉडुलेटर में फीड करने से पहले 90° और शिफ्ट किया जाता है। इस प्रकार दोनों मॉडुलेटर्स को फीड की गई सब-कैरियर क्वाडरेचर एम्पलीट्यूड मॉडुलेशन (QAM) के लिए परस्पर 90° कला अन्तर (phase difference) पर होती है।

बैलेन्स्ड मॉडुलेटर में कैरियर सप्रेस हो जाती है। इन मॉडुलेटर्स की यह विशेषता है कि कैरियर के सप्रेशन (suppression) तथा फ्रीक्वैन्सी परिवर्तन (frequency translation) के साथ उसकी आउटपुट, मॉडुलेटिंग सिगनल के तात्क्षणिक आयाम एवं फेज (instantaneous amplitude and phase) से सीधे सम्बन्धित होती है। इस प्रकार दोनों सबकैरियर्स के फेज I एवं Q की स्थितियों पर शिफ्ट होने पर भी दोनों मॉडुलेटर्स की आउटपुट में मॉडुलेटिंग कलर डिफ्रेन्स सिगनलों की सम्पूर्ण इनफॉर्मेशन होती है। I मॉडुलेटर की आउटपुट, जिसकी साइडबैन्ड सीमित होती है, Q मॉडुलेटर की आउटपुट के साथ मिल कर क्रोमिनैस सिगनल फॉर्म (form) करती है। उसके पश्चात् यह क्रोमिनैस सिगनल, एक एडर में कम्पोजिट Y सिगनल तथा कलर बर्स्ट के साथ संयोजित (add) कर, कम्पोजिस्ट क्रोमिनैन्स सिगनल प्राप्त किया जाता है। एडर की आउटपुट द्वारा मुख्य ट्रांसमीटर में चैनल कैरियर फ्रीक्वैन्सी को मॉडुलेट किया जाता है। प्रत्येक चैनल के लिए पिक्चर कैरियर फ्रीक्वैन्सी अलग-अलग परन्तु कलर सब-कैरियर फ्रीक्वैन्सी समान (3·579545 MHz) होती है।

## 9.9. NTSC कलर रिसीवर

चित्र 9.11 में NTSC रिसीवर का एक सरल ब्लॉक डायग्राम प्रदर्शित किया गया है। ट्यूनर द्वारा सलैक्ट किये गये चैनल की अन्य प्रणालियों की भाँति IF तथा वीडियो डिटेक्टर स्टेज में प्रोसेसिंग होती है। साउन्ड सिगनल को सेपरेट कर उसका डिमॉडुलेशन एवं एम्पलीफिकेशन करने के पश्चात् लाउडस्पीकर को दिया जाता है। वीडियो डिटैक्टर की आउटपुट से ही, सामान्य मोनोक्रोम

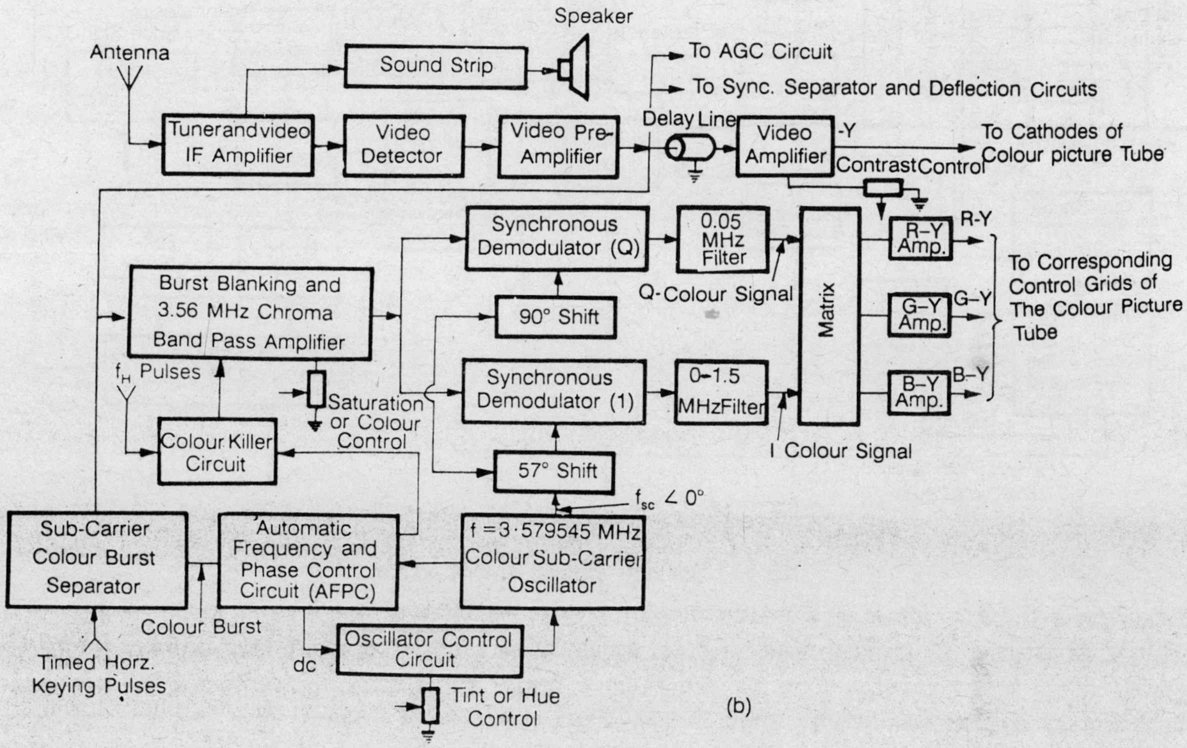


**चित्र 9.11.–NTSC कलर रिसीवर का ब्लॉक डायाग्राम**

टेलीविजन की भाँति AGC, सिंक सैपरेटर तथा डिफ्लैक्शन परिपथ ऑपरेट किये जाते हैं। NTSC रिसीवर में सम्मिलित किये जाने वाले अतिरिक्त परिपथ प्योरिटी, कनवर्जैन्स तथा पिन कुशन करैक्शन परिपथ होते हैं।

वीडियो डिटैक्टर की आउटपुट पर मॉडुलेटेड कम्पोजिट वीडियो तथा क्रोमा सिगनल प्राप्त होते हैं। Y सिगनल को मोनोक्रोम रिसीवर की भाँति ही प्रोसेस किया जाता है, अन्तर केवल यह है कि वीडियो एम्पलीफायर से पहले डिलेलाइन परिपथ प्रयुक्त किया जाता है। डिलेलाइन परिपथ सिगनल में 500 ns की डिले उत्पन्न करता है जो क्रोमा सिगनल की सीमित बैन्डविड्थ के कारण ल्यूमिनैस एवं क्रोमा सिगनल के सम्पाती होने (coincidence in time) के लिए आवश्यक है।

NTSC रिसीवर में प्रयुक्त मुख्य स्टेज निम्न हैं—

1. क्रोमा (C) सिगनल की डिकोडिंग, 2. क्रोमिनैन्स बैंड पास एम्पलीफायर, 3. कलर डिमोडुलेटर्स, 4. कलर मैट्रिक्स, 5. बर्स्ट सेपरेटर, 6. कलर सबकैरियर ऑसिलेटर, 7. कलर किलर

## 9.10. पाल ट्रांसमीटर (PAL Transmitter)

चित्र 9.12 में बेसिक पाल कलर ट्रांसमीटर का ब्लॉक डायग्राम प्रदर्शित किया गया है। इस डायग्राम के दो भाग हैं—एक PAL कोडर सैक्शन तथा दूसरा ट्रांसमीटर सैकशन। कैमरा परिपथ से गामा संशोधित (gamma corrected) R, G तथा B वीडियो सिगनल प्राप्त होते हैं। मैट्रिक्सिग तथा वेटिंग फैक्टर मल्टीप्लीकेशन परिपथ U तथा Y सिगनल उत्पन्न करते हैं। बैन्ड-पास

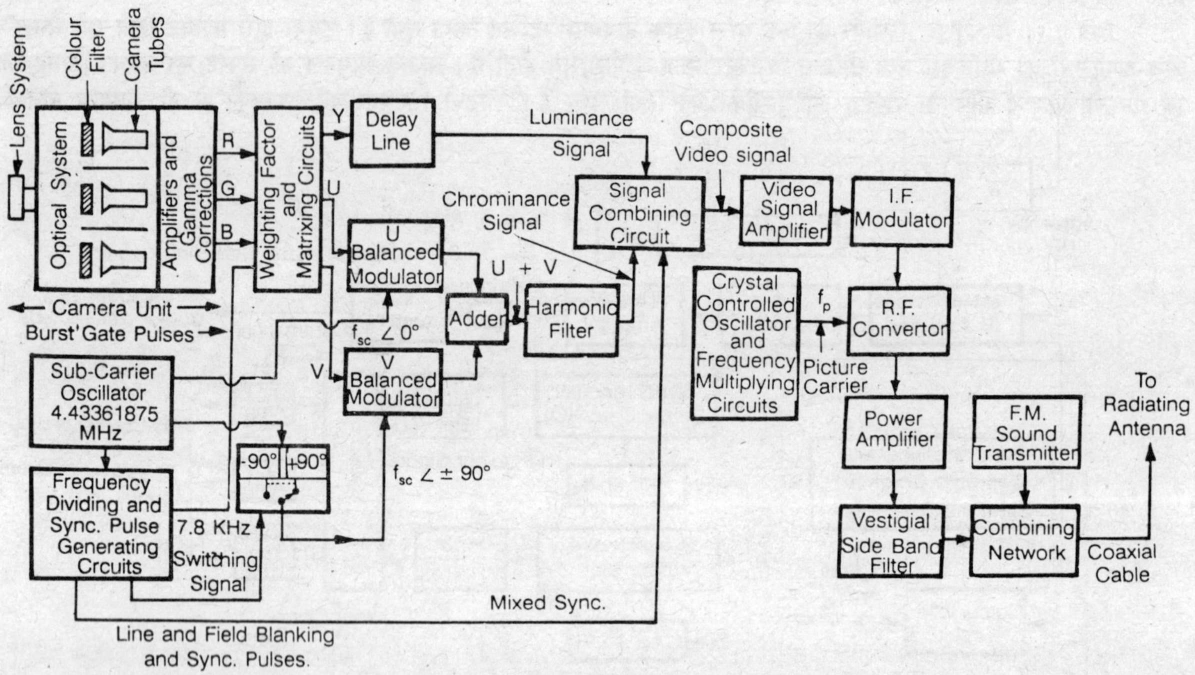


**चित्र 9.12.–पाल कलर ट्रांसमीटर का ब्लॉक डायग्राम**

फिल्टर्स द्वारा कलर डिफ्रेन्स सिगनलों की बैन्ड विड्थ लगभग 1·5 MHz तक सीमित की जाती है। इसके पश्चात् इन्हें 4·43 MHz की कलर सब-कैरियर के साथ क्वाडरेचर मॉडुलेट (QAM) कर एक एडर में कम्बाइन किया जाता है जिससे क्रोमिनैन्स सिगनल प्राप्त होता है। वीडियो सिगनल कम्बाइनिंग परिपथ में C सिगनल को Y सिगनल के साथ कम्बाइन कर कम्पोजिट वीडियो सिगनल प्राप्त किया जाता है। कोडर से प्राप्त कम्पोजिट वीडियो सिगनल वीडियो एम्पलीफायर में एम्पलीफाई किया जाता है। उसके पश्चात् मॉडुलेटर में पिक्चर की इन्टरमीडिएट फ्रीक्वैन्सी पर IF मॉडुलेट किया जाता है। उसके पश्चात् मॉडुलेटर में पिक्चर की इन्टरमीडिएट फ्रीक्वैन्सी पर IF मॉडुलेट किया जाता है। इस IF मॉडुलेटेड वीडियो सिगनल को RF कनवर्टर में चैनल फ्रीक्वैन्सी पर कनवर्ट किया जाता है। इसके लिए एक क्रिस्टल कन्ट्रोल्ड ऑसिलेटर से पिक्चर कैरियर फ्रीक्वैन्सी का सिगनल RF इनवर्टर को दिया जाता है। RF कनवर्टर से प्राप्त वीडियो सिगनल को पुनः पावर एम्पलीफाई किया जाता है तथा इसके पश्चात् VSB फिल्टर के माध्यम से कम्बाइनिंग नैटवर्क को दिया जाता है। माइक्रोफोन से प्राप्त अथवा ट्रांसमिट किये जाने वाले दृश्य (scene) से सम्बन्धित साउन्ड इनफॉर्मेशन सिगनल की बैन्ड विड्थ 15KHz होती है। यह सिगनल एम्पलीफाई तथा चैनल साउन्ड कैरियर पर फ्रीक्वैन्सी मॉडुलेट किया जाता है। S/N अनुपात सुधारने के लिए प्री-एम्फैसिस परिपथ का उपयोग अवश्य किया जाता है। साउन्ड कैरियर की फ्रीक्वैन्सी, पिक्चर कैरियर से 5.5 MHz अधिक होती है।

कम्बाइनिंग नैटवर्क को FM साउन्ड ट्रांसमीटर की आउटपुट भी दी जाती है। इस प्रकार कम्बाइनिंग नैटवर्क की आउटपुट से ट्रांसमिट किया जाने वाला 'सम्पूर्ण टेलीविजन सिगनल' प्राप्त होता है जिसे एन्टीना नैटवर्क से स्पेस में ट्रांसमिट कर दिया जाता है।

## 9.11. पाल कलर रिसीवर (PAL Colour Receiver)

चित्र 9.13 में पाल कलर रिसीवर का ब्लॉक डायग्राम प्रदर्शित किया गया है। कलर रिसीवर्स में मोनोक्रोम रिसीवर्स की भाँति सलैक्टेड चैनल, ट्यूनर, IF तथा वीडियो डिटेक्टर स्टेज में प्रोसेस होता है। साउन्ड सिगनल को डिटेक्ट, डिमॉडुलेट एवं एम्पलीफाई कर लाउडस्पीकर को दिया जाता है।

इसी प्रकार, AGC, सिंक सैपरेटर तथा डिफ्लेक्शन परिपथ भी मोनोक्रोम रिसीवर की भाँति होते हैं, अन्तर केवल यह है कि कलर रिसीवर्स में कनवर्जैन्स तथा पिन कुशन परिपथ भी प्रयुक्त किये जाते हैं। रिसीवर की कार्य प्रणाली निम्न प्रकार है—

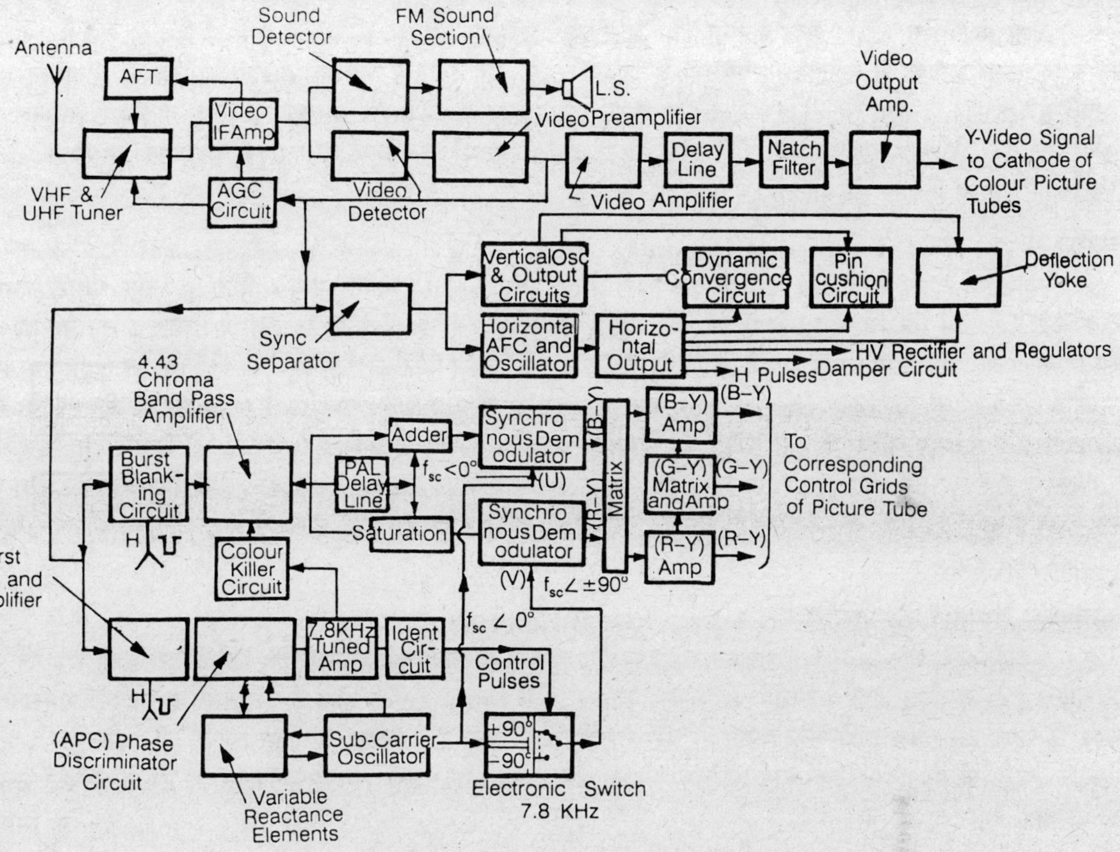


**चित्र 9.13–पाल कलर टेलीविजन रिसीवर का ब्लॉक डायग्राम**

## ट्यूनर (Tuner)

कलर रिसीवर्स में VHF तथा UHF दोनों ट्यूनर होते हैं। प्रायः इलेक्ट्रॉनिक ट्यूनर्स का प्रयोग किया जाता है जिसमें बैन्ड का सलैक्शन स्विचिंग डायोड तथा वैरैक्टर डायोड की ट्यूनिंग द्वारा किया जाता है। कलर रिसीवर में लोकल ऑसिलेटर की फ्रीक्वैन्सी का मान, कलर बर्स्ट फ्रीक्वैन्सी प्राप्त करने के लिए ठीक (accurate) होना आवश्यक है जिससे पिक्चर में विभिन्न कलर्स उपयुक्त रूप से उत्पन्न हो सकें। इसके लिए ट्यूनर्स में एक ऑटोमेटिक फ्रीक्वैन्सी ट्यूनिंग (AFT) परिपथ प्रयुक्त किया जाता है। यह परिपथ लोकल ऑसिलेटर की फ्रीक्वैन्सी को इस प्रकार कन्ट्रोल करता है कि कनवर्टर परिपथ की इनपुट पर 38·9 MHz का पिक्चर IF सिगनल प्राप्त हो सके। AFT में एक डिस्क्रिमिनेटर परिपथ प्रयोग किया जाता है जो IF का मापन कर उसमें विचलन (deviations) के समानुपाती एक dc कन्ट्रोल वोल्टेज उत्पन्न करता है। यह कन्ट्रोल वोल्टेज ऑसिलेटर फ्रीक्वैन्सी को उचित (correct) मान पर रखती है।

## साउन्ड सैक्शन (Sound Section)

वीडियो IF स्टेज में सामान्यतः दो पद प्रयुक्त किये जाते हैं। दूसरे वीडियो IF स्टेज की आउटपुट पर साउन्ड IF ट्रैप प्रयुक्त कर 33·4 MHz का साउन्ड सिगनल सेपरेट किया जाता है। इस सिगनल को मोनोक्रोम रिसीवर की भाँति FM डिटेक्टर में प्रोसेस कर ऑडियो सिगनल प्राप्त किया जाता है जिसे आडियो एम्पलीफायर्स द्वारा एम्पलीफाई कर लाउडस्पीकर को फीड किया जाता है।

## AGC, सिंक सेपरेटर तथा डिफ्लेक्शन परिपथ
## (AGC, Sync Separator and Deflection Circuits)

कलर रिसीवर में AGC, सिंक सेपरेटर तथा डिफ्लैक्शन परिपथ, मोनोक्रोम रिसीवर के परिपथों जैसे ही होते हैं। अन्तर केवल यह है कि कलर रिसीवर में डिफ्लैक्शन परिपथों से क्षैतिज (horizontal) तथा वर्टीकल स्कैनिंग धाराओं के अतिरिक्त डायनेमिक कनवर्जैन्स (dynamic convergence) तथा पिन कुशन (pincushion) करैक्शन परिपथों के लिए आवश्यक सिगनल भी प्राप्त किये जाते हैं। मोनोक्रोम रिसीवर की भाँति HV रेक्टीफायर, रेगुलेटर तथा डैम्पर परिपथों के लिए भी आवश्यक ac वोल्टेज डिफ्लैक्शन परिपथ से प्राप्त की जाती है।

## ल्यूमिनैन्स (Y) चैनल (Luminance Channel)

ल्यूमिनैन्स चैनल में वीडियो एम्पलीफायर डिले लाइन, नोच (notch) फिल्टर तथा वीडियो आउटपुट एम्पलीफायर प्रयुक्त किये जाते हैं। प्रथम वीडियो एम्पलीफायर की बैन्ड विड्थ मोनोक्रोम रिसीवर की भाँति ही होती है। डिले लाइन परिपथ का कार्य, क्रोमा एम्पलीफायर की सीमित बैन्ड पास के कारण कलर सिगनल में उत्पन्न डिले को कम्पैनसेट करना है। इससे ल्यूमिनैन्स तथा क्रोमा सिगनल एक साथ ही (in time coincidence) पिक्चर ट्यूब पर प्राप्त होते हैं। नोच फिल्टर, सब-कैरियर को 10 dB (लगभग) अटेनुएट करता है। सब-कैरियर के कुछ अटेनुएशन से स्क्रीन पर कलर पिक्चर के साथ डॉट-स्ट्रक्चर नहीं दिखाई देता परन्तु आधुनिक रिसीवर्स में नोच फिल्टर नहीं प्रयुक्त किया जाता है। ल्यूमिनैन्स चैनल से इनवर्टेड (– Y) कम्पोजिट वीडियो सिगनल प्राप्त होता है। इसे कलर पिक्चर ट्यूब के तीन कैथोडों के जंक्शन पर एप्लाई किया जाता है। इसी चैनल में कन्ट्रास्ट तथा ब्राइटनैस कन्ट्रोल भी संयोजित किये जाते हैं।

## क्रोमिनैन्स सिगनल की प्रोसेसिंग (Chroma Signal Processing)

इन्टरमीडिएट फ्रीक्वैन्सी (IF) सेक्शन की आउटपुट वीडियो डिटेक्टर की आउटपुट पर डिटेक्ट की जाती है। यह आउटपुट ल्यूमिनैन्स (Y) सिगनल होती है जिसमें क्रोमिनैन्स सिगनल मिला हुआ (mixed) होता है। रिसीवर के विभिन्न सेक्शनों में फीड करने से पहले इसे वीडियो प्री-एम्पलीफायर में एम्पलीफाई किया जाता है। वीडियो प्री-एम्पलीफायर की आउटपुट AGC, सिंक सेपरेटर तथा क्रोमा सेक्शन में स्थित बर्स्ट ब्लैन्किंग परिपथ द्वारा 4·43 MHz बैन्ड पास एम्पलीफायर को एवं गेटेड बर्स्ट एम्पलीफायर को दी जाती है।

## क्रोमा बैन्ड पास एम्पलीफायर (Chroma Band Pass Amplifier)

बैन्ड पास एम्पलीफायर की ट्यूनिंग इस प्रकार की जाती है कि यह कम्पोजिट वीडियो सिगनल में से केवल क्रोमिनैन्स सिगनल को स्वीकार (accept) करता है तथा शेष को रिजेक्ट कर देता है। इस प्रकार यह 4·43 MHz ($f_{sc}$) आवृत्ति की सैन्टर फ्रीक्वैन्सी तथा लगभग 2 MHz (± 1 MHz) बैन्डविड्थ के लिए डिजाइन किया जाता है। इस एम्लीफायर से कलर बर्स्ट नहीं गुजरने दिया जाता है। इसके लिए क्रोमा एम्पलीफायर की इनपुट पर एक बर्स्ट ब्लैन्किंग परिपथ प्रयुक्त किया जाता है जिससे एम्पलीफायर से बर्स्ट नहीं गुजरता। बर्स्ट ब्लैन्किंग परिपथ को लाइन टाइम-बेस परिपथ से प्राप्त टाइम्ड पल्सों (timed pulses 'H') द्वारा ड्राइव किया जाता है। प्रत्येक पल्स को इस प्रकार टाइम किया जाता है कि बैक पोर्च पीरियड में बर्स्ट उपस्थित होने पर यह क्रोमिनैन्स सिगनल के पथ (path) को ओपिन सर्किट (open circuit) कर दे।

## कलर किलर परिपथ (Colour Killer Circuit)

कलर किलर परिपथ का कार्य, रिसीवर द्वारा ब्लैक एण्ड व्हाइट प्रोग्राम को रिसीव करने के समय, क्रोमिनैन्स बैन्ड पास एम्पलीफायर को अक्रिय (inoperative) करना है। यह परिपथ, क्रोमिनैन्स एम्पलीफायर की बैन्ड विड्थ में ल्यूमिनैन्स सिगनल को पड़ने से रोकता है जिससे यह (Y सिगनल) डिमॉडुलेटर्स में न जा सके। इस प्रकार के सिगनल, डिमॉडुलेशन तथा कलर डिफ्रेन्स एम्पलीफायर्स द्वारा एम्पलीफिकेशन के पश्चात् पिक्चर में annoying कलर इन्टरफेन्स उत्पन्न करते हैं। इस प्रकार कलर किलर परिपथ क्रोमा सिगनल के पथ (path) में एक इलेक्ट्रॉनिक स्विच की भाँति कार्य करता है। यह कलर ट्रांसमिशन को रिसीव करने के समय क्लोज (close) तथा मोनोक्रोम ट्रांसमिशन के लिए ओपिन (open) हो जाता है। कलर किलर परिपथ एक 7·8 kHz आवृत्ति के ट्यून्ड एम्पलीफायर द्वारा प्रचालित होता है। इस एम्लीफायर का ऑपरेशन कलर बर्स्ट की उपस्थिति तथा अनुपस्थिति (presence or absence) पर निर्भर करता है।

## डिले लाइन परिपथ तथा U, V मॉडुलेशन प्रोडक्ट्स का सैपरेशन (Delay Line Circuit and Separation of U and V Modulation Products)

U तथा V मॉडुलेशन प्रोडक्ट्स को सैपरेट करने के लिए डिले लाइन विधि का प्रयोग किया जाता है। क्रोमा बैन्ड पास फिल्टर की आउटपुट ऐडर, सबट्रैक्टर तथा डिले लाइन परिपथों को दी जाती है। ऐडर परिपथ की आउटपुट पर प्राप्त मॉडुलेटेड U कलर डिफ्रेन्स सिगनल, U सिन्क्रोनस डिमॉडुलेटर की इनपुट पर दिया जाता है। इसी प्रकार सबट्रैक्टर परिपथ से प्राप्त V मॉडुलेटेड सिगनल V सिन्क्रोनस डिमॉडुलेटर को दिया जाता है।

## सिन्क्रोनस डिमॉडुलेटर्स (Synchronous Demodulators)

सिन्क्रोनस डिमॉडुलेटर (डिटेक्टर) में इनकमिंग सिगनल तथा लोकल ऑसिलेटर द्वारा जेनरेट की गई सब-कैरियर फ्रीक्वैन्सी की ज्यावक्रीय (sinusoidal) आउटपुट परस्पर मल्टीप्लाई (multiply) की जाती हैं। दोनों डिमॉडुलेटर्स को प्राप्त इनपुट सिगनल (ऐडर तथा सबट्रैक्टर से प्राप्त) की आवृत्ति लगभग 4·43 MHz होती है। डिमॉडुलेटर्स को उपयुक्त फेज में एक कन्ट्रोल्ड सब-कैरियर भी प्राप्त होती है। डिमॉडुलेटर्स की आउटपुट कलर डिफ्रेन्स सिगनल होती है।

## कलर-डिफ्रेन्स सिगनल की मैट्रिक्सिग तथा एम्पलीफिकेशन (Colour Difference Signal Matrixing and Amplification)

U तथा V मॉडुलेटर्स से प्राप्त कलर डिफ्रेन्स (R – Y) एवं (B – Y) सिगनल एक मैट्रिक्सिग परिपथ (matrixing circuit) को एप्लाई किये जाते हैं। यह परिपथ तीसरा कलर डिफ्रेन्स सिगनल (G – Y) जेनरेट करता है तथा तीनों कलर डिफ्रेन्स सिगनलों के आयामों (amplitudes) को ठीक (correct) करता है जो कि ट्रांसमीटर पर वेटिंग फैक्टर्स (weighting factors) प्रयुक्त किये जाने के कारण कुछ कम (reduce) हो जाते हैं। तीनों कलर डिफ्रेन्स सिगनलों को एम्पलीफिकेशन के पश्चात् पिक्चर ट्यूब के ग्रिडों पर एप्लाई किया जाता है। ल्यूमिनैन्स चैनल से प्राप्त – Y सिगनल, तीनों इलेक्ट्रॉन गन (electron guns) के कैथोड पर एप्लाई किया जाता है। कन्ट्रोल ग्रिड्स पर कलर डिफ्रेन्स वोल्टेज तथा कॉमन कैथोड पर – Y सिगनल वोल्टेज एप्लाई करने से एक प्रकार की मैट्रिक्सिग होती है जिससे इलेक्ट्रॉन गनों को ड्राइव करने के लिए $V_R$, $V_O$ तथा $V_B$ वोल्टेज प्राप्त होती है। इस प्रकार तीनों बीम धारायें कैमरा में उत्पन्न कलर वोल्टेज के समानुपाती परिवर्तित होती है।

## सब-कैरियर जेनरेशन (Sub-carrier Generation)

इस सैक्शन में ठीक (correct) आवृत्ति एवं फ़ेज की एक ज्यावक्रीय (sinusoidal) कैरियर तरंग जेनरेट की जाती है जो इस कैरियर ($f_{sc}$) को विस्थापित (replace) करती है जिसे ट्रांसमीटर में कलर डिफ्रेन्स सिगनलों के मॉडुलेशन के समय सप्रैस (suppress) कर दिया जाता है। इस प्रकार जेनरेट की गई सब-कैरियर की आवृत्ति एवं उसका फेज ठीक (exactly) वही होना **आवश्यक है जैसा कि ट्रांसमीटर में मॉडुलेटर्स को फीड किया जाता है। इसके लिए रिसीवर के क्रोमा सेक्शन में एक क्रिस्टल कन्ट्रोल्ड** ऑसिलेटर प्रयुक्त किया जाता है। इस ऑसिलेटर को ऑटोमैटिक फ्रीक्वैन्सी कन्ट्रोल (AFT) तथा फेज कन्ट्रोल परिपथों द्वारा उपयुक्त फ्रीक्वैन्सी एवं फेज के लिए ऑपरेट किया जाता है। यह परिपथ फेज डिस्क्रिमिनेटर (discriminator) कहलाता है। यह परिपथ, गेटेड बर्स्ट एम्पलीफायर से प्राप्त बर्स्ट सिगनल की तुलना, ऑसिलेटर द्वारा जनरेट की गई सब-कैरियर से करता है तथा एक कन्ट्रोल वोल्टेज उत्पन्न करता है जो लोकल ऑसिलेटर के ट्यून्ड परिपथ को उपयुक्त (correct) आवृत्ति तथा फेज पर रखती है।

## 9.12. 7.8 KHz ऑसिलेटर

ट्रांसमीटर पर प्रयुक्त PAL स्विगिंग बर्स्ट, – (B – Y) अक्ष के अनुदिश एक लाइन से दूसरी लाइन पर (line to line) ± 45° स्विंग करता है। इस प्रकार यह लाइन फ्रीक्वैन्सी के आधे (half the line frequency) पर, अर्थात् 15625/2 Hz = 7·8 KHz पर स्विंग करता है। गेटेड बर्स्ट एम्पलीफायर को लाइन फ्रीक्वैन्सी के टाइम-बेस परिपथ से टाइम्ड पल्सें (timed pulses) दी जाती हैं। ये पल्स, जिनकी आवृत्ति लाइन फ्रीक्वैन्सी के बराबर होती है, सामान्यतः कट-ऑफ एम्प्लीफायर (normally cut-off amplifier) को केवल उस अवधि (period) में प्रचालित होने देती है, जब कलर बर्स्ट उपस्थित होता है। इस प्रकार गेटेड बर्स्ट एम्पलीफायर, कलर बर्स्ट सिगनल को सैपरेट करता है, जिसे निरन्तर फेज डिस्क्रिमिनेटर परिपथ को एप्लाई किया जाता है। फेज डिस्क्रिमिनेटर परिपथ, ऑसिलेटर के लिए कन्ट्रोल वोल्टेज उत्पन्न करने के अतिरिक्त बर्स्ट की स्विगिंग रेट को भी सैन्स करता है तथा एक ट्यून्ड परिपथ में एक ऐसी वोल्टेज उत्पन्न करता है, जो 7·8 KHz आवृत्ति पर परिवर्तित होती है। इस वोल्टेज को एक 7·8 KHz आवृत्ति के ट्यून्ड एम्प्लीफायर द्वारा एम्पलीफाई किया जाता है। इस एम्पलीफायर की आउटपुट एक आइडेन्टिफिकेशन परिपथ

(identification circuit) तथा कलर किलर परिपथ, दोनों को दी जाती है। इस प्रकार कलर किलर परिपथ केवल उस समय प्रचालित होता है जब बर्स्ट उपस्थित होता है, एवं कलर ट्रांसमिशन के रिसैप्शन के समय बैन्ड-पास एम्लीफायर को 'ON' रखता है। चूँकि मोनोक्रोम ट्रांसमिशन के समय कलर बर्स्ट सिगनल नहीं होता अतः 7·8 KHz एम्पलीफायर की कोई आउटपुट नहीं होती तथा कलर किलर परिपथ को कोई वोल्टेज नहीं प्राप्त होती। इस प्रकार बैन्ड-पास एम्पलीफायर ब्लैक एन्ड व्हाइट प्रोग्राम के समय कट-ऑफ रहता है।

## आइडेन्टिफिकेशन एवं फेज शिफ्टिंग परिपथ
## (Ident and Phase Shifting Circuits)

सब-कैरियर ऑसिलेटर के साथ प्रयुक्त सिंगल-पोल-टू-वे (single pole-two-way) स्विच, सब-कैरियर के फेज का, V डिमॉडुलेटर में एप्लाई होने से पूर्व उत्क्रमण (reversal) प्रदर्शित करता है। यह स्विच वास्तव में एक बाइस्टेबिल मल्टीवाइब्रेटर होता है जिसकी ट्रिगरिंग, फ्लाई-बैक ट्रांसफॉर्मर से प्राप्त लाइन फ्रीक्वैन्सी की पल्सों द्वारा की जाती है। ये पल्स मल्टीवाइब्रेटर को $f_{L/2} \approx 7\cdot 8$ kHz आवृत्ति पर स्विच करती है। इस प्रक्रिया में यह आवश्यक है कि स्विचिंग के क्षण तथा क्रम (sequence and instant of switching) स्विगिंग बर्स्ट के साथ सिन्क्रोनाइज्ड होने चाहिए। इसके लिए 7·8 KHz एम्पलीफायर की आउटपुट से एक आइडेन्टिफिकेशन सिगनल (IDENT Signal) विकसित किया जाता है। आइडेन्ट (ident) परिपथ एक डिस्क्रिमिनेटर परिपथ होता है जो एक विशेष ध्रुवता (particular polarity) की वोल्टेज उत्पन्न करता है। यह वोल्टेज 7·8 KHz मल्टीवाइब्रेटर को इस प्रकार ट्रिगर करती है कि सब-कैरियर ऑसिलेटर की टिंगरिंग उपयुक्त क्षण तथा फेज क्रम (proper instant and phase sequence) पर होती है। इस प्रक्रिया से यह निश्चित हो जाता है कि सिन्क्रोनस डिमॉडुलेटर्स को U एवं V सिगनल के डिटेक्शन के लिए ठीक आवृत्ति एवं फेज की सब-कैरियर प्राप्त होती है।

**TABLE 9.3–NTSC, PAL तथा SECAM प्रणालियों की तुलना**

| Sl. No. | Characteristics | NTSC 525 Line | PAL-B 625 Line | SECAM 625 Line |
|---|---|---|---|---|
| 1. | Channel Bandwidth | 6.0 MHz | 7.0 MHz | 8.0 MHz |
| 2. | Sound Carrier relative to picture carrier | 4.5 MHz | 5.5 MHz | 6.5 MHz |
| 3. | Luminance Signal (Y) | Y=0.3R+0.59G+0.11B | Y=0.3R+0.59G+0.11B | Y=0.3R+0.59G+0.11B |
| 4. | 'Y' Signal bandwidth (highest modulating frequency) | 4 MHz | 5 MHz | 6 MHz |
| 5. | Luminance Signal modulation | AM (Negative) | AM (Negative) | FM |
| 6. | Sound Signal Modulation | FM | FM | AM |
| 7. | Chrominance Signal (C) | I = 0.74 (R − Y) −0.27 (B − Y)<br>Q=0.48(R−Y) + 0.41 (B − Y) | U = 0.493 (B − Y)<br>V = 0.877 (R − Y) | $D_R$ = −1.9 (R − Y)<br>$D_B$ = 1.5 (B − Y) |
| 8. | Colour Subcarrier Frequency ($f_{sc}$) | 3.579545 MHz | 4.43361875 MHz | 4.43375 MHz |
| 9. | Chrominance Signal | Q.A.M. (Suppressed Carrier | Q.A.M. (Suppressed Carrier | FM |
| 10. | Chrominance signal -Modulation Sequence | I & Q signals on each line | U & V Signals on each line but $f_{sc}$ to the V modulator is reversed from +90° to −90° at the line frequency | $D_R$ and $D_B$ signal alternatively on successive |

| Sl. No. | Chacacteristics | NTSC 525 Line | PAL-B 625 Line | SECAM 625 Line |
|---|---|---|---|---|
| 11. | Chrominance signal bandwidth on modulation | I = + 0.57 MHz and −1.30 MHz<br>Q = ± 0.5 MHz | U= +0.57 MHz and −3.0 MHz<br>V = + 0·57 MHz and −1.3MHz (Vestigal) | $f_{sc}$ $D_R$ = 4.40625 MHz $D_R$ (max deviations=−500 KHz and + 350 KHz<br>$f_{sc}$ $D_B$ = 4.250 MHz $D_B$ (max deviations= +500 KHz and − 350 KHz). Max permitted bandwidth = 1.5 MHz |
| 12. | Subcarrier reference phase | −(B − Y) axis | −(B − Y) axis | Not necessary |
| 13. | Colour sync signal | 10± 2 cycles of the subcarrier on the back porch of line blanking pulses | ±45° swinging burst having 10±2 cycles of $f_{sc}$ carried on the back porch of line blanking pulses. | Pulses of $f_{sc}$ carried on back porch of the blanking pedestal but phase reverse at $f_l/2$ |
| 14. | Identification signal | – | ±45° swinging burst at 7.8.KHz($f_L/2$) | Modulated sub-carrier with positive ampulitude sawtooth slope for $D_R$ and negative amplitude sawtooth slopes for $D_R$. |
| 15. | Colour Signal processing on demodulation | I & O signal on each line | Two successive line signals (U&V) added and subtracted with delay line to obtain U&V modulated signals separately. | One line signal is delayed by one line time and then added. |
| 16. | Colour resolution (vertical) | Full | Half-but Colour registration not much impaired | Though half but colour registration is better than PAL-D |
| 17. | Phase Distortion on transmission | Differential phase error occurs. | Differential phase error mostly eliminated | The system is immune to phase error because of FM (no ATC or ACC circuits are necessary) |
| 18. | Noise Immunity | High | High | Very High |
| 19. | Studio Operations (Mixing) | Easy | Easy | Difficult because of F.M. |
| 20. | Colour Reproduction | Good | Very Good | Excellent |
| 21. | Receiver Controls | (i) Brightness<br>(ii) Contrast<br>(iii) Saturation (colour)<br>(iv) Tint (Hue) | (i) Brightness<br>(ii) Contrast<br>(iii) Saturation (colour) | (i) Brightness<br>(ii) Contrast |
| 22. | Cost | Less than PAL | Somewhat high | Least of the three |

# Objective Type Questions

## (Television)

1. टेलीविजन प्रणाली में—

(a) पिक्चर तथा साउन्ड दोनों सिगनल FM होते हैं

(b) पिक्चर तथा साउन्ड दोनों सिगनल AM होते हैं

(c) पिक्चर सिगनल AM तथा साउन्ड सिगनल FM होते हैं

(d) पिक्चर सिगनल FM सिगनल तथा साउन्ड सिगनल AM होते हैं

2. कलर कैमरा—

(a) तीन अथवा चार मोनोक्रोम कैमरो (Cameras) के संयोजन (combination) से बनता है

(b) एक वीडिकॉन कैमरा होता है

(c) उपरोक्त (a) तथा (b) दोनों

(d) उपरोक्त में कोई नहीं

3. रिसीवर में ठीक स्कैनिंग के लिए टी० वी० ट्रांसमीटर द्वारा ट्रासंमिट किया गया सिगनल कौन-सा होता है ?

(a) वीडियो सिगनल (b) सिन्क सिगनल

(c) क्रोमा सिगनल (d) Y-सिगनल

4. यदि टी० वी० में स्क्रीन पर रास्टर (raster) नही है परन्तु साउन्ड नॉर्मल है तब सम्भावित दोष ........... में हो सकता है।

(a) होरीजोन्टल ऑसिलेटर (b) वर्टीकल ऑसिलेटर

(c) उपरोक्त (a) तथा (b) दोनों

(d) उपरोक्त में से कोई नहीं

5. प्राइमरी कलर्स एवं उनके कम्पलीमेन्टरी कलर्स के मध्य मध्य कलान्तर (phase difference)–

(a) 180° (b) 60°

(c) 45° (d) 30°

6. तीन प्राइमरी कलर्स हैं—

(a) Red, Orange, Blue

(b) Red, Blue, Green

(c) Red, Green, Yellow

(d) Red, Yellow, Blue

7. निम्न में सैकेन्डरी कलर्स कौन से हैं—

(a) लाल, नीले तथा हरे को छोड़ कर सभी

(b) हरा, नीला, लाल

(c) ब्लैक तथा व्हाइट

(d) उपरोक्त में से कोई नहीं

8. कम्पोजिट सिगनल में इक्वलाइजिंग पल्स किसके मध्य ट्रांसमिट की जाती है—

(a) वर्टीकल ब्लैन्किंग (b) होरीजोन्टल ब्लैन्किंग

(c) उपरोक्त (a) तथा (b) दोनों

(d) उपरोक्त में से कोई नहीं

9. भारत में टी० वी० प्रणाली में साउन्ड का माडुॅलेशन है—

(a) AM (b) FM

(c) PM (d) None of these

10. भारत में प्रयुक्त टी० वी० प्रणाली में प्रतिसैकेन्ड फ्रेम की संख्या (frame per seond) क्या है ?

(a) 25 (b) 80

(c) 20 (d) 60

11. वीडियो कम्पोजिट टी० वी० सिगनल में साउन्ड सिगनल. ........... होता है।

(a) FSK (b) PSK

(c) FM (d) AM

12. 51 cm साइज के टी० वी० में पिक्चर ट्यूब के एनोड पर आवश्यक वोल्टेज है—

(a) 13 KV (b) 15KV

(c) 17 KV (d) 25 KV

13. पिक्चर ट्यूब में इलेक्ट्रॉन बीम के डिफ्लैक्शन के लिए किस विधि का प्रयोग किया जाता है ?

(a) विद्युत चुम्बकीय (electromagnetic)

(b) इलेक्ट्रो स्टैटिक (electrostatic)

(c) उपरोक्त (a) तथा (b) दोनों

(d) उपरोक्त में कोई नहीं

**14.** भारत में टी० वी० ब्रॉडकास्टिंग प्रणाली है—

(a) CCIR-X (b) CCIR-B

(c) CCIR-A (d) CCIR-I

**15.** टी० वी० स्क्रीन पर, उस अवस्था में illumination को, जब कोई ब्रॉडकास्ट नहीं होता, कहते हैं—

(a) रास्टर (raster) (b) कन्ट्रास्ट (contrast)

(c) वीडियो सिगनल

(d) उपरोक्त में से कोई नहीं

**16.** फ्लाई बैक के समय निम्न में से कौन सी स्टेज कन्डक्ट करती है ?

(a) सिलिकन डायोड डैम्पर (b) आउटपुट स्टेज

(c) हाइवोल्टेज रैक्टीफायर (d) उपरोक्त में कोई नहीं

**17.** आउटडोर से live प्रोग्राम को टी० वी० स्टेशन तक किस प्रकार ट्रांसमिट किया जाता है ?

(a) केबिल द्वारा (b) वायर-लैस विधि द्वारा

(c) एन्टीना द्वारा (d) ओपिन वायर्स द्वारा

**18.** टी० वी० पिक्चर ट्यूब में योक को वर्टीकल एम्पलीफायर से प्राप्त वोल्टेज किस प्रकार होती है ?

(a) सॉटूथ वोल्टेज (sawtooth voltage)

(b) सॉटूथ धारा (sawtooth current)

(c) वर्गाकार तरंग (square wave)

(d) उपरोक्त में कोई नहीं

**19.** टी० वी० रिसीवर में साउन्ड सिगनल का डिमॉडुलेशन.......द्वारा किया जाता है।

(a) एनवेलप डिटैक्टर (envelope detector)

(b) डिस्क्रिमिनेटर

(c) डायोड डिटेक्टर (d) उपरोक्त में कोई नहीं

**20.** निम्न में से कौन सा सिगनल कलर टी० वी० प्रणाली में ट्रांसमिट नहीं किया जाता ?

(a) Q (b) I

(c) R (d) Y

**21.** सम्पूर्ण कलर सिगनल में ———— कम्पोनैन्ट होते हैं।

(a) 1 (b) 2

(c) 5 (d) 3

**22.** सब-कैरियर (subcarrier) की फ्रीक्वैन्सी लगभग ———— होती है।

(a) 2.75 mc/s (b) 3.25 mc/s

(c) 3.58 mc/s (d) उपरोक्त में कोई नहीं

**23.** वीडियो सिगनल में प्रति फेम लाइनों की संख्या (lines/frame) कितनी होती है ?

(a) 400 (b) 300

(c) 500 (d) 625

**24.** वीडियो सिगनल में फील्ड फ्रीक्वैन्सी है—

(a) 50 fields/sec (b) 30 fields/sec

(c) 75 field/sec (d) उपरोक्त में कोई नहीं

**25.** वीडियो सिगनल में प्रति सैकन्ड फ्रेम की संख्या (number of frames/sec)..........होती है—

(a) 35 (b) 25

(c) 15 (d) 75

**26.** टी० वी० पिक्चर का आसपैक्ट अनुपात (Aspect ratio) क्या होता है ?

(a) 5 : 2 (b) 2 : 3

(c) 4 : 3 (d) 5 : 9

**27.** टी० वी० में सामान्य वीडियो बैन्डविड्य ———— होती है।

(a) 3 MHz (b) 5 MHz

(c) 7 MHz (d) 11 MHz

**28.** टी० वी० की CCIR-B प्रणाली में चैनल बैन्डविड्थ ———— होती है।

(a) 5 MHz (b) 9 MHz

(c) 7 MHz (d) 6 MHz

**29.** कम्पोजिट विडियो सिगनल में पिक्चर तथा साउन्ड की रेडियेट की गयी पावर का अनुपात क्या होता है ?

(a) 4 : 3 (b) 5 : 1

(c) 3 : 2 (d) 2 : 3

**30.** कम्पोजिट वीडियो सिगनल में ब्लैन्किंग लेविल, पीक कैरियर के किस प्रतिशत पर होता है ?

(a) 50% to 60% (b) 30% to 45%

(c) 35% to 65% (d) 72.5% to 77.5%

**31.** टी० वी० रिसीवर में पिक्चर ट्यूब के एनोड के लिए हाई वोल्टेज सप्लाई किस स्टेज में जेनरेट की जाती है ?

(a) वर्टीकल आउटपुट स्टेज

(b) मुख्य (main) पावर सप्लाई स्टेज

(c) उपरोक्त (a) तथा (b) दोनों में

(d) उपरोक्त में कोई नहीं

**32.** भारत की टी० वी० प्रणाली में साउन्ड तथा पिक्चर कैरियर के मध्य अन्तर (seperation) है—

(a) 4.7 MHz (b) 5.5 MHz

(c) 3.2 MHz (d) उपरोक्त में कोई नहीं

**33.** टी० वी० रिसीवर में सिंक न होने पर पिक्चर—

(a) में डिस्टोंशन नहीं होगा

(b) उपर-नीचे (up and down) रोल (roll) करेगी

(c) होरीजोन्टल दिशा में रोल करेगी

(d) उपरोक्त में कोई नहीं

**34.** टी० वी० कैमरे में ऑप्टिकल इमेज जिस फोटो-सेन्सिटिव सतह पर फोकस की जाती है उसे क्या कहते हैं ?

(a) ब्रोमाइड फिल्म (b) मोजायक (mosaic)

(c) स्क्रीन (d) उपरोक्त में कोई नहीं

**35.** वीडिकॉन (Vidicon) किन पदार्थों के फोटो-कन्डक्टिव गुणों पर आधारित है ?

(a) चालक (conductors) (b) प्रकाश (light)

(c) सेमीकन्डक्टर्स (d) कन्डक्टर्स

**36.** वह कम्पोजिट सिगनल जिसमें सिंक सिगनल 'positive going' होता है ———— पर सप्लाई किया जाना चाहिए।

(a) कन्ट्रोल ग्रिड (b) एनोड

(c) Y-प्लेट्स (d) कैथोड

**37.** होरीजोन्टल ब्लैन्किंग पल्स की विड्थ सामान्यतः ———— होती हैं।

(a) 12.5% to 17.5% of H

(b) 18.5% to 19.2% of H

(c) 4.5% to 6.5% of H

(d) उपरोक्त में कोई नहीं

**38.** वर्टीकल ब्लैन्किंग पल्स, वीडियो सिगनल के आयाम (amplitude) को ब्लैक लेविल तक इस कारण से उठाती है जिससे कि स्कैनिंग बीम, ———— में ब्लैन्क आउट हो सके।

(a) रिट्रेस (b) होरीजोन्टल रिट्रेस

(c) वर्टीकल रिट्रेस (d) उपरोक्त में कोई नहीं

**39.** ट्रांसमिशन के लिए टी० वी० पिक्चर को—

(a) अनेक वर्टीकल लाइनों में विभाजित किया जाता है

(b) अनेक होरीजोन्टल लाइनों में विभाजित जाता है

(c) छोटे-छोटे वर्गों (small square) में विभाजित किया जाता है

**40.** स्कैनिंग सिगनल जेनरेट करने के लिए प्रायः —

(a) मल्टीवाइबेटर्स का उपयोग किया जाता है

(b) साइन-वेव ऑसिलेटर्स का उपयोग किया जाता है

(c) वोल्टेज कन्ट्रोल्ड ऑसिलेटर्स (VCO) का उपयोग किया जाता है

(d) थायरेट्रॉन का उपयोग किया जाता है

**41.** AFC सर्किट का उपयोग

(a) होरीजोन्टल ऑसिलेटर के साथ किया जाता है

(b) वर्टीकल ऑसिलेटर के साथ किया जाता है

(c) उपरोक्त दोनों के साथ किया जाता है

(d) उपरोक्त में कोई नहीं

**42.** I सिगनल की कलर आवृतियाँ.......होती है।

(a) 1.2 to 2.5 mc (b) 0 to 1.5 mc

(c) 4.5 to 7.2 mc (d) None of these

**43.** कलर डिफ्रेन्स सिगनल I तथा Q किस आवृति की सबकैरियर को मोडुलेट करती है ?

(a) 3.58 MHz (b) 2.75 MHz

(c) 1.25 MHz (d) 7 MHz

**44.** सबकैरियर का I तथा Q सिगनलों द्वारा मॉडुलेशन.......

(a) किसी भी मॉडुलेटर द्वारा किया जा सकता है

(b) केवल बैलेन्स्ड मॉडुलेटर्स द्वारा किया जाता है

(c) रिएक्टैन्स माडुलेटर्स द्वारा किया जाता है

(d) उपरोक्त में कोई नहीं

**45.** कलर ट्रांसमिशन का टी० वी० रिसीवर में पुर्नउत्पादन (reproduction) –

(a) केवल कलर्स में होता है

(b) ब्लैक एवं व्हाइट में भी किया जा सकता है

(c) उपरोक्त दोनों

**46.** पिक्चर में से घोस्ट (ghosts) दूर करने के लिए—

(a) लम्बी ट्रांसमिशन लाइन प्रयोग की जाती है

(b) बूस्टर (booster) का उपयोग किया जाता है

(c) एन्टीना की स्थिति (location) अथवा ओरिएन्टेशन (orientation) परिवर्तित किया जाता है

(d) ट्रांसमिशन लाइन को ट्विस्ट किया जाता है

47. टी० वी० प्रणाली में इक्वलाइजिंग पल्सो का फंक्शन क्या हैं ?

(a) वर्टीकल सिंक सिगनलों में कमी (difference) समाप्त करना

(b) होरीजोन्टल सिन्क्रोनाइजेशन बनाये (maintain) रखना

(c) होरीजोन्टल सिंक सिगनलों में कमी समाप्त करना

(d) उपरोक्त सभी

48. एन्टीना से टी० वी० रिसीवर तक प्रयोग किया जाने वाला कन्डक्टर—

(a) एक सामान्य ट्विस्टैड वायर होता है

(b) 75 ohms का कोएक्सियल केबिल होता है

(c) 300 ohms का ट्विन बायर फ्लैट रिब्बन होता है

(d) बेयर (bare) कॉपर वायर होता है

49. UHF चैनल के लिए एक सामान्य एम्पलीफायर का गेन होता है—

(a) 0 dB (b) 2 dB

(c) –5 dB (d) 40dB

50. पिक्चर ट्यूब की dc बायस किस कन्ट्रोल द्वारा परिवर्तित की ज़ाती है—

(a) वाल्यूम (b) ट्यूनिंग

(c) ब्राइटनैस (d) कन्ट्रास्ट

51. डि-एम्फेसिस परिपथ का उपयोग—

(a) मॉडुलेशन के पश्चात् किया जाता है

(b) मॉडुलेशन से पहले किया जाता है

(c) डिटेक्शन से पहले किया जाता है

(d) डिटेक्शन के पश्चात् किया जाता है

52. टी० वी० रिसीवर में वीडियो सिगनल का गेन (level)..........द्वारा कन्ट्रोल किया जाता है।

(a) वाल्यूम कन्ट्रोल (b) कन्ट्रास्ट कन्ट्रोल

(c) ब्राइटनेस कन्ट्रोल (d) उपरोक्त में कोई नहीं

53. कलर पिक्चर ट्यूब में शेडो मास्क का उपयोग—

(a) X-ray ट्रांसमिशन को कम करने के लिए किया जाता है

(b) स्क्रीन की ब्राइटनैस बढाने के लिए किया जाता है

(c) यह सुनिश्चित करने के लिए किया जाता है कि प्रत्येक बीम केवल अपने डाट्स पर ही स्ट्राइक करे

(d) उपरोक्त में कोई नहीं

54. टी० वी० ट्रांसमिशन के लिए कोएक्सियल केबिल की तुलना में माइक्रोवेव लिंक को अधिक प्रयुक्त (prefer) किया जाता है क्योंकि—

(a) उनमें डिस्टोंशन कम होता है

(b) वे सस्से होते हैं

(c) उनकी बैन्ड विड्स बड़ी होती है

(d) इम्पल्स noise के प्रति वे निष्क्रिय (immune) होते हैं

55. पिक्चर ट्यूब की एनोड वोल्टेज लगभग ............ होती है।

(a) 4 kv (b) 8 kv

(c) 12 kv (d) 18 kv

56. प्री-एम्फेसिस (pre-emphasis) परिपथ अतिरिक्त noise के प्रति अधिक निष्क्रियता (immunity) –

(a) बॉस आवृतियों (bass frequencies) को बूस्ट कर उपलब्ध कराता है

(b) उच्च आडियो फ्रीक्वैन्सी को एम्पलीफाई कर उपलब्ध कराता है

(c) सम्पूर्ण ऑडियो बैन्ड को प्रीएम्पलीफाई कर उपलब्ध कराता है

(d) फेज-मोडुलेशन को फ्रीक्वैन्सी मोडुलेशन (FM) में कनवर्ट कर उपलब्ध कराता है

57. टी० वी० में इक्वलाइजिंग पल्स (equalising pulse) –

(a) होरीजोन्टल ब्लैन्किग के मध्य भेजी जाती है

(b) वर्टीकल ब्लैन्किग के मध्य भेजी जाती है

(c) सर्रेशन्स (serrations) के मध्य भेजी जाती है

(d) होरीजोन्टल रिट्रेस के मध्य भेजी जाती है

58. UHF रेंज है—

(a) 3 MHz – 30 MHz

(b) 30 MHz – 300 MHz

(c) 300 MHz – 3000 MHz

(d) 3000 MHz – 30000 MHz

**59.** यदि 400 एलीमैन्टस की स्कैनिंग में 50$\mu$s लगते है तब दो एलीमैन्टस स्कैन करने में कितना समय लगेगा ?

(a) 0.05 $\mu$s (b) 0.25 $\mu$s

(c) 1.0 $\mu$s (d) None of these

**60.** इमेज ऑर्थिकान (orthicon) में टारगेट प्लेट (Target plate) के लिए—

(a) फोटो डायोड का प्रयोग किया जाता है

(b) फ़ोटो ड़ायोड का प्रयोग नहीं किया जाता है

(c) जरमेनियम फोटो डायोड का उपयोग किया जाता है

**61.** पिक्चर कैरियर को 0.5 MHz आवृत्ति के वीडियो सिगनल द्वारा मॉडुलेट करने पर—

(a) अप़र (upper) तथा लोअर (lower) दोनों साइड फ्रीक्वैन्सी ट्रांसमिट की जाती है

(b) केवल अपर साइड फ्रीक्वैन्सी ट्रांसमिट की जाती है

(c) केवल लोअर साइड फ्रीक्वैन्सी ट्रांसमिट की जाती है

(d) कोई भी साइड फ्रीक्वैन्सी ट्रांसमिट नहीं की जाती

**62.** होरीजोन्टल आउटपुट जेनरेट करने के लिए कौन सी स्टेज आवश्यक नहीं है—

(a) होरीजोन्टल ऑसिलेटर (b) डैम्पर

(c) होरीजोन्टल एम्पलीफायर (d) होरीजोन्टल AFC

**63.** यदि पिक्चर में स्नो (snow) अधिक है तब सम्भावित दोष (possible fault) हो सकता है—

(a) R.F. एम्पलीफायर स्टेज में

(b) अधिक AGC

(c) एन्टीना स्टेज में

(d) वर्टीकल एम्पलीफायर की आउटपुट में कमी

**64.** वर्टीकल एम्पलीफायर की आउटपुट वोल्टेज तरंग का आकार (shape) होता है—

(a) ट्रेपेजॉयड (Trapezoid)

(b) सॉ-टूथ (Saw-tooth)

(c) आयताकार (Rectangular)

(d) वर्गाकार (Square)

**65.** प्री-एम्फेसिस परिपथ का उपयोग.........एम्पलीफाई करने के लिए किया जाता है।

(a) निम्न (low) फ्रीक्वैन्सी (b) उच्च (high) फ्रीक्वैन्सी

(c) उपरोक्त (a) तथा (b) दोनों में

(d) उपरोक्त में कोई नहीं

**66.** यदि पिक्चर में ब्राइटनैस शून्य तथा साउन्ड सामान्य (normal) हो तब दोष—

(a) वर्टीकल ऑसिलेटर में हो सकता है

(b) R. F. एम्पलीफायर में हो सकता है

(c) होरीजोन्टल एम्पलीफायर में हो सकता है

(d) उपरोक्त में कोई नहीं

**67.** होरीजोन्टल एम्पलीफायर में 'saw tooth' धारा की आवृत्ति क्या होती है ?

(a) 60 Hz (b) 10500 Hz

(c) 15625 Hz (d) 50 Hz

**68.** किस प्रोपेगेशन का अंमिलक्षण लाइन ऑफ साइट ट्रांसमिशन है ?

(a) VHF तथा UHF बैन्ड्स

(b) केवल VHF

(c) 1MHz से कम आवृत्ति के लिए

(d) AM पिक्चर सिगनल परन्तु FM साउन्ड सिगनल के लिए नहीं

**69.** कम्पोजिट वीडियो में सरेंशन्स (serrations) का फंक्शन—

(a) वर्टीकल रिट्रेस स्टार्ट होने से पहले इन्टीग्रेटर में परिवर्तन को इक्वलाइज करना

(b) वर्टीकल सिंक की सहायता करना

(c) होरीजोन्टल सिंक की सहायता करना

(d) उपरोक्त में कोई नहीं

**70.** इमेज आर्थिकॉन की कैमरा सिगनल आउटपुट इमेज सैक्शन में फोटो कैथोड से ली जाती है—

(a) True (b) False

**71.** प्रकाश की उपस्थिति में फोटोकन्डक्टर का प्रतिरोध कम होता है—

(a) True (b) False

**72.** मॉडुलेटेड पिक्चर कैरियर में कम्पोजिट सिगनल—

(a) औसत (average) कैरियर लेविल पर होता है

(b) एम्पलीटयूड परिवर्तन (variation) के सिमेट्रीकल एनवेलप पर होता है

(c) लोअर साइड बैन्ड पर होता है। USB नहीं होती

(d) अपर एनवेलप पर होता है। लोवर एनवेलप नहीं होता।

**73.** फलाई बैक के समय निम्न में से किस में कन्डक्शन होता है—

(a) उच्च वोल्टेज़ रैक्टीफायर (High voltage rectifier)

(b) आउटपुट स्टेज

(c) डायोड डेम्पर ट्यूब

(d) सिलिकॉन डायोड डैम्पर

**74.** वर्टीकल डिफ्लैक्शन कुन्डलियों में सॉ-टूथ (saw-tooth) स्कैनिंग धारा का peak-to-peak मान होता है—

(a) 0.7 mA (b) 0.7A

(c) 50A (d) 150$\mu$A

**75.** मोनोक्रोम रिसीवर में वीडियो डिटैक्शन के पश्चात् आउटपुट में कौन सी वोल्टैज नहीं होती ?

(a) सिंक (b) वीडियो

(c) स्वीप (d) साउन्ड

**76.** इमेज ऑरथिकॉन (orthicon) ट्यूब में ऑपरेशन गामा ($\gamma$)..........होता है।

(a) 1

(b) 0

(c) निम्न प्रकाश स्तर (low light level) के लिए 1 से उच्च प्रकाश स्तर (high light level) के लिए 0 तक

(d) उपरोक्त में कोई नहीं

**77.** निगेटिव टी० वी० ट्रांसमिशन में पिक्चर के चमकीले (brighter) भागों का—

(a) आयाम छोटा (smaller amplitude) होता है

(b) आयाम बड़ा (larger amplitude) होता है

(c) नगण्य (negligible amplitude) होता है

(d) उपरोक्त में कोई नहीं

**78.** पिक्चर ट्यूब में कैथोड-ग्रिड पर औसत dc वोल्टेज ब्राइटनेस निर्धारित करती है—

(a) True (b) False

**79.** जब कैथोड वोल्टेज 140V तथा ग्रिड वोल्टेज 100V होती है तब ग्रिड वायस 240V होती है—

(a) True (b) False

**80.** एक सामान्य टी० वी० रिसीवर के ट्यूनर की आउटपूट में निम्न में से कौन सी फ्रीक्वैन्सी का सिगनल नहीं होता ?

(a) 4.5 MHz (b) 41.25 MHz

(c) 45.75 MHz (d) 42.17 MHz

**81.** विडिकॉन तथा प्लम्बिकॉन ———— के सिद्धान्त पर आपरेट होती हैं।

(a) फोटो कन्डक्शन

(b) फोटो-उत्सर्जन (photo emission)

(c) फोटो वोल्टाइक (d) उपरोक्त में कोई नहीं

**82.** भारत में चैनल विड्थ है—

(a) 7 MHz (b) 6 MHz

(c) 5 MHz (d) 8 MHz

**83.** एक टी० वी० रिसीवर में साउन्ड, पिक्चर तथा रास्टर तीनों नहीं हैं। सम्भावित दोष (possible fault) हो सकता है—

(a) वर्टीकल ऑसिलेटर में

(b) R.F. एम्पलीफायर में

(c) होरीजोन्टल एम्पलीफायर में

(d) वीडियो एम्पलीफायर में

**84.** वीडियो सिगनलों की फ्रीक्वैन्सी रेंज का प्रसार (spread) लगभग ———— होता है।

(a) 18 आक्टेव (octaves)

(b) 9 आक्टेव (octaves)

(c) 3 आक्टेव (octaves)

(d) 2 आक्टेव (octaves)

**85.** फ्रेम फ्रीक्वैन्सी (Hz) होती है लगभग......

(a) 50 (b) 60

(c) 30 (d) 25

**86.** डि-एम्फेसिस परिपथ का उपयोग ——— अटेनुएट करने के लिए किया जाता है।

(a) उच्च आवृत्तियाँ (high frequencies)

(b) निम्न आवृत्तियाँ (low frequencies)

(c) मिड-बैन्ड आवृत्तियाँ (mid band frequencies)

(d) उपरोक्त में कोई नहीं

**87.** ऑसिलेटर की फ्रीक्वैन्सी ——— के लिए सैट की जाती है।

(a) अधिकतम साउन्ड

(b) न्यूनतम साउन्ड

(c) साउन्ड के साथ पिक्चर

(d) स्पष्ट पिक्चर (best picture)

**88.** भारतीय टी० वी० प्रणाली में प्रति फील्ड लाइनों की संख्या (lines per field)..........होती है।

(a) 525 (b) 625

(c) $262\frac{1}{2}$ (d) $312\frac{1}{2}$

**89.** कलर टी० वी० प्रणाली में इन्टरलीविंग का अर्थ क्या है?

(a) ब्लैक एन्ड व्हाइट सिगनलों के साथ कलर इनफॉर्मेशन मिक्स करना

(b) कलर सिगनलों से ब्लैक एन्ड व्हाइट इनफॉर्मेशन प्राप्त करना

(c) ब्लैक एण्ड व्हाइट सिगनलों को कलर सिगनलों में कनवर्ट करना

(d) I तथा Q सिगनल जेनरेट करना

**90.** CCIR-B प्रणाली के अनुसार टी० वी० में प्रति सैकण्ड डिस्पले किये गये पिक्चर फ्रेमों की संख्या क्या है?

(a) 16 (b) 25

(c) 50 (d) 60

**91.** C-बैन्ड की रेंज है—

(a) 1000 – 2000 MHz

(b) 30 – 300 MHz

(c) 4000 – 8000 MHz

(d) उपरोक्त में कोई नहीं

**92.** डिटैक्टर परिपथ निम्न में से कौन सा कार्य नहीं करता—

(a) सिगनल का रैक्टिफिकेशन

(b) कॉर्नर्स को लुप्त (eliminate) करना

(c) ऑडियो आउटपुट सिगनल उपलब्ध कराना

(d) अवांछित सिगनल (Unwanted signal) लुप्त करना

**93.** निम्न में से कौन सा फ्रीक्वैन्सी डिवाइडर फ्री-रनिंग नहीं है तथा उसे साइन वेव द्वारा सिन्क्रोनाइजेशन की आवश्यकता है?

(a) बाई-स्टेबिल डिवाइडर

(b) एस्टेबिल मल्टीवाइब्रेटर डिवाइडर

(c) रिजेनरेटिव

(d) उपरोक्त में कोई नहीं

**94.** एक हजार (1000 km) दूरी पर स्थित दो स्टेशनों के मध्य कम्युनिकेशन के लिए उपयुक्त बैन्ड कौन सी होगी?

(a) HF (b) EHF

(c) UHF (d) VLF

**95.** CCIR-B प्रणाली में रेडियेट की गई वीडियो तथा साउन्ड पावर का अनुपात क्या है?

(a) 1 : 1 (b) 3 : 1

(c) 5 : 1 (d) 6 : 1

**96.** CCIR-B स्टैन्डर्ड में लाइन फ्रीक्वैन्सी है—

(a) 15625 (b) 18750

(c) 15750 (d) 625

**97.** ट्रोपोस्फीयरिक टी० वी० सिगनलों के क्षेत्र की तीव्रता (field strength) ——— के समानुपाती है।

(a) $\frac{1}{\lambda}$ (b) $\lambda$

(c) $\lambda^2$ (d) $\frac{1}{\lambda^2}$

**98.** टी० वी० ट्रांसमिशन में पिक्चर मॉडुलेशन की विधि क्या है?

(a) SSB एम्पलीट्यूड मॉडुलेशन

(b) DSB एम्पलीट्यूड मॉडुलेशन

(c) वेस्टीजियल साइड बैन्ड एम्पलीट्यूड मॉडुलेशन

(d) फ्रीक्वैन्सी मॉडुलेशन

**99.** टी० वी० में इन्टरलेसिंग का फक्शंन है—

(a) वर्टीकल सिंक पल्स पोजीशन उपलब्ध कराना

(b) फ्रेम फ्रीक्वैन्सी बढ़ाना

(c) फ्लिकर समाप्त करना

(d) पिक्चर में से noise समाप्त करना

100. टर्नस्टाइल (turnstile) टी० वी० ट्रासंमिटिंग एन्टीना के दो डाइपोल्स को दी गयी धाराएँ—

(a) बराबर तथा समान फेज में होती हैं

(b) बराबर तथा फेज क्वाड्रेचर में होती हैं

(c) बराबर तथा विपरीत फेज में होती हैं

(d) 2 : 1 के अनुपात में तथा फेज क्वाड्रेचर में होती हैं

101. टी० वी में कन्ट्रास्ट को—

(a) वीडियो सिगनल में उपलब्ध ac वोल्टेज द्वारा कन्ट्रोल किया जाता है

(b) वीडियो सिगनल में उपलब्ध dc वोल्टेज द्वारा कन्ट्रोल किया जाता है

(c) वीडियो सिगनल में उपलब्ध ac तथा dc दोनों वोल्टेज द्वारा कन्ट्रोल किया जाता है

(d) उपरोक्त में कोई नहीं

102. फोटो सेन्सिटिव पदार्थ ——— को वीडियो सिगनल में कनवर्ट करते हैं।

(a) साउन्ड (b) ब्राइटनैस

(c) कलर (d) VHF सिगनल

103. कैथोड-रे-ट्यूब ——— को ब्राइटनैस में कनवर्ट करती है।

(a) वीडियो सिगनल (b) प्रकाश

(c) कलर (d) VHF

104. स्कैनिंग की ऑडियो तथा वीडियो दोनों में आवश्यकता है—

(a) True (b) False

105. इन्टरलेस्ड स्कैनिंग में बैन्डविड्थ सुरक्षित (conserve) रहती है परन्तु ——— समाप्त (eliminate) हो जाता है।

(a) फ्लिकर

(b) धुंधलापन (dullness)

(c) रेडियो इन्टरफीरेन्स

(d) पिक्चर की वर्टीकल रोलिंग

106. CCIR-B प्रणाली में फ्रेम, फील्ड तथा लाइन फ्रीक्वैन्सी क्रमश ——— हैं।

(a) 25, 50, 15750

(b) 25, 50, 15625

(c) 30, 60, 15750

(d) 30, 60, 15625

107. 50 cm साइज के स्क्रीन की विड्थ तथा हाईट क्रमशः ——— होती है।

(a) 40, 30 (b) 40, 20

(c) 60, 40 (d) 50, 30

108. बैन्डविड्थ जितनी अधिक होगी, रिजाल्यूशन——होगा।

(a) उतना ही अधिक (higher)

(b) उतना ही कम (lower)

(c) कोई प्रभाव नहीं होगा

(d) उपरोक्त में कोई नहीं

109. अमेरिकन TV प्रणाली में भारतीय TV प्रणाली की तुलना में बैन्डविड्थ—

(a) अधिक होती है

(b) कम होती है

(c) समान होती है

110. बैन्डविड्थ, रिजॉल्यूशन के ——— समानुपाती तथा लाइन स्कैनिंग टाइम के ——— समानुपाती होती है।

(a) सीधे, विलोम (directly, inversely)

(b) विलोम, सीधे (inversly, directly)

(c) सीधे, सीधे (directly, directly)

(d) विलोम, विलोम (inversely, inversely)

111. सिंक पल्स की आवश्यकता ब्राइटनैस सुधारने के लिए होती है—

(a) True (b) False

112. भारत में किस कलर प्रणाली का प्रयोग किया जाता है?

(a) NTSC (b) PAL

(c) SECAM

**113.** किस कैमरा ट्यूब में एन्टीमनी ट्राई सल्फाइड का उपयोग फोटो सेन्सिटिव पदार्थ के लिए किया जाता है ?

(a) वीडिकॉन (b) प्लम्बिकॉन

(c) सेटिकॉन (Saticon) (d) फोटो

**114.** प्लम्बिकॉन कैमरा ट्यूब का नाम_____का उपयोग टारगेट प्लेट में प्रयुक्त करने के कारण हैं।

(a) टिन (tin)

(b) एन्टीमनी (antimony)

(c) लैड (lead)

(d) सिलिकॉन (silicon)

**115.** कैमरा ट्यूब में डार्क धारा (dark current) का मान____में होता है।

(a) पीकोएम्पीयर्स (pico amperes)

(b) नेनो एम्पीयर्स (nano amperes)

(c) मिलिएम्पीयर्स (milli amperes)

(d) माइक्रो एम्पीयर्स (micro amperes)

**116.** पाल प्रणाली में R–Y डिफरैन्स सिगनल का फेज प्रत्येक alternate लाइन के पश्चात् ——— डिगरी बदल जाता है।

(a) 90° (b) 80°

(c) 270° (d) 360°

**117.** वीडियो मोनिटर में ट्यूनर, IF तथा डिटेक्टर स्टेज नहीं होती। यह कथन ——— है।

(a) True (b) False

**118.** CCTV में प्रोग्रैसिव स्कैनिंग का उपयोग किया जा सकता है—

(a) True (b) False

**119.** कलर पिक्चर ट्यूब में स्क्रीन पर तीन स्ट्रिप्स (Strips) के लिए शेडो मास्क पर ——— स्लॉट का उपयोग किया जाता है।

(a) 1 (b) 2

(c) 3 (d) 6

**120.** पिक्चर ट्यूब में गामा प्रभाव (gamma effect) का संशोधन (corrections) कैमरा ट्यूब के परिपथों द्वारा किया जाता है—

(a) True (b) False

**121.** समस्त TV स्टैन्डर्ड में आस्पैक्ट अनुपात (width to height ratio) वर्तमान समय में ——— है।

(a) 16 : 9 (b) 4 : 3

(c) 3 : 4 (d) 10 : 1

**122.** 61–68 MHz चैनल में वीडियो तथा ऑडियो कैरियर क्रमशः ——— MHz होती है।

(a) 61, 68 (b) 62·25, 67·75

(c) 62, 68 (d) 61·5, 67·75

**123.** CCIR-B प्रणाली में ——— मॉडुलेशन तथा CCIR-L प्रणाली में ——— मॉडुलेशन प्रयोग किया जाता है।

(a) निगेटिव, पॉजिटिव (b) निगेटिव, निगेटिव

(c) पॉजिटिव, निगेटिव (d) पॉजिटिव, पाजिटिव

**124.** भारत में ——— स्टैन्डर्ड प्रयुक्त किया जाता है।

(a) CCIR-A (b) CCIR-B

(c) CCIR-C (d) CCIR-D

**125.** HDTV प्रणाली ——— तकनीकी पर आधारित है।

(a) Frequency Division Multiplexing

(b) Time Division Multiplexing

(c) Space Division Multiplexing

(d) उपरोक्त में कोई नहीं

**126.** HDTV में आस्पैक्ट अनुपात (aspect ratio) है—

(a) 4 : 3 (b) 16 : 9

(c) 16 : 10 (d) 100 : 10

**Answers :**

1. (c)
2. (a)
3. (b)
4. (a)
5. (a)
6. (b)
7. (a)
8. (a)
9. (b)
10. (a)
11. (c)
12. (b)
13. (b)
14. (b)
15. (b)
16. (c)
17. (a)
18. (b)
19. (b)
20. (c)
21. (b)
22. (c)
23. (d)
24. (a)
25. (b)
26. (c)
27. (b)
28. (c)
29. (b)
30. (d)
31. (d)
32. (b)
33. (b)
34. (b)
35. (c)
36. (a)
37. (b)
38. (c)
39. (b)
40. (a)
41. (a)
42. (b)
43. (a)
44. (b)
45. (c)
46. (c)
47. (a)
48. (c)
49. (d)
50. (c)
51. (d)
52. (b)
53. (c)
54. (a)
55. (c)
56. (b)
57. (b)
58. (a)
59. (b)
60. (b)
61. (c)
62. (d)
63. (a)
64. (a)
65. (b)
66. (c)
67. (c)
68. (a)
69. (c)
70. (b)
71. (a)
72. (b)
73. (a)
74. (b)
75. (c)
76. (c)
77. (a)
78. (a)
79. (b)
80. (a)
81. (a)
82. (a)
83. (c)
84. (a)
85. (d)
86. (a)
87. (d)
88. (c)
89. (a)
90. (b)
91. (c)
92. (a)
93. (c)
94. (d)
95. (c)
96. (a)
97. (a)
98. (c)
99. (c)
100. (b)
101. (a)
102. (b)
103. (a)
104. (b)
105. (a)
106. (b)
107. (a)
108. (a)
109. (b)
110. (a)
111. (b)
112. (b)
113. (a)
114. (c)
115. (b)
116. (b)
117. (a)
118. (a)
119. (a)
120. (a)
121. (b)
122. (b)
123. (a)
124. (b)
125. (b)
126. (b)

# 10

# यन्त्र एवं मापन

# (Instruments and Measurement)

## 10.1. विद्युत मापन यन्त्र (Electrical Measuring Instruments)

विद्युत मापन यन्त्रों को दो भागों में विभाजित किया जा सकता है—

**(1) एबसोल्यूट इन्सटुमैन्ट्स** (Absolute Instruments) – ये यन्त्र मापी जाने वाली राशि (quantity) को यन्त्र के नियतांक (constant) के पदों में प्रदर्शित करते हैं, उदाहरणतः टेन्जेन्ट गैल्वेनोमीटर।

**(2) सैकेन्डरी इन्सटुमैन्ट्स** (Secondary Instruments) – ये यन्त्र मापी जाने वाली राशि का मान सीधे स्केल पर प्रदर्शित करते हैं, उदाहरणतः एमीटर, वोल्टमीटर, वाटमीटर .... आदि।

समस्त इलेक्ट्रिकल मापन इन्सटुमैन्ट्स की कार्य प्रणाली विद्युत धारा अथवा वोल्टेज के विभिन्न प्रभावों (effects) पर निर्भर करती है। मापन यन्त्रों के निर्माण में विद्युत धारा के चुम्बकीय (magnetic), हीटींग (heating), रासायनिक (chemical) तथा विद्युत-चुम्बकीय (electromagnetic) प्रभावों का उपयोग किया जाता है। इन्डिकेटिंग इन्सटुमैन्ट्स में एक प्वायन्टर, कैलीब्रेटेड स्केल पर गति करता है। प्वायन्टर इन्सटुमैन्ट के मूविंग सिस्टम के साथ ज्वैल्ड बियरिंग (jewelled bearings) के साथ जुड़ा (attach) होता है।

इन्सटुमैन्ट के सन्तोषजनक कार्य के लिए तीन प्रकार के बलाघूर्णों (torques) की आवश्यकता होती है—

1. विक्षेपण बलाघूर्ण (deflecting torque)
2. कन्ट्रोलिंग बलाघूर्ण (controlling torque)
3. मन्दन बलाघूर्ण (damping torque)

विक्षेपण बलाघूर्ण मापी जाने वाली धारा अथवा वोल्टेज द्वारा उत्पन्न होता है तथा यह कन्ट्रोलिंग टॉर्क द्वारा सन्तुलित (balance) होता है। कन्ट्रोलिंग टॉर्क प्रायः एक स्प्रिंग द्वारा प्राप्त होता है जिससे प्वायन्टर विरामावस्था में आता है तथा मापी जाने वाली राशि का मान स्केल पर प्रदर्शित करता है।

स्प्रिंग कन्ट्रोल्ड इन्सटुमैन्ट्स में अधिकतर फॉस्फर-ब्राँज (phosphor-bronze) के स्प्रिंग का उपयोग किया जाता है।

गुरुत्व द्वारा नियन्त्रित (gravity controlled) इन्सटुमैन्ट्स में स्केल यूनिफॉर्म नहीं होते परन्तु प्रारम्भ में (in the beginning) खाने (divisions) अधिक समीप (crowded) होते हैं। गुरुत्व द्वारा नियन्त्रित कन्ट्रोल प्रणाली सस्ती होती है तथा ताप परिवर्तन का उस पर कोई प्रभाव नहीं होता एवं उसमें दुर्बलता (fatigue) नहीं होती। स्प्रिंग कन्ट्रोल्ड इन्सटुमैन्ट्स का स्केल यूनिफॉर्म होता है।

डैम्पिंग टॉर्क, मूविंग सिस्टम को उसके जड़त्व (inertia) के कारण अन्तिम विक्षेपण की स्थिति के परितः कम्पन करने से रोकता है तथा मूविंग सिस्टम को, विक्षेपण की स्थिति (deflected position) पर शीघ्रता से विरामावस्था (rest position) में लाता है। डैम्पिंग टॉर्क प्राप्त करने की अनेक विधियाँ हैं, उदाहरणतः वायु घर्षण द्वारा (by air friction), द्रव घर्षण द्वारा (by fluid friction) तथा भंवर धाराओं द्वारा (by eddy currents)।

विकर्षण (repulsion) टाइप इन्सटुमैन्ट्स में सामान्यतः वायुघर्षण डैम्पिंग (air friction damping) तथा स्प्रिंग कन्ट्रोल होता है। मूविंग कॉयल (moving coil) इन्सटुमैन्ट्स में स्थायी चुम्बक (permanent magnet) का उपयोग किये जाने के कारण भंवर धारा डैम्पिंग सम्भव नहीं है।

## 10.2. गैल्वेनोमीटर (Galvanometer)

विद्युत धारा की उपस्थिति ज्ञात करने के लिए (presence of electric current) गैल्वेनोमीटर एक बेसिक मापन यन्त्र है। यह मूविंग कॉयल (moving coil) टाइप यन्त्र होता है।

गैल्वेनोमीटर की सैन्सिटिविटी तीन प्रकार प्रदर्शित की जा सकती है; धारा सैन्सिटिविटी, वोल्टेज सैन्सिटिविटी तथा मैगओम सैन्सिटिविटी।

**धारा सैन्सिटिविटी** (Current Sensitivity) – यह गैल्वेनोमीटर के विक्षेपण (deflection) तथा इस विक्षेपण को उत्पन्न करने वाली धारा के अनुपात के बराबर होती है।

धारा सैन्सिटिविटी, $S_i = \dfrac{d}{I}$

यहाँ $d$ – गैल्वेनोमीटर का स्केल के डिविजन की संख्या में डिफ्लेक्शन

$I$ – गैल्वेमोमीटर में प्रवाहित धारा

**वोल्टेज सैन्सिटिविटी (Voltage Sensitivity)** – यह गैल्वेनोमीटर के डिफ्लैक्शन तथा इस डिफ्लैक्शन को उत्पन्न करने वाली वोल्टेज के अनुपात के बराबर होती है—

वोल्टेज सैन्सिटिविटी, $S_V = \dfrac{d}{V}$

यहाँ $d$ = गैल्वेनोमीटर का स्केल के डिविजनों की संख्या में डिफ्लैक्शन

$V$ = गैल्वेनोमीटर पर एप्लाई की गयी वोल्टेज

**मैगओम सैन्सिटिविटी (Megohm Sensitivity)** – यह मैगओम की उस संख्या (number of megohms) के बराबर होती है जिसे गैल्वेनोमीटर में 1V एप्लाई करने पर स्केल पर एक डिविजन डिफ्लैक्शन प्राप्त करने के लिए गैल्वेनोमीटर के श्रेणी (series) में कनैक्ट किया जाता है। अंकात्मक रुप में (numerically) यह धारा सैन्सिटिविटी के बराबर होती है।

## 10.3. डी० सी० एमीटर तथा वोल्टमीटर (D.C. Ammeter and Voltmeter)

मूविंग कॉयल परमानैन्ट मैगनेट (PMMC) इन्सटुमैन्ट की वाइन्डिंग बहुत छोटी एवं हल्की होती है तथा इसमें बहुत कम धारा प्रवाहित हो सकती है। PMMC मीटर द्वारा अधिक धारायें (large currents) मापने के शन्ट का उपयोग किया जाता है। चित्र 10.1 के अनुसार शन्ट प्रतिरोध ($R_S$) का मान

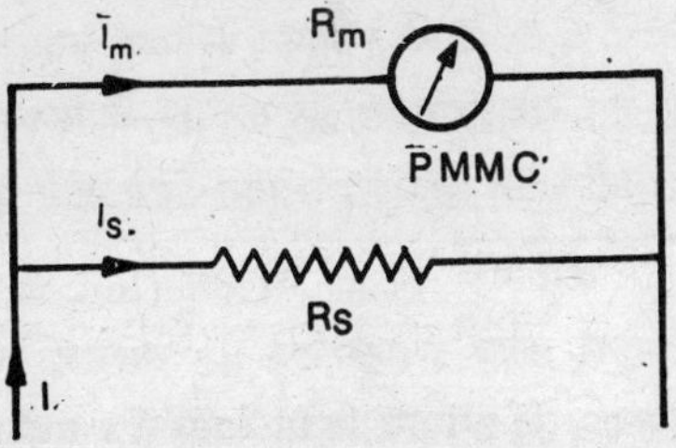


चित्र 10.1–DC एमीटर

$$R_S = R_m \frac{I_m}{I - I_m}$$

यहाँ $R_S$ = Resistance of shunt

$R_m$ = Internal resistance of moving coil of PMMC

$I$ = Full scale current of ammeter with shunt

$I_m$ = Full scale deflection current of ammeter without shunt

$I_S$ = Current in the shunt

**DC वोल्टमीटर**—डी आर्सोनवाल (d' arsonval) मूविंग प्रणाली को एक श्रेणी प्रतिरोध (series resistance) अथवा मल्टीप्लायर (multiplier) प्रयुक्त कर dc वोल्टमीटर में कनवर्ट किया जा सकता है। मल्टीप्लायर, मूविंग प्रणाली में धारा का मान कम कर देता है जिससे उसमें 'full-scale' डिफ्लैक्शन धारा से अधिक धारा प्रवाहित नहीं होती।

चित्र 10.2 से मल्टीप्लायर ($R_m$) का मान

$$R_S = \frac{V - I_m R_m}{I_m} = \frac{V}{I_m} - R_m$$

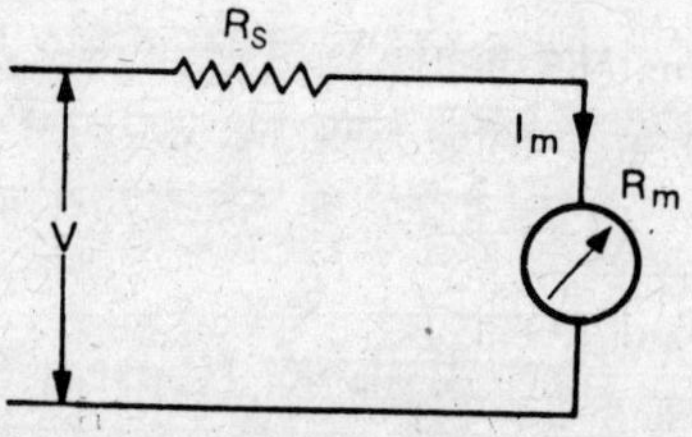


चित्र 10.2–वोल्टमीटर

यहाँ $V$ = Full range voltage of the instrument with multiplier

$R_s$ = Resistance of the multiplier

$R_m$ = Internal resistance of moving system

$I_m$ = Full scale deflection current of voltmeter without multiplier

**Ohms-per-volt rating (Voltage sensitivity)**

धारा एवं वोल्टेज मापन यन्त्रों की Ohms per volt रेटिंग एक महत्त्वपूर्ण स्पेसिफिकेशन है। इसे वोल्टेज सेन्सिटिविटी भी कहते हैं। यह full-scale डिफ्लैक्शन धारा का विलोम (reciprocal) होती है। अर्थात् वोल्टेज सैन्सिटिविटी

$$S = \frac{1}{I_{fsd}} \text{ ohms per volt}$$

इस प्रकार वोल्टमीटर का कुल प्रतिरोध, $R_{total} = S \times V$

तथा मल्टीप्लायर का प्रतिरोध, $R_S = (S \times V) - R_m$

यहाँ $S$ = वोल्टमीटर की सैन्सिटिविटी $\Omega/V$ में

$V$ = रेंज स्विच (मल्टीमीटर्स में) द्वारा सैट की गयी वोल्टेज रेंज

$R_m$ = वोल्टमीटर का आन्तरिक (internal) प्रतिरोध

$R_S$ = मल्टीप्लायर का प्रतिरोध

## 10.4. ए० सी० वोल्टमीटर्स (A.C. Voltmeters)

A.C. वोल्टेज मापन के लिए प्रयुक्त प्रायः सभी यन्त्रों में एक रैक्टीफाइंग डिवाइस (rectifying device) अवश्य प्रयुक्त की जाती है। यह डिवाइस ac को dc में कनवर्ट करती है। उसके पश्चात् dc वोल्टेज को PMMC इन्डिकेटिंग मीटर द्वारा मापा जाता है। रेक्टीफाइंग डिवाइस प्रयुक्त किये जाने के कारण सभी ac मीटर्स, इनपुट ac का rms मान प्रदर्शित करते हैं।

कम मान की ac वोल्टेज (low value of ac voltage) के मापन के लिए dc एम्पलीफायर्स का उपयोग किया जाता है। थर्मोकपल टाइप इन्सट्रुमैन्ट्स ac वोल्टेज का rms (true) मान सीधे प्रदर्शित करते हैं। थर्मोकपल टाइप rms वोल्टमीटर में एक थर्मोकपल का उपयोग किया जाता है। थर्मोकपल के hot junction के समीप रखे एक प्रतिरोध ($R$) में ac वोल्टेज एप्लाई करने पर

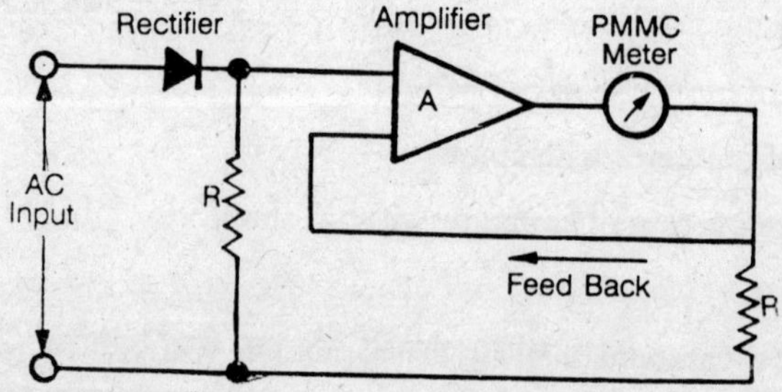


चित्र 10.3–AC सिगनल को एम्पलीफाई करने से पहले रैक्टीफाई किया जाता है उसके पश्चात् PMMC मीटर द्वारा मापन किया जाता है

उत्पन्न ऊष्मा (heat) से थर्मोकपल में थर्मल e.m.f. उत्पन्न होता हे। उत्पन्न ऊष्मा का मान $V^2/R$ होता है जहाँ $V$ अज्ञात वोल्टेज का rms मान होता है। इस प्रकार थर्मोकपल के समीप रखे मीटर का डिफ्लैक्शन $V^2$ के समानुपाती होता है। चित्र 10.3 में रेक्टीफायर-एम्पलीफायर प्रयुक्त कर ac वोल्टेज मापन के लिए बेसिक परिपथ दिया गया है।

AC वोल्टेज के मापन के लिये सर्वप्रथम ac को dc में परिवर्तित किया जाता है उसके पश्चात् प्राप्त dc वोल्टेज को direct coupled एम्पलीफायर द्वारा एम्पलीफाई कर एक PMMC मीटर द्वारा मापा जाता है। इस परिपथ में एम्पलीफायर से पहले एक साधारण डायोड परिपथ प्रयुक्त किया जाता है। एम्पलीफायर के शून्य-ड्रिफ्ट अभिलक्षण (zero-drift characteristics), वोल्टेज गेन 1 (unity) तथा सैन्सिटिविटी उच्च होनी चाहिये।

एक अन्य विधि में, चित्र 10.4 के अनुसार सिगनल को पहले एम्पलीफाई तथा उसके पश्चात् रैक्टीफाई किया जाता है। इस विधि में उच्च ओपिन-लूप गेन (high open-loop gain) तथा उच्च निगेटिव फीडबैक आवश्यक है जिससे रैक्टीफायर परिपथ की नान-लीनियरिटी के कारण इनपुट सिगनल में आने वाला सम्भावित डिस्टोंशन समाप्त किया जा सके।

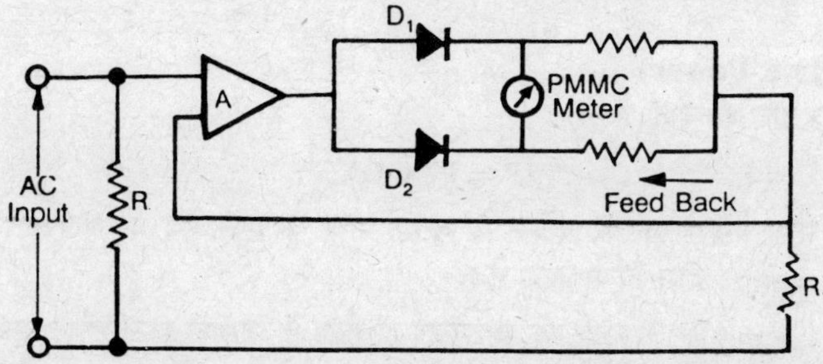


**चित्र 10.4–AC सिगनल को पहले एम्पलीफाई किया जाता है उसके पश्चात् रैक्टीफाई किया जाता है**

AC वोल्टमीटर्स, जिनमें हाफ-वेव अथवा फुल-वेव रैक्टिफिकेशन प्रयुक्त किया जाता है, सामान्यतः इनपुट वोल्टेज के औसत मान से उत्पन्न घूर्ण (torque) के समानुपाती डिफ्लैक्शन प्रदर्शित करते हैं। मीटर स्केल सामान्यतः औसत मान (average value) के स्थान पर rms में कैलीब्रेट किये जाते हैं। कुछ निर्माता अपने मीटर्स, rms मान तथा अधिकतम (peak) मान दोनों में कैलीब्रेट करते हैं। सामान्यतः इलेक्ट्रॉनिक्स में तरंगें ज्यावक्रीय (sinusoidal) होती हैं अतः मापन की ये विधियाँ सन्तोषजनक होती हैं। परन्तु nonsinusoidal तरंगों पर ये मीटर अधिक या कम पाठ्यांक (reading) देंगे। यह तरंग के फॉर्म फैक्टर (form factor) पर निर्भर करता है। फॉर्म फैक्टर, तरंग के औसत मान एवं rms मान के अनुपात $\left(K_f = \dfrac{V_{rms}}{V_{av}}\right)$ के बराबर होता है।

## 10.5. शक्ति मापन (Power Measurement)

शक्ति मापन के लिये इलेक्ट्रोडायनेमोमीटर टाइप इन्सटुमेन्ट्स का व्यापक रूप से उपयोग किया जाता है। इसके द्वारा dc तथा किसी भी तरंगाकार (wave form) के लिए ac पावर का मापन किया जा सकता है। इस यन्त्र द्वारा वोल्टेज अथवा धारा मापन के लिए ac तरंग को साइनुसायडल (sinusoidal) होना आवश्यक नहीं है।

### पॉलीफेज प्रणाली में शक्ति मापन
### (Power Measurement in Polyphase System)

पॉली फेज प्रणालियों में पावर मापन के लिए दो या अधिक वाट मीटर्स की आवश्यकता होती है। कुल वास्तविक शक्ति (total real power) वाटमीटर्स की रीडिंग जोड़ कर ज्ञात की जाती है। तीन फेज़ प्रणाली (3-phase system) में न्यूट्रल वायर भी होता है जैसा कि 4-वायर स्टार कनैक्टेड लोड में होता है। इस अवस्था में कुल शक्ति मापन के लिए तीन वाटमीटर प्रयोग किये जाते हैं।

**3-वाटमीटर विधि**–इस विधि में प्रत्येक फेज में एक वाटमीटर कनैक्ट किया जाता है। तीनों वाटमीटर्स की रीडिंग का योग कुल सप्लाई की गयी शक्ति के बराबर होता है। यदि वाटमीटर की पोटेन्शियल कुन्डली पर वोल्टेज $V_p$ तथा धारा कुण्डलियों में धारा $I_p$ है तब कुल शक्ति

$$P = 3\, V_p\, I_p \cos\phi$$

**2-वाटमीटर विधि**–दो वाटमीटर विधि द्वारा 3-वायर स्टार अथवा डेल्टा प्रणाली में कनैक्ट किये गये लोड में पावर ज्ञात की जा सकती है यदि लाइन वोल्टेज $V_L$ तथा लाइन धारा $I_L$ हो तब कुल पावर

$$P = \sqrt{3}\, V_L\, I_L \cos\phi$$

यह 3-फेज प्रणाली में व्यय कुल पावर होती है। इस विधि से लोड का फेज कोण (phase angle) भी ज्ञात किया जा सकता है। बैलेन्स्ड लोड होने पर यदि दोनों वाटमीटर्स की रीडिंग क्रमशः $P_2$ तथा $P_1$ हो तब फेज कोण

$$\tan\theta = \sqrt{3}\,\frac{P_2 - P_1}{P_2 + P_1}$$

## रिएक्टिव पावर का मापन
## (Measurement of Reactive Power)

रिएक्टिव पावर निम्न सूत्र द्वारा दी जाती है—

$$P = VI \sin\phi$$

यह, सोर्स एवं लोड के मध्य परिपथ की रिएक्टैन्स के कारण पावर के एक्सचेंज को प्रदर्शित करती है। रिएक्टिव पावर का मापन 'Var meter' (or kvar meter) द्वारा किया जाता है।

वी० ए० आर० मीटर (Var meter) वस्तुतः एक वाटमीटर ही होता है जिसकी पोटेन्शियल कुन्डली में धारा, एप्लाईड वोल्टेज से 90° पश्चगामी (lag) करायी जाती है। पोटेन्शियल कुण्डली में धारा को 90° शिफ्ट करने के एक टैप्ड इन्डक्टर (tapped inductor) तथा शन्ट प्रतिरोध का उपयोग किया जाता है। इससे मीटर VAR (reactive power) के प्रति सेन्सिटिव हो जाता है। मीटर को सीधे Vars में कैलीब्रेट किया जाता है।

एक 3-फेज, 3-वायर प्रणाली में रिएक्टिव पावर का मान निम्न होता है

$$P = \sqrt{3}\, V_L\, I_L \sin\phi$$

## 10.6. उच्च आवृत्तियों पर पावर मापन
## (Power Measurement at High Frequencies)

उच्च आवृत्तियों (उदाहरणतः माइक्रोवेव आवृत्तियाँ) पर पावर अवशोषण टाइप मीटर्स (absorption meters) द्वारा किया जाता है। ये मीटर्स दो प्रकार के होते हैं—

1. कैलोरीमीटर पावर मीटर तथा
2. बोलोमीटर पावर मीटर

इनका उपयोग 500 MHz से 40 GHz तक आवृत्ति बैंड में पावर मापन के लिए किया जाता है।

**कैलोरीमीटर पावर मीटर**–इस यन्त्र में एक द्रव (fluid) को इनपुट लोड तथा कम्पेरीजन लोड में अलग-अलग धाराओं (streams) में गुजारा जाता है। कम्पेरीजन लोड में पावर दोनों लोड के मध्य तापान्तर (temperature difference) के समानुपाती होती है।

**बोलोमीटर** (Bolometer) – बोलोमीटर वस्तुतः एक ब्रिज परिपथ होता है जिसकी एक आर्म (arm) में कोई ताप-संवेदी (temperature sensitive) प्रतिरोध जुड़ा होता है। यह प्रतिरोध उस माइक्रोवेव सिगनल के फील्ड द्वारा बैलेन्स किया जाता है जिसकी पावर का मापन करना होता है।

### फ्रीक्वैन्सी मीटर्स (Frequency Meters)

इन्डीकेटिंग टाइप फ्रीक्वैन्सी मीटर्स में आवृत्ति के प्रभाव के सिद्धान्त का उपयोग किया जाता है। उदाहरणतः इन्डक्टैन्स, ट्यून्ड सर्किट में अनुनाद (resonance) तथा मिकेनिकल अनुनाद (mechanical resonance)।

### पावर फैक्टर मीटर (P.F. meter)

यह यन्त्र वोल्टेज एवं धारा के मध्य फेज कोण (phase angle) का मापन करता है। सामान्य प्रकार का p.f. मीटर क्रॉस्ड कॉयल (crossed coil) टाइप होता है। इसमें इलेक्ट्रोडायनेमिक प्रकार की मूविंग प्रणाली होती है जिसमें दो कुण्डलियाँ, एक ही शाफ्ट पर परस्पर 90° पर माउन्ट की जाती हैं। मूविंग कॉयल, फील्ड कॉयल के चुम्बकीय क्षेत्र में रोटेट करती हैं। फील्ड कॉयल में ही लाइन धारा प्रवाहित होती है।

## 10.7. इन्सट्रूमैन्ट ट्रांसफॉर्मर्स (Instrument Transformers)

धारा के मापन में प्रयुक्त ट्रांसफॉर्मर्स, धारा ट्रांसफॉर्मर्स (CT) तथा वोल्टेज मापन के लिये प्रयुक्त ट्रांसफार्मर्स, पोटेन्शियल ट्रांसफॉर्मर्स (PT) कहलाते हैं।

### नोमिनल अनुपात (Nominal Ratio)

CT में प्राइमरी रेटेड धारा एवं सैकेन्डरी रेटेड धारा का अनुपात CT का नोमिनल अनुपात (nominal ratio–$K_n$) कहलाता है।

Nominal ratio, $$K_n = \frac{\text{Rated. primary current}}{\text{Rated secondary current}} \quad \text{(for CT)}$$

$$= \frac{\text{Rated. primary voltage}}{\text{Rated secondary voltage}} \quad \text{(for PT)}$$

Turns ratio, $$N = \frac{\text{Number of turns of secondary bridge}}{\text{Number of turns of primary bridge}}$$

**रेटेड बर्डन (Rated Burden)**—यह CT की Volt ampere में अनुमन्य (permissible) लोडिंग है।

CT **का ट्रांसफॉर्मेशन अनुपात** (Transformation ratio),

$$R = n + \frac{I_0}{I_s} \sin(\delta + \alpha)$$

यहाँ $n$ = turns ratio

$I_0$ = exciting current

$I_s$ = secondary current

$\delta$ = angle between secondary induced e.m.f. and secondary current

$\alpha$ = angle between exciting current $I_0$ and working flux

**फेज कोण** (Phase angle) – CT का फेज कोण वह कोण है जो सैकेन्डरी धारा वैक्टर को रिवर्स करने पर प्राइमरी धारा के साथ बनाता है।

**फेज कोण त्रुटि** (Phase angle error) – CT की फेज कोण त्रुटि निम्न होती है—

$$\theta = \frac{180}{\pi} \left[ \frac{I_m \cos\delta - I_e \sin\delta}{n\, I_S} \right] \text{ degrees}$$

यहाँ $I_m$ = magnetising component of exciting current

$I_e$ = loss component of exciting current

**अनुपातिक त्रुटि** (Ratio error) – इसे CT की प्रतिशत 'ratio error' में प्रदर्शित किया जाता है।

$$\text{Ratio error} = \frac{\text{nominal ratio} - \text{actual ratio}}{\text{actual ratio}} \times 100\%$$

## इन्सट्रुमैन्ट ट्रांसफॉर्मर का बर्डन
## (Burden of Instrument Transformer)

सामान्यतः सैकेन्ड्री वाइन्डिंग पर लगे लोड को सैकेन्ड्री वाइन्डिंग की रेटेड वोल्टेज (rated voltage) पर volt-ampere आउटपुट में प्रदर्शित किया जाता है। ट्रांसफॉर्मर का रेटेड बर्डन (rated burden) वह volt-amp लोडिंग है जो "class of accuracy" के लिए निर्धारित त्रुटियों की सीमाओं में अनुमन्य (permissible) है।

secondary winding burden due to load

$$= (\text{secondary winding current})^2 \times (\text{impedance of load in the secondary winding circuit})$$

## 10.8. इम्पीडैन्स ब्रिज (Impedance Bridges)

विभिन्न प्रकार के ब्रिज प्रयुक्त कर कम्पोनैन्ट्स का मान ज्ञात करने की विधि काफी समय से प्रचलित है। ब्रिज का सबसे अधिक सरल रूप व्हीटस्टोन ब्रिज (Wheatstone bridge) है जिसे प्रतिरोध मापन में प्रयोग किया जाता है। व्हीटस्टोन ब्रिज में कुछ परिवर्तन कर उसे अत्यन्त उच्च तथा अत्यन्त निम्न प्रतिरोधों के मापन में प्रयुक्त किया जाता है। इन्डक्टैन्स (inductance) कैपेसिटैन्स (capacitance), एडमिटैन्स (admittance), कन्डक्टैन्स (conductance) इत्यादि, इम्पीडैन्स पैरामीटर्स के मापन के लिए ac ब्रिज प्रयुक्त किये जाते हैं।

### व्हीटस्टोन ब्रिज (Wheatstone Bridge)

व्हीटस्टोन ब्रिज (चित्र 10.5) में चार प्रतिरोधी आर्म, एक बैटरी (source of emf) तथा शून्य डिटैक्टर (null detector) होते हैं। डिटैक्टर, सामान्यतः गैल्वेनोमीटर अथवा एक संवेदी धारामापी (sensitive currentmeter) होता है। जब गैल्वेनोमीटर के सिरों के मध्य विभव शून्य होता है तब ब्रिज सन्तुलित (balanced) कहलाता है तथा गैल्वेनोमीटर में कोई धारा प्रवाहित नहीं होती। समीकरण (i) व्हीटस्टोन ब्रिज के सन्तुलन के लिए प्रसिद्ध समीकरण है। यदि इनमें से तीन प्रतिरोधों का मान ज्ञात हो तब चौथे प्रतिरोध का मान ज्ञात किया जा सकता है, यदि $R_4$ अज्ञात प्रतिरोध है,

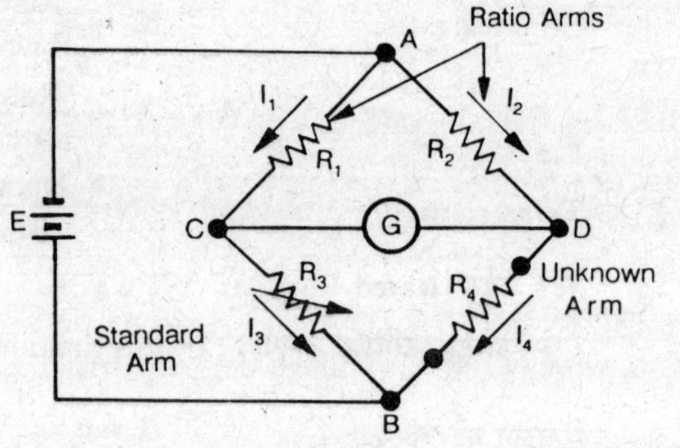


**चित्र 10.5–व्हीटस्टोन ब्रिज**

$$R_4 = R_3 \frac{R_2}{R_4} \quad \text{....(i)}$$

इसका उपयोग सूक्ष्म (fractional) से सैकड़ों मेगा-ओम (several megohms) तक के प्रतिरोधों के शुद्ध मापन के लिए किया जाता है।

### कैल्विन ब्रिज (Kelvin Bridge)

कैल्विन ब्रिज, व्हीटस्टोन ब्रिज का संशोधित रूप है। इसके द्वारा कम मान के प्रतिरोधों (low value resistances), उदाहरणतः 1Ω से कम, का मान शुद्धता (accurately) से ज्ञात किया जा सकता है। चित्र 10.6 में दिये गये ब्रिज में $R_y$ प्रतिरोध $R_3$ से $R_x$ तक लीड के प्रतिरोध को प्रदर्शित करता है। गैल्वेनोमीटर को बिन्दु $m$ से अथवा $n$ से कनैक्ट किया जा सकता है। जब गैल्वेनोमीटर को बिन्दु $m$ से कनैक्ट करते हैं तब कनैक्टिंग लीड का प्रतिरोध $R_y$, अज्ञात भुजा $R_x$ के साथ जुड़ जाता है जिससे $R_x$ का मान अधिक प्राप्त होता है। यदि गैल्वेनोमीटर बिन्दु $n$ से कनैक्ट किया जाता है तब $R_y$, भुजा $R_3$ के साथ जुड़ जाता है जिससे $R_x$ का मान वास्तविक मान से कम प्राप्त होता है क्योंकि अब $R_3$ का मान उसके वास्तविक मान से अधिक ($R_y$ जुड़ने के कारण) हो

जाता है। यदि गैल्वेनोमीटर को $m$ एवं $n$ के मध्य किसी बिन्दु $p$ से इस प्रकार कनैक्ट किया जाये कि $n$ से $p$ तक प्रतिरोध तथा $m$ से $p$ तक प्रतिरोध का अनुपात, $R_1$ एवं $R_2$ के अनुपात के बराबर हो, तब हम लिख सकते हैं—

$$\frac{R_{np}}{R_{mp}} = \frac{R_1}{R_2} \qquad \text{...(ii)}$$

अतः इस ब्रिज के सन्तुलन की समीकरण निम्न होगी—

$$R_x + R_{np} = \frac{R_1}{R_2}(R_3 + R_{mp}) \qquad \text{...(iii)}$$

समीकरण (ii) एवं (iii) को मिलाने पर

$$R_x + \left(\frac{R_1}{R_1 + R_2}\right) R_y = \frac{R_1}{R_2}\left[R_3 + \left(\frac{R_2}{R_1 + R_2}\right) R_y\right]$$

अथवा $$R_x = \frac{R_1}{R_2} R_3$$

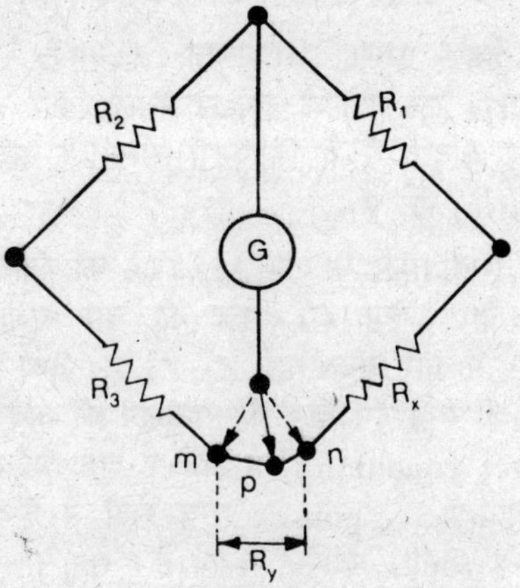


चित्र 10.6–कैल्विन ब्रिज का परिपथ

कैल्विन ब्रिज द्वारा 1 Ω से 0·0001 Ω तक प्रतिरोध का मापन किया जा सकता है।

## कैल्विन डबल ब्रिज (Kelvin Double Bridge)

कैल्विन डबल ब्रिज में समानुपातिक भुजाओं (ratio arms) के दो सैट प्रयोग किये जाते हैं जैसा कि चित्र 10.7 में दिखाया गया है। दूसरा सैट, जिसे चित्र में $a$, $b$ द्वारा दिखाया गया है, गैल्वेनोमीटर को बिन्दु $m$ तथा $n$ के मध्य उपयुक्त पोटैन्शियल (बिन्दु $p$) पर कनैक्ट करता है तथा यह प्रतिरोध $R_y$ के प्रभाव को समाप्त करता है। सन्तुलन के लिए सर्वप्रथम यह आवश्यक है कि $a$ एवं $b$ प्रतिरोधों का अनुपात $R_1$ तथा $R_2$ के प्रतिरोध के अनुपात के बराबर हो।

सन्तुलन की अवस्था में

$$R_x = R_3 \frac{R_1}{R_2}$$

कैल्विन डबल ब्रिज का उपयोग बहुत कम मान के प्रतिरोधों (very low resistances) के मापन में किया जाता है, लगभग 1 Ω से 0·00001 Ω तक।

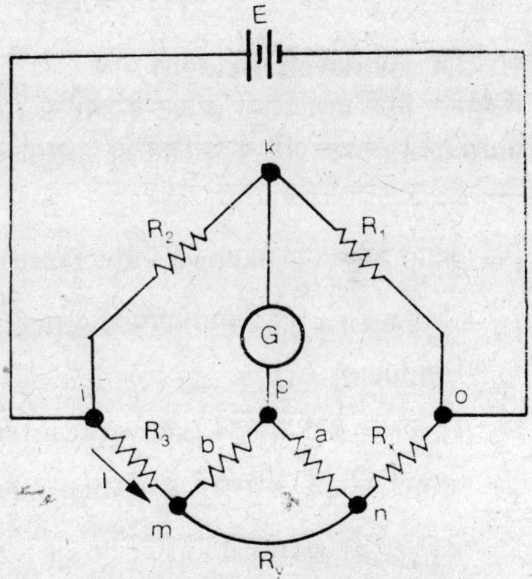


चित्र 10.7–कैल्विन डबल ब्रिज का मूल परिपथ

## AC ब्रिज

मूल रूप में ac ब्रिज में चार भुजायें (arms), एक ऊर्जा स्त्रोत (energy source) तथा एक बैलेन्स डिटैक्टर होता है। AC ब्रिज में प्रत्येक भुजा एक प्रतिबाधा (impedance) होती है तथा बैटरी के स्थान पर एक ac स्त्रोत एवं गैलवेनोमीटर के स्थान पर एक संवेदी (sensitive) डिटैक्टर होता है जो अत्यन्त अल्प ac विभवान्तर (small ac voltages) की उपस्थिति भी सैन्स (sense) कर सकता है।

निम्न आवृत्ति पर मापन के लिये एक सामान्य पावर लाइन, ब्रिज के लिये सप्लाई का कार्य कर सकती है। उच्च आवृत्ति पर मापन में ब्रिज सप्लाई के लिये इलेक्ट्रॉनिक ऑसिलेटर्स प्रयुक्त किये जाते हैं। इन ऑसिलेटर्स की आवृत्ति स्थिर होती है तथा उसे सरलता से समायोजित (adjust) किया जा सकता है। इनकी तरंग का आकार लगभग ज्यावक्रीय (sinusoidal) होता है तथा इनकी पावर आउटपुट ब्रिज मापन के लिये काफी होती है।

AC ब्रिज पर सामान्यतः तीन प्रकार के डिटैक्टर्स प्रयुक्त किये जाते हैं—(i) हैड फोन्स (head phones), (ii) AC एम्पलीफायर, आउटपुट मीटर के साथ तथा (iii) इलेक्ट्रॉन रे ट्यूब (electron ray tube) इन्डीकेटर।

हैड फोन्स, सामान्यतः 250Hz से 3–4KHz तक व्यापक रूप से प्रयोग किये जाते हैं। इस आवृत्ति में ये डिटैक्टर्स अत्यधिक संवेदी (sensitive) होते हैं।

चित्र 10.8 में एक AC ब्रिज का सामान्य रूप दिखाया गया है। ब्रिज की चार भुजाओं (arms) में चार प्रतिबाधायें $Z_1, Z_2, Z_3$ तथा $Z_4$ कनैक्ट की गयी हैं। ब्रिज की सन्तुलन की अवस्था (balance condition) तब होती है जब डिटैक्टर की अनुक्रिया (response) शून्य होती है अथवा वह शून्य (null) प्रदर्शित करता है। सन्तुलन की अवस्था प्राप्त करने के लिये ब्रिज की एक या अधिक भुजाओं को समायोजित (adjust) किया जाता है।

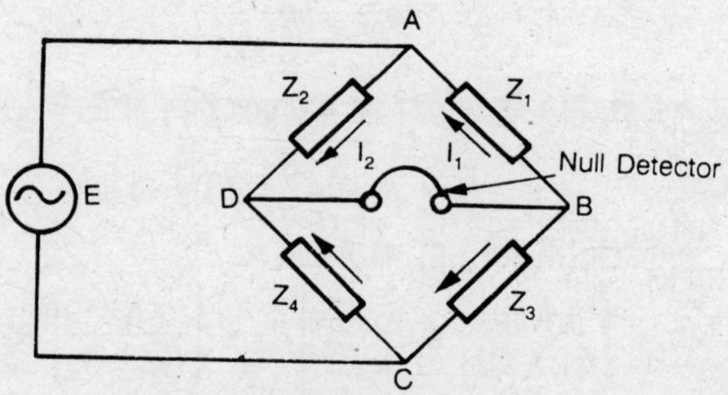


चित्र 10.8–AC ब्रिज का सामान्य रूप

सन्तुलन की अवस्था में $$Z_1Z_4 = Z_2Z_3$$

इस समीकरण को एडमिटेन्स ($Y$) के रूप में निम्न प्रकार प्रदर्शित किया जा सकता है—

$$Y_1Y_4 = Y_2Y_3$$

## मैक्सवैल ब्रिज (Maxwell Bridge)

मैक्सवैल ब्रिज द्वारा किसी अज्ञात इन्डक्टैन्स (inductance) का मान एक ज्ञात कैपेसिटर के पदों में मापा जाता है। चित्र 10.9 में मैक्सवैल ब्रिज का परिपथ प्रदर्शित किया गया है। ब्रिज के कम्पोनैन्ट्स निम्न प्रकार हैं—

$L_1 =$ अज्ञात प्रेरकत्व (unknown inductance)

$R_1 =$ इन्डक्टर $L_1$ का प्रभावी प्रतिरोध (effective resistance of inductor $L_1$)

$R_2, R_3, R_4 =$ ज्ञात प्रतिरोध (known resistances)

$C_4 =$ परिवर्ती स्टैन्डर्ड कैपेसिटर (variable standard capacitor)

सन्तुलन की अवस्था में

$$R_1 = \frac{R_2 R_3}{R_4}$$

तथा $$L_1 = R_2R_3C_4$$

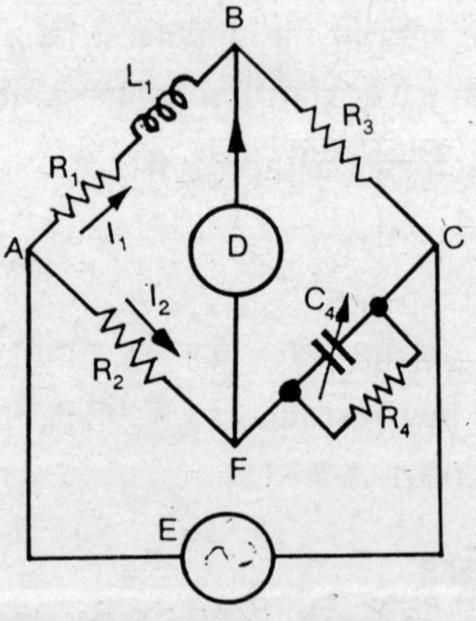


चित्र 10.9–मैक्सवैल ब्रिज

## हेय ब्रिज (Hay Bridge)

हेय ब्रिज, मैक्सवैल ब्रिज का एक संशोधित रूप है। यह चित्र 10.10 में दिखाया गया है। इस ब्रिज में एक स्टैन्डर्ड कैपेसिटर के श्रेणी में एक प्रतिरोध ($R_4$) प्रयुक्त किया गया है। $R_1$ तथा $L_1$ अज्ञात कम्पोनैन्ट्स हैं।

$L_1 =$ अज्ञात प्रेरक, जिसका प्रतिरोध $R_1$ है।

$R_2, R_3, R_4 =$ ज्ञात शुद्ध प्रतिरोध (known pure resistors)

$C_4 =$ स्टैन्डर्ड कैपेसिटर

सन्तुलन की अवस्था में

अज्ञात इन्डक्टर $L_1$ तथा $R_1$ का मान निम्न होता है

$$L_1 = \frac{R_2 R_3 C_4}{1 + \omega^2 C_4^2 R_4^2}$$

तथा
$$R_1 = \frac{\omega^2 R_2 R_3 R_4 C_4^2}{1 + \omega^2 C_4^2 R_4^2}$$

यहाँ $\omega$ सप्लाई सोर्स की आवृत्ति है। $L_1$ तथा $R_1$ का मान ज्ञात करने के लिये सिगनल स्त्रोत की आवृत्ति का शुद्धमान (accurate value) ज्ञात होना आवश्यक है। हेय ब्रिज उच्च $Q$ के इन्डक्टर्स ($Q > 10$) के मापन के लिए उपयुक्त है।

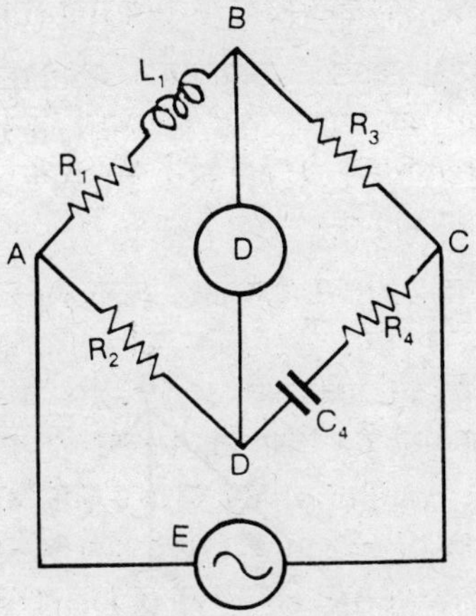


चित्र 10.10–हेय (Hay) ब्रिज

## शियरिंग ब्रिज (Schering Bridge)

शियरिंग ब्रिज एक अत्यन्त महत्त्वपूर्ण ac ब्रिज है। इसका उपयोग कैपेसिटर्स के मापन में किया जाता है। चित्र 10.11 में सन्तुलन की अवस्था में ब्रिज के कनैक्शन दिखाये गये हैं।

ब्रिज में कनैक्ट किये गये कम्पोनैन्ट्स का विवरण निम्न प्रकार है—

$C_1 =$ अज्ञात कैपेसिटर

$r_1 =$ कैपेसिटर $C_1$ में हानि प्रदर्शित करने वाला प्रतिरोध

$C_2 =$ स्टैन्डर्ड कैपेसिटर

$R_3 =$ शुद्ध प्रतिरोध (non-inductive resistance)

$C_4 =$ परिवर्ती ज्ञात कैपेसिटर (known variable capacitor)

$R_4 =$ परिवर्ती, शुद्ध (non-inductive) प्रतिरोध

ब्रिज की सन्तुलन की अवस्था में, $Z_1 Z_4 = Z_2 Z_3$

या
$$\left(r_1 + \frac{1}{j\,\omega\, C_1}\right)\left(\frac{R_4}{1 + j\,\omega\, C_4 R_4}\right) = \left(\frac{1}{j\,\omega\, C_2}\right)(R_3)$$

हल करने पर,
$$r_1 = R_3 \cdot \frac{C_4}{C_2}$$

तथा
$$C_1 = C_2 \cdot \frac{R_4}{R_3}$$

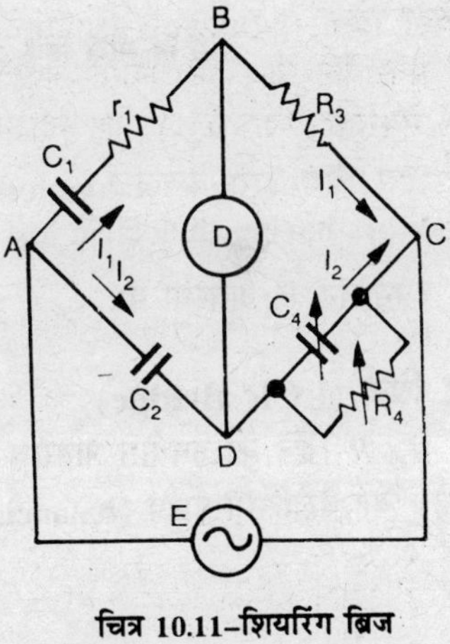


चित्र 10.11–शियरिंग ब्रिज

## डि-सौटी ब्रिज (De Sauty's Bridge)

डि-सौटी ब्रिज, दो धारिताओं (capacitances) की तुलना (comparison) करने के लिए उपयोग में लाया जाता है। यह चित्र 10.12 (a) में दिखाया गया है। कैपेसिटर $C_1$ की धारिता ज्ञात करनी है। इसे एक स्टैन्डर्ड कैपेसिटर $C_2$ से कम्पेयर किया जाता है।

ब्रिज में प्रयुक्त कम्पोनैन्ट्स निम्न प्रकार हैं—

$C_1 =$ अज्ञात कैपेसिटर जिसकी धारिता (capacity) ज्ञात करनी है

$C_2 =$ स्टैन्डर्ड कैपेसिटर

$R_3, R_4 =$ शुद्ध (non-inductive) प्रतिरोध

ब्रिज के सन्तुलन के लिये $R_3$ अथवा $R_4$ को परिवर्तित किया जा सकता है। ब्रिज की सन्तुलन की अवस्था में,

$$Z_1 Z_4 = Z_2 Z_3$$

या

$$\left(\frac{1}{j\,\omega\,C_1}\right) R_4 = \left(\frac{1}{j\,\omega\,C_2}\right) R_3$$

$\therefore$

$$C_1 = C_3 \frac{R_4}{R_3}$$

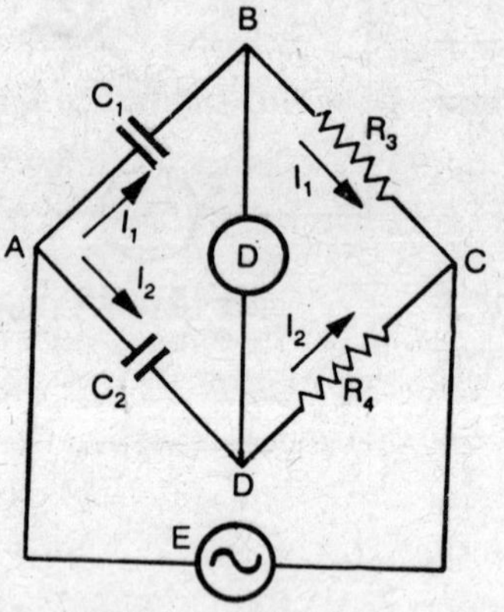


(a) डि-सोटी ब्रिज

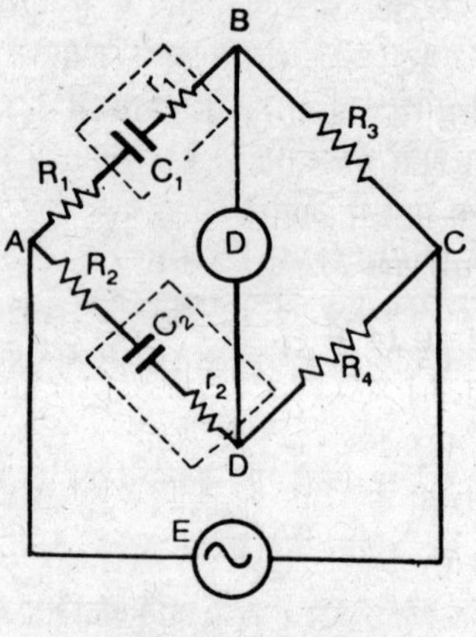


(b) मोडिफाइड डि-सोटी ब्रिज

चित्र 10.12

इस ब्रिज द्वारा केवल loss-less कैपेसिटर्स की कैपेसिटी ही ज्ञात की जा सकती है। डाइलेक्ट्रिक हानियुक्त कैपेसिटर्स (capacitors having dielectric loss) का मान ज्ञात करने के लिये ब्रिज में 10.12 (b) की भाँति संशोधन किया जाता है।

सन्तुलन की अवस्था में
$$C_1 = \frac{C_2 R_4}{R_3}$$

## LCR ब्रिज (LCR Bridge)

*LCR* ब्रिज का उपयोग प्रतिरोध (resistance), इन्डक्टैन्स (inductance) तथा धारिता (capacity) मापन के लिये किया जाता है। यह बैलेन्सिंग टाइप (balancing type) अथवा डिजिटल हो सकता है। चित्र 10.13 में बैलेन्सिंग टाइप *LCR* ब्रिज का

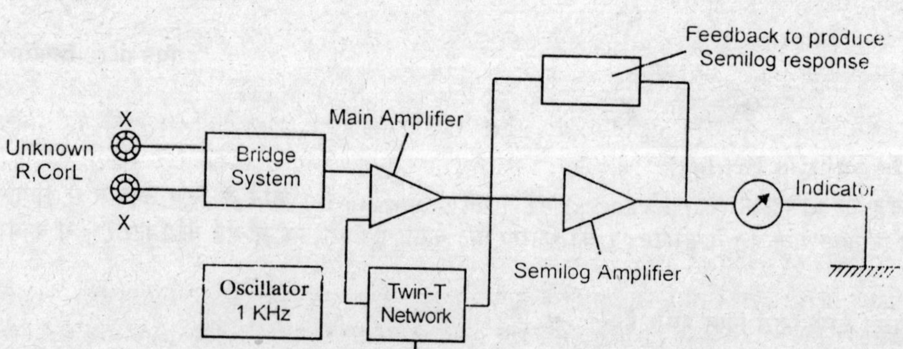


चित्र 10.13–बैलेन्सिंग टाइप LCR ब्रिज का सरल ब्लॉक डायग्राम

ब्लॉक डायग्राम दिया गया है। *LCR* ब्रिज में अज्ञात कम्पोनैन्ट (*L*, *C* तथा *R*) को ब्रिज की एक आर्म में लगाया जाता है तथा ब्रिज की किसी अन्य भुजा में ज्ञात मान का कम्पोनैन्ट (known *L*, *C* or *R*) कनैक्ट कर ब्रिज को बैलेन्स किया जाता है। बैलेन्सिंग की स्थिति null indicator द्वारा प्रदर्शित होती है। *L*, *C* तथा *R* मापन के लिये ब्रिज में अलग-अलग सर्किट कम्बीनेशन होते हैं।

## 10.9. Q एवं इसका मापन

## (Q and its Measurement)

रेडियो फ्रीक्वैन्सी कुण्डलियों (RFC), इन्डक्टर्स तथा कैपेसिटर्स के प्रयोगशाला में परीक्षण (testing) के समय उनका स्टोरेज फैक्टर (storage factor or quality factor) $Q$ प्रायः मापा जाता है। किसी कुण्डली का स्टोरेज फैक्टर $Q = \frac{\omega_0 L}{R}$ होता है जहाँ $\omega_0$, अनुनाद आवृत्ति, $L$ इंन्डक्टैन्स तथा $R$ उसका प्रभावी प्रतिरोध (effective resistance) होता है। कुण्डली का प्रभावी प्रतिरोध $R$ कभी भी सीधे नहीं मापा जाता क्योंकि इसका मान आवृत्ति पर निर्भर करता है। प्रभावी प्रतिरोध का मान ac तथा dc पर अलग-अलग होता है क्योंकि ac पर स्किन प्रभाव तथा भंवर धारा प्रभाव (skin effect and eddy current effect) भी होता है। प्रतिरोध $R$ के मान में आवृत्ति के साथ परिवर्तन के कारण इसे अप्रत्यक्ष रूप में (indirectly) $Q$ के पदों में मापा जाता है। $Q$ मापन के लिये प्रयुक्त यन्त्र $Q$-मीटर कहलाता है।

चित्र 10.14 में $Q$-मीटर का एक सरल ब्लॉक डायग्राम दिया गया है। $Q$-मीटर का सिद्धान्त *RLC* श्रेणी परिपथ में अनुनाद पर आधारित है। यन्त्र में एक ऑसिलेटर प्रयुक्त किया जाता है जिसकी आवृत्ति रेंज 50 KHz से 50 MHz तक होती है। अज्ञात प्रतिबाधा के साथ एक अनुनादी कैपेसिटर (resonating capacitor) $C$ लगाया जाता है। परिपथ में अनुनाद, ऑसिलेटर की आवृत्ति बदल कर अथवा कैपेसिटर की धारिता बदल कर उत्पन्न किया जाता है।

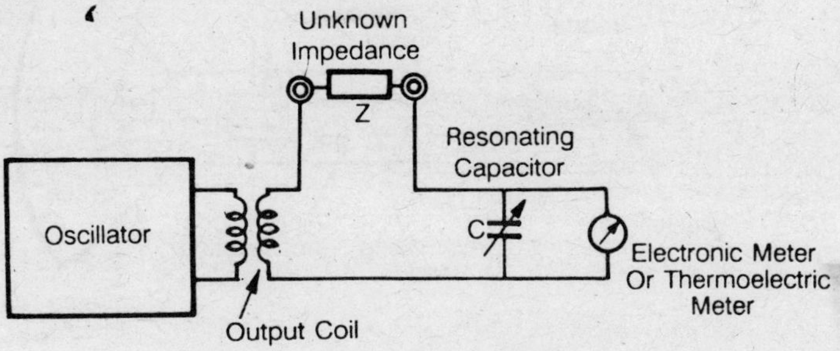


**चित्र 10.14–Q-मीटर का सरल ब्लॉक डायग्राम**

$Q$-मीटर का ऑपरेशन श्रेणी-अनुनाद (series resonant) परिपथ के अभिलक्षणों पर आधारित है। उदाहरणतः कुण्डली अथवा कैपेसिटर के सिरों के मध्य वोल्टेज, परिपथ को एप्लाई की गयी वोल्टेज तथा परिपथ के $Q$ के गुणनफल के बराबर होती है। यदि परिपथ को एक नियत (fixed) वोल्टेज एप्लाई की जाये तब कैपेसिटर के टर्मिनलों के मध्य संयोजित एक वोल्टमीटर सीधे $Q$ मापन के लिये आशंकित (calibrate) किया जा सकता है।

$Q$ मीटर द्वारा अज्ञात कम्पोनैन्ट्स (*L*, *C*, *R*) के मापन में कम्पोनैन्ट्स को कनैक्ट करने की तीन विधियाँ हैं—डायरेक्ट (direct), श्रेणी (series) तथा समानान्तर (parallel) विधि। कनैक्ट करने की विधि कम्पोनैन्ट के टाइप एवं साइज पर निर्भर करती है।

## 10.10. कैथोड रे ऑसिलोस्कोप (CRO)

कैथोड किरण ऑसिलोस्कोप (CRO) समय के साथ परिवर्तित होने वाले इलेक्ट्रिकल सिगनलों (time varying electrical signals) का विजुअल डिस्पले (visual display) उपलब्ध कराता है। CRO वास्तव में एक X-Y प्लॉटर है जिसमें कैथोड किरणें (cathode rays) एक पेंसिल का कार्य करती हैं तथा CRO के स्क्रीन पर किसी फॉसफर (flourescent) पदार्थ की कोटिंग, शीट का कार्य करती हैं जिस पर प्लॉट अथवा ग्राफ बनते हैं। कैथोड किरणें जब फॉसफर स्क्रीन से टकराती हैं तब स्क्रीन पर एक चमकदार बिन्दु (bright spot) उत्पन्न होता है।

एक सामान्य CRO में एक होरीजोन्टल इनपुट प्रयुक्त की जाती है जो एक रैम्प वोल्टेज (ramp voltage) होती है। इसे टाइम बेस अथवा आरी-दन्त (saw tooth) वोल्टेज भी कहते हैं। यह वोल्टेज ब्राइट स्पॉट को स्क्रीन पर होरीजोन्टल दिशा में चलाती है। CRO को एक वर्टीकल इनपुट (vertical input) वोल्टेज दी जाती है। यह वह वोल्टेज होती है जिसको हमें स्क्रीन पर देखना है अथवा जिसका विश्लेषण करना होता है।

ऑसिलोस्कोप पर अत्यन्त निम्न आवृत्ति (dc से 20 Hz तक) से अत्यन्त उच्च आवृत्तियों (1 GHz) तक के सिगनलों की तरंगों के आकार प्रत्यक्ष रूप से देखे जा सकते हैं। CRO में समस्त ग्राफ (पैटर्न) एक ट्यूब के स्क्रीन पर उत्पन्न होते हैं जिसे कैथोड रे ट्यूब कहते हैं।

## कैथोड रे ट्यूब (Cathode Ray Tube)

चित्र 10.15 में कैथोड रे ट्यूब (CRT) की संरचना दिखायी गयी है। CRT के तीन मुख्य भाग होते हैं—

1. इलेक्ट्रॉन गन (Electron gun),
2. विक्षेपण प्रणाली (Deflecting system) तथा
3. प्रदीप्ति स्क्रीन (Fluorescent screen)।

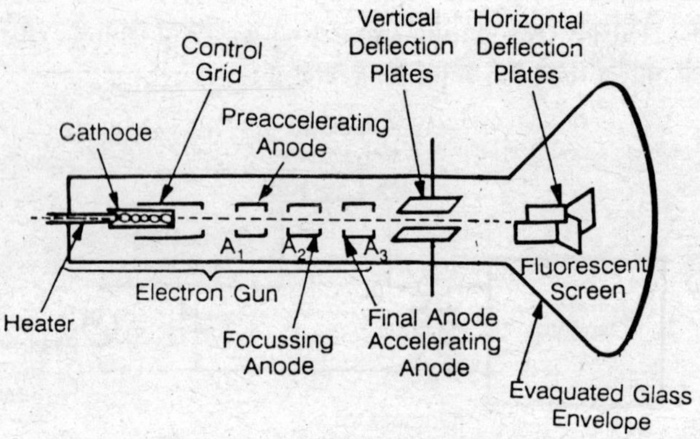


**चित्र 10.15–कैथोड रे ट्यूब (CRT) की संरचना**

CRT की संक्षिप्त कार्य प्रणाली निम्न प्रकार है—

इलेक्ट्रॉन गन, इलेक्ट्रॉन की एक शार्प तथा फोकस की हुयी बीम उत्पन्न करती है। यह बीम एक्सलरेटिंग एनोड तथा फोकसिंग एनोड द्वारा फोकस तथा उच्च वेग पर एक्सीलरेट हो जाती है। किरण पुंज (beam) जब उच्च वेग एवं ऊर्जा से फ्लोरीसैन्ट स्क्रीन से टकराती है जब स्क्रीन पर प्रकाशमान बिन्दु (luminous spot) उत्पन्न होता है।

इलेक्ट्रॉन गन से निकलने के पश्चात्, इलेक्ट्रॉन बीम, इलेक्ट्रोस्टैटिक डिफ्लैक्शन प्लेटों के दो जोड़ों (pairs) के मध्य से गुजरती है। इन प्लेटों पर वोल्टेज एप्लाई करने पर बीम का डिफ्लैक्शन होता है। एक पेयर पर एप्लाई की गयी वोल्टेज, बीम को ऊपर-नीचे (up and down) तथा दूसरे पेयर पर एप्लाई की गयी वोल्टेज बीम को क्षैतिज दिशा में डिफ्लैक्ट करती है। बीम की ये दोनों गतियाँ (horizontal and vertical motions) एक-दूसरे पर निर्भर करती हैं अतः बीम को स्क्रीन के किसी भी भाग में स्थिर किया जा सकता है।

कैथोड रे ट्यूब के समस्त इलेक्ट्रोड एक शून्यीकृत ग्लास एनवेलप (evacuated glass envelope) में बन्द कर सील कर दिये जाते हैं। इलेक्ट्रोडों से कनैक्शन ट्यूब के बाहर लगी पिनों से रहते हैं। CRT को एक उपयुक्त बेस में लगा कर परिपथ में कनैक्ट किया जाता है।

## बीम का विक्षेप (Deflection of Beam)

CRT में बीम का डिफ्लैक्शन निम्न सूत्र द्वारा दिया जता है—

$$D = \frac{L\, l_d\, V_d}{2d\, V_a}$$

यहाँ $D$ = फॉसफर स्क्रीन पर डिफ्लैक्शन

$L$ = डिफ्लैक्शन प्लेटों के सैन्टर से स्क्रीन की दूरी

$l_d$ = डिफ्लैक्शन प्लेटों की प्रभावी लम्बाई

$d$ = डिफ्लैक्शन प्लेटों के मध्य दूरी

$V_d$ = डिफ्लैक्शन वोल्टेज

$V_a$ = एक्सलरेटिंग वोल्टेज

## डिफ्लैक्शन सैन्सिटिविटी (Deflection Sensitivity)

"किसी CRT की डिफ्लैक्शन सैन्सिटिविटी *(S)*, डिफ्लैक्शन प्लेटों पर 1 वोल्ट एप्लाई करने पर, स्क्रीन पर (मीटर में) डिफ्लैक्शन के बराबर होती है।" अर्थात्

$$\text{डिफ्लैशन सैन्सिटिविटी,} \quad (S) = \frac{\text{स्क्रीन पर बीम का डिफ्लैक्शन } (D)}{\text{डिफ्लैक्शन वोल्टेज } (V_d)}$$

$$S = \frac{D}{V_d}$$

अथवा

$$S = \frac{Ll_d}{2dV_a}$$

इस प्रकार डिफ्लैक्शन सैन्सिटिविटी—

**1.** डिफ्लैशन प्लेटों की लम्बाई $l_d$ के सीधे समानुपाती होती है।

**2.** प्लेटों के मध्य स्पेसिंग *(d)* के विलोमानुपाती होती है।

**3.** एक्सलरेटिंग वोल्टेज (or final anode voltage $V_a$) के विलोमानुपाती होती है।

**4.** डिफ्लैक्शन वोल्टेज ($V_d$) पर निर्भर नहीं करती।

## डिफ्लैक्शन फैक्टर (Deflection Factor)

एक अन्य उपयोगी व्यंजक डिफ्लैक्शन फैक्टर *(G)* है। यह डिफ्लैक्शन सैन्सिटिविटी का विलोम होता है।

$$G = \frac{1}{S} = \frac{2dV_a}{Ll_d} \quad \text{volt/meter}$$

## CRO का ब्लॉक डायग्राम (Block Diagram of CRO)

एक बेसिक कैथोड रे ऑसिलोस्कोप (CRO) का ब्लॉक डायग्राम 10.16 में दिया गया है। CRO में मुख्य स्टेज निम्न हैं—

1. वर्टीकल एम्पलीफायर (Vertical Amplifier)
2. टाइम बेस जनरेटर (Time Base Generator)
3. क्षैतिज एम्पलीफायर (Horizontal Amplifier)
4. कैथोड रे ट्यूब (CRT)
5. पावर सप्लाई (Power Supply)

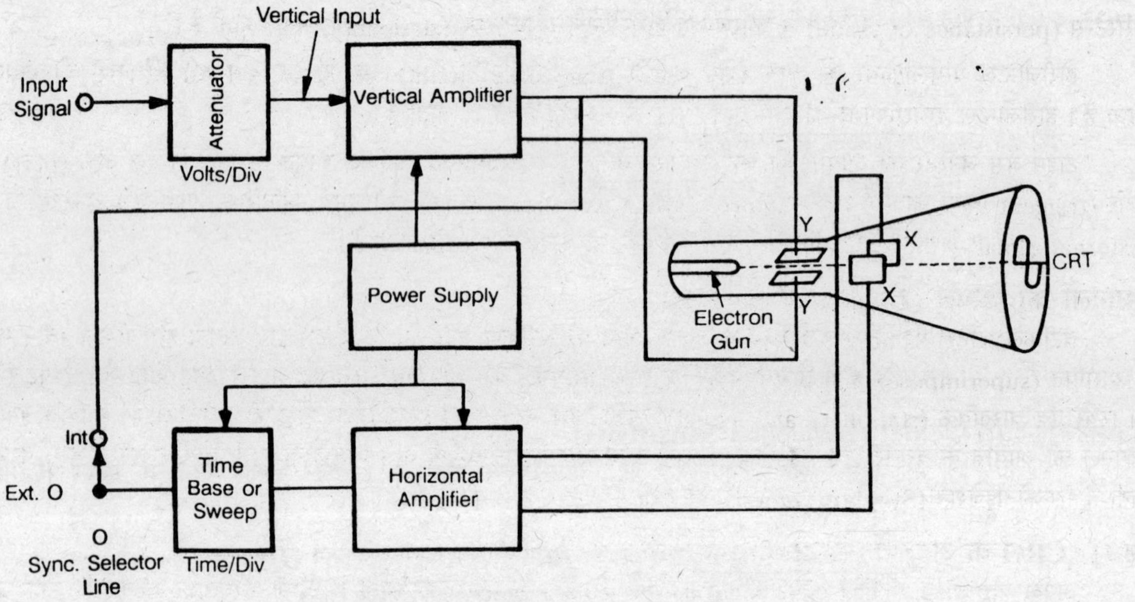


**चित्र 10.16–CRO का एक सरल ब्लॉक डायग्राम**

## पावर सप्लाई (Power Supply)

यह स्टेज, अन्य स्टेजों उदाहरणतः वर्टीकल एवं होरीजोन्टल एम्पलीफायर, टाइम बेस, CRT के इलेक्ट्रोड्स, (स्क्रीन को छोड़कर) के लिये उपयुक्त वोल्टेज देती है। CRT स्क्रीन के लिये उच्च वोल्टेज (higher voltage) होरीजोन्टल एम्पलीफायर की आउटपुट से उत्पन्न की जाती है।

## वर्टीकल एम्पलीफायर (Vertical Amplifier)

वह इनपुट सिगनल, जिसे स्क्रीन पर देखा जाता है, वर्टीकल एम्पलीफायर की इनपुट में दिया जाता है। इस स्टेज में सामान्यतः दो एम्पलीफायर स्टेज होती हैं, एक प्री-एम्पलीफायर तथा दूसरी पुश-पुल वर्टीकल एम्पलीफायर। वर्टीकल एम्पलीफायर को इनपुट एक अटेनुएटर नैटवर्क द्वारा दी जाती है। एम्लीफायर से प्राप्त आउटपुट सिगनल, वर्टीकल डिफ्लैक्शन प्लेटों (Y-plates) को दिया जाता है।

## होरीजोन्टल एम्पलीफायर एवं टाइम बेस जेनरेटर (Horizontal Amplifier and Time Base generator)

यदि CRT की X-प्लेट्स पर कोई dc वोल्टेज एप्लाई की जाये तब स्क्रीन पर प्रकाश बिन्दु एक क्षैतिज रेखा (horizontal line) में गति करता है। इसी प्रकार यदि वर्टीकल डिफ्लैक्शन प्लेट्स (Y-plates) को कोई ac वोल्टेज दें तब प्रकाश बिन्दु स्क्रीन पर ऊर्ध्व दिशा में (vertically), एक रेखा में ऊपर-नीचे गति करता है। अतः इससे एप्लाई किये गये सिगनल की तरंग के आकार का वास्तविक रूप उत्पन्न नहीं होता। तरंग का वास्तविक आकार प्लॉट करने के लिये यह आवश्यक है कि इसे, टाइम को अक्ष मानकर (time as an axis) प्लॉट किया जाये। अतः CRO की X-प्लेट्स पर एक टाइम-बेस वोल्टेज एप्लाई की जाती है। यह वोल्टेज एक टाइम बेस जेनरेटर परिपथ द्वारा जेनरेट की जाती है (चित्र 10.17)। इसे स्वीप वोल्टेज कहते हैं। जब X-प्लेट्स पर टाइम-बेस वोल्टेज

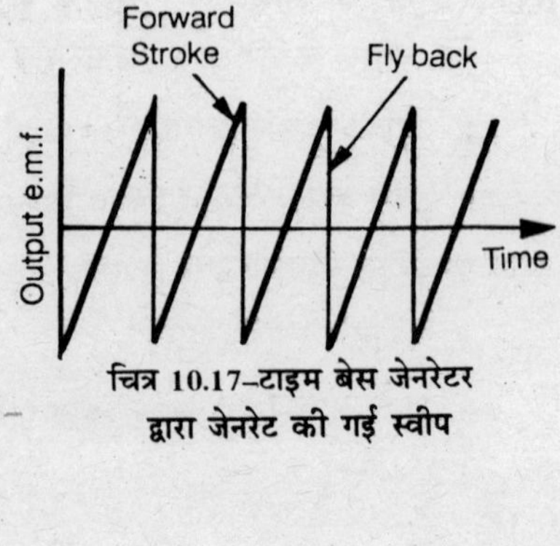


**चित्र 10.17–टाइम बेस जेनरेटर द्वारा जेनरेट की गई स्वीप**

एप्लाई की जाती है तब प्रकाश बिन्दु एक स्वीप में, स्क्रीन पर बायें से दायें (linearly from left to right) गति करता है तथा तुरन्त दूसरे स्वीप के प्रारम्भ में फ्लाई-बैक (flyback) कर प्रारम्भिक स्थिति (starting position) पर आ जाता है। हमारी दृष्टि की पर्सिस्टैन्स (persistance of vision) के कारण यह होरीज़ोन्टल स्वीप स्थिर (stationary) प्रतीत होती है।

होरीजोन्टल एम्पलीफायर का कार्य स्वीप जनरेटर (time base circuit) द्वारा जनरेट किये गये सिगनलों को एम्पलीफाई करना है। होरीजोन्टल एम्पलीफायर की आउटपुट CRT में X-प्लेट्स को दी जाती है।

टाइम बेस जनरेटर की आवृत्ति को कन्ट्रोल करने के लिये इसे सामान्यतः वर्टीकल इनपुट सिगनल के एक अंश (part) से ही ट्रिगर (trigger) किया जाता है। यह 'Internal synchronization' कहलाता है। इसके अतिरिक्त टाइम बेस जंनरेटर को किसी 'External signal' अथवा लाइन फ्रीक्वैन्सी (50 Hz) से भी ट्रिगर किया जा सकता है।

## सिगनलों का डिस्पले (Display of Signals)

वर्टीकल प्लेट्स पर ac एप्लाई करने के कारण स्पॉट की वर्टीकल गति जब X-प्लेट्स द्वारा उत्पन्न हौरीजॉन्टल स्वीप गति पर अध्यारोपित (superimpose) होती है तब स्क्रीन पर इनपुट सिगनल की वास्तविक तरंग का आकार प्राप्त होता है। इनपुट सिगनल का स्थिर एवं वास्तविक (stationary and actual) आकार उस समय प्राप्त होता है जब टाइम बेस जेनरेटर की आवृत्ति, इनपुट ac सिगनल की आवृत्ति के बराबर हो। यह क्रिया, जिसमें टाइम बेस की फ्रीक्वैन्सी तथा एप्लाई की गयी वोल्टेज की आवृत्ति बराबर की जाती है, सिन्क्रोनाइजेशन (Synchronization) कहलाती है।

## 10.11. CRO के अनुप्रयोग (CRO Applications)

अनेक परिपथों में, जिनकी इनपुट प्रतिबाधा (input impedance) कम होती है, उनमें वोल्टमीटर, फ्रीक्वैन्सी मीटर इत्यादि मापन यन्त्रों द्वारा मापन से परिपथ की लोडिंग अथवा डिट्यूनिंग (detuning) होती है तथा परिणाम त्रुटिपूर्ण प्राप्त होते हैं। ऐसी अवस्था में CRO एक प्रभावी मापन यन्त्र की भाँति प्रयोग किया जा सकता है। CRO द्वारा निम्न राशियों का मापन परिशुद्धता पूर्वक (accurately) किया जा सकता है—

1. AC तथा DC वोल्टेज का मापन
2. फेज शिफ्ट का मापन (Measurement of phase-shift)
3. आवृत्ति मापन (Frequency measurement using Lissajous figures)।

**1. AC तथा DC वोल्टेज का मापन**—कैथोड रे ऑसिलोस्कोप के स्क्रीन पर बीम का डिफ्लैक्शन, डिफ्लेक्शन प्लेटों पर एप्लाई की गयी वोल्टेज के सीधे समानुपाती होता है। सर्वप्रथम स्क्रीन को किसी ज्ञात वोल्टेज के पदों में कैलिब्रेट किया जाता है अर्थात् CRO की डिफ्लैक्शन सैन्सिटिविटी ज्ञात की जाती है।

मापी जाने वाली dc वोल्टेज Y-प्लेट्स को दी जाती है। स्क्रीन पर प्राप्त डिफ्लैक्शन को डिफ्लैक्शन सैन्सिटिविटी से गुणा करने पर dc वोल्टेज का मान ज्ञात किया जा सकता है।

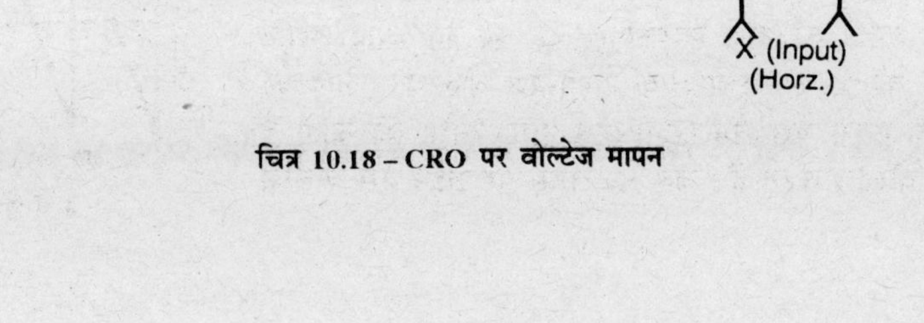


चित्र 10.18 – CRO पर वोल्टेज मापन

प्रत्यावर्ती धारा (ac) वोल्टेज के मापन के लिये भी ac वोल्टेज Y-इनपुट टर्मिनलों पर एप्लाई की जाती है तथा टाइम बेस परिपथ स्विच ऑफ (switch off) कर दिया जाता है। इससे स्क्रीन पर एक वर्टीकल लाइन प्राप्त होती है। इस लाइन की लम्बाई, ग्रेटीकल पर लगी चिन्हित (marked) प्लास्टिक प्लेट पर पढ़ ली जाती है। ग्रेटीकल CRT स्क्रीन के बाहर की ओर लगा रहता है। ग्रेटीकल को प्रारम्भ में किसी ज्ञात आयाम (known amplitude) की ac वोल्टेज द्वारा कैलीब्रेट कर लिया जाता है। स्क्रीन पर प्राप्त वर्टीकल लाइन एप्लाई की गयी ac वोल्टेज का peak-to-peak मान प्रदर्शित करती है।

**2. फेज-शिफ्ट का मापन (Measurement of Phase-shift) –** यदि X-प्लेटों पर एक ज्यातरंगीय (sinuosidal) वोल्टेज तथा Y-प्लेटों पर दूसरी ज्यातरंगीय (sinusoidal) वोल्टेज एप्लाई की जाये तब स्क्रीन पर लिसेजुअस पैटर्न (Lissajous figures) प्राप्त होते हैं। इस पैटर्न द्वारा दो वोल्टेज के मध्य फेज-शिफ्ट का मापन किया जा सकता है।

**चित्र 10.19–विभिन्न फेज-शिफ्ट पर लिसेजुअस पैटर्न**

तरंगों के मध्य विभिन्न फेज-शिफ्ट पर प्राप्त होने वाले Lissajous पैटर्न चित्र 10.19 में प्रदर्शित किये गये हैं।

**3. आवृत्ति मापन (Measurement of Frequency) –** लिसेजुअस पैटर्न (Lissajous pattern) द्वारा हम किसी सिगनल की आवृत्ति का सही (accurate) मान ज्ञात कर सकते हैं। जिस सिगनल की आवृत्ति ज्ञात की जाती है उसे वर्टीकल प्लेट्स (Y-plates) पर तथा एक स्टैन्डर्ड कैलीब्रेटेड ऑसिलेटर X-प्लेट्स पर कनैक्ट किया जाता है। CRO का आन्तरिक स्वीप जेनरेटर (internal sweep generator) स्विच-ऑफ कर दिया जाता है तथा स्वीप सलैक्टर को EXT पोजीशन पर सैट किया जाता है।

स्टैन्डर्ड ऑसिलेटर की फ्रीक्वैन्सी तब तक परिवर्तित की जाती है जब तक कि स्क्रीन पर एक स्थिर पैटर्न न प्राप्त हो जाये। जब यह पैटर्न एक वृत्त अथवा एक दीर्घवृत्त (ellipse) होता है तब दोनों सिगनलों की फ्रीक्वैन्सी बराबर होती है। यदि स्टैन्डर्ड ऑसिलेटर द्वारा समायोजन पर वृत्त अथवा दीर्घवृत्त नहीं प्राप्त होता तब ऑसिलेटर को इस प्रकार समायोजित (adjust) करते हैं कि स्क्रीन पर दो, तीन या अधिक बन्द लूप वाला कोई लिसेजुअस पैटर्न प्राप्त हो जैसा कि चित्र 10.20 में दिखाया गया है।

यदि इन पैटर्न पर क्षैतिज तथा ऊर्ध्व स्पर्श रेखायें खींची जायें तब क्षैतिज दिशा में पैटर्न के स्पर्श बिन्दुओं एवं ऊर्ध्व दिशा में स्पर्श बिन्दुओं का अनुपात, वर्टिकल एवं होरीजोन्टल सिगनलों की आवृत्ति का अनुपात दर्शाता है।

$$\frac{f_V}{F_H} = \frac{\text{बिन्दुओं की संख्या जिन पर स्पर्श रेखा पैटर्न को ऊपर या नीचे स्पर्श करती है}}{\text{बिन्दुओं की संख्या जिन पर स्पर्श रेखा ऊर्ध्व दिशा में एक साइड में स्पर्श करती है}}$$

$$= \frac{\text{क्षैतिज दिशा में स्पर्श बिन्दुओं की संख्या}}{\text{ऊर्ध्व दिशा में स्पर्श बिन्दुओं की संख्या}}$$

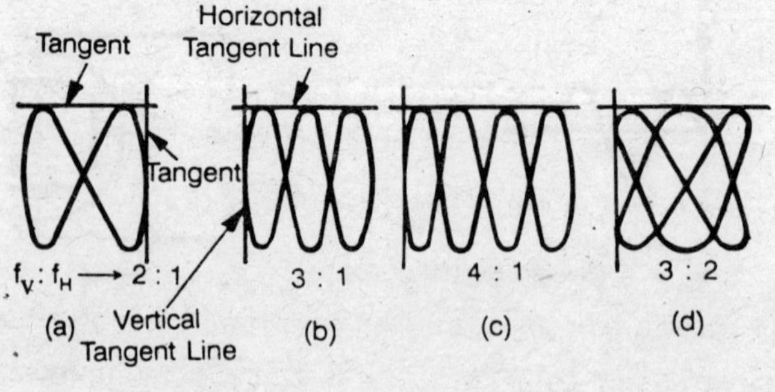


**चित्र 10.20–X तथा Y प्लेटों पर एप्लाई किये गये सिगनलों के विभिन्न आवृत्ति अनुपात पर प्राप्त Lissajous पैटर्न**

यदि लिसेजुअस पैटर्न चित्र 10.21 की भाँति खुले सिरों वाले होते हैं। तब एक क्षैतिज तथा एक ऊर्ध्व (vertical) लाइन इस प्रकार खींची जाती है कि वे पैटर्न के कटाव-बिन्दु से न गुजरे तथा पैटर्न को क्षैतिज एवं ऊर्ध्व दिशा में अधिकतम बिन्दुओं पर काटती हो। वर्टीकल तथा होरीजोन्टल सिगनलों की आवृत्ति का अनुपात निम्न प्रकार दिया जाता है—

$$\frac{F_V}{F_H} = \frac{\text{पैटर्न के साथ क्षैतिज रेखा के कटान—बिन्दु}}{\text{पैटर्न के साथ ऊर्ध्व रेखा के कटान—बिन्दु}}$$

स्टैण्डर्ड ऑसिलेटर की फ्रीक्वैन्सी $f_H$ पढ़कर $f_V$ के मान की गणना की जा सकती है। अज्ञात सिगनल की आवृत्ति ज्ञात होने पर तरंग का आवर्त काल (time period) ज्ञात करने के लिये सूत्र $T = \frac{1}{f}$ का प्रयोग किया जा सकता है।

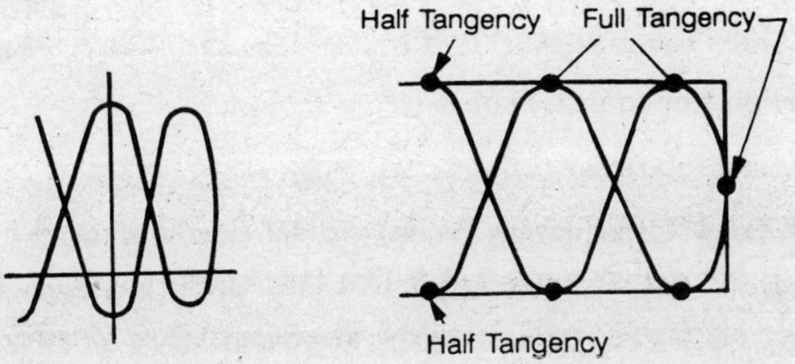


**चित्र 10.21–अर्ध-स्पर्श बिन्दु (half tangencies) वाले लिसेजुअस पैटर्न**

## स्टोरेज ऑसिलोस्कोप
## (Storage Oscilloscopes)

सामान्य प्रकार की CRT में, फॉसफर की पर्सिस्टैन्स (ट्रेस स्पष्ट रूप से दिखायी देने की अवधि) कुछ मिलीसेकण्ड से कुछ सेकण्ड तक ही होती है जिसके कारण यदि कोई घटना (phenomena or transient) केवल एक बार ही होती है तब वह अति शीघ्र (बहुत कम समय में) स्क्रीन से लुप्त हो जाती है। स्टोरेज टाइप की CRT डिस्पले को काफी अधिक समय तक (कई घण्टों तक) प्रदर्शित (retain) कर सकती है। स्टोरेज CRT का यह गुण निम्न-आवृत्ति (low-frequency) सिगनलों के प्रेक्षण (observation) में अत्यन्त उपयोगी है। सामान्य प्रकार के CRO's में इस प्रकार के डिस्प्ले का स्टार्ट उस समय तक धुंधला (fade) हो जाता है जब तक कि डिस्पले का अन्तिम भाग (end of display) स्क्रीन पर आता है।

स्टोरेज CRO's दो प्रकार के होते हैं—(i) एनेलॉग (analog) तथा (ii) डिजिटंल (digital)।

एनेलॉग स्टोरेज CROs की बैण्ड विड्थ तथा राइटिंग स्पीड (writing speed), डिजिटल स्टोरेज की तुलना में अधिक (लगभग 15 GHz) होती है।

डिजिटल CRO में A/D कनवर्टर प्रयुक्त किया जाता है। अतः इसकी स्पीड एनेलॉग से डिजिटल कनवर्जन की क्षमता पर निर्भर करती है। डिजिटल CRO में डिजिटल मैमोरी का उपयोग किया जाता है अतः इसमें अनन्त समय के लिये स्टोर किया जा सकता है तथा आवश्यकता होने पर स्क्रीन पर डिस्प्ले किया जा सकता है।

## प्रोब्स (CRO Probes)

प्रोब द्वारा टैस्ट परिपथ को परिवर्तित (alter) अथवा लोड किये बिना CRO से कनैक्ट किया जाता है। चैक किये जाने वाले सिगनल को दो चालकों (pair of conductors) द्वारा CRO के वर्टीकल इनपुट टर्मिनलों के साथ कनैक्ट किया जा सकता है। यह डायरेक्ट प्रोब कहलाती है। सामान्यतः हमारे हाथों के कारण धारिता (hand capacitances) के कारण हमिंग (humming) तथा

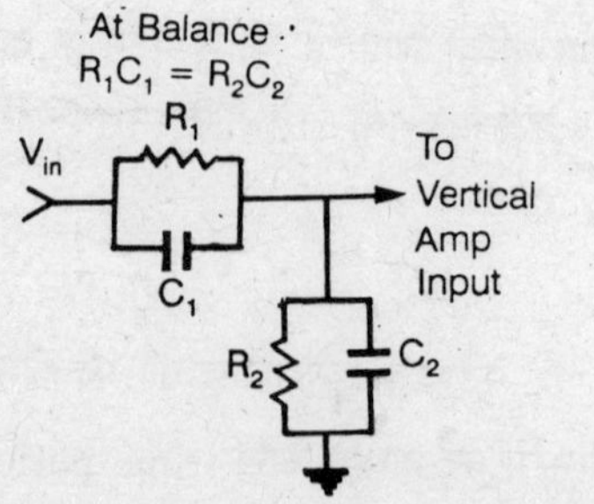


**चित्र 10.22–निम्न धारिता एवं उच्च इनपुट प्रतिबाधा प्रोब (Low capacitance and high input impedance probe)**

अन्य इन्टरफीरिंग सिगनलों (interfering signals) के पिक-अप को रोकने के लिये एक शील्डेड केबिल (shielded cable) का प्रयोग किया जाता है। इस प्रकार के शील्डेड केबिल तथा CRO की इनपुट धारिता (input capacitance) लगभग 60pF से 70pF तक होती है। यद्यपि इस धारिता के शन्टिंग प्रभाव (shunting effect) से निम्न आवृत्ति की तरंगों के आकार पर तो कोई प्रभाव नहीं होगा परन्तु उच्च आवृत्ति तरंगों तथा मॉडुलेटेड तरंगों की प्रकृति पर अवश्य ही प्रभाव पड़ता है। अतः उच्च आवृत्ति तरंगों के प्रेक्षण (observation) के लिये डायरैक्ट प्रोब उपयुक्त नहीं है। CRO पर यथार्थ (accurate) मापन एवं प्रेक्षण के लिये निम्न तीन प्रकार की प्रोब उपयोग में लायी जाती हैं—

1. निम्न धारिता की प्रोब (Low Capacitance Probe)
2. उच्च प्रतिबाधा प्रोब (High Impedance Probe)
3. डिटैक्टर प्रोब (Detector Probe)

**1. निम्न धारिता की प्रोब** (Low Capacitance Probe) – लीड्स (leads or wires) के कारण अवांछित लोडिंग तथा CRO की धारिता (capacitance) के प्रभाव को समाप्त करने के लिये निम्न धारिता (low capacitance) प्रोब प्रयुक्त की जाती है (चित्र 10.22)। चित्र में $R_2$ तथा $C_2$ एक सामान्य CRO के वर्टीकल एम्पलीफायर परिपथ की इनपुट इम्पीडैन्स प्रदर्शित करते हैं।

इस प्रोब का उपयोग ऐसे बिन्दुओं पर किया जाता है जहाँ पर सिगनल का आयाम काफी होता है। प्रायः इस प्रोब में एक स्विच भी होता है। स्विच को क्लोज (close) करने पर यह एक डायरैक्ट प्रोब की भाँति कार्य करती है।

**2. सोर्स फॉलोअर प्रोब अथवा उच्च प्रतिबाधा प्रोब** (Source Follower Probe or High Impedance Probe) – ऐसे परिपथ में, जिनमें सिगनल का आयाम बहुत कम होता है, सोर्स फॉलोअर प्रोब (source follower probe) प्रयुक्त की जाती है। यह एक उच्च प्रतिबाधा प्रोब होती है। चित्र 10.23 में एक सोर्स फॉलोअर प्रोब दिखायी गयी है। यह प्रोब अपने इनपुट टर्मिनलों पर उच्च प्रतिबाधा प्रस्तुत करती है तथा सिगनल में कोई अटेनुएशन नहीं उत्पन्न करती है। इस प्रोब को एक्टिव प्रोब (active probe) भी कहते हैं क्योंकि यह एक प्रकार का, कम आयाम वाला वाइड बैन्ड एम्पलीफायर (small scale wideband amplifier) है जो CRO के इनपुट टर्मिनलों पर समस्त सिगनल ट्रांसमिट कर देता है।

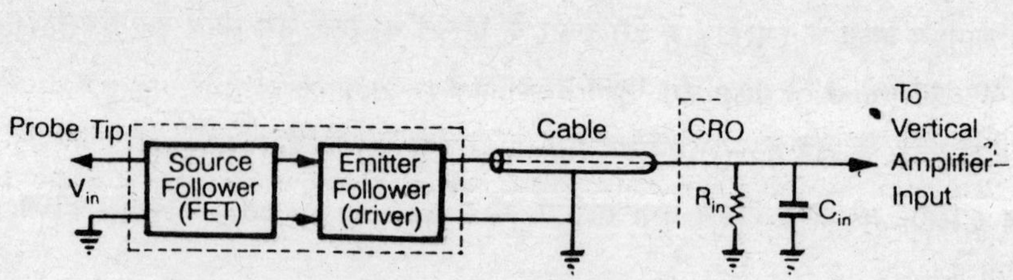


**चित्र 10.23–सोर्स फॉलोअर प्रोब**

**3. डिटैक्टर प्रोब** (Detector or Demodulator Probe) – चित्र 10.24 में एक ड़िटैक्टर प्रोब का परिपथ दिखाया गया है। मूलतः यह एक डायोड रैक्टीफायर तथा RF फिल्टर परिपथ है जो किसी एम्पलीट्यूड मॉडुलेटेड (AM) कैरियर के निम्न-आवृत्ति एनवेलप (low-frequency envelope) को डिटैक्ट कर सकता है। प्रोब की आउटपुट में निम्न आवृत्ति का सिगनल प्राप्त होता है जिसे CRO के वर्टिकल इनपुट में एप्लाई किया जाता है। इस प्रोब का उपयोग उच्च आवृत्ति के ट्यून्ड परिपथ के विश्लेषण तथा एलाइनमैन्ट में किया जाता है। रेडियो तथा TV रिसीवर्स के RF एवं IF स्टेज की ट्यूनिंग में यह प्रोब अत्यन्त उपयोगी है।

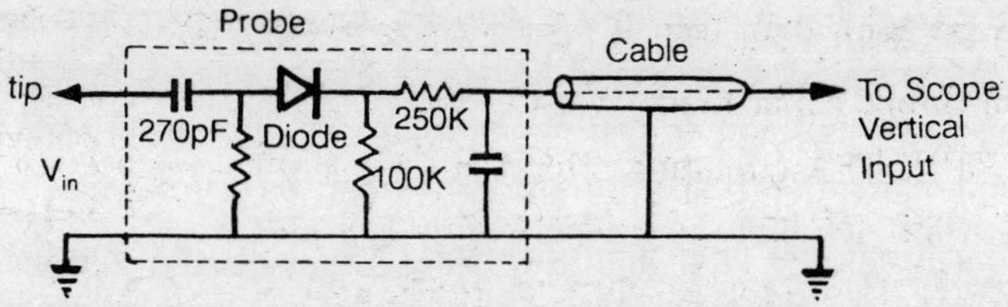


**चित्र 10.24–डिटैक्टर अथवा डिमोडुलेटर प्रोब**

## 10.12. डिजिटल वोल्टमीटर्स (Digital Voltmeters)

डिजिटल वोल्टमीटर (DVM), ए० सी० अथवा डी० सी० वोल्टेज को निश्चित अंकों (discrete numerals) में डिसप्ले करता है जबकि एनेलॉग डिवाइस, वोल्टेज को एक स्केल (continuous scale) पर प्वाइन्टर के डिफ्लैक्शन से प्रदर्शित करती है। डिजिटल डिस्पले, अनेक परिस्थितियों में अधिक उपयोगी होता है। DVM के निम्न लाभ हैं—

(1) इसमें मानवीय (human observation) तथा interpolation त्रूटियाँ कम हो जाती हैं

(2) पैरेलैक्स त्रुटि पूर्णतया समाप्त हो जाती है।

(3) प्रेक्षण गति (reading speed) बढ़ जाती है।

(4) आउटपुट, डिजिटल फार्म में प्राप्त होती है जिसे रिकार्डिंग एवं पुनः प्रोसेस करने में सुविधा होती है।

डिजिटल वोल्टमीटर्स निम्न प्रकार वर्गीकृत किये जा सकते हैं—

**1.** रैम्प टाइप डिजिटल वोल्टमीटर्स (Ramp Type DVM)

**2.** इन्टीग्रेटिंग टाइप डिजिटल वोल्टमीटर्स (Integrating Type DVM)

**3.** कन्टीनुअस बैलेन्स डिजिटल वोल्टमीटर्स (Continuous Type DVM)

**4.** सक्सैसिव एप्रौक्सिमेशन टाइप डिजिटल वोल्टमीटर्स (Successive Approximation Type DVM)

### रैम्प-टाइप डिजिटल वोल्टमीटर (Ramp-Type DVM)

रैम्प-टाइप DVM के ऑपरेशन का सिद्धान्त उस 'समय' के मापन पर आधारित है जिसमें एक लीनियर रैम्प वोल्टेज शून्य (0) से इनपुट वोल्टेज के लेविल तक उठने (rise) में लेती है अथवा वह समय जिसमें इनपुट वोल्टेज शून्य तक कम होने में लेती है। यह समय अन्तराल (time interval) एक इलेक्ट्रॉनिक टाइम इन्टरवल काउन्टर द्वारा मापा जाता है तथा काउन्ट, डिजिट्स में किसी इलेक्ट्रॉनिक इन्डिकेटिंग डिवाइस पर डिसप्ले होता है।

### इन्टीग्रेटिंग टाइप डिजिटल वोल्टमीटर (Integrating Type DVM)

इन्टीग्रेटिंग टाइप DVM, इनपुट वोल्टेज की 'true average value' एक निश्चित समय में मापता है जबकि रैम्प-टाइप DVM वोल्टेज को मापन चक्र (measuring cycle) की समाप्ति पर सैम्पल करता है। इन्टीग्रेशन करने के लिए एक voltage-to-frequency कनवर्टर का उपयोग किया जाता है। कनवर्टर फीडबैक कन्ट्रोल सिस्टम की भाँति कार्य करता है जो इनपुट वोल्टेज के मान के समानुपाती पल्स जेनरेशन की रेट नियन्त्रित करता है।

एनेलॉग से डिजिटल कनवर्जन (A/D कनवर्जन) की इस विधि का मुख्य लाभ यह है कि यह इन्पुट वोल्टेज पर noise की अधिक मात्रा सुपरइम्पोज होने पर भी मापन ठीक प्रकार (accurately) करता है क्योंकि इसमें इनपुट का इन्टीग्रेशन होता है।

### कन्टीनुअस बैलेन्स डिजिटल वोल्टमीटर्स (Continuous Balance Type DVM)

यह पोटेन्शियोमीटर टाइप DVM होता है। यह वोल्टेज कम्पेरीजन की तकनीकी पर कार्य करता है। इस DVM में एक अज्ञात (unknown) वोल्टेज की तुलना एक रैफरेन्स वोल्टेज से की जाती है जिसका मान एक कैलीब्रेडेट पोटेन्शियोमीटर की सैटिंग द्वारा निर्धारित होता है। बैलेन्स की स्थिति प्राप्त करने के लिए पोटेन्शियोमीटर की सैटिंग बदली जाती है। बैलेन्स (null) पोजिशन प्राप्त होने पर अज्ञात वोल्टेज का मान पोटेन्शियोमीटर की सैटिंग द्वारा प्रदर्शित होता है।

इस DVM में बैलेन्स मैनुअली नहीं प्राप्त किया जाता परन्तु स्वतः (automatically) प्राप्त होता है। इस प्रकार यह DVM वास्तव में सैल्फ-बैलेन्सिंग पोटेन्शियोमीटर है। पोटेन्शियोमीटरीक DVM में मापी जाने वाली वोल्टेज को डिसप्ले करने के लिए एक 'Readout' होता है।

### डिजिटल मीटर्स का रिजोल्यूशन (Resolution of Digital Meters)

डिजिटल मीटर में प्रयुक्त की गयी डिजिट्स की संख्या द्वारा मीटर का रिजोल्यूशन निर्धारित होता है। इस प्रकार एक डिजिटल वोल्टमीटर (DVM), जिसमें 3 अंक प्रयुक्त किये गये हों, $0-1V$ रेंज में 0 से 999mV तक डिस्पले कर सकता है तथा उसका न्यूनतम पाठयाँक अथवा रिजोल्यूशन 1mV होता है।

प्रायः मीटर्स में एक अन्य डिजिट (3 डिजिट वाले यन्त्रों में 4th डिजिट) भी प्रयोग किया जाता है जो 0 अथवा 1 हो सकता है तथा इसे एक्टिव डिजिट्स के बायीं साइड में रखा जाता है। इस अंक को प्रयुक्त करने पर 999 से ऊपर 1999 तक जाया जा सकता है। इससे रेंजों (ranges) के मध्य ओवरलेप प्राप्त होता है। यह ओवर-रेन्जिंग (over-ranging) कहलाता है। इस प्रकार के डिसप्ले को $3\frac{1}{2}$ डिजिट डिसप्ले कहते हैं।

डिजिटल मीटर का रिजोल्यूशन उसमें प्रयुक्त एक्टिव (active or full) डिजिट्स की संख्या द्वारा निर्धारित होता है।

यदि किसी मीटर में $n$ फुल डिजिट्स (active digits) हों तब उसका रिजोल्यूशन $1/10^n$ होता है।

इस प्रकार एक 4-डिजिट डिसप्ले का रिजोल्यूशन $1/10^4 = 0\cdot0001$ or $0\cdot01$ प्रतिशत होता है। इस रिजोल्यूशन को 10,000 में एक भाग (one part in one thousand) भी कहा जाता है।

### डिजिटल मीटर्स की सैन्सिटिविटी (Sensitivity of Digital Meters)

इनपुट में वह न्यूनतम परिवर्तन जिसकी एक डिजिटल मीटर पहचान (detect) कर सकता है, मीटर की सैन्सिटिविटी कहलाती है। एक वोल्टमीटर में मीटर की सबसे छोटी रेंज के फुल-स्केल मान एवं रिजोल्यूशन के गुणनफल को उसकी सैन्सिटिविटी कहते हैं।

अतः सैन्सिटिविटी = न्यूनतम रेंज का फुल-स्केल मान × रिजोल्यूशन

$$S = (\text{full scale value})_{min} \times R$$

यहाँ $S$ = Sensitivity,

$R$ = Resolution

### डिजिटल मीटर्स की यथार्थता (Accuracy of Digital Meters)

डिजिटल मीटर्स द्वारा मापन की यथार्थता (accuracy of measurement), रीडिंग के प्रतिशत तथा फुल-स्केल मान के प्रतिशत के योग (percentage of reading plus a percentage of full scale) द्वारा प्रदर्शित की जाती है।

## 10.13. स्ट्रेन गेज (Strain Gauge)

जब किसी स्ट्रक्चर अथवा उसके किसी member पर कोई दाब पड़ता है तब उसमें डिफॉमेंशन उत्पन्न होता है। स्ट्रेन गेज द्वारा किसी निश्चित दूरी एवं दिशा में उत्पन्न extension or compression को मापा जा सकता है। अधिकतर स्ट्रेनगेज, स्ट्रेन में परिवर्तन को, प्रतिरोध एवं चुम्बकीय (or inductive) परिवर्तन के पदों में रिकार्ड करती हैं। कुछ गेज फोटोइलेक्ट्रिक अथवा पीजोइलेक्ट्रिक प्रभाव पर भी आधारित होते हैं। प्रतिरोध पर आधारित गेज Resistance Wire Strain Gauge कहलाती है। वायर

स्ट्रेन गेज में एक मोटा धातु का तार किसी कैरियर (उदाहरणतः पेपर) पर सीमेन्टेड (Cemented) होता है। यह प्रतिरोध तार ही डिफॉर्मेशन ज्ञात करने के लिए measuring element का कार्य करता है। इस मापन में स्ट्रेन गेज, स्ट्रक्चर के उस भाग पर सीमेंट कर दिया जाता है जिस पर स्ट्रैस उत्पन्न होता है। स्ट्रक्चर की सतह में उत्पन्न डिफॉर्मेशन, सीमेन्ट की परतों तथा कैरियर से होकर धातु के तार (gauge wire) में ट्रांसफर हो जाते हैं जिससे तार के प्रतिरोध में अनुपातिक परिवर्तन (proportional change) होते हैं जिन्हें इलेक्ट्रॅनिक अथवा इलेक्ट्रिकल विधियों द्वारा मापा जा सकता है।

प्रतिरोध के परिवर्तन के सिद्धान्त पर कार्य करने वाली स्ट्रेन गेज (resistance strain gauges) दो प्रकार की होती हैं।

1. अनबोन्डेड टाइप स्ट्रेन गेज (Unbounded type strain gauge)

2. बोन्डेड टाइप स्ट्रेन गेज (Bonded type strain gauge)

## अनबोन्डेड टाइप स्ट्रेन गेज (Unbonded Type Strain Gauge)

चित्र 10.25 (a) में एक Unbonded टाइप स्ट्रेन गेज प्रदर्शित की गयी है। इस गेज में प्रयुक्त प्रतिरोधी तार किसी इनसुलेटिंग माध्यम उदाहरणतः वायु में दो बिन्दुओं के मध्य तनाव में (stretched) रखा जाता है। प्रतिरोधी तार प्रायः कॉपर-निकिल, क्रोम-निकिल अथवा निकिल-आयरन मिश्र धातुओं (alloys) के होते हैं। इनका व्यास 0·003 mm तथा लम्बाई 25 mm अथवा इससे कम होती है। चित्र 10·25 (a) में विस्थापन (displacement) मापन की विधि की गयी है। प्रणाली में दो फ्रेम एक स्थिर तथा दूसरा मूविंग (moving) है।

दोनों फ्रेमों के मध्य चार प्रतिरोध वायर बिन्दुओं AA′, BB′, CC′ तथा DD′ के मध्य stretched है। ये स्ट्रेन गेज की चार वाइन्डिग के रूप में कार्य करते हैं तथा इनके प्रतिरोध चित्र 10.25 (b) की भाँति एक व्हीट स्टोन ब्रिज की चार भुजाओं $R_1, R_2, R_3$ तथा $R_4$ की भाँति संयोजित किये जाते हैं। दोनों फ्रेमों के मध्य एक flexture element लगाया जाता है जिसका mechanical attachment किसी डायफ्राम से होता है जो दाब अथवा विस्थापन को (sense) ज्ञात करता है।

गेज में प्रयुक्त चारों गेज वायर्स में प्रारम्भ में तनाव (tension) तथा उनका प्रतिरोध समान होता है जिसके कारण ब्रिज की आउटपुट $e_0$ शून्य होती है। दाब में अल्प (small) परिवर्तन से moving फ्रेम में कुछ विस्थापन (displacement) होता है। जिससे दो तारों (wires) में तनाव (tension) बढ़ता है तथा दो में कम होता है। इसके प्रभाव से उन तारों का प्रतिरोध बढ़ जाता है जो tension में हैं तथा शेष दोनों तारों (wires) का प्रतिरोध घट जाता है। प्रतिरोध में परिवर्तन के फलस्वरूप ब्रिज असन्तुलित हो जाता है तथा उससे एक आउटपुट प्राप्त होती है जो विस्थापन (displacement) के समानुपाती होती है।

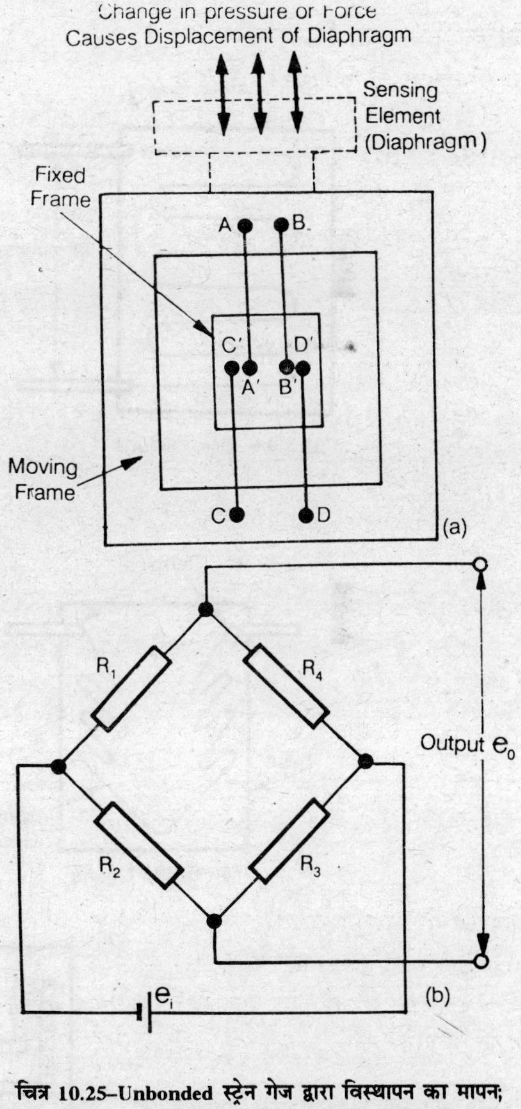


**चित्र 10.25–Unbonded स्ट्रेन गेज द्वारा विस्थापन का मापन;**

**(a) दाब अथवा बल में परिवर्तन से गेज वायर्स AA′, BB′, CC′ तथा DD′ में tension अथवा compression उत्पन्न होता है।**

**(b) स्ट्रेन गेज के वायर्स AA′, BB′, CC′ तथा DD′ एक ब्रिज की संरचना करते हैं तथा दाब अथवा बल परिवर्तन पर ब्रिज से, विस्थापन के समानुपाती आउटपुट $e_0$ प्राप्त होती है**

## बोन्डेड टाइप वायर स्ट्रेन गेज
## (Bonded Type Wire Strain Gauge)

वायर स्ट्रेन गेज में सेन्सिंग वायर, कैरियर तथा सीमेन्ट का प्रयोग किया जाता है। सेन्सिंग वायर प्रायः मिश्र धातु (alloys) के होते हैं तथा कैरियर (उदाहरणतः पेपर, टेफलॉन इत्यादि) पर चित्र 10.26 की भाँति विभिन्न आकारों में सीमेन्ट किये जाते हैं। गेज यूनिट को कैरियर पर किसी सीमेंट द्वारा अच्छी प्रकार बोन्ड किया जाना आवश्यक है जिससे की specimen में उत्पन्न समस्त डिफॉर्मेशन गेज वायर में ट्रांसफर हो सके। इथाईल सेलुलोज, नाइट्रोसैलुलोज, बैकेलाइट तथा इपॉक्सी सीमेन्ट को adhesive की भाँति प्रयुक्त किया जाता है। इन सीमेन्ट को 175°C ताप तक प्रयुक्त कर सकते हैं।

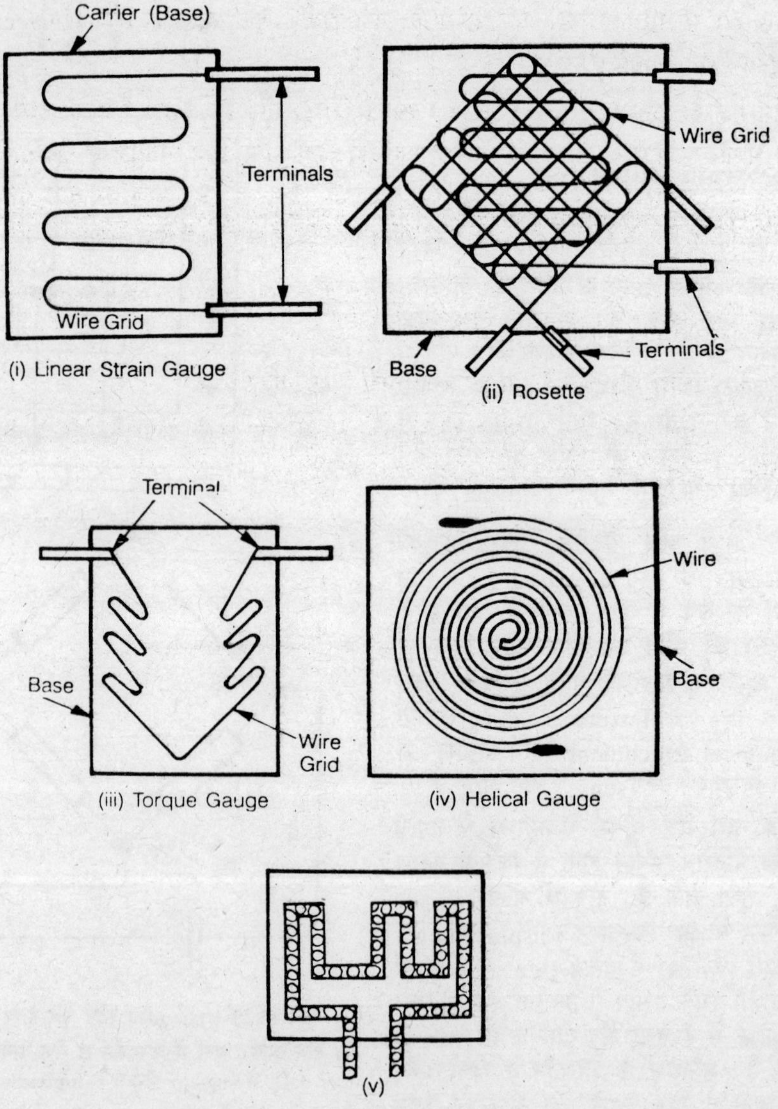


चित्र 10.26–वायर स्ट्रेन गेज के विभिन्न पैटर्न

डिफॉर्मेशन के कारण उत्पन्न प्रतिरोध में परिवर्तन को gauge factor के पदों में मापा जा सकता है।

$$\text{Gauge factor} = \frac{\text{Change in resistance per unit ohm}}{\text{Change in length per unit length}}$$

$$\text{Gauge factor} = \frac{\Delta R/R}{\Delta L/L}$$

उत्तम परिणाम प्राप्त करने के लिए प्रतिरोध वायर स्ट्रेन गेज के निम्न अभिलक्षण होने चाहियें—

(i) स्ट्रेन गेज का gauge factor उच्च होना चाहिये। उच्च गेज फेक्टर होने से उच्च सुग्राह्यता (sensitivity) प्राप्त होती है।

(ii) स्ट्रेन गेज का प्रतिरोध अधिक से अधिक उच्च होना चाहिये। इससे मापन परिपथ के प्रतिरोध (resistance of connecting leads etc.) में परिवर्तन का मापन पर प्रभाव नहीं होता। शुद्ध मापन के लिए connecting leads तथा टर्मिनल इत्यादि के प्रतिरोध न्यूनतम होने चाहियें।

सामान्यतः स्ट्रेन गेज के प्रतिरोध 120 Ω, 350 Ω तथा 1000 Ω होते हैं। यद्यपि गेज का उच्च प्रतिरोध होने से मापन हेतु प्रयुक्त ब्रिज के अन्य भागों के प्रतिरोधों में परिवर्तन का प्रभाव नहीं होता परन्तु उच्च प्रतिरोध से sensitivity में गिरावट आती हैं। उच्च sensitivity प्राप्त करने के लिये उच्च वोल्टेज पर प्रचालित ब्रिज उत्तम रहते हैं। ब्रिज की धारा क्षमता भी गेज वायर की धारा क्षमता के अनुकूल होनी चाहिये है। सामान्यतः स्ट्रेन गेज में प्रयुक्त प्रतिरोध चालकों की धारा क्षमता 30 mA तक होती है।

(iii) स्ट्रेन गेज में प्रयुक्त प्रतिरोध वायर्स का प्रतिरोध ताप गुणांक (resistance temperature co-efficient) निम्न होना चाहिये। इससे मापन में ताप परिवर्तन के कारण त्रुटियाँ नहीं होती।

(iv) स्ट्रेन गेज के परफॉर्मेंस पर हिस्टेरिसिस का प्रभाव नहीं होना चाहिए।

(v) स्ट्रेन गेज के सम्पूर्ण मापन क्षेत्र में समानता (uniformity) प्राप्त करने के लिये गेज के अभिलक्षण रेखीय (linear) होना चाहिये अर्थात् प्रतिरोध में परिवर्तन, स्ट्रेन के समानुपाती होने चाहिये।

(vi) स्ट्रेन गेज की आवृत्ति-अनुक्रिया उत्तम होनी चाहिये अर्थात् समस्त आवृत्ति क्षेत्र में गेज के अभिलक्षण लीनियर होने चाहिये।

# Objective Type Questions
## (Instruments and Measurements)

1. कम मान के प्रतिरोध (low resistance) के मापन की सबसे अधिक सामान्य विधि ——— है।
(a) व्हीटस्टोन ब्रिज विधि (b) पोटेन्शियोमीटर विधि
(c) वोल्टमीटर-एमीटर विधि
(d) कैल्विन डबल ब्रिज विधि

2. निम्न में से किसे D.C. मापन के लिए प्रयुक्त नहीं कर सकते—
(a) मूविंग आयरन वोल्टमीटर
(b) वाइब्रेशन गैल्वेनोमीटर
(c) आर्सोनवाल गैल्वेनोमीटर
(d) उपरोक्त में कोई नहीं

3. CRO की डिफ्लैक्शन सैन्सिटिविटी का मात्रक (units) है—
(a) meter/volt (b) mm/volt
(c) mm/m volt (d) उपरोक्त में कोई नहीं

4. निम्न में से किस यन्त्र में मापन के समय अधिकतम पावर व्यय होती है ?
(a) इन्डक्शन इन्सट्रूमैन्ट (b) हॉट वायर इन्सट्रूमैन्ट
(c) थर्मोकपल इन्सट्रूमैन्ट
(d) इलैक्ट्रो-डायनेमोमीटर इन्सट्रूमैन्ट

5. निम्न में से किस मीटर का स्केल लीनियर होता है ?
(a) थर्मोकपल मीटर (b) मूविंग आयरन मीटर
(c) हॉट-वायर मीटर (d) मूविंग कॉयल मीटर

6. मूविंग आयरन टाइप इन्सट्रूमैन्ट द्वारा DC तथा AC मापन में कौन-सी त्रुटि (error) नहीं होती ?
(a) हिस्टेरेसिस त्रुटि
(b) स्ट्रे-चुम्बकीय क्षेत्रों के कारण त्रुटि
(c) ताप (temperature) के कारण त्रुटि
(d) भंवर धारा त्रुटि (eddy current error)

7. गुरुत्व द्वारा नियन्त्रित (gravity controlled) यन्त्रों में स्केल यूनिफार्म नहीं होता बल्कि सिरों पर (at the end) crowded होता है क्योंकि—
(a) बैलेन्सिंग भार (balance weight), कन्ट्रोलिंग भार से अधिक होता है
(b) धारा डिफ्लैक्शन कोण $\theta$ के समानुपाती होती है
(c) धारा डिफ्लैक्शन कोण के sin के समानुपाती होती है
(d) बैलेन्सिंग भार यूनिफॉर्म नहीं होता

8. स्टैन्डर्ड प्रतिरोध को निर्मित करने में किस पदार्थ का उपयोग किया जाता है ?
(a) कॉन्सटैन्टन (b) मैगनिन
(c) नाइक्रोम (d) गोल्ड-क्रोमियम

9. गेल्वेनोमीटर्स प्रायः dc एम्पलीफायर्स के साथ प्रयोग किये जाते हैं। ऐसे परिपथों में एम्पलीफायर का मुख्य कार्य—
(a) वोल्टेज सैन्सिटिविटी बढ़ाना है
(b) धारा सैन्सिटिविटी बढ़ाना है
(c) रेसपोंस टाइम (response time) को सुधारना है
(d) परिपथ द्वारा ली गयी पावर को कम करना है

10. डायनेमोमीटर टाइप इन्सट्रूमैन्ट्स का लाभ है ———
(a) कुन्डलियाँ वायु-क्रोडित (air cored) होने के कारण इन्सट्रूमैन्ट में हिस्टेरेसिस तथा भंवर धारा (eddy current) हानियां नहीं होतीं
(b) Torque/weight अनुपात कम (low) होता है
(c) ऑपरेटिंग धारा अधिक होती है
(d) स्केल यूनिफॉर्म नहीं होता

11. इलेक्ट्रोस्टैटिक इन्सट्रूमैन्ट्स पर ——— का प्रभाव होता है।
(a) ताप (temperature) (b) आवृत्ति
(c) स्ट्रे चुम्बकीय क्षेत्र (d) स्ट्रे इलेक्ट्रोस्टैटिक क्षेत्र

12. AC ब्रिज को इनपुट सामान्यतः ——— द्वारा दी जाती है।

(a) एम्पलीफायर
(b) रैगुलेटिड पावर सप्लाई
(c) ऑसिलेटर (d) D.C. बैटरी

13. 4 डिजिट के DVM का रिजॉल्यूशन होता है—
(a) 1/4 (b) 1/10000
(c) 1/1000 (d) 1%

14. स्ट्रेन गेज एक पैस्सिव (passive) ट्रांसड्यूसर है तथा इसका उपयोग मिकेनिकल डिसप्लेसमैन्ट को ........ में कनवर्ट करने के लिए किया जाता है।
(a) ताप (Temperature) (b) प्रतिरोध
(c) इन्डक्टैन्स (d) कैपेसिटैन्स

15. गेल्वेनोमीटर द्वारा ........ का मापन नहीं किया जा सकता।
(a) कम मान (small magnitude) की वोल्टेज तथा धारा
(b) दो धाराओं की समानता (equality of two currents)
(c) विद्युत की मात्रा (quantity of electricity) अथवा धारा इम्पल्स
(d) वोल्टेज इम्पल्स

16. एक इन्सट्रूमैन्ट की सैन्सिटिविटी 1000Ω/V है। 100V स्केल पर इन्सट्रूमैन्ट का आन्तरिक प्रतिरोध ........ होगा—
(a) 10 Ω (b) 10,000 Ω
(c) 100,000 Ω (d) 1,000 Ω

17. दो 300V dc वोल्टमीटर्स, जिनके प्रतिरोध क्रमशः 15,000 Ω तथा 5000 Ω हैं श्रेणी में कनैक्ट किये गये हैं। इस प्रणाली (combination) द्वारा अधिकतम सुरक्षित (maximum safe) वोल्टेज कितनी मापी जा सकती है?
(a) 600V (b) 400V
(c) 300V (d) 200V

18. दो मिलिएमीटर्स जिनकी फुल-स्केल धारायें क्रमशः 1 mA तथा 10 mA है समानान्तर में कनैक्ट किये गये हैं। वे क्रमशः 0·5 mA तथा 2·5 mA पाठयांक (reading) देते हैं। उनके आन्तरिक प्रतिरोधों का अनुपात क्या होगा?
(a) 1 : 10 (b) 10 : 1
(c) 1 : 5 (d) 5 : 1

19. निम्न में से किस इन्सट्रूमैन्ट द्वारा 1500KV, ac वोल्टेज का मापन किया जा सकता है ?
(a) मूविंग कॉयल वोल्टमीटर
(b) इलेक्ट्रोस्टैटिक वोल्टमीटर
(c) मूविंग आयरन वोल्टमीटर
(d) हॉट वायर इन्सट्रूमैन्ट

20. थर्मोकपल इन्सट्रूमैन्ट किस राशि का मापन करते हैं?
(a) धारा (b) वोल्टेज
(c) फ्लक्स (d) उपरोक्त में कोई नहीं

21. कैपेसिटर की डाइलैक्ट्रिक हानि (dielectric loss) ......... द्वारा मापी जा सकती है।
(a) हेय ब्रिज (b) शियरिंग ब्रिज
(c) मैक्सवैल ब्रिज (d) एन्डरसन ब्रिज

22. एक आदर्श (ideal) एमीटर का आन्तरिक प्रतिरोध (internal resistance) ......... होना चाहिये।
(a) 0 (b) बहुत अधिक
(c) बहुत कम (d) अनन्त

23. एक 50 Ω, 1 mA मीटर की रेंज (i) 2 mA, (ii) 10 mA तक बढ़ाने के लिए आवश्यक शंट के मान क्या होगें?
(a) 50 Ω, 5·5 Ω (b) 50 Ω, 5 Ω
(c) 50 Ω, 40 Ω (d) 5·5 Ω, 5·5 Ω

24. एक मीटर में 1 A धारा प्रवाहित करने पर उसमें 90° का फुल-स्केल डिफ्लैक्शन होता है। यह मीटर वर्ग-नियम (square law) के सिद्धान्त पर प्रचालित होता है मीटर में 45° डिफ्लैक्शन के लिए कितनी धारा की आवश्यकता होगी?
(a) 0·5 A (b) 0·25 A
(c) 0·707 A (d) 0·67 A

25. एक 150 $\mu$A एमीटर का प्रतिरोध 1000 Ω है। मीटर की रेंज 750 $\mu$A तक करने के लिए आवश्यक प्रतिरोध का मान क्या होगा?
(a) 222 Ω (b) 225 Ω
(c) 250 Ω (d) 150 Ω

26. हॉट वायर इन्सट्रूमैन्ट का डिफ्लैक्शन ........ पर निर्भर करता है।

(a) ac धारा के instantaneous मान पर

(b) धारा के औसत (average) मान पर

(c) धारा के r.m.s. मान पर

(d) उपरोक्त में कोई नहीं

27. एक non-sinusoidal वोल्टेज एक मूविंग आयरन एमीटर को तथा रैक्टीफायर-टाइप मीटर को सप्लाई की गयी है। मीटर्स में पाठयांक क्रमशः 12·1 V तथा 11·1 V प्राप्त होते हैं। हार्मोनिक धारा का मान, धारा के प्रतिशत में (in percentage of average value) ---------- है।

(a) 63·8% (b) 100%

(c) 43·4% (d) 10%

28. एक मल्टीमीटर में 20 $\mu$A का इन्सट्रूमैन्ट लगा है। इसका इनपुट प्रतिरोध किस dc वोल्टेज रेंज पर 6 m$\Omega$ होगा?

(a) 0·3V (b) 0 – 12V

(c) 0 – 60V (d) 0 – 300V

29. डायनोमोमीटर टाइप यन्त्रों में भंवर धारा (eddy current) डैम्पिंग का उपयोग नहीं किया जा सकता क्योंकि—

(a) इस उद्देश्य के लिए आवश्यक स्थायी चुम्बक प्रयुक्त करने पर डिफ्लैक्शन पर प्रभाव पड़ेगा अतः इन्सट्रूमैन्ट की रीडिंग त्रुटिपूर्ण होगी

(b) भंवर धारायें आयरन में से गुजरेंगी जिससे हानियाँ होंगी

(c) इन्सट्रूमैन्ट का साइज बढ़ जायेगा

(d) उपरोक्त सभी

30. इलेक्ट्रोस्टैटिक टाइप यन्त्रों का उपयोग सामान्यतः ---------- के लिए किया जाता है।

(a) कम मान की धाराओं (low currents) के मापन में

(b) अधिक मान की धाराओं (high currents) के मापन में

(c) कम मान की वोल्टेज (low voltages) के मापन में

(d) अधिक मान की धाराओं (high voltages) के मापन में

31. बैलास्टिक गैल्वेनोमीटर का उपयोग ---------- के मापन में किया जा सकता है।

(a) धारा (current) (b) फ्लक्स (flux)

(c) उपरोक्त (a) तथा (b) दोनों

(d) उपरोक्त में कोई नहीं

32. कम मान के प्रतिरोध (low resistance) का मापन ---------- द्वारा किया जाता है।

(a) डि-सौटी ब्रिज (b) मैक्सवैल ब्रिज

(c) कैल्विन डबल ब्रिज (d) वेन ब्रिज

33. 3-फेज, 4-वायर इनर्जी मीटर (energy meter) का उपयोग ---------- परिपथों में पावर मापन के लिए किया जाता है।

(a) सिंगल फेज (b) 2-फेज

(c) 3-फेज बैलेन्स्ड

(d) 3-फेज अनबैलेन्स्ड (unbalanced) परिपथ

34. सोलर सैल—

(a) फोटो वोल्टाइक डिवाइस है

(b) फोटो कन्डक्टिव डिवाइस है

(c) फोटो एमिसिव (emissive) डिवाइस है

(d) उपरोक्त में कोई नहीं

35. ताप (temperature) कन्ट्रोल के लिए प्रयुक्त थर्मोस्टेट—

(a) एक एब्सोल्यूट (absolute) इन्सट्रूमैन्ट है

(b) एक इन्डिकेटिंग इन्सट्रूमैन्ट है

(c) एक कन्ट्रोलिंग इन्सट्रूमैन्ट है

(d) एक रिकार्डिंग इन्सट्रूमैन्ट है

36. इन्डक्शन टाइप वाटमीटर्स का उपयोग ---------- मापन के लिए किया जा सकता है।

(a) केवल डी० सी० पावर

(b) केवल ए० सी० पावर

(c) केवल डी० सी० तथा ए० सी० दोनों पावर

(d) सिंगल फेज परिपथ में केवल AC पावर

37. किन यन्त्रों में भंवर धारा तथा हिस्टेरेसिस हानियाँ नही होती—

(a) इलेक्ट्रो-स्टैटिक इन्सट्रूमैन्ट

(b) PMMC टाइप इन्सट्रूमैन्ट

(c) मूविंग आयरन इन्सट्रूमैन्ट

(d) इलेक्ट्रोडायनेमोमीटर इन्सट्रूमैन्ट

38. मापन प्रणाली में ट्रांसड्यूसर—

(a) एक इनपुट एलीमेन्ट होता है

(b) एक आउटपुट एलीमैन्ट होता है

(c) एक प्रोसैसिंग डिवाइस है

(d) सिगनल-कन्डीशनिंग डिवाइस है

39. निम्न में से कौन-सा इन्सट्रूमैन्ट ac तथा dc दोनों के मापन के लिए प्रयुक्त किया जा सकता है ?

(a) मूविंग आयरन (attraction type) एमीटर

(b) मूविंग आयरन (repulsion type) एमीटर

(c) स्थायी चुम्बक (permanent magnet) टाइप एमीटर

(d) इन्डक्शन टाइप एमीटर

40. अत्यन्त उच्च (very very high) प्रतिरोध उदाहरणत: इन्सुलेशन प्रतिरोध के मापन के लिए निम्न में से कौन-सा इन्सट्रूमैन्ट प्रयुक्त किया जाता है ?

(a) AVO मीटर (b) मल्टीमीटर

(c) मैगर (d) ओम मीटर

41. थर्मिस्टर का प्रतिरोध ताप गुणांक (temperature coefficient of resistance) .......... होता है ।

(a) निगेटिव तथा कम (low and negative)

(b) पॉजिटिव तथा कम (low and positive)

(c) निगेटिव तथा उच्च (high and negative)

(d) पॉजिटिव तथा उच्च (high and positive)

42. डायनेमोमीटर टाइप वाटमीटर में मुख्य त्रुटि—

(a) प्रेशर कुन्डली की इन्डक्टैन्स के कारण होती है

(b) मुचुअल इन्डक्टैन्स के कारण होती है

(c) प्रेशर कुन्डली की कैपेसिटैन्स के कारण होती है

(d) भंवर धाराओं (eddy currents) के कारण होती है

43. रैक्टीफायर टाइप इन्सट्रूमैन्ट प्रदर्शित करते हैं ————

(a) r.m.s. मान

(b) अधिकतम (peak) मान

(c) औसत (average) मान

(d) तात्क्षणिक (instantaneous) मान

44. दो 200V, dc वोल्टमीटर्स जिनके प्रतिरोध क्रमश: 200 KΩ तथा 5 KΩ हैं श्रेणी में कनैक्ट कर 100V सप्लाई से जोड़े गये हैं। वोल्टमीटर्स के पाठयांक (readings) होंगे क्रमश:—

(a) 50V , 50V (b) 60V, 40V

(c) 40V, 60V (d) 80V, 20V

45. कैपेसिटर्स का 'loss angle' .......... होना चाहिये ।

(a) कम से कम (as small as possible)

(b) शून्य (zero)

(c) अधिक से अधिक (as high as possible)

(d) 90°

46. निम्न में से किस इन्सट्रूमैन्ट द्वारा 600 KV a.c. वोल्टेज का मापन किया जा सकता है ?

(a) हॉट वायर इन्सट्रूमैन्ट

(b) इलेक्ट्रोस्टैटिक वोल्टमीटर

(c) मूविंग कॉयल वोल्टमीटर

(d) मूविंग आयरन वोल्टमीटर

47. निम्न में से कौन-सा थर्मोजंक्शन (thermojunction) नहीं है ?

(a) आयरन-कॉन्सटैन्टन (b) लैड-कारबन

(c) सिल्वर-कॉन्सटैन्टन (d) कॉपर-कॉन्सटैन्टन

48. इन्डक्शन टाइप वाटमीटर का ऑपरेशन ...... पर आधारित है ।

(a) इलेक्ट्रोस्टैटिक बल (electrostatic forces)

(b) थर्मोइलेक्ट्रिक प्रभाव (thermoelectric effect)

(c) हॉल प्रभाव (Hall's effect)

(d) भंवर धारा प्रवाह (Eddy current flow)

49. धारा मीटर (current meter) में शन्ट—

(a) मीटर की रेंज बढ़ाने के लिए मीटर के श्रेणी में कनैक्ट किया जाता है

(b) मीटर की रेंज बढ़ाने के लिए मीटर के समानान्तर श्रेणी में कनैक्ट किया जाता है

(c) मीटर की रेंज घटाने के लिए मीटर के समानान्तर श्रेणी में कनैक्ट किया जाता है

(d) मीटर पर वोल्टेज ड्रॉप घटाने के लिए समानान्तर श्रेणी में कनैक्ट किया जाता है

50. श्रेणी में कनैक्ट किये दो इन्डक्टर्स $L_1$ तथा $L_2$ के मध्य मुचुअल इन्डक्टैन्स $M$ है। इस संयोजन की तुल्य (equivalent) इन्डक्टैन्स द होगी।

(a) $L_1 - L_2 - 2M$ (b) $L_1 + L_2 + 2M$

(c) $L_1 + L_2 - M$ (d) $L_1 + L_2 - 2M$

51. कम मान के कैपेसिटर (low value of capacity), उच्च मान के इन्डक्टर्स (high inductances) तथा उच्च प्रतिरोध के मापन के उपयुक्त परिपथ है—

(a) श्रेणी कनैक्शन Q मीटर

(b) समानान्तर कनैक्शन Q मीटर

(c) डायरैक्ट कनैक्शन Q मीटर

(d) उपरोक्त में कोई नहीं

52. इनर्जी मीटर (energy meter) की डिस्क की स्पीड उस अवस्था में स्थिर (constant) होती है जब—

(a) ऑपरेटिंग टॉर्क, ब्रेकिंग टॉर्क के बराबर होता है

(b) ब्रेकिंग टॉर्क, ऑपरेटिंग टॉर्क का दो गुना होता है

(c) ब्रेकिंग टॉर्क शून्य होता है

(d) ऑपरेटिंग टॉर्क से ब्रेकिंग टॉर्क से कम होता है

53. यदि गैल्वेनोमीटर की धारा सैन्सिटिविटी बढ़ाई जाये तब वोल्टेज सेन्सिटिविटी—

(a) भी बढ़ जायेगी (b) घट जायेगी

(c) धारा सेन्सिटिविटी पर निर्भर नहीं करती

(d) उपरोक्त में कोई नहीं

54. इनर्जी मीटर (energy meter) की डिस्क में स्पिन्डल के विपरीत दिशाओं में दो छिद्र (holes) किये जाते हैं जिससे—

(a) डिस्क का भार उत्तम (easy) रोटेशन के लिए कम हो जाता है

(b) वायु प्रवाह (ventilation) उपयुक्त हो जाता है

(c) शून्य लोड (no load) पर क्रीपींग (creeping) समाप्त हो जाती है

(d) डिफ्लैक्शन टॉर्क बढ़ जाता है

55. निम्न में प्राइमरी सैल है—

(a) ZN-C ड्राई सैल (b) Lead acid सैल

(c) Ni-Cd wet सैल (d) उपरोक्त में कोई नहीं

56. एम्पीयर-घन्टा (amp hour) .......... का मात्रक है।

(a) पावर (b) ऊर्जा (energy)

(c) सैल की कैपेसिटी (d) उपरोक्त में कोई नहीं

57. एमीटर का प्रतिरोध बहुत अधिक होने पर परिपथ में धारा—

(a) बढ़ सकती है (b) कम हो सकती है

(c) प्रवाह बन्द (stop) हो सकता है

(d) कम-अधिक (fluctuate) हो सकती है

58. निम्न में से किस विधि द्वारा 3-phase balanced अथवा unbalanced लोड में पावर का मापन किया जा सकता है—

(a) एक वाटमीटर विधि (b) दो वाटमीटर विधि

(c) तीन वाटमीटर विधि (d) चार वाटमीटर विधि

59. निम्न में सबसे अधिक सैन्सिटिव इन्सट्रूमैन्ट .......... है।

(a) बैलास्टिक गैल्वेनोमीटर (प्वाइन्टर टाइप)

(b) बैलास्टिक गैल्वेनोमीटर (स्पॉट टाइप)

(c) वाइब्रेशन गैल्वेनोमीटर

(d) डि-आर्सोनवाल गैल्वेनोमीटर

60. किस यन्त्र द्वारा 50 MHz आवृत्ति की 10 mV वोल्टेज का मापन किया जा सकता है—

(a) मूविंग आयरन वोल्टमीटर

(b) VTVM

(c) मूविंग कॉयल वोल्टमीटर

(d) CRO

61. निम्न में से किस इन्सट्रूमैन्ट में हिस्टेरेसिस तथा भंवर धारा (eddy current) हानियाँ नहीं होतीं—

(a) मूविंग आयरन इन्सट्रूमैन्ट

(b) इलेक्ट्रोस्टैटिक इन्सट्रूमैन्ट

(c) इलेक्ट्रोडायनेमोमीटर टाइप इन्सट्रूमैन्ट

(d) उपरोक्त सभी

62. यदि कम सैन्सिटिविटी (low sensitivity) का एक वोल्टमीटर, किसी उच्च प्रतिरोधी परिपथ (high resistive circuit) में कनैक्ट किया जाये तो मीटर की रीडिंग (reading) –

(a) वास्तविक वोल्टेज से कम होगी

(b) वास्तविक वोल्टेज से अधिक होगी

(c) वास्तविक वोल्टेज के बराबर होगी

(d) पूर्णतया ठीक (accurate) होगी

63. स्थायी चुम्बक टाइप मूविंग कॉयल (PMMC) इन्सटुमेन्ट में डिफ्लैक्टिंग टॉर्क ——— के समानुपाती होता है।

(a) AC के औसत (average) मान

(b) AC के r.m.s. मान

(c) AC के अधिकतम (peak) मान

(d) AC के तात्क्षणिक (instantaneous) मान

64. निम्न में से किस विधि द्वारा कैपेसिटर का क्षरण प्रतिरोध (leakage resistance) मापा जा सकता है—

(a) मैगर (b) शीयरिंग ब्रिज

(c) पोटेन्शियोमीटर

(d) आवेश हानि (loss of charge) विधि द्वारा

65. एक 50 $\mu$A मीटर की $\Omega$/V में सैन्सिटिविटी ——— होगी।

(a) 20 K$\Omega$/V (b) 50 K$\Omega$/V

(c) 2000 K$\Omega$/V (d) 20M$\Omega$/V

66. सैल का आन्तरिक प्रतिरोध—

(a) इलेक्ट्रोलाइट की कन्सैन्ट्रेशन के सीधे समानुपाती होता है

(b) इलैक्ट्रोड प्लेट के क्षेत्रफल (area) के विलोमानुपाती होता है

(c) प्रयुक्त इलेक्ट्रोलाइट द्वारा निर्धारित होता है

(d) उपरोक्त सभी

67. एक DVM में $4\frac{1}{2}$ डिजिट डिसप्ले होती है। मीटर की 10,000V रेंज में अधिकतम पाठ्यांक (reading) .......... हो सकता है।

(a) 9999 (b) 1·9999

(c) 9·9999 (d) 19999

68. निम्न में से किस इन्सटुमेन्ट में a.c. तथा d.c. पर समान कैलीब्रेशन होता है?

(a) इलेक्ट्रोडायनेमोमीटर इन्सट्रूमैन्ट

(b) मूविंग आयरन इन्सट्रूमैन्ट

(c) रेक्टीफायर टाइप इन्सट्रूमैन्ट

(d) मूविंग कॉयल इन्सट्रूमैन्ट

69. इन्डक्टैन्स ——— द्वारा मापी जाती है।

(a) वेन (wien) ब्रिज (b) शियरिंग ब्रिज

(c) मैक्सवैल ब्रिज (d) ओवेन ब्रिज

70. किसी कुण्डली के साथ स्वैम्पिंग प्रतिरोध (swamping resistance) प्रयुक्त करने से—

(a) ताप के कारण त्रुटि (temperature error) कम हो जाती है

(b) सैन्सिटिविटी बढ़ जाती है

(c) थरमल e.m.f. के कारण त्रुटि कम हो जाती है

(d) इन्सट्रूमैन्ट द्वारा ली गयी पावर कम हो जाती है

71. मूविंग कॉयल इन्सट्रूमैन्ट की कुण्डली—

(a) एल्यूमिनियम फ्रेम पर वाइन्ड की जाती है

(b) आयरन फ्रेम पर वाइन्ड की जाती है

(c) इन्सुलेटिंग मैटीरियल के फ्रेम पर वाइन्ड की जाती है

(d) अर्धचालकीय मैटीरियल के फ्रेम पर वाइन्ड की जाती है

72. इन्सुलेशन चैक करने के लिए ——— प्रयुक्त किया जाता है।

(a) मल्टीमीटर (b) ओम मीटर

(c) टोंग टैस्टर (d) मैगर

73. एमीटर का आन्तरिक प्रतिरोध ...... के लिए बहुत कम होना चाहिये।

(a) उच्च सैन्सिटिविटी

(b) उच्च यथार्थता (high accuracy)

(c) मीटर पर अधिकतम उच्च वोल्टेज ड्रॉप

(d) परिपथ में धारा पर न्यूनतम (minimum) प्रभाव

74. वोल्टेज सोर्स का आन्तरिक प्रतिरोध ——— उच्च होना चाहिये।

(a) वोल्टेज सोर्स से अधिक धारा प्राप्त करने के लिए

(b) उच्च वोल्टेज रेंज के लिए

(c) मीटर में न्यूनतम (minimum) धारा के लिए

(d) अधिकतम लोडिंग प्रभाव (loading effect) के लिए

75. निम्न में कौन-सा स्टेटमैन्ट 'true' है?

(a) समानान्तर में कनैक्ट किया गया उच्च प्रतिरोध का गैवेनोमीटर वोल्टमीटर होता है

(b) श्रेणी में कनैक्ट किया गया उच्च प्रतिरोध का गेल्वेनोमीटर एमीटर होता है

(c) समानान्तर में कनैक्ट किया गया कम प्रतिरोध गैल्वेनोमीटर वोल्टमीटर होता है

(d) श्रेणी में कनैक्ट किया गया कम प्रतिरोध का गैल्वेनोमीटर एमीटर होता है

**76.** 100 KΩ प्रतिरोध किस रेंज में है—

(a) निम्न (low) (b) मध्यम (medium)

(c) उच्च (high)

(d) बहुत उच्च (very high)

**77.** 240V dc वोल्टेज एक रैक्टीफायर टाइप इन्सट्रूमैन्ट तथा एक मूविंग आयरन इन्सट्रूमैन्ट द्वारा मापी जाती है। मीटर्स की रीडिंग क्रमशः ...... तथा ...... होगी।

(a) 0, 240 (b) 240, 240

(c) 266·5, 240 (d) 266·5, 399

**78.** बैलिस्टिक गैल्वेनोमीटर में बहुत कम डैम्पिंग (very small damping) का उपयोग—

(a) प्रणाली (system) को दोलनी (oscillatory) बनाने के लिए किया जाता है

(b) पहला डिफ्लैक्शन अधिक (large) लेने के लिए किया जाता है

(c) पहला डिफ्लैक्शन कम (small) लेने के लिए किया जाता है

(d) प्रणाली की क्रिटिकल डैम्पिंग करने के लिए किया जाता है

**79.** ट्रांसड्यूसर वह डिवाइस है जो—

(a) एक प्रकार की पावर को दूसरे प्रकार की पावर में कनवर्ट करती है

(b) एक प्रकार की ऊर्जा को दूसरे प्रकार की ऊर्जा में कनवर्ट करती है

(c) इलेक्ट्रिकल सिगनलों के मापन में सहायक होती है

(d) ट्रांसफॉर्मर के समान होती है

**80.** दो वाटमीटर विधि द्वारा पावर मापन में लोड का पावर फैक्टर .............. होता है।

(a) $\sqrt{3}\,\dfrac{W_2 - W_1}{W_1 + W_2}$ (b) $W_1 + W_2$

(c) $\dfrac{W_1 + W_2}{W_1 + W_2}$ (d) $\dfrac{W_1 + W_2}{\sqrt{W_1 + W_2}}$

**81.** PMMC इन्सट्रूमैन्ट का मुख्य लाभ क्या है ?

(a) उच्च टॉर्क-भार अनुपात (torque/weight ratio) जिससे उच्च यथार्थता (accuracy) प्राप्त होती है

(b) शन्ट एवं मल्टीप्लायर्स के उपयोग द्वारा एक ही इन्सट्रूमैन्ट को अनेक धारा तथा वोल्टेज रेंज के लिए प्रयुक्त किया जा सकता है

(c) ac तथा dc दोनों राशियों का मापन किया जा सकता है

(d) स्केल यूनिफॉर्म होता है

**82.** बैलिस्टिक गैल्वेनोमीटर में डैम्पिंग, प्रक्रिया में .............. होता है।

(a) Hyperbolic decay

(b) Logarithmic decay

(c) Exponential decay

(d) Exponential rise

**83.** 2 वाटमीटर विधि द्वारा 3-फेज लोड की पावर मापन में पावर फैक्टर 0·5 होने पर एक वाटमीटर की रीडिंग .............. होगी।

(a) $W/2$ (b) Zero

(c) $W/\sqrt{3}$ (d) $\sqrt{2}\,W$

**84.** यदि किसी इन्सटुमैन्ट में मापी जाने वाली उच्च राशियों (larger quantities) के लिए क्रैम्प्ड (cramped) स्केल है तब इन्सटुमैन्ट .............. नियम पर ऑपरेट होता है।

(a) स्क्वायर स्केल नियम (square scale law)

(b) लघुगणकीय स्केल नियम (logarithmic scale law)

(c) यूनिफॉर्म स्केल

(d) उपरोक्त में कोई नहीं

**85.** मूविंग आयरन इन्सटुमैन्ट का कोर परमैलॉय (permalloy) का किस कारण से बनाया जाता है ?

(a) सैन्सिटिविटी बढ़ाने के लिए

(b) ताप का प्रभाव (temp effect) कम करने के लिए

(c) स्ट्रे चुम्बकीय क्षेत्रों का प्रभाव कम करने के लिए

(d) इन्सट्रूमैन्ट का साइज छोटा करने के लिए

86. किस इन्सट्रूमैन्ट में डिफ्लैक्शन औसत मान (average value) पर निर्भर करता है।

(a) मूविंग आयरन मीटर

(b) रैक्टीफायर मीटर

(c) हॉटवायर (hot wire) मीटर

(d) मूविंग कॉयल (mc) मीटर

87. उन इन्सट्रूमैन्ट्स में जिनमें चुम्बकीय क्षेत्र दुर्बल (weak) होता है किस प्रकार की डैम्पिंग प्रयुक्त की जाती है ?

(a) वायु घर्षण (air friction) डैम्पिंग

(b) द्रव घर्षण (fluid friction) डैम्पिंग

(c) भंवर धारा (eddy current) डैम्पिंग

(d) उपरोक्त में कोई नहीं

88. निम्न में से मल्टीप्लायर्स के सम्बन्ध में 'false' स्टेटमैन्ट सैलेक्ट कीजिये।

(a) उनका प्रतिरोध समय के साथ परिवर्तित नहीं होना चाहिये

(b) ताप के साथ उनके प्रतिरोध में अधिक परिवर्तन होना चाहिये

(c) ऑपरेटिंग वोल्टेज के साथ उनके प्रतिरोध में कम परिवर्तन होना चाहिये

(d) ac मीटर्स में उपयोग के लिये उन्हें non-inductively लपेटा (wound) जाना चाहिये

89. शन्ट के सामान्य अभिलक्षण क्या हैं ?

(a) शन्ट तथा इन्सट्रूमैन्ट का ताप गुणांक (temperature coefficient) उच्च होना चाहिये

(b) शन्ट का प्रतिरोध समय के साथ परिवर्तित नहीं होना चाहिये

(c) उनमें धारा प्रवाहित होने पर ताप में अधिक वृद्धि नहीं होनी चाहिये

(d) उनका थरमल e.m.f. कम होना चाहिये

90. डिजिटल वोल्टमीटर (DVM) प्रदर्शित करता है—

(a) अधिकतम मान (peak value)

(b) r.m.s. मान (r.m.s. value)

(c) peak to peak मान

(d) औसत मान (average value)

91. निम्न में से किस इन्सट्रूमैन्ट को केवल a.c. राशियों के मापन के लिये प्रयुक्त किया जा सकता है ?

(a) डायनेमोमीटर टाइप इन्सट्रूमैन्ट

(b) इलेक्ट्रोस्टैटिक टाइप इन्सट्रूमैन्ट

(c) थर्मोकपल टाइप इन्सट्रूमैन्ट

(d) इन्डक्शन टाइप इन्सट्रूमैन्ट

92. एक PMMC एमीटर की कुण्डली का प्रतिरोध 99 Ω तथा f.s.d. धारा 0·1 mA है। मीटर में 1 Ω का शन्ट लगा है। 1/2 फुल स्केल डिफ्लैक्शन (0·5 f.s.d.) पर मीटर में क्या धारा होगी ?

(a) 0·07mA (b) 0·05mA

(c) 0·025mA (d) 0·1mA

93. दो वोल्टमीटर्स $V_1$ तथा $V_2$ श्रेणी में एक dc लाईन से कनैक्ट किये गये। $V_1$ की रीडिंग 100 V है तथा इसकी सैन्सिटिविटी 100Ω/volt है। $V_2$ का कुल प्रतिरोध 15 KΩ है। लाइन वोल्टेज क्या होगी ?

(a) 400V (b) 220V

(c) 250V (d) 230V

94. पावर फैक्टर मीटर में—

(a) केवल एक कुण्डली होती है

(b) धारा तथा वोल्टेज दोनों कुण्डलियाँ होती हैं

(c) केवल वोल्टेज कुण्डली होती है

(d) उपरोक्त में कोई नहीं

95. एक इन्सट्रूमैन्ट का प्रतिरोध 2000 Ω है तथा निर्धारित धारा 50 μA है। फुल-स्केल डिफ्लैक्शन पर मीटर ——— वोल्टेज प्रदर्शित करेगा।

(a) 0·1V (b) 0·2V

(c) 0·5V (d) 250μV

96. PMMC मीटर को ac वोल्टेज से कनैक्ट करने पर—

(a) मीटर शून्य पाठ्यांक देगा

(b) मीटर नष्ट (damage) हो जायेगा

(c) प्वाइन्टर में कम्पन होंगे

(d) प्वाइन्टर की कोई गति नहीं होगी

97. A.C. इन्सट्रूमैन्ट की रेंज बढ़ाने की सामान्य विधि ——— है।

(a) शन्ट का उपयोग

(b) मल्टीप्लायर्स का उपयोग

(c) इन्सट्रूमैन्ट ट्रांसफॉर्मर्स का उपयोग

(d) AC पोटेन्शियोमीटर्स का उपयोग

**98.** वाटमीटर्स का ऑपरेशन ........... सिद्धान्त पर आधारित है।

(a) चुम्बकीय प्रभाव के

(b) इलेक्ट्रोडायनेमिक प्रभाव

(c) विद्युत चुम्बकीय प्रभाव (d) इलेक्ट्रोस्टैटिक प्रभाव

**99.** निम्न में कौन-सा यन्त्र इलैक्ट्रोस्टेटिक प्रभाव पर आधारित है?

(a) एमीटर्स, वोल्टमीटर्स

(b) DC एम्पीयर घंटा मीटर

(c) वोल्टमीटर्स एवं वाट मीटर्स

(d) एमीटर्स, वोल्टमीटर्स, वाटमीटर्स

**100.** एक इन्सट्रूमैन्ट का प्रतिरोध 2 Ω तथा उसकी f.s.d. धारा 50 mA है। मीटर से 5 A धारा का मापन किस प्रकार किया जा सकता है?

(a) 0·0202 Ω का शन्ट प्रयुक्त कर

(b) 202 Ω का प्रतिरोध श्रेणी में प्रयुक्त कर

(c) 0·202 Ω का शन्ट प्रयुक्त कर

(d) 2000 Ω का श्रेणी प्रतिरोध प्रयुक्त कर

**101.** इन्सट्रूमैन्ट की रेंज अधिक (wide range) होने के लिए मीटर में—

(a) लीनियर स्केल होना चाहिये

(b) वर्ग नियम (square law) स्केल होना चाहिये

(c) एक्पोनैन्शियल स्केल होना चाहिये

(d) लघुगणकीय (logarithmic) स्केल होना चाहिये

**102.** मापन यन्त्रों में स्प्रिंग का कार्य—

(a) कुन्डलियों (coils) में धारा भेजना है

(b) प्वाइन्टर के कम्पनों को कम करना है

(c) प्वाइन्टर की गति कन्ट्रोल करना है

(d) धूरी (pivot) को उसके स्थान पर होल्ड करना है

**103.** VTVM द्वारा किसी निम्न (low) प्रतिबाधा पर मापी गयी वोल्टेज मल्टीमीटर द्वारा मापी गयी वोल्टेज की तुलना में अधिक विश्वसनीय है क्योंकि—

(a) VTVM की सैन्सिटिविटी बहुत अधिक होती है

(b) यह उच्च इनपुट इम्पीडैन्स उपलब्ध कराता है

(c) यह मापी जाने वाली वोल्टेज को परिवर्तित नहीं करता

(d) उपरोक्त सभी

**104.** E.M.F. मापन करते समय इन्सट्रूमैन्ट द्वारा ली गयी धारा को कम करने के लिए उपयुक्त यन्त्र ........... है।

(a) PMMC इन्सट्रूमैन्ट

(b) इलेक्ट्रॉनिक इन्सट्रूमैन्ट

(c) इलेक्ट्रोस्टैटिक इन्सट्रूमैन्ट

(d) पोटेन्शियोमीटर

**105.** VTVM तथा a.c. मिलिवोल्ट मीटर की रचनाओं में मूल अन्तर क्या है ?

(a) VTVM रैक्टीफायर-एम्पलीफायर टाइम होता है जबकि मिलीवोल्टमीटर में कोई अतिरिक्त प्रोब नहीं होती

(b) VTVM का मूल्य मिलिवोल्ट मीटर की तुलना में लगभग 10 गुना होता है

(c) VTVM रैक्टीफायर-एम्पलीफायर टाइप होता है जबकि मिलिवोल्ट मीटर एम्पलीफायर-रैक्टीफायर टाइप होता है

(d) AC मिलिवोल्ट मीटर का मीटर a.c. टाइप होता है जबकि VTVM का मीटर dc टाइप होता है

**106.** उच्च आवृत्ति तथा, कम मान की (low) धाराओं के मापन के लिये सबसे अधिक उपयुक्त यन्त्र ........... हैं।

(a) इन्डक्शन टाइप इन्सट्रूमैन्ट

(b) मूविंग कॉयल गैल्वेनोमीटर

(c) इलैक्ट्रोडायनेमिक एमीटर

(d) थर्मोकपल टाइप इन्सट्रूमैन्ट

**107.** क्रीपींग सामान्यतः—

(a) वाट-घंटा मीटर्स (watt-hour meter) में होती है

(b) पावर फैक्टर मीटर में होती है

(c) वाट मीटर में होती है

(d) KVAR मीटर में होती है

**108.** ओममीटर्स में एक 'safety' प्रतिरोध का उपयोग किया जाता है। इसका फंक्शन है—

(a) कुन्डली में धारा सीमित (limit) करना

(b) कुण्डली के एक्रोस वोल्टेज ड्रॉप बढ़ाना

(c) कुण्डली में धारा बढ़ाना

(d) बैटरी की सुरक्षा करना

**109.** मध्यम (medium) मान के प्रतिरोधों के मापन में निम्न में से किस विधि का उपयोग नहीं किया जा सकता ?

(a) एमीटर-वोल्टमीटर विधि

(b) व्हीट स्टोन ब्रिज

(c) कैल्विन डबल ब्रिज

(d) प्रतिस्थापन (substitution) विधि

**110.** गैल्वेनोमीटर में ———— डैम्पिग का उपयोग किया जाता है।

(a) वायु घर्षण (air friction) डैम्पिग

(b) द्रव घर्षण (fluid friction) डैम्पिग

(c) स्प्रिंग कॉयल डैम्पिग

(d) भंवर धारा (eddy current) डैम्पिग

**111.** एक रैक्टीफायर टाइप इन्सट्रूमैन्ट को d.c. मोड में सैट कर 100V, d.c. दिये जाते हैं। मीटर की रीडिंग ———— होगी।

(a) 111V (b) 90V

(c) 50V (d) 100V

**112.** इन्डिकेटिंग टाइप यन्त्रों में चुम्बकीय, इलैक्ट्रोडायनेमिक, इलैक्ट्रोमैगनेटिक, थरमल, कैमिकल तथा इलैक्ट्रोस्टैटिक प्रभावों को प्रयुक्त कर उत्पन्न बलाघूर्ण (torque) .......... होता है।

(a) कन्ट्रोलिंग टॉर्क (b) डिफ्लैक्टिंग टॉर्क

(c) डैम्पिग टॉर्क (d) रेस्टोरिंग टॉर्क

**113.** पोटेन्शियोमीटर द्वारा मुख्य रूप से—

(a) प्रतिरोधों की तुलना की जाती है

(b) E.M.Fs की तुलना की जाती है

(c) कैपेसिटैन्स की तुलना की जाती है

(d) धाराओं की तुलना की जाती है

**114.** सीमेन्स (Siemens) ———— का मात्रक है।

(a) कन्डक्टैन्स (b) प्रतिरोध

(c) फ्लक्स घनत्व (d) विद्युत क्षेत्र

**115.** VR बॉक्स (volt ratio box) का उपयोग ———— के साथ किया जाता है।

(a) वोल्टमीटर्स (b) एमीटर्स

(c) पोटेन्शियोमीटर्स (d) व्हीट स्टोन ब्रिज

**116.** एक n-फेज सर्किट में न्यूनतम ———— वाटमीटर्स द्वारा पावर का मापन किया जा सकता है।

(a) n (b) n/2

(c) n-1 (d) n-2

**117.** बैलिस्टिक् गैल्वेनोमीटर में विक्षेपण बलाघूर्ण (deflecting torque) .......... के समानुपाती होता है।

(a) कुण्डली में धारा

(b) कुण्डली में धारा के वर्ग

(c) कुण्डली में धारा के वर्गमूल

(d) मापी गयी राशि के sine

**118.** AC पोटेन्शियोमीटर्स—

(a) ठीक d.c. पोटेन्शियोमीटर्स के समान होते हैं

(b) dc पोटेन्शियोमीटर्स की तुलना में सस्ते होते हैं

(c) का ऑपरेशन dc पोटेन्शियोमीटर्स की तुलना में सरल होता है

(d) का ऑपरेशन पोटेन्शियोमीटर्स की तुलना में जटिल होता है

**119.** एक ओम-मीटर में एक 0 – 100 $\mu$A, 50 Ω मीटर का उपयोग किया गया है। मीटर में 1·2 V बैटरी के साथ 'safety resistor' का मान क्या होगा ?

(a) 11,950 Ω (b) 650 Ω

(c) 119,500 Ω (d) 7,850 Ω

**120.** मूविंग आयरन इन्सट्रूमैन्ट्स—

(a) केवल ac मापन के लिए प्रयुक्त किये जाते हैं

(b) केवल dc मापन के लिए प्रयुक्त किये जाते हैं

(c) ac तथा dc दोनों मापन के लिए प्रयुक्त किये जाते हैं

(d) पोलेराइज्ड टाइप के इन्सट्रूमैन्ट हैं

**121.** किसी राशि की 'indicated value' तथा 'true value' में अन्तर को ——— कहते हैं।

(a) रिलेटिव त्रुटि (relative error)

(b) एब्सॉल्यूट त्रुटि (absolute error)

(c) ग्रॉस त्रुटि (gross error)

(d) डायनेमिक त्रुटि (dynamic error)

**122.** डेम्पिग बल वह बल है जो—

(a) इन्सट्रूमैन्ट के मूविंग सिस्टम की शून्य स्थिति से गति कराता है

(b) डिफ्लैक्टिंग टॉर्क का विरोध करता है तथा प्रणाली के डिफ्लैक्शन के साथ बढ़ता है

(c) प्रणाली की मूविंग प्रणाली पर केवल उस समय कार्य करता है जब वह गति करती है तथा यह बल सदा गति का विरोध करता है

(d) इन्सट्रूमैन्ट में उपलब्ध न होने पर मूविंग सिस्टम का डिफ्लैक्शन अनन्त (infinite) हो जाता है

**123.** कैपेसिटर वोल्टेज डिवाइडर का उपयोग सामान्यतः ——— इन्सटुमेन्ट की रेंज बढ़ाने के लिये किया जाता है।

(a) इलेक्ट्रोस्टैटिक (b) इलेक्ट्रोडायनेमोमीटर

(c) इन्डक्शन (d) मूविंग आयरन

**124.** पावर मापन की 3-वोल्टमीटर विधि में मापी गयी पावर—

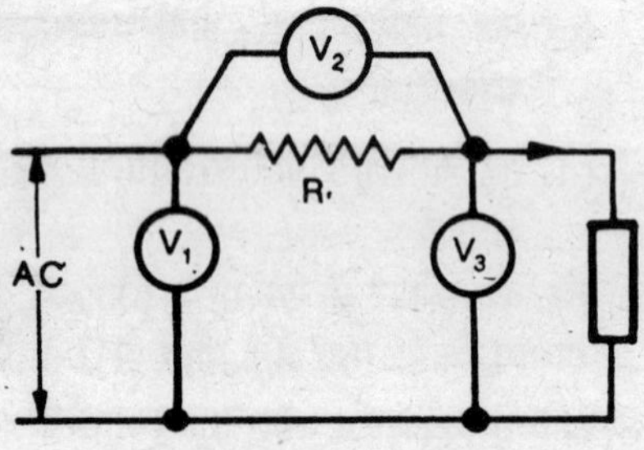


चित्र 10.27

(a) $P = \dfrac{V_1^2 - V_2^2 - V_3^2}{2R}$

(b) $P = \dfrac{V_2^2 - V_1^2 - V_3^2}{2R}$

(c) $P = \dfrac{V_2^2 + V_3^2 - V_2^2}{2R}$

(d) $P = \dfrac{V_1^2 + V_2^2 + V_3^2}{2R}$

**125.** डायनेमोमीटर टाइप इन्स्ट्रूमैन्ट में स्थिर (fixed) कुण्डली को प्रायः—

(a) पोटेन्शियल कुण्डली के समान प्रयोग किया जाता है

(b) धारा कुण्डली के समान प्रयोग किया जाता है

(c) धारा अथवा पोटेन्शियल कुण्डली के समान प्रयोग किया जा सकता है

(d) डायनेमीटर इन्सट्रूमैन्ट में स्थिर कुण्डली नहीं होती

**126.** निम्न में से किस यन्त्र में मापन के समय सबसे कम शक्ति (power) व्यय होती है?

(a) PMMC इन्सट्रूमैन्ट

(b) VTVM

(c) डि० आर्सोनवाल इन्सट्रूमैन्ट

(d) इलेक्ट्रोस्टैटिक इन्सट्रूमैन्ट

**127.** निम्न में 'wrong' स्टेटमैन्ट है—

(a) एमीटर परिपथ के श्रेणी (series) में कनैक्ट किया जाता है

(b) वोल्टमीटर, मापे जाने वाले e.m.f. सोर्स अथवा वोल्टेज ड्रॉप के समानान्तर में कनैक्ट किया जाता है

(c) वाटमीटर, ऊर्जा (energy) मापन के लिये प्रयुक्त किया जाता है

(d) ओममीटर, प्रतिरोध मापन के लिए प्रयुक्त किया जाता है

**128.** सभी एमीटर्स एवं वोल्टमीटर्स लगभग ——— पावर क्षय (dissipation) के लिए डिजाइन किये जाते हैं।

(a) 0·02 W to 0·05 W

(b) 0·2 W to 0·5 W

(c) 2 to 5 W

(d) 1 to 10 W

**129.** मैगर सामान्यतः—

(a) मूविंग आयरन टाइप इन्सट्रूमैन्ट होता है

(b) इलेक्ट्रोस्टैटिक टाइप इन्सट्रूमैन्ट होता है

(c) हॉट वायर टाइप इन्सट्रूमैन्ट होता है

(d) मूविंग कॉयल टाइप इन्सट्रूमैन्ट होता है

**130.** मापन यन्त्रों में ज्वैल्स (jewels) का उपयोग ——— के लिए किया जाता है।

(a) डैम्पिंग

(b) बलाघूर्ण नियन्त्रण (torque control)

(c) Noise समाप्त करने के लिए (noise suppression)

(d) बीयरिंग (bearing)

**131.** मूविंग आयरन इन्सट्रूमैन्ट्स में फ्रीक्वैन्सी कम्पैन्सेशन के लिए—

(a) स्थिर कुन्डली (fixed coil) के श्रेणी में एक कैपेसिटर कनैक्ट किया जाता है

(b) स्थिर कुन्डली (fixed coil) के समानान्तर में एक कैपेसिटर कनैक्ट किया जाता है

(c) कुण्डली के श्रेणी में एक उच्च प्रतिरोध कनैक्ट किया जाता है

(d) कुण्डली के श्रेणी में एक कम मान का (low) प्रतिरोध कनैक्ट किया जाता है

**132.** अधिकांश इलेक्ट्रिकल मापन इन्स्ट्रूमैन्ट्स मूलतः ———— होते हैं।

(a) वोल्टेज मीटर्स

(b) धारा (current) मीटर्स

(c) चुम्बकीय प्रभाव पर आधारित मीटर्स

(d) पावर मीटर्स

**133.** किसी इन्सट्रूमैन्ट द्वारा फुल-स्केल (full scale) पर मापी गयी राशि तथा इन्स्टुमेन्ट द्वारा ली गयी पावर के अनुपात को ———— कहते हैं।

(a) इन्सट्रूमैन्ट फीडलिटी (instrument fidelity)

(b) इन्सट्रूमैन्ट रिजाल्यूशन (instrument resolution)

(c) इन्सट्रूमैन्ट सैन्सिटिविटी (instrument sensitivity)

(d) इन्सट्रूमैन्ट दक्षता (instrument efficiency)

**134.** इलेक्ट्रोस्टैटिक टाइप इन्सट्रूमैन्टस—

(a) सस्ते, मजबूत तथा आकार में छोटे होते हैं

(b) के स्केल यूनिफॉर्म होते हैं

(c) के ऑपरेटिंग बल अधिक (large) होते हैं

(d) द्वारा सप्लाई से ली गयी पावर नगण्य होती है

**135.** व्यंजक $\theta \propto V^2 \frac{dc}{d\theta}$ किस इन्सटुमैन्ट से सम्बन्धित है—

(a) मूविंग आयरन टाइप इन्सट्रूमैन्ट

(b) इलैक्ट्रोडायनेमोमीटर टाइप इन्सट्रमैन्ट

(c) इलैक्ट्रोस्टैटिक टाइप इन्सट्रूमैन्ट

(d) इन्डक्शन टाइप इन्सट्रूमैन्ट

**136.** हॉट-वायर इन्सट्रूमैन्ट ———— प्रदर्शित करते हैं।

(a) औसत मान (average value)

(b) औसत मान से गणना कर r.m.s. मान

(c) पीक मान तथा क्रैस्ट फैक्टर से r.m.s. मान

(d) उत्पन्न ऊष्मा के आधार पर 'true r.m.s.' मान

**137.** इन्डिकेटिंग इन्सट्रूमैन्ट में कन्ट्रोलिंग टॉर्क ———— द्वारा उत्पन्न होता है।

(a) चुम्बकीय, इलेक्ट्रोडायनेमिक तथा इलेक्ट्रोस्टैटिक प्रभावों द्वारा

(b) स्प्रिंग अथवा गुरुत्व (gravity) कन्ट्रोल द्वारा

(c) भंवर धाराओं (eddy currents) द्वारा

(d) द्रव घर्षण (fluid friction) द्वारा

**138.** एक रैक्टीफायर टाइप इन्सट्रूमैन्ट द्वारा 100 V आयाम की एक वर्गाकार तरंग (square wave) का मापन किया जाता है। मीटर ———— प्रदर्शित करेगा।

(a) 111V (b) 100V

(c) 90V (d) 70·7V

**139.** ताप नियन्त्रण (temperature control) के लिए उपयोग में लाये जाने वाले थर्मोस्टेट ———— है।

(a) इन्डिकेटिंग टाइप इन्सट्रूमैन्ट्स

(b) रिकॉर्डिंग टाइप इन्सट्रूमैन्ट्स

(c) कन्ट्रोलिंग टाइप इन्सट्रूमैन्ट्स

(d) डिजिटल टाइप इन्सट्रूमैन्ट्स

**140.** एक मीटर की रेटिंग 200 mV, 1 mA है। इस मीटर की वोल्टेज रेंज 1 V तक बढ़ाई जाती है। मीटर के साथ श्रेणी में ———— ओम का प्रतिरोध कनैक्अ किया जायेगा।

(a) 400 Ω (b) 900 Ω

(c) 100 Ω (d) 1000 Ω

**141.** 200 M Ω स्तर के प्रतिरोध के मापन के लिए उपयुक्त मीटर कौन-सा है?

(a) मल्टीमीटर (b) ओम मीटर

(c) मैगर (d) VTVM

**142.** एक परिपथ में धारा $I$ तथा वोल्टेज़ $V$ का मापन किया जाता है। एमीटर में पावर क्षय (power loss) होगा (एमीटर प्रतिरोध = $R_a$)..........

(a) $IR_a$ (b) $\frac{V^2}{R_a}$

(c) $I^2 R_a$ (d) $VI$

**143.** मूविंग आयरन इन्सट्रूमैन्ट्स में भंवर धारा डैम्पिंग (eddy current damping) प्रयुक्त नहीं की जा सकती क्योंकि—

(a) इससे इन्सटुमेन्ट का भार (weight) बढ़ जायेगा

(b) स्थायी चुम्बक (permanent magnet which is required for this purpose) के उपयोग से डिफ्लैक्शन प्रभावित होगा जिससे रीडिंग त्रुटिपूर्ण (wrong) होगी

(c) इन्सट्रूमैन्ट का आकार बढ़ जायेगा

(d) भंवर धारायें (eddy currents) आयरन में से गुजरेंगी जिससे हानि होगी

**144.** निम्न में से कौन-सा यन्त्र सिगनल तरंग के आकार पर निर्भर न करते हुए (irrespective of signal waveform) true r.m.s. रीडिंग प्रदर्शित करेगा ?

(a) मूविंग कॉयल मीटर (b) मूविंग आयरन मीटर

(c) इलैक्ट्रॉनिक मीटर (d) थर्मोकपल मीटर

**145.** एक 0 – 10 एम्पीयर मीटर की accuracy फुल-स्केल रीडिंग की 2% है। जब मीटर 5A धारा का मापन करता है तब 'limiting error' क्या होगी ?

(a) 2% (b) 5%

(c) 1% (d) 10%

**146.** हॉट-वायर इन्सट्रूमैन्ट का डिफ्लैक्शन ——— पर निर्भर करता है।

(a) AC के r.m.s. मान (b) वोल्टेज

(c) AC के औसत मान (average value)

(d) AC के तात्क्षणिक मान (instantaneous)

**147.** मूविंग कायल इन्सट्रूमैन्ट को ——— मापन के लिए प्रयुक्त किया जा सकता है।

(a) उच्च आवृत्ति की प्रत्यावर्ती धारा (high frequency a.c.)

(b) निम्न आवृत्ति की प्रत्यावर्ती धारा (low frequency a.c.)

(c) a.c. तथा d.c. दोनों (d) केवल d.c.

**148.** इन्सट्रूमैन्ट की त्रुटि सामान्यतः ——— के प्रतिशत (percentage) में दी जाती है—

(a) राशि का मापा गया मान (measured value)

(b) फुल-स्केल मान (full-scale value)

(c) मध्यमान (mean value)

(d) r.m.s. मान

**149.** मिलिएमीटर को वोल्टमीटर की भाँति प्रयुक्त करने के लिए श्रेणी प्रतिरोध का मान ——— होगा।

(a) $R_S = R_m (n-1)$

(b) $R_S = \frac{V}{I_m} - R_m$

(c) $R_S = \frac{V}{I_m} + R_m$

(d) उपरोक्त में कोई नहीं

यहाँ $V$ – Voltage to be measured, $I_m$ – full scale current, $R_m$ – meter resistance, $n$ – multiplying factor of meter

**150.** मिलिएमीटर को—

(a) वोल्टमीटर तथा एमीटर दोनों की भाँति प्रयोग किया जा सकता है

(b) वाटमीटर की भाँति प्रयोग किया जा सकता है

(c) ओम मीटर की भाँति प्रयोग किया जा सकता है

(d) फ्रीक्वैन्सी मीटर की तरह प्रयोग किया जा सकता है

**151.** निम्न परिपथ में वोल्टमीटर्स $V_1$ तथा $V_2$ की रीडिंग क्या होगी ?

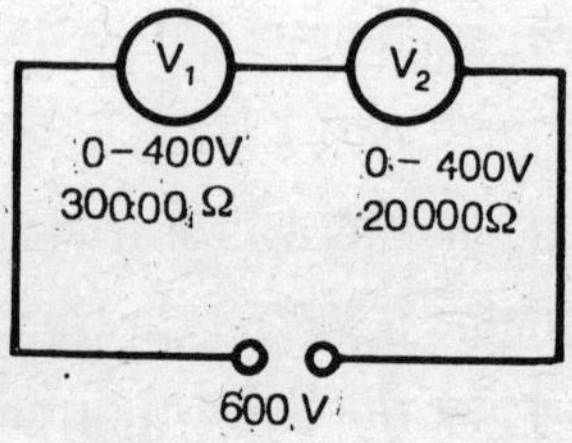


**चित्र 10.28**

(a) 360V, 240V

(b) 400V, 200V

(c) 300V, 300V

(d) एक वोल्टमीटर में डिफ्लैक्शन फुल-स्केल से अधिक तथा दूसरे में 100V होगा

**152.** निम्न में से किस इन्सट्रूमैन्ट द्वारा 1600°C से अधिक ताप का मापन किया जा सकता है ?

(a) सामान्य थर्मामीटर

(b) इलेक्ट्रिकल प्रतिरोधी पायरोमीटर (electrical resistance pyrometer)

(c) थर्मो-इलैक्ट्रिक पायरोमीटर

(d) उपरोक्त में कोई नहीं

**153.** निम्न में 'wrong' स्टेटमैन्ट है—

(a) उच्च यथार्थता (high accuracy) के वोल्टमीटर का आन्तरिक प्रतिरोध उच्च होता है

(b) यदि 1000 Ω/V के इन्सट्रूमैन्ट के स्थान पर 20000 Ω/V सैन्सिटिविटी का इन्सट्रूमैन्ट प्रयुक्त किया जाये तब यथार्थता (accuracy) काफी कम (low) हो जाती है

(c) उस इन्सट्रूमैन्ट का प्रतिरोध, जो वोल्टेज सोर्स से शून्य धारा लेता है, अनन्त (infinite) होता है

(d) 15 MΩ इनपुट प्रतिरोध वाले VTVM का प्रभाव उस परिपथ पर लगभग नगण्य (negligible) होता है जिससे उसे कनैक्ट किया जाता है

**154.** गैल्वेनोमीटर के मूविंग एलीमैन्ट की वास्तविक गति तथा उसका अनुक्रिया (response) समय ——— पर निर्भर नहीं करता।

(a) कुण्डली में फेरों (turns) की संख्या

(b) गैल्वेनोमीटर परिपथ का प्रतिरोध

(c) प्रत्यानयन बलाघूर्ण (restoring torque)

(d) उपरोक्त में कोई नहीं

**155.** इलैक्ट्रोस्टैटिक इन्सट्रूमैन्ट की कार्य प्रणाली—

(a) धारा के साथ कैपेसिटैन्स के परिवर्तन पर आधारित है

(b) वोल्टेज के साथ इन्डक्टैन्स के परिवर्तन पर आधारित है

(c) धारा के साथ इन्डक्टैन्स के परिवर्तन पर आधारित है

(d) वोल्टेज के साथ कैपेसिटैन्स के परिवर्तन पर आधारित है

**156.** मूविंग आयरन इन्सट्रूमैन्ट्स बिना किसी अप्रत्याशित त्रुटि के (without much error) .......... आवृत्ति तक प्रयुक्त किये जा सकते हैं।

(a) 50Hz (b) 100Hz

(c) 100Hz (d) 1500Hz

**157.** निम्न में से किस यन्त्र में अधिकतम पावर क्षय (power consumption) होती है ?

(a) डायनेमोमीटर टाइप इन्सट्रूमैन्ट्स

(b) इन्डक्शन टाइप इन्सट्रूमैन्ट्स

(c) हॉटवायर टाइप इन्सट्रूमैन्ट्स

(d) थर्मोकपल टाइप इन्सट्रूमैन्ट्स

**158.** यथार्थता (accuracy) में बहुत गम्भीर हानि (serious loss) के बिना इलैक्ट्रोस्टैटिक इन्सट्रूमैन्ट किस आवृत्ति तक प्रयोग में लाये जा सकते हैं—

(a) 100Hz (b) 100KHz

(c) 1MHz (d) 10MHz

**159.** मिलिएमीटर का आन्तरिक प्रतिरोध ——— के लिये बहुत कम (very low) होना चाहिये।

(a) उच्च विभेदन (high resolution)

(b) उच्च सैन्सिटिविटी

(c) मीटर के टर्मिनलों के मध्य अधिकतम वोल्टेज ड्रॉप

(d) परिपथ की धारा पर न्यूनतम प्रभाव

**160.** किसी इन्सट्रूमैन्ट की दक्षता (efficiency) निम्न में से किस प्रकार दी जा सकती है—

(a) इन्सट्रूमैन्ट की, इनपुट में न्यूनतम परिवर्तनों को पढ़ने की क्षमता

(b) फुल-स्केल पर मापी गयी राशि एवं फुल-स्केल पर इन्सट्रूमैन्ट द्वारा ली गयी पावर का अनुपात

(c) आउटपुट सिगनल में परिवर्तन एवं इनपुट सिगनल में परिवर्तनों का अनुपात

(d) प्रणाली की, आउटपुट में, इनपुट के समान ही पुनः उत्पन्न करने की क्षमता

**161.** इन्सट्रूमैन्ट की मापन को पुनः उत्पन्न करने की क्षमता की माप को ——— कहते हैं।

(a) यथार्थता (accuracy) (b) फीडलिटी

(c) प्रेसिजन (precision) (d) रिजॉल्यूशन

**162.** एक मूविंग आयरन वोल्टमीटर का स्केल 100V तक है। मीटर स्केल पर शून्य के पश्चात् न्यूनतम मार्किंग सामान्यतः ——— होगी।

(a) 5V (b) 10V

(c) 15V (d) 20V

**163.** एब्सोल्यूट इन्सटुमेन्ट वह हैं जो ———

(a) मापी जाने वाली राशि के मान को इन्सट्रूमैन्टके भौतिक नियतांक (physical constants) के पदों में प्रदर्शित करते हैं

(b) मापी जाने वाली राशि के मान को इन्सट्रूमैन्ट द्वारा प्रदर्शित आउट पुट के आधार पर देते हैं

(c) किसी सैकेन्डरी इन्सट्रूमैन्ट की तुलना कर कैलीब्रेट किये जाते हैं

(d) सामान्यतः प्रयोग किये जाते हैं

**164.** थर्मोकपल ट्रांसड्यूसर का उपयोग—

(a) ताप मापन के लिए किया जाता है

(b) वेग एवं कम्पन के मापन के लिए किया जाता है

(c) दाब मापन के लिए किया जाता है

(d) गैस के प्रवाह के मापन के लिए किया जाता है

165. निम्न में 'wrong' स्टैटमेन्ट को मार्क कीजिये।
पावर फैक्टर मीटर में—
(a) डिफ्लैक्शन, फील्ड कॉयल तथा क्रास्ड (crossed) कॉयल के मध्य के फेज कोण के समानुपाती होता है
(b) प्रत्यानयन बलाघूर्ण (restoring torque), कन्ट्रोल स्प्रिंग से प्राप्त होता है
(c) सन्तुलन की अवस्था (balance position) दोनों कुण्डलियों द्वारा परिणामी टॉर्क पर निर्भर करती है
(d) परस्पर लम्बवत् दो कुण्डलियाँ होती हैं

166. कैथोड रे ट्यूब (CRT) में बीम धारा (beam current) को CRO के फ्रन्ट पैनल पर लगे किस कन्ट्रोल द्वारा एडजस्ट किया जा सकता है ?
(a) TIMV/DIV (b) FOCUS
(c) ASTIGMATISM (d) INTENSITY

167. कैपेसिटर की प्लेटों के मध्य डाइलैक्ट्रिक पदार्थ रखने पर कैपेसिटी—
(a) घटती है (b) बढ़ती है
(c) पर कोई प्रभाव नहीं होता
(d) उपरोक्त में कोई नहीं

168. वीन ब्रिज (Wein Bridge) का उपयोग—
(a) फ्रीक्वैन्सी ज्ञात करने में किया जाता है
(b) हार्मोनिक डिसर्टोशन एनेलाइजर में किया जाता है
(c) उपरोक्त (a) तथा (b) दोनों में किया जाता है
(d) केवल प्रतिरोध मापन में किया जाता है

169. एक CRO में X तथा Y प्लेटों पर अलग-अलग ac सिगनल एप्लाई किये गये हैं। X-इनपुट पर एप्लाई किये गये सिगनल की आवृत्ति, Y-इनपुट पर एप्लाई किये गये सिगनल की दो गुनी है तथा 90° leading है। CRO स्क्रीन पर प्राप्त पैटर्न ...... होगा।
(a) दीर्घ वृत (ellipse) (b) इनवर्टेड हाइपरबोला
(c) इनवर्टेड पैराबोला (d) बटरफ्लाई

170. निम्न दो कथनों को सावधानीपूर्वक पढ़िये तथा बताइये कि वे True हैं अथवा False ?
(i) CRT की डिफ्लैक्शन सैन्सिटिविटी, स्क्रीन पर meters/volt में डिफ्लैक्शन है
(iii) CRT को एक लीनियर वोल्टेज इन्डिकेटिंग डिवाइस के समान प्रयोग किया जा सकता है
(a) True, True (b) True, False
(c) False, True (d) False, False

171. निम्न में कौन-सा इन्सट्रूमैन्ट मूलतः चार्ज (charge) मीटर है—
(a) बैलिस्टिक गैल्वेनोमीटर
(b) डि-आर्सोनवाल गैल्वेनोमीटर
(c) डूडैल ऑसिलोग्राफ (Duddel's Oscillograph)
(d) वाइब्रेशन गैल्वेनोमीटर

172. मैगनेटोस्ट्रिक्शन गेज के ऑपरेशन का सिद्धान्त क्या है ?
(a) ताप के साथ चुम्बकीय गुणों में परिवर्तन
(b) बल, दाब अथवा ध्वनि के साथ चुम्बकीय गुणों में परिवर्तन
(c) प्रकाश के साथ चुम्बकीय गुणों में परिवर्तन
(d) आर्द्रता (humidity) के साथ चुम्बकीय गुणों में परिवर्तन

173. DC पोटेन्शियोमीटर की यथार्थता (accuracy), ac पोटेन्शियोमीयर्स से अधिक होती है क्योंकि—
(a) dc पोटेन्शियोमीटर्स अधिक सैन्सिटिव होते हैं
(b) उसमें शक्ति व्यय (power consumption) कम होता है
(c) रेफ्रेन्स वोल्टेज के लिए स्टैन्डर्ड सैल उपलब्ध है
(d) स्टेटमेन्ट गलत है

174. निम्न में से किस सिद्धान्त का उपयोग विस्थापन (displacement) ट्रांसड्यूसर्स में किया जाता है—
(a) कैपेसिटिव, इन्डक्टिव तथा डिफ्रेन्शियल
(b) आयनाइजेशन, ऑसिलेशन तथा फोटोइलैक्ट्रिक
(c) पीजोइलैक्ट्रिक, पोटेन्शियोमीट्रिक तथा वेग
(d) उपरोक्त सभी

175. तीन प्रतिरोधों की रेटिंग निम्न प्रकार है—
(i) 150 Ω, 5% (ii) 100 Ω, 5%
(iii) 200 Ω, 5%
इन तीनों को श्रेणी में कनैक्ट करने पर % त्रुटि क्या होगी ?
(a) $\pm \frac{5}{3}\%$ (b) ±5%
(c) 15% (d) + 5%

**176.** कैपेसिटिव ट्रांसड्यूसर में निम्न में से कौन-सा दोष होता है ?

(a) ताप परिवर्तन के प्रति सैन्सिटिविटी

(b) लीड की लम्बाई अधिक होने के कारण विरुपित (distorted) एवं अनियमित (erratic) सिगनल की सम्भावना

(c) रिसिविंग उपकरण बड़े तथा जटिल (complex)

(d) उपरोक्त सभी

**177.** प्रतिरोध के पूर्णतया ठीक (precision) मापन के लिये प्रायः ——— विधि का उपयोग किया जाता है।

(a) पोटेन्शियोमीट्रिक विधि (b) CRO विधि

(c) वोल्टमीटर एमीटर विधि

(d) ब्रिज एमीटर विधि

**178.** वागनर (Wagner) अर्थिंग (earthing) डिवाइस—

(a) a.c. ब्रिजों को प्रभावित नहीं करती

(b) d.c. पोटेन्शियोमीटर को प्रभावित करती है

(c) द्वारा मापन में उच्च स्तर की यथार्थता (accuracy) प्राप्त की जा सकती है

(d) a.c. ब्रिजों में फ्रीक्वैन्सी तथा तरंग के आकार से सम्बन्धित त्रुटियाँ कम करती हैं

**179.** एक सामान्य CRO के वर्टीकल एम्पलीफायर में इनपुट अटेनुएटर से पहले एक FET तथा उससे पहले एक एमिटर-फालोअर अथवा कैथोड फालोअर का उपयोग किया जाता है। यह एमीटर फालोअर—

(a) इम्पीडैन्स ट्रांसफॉर्मर की भाँति कार्य करता है

(b) आइसोलेटिंग एलीमैन्ट की भाँति कार्य करता है

(c) निम्न-प्रतिबाधा (low impedance) के अटेनुएटर को उच्च इम्पीडैन्स के पैराफेज एम्पलीफयर से कनैक्ट करता है

(d) इनपुट सिगनल को आवश्यक (required) स्तर तक एम्पलीफाई करता है

**180.** कैरी-फॉस्टर ब्रिज (Carry foster bridge) द्वारा ——— का मापन किया जाता है।

(a) बहुत कम मान के प्रतिरोध (very low resistances)

(b) बहुत उच्च मान के प्रतिरोध (very high resistances)

(c) दो लगभग समान प्रतिरोधों में अन्तर

(d) दो लगभग समान वोल्टेज में अन्तर

**181.** CRO में टाइमबेस सिगनल—

(a) एक आयताकार तरंग (rectangular wave) होती है

(b) उच्च आवृत्ति की साइनुसायडल (sinusoidal) तरंग होती है

(c) उच्च आवृत्ति की saw-tooth तरंग होती है

(d) वर्गाकार तरंग (square wave) होती है

**182.** Q-मीटर के ऑपरेशन का सिद्धान्त ——— पर आधारित है।

(a) स्वप्रेरण (self inductance)

(b) पारस्परिक प्रेरण (mutual induction)

(c) श्रेणी अनुनाद (series resonance)

(d) समान्तर अनुनाद (parallel resonance)

**183.** प्रतिरोध थर्मामीटर को सामान्यतः ——— से कम ताप के मापन के लिये प्रयुक्त किया जाता है।

(a) 1100°F (b) 550°F

(c) 300°F (d) 180°F

**184.** परावैद्युत हानियाँ (dielectric losses) निम्न में से किस विधि द्वारा मापी जा सकती हैं ?

(a) वीन ब्रिज (wein bridge)

(b) मूविंग कॉयल मीटर्स

(c) मूविंग आयरन मीटर (d) इलैक्ट्रोस्टैटिक मीटर्स

**185.** एक CRO के X तथा Y इनपुट पर ac सिगनल एप्लाई करने पर निम्न लिसेजुअस पैटर्न (Lissajous pattern) प्राप्त होता है। X इनपुट तथा Y इनपुट पर एप्लाई की गयी आवृत्तियों का अनुपात ——— होगा।

चित्र 16.29

(a) 5/3 (b) 3/2

(c) 2/3 (d) 3/5

**186.** ब्रिज-विधि द्वारा मापन में मापन की निम्न सीमा (lower limit) .......... द्वारा निर्धारित होती है।

(a) डिटेक्टर सर्किट की सैन्सिटिविटी

(b) कनैक्टिंग वायर्स का प्रतिरोध तथा कॉन्टेक्ट प्रतिरोध

(c) 3 अज्ञात (unknown) भुजाओं के प्रतिरोध

(d) उपरोक्त में कोई नहीं

**187.** धारा ट्रांसफॉर्मर (CT) की सैकेन्डरी को सदा एक निम्न प्रतिरोध के एमीटर अथवा निम्न प्रतिरोध द्वारा शार्ट-सर्किट किया जाता है। इसका उद्देश्य ―――― है।

(a) प्राइमरी में अत्यधिक धारा प्रवाह को रोकना

(b) क्योंकि प्राइमरी का m.m.f. कोर में अत्यधिक उच्च फ्लक्स उत्पन्न करता है जिससे कोर हानियाँ (core loss) बहुत अधिक होती है एवं कोर बहुत गर्म हो जायेगा तथा सैकेन्डरी में अत्यन्त उच्च वोल्टेज उत्पन्न होती है

(c) यथार्थ (accurate) मापन प्राप्त करने के लिये

(d) चूँकि प्राइमरी में धारा, प्राइमरी लोड द्वारा निर्धारित नहीं होती

**188.** LVDT की निम्न में से कौन-सी हानि नहीं है?

(a) LVDT की पावर आउटपुट, मूलतः कम (low) होती है

(b) डिफ्रैन्शियल आउटपुट के लिए अपेक्षाकृत अधिक विस्थापनों (displacement) की आवश्यकता है

(c) LVDT, स्ट्रे मैगनेटिक फील्ड तथा कम्पनों (vibrations) के प्रति सैन्सिटिव होते हैं

(d) उपरोक्त सभी

**189.** हॉट-वायर मीटर अथवा पिरानी गेज (pirani gage) का उपयोग ―――― मापन के लिये किया जाता है।

(a) ताप, उत्सर्जित ऊष्मा (radiant heat)

(b) आपेक्षिक आर्द्रता (relative humidity)

(c) द्रव सतह की मोटाई (liquid level thickness)

(d) गैसों का प्रवाह, गैस दाब (gas flow, gas pressure)

**190.** थरमल e.m.f. के कारण उत्पन्न त्रुटियों का निराकरण निम्न में किस विधि द्वारा किया जा सकता है?

(a) ब्रिज के सभी ज्वायन्ट्स को बर्फ में रखकर

(b) एक अतिरिक्त अनुपातिक (ratio) आर्म का उपयोग कर

(c) एक रिवर्सिबिल स्विच द्वारा

(d) इसे समाप्त (balance out) नहीं किया जा सकता

**191.** $P_{31}$ टाइप फॉस्फर ब्रान्ज–

(a) पीला-हरा (yellow-green) फ्लोरीसैन्स देता है

(b) पीला-हरा (yellow-green) फॉस्फारीसैन्स देता है

(c) समस्त उपपलब्ध फॉसफरों में सबसे अधिक चमकदार (brightest) है

(d) उपरोक्त सभी

**192.** पोटेन्शियोमीटर का वर्गीकरण (categorization)–

(a) स्टैन्डर्ड इन्सट्रूमैन्ट्स की भाँति किया जा सकता है

(b) इन्डीकेटिंग इन्सट्रूमैन्ट्स की भाँति किया जा सकता है

(c) कम्पेरीजन (comparison) इन्सट्रूमैन्ट्स की भाँति किया जा सकता है

(d) कैलीब्रेटिंग इन्सट्रूमैन्ट्स की भाँति किया जा सकता है

**193.** CRO में डिले लाइन, वर्टीकल डिफ्लैक्शन चैनल में कुल ―――― डिले उत्पन्न करती है जिससे कि तरंग की लीडिंग एज (leading edge) को देखा जा सके, यद्यपि इसका उपयोग स्वीप को ट्रिगर करने के लिये किया गया है।

(a) $0{\cdot}25\,\mu s$ (b) $2{\cdot}5\,\mu s$

(c) $25{\cdot}0\,\mu s$ (d) $250\,\mu s$

**194.** कैपेसिटैन्स (C) के मापन के लिए बैलिस्टिक गैल्वेनोमीटर का—

(a) क्रिटिकल प्रतिरोध उच्च तथा ऑसिलेशन का पीरियड उच्च होना चाहिये

(b) क्रिटिकल प्रतिरोध उच्च तथा ऑसिलेशन का पीरियड कम होना चाहिये

(c) क्रिटिकल प्रतिरोध कम (low) तथा ऑसिलेशन का पीरियड उच्च होना चाहिये

(d) बैलिस्टिक गैल्वेनोमीटर द्वारा कैपेसिटैन्स का मापन नहीं किया जा सकता है

195. CRO में बीम द्वारा स्क्रीन पर फॉस्फर के एक निश्चित क्षेत्र (certain area) को उत्तेजित (excite) करने का समय ——— कन्ट्रोल द्वारा एडजस्ट किया जा सकता है।

(a) वर्टीकल पोजिशन (b) होरीजोन्टल पोजिशन

(c) टाइम/डिविजन (Time/Div)

(d) स्वीप

196. एक C.T. को, एक वाटमीटर, एक पावरफैक्टर मीटर, एक इनर्जी मीटर तथा एक एमीटर की धारा कुण्डलियों (current coils) को धारा सप्लाई करने के लिए प्रयुक्त किया गया है। इन इन्सट्रूमैन्ट्स को परस्पर किस प्रकार कनैक्ट किया जायेगा?

(a) सभी कुण्डलियाँ समान्तर में

(b) सभी कुण्डलियाँ श्रेणी में

(c) श्रेणी-समान्तर (series-parallel) कनैक्शन, एक आर्म में दो कुण्डलियाँ

(d) यह सम्भव नहीं है, प्रत्येक इन्सट्रूमैन्ट के लिए एक अलग C.T. की आवश्यकता है

197. शियरिंग ब्रिज का उपयोग ——— मापन के लिए किया जाता है।

(a) परावैद्युत हानि (dielectric loss)

(b) इन्डक्टैन्स

(c) पारस्परिक प्रेरण (mutual inductance)

(d) निम्न प्रतिरोध (low resistance)

(e) निम्न प्रतिरोध (low resistance)

198. एक CRO की स्पेसिफिकेशन प्लेट पर 50MHz अंकित है। इसका अर्थ यह है कि—

(a) स्वीप सिगनल की आवृत्ति 50MHz है

(b) होरीजोन्टल ऑसिलेटर की आवृत्ति 50MHz है

(c) वर्टीकल ऑसिलेटर की आवृत्ति 50MHz है

(d) इनपुट सिगनल फ्रीक्वैन्सी 50MHz से कम होनी चाहिये

199. सेल्फ-बैलेन्सिंग पोटेन्शियोमीटर का उपयोग—

(a) इन्सट्रूमैट्स के कैलीब्रेशन में किया जाता है

(b) कन्ट्रोल प्रणालियों में किया जाता है

(c) पावर प्रणालियों में किया जाता है

(d) इसका उपयोग कहीं भी कर सकते हैं

200. उच्च मान (high value) के कैपेसिटर तथा कम मान के इन्डक्टर्स के मापन के लिये Q मीटर का—

(a) श्रेणी कनैक्शन (series connection) प्रयुक्त करना चाहिये

(b) समान्तर कनैक्शन (parallel connection) प्रयुक्त करना चाहिये

(c) डायरैक्ट कनैक्शन (direct connection) प्रयुक्त करना चाहिये

(d) उपरोक्त सभी

201. स्क्रीन को स्वीप करने में समय 10ms होने पर होरीजोन्टल सॉ-टूथ फ्रीक्वैन्सी (saw-tooth frequency) लगभग ——— होगी।

(a) 50Hz (b) 100Hz

(c) 1KHz (d) 500Hz

202. रीड फ्रीक्वैन्सी मीटर (Reed frequency meter) मूलतः एक ——— है।

(a) रिकार्डिंग टाइप मापन यन्त्र

(b) कम्पन (vibrational) टाइप मापन यन्त्र

(c) डिफ्लैक्शन टाइप मापन यन्त्र

(d) ऑसिलेटर टाइप मापन यन्त्र

203. परीक्षण की इन्डक्शन विधि द्वारा—

(a) केबिलों के शॉर्ट-सर्किट फॉल्ट ज्ञात किये जाते हैं

(b) केबिलों के ओपिन-सर्किट फॉल्ट ज्ञात किये जाते हैं

(c) केबिलों के शार्ट-सर्किट एवं ग्राउन्ड फॉल्ट ज्ञात किये जाते हैं

(d) केबिलों के ओपिन-सर्किट एवं ग्राउन्ड फाल्ट ज्ञात किये जाते हैं

204. एक CRO की X तथा Y प्लेट्स दो असमान (unequal) वोल्टेज, समान (equal) फ्रीक्वैन्सी तथा 90° फेज-शिफ्ट वाले दो सिगनलों से कनैक्ट की गयी है। स्क्रीन पर लिसेजुअस पैटर्न—

(a) एक वृत (circle) होगा (b) एक सीधी रेखा होगी

(c) एक इलिप्स (ellipse) होगा

(d) 8 के आकार का चित्र होगा

205. ब्रिज मापन में थरमल e.m.f. ..............

(a) मापन को प्रभावित नहीं करता

(b) मापन में कुछ 'unaccuracy' उत्पन्न करता है

(c) ब्रिज को सन्तुलित (balance) करने में कठिनाई उत्पन्न करता है

(d) उपरोक्त में कोई नहीं

**206.** एक इन्सट्रूमैन्ट का स्केल यूनिफॉर्म है। इसका अर्थ है कि इन्सट्रूमैन्ट ............ मापन के लिये बनाया गया है।

(a) RMS मान

(b) औसत (average) मान

(c) पीक मान

(d) निश्चय पूर्वक कुछ नहीं कहा जा सकता

**207.** CRT का डिफ्लैक्शन फैक्टर G–

(a) डिफ्लैक्शन सैन्सिटिविटी के तुल्य होता है

(b) डिफ्लैक्शन सैन्सिटिविटी का विलोम होता है

(c) एक्सीलरेटिंग पोटेन्शियल से प्रभावित (affected) नहीं होता

(d) डिफ्लैक्शन वोल्टेज पर निर्भर करता है

**208.** बर्डन (burden) पद किस डिवाइस से सम्बन्धित है?

(a) केवल CT से (b) केवल PT से

(c) CT अथवा PT से

(d) किसी भी मापन यन्त्र से सम्बन्धित हो सकता है

**209.** डुअल बीम CRO में—

(a) दो होरीजोन्टल एम्पलीफायर्स होते हैं

(b) दो ट्रिगर परिपथ होतें हैं

(c) दो वर्टीकल एम्पलीफायर्स होते हैं

(d) उपरोक्त सभी होते हैं

**210.** एक इन्सट्रूमैन्ट का डिफ्लैक्शन ($\theta$) निम्न सूत्र द्वारा प्रदर्शित किया जाता है—

$$\theta \propto I^2 \frac{dM}{d\theta}$$

यह यन्त्र ............ है।

(a) इलैक्ट्रोडायनेमिक टाइप

(b) रिपल्शन (repulsion) टाइप

(c) इलैक्ट्रोस्टैटिक टाइप

(d) आकर्षण (attraction)

**211.** ओम मीटर को प्रयोग करते समय परिपथ की सप्लाई ऑफ (Off) कर दी जाती है क्योंकि—

(a) वोल्टेज सोर्स के कारण प्रतिरोध बढ़ जाता है

(b) धारा, प्रतिरोध को कम कर देती है

(c) ओममीटर में अपनी आन्तरिक (internal) बैटरी होती है

(d) उपरोक्त में कोई नहीं

**212.** मूविंग आयरन एमीटर में फ्रीक्वैन्सी के कारण त्रुटियों (frequency erros) के कम्पैन्सेशन के लिए—

(a) श्रेणी में इन्डक्टैन्स (series inductance) का उपयोग किया जाता है

(b) शन्ट प्रतिरोध (shunt resistance) का उपयोग किया जाता है

(c) शन्ट कैपेसिटर (shunt capacitor) का उपयोग किया जाता है

(d) श्रेणी प्रतिरोध (series resistance) का उपयोग किया जाता है

**213.** CT की प्राइमरी वाइन्डिंग में टर्न संख्या (number of turns) सामान्यतः ............ होती है।

(a) 1 से 5 तक (b) 5 से 10 तक

(c) 10 से 50 तक (d) 10 से 100 तक

**214.** निम्न में से धारा द्वारा प्रचालित (operated) इन्सट्रूमैन्ट्स कौन से हैं ?

(a) फैरोडायनेमिक इन्सट्रूमैन्ट्स

(b) इलैक्ट्रोस्टैटिक इन्सट्रूमैन्ट्स

(c) इलेक्ट्रोडायनेमोमीटर इन्सट्रूमैन्ट्स

(d) हॉट-वायर इन्सट्रूमैन्ट्स

**215.** निम्न में 'null-deflection' डिवाइस कौन-सी है ?

(a) बैलिस्टिक गैल्वेनोमीटर

(b) डी॰ आर्सोनवाल गैल्वेनोमीटर

(c) पोटेन्शियोमीटर (d) एमीटर

**216.** सूत्र $T = Ki$ किस इन्सटुमैन्ट के लिए बलाघूर्ण (torque) का सूत्र है—

(a) PMMC इन्सट्रूमैन्ट (b) रैक्टीफायर इन्सट्रूमैन्ट

(c) मूविंग आयरन इन्सट्रूमैन्ट

(d) डी॰ आर्सोनवाल इन्सट्रूमैन्ट

**217.** इन्सट्रूमैन्ट ट्रांसफॉर्मर्स का उपयोग सामान्यतः ............ की रेंज बढ़ाने के लिए किया जाता है।

(a) मूविंग आयरन इन्सट्रूमैन्ट्स
(b) इलेक्ट्रोस्टैटिक इन्सट्रूमैन्ट्स
(c) इन्डक्शन इन्सट्रूमैन्ट्स
(d) उपरोक्त सभी

**218.** एक्वाडैग (AQUADAG) –
(a) CRT के स्क्रीन पर एक अचालकीय (non-conductive) कोटिंग होती है जो उच्च वेग के इलेक्ट्रॉनों को एकत्रित (collect) करती है
(b) CRT के स्क्रीन पर एक अचालकीय (non-conductive) कोटिंग होती है जो सैकेन्ड्री इलेक्ट्रॉनों को एकत्रित (collect) करती है।
(c) CRT की स्क्रीन पर एक चालकीय (conducting) कोटिंग होती है जो कम वेग (low velocity) वाले इलेक्ट्रॉनों को एकत्रित करती है

**219.** ब्रिज मापन में अनुपातिक भुजा (ratio arm) का उपयोग—
(a) शीघ्र बैलेन्सिंग प्राप्त करने के लिए किया जाता है
(b) ज्ञात प्रतिरोधों (known resistances) में त्रुटियों के कारण त्रुटि को कम करने के लिए किया जाता है
(c) गणना (calculations) सरल करने के लिए किया जाता है
(d) मापन की रेंज बढ़ाने के लिए किया जाता है

**220.** कैरी-फॉस्टर ब्रिज को विशेष रूप से .......... के मापन के लिए डिजाइन किया गया है।
(a) सोर्स के e.m.f.
(b) दो लगभग समान प्रतिरोधों के अन्तर के मापन
(c) बैटरी का आन्तरिक प्रतिरोध
(d) इनसुलेशन प्रतिरोध

**221.** पोटेन्शियोमीटर की सैन्सिटिविटी किस प्रकार बढ़ाई जा सकती है ?
(a) पोटेन्शियोमीटर के वायर में धारा घटा कर
(b) पोटेन्शियोमीटर के वायर की लम्बाई बढ़ाकर
(c) पोटेन्शियोमीटर के वायर की लम्बाई कम कर
(d) स्टैन्डर्ड सैल के स्थान पर रैगुलेटेड पावर सप्लाई का उपयोग कर

**222.** निम्न में से किस फ्रीक्वैन्सी मीटर द्वारा रेडियो फ्रीक्वैन्सी का मापन किया जा सकता है—
(a) रीड फ्रीक्वैन्सी मीटर
(b) इलेक्ट्रिकल अनुनाद (resonance) फ्रीक्वैन्सी मीटर
(c) वैस्टन फ्रीक्वैन्सी मीटर
(d) हीट्रोडाइन फ्रीक्वैन्सी मीटर

**223.** CRO में डिले लाइन (delay line) का उद्देश्य इनपुट तरंग को—
(a) वर्टीकल डिफ्लैक्शन प्लेट्स पर आने को उस समय तक धीमा (retard) करना है जब तक स्वीप स्टार्ट नहीं होता
(b) वर्टीकल डिफ्लैक्शन प्लेट्स पर आने को उस समय तक धीमा (retard) करना है जब तक कि स्वीप पूर्ण नहीं होता
(c) होरीजोन्टल डिफ्लैक्शन प्लेट्स पर आने को उस समय तक धीमा (retard) करना है जब तक स्वीप स्टार्ट नहीं होता
(d) होरीजोन्टल डिफ्लैशन प्लेट्स पर आने को उस समय तक धीमा (retard) करना है जब तक स्वीप पूर्ण (complete) नहीं होता

**224.** इलेक्ट्रॉनिक 'Null' डिटेक्टर्स की—
(a) सैन्सिटिविटी कम (low) होती है
(b) सैन्सिटिविटी उच्च (high) होती है
(c) उत्तम सैन्सिटिविटी होती है, मजबूत तथा काफी सस्ते होते हैं
(d) उत्तम सेन्सिटिविटी होती है, मजबूत तथा महंगे होते हैं

**225.** 12000 गौस (gauss) का अर्थ है—
(a) 12000 lines/$m^2$
(b) 12000 lines/$cm^2$
(c) 12000 kilolines/$cm^2$
(d) 14400,000 lines/$cm^2$

**226.** ऑडियो तथा उच्च आवृत्ति के ऑसिलेशन्स (oscillations) के मापन के लिए किस ब्रिज का उपयोग किया जाता है ?
(a) वीन ब्रिज (Wein Bridge)
(b) मैक्सवैल ब्रिज (Maxwell bridge)
(c) शियरिंग ब्रिज (Schering Bridge)
(d) उपरोक्त में कोई नहीं

**227.** यदि CRT के स्क्रीन पर रिट्रेस (retrace) दिखायी देता है तब सम्भव दोष क्या हो सकता है ?

(a) SYNC सिगनल अनुपस्थित हो सकता है

(b) ब्लैन्किंग कन्ट्रोल ठीक प्रकार से सैट नहीं है

(c) स्वीप सिगनल की लम्बाई अधिक है

(d) उपरोक्त सभी

**228.** निम्न में से किस राशि का बेलिस्टिक गैल्वेनोमीटर द्वारा मापन नहीं किया जा सकता है?

(a) धारिता (capacitance)

(b) आवेश (charge)

(c) धारा

(d) इन्डक्टैन्स (inductance)

**229.** पोटेन्शियल ट्रांसफॉर्मर (PT) के लिए स्टैन्डर्ड सैकेन्ड्री वोल्टेज क्या है?

(a) 1V (b) 5V

(c) 50V (d) 110V

**230.** माइका कैपेसिटर का डाइलेक्ट्रिक पावर फैक्टर ——— होता है।

(a) 0·001 (b) 0·0001

(c) 0·00001 (d) 0·000001

**231.** मिलर स्वीप परिपथ में—

(a) चार्जिंग प्रतिरोध के टर्मिनलों पर वोल्टेज स्थिर रख कर चार्जिंग स्थिर (constant) रखी जाती है जिससे धारा स्थिर रहती है

(b) एक ऑपरेशनल इन्टीग्रेटर प्रयुक्त कर स्टैप इनपुट (step input) को लीनियर रैम्प (linear ramp) में कनवर्ट किया जाता है

(c) एक स्थिर धारा सोर्स (constant current source) द्वारा टाइमिंग कैपेसिटर को लीनियर चार्ज किया जाता है

(d) एक स्थिर वोल्टेज सोर्स (constant voltage source) द्वारा टाइमिंग कैपेसिटर को चार्ज किया जाता है

**232.** यदि गैल्वेनोमीटर की धारा सैन्सिटिविटी उच्च (high) है तब इसके क्रिटिकल प्रतिरोध (critical resistances) ——— होते हैं।

(a) क्रमशः अधिक तथा कम (high and low)

(b) क्रमशः कम तथा अधिक (low and high)

(c) क्रमशः अधिक तथा अधिक (high and high)

(d) क्रमशः कम तथा कम (low and low)

**233.** CRO के स्क्रीन पर स्पॉट (spot) का कलर ——— के अभिलक्षण प्रदर्शित करता है।

(a) CRT में इलेक्ट्रॉन गन

(b) प्रेक्षित की जा रही तरंग (waveform being observed)

(c) स्क्रीन की कोटिंग में प्रयुक्त पदार्थ

(d) स्क्रीन को स्ट्राइक करने वाले इलेक्ट्रॉनों का वेग

**234.** किस इन्सट्रूमैन्ट का मुख्य दोष ओवरलोड कैपेसिटी का कम (poor overload capacity) होना है?

(a) PMMC इन्सट्रूमैन्ट्स

(b) इलेक्ट्रॉनिक इन्सट्रूमैन्ट्स

(c) हॉट-वायर इन्सट्रूमैन्ट्स

(d) इलेक्ट्रोस्टैटिक इन्सट्रूमैन्ट्स

**235.** निम्न में से किस डिटेक्टर को ac ब्रिजों में ऑडियो फ्रीक्वैन्सी रेंज के लिए प्रयुक्त किया जाता है?

(a) ac वोल्टमीटर (b) CRO

(c) हैड फोन्स (d) वाइब्रेशन गैल्वेनोमीटर

**236.** वैस्टन कैडमियम—

(a) एक प्राइमरी सैल है

(b) को पुनः चार्ज किया जा सकता है

(c) एक सैकेन्ड्री सैल है (d) एक ड्राई सैल है

**237.** CT में 'ratio error' का कारण है—

(a) प्राइमरी का पावर फैक्टर

(b) उत्तेजन (exciting) धारा

(c) प्राइमरी धारा का 'Wattless' कम्पोनैन्ट

(d) लीकेज फ्लक्स

**238.** इन्डक्टर (inductor) का $Q$ उच्च होगा यदि उसे—

(a) पतले तार (thinner wire) का बनाया जाये

(b) लम्बे तार (long wire) का बनाया जाये

(c) छोटे तार (small wire) का बनाया जाये

(d) मोटे तार (thicker wire) का बनाया जाये

**239.** मापन प्रणालियों में ट्रांसड्यूसर—

(a) इनपुट एलीमैन्ट होता है

(b) आउटपुट एलीमैन्ट होता है

(c) प्रोसेसिंग डिवाइस होती है

(d) सिगनल कन्डीशनिंग डिवाइस होती है

**240.** ट्रांसड्यूसर के मूल पैरामीटर्स क्या हो सकते हैं ?

(a) रिजोल्यूशन (resolution), आवृत्ति अनुक्रिया (frequency response), अरेखीयता (nonlinearity)

(b) मापी जाने वाली राशि की टाइप एवं रेंज, सैन्सिटिविटी उत्तेजन (sensitivity exitation)

(c) ताप के प्रभाव, त्वरण के प्रभाव (acceleration shocks), कम्पन

(d) मिकेनिकल तथा इलेक्ट्रिकल कनैक्शन, कोरोजन प्रतिरोध, माउन्टिंग विधियाँ

**241.** C.T. उस अवस्था में ओवर लोड होता है जब—

(a) इसके टर्मिनल शॉर्ट सर्किट (short circuit) हो जाते हैं

(b) कनैक्ट किया गया लोड, बर्डन से कम होता है

(c) इसके टर्मिनल ओपिन सर्किट (open circuit) होते हैं

(d) जब प्राइमरी धारा, रेटेड मान से 110% हो

**242.** ऑटोमोबाइल की स्पीड मापन में प्रयुक्त स्पीडोमीटर एक—

(a) इन्डीकेटिंग इन्सट्रूमैन्ट है (b) रिकॉर्डिंग इन्सट्रूमैन्ट है

(c) एब्सालूट (absolute) इन्सट्रूमैन्ट है

(d) कन्ट्रोलिंग इन्सट्रूमैन्ट है

**243.** यदि गैल्वेनोमीटर की कुण्डली का आकार छोटा कर दिया जाये तथा फेरों की संख्या (number of turns) बढ़ा दी जाये तब गैल्वेनोमीटर की सैन्सिटिविटी—

(a) घट जायेगी (b) बढ़ जायेगी

(c) पर कोई प्रभाव नहीं होगा

(d) घट अथवा बढ़ सकती है

**244.** वोल्टमीटर का प्रतिरोध बढ़ाने पर उसकी रीडिंग में त्रुटि—

(a) बढ़ जायेगी (b) कम हो जायेगी

(c) मापी जाने वाली राशि के अनुसार कम अथवा अधिक हो सकती है

(d) वोल्टमीटर प्रतिरोध पर निर्भर नहीं करती

**245.** इन्सट्रूमैन्ट ट्रांसफॉर्मर्स की रेटिंग सामान्यतः ——— होती है।

(a) 0·1 VA (b) 10 VA

(c) 100 VA (d) 1 KVA

**246.** CRO में स्वीप की लीनियरिटी सुधारने के लिए निम्न में से कौन-सी विधि प्रयुक्त की जाती है।

(a) टाइमिंग कैपेसिटर की नियत धारा (constant current)

(b) मिलर स्वीप परिपथ का उपयोग कर

(c) फैन्टास्ट्रॉन (Phantastron) परिपथ का उपयोग कर

(d) उपरोक्त सभी

**247.** परिपथ में इन्डक्टैन्स (inductance) के उपयोग से—

(a) धारा तरंग (current wave) में हार्मोनिक्स का आयाम (amplitude) बढ़ता है

(b) धारा तरंग (current wave) में हार्मोनिक्स का आयाम घटता है

(c) धारा तरंग (current wave) में हार्मोनिक्स का आयाम घटता है तथा धारा तरंग को लगभग साइनुसॉयडल तरंग में परिवर्तित करती है

(d) तरंग का आकार प्रभावित नहीं होता

**248.** CT की सैकेन्डरी की सामान्य स्पेसिफिकेशन्स —— हैं—

(a) 1A तथा 2A (b) 0.5A तथा 5A

(c) 2A तथा 10A (b) 1A तथा 5A

**249.** केबिलों में ग्राउन्ड फाल्ट ज्ञात करनेकी इन्डक्शन विधि में केबिल पर—

(a) धात्विक शीथ (metallic sheath) नहीं होनी चाहिये

(b) प्लास्टिक शीथ नहीं होनी चाहिये

(c) रबर शीथ (rubber sheath) नहीं होनी चाहिये

(d) उपरोक्त में कोई नहीं

**250.** सैल्फ बैलेन्सिंग पोटेन्शियोमीटर का उपयोग ———

(a) प्रयोगशाला में मापन कार्य में किया जाता है

(b) उद्योगों में (in industries) किया जाता है

(c) तनाव मापन (tension measurement) में किया जाता है

(d) नहीं किया जाता है

**251.** CRO में प्राप्त लिसेजुअस पैटर्न से—

(a) एप्लाइड सिगनल का आयाम (amplitude) ज्ञात किया जाता है

(b) परिपथ में धारा ज्ञात की जाती है

(c) फेज शिफ्ट एवं आवृत्ति ज्ञात की जाता है

(d) प्रणाली में डिसर्टोशन ज्ञात किया जाती है

**252.** AC द्वारा ऊर्जित (excited) कुन्डली की सैल्फ-इन्डक्टैन्स तथा मुचुअल इन्डक्टैंस किस इन्सट्रूमैन्ट के चुम्बकीय परिवर्तन कर परिवर्तित की जा सकती है ?

(a) डिफ्रैन्शियल ट्रांसफॉर्मर

(b) मैगनेटिक सर्किट ट्रांसड्यूसर

(c) उपरोक्त (a) तथा (b) दोनों

(d) उपरोक्त में कोई नहीं

**253.** UJT रिलैक्सेशन ऑसिलेटर की स्वीप लीनियरिटी सुधारने के लिए—

(a) UJT तथा *RC* सर्किट दोनों के लिए 'low voltage' पावर सप्लाई का उपयोग किया जाता है

(b) UJT के लिए 'low voltage' तथा *RC* सर्किट के लिए 'high voltage' सप्लाई का उपयोग किया जाता है

(c) UJT तथा *RC* सर्किट दोनों के लिये 'high voltage' सप्लाई का उपयोग किया जाता है

(d) UJT के लिए 'high voltage' तथा *RC* सर्किट के लिए 'low voltage' पावर सप्लाई का उपयोग किया जाता है

**254.** हार्मोनिक डिसर्टोशन का कारण—

(a) ताप में परिवर्तन के कारण सर्किट एलीमैन्ट्स के व्यवहार में परिवर्तन है

(b) वातावरण में परिवर्तन के कारण सर्किट एलीमैन्ट्स के व्यवहार में परिवर्तन हैं

(c) सर्किट एलीमैन्ट्स का लीनियर व्यवहार है

(d) सर्किट एलीमैन्ट्स का नान-लीनियर व्यवहार है

**255.** धारा प्रोब तथा वोल्टेज प्रोब में मुख्य अन्तर यह है कि धारा प्रोब—

(a) की इनपुट इम्पीडैन्स कम (low) होती है

(b) केवल ac सिगनलों का मापन कर सकती है

(c) इन्डक्टिव कपलिंग उपलब्ध करा सकती है

(d) उपरोक्त सभी

**256.** एम्पीयर-घंटा किस राशि के मापन का मात्रक है—

(a) पावर (b) ऊर्जा (energy)

(c) सैल की कैपेसिटी (d) उपरोक्त में कोई नहीं

**257.** एक CT की सैकेन्ड्री वाइंडिंग खुली (open) छोड़ने पर—

(a) कोई प्रभाव नहीं होता

(b) CT ब्लास्ट (blast) कर जायेगा

(c) प्राइमरी में धारा का केवल मैगनेटाइजिंग कम्पोनैन्ट (magnetizing component) प्रवाहित होगा

(d) प्राइमरी में कोई धारा नहीं प्रवाहित होगी

**258.** CRO में टाइम बेस सिगनल—

(a) एक उच्च आवृत्ति की साइनुसॉयडल (sinusoidal) तरंग होती है

(b) सभी आवृत्तियों की त्रिभुजाकार (triangular) तरंग होती है

(c) कम आवृत्ति (low frequency) की saw-tooth तरंग होती है

(d) उच्च आवृत्ति (high frequency) की saw-tooth तरंग होती है

**259.** चुम्बकीय परिपथों की चुम्बकशीलता (permeability) –

(a) विद्युत परिपथों की प्रतिरोधकता (resistivity) के समान है

(b) धारा घनत्व के समान है

(c) विद्युत परिपथों में चालकता (conductivity) के समान है

(d) विद्युत परिपथों में प्रतिरोध (resistance) के मसान हैं

**260.** प्रयोग में लाये जाने वाले कैपेसिटर्स सामान्यतः—

(a) concentric-cylinder टाइप होते हैं

(b) समानान्तर प्लेट टाइप होते हैं

(c) concentric sphere टाइप होते हैं

(d) उपरोक्त में कोई नहीं

**261.** AC ब्रिज के सन्तुलन की निम्न आवश्यक दो शर्तें हैं—
(i) कि सम्मुख भुजाओं (opposite arms) के गुणनफल का मान बराबर हो तथा
(ii) कि सम्मुख भुजाओं के फेज कोण (phase angles) बराबर हों
उपरोक्त दोनों प्रतिबन्ध 'True' हैं अथवा 'false' ?
(a) True, True (b) True, False
(c) False, True (d) False, False

**262.** जब समान फ्रीक्वैन्सी तथा आयाम (amplitude) के सिगनल CRO की X एवं Y इनपुट पर एप्लाई किये जाते हैं तब स्क्रीन पर परिणामी पैटर्न होता है—
(a) एक सरल रेखा (straight line)
(b) वृत्त (Circle)
(c) दीर्घवृत्त (ellipse)
(d) परवलय (parabola)

**263.** फोटोसैन्सिटिव कैथोड पर आपतित रेडियेशन (incident radiation) के कारण सैकेन्ड्री इलेक्ट्रॉनों का उत्सर्जन किस डिवाइस में होता है ?
(a) फोटोमल्टीप्लायर ट्यूब (b) फोटोसैन्सिटिव सैल
(c) फोटोकन्डक्टिव सैल (d) फोटोवोल्टाइक सैल

**264.** CRO में बीम घनत्व (beam density) का नियन्त्रण—
(a) पैनल पर लगे INTENSITY कन्ट्रोल द्वारा किया जाता है
(b) पैनल पर लगे FOCUS कन्ट्रोल द्वारा किया जाता है
(c) पैनल पर लगे ASTIGMATISM कन्ट्रोल द्वारा किया जाता है
(d) उपरोक्त सभी

**265.** एक 50 Hz, ac धारा का अधिकतम मान 60 amp है। धारा का मान, अधिकतम होने के 1/600 सेकन्ड पश्चात् क्या होगा—
(a) 5 amps (b) 8·66 amps
(c) 7·5 amps (d) 10 amps

**266.** CRO द्वारा ac वोल्टेज का निम्न में से कौन-सा मान ज्ञात किया जा सकता है—
(a) r.m.s., peak, average value
(b) केवल r.m.s. value
(c) केवल peak value
(d) केवल average value

**267.** आयनिक विन्ड वोल्टमीटर (ionic wind voltmeter) द्वारा—
(a) कम मान की वोल्टेज (low voltage) का मापन किया जाता है
(b) इन्टरवाइन्डिंग कैपेसिटैन्स (inter winding capacitance) का मापन किया जाता है
(c) लीकेज इन्डक्टैन्स (leakage inductance) का मापन किया जाता है
(d) उच्च वोल्टेज (high voltage) का मापन किया जाता है

**268.** स्ट्रेन गेज द्वारा मापन में डमी स्ट्रेन गेज का फंक्शन—
(a) मापन प्रणाली की स्थिरता (stability) बढ़ाना है
(b) ताप (thermal emf) के कारण त्रुटियों को समाप्त करना है
(c) $x$ तथा $y$ दोनों दिशाओं में स्ट्रेन का मापन करना है
(d) मापन प्रणाली की सैन्सिटिविटी बढ़ाना है

**269.** CRT की स्क्रीन द्वारा उत्सर्जित प्रकाश (or luminance) .......... निर्भर नहीं करता।
(a) उस ऊर्जा पर जिसके द्वारा इलेक्ट्रॉन स्क्रीन को बोमबॉर्ड करते हैं
(b) उस अवधि पर जिसमें बीम फॉसफर के एक निश्चित क्षेत्र पर स्ट्राइक करती है
(c) फॉसफर के भौतिक अभिलक्षण पर
(d) इनपुट सिगनल के आयाम पर

**270.** हार्ड बीम का अर्थ ——— है।
(a) उच्च गतिज ऊर्जा वाले इलेक्ट्रॉनों की बीम
(b) वह बीम जिसे डिफ्लैक्ट करना कठिन है
(c) वह बीम जो स्क्रीन पर अधिक चमकदार इमेज उत्पन्न करती है
(d) उपरोक्त सभी

**271.** $Q$ मीटर का उपयोग ——— मापन के लिए किया जाता है।
(a) कैपेसिटर्स के वैद्युत गुण

(b) कुन्डलियों एवं कैपेसिटर्स दोनों के वैद्युत गुण

(c) कुण्डलियों के केवल मेकेनिकल गुण

(d) कुण्डलियों के केवल वैद्युत गुण

**272.** फ्रीक्वैन्सी मापन के लिये उपयुक्त ब्रिज हैं—

(a) एन्डरसन ब्रिज (b) डि-सोटी ब्रिज

(c) वीन ब्रिज (d) कैम्पबैल ब्रिज

**273.** $Q$-मीटर—

(a) श्रेणी अनुनाद (series resonance) के सिद्धान्त पर कार्य करता है

(b) समान्तर अनुनाद (parallel resonance) के सिद्धान्त पर कार्य करता है

(c) उपरोक्त (a) तथा (b) दोनों

(d) उपरोक्त में कोई नहीं

**274.** निम्न में किस स्ट्रेन गेज ट्रांसड्यूसर की उच्चतम सैन्सिटिविटी तथा गेज फैक्टर है ?

(a) प्लेटिनम-टंगस्टन एलॉय ट्रांसड्यूसर

(b) नाइक्रॉम ट्रांसड्यूसर

(c) सेमीकन्डक्टर स्ट्रेन गेज ट्रांसड्यूसर

(d) स्टेबलॉय तथा डायनालॉय (stabiloy and dynaloy) स्ट्रेन गेज ट्रांसड्यूसर

**275.** मापन एवं कन्ट्रोल के लिए प्रयुक्त किया जाने वाले उपकरण—

(a) का 'dead zone' तथा 'dead line' होना चाहिये

(b) की लीनियर आउटपुट की तीव्र अनुक्रिया (fast response) होनी चाहिये

(c) की नान-लीनियर (non-linear) आउटपुट होनी चाहिये

(d) की अनुक्रिया अत्यधिक डैम्पड (highly damped response) होनी चाहिये

**276.** LVDT –

(a) लीनियर गति को वैद्युत सिगनल में कनवर्ट करता है

(b) वैद्युत सिगनल को लीनियर गति में कनवर्ट करता है

(c) ताप मापन में सहायक होता है

(d) कोणीय विस्थापन (angular diisplacements) ज्ञात करने में प्रयुक्त किया जा सकता है

**277.** $Q$-मीटर का श्रेणी कनैक्शन (series connection) –

(a) कम प्रतिबाधा (low impedance) के कम्पोनैन्ट्स के मापन में प्रयुक्त किया जाता है

(b) अधिक प्रतिबाधा (high impedance) के कम्पोनैन्ट्स के मापन में प्रयुक्त किया जाता है

(c) उपरोक्त (a) तथा (b) दोनों

(d) उपरोक्त में कोई नहीं

**278.** 'Hall-effect' पिक अप द्वारा ———— का मापन किया जा सकता है।

(a) सेमीकन्डक्टर में इलेक्ट्रॉन कन्सैन्ट्रेशन

(b) धातुओं में धारा

(c) चुम्बकीय फ्लक्स

(d) उपरोक्त सभी

**279.** LVDT अन्य दाब ट्रांसड्यूसर्स (pressure transducers) से उत्तम है क्योंकि—

(a) इनका अनन्त (infinite) रिजॉल्यूशन तथा हिस्टेरिसिस कम होता है

(b) इनके 5 mm विस्थापन तक लीनियर अभिलक्षण होते हैं

(c) इनकी सैन्सिटिविटी उच्च होती है

(d) उपरोक्त सभी

**280.** किसी यन्त्र की 'repeat accuracy' –

(a) उसकी 'static error' से ज्ञात की जा सकती है

(b) उसकी 'linearity error' से ज्ञात की जा सकती है

(c) उसकी 'dynamic error' से ज्ञात की जा सकती है

(d) त्रुटि के मानक विचलन (standard deviation of error) से ज्ञात की जा सकती है

**281.** कैपेसिटिव डिसप्लेसमेंट ट्रांसड्यूसर में धारिता (capacitance) में परिवर्तन सामान्यत:—

(a) ac ब्रिज द्वारा मापा जाता है

(b) एक ऑसिलेटर परिपथ द्वारा मापा जाता है

(c) 'Loss of charge method' द्वारा मापा जाता है

(d) उपरोक्त में कोई नहीं

**282.** निम्न में से किस ट्रांसफॉर्मर में सैकेन्ड्री धारा, मैगनेटाइजिंग (magnetizing) धारा के बराबर होती है—

(a) पोटेन्शियल ट्रांसफार्मर (PT)

(b) पावर ट्रांसफार्मर

(c) धारा ट्रांसफार्मर (CT)

(d) वितरण ट्रांसफार्मर (distribution transformer)

**283.** सेमीकन्डक्टर स्ट्रेन गेजों का उच्च गेज फैक्टर होने पर भी उन्हें अनेक स्थानों पर प्रयुक्त नहीं किया जाता क्योंकि—

(a) वे ताप परिवर्तन (temperature fluctuation) के प्रति सैन्सिटिव होते हैं

(b) उनका व्यवहार नॉन-लीनियर (non-linear) होता है

(c) उनका मूल्य उच्च होता है

(d) उपरोक्त (a) तथा (b)

**284.** कैपेसिटर्स में आवृत्ति के कारण त्रुटि—

(a) का आवृत्ति से कोई सम्बन्ध नहीं होता

(b) आवृत्ति के साथ कम होती है

(c) आवृत्ति के वर्ग के साथ कम होती है

(d) आवृत्ति के साथ बढ़ती है

**285.** एक अन्तर्राष्ट्रीय ओम (international ohm) .......... के बराबर है।

(a) 1·00049 absolute ohm

(b) 0·99951 absolute ohm

(c) 0·969 absolute ohm

(d) 1·049 absolute ohm

**286.** एक TVM के डिफ्रैन्शियल एम्पलीफायर में दो FETs प्रयुक्त किये गये हैं। मीटर की धारा को शून्य करने के लिए एक प्रतिरोध का उस समय भी प्रयोग किया जाता है जब परिपथ में कोई वोल्टेज नहीं एप्लाई की गयी है। इसका कारण—

(a) दोनों FETs के अभिलक्षणों का मैचिंग न होना (mismatch)

(b) परिपथ में प्रयुक्त प्रतिरोधों के टॉलरेन्स के कारण वास्तविक मान तथा उन पर मार्क किये गये मान में अन्तर

(c) परिपथ की ऑपरेटिंग वोल्टेज में परिवर्तन

(d) उपरोक्त (a) तथा (b)

**287.** इन्डक्टिव कुन्डलियाँ मूलतः—

(a) उच्च $Q$ के लिए डिजाइन की जाती है

(b) निम्न (low) $Q$ के लिए डिजाइन की जाती है

(c) औसत (medium) $Q$ के लिए डिजाइन की जाती है

(d) $Q$ से इसका कोई सम्बन्ध नहीं है

**288.** कैपेसिटैन्स टाइप पोटेन्शियल डिवाइडर किस इन्सट्रूमैन्ट की रेंज बढ़ाने के लिए प्रयुक्त किया जाता है।

(a) इलैक्ट्रोडायनेमोमीटर टाइप इन्सट्रूमैन्ट

(b) इलेक्ट्रोस्टैटिक टाइप इन्सट्रूमैन्ट

(c) इन्डक्शन टाइप इन्सट्रूमैन्ट

(d) इसे किसी भी इन्सट्रूमैन्ट के साथ कनैक्ट किया जा सकता है

**289.** एक वोल्टमीटर में 20 $\mu$A का मीटर लगा है। मीटर की सैन्सिटिविटा क्या होगी?

(a) 1000 Ω/V (b) 20,000 Ω/V

(c) 50 kΩ/V (d) 11$\mu$Ω/V

**290.** ब्रिज मापन विधियों में सामान्य प्रकार की त्रुटियाँ क्या हैं?

(a) लीकेज एवं भंवर धारा (eddy current) त्रुटियाँ

(b) अवशिष्ट (residual) त्रुटियाँ

(c) आवृत्ति एवं तरंगाकार (frequency and waveform) त्रुटियाँ

(d) उपरोक्त सभी

**291.** सैल्फ बैलेन्सिंग पोटेन्शियोमीटर का उपयोग—

(a) इन्डस्ट्रियल इन्सट्रूमैन्ट्स के लिए किया जाता है

(b) वाइब्रेशन इन्सट्रूमैन्ट्स के लिए किया जाता है

(c) प्रयोगशालाओं में प्रयोगात्मक कार्यों के लिए किया जाता है

(d) रिकॉर्डर्स में किया जाता है

**292.** CRO द्वारा परीक्षण किये जाने के समय टैस्ट किये जाने वाले परिपथ की लोडिंग कम करने के लिए CRO की प्रतिबाधा—

(a) लोड इम्पीडैन्स से मैच करनी चाहिए

(b) कैपेसिटिव (capacitive) होनी चाहिए

(c) कम (low) होनी चाहिए

(d) उच्च (high) होनी चाहिए

**293.** PMMC मीटर को ac वोल्टेज के साथ कनैक्ट करने पर—

(a) मीटर शून्य (zero) रीडिंग देगा

(b) मीटर नष्ट (damage) हो जायेगा

(c) प्वाइन्टर कम्पन (vibrate) करेगा

(d) प्वाइन्टर की कोई गति नहीं होगी

**294.** डी० सी० पोटेन्शियोमीटर की 'accuracy' ए० सी० पोटेन्शियोमीटर से अधिक होती है क्योंकि—

(a) उसमें पावर क्षय (power consumption) कम होता है

(b) रेफरेन्स सोर्स की भाँति प्रयुक्त करने के लिए स्टैन्डर्ड सैल उपलब्ध है

(c) वे सैन्सिटिव होते हैं

(d) प्रश्न त्रुटिपूर्ण हैं

**295.** रोजेट (Rosette) गेज का प्रयोग—

(a) एक दिशा में स्ट्रेन मापन के लिए किया जाता है

(b) एक प्लेन से अधिक में मापन के लिए किया जाता है

(c) एक दिशा से अधिक में मापन के लिए किया जाता है

(d) उपरोक्त में कोई नहीं

**296.** CRO प्रदर्शित करता है—

(a) वोल्टेज का peak-to-peak मान

(b) वोल्टेज का d.c. मान

(c) RMS मान

(d) औसत (average) मान

**297.** किस तरंग का फॉर्म फैक्टर सबसे कम है ?

(a) वर्गाकार तरंग (square wave)

(b) साइनुसायडल तरंग (sine wave)

(c) आयताकार तरंग (rectangular wave)

(d) त्रिभुजाकार तरंग (triangular wave)

**298.** प्रेशर गेज एक—

(a) रिकॉर्डिंग इन्सट्रूमैन्ट है

(b) इन्डीकेटिंग इन्सट्रूमैन्ट है

(c) कन्ट्रोलिंग इन्सट्रूमैन्ट है

(d) इन्टीग्रेटिंग इन्सट्रूमैन्ट है

**299.** निम्न में 'True' है ———

(a) CT का प्रचालन P.T. की तुलना में अधिक फ्लक्स घनत्व के साथ होता है

(b) CT एवं P.T. का प्रचालन लगभग समान फ्लक्स घनत्व पर होता है

(c) CT का प्रचालन P.T. की तुलना में काफी कम फ्लक्स घनत्व पर होता है

(d) C.T. एवं P.T. में फ्लक्स घनत्व के सम्बन्ध में कोई सामान्य (general) बात नहीं कही जा सकती

**300.** CT तथा PT का उपयोग सामान्यत:—

(a) राशियों (quantities) को स्टैप अप (step up) करने के लिए किया जाता है

(b) राशियों (quantities) को स्टैप डाउन (step down) करने के लिए किया जाता है

(c) उपरोक्त (a) अथवा (b)

(d) C.T. का उपयोग स्टैप डाउन के लिए तथा PT का उपयोग राशियों को स्टैप अप करने के लिए किया जाता है

**301.** LVDT –

(a) एक CT है (b) एक PT है

(c) लीनियर वैरियेबिल डिफ्रैन्शियल ट्रांसफॉर्मर है

(d) पावर ट्रांसफॉर्मर है

**302.** CRO में वर्टीकल एम्पलीफायर का गेन (gain) –

(a) होरीजोन्टल एम्पलीफायर के गेन से कम होता है

(b) होरीजोन्टल एम्पलीफायर के गेन के बराबर होता है

(c) होरीजोन्टल एम्पलीफायर के गेन से अधिक होता है

(d) अलग-अलग प्रकार के CROs में उपरोक्त में कोई भी स्थिति हो सकती है

**303.** CRO में SYNC कन्ट्रोल का फंक्शन –

(a) बीम की इन्टैन्सिटी (intensity) कन्ट्रोल करना है

(b) देखे जाने वाले इनपुट सिगनल को लॉक करना है

(c) स्वीप सिगनल की विड्थ कन्ट्रोल करना है

(d) उपरोक्त में कोई नहीं

**304.** PTs तथा CTs की प्राइमरी कुन्डलियाँ, मुख्य परिपथ के क्रमश: ___ में तथा ___ में कनैक्ट की जाती है।

(a) श्रेणी, समान्तर (b) समान्तर, श्रेणी

(c) श्रेणी, श्रेणी (d) समान्तर, समान्तर

**305.** प्रतिरोध के पैरामीटर्स $R, L$ तथा $C$ होते हैं। प्रतिरोध के अप्रेरकीय (noninductive) होने की शर्त ——— है।

(a) $L = C$ (b) $C = LR^2$

(c) $L = CR^2$ (d) $R = LC$

**306.** कैपेसिटर माइक्रोफोन ट्रांसड्यूसर्स का उपयोग—

(a) स्पीच, संगीत तथा शोर मापन में किया जाता है

(b) मोटाई के मापन में किया जाता है

(c) विस्थापन के मापन में किया जाता है

(d) द्रव तल (liquid level) के मापन में किया जाता है

**307.** किसी परिपथ में फ्यूज का मुख्य फंक्शन क्या है ?

(a) परिपथ को ओपिन (open) करना

(b) परिपथ को बन्द (close) करना

(c) बैटरी की सुरक्षा करना

(d) अत्याधिक धारा के प्रवाह को रोकना

**308.** वैरेक्टर क्या होता है ?

(a) एक डायोड जिसे परिवर्ती (variable) कैपेसिटर की भाँति प्रयोग किया जाता है

(b) एक डायोड जिसे हाई-स्पीड स्विचिंग के लिए प्रयोग किया जाता है

(c) एक डायोड जिसे परिवर्ती इन्डक्टर की भाति प्रयोग किया जाता है

(d) एक डायोड जिसे परिवर्ती प्रतिरोध की भाँति प्रयोग किया जाता है

**309.** शियरिंग ब्रिज का उपयोग ——— मापन के लिए किया जाता है।

(a) प्रतिरोध (b) आवृत्ति

(c) इनपुट वोल्टेज

(d) कैपेसिटर तथा उसका पावर फैक्टर

**310.** कैपेसिटर की डाइलैक्ट्रिक हानि (dielectric loss) किस ब्रिज द्वारा मापी जा सकती हैं ?

(a) वीन ब्रिज (Wein Bridge)

(b) ओवेन ब्रिज (Owen Bridge)

(c) शियरिंग ब्रिज (Schering Bridge)

(d) मैक्सवैल ब्रिज (Maxwell Bridge)

**311.** कैपेसिटर में डाइलैक्ट्रिक डिस्टॉर्शन के कारण ऊर्जा हानि होती है। इस हानि को ——— कहते हैं।

(a) डाइलेक्ट्रिक डिस्टॉर्शन हानि (dielectric distortion loss)

(b) डाइलेक्ट्रिक अवशोषण हानि (dielectric absorption loss)

(c) लीकेज हानि (leakage loss)

(d) डाइलेक्ट्रिक हिस्टेरेसिस हानि (dielectric hysteresis loss)

**312.** एक 10 MHz CRO में—

(a) 10 MHz स्वीप होती है

(b) 10 MHz का वर्टीकल ऑसिलेटर होता है

(c) 10 MHz का होरीजोन्टल ऑसिलेटर होता है

(d) 10 MHz की सप्लाई फ्रीक्वैन्सी होती है

**313.** स्ट्रेन गेज एक निष्क्रिय (passive) ट्रांसड्यूसर है। यह मेकेनिकल विस्थापन (mechanical displacement) को ——— में बदलता है।

(a) ताप में परिवर्तन (b) प्रतिरोध में परिवर्तन

(c) लम्बाई में परिवर्तन (d) कैपेसिटैन्स में परिवर्तन

**314.** CRO को दी जाने वाली अधिकतम इनपुट सिगनल फ्रीक्वैन्सी का मान ——— द्वारा सीमित (limited) होता है।

(a) इनपुट प्रोब कैपेसिटैन्स

(b) वर्टीकल एम्पलीफायर

(c) होरीजोन्टल एम्पलीफायर

(d) SYNC सिगनल की फ्रीक्वैन्सी

**315.** प्रतिरोधों (resistors) को वोल्टेज डिवाइडर्स की भाँति प्रयोग करने में क्या हानि (disadvantage) है ?

(a) जटिल गणना (complicated calculations)

(b) लोड में कम धारा

(c) अधिक पावर क्षय (large power dissipation)

(d) अधिक वोल्टेज की बैटरी की आवश्यकता

**316.** Q-मीटर किस सिद्धान्त पर कार्य करता है—

(a) श्रेणी अनुनाद (series resonance)

(b) समान्तर अनुनाद (parallel resonance)

(c) मुचुअल इन्डक्टैन्स (mutual inductance)

(d) सैल्फ इन्डक्टैन्स (self inductance)

**317.** एक CRO की Y-इनपुट पर '5 sin 314 t' वोल्टेज तथा X-इनपुट पर '5 cos 314 t' वोल्टेज एप्लाई की जाती है। यदि X तथा Y चैनल के गेन (gain) समान हो तब स्क्रीन पर किस आकार का चित्र (figure) प्राप्त होगा ?

(a) साइनुसॉयडल तरंग (sine wave)

(b) एक सीधी रेखा (straight line)

(c) दीर्घ-वृत (ellipse) (d) वृत (circle)

**318.** AC परिपथों में रेंज बढ़ाने के लिए शंट तथा मल्टीप्लायर्स के स्थान पर अधिकतर इन्सट्रुमैन्ट ट्रांसफॉर्मर्स प्रयोग किये जाते हैं। इसका क्या कारण है ?

(a) शन्ट का समय नियतांक (time constant) इन्सट्रुमैन्ट के समय नियतांक से मैच करना चाहिए। अतः प्रत्येक इन्सट्रुमैन्ट के लिए अलग शंट की आवश्यकता होती है

(b) रेंज का बढ़ना (extension) शंट की धारा (current capacity) द्वारा सीमित होता है

(c) 1000V से अधिक पर मल्टीप्लायर्स का उपयोग लगभग असम्भव हो जाता है

(d) उपरोक्त सभी

**319.** निम्न में 'correct' स्टेटमैन्ट मार्क कीजिये।

(a) CT की प्राइमरी वाइन्डिंग को उस लाइन के श्रेणी में कनैक्ट किया जाता है जिसमें मापी जाने वाली धारा प्रवाहित होती है

(b) CT की प्राइमरी में फेरों की बड़ी संख्या (large number of turns) होती है

(c) PT एक श्रेणी ट्रांसफार्मर की भाँति है जिसकी सैकेन्डरी लगभग शॉर्ट सर्किट अवस्था में होती है

(d) CT की सैकेन्ड्री में बहुत कम फेरे (very few turns) होते हैं

**320.** AC का फार्म फैक्टर ...... होता है।

(a) $K_f = \dfrac{\text{Peak Value}}{\text{Average value}}$ (b) $K_f = \dfrac{\text{Peak Value}}{\text{RMS Value}}$

(c) $K_f = \dfrac{\text{RMS Value}}{\text{Average Value}}$ (d) $K_f = \dfrac{\text{RMS Value}}{\text{Peak Value}}$

**321.** उच्च (high) प्रतिरोधों के मापन में निम्न में से किस विधि का प्रयोग किया जाता है ?

(a) आवेश हानि विधि (Loss of charge method)

(b) व्हीटस्टोन ब्रिज

(c) पोटेन्शियोमीटर विधि (d) कैल्विन ब्रिज विधि

**322.** हेय ब्रिज—

(a) विशेष रूप से कैपसिटैन्स की एक बड़ी रेंज में मापन के लिए उपयुक्त है

(b) विशेष रूप से उच्च $Q$ की इन्डक्टैन्स के मापन के लिए उपयुक्त है

(c) विशेष रूप से उच्च $Q$ के कैपेसिटर्स के मापन के लिए उपयुक्त है

(d) विशेष रूप से कम (low) $Q$ के इन्डक्टैन्स के मापन के लिए उपयुक्त है

**323.** CRO में ———— फोकसिंग विधि प्रयुक्त की जाती है।

(a) इलेक्ट्रोमैगनेटिक (b) इलेक्ट्रोस्टैटिक

(c) उपरोक्त दोनों

(d) कोई फोकसिंग विधि प्रयुक्त नहीं की जाती

**324.** इन्सट्रुमैन्ट ट्रांसफार्मर के लिए 'ratio error' की परिभाषा निम्न है—

(a) $\dfrac{\text{Rated primary current}}{\text{Rated secondary current}}$

(b) $\dfrac{\text{Nominal ratio} - \text{actual ratio}}{\text{Actual ratio}}$

(c) $\dfrac{\text{Actual ratio}}{\text{Nominal Ratio}}$

(d) $\dfrac{\text{Actual ratio} - \text{Nominal ratio}}{\text{Nominal ratio}}$

**325.** मीटर्स से तीव्र अनुक्रिया (fast response) प्राप्त करने के लिए—

(a) डैम्पिंग नहीं होनी चाहिये

(b) डैम्पिंग गुणांक लगभग 0·1 होना चाहिये

(c) डैम्पिंग गुणांक लगभग 0·7 होना चाहिये

(d) क्रिटिकल डैम्पिंग होनी चाहिये

**326.** एन्डरसन ब्रिज—

(a) में एक स्टैन्डर्ड इन्डक्टर की आवश्यकता होती है जिसके पदों (terms) में कैपेसिटर का 'loss angle' प्रदर्शित किया जाता है

(b) कैपेसिटर्स के मापन में प्रयुक्त किया जाता है

(c) इन्डक्टैन्स की बड़े रेन्ज में मापन के लिए प्रयुक्त किया जाता है

(d) में एक स्टैन्डर्ड प्रतिरोध की आवश्यकता होती है जिसके पदों में सेल्फ-इन्डक्टैन्स प्रदर्शित की जाती है

**327.** डुएल ट्रेस CRO में—

(a) एक वर्टीकल एम्पलीफायर तथा एक होरीजोन्टल एम्पलीफायर होता है

(b) दो वर्टीकल एम्पलीफायर तथा एक होरीजोन्टल एम्पलीफायर होता है

(c) एक वर्टीकल एम्पलीफायर तथा दो होरीजोन्टल एम्पलीफायर होते हैं

(d) दो वर्टीकल एम्पलीफायर तथा दो होरीजोन्टल एम्पलीफायर होते हैं

**328.** सामान्यतः CT –

(a) की ओवरलोड कैपेसिटी PT की तुलना में कम होती है

(b) की ओवरलोड कैपेसिटी PT के समान होती है

(c) की ओवरलोड कैपेसिटी PT की तुलना में अधिक होती है

(d) की ओवरलोड कैपेसिटी नहीं होती

**329.** प्रतिरोधों के ठीक (precision) मापन के लिए सामान्यतः ———— विधि का उपयोग किया जाता है।

(a) पोटेन्शियो मीटर (b) CRO

(c) वोल्टमीटर-एमीटर (d) ब्रिज

**330.** मुरे (Murray), वार्ले (Varley) तथा फिशर (Fisher) लूप टैस्ट द्वारा—

(a) केबिलों में शॉर्ट-सर्किट फॉल्ट ज्ञात किया जाता है

(b) केबिलों में ओपिन सर्किट फॉल्ट ज्ञात किया जाता है

(c) केबिलों में शॉर्ट-सर्किट तथा ग्राउन्ड फॉल्ट ज्ञात किया जाता है

(d) केबिलों में ओपिन-सर्किट तथा ग्राउन्ड फॉल्ट ज्ञात किया जाता है

**331.** लकड़ियों (woods) को गर्म (heat) करने के लिए ———— विधि व्यापक रूप से प्रयुक्त की जाती है।

(a) डायरेक्ट हीटिंग (direct heating)

(b) इनडायरेक्ट हीटिंग (indirect heating)

(c) इन्डक्शन हीटिंग (induction heating)

(d) डाइलैक्ट्रिक हीटिंग (dielectric heating)

**332.** किस ब्रिज द्वारा इन्डक्टैन्स का मान कैपेसिटैन्स तथा प्रतिरोध के पदों में ज्ञात किया जाता है—

(a) हेय ब्रिज

(b) एन्डरसन ब्रिज

(c) शियरिंग ब्रिज

(d) वीन (Wein) ब्रिज

**333.** वीन (Wein) ब्रिज का उपयोग ———— के मापन में किया जाता है।

(a) अति उच्च आवृत्ति (very high frequency)

(b) कम आवृत्ति (low frequency)

(c) मीडियम आवृत्ति (medium frequency)

(d) उच्च आवृत्ति (high frequency)

**334.** CRO .......... प्रदर्शित कर सकता है।

(a) A.C. सिगनल (b) D.C. सिगनल

(c) A.C. तथा D.C. सिगनल

(d) टाइम के साथ परिवर्तित होने वाले सिगनल (time-invariant signal)

**335.** P.T. में किस प्रकार की कपलिंग होती है—

(a) इलेक्ट्रोस्टैटिक (electrostatic)

(b) इलैक्ट्रिकल (electrical)

(c) इलेक्ट्रोमेगनेटिक (electromagnetic)

(d) कन्डक्टिव (conductive)

**336.** यदि CRO में वर्टीकल डिफ्लैक्शन वोल्टेज की आवृत्ति होरीजोन्टल डिफ्लैक्शन वोल्टेज की आवृत्ति की दो गुनी हो तब स्क्रीन पर किस प्रकार की आकृति प्राप्त होगी?

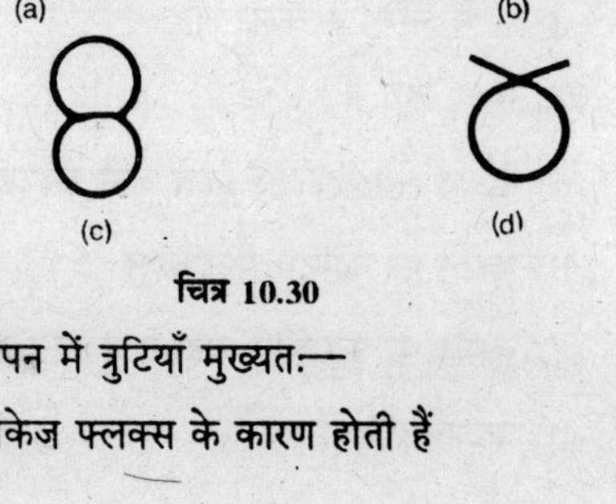


**चित्र 10.30**

**337.** CT मापन में त्रुटियाँ मुख्यतः—

(a) लीकेज फ्लक्स के कारण होती हैं

(b) आवश्यक उत्तेजन वोल्टेज (required excitation e.m.f.) के कारण होती हैं
(c) कोर हानि (core less) के कारण होती हैं
(d) सैकेन्ड्री लोड के कारण होती हैं

**338.** ब्रिज मापन विधि में त्रुटियों का मुख्य कारण ——— है।
(a) ब्रिज का बैटरी सर्किट
(b) ब्रिज का डिटेक्टर सर्किट
(c) ब्रिज में प्रयुक्त ज्ञात (known) प्रतिरोध
(d) प्रेक्षण त्रुटियाँ (observation errors)

**339.** CRO के वर्टीकल एम्पलीफायर की प्रथम स्टेज में ——— प्रयुक्त किया जाता है।
(a) बाईजंकशन ट्रान्जिस्टर (BJT)
(b) FET
(c) SCR (d) TRIAC

**340.** रैक्टीफायर टाइप इन्सट्रूमैन्ट्स ——— प्रदर्शित करते हैं।
(a) RMS मान
(b) औसत मान (average value)
(c) Peak मान (d) D.C. मान

**341.** धारा ट्रांसफार्मर (CT) –
(a) dc मापन में शन्ट का स्थान लेता है तथा 5A रेंज के ac एमीटर द्वारा उच्च धाराओं के मापन को सम्भव बनाता है
(b) dc मापन में मल्टीप्लायर्स का स्थान लेता है तथा उच्च वोल्टेज का मापन सम्भव करता है
(c) पावर ट्रांसफॉर्मर के स्थान पर प्रयुक्त किया जाता है
(d) स्टैप-अप धारा ट्रांसफार्मर के स्थान पर प्रयुक्त किया जाता है

**342.** CRO में बीम के कलर द्वारा ——— के अभिलक्षण ज्ञात किये जाते हैं।
(a) प्रेक्षित (observe) किये जाने इनपुट सिगनल
(b) स्क्रीन पर कोटिंग मैटीरियल
(c) कैथोड से उत्सर्जित प्राइमरी इलैक्ट्रॉनों की ऊर्जा
(d) उपरोक्त सभी

**343.** उच्च $Q$ वाली कुन्डली—
(a) की बैन्डविड्थ बड़ी (large) होती है
(b) का पावर फैक्टर 'low' होता है
(c) में अधिक हानियाँ (large losses) होते हैं
(d) का रेसपोंस फ्लैट (flat response) होता है

**344.** LVDT के अतिरिक्त अन्य किस डिवाइस द्वारा लीनियर डिसप्लेसमैन्ट ज्ञात किया जा सकता है?
(a) RVDT (b) कैपेसिटैन्स ट्रांसड्यूसर
(c) थर्मोकपल (d) थायरिस्टर

**345.** CRO में स्वीप विड्थ ——— द्वारा कन्ट्रोल की जाती है।
(a) होरीजोन्टल गेन कन्ट्रोल
(c) वर्टीकल गेन कन्ट्रोल
(c) एक्सीलरेटिंग एनोड पोटेन्शियल कन्ट्रोल
(d) फोकसिंग एनोड पोटेन्शियल कन्ट्रोल

**346.** व्हीटस्टोन ब्रिज—
(a) एक गीयर ट्रेन के समान है
(b) साधारण लीवर सिस्टम के समान है
(c) केन्टीलीवर सिस्टम के समान है
(d) उपरोक्त में कोई नहीं

**347.** जब एक CRT की वर्टीकल डिफ्लैक्शन प्लेटों पर 20V, dc वोल्टेज एप्लाई की जाती है तब स्पॉट (spot) सेन्टर से 1cm दूर खिसकता है। यदि 20V, ac एप्लाई की जाये तब स्पॉट का सेन्टर से विस्थापन लगभग ——— होगा।
(a) 1cm (b) 1·4cm
(c) 2cm (d) 2·8cm

**348.** इन्डक्टर का उच्च (high) $Q$ फेक्टर ——— द्वारा ज्ञात किया जा सकता है।
(a) हेय ब्रिज (b) एन्डरसन ब्रिज
(c) वीन ब्रिज (d) शियरिंग ब्रिज

**349.** बैटरी की क्षमता (rating) किस प्रकार दी जाती है ?
(a) किलोवाट (KW) में
(b) किलोवोल्ट एम्पीयर (KVA) में
(c) एम्पीयर-घन्टों (Ah) में
(d) रिएक्टिव वोल्ट-एम्पीयर घण्टों (VARh) में

**350.** किसी प्रतिबाधा (impedance) के कम्पोनैन्ट ज्ञात करने के लिए निम्न में से सबसे अधिक उपयुक्त विधि क्या है ?

(a) समान्तर कनैक्शन $Q$-मीटर (parallel connection $Q$-meter)

(b) श्रेणी कनैक्शन $Q$-मीटर (series connection $Q$-meter)

(c) $Q$-मीटर द्वारा कम (low) प्रतिबाधा के कम्पोनैन्ट्स नहीं ज्ञात किये जा सकते

(d) श्रेणी-समान्तर कनैक्शन $Q$-मीटर

**351.** एक पेपर इन्डस्ट्री में पेपर की मोटाई (thickness) को लगातार मोनीटर करने के लिए उपयुक्त ट्रांसड्यूसर ............ है।

(a) स्ट्रेन गेज (b) LVDT

(c) डायफ्रॉम (d) कैपेसिटैन्स ट्रांसड्यूसर

**352.** एक 200mV, 1mA के वोल्टमीटर की रेंज 1V तक बढ़ाने के लिए आवश्यक मल्टीप्लायर का प्रतिरोध क्या होगा ?

(a) 400 Ω (b) 900 Ω

(c) 100 Ω (d) 1000 Ω

**353.** AC ब्रिजों में—

(a) केवल लीकेज तथा भंवर धारा (eddy current) त्रुटियाँ होती हैं

(b) केवल अवशिष्ट, आवृत्ति तथा तरंगाकार के कारण त्रुटियाँ होती हैं

(c) उपरोक्त (a) तथा (b) दोनों

(d) कोई त्रुटि नहीं होती

**354.** स्ट्रेन गेज में प्रयुक्त ब्रिज सर्किट प्रायः—

(a) d.c. पावर सोर्स द्वारा ऑपरेट होता है

(b) निम्न आवृत्ति (power frequency) के ac सोर्स द्वारा ऑपरेट होता है

(c) उच्च आवृत्ति (high frequency) के ac सोर्स द्वारा ऑपरेट होता है

(d) ac अथवा dc किसी भी पावर सोर्स से ऑपरेट हो सकता है

**355.** निम्न में कौन-सी डिवाइस इन्डक्टैन्स में परिवर्तन (change in inductance) के सिद्धान्त पर कार्य नहीं करतीं ?

(a) रिलक्टैन्स पिक-अप

(b) भंवर धारा गेज (eddy current gage)

(c) डिफ्रैन्शियल ट्रांसफार्मर

(d) उपरोक्त में कोई नहीं

**356.** सर्वप्रथम निर्मित बैटरी में इलैक्ट्रोड तथा इलैक्ट्रोलाइट क्या थे ?

(a) Cu, Zn तथा $H_2SO_4$ (b) Ag, Zn तथा NaCl

(c) Ni, Cd तथा KOH

(d) C, Zn तथा $NH_4OH$

**357.** फ्लक्स के मापन में प्रयुक्त युक्तियाँ किस सिद्धान्त पर कार्य करती हैं ?

(a) पीजो-इलेक्ट्रिक प्रभाव (Piezo-electric effect)

(b) वोल्टाइक प्रभाव (Voltaic effect)

(c) हॉल प्रभाव (Hall effect)

(d) फोटो-वोल्टाइक प्रभाव (Photo-Voltaic effect)

**358.** बैटरी में लोकल एक्शन किस प्रकार रोका जा सकता है—

(a) इलेक्ट्रोड का साइज बढ़ाकर

(b) इलेक्ट्रोलाइट की सान्द्रता (concentration) घटाकर

(c) जिन्क इलेक्ट्रोड की पारे (mercury) से कोटिंग कर

(d) कॉपर इलेक्ट्रोड की पारे (mercury) से कोटिंग कर

**359.** थर्मिस्टर्स (thermistors) वह अर्धचालक (semiconductor) हैं—

(a) जिनका प्रतिरोध उच्च तथा प्रतिरोध ताप गुणांक (temperature coefficient of resistance) निगेटिव होता है

(b) जिन्हें निम्न ताप लगभग $-100°C$ से $300°C$ तक व्यापक रूप से प्रयुक्त किया जाता है

(c) जिन्हें ताप नियन्त्रण एवं कम्पेनसेशन के लिए सन्तोषजनक रूप से प्रयुक्त किया जा सकता है

(d) उपरोक्त सभी

**360.** बैटरी की धारा क्षमता (current capacity)—

(a) इलेक्ट्रोड की धातु पर निर्भर करती है

(b) इलेक्ट्रोड के आकार (size) पर निर्भर करती है

(c) उस बर्तन के आकार पर निर्भर करती है जिसमें इलेक्ट्रोलाइट भरा गया है

(d) उपरोक्त सभी

**361.** बैटरी में इलैक्ट्रोलाइट की सान्द्रता (concentration) बढ़ने पर—

(a) आउटपुट वोल्टेज बढ़ती है

(b) बैटरी द्वारा दी गयी धारा बढ़ती है

(c) बैटरी की कैपेसिटी बढ़ती है

(d) बैटरी का आन्तरिक प्रतिरोध घटता है

**362.** मापन यन्त्र का मुख्य अभिलक्षण है—

(a) कम प्रतिरोध (low resistance)

(b) मापे जाने वाले परिपथ में कनैक्ट करने पर परिपथ की अवस्था नहीं बदलता तथा इसके द्वारा ऑपरेशन के लिए ली गयी पावर बहुत कम

(c) इसका प्रतिरोध अनन्त (infinite) होता है

(d) यह सदा परिपथ के श्रेणी में कनैक्ट किया जाता है

**363.** एक प्रतिरोध 120V सप्लाई से कनैक्ट करने पर 2amp धारा लेता है। प्रतिरोध में व्यय शक्ति (power dissipated) क्या होगी ?

(a) 240 W (b) 60 W

(c) 120 W (d) 30 W

**364.** मापन यन्त्र, (बिना रेंज बढ़ाने की विधि के) सामान्यतः ———— वोल्टेज के लिए डिजाइन किये जाते हैं।

(a) 45 to 150 $\mu$V (b)45 to 150 mV

(c) 45 to 250 V (d) उपरोक्त में कोई नहीं

**365.** प्राइमरी सैल में लोकल एक्शन (local action) उस समय होता है—

(a) जब सैल लम्बी अवधि (long duration) के लिए कम धारा सप्लाई करता है

(b) जब सैल कम अवधि (small duration) के लिए अधिक धारा सप्लाई करता है

(c) जब सैल लम्बी अवधि (long duration) के लिए अधिक धारा सप्लाई करता है

(d) जब सैल धारा सप्लाई करे अथवा न करे

**366.** प्रतिरोध का 'absolute' मापन किस विधि द्वारा किया जाता है ?

(a) ओम के नियम द्वारा (b) ब्रिज विधि द्वारा

(c) रेले (Raleigh) विधि द्वारा

(d) लोरेन्ज (Lorenz) विधि द्वारा

**367.** डैम्पिंग की सबसे अधिक सामान्य विधि ———— है।

(a) वायु घर्षण डैम्पिंग (air friction damping)

(b) भंवर धारा डैम्पिंग (eddy current damping)

(c) विद्युत चुम्बकीय डैम्पिंग (electromagnetic damping)

(d) द्रव घर्षण डैम्पिंग (fluid friction damping)

**368.** निम्न में इलेक्ट्रोडों के किस पेयर (pair) द्वारा एक ही इलैक्ट्रोलाइट में अधिकतम वोल्टेज उत्पन्न की जायेगी ?

(a) Zn, Cu (b) Fe, Cu

(c) Zn, C (d) Zn, Pb

**369.** इलेक्ट्रोलाइट्स का मुख्य फंक्शन क्या है ?

(a) जल में मिलाने पर पॉजिटिव तथा निगेटिव आयनों में टूटना

(b) दोनों इलेक्ट्रोडों से रासायनिक क्रिया करना

(c) एक इलेक्ट्रोड से रासायनिक क्रिया करना

(d) उपरोक्त (a) तथा (c)

**370.** किसी सैल के 5·0A धारा लेने पर उसका e.m.f. 2·2V से घटकर 2·0V रह जाता है। सैल का आन्तरिक प्रतिरोध क्या है ?

(a) 0·4 Ω (b) 0·04 Ω

(c) 0·44 Ω (d) 0·044 Ω

**371.** अधिकांश इन्सट्रूमैन्टेशन प्रणालियों में इनपुट राशि सामान्यतः—

(a) इलेक्ट्रिकल होती है (b) मेकेनिकल होती है

(c) इलेक्ट्रिकल नहीं होती है (d) थर्मल होती है

**372.** ट्रांसफॉर्मर में इलेक्ट्रोस्टैटिक कपलिंग की समस्या ———— पर अधिक गम्भीर होती है।

(a) निम्न आवृत्तियों पर (at low frequencies)

(b) पावर आवृत्तियों पर (at power frequencies)

(c) उच्च आवृत्तियों पर (at high frequencies)

(d) ट्रांसफॉर्मर पर उच्च लोड होने पर

**373.** कम मान के प्रतिरोध (low resistances) के मापन की व्यापक विधि ———— है।

(a) व्हीटस्टोन ब्रिज (b) पोटेन्शियोमीटर

(c) कैल्विन ब्रिज (d) कैल्विन डबल ब्रिज

## Answers :

| | | | | | | | | | | |
|---|---|---|---|---|---|---|---|---|---|---|
| 1. (d) | 36. (b) | 71. (a) | 106. (d) | 141. (c) | 176. (b) | 211. (c) | 246. (d) | 281. (d) | 316. (a) | 351. (b) |
| 2. (b) | 37. (a) | 72. (d) | 107. (a) | 142. (c) | 177. (d) | 212. (c) | 247. (c) | 282. (a) | 317. (d) | 352. (b) |
| 3. (c) | 38. (a) | 73. (d) | 108. (a) | 143. (b) | 178. (c) | 213. (a) | 248. (d) | 283. (d) | 318. (d) | 353. (c) |
| 4. (b) | 39. (a) | 74. (c) | 109. (c) | 144. (d) | 179. (a) | 214. (b) | 249. (a) | 284. (d) | 319. (a) | 354. (c) |
| 5. (d) | 40. (c) | 75. (d) | 110. (d) | 145. (a) | 180. (c) | 215. (b) | 250. (b) | 285. (a) | 320. (c) | 355. (d) |
| 6. (b) | 41. (c) | 76. (b) | 111. (a) | 146. (a) | 181. (b) | 216. (d) | 251. (c) | 286. (d) | 321. (a) | 356. (b) |
| 7. (c) | 42. (a) | 77. (a) | 112. (b) | 147. (d) | 182. (c) | 217. (c) | 252. (d) | 287. (a) | 322. (b) | 357. (c) |
| 8. (b) | 43. (a) | 78. (b) | 113. (b) | 148. (b) | 183. (c) | 218. (c) | 253. (d) | 288. (b) | 323. (b) | 358. (c) |
| 9. (b) | 44. (d) | 79. (b) | 114. (a) | 149. (b) | 184. (a) | 219. (b) | 254. (d) | 289. (c) | 324. (b) | 359. (d) |
| 10. (a) | 45. (d) | 80. (a) | 115. (c) | 150. (a) | 185. (d) | 220. (b) | 255. (d) | 290. (d) | 325. (c) | 360. (b) |
| 11. (d) | 46. (b) | 81. (c) | 116. (c) | 151. (a) | 186. (b) | 221. (b) | 256. (c) | 291. (a) | 326. (c) | 361. (b) |
| 12. (c) | 47. (b) | 82. (b) | 117. (a) | 152. (c) | 187. (d) | 222. (d) | 257. (b) | 292. (d) | 327. (a) | 362. (d) |
| 13. (c) | 48. (d) | 83. (b) | 118. (d) | 153. (b) | 188. (b) | 223. (a) | 258. (d) | 293. (a) | 328. (c) | 363. (a) |
| 14. (b) | 49. (b) | 84. (b) | 119. (a) | 154. (d) | 189. (d) | 224. (d) | 259. (c) | 294. (b) | 329. (b) | 364. (b) |
| 15. (d) | 50. (b) | 85. (a) | 120. (c) | 155. (d) | 190. (d) | 225. (c) | 260. (a) | 295. (c) | 330. (c) | 365. (d) |
| 16. (c) | 51. (b) | 86. (b) | 121. (d) | 156. (d) | 191. (d) | 226. (a) | 261. (a) | 296. (a) | 331. (d) | 366. (d) |
| 17. (b) | 52. (a) | 87. (a) | 122. (c) | 157. (a) | 192. (c) | 227. (b) | 262. (a) | 297. (a) | 332. (b) | 367. (a) |
| 18. (d) | 53. (b) | 88. (b) | 123. (a) | 158. (b) | 193. (a) | 228. (d) | 263. (a) | 298. (b) | 333. (d) | 368. (c) |
| 19. (d) | 54. (c) | 89. (a) | 124. (a) | 159. (d) | 194. (a) | 229. (c) | 264. (d) | 299. (c) | 334. (c) | 269. (d) |
| 20. (a) | 55. (a) | 90. (d) | 125. (b) | 160. (b) | 195. (c) | 230. (b) | 265. (b) | 300. (b) | 335. (c) | 370. (b) |
| 21. (b) | 56. (c) | 91. (d) | 126. (d) | 161. (c) | 196. (b) | 231. (c) | 266. (a) | 301. (c) | 336. (b) | 371. (c) |
| 22. (a) | 57. (b) | 92. (b) | 127. (c) | 162. (b) | 197. (b) | 232. (c) | 267. (d) | 302. (a) | 337. (c) | 372. (c) |
| 23. (c) | 58. (b) | 93. (c) | 128. (b) | 163. (a) | 198. (a) | 233. (c) | 268. (d) | 303. (b) | 338. (d) | 373. (d) |
| 24. (c) | 59. (b) | 94. (b) | 129. (d) | 164. (a) | 199. (b) | 234. (c) | 269. (d) | 304. (b) | 339. (b) | |
| 25. (c) | 60. (d) | 95. (a) | 130. (d) | 165. (b) | 200. (a) | 235. (c) | 270. (d) | 305. (c) | 340. (a) | |
| 26. (c) | 61. (b) | 96. (a) | 131. (b) | 166. (b) | 201. (b) | 236. (a) | 271. (b) | 306. (a) | 341. (a) | |
| 27. (a) | 62. (a) | 97. (c) | 132. (b) | 167. (b) | 202. (c) | 237. (b) | 272. (c) | 307. (d) | 342. (b) | |
| 28. (d) | 63. (a) | 98. (c) | 133. (b) | 168. (c) | 203. (b) | 238. (d) | 273. (a) | 308. (a) | 343. (d) | |
| 29. (a) | 64. (b) | 99. (c) | 13. (b) | 169. (c) | 204. (a) | 239. (a) | 274. (c) | 309. (d) | 344. (b) | |
| 30. (d) | 65. (a) | 100. (a) | 135. (c) | 170. (a) | 205. (c) | 240. (b) | 275. (b) | 310. (c) | 345. (a) | |
| 31. (c) | 66. (d) | 101. (d) | 136. (d) | 171. (a) | 206. (d) | 241. (b) | 276. (a) | 311. (d) | 346. (c) | |
| 32. (c) | 67. (d) | 102. (c) | 137. (b) | 172. (b) | 207. (b) | 242. (c) | 277. (a) | 312. (c) | 347. (d) | |
| 33. (d) | 68. (a) | 103. (d) | 138. (a) | 173. (c) | 208. (d) | 243. (a) | 278. (d) | 313. (b) | 348. (a) | |
| 34. (a) | 69. (c) | 104. (c) | 139. (c) | 174. (b) | 209. (c) | 244. (b) | 279. (d) | 314. (b) | 349. (c) | |
| 35. (c) | 70. (a) | 105. (c) | 140. (b) | 175. (c) | 210. (a) | 245. (b) | 280. (d) | 315. (c) | 350. (b) | |

# 11

# कन्ट्रोल प्रणालियाँ

# (Control Systems)

## 11.1. कन्ट्रोल सिस्टम (Control System)

कन्ट्रोल सिस्टम में विभिन्न कम्पोनैन्ट्स इस प्रकार व्यवस्थित (arrange) होते हैं कि वे किसी अन्य प्रणाली की आवश्यकतानुसार स्वयं को कमान्ड (command), डायरेक्ट (direct) तथा रेगुलेट कर सकें। कन्ट्रोल सिस्टम दो प्रकार के होते हैं—

1. ओपिन-लूप कन्ट्रोल प्रणाली (Open-loop control system)
2. क्लोज्ड़ लूप कन्ट्रोल प्रणाली (Closed-loop control system)

ओपिन लूप कन्ट्रोल प्रणाली में कन्ट्रोल एक्शन, आउटपुट पर निर्भर नहीं करता। क्लोज़्ड लूप कन्ट्रोल प्रणाली में कन्ट्रोल एक्शन, किसी-न-किसी प्रकार आउटपुट पर निर्भर करता है।

**फीडबैक (Feedback) :** क्लोज़्ड लूप कन्ट्रोल प्रणाली में, फीडबैक वह गुण है जिसके द्वारा, आउटपुट, सिस्टम की इनपुट से कम्पेयर होती है तथा तुलना के परिणाम के अनुसार, कन्ट्रोल एक्शन, आउट-पुट एवं इनपुट के किसी फंक्शन को कन्ट्रोल करने के लिए निर्धारित होता है।

**फीडबैक के अभिलक्षण (Characteristics of Feed back) :** प्रणाली में फीडबैक प्रयुक्त करने के मुख्य लाभ निम्न हैं—

1. यथार्थता में वृद्धि (Increased accuracy)।
2. प्रणाली के अभिलक्षणों में परिवर्तन होने पर आउटपुट एवं इनपुट के अनुपात में सूक्ष्म परिवर्तन।
3. अरेखीयता (non linearity) एवं विरूपण (distortion) के प्रभाव में कमी।
4. बैन्डविड्थ में वृद्धि—यहाँ बैन्ड विड्थ का तात्पर्य उस फ्रीक्वैन्सी रेंज से है जिसमें प्रणाली सन्तोषजनक रूप से कार्य करती है।
5. अस्थायित्व (unstability) एवं दोलनों (oscillation) की प्रवृत्ति (tendency) में कमी।

## 11.2. एक फीडबैक कन्ट्रोल सिस्टम के एलीमैन्ट्स (Elements of Automatic or Feedback Control System)

चित्र 11.1 में एक फीडबैक कन्ट्रोल सिस्टम के एलीमैन्ट्स दिखाये गये हैं। ये तीन प्रकार हैं—

**प्लान्ट (Plant $g_2$) :** इसे कन्ट्रोल्ड सिस्टम भी कहते हैं। यह वह प्रोसेस अथवा मशीन है जिसके किसी विशेष पैरामीटर अथवा उसकी अवस्था को कन्ट्रोल किया जाता है।

**कन्ट्रोल एलीमैन्ट्स (Control Elements $-g_1$) :** इसे कन्ट्रोलर भी कहते हैं। इसमें वे कम्पोनैन्ट्स होते हैं जिनके द्वारा, प्लान्ट पर एप्लाई किया जाने वाला आवश्यक कन्ट्रोल सिगनल $m$ जेनरेट होता है।

**फीडबैक एलीमैन्ट्स (Feedback Elements $-h$) :** फीड बैक कम्पोनैन्टस ($h$), कन्ट्रोल्ड आउटपुट ($c$) तथा प्राइमरी फीडबैक सिगनल ($b$) के मध्य, प्रोसेस कन्ट्रोल के लिए आवश्यक सम्बन्ध (functional relationship) निर्धारित करते हैं।

**रेफ्रेन्स इन्पुट (Reference Input $-r$) :** यह एक बाह्य (external) सिगनल है। इसे प्लान्ट के निर्धारित ऑपरेशन को कमान्ड करने के लिए फीडबैक कन्ट्रोल सिस्टम को दिया जाता है।

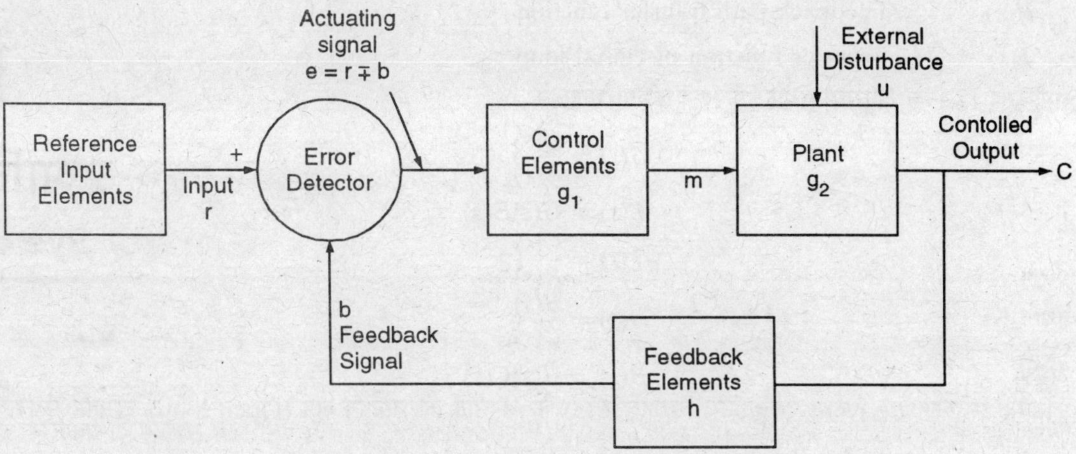


चित्र 11.1—फीडबैक कन्ट्रोल सिस्टम

**कन्ट्रोल्ड आउटपुट (Controlled Output – $c$)** : यह प्लान्ट की कोई राशि (quantity) अथवा कोई विशेष अवस्था है जिसे कन्ट्रोल किया जाता है।

**फीडबैक सिगनल (Feedback Signal – $b$) :** यह कन्ट्रोल्ड आउटपुट $c$ के समानुपाती सिगनल है। इसे रेफरेन्स इनपुट ($r$) के साथ जोड़कर एक्चुएटिंग (actuating) सिगनल '$e$' प्राप्त किया जाता है।

**एक्चुएटिंग सिगनल (Actuating Signal – $e$) :** यह कन्ट्रोल एक्शन सिगनल (or error signal) है। यह रेफरेन्स इनपुट सिगनल $r$ तथा प्राइमरी फीडबैक सिगनल ($b$) का बीजीय योग (algebric sum) है।

**कन्ट्रोल सिगनल (Manipulated Variable '$m$') :** यह कन्ट्रोल सिगनल है तथा कन्ट्रोल एलीमैन्ट ($g_1$) इस सिगनल को प्लान्ट ($g_2$) पर एप्लाई करता है।

**विक्षोभ (Disturbance – $U$) :** यह एक अवांछित इनपुट सिगनल है जो कन्ट्रोल्ड आउटपुट '$c$' के मान को प्रभावित करता है।

**फारवर्ड तथा फीडबैक पथ (Forward and Feedback path) :** एक्चुएटिंग सिगनल '$e$' से कन्ट्रोल्ड आउटपुट $c$ तक का पथ फारवर्ड पथ कहलाता है एवं कन्ट्रोल्ड आउटपुट से प्राइमरी फीडबैक सिगनल तक पथ, फीडबैक के पथ कहलाता है।

## 11.3. ट्रांसफर फंक्शन (Transfer Function)

इनपुट एवं आउटपुट परस्पर निम्न ट्रांसफर फंक्शन द्वारा सम्बन्धित होते हैं—

$$G(s) = \frac{C(s)}{R(s)} \quad \text{... (11.1)}$$

यहाँ $G(s)$ ट्रांसफर फंक्शन है तथा $R(s)$ एवं $C(s)$ इनपुट एवं आउटपुट सिगनल के लाप्लास ट्रांसफॉर्म (Laplace transform) हैं। चित्र 11.2 में निगेटिव फीडबैक के साथ क्लोज़्ड लूप सिस्टम का ब्लॉक डायग्राम दिया गया है।

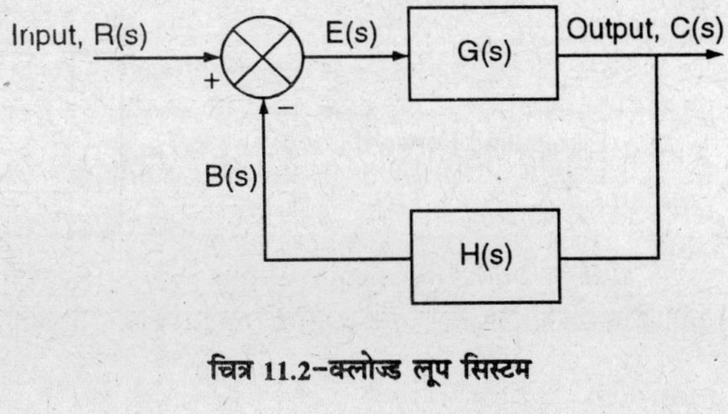


चित्र 11.2—क्लोज़्ड लूप सिस्टम

$R(s)$ : Input signal

$C(s)$ : Output signal

$E(s)$ : Actuating signal

$B(s)$ : Feedback signal

$G(s)$ : Forward path transfer function

$H(s)$ : Feedback path transfer function

$T(s)$ : Transfer function of closed loop

समीकरण 11.1 के अनुसार ट्रांसफर फंक्शन की परिभाषा से

$$G(s) = \frac{C(s)}{E(s)}$$

$$\therefore \qquad C(s) = G(s)E(s) \qquad \text{...(11.2)}$$

$$T(s) = \frac{C(s)}{R(s)} \qquad \text{...(11.3)}$$

तथा

$$H(s) = \frac{B(s)}{C(s)}$$

अथवा

$$B(s) = H(s)C(s) \qquad \text{...(11.4)}$$

फीडबैक सिगनल $B(s)$ तथा एक्चुएटिंग सिगनल $E(s)$ के अनुपात को ओपिन लूप (Open loop) ट्रांसफर फंक्शन कहते हैं।

$$\therefore \qquad \text{Open loop transfer function} = \frac{B(s)}{E(s)} = G(s)H(s)$$

आउटपुट $C(s)$ तथा एक्चुएटिंग सिगनल $E(s)$ के अनुपात को फीड फारवर्ड (feed forward) ट्रांसफर फंक्शन कहते हैं।

$$\therefore \qquad \frac{C(s)}{E(s)} = G(s)$$

इस प्रकार क्लोज्ड लूप सिस्टम की आउटपुट क्लोज्ड-लूप ट्रांसफर फंक्शन तथा इनपुट की प्रकृति पर निर्भर करती है।

## 11.4. ब्लॉक डायग्राम को 'Reduce' करना (Block Diagram Reduction Rules)

परस्पर श्रेणी में जुड़े हुए ब्लॉकों को गुणा (multiplication) द्वारा संयुक्त (combine) किया जा सकता है। यदि $n$ ब्लॉक, जिनके ट्रांसफर फंक्शन क्रमशः $G_1, G_2, \ldots .. G_n$ हों तब उन्हें $G$ ट्रांसफर फंक्शन के एक सिंगल एलीमैन्ट द्वारा प्रदर्शित किया जा सकता है, जहाँ

$$G = G_1 . G_2 . G_3 \ldots .. G_n$$

चित्र 11.3 में ब्लॉक डायग्रामों को सरल करने की विधियाँ दीं गयी हैं—

| ऑपरेशन (Operation) | मूल ब्लॉक डायग्राम (Original Block Diagram) | तुल्य ब्लॉक डायग्राम (Equivalent Block Diagram) |
| --- | --- | --- |
| 1. Blocks in cascade | 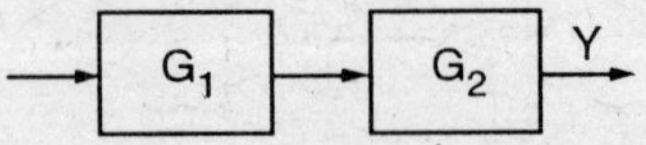 | 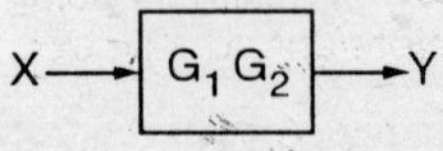 |
| 2. Eliminating Forward Loop | 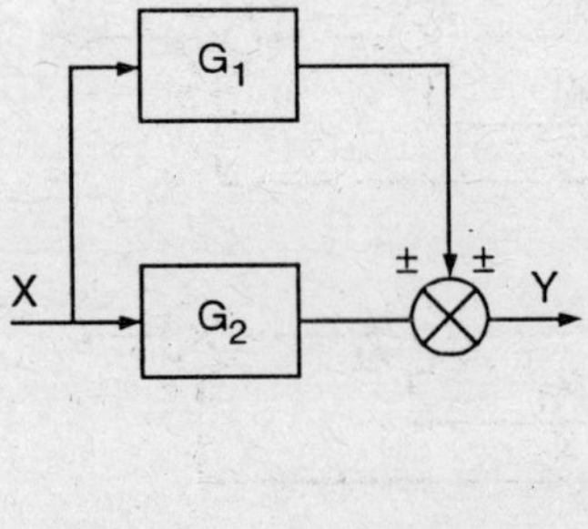 | 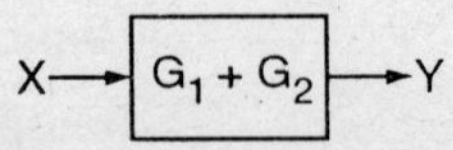 |

3. Eliminating feedback loop

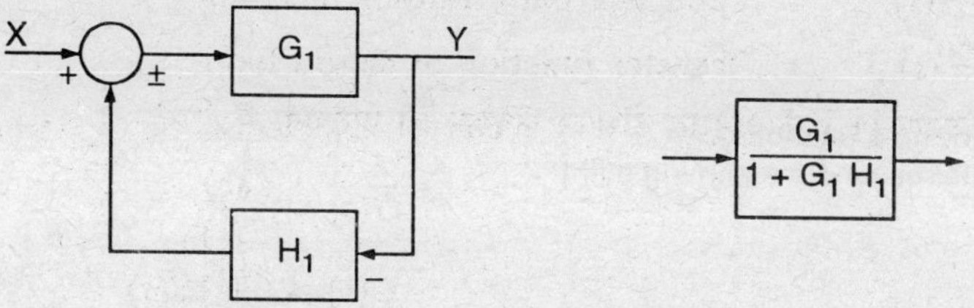


4. Moving a summing point after/beyond a block

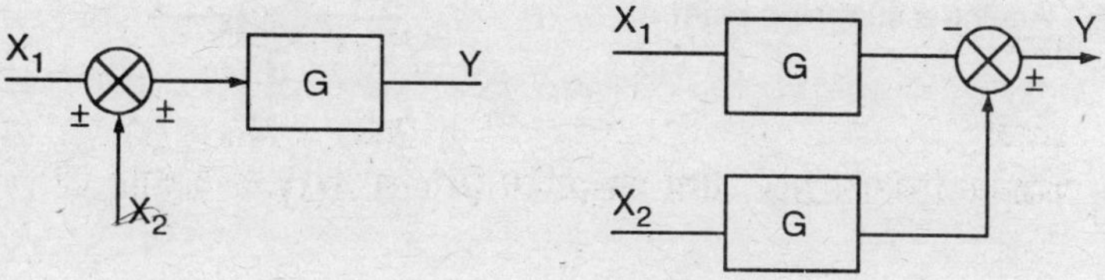


5. Moving a summing point before/ahead of a block

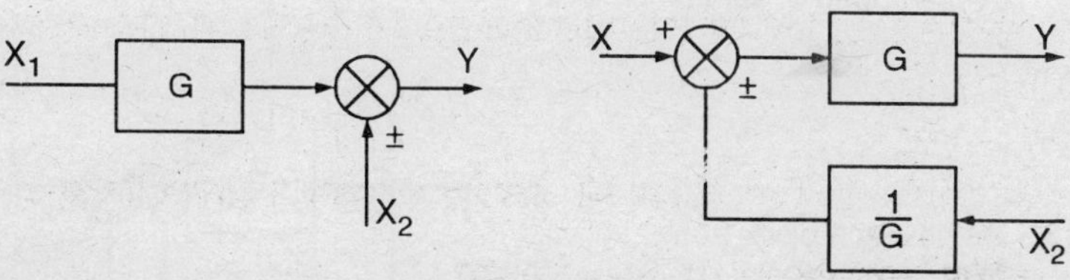


6. Moving a take-off point after/beyond a block

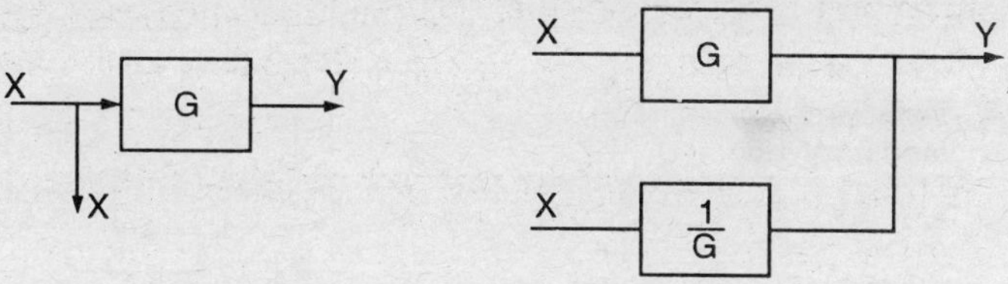


7. Moving a take off point before/ahead a block

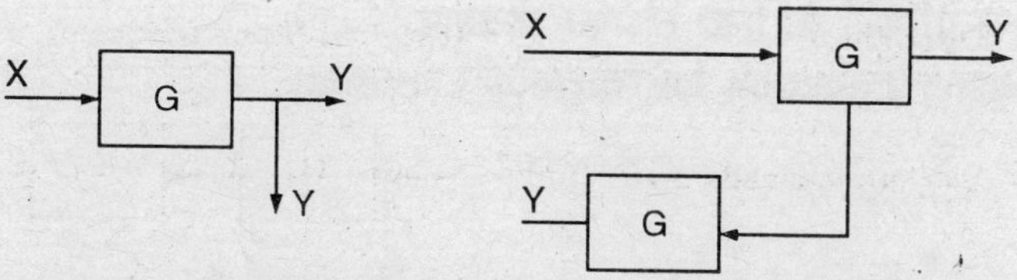


8. Rearranging summing points

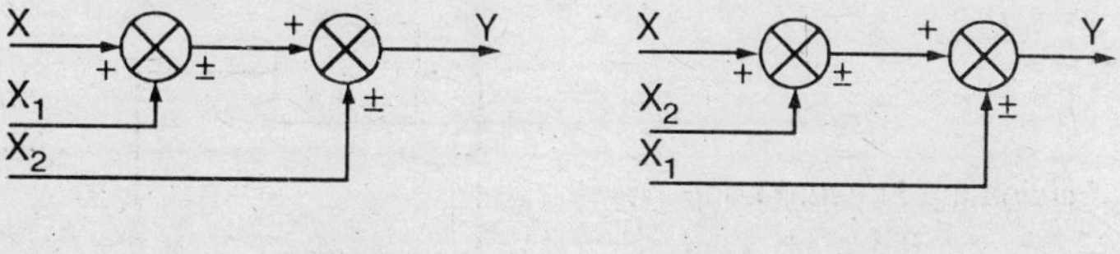


9. Rearranging summing points

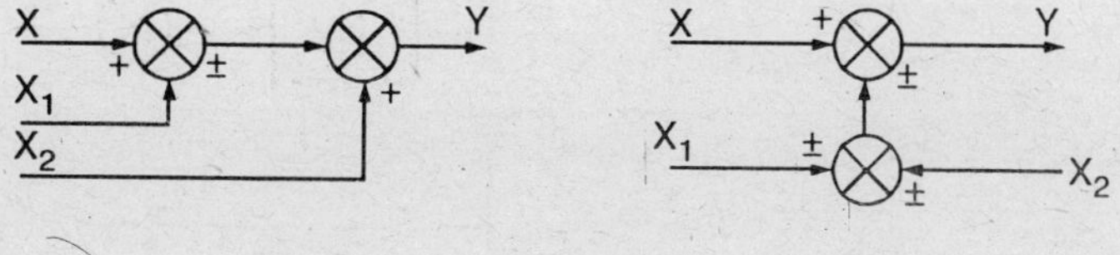

**10.** Moving a take-off point after/beyond a summing point

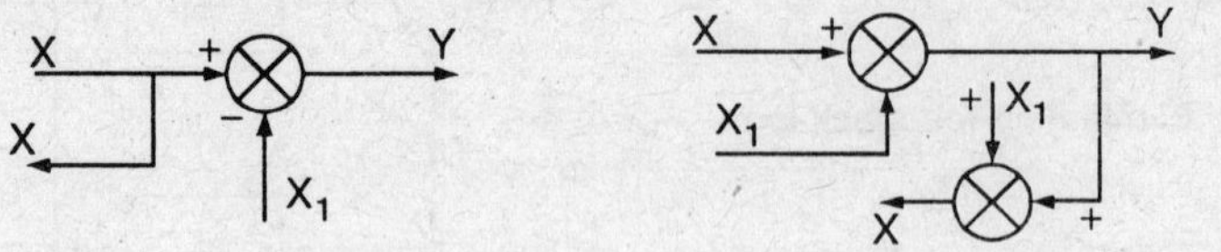


**11.** Adding a summing point

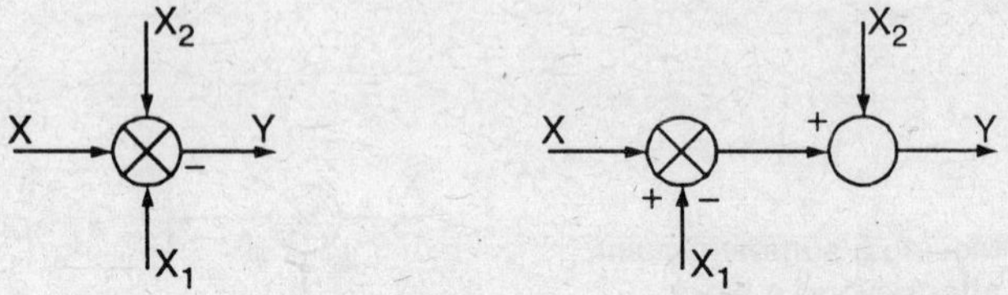


**12.** Moving a take-off point before/ahead of summing point

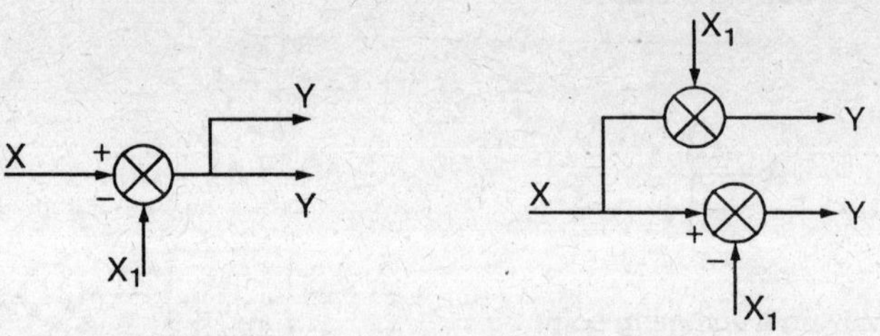


**13.** Removing a block from feed back path

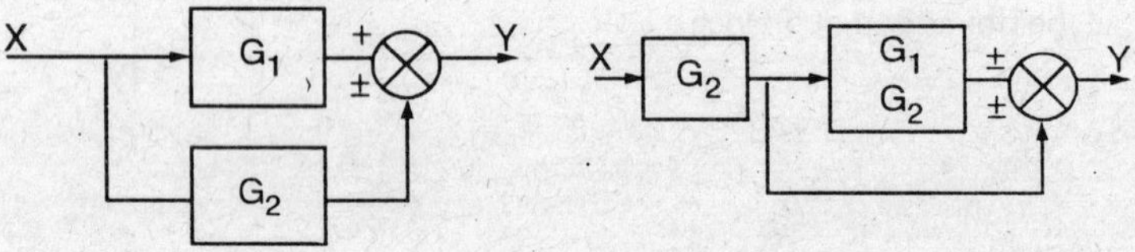


**14.** Removing a block from feed back loop

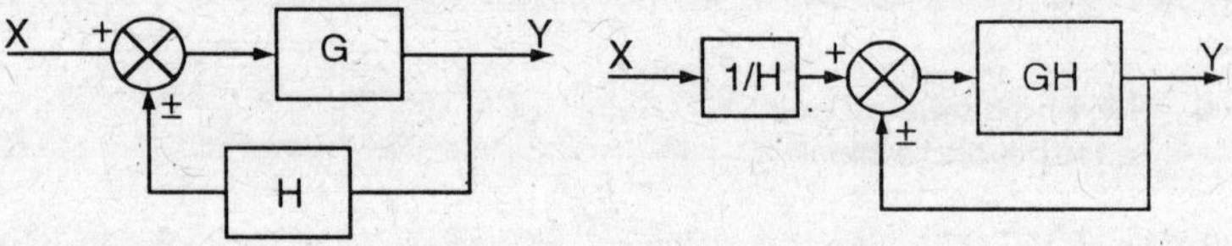


**चित्र 11.3–ब्लॉकों का सरलीकरण (Block simplification)**

## विभिन्न परिपथों के लिए ट्रांसफर फंक्शन
## (Transfer Function for Various Circuits)

1.

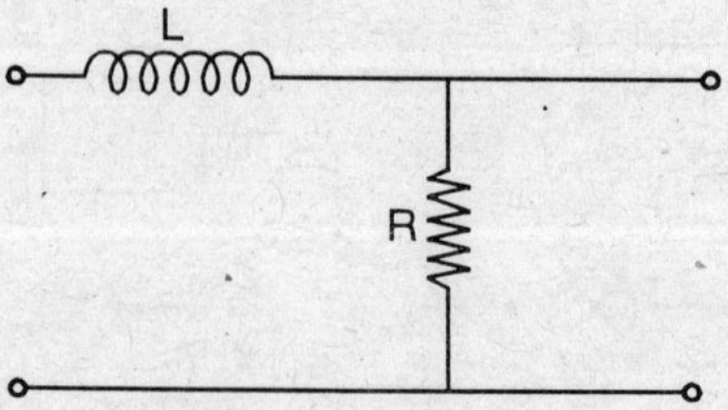


$$G(s) = \frac{R}{R + sL}$$

2.

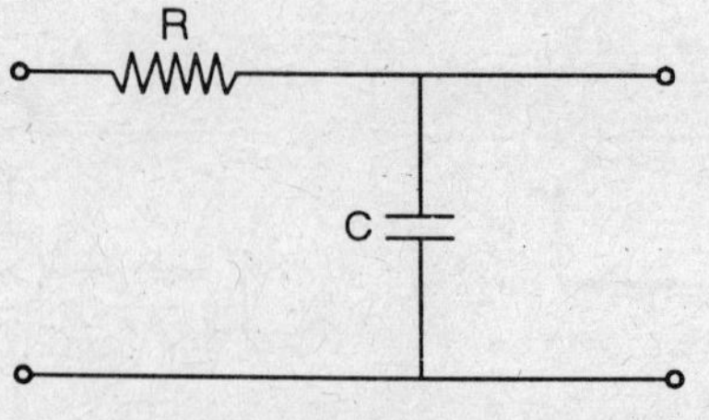


$$G(s) = \frac{1}{1 + sRC}$$

3. 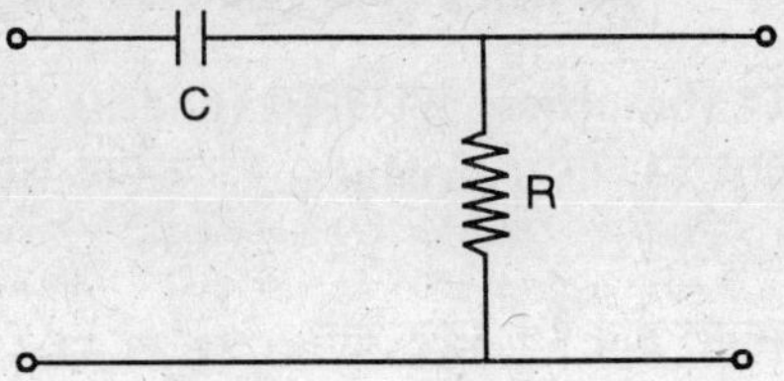


$$G(s) = \frac{s\,RC}{1 + s\,RC}$$

4. 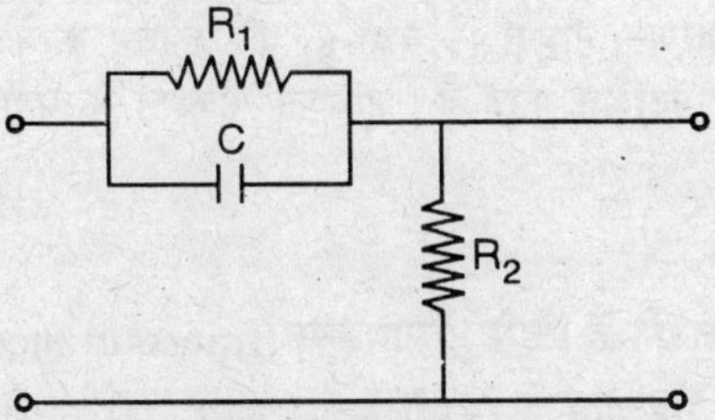


$$G(s) = \frac{R_2\,(1 + sCR_1)}{R_1 + R_2\,(1 + sCR_1)}$$

5. 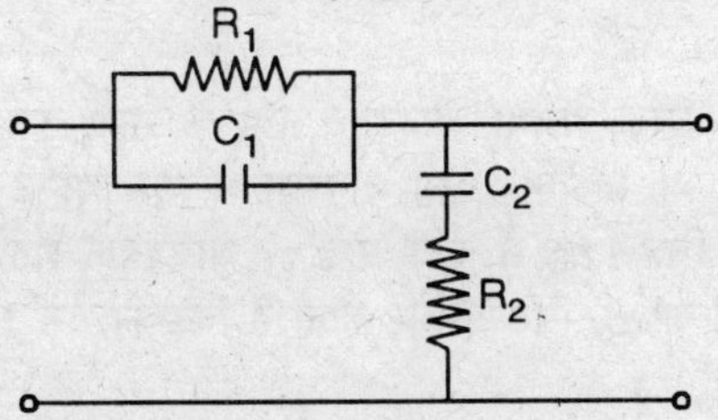


$$G(s) = \frac{(1 + sC_1R_1)\,(1 + C_2R_2)}{(1 + sC_1R_1 + sC_2R_1)}$$

6. 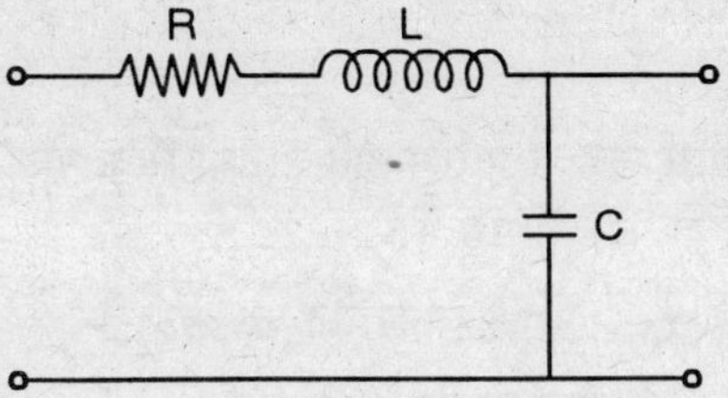


$$G(s) = \frac{1}{s^2LC + sCR + 1}$$

चित्र 11.4–ट्रांसफर फंक्शन

## 11.5. सिगनल फ्लो ग्राफ (Signal Flow Graphs)

प्रत्येक लीनियर कन्ट्रोल सिस्टम निम्न प्रकार की लीनियर समीकरणों से प्रदर्शित किया जा सकता है—

$$Y_i = \sum_{i=1}^{n} a_{ij}\ Y_j$$

जहाँ $i = 1,\ 2, ......n$

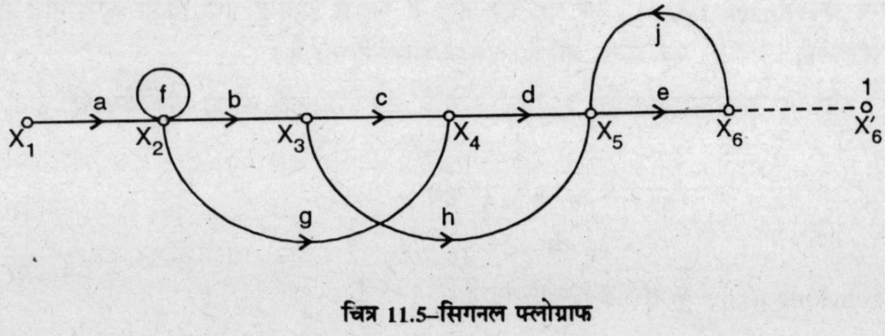


चित्र 11.5–सिगनल फ्लोग्राफ

सिगनल फ्लो ग्राफ इस प्रकार की समीकरणों के सैट को ब्रांच (branches) एवं नोड्स (nodes) द्वारा प्रदर्शित करता है। प्रत्येक चर (variable) एक नोड द्वारा प्रदर्शित किया जाता है तथा ब्रांच इन चारों (variables) को कनैक्ट करती है। चित्र 11.5 में एक सिगनल फ्लोग्राफ दिया गया है।

**नोड (Node)** – नोड सिस्टम के चर (variables) अथवा सिगनल होते हैं। उदाहरणतः $x_1, x_2, x_3, x_4, x_5, x_6$ ।

**ब्रांच (Branch)** – यह दो नोड्स को कनैक्ट करने वाली लाइन है।

**एरौ (Arrow)** – यह सिगनल फ्लो को प्रदर्शित करते हैं उदाहरणतः नोड्स $x_1$ तथा $x_2$ को कनैक्ट करने वाली ब्रांच पर लगे तीर (arrows) नोड $x_1$ से नोड $x_2$ की ओर सिगनल फ्लो की दिशा प्रदर्शित करते हैं। ट्रांसफर फंक्शन के पदों में इसे निम्न प्रकार लिख सकते हैं—

$$x_2 = ax_1$$

जहाँ $a$ एक ट्रांसफर फंक्शन है तथा इसे प्रायः ब्रांच के ऊपर लिखते हैं। इसे ट्रांसमिटैन्स (transmittance) भी कहते हैं।

**सोर्स नोड (Source Node)** – सोर्स नोड अथवा इनपुट नोड वह नोड है जिसमें केवल बाहर जाने वाली (outgoing) ब्रांच होती है। उदाहरणतः चित्र 11.5 में $x_1$ ।

**सिंक अथवा आउटपुट नोड (Sink or Output Node)** – सिंक अथवा आउटपुट नोड के साथ केवल आने वाली ब्रांच (incoming branch) होती है। यह स्थिति सदैव प्राप्त नहीं की जा सकती। ऐसी अवस्था में एक यूनिट ट्रांसमिटैन्स (Unit transmittance) वाली अतिरिक्त ब्रांच का उपयोग किया जाता है। चित्र 11.5 में चूँकि नोड $x_1$ आवश्यक शर्तों को पूरा नहीं करता है, अतः $x_6$ से एक आउटगोइंग (outgoing) ब्रांच प्रयुक्त की गयी है जो $x_6'$ पर टर्मिनेट होती है जिसका गेन 1 है। चूँकि अब $x_6'$ निर्धारित शर्त पूरी करता है अतः $x_6'$ एक सिंक नोड है।

$$x_6' = 1 \times x_6$$
$$= x_6$$

**फॉरवर्ड पथ (Forward Path)** – फॉरवर्ड पथ वे पथ हैं जो सोर्स नोड से प्रारम्भ होते हैं तथा सिंक नोड पर टर्मिनेट होते हैं। इस पथ में कोई भी नोड एक से अधिक बार नहीं आता। चित्र 11.5 में दो फॉरवर्ड पथ हैं।

$x_1 - x_2 - x_3 - x_4 - x_5 - x_6 - x_6'$ जिसका गेन '*abcde*' है

तथा $x_1 - x_2 - x_3 - x_4 - x_5 - x_6'$ जिसका गेन '*abhe*' है।

**पथ गेन (Path Gain)** – यह किसी पथ के अनुदिश समस्त ब्रांचों के गेन (gains) का गुणनफल (product) है।

**लूप (Loop)** – लूप एक बन्द पथ (closed path) है जो एक नोड से प्रारम्भ होता है तथा उसी नोड पर टर्मिनेट होता है एवं इसमें कोई भी मध्य पथ (intermediate path) दो बार नहीं प्रयुक्त होता। उदाहरणतः

$x_2 - x_3 - x_4 - x_2$ जिसका गेन '*bcg*' है

$x_5 - x_6 - x_5$ जिसका गेन '*ej*' है

तथा $x_2 - x_2$ जिसका गेन '*f*' है।

**फीड बैक लूप (Feedback Loop)** – यह पथ एक नोड से प्रारम्भ होता है तथा किसी अन्य नोड से गुजरे बिना उसी पर टर्मिनेट हो जाता है उदाहरणतः $x_2 - x_2$ एक सैल्फ लूप है। इसका ट्रांसमिटैन्स $f$ है।

**स्पर्श न करने वाले लूप (Non-touching Loops)** – ये वे लूप है जिनकी कॉमन ब्रांच/पथ नहीं होती तथा कोई कॉमन नोड नहीं होता। चित्र 11.5 में

$x_2 - x_3 - x_2 - x_2$ तथा $x_5 - x_6 - x_5$

$x_2 - x_2$ तथा $x_5 - x_6 - x_5$

ये दो non-touching loops के सम्भव कम्बीनेशन हैं।

## 11.6. मेसन का गेन सूत्र (Mason's Gain Formula)

एक इनपुट नोड तथा एक आउटपुट नोड के मध्य ट्रांसमिटैन्स, कुल (overall) ट्रांसमिटैन्स अथवा गेन होता है। इन दो नोड्स के मध्य, मेसन का गेन सूत्र निम्न हैं—

$$P = \frac{1}{\Delta} \sum_k P_k \Delta_k$$

यहाँ $P_k = k^{th}$ फॉरवर्ड पथ की पथ गेन ट्रांसमिटैन्स (Path gain transmittance of $k^{th}$ forward path)

$\Delta$ = ग्राफ का डिटरमिनैन्ट (Determinant of graph)

= 1 – (sum of all different loop gains) + (sum of gain products of all possible combinations of two non-touching loops) –(sum of gain products of all possible combinations of three non touching loops)

$$= 1 - \sum_a L_a + \sum_{b,c} L_b L_c - \sum_{d,e,f} L_d L_e L_f$$

$\Delta_k$ = Co-factor of the $k^{th}$ path determinant of this graph with the loops touching the $k^{th}$ forward path removed.

## 11.7. कन्ट्रोल सिस्टम में एक समान राशियाँ (Analogous Quantities in Control System)

**बल-धारा समानता (Force-Current Analogy)**

| क्र० सं० | यान्त्रिक प्रणाली Mechanical System | | वैद्युत प्रणाली (Electrical System) |
|---|---|---|---|
| | (Translational) | Rotational | |
| 1. | बल (Force F) | बलाघूर्ण (Torque T) | धारा (Current I) |
| 2. | द्रव्यमान (Mass M) | जड़त्व आघूर्ण (Moment of inertia) | धारिता (Capacitance C) |
| 3. | विस्थापन (Displacement x) | कोणीय विस्थापन (Angular displacement $\theta$) | चुम्बकीय फ्लक्स लिंकेज (Magnetic flux linkage f) |
| 4. | वेग (Velocity V) | कोणीय वेग (Angular Velocity $\omega$) | वोल्टेज (Voltage E) |
| 5. | श्यानता घर्षण गुणांक (Viscous friction coefficient f) | श्यानता गुणांक (Viscous friction coefficient F) | $\frac{1}{\text{प्रतिरोध}}\left(\frac{1}{R}\right)$ |
| 6. | स्प्रिंग गुणांक (Spring Stiffness k) | स्प्रिंग का ऐठन गुणांक (Torsional spring constant k) | $\frac{1}{\text{इन्डक्टैन्स}}\left(\frac{1}{L}\right)$ |

**बल-वोल्टेज समानता (Force-Voltage Analogy)**

| क्र० सं० | यान्त्रिक प्रणाली (Mechanical System) | | वैद्युत प्रणाली (Electrical System) |
|---|---|---|---|
| | Translational | Rotational | |
| 1. | बल (Force F) | बलाघूर्ण (Torque T) | वोल्टेज (Voltage E) |
| 2. | द्रव्यमान (Mass M) | जड़त्व आघूर्ण (Moment of Inertia) | इन्डक्टैन्स (Inductance L) |
| 3. | विस्थापन (Displacement x) | कोणीय विस्थापन (Angular displacement $\theta$) | आवेश (Charge q) |
| 4. | वेग (Velocity V) | कोणीय वेग (Angular Velocity $\omega$) | धारा (Current I) |
| 5. | स्प्रिंग गुणांक (Spring Constant k) | स्प्रिंग गुणांक (Spring constant k) | $\frac{1}{\text{धारिता}}\left(\frac{1}{C}\right)$ |
| 6. | श्यान घर्षण गुणांक (Viscous Friction coefficient f) | श्यान घर्षण गुणांक (Viscous friction coefficients F) | प्रतिरोध (Resistance R) |

## 11.8. स्थिरता (Stability)

किसी सिस्टम की स्थिरता, उसकी (सिस्टम की) इनपुट अथवा डिसटर्बेन्स (disturbance) के प्रति अनुक्रिया (response) द्वारा निर्धारित होती है। एक स्थिर (stable) सिस्टम वह है जो उस समय तक विश्राम (rest) में रहता है जब तक कि उसे किसी बाह्य सोर्स (external source) द्वारा उत्तेजित (excite) न किया जाये तथा पुनः विश्राम (rest) अवस्था में वापस आ जाता है जब समस्त उत्तेजन (excitations) हटा लिए जाते हैं।

कोई सिस्टम उस समय स्थिर (stable) होता है जब इसकी इम्पल्स रेसपोन्स (impulse response), समय अनन्त होने पर शून्य की ओर अग्रसर हो (impulse response approaches zero as time approaches infinity)। चित्र 11.6 में पोल्स एवं जीरोज़ (poles and zeroes) की विभिन्न स्थितियों (locations) के लिए एक सिस्टम की स्थिरता दिखायी गयी है।

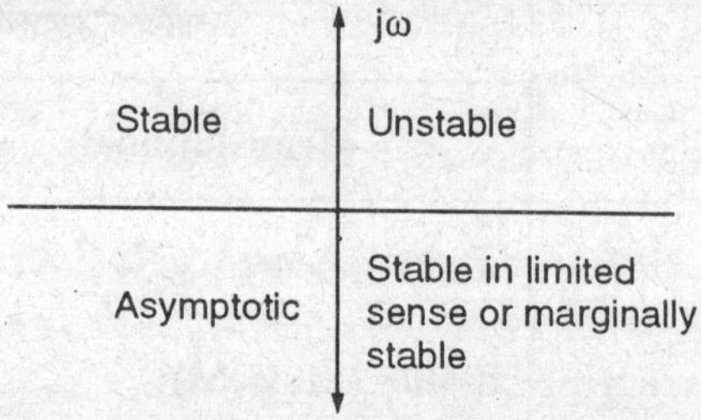


चित्र 11.6

किसी सिस्टम के स्थिर (stable) होने की आवश्यक शर्त यह है कि अभिलाक्षणिक समीकरण (characteristic equation) के मूल (roots) में वास्तविक भाग (real parts) में निगेटिव वास्तविक भाग (negative real parts) भी हो। इससे यह सुनिश्चित हो जाता है कि सिस्टम का इम्पल्स रैसपोन्स समय (time) के साथ एक्सपोनैन्शियली शून्य (decay) होगा।

**मार्जिनली स्थिर (Marginally Stable)** – यदि प्रणाली के मूल (roots) के वास्तविक (real) पार्टस, जीरो के बराबर हो, परन्तु उनमें कोई भी पॉजिटिव real पार्ट न हो तब सिस्टम 'marginally stable' होता है। ऐसा सिस्टम अस्थिर (unstable) ही होता है।

### रूथ का स्थिरता का क्राइटेरिया (Routh Stability Criterion)

यह किसी सिस्टम की स्थिरता (stability) ज्ञात करने की विधि है। इसे निम्न प्रकार की $n^{th}$ ऑर्डर की 'Characteristic equation' पर एप्लाई किया जा सकता है—

$$a_n s^n + a_{n-1} s^{n-1} + \dots a_1 s + a_0 = 0$$

रूथ क्राइटेरिया को निम्न रूथ टेबिल प्रयुक्त कर एप्लाई किया जाता है

| | | | |
|---|---|---|---|
| $s^n$ | $a_n$ | $a_{n-1}$ | $a_{n-4}$ .......... |
| $s^{n-1}$ | $a_{n-1}$ | $a_{n-3}$ | $a_{n-5}$ .......... |
| - | $b_1$ | $b_2$ | $b_3$ |
| - | $c_1$ | $c_2$ | $c_3$ |

यहाँ $a_n, a_{n-1}, \dots a_0$ 'Characteristic equation' के गुणाँक (coefficients) हैं तथा

$$b_1 = \frac{a_{n-1}\, a_{n-2} + a_n\, a_{n-3}}{a_{n-1}}$$

$$b_2 = \frac{a_{n-1}\, a_{n-4} - a_n\, a_{n-5}}{a_{n-1}}$$

$$c_1 = \frac{b_1\, a_{n-3} - a_{n-1}\, b_2}{b_1}$$

$$c_2 = \frac{b_1\, a_{n-5} - a_{n-1}\, b_3}{b_1}$$

यदि तालिका (table) के पहले कॉलम में चिन्ह (sign) में कोई परिवर्तन नहीं होता तब समीकरण के सभी मूलों (roots) में वास्तविक निगेटिव पार्टस (real negative parts) होते हैं। तालिका को होरीजोन्टली तथा वर्टीकली उस समय तक जारी (continue) रखा जा सकता है जब तक केवल जीरो (zero) न प्राप्त हो जाये। किसी भी कतार (row) को, दूसरी कतार (row) की गणना करने से पहले किसी नियतांक (constant) से गुणा किया जा सकता है। इससे टेबिल के गुण भी प्रभावित (disturb) नहीं होते हैं। इस 'Characteristic equation' के सभी मूलों (roots) में निगेटिव 'real' पार्टस होंगे यदि केवल (if and only if) रूथटेबिल के पहले कॉलम के एलीमैन्ट्स के चिन्ह एक समान हों। $k$ को प्रतिबन्धित (restrict) करने पर इसे प्रयुक्त कर सिस्टम को स्थिर (stable) बनाया जा सकता है।

## हरवित्ज का स्थिरता का क्राइटेरिया (Hurwitz Stability Criterion)

यह एक अन्य विधि है जिसके द्वारा ज्ञात किया जा सकता है कि किसी 'Characteristic equation' के मूलों (roots) में नेगेटिव 'real' पार्टस हैं अथवा नहीं। यह क्राइटेरिया समीकरण के गुणांकों (coefficients) द्वारा बने डिटरमिनैन्ट (determinant) को प्रयोग कर एप्लाई किया जाता है। इस विधि में पहले गुणांक (coefficient), $a_n$ को पॉजिटिव माना जाता है। $i = 1, 2, \dots, (n-1)$ के लिए डिटरमिनैन्ट $\Delta_i$ को डिटरमिनैन्ट के प्रिन्सिपल माइनर डिटरमिनैन्ट की भाँति फॉर्म किया जाता है।

$$\Delta_n = \begin{vmatrix} a_{n-1} & a_{n-3} & \begin{bmatrix} a_0 \text{ if } n \text{ odd} \\ a_1 \text{ if } n \text{ even} \end{bmatrix} & 0 & 0 \\ a_n & a_{n-2} & \begin{bmatrix} a_1 \text{ if } n \text{ odd} \\ a_0 \text{ if } n \text{ even} \end{bmatrix} & 0 & 0 \\ 0 & a_{n-1} & a_{n-3} & \dots & 0 \\ 0 & a_n & a_{n-2} & \dots & 0 \\ \dots & \dots & \dots & \dots & \dots \\ 0 & \dots & \dots & \dots & a_0 \end{vmatrix}$$

डिटरमिनैन्ट निम्न प्रकार बनाये जाते हैं—

$$\Delta_1 = a_{n-1}$$

$$\Delta_2 = \begin{vmatrix} a_{n-1} & a_{n-3} \\ a_n & a_{n-2} \end{vmatrix} = a_{n-1}\, a_{n-2} - a_n\; a_{n-3}$$

$$\Delta_3 = \begin{vmatrix} a_{n-1} & a_{n-3} & a_{n-5} \\ a_n & a_{n-2} & a_{n-3} \\ a_0 & a_{n-1} & a_{n-3} \end{vmatrix}$$

$$= a_{n-1}\, a_{n-2}\, a_{n-3} + a_n\, a_{n-1}\, a_{n-5} - a_n\, a_{n-3}^2 - a_{n-4}\, a_{n-1}^2$$

$$\cdots\cdots\cdots\cdots\cdots\cdots\cdots\cdots$$

$$\Delta_{n-1} = \cdots\cdots\cdots\cdots\cdots\cdots\cdots\cdots$$

'Characteristic equation' के सभी मूल (roots) में निगेटिव 'real' पार्टस होंगे, केवल यदि (if and only if) $\Delta_i < 0$, for $i = 1, 2, \ldots n$

## 11.9. फ्रीक्वैन्सी रैसपोन्स (Frequency Response)

टाइम डोमेन विश्लेषण (time domain analysis) में इनपुट, स्टैप (step), रैम्प (ramp) अथवा पैराबोलिक (parabolic) किसी भी प्रकार की हो सकती है परन्तु कभी-कभी सिस्टम की इनपुट, उपरोक्त के अतिरिक्त भी हो सकती है जैसे साइनुसॉयडल इनपुट (sinusoidal inputs), जिनकी फ्रीक्वैन्सी तथा आयाम (amplitude) परिवर्तित होते हैं। सिस्टम के फ्रीक्वैन्सी रैसपोन्स में, ऐसे सिस्टम का विश्लेषण (analysis) किया जाता है जिसकी इनपुट फ्रीक्वैन्सी तथा आयाम (amplitude) निश्चित होते हैं। सिस्टम को साइनुसॉयडल इनपुट से एक्चुएट (actuate) किया जाता है तथा उसे स्थिर (settle) होने दिया जाता है। आउटपुट का आयाम तथा फेज, इनपुट के सापेक्ष (with respect to input) मापा जाता है। फेज डिफ्रैन्स तथा आयाम में परिवर्तन, सिस्टम की प्रकृति (nature) प्रदर्शित करते हैं।

### क्लोज़्ड लूप सिस्टम का फ्रीक्वैन्सी रैसपोन्स
### (Frequency Response of a Closed-loop System)

इसके लिए माना कि फारवर्ड पाथ ट्रांसफर फंक्शन $G(s)$ तथा फीडबैक पाथ ट्रांसफर फंक्शन $H(s)$ है, तब क्लोज़्ड-लूप ट्रांसफर फंक्शन,

$$C(s) = \frac{G(s)}{1 + G(s)\, H(s)} R(s)$$

चूँकि इनपुट साइनुसॉयडल है जिसका एक आयाम है तथा परिवर्ती (variable) फ्रीक्वैन्सी $\omega$ है, अतः

$$C(s) = \frac{G(s)}{1 + G(s)\, H(s)} \cdot \frac{\omega}{\omega^2 + s^2}$$

माना
$$T(s) = \frac{G(s)}{1 + H(s)\, G(s)}$$

अतः आउटपुट
$$C(t) = \zeta^{-1}\left[\frac{\omega}{s^2 + \omega^2} \cdot T(s)\right]$$

चूँकि $R(s)$ को स्टेबिल सिस्टम मान सकते हैं अतः स्टैडी स्टेट रैस्पोन्स (steady state response), $Y_{ss}(t)$, रैसपोन्स $Y(t)$ का वह कम्पोनैन्ट है जो इनपुट पोल्स (poles), $j\omega$ तथा $-j\omega$ के कारण है।

इस प्रकार
$$Y_{ss}(t) = \alpha \sin(\omega t + \theta)$$

इसे निम्न में से किसी भी एक विधि द्वारा प्लॉट किया जा सकता है—

**1.** $|G(j\omega)|$ *vs* frequency तथा phase angle *vs* frequency

**2.** पोलर प्लॉट में magnitude $|G(j\omega)|$ तथा phase angle

**3.** Magnitude *vs* phase shift

फीडबैक कन्ट्रोल सिस्टम के विश्लेषण के तीन मुख्य उद्देश्य, सिस्टम के निम्न अभिलक्षण ज्ञात करना है—

**1.** सिस्टम की स्थिरता (stability) का स्तर (Degree or extent of system stability)

**2.** स्टेडी स्टेट अनुक्रिया (Steady state performance)

**3.** ट्रांजियेन्ट अनुक्रिया (Transient response)

कन्ट्रोल सिस्टम के विश्लेषण की चार मुख्य ग्राफिक विधियाँ (graphical methods) हैं। ये सरल है तथा टाइम-डोमेन विधि की तुलना में फीडबैक कन्ट्रोल सिस्टम के लीनियर मोडलों (models) के विश्लेषण की सीधी विधियाँ हैं। ये निम्न प्रकार हैं—

**1.** बोड-प्लॉट द्वारा (Bode's-Plot representation)

**2.** निक्विस्ट डायग्राम (Nyquist Diagrams)

**3.** नाइकॉल चार्टस (Nichols Charts)

**4.** रूट लोकस विधि (Root Locus Method)

**बोड प्लॉट (Bode's Plot)**

किसी भी साइनुसॉयडल फंक्शन को दो अलग-अलग प्लॉटो द्वारा प्रदर्शित क्रिया जा सकता है—(i) Magnitude Vs Frequency तथा (ii) Phase angle Vs Frequency.

**बोड प्लॉट के लाभ (Advantages of Bode's Plot)**

बोड प्लॉट का मुख्य लाभ यह है कि इसके द्वारा एम्पलीट्यूड्स की गुणा (multiplication of amplitudes) को जोड़ (addition) में परिवर्तित किया जा सकता है। यह एक अत्यन्त सरल विधि है। बोड प्लॉट द्वारा ट्रांसफर फंक्शन सरलता से ज्ञात किये जा सकते हैं। ट्रांसफर फंक्शनों के निम्न आवृत्ति तथा उच्च आवृत्ति अभिलक्षण ज्ञात किये जा सकते हैं।

**गेन मारजिन (Gain Margin)**

यह सापेक्ष स्थिरता (relative stability) की माप है तथा इसे ओपिन-लूप ट्रांसफर फंक्शन के विलोम के रूप में परिभाषित किया जाता है जिसे $\omega_\pi$ आवृत्ति पर 'evaluate' किया जाता है।

फेज क्रांस ओवर फ्रीक्वैन्सी $\omega_\pi$ वह फ्रीक्वैन्सी है जिस पर $GH(j\omega)$ का फेज कोण $-180°$ होता है अर्थात् वह फ्रीक्वैन्सी जिस पर पोलर प्लॉट निगेटिव 'real' अक्ष को क्रॉस करता है

अर्थात्
$$\text{Gain Margin} = \frac{1}{|GH\,(j\omega_\pi)|}$$

जहाँ
$$\arg GH\,(j\omega_\pi) = -\,180 \text{ degrees}$$

$\omega_\pi$ को फेज क्रॉस-ओवर फ्रीक्वैन्सी कहते हैं।

**फेज मारजिन (Phase Margin)**

यह आपेक्षिक स्थिरता (relative stability) की माप है। यह 180 degrees + इकाई गेन पर ओपिन लूप ट्रांसफर फंक्शन के फेज कोण $\phi_{pm}$ के बराबर होता है। अर्थात्

$$\phi_{pm} = [180 + \arg GH\,(j\omega_1)] \text{ degrees}$$

जहाँ $|GH\,(j\omega_1) = 1|$; $\omega_1$ को गेन क्रॉस-ओवर फ्रीक्वैन्सी कहते हैं।

**बैन्ड-विड्थ (Band width)**

किसी सिस्टम की बैन्ड विड्थ फ्रीक्वैन्सी की वह रेंज है जिसमें सिस्टम सन्तोषजनक रूप से कार्य (respond) करता है।

**कट-ऑफ़ रेट (Cut-off Rate)**

यह वह फ्रीक्वैन्सी रेट है जिसमें 'magnitude ratio', कट-ऑफ फ्रीक्वैन्सी ($\omega_c$) से कम हो जाता है।

**रेजोनैन्स पीक '$M_P$' (Resonance Peak $M_P$)**

यह भी आपेक्षिक स्थिरता (relative stability) की माप है तथा यह क्लोज़्ड-लूप फ्रीक्वैन्सी रैसपोन्स (Closed-loop frequency response) के परिमाण (magnitude) के अधिकतम मान के बराबर होती है। अर्थात्

$$M_P = \max \left| \frac{C}{R}(j\omega) \right|$$

$\omega_p$ वह रेज़ोनैन्स फ्रीक्वैन्सी है जिस पर रेज़ोनैन्स पीक ($M_P$) प्राप्त होती है।

**पोलर प्लॉट (Polar Plots)**

किसी ट्रांसफर फंक्शन $G(j\omega)$ का पोलर प्लॉट, पोलर कोर्डिनेट्स पर $G(j\omega)$ के परिमाण (magnitude) तथा $G(j\omega)$ के फेज कोण के मध्य उस स्थिति में प्लॉट है जब $\omega$, जीरो (0) से अनन्त (infinity) तक परिवर्तित होती है। इस प्रकार, वेक्टर्स $|G(j\omega)| \angle G(j\omega)$ का लोकस है जब कि $\omega$, जीरो से अनन्त तक परिवर्तित होती है। पॉजिटिव कोण 'positive real axis' से एन्टीक्लॉकवाइज दिशा में मापा जाता है।

पोलर प्लॉट को निक्विस्ट प्लॉट (Nyquist Plot) कहते हैं। पोलर प्लॉट खींचने के लिए $|G(j\omega)|$ तथा फेज कोण $\angle G(j\omega)$ की गणना प्रत्येक फ्रीक्वैन्सी ($\omega$) के लिए सीधे की जाती है।

**निक्विस्ट विधि (Nyquist Method)**

निक्विस्ट विधि में सिस्टम को टाइम डिले के साथ हैन्डल किया जाता है तथा इसमें 'approximations' की आवश्यकता नहीं होती। अतः इस विधि से 'absolute' तथा 'relative' दोनों स्टेबिलिटी के बारे में ठीक परिणाम प्राप्त होते हैं। यह विधि फ्रीक्वैन्सी रैसपोन्स डाटा से सिस्टम अथवा कम्पोनैन्टस के ट्रांसफर फंक्शन के बारे में सूचना प्राप्त करने के लिए भी उपयोगी है।

**निक्विस्ट का स्टेबिलिटी क्राइटेरिया (Nyquist Stability Criterion)**

कोई भी क्लोज्ड-लूप कन्ट्रोल सिस्टम 'absolute' स्टेबिल होता है यदि 'Characteristic equation' के मूल (roots) में निगेटिव 'real' पार्टस होते हैं, अर्थात् पोल्स (poles) अथवा डिनोमिनेटर की जीरो (zeroes) का क्लोज्ड लूप ट्रांसफर फंक्शन $1 + GH(s)$, L.H.P. होना चाहिए।

**रिलेटिव स्टेबिलिटी (Relative Stability)**

किसी भी फीडबैक कन्ट्रोल सिस्टम की स्टेबिलिटी, निक्विस्ट स्टेबिलिटी प्लॉट (Niquist stability plot) के पोलर से ज्ञात की जा सकती है।

**नाइकॉल चार्ट (Nichol's Chart)**

नाइकॉल चार्ट में ऐसे वक्र (curves) होते हैं जो Constant magnitude circles M तथा Constant phase circles N के मैप होते हैं। नाइकॉल कोर्डिनेट सिस्टम $G$ तथा $\angle G$ के मध्य प्लॉट होता है। $G$ को डेसीबल में ordinate की भाँति तथा $\angle G$ को 'abscissa' की भाँति प्लॉट करते हैं। मूल-बिन्दु (origin), $|G| = 0$ db तथा $\angle G = -180°$ होता है। यह मूल-बिन्दु पोलर कोर्डिनेट के $-1 + j0$ बिन्दु का मैप होता है। चार्ट द्वारा 'ओपिन लूंप रैसपोन्स से क्लोज्ड लूप फ्रीक्वैन्सी रैसपोन्स' की गणना की जाती है अथवा क्लोज्ड लूप रैस्पोन्स से ओपिन लूप रैसपोन्स ज्ञात किया जा सकता है।

नाइकॉल सिस्टम में, कोर्डिनेट सिस्टम से बिन्दु $A + jB$ को मैप करने के लिए

$$|G| = \sqrt{A^2 + B^2}$$

तथा

$$\angle G = \tan^{-1} B/A$$

**रूट-लोकस विधि (Root-Locus Method)**

किसी सिस्टम का क्लोज्ड लूप ट्रांसफर फंक्शन निम्न होता है—

$$\frac{C}{R} = \frac{G}{1 + GH}$$

एसिम्पटोट्स (asymptotes), $\sigma_c$ का सेन्टर $\sigma_i$ निम्न होता है—

$$\sigma_i = \frac{-1}{n - m}\left[\sum_{i=1}^{n} p_{\mathrm{i}} - \sum_{i=1}^{m} Z_{\mathrm{i}}\right]$$

जहाँ $p_{\mathrm{i}}$, पोल्स (poles) तथा $Z_{\mathrm{i}}$ जीरो (zeroes) है, एवं $n$, $GH$ के पोल्स की संख्या तथा $m$ जीरो की संख्या है।

एसिम्पटोट्स तथा 'real axis' के मध्य कोण निम्न होता है

$$\beta = \frac{(2l + 1)\,180}{n - m} \quad \text{degree for } k > 0$$

$$= \frac{(2l)\,180}{\mathrm{n} - \mathrm{m}} \quad \text{degree for } k < 0$$

For $l = 0, 1, 2, \ldots\ldots (n - m - 1)$

इस प्रकार एसिम्पटोट्स की संख्या $(n - m)$ है। ब्रेक-अवे बिन्दु (break away point) निम्न समीकरण को हल कर ज्ञात किया जा सकता है :

$$\sum_{i=1}^{n} \frac{1}{\sigma_b + p_i} = \sum_{i=1}^{m} \frac{1}{\sigma_b + Z_i}$$

जहाँ $-p_i$ तथा $-Z_i$ क्रमशः $GH$ के पोल्स (poles) तथा जीरो (Zeros) है।

## 11.10. ट्रान्जियेट तथा स्टैडी स्टेट रैसपोन्स (Transient and Steady State Response)

ट्रान्जियेन्ट रैसपोन्स, टाइम रैसपोन्स का वह भाग है जो समय अधिक होने पर शून्य हो जाता है जबकि स्टैडी रैसपोन्स वह भाग है जो कि ट्रान्जियेन्ट समाप्त (die) होने पर भी रहता है। ट्रान्जियेंट तथा स्टैडी स्टेट रैसपोंस के अध्ययन के लिये स्टैन्डर्ड टेस्ट सिगनल, स्टैप इनपुट, रैम्प इनपुट, इम्पल्स इनपुट, पैराबोलिक इनपुट तथा साइनुसॉयडल फंक्शन हैं।

### ट्रान्जियेन्ट रैसपोन्स के अभिलक्षण (Characteristics of Transient Response)

**1. डिले टाइम (Delay time '$t_{\mathrm{d}}$')**

यह रैसपोन्स को अन्तिम मान (final value) के आधे तक पहुँचने में लगने वाला समय है।

**2. राइज टाइम (Rise time '$t_r$')**

यह रैसपोन्स को अन्तिम मान के 10% से 90% तक पहुँचने में लगा समय है।

$$t_r = \frac{n\pi - \theta}{\omega_{\mathrm{d}}} = \frac{n\pi - \theta}{\omega_{\mathrm{n}}\left(\sqrt{1 - \zeta^2}\right)}$$

**3. पीक टाइम (Peak time '$t_{\mathrm{p}}$')**

यह रैसपोन्स को ओवरशूट की पहली पीक तक पहुँचने में लगा समय है।

$$t_p = \frac{n\pi}{\omega\left[\sqrt{1 - \zeta^2}\right]} = \frac{n\,\pi}{\omega_d}$$

**4. अधिकतम ओवर शूट (Maximum Overshoot $M_p$)**

यह रैसपोन्स वक्र का 1 से मापन करने पर (measured from unity) अधिकतम मान है।

For $n = 1$, max. overshoot $= -e^{-(\zeta/\sqrt{1-\zeta^2})\,\pi}$, 10% ओवरशूट के लिए डेम्पिंग अनुपात 0·7 होता है।

**5. ओवरशूट (Overshoot)**

एक यूनिट स्टैप के लिए ट्रान्जियेन्ट तथा स्टैडीस्टेट साल्यूशन (solutions) के मध्य अधिकतम अन्तर को ओवरशूट कहते हैं।

**6. सैटलिंग टाइम (Settling time '$t_s$')**

यह रैसपोन्स को यूनिट स्टैप फंक्शन इनपुट के लिए अन्तिम मान के एक विशिष्ट प्रतिशत (specified percentage) तक पहुँचने तथा उसके अन्दर रहने तक का समय है।

$$t_s = \frac{3}{\zeta \omega_n}, 0 > \zeta > 1$$

## 11.11. त्रुटि स्थिरांक (Error Constants)

'Position Error Constant'– इनपुट, एक यूनिट स्टैप फंक्शन होने पर यह इनपुट एवं आउटपुट के मध्य स्टैडी-स्टेट 'error' की माप है।

'Velocity Error Constant'– इनपुट एक यूनिट पैराबोलिक फंक्शन होने पर यह स्टैडी-स्टेट 'error' की माप है। अर्थात् $r = \frac{t^2}{2}$ तथा $R = \frac{1}{s^3}$

टाइप 0, टाइप 1 तथा टाइप 2 यूनिटी फीडबैक प्रणालियों के 'error constants' निम्न प्रकार हैं—

| Input | Unit Step | | Unit Ramp | | Unit Parabola | |
|---|---|---|---|---|---|---|
| **System Type** | $k_p$ | **Steady State Error** | $k_v$ | **Steady State Error** | $k_a$ | **Steady State Error** |
| Type 0 | $\frac{k\beta_1(0)}{\beta_2(0)}$ | $\frac{1}{1+k\beta}$ | 0 | ∞ | 0 | ∞ |
| Type 1 | ∞ | 0 | $\frac{k\beta_1(0)}{\beta_2(0)}$ | $\frac{1}{k_v}$ | 0 | ∞ |
| Type 2 | ∞ | 0 | ∞ | 0 | $\frac{k\beta_1(0)}{\beta_2(0)}$ | $\frac{1}{k_a}$ |

## 11.12. कन्ट्रोल सिस्टम के मुख्य कम्पोनैन्टस (Components of Control System)

**1. सिन्क्रोस (Synchros)** – सिन्क्रोस छोटे आकार के मोटर कम्पोनैन्ट्स होते हैं जिनका उपयोग a.c. सर्वोमिकेनिज्म में शाफ्ट की पोजिशन किसी दूर स्थान पर भेजने के लिए (for remote transmission of shaft position) व्यापक रूप से उपयोग में लाये जाते हैं। सिन्क्रोस में एक वाउन्ड (wound) रोटर तथा एक वाउन्ड स्टेटर संकेन्द्रीय (concentrically) व्यवस्थित होते हैं। इन दोनों वाइन्डिग के मध्य मुचुअल कपलिंग एडजस्ट की जा सकती है। चुम्बकीय वाइन्डिंग परिपथों का डिजाइन इस प्रकार किया जाता है कि शाफ्ट पोजिशन के पदों में चुम्बकीय कपलिंग में काफी साइनुसॉयडल परिवर्तन किया जा सकता है।

**2. टैकोमीटर्स (Tachometers)** – टैकोमीटर एक इलैक्ट्रोमिकेनिकल डिवाइस है जो मिकेनिकल ऊर्जा को वैद्युत ऊर्जा में परिवर्तित करती है। टैकोमीटर एक जेनरेटर की भाँति कार्य करता है जिसकी आउटपुट वोल्टेज कोणीय वेग (angular velocity) के समानुपाती होती है। कन्ट्रोल प्रणालियों में टैकोमीटर का उपयोग सिस्टम की कार्य प्रणाली में सुधार लाने के लिए शाफ्ट के वेग के मापन से किया जाता है।

टैकोमीटर दो प्रकार के होते हैं—(1) डी० सी० टैकोमीटर तथा (2) ए० सी० टैकोमीटर।

**डी० सी० टैकोमीटर**—डी० सी० टैकोमीटर एक जेनरेटर होता है जो अपनी परिक्रमण गति (rotating speed) के समानुपाती वोल्टेज उत्पन्न करता है। यह एक ट्रांसड्यूसर के समान प्रयुक्त किया जाता है। डी० सी० टैकोमीटर में प्रेरित वोल्टेज निम्न होती है—

$$e = k\phi \frac{d\theta}{dr}$$

यहाँ, $k$ एक नियतांक (constant) है, $\phi$, वायु गैप में फ्लक्स है तथा $\theta$ परिक्रमण गति (rotating speed) है।

$$\text{Transfer function } \frac{E(s)}{\theta(s)} = k, s$$

डी० सी० टैकोमीटर को कन्ट्रोल सिस्टम में मोडुलेटर प्रयोग कर ए० सी० टैकोमीटर के स्थान पर, प्रयुक्त किया जा सकता है। मोडुलेटर dc आउटपुट सिगनल को ac टैकोमीटर द्वारा प्रतिस्थापित (replace) किया जा सकता है। इसके लिए एक फेज सेन्सिटिव डिमॉड्‌ुलेटर प्रयुक्त किया जाता है जो ac आउटपुट को dc में परिवर्तित करता है।

**AC टैकोमीटर**—AC टैकोमीटर में टैकोमीटर की प्राइमरी वाइन्डिंग में ac वोल्टेज एप्लाई की जाती है। सैकेन्डरी वाइन्डिंग, स्पेस में प्राइमरी से 90° पर रखी जाती है। इस प्रकार जब रोटर स्थिर (stationary) होता है तब आउटपुट वोल्टेज शून्य होती है। जब रोटर की शाफ्ट रोटेट करती है तब सैकेन्डरी वाइन्डिंग की आउटपुट वोल्टेज रोटर के वेग के समानुपाती होती है। आउटपुट वोल्टेज की ध्रुवता (polarity) रोटेशन की दिशा द्वारा निर्धारित होती है। AC टैकोमीटर का ट्रांसफर फंक्शन निम्न होता है

$$\frac{E(s)}{\theta(s)} = ks$$

यहाँ $E(s)$ आउटपुट वोल्टेज का लाप्लास ट्रांसफार्म तथा $\theta(s)$ रोटर पोजिशन का लाप्लास ट्रांसफार्म है। $k$ एक नियतांक है।

**3. पोटेन्शियोमीटर (Potentiometer)** – जब पोटेशियोमीटर के स्थिर (fixed) टर्मिनलों के मध्य कोई वोल्टेज एप्लाई की जाती है तब उसकी आउटपुट वोल्टेज शाफ्ट डिसप्लेसमैन्ट के समानुपाती होती है। अतः इस डिवाइस (potentiometer) को शाफ्ट की दो पोजिशनों की तुलना करने के लिए प्रयुक्त किया जा सकता है अर्थात् पोटेन्शियोमीटर के परिवर्ती (variable) टर्मिनल तथा रेफरेन्स टर्मिनल के मध्य वोल्टेज, शाफ्ट की दो पोजिशनों के अन्तर के समानुपाती होती है।

**4. डी० सी० सर्वोमोटर्स (D. C. Servos)** – विभिन्न प्रकार की dc सर्वोमोटर्स में मुख्य, श्रेणी (series) मोटर, स्पलिट फेज मोटर, शन्ट कन्ट्रोल मोटर तथा परमानैन्ट मैगनेट शन्ट मोटर हैं। ये मोटर्स उच्च आउटपुट पावर विकसित (develop) करती हैं। फील्ड कन्ट्रोल्ड शन्ट मोटर को बहुत कम पावर द्वारा कन्ट्रोल किया जा सकता है। इनका ऑपरेशन, रेडियो इन्टरफीरेन्स, ब्रुश वीयर (brush wear) तथा dc एम्पलीफायर के ड्रिफ्ट द्वारा प्रभावित होता है।

श्रेणी मोटर का प्रारम्भिक बलाघूर्ण (starting torque) उच्च होता है। ये काफी अधिक धारा लेती है एवं इनका स्पीड रेगुलेशन कम (poor) होता है। स्पलिट सीरीज वाइन्डिंग का उपयोग कर फील्ड वोल्टेज की ध्रुवता बदल कर मोटर के रोटेशन की दिशा विपरीत (reverse) की जा सकती है। श्रेणी मोटर का प्रारम्भिक बलाघूर्ण (torque) उच्च होता है तथा गति बढ़ने पर तीव्रता से कम होता है। इससे उत्तम डैम्पिंग तथा उच्च वेग त्रुटि (velocity error) प्राप्त होती है।

शन्ट मोटर का स्टार्टिंग टॉर्क उत्तम तथा स्पीड रेगुलेशन भी उत्तम होता है। आर्मेचर अथवा फील्ड की ध्रुवता (polarity) परिवर्तित कर रोटेशन की दिशा विपरीत (reverse) की जा सकती है।

**आर्मेचर कन्ट्रोल्ड डी० सी० मोटर (Armature Controlled DC Motor)**

डी० सी० मोटर का उपयोग प्रायः उन कन्ट्रोल प्रणालियों में किया जाता है जहाँ अधिक शॉफ्ट पावर की आवश्यकता होती है। डी० सी० मोटर्स, 2-फेज ac सर्वोमोटर्स की तुलना में अधिक दक्ष (efficient) होते हैं।

डी० सी० मोटर्स में प्रायः 'seperately excited field' होता है तथा उन्हें अर्मिचर टार्मिनलों पर वोल्टेज परिवर्तित कर कन्ट्रोल किया जाता है।

**2-फेज सर्वो मोटर्स (2-phase Servo-Motors)**

ये मोटर वैद्युत सिगनलों को उनके समानुपाती गति (speed) कोण अथवा टॉर्क में परिवर्तित करते हैं। दक्षता (efficiency) की तुलना में 'accuracy, speed, तथा reliability' अधिक महत्वपूर्ण है। इस प्रकार 2-फेज सर्वोमोटर्स को उनके ऑपरेटिंग अभिलक्षणों (operating characteristics) द्वारा उन्हें, सामान्य 2-फेज कैपेसिटर मोटर्स तथा फ्रैक्शनल मोटर्स से identify किया जा सकता है। सर्वोमोटर्स के 'decreasing speed-torque' अभिलक्षण होते हैं। इनके रोटर्स को कम जड़त्व (low intertia) के लिए डिजाइन किया जाता है। इसी कारण से सर्वोमोटर्स की लम्बाई अधिक तथा व्यास (diameter) कम होता है।

## 11.13. न्यूमैट्रिक कन्ट्रोल प्रणालियाँ (Pneumatic Control Systems)

किसी भी क्लोज्ड लूप कन्ट्रोल प्रणाली के निम्न कम्पोनैन्ट होते हैं—

1. मापन यूनिट (Measuring Unit), 2. कन्ट्रोलिंग यूनिट (Controlling Unit), 3. करैक्शन यूनिट (Correcting Unit), 4. प्रक्रिया (Process)

**Proportional Control Action**

P-Action कन्ट्रोलर की वह क्रिया है जिसमें आउटपुट सिगनल $m(t)$, मापे गये (measured) एक्चुऐटिंग सिगनल $e(t)$ के समानुपाती होता है (चित्र 11.7)।

P-Action कन्ट्रोलर का ट्रांसफर फंक्शन $m(t) = k_P\, e(t)$

$$\frac{M(s)}{E(s)} = k_P$$

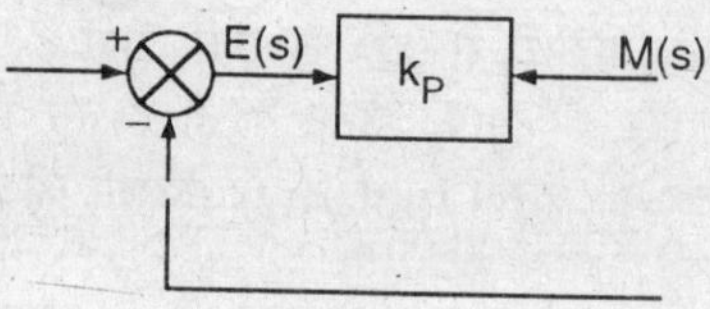


चित्र 11.7

यहाँ $k_P$ को 'proportional sensitivity gain' कहते हैं। P-Action कन्ट्रोलर एक एम्पलीफायर होता है, जिसका गेन (A) एडजस्ट किया जा सकता है।

**Integral Control Action**

Integral Control Action वाले कन्ट्रोलर में आउटपुट $m(t)$ मापे गये (measured) एक्चुएटिंग त्रुटि सिगनल $e(t)$ के समानुपाती होता है (चित्र 11.8)।

$$\frac{dm(t)}{dt} = k_i\, e(t)$$

अथवा

$$m(t) = k_i \int_0^t e(t)\, dt$$

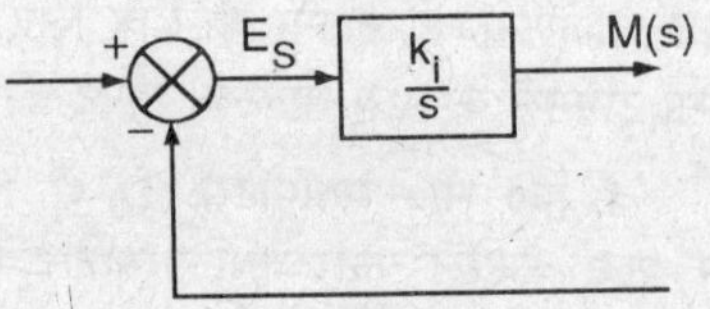


चित्र 11.8

यहाँ $k_i$ एक नियतांक है जिसे एडजस्ट किया जा सकता है। इन्टीग्रल कन्ट्रोलर का ट्रांसफर फंक्शन

$$\frac{M(s)}{E(s)} = \frac{k_i}{s}$$

जीरो एक्चुएटिंग त्रुटि (zero actuating error) के लिए $m(t)$ का मान स्थिर (stationary) रहता है। Integral कन्ट्रोल एक्शन को रिसैट (reset) एक्शन कहते हैं।

**Proportional Plus Integral Control Action (PI Action)**

PI कन्ट्रोलर का कन्ट्रोल एक्शन निम्न समीकरणों द्वारा प्रदर्शित किया जाता है—

$$m(t) = K_P\, e(t) + \frac{k_P}{T_i} \int_0^t e(t)dt$$

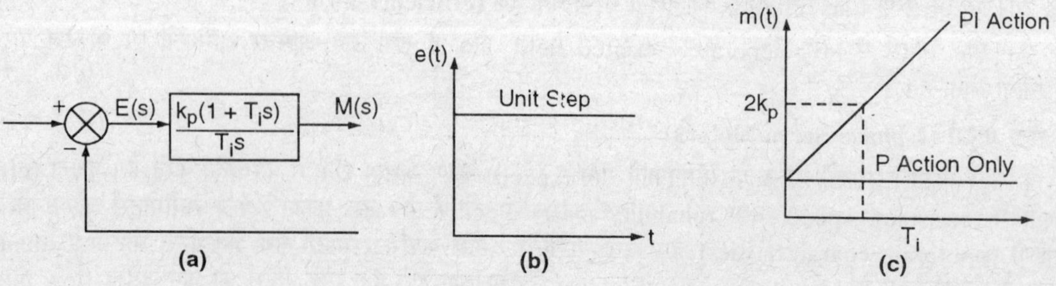


चित्र 11.9—PI कन्ट्रोलर की आउटपुट

इस समीकरण का ट्रांसफर फंक्शन निम्न प्रकार है

$$\frac{M(s)}{E(s)} = k_p \left[1 + \frac{1}{T_i s}\right]$$

यहाँ $k_p$ 'proportional sensitivity' तथा $T_i$ 'integral time' है। दोनों को एडजस्ट किया जा सकता है। यदि एक्चुएटिंग त्रुटि सिगनल, स्टैप इनपुट है तब कन्ट्रोलर की आउटपुट चित्र 11.9 के अनुसार होती है।

## Proportional Plus—Derivative Control Action (PD Action)

Proportional-Derivative कन्ट्रोलर का कन्ट्रोल एक्शन निम्न समीकरण द्वारा परिभाषित किया जाता है—

$$m(t) = k_p\, e(t) + k_p\, T_d \frac{de(t)}{dt}$$

Control action समीकरण का ट्रांसफर फंक्शन निम्न है

$$\frac{M(s)}{E(s)} = k_p\,(1 + T_d\, s)$$

यहाँ $k_p$ – Proportional sensitivity, तथा $T_d$ – Derivative time

चित्र 11.10 में PD कन्ट्रोलर प्रदर्शित किया गया है—

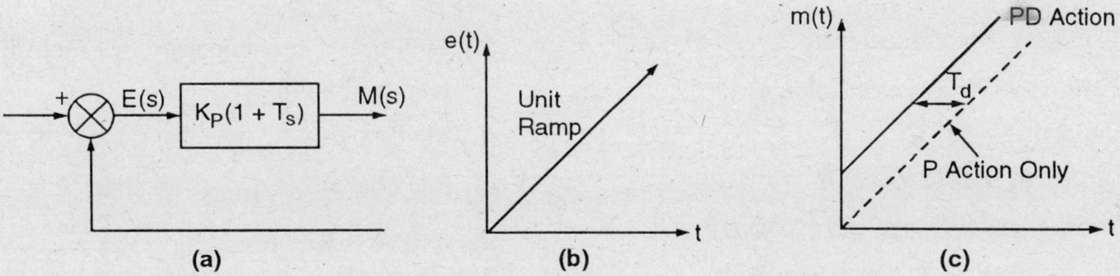


**चित्र 11.10—PD कन्ट्रोलर की आउटपुट**

## Proportional Plus Derivative Plus Integral Control Action (PID Action)

PID कन्ट्रोल एक्शन proportional control action, derivative control action तथा Integral control action का संयोजन (combination) है। इस कन्ट्रोल एक्शन की समीकरण निम्न है—

$$m(t) = k_p\, e(t) + k_p\, T_d \frac{de(t)}{dt} + \frac{k_p}{T_i}\int_0^t e(t)dt$$

इस कन्ट्रोल एक्शन का ट्रासफर फंक्शन है— $\frac{M(s)}{E(s)} = k_p \left[1 + T_d\, s + \frac{1}{T_i\, s}\right]$

इस कन्ट्रोल एक्शन को चित्र 11.11 में दिखाया गया है—

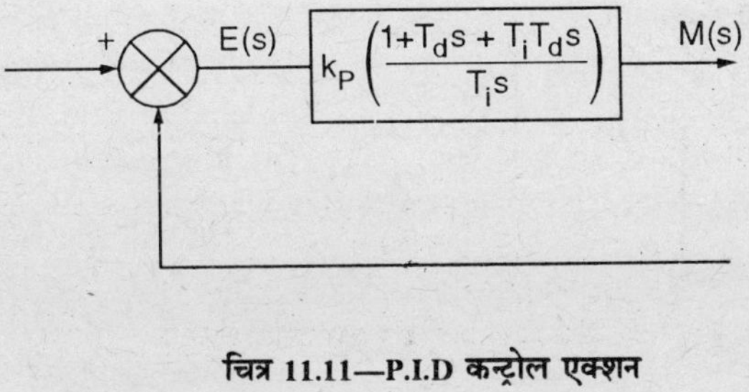


**चित्र 11.11—P.I.D कन्ट्रोल एक्शन**

# Objective Questions
## (Control System)

1. फीडबैक प्रयोग करने पर—
   (a) सिस्टम की स्थिरता (stability) कम होती है
   (b) सिस्टम का गेन (gain) कम होता है
   (c) सिस्टम की गेन (gain) तथा स्थिरता (stability) दोनों कम होते हैं
   (d) उपरोक्त में कोई नहीं
2. निम्न में से कौन-सी term पोटेन्शियोमीटर से सम्बन्धित नहीं है ?
   (a) अल्पमांक (least count)
   (b) रिजॉल्यूशन (resolution)
   (c) रेफ्रेन्स वोल्टेज (reference voltage)
   (d) बैक लैश (backlash)
3. निम्न में कौन सा स्टेटमैन्ट 'false' है ?
   (a) निक्विस्ट क्राइटेरिया टाइम डोमेन में होता है
   (b) रूथ क्राइटेरिया टाइम डोमेन में होता है
   (c) बोड प्लॉट फ्रीक्वैन्सी डोमेन में होता है
   (d) उपरोक्त में कोई नहीं
4. निम्न में इलैक्ट्रोमिकेनिकल डिवाइस है—
   (a) इन्डक्शन रिले (b) थर्मोकपल
   (c) LVDT (d) उपरोक्त सभी
5. किस प्रणाली की प्रवृत्ति (tendency) दोलन (oscillation) की है ?
   (a) ओपिन-लूप सिस्टम (open loop system)
   (b) क्लोज़्ड-लूप सिस्टम (closed loop system)
   (c) उपरोक्त (a) तथा (b) दोनों
   (d) उपरोक्त (a) तथा (b) में कोई नहीं
6. एक उत्तम कन्ट्रोल प्रणाली में निम्न के अतिरिक्त सभी गुण होते हैं—
   (a) उत्तम स्थिरता (good stability)
   (b) धीमी अनुक्रिया (slow response)
   (c) उत्तम यथार्थता (good accuracy)
   (d) उत्तम पावर हेन्डलिंग क्षमता (good power handling capacity)
7. एक क्लोज़्ड लूप कन्ट्रोल सिस्टम का ओपिन लूप गेन 100 है। इसके फीडबैक लूप का गेन 0·005 है। पॉजिटिव फीडबैक (positive feedback) के लिए इसकी सैन्सिटिविटी होगी—
   (a) 0 (zero) (b) 0·67
   (c) 1·0 (d) 2·0
8. निम्न से किस के द्वारा किसी सिस्टम का ऑर्डर (order) निर्धारित किया जा सकता है ?
   (a) डिनोमिनेटर denominator में multiplying terms की संख्या
   (b) मूल बिन्दु (origin) पर पोल्स (poles) की संख्या
   (c) सिस्टम के स्टेबिल 'roots' की संख्या
   (d) उपरोक्त में कोई नहीं
9. निम्न में से कौन-सा ट्रांसफर फंक्शन 0 टाइप सिस्टम प्रदर्शित करता है ?
   (a) $\dfrac{(s+3)(s+5)}{s(s+1)(s+7)}$ (b) $\dfrac{s+2}{s^2(s^2+3)}$
   (c) $\dfrac{(s+1)(s+2)}{(s+3)(s-4)}$ (d) $\dfrac{(s-1)(s-3)}{s^2(s+4)}$
10. निम्न डायग्राम में फीडबैक के प्रभाव से ज्दत किस प्रकार शिफ्ट होता है ?

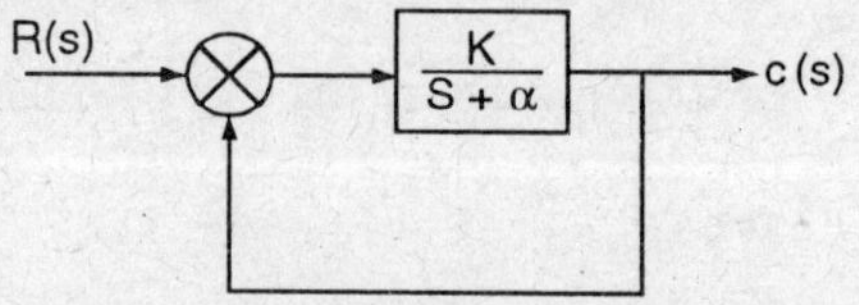


चित्र 11.12

   (a) Negatively to $s = -(\alpha + k)$ and to reduce the time constant to $\left(\alpha + \dfrac{1}{k}\right)$
   (b) Positively to $s = (\alpha + k)$ and reduce the time constant to $(\alpha + 1/k)$

(c) Negatively to $s = -(\alpha + k)$ and to increase the time constant to $(\alpha + k)$

(d) Positively to $s = (\alpha + k)$ and to increase the time constant to $(\alpha + k)$

**11.** गेन $k$ के कम मान के लिए 'root'—

(a) मूल बिन्दु (origin) पर होने चाहिए

(b) अनन्त (infinity) पर होने चाहिए

(c) लूप ट्रांसफर फंक्शन के पोल्स से दूर होने चाहिए

(d) लूप ट्रांसफर फंक्शन के पोल्स के समीप होने चाहिए

**12.** बोड डायग्राम प्लॉट करने के लिए ट्रांसफर फंक्शन किस फॉर्म (form) में होना चाहिए—

(a) $\frac{1}{s+1}$ (b) $\frac{s+1}{T}$

(c) $(sT + 1)$ (d) $\frac{1}{sT+1}$

**13.** निम्न ब्लॉक डायग्राम किस के तुल्य है ?

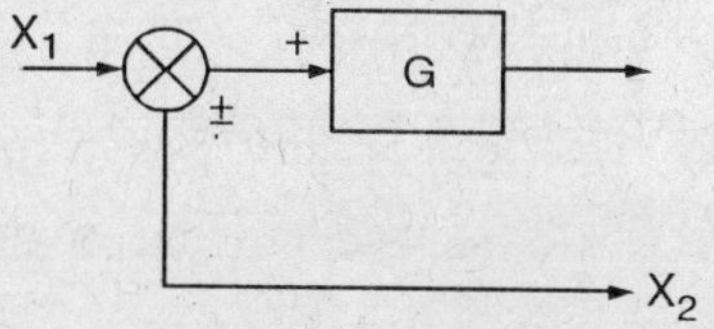


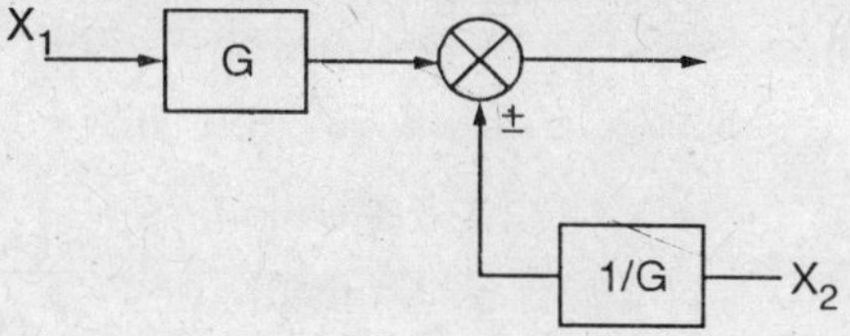


(a)

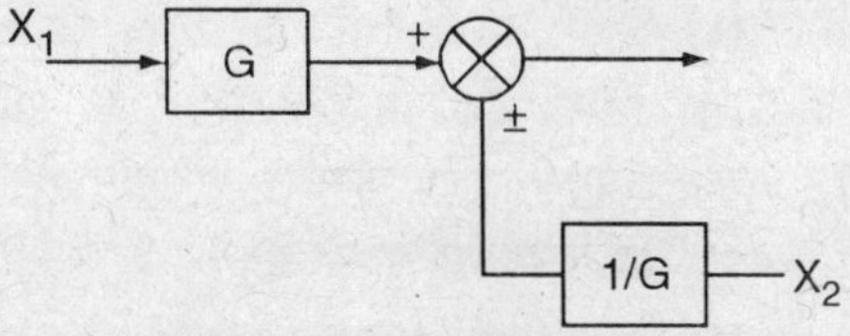


(b)

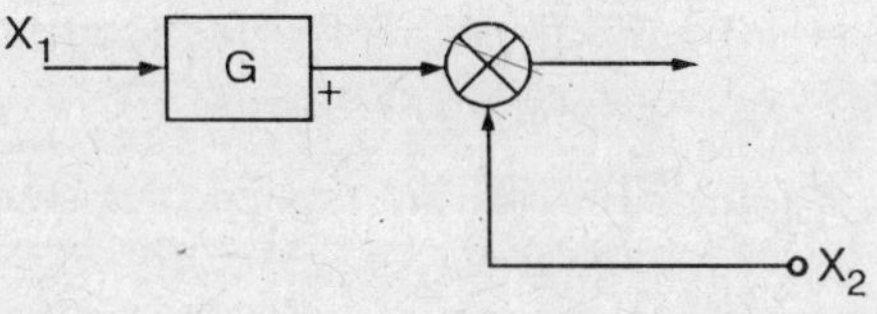


(c)

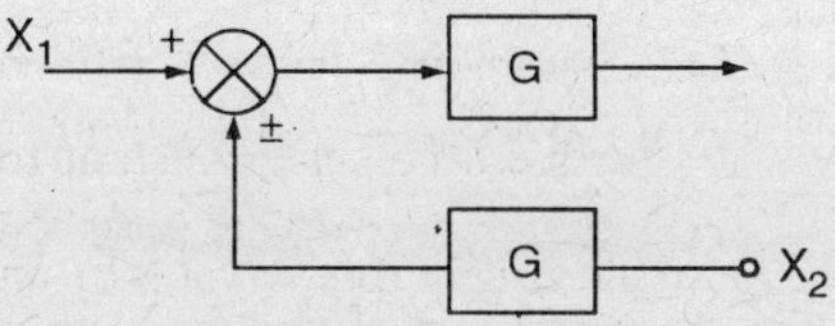


(d)

चित्र 11.13

**14.** फंक्शन $\frac{G(s)\,R(s)}{1 + G(s)\,H(s)}$ किस प्रोसेस को प्रदर्शित करता है ?

(a) single variable control system

(b) two variable control system

(c) three variable control system

(d) multi-variable control system

**15.** कन्ट्रोलर मूल रूप से एक—

(a) सैन्सर है (b) कम्पेरेटर है

(c) एम्पलीफायर है (d) क्लिपर है

**16.** निम्न में कौन सा बल गति (motion) का विरोध (opposition) करता है ?

(a) स्प्रिंग का बल (b) डैम्पिंग बल

(c) जड़त्व के कारण बल (d) उपरोक्त सभी

**17.** यूनिट स्टैप फंक्शन के इन्टीग्रेशन पर प्राप्त होता है एक—

(a) यूनिट रैम्प फंक्शन (b) यूनिट स्टैप फंक्शन

(c) यूनिट डबलैट

(d) यूनिट पैराबोलिक फंक्शन

**18.** टाइप-2 प्रणाली में—

(a) जीरो पोजिशन त्रुटि तथा स्थिर वेग त्रुटि होती है

(b) जीरो पोजिशन त्रुटि तथा जीरो वेग वृद्धि होती है

(c) स्थिर पोजिशन त्रुटि तथा जीरो वेग वृद्धि होती है

(d) स्थिर पोजिशन त्रुटि तथा स्थिर वेग त्रुटि होती है

**19.** पोटेन्शियोमीटर का रिजॉल्यूशन—

(a) अनन्त होना चाहिए

(b) बहुत अधिक होना चाहिए

(c) कम (low) होना चाहिए

(d) जीरो होना चाहिए

**20.** कन्ट्रोल सिस्टम में कन्ट्रोलर—

(a) के साथ 'error' डिटैक्टर होता है

(b) के साथ 'error' डिटेक्टर तथा कन्ट्रोल एलीमैन्ट होता है

(c) उपरोक्त में कोई भी

(d) उपरोक्त में कोई नहीं

21. टाइप-1 सिस्टम में मूलबिन्दु (origin) पर—

(a) कोई 'pole' नहीं होता

(b) net pole होता है

(c) simple pole होता है

(d) दो poles होते हैं

22. टाइप-1 सिस्टम का स्टैडी स्टेट त्वरण (acceleration)—

(a) एक (unity) होता है (b) अनन्त होता है

(c) जीरो होता है (d) 10 होता है

23. यदि एक सिस्टम को स्टेप फंक्शन इनपुट दी जाये तथा आउटपुट सदा एक निश्चित लेविल (level) से कम रहे तब सिस्टम—

(a) आवश्यक नहीं है कि स्थिर (stable) हो

(b) स्थिर होता है

(c) अस्थिर (unstable) होता है

24. एक स्टैन्डर्ड इन्डक्शन मोटर की तुलना में A.C. सर्वोमीटर का जड़त्व (intertia) तथा प्रारम्भिक बलाघूर्ण (starting torque) क्रमशः होते हैं—

(a) Low, Low (b) High, High

(c) Low, Hight (d) High, low

25. किसी कन्ट्रोल सिस्टम की स्टैडी स्टेट (error) किस प्रकार कम की सकती है ?

(a) सिस्टम का समयनियतांक (time constant) बढ़ाकर

(b) सिस्टम का गेन नियतांक (gain constant) बढ़ाकर

(c) सिस्टम का गेन नियतांक (gain constant) तथा समय नियतांक दोनों को बढ़ाकर

(d) उपरोक्त में कोई नहीं

26. किसी सिस्टम की रेसपौन्स को ............ सिगनल द्वारा अच्छी प्रकार टैस्ट किया जा सकता है।

(a) रैम्प (b) साइनुसॉयडल इनपुट

(c) एक्सपोनेन्शियल रूप से कम होने वाले (exponentially decaying) सिगनल

(d) यूनिट इम्पल्स इनपुट

27. प्रथम क्रम (first order) के उत्तम रूप से डिजाइन किये गये कन्ट्रोल सिस्टम की क्या विशेषता है ?

(a) A 'small negative even value'

(b) निगेटिव समय नियतांक (Negative time constant)

(c) A large negative transfer function pole

(d) A small baudwidth

28. फीडबैक एम्पलीफायर में—

(a) बैन्ड विड्थ पर कोई प्रभाव नहीं होता

(b) जितना गेन बढ़ता है उनकी ही बैन्ड विड्थ भी कम हो जाती है

(c) जितना गेन बढ़ता है उनकी ही बैन्ड विड्थ भी बढ़ जाती है

(d) जितना गेन कम होता है उतनी ही बैन्ड विड्थ कम हो जाती है

29. किस कन्ट्रोल सिस्टम का कन्ट्रोल एक्शन किसी न किसी प्रकार आउटपुट पर निर्भर करता है ?

(a) क्लोज़्ड लूप सिस्टम

(b) सेमी-क्लोज्ड लूप सिस्टम

(c) ओपिन-लूप सिस्टम

(d) उपरोक्त में कोई नहीं

30. ऑटोमेटिक कन्ट्रोल प्रणाली में निम्न में से कौन-सा एलीमैन्ट उपयोग में नहीं लाया जाता ?

(a) त्रुटि डिटैक्टर (Error detector)

(b) फाइनल कन्ट्रोल एलीमैन्ट

(c) सैन्सर

(d) दोलित्र (Oscillator)

31. बैन्ड विड्थ द्वारा कन्ट्रोल प्रणाली के किस गुण को प्रदर्शित किया जा सकता है—

(a) सिस्टम की स्थिरता (stability of system)

(b) सिस्टम का स्थिर गेन (constant gain of system)

(c) सिस्टम की गति (speed of system)

(d) उपरोक्त में कोई नहीं

32. सर्वोमीटर की कार्य प्रणाली का सिद्धान्त—

(a) 2-फेज इन्डक्शन मोटर के समान है

(b) 1-फेज इन्डक्शन मोटर के समान है

(c) 3-फेज इन्डक्शन मोटर के समान है

(d) उपरोक्त में कोई नहीं

**33.** $s = 0$ पर पोल (pole) जोड़ने पर, सिस्टम का निक्विस्ट प्लॉट—

(a) अपरिवर्तित (unaltered) रहेगा

(b) 90° clockwise rotate कर जायेगा

(c) 90° anticlockwise rotate कर जायेगा

(d) 180° रोटेट कर जायेगा

**34.** किसी प्रणाली में 'Position control system' के लिए डैम्पिंग फैक्टर तथा मूल आवृत्ति (natural frequency) क्रमशः होगी—

(a) $2\sqrt{KJ}, \sqrt{KJ}$ (b) $\dfrac{K}{2BJ}, \sqrt{K/J}$

(c) $\dfrac{B}{2\sqrt{KB}}, \sqrt{K/J}$ (d) $\dfrac{1}{2}\sqrt{KB}, \sqrt{KJ}$

**35.** गेन मारजिन गेन का विलोम (reciprocal of gain) उस फ्रीक्वैन्सी पर होता है जिस पर फेज मारजिन होता है—

(a) 0° (b) 90°

(c) – 90° (d) 180°

**36.** बोड्स प्लॉट का उपयोग—

(a) Minimum phase net work के लिए किया जा सकता है

(b) All phase net work के लिए किया जा सकता है

(c) Maximum phase net work के लिए किया जा सकता है

(d) उपरोक्त में कोई नहीं

**37.** एक गणितीय मॉडल (mathematical model) उस अवस्था में लीनियर होगा जब उसकी 'differential equation' के नियतांक (constants) ........... होते हैं।

(a) जीरो (zero)

(b) केवल 'independent variable' के फंक्शन

(c) नियतांक (constant)

(d) उपरोक्त (b) अथवा (c)

**38.** किसी कन्ट्रोल सिस्टम में 'error signal'—

(a) measured value तथा set value का अन्तर होता है

(b) measured value तथा set value का योग (sum) होता है

(c) measured value तथा set value का अनुपात होता है

(d) set value तथा measured value का अनुपात होता है

**39.** किसी सिस्टम में ........... ज्ञात करने के लिए उसके ट्रांसफर फंक्शन का ज्ञात होना आवश्यक है।

(a) समय नियतांक (time-constant)

(b) एक दी गयी इनपुट के लिए आउटपुट

(c) स्टैडी स्टेट गेन (d) सिस्टम का ऑर्डर

**40.** एम्पलीडाइन में—

(a) $d$-axis शार्ट की जाती है तथा लोड $q$-axis पर एप्लाई किया जाता है

(b) $q$-axis शॉर्ट की जाती है तथा लोड $d$-axis पर एप्लाई किया जाता है

(c) लोड $d$-axis पर एप्लाई किया जाता है तथा कन्ट्रोल वोल्टेज $q$-axis पर एप्लाई की जाती है

(d) लोड $q$-axis पर तथा कन्ट्रोल वोल्टेज $d$-axis पर एप्लाई की जाती है

**41.** ऑक्टेव फ्रीक्वैन्सी रेज है—

(a) $\dfrac{\omega_2}{\omega_1} = 2$ (b) $\dfrac{\omega_2}{\omega_1} = 10$

(c) $\dfrac{\omega_2}{\omega_1} = 8$ (d) उंपरोक्त में क़ोई नहीं

**42.** बल-आघूर्ण समतुल्यता (दैम ूर्देलि हैंत्दुब) में—

(a) द्रव्यमान (mass) वोल्टेज के समतुल्य (analogous) है

(b) द्रव्यमान (mass) धारा के समतुल्य (analogous) है

(c) द्रव्यमान (mass) चुम्बकीय फ्लक्स लीकेज के समतुल्य (analogous) है

(d) द्रव्यमान (mass) धारिता (capacitance) समतुल्य (analogous) है

**43.** किसी कन्ट्रोल प्रणाली में कौन-सी डिवाइस फाइनल कन्ट्रोल एलीमैन्ट नहीं हो सकती ?

(a) पोटेन्शियोमीटर

(b) सर्वो-मोटर

(c) कन्ट्रोल मोटर

(d) इलेक्ट्रो-न्यूमैटिक कनवर्टर

**44.** कन्ट्रोल सिस्टम में कन्ट्रोलर की आउटपुट—

(a) एम्पलीफायर से प्राप्त होती है

(b) कम्पेरेटर से प्राप्त होती है

(c) फाइनल कन्ट्रोल एलीमैन्ट से प्राप्त होती है

(d) उपरोक्त में कोई नहीं

**45.** सिन्क्रो (synchro) का स्टेटर—

(a) कास्ट आयरन से बनाया जाता है

(b) सिलिकॉन स्टील से बनाया जाता है

(c) हाई-कारबन स्टील से बनाया जाता है

(d) उपरोक्त में कोई नहीं

**46.** कोर्डिनेट कनवर्जन (co-ordinate conversion) के लिए कौन-सी डिवाइस प्रयुक्त की जा सकती है ?

(a) सिन्क्रोस (synchros) (b) सिन्क्रोरिजॉल्वर

(c) माइक्रोसिन (d) सिन्क्रोटांसफॉर्मर

**47.** सिन्क्रोट्रांसमीटर ———— के समान कार्य करता है।

(a) आल्टरनेटर (b) इन्डक्शन मोटर

(c) ट्रांसफॉर्मर (d) उपरोक्त में कोई नहीं

**48.** कन्ट्रोल सिस्टम में नॉन-लीनियरिटी होने पर—

(a) ट्रान्जियेन्ट त्रुटियाँ (transient error) आ जाती हैं

(b) अस्थिरता (instability) आ जाती है

(c) स्टैडी-स्टेट त्रुटि (steady state error) आ जाती है

(d) उपरोक्त सभी

**49.** किसी 'heavily under damped system' की डैम्पिंग बढ़ाने के लिए कौन-सा कम्पेरेटर प्रयुक्त किया जा सकता है—

(a) Phase-lag (b) Phase lead

(c) Phase lag lead (d) उपरोक्त में कोई नहीं

**50.** यदि कन्ट्रोल सिस्टम का डैम्पिंग फैक्टर 1 है तब रैसपोन्स (response) होगा—

(a) दोलनी (oscillatory) (b) undamped

(c) Critically damped (d) उपरोक्त में कोई नहीं

**51.** यदि 'Characteristic equation' में poles की संख्या zeroes से अधिक हो तब रूट लोकस ब्रांच (root locus branches)—

(a) जीरों की संख्या (number of zeroes) के बराबर होगीं

(b) पोल्स की संख्या (number of poles) के बराबर होगीं

(c) जीरो की संख्या÷ पोल्स की संख्या के बराबर होगीं

(d) जीरो की संख्या + पोल्स की संख्या के बराबर होगीं

**52.** शटल वाल्व मूलतः एक न्यूमैटिक (pneumatic) –

(a) AND गेट है (b) OR गेट है

(c) EX-OR गेट है (d) NOR गेट है

**53.** पोटेन्शियोमीटर द्वारा वैद्युत (electrical) सिगनलों पर कौन-सा ऑपरेशन नहीं किया जा सकता—

(a) जोड़ (addition) (b) घटा (subtration)

(c) गुणा (multiplication) (d) उपरोक्त सभी

**54.** न्यूमैटिक कन्ट्रोल प्रणाली में वैद्युत सिगनल ———— के समान है—

(a) वायु के आयतन (volume of air)

(b) प्रवाह में अवरोध (restriction of flow)

(c) भरी हुई हीलियम ट्यूब (filled helium tube)

(d) उपरोक्त में कोई नहीं

**55.** सर्वोमिकेनिज्म में कौन-सा कम्पौनेन्ट डैम्पिंग के लिए अधिकतर प्रयोग किया जाता है—

(a) एम्पलीडाइन (b) सर्वोमोटर

(c) टैकोमीटर (d) उपरोक्त सभी

**56.** एक सामान्य प्रकार का सर्वोमीटर, सर्वो-कार्यों (servo applications) में प्रयुक्त करने से सिस्टम अस्थिर (unstable) हो जाता है क्योंकि—

(a) रोटर का व्यास अधिक होता है

(b) रोटर का प्रतिरोध अधिक होता है

(c) रोटर का व्यास प्रतिरोध कम होता है

(d) एप्लाई की गयी वोल्टेज को सदा बैलेन्स करने की आवश्यकता होती है

57. निम्न रूथ टेबिल (Ruth table) में चिन्ह (sign) कितनी बार परिवर्तित होता है ?

| | |
|---|---|
| $s^6$ | 8 |
| $s^5$ | 7 |
| $s^4$ | −3 |
| $s^3$ | 2 |
| $s^2$ | −1 |
| $s^1$ | 1 |
| $s^0$ | 0 |

(a) 2 (b) 3
(c) 4 (d) 5

58. रैफ्रेन्स इनपुट तथा वास्तविक आउटपुट सिगनल के अन्तर को कहते हैं—
(a) त्रुटि सिगनल (error signal)
(b) कन्ट्रोलिंग सिगनल
(c) एक्चुएटिंग (actuating signal)
(d) उपरोक्त में कोई नहीं

59. सिस्टम डिजाइन में डिफ्रैन्शियेटर्स के कारण क्या दोष आता है—
(a) शोर की उत्पत्ति (noise production) तथा एम्पलीफायर का सेचुरेशन
(b) परिपथ में उच्च प्रतिरोध एवं इन्डक्टैन्स का उपयोग
(c) उच्च मूल्य (d) उपरोक्त में कोई नहीं

60. कौन से सिस्टम को अधिक वरीयता (preference) दी गयी है—
(a) ओवर डैम्पड (over damped)
(b) क्रिटिकली डैम्पड (critically damped)
(c) अन्डर डैम्सड (under damped)
(d) दोलनी (oscillatory)

61. DC मोटर्स में torque/weight अनुपात—
(a) AC सर्वोमोटर के torque/weight अनुपात के बराबर होता है
(b) AC सर्वोमोटर के torque/weight अनुपात से कम होता है
(c) AC सर्वोमोटर के torque/weight अनुपात से अधिक होता है
(d) AC सर्वोमोटर के torque/weight अनुपात से कम अथवा अधिक हो सकता है

62. इन्डक्शन मोटर तथा सर्वोमोटर एक समान ही होते हैं। उनमें अन्तर केवल यह है कि—
(a) $R_m > R_s$ (b) $X_m > X_s$
(c) $R_m < R_s$ (d) $X_m < X_s$
(m – induction motor, s – servomotor)

63. बड़े (large) पावर कन्ट्रोल सिस्टम के लिए—
(a) AC सिस्टम अधिक उपयुक्त (suitable) है
(b) DC सिस्टम अधिक उपयुक्त (suitable) है
(c) DC तथा AC दोनों सिस्टम को दक्षता पूर्वक (efficiently) प्रयुक्त किया जा सकता है
(d) AC अथवा DC कोई भी सिस्टम उपयुक्त नहीं है

64. डिराक डेल्टा फंक्शन (dirac delta function) का लाप्लास ट्रांसफार्म है—
(a) 1 (b) $1/s^2$
(c) $1/s$ (d) $s$

65. यदि किसी लूप के लिए निक्विस्ट क्राइटेरिया ज्ञात है तब क्लोज़्ड लूप सिस्टम की स्थिरता (stability) –
(a) ज्ञात नहीं की जा सकती
(b) बिन्दु $(+1, j0)$ के प्रति सिस्टम के व्यवहार (behaviour) द्वारा ज्ञात की जा सकती है
(c) बिन्दु $(-1, j0)$ के प्रति सिस्टम के व्यवहार (behaviour) द्वारा ज्ञात की जा सकती है
(d) लूप ट्रांसफर फंक्शन की स्थिरता के बराबर होती है

66. निम्न में 'correct' स्टेटमैन्ट है—
(a) $k = 0$ पर ओपिन लूप पोल से रूट लोकस प्रारम्भ (originate) होता है तथा $k = \infty$ पर ओपिन लूप पोल अथवा अनन्त पर टर्मिनेट होता है
(b) $k = 0$ पर ओपिन लूप ज़ीरो से रूटलोकस प्रारम्भ (originate) होता है तथा $k = \infty$ पर ओपिन लूप पोल अथवा अनन्त ∞ पर टर्मिनेट होता है
(c) रूट लोकस ओपिन लूप पोल्स से 'originate' होता है तथा केवल अनन्त (∞) पर टर्मिनेट होता है

(d) रूट लोकस ओपिन लूप पोल्स से 'originate' होता है तथा केवल जीरो पर टर्मिनेट होता है

67. फीड बैक होने पर सिस्टम—
(a) का ट्रान्जियेन्ट रैसपोन्स बढ़ जाता है
(b) का ट्रान्जियेन्ट रैसपोन्स एक स्थिर दर (constant rate) पर घटता है
(c) का ट्रान्जियेन्ट रैसपोन्स धीरे-धीरे घटता है
(d) का ट्रान्जियेन्ट रैसपोन्स तीव्रता से (quickly) घटता है

68. ON-OFF कन्ट्रोलर एक—
(a) लिनियर डिवाइस है
(b) नॉन-लीनियर डिवाइस है
(c) Discontinuous डिवाइस है
(d) उपरोक्त में कोई है

69. किसी चर (variable) का लीनियर ट्रांसफॉर्मेशन—
(a) ट्रांसफर फंक्शन को परिवर्तित नहीं करता
(b) सिस्टम के ट्रांसफर फंक्शन को परिवर्तित करता है
(c) सिस्टम के ट्रांसफर फंक्शन से कोई सम्बन्ध नहीं रखता
(d) उपरोक्त में कोई नहीं

70. एक डिस्ट्रिब्यूटेड सिस्टम में ट्रांसपोर्टेशन डिले स्थिरता (stability) को कम करती है क्योंकि यह—
(a) ट्रान्जियेन्टस उत्पन्न करती है
(b) अटेनुएशन उत्पन्न करती है
(c) फेज लैग उत्पन्न करती है
(d) अटेनुएशन तथा फेज लैग दोनों उत्पन्न करती है

71. सिस्टम $\frac{(s+2)(s+1)}{s^2(s+3)(s+4)}$ एक—
(a) टाइप 0 सिस्टम है
(b) टाइप 1 सिस्टम है
(c) टाइप 2 सिस्टम है
(d) उपरोक्त में कोई नहीं

72. ट्रांसफर फंक्शन का अर्थ है—
(a) इम्पल्स रैसपोंस का फोरियर ट्रांसफॉर्म
(b) इम्पल्स रैसपोंस का लाप्लास ट्रांसफॉर्म
(c) यूनिट स्टैप रैसपोंस का लाप्लास ट्रांसफॉर्म
(d) यूनिट स्टैप रैसपोंस का फोरियर ट्रांसफॉर्म

73. निम्न में से कौन-सी डिवाइस संवेग संरक्षण के नियम (conservation of momentum) पर आधारित है—
(a) हाइड्रोलिक लिफ्टर
(b) सिन्क्रोस
(c) जाइरोस्कोप (Gyroscope)
(d) उपरोक्त में कोई नहीं

74. एक 'proportional temperature controller' में जब गर्म किये जाने वाले जल की मात्रा बढ़ाई जाती है तब ऑफसैट—
(a) बढ़ता है
(b) घटता है
(c) अपरिवर्तित रहता है
(d) बढ़ अथवा घट सकता है

75. सर्वोमोटर का मुख्य दोष—
(a) उसकी कम विश्वसनीयता (low reliability) है
(b) उसका कम प्रारम्भिक बलाघूर्ण (low starting torque) है
(c) कम्युटेशन की समस्या उत्पन्न होना है
(d) उसकी केवल हल्के लोड (light load) हेन्डल करने की क्षमता है

76. लीड-लैग कैपेसिटर की आवश्यकता उस समय होती है जब—
(a) ट्रान्जियेन्ट रैसपोन्स में सुधार करने की आवश्यकता होती है
(b) स्टैडी-स्टेट रैसपोंस में सुधार करने की आवश्यकता होती है
(c) उपरोक्त (a) तथा (b) दोनों

77. असन्तुलित (unbalanced) अवस्था में सर्वोमोटर का प्रारम्भिक बलाघूर्ण (starting ' torque)..........के समानुपाती होता है।
(a) $E$ (b) $E^2$
(c) $E^3$ (d) $1/E$
($E$ – Applied voltage)

78. एक 2-phase सर्वोमोटर के लिए 'false' है—
(a) इसका रोटर व्यास (rotor diameter) कम होता है

(b) इसका रोटर प्रतिरोध (rotor resistance) कम होता है

(c) एप्लाईड वोल्टेज कभी भी सन्तुलित (balanced) नहीं होती

(d) Torque-speed अभिलक्षण लीनियर होते हैं

**79.** पोजिटिव तथा निगेटिव फ्रीक्वैन्सी के लिए पोलर प्लॉट—

(a) सदा symmetrical होते हैं

(b) कभी भी symmetrical नहीं हो सकते

(c) symmetrical हो सकते हैं अथवा नहीं भी हो सकते

(d) उपरोक्त में कोई नहीं

**80.** सर्वोमोटर के कारण उत्पन्न नॉन-लीनियरिटी है—

(a) कुलाम घर्षण (coulomb friction)

(b) सेचुरेशन

(c) डैड-स्पेस (dead-space)

(d) उपरोक्त में कोई नहीं

**81.** कन्ट्रोल प्रणाली में कन्ट्रोल कम्पोनैन्ट्स (OPAMP)–

(a) बहुत कम वोल्टेज लेते हैं

(b) जीरो वोल्टेज लेते हैं

(c) एक स्थिर वोल्टेज लेते हैं

(d) जीरो धारा लेते हैं

**82.** निम्न में कौन-सा ट्रांसड्यूसर ताप (temperature) को सीधे वोल्टेज में कनवर्ट कर सकता है—

(a) क्वार्टज क्रिस्टल

(b) थरमोकपल

(c) हाल-इफैक्ट ट्रांसड्यूसर (Hall-effect transducer)

(d) उपरोक्त में कोई नहीं

**83.** यदि एक ओपिन लूप सिस्टम का समय नियतांक (time constant) $\tau$ है तब इसका ट्रान्जियेन्ट व्यवहार (15% tolerance के लिए) $t = 0$ (प्रारम्भिक समय) से किस अवधि तक व्यक्त (define) किया जा सकता है

(a) $4\tau$ (b) $5\tau$

(c) $6\tau$ (d) $8\tau$

**84.** एक टाइप—1, second order सिस्टम के लिए राइज टाइम (rise time) है—

(a) $t_r = \dfrac{\pi - \cos^{-1}\left(\dfrac{\sqrt{1-\zeta^2}}{\zeta}\right)}{\omega_n\sqrt{1-\zeta^2}}$

(b) $t_r = \dfrac{\pi - 1}{\omega_n\sqrt{1-\zeta^2}}$

(c) $t_r = \dfrac{\pi - \cos^{-1}\zeta}{\omega_n\sqrt{1-\zeta^2}}$

(d) $t_r = \dfrac{\tan^{-1}\dfrac{(\sqrt{1-\zeta^2})}{\zeta}}{\omega_n\sqrt{1-\zeta^2}}$

**85.** यदि एक सिस्टम को फ्रीक्वैन्सी रैसपोन्स जेनरेट करने के लिए साइनुसायडल इनपुट सिगनल का प्रोसेसर माना जाये तब सिस्टम

(a) एक low pass filter है

(b) एक band pass filter है

(c) एक unstable filter है

(d) एक stable filter है

**86.** निक्विस्ट प्लांट को पूर्णतया—

(a) रूट लोकस पर मैप किया जा सकता है

(b) पोलर प्लॉट पर मैप किया जा सकता है

(c) रूथ हरविट्ज पर मैप किया जा सकता है

(d) बोड प्लॉट्स पर मैप किया जा सकता है

**87.** सिस्टम में एक्टिव डिवाइस के उपयोग से—

(a) सिस्टम अस्थिर (unstable) हो जाता है

(b) सिस्टम स्थिर (stable) हो जाता है

(c) शर्त के साथ स्थिर (conditionally stable) हो जाता है

(d) इस डाटा से कोई परिणाम नहीं ज्ञात किया जा सकता

**88.** न्यूनतम फेज ट्रांसफर फंक्शन (minimum phase transfer function) वह है जिसमें—

(a) LHS में poles तथा RHS में zeros होते हैं

(b) RHS में poles तथा LHS में zeros होते हैं

(c) LHS में poles तथा zeros होते हैं

(d) RHS में poles तथा zeros होते हैं

**89.** लीनियर डिफ्रैन्शियल ट्रांसफॉर्मर एक—

(a) वैद्युत डिवाइस है

(b) इलेक्ट्रोमिकेनिकल डिवाइस है

(c) इलेक्ट्रोमैगनेटिक डिवाइस है

(d) इलेक्ट्रोस्टैटिक डिवाइस है

**90.** डिकेड फ्रीक्वैन्सी रेंज $(\omega_2/\omega_1)$–

(a) 2 के बराबर है (b) 4 के बराबर है

(c) 8 के बराबर है (d) 10 के बराबर है

**92.** निम्न सिगनल फ्लो डायग्राम में फारवर्ड पथ (forward path) तथा individual loops की संख्या है—

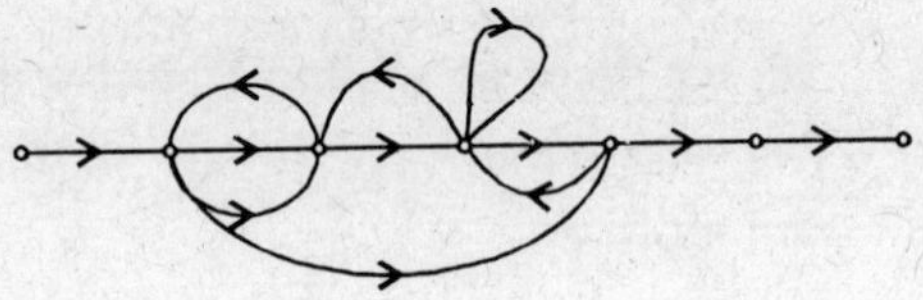

चित्र 11.14

(a) 3, 6 (b) 5, 6

(c) 4, 6 (d) 5, 5

**92.** एक्चुएटिंग सिगनल सदा—

(a) कन्ट्रोल्ड सिस्टम को दिया जाता है

(b) कन्ट्रोल एलीमैन्ट्स को दिया जाता है

(c) फीडबैक एलीमैन्ट्स को दिया जाता है

(d) उपरोक्त a, b, c में से किसी एक को

**93.** एक सिस्टम का ट्रांसफर फंक्शन $\frac{1 - j\omega T}{1 + j\omega T}$ है। $\omega = 0$ तथा $\omega = \infty$ पर फेज-शिफ्ट होगा—

(a) 0° तथा 180° (b) 0° तथा −90°

(c) −180° तथा +180° (d) −90° तथा 90°

**94.** यदि एक कन्ट्रोल सिस्टम के poles, $s$-प्लेन में imaginary axis पर पड़ते हैं तब सिस्टम होगा—

(a) स्थिर (stable) (b) अस्थिर (unstable)

(c) प्रतिबन्ध के साथ स्थिर (conditionally stable)

(d) मारजिनली स्थिर (marginally stable)

**95.** निम्न में कौन-सा सिस्टम स्थायी है ?

(a) $As^2 + Bs + c = 0$

(b) $As^4 + Bs^2 + Cs + D = 0$

(c) $-As^2 + Bs - C = 0$

(d) $As^2 - Bs - C = 0$

**96.** निम्न में कौन-सी मशीन क्रॉस फील्ड है ?

(a) एम्पलीडाइन (b) D.C. मोटर

(c) D.C. जेनरेटर (d) A.C. कम्युटेटर मोटर

**97.** बोड प्लॉट के लिए सिस्टम के दो arrangement $\left(s + \frac{1}{T}\right)$ तथा $(sT + 1)$ के लिये gain constant–

(a) परिवर्तित नहीं होता (b) घट जाता है

(c) बढ़ता है अथवा घटता है (d) उपरोक्त में कोई नहीं

**98.** Type-2 सिस्टम के लिए वेग त्रुटि (velocity error) होती है—

(a) कम (low) (b) शून्य (zero)

(c) अनन्त (infinite) (d) परिवर्ती (variable)

**99.** डैम्पिंग (damping) निर्भर करता है—

(a) gain (b) $\frac{1}{\text{gain}}$

(c) $\sqrt{\text{gain}}$ (d) $1/\sqrt{\text{gain}}$

**100.** LVDT का उपयोग......के मापन किया जा सकता है।

(a) विस्थापन (displacement)

(b) स्पीड

(c) त्वरण (acceleration)

(d) उपरोक्त में कोई भी

**101.** साइनुसॉयडल इनपुट के लिए किसी कन्ट्रोल सिस्टम का स्टैडी स्टेट रैसपोन्स—

(a) $s$ को $\omega$ से विस्थापित कर ज्ञात किया जा सकता है

(b) $\omega$ को $s$ से विस्थापित कर ज्ञात किया जा सकता है

(c) $s$ को $j\omega$ से विस्थापित कर ज्ञात किया जा सकता है

(d) $j\omega$ को $s$ से विस्थापित कर ज्ञात किया जा सकता है

**102.** लीड-लैग कम्पैन्सेशन की आवश्यकता—

(a) ट्रान्जियेन्ट रैसपोन्स में सुधार के लिए है

(b) स्टैडी स्टेट रैसपोन्स में सुधार के लिए है

(c) उपरोक्त दोनों में सुधार के लिए है

(d) उपरोक्त में कोई नहीं

**103.** टाइप 1 सैकन्ड ऑर्डर (type 1 second order) सिस्टम की यूनिट रैम्प इनपुट के लिए स्टैडी स्टेट त्रुटि (steady state error) है—

(a) $2\zeta\omega_n$ (b) $2\zeta/\omega_n$

(c) $4\zeta/\omega_n$ (d) उपरोक्त में कोई नहीं

**104.** उच्च स्तर की एक्यूरेसी (accuracy) के लिए—

(a) Integral error कम्पैनसेशन का उपयोग किया जाता है

(b) Derivative error कम्पैनसेशन का उपयोग किया जाता है

(c) उपरोक्त (a) तथा (b) दोनों

(d) उपरोक्त में कोई नहीं

**105.** 'Step velocity input' के साथ ऑपरेट होने वाला टाइप 1 सिस्टम है—

(a) रैगुलेटर्स

(b) जायरोस्कोप (Gyroscopes)

(c) ऑटोमेटिक वोल्टेज रैगुलेटर्स

(d) फायर कन्ट्रोल सर्वो तथा ट्रैकिंग राडार

**106.** एक 2-फेज इन्डक्शन मोटर में होती है—

(a) दो स्टेटर वाइन्डिंग

(b) दो रोटर वाइन्डिंग

(c) उपरोक्त (a) तथा (b) दोनों

(d) उपरोक्त में कोई नहीं

**107.** किसी कन्ट्रोल सिस्टम का रैसपोंस टाइम के साथ 'magnitude' में बढ़ सकता है यदि—

(a) समस्त मूल (roots), $s$-प्लेन के RHS में हों

(b) यदि RHS में LHS की तुलना में अधिक मूल (roots) हों

(c) यदि $s$-प्लेन के RHS में 1 से अधिक मूल हो

(d) उपरोक्त में कोई नहीं

**108.** निम्न 'characteristic equation' –

$$1 + k\frac{1}{s(s+1)(s+2)} = 0$$

में एसिम्पटोट्स का केन्द्र बिन्दु (centroid of the asymptotes in root locus)..........होगा।

(a) 1 (b) −1

(c) 2 (d) −2

**109.** गेन मारजिन GM होता है—

(a) $-20 \log a$ dB (b) $+20 \log a$ dB

(c) $20 \log \frac{1}{a}$ dB (d) $-20 \log \frac{1}{a}$ dB

**110.** किसी सिस्टम की प्रारम्भिक जीरो अवस्था (zero initial condition) का अर्थ है—

(a) शून्य स्टोर्ड ऊर्जा के समय कार्य (working with zero stored energy)

(b) शून्य रैफ्रेन्स सिगनल के साथ कार्य (working with zero reference signal)

(c) विरामावस्था पर तथा किसी भी कम्पोनैन्ट में कोई ऊर्जा स्टोर नहीं (At rest and no energy in stored in any if its components)

(d) उपरोक्त में कोई नहीं

**111.** रूट लोकस (root locus) का प्रारम्भिक बिन्दु है—

(a) ओपिन लूप पोल्स (open loop poles)

(b) ओपिन लूप जीरो (open loop zeros)

(c) क्लोज़्ड लूप पोल्स (closed loop poles)

(d) क्लोज़्ड लूप जीरो (closed loop zeros)

**112.** एक पूर्णतया स्थिर (absolutely stable) सिस्टम में—

(a) दोलन (oscillations) उत्पन्न नहीं हो सकते

(b) दोलन (oscillations) उत्पन्न हो सकते हैं परन्तु उन्हें कन्ट्रोल किया जा सकता है

(c) दोलन (oscillations) स्वयं उत्पन्न हो जाते हैं तथा कुछ समय पश्चात डैम्प हो जाते हैं

(d) दोलन (oscillations) सदा उपस्थित रहते हैं

**113.** एक दो फेज इन्डक्शन मोटर में यदि $X/R$ का मान उच्चतम बलाघूर्ण (max torque) के लिए एडजस्ट किया गया है तब स्लिप (slip) होगी—

(a) 5% (b) 100%

(c) 0% (d) 1%

**114.** निम्न ट्रांसफर फंक्शन में—

$$G_1(j\omega) = \left[\frac{(1+j\omega T)}{(1+j\omega T_1)(1+j\omega T_2)}\right]\left[\frac{1-j\omega T}{1+j\omega T}\right]$$

$$G_1(j\omega) = G_2(j\omega) \cdot G(\omega)$$

(a) $G_2(j\omega)$ न्यूनतम फेज ट्रांसफर फंक्शन है

(b) $G(j\omega)$ all pass system ट्रांसफर फंक्शन है

(c) $G_1(j\omega)$ non-minimum फेज फंक्शन है

(d) उपरोक्त सभी

115. निगेटिव फीडबैक बढ़ाने पर मैगनेटिक एम्पलीफायर का पावर एम्पलीफिकेशन—

(a) बढ़ जायेगा (b) कम हो जायेगा

(c) स्थिर (constant) रहेगा

(d) निश्चित कुछ नहीं कहा जा सकता

116. निम्न सिगनल फ्लो डायग्राम में फारवर्ड पथों (forward paths) की संख्या होगी—

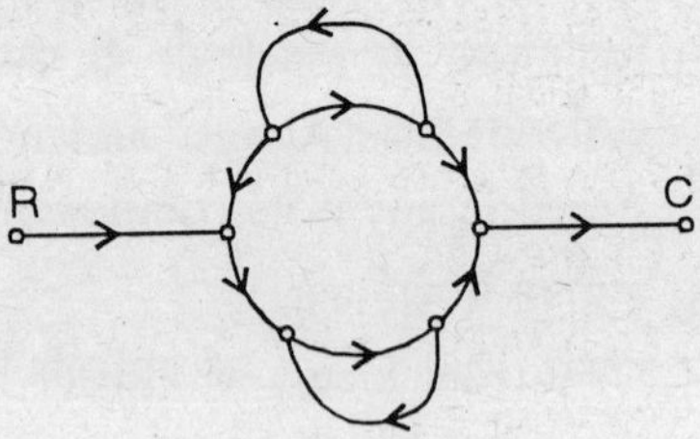


चित्र 11.15

(a) 2 (b) 3

(c) 4 (d) 5

117. किसी फीडबैक सिस्टम में लीड (lead) कम्पैन्सेटर—

(a) स्थिरता का मारजिन (margin stability) बढ़ाता है

(b) ट्रान्जियेन्ट रैसपोंस की गति बढ़ाता है

(c) सिस्टम त्रुटि नियतांक (system error constant) को कुछ बढ़ाता है

(d) उपरोक्त सभी

118. किसी सिस्टम की इम्पल्स रैसपोन्स $g(t)$ –

(a) इनपुट एक्साइटेशन का इनवर्स लाप्लास ट्रांसफॉर्म है

(b) इसके ट्रांसफर फंक्शन का इनवर्स लाप्लास ट्रांसफॉर्म है

(c) इनपुट एवं ट्रांसफर फंक्शन की गुणा का लाप्लास ट्रांसफॉर्म है

(d) उपरोक्त में कोई नहीं

119. किसी सिस्टम की स्थिरता (stability) तथा ट्रान्जियेन्ट रैसपोन्स ज्ञात करने की सबसे अधिक उपयुक्त विधि है—

(a) रूट लोकस (b) बोड प्लॉट

(c) निक्विस्ट क्राइटेरियन

(d) रूथ-हरवित्ज क्राइटेरियन

120. फेज क्रॉस ओवर फ्रीक्वैन्सी पर फेज कोण होता है—

(a) 0° (b) 90°

(c) −90° (d) 180°

121. पोल फैक्टर $\frac{1}{1+j\omega T}$ का स्लोप है—

(a) 6 dB/decade (b) −6 dB/decade

(c) −20 dB/decade (d) 10 dB/decade

122. किसी सिस्टम का गणितीय मॉडल लीनियर होगा यदि यह .................. सिद्धान्त का पालन करता है।

(a) सुपर पोजिशन (superposition)

(b) होमोजिनियटी (homogeneity)

(c) रेसिप्रोसिटी (reciprocity)

(d) उपरोक्त (a) तथा (c)

123. सैकन्ड ऑर्डर कन्ट्रोल सिस्टम में रैजोनेन्ट पीक (resonant peak) का मान उस समय 1 (unity) होगा जब डैम्पिंग अनुपात (damping ratio) का मान ...... होता है।

(a) 0 (b) 1 (unity)

(c) $\frac{1}{\sqrt{2}}$ (d) $\sqrt{2}$

124. सिन्क्रो के रोटर को एप्लाई की गयी वोल्टेज—

(a) सदा निगेटिव होती है

(b) सदा पॉजिटिव होती है

(c) AC अथवा DC हो सकती है

(d) सदा AC होती है

125. गेन $K$ के कम (small) मान के लिए मूल (root) –

(a) लूप ट्रांसफर फंक्शन के poles से दूर होने चाहियें

(b) लूप ट्रांसफर फंक्शन के poles के समीप होने चाहियें

(c) अनन्त (∞) पर होने चाहियें

(d) मूल बिन्दु (origin) पर होने चाहियें

126. ट्रांसफर फंक्शन की परिभाषा किस प्रकार के सिस्टम के लिए दी जाती है ?

(a) Linear and time invariant system

(b) Linear and time variant system

(c) Non-linear and time invariant system

(d) None-linear and time variant system

127. बोड प्लॉट का उपयोग किस नैटवर्क में किया जा सकता है ?

(a) Minimum phase network

(b) All phase network

(c) Maximum phase network

(d) उपरोक्त में कोई नहीं

**128.** बोड डायग्राम की $-180°$ फेज लाइन ............ के तुल्य है।

(a) +ve imaginary axis in Nyquist plot

(b) −ve real axis in Nyquist plot

(c) +ve imaginary axis in Nyquist plot

(d) −ve imaginary axis in Nyquist plot

**129.** मैगनेटिक एम्पलीफायर्स का एक महत्त्वपूर्ण उपयोग है—

(a) DC मोटर्स की स्पीड कन्ट्रोल करना

(b) squirrel cage induction मोटर्स की स्पीड कन्ट्रोल करना

(c) slip-ring induction मोटर्स की स्पीड कन्ट्रोल करना

(d) उपरोक्त a, b तथा c में से कोई भी

**130.** लैग नैटवर्क का उपयोग सिस्टम को स्थिर (stabilize) करने के लिए किया जाता है। इस क्रिया में—

(a) फेज लैग नैटवर्क की बैन्ड विड्थ घटती है

(b) फेज लैग नैटवर्क की बैन्ड विड्थ बढ़ती है

(c) फ़ेज लैग नैटवर्क की बैन्ड विड्थ स्थिर (constant) रहती है

(d) उपरोक्त में कोई नहीं

**131.** नाइकॉल चार्ट का उपयोग—

(a) क्लोज़्ड लूप फ्रीक्वैन्सी रैसपोन्स ज्ञात करने के लिए किया जा सकता है

(b) ओपिन लूप फ्रीक्वैन्सी रैसपोन्स ज्ञात करने के लिए किया जा सकता है

(c) ओपिन लूप तथा क्लोज़्ड लूप फ्रीक्वैन्सी रैसपोन्स ज्ञात करने के लिए किया जा सकता है

(d) उपरोक्त में कोई नहीं

**132.** पोटेन्शियोमीटर्स की लोडिंग कम करने के लिए—

(a) रैफ्रेन्स वोल्टेज बढ़ायी जा सकती है

(b) तार की लम्बाई बढ़ाई जा सकती है

(c) लीनियरिटी प्रवेश (introduce) की जा सकती है

(d) नॉन-लीनियरिटी प्रवेश (introduce) की जा सकती है

**133.** किसी क्लोज़्ड लूप सिस्टम को स्थिर (stable) करने के लिए $G(s)\,H(s)$ के निक्विस्ट प्लॉट द्वारा बिन्दु $(-1, j0)$ को उतनी बार घेरा जाना चाहिये जितनी—

(a) $G(s)\,H(s)$ के $s$-प्लेन के RH में जीरो (zeros) की संख्या है

(b) $G(s)\,H(s)$ के $s$-प्लेन के RH में पोल्स (poles) की संख्या है

(c) $G(s)\,H(s)$ के $s$-प्लेन के LH में जीरो (zeros) की संख्या है

(d) $G(s)\,H(s)$ के $s$-प्लेन के LH में पोल्स (poles) की संख्या है

**134.** एक डबलैट का लाप्लास ट्रांसफॉर्मेशन है—

(a) $s$ (b) $\frac{1}{s}$

(c) $\frac{1}{s^2}$ (d) 1 (unity)

**135.** डाइड्रोलिक मोटर्स में torque/weight अनुपात ...... परन्तु जड़त्व (inertia) .......... होता है।

(a) High, high (b) High, low

(c) Low, high (d) Low, low

**136.** एक Integral error compensator सिस्टम (अर्थात् जिस सिस्टम के फारवर्ड पथ में 'integrator' लगा हो)—

(a) Type 1 सिस्टम को Type 2 सिस्टम में परिवर्तित करता है

(b) Type 2 सिस्टम को Type 1 सिस्टम में परिवर्तित करता है

(c) Type 0 सिस्टम को Type 2 सिस्टम में परिवर्तित करता है

(d) उपरोक्त (a) अथवा (b)

**137.** एक न्यूमैटिक एम्पलीफायर—

(a) फ्लो को एम्पलीफाई करता है

(b) डिफ्रैन्शियल 'pressure' को एम्पलीफाई करता है

(c) वायु के आयतन में परिवर्तन को एम्पलीफाई करता है

(d) जैसा कोई उपकरण नहीं होता

**138.** जब एक गीयर ट्रेन में रोटेशन की दिशा बदली जाती है तब—

(a) 'Coulombic-friction' की क्रिया होती है

(b) 'Dead-space' की क्रिया होती है

(c) 'Back-lash' की क्रिया होती है

(d) 'Conservation of momentum' की क्रिया होती है

**139.** प्रत्येक सिस्टम में बैन्ड-विड्थ में अधिक वृद्धि को रोका जाता है क्योंकि—

(a) सिस्टम में उत्पन्न 'noise power' बैन्ड-विड्थ के समानुपाती होती है

(b) इससे स्थिरता (stability) घटती है

(c) इससे रैसपोन्स की स्पीड घटती है

(d) उपरोक्त में कोई नहीं

**140.** ट्रांसफर फंक्शन में जीरो (zeros) बढ़ाने पर—

(a) 'Lead compensation' उत्पन्न होता है

(b) 'Lag compensation' उत्पन्न होता है

(c) 'Lead-Lag compensation' उत्पन्न होता है

(d) उपरोक्त में कोई नहीं

**141.** यदि एक क्लोज़्ड लूप सिस्टम के लिए निक्विस्ट क्राइटेरिया (Nyquist Criteria) ज्ञात हो तब सिस्टम की स्थिरता (stability) –

(a) नहीं ज्ञात की जा सकती

(b) बिन्दु $(1, j0)$ के परितः सिस्टम के व्यवहार का अध्ययन कर ज्ञात की जा सकती है

(c) लूप ट्रांसफर फंक्शन की स्थिरता के बराबर ही होती है

(d) बिन्दु $(-1, j0)$ के परितः सिस्टम के व्यवहार का अध्ययन कर ज्ञात की जा सकती है

**142.** "Twin Pressure valve" मूलतः एक न्यूमैटिक—

(a) AND गेट है (b) OR गेट है

(c) EX-OR गेट है (d) NOR गेट है

**143.** फेज एवं गेन मारजिन ज्ञात करने के लिए 'poles' एवं zeros बढ़ाने का प्रभाव ...... से शीघ्रता से ज्ञात किया जा सकता है।

(a) नाइकॉल (Nicholas) प्लॉट

(b) निक्विस्ट प्लॉट (Nyquist plot)

(c) बोड प्लॉट

(d) Magnitude vs. phase plot

**144.** निम्न परिपथ किस प्रकार का नैटवर्क है ?

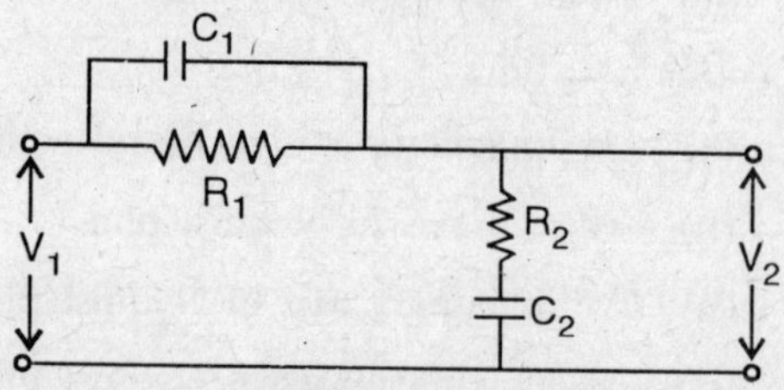


चित्र 11.16

(a) लैग नैटवर्क (b) लीड नैटवर्क

(c) लैग-लीड नैटवर्क (d) उपरोक्त में कोई नहीं

**145.** Integral Time Absolute Error तथा Integral Time Square Error (ITSE) की समीकरण क्रमशः हैं—

(a) $\int_0^T t\,|e(t)|\,dt, \int_0^T te^2(t)\,dt$

(b) $\int_0^T t\,|e(t)|^2\,dt, \int_0^T t\,e^2(t)\,dt$

(c) $\int_0^T e^2(t)\,dt, \int_0^T e(t)\,dt$

(d) $\int_0^T t\,|\dot{e}(t)|\,dt, \int_0^T t^3 e^2(t)\,dt$

**146.** एक 'unity feedback' कन्ट्रोल सिस्टम के साथ प्लांट $\frac{1}{s(s+3)}$ तथा 'integral plus controller' को एक स्टेट मॉडल के लिए कितने 'state variables' की आवश्यकता होगी—

(a) 1 (b) 2

(c) 3 (d) 4

**147.** किसी कन्ट्रोल सिस्टम का टाइप नम्बर कम करने के लिए—

(a) पहले एक इन्टीग्रेटर तथा उसके पश्चात् एक डिफ्रैन्शियेटर प्रयोग किया जाता है

(b) पहले एक डिफ्रैन्शियेटर तथा उसके पश्चात् एक इन्टीग्रेटर प्रयोग किया जाता है

(c) फारवर्ड पथ (path) में केवल एक डिफ्रैन्शियेटर प्रयुक्त किया जाता है

(d) फारवर्ड पथ (path) में केवल एक इन्टीग्रेटर प्रयुक्त किया जाता है

**148.** डेम्पिंग गुणांक '$\zeta$' के पदों में फेज मारजिन है—

(a) $\phi = \tan^{-1}[(1-2\zeta^2)^{1/2}]$

(b) $\phi = \tan^{-1}\left(\sqrt{1-\zeta^2}\right)$

(c) $\phi = \tan^{-1}[2\zeta\left\{\frac{1}{(4\zeta^4+1)^{1/2}-2\zeta^2}\right\}^{1/2}$

(d) उपरोक्त में कोई नहीं

**149.** सिन्क्रो ट्रांसमीटर तथा कन्ट्रोल ट्रांसफॉर्मर की संरचना (construction)–

(a) अलग-अलग होती है

(b) एक समान होती है

(c) रोटर की एक समान तथा स्टेटर की अलग होती है

(d) स्टेटर की एक समान तथा रोटर की अलग होती है

**150.** अनन्त (infinity) तक 'extend' करने वाले 'root locii' की संख्या—

(a) $G(s)H(s)$ में जीरो से पोल्स की अधिकता (excess) के बराबर होती है

(b) $G(s)H(s)$ में पोल्स से जीरो की अधिकता (excess) के बराबर होती है

(c) $G(s)H(s)$ में पोल्स की संख्या के बराबर होती है

(d) $G(s)H(s)$ में जीरो की संख्या के बराबर होती है

**151.** बैन्ड विड्थ किस कम्पैन्सेटर द्वारा बढ़ायी जा सकती है ?

(a) फेज-लैग लीड नैटवर्क

(b) फेज लैग नैटवर्क

(c) फेज-लीड लीड नैटवर्क

(d) उपरोक्त सभी

**152.** $\omega_n$ तथा $\zeta$ के विशेष मान के लिए 'denormalized' बैन्डविड्थ है—

(a) $\omega_b = \omega_n[1+\zeta+2\zeta^2]^{1/2}$

(b) $\omega_b = \omega_n(1-\zeta^2)^{1/2}$

(c) $\omega_b = \omega_n\left[1-2\zeta^2+\sqrt{(2-4\zeta^2+4\zeta^4}\right]^{1/2}$

(d) उपरोक्त में कोई नहीं

**153.** किसी सिस्टम के ट्रांसफर फंक्शन द्वारा निम्न में से किसका अध्ययन किया जा सकता है ?

(a) केवल ट्रान्जियेन्ट व्यवहार

(b) केवल स्टैडी स्टेट व्यवहार

(c) उपरोक्त दोनों (d) उपरोक्त में कोई नहीं

**154.** एक कन्ट्रोल सिस्टम का ट्रांसफर फंक्शन निम्न है—

$$G(s)H(s) = \frac{s(s+1)(s+2)}{s(s+3)(s+4)}$$

हर तथा अंश (numerator & denominator) फैक्टर $s$ को—

(a) बोड प्लॉट के लिए केन्सिल किया जा सकता है

(b) निक्विस्ट प्लॉट (Niquist plot) के लिए केन्सिल किया जा सकता है

(c) रूट लोकस एनेलेसिस (root locus analysis) के लिए केन्सिल किया जा सकता है

(d) उपरोक्त में कोई नहीं

**155.** एक कन्ट्रोलर की इनपुट होती है—

(a) सर्वो सिगनल (b) Error सिगनल

(c) सैन्स्ड (sensed) सिगनल

(d) उपरोक्त में कोई नहीं

**156.** किसी कन्ट्रोल सिस्टम का 'time constant' परिवर्तित करने तथा समुचित डैम्पिंग उपलब्ध कराने के लिए उपयुक्त फैक्टर क्या है ?

(a) इनपुट सिगनल

(b) First derivative of input signal

(c) Second derivative of input signal

(d) उपरोक्त सभी

**157.** एक कन्ट्रोल सिस्टम में उत्पन्न 'error signal' नियत (constant) है। इस क्रिया की आउटपुट होगी—

(a) जीरो (zero) (b) लीनियर

(c) नियत (constant) (d) अनन्त (infinitive)

**158.** सिन्क्रोज (synchros) का सर्वाधिक सामान्य उपयोग क्या है ?

(a) Error detector

(b) गणितीय डाटा का ट्रांसमिशन (transmission of arithmetic data)

(c) कोणीय डाटा का ट्रांसमिशन (transmission of angular data)

(d) सिन्क्रोनाइजेशन (synchronization)

**159.** पोजिटिव तथा निगेटिव फ्रीक्वैन्सी के पोलर प्लॉट—

(a) symmetrical हो सकते हैं

(b) सदा symmetrical होते हैं

(c) कभी भी symmetrical नहीं हो सकते

(d) उपरोक्त में कोई नहीं

**160.** डैम्पिंग .................. का फंक्शन है।

(a) gain (b) 1/gain

(c) $\sqrt{gain}$ (d) $1/\sqrt{gain}$

**161.** 'Dynamic equations' किस प्रकार फॉर्म (form) की जा सकती है ?

(a) इनपुट तथा आउटपुट समीकरणों को एक साथ रखकर

(b) स्टेट तथा इनपुट समीकरणों को एक साथ रखकर

(c) आउटपुट तथा स्टेट समीकरणों को एक साथ रखकर

(d) इनपुट, आउटपुट तथा स्टेट समीकरणों को एक साथ रखकर

**162.** सिन्क्रो-ट्रांसमीटर किस प्रकार कार्य करता है ?

(a) एक इन्डक्शन मोटर के समान

(b) एक ट्रांसफॉर्मर मोटर के समान

(c) एक आल्टरनेटर मोटर के समान

(d) एक रैक्टीफायर मोटर के समान

**163.** एक कन्ट्रोल ट्रांसफॉर्मर की आउटपुट में कनैक्ट किये गये लोड की—

(a) इम्पीडैन्स जीरो होनी चाहिये

(b) इम्पीडैन्स मध्यम (medium) होनी चाहिये

(c) इम्पीडैन्स उच्च (medium) होनी चाहिये

(d) इम्पीडैन्स अनन्त (infinitive) होनी चाहिये

**164.** स्प्रिंग की स्टिफनैस (stiffness) ......... के समान है।

(a) Force-voltage analogy में कैपेसिटैन्स ($C$)

(b) Force-current analogy में इन्डक्टैन्स का विलोम $\left(\frac{1}{L}\right)$

(c) Force-current analogy में इन्डक्टैन्स के समान ($L$)

(d) Force-current analogy में कैपेसिटैन्स का विलोम $\left(\frac{1}{C}\right)$

**165.** कन्ट्रोल सिस्टम में किसे एम्पलीफायर के समान नहीं माना जा सकता ?

(a) DC जेनरेटर (b) DC मोटर

(c) एम्पलीडाईन (d) मेटाडाइन

**166.** dB में गेन मारजिन है—

(a) $-\log a$ (b) $+20 \log a$

(c) $-\log \frac{1}{a}$ (d) $+20 \log \frac{1}{a}$

जहाँ $a = |G(j\omega) H(j\omega)|\ \omega = \omega_2$

**167.** टाइप 2 सिस्टम में स्टैडी स्टेट पोजिशन तथा वेग त्रुटियाँ (velocity errors) है क्रमशः—

(a) 0, 1 (b) 1, 0

(c) 0, ∞ (d) 0, 0

**168.** ट्रांसफर फंक्शन $(5/6)\, s^2$ वाले 'second order' के सिस्टम में फेज शिफ्ट होगा—

(a) 90° (b) −90°

(c) 180° (d) −180°

**169.** कोई सर्वोमिकेनिज्म उस अवस्था में 'proportional error device' कहलाती है जब सिस्टम की आउटपुट—

(a) केवल error का फंक्शन होती है

(b) Error के first derivative का फंक्शन होती है

(c) Error तथा Error के first derivative का फंक्शन होती है

(d) उपरोक्त में कोई नहीं

**170.** नॉन-लीनियर सिस्टम में निम्न में से किसका उपयोग किया जा सकता है—

(a) लाप्लास ट्रांसफार्म

(b) Eigen value analysis

(c) निक्विस्ट क्राइटेरिया

(d) State variable analysis

**171.** सिन्क्रोजेनरेटर तथा मोटर एक—

(a) 3-फेज AC डिवाइस है

(b) 2-फेज AC डिवाइस है

(c) 1-फेज AC डिवाइस है

(d) 1-फेज DC डिवाइस है

**172.** रूट लोकस प्लॉट में $k$ बढ़ने पर—

(a) डैम्पिग अनुपात (damping ratio) में कमी होती है

(b) डैम्पिग अनुपात (damping ratio) में वृद्धि होती है

(c) डैम्पिग अनुपात (damping ratio) में कोई परिवर्तन नहीं होता

(d) डैम्पिग अनुपात (damping ratio) बढ़ अथवा घट सकता है

**173.** थर्मल सिस्टम में थर्मल प्रतिरोध—

(a) $R = \frac{1}{\theta S}$ (b) $R = 1/\theta S^2$

(c) $R = \theta S$ (d) $R = \frac{\theta}{S^2}$

($\theta$ = steady flow rate, $S$ = specific heat of liquid)

**174.** 'First derivative control' का उपयोग—

(a) डैम्पिग कम करने में किया जा सकता है

(b) सैटलिंग टाइम कम करने में किया जा सकता है

(c) Velocity lag error कम करने में किया जा सकता है

(d) उपरोक्त (b) तथा (c)

**175.** Non-return वाल्व एक न्यूमैटिक ...... है।

(a) AND गेट (b) OR गेट

(c) रेक्टीफायर (d) NOR गेट

**176.** समस्त poles तथा zeros से रूट लोकस सैगमैन्ट के किसी बिन्दु तक खींचे गये वैक्टर्स के कोणों का योग—

(a) सदा 180° होता है

(b) 180° अथवा उसका विषम गुणक (odd multiple) होता है

(c) सदा 90° होता है

(d) 90° अथवा उसका विषम गुणक (odd multiple) होता है

**177.** एक सिस्टम के रूट लोकस में तीन एसिम्पटोट्स (asymptotes) हैं। सिस्टम में—

(a) 3 पोल्स हो सकते हैं

(b) 4 पोल्स तथा 1 जीरो हो सकते हैं

(c) 5 पोल्स तथा 2 जीरो हो सकते हैं

(d) उपरोक्त सभी

**178.** फीडबैक कन्ट्रोल प्रणालियाँ मूलतः—

(a) Low pass filters होती हैं

(b) High pass filters होती हैं

(c) Band pass filters होती हैं

(d) Band stop filters होती हैं

**179.** सिन्क्रो ट्रांसमीटर के तीनो फेज में जेनेरेट हुई वोल्टेज के मध्य कलान्तर (phase difference) .......... होता है।

(a) 0° (b) 90°

(c) 120° (d) 180°

**180.** किसी कन्ट्रोल सिस्टम के ट्रांसफर फंक्शन का बेसिक फॉर्म परिवर्तित किये बिना, 'time constant' तथा गेन परिवर्तित करने के लिए—

(a) इकाई (unity) फीडबैक प्रयुक्त किया जाना चाहिये

(b) प्रतिरोधी (resistance) फीडबैक प्रयुक्त किया जाना चाहिये

(c) टैकोमीटर फीडबैक प्रयुक्त किया जाना चाहिये

(d) उपरोक्त में कोई नहीं

**181.** किसी लीनियर सिस्टम का विवरण देने में प्रारम्भिक बिन्दु (starting point) सिस्टम—

(a) की डिफ्रैन्शियल समीकरण हो सकती है

(b) का ट्रांसफर फंक्शन हो सकता है

(c) की डायनेमिक समीकरण हो सकती है

(d) उपरोक्त समीकरण हो सकती है

**182.** जब किसी सिस्टम की 'characteristic equation' के मूल (roots) 'imaginary axis' पर 'conjugate' हो तब प्राप्त रैसपोन्स किस टाइप का होगा ?

(a) $A \sin(\omega t + \beta)$ (b) $A e^{\sigma t}$

(c) $A e^{-\sigma t}$ (d) $A \ln(\sigma t)$

**183.** डाटा ट्रांसमिशन के लिए प्रायः कौन-सी डिवाइस प्रयुक्त की जाती है—

(a) रोटरी LVDT

(b) सिन्क्रोस (Synchros)

(c) उपरोक्त (a) तथा (b) दोनों

(d) उपरोक्त में कोई नहीं

**184.** निम्न सिस्टम में बिन्दु $A$ तथा $B$ कितनी बार 'encircle' होते हैं ?

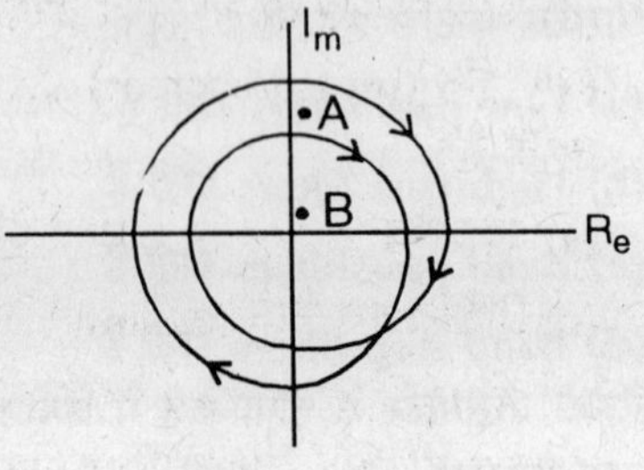


चित्र 11.17

(a) 1, 1 (b) 1, 2

(c) 2, 1 (d) 2, 2

**185** फंक्शन $G(s)\,H(s) = \dfrac{K}{s\,(1 + T_1 s)\,(1 + T_2 s)}$ का Nyquist प्लॉट निम्न है।

स्थिरता (stability) की शर्त क्या होगी ?

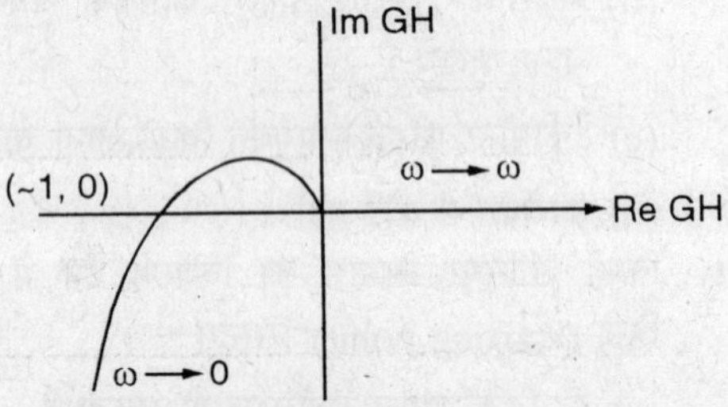


चित्र 11.18

(a) $\dfrac{K\,(T_1 + T_2)}{T_1\,T_2\,(T_1 - T_2)} < 1$

(b) $\dfrac{K\,(T_1 + T_2)}{T_1 + T_2} < 1$

(c) $\dfrac{T_1 + T_2}{K\,(T_1 + T_2)} < 1$

(d) उपरोक्त में कोई नहीं

**186.** फीड बैक होने पर—

(a) सिस्टम गेन घटता है

(b) सिस्टम की स्थिरता घटती है

(c) उपरोक्त (a) तथा (b) दोनों

(d) उपरोक्त में कोई नहीं

**187.** सिगनल फ्लोग्राफ के लिए निम्न में 'False' है—

(a) सिगनल फ्लोग्राफ केवल लीनियर सिस्टम में एप्लाई किया जा सकता है

(b) चर राशियों (variables) को प्रदर्शित करने के लिए नोड्स का उपयोग किया जाता है

(c) नोड $y_k$ से $y_j$ की ओर जाने वाली ब्रांच चर (variable) $y_j$ की $k$ पर तथा $k$ की $y_j$ पर निर्भरता प्रदर्शित करती है

(d) नोड $y_k$ तथा $y_j$ के मध्य ब्रांच पर चलने वाला सिगनल $y_k$, ब्रांच $a_k$ के गेन से मल्टीप्लाई होता है जिससे सिगनल $a_{kj}\,y_k$ नोड $y_j$ पर डिलीवर होता है

**188.** एक सिस्टम की 'characteristic equation' $s^2 + 2s + 8$ है। सिस्टम की 'damping ratio' तथा 'natural frequency' होगी—

(a) $2\sqrt{2}, 0\cdot5$ (b) $0\cdot5, 2\sqrt{2}$

(c) $0\cdot353, 2\sqrt{2}$ (d) $2, 0\cdot3\sqrt{3}$

**189.** AC सर्वोमोटर में रैफ्रेन्स फेज तथा कन्ट्रोल फेज—

(a) सदा 90° out of phase होते हैं

(b) सदा एक-दूसरे के phase में होते हैं

(c) सदा 120° कलान्तर (phase difference) पर होते हैं

(d) रैफरेन्स वोल्टेज की टाइप के अनुसार किसी भी कलान्तर पर हो सकते हैं

**190.** दो $RC$ परिपथ जिनके ट्रांसफर फंक्शन $\dfrac{1}{1 + s\tau}$ हैं परस्पर कास्केड में हैं। इस संयोजन (combination) का ट्रांसफर फंक्शन होगा—

(a) $\dfrac{1}{(1 + s\tau)^2}$ (b) $\dfrac{1}{1 + 3s\tau + s^2\tau^2}$

(c) $\dfrac{2}{1 + s\tau}$ (d) $\dfrac{1}{1 + (1 + s\tau)^2}$

**191.** मैगनेटिक एम्पलीफायर में निगेटिव फीडबैक बढ़ाने पर उसका पावर एम्पलीफिकेशन—

(a) बढ़ता है (b) घटता है

(c) परिवर्तित नहीं होता

(d) बढ़ अथवा घट सकता है

**192.** Second order type 1 सिस्टम में रैजोनेन्स पीक (resonance peak) उस समय प्राप्त होती है जब सिस्टम गेन—

(a) क्रिटिकल डैम्पिंग 'Value' पर होता है

(b) अन्डर डैम्पिंग 'value' पर होता है

(c) ओवर डैम्पिंग 'value' पर होता है

(d) उपरोक्त में कोई नहीं

**193.** रूथ क्राइटेरियन उन मूलों (roots) की संख्या दर्शाता है जो ...... में होते हैं।

(a) LHS half $s$-plane

(b) Right half $s$-plane

(c) $s$-plane के origin पर होते हैं

(d) उपरोक्त में कोई नहीं

**194.** लूप ट्रांसफर फंक्शन जीरो—

(a) $G(s)\,H(s)$ के poles के समान है

(b) $G(s)\,H(s)$ की zeros के समान है

(c) $1 + G(s)\,H(s)$ के poles के समान है

(d) $1 + G(s)\,H(s)$ की zeros के समान है

**195.** किसी सिस्टम को ............ द्वारा अच्छी प्रकार टैस्ट किया जा सकता है।

(a) साइनुसॉयडल इनपुट सिगनल

(b) यूनिट इम्पल्स इनपुट सिगनल

(c) रैम्प इम्पल्स इनपुट सिगनल

(d) एक्सपोनैन्शियली decaying सिगनल

**196.** एक उत्तम प्रकार से डिजाइन किये गये first-order कन्ट्रोल सिस्टम का—

(a) 'Time constant' निगेटिव होता है

(b) Band width छोटी होती है

(c) बहुत कम निगेटिव सम मान (small negative even value) होता है

(d) ट्रांसफर फंक्शन पोल बड़ा एवं निगेटिव होता है

**197.** किस डिवाइस द्वारा 'ordinates' को कनवर्ट किया जा सकता है ?

(a) सैल्सिन (selsyn)

(b) माइक्रोसिन (microsyn)

(c) सिन्क्रो ट्रांसफॉर्मर

(d) सिन्क्रो रिजॉल्वर (synchro resolver)

**198.** किसी चर (variable) के लीनियर ट्रांसफर फंक्शन के लिए सिस्टम का ट्रांसफर फंक्शन—

(a) बदलता है (b) नहीं बदलता

(c) सम्बन्धित नहीं है

(d) अन्य फैक्टर्स पर भी निर्भर करता है

**199.** प्रेशर त्रुटि (pressure error) ......... द्वारा मापी जा सकती है।

(a) स्ट्रेन गेज (b) सैल्सिन (selsyn)

(c) डिफ्रैन्शियल बैलो (bellows) तथा स्ट्रेन गेज

(d) स्ट्रेन गेज तथा पोटेन्शियोमीटर

**200.** लाप्लास ट्रांसफॉर्म तथा फोरियर समाकलन (integral) परस्पर—

(a) फ्रीक्वैन्सी डोमेन द्वारा सम्बन्धित हैं

(b) टाइम डोमेन द्वारा सम्बन्धित हैं

(c) फ्रीक्वैन्सी एवं टाइम डोमेन दोनों द्वारा सम्बन्धित हैं

(d) उपरोक्त में कोई नहीं

**201.** निम्न सिस्टम का ट्रांसफर फंक्शन है—

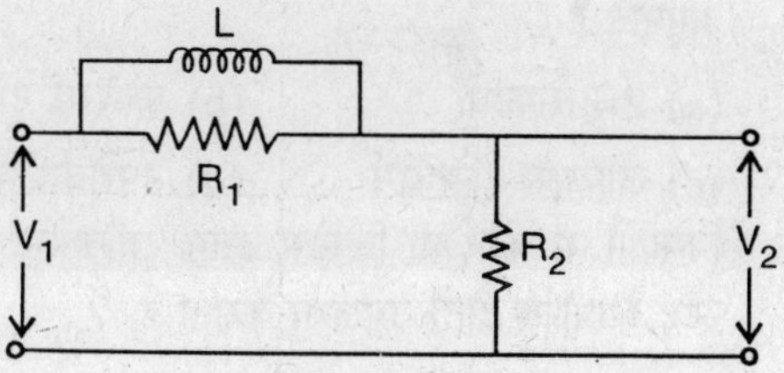


चित्र 11.19

(a) $\dfrac{R_2}{(1 + R_1 Ls)/(R_2 + Ls)}$

(b) $\dfrac{R_1 + sL}{sL\left[\dfrac{R_1 + R_2}{R_2}\right] + R_1}$

(c) $s\,\dfrac{R_2}{R_1 + R_2} + \dfrac{R_1}{L}$

(d) उपरोक्त में कोई नहीं

**202.** ट्रांसफर फंक्शन $G(s) = s$ का बोड प्लॉट होगा—

(a) constant magnitude तथा constant phase shift angle

(b) −20 dB/decade तथा constant phase shift angle

(c) 20 dB/decade तथा $\pi/2$ का फेज शिफ्ट

(d) zero magnitude तथा zero phase shift

**203.** निम्न चित्र में प्रदर्शित सिस्टम—

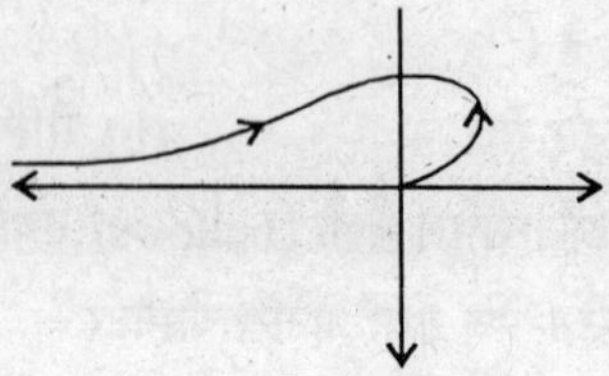

चित्र 11.20

(a) स्थिर (stable) है

(b) प्रतिबन्ध के साथ स्थिर (conditionally stable) है

(c) अस्थिर (unstable) है

(d) उपरोक्त में कोई नहीं

**204.** किसी सिस्टम का ट्रांसफर फंक्शन ........ में out/input अनुपात है।

(a) Z-ट्रांसफॉर्म (b) फोरियर ट्रासंफॉर्म

(c) लाप्लास ट्रांसफॉर्म (d) उपरोक्त में कोई नहीं

**205.** निम्न में से कौन-सा सिस्टम उत्तम ट्रान्जियेन्ट तथा स्टैडी स्टेट रैसपोन्स दोनों उपलब्ध कराता है ?

(a) Proportional action

(b) Proportional + Integral action (PI)

(c) Proportional + Differential (PD)

(d) Proportional + Differential + Integral (PDE)

**206.** डिकेड फ्रीक्वैन्सी रेंज है—

(a) $\frac{\omega_2}{\omega_1} = 2$ (b) $\frac{\omega_2}{\omega_1} = 10$

(c) $\frac{\omega_2}{\omega_1} = 8$ (d) उपरोक्त में कोई नहीं

**207.** एक सिस्टम का ट्रांसफर फंक्शन $\frac{6\,(1 + 0{\cdot}2s)}{(1 + 0{\cdot}5s)}$ है। $\omega = 0$ तथा $\omega = \infty$ पर फेज शिफ्ट क्या होगा ?

(a) 0°, −90° (b) −180°, + 180°

(c) 180°, −180° (d) −90°, +90°

**208.** रूट लोकस एनेलेसिस (root locus analysis) में दो समीपवर्ती (adjacent) एसिम्पटोट्स के मध्य कोण ........ होगा—

(a) $\frac{360°}{n + m}$ (b) $\frac{360°}{n - m}$

(c) $\frac{180°}{n + m}$ (d) $\frac{180°}{n - m}$

($n$ – number of poles, $m$ – number of zeros)

**209.** किसी सिस्टम का फेज मारजिन प्रदर्शित करता है—

(a) आपेक्षिक स्थिरता (relative stability)

(b) पूर्ण स्थिरता (absolute stability)

(c) फ्रीक्वैन्सी रैसपोन्स

(d) उपरोक्त में कोई नहीं

**210.** गेन क्रॉस-ओवर फ्रीक्वैन्सी वह फ्रीक्वैन्सी है जिस पर $|G(j\omega)\,H(j\omega)|$ ......... के तुल्य है।

(a) 0 (b) 1

(c) $\sqrt{2}$ (d) $\frac{1}{\sqrt{2}}$

**211.** एक कन्ट्रोल सिस्टम में उत्पन्न 'Error signal' नियत (constant) है। $P$ एक्शन की आउटपुट होगी—

(a) जीरो (zero) (b) लीनियर

(c) नियत (constant) (d) अनन्त (infinity)

**212.** सर्वोसिस्टम में सैचुरेशन के कारण नॉन-लीनियरिटी—

(a) सर्वो मोटर के कारण उत्पन्न होती है

(b) रिले के कारण उत्पन्न होती है

(c) गीयर ट्रेन के कारण उत्पन्न होती है

(d) उपरोक्त सभी

**213.** निम्न में से कौन-सी डिवाइस इलेकट्रोमिकेनिकल है ?

(a) इन्डक्शन रिले (b) DC मोटर

(c) LVDT (d) उपरोक्त सभी

**214.** निम्न में से कौन-सी डिवाइस 'Error detector' की भाँति कार्य करती है ?

(a) सिन्क्रो ट्रान्सफॉर्मर

(b) कन्ट्रोल ट्रांसफॉर्मर

(c) उपरोक्त (a) तथा (b) दोनों

(d) उपरोक्त में कोई नहीं

**215.** एक बाइमैटलिक थर्मोस्टेट (bimetallic thermostat) –

(a) जीरों टर्म कन्ट्रोलर (zero term controller) है

(b) एक टर्म कन्ट्रोलर (one term controller) है

(c) दो टर्म कन्ट्रोलर (two term controller) है

(d) ऑन-ऑफ कन्ट्रोलर है

**216.** कन्ट्रोल सिस्टम में पीक ओवर शूट ....... का फंक्शन है।

(a) Natural frequency of oscillation $\omega_n$ only

(b) Damped frequency of oscillation $\omega_d$ only

(c) Damping ratio $\zeta$ only

(d) उपरोक्त में कोई नहीं

**217.** बोड प्लॉट में स्लोप किस प्रकार प्रदर्शित किया जाता है ?

(a) −6 dB/octave (b) −6 dB/decade

(c) −20 dB/octave (d) −20 dB/decade

**218.** न्यूमैटिक कन्ट्रोल सिस्टम में कम्पैनसेशन किस प्रकार उपलब्ध होता है ?

(a) बाइमैटल स्ट्रिप (b) एक्सटेन्शन ट्यूब

(c) Restriction-volume combinations

(d) उपरोक्त में कोई नहीं

**219.** Pole factor $\frac{1}{(1 + j\omega T)}$ का स्लोप है—

(a) −20 dB/decade (b) +20 dB/decade

(c) 6 dB/decade (d) −1 dB/decade

**220.** बोड प्लॉट में प्रयुक्त ट्रांसफर फंक्शन किस फॉर्म का होता है—

(a) $G(j\omega)$

(b) $G(s)$

(c) उपरोक्त (a) तथा (b) दोनों

(d) उपरोक्त में कोई नहीं

**221.** निगेटिव फीडबैक होने पर सिस्टम की स्थिरता (stability) तथा गेन (gain) क्रमशः—

(a) बढ़ता है, बढ़ता है (b) बढ़ता है, घटता है

(c) घटता है, बढ़ता है (d) घटता है, घटता है

**222.** ट्रांसफर फंक्शन

$$G(s) = \frac{(s + 3)}{s^2 (s + 5)}$$ में

'integrators' की संख्या है—

(a) 1 (b) 0

(c) 2 (d) 3

**223.** निक्विस्ट (Nyquist) प्लॉट में, सभी आवृत्तियों के लिए एक यूनिट सरकिल—

(a) बोड डायग्राम में '0 dB line of amplitude plot' में ट्रांसफर्म होता है

(b) बोड डायग्राम में '1 dB line of amplitude of plot' में ट्रांसफॉर्म होता है

(c) उपरोक्त (b) अथवा (a)

(d) उपरोक्त में कोई नहीं

**224.** सिन्क्रो ट्रांसमीटर की पावर ऑन (on) करने के समय इसकी शाफ्ट—

(a) शून्य लोड (no load) पर होनी चाहिए

(b) पूर्ण लोड (full load) पर होनी चाहिए

(c) उपरोक्त (a) अथवा (b)

(d) इसकी ड्राइविंग गियर के साथ एन्गेज होनी चाहिए

**225.** निक्विस्ट क्राइटेरियन में 'characteristic equation' के मूल (roots) –

(a) क्लोज्ड लूप ट्रांसफर फंक्शन की zeros द्वारा प्रदर्शित होते हैं

(b) क्लोज्ड लूप ट्रांसफर फंक्शन के poles द्वारा प्रदर्शित होते हैं

(c) ओपिन लूप ट्रांसफर फंक्शन की zeros द्वारा प्रदर्शित होते हैं

(d) ओपिन लूप ट्रांसफर फंक्शन के poles द्वारा प्रदर्शित होते हैं

**226.** ट्रांसफर फंक्शन में पोल्स बढ़ाने पर (addition of poles) –

(a) लीड कम्पैन्सेशन होता है

(b) लैग कम्पैन्सेशन होता है

(c) लैग-लीड कम्पैन्सेशन होता है

(d) उपरोक्त में कोई नहीं

**227.** रूट लोकस (root locus) के 'end points' होते हैं—

(a) ओपिन लूप पोल्स

(b) ओपिन लूप जीरो (zeros)

(c) क्लोज्ड लूप पोल्स

(d) क्लोज्ड लूप जीरो (zeros)

**228.** यदि poles की संख्या $n$ तथा zeros की संख्या $m$ है तब कितनी 'root locus branches' अनन्त (infinity) की ओर जायेगी ?

(a) $n + m$ (b) $\frac{n+m}{2}$

(c) $n - m$ (d) $\frac{n-m}{2}$

**229.** RHS प्लेन में एक अथवा अधिक zeros वाला ट्रांसफर फंक्शन—

(a) Minimum phase ट्रांसफर फंक्शन है

(b) All pass ट्रांसफर फंक्शन है

(c) Non-minimum phase ट्रांसफर फंक्शन है

(d) उपरोक्त में कोई नहीं

**230.** निम्न चित्र में वक्र (curve) द्वारा बिन्दु $A$ तथा $B$ कितनी बार घेरे गये हैं ?

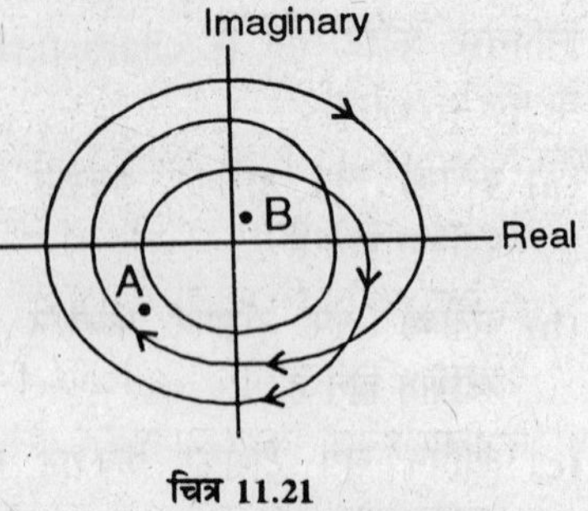


चित्र 11.21

(a) 2, 3 (b) 3, 2

(c) 1, 0 (d) 2, 0

**231.** निम्न में से किन अवस्थाओं में ट्रांसफर फंक्शन विधि सक्षम नहीं (inadequate) है ?

(a) स्थिरता की समस्या वाले सिस्टम (system having stability problems)

(b) मल्टीपल इनपुट डिस्टर्वेन्स वाले सिस्टम (system having multiple input disturbances)

(c) कम्पलैक्सिटी तथा नॉन लीनियरिटी वाले सिस्टम (system having complexites and non linearities)

(d) उपरोक्त में कोई नहीं

**232.** फेज लैग-लीड नैटवर्क, कन्ट्रोल सिगनल के फेज को इस प्रकार शिफ्ट करता है कि आउटपुट का फेज—

(a) इनपुट के सापेक्ष निम्न आवृत्तियों पर 'लैग' (lag) तथा उच्च आवृत्तियों पर लीड (lead) करता है

(b) इनपुट के सापेक्ष निम्न आवृत्तियों पर लीड (lead) तथा उच्च आवृत्तियों पर लैग (lag) करता है

(c) इनपुट के सापेक्ष सभी आवृत्तियों पर लैग करता है

(d) इनपुट के सापेक्ष सभी आवृत्तियों पर लीड करता है

**233.** कन्ट्रोल प्रणालियों में dc की तुलना में ac सिस्टम का अधिक उपयोग किया जाता है क्योंकि—

(a) ac सिस्टम सस्ते होते हैं

(b) ac सिस्टम की performance characteristics अधिक उत्तम होती है तथा आकार में छोटे होते हैं

(c) ac सिस्टम अधिक विश्वसनीय होते हैं

(d) उपरोक्त सभी

**234.** 'Force-current analogy' के अनुसार निम्न दो स्टेटमैन्ट्स true हैं अथवा false ?

(i) धारा (current) बल (force) के समतुल्य (analogous) है

(ii) धारिता (capacitance), विस्थापन के समतुल्य (analogous) है

(a) True, True (b) False, False

(c) True, False (d) False, True

**235.** कन्ट्रोल सिस्टम में निम्न में से कौन-से उपकरण को एम्पलीफायर नहीं माना जा सकता ?

(a) DC जेनरेटर (b) DC मोटर

(c) एम्पलीडाइन (d) मेटाडाइन

**236.** एक second order सिस्टम का डैम्पिंग फैक्टर यदि 1 से कम है तब सिस्टम—

(a) Under damped है

(b) Over damped है

(c) Critically damped है

(d) Freely Oscillating है

237. जब 'characteristic equation' के समस्त मूल (roots), $s$-प्लेन के left half में हो तब सिस्टम की प्रारम्भिक अवस्था (initial conditions) के कारण रैसपोंस

(a) टाइम के अनन्त (infinite) होने पर अनन्त (infinity) तक बढ़ता है

(b) टाइम के अनन्त (infinite) होनने पर घटकर शून्य होता है

(c) सदा नियत (all time constant) रहता है

(d) दोलन (oscillate) करता है

238. सिस्टम फंक्शन $V(s)/I(s)$ के $s = -3$ पर एक पोल तथा $s = -2$ एक जीरो है। साइनुसॉयडल धारा एक्साइटेशन के लिए वोल्टेज रैसपोंस—

(a) धारा से लैग करता है (lags the current)

(b) धारा से लीड करता है (leads the current)

(c) धारा के फेज में होता है

(d) शून्य होता है

239. आर्मेचर कन्ट्रोल्ड d.c. मोटर की 'characteristic equation'–

(a) Zero order समीकरण होती है

(b) First order समीकरण होती है

(c) Second order समीकरण होती है

(d) Third order समीकरण होती है

240. सिस्टम फंक्शन $V(s)/I(s)$ के $s = -2$ पर एक पोल तथा $s = -1$ पर जीरो है। साइनुसॉयडल धारा एक्साइटेशन के लिए वोल्टेज रैसपोंस—

(a) शून्य होता है (b) धारा से लीड करता है

(c) धारा से लैग करता है (d) धारा के फेज में होता है

241. कन्ट्रोल सिस्टम में उच्च 'accuracy' प्राप्त करने के लिए—

(a) 'Integral error compensation' प्रयोग करना चाहिए

(b) First order derivative compensation प्रयोग करना चाहिए

(c) Second order derivative compensation प्रयोग करना चाहिए

(d) उपरोक्त (b) अथवा (c)

242. पोटेन्शियोमीटर का रिजॉल्यूशन निर्भर करता है—

(a) वायर मेटीरियल के कम्पोजिशन पर

(b) वायर के क्रॉस-सैक्शन के आकार पर

(c) वायर के साइज पर

(d) कॉन्टैक्ट की टाइम पर

243. कन्ट्रोल सिस्टम में 'integral error' कम्पैन्सेशन—

(a) स्टैडी स्टेट त्रुटि को कम करता है

(b) स्टैडी स्टेट त्रुटि को बढ़ाता है

(c) स्टैडी स्टेट त्रुटि पर कोई प्रभाव नहीं उत्पन्न करता

(d) उपरोक्त में कोई नहीं

244. एम्पलीडाइन ........ के अभिलक्षण उपलब्ध करा सकता है।

(a) स्थिर वोल्टेज (constant voltage)

(b) स्थिर धारा (constant current)

(c) उपरोक्त (a) तथा (b) दोनों

(d) स्थिर वोल्टेज, स्थिर धारा तथा स्थिर पावर

245. यदि $K$ का मान (gain of system) शून्य हो तब—

(a) मूल (roots) पोल्स से दूर हटते हैं

(b) मूल (roots) पोल्स से 'coincide' करते हैं

(c) मूल (roots) zeros से दूर हटते हैं

(d) उपरोक्त में कोई नहीं

246. निम्न में 'correct' स्टेटमैन्ट सलैक्ट कीजिए—

(a) इन्डक्टर का उपयोग lag-lead नैटवर्क फॉर्म करने के लिए प्रयोग किया जा सकता है

(b) कैपेसिटर का उपयोग lag-lead नैटवर्क फॉर्म करने के लिए प्रयोग किया जा सकता है

(c) इन्डक्टर तथा कैपेसिटर दोनों का उपयोग lag-lead नैटवर्क फॉर्म करने के लिए प्रयोग किया जा सकता है

(d) उपरोक्त में कोई नहीं

247. निम्न में से कौन-सी टर्म (term) पोटेन्शियोमीटर से सम्बन्धित नहीं हे

(a) अल्पांक (least count)

(b) रैफ्रेन्स वोल्टेज

(c) कॉनफरमिटी (confirmity)

(d) सभी परस्पर सम्बन्धित है

**248.** रूट लोकस (root locus) में अलग-अलग पार्टस (separate parts) की संख्या—

(a) ओपिन लूप ट्रांसफर फंक्शन में zeros की संख्या के बराबर होती है

(b) क्लोज्ड लूप ट्रांसफर फंक्शन में poles की संख्या के बराबर होती है

(c) उपरोक्त (a) तथा (b) का अन्तर

(d) सिस्टम की 'characteristic equation' को आर्डर (order) की संख्या के बराबर होती है

**249.** एक महँगे कन्ट्रोल सिस्टम में टाइम शेयरिंग—

(a) AC कन्ट्रोल सिस्टम प्रयुक्त कर प्राप्त किया जा सकता है

(b) एनेलॉग कन्ट्रोल सिस्टम प्रयुक्त कर प्राप्त किया जा सकता है

(c) सेम्पल्ड डाटा सिस्टम प्रयुक्त कर प्राप्त किया जा सकता है

(d) उपरोक्त में कोई नहीं

**250.** रूट लोकस एनेलेसिस (root locus analysis) में समीपस्थ (adjacent) एसिम्पोट्स के मध्य का कोण ....... होता है।

(a) $360°/(n-m)$ (b) $180°(n-m)$

(c) $90°/(n+m)$ (d) $360°/(n+m)$

**251.** 'Maximum Overshoot'—

(a) 'Damping ratio' का फंक्शन होता है

(b) 'Damped frequency of oscillation'

(c) 'Natural frequency of oscillation'

(d) उपरोक्त में कोई नहीं

**252.** एक सिस्टम का ट्रांसफर फंक्शन $\frac{5(1+0\cdot1s)}{(1+0\cdot5s)}$ है। कॉर्नर आवृत्तियाँ (corner-frequencies) होंगी—

(a) 5, 2 (b) 0·02, 0·05

(c) 10, 2 (d) 0·1, 5

**253.** एक इलेक्ट्रॉनिक PID कन्ट्रोलर डिजाइन करने के लिए आवश्यक ऑपरेशन एम्पलीफायर्स की संख्या होगी—

(a) 1 (b) 2

(c) 3 (d) 4

**254.** सिन्क्रो का कॉमर्शियल नाम है—

(a) माइक्रोसिन (b) सैल्सिन

(c) ऑटोसिन

(d) उपरोक्त (b) तथा (c)

**255.** जब रूथ ऐरे (Routh array) की सभी टर्म जीरो होती है तब 'Characteristic equation' के मूल—

(a) +ve real axis पर होते हैं

(b) −ve real axis पर होते हैं

(c) Imaginary axis पर होते हैं

(d) उपरोक्त में कोई नहीं

**256.** रूट लोकस प्लॉट में $k$ के मान में वृद्धि से—

(a) रैसपोन्स की ओवरशूट घटती है

(b) रैसपोन्स की ओवरशूट बढ़ती है

(c) रैसपोन्स की ओवरशूट पर कोई प्रभाव नहीं होता

(d) उपरोक्त में कोई न हीं

**257.** कन्ट्रोल ट्रांसफॉर्मर के स्टेटर तथा रोटर की प्रतिबाधाएँ (impedances)—

(a) समान आकार के सिन्क्रो (synchro) की प्रतिबाधाओं से काफी कम होती हैं

(b) समान आकार के सिन्क्रो (synchro) की प्रतिबाधाओं से काफी अधिक होती हैं

(c) समान आकार के सिन्क्रो (synchro) की प्रतिबाधाओं के बराबर होती हैं

**258.** लीनियर सिस्टम को ...... द्वारा प्रदर्शित नहीं किया जा सकता।

(a) डिफ्रैन्शियल समीकरण (b) डायनेमिक समीकरण

(c) स्टेट ट्रान्जिशन समीकरण

(d) उपरोक्त में कोई नहीं

**359.** हाइड्रोलिक कन्टोल सिस्टम में पावर किस प्रकार ट्रांसफर की जाती है ?

(a) मिकेनिकल गीयर्स द्वारा (b) शाफ्ट द्वारा

(c) दाब युक्त तरल द्वारा (by fluid under pressure)

(d) उपरोक्त में कोई नहीं

**260.** न्यूमैटिक कन्ट्रोल सिस्टम में कार्यकारी माध्यम (working medium) क्या होता है ?

(a) वायु (air) (b) द्रव (liquid)

(b) तेल (oil) (d) हाइड्रोजन

**261.** एक सिस्टम के रूस लोकस में 4 अलग-अलग लोकस है। सिस्टम में—

(a) 4 poles होंगे तथा 4 zeros होगीं

(b) 4 poles होंगे अथवा 4 zeros होगीं

(c) 2 poles होंगे तथा 2 zeros होगीं

(d) 6 poles होंगे तथा 2 zeros होगीं

**262.** बोड डायग्राम प्लॉट करने के लिए ट्रांसफर फंक्शन किस फॉर्म (form) का होना चाहिये ?

(a) $\left(\frac{1}{s+1}\right)$ (b) $(sT+1)$

(c) $\left(\frac{s+1}{T}\right)$ (d) $(s+T)$

**263.** रूट लोकस डायग्राम प्रदर्शित करते हैं—

(a) स्टैप इनपुट के लिए सिस्टम की रैसपोन्स

(b) सिस्टम का फ्रीक्वैन्सी रैसपोन्स

(c) पैरामीटर्स के मान के एक सैट के लिए ट्रांसफर फंक्शन के पोल्स (poles)

(d) सिस्टम की बैन्ड विड्थ

**264.** निम्न में से कौन-सा सिगनल 'characteristic equation' के मूलों (roots) को प्रभावित (affect) नहीं करता तथा त्रुटि के परिमाण (magnitude of error) को बदल देता है ?

(a) कन्ट्रोल सिगनल

(b) कन्ट्रोल सिगनल का 'first derivative'

(c) कन्ट्रोल सिगनल का 'second derivative'

(d) उपरोक्त (b) तथा (c)

**265.** एक सिस्टम के फंक्शन $G(s)H(s)$ में $s$-प्लेन की RHS में कोई pole नहीं हे। सिस्टम को स्थिर (stable) करने के लिए Nyquist प्लॉट द्वारा निम्न बिन्दु नहीं घेरा जाना चाहिए।

(a) मूल बिन्दु (origin) (b) बिन्दु $(-1, j0)$

(c) बिन्दु $(-1, -j0)$ (d) बिन्दु $(1, j0)$

**266.** स्टैप इनपुट के लिए एक लीनियर सिस्टम की आउटपुट $t^2 e^{-t}$ है। ट्रांसफर फंक्शन होगा—

(a) $\frac{s}{(s+1)^3}$ (b) $\frac{2s}{(s+1)^3}$

(c) $\frac{1}{s^2(s+1)}$ (d) $\frac{2}{(s+1)^2}$

**267.** निम्न में 'correct statement' सलैक्ट कीजिये।

(a) लैग-लीड नैटवर्क को फेब्रिकेट करने के लिए कैपेसिटैन्स प्रयोग किया जा सकता है

(b) लैग-लीड नैटवर्क को फेब्रिकेट करने के लिए इन्डक्टैन्स प्रयोग किया जा सकता है

(c) लैग-लीड नैटवर्क को फेब्रिकेट करने के लिए कैपेसिटैन्स अथवा इन्डक्टैन्स कोई भी प्रयोग किया जा सकता है

(d) उपरोक्त में कोई नहीं

**268.** एक सिस्टम का ट्रांसफर फंक्शन $\frac{1}{(\tau s+1)}$ है। सिस्टम को यूनिट रैम्प इनपुट देने पर स्टैडी स्टेट त्रुटि (steady state error) होगी—

(a) $\tau$ (b) जीरो (zero)

(c) अनन्त (infinite) (d) उपरोक्त में कोई नहीं

**269.** निम्न में क्रॉस फील्ड मशीन है—

(a) DC मोटर (b) DC जेनरेटर

(c) कम्युटेटर मोटर (d) एम्पलीडाइन

**270.** निम्न डायग्राम में दो non-touching loops के पेयर्स की संख्या है—

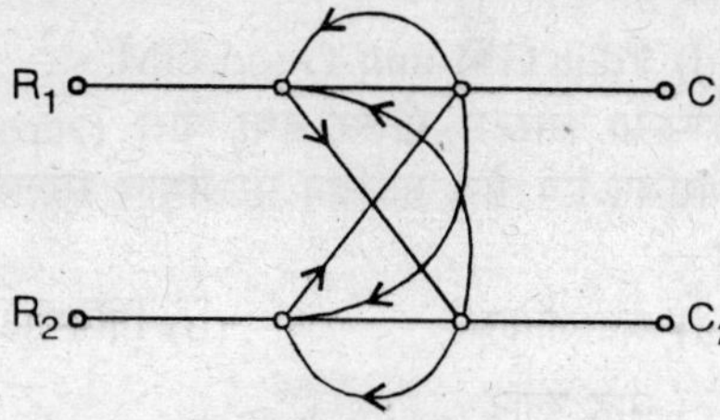


चित्र 11.22

(a) 0 (b) 1

(c) 2 (d) 4

**271.** निम्न डायग्राम में $N_1$ तथा $N_2$ दो नॉन लीनियर फंक्शन $G_1(s)$ तथा $G_2(s)$ है। इन दोनों नॉन-लीनियर का परिणामी होगा—

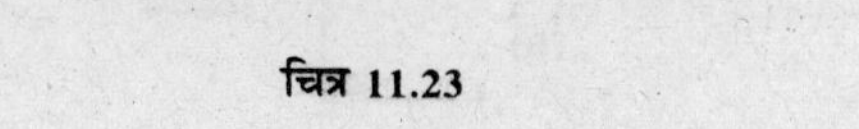


चित्र 11.23

(a) $G_1(s) + G_2(s)$ (b) $G_1(s) - G_2(s)$

(c) $G_1(s)\, G_2(s)$ (d) उपरोक्त में कोई नहीं

**272.** आदर्श अवस्था में (ideal state) में पोटेन्शियोमीटर का रिजॉल्यूशन—

(a) रैफरेन्स वोल्टेज के समानुपाती होना चाहिए

(b) वायर की लम्बाई के विलोमानुपाती (inversely proportional) होना चाहिए

(c) शून्य (zero) होना चाहिए

(d) अनन्त (infinite) होना चाहिए

**273.** निम्न डायग्राम में एक सिस्टम का पोलर प्लॉट दिखाया गया है। डायग्राम प्रदर्शित करता है—

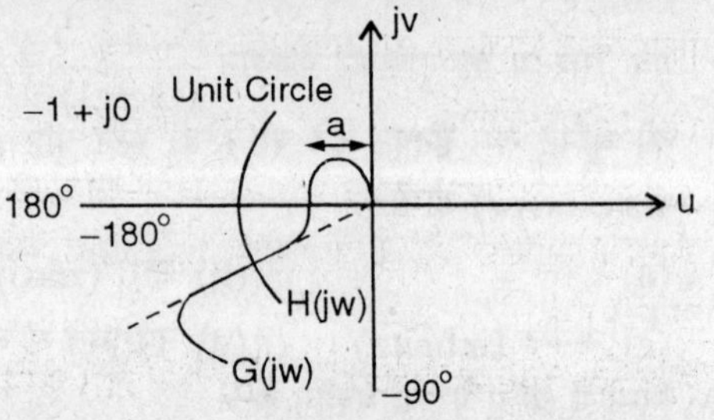


चित्र 11.24

(a) Good GM and Poor PM

(b) Good GM and Good PM

(c) Poor GM and Poor PM

(d) Poor GM and Good GM

**274.** कौन-सा सिस्टम, पोल्स तथा जीरो (zeros) का फेज मारजिन एवं गेज मारजिन पर प्रभाव सरलता से दर्शाता है—

(a) रूट लोकस (b) निक्विस्ट प्लॉट

(c) बोड प्लॉट

(d) रूथ-हरविट्ज क्राइटेरियन

**275.** चित्र 11.25 में प्रदर्शित ब्लॉक डायग्राम किस डायग्राम के तुल्य है ?

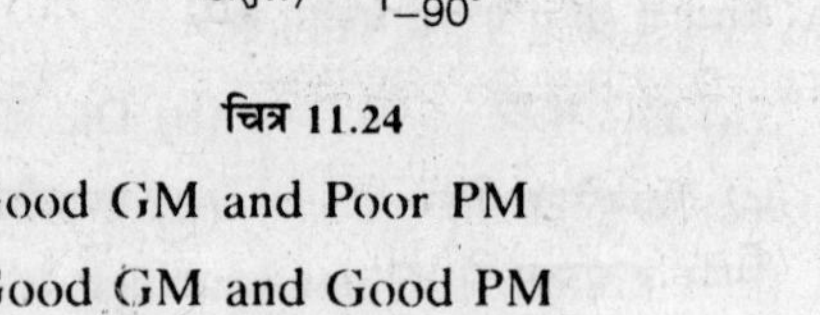


चित्र 11.25

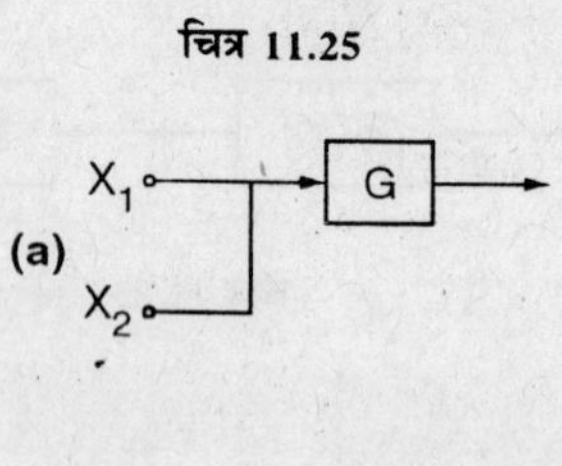


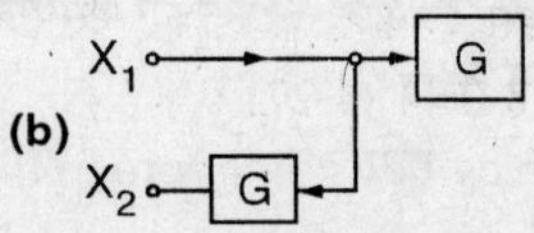


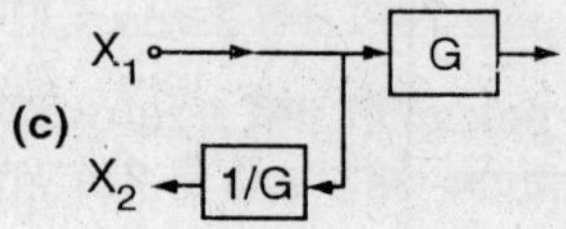


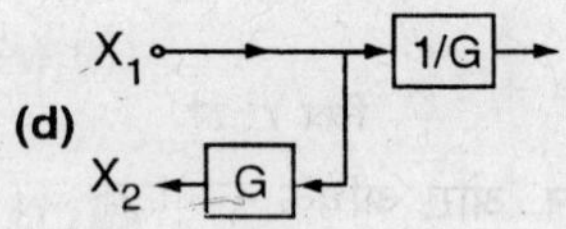


चित्र 11. 26

**276.** निम्न 'Routh array' का 'auxiliary polynomial' क्या होगा ?

| | | | | |
|---|---|---|---|---|
| $s^6$ | 1 | 8 | 20 | 6 |
| $s^5$ | 2 | 12 | 16 | |
| $s^4$ | 2 | 12 | 16 | |
| $s^3$ | 0 | 0 | | |

(a) $s^5 + 6s^3 + 8s$

(b) $s^6 + 8s^4 + 20s^2 + 16$

(c) $s^4 + 6s^2 + 8$ (d) $s^4 + 8s^2 + 8s + 8$

**277.** सैल्फ बैलेन्सिग पोटेन्शियोमीटर में प्रयुक्त कन्ट्रोल क़म्पोनैन्ट होता है—

(a) AC सर्वोमोटर (b) DC सर्वोमोटर

(c) टैकोमीटर फीडबैक (d) उपरोक्त में कोई नहीं

**278.** एक फीडबैक कन्ट्रोल सिस्टम का ओपिन लूप ट्रांसफर फंक्शन निम्न है—

$$G(s) = \frac{K}{s(s+1)(s+5)}$$

स्थिर प्राचालन (stable operation) के लिए $K$ की रेंज क्या होगी ?

(a) 0 to 30 (b) 0 to 100

(c) −30 to +30 (d) −100 to + 100

**279.** एक सिस्टम की 'characteristic equation' के मूल (roots) इस प्रकार है कि रैसपोन्स 'damped sinusoid' है (चित्र 11.27)।

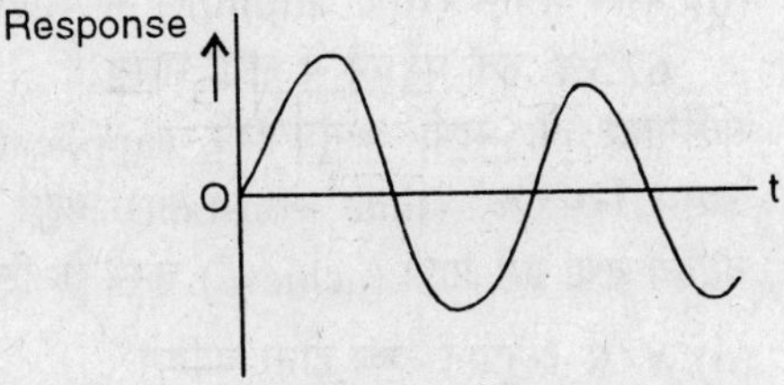


**चित्र 11.27**

यदि मूल ओर अधिक निगेटिव कर दिये जाये तब रैसपोन्स होगा—

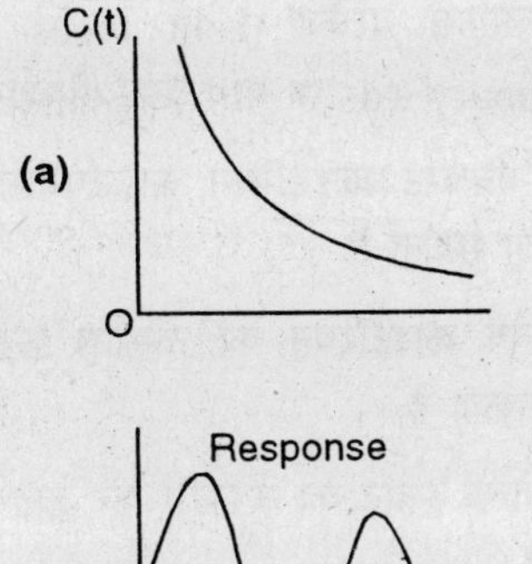


**चित्र 11.28**

**280.** निम्न सिस्टम का सम्पूर्ण गेन होगा—

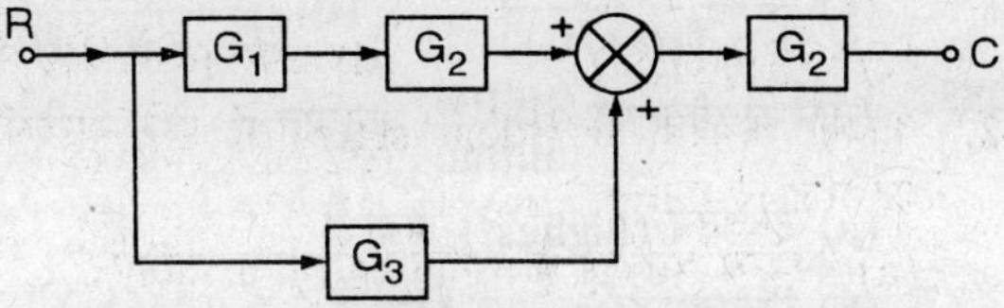


**चित्र 11.29**

(a) $(G_1 + G_2 + G_1) + G_3$

(b) $G_1 + G_2 + C_3 + G_4$

(c) $G_1 G_2 + G_1 G_4$

(d) $(G_1 G_2 + G_3) + G_4$

**281.** किसी रोलिंग भिन्न में रोल्ड बार्स का वेग ज्ञात करने के लिए किस डिवाइस की आवश्यकता नहीं है ?

(a) PD कन्ट्रोलर (b) टैकोमीटर

(c) वार्ड लियोनार्ड ड्राइव (d) ऑन-ऑफ कन्ट्रोलर

**282.** कन्ट्रोल सिस्टम की बैन्ड विड्थ ........ द्वारा बढ़ाई जा सकती है।

(a) फेज लीड कम्पैन्सेटर (b) फेज लैग कम्पैन्सेटर

(c) फेज लैग-लीड कम्पैन्सेटर

(d) उपरोक्त में कोई नहीं

**283.** परिमाण (magnitude) '*a*' के स्टैप फंक्शन का लाप्लास ट्रांसफॉर्म क्या होगा ?

(a) $\frac{1}{s + a}$ (b) $s + a$

(c) $\frac{a}{s}$ (d) $\frac{a}{s^2}$

**284.** निम्न सिगनल फ्लोग्राफ का ट्रांसफर फंक्शन क्या होगा ?

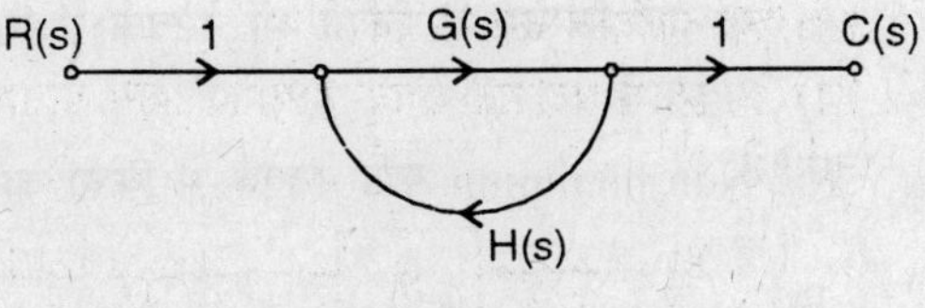


**चित्र 11.30**

(a) $\frac{G(s)}{1 + G(s)\,H(s)}$

(b) 1 (unity)

(c) $\frac{G(s)}{1 - G(s)\,H(s)}$ (d) $\frac{G(s)\,H(s)}{1 - G(s)\,H(s)}$

**285.** रैजोनैन्स पीक पर $\frac{\text{output}}{\text{input}}$ अनुपात—

(a) उच्चतम (highest) होता है

(b) निम्नतम (lowest) होता है

(c) अन्डर डैम्पिंग अथवा ओवर डैम्पिंग के अनुपात के समान ही होता है

(d) जीरो (zero)

**286.** एक यूनिटी फीड बैक कन्ट्रोल सिस्टम का ओपिन लूप ट्रांसफर फंक्शन निम्न है—

$$G(s) = \frac{k}{s\,(js + F)}$$

यूनिट रैम्प इनपुट के लिए स्टैडी स्टेट त्रुटि $e_{ss}$ होगी—

(a) $e_{ss} = k$ (b) $e_{ss} = k/F$

(c) $e_{ss} = k/jF$ (d) $e_{ss} = F/k$

**287.** यदि एक सिस्टम का गेन $(k)$ शून्य होता है तब इसके मूल (roots) –

(a) पोल्स से दूर हटते हैं

(b) जीरो (zeros) से दूर हटते हैं

(c) पोल्स से 'coincide' करते हैं

(d) जीरो (zeros) से 'coincide' करते हैं

**288.** 'Error rate damping' का क्या प्रभाव होता है ?

(a) स्टैडी स्टेट त्रुटि $(e_{ss})$ में कमी

(b) रैसपोन्स में डिले

(c) अधिक सैटलिंग टाइप प्राप्त होता है

(d) उपरोक्त में कोई नहीं

**289.** बोड डायग्राम विधि का उपयोग—

(a) कन्ट्रोल सिस्टम के किसी भी नैटवर्क में किया जा सकता है

(b) Non-minimum फेज नैटवर्क में किया जा सकता है

(c) Minimum फेज नैटवर्क में किया जा सकता है

(d) उपरोक्त में कोई नहीं

**290.** किसी सिस्टम का डिले टाइम, रैसपोन्स अभिलक्षणों को—

(a) प्रथम प्रयास (first attempt) में अन्तिम मान के 50% तक पहुँचने में लगा समय है

(b) प्रथम प्रयास (first attempt) में अन्तिम मान के 25% तक पहुँचने में लगा समय है

(c) प्रथम प्रयास (first attempt) में अन्तिम मान के 90% तक पहुँचने में लगा समय है

(d) प्रथम प्रयास (first attempt) में अन्तिम मान के 67.3% तक पहुँचने में लगा समय है

**291.** सर्वोमोटर के सभी अनुप्रयोगों (applications) में 'समय नियतांक' (time constant) बहुत कम होना चाहिये तथा इसे प्राप्त (achieve) करने के लिए—

(a) $X/R$ अनुपात उच्च होना चाहिये

(b) सिस्टम का जड़त्व कम होना चाहिये

(c) डैम्पिंग फैक्टर उच्च होना चाहिये

(d) उपरोक्त में कोई भी

**292.** रूट लोकस ब्रांचेज (root locus branches) का imaginary axis के साथ इन्टर सैक्शन

(a) निक्विस्ट क्राइटेरियन का उपयोग कर ज्ञात किया जा सकता है

(b) रूथ क्राइटेरियन का उपयोग कर ज्ञात किया जा सकता है

(c) पोलर प्लॉट का उपयोग कर ज्ञात किया जा सकता है

(d) उपरोक्त में कोई नहीं

**293.** रेजोनैन्ट पीक (resonant peak) का सूत्र है—

(a) $M_r = \frac{1}{2\zeta\sqrt{1 - \zeta^2}}$

(b) $M_r = \frac{1}{\zeta\sqrt{1 - \zeta^2}}$

(c) $M_r = \frac{1}{\zeta^2\sqrt{1 - 2\zeta^2}}$

(d) उपरोक्त में कोई नहीं

**294.** एक 'linear time-variant' सिस्टम का यूनिट स्टैप रैसपोन्स किस प्रकार प्राप्त किया जा सकता है ?

(a) ट्रांसफर फंक्शन के इनवर्स लाप्लास ट्रांसफॉर्म द्वारा

(b) इम्पल्स रैसपोन्स के इन्टीग्रेशन द्वार

(c) रूथ-हरवित्ज क्राइटेरिया प्रयुक्त कर

(d) लाप्लास फाइनल वैल्यू थ्योरम एप्लाई कर

**295.** एक स्थिर (stable) फीडबैक सिस्टम के लिए फेज मारजिन—

(a) सदा पोजिटिव होता है

(b) सदा निगेटिव होता है

(c) पोजिटिव अथवा निगेटिव हो सकता है

(d) उपरोक्त में कोई नहीं

**296.** एक सिस्टम की समीकरण निम्न है—

$$\frac{dX(t)}{dt} = Ax(t) + Br(t)$$

$$c(t) = Dx(t) + E_r(t)$$

सिस्टम का $G(s)$ होगा—

(a) $D^{-1}(SI - A)B + E$

(b) $D(SI - A)B^{-1} + E$

(c) $D^{-1}(SI - A)B^{-1} + E$

(d) दी गयी समीकरणों से $G(s)$ ज्ञात नहीं किया जा सकता

**297.** निम्न में कौन-सा ट्रांसफर फंक्शन Type 0 सिस्टम प्रदर्शित करता है ?

(a) $\frac{(s+7)(s+3)}{s(s+8)(s+1)}$ (b) $\frac{(s+2)}{s^2(s+3)}$

(c) $\frac{(s+1)(s+2)}{(s+3)(s+4)}$ (d) $\frac{(s-1)(s-2)}{s^3(s+4)}$

**298.** मैगनेटिक एम्पलीफायर में बायस बाइन्डिंग का फंक्शन—

(a) कोर में dc फ्लक्स कम करना है

(b) कोर में ac फ्लक्स कम करना है

(c) उच्च एम्पलीफिकेशन के लिए प्रारम्भिक (initial) सैचुरेशन उत्पन्न करता है

(d) उपरोक्त में कोई नहीं

**299.** टाइप 1 सिस्टम में स्टैडी स्टेट एक्सीलरेशन त्रुटि ...... होती है।

(a) 0 (zero) (b) ∞

(c) 1 (d) उपरोक्त में कोई नहीं

**300.** 'Characteristic equation', $s^4 + 5s^3 + 5s^2 + 4s + k = 0$ के लिए सिस्टम स्थिर (stable) होगा यदि $k$ का मान निम्न रेंज में होगा—

(a) $\frac{84}{25} < k < 4$ (b) $\frac{84}{25} > k > 0$

(c) $2 > k > 1$ (d) उपरोक्त में कोई नहीं

**301.** चित्र 11.31 में प्रदर्शित सिस्टम

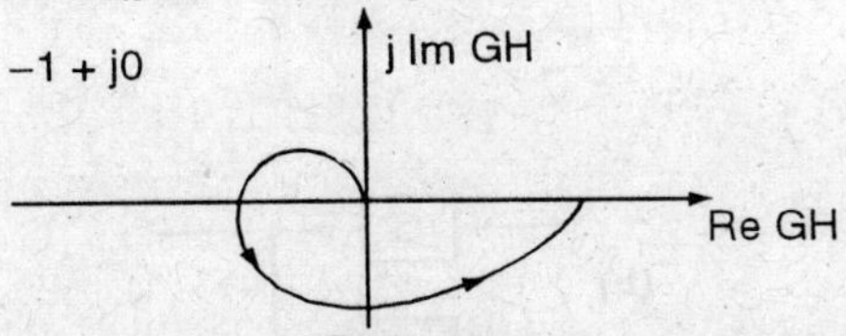


**चित्र 11.31**

(a) स्थिर (stable) है

(b) किसी शर्त के साथ स्थिर है (conditionally stable)

(c) अस्थिर (unstable) है।

(d) दोलनी (oscillatory) है

**302.** यदि किसी सिस्टम की प्रारम्भिक अवस्थाएँ (initial conditions) जीरो है तब इसका अर्थ है कि—

(a) सिस्टम रैफ्रेन्स इनपुट के साथ सामान्य प्रकार से (normally) कार्य कर रहा है

(b) सिस्टम जीरो रैफ्रेन्स इनपुट के साथ सामान्य प्रकार से (normally) कार्य कर रहा है

(c) सिस्टम विरामावस्था (at rest) में है परन्तु ऊर्जा संग्रह (store) कर रहा है

(d) सिस्टम विरामावस्था (at rest) में है परन्तु ऊर्जा संग्रह (store) नहीं कर रहा है

**303.** एक सिस्टम के ट्रांसफर फंक्शन की समीकरण निम्न है—

$$I(s) = \frac{2s + 5}{(s+1)(s+3)}$$

सिस्टम के लिए $i(0+)$ का मान होगा—

(a) 0 (b) 1

(c) 2 (d) 3/2

**304.** चित्र 11.32 में प्रदर्शित ब्लॉक डायग्राम किस डायग्राम (चित्र 11.33) तुल्य है ?

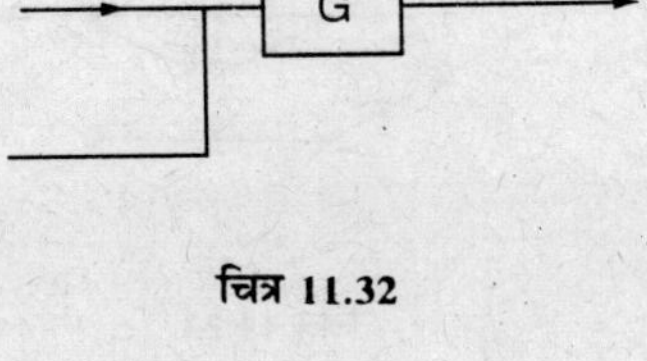


**चित्र 11.32**

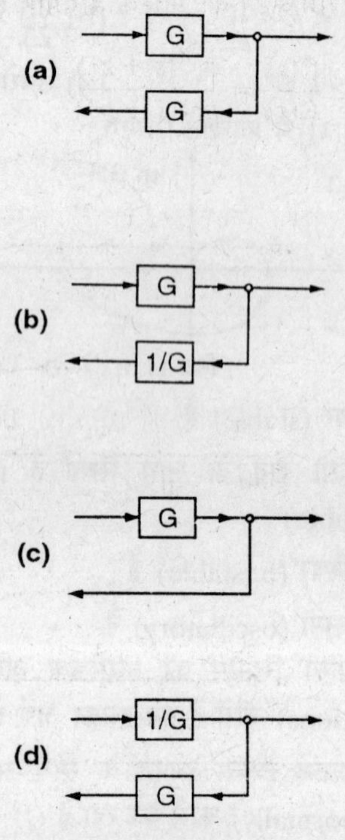


चित्र 11.33

**305.** निम्न फंक्शन का स्टेट डायग्राम किस प्रकार का होगा ?

$$\frac{C(s)}{R(s)} = \frac{2s^2 + 6s + 5}{(s+1)^2 \, (s+2)}$$

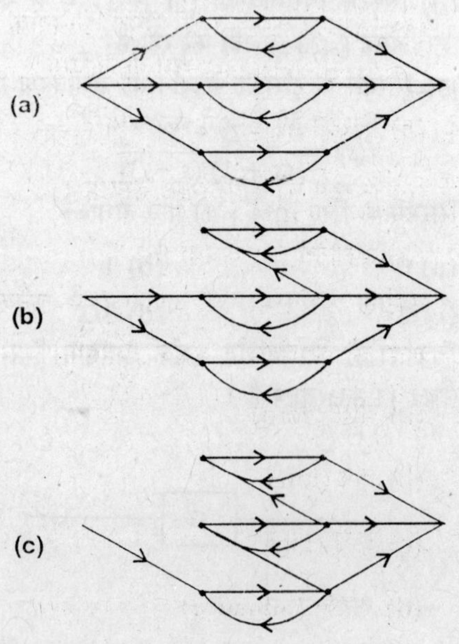


चित्र 11.34

**306.** यदि एक रोटर का व्यास तथा लम्बाई दोनों दो गुनी (double) कर दी जाये तब रोटर का जड़त्व (inertia) –

(a) आधा हो जायेगा (b) दो गुना हो जायेगा

(c) परिवर्तित नहीं होगा (d) चार गुना हो जायेगा

**307.** यदि सिस्टम $X(t) = Ax(t) + Br(t)$ के लिए स्टेट ट्रांजिशन मैट्रिक्स $\phi$ है तब $\phi\,(t)$ .......... द्वारा प्रदर्शित किया जायेगा—

(a) $\phi\,(t) = e^{-At} + e^{At}$ (b) $\phi\,(t) = e^{At}$

(c) $\phi\,(t) = e^{At} + B$ (d) $\phi\,(t) = [e^{-At}]/B.$

**308.** चित्र 11.35 में प्रदर्शित ब्लॉक डायग्राम किस ब्लॉक डायग्राम (चित्र 11.36) के तुल्य होगा ?

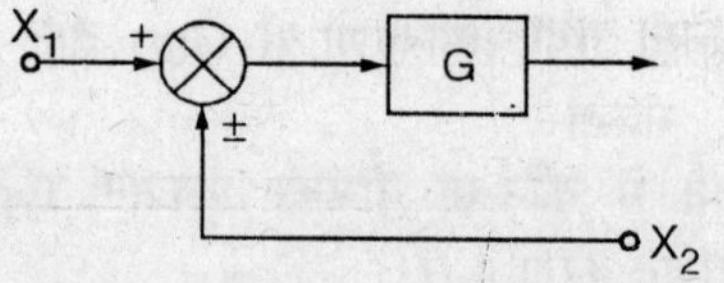


चित्र 11.35

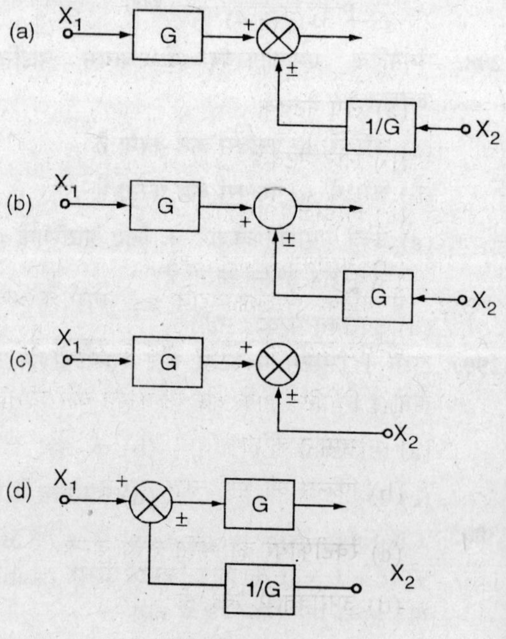


चित्र 11.36

**309.** माइकॉल चार्ट (Nichols chart) उपयोगी है—

(a) ओपिन लूप फ्रीक्वैन्सी रैसपोन्स ज्ञात करने में

(b) क्लोज्ड लूप फ्रीक्वैन्सी रैसपोन्स ज्ञात करने में

(c) ओपिन तथा क्लोज़्ड लूप फ्रीक्वैन्सी रैसपोन्स ज्ञात करने में

(d) उपरोक्त में कोई नहीं

**310.** स्टैडी स्टेट में टाइप 1 सिस्टम की वेग त्रुटि (velocity error) होगी—

(a) जीरो (zero)

(b) अनन्त (infinity)

(c) सिस्टम के 'gain constant' पर निर्भर नहीं करती

(d) सिस्टम के 'gain constant' के विलोमानुपाती (inversely proportional)

**311.** निम्न परिपथ है एक—

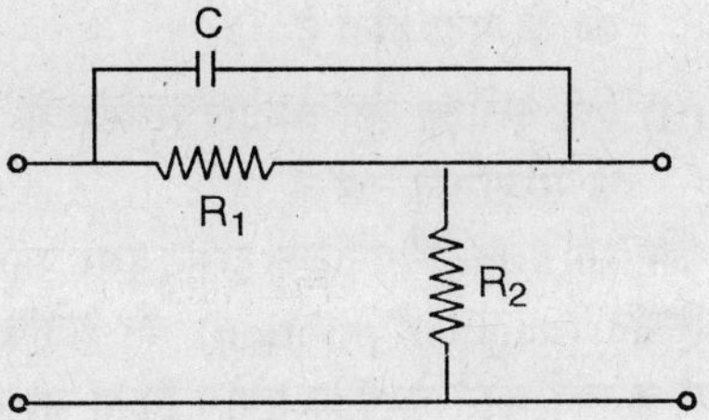


चित्र 11.37

(a) लैग नैटवर्क

(b) लीड नैटवर्क

(c) लीड-लैग नैटवर्क

(d) उपरोक्त में कोई नहीं

**312.** मैगनेटिक एम्पलीफायर के a.c. सोर्स के श्रेणी में डायोड कनैक्ट करने का उद्देश्य क्या हो सकता है ?

(a) निगेटिव हाफ चक्र के कारण कोर में disturbance समाप्त करना

(b) फिल्टर की भाँति कार्य करना

(c) रैक्टीफायर की भाँति करर्य करना

(d) उपरोक्त में कोई भी

**313.** निम्न समीकरण का स्टैटिक डायग्राम होगा—

$$\frac{C(s)}{R(s)} = \frac{a_0}{b_0}\frac{(s + z_1)}{(s + p_1)}$$

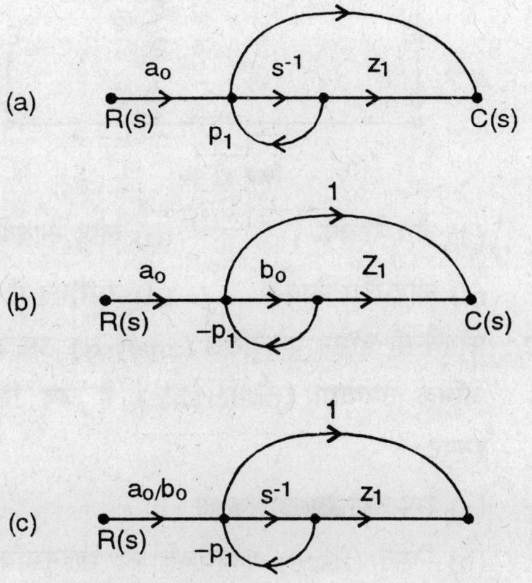


(d) उपरोक्त में कोई नहीं

चित्र 11.38

**314.** एक 'derivative output compensated' सिस्टम में आउटपुट का 'first derivative' सिस्टम को निगेटिव फीडबैक किया गया है। इस फीडबैक का प्रभाव होगा—

(a) सिस्टम का प्रभावी समय नियतांक (effective time constant) कम हो जायेगा

(b) सिस्टम की डैम्पिग बढ़ जायेगी

(c) सिस्टम की डैम्पिग घट जायेगी

(d) उपरोक्त (a) अथवा (b)

**315.** कन्ट्रोल ट्रांसफॉर्मर की आउटपुट में कनैक्ट किये गये लोड की इम्पीडैन्स ....... होनी चाहिये।

(a) जीरो (zero)

(b) कम (low)

(c) उच्च (high)

(d) अनन्त (infinitive)

**316.** निम्न परिपथ है एक—

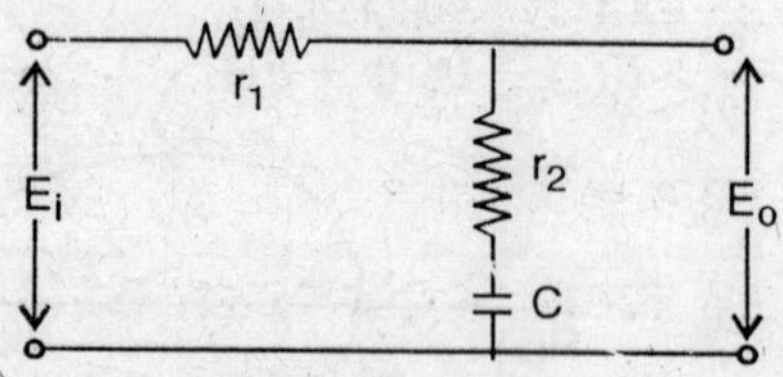


चित्र 11.39

(a) लैग नेटवर्क (b) लीड नैटवर्क
(c) लीड-लैग नैटवर्क (d) उपरोक्त में कोई नहीं

**317.** फ्रीक्वैन्सी डोमेन एनेलेसिस (analysis) उस अवस्था में अधिक उपयोगी (preferable) है जब सिस्टम की इनपुट—

(a) रैम्प तथा रेपाबोलिक हो
(b) नियत (fixed) फ्रीक्वैन्सी की साइनुसॉयडल तरंग हो
(c) परिवर्ती (variable) फ्रीक्वैन्सी तथा आयाम की साइनुसॉयडल तरंग हो
(d) लैगिंग पावर फैक्टर की नॉन-साइनुसॉयडल हो

**318.** हाइड्रोलिक ट्रॉर्क ट्रांसमिशन सिस्टम ___ के समतुल्य है।

(a) एक *RC* समानान्तर परिपथ
(b) एम्पलीडाइन सैट
(c) मोटर जेनरेटर सैट
(d) उपरोक्त में कोई नहीं

**319.** 'Characteristic equation' $s^2 + 2s + 8 = 0$ में यूनिट रैम्प इनपुट के लिए स्टैडी स्टेट त्रुटि है—

(a) 1 (b) 0·25
(c) 0·5 (d) 4

**320.** इलेक्ट्रिकल सिस्टम की तुलना में हाइड्रोलिक कन्ट्रोल का लाभ है—

(a) कम रैसपोन्स टाइम
(b) ऑपरेशन में अधिक विविधता (flexibility)
(c) समान पावर के लिए छोटा आकार
(d) उपरोक्त में कोई नहीं

**321.** सेल्सिन सर्वोमिकेनिज्म से प्राप्त होती है—

(a) दो शाफ्ट के मध्य मिकेनिकल गीयरिंग
(b) दो शाफ्ट के मध्य इलेक्ट्रिकल गीयरिंग
(c) ओवर वोल्टेज प्रोटेक्शन
(d) उपरोक्त (a) तथा (b)

**322.** टाइप 3 सिस्टम के लिए 'lowest frequency asymptote' का स्लोप होगा—

(a) 20 dB/octave (b) −6 dB/octave
(c) −12 dB/octave (d) −18 dB/octave

**323.** एक ओपिन लूप कन्ट्रोल सिस्टम का समय नियतांक (time constant) –

(a) एक क्लोज़्ड लूप कन्ट्रोल सिस्टम के समय नियतांक के बराबर होता है
(b) एक क्लोज़्ड लूप कन्ट्रोल सिस्टम के समय नियतांक का आधा होता है
(c) एक क्लोज़्ड लूप कन्ट्रोल सिस्टम के समय नियतांक का दो गुना होता है
(d) एक क्लोज़्ड लूप कन्ट्रोल सिस्टम के समय नियतांक से सम्बन्धित नहीं है

**324.** कौन-सा इलेक्ट्रोमैगनेटिक ट्रांसड्यूसर शाफ्ट की कोणीय स्थिति (angular position) को इलेक्ट्रिकल सिगनल में कनवर्ट करने के लिए प्रयोग किया जा सकता है—

(a) सिन्क्रोस (b) रोटेरी LVDT
(c) AC सर्वोमोटर (d) उपरोक्त में कोई भी

**325.** फायर कन्ट्रोल सर्वो तथा ट्रैकिंग राडार किस वर्ग के कन्ट्रोल सिस्टम है ?

(a) टाइप 1 (b) टाइप 2
(c) वेग इनपुट (velocity input)
(d) उपरोक्त में कोई नहीं

**326.** सिन्क्रो डिफ्रैन्शियल यूनिट में प्रयुक्त डिफ्रैन्शियल क्या प्रदर्शित करता है ?

(a) रेखीय गति (linear motion) के परिवर्तन की दर
(b) ट्रांसमिट किये जाने वाले एनेलॉग सिगनल का डिफ्रैन्शियल
(c) दो सिन्क्रो जेनरेटर के घूर्णीय कोण (rotation angle) में अन्तर (difference)
(d) उपरोक्त सभी

327. निम्न में से कौन-सा कन्ट्रोल ओपिन लूप कन्ट्रोल है—
(a) फील्ड कन्ट्रोल्ड dc मोटर
(b) वार्ड लियोनार्ड कन्ट्रोल
(c) मेटाडाइन
(d) स्ट्रेब्रोस्कोप

328. ओपिन लूप सिस्टम में—
(a) कन्ट्रोल एक्शन सिस्टम के साइज पर निर्भर करता है
(b) कन्ट्रोल एक्शन सिस्टम के चरों (variables) पर निर्भर करता है
(c) कन्ट्रोल एक्शन इनपुट सिगनल पर निर्भर करता है
(d) कन्ट्रोल एक्शन आउटपुट पर निर्भर नहीं करता

329. निम्न में कौन-सी विधि द्वारा ट्रान्जियेन्ट तथा स्टेबिलिटी रेसपोन्स तुरन्त प्राप्त होता है ?
(a) रूट लोकस (b) बोड् (Bode)
(c) निक्विस्ट (Nyquist) (d) नाइकोल

330. टाइप ऑफ सिस्टम (increase) बढ़ने पर निम्न में कौन-सी क्रिया होती है ?
(a) स्टेबिलिटी की समस्या (stability problem) घटती है
(b) एक विशेष फंक्शन के लिए स्टैडी स्टेट त्रुटि घटती है
(c) एक विशेष फंक्शन के लिए स्टैडी स्टेट त्रुटि बढ़ती है
(d) उपरोक्त में कोई नहीं

331. डिफ्रैन्शियेटर, प्रायः कन्ट्रोल सिस्टम का पार्ट नहीं होता क्योंकि—
(a) इससे डैम्पिंग कम (reduce) होती है
(b) गेन मारजिन घटता है
(c) इनपुट noise बढ़ता है
(d) त्रुटि बढ़ती है

332. निक्विस्ट स्टेबिलिटी टेस्ट का क्या लाभ है ?
(a) इससे अस्थिर (unstable) सिस्टम को स्थिर (stable) करने की विधि ज्ञात होती है
(b) इसे ओपिन लूप सिस्टम के फ्रीक्वैन्सी रेसपोन्स टेस्ट में एप्लाई किया जा सकता है
(c) इसके द्वारा ओपिन लूप परिणामों से क्लोज्ड लूप स्टेबिलिटी ज्ञात की जा सकती है
(d) उपरोक्त में कोई नहीं

333. एक सिस्टम का ट्रांसफर फंक्शन $\frac{100(1+0\cdot25s)}{(1+0\cdot5s)}$ है। कॉर्नर फ्रीक्वैन्सी होगी—
(a) −4 तथा −2 (b) 4 तथा 2
(c) 0·25 तथा 0·5 (d) −0·25 तथा 0·5

334. एक सिस्टम का ट्रांसफर फंक्शन $\frac{100(1+0\cdot25s)}{(1+0\cdot5s)}$ है। $\omega = 0$ तथा $\omega = \infty$ पर फेज शिफ्ट होगा—
(a) 0° तथा −90° (b) 90° तथा −90°
(c) 90° तथा 180° (d) 0° तथा 181°

335. गेन क्रॉस-ओवर फ्रीक्वैन्सी वह है जिस पर $|G(j\omega)H(j\omega)|$ का मान होता है—
(a) 0 (b) 1
(c) $\sqrt{2}$ (d) $\frac{1}{\sqrt{2}}$

336. उस बिन्दु पर जहाँ 180° लोकस $j$ – axis को क्रॉस करता है, सिस्टम—
(a) पूर्णतया स्थायी (absolutely stable) होता है
(b) पूर्णतया अस्थायी (absolutely unstable) होता है
(c) प्रतिबन्ध के साथ स्थायी (conditionally stable) होता है
(d) उपरोक्त में कोई नहीं

337. निम्न सिगनल फ्लोग्राफ में कितने फीडबैक पथ (path) हो सकते हैं ?

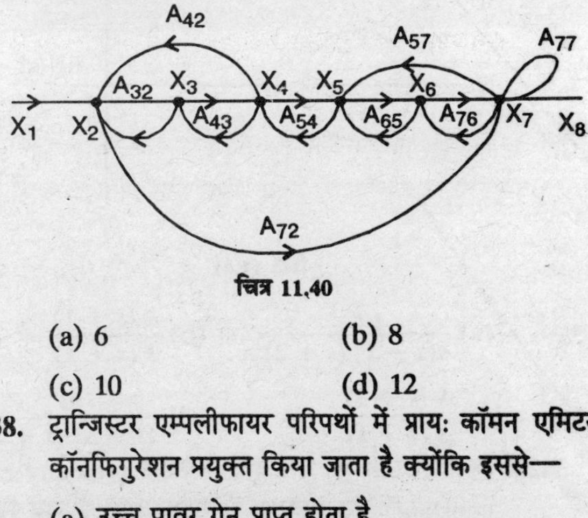


चित्र 11.40

(a) 6 (b) 8
(c) 10 (d) 12

338. ट्रान्जिस्टर एम्पलीफायर परिपथों में प्रायः कॉमन एमिटर कॉनफिगुरेशन प्रयुक्त किया जाता है क्योंकि इससे—
(a) उच्च पावर गेन प्राप्त होता है
(b) उच्च वोल्टेज गेन प्राप्त होता है

(c) उपरोक्त (a) तथा (b) दोनों

(d) उपरोक्त में कोई नहीं

**339.** एक *RLC* नैटवर्क को सप्लाई वोल्टेज $u(t)$ तथा आउटपुट $y(t)$ है। नैटवर्क को निम्न समीकरण द्वारा प्रदर्शित किया जा सकता है—

$$\frac{d^2y}{dy^2} = 6\frac{dy}{dt} + 25y(t) = 50\,u(t)\text{ ।}$$

यदि 150 V पीक आयाम (peak amplitude) की वोल्टेज इस नैटवर्क को दी जाती है तब साइनुसॉयडल स्टैडी स्टेट आउटपुट की फ्रीक्वैन्सी क्या होगी ?

(a) सिस्टम की 'undamped natural frequency' $\omega_n$ होगी

(b) सिस्टम की damped natural frequency $\omega_n\sqrt{1-\zeta^2}$ होगी

(c) इनपुट फ्रीक्वैन्सी 60 Hz

(d) 40 Hz से कुछ कम

**340.** थर्मोकपल की आउटपुट होती है—

(a) dc धारा (b) ac धारा

(c) dc वोल्टेज (d) ac वोल्टेज

**341.** एक यूनिटी फीडबैक सिस्टम का रूट लोकस चित्र 11.41 में दिया गया है।

ओपिन लूप ट्रांसफर फंक्शन होगा—

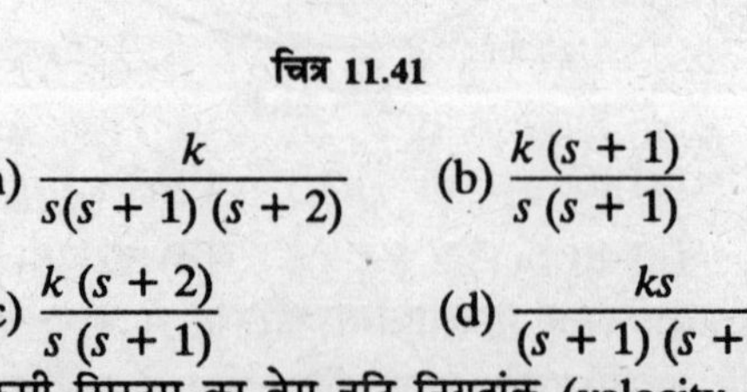


चित्र 11.41

(a) $\frac{k}{s(s+1)(s+2)}$ (b) $\frac{k(s+1)}{s(s+1)}$

(c) $\frac{k(s+2)}{s(s+1)}$ (d) $\frac{ks}{(s+1)(s+2)}$

**342.** किसी सिस्टम का वेग त्रुटि नियतांक (velocity error constant) उस अवस्था में मापा जाता है जब सिस्टम को इनपुट ____ होती है।

(a) पैराबोलिक (b) रैम्प

(c) इम्पल्स (d) स्टैप

**343.** सिस्टम में घर्षण गुणांक कम होने पर (low friction coefficient)–

(a) रैसपोन्स स्पीड बढ़ जाती है

(b) सिस्टम का समय नियतांक कम हो जाता है

(c) 'velocity lag error' बढ़ जाती है

(d) 'velocity lag error' कम हो जाती है

**344.** निम्न में से किस कारण से डिपोजिटेड फिल्म टाइप पोटेन्शियोमीटरर का उपयोग सीमित (limited) है ?

(a) ताप के साथ प्रतिरोध में परिवर्तन

(b) अनन्त (infinite) रिजॉल्यूशन

(c) उपरोक्त (a) अथवा (b)

(d) उपरोक्त में कोई नहीं

**345.** न्यूमैटिक प्रणालियों में टाइम लैग—

(a) न्यूमैटिक इलेक्ट्रिक एलीमैन्ट्स द्वारा प्राप्त किया जाता है

(b) किसी अवरोध (restriction) से वायु गुजर कर किसी आयतन (volume) को वायु से भर कर प्राप्त किया जाता है

(c) वायु के पथ (path) की लम्बाई बढ़ाकर प्राप्त किया जाता है

(d) उपरोक्त सभी

**346.** स्टैप डिसप्लेसमैन्ट इनपुट के साथ सर्वोमिकेनिज्म प्रणाली से फॉर्म होता है—

(a) टाइप–3 सिस्टम (b) टाइप–2 सिस्टम

(c) टाइप–1 सिस्टम (d) टाइप–0 सिस्टम

**347.** सूची I में दिये गये कन्ट्रोल सिस्टम कम्पोनैन्ट्स को सूची II में दिये गये फंक्शन से मैच कीजिए तथा दिये गये कोड्स को प्रयुक्त कर उपयुक्त (correct) उत्तर का चयन कीजिए—

| List I | List II |
|---|---|
| **A.** Servo motor | **1.** Error detector |
| **B.** Amplitude | **2.** Transducers |
| **C.** Potentiometer | **3.** Actuator |
| **D.** Flapper Valve | **4.** Power amplifier |

| कोड्स | A | B | C | D |
|---|---|---|---|---|
| (a) | 3 | 1 | 2 | 3 |
| (b) | 2 | 4 | 1 | 3 |
| (c) | 4 | 3 | 2 | 1 |
| (d) | 3 | 4 | 1 | 2 |

**348.** निम्न में से कौन-सी डिवाइस वायुयान की कोणीय स्थिति (angular position) को दर्शाने में प्रयुक्त की जाती है—

(a) रोटेटिंग ट्रांसफॉर्मर (b) रोटेटिंग कैपेसिटर

(c) रोटेटिंग डिफ्रैन्शियल ट्रांसफॉर्मर

(d) उपरोक्त में कोई भी

(e) उपरोक्त में कोई नहीं

**349.** एक restriction-volume कम्बीनेशन मूलतः एक न्यूमैटिक—

(a) *R-L* परिपथ है (b) *R-L-C* परिपथ है

(c) *R-C* परिपथ है (d) रैक्टीफायर है

**350.** एक continuous-time सिस्टम की स्टेट मैट्रिक्स स्टेट 'variables' के फॉर्म में निम्न प्रकार है—

$$A = \begin{bmatrix} x & 0 & 0 \\ 0 & y & -1 \\ 0 & 1 & -2 \end{bmatrix}$$

सिस्टम $x$ तथा $y$ के समस्त मानों के लिए स्टेबिल होगा जहाँ

(a) $x < \frac{1}{2}, y < \frac{1}{2}$ (b) $x > \frac{1}{2}, y > \frac{1}{2}$

(c) $x < 0, y < 2$ (d) $x < 0, y < \frac{1}{2}$

**351.** स्टैपर (stepper) मोटर—

(a) एक दो फेज इन्डक्शन मोटर है

(b) एक प्रकार का रोटेटिंग एम्पलीफायर है

(c) एक इलेक्ट्रोमैगनेटिक ट्रांसड्यूसर है जिसका उपयोग किसी शाफ्ट की कोणीय स्थिति (angular position) को इलेक्ट्रिकल सिगनल में कनवर्ट करने के लिए किया जा सकता है

(d) एक इलेकट्रोमिकेनिकल डिवाइस है जो इनपुट पल्सों की ट्रेन को स्टैप कोणीय गति (step angular movements) की एक ट्रेन (प्रत्येक इनपुट पल्स के लिए एक स्टैप) में कनवर्ट करता है

**252.** एक आर्मेचर कन्ट्रोल्ड D.C. मोटर की 'characteristic equation' का आर्डर ———— होता है।

(a) जीरो (zero) (b) प्रथम (first)

(c) द्वितीय (second) (d) तृतीय (third)

**353.** एक सिस्टम की स्टेट समीकरण निम्न है—

$$\begin{bmatrix} x_1 \\ x_2 \end{bmatrix} = \begin{bmatrix} 2 & 0 \\ 0 & 2 \end{bmatrix} \begin{bmatrix} x_1 \\ x_2 \end{bmatrix} + \begin{bmatrix} 1 \\ 1 \end{bmatrix} u$$

सिस्टम की स्टेट ट्रांसमिशन मैट्रिक्स क्या होगी ?

(a) $\begin{bmatrix} e^{2t} & 0 \\ 0 & e^{2t} \end{bmatrix}$ (b) $\begin{bmatrix} e^{-2t} & 0 \\ 0 & e^{t} \end{bmatrix}$

(c) $\begin{bmatrix} e^{2t} & 1 \\ 1 & e^{2t} \end{bmatrix}$ (d) $\begin{bmatrix} e^{-2t} & 0 \\ 0 & e^{-2t} \end{bmatrix}$

**354.** एक सिस्टम का ट्रांसफर फंक्शन $\omega = 10$ के लिए $P(s) = \frac{2}{s+2}$ है। फेज शिफ्ट होगा—

(a) $\tan^{-1}\frac{1}{5}$ (b) $\tan^{-1}\frac{1}{3}$

(c) $\tan^{-1} 5$ (d) $-\tan^{-1} 3$

**355.** एक सिस्टम का इम्पल्स रैसपोन्स, साइनुसॉयडल सिगनल $\sin t$ है। ट्रांसफर फंक्शन होगा—

(a) $\frac{1}{s}$ (b) $\frac{1}{s^2}$

(c) $\frac{1}{s^2+1}$ (d) $\frac{1}{s^2-1}$

**356.** ट्रांसफर फंक्शन

$H(s) = \frac{1}{s(s+1)(s+0\cdot5)}$ के लिए क्रॉस-ओवर फ्रीक्वैन्सी है—

(a) 0·5 rad/sec (b) 0·707 rad/sec

(c) 0·732 rad/sec (d) 2 rad/sec

**357.** अनेक प्रणालियों की 'characteristic equations' के मूल (roots) निम्न प्रकार है। कौन-सी प्रणाली अस्थिर (unstable) है ?

(a) $-1, -2$

(b) $(-1 + j), (-1, -j)$

(c) $2, -1, -3$

(d) $(-2, +3j), (-2 -3j), -2$

**358.** एक इन्टीग्रेटर की डिफ्रैन्शियल समीकरण $\frac{dy}{dx} = x$ है। इन्टीग्रेटर—

(a) स्थिर (stable) है

(b) अस्थिर (unstable) है

(c) मारजिनली स्थिर (marginally stable) है

(d) उपरोक्त में कोई नहीं

**359.** किसी लीनियर सिस्टम की 'eigen value' है—

(a) finite poles की लोकेशन होती है

(b) सिस्टम के 'poles' की लोकेशन होती है

(c) सिस्टम के 'zeros' की लोकेशन होती है

(d) उपरोक्त में कोई नहीं

**360.** $k$ के किस मान के लिए पोलीनोमियल $s^3 + (4 + 4k) s^2 + 6s + 12$ के मूलों (roots) में 'negative real' पार्टस होंगे ?

(a) $k < -2$ (b) $k > -2$

(c) $k = 2$ (d) $k = -2$

**361.** एक सिस्टम का ट्रांसफर फंक्शन $P(s) = \frac{2}{s+2}$ है। $\omega = 10$ के लिए गेन होगा—

(a) 0·444 (b) 0·333

(c) 0·15 (d) 0·196

**362.** एक सिस्टम का ट्रांसफर फंक्शन $P(s) = \frac{1}{s+1}$ है। सिस्टम का dc गेन होगा—

(a) 1 (b) 2

(c) 5 (d) 10

**363.** यदि पोलीनोमियल $s^4 + 8s^3 + 24s^2 + 325s + 80$ के मूलों (roots) में 'zero real parts' है तब ये मूल (roots) क्या होंगे ?

(a) $s = \pm j2$ (b) $s = \pm j4$

(c) $s = \pm j8$ (d) $s = \pm j6$

**364.** निम्न में कौन-सी 'characteristic equation' एक स्थिर (stable) सिस्टम प्रदर्शित करती है ?

(a) $s^3 + 7s^2 + 7s + 46$

(b) $s^3 - 2s^2 + 4s + 6$

(c) $s^6 + 4s^4 + 8s^2 + 16$

(d) $s^5 + 6s^4 + 10s^2 + 5s + 24$

**365.** निम्न में कौन-सा पेयर (pair) इलेक्ट्रिकल तथा न्यूमैटिक प्रणालियों के मध्य समतुल्यता (analogy) प्रदर्शित करता है ?

(a) 'charge-air flow (b) current-head

(c) voltage air flow rate

(d) resistance-pressure

**366.** कुछ प्रणालियों की इम्पल्स रैसपोन्स निम्न प्रकार है। किस अवस्था में इम्पल्स रैसपोन्स एक अस्थिर (unstable) सिस्टम प्रदर्शित करता है—

(a) $e^{-t}$ (b) $te^{-t}$

(c) $e^{-t} \sin 3t$ (d) $\sin \omega t$

**367.** $K$ के किस मान के लिए पोलीनोमियल $s^4 + 8s^3 + 24s^2 + 32s + k$ के मूलों (roots) में 'zero real parts' होंगे ?

(a) 8 (b) 10

(c) 20 (d) 80

**368.** पोलीनोमियल $s^3 + s^2 - 2$ के कितने मूलों (roots) में 'positive real parts' होंगे ?

(a) 0 (b) 1

(c) 2 (d) 3

**369.** 'Pure viscous friction' द्वारा डैम्पड एक सर्वोमिकेनिज्म की समीकरण निम्न है :

$$(10D^2 + 20D + 1000)\, \theta_0 = 1000\, \theta_i$$

जहाँ $\theta_0 =$ रेडियन में लोड शाफ्ट का विस्थापन

$\theta_i =$ रेड़ियन में इनपुट शॉफ्ट का विस्थापन

डैम्पिंग अनुपात का मान होगा—

(a) 0·1 (b) 0·16

(c) 0·21 (d) 0·25

**370.** सर्वोमिकेनिज्म के सम्बन्ध में निम्न में क्या 'false' है ?

(a) रेगुलेटर के साथ मोटर जोड़ (add) कर सर्वो बनाया जा सकता है

(b) सर्वो की स्टैडी-स्टेट एक्यूरेसी रेगुलेटर से अच्छी (better) होती है

(c) उत्तम फ्रीक्वैन्सी रेसपोन्स वाले सर्वो स्थि (stable) नहीं होते

(d) कुछ सर्वो स्थिर (stable) नहीं होते क्योंकि उन्हें स्टैडी सिगनलों के साथ प्रयोग करने के लिए डिजाइन किया जाता है

371. 'Characteristic equation'

$$s^3 + 14s^2 + 56s + k = 0$$

वाला सिस्टम स्थिर (stable) होगा यदि—

(a) $0 < k < 784$

(b) $1 < k < 64$

(c) $10 > k > 660$

(d) उपरोक्त में कोई नहीं

372. निम्न चित्र किस फंक्शन का इम्पल्स रैसपोन्स है ?

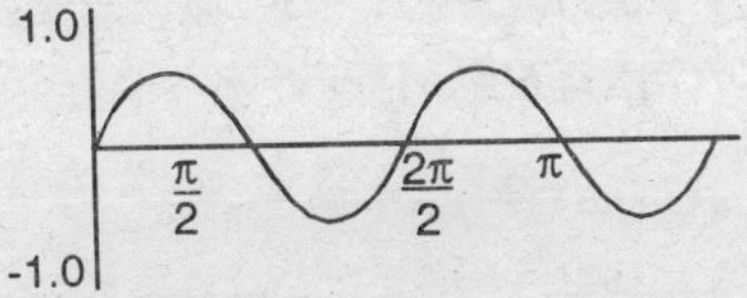


चित्र 11.42

(a) $e^{-t}$ (b) $te^{-1}$

(c) $e^{-t} \sin 3t$ (d) $\sin \omega t$

373. फीडबैक सिगनल तथा रैफ्रेन्स सिगनल बराबर होने पर कौन-सा सिगनल शून्य हो जायेगा ?

(a) एक्चुएटिंग सिगनल (actuating signal)

(b) रैफ्रेन्स सिगनल (reference signal)

(c) फीडबैक सिगनल (feedback signal)

(d) इनपुट सिगनल (input signal)

374. एक स्टेबिल (stable) कन्ट्रोल सिस्टम में बैकलैश (backlash) होने का क्या परिणाम होता है ?

(a) अन्डर डैम्पिंग (under damping)

(b) ओवर डैम्पिंग (over damping)

(c) ओपिन लूप गेन कम हो जाने के कारण स्थिरता (stability) में कमी

(d) कम आयाम के दोलन (low-level oscillations)

375. $\frac{1}{s(s+2)}$ का इनवर्स लाप्लास ट्रांसफॉर्मेशन है—

(a) $\frac{1}{2}[1 - e^{-2t}]$ (b) $\frac{1}{2}[1 + e^{-2t}]$

(c) $\frac{1}{2}[1 - e^{2t}]$ (d) $\frac{1}{2}[1 + e^{2t}]$

**प्रश्न 376 से 380 तक निम्न डाटा पर आधारित है—**

एक 'mass damper' प्रणाली के मॉडल के लिये 'linear approximations' के साथ एप्लाईड बल u(t) तथा आउटपुट वेग y(t) में सम्बन्ध निम्न ट्रांसफर फंक्शन द्वारा प्रदर्शित किया जाता है—

$$H(s) = \frac{Y(s)}{U(s)} = \frac{6}{s+2}$$

376. स्टैप रैसपोन्स को स्टैडी स्टेट वेल्यू का 63% पहुँचने में सिस्टम का समय नियतांक (time constant '$T$') होगा—

(a) 2 (b) 0·5

(c) 6 (d) 3

377. इस सिस्टम का ट्रांज्जियेन्ट व्यवहार किस प्रकार का होगा ?

(a) A damped oscillatory

(b) A decreasing exponential

(c) An undamped oscillatory

(d) A critically damped oscillatory

378. यदि इस सिस्टम को फ्रीक्वैन्सी रैसपोन्स जेनरेट करने के लिए साइनुसॉयडल इनपुट का प्रोसेसर माना जाये तब यह ....... होगा।

(a) Low pass filter

(b) Band pass filter

(c) Unstable filter

(d) Stable filter

379. सिस्टम की बेन्ड विड्थ क्या होगी ?

(a) 2

(b) 0·5

(c) 6

(d) 3

380. यदि सिस्टम को सिस्टम की बैन्ड विड्थ की फ्रीक्वैन्सी के बराबर साइनुसॉयडल इनपुट बल एप्लाई किया जाये तब 'gain factor' होगा—

(a) 1 (b) $3\sqrt{2}$

(c) $\frac{3\sqrt{2}}{2}$ (d) 3

**381.** एक 'cosine wave' का लाप्लास ट्रांसफॉर्म ...... होता है।

(a) $\frac{a}{s^2 + \omega^2}$

(b) $\frac{s}{s^2 + \omega^2}$

(c) $\frac{as}{s^2 + \omega^2}$

(d) $\frac{1}{s^2 + \omega^2}$

**382.** रूट लोकस प्लॉट में एसिम्पटोट्स (asymptotes) की संख्या $\frac{360}{n}$ होती है जहाँ $n$ –

(a) पोल्स की संख्या है

(b) जीरो की संख्या है

(c) पोल्स + जीरो की संख्या है

(d) पोल्स – जीरो की संख्या है

**383.** एक यूनिटी फीड बैक कन्ट्रोल सिस्टम का ओपिन लूप ट्रांसफर फंक्शन $\frac{10}{(s + 5)^3}$ है। गेन मारजिन होगा—

(a) 20 dB (b) 40 dB

(c) 50 dB (d) 80 dB

**384.** एक फीड बैक सिस्टम की 'characteristic equation' निम्न है—

$$s^4 + 20k\,s^3 + 5s^2 + 10s + 15 = 0$$

(a) सिस्टम $k$ के सभी मानों (values) के लिए स्थिर (stable) होगा

(b) सिस्टम $k$ के पॉजिटिव मानों (values) के लिए स्थिर (stable) होगा

(c) सिस्टम $k$ के $\infty > k > 7{\cdot}0$ के लिए स्थिर (stable) होगा

(d) सिस्टम $k$ के सभी मानों के लिए अस्थिर (unstable) होगा

**385.** गेन क्रॉन ओवर फ्रीक्वैन्सी की परिभाषा है—

(a) $|G(j\omega)\,H(j\omega)| = 1$

(b) $|G(j\omega)\,H(j\omega)| = 0$

(c) $|G(j\omega)\,H(j\omega)| = 0$

(d) $|G(j\omega)\,H(j\omega)| = \frac{1}{2}$

**386.** एक नैटवर्क का 'unit step' के लिए रैसपोन्स $1 - e^{\alpha t}$ है। इसका 'unit impulse' के लिए रैसपोन्स होगा—

(a) $\alpha\, e^{-\alpha t}$

(b) $\alpha\, e^{-t/\alpha}$

(c) $\frac{1}{\alpha\, e^{-\alpha t}}$

(d) $(1 - \alpha)\, e^{-\alpha t}$

**Answers :**

| | | | | | | | | | | |
|---|---|---|---|---|---|---|---|---|---|---|
| 1. (b) | 36. (a) | 71. (c) | 106. (a) | 141. (d) | 176. (b) | 211. (c) | 246. (b) | 281. (d) | 316. (a) | 351. (b) |
| 2. (d) | 37. (d) | 72. (b) | 107. (c) | 142. (b) | 177. (d) | 212. (s) | 247. (d) | 282. (a) | 317. (c) | 352. (d) |
| 3. (a) | 38. (a) | 73. (c) | 108. (b) | 143. (c) | 178. (a) | 213. (c) | 248. (d) | 283. (c) | 318. (c) | 353. (a) |
| 4. (c) | 39. (b) | 74. (a) | 109. (a) | 144. (c) | 179. (a) | 214. (b) | 249. (c) | 284. (c) | 319. (b) | 354. (c) |
| 5. (b) | 40. (b) | 75. (b) | 110. (c) | 145. (a) | 180. (c) | 215. (d) | 250. (a) | 285. (a) | 320. (c) | 355. (c) |
| 6. (b) | 41. (a) | 76. (c) | 111. (a) | 146. (d) | 181. (d) | 216. (c) | 251. (c) | 286. (d) | 321. (b) | 356. (b) |
| 7. (b) | 42. (d) | 77. (a) | 112. (c) | 147. (c) | 182. (a) | 217. (a) | 252. (c) | 287. (c) | 322. (d) | 357. (c) |
| 8. (b) | 43. (a) | 78. (b) | 113. (b) | 148. (c) | 183. (b) | 218. (d) | 253. (c) | 288. (a) | 323. (b) | 358. (c) |
| 9. (c) | 44. (c) | 79. (a) | 114. (d) | 149. (d) | 184. (b) | 219. (a) | 254. (d) | 289. (c) | 324. (a) | 359. (a) |
| 10. (a) | 45. (a) | 80. (b) | 115. (c) | 150. (a) | 185. (b) | 220. (b) | 255. (c) | 290. (a) | 325. (c) | 360. (b) |
| 11. (d) | 46. (b) | 81. (d) | 116. (c) | 151. (c) | 186. (a) | 221. (b) | 256. (b) | 291. (b) | 326. (c) | 361. (d) |
| 12. (c) | 47. (c) | 82. (b) | 117. (d) | 152. (c) | 187. (c) | 222. (c) | 257. (b) | 292. (b) | 327. (a) | 362. (a) |
| 13. (a) | 48. (c) | 83. (c) | 118. (b) | 153. (c) | 188. (c) | 223. (c) | 258. (d) | 293. (a) | 328. (d) | 363. (a) |
| 14. (a) | 49. (b) | 84. (c) | 119. (a) | 154. (c) | 189. (a) | 224. (d) | 259. (c) | 294. (b) | 329. (a) | 364. (a) |
| 15. (b) | 50. (c) | 85. (a) | 120. (d) | 155. (b) | 190. (c) | 225. (d) | 260. (a) | 295. (a) | 330. (a) | 365. (a) |
| 16. (d) | 51. (b) | 86. (d) | 121. (c) | 156. (c) | 191. (c) | 226. (a) | 261. (b) | 296. (b) | 331. (c) | 366. (d) |
| 17. (a) | 52. (b) | 87. (d) | 122. (d) | 157. (b) | 192. (a) | 227. (b) | 262. (b) | 297. (c) | 332. (d) | 367. (d) |
| 18. (b) | 53. (d) | 88. (c) | 123. (c) | 158. (c) | 193. (b) | 228. (c) | 263. (c) | 298. (b) | 333. (b) | 368. (b) |
| 19. (a) | 54. (b) | 89. (b) | 124. (d) | 159. (b) | 194. (b) | 229. (c) | 264. (d) | 299. (b) | 334. (a) | 269. (a) |
| 20. (b) | 55. (c) | 90. (d) | 125. (b) | 160. (d) | 195. (b) | 230. (b) | 265. (b) | 300. (d) | 335. (b) | 370. (d) |
| 21. (c) | 56. (c) | 91. (c) | 126. (a) | 161. (c) | 196. (d) | 231. (d) | 266. (b) | 301. (c) | 336. (b) | 371. (a) |
| 22. (b) | 57. (c) | 92. (b) | 127. (a) | 162. (b) | 197. (d) | 232. (a) | 267. (a) | 302. (c) | 337. (d) | 372. (c) |
| 23. (a) | 58. (a) | 93. (a) | 128. (b) | 163. (c) | 198. (b) | 233. (d) | 268. (a) | 303. (c) | 338. (c) | 373. (d) |
| 24. (c) | 59. (a) | 94. (d) | 129. (b) | 164. (b) | 199. (c) | 234. (c) | 269. (d) | 304. (b) | 339. (c) | 374. (d) |
| 25. (b) | 60. (c) | 95. (a) | 130. (a) | 165. (b) | 200. (c) | 235. (b) | 270. (b) | 305. (b) | 340. (c) | 375. (a) |
| 26. (d) | 61. (b) | 96. (a) | 131. (a) | 166. (a) | 201. (a) | 236. (a) | 271. (d) | 306. (b) | 341. (a) | 376. (b) |
| 27. (c) | 62. (c) | 97. (c) | 132. (d) | 167. (d) | 202. (c) | 237. (a) | 272. (d) | 307. (b) | 342. (b) | 377. (b) |
| 28. (c) | 63. (b) | 98. (b) | 133. (b) | 168. (d) | 203. (a) | 238. (b) | 273. (a) | 308. (b) | 343. (d) | 378. (a) |
| 29. (a) | 64. (a) | 99. (d) | 13. (a) | 169. (a) | 204. (c) | 239. (d) | 274. (b) | 309. (b) | 344. (a) | 379. (a) |
| 30. (d) | 65. (c) | 100. (d) | 135. (b) | 170. (d) | 205. (d) | 240. (b) | 275. (a) | 310. (d) | 345. (b) | 380. (c) |
| 31. (c) | 66. (a) | 101. (c) | 136. (a) | 171. (c) | 206. (b) | 241. (a) | 276. (c) | 311. (b) | 346. (c) | 381. (b) |
| 32. (a) | 67. (d) | 102. (b) | 137. (b) | 172. (a) | 207. (a) | 242. (c) | 277. (a) | 312. (a) | 347. (d) | 382. (d) |
| 33. (b) | 68. (b) | 103. (b) | 138. (c) | 173. (a) | 208. (b) | 243. (a) | 278. (a) | 313. (c) | 348. (c) | 283. (c) |
| 34. (c) | 69. (a) | 104. (a) | 139. (a) | 174. (d) | 209. (a) | 244. (d) | 279. (b) | 314. (d) | 349. (c) | 384. (d) |
| 35. (d) | 70. (c) | 105. (d) | 140. (b) | 175. (c) | 210. (b) | 245. (b) | 280. (d) | 315. (d) | 350. (c) | 385. (a) |
| | | | | | | | | | | 386. (a) |

# 12

# विद्युत-चुम्बकीय सिद्धान्त

## (Electromagnetic Theory)

### 12.1 विभिन्न कोर्डिनेट प्रणालियों में सम्बन्ध (Relations between Different Coordinate Systems)

मुख्य कोर्डिनेट प्रणालियाँ निम्न हैं—

(1) कार्टिजियन कोर्डिनेट प्रणाली (Cartesian Coordinate System)

(2) सिलिन्ड्रिकल कोर्डिनेट प्रणाली (Cylindrical Coordinate System)

(3) स्फेरीकल कोर्डिनेट प्रणाली (Spherical Coordinate System)

**1. कार्टिजियन एवं सिलिन्ड्रिकल प्रणालियों में सम्बन्ध**

**(Relation between Cartesian and Cylindrical System)**

| Cartesian to Cylindrical | Cylindrical to Cartesian |
|---|---|
| $x = r\cos\phi$; | $r = \sqrt{x^2 + y^2}$ |
| $y = r\sin\phi$ ; | $\phi = \tan^{-1}\left(\dfrac{y}{x}\right)$ |
| $z = z$ ; | $z = Z$ |

$$\begin{bmatrix} \hat{a}_x \\ \hat{a}_y \\ \hat{a}_z \end{bmatrix} = \begin{bmatrix} \cos\phi & -\sin\phi & 0 \\ \sin\phi & \cos\phi & 0 \\ 0 & 0 & 1 \end{bmatrix} \begin{bmatrix} \hat{a}_r \\ \hat{a}_\phi \\ \hat{a}_z \end{bmatrix}$$

$$\begin{bmatrix} \hat{a}_r \\ \hat{a}_\phi \\ \hat{a}_z \end{bmatrix} = \begin{bmatrix} \cos\phi & \sin\phi & 0 \\ -\sin\phi & \cos\phi & 0 \\ 0 & 0 & 1 \end{bmatrix} \begin{bmatrix} \hat{a}_x \\ \hat{a}_y \\ \hat{a}_z \end{bmatrix}$$

**2. कार्टिजियन एवं स्फेरीकल प्रणालियों में सम्बन्ध**

| Cartesian to Spherical | Spherical to Cartesian |
|---|---|
| $x = r\sin\theta, \cos\phi$ | $r = \sqrt{x^2 + y^2 + z^2}$ |
| $y = r\sin\theta, \sin\phi$ | $\theta = \tan^{-1}\left[\dfrac{\sqrt{x^2 + y^2}}{z}\right] = \cos^{-1}\dfrac{z}{\sqrt{x^2 + y^2 + z^2}}$ |

$$z = r\cos\theta \qquad \phi = \tan^{-1}\left(\frac{y}{x}\right)$$

$$\begin{bmatrix} \hat{a_x} \\ \hat{a_y} \\ \hat{a_z} \end{bmatrix} = \begin{bmatrix} \sin\theta\cos\phi & \cos\theta\cos\phi & -\sin\phi \\ \sin\theta\sin\phi & \cos\theta\sin\phi & \cos\phi \\ \cos\theta & -\sin\phi & 0 \end{bmatrix} \begin{bmatrix} \hat{a_r} \\ \hat{a_\theta} \\ \hat{a_\phi} \end{bmatrix}$$

$$\begin{bmatrix} \hat{a_r} \\ \hat{a_\theta} \\ \hat{a_\phi} \end{bmatrix} = \begin{bmatrix} \sin\theta\cos\phi & \sin\theta\sin\phi & \cos\theta \\ \cos\theta\cos\phi & \cos\theta\sin\phi & -\sin\theta \\ -\sin\phi & \cos\phi & 0 \end{bmatrix} \begin{bmatrix} \hat{a_x} \\ \hat{a_y} \\ \hat{a_z} \end{bmatrix}$$

## 12.2 कुलॉम का नियम (Coulomb's Law)

दो बिन्दु आवेशों (point charges) $Q_1$ तथा $Q_2$ के मध्य बल यदि वे परस्पर $r$ दूरी पर स्थित हों

$$\vec{F} = \frac{Q_1 Q_2}{4\pi\,\varepsilon\, r^2}\,\hat{a_r}$$

यह $\hat{a_r}$ यूनिट वैक्टर है जिसकी दिशा दोनों आवेशों को मिलाने वाली लाइन के अनुदिश है।

### वैद्युत क्षेत्र की तीव्रता (Electric Field Intensity)

वैद्युत क्षेत्र की तीव्रता ($\vec{E}$) एक इकाई आवेश पर लगने वाला बल है—

$$\vec{E} = \frac{\vec{F}}{Q}$$

### वैद्युत विभव (Electric Potential)

किसी आवेश ($Q$) के कारण $r$ दूरी पर विभव

$$V = \frac{Q}{4\pi\,\varepsilon\, r}$$

**$\vec{E}$ तथा $V$ में सम्बन्ध—**

$$\vec{E} = -\nabla V = -\text{gradient } V$$

$$V = -\int \vec{E}\cdot\vec{dl} \qquad \text{तथा} \qquad \oint_C \vec{E}\cdot\vec{dl} = 0$$

## 12.3 विभिन्न प्रकार के वितरित आवेशों के कारण वैद्युत क्षेत्र ($\vec{E}$) तथा विभव ($V$) ($\vec{E}$ and $V$ due to distributed charges)

(i) लाइन चार्ज (line charge) के कारण

$$\vec{E} = \int_C \frac{\rho_L\, dl}{4\pi\,\varepsilon\, r^2}\,\hat{a_r}$$

$$V = \int_C \frac{\rho_L\, dl}{4\pi\,\varepsilon\, r}$$

(ii) पृष्ठ चार्ज (surface charge) के कारण

$$\vec{E} = \iint_S \frac{\rho_s \, ds}{4\pi \varepsilon r^2} \hat{a_r}$$

$$V = \iint_S \frac{\rho_s \, ds}{4\pi \varepsilon r}$$

(iii) आयतन चार्ज (volume charge) के कारण

$$\vec{E} = \iiint_V \frac{\rho \, dv}{4\pi \varepsilon r^2} \hat{a_r}$$

$$V = \iiint_V \frac{\rho \, dv}{4\pi \varepsilon r}$$

## 12.4 गॉस का नियम (Gauss Law)

गॉस के नियम के अनुसार किसी बन्द सतह (closed surface) से गुजरने वाला फ्लक्स सतह द्वारा घेरे गये चार्ज (encircled charge) के बराबर होता है।

$$\oint\!\!\oint \vec{D} \cdot \vec{ds} = Q = \iiint_V \rho \, dv \qquad \text{...(i)}$$

डिफ्रैन्शियल अथवा बिन्दु फॉर्म (point form) में यह निम्न प्रकार प्रदर्शित किया जाता है;

$$\nabla \cdot \vec{D} = \rho \qquad \text{...(ii)}$$

समीकरण (i) तथा (ii) मैक्सवेल समीकरण (Maxwell Equation's) कहलाती हैं। मैक्सवैल की समस्त समीकरणों निम्न प्रकार हैं :

| | **Integral Form** | **Differential Form** |
|---|---|---|
| (1) Gauss law of electric field | $\oint\!\!\oint_S \vec{D} \cdot \vec{ds} = \iiint_V \rho \, dv$ | $\nabla \cdot \vec{D} = \rho$ |
| (2) Gauss law of magnetic field | $\oint\!\!\oint_S \vec{B} \cdot \vec{ds} = 0$ | $\nabla \cdot \vec{B} = 0$ |
| (3) Modified Faraday's law | $\oint \vec{E} \cdot \vec{dl} = -\iint_S \frac{\delta B}{\delta t} \cdot \vec{ds}$ | $\nabla \cdot \vec{E} = -\frac{\delta \vec{B}}{\delta t}$ |
| (4) Modified Amperes law | $\oint_C \vec{H} \cdot \vec{dl} = \iint_S \left[\delta E + \frac{\delta D}{\delta t}\right] \cdot ds$ | $\nabla \times H = \sigma E + \frac{\delta \vec{D}}{\delta t}$ |

**विशेष अवस्थायें (Special Cases) :**

**(a)** For static fields : $\frac{\delta \vec{D}}{\delta t} = \frac{\delta \vec{B}}{\delta t} = 0$

**(b)** For steady state $\frac{\delta \vec{D}}{\delta t} = \frac{\delta \vec{B}}{\delta t} = 0, \quad \sigma = 0$

**(c)** For sinusoidally varying fields $\frac{\delta \vec{D}}{\delta t} = j\omega\varepsilon\vec{E}$ तथा $\frac{\delta \vec{B}}{\delta t} = j\omega\mu\vec{H}$

**(d)** For free space $\sigma = 0, \quad \rho = 0$

अन्य सम्बन्ध (Other relations)

$$\vec{D} = \varepsilon \vec{E}$$
$$\vec{J} = \sigma \vec{E}$$
$$\vec{B} = \mu \vec{H}$$

## 12.5. कन्टीन्यूटी समीकरण (Equation of Continuity)

इस समीकरण के अनुसार किसी आयतन (volume) से धारा का नैट फ्लो, समय के साथ चार्ज परिवर्तन की निगेटिव दर (negative rate of change of charge with time) के बराबर होता है, अर्थात्

$$\oiint_S \vec{J} \cdot d\vec{s} = -\iiint_V \frac{\partial \rho}{\partial t} \cdot dV$$

डिफ्रैन्शियल फॉर्म में, $\nabla \cdot \vec{J} = -\partial\rho/\partial t$

स्थिर (steady) धाराओं के लिये

$$\frac{\partial \rho}{\partial t} = 0$$

$\therefore$ $\nabla \cdot \vec{J} = 0$

Displacement current $I_d = \int \vec{J} d\vec{s}$ यहाँ $J_D = \dfrac{\partial \vec{D}}{\partial t}$

Displacement current density $J_d = \dfrac{I_d}{A} = \varepsilon \dfrac{\partial E}{\partial t}$

Conduction current $I_c = \dfrac{dQ}{dt}$

Conduction current density $J_c = \sigma E$

## 12.6. बायोसावर्ट का नियम (Bio' Savert's Law)

एक धारावाही चालक से $r$ दूरी पर चुम्बकीय क्षेत्र

$$\vec{B} = \int_C \frac{\mu I \, dl \sin\theta}{4\pi r^2} \hat{a}_\psi$$

$S$ क्षेत्रफल की किसी सतह से गुजरने वाला चुम्बकीय फ्लक्स

$$\phi_m = \iint_S \vec{B} \cdot d\vec{s}$$

किसी बन्द सतह से गुजरने वाला चुम्बकीय फ्लक्स

$$\phi_m = \iint_S \vec{B} \cdot d\vec{s} = 0$$

डिफ्रैन्शियल फॉर्म में $\Delta \cdot B = 0$

## 12.7. चुम्बकीय बल (Magnetic Force)

किसी चुम्बकीय क्षेत्र में रखे गये धारावाही चालक पर बल

$$\vec{F} = \int (\vec{I} \times \vec{B}) \, dl$$

एक गतिशील चार्ज (moving charge) पर वैद्युत एवं चुम्बकीय क्षेत्र की उपस्थिति में बल

$$\vec{F} = Q\vec{E} + Q(\vec{v} \times \vec{B})$$

किसी लूप पर बलाघूर्ण (torque), $T = \vec{m} \times \vec{B}$

यहाँ $m = IA\,\hat{a_n}$, इसे चुम्बकीय आघूर्ण (magnetic moment) कहते हैं।

## 12.8. एम्पीयर का सर्किटल का नियम (Ampere's Circuital law)

इस नियम के अनुसार किसी 'single close path' के परितः चुम्बकीय क्षेत्र की तीव्रता $\vec{H}$, एनक्लोज्ड धारा (enclosed current) के बराबर होती है, अर्थात्

$$\oint \vec{H} \cdot dl = I = \iint_S \vec{J} \cdot \vec{ds}$$

डिफ्रैन्शियल फॉर्म में, $\nabla \times H = J$

## 12.9. वैक्टर मैगनेटिक पोटेन्शियल (Vector Magnetic Potential)

इस नियम का उपयोग चुम्बकीय क्षेत्र $\vec{B}$ की गणना में किया जाता है

$$\vec{A} = \iiint_V \frac{\mu J}{4\pi r} dV$$

तथा $\vec{B} = \nabla \times \vec{A}$

## 12.10. ध्रुवण तथा चुम्बकन (Polarization and Magnetization)

| समीकरण का विवरण (Description of Equation) | चुम्बकीय क्षेत्र (Magnetic Field) | वैद्युत क्षेत्र (Electric Field) |
|---|---|---|
| Flux density | $\vec{D} = \mu_0 (\vec{H} + \vec{M})$ | $\vec{D} = \varepsilon E + \vec{P}$ |
| Dipole moment | $M = \frac{m}{v} = \frac{Q_m l}{v} = \frac{IA}{v}$ | $\vec{P} = \frac{p}{v} = \frac{Ql}{v}$ |
| Permittivity and Permeability | $\mu = \mu_0 \left[1 + \frac{M}{H}\right]$ | $\varepsilon = \varepsilon_0 + \frac{P}{E}$ |
| Relative Permittivity and Permeability | $\mu_r = 1 + \frac{M}{H}$ | $\varepsilon_r = 1 + \frac{P}{\varepsilon_0 E}$ |
| Susceptence | $X_m = \mu_r - 1$ | $X_c = \varepsilon_r - 1$ |
| Poisson's equation | $\nabla^2 U = \nabla \cdot \vec{M} = -\nabla \vec{H}$ | $\nabla^2 V = -\rho/\varepsilon$ |
| Scalar and Magnetic Potentials | $\vec{A} = \frac{\mu_0}{4\pi} \iiint \frac{\vec{J} + \nabla \times \vec{M}}{r} dv$ | $V = \frac{1}{4\pi\varepsilon_0} \iiint \frac{\rho - \nabla . \vec{P}}{r} dv$ |
| Relation between polarization charge Density and to pole density and equivalent current sheet | $\nabla . \vec{M} = -\rho_m$<br>$\nabla \times \vec{M} = \vec{J}$ | $\nabla \vec{P} = \rho_p$<br>$\nabla \cdot \vec{D} = \rho$ |
| Relation between surface charges and poles and equivalent current sheet | $M = \rho_{sm}$<br>$M = J_s$ | $P = \rho_{sp}$<br>$D = \rho_s$ |

## 12.11. वैद्युत एवं चुम्बकीय ऊर्जा (Electric and Magnetic Energy)

धारिता (Capacitance), $C = \frac{Q}{V}$

प्रेरकत्व (Inductance), $L = \frac{N\psi_m}{I}$

विद्युतशीलता (Permittivity), $\varepsilon = \frac{C}{d}$ Farad/metre

चुम्बकशीलता (Permeability) $\mu = \frac{L}{d}$ Henery/metre

विद्युत ऊर्जा (Electric energy) $W_e = \frac{1}{2}CV^2 = \frac{1}{2}QV = \frac{1}{2}\frac{Q^2}{C}$

चुम्बकीय ऊर्जा (Magnetic energy) $W_m = \frac{1}{2}LI^2$

विद्युत ऊर्जा घनत्व (Electric Energy density), $w_e = \frac{1}{2}\vec{D}\cdot\vec{E} = \frac{1}{2}\varepsilon E^2$

चुम्बकीय ऊर्जा घनत्व (Magnetic energy density), $w_m = \frac{1}{2}\vec{B}\cdot\vec{H} = \frac{1}{2}\mu H^2$

## 12.12. चुम्बकीय परिपथ (Magnetic Circuit)

रिलक्टैन्स (Reluctance), $R = \frac{F}{\psi_m} = \frac{\oint \vec{H}\cdot\vec{dl}}{\psi_m} = \frac{NI}{\psi_m} = \frac{NI}{BA}$

यहाँ $F =$ चुम्बकीय परिपथ का सम्पूर्ण चुम्बकीय वाहक बल (total mmf of the magnetic circuit)

परमीएंस (Permeance), $\rho = \frac{1}{\text{Reluctance}}$

## 12.13. प्रेरित विद्युत वाहक बल (Induced emf)

जब कोई चालक किसी 'time varying' चुम्बकीय क्षेत्र में वेग $\vec{v}$ से गति करता है तब चालक में emf प्रेरित हो जाता है। यह निम्न सूत्र द्वारा प्रदर्शित किया जाता है,

$$\xi = \oint (\vec{v}\times\vec{B})\cdot\vec{dl} - \iint_S \frac{\partial B}{\partial t}\cdot\vec{ds}$$ सामान्य स्थिति में (General case)

$$= \oint (\vec{v}\times\vec{B}) : dl$$ गति के कारण इन्डक्शन

$$= -\iint_S \frac{\partial\vec{B}}{\partial t}\cdot\vec{ds}$$ केवल चुम्बकीय क्षेत्र $(B)$ के परिवर्तन के कारण

## 12.14. यूनिफॉर्म प्लेन वेव (Uniform Plane Wave)

प्वाइन्टिंग वैक्टर द्वारा प्रदर्शित शक्ति घनत्व (Power density given by Poynting's Vector)

$$\vec{P} = \vec{E}\times\vec{H}$$

पावर फ्लो (Power flow) $= \oiint \vec{P}\cdot\vec{ds}$

प्रोपेगेशन का वेग (Velocity of propagation)

$$v = \frac{1}{\sqrt{\mu \varepsilon}}$$

इन्ट्रिन्जिक प्रतिबाधा (Intrinsic impedance)

$$\eta = \sqrt{\frac{\mu}{\varepsilon}} = \frac{E}{H}$$

प्रोपेगेशन नियताँक (Propagation constant)

$$\gamma = [j\,\omega\mu\,(\sigma + j\,\omega\varepsilon)]^{1/2}$$
$$= \alpha + j\beta$$

यहाँ $\alpha =$ अटेनुएशन नियताँक (attenuation constant)

$\beta =$ फेज नियताँक (phase constant)

साइनुसायडली परिवर्तित होने वाले चुम्बकीय क्षेत्र की तरंग समीकरण

$$\nabla^2 \vec{E} + \gamma^2 \vec{E} = 0$$

## 12.15. अच्छे परावैद्युत पदार्थों में तरंग का प्रोपेगेशन (Wave Propagation in good dielectrics)

अटेनुएशन नियताँक (Attenuation constant),

$$\alpha = \frac{\sigma}{2} \sqrt{\frac{\mu}{\varepsilon}}$$

फेज नियताँक (Phase constant),

$$\beta = \beta_0 \left(1 + \frac{\sigma^2}{8\,\omega^2\,\varepsilon^2}\right)$$

फेज वेग (Phase velocity),

$$v = v_0 \left(1 - \frac{\sigma^2}{8\,\omega^2\,\varepsilon^2}\right)$$

इन्ट्रिन्जिक इम्पीडैंस (Intrinsic impedance)

$$\eta = \eta_0 \left(1 + j\frac{\sigma}{\omega\,\varepsilon}\right)$$

यहाँ $\beta_0 = \omega\,\sqrt{\mu\,\varepsilon}$, $\quad v_0 = \frac{1}{\sqrt{\mu\,\varepsilon}}$, $\quad \eta_0 = \sqrt{\mu/\varepsilon}$

## 12.16. अच्छे चालकों में तरंग का प्रोपेगेशन (Wave Propagation in Good Conductors)

अच्छे चालकों के लिए

$$[\sigma/\omega\varepsilon] >> 1$$

अटेनुएशन नियतांक (Attenuation constant),

$$\alpha = \sqrt{\frac{\omega\,\mu\,\sigma}{2}}$$

फेज नियतांक (Phase constant),

$$\beta = \sqrt{\frac{\omega \mu \sigma}{2}}$$

फेज वेग (Phase velocity),

$$v = \sqrt{\frac{2\omega}{\mu \sigma}}$$

इन्ट्रिन्जिक प्रतिबाधा (Intrinsic impedance),

$$\eta = \sqrt{\frac{j\omega \mu}{\sigma}}$$

Depth of Penetration ($\delta$) – डेप्थ ऑफ पेनीट्रेशन ($\delta$) चालकीय माध्यम में वह गहराई है जहाँ पर तरंग अपने मूल मान (original value) का 37·7% अटेनुएट हो जाता है।

$$\sigma = \frac{1}{\alpha} = \sqrt{\frac{2}{\omega \mu \sigma}}$$

## 12.17. समतल तरंगों का परावर्तन तथा आवर्तन (Reflection and Refraction of Plane Waves)

जब प्लेन इलेक्ट्रोनेगनेटिक तरंग किसी माध्यम की सतह पर लम्बवत् आपतित (normally incident) होती है तब तरंग की ऊर्जा का कुछ भाग ट्रांसमिट हो जाता है तथा कुछ भाग परावर्तित (reflect) हो जाता है।

**Normal Incidence**

General case :

$$\rho = \frac{E_r}{E_i} = \frac{\eta_2 - \eta_1}{\eta_2 + \eta_1} \quad \text{तथा} \quad \rho' = \frac{H_r}{H_i} = \frac{\eta_1 - \eta_2}{\eta_1 + \eta_2}$$

$$T = \frac{E_t}{E_i} = \frac{2\eta_2}{\eta_2 + \eta_1}; \quad T' = \frac{H_t}{H_i} = \frac{2\eta_1}{\eta_1 + \eta_2}$$

Perfect dielectric :

$$\rho = \frac{E_r}{E_i} = \frac{\sqrt{\varepsilon_1} - \sqrt{\varepsilon_2}}{\sqrt{\varepsilon_1} + \sqrt{\varepsilon_2}}; \quad \rho' = \frac{H_r}{H_i} = \frac{\sqrt{\varepsilon_2} - \sqrt{\varepsilon_1}}{\sqrt{\varepsilon_2} + \sqrt{\varepsilon_1}}$$

$$T = \frac{E_t}{E_i} = \frac{2\sqrt{\varepsilon_1}}{\sqrt{\varepsilon_1} + \sqrt{\varepsilon_2}}; \quad T' = \frac{H_t}{H_i} = \frac{2\sqrt{\varepsilon_2}}{\sqrt{\varepsilon_2} + \sqrt{\varepsilon_1}}$$

### ब्रुस्टर कोण (Brewster Angle)

ब्रुस्टर कोण वह आपतन कोण (incidence angle) है जिसके लिए तरंग का कोई भी भाग उस समय परावर्तित नहीं होता जब आपतित तरंग (incident wave) पैरेलल अथवा वर्टीकली पोलेराइज्ड हो।

अर्थात्

$$\tan \theta_1 = \tan \theta_B = \sqrt{\frac{\varepsilon_2}{\varepsilon_1}}$$

# Objective Type Questions

## (Electromagnetic Theory)

1. जब विद्युत चुम्बकीय तरंगें स्पेस में चलती हैं तो निम्न में कौन-सी क्रिया होती है ?
(a) आवर्तन (refraction)
(b) अवशोषण (absorption)
(c) अटेनुएशन
(d) परावर्तन (reflection)

2. चुम्बकीय क्षेत्र में बल का सूत्र है $F = qvB$
(a) सूत्र के चारों कम्पोनैन्ट परस्पर लम्बवत् होते हैं
(b) केवल $F$ तथा $q$ परस्पर लम्बवत् हैं
(c) $F$ तथा $q$ परस्पर लम्बवत् हैं तथा $v$ एवं $B$ परस्पर लम्बवत् है
(d) $F$ तथा $v$, $F$ तथा $B$ परस्पर लम्बवत् हैं तथा $v$ एवं $B$ के मध्य कोई भी कोण हो सकता है

3. अर्धव्यास $r$ एवं विद्युत क्षेत्र $E$ के अर्धगोले के कारण विद्युत फ्लक्स होता है—
(a) $4\pi R^2 E$ (b) $\pi R^2 E$
(c) $2\pi R^2 E$ (d) $\frac{1}{2}\pi R^2 E$

4. इलेक्ट्रोमैगनेटिक तरंग के लिए प्वाइन्टिंग वैक्टर है—
(a) $\vec{H} \times \vec{E}$ (b) $\vec{H} \times \vec{E}$
(c) $\vec{E} \times \vec{H}$ (d) $\vec{E} \cdot \vec{H}$

5. चुम्बकीय क्षेत्र में ऊर्जा घनत्व (energy density) का सूत्र है—
(a) $\omega = \frac{\mu H_1}{2}$ (b) $\omega = \frac{\mu H_1^2}{2}$
(c) $\omega = \frac{\mu \sqrt{H_1}}{2}$ (d) $\omega = \sqrt{\frac{\mu H_1}{4}}$

6. $\vec{E}$ तथा $\vec{H}$ में सम्बन्ध है—
(a) $\vec{E}/\vec{H} = \sqrt{\varepsilon_0 \mu_0}$ (b) $\vec{E}/\vec{H} = \sqrt{\frac{\mu_0}{\varepsilon_0}}$
(c) $\vec{H}/\vec{E} = \sqrt{\mu_0 \varepsilon_0}$ (d) $\frac{\vec{H}}{\vec{E}} = \sqrt{\frac{\mu_0}{\varepsilon_0}}$

7. मैक्सवैल की तरंग समीकरणें हैं—
(a) $\nabla \times \vec{E} = \frac{-\partial \vec{B}}{\partial t}$
(b) $\nabla \times \vec{E} = \frac{-\partial \vec{B}}{\partial t}, \nabla \times \vec{H} = \frac{\partial \vec{D}}{\partial t}$
(c) $\nabla \cdot \vec{D} = 0, \nabla^2 \vec{E} = \mu_0 \varepsilon_0 \frac{\partial^2 \vec{E}}{\partial t^2}$
(d) $\nabla^2 \vec{E} = \mu_0 \varepsilon_0 \frac{\partial^2 \vec{E}}{\partial t^2}, \Delta^2 \vec{B} = \mu_0 \varepsilon \frac{\partial^2 \vec{B}}{\partial t^2}$

8. किस पदार्थ की चुम्बकीय शीलता (relative permeability) 1 है ?
(a) बिस्मथ (Bismuth) (b) वेकुम (Vacuum)
(c) वायु (Air) (d) कोबाल्ट (Cobalt)

9. फ्री-स्पेस के लिए मैक्सवैल समीकरण है—
(a) $\nabla \cdot \vec{B} = 0$ (b) $\nabla \vec{B} = \rho$
(c) $\nabla \cdot \vec{B} = \vec{J}$ (d) $\nabla \cdot \vec{B} = \sigma \vec{J}$

10. एक लम्बे वायर में 100 A धारा प्रवाहित हो रही है। वायर को 50 gauss तीव्रता के चुम्बकीय क्षेत्र में, क्षेत्र के लम्बवत् रखा गया है—
(a) क्षेत्र शून्य (null) नहीं होगा
(b) क्षेत्र, वायर पर टर्मिनेट होगा
(c) वायर के चारों ओर (surrounding) क्षेत्र शून्य (null) होगा
(d) वायर के ऊपर क्षेत्र शून्य (null) तथा वायर के नीचे सघन (crowded) होगा

11. एक विद्युत चुम्बकीय तरंग, एक पूर्ण (perfect) इनसुलेटर पर किसी कोण पर आपतित (incident) है। यदि तरंग समान्तर ध्रुवित (parallel polarised) नहीं है तब—
(a) कोई परावर्तन नहीं होगा
(b) परावर्तित तरंग, आपतन तल (plane of incidence) के लम्बवत् पूर्णतया ध्रुवित (fully polarised) होगी

(c) परावर्तित तरंग आपतन तल (plane of incidence) पर तल के समान्तर पूर्णतया ध्रुवित होगी

(d) उपरोक्त सभी

12. एक 1 m लम्बे तार में 5 A धारा प्रवाहित होती है। तार 5 $wb/m^2$ के चुम्बकीय क्षेत्र में क्षेत्र की दिशा से 30° पर रखा गया है। तार पर बल का परिमाण (magnitude) तथा दिशा क्या होगी ?

(a) चुम्बकीय क्षेत्र तथा तार के लम्बवत् 3·75 न्यूटन

(b) चुम्बकीय क्षेत्र से 120° पर तथा तार के लम्बवत् 3·75 न्यूटन

(c) चम्बकीय क्षेत्र से 150° पर तथा तार के लम्बवत् 3·75 न्यूटन

(d) चुम्बकीय क्षेत्र तथा तार के लम्बवत् 7·75 न्यूटन

13. वैद्युत तथा चुम्बकीय क्षेत्र एक पूर्ण इनसुलेटिंग माध्यम (perfect insulating medium) में से गुजरते हैं। संशोधित (modified) मैक्सवैल समीकरणें होंगी—

(a) $\nabla \cdot \vec{D} = 0$ तथा शेष 3 समीकरणों में कोई परिवर्तन नहीं

(b) $\nabla \cdot \vec{D} = 0, \nabla \times \vec{E} = 0$ तथा शेष 2 समीकरणों में कोई परिवर्तन नहीं

(c) $\nabla \cdot D = 0, \nabla \times H = \frac{\partial \vec{D}}{\partial t}$ तथा शेष 2 समीकरणों में कोई परिवर्तन नहीं

(d) किसी भी समीकरण में परिवर्तन नहीं

14. प्वाइन्टिंग वैक्टर, प्रति एकांक क्षेत्र ऊर्जा प्रवाह की दर (rate of energy flow per unit area) की माप है। इसका सूत्र है—

(a) $\vec{P} = \vec{E} \cdot \vec{H}$  (b) $\vec{P} = \frac{\vec{E}}{\vec{H}}$

(c) $\vec{P} = \frac{\vec{H}}{\vec{E}}$  (d) $\vec{P} = \vec{E} \times \vec{H}$

15. प्वाइन्टिंग वैक्टर प्रदर्शित करता है—

(a) पोलेराइजेशन की दिशा  (b) ऊर्जा प्रवाह की दर

(c) वैद्युत क्षेत्र की तीव्रता

(d) चुम्बकीय क्षेत्र की तीव्रता

16. निम्न में से कौन-सी राशि स्केलर (scalar) है—

(a) वैद्युत विस्थापन घनत्व (Electric displacement density)

(b) वैद्युत क्षेत्र में पोटेन्शियल (Potential in electric field)

(c) वैद्युत क्षेत्र की तीव्रता (Intensity of electric field)

(d) उपरोक्त में कोई नहीं

17. पॉयजन अनुपात (Poisson's equation) को निम्न प्रकार प्रदर्शित किया जा सकता है—

(a) $\nabla^2 V = -\frac{\rho}{\varepsilon_0}$  (b) $\nabla^2 V = \frac{\rho}{\varepsilon_0}$

(c) $\nabla \cdot \vec{E} = \frac{\rho}{\varepsilon_0}$  (d) $\vec{E} = -\nabla V$

18. समीकरण $\nabla^2 V = -\frac{\rho}{\varepsilon_0}$

(a) लाप्लास समीकरण है  (b) पॉयजन समीकरण है

(c) मैक्सवेल समीकरण है

(d) कन्टीन्यूटी (continuity) समीकरण है

19. चालकीय पदार्थों (conducting materials) के लिए निम्न में से कौन-सा सम्बन्ध ठीक है—

(a) $\nabla \cdot D = 0$  (b) $\nabla \cdot D = \rho$

(c) $\nabla \times D = 0$  (d) $\nabla \times D = \rho$

20. निम्न में से कौन-सी मैक्सवैल समीकरण नहीं है ?

(a) $B = \mu H$  (b) $E = \frac{D}{\varepsilon}$

(c) $E = \frac{J}{\sigma}$  (d) $E = \varepsilon D$

21. जब किसी परावैद्युत पदार्थ (dielectric material) को विद्युत क्षेत्र में रखा जाता है तब क्षेत्र की तीव्रता (field strength) –

(a) बढ़ती है  (b) घटती है

(c) परिवर्तित नहीं होती  (d) शून्य हो जाती है

22. 'Absolute permeability' का मान है—

(a) $4\pi \times 10^{-7}$ H/m

(b) $8 \cdot 54 \times 10^{-12}$ H/m

(c) $4\pi \times 10^{-12}$ H/m

(d) $8 \cdot 854 \times 10^{-7}$ H/m

23. स्थिर चुम्बकीय क्षेत्र (Static magnetic field) के लिए मैक्सवैल की 'curl' समीकरण है—

(a) $\nabla \times \vec{B} = \mu_0 \vec{J}$  (b) $\nabla \times \vec{B} = 0$

(c) $\nabla \cdot \vec{B} = \mu_0 J$  (d) $\nabla \times \vec{B} = \mu_0 / \vec{J}$

24. एक, एकसमान (uniform) प्लेन वेव जो अधिकतम वोल्टेज $E_0$ के विद्युत क्षेत्र तथा प्रतिबाधा $Z_0$ में है, में प्रति यूनिट क्षेत्र औसत शक्ति प्रवाह (power flow per unit area in a uniform plane wave in a electric field of maximum voltage $E_0$ and impedance $Z_0$) है—

(a) $\frac{E_0^3}{Z_0}$ (b) $I_0 E_0$

(c) $\frac{1}{2} \cdot \frac{E_0^2}{Z_0}$ (d) $I_0^2 \cdot Z_0$

25. एक इलेक्ट्रॉन के भार को सन्तुलित (balance) करने वाले वैद्युत क्षेत्र का परिमाण एवं दिशा होगी—

(a) $5{\cdot}6 \times 10^{-11}$ N/C ऊपर की ओर

(b) $5{\cdot}6 \times 10^{-11}$ N/C नीचे की ओर

(c) $6 \times 10^{-12}$ N/C नीचे की ओर

(d) $5{\cdot}6 \times 10^{-11}$ N/C, 45° के कोण पर

26. ध्रुवण (Polarization) का मात्रक (unit)–

(a) $E$ के मात्रक के समान है

(b) $D$ के मात्रक के समान है

(c) आवेश के मात्रक के समान है

(d) उपरोक्त में कोई नहीं

27. मुक्त स्पेस (free space) में विद्युत क्षेत्र ($E$) का मान है—

(a) $D/\varepsilon_0$ (b) $\sigma/\varepsilon_0$

(c) $\varepsilon_0 D$ (d) $\sigma/\varepsilon_0$

28. आवेश $Q$ को एक समविभव (equipotential) लाइन पर $d$ दूरी तक ले जाने में किया गया कार्य है—

(a) शून्य (zero) (b) $Q \cdot d$

(c) $\frac{V}{d}$ (d) $\frac{QV}{d}$

29. कॉपर की एक शीट, एक चुम्बकीय क्षेत्र ($B$) के लम्बवत रखी गयी है। चुम्बकीय क्षेत्र की दिशा नीचे से ऊपर की ओर है। शीट के ऊपर चुम्बकीय क्षेत्र में अकस्मात् कोई परिवर्तन नहीं होता क्योंकि—

(a) शीट चुम्बकीय क्षेत्र को बाधित (obstruct) कर देती है

(b) चुम्बकीय क्षेत्र शीट को भेदने (pierce) में असमर्थ है

(c) शीट में एक emf प्रेरित हो जाता है जो चुम्बकीय क्षेत्र का विरोध करता है

30. किसी बिन्दु पर विद्युत क्षेत्र की तीव्रता

(a) उस बिन्दु पर 'potential gradient' के बराबर होती है

(b) उस बिन्दु पर 'potential gradient' के निगेटिव के बराबर होती है

(c) उस बिन्दु पर आवेश के बराबर होती है

(d) उस बिन्दु पर आवेश के निगेटिव के बराबर होती है

31. Electric displacement का m.k.s. प्रणाली में मात्रक है—

(a) गौस (gauss) (b) वेबर (weber)

(c) वेबर/वर्ग मी (wb/$m^2$)

(d) कुलॉम/वर्ग मी (c/$m^2$)

32. तरंग गति का सूत्र है—

(a) $v = \frac{1}{\sqrt{\mu_0}}$ m/s (b) $v = \sqrt{\frac{\varepsilon_0}{\mu_0}}$ m/s

(c) $v = \sqrt{\mu_0 \varepsilon_0}$ m/s (d) $v = \frac{1}{\sqrt{\varepsilon_0 \mu_0}}$ m/s

33. स्टैटिक मेगनेटिक फील्ड के लिए मैक्सवैल की डाइवर्जेन्स समीकरण (divergence equation) है—

(a) $\nabla \cdot \vec{B} = \mu_0$ (b) $\nabla \cdot \vec{B} = \mu_0 \vec{J}$

(c) $\nabla \cdot \vec{B} = \frac{\mu_0}{\vec{J}}$ (d) $\nabla \cdot B = 0$

34. इलेक्ट्रोमैगनेटिक तरंगों में ध्रुवण (polarisation)–

(a) परावर्तन के कारण होता है

(b) स्काई वेव (sky waves) की ट्रांसवर्स प्रकृति के कारण होता है

(c) तरंगों की अनुदैर्ध्य (longitudinal) प्रकृति के कारण होता है

(d) आइसोट्रापिक माध्यम में सदा वर्टीकल होता है

35. अच्छे चालक में इलेक्ट्रोमैगनेटिक तरंग के प्रोपेगेशन के लिये—

(a) $\alpha = \sqrt{\left(\frac{\omega \mu \sigma}{2}\right)}$, $\beta = 180°$

(b) $\alpha = \sqrt{2\,\omega\,\mu\,\sigma}$, $\beta = 90°$

(c) $\alpha = \beta = \sqrt{\varepsilon\,\mu}$

(d) $\alpha = \beta = \sqrt{\left(\frac{\omega\,\mu\,\sigma}{2}\right)}$

36. पूर्ण परावैद्युत पदार्थ (perfect dielectric) पर आपतित विद्युत-चुम्बकीय तरंग—

(a) पूर्णतया ट्रांसमिट हो जाती है

(b) पूर्णतया परावर्तित (reflect) हो जाती है

(c) आंशिक (partially) ट्रांसमिट तथा आंशिक (partially) परावर्तित हो जाती है

(d) उपरोक्त में कोई नहीं

37. विद्युत क्षेत्र की तीव्रता (intensity of electric field) का 'surface integral' होता है—

(a) इलेक्ट्रिक चार्ज

(b) पृष्ठ (surface) से निकलने वाला नैट फ्लक्स

(c) 'volume flux' का डिफ्रैन्शियल

(d) उपरोक्त में कोई नहीं

38. सूत्र $\vec{J} = \sigma\vec{E}$

(a) पॉयजन समीकरण है

(b) मैक्सवैल समीकरण है

(c) ओम का नियम है

(d) कन्टीनुअटी समीकरण है

39. चुम्बकीय फ्लक्स घनत्व ($B$) तथा वैक्टर मेगनेटिक पोटेन्शियल ($A$) में परस्पर सम्बन्ध है—

(a) $\vec{B} = \nabla \times \vec{A}$ (b) $\vec{A} = \nabla \times \vec{B}$

(c) $\vec{B} = \nabla \cdot \vec{A}$ (d) $\vec{A} = \nabla \cdot \vec{B}$

40. $\mu_0\,\varepsilon_0$ के मात्रक (units) हैं—

(a) Farad Henry (b) $m^2/sec^2$

(c) ampere volt sec

(d) newton $metre^2/coulomb^2$

41. एक उत्तम परावैद्युत (good dielectric) की इन्ट्रिन्जिक प्रतिबाधा होती है—

(a) $\sqrt{C/L}$ (b) $\sqrt{L/C}$

(c) $\sqrt{\left(\frac{R + j\omega C}{R + j\omega L}\right)}$ (d) $\sqrt{\frac{R + j\omega L}{R + j\omega C}}$

42. निम्न में 'false' स्टेटमैन्ट है—

(a) लैंज के नियम (Lenz's law) द्वारा प्रेरित वोल्टेज (induced voltage) की पोलेरिटी ज्ञात की जाती है

(b) फैराडे के नियम द्वारा प्रेरित वोल्टेज का मान ज्ञात किया जाता है

(c) प्रेरित (induced) वोल्टेज केवल फ्लक्स परिवर्तन पर ही होती है

(d) उपरोक्त में कोई नहीं

43. निम्न में कौन-सी समीकरण कन्डक्टिंग माध्यम के लिये त्रुटिपूर्ण (incorrect) है ?

(a) $\nabla \times \vec{H} = \frac{\partial \vec{D}}{\partial t} + \vec{J}$

(b) $\nabla \times \vec{E} = \frac{\partial \vec{B}}{\partial t}$

(c) $\nabla \times \vec{D} = \sigma$ (d) $\nabla \times \vec{B} = 0$

44. MKS प्रणाली में फ्लक्स घनत्व का मात्रक है—

(a) weber (b) $webers/metre^2$

(c) Amp/metre (d) Tesla

45. '$\mu$' के MKS प्रणाली में मात्रक है—

(a) Faraday per square metre

(b) Faraday per metre

(c) Henry per metre

(d) Henry per square metre

46. विद्युत क्षेत्र में परावैद्युत पदार्थों के इन्टरफेस पर बाउन्ड्री 'conditions' है—

(a) $D_{normal} = 0;\ E_{normal} = 0$

(c) $D_{normal} = 0;\ E_{tangential} = 0$

(c) $D_{tangential} = 0;\ E_{tangential} = 0$

(d) $D_{tangential} = 0;\ E_{normal} = 0$

47. एक स्केलर फंक्शन $V(x, y, z)$ के लिए $\Delta V$ का मान होगा—

(a) $\frac{d\,V_x}{dx} + \frac{d\,V_y}{dy} + \frac{d\,V_z}{z}$

(b) $\frac{\partial\,V_x}{\partial x} + \frac{\partial\,V_y}{\partial y} + \frac{\partial\,V_z}{z}$

(c) $\frac{\partial\,V}{\partial x} + \frac{\partial\,V}{\partial y} + \frac{\partial V}{\partial z}$

(d) उपरोक्त में कोई नहीं

48. फ्री-स्पेस की इन्ट्रिन्जिक प्रतिबाधा होती है लगभग—

(a) 75 Ω (b) 73 Ω

(c) 377 Ω (d) 300 Ω

49. एक सरकुलर पैरेलल प्लेट केपेसिटर की प्लेटों का अर्धव्यास $R = 10$ cm है। कैपेसिटर को इस प्रकार आवेशित किया जाता है कि प्लेटों के मध्य विद्युत क्षेत्र $10^{13}$ v/metre sec की दर से परिवर्तित होता है। विस्थापन धारा (displacement current) का मान होगा—

(a) 27946 A (b) 2·8 A

(c) 27·946 A (d) 0·28 A

50. एक माध्यम में चलती हुयी एक विद्युत चुम्बकीय तरंग जब किसी दूसरे माध्यम (of different conductivity) से टकराती है तब तरंग—

(a) पूर्णतया परावर्तित हो जाती है

(b) पूर्णतया ट्रांसमिट हो जाती है

(c) न परिवर्तित होती है और न ट्रांसमिट होती है

(d) आंशिक परावर्तित होती है और आंशिक ट्रांसमिट होती है

51. किसी परावैद्युत माध्यम की चुम्बकशीलता का सूत्र है—

(a) $\mu = \frac{\mu_0}{\mu_r}$ (b) $\mu = \mu_0 \mu_r$

(c) $\mu_0 = \mu \cdot \mu_r$ (d) $\mu_r = \mu_0 \mu$

52. समीकरण $\nabla^2 V = -\rho/E$ है—

(a) पायजन समीकरण (b) लाप्लास समीकरण

(c) कन्टीन्यूटी (d) उपरोक्त में कोई नहीं

53. एक बन्द सतह से 'outward displacement' होता है—

(a) अनन्त (b) 1 (unity)

(c) शून्य (zero) (d) उपरोक्त में कोई नहीं

54. निम्न में 'false' है—

(a) $D = \varepsilon E$ (b) $B = \mu H$

(c) $J = \sigma E$ (d) $B = \mu D$

55. 'Time varying fields के लिए कन्टीन्यूटी समीकरण का मैक्सवैल द्वारा संशोधन किया गया। यह संशोधन (correction) है—

(a) Ampere's law, $\frac{\partial D}{\partial t}$

(b) Gauss's law, $J$

(c) Faraday's law, $\frac{\partial B}{\partial t}$

(d) Ampere's law, $\frac{\partial \rho}{\partial t}$

56. आयतन $V$ को घेरने वाली एक बन्द सतह $S$ का धारा वैक्टर $J$ है। सतह से निकलने वाली धारा ($I$) है—

(a) $\int J$ (b) $\int J\, ds$

(c) $\int_v J dv$ (d) उपरोक्त में कोई नहीं

57. सरकुलर पोलेराइज्ड तरंगें उस समय उत्पन्न होती हैं जब—

(a) फेज समान होते हैं

(b) परिमाण (magnitudes) समान तथा कलान्तर (phase difference) 90° होता है

(c) परिमाण (magnitudes) समान तथा कलान्तर (phase difference) 0° होता है

(d) परिमाण (magnitudes) समान होते हैं।

58. फ्री-स्पेस में कोई आवेश नहीं होता अर्थात् $\rho = 0$। इस अवस्था में पायजन समीकरण (Poisson's equation) होगी—

(a) $\Delta^2 V = 0$ (Laplace equation)

(b) $\nabla \cdot D = \rho$ (Maxwell equation)

(c) $\nabla \cdot J = 0$ (Continuity equation)

(d) उपरोक्त में कोई नहीं

59. आयरन की आपेक्षिक चुम्बकशीलता (relative permeability) होती है लगभग—

(a) 1 (b) 10

(c) 50 (d) 5000

60. परावैद्युत (dielectric) पदार्थों के पोलेराइजेशन से—

(a) इलेक्ट्रॉनों का अवशोषण (absorption) होता है

(b) उच्च वेग के प्रोटॉन मुक्त होते हैं

(c) वैद्युत डाइपोल्स (electric dipoles) निर्मित होते हैं

(d) भंवर धाराएँ (eddy currents) उत्पन्न होते हैं

61. 'Cylindrical coordinates' में $J$ का डाइवर्जेंस (divergence) है—

(a) $\nabla \cdot \vec{J} = \left(\frac{\partial}{\partial r} + \frac{\partial}{\partial \phi} + \frac{\partial}{\partial z}\right) J$

(b) $\nabla \cdot \vec{J} = \frac{\partial J_r}{\partial r} + \frac{\partial J_\phi}{\partial \phi} + \frac{\partial J_z}{\partial z}$

(c) $\nabla \cdot \vec{J} = \frac{1}{r}\frac{\partial}{\partial r}(r \cdot J_r) + \frac{1}{r} \cdot \frac{\partial J_\phi}{\partial \phi} + \frac{\partial J_z}{\partial z}$

(d) $\nabla \cdot \vec{J} = \frac{1}{r} \cdot \frac{\partial^2}{\partial r^2}(r \cdot J_r) + \frac{1}{r} \cdot \frac{\partial^2 J_\phi}{\partial \phi^2} + \frac{\partial^2 J_z}{\partial z^2}$

62. एक चालक (conductor) तथा एक कुचालक (insulator) को गर्म किया जाता है—

(a) चालक की कन्डक्टिविटी बढ़ती है तथा कुचालक पर कोई प्रभाव नहीं होता

(b) कुचालक की इनसुलेटिंग पावर बढ़ती है जबकि कन्डक्टर की कन्डक्टिंग पावर पर कोई प्रभाव नहीं होता

(c) कुचालक की इन्सुलेटिंग पावर घटती है जब कि कन्डक्टर की कन्डक्टिंग पावर पर घटती है

(d) उपरोक्त में कोई नहीं

63. एक मैगनेटिंग मेटीरियल में 80 $\mu\, wb$ फ्लक्स गुज़रता है जबकि उस पर 160AT m.m.f. कार्य करता है। पदार्थ की एम्पीयर टर्न/वेबर में रिलक्टैन्स होगी—

(a) $2 \times 10^{-6}$ (b) $2 \times 10^{6}$

(c) $2 \times 10^{12}$ (d) $2 \times 10^{-12}$

64. 400 टर्न (turns) तथा 8 mH इन्डक्टैन्स की एक कुण्डली में $5 \times 10^{-3}$ A धारा प्रवाहित की जाती है। कुण्डली के अन्दर फ्लक्स होगा—

(a) $1 \times 10^{-7}$ wb (b) $1 \times 10^{-7}$ wb/m$^2$

(c) $1 \times 10^{-5}$ wb (d) $1 \times 10^{-6}$ wb

65. कोई कन्डक्टर उस समय 'perfect' होता है जब—

(a) इसकी 'conductivity' शून्य होती है

(b) इसकी 'conductivity' अनन्त (infinite) होती है

(c) इसकी 'conductivity' 1 (unity) होती है

(d) इसकी 'conductivity' निश्चित (finite) होती है

66. एक बिन्दु पर विद्युत क्षेत्र की तीव्रता $E$ तथा 'volume charge density' $\rho$ है। गौस के नियम के अनुसार—

(a) $\nabla \times \vec{E} = \varepsilon_0$ (b) $\nabla \times \vec{E} = \frac{\rho}{\varepsilon_0}$

(c) $\nabla \cdot E = \frac{\rho}{\varepsilon_0}$ (d) $\nabla \cdot \vec{E} = \varepsilon_0 \rho$

67. मुक्त स्पेस (free space) की 'विद्युतशीलता' (permittivity $\varepsilon_0$) के मात्रक (units) हैं—

(a) (coulomb)$^2$/newton−metre$^2$

(b) (coulomb)$^2$/joule−metre

(c) Farad/metre (d) उपरोक्त सभी

68. एक कुण्डली में 4 से 6 एम्पीयर तक परिवर्तित होने वाली धारा, 40V प्रेरित करती है। कुण्डली का प्रेरकत्व (inductance) होगा—

(a) 20 mH (b) 4H

(c) 6H (d) 20H

69. एक 'perfect' कन्डक्टर में आपाती (incident) तथा परावर्तित (reflected) तरंग मिलकर उत्पन्न करती है—

(a) एक सुदृढ़ (stronger) आपाती (incident) तरंग

(b) एक सुदृढ़ (stronger) परावर्तित तरंग

(c) एक स्टैन्डिंग तरंग (standing wave) जो 'progress' नहीं करती

(d) उपरोक्त (a) तथा (b)

70. निम्न में डायमैगनिटिक पदार्थ कौन-सा है ?

(a) बिस्मथ (b) निकिल

(c) पलाडियम (Paladium)

(d) उपरोक्त सभी

71. एक इलेक्ट्रॉन को 15 KV तक त्वरित (accelerate) किया गया। उसके पश्चात् वह एक चुम्बकीय क्षेत्र $B = 250$ gauss में लम्बवत प्रक्षेपित (project) किया गया। इलेक्ट्रॉन के वृत्तीय पथ का अर्धव्यास होगा—

(a) 0·01653 m (b) 165·3 cm

(c) $0{\cdot}1653 \times 10^{-6}$ m (d) $165{\cdot}3 \times 10^{-3}$ m

72. इलेक्ट्रोमैगनेटिक तरंगों में ध्रुवण (polarization) का कारण क्या है ?

(a) परावर्तन (reflection)

(b) अपवर्तन (refraction)

(c) इलेक्ट्रोमैगनेटिक तरंगों की अनुप्रस्थ (transverse) प्रकृति

(d) इलेक्ट्रोमैगनेटिक तरंगों की अनुदैर्ध्य (longitudinal) प्रकृति

73. निम्न में 'True' है—

(a) $\vec{D} = \varepsilon \vec{E}$ (b) $\vec{E} = \varepsilon \vec{D}$

(c) $E^2 = \varepsilon D^2$ (d) उपरोक्त में कोई नहीं

74. जब कोई तरंग अधिक सघन (more dense) से कम सघन (less dense) माध्यम में क्रिटिकल कोण के बराबर अथवा उससे अधिक पर आपाती होती है तब तरंग—

(a) पूर्णतया आन्तरिक रूप से ट्रांसमिट हो जाती है

(b) पूर्णतया आन्तरिक रूप से परावर्तित हो जाती है

(c) पूर्णतया आन्तरिक रूप से अपवर्तित हो जाती है

(d) उपरोक्त में से कोई नहीं

75. वैद्युतीय माध्यम (electric medium) में विद्युतशीलता (permittivity) का सूत्र है—

(a) $k = \frac{k_0}{\varepsilon_r}$ (b) $k = k_0 kr$

(c) $k_0 = k \cdot k_r$ (d) $k_r = k_0 k$

76. निम्न में कौन-सी मैक्सवैल समीकरण नहीं है ?

(a) $\nabla \times \vec{H} = \vec{J} \times \vec{D}$ (b) $\nabla \cdot \vec{D} = \rho$

(c) $\nabla \cdot \vec{B} = 0$ (d) $\nabla \cdot \vec{E} = -\vec{B}$

77. आवेश संरक्षण (conservation of charge) के नियम के अनुसार किसी आयतन (volume) से बाहर आने वाली धारा आयतन के अन्दर आवेश में कमी की दर (rate of decrease of charge) के बराबर होती है। इसके लिए कन्टीन्यूटी समीकरण (equation of continuity) है—

(a) $\nabla \cdot \vec{J} = 0$ (b) $\nabla \cdot J = -\frac{\partial \rho}{\partial t}$

(c) $\oint \vec{J} \cdot \vec{ds} = -\frac{d}{dt} \int \rho \, dv$

(d) $\oint J \cdot \vec{ds} = 0$

78. किसी बिन्दु पर विद्युत क्षेत्र (electric field intensity) –

(a) उस बिन्दु पर 'volume charge density' के बराबर होता है

(b) उस बिन्दु पर 'volume charge density' का $\varepsilon_0$ गुना होता है

(c) उस बिन्दु पर 'volume charge density' का $\frac{1}{\varepsilon_0}$ गुना होता है

(d) उस बिन्दु पर 'volume charge density' का $\frac{1}{4\pi\varepsilon_0}$ गुना होता है

79. जब कोई आवेश किसी चुम्बकीय क्षेत्र $B$ में तथा विद्युत क्षेत्र $E$ में वेग $v$ से गति करता है तब लॉरेन्ज बल (Lorenz force) का मान होता है—

(a) $F = q \cdot E + vqB$ (b) $F = q \cdot E + vB$

(c) $F = qvBE$ (d) $F = qvBE^2$

80. एक स्टैन्डिंग वेव (standing wave) में दो समीपस्थ maxima तथा minima के मध्य दूरी होती है—

(a) $\lambda$ (b) $\lambda/2$

(c) $\lambda/4$ (d) $\lambda/8$

81. एक बन्द सतह के लिए आवेश संरक्षण (conservation of charge) के नियम से समीकरण $[I_c]_s + [I_d]_s$

(a) आवश्यक नहीं है कि शून्य (0) के बराबर हो

(b) शून्य (0) के बराबर नहीं होनी चाहिये

(c) शून्य (0) के बराबर होनी चाहिये

(d) उपरोक्त में कोई नहीं

82. यदि एक चुम्बकीय परिपथ की तुलना विद्युत परिपथ से की जाये तब चुम्बकीय फ्लक्स के तुल्य होगा—

(a) स्त्रोत (source) की वोल्टेज

(b) लाइनों में धारा

(c) लोड की कन्डक्टैन्स (conductance)

(d) लाइनों की कन्डक्टिविटी

83. निम्न में कौन-सा वैक्टर विद्युत चुम्बकीय तरंग के प्रोपेगेशन की दिशा प्रदर्शित करता है—

(a) वैक्टर $H$ (b) वैक्टर $E$

(c) वैक्टर $(E \cdot H)$ (d) वैक्टर $(E \times H)$

84. एक एनीसट्रोपिक माध्यम (anistropic medium) में—

(a) $\varepsilon = \varepsilon_0 \varepsilon_r$

(b) $\varepsilon = \varepsilon_0 \begin{bmatrix} \varepsilon_{11} & \varepsilon_{12} & \varepsilon_{13} \\ \varepsilon_{21} & \varepsilon_{22} & \varepsilon_{23} \\ \varepsilon_{31} & \varepsilon_{32} & \varepsilon_{33} \end{bmatrix}$

(c) $\varepsilon$ एक कम्पलैक्स राशि है

(d) $\varepsilon_0 \varepsilon_r = 1$

85. कोई भी माध्यम उस समय आइसोट्रोपिक होता है जब—

(a) $\varepsilon = 0$

(b) $\varepsilon$ एक स्केलर नियतांक होता है

(c) $\varepsilon = \mu$ (d) $\varepsilon = \mu\,\sigma$

**86.** एक आवेशित खोखला गोला (sphere) $E$ तीव्रता के एक यूनिफॉर्म विद्युत क्षेत्र में लटकाया गया है—

(a) गोले के अन्दर क्षेत्र की तीव्रता (field strength) शून्य है

(b) तीव्रता (strength) धीरे-धीरे गोले के अन्दर शून्य हो जाती है

(c) गोले के अन्दर क्षेत्र की तीव्रता '$E$' तथा पोटेन्शियल $V$ शून्य होते हैं

(d) उपरोक्त सभी

**87.** $\nabla \cdot \vec{J} = 0$ है—

(a) पायजन समीकरण (b) लाप्लास समीकरण

(c) स्टैडी धाराओं के लिए कन्टीन्यूटी समीकरण

(d) उपरोक्त में कोई नहीं

**88.** एक इन्सुलेटिड धातु के 10 cm त्रिज्या के गोले को एक $2 \times 10^{-8}$ C आवेश से रगड़ (rubbing) कर आवेशित किया गया है। गोले पर उत्पन्न विभव है—

(a) 1800 V (b) 900 V

(c) 2700 V (d) 450 V

**89.** समीकरण $\nabla \times \vec{H} = D^{\cdot} + J$ है—

(a) मैक्सवैल समीकरण (b) कन्टीन्यूटी समीकरण

(c) पायजन समीकरण (d) उपरोक्त में कोई नहीं

**90.** एक डाइपोल के कारण विद्युत क्षेत्र की तीव्रता $E$ –

(a) दूरी के वर्ग के अनुसार परिवर्तित होती है

(b) दूरी के वर्ग के विलोमानुपाती परिवर्तित होती है

(c) दूरी के विलोमानुपाती परिवर्तित होती है

(d) दूरी के घन (cube) के विलोमानुपाती परिवर्तित होती है

**91.** वातावरण (atmosphere) द्वारा रेडियो तरंगों का अवशोषण (absorption) –

(a) वातावरण के ध्रुवण (polarization) पर निर्भर करता है

(b) तरंगों के ध्रुवण (polarization) पर निर्भर करता है

(c) उनकी आवृत्ति पर निर्भर करता है

(d) ट्रांसमीटर से उनकी दूरी पर निर्भर करता है

**92.** विद्युत क्षेत्र (electric field) के मात्रक (units) हैं—

(a) volts/metre (b) nt/coul

(c) joules/coul metre (d) all of above

**93.** एक कन्डक्टिंग स्फीयर (sphere) के अन्दर विद्युत फ्लक्स तथा चुम्बकीय क्षेत्र—

(a) शून्य (zero) होते हैं

(b) एक समान (uniform) होते हैं

(c) अधिकतम (maximum) होते हैं

(d) न्यूनतम (minimum) होते हैं

**94.** डिसप्लेसमेन्ट घनत्व (displacement density) का मापन—

(a) volt/metre में किया जाता है

(b) amp/metre में किया जाता है

(c) coulomb/metre में किया जाता है

(d) coulomb/metre$^2$ में किया जाता है

**95.** एक प्लेन वेव एक 'loss-free' परावैद्युत माध्यम की सतह पर आपतित (incident) है। माध्यम की विद्युतशीलता 4 है। तरंग के परावर्तित भाग को वायु तथा परावैद्युत के मध्य क्वार्टर वेव प्लेट रखकर लुप्त (eliminate) करना है। प्लेट के पदार्थ की आपेक्षिक विद्युतशीलता (relative permittivity) होनी चाहिए—

(a) 2 (b) 3

(c) 4 (d) 5

**96.** आवेश $q$ तथा त्रिज्या $r$ के एक इलेक्ट्रॉन द्वारा स्पेस में उत्सर्जित (emitted) कुल ऊर्जा होगी—

(a) $\dfrac{q}{\varepsilon_0 r}$ (b) $\dfrac{q^2}{\varepsilon_0 r}$

(c) $\dfrac{q^2}{8\pi\,\varepsilon_0 r}$ (d) $\dfrac{q^2}{4\pi\,\varepsilon_0 r}$

**97.** साइनुसॉयडल 'time variations' की मैक्सवैल समीकरण फेजर (phasor) फॉर्म में प्रदर्शित की जा सकती है। उपयुक्त समीकरण है—

(a) $\nabla \times \vec{H} = j\,\omega\,\vec{D} + J$

(b) $\nabla \times \vec{E} = -j\,\omega\,\vec{B}$

(c) $\nabla \times \vec{E} = j\,\omega\,\vec{B}$ (d) $\nabla \cdot \vec{D} = \rho$

**98.** ग्लास से वायु में प्रवेश करने के लिए इलेक्ट्रोमैगनेटिक तरंगों का क्रिटिकल कोण ($\varepsilon/\varepsilon_0 = 9$) लगभग होगा—

(a) $10 \cdot 5°$ (b) $19 \cdot 5°$

(c) $26 \cdot 5°$ (d) $38 \cdot 5°$

**99.** अच्छे कन्डक्टर्स में विद्युत चुम्बकीय तरंगों का वेग होता है—

(a) बहुत कम (b) अधिक

(c) $3 \times 10^8$ m/s (d) $3 \times 10^8$ m/s से अधिक

**100.** $D$ तथा $d$ व्यास के सकेन्द्रीय (concentric) कन्डक्टर्स की धारिता (capacity) होगी—

(a) $C = \frac{\log_e \left(\frac{D}{d}\right)}{K}$ (b) $C = \frac{\log_e \left(\frac{D}{d}\right)}{2\pi K}$

(c) $C = 2\pi K \log_e \left(\frac{D}{d}\right)$

(d) $C = \frac{2\pi K}{\log_e \left(\frac{D}{d}\right)}$

**101.** दो समान गोलों(spheres) के मध्य दूरी उनकी त्रिज्या $R$ की तुलना में काफी अधिक है। गोलों के मध्य धारिता (capacity) होगी लगभग—

(a) $C \approx 2\pi\,\varepsilon_0 R$ (b) $C \approx \frac{2\pi\varepsilon_0}{R}$

(c) $C \approx \frac{2\pi}{\varepsilon_0 R}$ (d) उपरोक्त में कोई नहीं

**102.** निम्न में 'incorrect' सम्बन्ध है—

(a) $\nabla \times \vec{H} = \vec{D} + \vec{J}$ (b) $\nabla \times \vec{E} = B'$

(c) $\nabla \times \vec{E} = -\vec{B}$ (d) उपरोक्त में कोई नहीं

**103.** निम्न में से कौन-सी समीकरण डिस्क्रीट कम्पोनैन्ट्स (discrete components) के लिए कन्टीन्यूटी समीकरण है ?

(a) $\nabla \cdot \vec{J} = 0$ (b) $\nabla \times \vec{H} = \vec{J}$

(c) $\nabla \cdot \vec{J} = \vec{H}$ (d) $\nabla \cdot \vec{H} = \vec{J}$

**104.** निम्न में से किस पदार्थ की 'magnetic permeability' अधिकतम है ?

(a) कॉपर (b) स्टील

(c) एल्यूमीनियम (d) इबोनाइट

**105.** एक 'time varying' चुम्बकीय क्षेत्र—

(a) केवल चुम्बकीय क्षेत्र उत्पन्न करता है

(b) केवल विद्युत क्षेत्र उत्पन्न करता है

(c) चुम्बकीय तथा विद्युत दोनों क्षेत्र उत्पन्न करते हैं

**106.** किसी बिन्दु पर पोटेन्शियल (potential) $V$ तथा 'volume charge density' $\rho$ के सम्बन्ध को प्रदर्शित करने वाली पॉयजन समीकरण है—

(a) $\nabla^2 V = \frac{\rho}{\varepsilon_0}$ (b) $\nabla^2 V = -\varepsilon\rho$

(c) $\nabla^2 V = -\varepsilon_0\rho$ (d) $\nabla^2 V = -\frac{\rho}{\varepsilon_0}$

**107.** अनुपात $E/H$ के सम्बन्ध में 'wrong statement' है—

(a) यह प्रतिबाधा (impedance) की प्रकृति (nature) में है

(b) यह एक प्रतिबाधा (impedance) है जिसका मान $\sqrt{\frac{\mu}{\varepsilon}}$ है

(c) यह एक प्लेन वेव है

(d) यह फ्री-स्पेस की इन्ट्रिन्जिक इम्पीडैन्स है जिसका मान $120\pi$ है

**108.** गौस का नियम है—

(a) $\int \vec{H} \cdot \vec{dl} = 0$ (b) $\int \vec{B}\,\vec{dl} = 0$

(c) $\oiint \vec{D} \cdot \vec{ds} = Q$ (d) $\oiint \vec{B} \cdot ds = 0$

**109.** $0 \cdot 02\ m^2$ अनुप्रस्थ क्षेत्र (cross-sectional area) के कॉपर वायर द्वारा एक सरकुलर लूप बनाया गया तथा एक ऐसे यूनिफॉर्म चुम्बकीय क्षेत्र में रखा गया जो 100 gauss/sec की दर से बढ़ता है। लूप में पेरित वि० वा० बल (induced e.m.f.) होगा—

(a) 2 volts (b) $2 \times 10^{-4}$ volts

(c) 50 volts (d) $2 \times 10^{-2}$ volts

**110.** चालकता (conductivity) की इकाई (unit) है—

(a) mho/metre$^2$ (b) mho/metre

(c) ohm/metre (d) उपरोक्त में कोई नहीं

**111.** एक इलेक्ट्रोस्टैटिक चार्ज $Q$ के कारण विद्युत क्षेत्र होगा—

(a) कन्टीनुअस (continuous)

(b) आईसोट्रोपिक (isotropic)

(c) irrotational (d) उपरोक्त में कोई नहीं

**112.** लाप्लास समीकरण है—

(a) $\nabla^2 V = -\frac{\varepsilon}{E}$ (b) $\nabla^2 V = 0$

(c) $\nabla^2 V = 1$ (d) $\nabla \cdot \vec{D} = 0$

**113.** विस्थापन घनत्व (displacement density) के मात्रक (unit) है—

(a) Coulomb/metre (b) Coulomb/metre$^2$

(c) Amp/metre$^2$ (d) volts/metre

**114.** समीकरण $\nabla \cdot \vec{D} = \rho$ आधारित है—

(a) गौस नियम पर (b) फैराडे के नियम पर

(c) कुलॉम के नियम पर

(d) कन्टीन्युटी समीकरण (continuity equation) पर

**115.** दो धारावाही लूपों (current carrying loops) के मध्य बल ज्ञात करने के लिए उपयुक्त नियम है—

(a) कुलॉम का नियम (Coulomb's law)

(b) एम्पीयर का नियम (Ampere's law)

(c) न्यूटन का नियम (Newton's law)

(d) मैक्सवैल समीकरणें (Maxwell equations)

**116.** एक $3 \times 10^6\ \Omega$ का प्रतिरोध तथा 1 mfd धारिता का कैपेसिटर श्रेणी में जोड़कर $4V$ बैटरी से 1 सेकण्ड तक चार्ज किया गया है। कैपेसिटर पर चार्ज बढ़नें की दर है—

(a) 3 coulomb (b) $4 \times 10^{-6}$ coul/sec

(c) $1{\cdot}33 \times 10^{-6}$ coul/sec

(d) $9{\cdot}6 \times 10^{-7}$ coul/sec

**117.** एक समान्तर ध्रुवित (parallel polarized) तरंग वायु से पैराफीन पर आपतित (incident) होती है। पैराफीन का परावैद्युतांक (dielectric constant), $\varepsilon_r = 2$ है। ब्रुस्टर कोण का मान क्या होगा ?

(a) 35° लगभग (b) 40° लगभग

(c) 50° लगभग (d) 55° लगभग

**118.** एक इलैक्ट्रोमैगनेटिक तरंग फ्री-स्पेस में चल रही है। तरंग के साथ केवल एक प्रक्रिया (phenomenon) हो सकता है। वह प्रक्रिया है—

(a) परावर्तन (reflection)

(b) अवशोषण (absorption)

(c) अटेनुएशन (attenuation)

(d) अपवर्तन (refraction)

**119.** मैक्सवैल समीकरणें हैं—

(a) $\nabla \times \vec{E} = -\frac{\partial \vec{B}}{\partial t}$

(b) $\nabla \times \vec{E} = -\frac{\partial \vec{B}}{\partial t}$, $\nabla \times \vec{H} = \frac{\partial \vec{D}}{\partial t}$

(c) $\nabla \cdot \vec{D} = 0$, $\nabla^2 \vec{E} = \mu_0 \varepsilon_0 \frac{\partial^2 \vec{E}}{\partial t^2}$

(d) $\nabla^2 E^2 = \mu_0 \varepsilon_0 \frac{\partial^2 \vec{E}}{\partial t^2}$, $\nabla^2 H = \mu_0 \varepsilon_0 \frac{\partial^2 \vec{H}}{\partial t^2}$

**120.** डिसप्लेसमैन्ट घनत्व 'D' तथा वैद्युत क्षेत्र में क्या सम्बन्ध है ?

(a) $D = \varepsilon E$ (b) $D = E/\varepsilon$

(c) $D = \varepsilon E^2$ (d) उपरोक्त में कोई नहीं

**121.** एक इलैक्ट्रोस्टैटिक जेनरेटर की बैल्ट 60 cm चौड़ी है। बैल्ट $10^{-3}$ amp के तुल्य चार्ज लेकर 30 metre/sec की गति से चल रही है। पृष्ठ पर चार्ज घनत्व (surface charge density) होगा—

(a) $5{\cdot}56 \times 10^{-5}$ coul/m$^2$

(b) $5{\cdot}56 \times 10^{-5}$ m/coul$^2$

(c) $5{\cdot}56 \times 10^{-5}$ m$^2$/coul

(d) $5{\cdot}56 \times 10^{-5}$ coul/metre$^2$

**122.** एक 'infinitely long charged line' से $d$ दूरी पर विद्युत क्षेत्र की तीव्रता में परिवर्तन—

(a) $d^2$ के समानुपाती होता है

(b) $d^4$ के समानुपाती होता है

(c) $\frac{1}{d}$ के समानुपाती होता है

(d) $\frac{1}{d^2}$ के समानुपाती होता है

**123.** $Z$-दिशा में चलती हुयी सरकुलरली पोलेराइज्ड तरंग में—

(a) $E_x$ तथा $E_y$ एक फेज में होते हैं

(b) $E_x$ तथा $E_y$, 90° 'out of phase' परन्तु परिमाण (magnitude) में असमान होते हैं

(c) $E_x$ तथा $E_y$, 90° out of phase परन्तु परिमाण (magnitude) में बराबर होते है

(d) $E_x = -E_y$

**124.** पैरामैगनेटिक पदार्थों की आपेक्षिक चुम्बकशीलता (relative permeability) का मान—

(a) 1 से कम होता है (b) 1 होता है

(c) 1 से अधिक होता है (d) लगभग 0·5 होता है

**125.** जब कोई आवेश $q$, वेग $v$ से चुम्बकीय क्षेत्र $B$ तथा विद्युतक्षेत्र $E$ में गति करता है तब लोरेन्ज बल (Lorentz force) का मान होगा—

(a) $F = qE + v\,q\,B$ (b) $F = v\,B\,q$

(c) $F = qE$ (d) $F = qE = -v\,q\,B$

**126.** इलेक्ट्रोमगनेटिक तरंगों का डिफ्रैक्शन—

(a) ग्राउन्ड से परावर्तन के कारण होता है

(b) केवल स्फेरीकल वेव फ्रन्ट के साथ होता है

(c) उस समय होता है जब तरंगें किसी बड़े स्लॉट में से गुजरती है

(d) किसी शार्प अवरोध (obstacle) के किनारों पर हो सकता है

**127.** धारा के लिए 'continuity equation' है—

(a) $\text{div.}\vec{J} + \frac{\partial q}{\partial t} = Q$ (b) $\text{div} \cdot \vec{J} + \frac{\partial \rho}{\partial t} = 0$

(c) $\text{div} \cdot \vec{J} = \frac{\sigma}{\vec{E}}$ (d) उपरोक्त में कोई नहीं

**128.** एक कैपेसिटर की प्लेटों के मध्य एक एल्यूमीनियम की पत्ती (foil) रखी जाती है तथा एक प्लेट से कनैक्ट की जाती है। कैपेसिटैन्स—

(a) बढ़ जाती है (b) घट जाती है

(c) परिवर्तित नहीं होती (d) दो गुनी हो जाती है

**129.** एक 'elliptically' पोलेराइज्ड तरंग को—

(a) ऐसे दो 'circularly' पोलेराइज्ड कम्पोनैन्ट्स में विभाजित किया जा सकता है जो एक ही दिशा में रोटेट करते है

(b) दो विपरीत दिशा में रोटेट करते हुये 'circularly' पोलेराइज्ड कम्पोनैन्ट्स में विभाजित किया जा सकता है

(c) दो स्थिर (stationary) circularly पोलेराइज्ड कम्पोनैन्टस में विभाजित किया जा सकता है—

(d) उपरोक्त में कोई नहीं

**130.** (1) यदि किसी गॉसियन सतह (Gaussian surface) पर कोई नैट चार्ज नहीं है तब सम्पूर्ण सतह पर $E$ शून्य होता है।

(2) यदि सतह के प्रत्येक बिन्दु पर $E = 0$ तब कोई चार्ज नहीं होता।

उपरोक्त में—

(a) 1 तथा 2 true है

(b) 1 true तथा 2 false है

(c) 1, 2 false है

(d) 1 false तथा 2 true

**131.** स्टैटिक मैगनेटिक फील्ड में ऊर्जा घनत्व $W_m$ का मान होता है—

(a) $W_m = \mu H^2$ (b) $W_m = \frac{\mu H^2}{2}$

(c) $W_m = \frac{\mu^2 H^2}{2}$ (d) $W_m = \frac{\mu^2 H^2}{4}$

**132.** विद्युत चुम्बकीय तरंगों के पोलेराइजेशन का कारण क्या है ?

(a) तरंगों की अनुप्रस्थ (transverse) प्रकृति

(b) तरंगों की अनुदैर्ध्य (longitudinal) प्रकृति

(c) किसी अन्य माध्यम से परावर्तन

(d) उपरोक्त में कोई नहीं

**133.** आवेश $Q$ के कारण $r$ दूरी पर विद्युत क्षेत्र की तीव्रता होती है—

(a) $E = \frac{Q}{4\pi r}$ (b) $E = \frac{Q}{4\pi r^2}$

(c) $E = \frac{\theta}{4\pi\varepsilon r}$ (d) $E = \frac{Q}{4\pi\varepsilon r^2}$

**134.** एक यूनिफॉर्म प्लेन तरंग (wave) वह है जिसमें—

(a) $\vec{E}$ तथा $\vec{H}$ लम्बवत होते हैं

(b) $\vec{E}$ तथा $\vec{H}$ एक ही तल (plane) में होते हैं

(c) $\vec{E} \cdot \vec{H} = 0$ (d) $\vec{E} \times \vec{H} = 0$

**135.** स्केलर फंक्शन $V$ का 'Laplacian' है—

(a) $V$ का ग्रेडियन्ट (Gradient of $V$)

(b) $V$ का डाइवर्जेन्स (divergence of $V$)

(c) $V$ के ग्रेडियन्ट का ग्रेडियन्ट (grad grad $V$)

(d) $V$ के ग्रेडियेन्ट का डाइवर्जेन्स [div (grad $V$)]

**136.** रेडियो तरंग के ध्रुवण (polarization) को माना जाता है—

(a) चुम्बकीय क्षेत्र की दिशा

(b) विद्युत क्षेत्र की दिशा

(c) चुम्बकीय क्षेत्र की दिशा के नॉर्मल (normal) दिशा

(d) उपरोक्त में कोई नहीं

**137.** एक एल्फा कण के भार (weight) को सन्तुलित (balance) करने के लिये आवश्यक विद्युत क्षेत्र का परिमाण एवं दिशा—

(a) $20 \cdot 36 \times 10^{-8}$ nt/c नीचे की ओर

(b) $20 \cdot 36 \times 10^{-8}$ nt/c ऊपर की ओर

(c) $20 \cdot 36 \times 10^{-8}$ nt/c 45° पर

(d) $2 \cdot 036 \times 10^{-8}$ nt/c

**138.** एक 'perfect' कन्डक्टर के लिए उपयुक्त (valid) सम्बन्ध है—

(a) $D_n = \rho_s$ (b) $D_n = 0$

(c) $D_n = \infty$ (d) उपरोक्त में कोई नहीं

**139.** प्वाइन्टिंग वैक्टर $P = E \times H$ के मात्रक (dimensions) हैं—

(a) watts/metre$^2$ (b) watts/metre

(c) watts-metre (d) watts−metre$^2$

**140.** सूत्र $J = \sigma E$ किस नियम को प्रदर्शित करता है ?

(a) बायो-सावर्ट का नियम

(b) एम्पीयर का नियम

(c) कुलॉम (coulomb) का नियम

(d) ओम का नियम

**141.** चुम्बकीय फ्लक्स घनत्व $B$ तथा वैक्टर मैगनेटिक पोटैन्शियल $A$ में क्या सम्बन्ध है ?

(a) $\vec{B} = \nabla \cdot \vec{A}$ (b) $\vec{B} = \nabla \times \vec{A}$

(c) $\vec{A} \cdot \nabla \times B$ (d) $A = \nabla \cdot \vec{B}$

**142.** एम्पीयर के बल के नियम (Ampere's law of force) के लिए निम्न में कौन-सा सम्बन्ध उपयुक्त है—

(a) $F = \frac{\mu}{4\pi} \frac{I_1 I_2}{r^3}$ newton

(b) $F = \frac{\mu \varepsilon}{4\pi} \frac{I_1 I_2}{r^2}$

(c) $F = \frac{\mu}{4\pi} \frac{I_1 I_2}{r^2}$ (d) $F = \frac{\mu \varepsilon}{4\pi} \frac{I_1 I_2}{r}$

**143.** एक होरीजोन्टली ध्रुवित (horizontally polarized) तरंग में—

(a) इलेक्ट्रिक कम्पोनैन्ट ग्राउन्ड के लम्बवत् होता है

(b) इलेक्ट्रिक कम्पोनैन्ट ग्राउन्ड के समान्तर होता है

(c) चुम्बकीय कम्पोनैन्ट ग्राउन्ड के समान्तर होता है

(d) उपरोक्त में कोई नहीं

**144.** परमीएन्स (permeance) के समतुल्य (analogous) है—

(a) प्रतिरोध (resistance)

(b) चालकता (conductance)

(c) रिलक्टैन्स (reluctance)

(d) धारिता (capacitance)

**145.** निम्न में मैक्सवैल समीकरण है—

(a) $\nabla \cdot \vec{E} = \rho$ (b) $\nabla \cdot \vec{B} = 0$

(c) $\nabla \times \vec{E} = B$ (d) $\nabla \times \vec{H} = -B$

**146.** निम्न में 'incorrect' स्टेटमैन्ट कौन-सा है ?

इलेक्ट्रिक तथा मैगनेटिक फील्ड एक पूर्ण इनसुलेटिंग माध्यम में चलती हैं। संशोधित (modified) मैक्सवैल समीकरणें होंगी—

(a) $\nabla \cdot \vec{D} = 0$, शेष 3 में कोई परिवर्तन नहीं

(b) $\nabla \cdot \vec{D} = 0, \nabla \times \vec{E} = 0$ शेष 2 में कोई परिवर्तन नहीं

(c) $\nabla \cdot \vec{D} = 0, \nabla \times \vec{H} = \frac{\partial \vec{D}}{\partial t}$ शेष 2 में कोई परिवर्तन नहीं

(d) किसी समीकरण में परिवर्तन नहीं

**147.** चुम्बकीय क्षेत्र में स्टोर्ड ऊर्जा होती है—

(a) $W = \frac{1}{2}\sqrt{\frac{\mu H}{4}}$ (b) $W = \mu \sqrt{\frac{H^2}{2}}$

(c) $W = \frac{\mu H}{2}$ (d) $W = \frac{\mu H^2}{2}$

**148.** 'Time Varying electromagnetic fields' के लिए मैक्सवैल समीकरण है—

(a) $\nabla \cdot \vec{J} + \frac{\partial P}{\partial t} = 0$ (b) $\nabla \times \vec{J} = \frac{\partial P}{\partial t}$

(c) $\nabla \cdot \vec{J} = \frac{\partial P}{\partial t}$ (d) उपरोक्त में कोई नहीं

**149.** यदि किसी चालक (conductor) के अन्दर किसी समय आवेश घनत्व 'Charge density' $\sigma$ है तब यह घटकर $1/\rho$ गुना कितने समय में रह जायेगी ?

(a) $\frac{\sigma}{\varepsilon}$ sec (b) $\frac{\sigma}{\varepsilon}$ sec

(c) $\varepsilon/\sigma$ sec (d) $\frac{\rho}{e}$ sec

**150.** $\nabla \cdot (\nabla \times \vec{A}) = ?$

(a) 0 (b) 1

(c) $\infty$ (d) उपरोक्त में कोई नहीं

**151.** डाइवर्जेन्स प्रमेय (divergence theorem) के अनुसार 'surface' तथा 'volume integration' में सम्बन्ध है—

(a) $\int_V (\nabla \vec{J})\, dV = \vec{J}\, \vec{ds}$

(b) $\int_V (\nabla \vec{J})\, dV = \oiint \vec{J} \cdot \vec{ds}$

(c) $\int_V (\nabla \cdot \vec{J})\, dV = \oint_S \vec{J} \cdot \vec{ds}$

(d) उपरोक्त में कोई नहीं

**152.** एम्पीयर के नियम में मैक्सवैल द्वारा किये गये संशोधन (modification) के फलस्वरूप एक महत्त्वपूर्ण सिद्धान्त प्राप्त हुआ कि—

(a) एक स्टैडी स्टेट धारा चुम्बकीय क्षेत्र उत्पन्न करती है

(b) एक परिवर्ती (changing) चुम्बकीय क्षेत्र विद्युत क्षेत्र उत्पन्न करता है

(c) एक परिवर्ती (changing) विद्युत क्षेत्र चुम्बकीय क्षेत्र उत्पन्न करता है

(d) एक कुन्डली की चुम्बकीय क्षेत्र में गति से गतिज वि० वा० बल (motional emf) उत्पन्न होता है

**153.** वायु की विद्युतशीलता (permittivity) का मान है—

(a) $\varepsilon_0 = 8{\cdot}854 \times 10^{-19}$ F/m

(b) $\varepsilon_0 = \frac{1}{36\pi \times 10^{-19}}$

(c) $\varepsilon_0 = 8{\cdot}854 \times 10^{-12}$ F/m

(d) $\varepsilon_0 = \frac{1}{36\pi \times 10^{-10}}$ F/m

**154.** समीकरणें

$$\nabla^2 \vec{E} = \mu_0\, \varepsilon_0 \frac{d^2 \vec{E}}{\partial t^2} \text{ तथा } \nabla^2 \vec{H} = \mu_0\, \varepsilon_0 \frac{\partial^2 \vec{H}}{\partial t^2}$$

तरंग समीकरण (wave equation) कहलाती हैं क्योंकि—

(a) ये 'second order differential' समीकरणें हैं

(b) इनमें पद $\mu_0\, \varepsilon_0$ है जो प्रकाश के वेग के बराबर है

(c) ये second order differential समीकरणें हैं जिनके हलों (solutions) में sine तथा cosine पद आते हैं

(d) उपरोक्त सभी सत्य है

**155.** फंक्शन $f(x - v_0 t)$ प्रदर्शित करता है—

(a) फारवर्ड दिशा में एक तरंग गति

(b) रिवर्स दिशा में एक तरंग गति

(c) एक स्टेशनरी (stationary) तरंग

(d) उपरोक्त में कोई नहीं

**156.** निम्न में 'correct' उत्तर सलैक्ट कीजिये—

(a) Curl grad $V = \nabla \times (\nabla V) = 0$

(b) Curl grad $V = \nabla \times (\nabla V) = 1$

(c) Curl grad $V = \nabla \times (\nabla V) = -1$

(d) Curl grad $V = \nabla \times (\nabla V) = \infty$

**157.** विद्युत चुम्बकीय तरंगों का उस समय अपवर्तन होता है जब वे—

(a) विभिन्न परावैद्युतांकों (different dielectric constants) के मध्य से गुजरती है

(b) प्रोपेगेशन की दिशा के लम्बवत् ध्रुवित (polarized) होती है

(c) किसी पूर्ण चालकीय माध्यम (perfectly conducting medium) पर आपतित होती है

(d) किसी कन्डक्टिंग प्लेन में एक छोटे स्लॉट (slot) से गुजरती है

**158.** इलेक्ट्रॉन को $R$ अर्धव्यास का गोला तथा उसकी सतह पर आवेश e वितरित (distributed) माना जाता है। इलेक्ट्रॉन की सतह पर कुल विद्युत ऊर्जा होगी—

(a) $\frac{e^2}{\varepsilon_0 R}$ (b) $\frac{e}{8\pi\, \varepsilon_0 R}$

(c) $\frac{e}{8\pi\, \varepsilon_0 R^2}$ (d) उपरोक्त में कोई नहीं

**159.** किसी क्षेत्र $\vec{E}$ के 'conservative' होने के लिए आवश्यक शर्त है—

(a) $\int_C \vec{E} \cdot \vec{dl} = 0$ (b) $\int_C \vec{E} \cdot \vec{ds} = q/\varepsilon_0$

(c) $\nabla \times E = 0$ (d) $\int_C \vec{E} \cdot \vec{dl} = \delta$

**160.** 'Tube of force'—

(a) एक स्टील ट्यूब द्वारा लगाया गया बल है

(b) किसी सतह पर बलों की विद्युत लाइनों (electric lines of force) की एक काल्पनिक (fictitious) ट्यूब है

(c) जल की ट्यूब द्वारा लगाया गया बल है

(d) उपरोक्त में कोई नहीं

**161.** निम्न में 'wave equation' है—

(a) $\nabla^2 \vec{E} = \mu \vec{E} E''$ (b) $\nabla^2 \vec{E} = -\mu \varepsilon \vec{E}'$

(c) उपरोक्त (a) तथा (b) दोनों

(d) उपरोक्त में कोई नहीं

**162.** प्वाइन्टिंग थ्योरम में $\int \vec{E} \times \vec{H} \cdot \vec{ds}$ क्या प्रदर्शित करता है ?

(a) विद्युत तथा चुम्बकीय क्षेत्र एक-दूसरे के लम्बवत है

(b) $E$ तथा $H$ क्षेत्रों द्वारा स्पेस में ऊर्जा ट्रांसपोर्ट होती है

(c) स्पेस में एडवांस करते समय ऊर्जा घटती है

(d) ऊर्जा हानि (loss of energy) की पूर्ति, आयतन (volume) में प्रवाह हो रही ऊर्जा द्वारा होती है

**163.** $B$ तीव्रता के चुम्बकीय क्षेत्र में वेग $v$ से गति करते हुये एक टेस्ट चार्ज $q$ पर लगने वाले बल $F$ का मान क्या होगा ?

(a) $\vec{F} = \vec{v} \times \vec{B}$ (b) $F = q\vec{v} \times \vec{B}$

(c) $\vec{F} = \dfrac{\vec{v} \times \vec{B}}{q}$ (d) उपरोक्त में कोई नहीं

**164.** निम्न में कौन-सी समीकरण मैक्सवैल समीकरण नहीं है—

(a) $\text{div}\, D = 0$ (b) $\text{div}\, \vec{B} = 0$

(c) $\text{curl}\, \vec{H} = \vec{J} + \dfrac{\partial \vec{D}}{\partial t}$

(d) $\text{curl}\, \vec{H} = \vec{J} + \dfrac{\partial \vec{D}}{\partial t}$

**165.** निम्न में ओम का नियम (Ohm's law) है—

(a) $\vec{J} = \dfrac{\sigma}{\vec{E}}$ (b) $\vec{J} = \dfrac{\vec{E}}{\sigma}$

(c) $\vec{J} = \sigma \vec{E}$ (d) उपरोक्त में कोई नहीं

**166.** फ्री-स्पेस में जहाँ $\rho = 0$ है, पॉयजन समीकरण हो जायेगी—

(a) Laplacian equation $\nabla^2 V = 0$

(b) Maxwell's divergence equation $\nabla \cdot B = 0$

(c) Kirchoff's voltage equation $\Sigma V = 0$

(d) उपरोक्त में कोई नहीं

**167.** ब्रुस्टर कोण है—

(a) $\tan \theta = \sqrt{\varepsilon_1 \varepsilon_2}$ (b) $\tan \theta = (\varepsilon_1 - \varepsilon_2)$

(c) $\tan \theta = \dfrac{1}{\sqrt{\varepsilon_1 \varepsilon_2}}$ (d) $\tan \theta = \sqrt{\varepsilon_2 / \varepsilon_1}$

**168.** सरकुलर पोलेराइजेशन उस अवस्था में होता है—

(a) जब दो तरंगों का आयाम (magnitude) समान होता है

(b) जब दो तरंगों का फेज (phase) समान होता है

(c) जब दो तरंगों का आयाम समान तथा कलान्तर (phase difference) शून्य होता है

(d) जब दो तरंगों का आयाम समान तथा कलान्तर (phase difference) 90° होता है

**169.** किसी माध्यम में जब $\varepsilon, \mu$ तथा $\sigma$ सम्पूर्ण माध्यम में नियत (constant) होते हैं तब उसे—

(a) वितरित माध्यम (distributed medium) कहते हैं

(b) परावैद्युत माध्यम (dielectric medium) कहते हैं

(c) पूर्ण निर्वात (perfect vacuum) कहते हैं

(d) समांगी माध्यम (homogeneous medium) कहते हैं

**170.** पृष्ठ घनत्व (surface charge density) $\sigma_s$ वाले आवेशित चालक (charged conductor) पर बल होता है—

(a) $F = \dfrac{1}{2\varepsilon_0} \rho_s^2$ (b) $F = \dfrac{1}{2\,\varepsilon} \rho_s$

(c) $F = \dfrac{1}{(2\,\varepsilon)^2}$ (d) $\sqrt{\dfrac{\rho_s}{2\,\varepsilon}}$

**171.** 'Line integration' तथा 'surface integration' को परस्पर कनैक्ट करने वाली स्टोक थ्योरम (Stoke's theorem) है—

(a) $\int_S \nabla \cdot \vec{F} \, d\vec{s} = \int_S \vec{F} \cdot d\vec{l}$

(b) $\int (\nabla \times \vec{F}) \cdot d\vec{s} = \int_S \vec{F} \cdot d\vec{l}$

(c) $\int_S \nabla \vec{F} \, d\vec{s} = \int_C \vec{F} \times d\vec{l}$

(d) उपरोक्त सभी

**172.** प्वाइन्टिंग वैक्टर सम्बन्धित (associated) है—

(a) चुम्बकीय क्षेत्र में फ्लक्स से

(b) इलेक्ट्रोस्टैटिक फील्ड में पावर फ्लो से

(c) इलेक्ट्रोस्टैटिक फील्ड में धारा से

(d) इलेक्ट्रोस्टैटिक फील्ड में चार्ज से

**173.** धारा घनत्व (current density $J$) का धारा से क्या सम्बन्ध है ?

(a) $\vec{J} = I \cdot A$ (b) $\vec{J} = \frac{I}{A}$

(c) $\vec{J} = A \cdot I$ (d) $\vec{J} = \frac{A}{I}$

**174.** निम्न में 'correct' समीकरण है—

(a) $\nabla \cdot \vec{D} = -\rho$ (b) $\nabla \cdot \vec{D} = \rho$

(c) $\nabla \cdot \vec{B} = \vec{J}$ (d) $\nabla \cdot \vec{B} = \rho$

**175.** जब दो 'sinusoidally time varying' वैक्टर्स जिनके आयाम (amplitude) तथा फेज sum किये जाते हैं तब परिणामी वैक्टर होता है—

(a) लीनियरली पोलेराइज्ड (linearly polarized)

(b) इलिप्टिकली पोलेराइज्ड (elliptically polarized)

(c) सरकुलरली पोलेराइज्ड (circularly polarized)

(d) उपरोक्त में कोई नहीं

**176.** समीकरण $\nabla^2 H = \mu_0 \varepsilon_0 \frac{\partial^2 \vec{H}}{\partial r^2}$ एक—

(a) सबसिडियरी समीकरण (subsidiary equation) है—

(a) तरंग समीकरण (wave equation) है

(c) पॉयजन समीकरण (Poisson's equation) है

(d) कन्टीन्यूटी समीकरण (continuity equation) है

**177.** फ्री-स्पेस का इन्ट्रिन्जिक प्रोपेगेशन नियतांक (intrinsic propagation constant) है—

(a) $\sqrt{\mu_0 \varepsilon_0}$ (b) $\sqrt{\mu_0 / \varepsilon_0}$

(c) $j\omega \sqrt{\mu_0 \varepsilon_0}$ (d) $\omega \sqrt{\mu_0 / \varepsilon_0}$

**178.** दो बड़ी पॉजिटिव चार्ज्ड (positively charged) शीट, जिनमें प्रत्येक पर आवेश घनत्व (charge density) $\sigma$ है, एक-दूसरे के सामने रखी गयी है।

विद्युत क्षेत्र $E$, (i) एक शीट के बांयी ओर (ii) शीटों के मध्य तथा (iii) दूसरी शीट के दांयी ओर होंगे क्रमशः—

(a) $\frac{\sigma}{\varepsilon_0}, 0, \frac{\sigma}{\varepsilon_0}$ (b) $2\frac{\sigma}{\varepsilon_0}, 2\frac{\sigma}{\varepsilon_0}, 2\frac{\sigma}{\varepsilon_0}$

(c) 0, 0, 0 (d) $\frac{2\sigma}{\varepsilon_0}, 0, \frac{2\sigma}{\varepsilon_0}$

**179.** इलेक्ट्रिक फील्ड $E$ को एक स्टैटिक फील्ड होने के लिए आवश्यक प्रतिबन्ध (condition) है—

(a) $\int_C \vec{E} \cdot d\vec{l} = 0$ (b) $\int_S \vec{E} \cdot d\vec{s} = q/\varepsilon_0$

(c) $\nabla \times \vec{E} = 0$ (d) $\nabla \times \vec{E} = \delta$

**180.** एक चालक (conductor) में स्टैटिक इलेक्ट्रिक फील्ड होता है—

(a) 1 (unity) (b) अनन्त (infinite)

(c) 0 (zero) (d) उपरोक्त में कोई नहीं

**181.** $Y$ तथा $Z$ dimensions से स्वतन्त्र (independent), क्षेत्र $E$ में प्लेन वेव की 'characteristic equation' होती है—

(a) $\frac{\partial E}{\partial x} = 0$ (b) $\frac{\partial E}{\partial t} = 0$

(c) $\frac{\partial^2 E}{\partial t^2} = 0$ (d) $\nabla^2 E = \frac{\partial^2 E}{\partial x^2} = 0$

**182.** प्वाइन्टिंग वैक्टर प्रदर्शित करता है—

(a) इलेक्ट्रोस्टैटिक फील्ड उत्पन्न करने वाला 'current density' वैक्टर

(b) इलेक्ट्रोमैगनेटिक फील्ड उत्पन्न करने वाला 'power density' वैक्टर

(c) इलेक्ट्रोमैगनेटिक फील्ड उत्पन्न करने वाला 'current density' वैक्टर

(d) इलेक्ट्रोस्टैटिक फील्ड उत्पन्न करने वाला 'power density' वैक्टर

**183.** परावैद्युत माध्यम (dielectric medium) में विद्युत चुम्बकीय तरंगों का वेग होगा—

(a) $3 \times 10^8$ m/s (b) $1 \cdot 5 \times 10^8$ m/s

(c) $6 \times 10^8$ m/s (d) $12 \times 10^8$ m/s

**184.** स्टैटिक इलेक्ट्रिक फील्ड के लिए मैक्सवैल डाइवर्जेन्स समीकरण है—

(a) $\nabla \cdot \vec{E} = \rho/\varepsilon_0$ (b) $\nabla \cdot \vec{E} = \varepsilon \rho$

(c) $\nabla \cdot \vec{E} = \rho$ (d) $\nabla \cdot \vec{E} = 1/\rho$

**185.** किसी सतह के अनुदिश (along a surface $S$) इलेक्ट्रोमैगनेटिक पावर फ्लो होती है—

(a) $\iint_s \vec{E} \cdot \vec{H}\, d\vec{a}$

(b) $\iint_s (\vec{E} \cdot \vec{H}) \cdot d\vec{a}$

(c) $\iint_s (\nabla \cdot \vec{E}) \cdot d\vec{a}$

(d) $\iint_s (\vec{E} \times \vec{H}) \cdot d\vec{a}$

**186.** स्पेस में 10 ınm दूरी पर रखे दो एल्फा कणों ($\alpha$-particles) के मध्य कुलॉम का विकर्षण बल (coulomb's force of repulsion) होगा—

(a) $92 \cdot 16 \times 10^{-25}$ newton

(b) $9 \cdot 216 \times 10^{-25}$ newton

(c) $46 \cdot 08 \times 10^{-25}$ newton

(d) $10 \times 10^{-27}$ newton

**187.** 12 KeV ऊर्जा के इलेक्ट्रॉन $5 \cdot 5 \times 10^{-8}$ wb/m$^2$ तीव्रता के चुम्बकीय क्षेत्र में प्रक्षेपित (project) किये जाते हैं। इलेक्ट्रॉनों का त्वरण (acceleration) होगा—

(a) $2 \cdot 1 \times 10^{15}$ m/s$^2$ (b) $6 \cdot 32 \times 10^{14}$ m/s$^2$

(c) $2 \cdot 1 \times 10^{12}$ m/s$^2$ (d) $6 \cdot 32 \times 10^{12}$ m/$^2$

**188.** पॉयजन समीकरण को निम्न प्रकार भी लिखा जा सकता है—

(a) $\nabla^2 V = -\frac{\rho}{\varepsilon_0}$ (b) $\nabla^2 V = \frac{\rho}{\varepsilon_0}$

(a) $\nabla^2 E = \frac{\rho}{\varepsilon_0}$ (b) $\vec{E} = -\nabla V$

**189.** निम्न में 'true' है—

(a) $\nabla D = \rho$ (b) $\nabla D = -\rho$

(c) $\nabla B = \rho$ (d) $\nabla B = -\rho$

**190.** $\vec{B} = \nabla \times \vec{A}$ क्योंकि—

(a) $\text{div}\,\vec{B} = 0$ (b) $\nabla \cdot \vec{B} = 0$

(c) $\nabla \times \vec{B} = 0$ (d) उपरोक्त में कोई नहीं

**191.** 'Volume integral' का अर्थ है—

(a) Volume का integral

(b) Volume का double integral

(c) Volume का triple integral

(d) उपरोक्त में कोई नहीं

**192.** एक कैपेसिटर परिपथ पर 'time varying field' एप्लाई किया गया है—

(a) परिपथ की धारा में कन्डक्शन धारा तथा डिसप्लेसमैन्ट धारा के कम्पोनैन्ट होंगे

(b) कैपेसिटर में डिसप्लेसमैन्ट धारा प्रवाहित होती है

(c) डिसप्लेसमैन्ट धारा = कन्डक्शन धारा

(d) कन्डक्शन धारा घनत्व $J$ तथा डिसप्लेसमैन्ट धारा घनत्व $\frac{\partial D}{\partial t}$ होगा

**193.** $\vec{A} \times \vec{B} = ?$

(a) $AB \sin \alpha$ (b) $AB \tan \alpha$

(c) $AB \sin \alpha\, \vec{a_n}$ (d) $AB \cos \alpha\, \hat{a_n}$

**194.** धारा $I$ के कारण $r$ दूरी पर चुम्बकीय क्षेत्र ———— के समानुपाती होता है।

(a) $\frac{I}{4\pi r}$ (b) $\frac{I^2}{4\pi r}$

(c) $\frac{I}{2\pi r}$ (d) $\frac{I^2}{2\pi r}$

**195.** किसी बन्द पथ (closed path 'C') के परितः विद्युत क्षेत्र $E$ तथा सतह $S$ पर मैगनेटिक फ्लक्स घनत्व $B$ में फैराडे के नियम के अनुसार सम्बन्ध है—

(a) $\oint_C \vec{E} \cdot \vec{dl} = + \int_S \vec{B} \cdot \vec{ds}$

(b) $\oint_C \vec{E} \cdot \vec{dl} = - \int_S \vec{B} \cdot \vec{ds}$

(c) $\oint_C \vec{E} \cdot \vec{dl} = -\frac{d}{dt} \int_S \vec{B} \cdot \vec{dS}$

(d) $\oint_C \vec{E} \cdot \vec{dl} = \frac{d}{dt} \int_S \vec{B} \cdot \vec{ds}$

**196.** एक कन्डक्टिंग मीडियम में $H$ के लिए तरंग समीकरण (wave equation) है—

(a) $\nabla^2 \vec{H} - \mu\,\varepsilon\,\vec{H}'' - \mu\,\sigma\,H = 0$

(b) $\nabla^2 \vec{H} - \mu\,\vec{H}'' = 0$

(c) $\nabla^2 \vec{H} - \mu\,\varepsilon\,\vec{H}'' = 0$

(d) उपरोक्त में कोई नहीं

**197.** यदि दो माध्यमों के अपवर्तनांक (reftractive indices) क्रमशः $n_1$ तथा $n_2$ है तब स्नैल के नियम के अनुसार—

(a) $\frac{n_1}{n_2} = \frac{\sin\theta_r}{\sin\theta_i}$ (b) $\frac{n_1}{n_2} = \frac{\sin\theta_i}{\sin\theta_r}$

(c) $\frac{n_1}{n_2} = \frac{\cos\theta_i}{\cos\theta_r}$ (d) $\frac{n_1}{n_2} = \frac{\cos\theta_r}{\cos\theta_i}$

**198.** निम्न में 'incorrect' सम्बन्ध है—

(a) $D = \varepsilon\,E$ (b) $B = \mu\,H$

(c) $J = \sigma\,E$ (d) $B = \mu\,D$

**199.** एक यूनिफॉर्म प्लेन वेव में $E$ तथा $H$ में क्या सम्बन्ध है ?

(a) $\frac{E}{H} = \sqrt{\mu/\varepsilon}$ (b) $\frac{E}{H} = \sqrt{\varepsilon/H}$

(c) $\frac{E}{H} = 1$ (d) उपरोक्त में कोई नहीं

**200.** $x$-दिशा में गतिमान एक विद्युत चुम्बकीय तरंग के दो कम्पोनैन्ट $E_x$ तथा $E_y$ परस्पर 45° पर है। तरंग है—

(a) Linearly polarized

(b) Circularly polarized

(c) Elliptically polarized

(d) Horizontally polarized

**201.** एक गोलाकार गॉसियन सतह (spherical Gaussian surface) के केन्द्र (centre) पर एक प्वाइन्ट चार्ज रखा गया है। फ्लक्स $\phi_E$ में परिवर्तन होता है—

(a) यदि स्फीयर को समान आयतन के घन (cube) से विस्थापित (replace) कर दिया जाये

(b) यदि चार्ज को स्फीयर के केन्द्र से कुछ हटाया जाये

(c) यदि चार्ज को स्फीयर से बाहर लाया जाये

(d) यदि एक अन्य चार्ज गोले के केन्द्र पर रखा जाये

उपरोक्त में 'correct' स्टेटमेन्ट है—

(a) 1, 2, 3 (b) 1, 3, 4

(c) 1, 2, 4 (d) 3, 4

**202.** 1 वोल्ट तुल्य है—

(a) 1 जूल के (b) 1 जूल/कुलॉम के

(c) 1 कुलॉम/जूल के (d) उपरोक्त में कोई नहीं

**203.** एक 10H के इन्डक्टर में 2 amp की स्टैडी धारा प्रवाह हो रही है। इन्डक्टर में 100 V 'self-induced' वि० वा० बल उत्पन्न करने के लिए धारा में परिवर्तन की दर होगी—

(a) 10 amp/sec (b) 5 amp/sec

(c) सम्भव नहीं (d) 2 amp/sec

**204.** वायु ............ पदार्थ है।

(a) डायमैगनेटिक (b) नॉन-मैगनेटिक

(c) पैरामैगनेटिक (d) फैरोमैगनेटिक

**205.** निम्न में 'correct' सम्बन्ध है—

(a) Permeability $= \frac{1}{\text{Reluctivity}}$

(b) Resistance × Conductance = 1

(c) Reluctance × mmf = flux

(d) उपरोक्त में कोई नहीं

**206.** यदि $E$ विद्युत क्षेत्र तथा डिसप्लेसमैन्ट घनत्व $D$ है तब—

(a) $D = \varepsilon\,E$ (b) $D = \frac{E}{\varepsilon}$

(c) $D = \frac{\varepsilon}{E}$ (d) $\varepsilon\,E\,D = 1$

**207.** $\nabla^2 V = -\frac{\rho}{\varepsilon}$ है—

(a) लाप्लास समीकरण (b) फोरियर समीकरण

(c) पॉयजन समीकरण (d) मैक्सवैल समीकरण

**208.** Magnetic Susceptibility = ?

(a) $\frac{\text{Intensity of magnetization}}{\text{Field strength}}$

(b) $\frac{\text{mmf}}{\text{Magnetic field strength}}$

(c) $\frac{\text{Magnetic field strength}}{\text{mmf}}$

(d) $\dfrac{\text{Intensity of magnetization}}{\text{Magnetic flux}}$

**209.** निम्न में मैक्सवैल समीकरण नहीं है—

(a) $\nabla \times \vec{H} = \vec{D}' + \vec{J}$ (b) $\nabla \times \vec{E} = -\vec{B}'$

(c) $\nabla \times \vec{H} = 0$ (d) $\nabla \cdot \vec{D} = \rho$

**210.** एक टैस्ट चार्ज $q$ पर स्टैटिक विद्युत क्षेत्र $E$ में लगने वाला बल है—

(a) $F = Eq$ (b) $F = E/q$

(c) $F = E^2/q$ (d) $F = E/q^2$

**211.** निम्न में 'correct' स्टेटमैन्ट है—

(a) आयरन का उपयोग प्रायः परमानैन्ट मैगनेट के लिए किया जाता है

(b) एलनिको का उपयोग प्रायः इलेक्ट्रोमैगनेट के लिए किया जाता है

(c) पेपर चुम्बकीय फ्लक्स को इस कारण से प्रभावित नहीं करता क्योंकि यह चुम्बकीय पदार्थ नहीं है

(d) उपरोक्त में कोई नहीं

**212.** चुम्बकीय क्षेत्र $H$ का मान होता है—

(a) $H = \dfrac{I}{4\pi r}$ (b) $H = \dfrac{4\pi r}{I}$

(c) $H = \dfrac{I}{2\pi r}$ (d) $H = \dfrac{2\pi r}{I}$

**213.** चुम्बकीय फ्लक्स घनत्व का मात्रक (unit) है—

(a) टेस्ला (Tesla) (b) ओम/मीटर (Ω/m)

(c) एम्पीयर/मीटर (amp/meter)

(d) फैराड/मीटर (Farad/meter)

**214.** समविभव पृष्ठ (equipotential surface) पर—

(a) पोटैन्शियल प्रत्येक बिन्दु पर समान होता है

(b) पोटैन्शियल प्रत्येक बिन्दु पर अलग होता है

(c) केवल त्रिज्य (radially) परिवर्तित होता है

(d) उपरोक्त में कोई नहीं

**215.** (1) यदि एक Gaussian surface के अन्दर कोई नैट चार्ज नहीं है तब सम्पूर्ण सतह पर $E$, शून्य (0) होता है।

(2) यदि सतह के प्रत्येक बिन्दु पर $E$ शून्य है तब कोई नैट चार्ज नहीं है

उपरोक्त में—

(a) 1 तथा 2 true है

(b) 1 true तथा 2 false है

(c) 1 तथा 2 false है

(d) 1 false, 2 true है

**216.** फ्लक्स/धारा किस राशि की विमायें हो सकती हैं—

(a) इन्डक्टैन्स (b) चार्ज

(c) कैपेसिटैन्स (d) उपरोक्त में कोई नहीं

**217.** एक गोलाकार (spherical surface) सतह के लिए उपयुक्त सम्बन्ध है—

(a) $D = \dfrac{Q}{4\pi r}$ (b) $D = \dfrac{Q}{4\pi r^2}$

(c) $D = \dfrac{Q}{4\pi r\varepsilon}$ (d) उपरोक्त में कोई नहीं

**218.** एक 1 mfd कैपेसिटी के कैपेसिटर में प्लेटों के मध्य स्पेस में 1 amp डिसप्लेसमैन्ट धारा स्थापित करनी है। इसके लिए आवश्यक है—

(a) $10^6$ amp (b) $10^6$ amp/sec

(c) $10^6$ volt/sec (d) $10^6$ volt/sec

**219.** संकेन्द्रीय गोलों (concentric spheres of radius $a$ तथा $b$) की धारिता (capacity) होगी—

(a) $C = \dfrac{2\pi\varepsilon}{\ln b/a}$ (b) $C = \dfrac{\ln b/a}{2\pi/\varepsilon}$

(c) $C = 0$ (d) उपरोक्त में कोई नहीं

**220.** स्केलर फंक्शन $V$ का लाप्लासियन ऑपरेशन है—

(a) $\nabla V$ (b) $\nabla^2 V$

(c) $\nabla \times V$ (d) $\nabla \times \nabla V$

**221.** $\nabla V = ?$

(a) $\dfrac{\partial V_x}{\partial x} + \dfrac{\partial V_y}{\partial y} + \dfrac{\partial y_z}{\partial z}$

(b) $\dfrac{\partial}{\partial x} ix + \dfrac{\partial}{\partial y} iy + \dfrac{\partial}{\partial z} iz$

(c) $\dfrac{\partial V}{\partial x} ix + \dfrac{\partial V}{\partial y} iy + \dfrac{\partial V}{\partial z} iz$

(d) $\dfrac{\partial V}{\partial x} + \dfrac{\partial V}{\partial y} + \dfrac{\partial V}{\partial z}$

**222.** कन्डक्टिंग मीडियम के लिए तरंग समीकरण (wave equation) है—

(a) $\nabla^2 \vec{E} - \mu\,\varepsilon\,\vec{E}'' - \mu\,\sigma\,\vec{E}' = 0$

(b) $\nabla^2 \vec{H} - \mu\,\varepsilon\,\vec{H}''$

**223.** दो धारावाही लूपों के मध्य कार्य करने वाला बल किस नियम से सम्बन्धित है ?

(a) लाप्लास का नियम (b) एम्पीयर का नियम

(c) कुलॉम (coulomb) का नियम

(d) मैक्सवैल् का नियम

**224.** चालक का प्रतिरोध न्यूनतम होता है—

(a) dc के लिए (b) 50 Hz पर

(c) 1 KHz पर (d) 1 MHz पर

**225.** वैक्टर $2 \cos\alpha\, \hat{a_x} + 2 \sin\alpha\, \hat{a_y} + 7\hat{a}_z$ का परिमाण (magnitude) होगा—

(a) 2 (b) 4·75

(c) 6·66 (d) 7·21

**226.** एक प्लेन इलेक्ट्रोमैगनेटिक तरंग परावैद्युतांक (relative permittivity) 9 के परावैद्युत (dielectric) माध्यम में चलती है। परावैद्युत में तरंग प्रोपेगेशन का वेग—

(a) अपरिवर्तित (uncharged) रहेगा

(b) 1/3 गुना कम जायेगा

(c) 1/3 गुना बढ़ जायेगा (d) 9 गुना हो जायेगा

**227.** किसी बिन्दु पर विद्युत क्षेत्र की तीव्रता (intensity of electric field) का डाइवर्जेन्स—

(a) उस बिन्दु पर 'volume charge density' के $\frac{1}{4\pi\varepsilon_0}$ गुना के बराबर होता है

(b) उस बिन्दु पर 'volume charge density' के $\frac{1}{\varepsilon_0}$ गुना के बराबर होता है

(c) उस बिन्दुपर 'volume charge density' के $\varepsilon_0$ के बराबर होता है

(d) उस बिन्दु पर 'volume charge density' के बराबर होता है

**228.** एक 'prominent wave' में निम्न में से कौन-सा अभिलक्षण होता है—

(a) निम्नतम कट-ऑफ फ्रीक्वैन्सी (lower cut-off frequency)

(b) उच्चतम कट-ऑफ फ्रीक्वैन्सी (highest cut-off frequency)

(c) कोई अटेनुएशन नहीं

(d) कोई फेज शिफ्ट नहीं

**229.** Ampere's circuital law है—

(a) $\oint B \cdot dl = \mu_0 \oint_C I\, dl$

(b) $\oint B \cdot dl = \frac{1}{\varepsilon_0} \oint_C I\, dl$

(c) $\oint B \cdot dl = \varepsilon_0 \oint_C I\, dl$

(d) $\oint B \cdot dl = \frac{1}{4\pi\varepsilon_0} \oint_C I\, dl$

**230.** किसी वैक्टर का कर्ल (curl) होता है—

(a) एक स्केलर (b) एक वैक्टर

(c) यूनिट वैक्टर

(d) स्केलर अथवा वैक्टर कुछ भी हो सकता है

**231.** उत्तम चालकों (good conductors) के लिए स्किन डैप्थ (skin depth)–

(a) $f$ के विलोमानुपाती होती है

(b) $\sqrt{f}$ के विलोमानुपाती होती है

(c) $f$ के समानुपाती होती है

(d) $\sqrt{f}$ के समानुपाती होती है

**232.** एक उत्तम चालकीय माध्यम (good conducting medium) के लिए इट्रिन्जिक इम्पीडैन्स होती है—

(a) $\sigma\sqrt{\omega\mu} \angle \pi/2$ (b) $\sqrt{\omega\mu/\sigma} \angle 45°$

(c) $\sqrt{\omega\mu/\sigma} \angle \pi/2$ (d) $\sqrt{\omega\mu/\sigma} \angle 0°$

**233.** निम्न में 'correct' सम्बन्ध है—

(a) $\vec{i} \cdot \vec{j} = 1$ (b) $\vec{j} \cdot \vec{k} = 1$

(c) $\vec{k} \cdot \vec{i} = 1$

(d) $\vec{i} \cdot \vec{i} = \vec{j} \cdot \vec{j} = \vec{k} \cdot \vec{k} = 1$

**234.** पोलेराइजेशन का मात्रक (unit) वही है जो ............ का मात्रक है।

(a) $D$ (b) $E$

(c) आवेश (d) उपरोक्त में कोई नहीं

**235.** एक $E_0$ अधिकतम वोल्टेज तथा $Z_0$ इम्पीडैन्स के विद्युत क्षेत्र में, एक यूनिफॉर्म प्लेन वेव में औसत पावर फ्लो होगी—

(a) $\frac{E_0^2}{2Z_0}$ (b) $\frac{E_0^2}{Z_0}$

(c) $\frac{E_0^2}{Z_0^2}$ (d) $I_0 E_0$

**236.** प्वाइन्टिंग वैकटर से निम्न में से कौन-सी सूचना प्राप्त होती है—

(a) चुम्बकीय क्षेत्र की तीव्रता (intensity of magnetic field)

(b) विद्युत क्षेत्र की तीव्रता (intensity of electric field)

(c) ध्रुवण की दिशा (direction of polarization)

(d) ऊर्जा फ्लो की दर (rate of energy flow)

**237.** किसी कन्डक्टर की सतह पर विद्युत क्षेत्र के 'tangential component' तथा इस क्षेत्र (field) के कारण 'linear current density' के अनुपात को कहते हैं—

(a) क्रिटिकल प्रतिबाधा (critical impedance)

(b) सरफेस प्रतिबाधा (surface impedance)

(c) अभिलाक्षणिक प्रतिबाधा (characteristic impedance)

(d) ध्रुवक प्रतिबाधा (polarizing impedance)

**238.** $0 \cdot 40$ wb/m$^2$ की तीव्रता के चुम्बकीय क्षेत्र में, 60 cm लम्बा तथा 10 gm भार का एक तार दो फ्लेक्सिविल लीड्स से लटकाया गया है। तार में धारा होगी—

(a) $4 \cdot 08$ amp (b) $0 \cdot 41$ amp

(c) $2 \cdot 4$ amp (d) $40 \cdot 8$ amp

**239.** फ्री-स्पेस में $Z$-दिशा में चलती हुयी एक यूनिफॉर्म प्लेन वेव की समीकरण निम्न है—

$E_x = 2 \cos(\omega t - \beta z)$ volt/meter

$H_y$ की समीकरण क्या होगी ?

(a) $H_y = \frac{2}{377} \cos(\omega t - \beta z)$ amp/meter

(b) $H_y = 2 \times 377 \times (\omega t - \beta z)$ amp/meter

(c) $H_y = 4 \times 377 \cos(\omega t - \beta z)$ amp/meter

(d) $H_y = \frac{2}{377} \cos(\omega t - \beta z)$ volts/metre

**240.** विद्युत क्षेत्र के लिए मैक्सवैल् की डाइवर्जेन्स समीकरण है—

(a) $\nabla \cdot \vec{E} = \frac{\rho}{\varepsilon_0}$ (b) $\nabla \times \vec{E} = \frac{\rho}{\varepsilon_0}$

(c) $\nabla \cdot \vec{E} = \frac{\rho}{2\pi\varepsilon_0}$ (d) उपरोक्त में कोई नहीं

**241.** जब विद्युत क्षेत्र आपतन तल (plane if incidence) के समान्तर होता है तब विद्युत चुम्बकीय तरंग—

(a) लीनियर पोलेराइज्ड होती है

(b) सरकुलरली पोलेराइज्ड होती है

(c) इलिप्टीकली पोलेराइज्ड होती है

(d) समान्तर पोलेराइज्ड होती है

**242.** विद्युत क्षेत्र $E$ में दो बिन्दुओं $A$ तथा $B$ के मध्य विभवान्तर $V_{AB}$ होगा—

(a) $V_{AB} = \int_A^B E\, dl$ (b) $V_{AB} = \int_A^B E \times dl$

(c) $V_{AB} = \frac{1}{q} \int \vec{E}\, \vec{dl}$

(d) $V_{AB} = \frac{1}{q} \int \vec{E}\, \vec{dl}$

**243.** निम्न में 'true' है—

(a) $\int \vec{E}\, \vec{ds} = q/\varepsilon_0$ (b) $\int \vec{E}\, \vec{dl} = 0$

(c) $\oint_S \vec{E} \cdot \vec{ds} = $'$q$ (d) $\int_C \vec{E} \cdot \vec{dl} = 0$

**244.** निम्न में कौन-सा अभिलक्षण फैरोमैगनेटिक मेटीरियल का नहीं है—

(a) विद्युतशीलता (permittivity)

(b) Coercivity

(c) Remanence

(d) चुम्बकशीलता (permeability)

**245.** एक चुम्बकीय क्षेत्र में स्टोर हुयी ऊर्जा $W_m$ होती है—

(a) $W_m = \int_V \mu_0 B^2\, dV$

(b) $W_m = \int_V \frac{B^2}{2\mu_0}\, dV$

(c) $W_m = \int_V \frac{B^2}{\mu_0}\, dV$

(d) $W_m = \int_V \frac{B^2}{2\pi\mu_0}\, dV$

**246.** किस माध्यम में तरंग का प्रोपेगेशन बिना अटेनुएशन होता है ?

(a) पूर्ण परावैद्युत (perfect dielectric)

(b) अर्धचालक (semiconductor)

(c) चालक (conductor)

(d) उपरोक्त सभी

**Answers :**

| | | | | | | |
|---|---|---|---|---|---|---|
| **1.** (c) | **36.** (c) | **71.** (a) | **106.** (d) | **141.** (b) | **176.** (b) | **211.** (c) |
| **2.** (d) | **37.** (b) | **72.** (c) | **107.** (c) | **142.** (c) | **177.** (b) | **212.** (c) |
| **3.** (b) | **38.** (d) | **73.** (a) | **108.** (c) | **143.** (b) | **178.** (a) | **213.** (a) |
| **4.** (c) | **39.** (a) | **74.** (c) | **109.** (a) | **144.** (b) | **179.** (c) | **214.** (a) |
| **5.** (b) | **40.** (b) | **75.** (b) | **110.** (b) | **145.** (b) | **180.** (c) | **215.** (d) |
| **6.** (b) | **41.** (b) | **76.** (d) | **111.** (c) | **146.** (c) | **181.** (c) | **216.** (a) |
| **7.** (d) | **42.** (b) | **77.** (c) | **112.** (a) | **147.** (d) | **182.** (b) | **217.** (b) |
| **8.** (b) | **43.** (c) | **78.** (c) | **113.** (b) | **148.** (a) | **183.** (b) | **218.** (d) |
| **9.** (a) | **44.** (d) | **79.** (a) | **114.** (a) | **149.** (c) | **184.** (a) | **219.** (a) |
| **10.** (a) | **45.** (c) | **80.** (c) | **115.** (b) | **150.** (a) | **185.** (b) | **220.** (b) |
| **11.** (b) | **46.** (b) | **81.** (c) | **116.** (d) | **151.** (c) | **186.** (a) | **221.** (c) |
| **12.** (a) | **47.** (b) | **82.** (b) | **117.** (d) | **152.** (c) | **187.** (b) | **222.** (d) |
| **13.** (c) | **48.** (c) | **83.** (d) | **118.** (c) | **153.** (c) | **188.** (a) | **223.** (b) |
| **14.** (d) | **49.** (b) | **84.** (a) | **119.** (d) | **154.** (d) | **189.** (c) | **224.** (a) |
| **15.** (b) | **50.** (d) | **85.** (b) | **120.** (d) | **155.** (a) | **190.** (c) | **225.** (a) |
| **16.** (b) | **51.** (b) | **86.** (a) | **121.** (a) | **156.** (a) | **191.** (c) | **226.** (b) |
| **17.** (a) | **52.** (a) | **87.** (c) | **122.** (d) | **157.** (a) | **192.** (d) | **227.** (b) |
| **18.** (b) | **53.** (d) | **88.** (a) | **123.** (c) | **158.** (b) | **193.** (c) | **228.** (a) |
| **19.** (c) | **54.** (d) | **89.** (a) | **124.** (c) | **159.** (a) | **194.** (c) | **229.** (a) |
| **20.** (d) | **55.** (a) | **90.** (d) | **125.** (a) | **160.** (b) | **195.** (c) | **230.** (b) |
| **21.** (b) | **56.** (b) | **91.** (c) | **126.** (d) | **161.** (a) | **196.** (a) | **231.** (b) |
| **22.** (a) | **57.** (b) | **92.** (d) | **127.** (b) | **162.** (d) | **197.** (a) | **232.** (b) |
| **23.** (a) | **58.** (a) | **93.** (a) | **128.** (d) | **163.** (b) | **198.** (d) | **233.** (d) |
| **24.** (c) | **59.** (d) | **94.** (d) | **129.** (b) | **164.** (a) | **199.** (a) | **234.** (a) |
| **25.** (a) | **60.** (c) | **95.** (a) | **130.** (d) | **165.** (c) | **200.** (c) | **235.** (b) |
| **26.** (b) | **61.** (c) | **96.** (c) | **131.** (b) | **166.** (a) | **201.** (d) | **236.** (d) |
| **27.** (d) | **62.** (c) | **97.** (c) | **132.** (a) | **167.** (d) | **202.** (c) | **237.** (b) |
| **28.** (a) | **63.** (b) | **98.** (b) | **133.** (d) | **168.** (d) | **203.** (a) | **238.** (b) |
| **29.** (c) | **64.** (a) | **99.** (a) | **13.** (b) | **169.** (d) | **204.** (c) | **239.** (b) |
| **30.** (b) | **65.** (b) | **100.** (d) | **135.** (d) | **170.** (a) | **205.** (c) | **240.** (a) |
| **31.** (d) | **66.** (c) | **101.** (a) | **136.** (b) | **171.** (b) | **206.** (a) | **241.** (d) |
| **32.** (d) | **67.** (d) | **102.** (b) | **137.** (b) | **172.** (b) | **207.** (c) | **242.** (c) |
| **33.** (d) | **68.** (d) | **103.** (a) | **138.** (a) | **173.** (b) | **208.** (a) | **243.** (c) |
| **34.** (b) | **69.** (c) | **104.** (d) | **139.** (a) | **174.** (b) | **209.** (c) | **244.** (a) |
| **35.** (d) | **70.** (a) | **105.** (c) | **140.** (d) | **175.** (b) | **210.** (a) | **245.** (b) |
| | | | | | | **246.** (a) |

# MODEL PAPER-I

1. निम्न कथन पर विचार कीजिये—

एक अस्थायी (unstable) सिस्टम का गेन मारजिन (gain margin) तथा फेज मारजिन क्रमशः हो सकते हैं—

(1) Positive,Negative

(2) Negative, Negative

(3) Positive, Positive

(4) Negative, Positive

उपरोक्त में उपयुक्त कथन है—

(a) 1, 2 तथा 4 (b) 1 तथा 3

(c) 1, 2 तथा 3 (d) 2 तथा 4

2. कम्पैन्डिग (Companding) का उपयोग किया जाता है—

(a) PCM में (quantizing noise ) को समाप्त करने के लिये

(b) PCM में लघु (small) सिगनलों को 'quantizing' डिस्र्टोशन से बचाने के लिये

(c) PCM ट्रांसमिशन प्रणाली में रिसीवर्स में आयाम सीमित (amplitude limting) के लिये

(d) PCM रिसीवर्स में इम्पल्स 'noise' को समाप्त करने के लिये

3. इन्सट्रुमेन्ट लैंन्डिग प्रणाली में निम्न में कौन सा कम्पोनैन्ट होता है ?

(1) गोनियोमीटर (Goniometer)

(2) मार्कर बीकन (Marker beacons)

(3) ग्लाइड स्लोप

(4) एड कॉक एन्टीना

(5) लोकलाइजर

उपरोक्त में सही है—

(a) 2, 3, 4, 5 (b) 2, 3 तथा 5

(c) 1, 2, 3 तथा 5 (d) 1, 2, 4 तथा 5

4. माइक्रोकम्प्यूटर्स में 'Wait' स्टेट्स का उपयोग—

(a) DMA ऑपरेशन में माइक्रोप्रोसेसर को wait करने के लिये किया जाता है

(b) Interrupt processing में माइक्रोप्रोसेसर को wait करने के लिये किया जाता है।

(c) पावर शट-डाउन के समय माइक्रोप्रोसेसर को wait करने के लिये किया जाता है

(d) माइक्रोप्रोसेसर की 'slow peripherals' के साथ इन्टरफेसिंग के समय किया जाता है।

5. धातु एवं अर्द्धचालक के कान्टैक्ट को रैक्टीफाइगं बनाने के लिये निम्न कथन हो सकते हैं—

(1) N–टाइप सेमीकन्डक्टर का वर्क फंक्शन ($\phi_s$) धातु के वर्क फंक्शन ($\phi_m$) से अधिक होना चाहिये।

(2) N–टाइप सेमीकन्डक्टर का वर्क फंक्शन ($\phi_s$) धातु के वर्क फंक्शन ($\phi_m$) से कम होना चाहिये।

(3) P–टाइप सेमीकन्डक्टर का वर्क फंक्शन ($\phi_s$) धातु के वर्क फंक्शन ($\phi_m$) से अधिक होना चाहिये।

(4) P–टाइप सेमीकन्डक्टर का वर्क फंक्शन ($\phi_s$) धातु के वर्क फंक्शन ($\phi_m$) से कम होना चाहिये।

उपरोक्त में सही है—

(a) 1 तथा 3 (b) 1 तथा 4

(c) 2 तथा 3 (d) 2 तथा 4

6. एक चैनल की कैपेसिटी का अर्थ है—

(a) सूचना ट्रांसमिशन की अधिकतम दर (maximum rate)

(b) सूचना की मात्रा जिसे चैनल भेज सकता है

(c) सूचना के लिये आवश्यक बैन्ड विड्थ

(d) कोडिंग में प्रयुक्त डिजिट्स (digits) की संख्या

7. ब्रिज डूप्लैक्स प्रणाली किस सिद्धान्त पर आधारित है—

(a) पोटैशियल बैलेन्स

(b) धारा बैलेन्स

(c) प्रतिरोध बैलेन्स

(d) इम्पीडैन्स बैलेन्स

8. शाफ्ट की स्पीड के मापन में प्रयुक्त टैको–जेनरेटर्स का कैलीब्रेशन जल्दी-जल्दी करना पड़ता है क्योंकि—

(a) कॉन्टैक्ट में टूट-फूट (wear off) हो जाती है

(b) समय के साथ स्थायी चुम्बकों की प्रबलता (strength) कम हो जाती है

(c) आर्मेचर धारा के कारण उष्मीय प्रभाव (heating effect) उत्पन्न होता है

(d) Back e.m.f उत्पन्न होता है

**9.** दो 2-पोर्ट नैटवर्क्स $\alpha$ तथा $\beta$ के पैरामीटर्स $ABCD$ इस प्रकार हैं कि—

$A_\alpha = 4 = D_\alpha$

$A_\beta = 3 = D_\beta$

$B_\alpha = 5, C_\alpha = 3$

$B_\beta = 4, C_\beta = 2$

यदि नैटवर्क $\alpha, \beta$ क्रम में कनैक्ट किये जाते हैं तब कम्बीनेशन का तुल्यांक $A$ पैरामीटर (equivalent A parameter) है—

(a) 17 (b) 31

(c) 24 (d) 7

**10.** एक नैटवर्क में लीनियर प्रतिरोध तथा आदर्श वोल्टेज सोर्स कनैक्ट किये गये हैं। यदि सभी प्रतिरोधों को दो गुना (double) कर दिया जाये तब प्रत्येक प्रतिरोध के टर्मिनलों के मध्य वोल्टेज—

(a) दो गुनी हो जायेगी

(b) परिवर्तित नहीं होगी

(c) अधिक रह जायेगी

(d) चार गुनी हो जायेगी

**11.** एक फ्रीक्वैन्सी डिविजन मल्टीप्लैक्स रिसीवर में .................. का उपयोग आवश्यक है।

(a) AND गेट्स (b) डिफ्रैन्शियेटर

(c) इन्टीग्रेटर (d) बैन्ड-पास फिल्टर्स

**12.** निम्न में से कौन से अभिलक्षण उस सरकुलरली पोलेराइज्ड (circularly polarized) तरंग से सम्बन्धित है जिसका X-दिशा में कोई कम्पोनैन्ट नहीं है परन्तु $E_y$ एवं $E_z$ दिशा में कम्पोनैन्ट्स है—

(1) $E_y$ तथा $E_z$ का मान (magnitude) बराबर है

(2) परिणामी इलेक्ट्रिक वैक्टर की दिशा समय के साथ स्थिर रहती है

(3) परिणामी इलेक्ट्रिक वेक्टर की दिशा समय के साथ परिवर्तित होती है

(4) $E_y$ तथा $E_z$ के मध्य 90° का समय कलान्तर (time phase difference) है

उपरोक्त में सही उत्तर है-

(a) 2 तथा 4 (b) 2 तथा 3

(c) 1, 3 तथा 4 (d) 1 तथा 3

**13.** $Z_1$ characteristic impedance की एक एक ट्रांसमिशन लाइन $Z_2$ characteristic impedance की एक ट्रांसमिशन लाइन के साथ कनैक्ट की गयी है। यदि सिस्टम को पहले सिस्टम से कनैक्ट किये गये जेनरेटर से ड्राइव किया जाये तब सम्पूर्ण ट्रांसमिशन गुणक (overall transmission coefficient) होगा—

(a) $\frac{2Z_2}{Z_1 + Z_2}$ (b) $\frac{Z_2}{Z_1 + Z_2}$

(c) $\frac{2Z_1}{Z_1 + Z_2}$ (d) $\frac{Z_1}{Z_1 + Z_2}$

**14.** दो 'non-inverting' एम्पलीफायर्स जिनके गेन क्रमश: 1 तथा 20 हैं, एक समान op-amp प्रयुक्त कर बनाये गये हैं। यूनिटी (1) गेन वाले एम्पलीफायर की तुलना में 20 गेन वाले एम्पलीफायर—

(a) में निगेटिव फीड बैक कम होगा

(b) की इनपुट प्रतिबाधा अधिक होगी

(c) की बैन्ड विडथ छोटी होगी

(d) उपरोक्त सभी

**15.** इन्ट्रिन्जिक सेमीकन्डक्टर में कन्डक्शन बैन्ड में इलेक्ट्रॉनों की मोबिलिटी (mobility) –

(a) वैलेन्सी बैन्ड में होल्स (holes) की मोबिलिटी से अधिक होती है

(b) वैलेन्सी बैन्ड में होल्स (holes) की मोबिलिटी के बराबर होती है

(c) वैलेन्सी बैन्ड में होल्स (holes) की मोबिलिटी से कम होती है

(d) शून्य होती है

**16.** फोटोउत्सर्जन (photoemission) के सम्बन्ध में सत्य है—

(a) उत्सर्जित (emitted) इलेक्ट्रॉनों का वेग प्रकाश तीव्रता पर निर्भर करता है

(b) उत्सर्जन (emission) की दर प्रकाश तीव्रता के विलोमानुपाती होती है

(c) इलेक्ट्रॉन तथा होल्स दोनों उत्पन्न होते हैं

(d) इलेक्ट्रानों का अधिकतम वेग, $\lambda$ (wavelength) घटने पर बढ़ता है

**17.** यदि वोल्टेज एवं धारा के मात्रकों (units) के वर्तमान (present) मात्रकों को 20 गुना बना दिया जाये तब धारिता (capacitance) के मात्रक में क्या परिवर्तन होगा ?

(a) कोई परिवर्तन नहीं (b) 200 गुना

(c) 60 गुना (d) 40 गुना

**18.** PN जंक्शन युक्तियों में प्रायः गोल्ड (gold) का विसरण (diffusion) किया जाता है। इसका उद्देश्य—

(a) Recombination rate को कम करना है

(b) Recombination rate को बढ़ाना है

(c) सिलिकॉन को अर्द्ध-धातु (semi-metal) बनाना है

(d) सिलिकॉन को डायरैक्ट गैप सेर्मीकन्डक्टर बनाना है

**19.** एक निर्दिष्ट (given) वोल्टेज पर चार हीटींग कुन्डलियाँ अधिकतम उष्मा उस अवस्था में उत्पन्न करेंगी जब वे—

(a) सभी पैरेलल में होगीं

(b) सभी श्रेणी (series) में होगीं

(c) श्रेणी में दो-दो कुन्डलियों के पेयर समानान्तर कम्बीनेशन में होंगे

(d) एक पेयर समानान्तर में तथा दो अन्य श्रेणी में कनैक्ट होंगे

**20.** एक BJT (bipolar junction transistor) की एक्टिव क्षेत्र (active region) में उपयुक्त बायसिंग निम्न में से कौन सी है ?

| | **Emitter Junction** | **Collector Junction** |
|---|---|---|
| (a) | Forward | Reverse |
| (b) | Forward | Forward |
| (c) | Reverse | Forward |
| (d) | Reverse | Reverse |

**21.** 75 Ω की एक ट्रांसमिशन लाइन को पहले शॉर्ट-टर्मिनेट (short terminate) किया गया तथा 'minima' की स्थिति नोट की गयी। शॉर्ट को एक प्रतिरोध $R_L$ से विस्थापित करने पर 'minima' की स्थितियों (locations) में कोई परिवर्तन नहीं हुआ तथा VSWR का मान मापन करने पर 3 प्राप्त हुआ। $R_L$ का मान है—

(a) 500 Ω (b) 225 Ω

(c) 250 Ω (d) 75 Ω

**22.** किसी लोड द्वारा टर्मिनेट की गयी एक ट्रांसमिशन लाइन के लिये परावर्तन गुणांक (reflection coefficient–$k$) तथा voltage standing wave ratio ($s$) में सम्बन्ध है—

(a) $s = \dfrac{(1 + |k|)}{(1 - |k|)}$

(b) $s = \dfrac{1}{(1 - |k|)}$

(c) $s = \dfrac{1}{(1 + |k|)}$

(d) $s = \dfrac{(1 - |k|)}{(1 + |k|)}$

**23.** लोरेंज बल (Lorentz force) का सूत्र है—

(a) $\vec{F} = Q(\vec{V} \times \vec{B})$

(b) $\vec{F} = Q(\vec{E} + \vec{V} \times \vec{B})$

(c) $\vec{F} = Q\vec{E}$

(d) $\vec{F} = \vec{V} \times \vec{B}$

**24.** एक प्लेन मोनोक्रोमेटिक इलैक्ट्रोमैगनेटिक तरंग एक पूर्ण चालकीय माध्यम (perfect conducting medium) में गति करती है। माध्यम में कोई आवेश नहीं है तथा न ही उसमें कोई बाह्य धारा है। माध्यम में—

(a) विद्युत क्षेत्र $E$ चुम्बकीय क्षेत्र $B$ से 180° lead करता है

(b) विद्युत क्षेत्र $E$ चुम्बकीय क्षेत्र $B$ से 180° lag करता है

(c) विद्युत क्षेत्र $E$ तथा चुम्बकीय क्षेत्र $B$ परस्पर 90° पर विस्थापित हैं

(d) विद्युत क्षेत्र $E$ तथा चुम्बकीय क्षेत्र $B$ समान कला में हैं

**25.** RF धाराओं के कारण स्किन गहराई (skin depth '$\delta$') का मान ———— होता है।

(a) $\delta = \left(\dfrac{2}{\omega \mu \sigma}\right)^2$ (b) $\delta = \sqrt{\dfrac{2}{\omega \mu \sigma}}$

(c) $\delta = \dfrac{2}{\sqrt{\omega \mu \sigma}}$ (d) $\delta = \left(\dfrac{\sqrt{2}}{\omega \mu \sigma}\right)^{1/3}$

यहाँ $\omega$ = angular frequency of RF current
$\mu$ = permeability तथा $\sigma$ = conductivity

26. किसी विद्युत चुम्बकीय क्षेत्र में—

(a) $\vec{F} = q(\vec{E} + \vec{V} \cdot \vec{B})$

(b) $\vec{F} = q(\vec{B} + \vec{V} \cdot \vec{E})$

(c) $\vec{F} = q(\vec{B} + \vec{V} \times \vec{E})$

(d) $\vec{F} = q(\vec{E} + \vec{V} \times \vec{B})$

27. निम्न में कौन सा कोड बाइनरी नहीं है ?

(a) CCITT – 2

(b) Morse

(c) Baudot

(d) उपरोक्त में कोई नहीं

28. यदि एक कैपेसिटर की वोल्टेज स्थिर रख उसकी प्लेटों का ओवरलैपिगं क्षेत्र बढ़ाया जाये तब ऊर्जा—

(a) घटती है

(b) बढ़ती है

(c) स्थिर रहती है

(d) शून्य हो जाती है

29. लम्बी दूरियों पर ब्रॉड-बैन्ड कम्यूनिकेशन (broad-band communication) .......... के विकास के पश्चात् सम्भव हो सका।

(a) टेलीग्राफ केबिल

(b) उच्च आवृति रेडियो (HF Radio)

(c) रिपीटर एम्पलीफायर्स

(d) भू-स्थिर उपग्रह (geostationary satellites)

30. सूची A को सूची B से मैच कीजिये तथा उपयुक्त उत्तर सलैक्ट कीजिये—

**List A**

(1) सिंगल एन्डेड क्लास-A

(2) पुश-पुल ट्रांसफॉर्मर कपल्ड क्लास-B

(3) पुश-पुल क्लास-AB

(4) कम्पलीमैटरी-सिमेट्री कलास-AB

**List B**

(P) PNP तथा NPN ट्रांजिस्टर्स की आवश्यकता है

(Q) क्रास-ओवर डिस्ट्रोशन को कम करता है

(R) इन सभी एम्पलीफायर्स में इसकी दक्षता अधिकतम है

(S) इन सभी एम्पलीफायर्स में इसकी दक्षता न्यूनतम (minimum) है

(a) 4 – P  3 – Q  2 – R  1 – S

(b) 1 – S  2 – Q  3 – R  4 – P

(c) 1 – P  2 – Q  3 – R  4 – S

(d) 3 – P  2 – Q  1 – R  4 – S

31. निम्न तालिका में सूची A को सूची B से मैच कीजिये—

**List A**

(1) डारलिंगटन परिपथ

(2) कॉमन बेस एम्पलीफायर

(3) कम्पलीमैन्ट्री-सिमेट्री एम्पलीफायर

(4) कास्कोड (cascode) एम्पलीफायर

**List B**

(P) पावर एम्पलीफायर्स में प्रयुक्त परिपथ जिसमें PNP तथा NPN ट्रांजिस्टर्स प्रयोग किये जाते हैं।

(Q) कॉमन-गेट एम्पलीफायर के ड्राइव करने के लिये प्रयुक्त कॉमन-सोर्स एम्पलीफायर

(R) उच्च इनपुट इम्पीडैन्स वाला परिपथ जिसका वोल्टेज गेन लगभग 1 होता है।

(S) कम (low) इनपुट इम्पीडैन्स परिपथ जिसका उपयोग मुख्यतः उच्च आवृति पर किया जाता है।

(a) 1 – R  2 – S  3 – 9  4 – Q

(b) 1 – P  2 – Q  3 – R  4 – S

(c) 4 – P  3 – Q  2 – R  1 – S

(d) 2 – P  1 – Q  3 – R  4 – S

32. एक यूनिटी (unity) फीडबैक कन्ट्रोल सिस्टम का फारवर्ड पाथ ट्रांसफर फंक्शन निम्न है

$$F = \frac{42 \cdot 25}{s(s + 6 \cdot 5)}$$

विराम (rest) से प्रारम्भ होकर सिस्टम के यूनिट स्टैप रैसपोंस का अधिकतम मान कितने समय पर होगा ?

(a) 0·5 sec  (b) 0 sec

(c) ∞  (d) 5·6 sec

33. समीकरण $\nabla \times E = \frac{-\delta B}{\delta t}$ किस नियम का सामान्य रूप है ?

(a) गौस का नियम (b) फैराडे का नियम

(c) एम्पीयर का नियम (d) बायो-सावर्ट का नियम

**34.** निम्न परिपथ की आउटपुट ($V_0$) क्या होगी ?

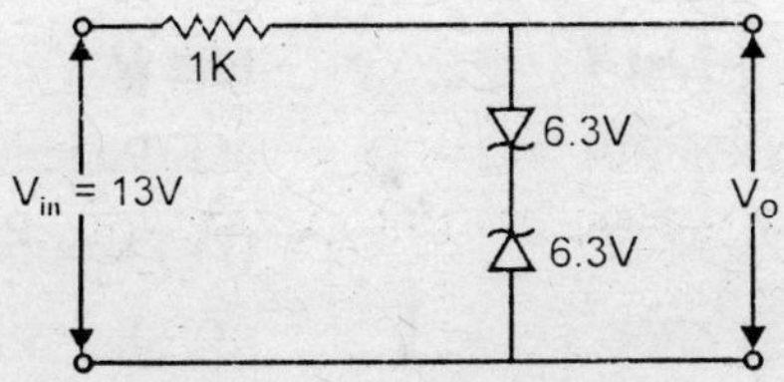


(a) 5·7V (b) Zero

(c) 12·6V (d) 6·9 V

**35.** दो वृत्ताकार छल्लों पर समान एवं विपरीत आवेश है निम्न चित्र के अनुसार आवेश वितरण (charge distribution) का डाइपोल 'moment'–

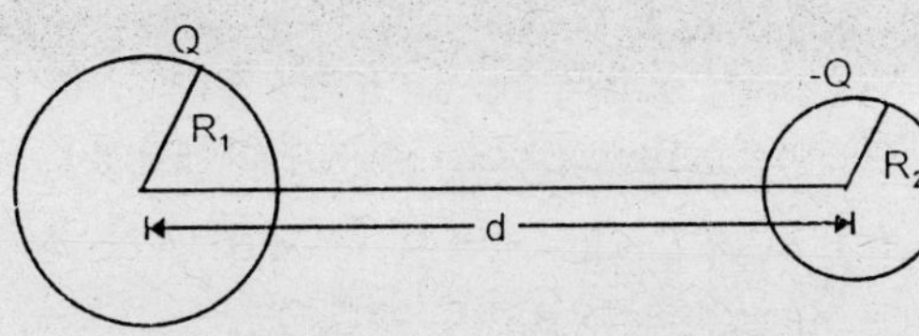


(a) $Qd$ (b) $Q\dfrac{R_2}{R_1}d$

(c) $Q\dfrac{R_1^2 - R_2^2}{d}$ (d) $Q\dfrac{R_1}{R_2}d$

**36.** एक सिंगल एलीमैन्ट के स्ट्रेन गेज ब्रिज में दो स्थिर प्रतिरोध $R_1$ तथा $R_2$ प्रत्येक 120 Ω के हैं। ब्रिज में एक परिवर्ती (variable) प्रतिरोध भी है जो शून्य स्ट्रेन तथा 120 Ω पर एवं स्ट्रेन ∈ तथा 120 Ω पर पूर्ण विक्षेप (full deflection) देता है। यदि स्ट्रेन गेज का गेज फैक्टर 2 है तब बीम में स्ट्रेन ∈ का मान होगा—

(a) 0·0005 (b) 0·0075

(c) 0·0055 (d) 0·8035

**37.** एक जंकशन ट्रान्जिस्टर का h-पैरामीटर तुल्यांक परिपथ केवल .................. के लिये 'valid' है।

(a) उच्च आवृति, दीर्घ (large) सिगनल पर ऑपरेशन

(b) उच्च आवृति, लघु (small) सिगनल पर ऑपरेशन

(c) निम्न आवृति, दीर्घ (large) सिगनल पर ऑपरेशन

(d) निम्न आवृति, लघु (small) सिगनल पर ऑपरेशन

**38.** स्टैगर-ट्यूनिंग का उपयोग—

(1) फ्रीक्वैन्सी रैसपोन्स में 'sharp fall' प्राप्त करने के लिये किया जाता है

(2) वाइड पास बैन्ड के लिये किया जाता है

(3) रेडियो रिसीवर्स के IF एम्पलीफायर्स में किया जाता है

उपरोक्त में—

(a) केवल 3 सत्य है

(b) केवल 1 तथा 3 सत्य है

(c) केवल 2 सत्य है

(d) केवल 1, 2 तथा 3 सत्य है

**39.** एक 1 $\mu$F के कैपेसीटर तथा 10 K Ω प्रतिरोध के श्रेणी संयोजन (series combination) को वोल्टेज $v = 10 \sin 100t + 10 \cos 100t$ एप्लाई की जाती है। प्रतिरोध में व्यय औसत शक्ति होगी—

(a) 2·5 mW (b) 11· 5 mW

(c) 3·5 mW (d) 5·5 mW

**40.** लम्बाई $l$ का एक सीधा चालक वेग $v$ से एक चुम्बकीय क्षेत्र ($B$) में गति करता है। चुम्बकीय क्षेत्र की दिशा वेग की दिशा से कोण $\theta$ बनाती है। चालक पर लगने वाले बल के सम्बन्ध में निम्न में से कौन से कथन सत्य हैं ?

(1) बल कोण $\theta$ पर निर्भर नहीं करता

(2) बल $l^2$ के समानुपाती है

(3) बल $B$ के समानुपाती है

(4) बल वेग $v$ पर निर्भर नहीं करता

उपरोक्त में सत्य है—

(a) 1, 2 तथा 4 (b) केवल 4

(c) केवल 3 (d) 2, 3 तथा 4

**41.** कम्यूनिकेशन सैटेलाइट के सम्बन्ध में निम्न पर विचार कीजिये—

(1) सैटेलाइट के 'geosynchronous' कक्ष पृथ्वी के भूमध्यतल (meridional plane) में होते हैं

(2) सैटेलाइट में एक 'low noise' एम्पलीफायर का प्रयोग आवश्यक नहीं है क्योंकि सैटेलाइट एन्टीना का 'noise' तापक्रम काफी अधिक होता है

(3) पृथ्वी के एक परिक्रमण (round trip) में लगभग 1/4 सेकन्ड की देरी (delay) होता है जो कि एक 2-way टेलीफोन कम्यूनिकेशन में होने वाली डिले सीमा के सन्तोषजनक रूप से समीप है।

उपरोक्त में—

(a) 1 तथा 3 सही है

(b) 1, 2 तथा 3 सही है

(c) 2 तथा 3 सही है

(d) 1 तथा 2 सही है

**42.** एक 3-फेज स्टार कनैक्टेड लोड के $R$ फेज में एक कैपेसिटर है तथा दूसरे दोनों फेजों में समान प्रतिरोध हैं। यदि फेज अनुक्रम (phase sequence) RBY है तब—

(a) $V_{BO} = V_{YO}$ (b) $V_{BO} = V_{RY}$

(c) $V_{BO} > V_{YO}$ (d) $V_{BO} < B_{YO}$

**43.** एक N-चैनल डिपलीशन FET के ड्रेन-सोर्स आउटपुट अभिलक्षणों के लिये—

(a) $I_{DS} = 0$ जब $V_{GS} = 0$

(b) $I_{DS} =$ positive maximum जब $V_{GS} = 0$

(c) $I_{DS} =$ positive minimum जब $V_{GS} = 0$

(d) $I_{DS}$, $V_{GS}$ पर निर्भर नहीं करता

**44.** एक डाइलैक्ट्रिक पदार्थ का ध्रुवण(polarization) निम्न प्रकार होता है—

(a) $\vec{P} = \varepsilon_r E$

(b) $\vec{P} = \vec{E}\, \varepsilon_0 (\varepsilon_r - 1)$

(c) $\vec{P} = (\varepsilon_r - 1)\, \varepsilon_r$

(d) $\vec{P} = (\varepsilon_r - 1)\, \varepsilon_0$

**45.** 1000 MB/s की रेट पर डाटा ट्रांसमिट करने के लिये उपयुक्त लाइन कम्यूनिकेशन प्रणाली है—

(a) ओपिन लाइन प्रणाली

(b) ऑप्टिकल फाइबर प्रणाली

(c) कोएक्सियल केबिल प्रणाली

(d) ट्विस्टेड वायर प्रणाली

**46.** दो सीधे चालकों में धारायें विपरीत दिशाओं में प्रवाहित होती हैं। चालकों के मध्य बल होगा—

(a) आकर्षण (attractive)

(b) विकर्षण (repulsive)

(c) अनन्त (infinite)

(d) शून्य (zero)

**47.** निम्न तालिका में दी गयी सूचियों I तथा II को परस्पर मैच कीजिये—

| **List I** | **List II** |
|---|---|
| (1) प्रतिरोध | (1) Current noise |
| (2) डायोड | (2) Partition noise |
| (3) ट्रायोड | (3) Shot noise |
| (4) PN जंक्शन | (4)Atmospheric noise |
| | (5) Johnson noise |

(a) $A-1$ $B-5$ $C-3$ $D-2$

(b) $A-5$ $B-3$ $C-2$ $D-1$

(c) $A-5$ $B-3$ $C-2$ $D-4$

(d) $A-1$ $B-3$ $C-4$ $D-5$

**48.** वेवगाइड के लिये उपयुक्त एन्टीना है—

(a) बाइकोनिल एन्टीना

(b) हॉर्न एन्टीना

(c) हैलीकल एन्टीना

(d) डिसकोन एन्टीना

**49.** तीन (3) चरों (variables) के साथ कितने स्विचिंग फंक्शन किये जा सकते हैं?

(a) 8 (b) 64

(c) 128 (d) 256

**50.** फ्लैश ADC एक—

(a) सीरियल ADC होता है

(b) पैरेलल ADC होता है

(c) आंशिक रूप से (partly) सीरियल तथा आंशिक रुप से पैरेलल ADC होता है

(d) सक्सैसिव एप्रोक्सिमेशन ADC होता है

**51.** एक 10 बिट D/A कनवर्टर की आउटपुट का अधिकतम मान 10·23V है। कनवर्टर का रिजॉल्यूशन होगा—

(a) 40 mV (b) 20 mV

(c) 15 mV (d) 25 mV

**52.** सूची I को सूची II से मैच कीजिये तथा उपयुक्त उत्तर सलैक्ट कीजिये—

**List I**

(1) High speed switching

(2) Multivibrator circuits

(3) Voltage stablizer

(4) Microwave oscillator

**List II**

(P) Zener diode

(Q) Tunnel diode

(R) Gun diode

(S) PIN diode

(a) P – 4 Q – 1, 4 R – 1 S – 3

(b) P – 4 Q – 2, 4 R – 4 S – 1

(c) P – 3 Q – 1, 2 R – 4 S – 1

(d) P – 3 Q – 1, 2, 4 R – 4 S – 1

**53.** सूची I को सूची II से मैच कीजिये तथा उपयुक्त उत्तर सलैक्ट कीजिये—

**List I**

(A) BJT

(B) FET

(C) SCR

(D) Tunnel Diode

**List II**

(1) Pinch-off effect

(2) Controlled Rectification

(3) Negative resistance

(4) Punch-through effect

(a) A – 4 B – 1 C – 2 D – 3

(b) A – 1 B – 4 C – 3 D – 2

(c) A – 1 B – 3 C – 2 D – 4

(d) A – 1 B – 2 C – 3 D – 4

**54.** जब मोडुलेटिंग फ्रीक्वैन्सी डबल की जाती है तब मोडुलेशन इन्डैक्स आधा हो जाता है परन्तु मॉडुलेटिंग वोल्टेज स्थिर रहती है। यह मोडुलेटिंग सिस्टम है—

(a) एम्पलीट्यूड मोडुलेशन (AM)

(b) फेज मोडुलेशन (PM)

(c) फ्रीक्वैन्सी मोडुलेशन (FM)

(d) उपरोक्त में कोई भी

**55.** यदि एक ट्रॉन्जिस्टर के दोनों जक्शन फारवर्ड बायस में रखकर ऑपरेट किया जाये तथा कलैक्टर-बेस फारवर्ड बायस को एमीटर-बेस फारवर्ड बायस से अधिक रखा जाये तब ट्रान्जिस्टर ---------- में ऑपरेट होता है।

(a) फारवर्ड एक्टिव मोड

(b) रिवर्स सैचुरेशन मोड

(c) रिवर्स एक्टिव मोड

(d) फारवर्ड सैचुरेशन मोड

**56.** कुछ विशेष कार्यों के लिये VLF तरगों का उपयोग किया जाता है क्योंकि—

(a) इनमें कम पावर की आवश्यकता होती है

(b) इनमें ट्रांसमिटिंग एन्टीना का साइज सुविधा जनक (convenient) होता है

(c) ये अधिक विश्वसनीय होती हैं

(d) ये आयनोस्फीयर में सरलता से प्रवेश कर जाती हैं

**57.** निम्न में कौन सा एन्टीना वाइडबैन्ड नहीं है?

(a) डिसकोन (b) फोल्डेड डाइपोल

(c) हैलीकल (d) मारकोनी

**58.** एक गेट की सभी इनपुट लॉजिक '0' होने पर उसकी आउटपुट लॉजिक 1 होती है। यह गेट—

(a) NAND है अथवा EX-OR

(b) OR है अथवा EX-NOR

(c) AND है अथवा EX-OR

(d) NOR है अथवा EX-NOR

**59.** एक $10\,\Omega$ प्रतिरोध में धारा का मान $i = 2\cos \omega t + \cos 3\,\omega t + 5\cos \omega t$ है। प्रतिरोध में व्यय औसत शक्ति होगी—

(a) 180 W (b) 150 W

(c) 300 W (d) 1640 W

**60.** UHF रेंज में तरगें ---------- द्वारा प्रोपेगेट होती है।

(a) ग्राउन्ड वेव्स (Ground waves)

(b) स्कायी वेव्स (Sky waves)

(c) सरफेस वेव्स (Surface waves)

(d) स्पेस वेव्स (Space waves)

**61.** चुम्बकीय परिपथ एक विद्युत परिपथ के समान ही होता है क्योंकि—

(a) विद्युत परिपथ में धारा प्रवाहित होती है तथा चुम्बकीय परिपथ में फ्लक्स प्रवाहित होता है

(b) हम चुम्बकीय परिपथ को भी विद्युत परिपथ के समान ओपिन (open) अथवा शॉर्ट (short) कर सकते हैं।

(c) लीकेज फ्लक्स के समान ही एक लीकेज धारा होती है

(d) चुम्बकीय एवं विद्युत परिपथ की समीकरणें एक समान होती हैं

**62.** दो integral फक्शनों $f_1(t)$ तथा $f_2(t)$ का कनवाल्यूशन (convolution) है—

(a) $\int_{o}^{\tau} f_1(t)\ f_2(\tau - t)\, d\tau$

(b) $\int_{0}^{\tau} f_1(t - \tau)\ f_2(\tau)\, d\tau$

(c) $\int_{0}^{\tau} f_1(t - \tau)\ f_2(t)\, d\tau$

(d) $\int_{0}^{\tau} f_1(\tau - t)\ f_2(\tau)\, d\tau$

**63.** धातुओं A तथा B के इलेक्ट्रॉन रिलैक्सेशन टाइम क्रमशः $2{\cdot}7 \times 10^4$ sec तथा $1{\cdot}37 \times 10^{-4}$sec हैं। धातु B एवं धातु A की प्रतिरोधकता (resistivity) का अनुपात होगा—

(a) 4·05 (b) 2·0

(c) 0·55 (d) 0·25

**64.** निम्न सूची I को सूची II से मैच कीजिये एवं उपयुक्त उत्तर सलैक्ट कीजिये—

**List I**

(1) यान्त्रिक कम्पन्न

(2) उष्मा व्यय

(3) वोल्टेज उत्पादन (voltage generation)

(4) चुम्बकीय क्षेत्र में सुधार

(5) चार्ज स्टोरेज

**List II**

(A) ध्रुवण (polarization)

(B) मैगनेटोस्ट्रिक्शन

(C) हाल प्रभाव (Hall effect)

(D) ग्रेन ओरियेन्टशेन (grain orientation)

(a) A – 5 B – 1 C – 3 D – 4

(b) A – 5 B – 2 C – 1 D – 3

(c) A – 2 B – 5 C – 3 D – 1

(d) A – 2 B – 1 C – 4 D – 5

**65.** एक क्वार्टर वेव लम्बी शार्ट-सार्किटेड 'lossless' ट्रान्समिशन लाइन की इनपुट इम्पीडैन्स—

(a) शुद्ध प्रतिघाती (purely reactive) होती है

(b) शुद्ध प्रतिरोधी (purely resistive) होती है

(c) लाइन की 'characteristic impedance' पर निर्भर करती है

(d) अनन्त होती है

**66.** एक सिंगल लेयर वायु कोर कुन्डली में $n$ टर्न (turns) तथा इसकी इन्डक्टैन्स $L$ है। यदि कुन्डली में टर्न संख्या $2n$ कर दी जाये तथा लम्बाई एवं व्यास (diameter) में कोई परिवर्तन न किया जाये तब कुन्डली की इन्डक्टैन्स होगी—

(a) $2L$ (b) $\frac{L}{4}$

(c) $\frac{3L}{2}$ (d) $\frac{4L}{3}$

**67.** FM टेलीमीट्री के लिये आवश्यक (required) चैनल—

(a) AM टेलीमीट्री के चैनल के समान ही होता है

(b) AM टेलीमीट्री के चैनल से छोटा होता है

(c) AM टेलीमीट्री से 100 गुना बड़ा होता है

(d) AM टेलीमीट्री के चैनल से 10 गुना बड़ा होता है

**68.** कलर पिक्चर ट्यूब में शैडो मास्क का उपयोग—

(a) x-ray उत्सर्जन (emission) को कम (reduce) करने के लिये किया जाता है

(b) यह सुनिश्चित करने के लिये किया जाता है कि प्रत्येक बीम केवल अपने डॉट्स पर ही स्ट्राइक करे

(c) स्क्रीन की ब्राइटनैस बढ़ाने के लिये किया जाता है

(d) स्क्रीन की डिगौसिंग (degaussing) के लिये किया जाता है

69. पैराबोलिक रिफ्लैक्टर के साथ कैशेग्रेन फीड (Cassegrain feed) का उपयोग क्यों किया जाता है ?
(a) सिस्टम का गेन बढ़ाने के लिये
(b) सिस्टम की बैन्डविड्थ बढ़ाने के लिये
(c) मेन रिफ्लैक्टर का साइज छोटा करने के लिये
(d) फीड को किसी सुविधाजनक (convenient) बिन्दु पर रखने के लिये

70. IC युक्तियों में ऑक्साइड लेयर का उपयोग निम्न उद्देश्यों के लिये किया जा सकता है—
(1) डिफ्यूजन अथवा आयन-इम्पलान्ट से सुरक्षा हेतु मास्क करने के लिये
(2) सतह को विद्युतीय रूप से इन्सुलेट करने के लिये
(3) सिलिकॉन का द्रवणांक (melting point) बढ़ाने के लिये
(4) रासायनिक रूप से स्थिर प्रोटैक्टिव लेयर उत्पन्न करने के लिये
उपरोक्त में सही है—
(a) 1,2 तथा 3 (b) 1, 3 तथा 4
(c) 1, 2 तथा 4 (d) 2, 3 तथा 4

71. ट्रांसफर फंक्शन $H(s) = \dfrac{s^2 - 5s + 100}{s^2 + 5s + 100}$ क्या प्रदर्शित करता है ?
(a) एक हाई-पास फिल्टर
(b) एक बैन्ड-पास फिल्टर
(c) एक यूनिवर्सल (all pass) फिल्टर
(d) एक लो-पास फिल्टर

72. पावर के मात्रक (units) है—
(a) डेसीबल (dB)
(b) वाट
(c) जूल
(d) डेसीबल मीटर (dB-m)

73. फ्लक्स के मापक हैं—
(a) टेस्ला (b) वाट
(c) वेबर (d) वेबर/मी$^2$

74. वर्टीकल एम्पलीफायर की आउटपुट से पिक्चर ट्यूब के योक पर एप्लाई किये जाने वाला सिगनल—
(a) एक saw-tooth धारा होती है
(b) एक saw-tooth वोल्टेज होती है
(c) एम्पलीफाइड वर्टीकल सिंक पल्स होती है
(d) ब्लैंकिंग पल्स होती है

75. एक रूथ ऐरे (Routh array) का प्रथम कॉलम निम्न प्रकार है—

| | |
|---|---|
| $s^5$ | 1 |
| $s^4$ | 2 |
| $s^3$ | 3/2 |
| $s^2$ | $-1/3$ |
| $s^1$ | 10 |
| $s^0$ | 2 |

s-प्लेन के left-half भाग में 'corresponding characteristic' समीकरण के कितने रूप हैं ?
(a) 4 (b) 3
(c) 1 (d) 2

76. इलेक्ट्रोस्टेटिक फ्लक्स घनत्व के मात्रक (units) हैं—
(a) कुलाम (coulomb)
(b) कुलाम/मी$^2$ (coulomb/meter$^2$)
(c) फैराड/मीटर (farad/metre)
(d) वेबर/मी$^2$ (weber/metre$^2$)

77. निम्न कथन पर विचार कीजिये—
क्लैम्पर परिपथ
(1) एक d.c. वोल्टेज को किसी तरंग में जोड़ता है अथवा उसमें से घटाता है
(2) तरंग के आकार (waveform) को परिवर्तित नहीं करता
(3) तरंग को एम्पलीफाई करता है
उपरोक्त में सही है—
(a) 1 तथा 2
(b) 2 तथा 3
(c) 1 तथा 3
(d) 1, 2 तथा 3

**78.** निम्न कथन पर विचार कीजिये—

D.C. एम्पलीफायर्स में निम्न का प्रयोग कर ड्रिफ्ट (drift) प्रभावी रूप से कम किया जा सकता है

(1) डायोड को कम्पैनसेटिंग एलीमैन्ट की भांति

(2) किसी अन्य डिवाइस को प्रयोग कर जो उसे डिफ्रैन्शियेटिंग एम्पलीफायर बनाती है

(3) बाई-पास कैपेसिटर्स

(4) चोपर्स (choppers)

उपरोक्त में सही है—

(a) 1 तथा 3 (b) 1, 3 तथा 4

(c) 1 तथा 4 (d) 1, 2 तथा 4

**79.** फंक्शन $\frac{s+5}{(s+1)(s+3)}$ का इनवर्स लाप्लास ट्रांसफॉर्म है—

(a) $e^{-t} + 2e^{+3t}$

(b) $e^{-t} - 2e^{-3t}$

(c) $2e^{-t} + e^{+3t}$

(d) $2e^{-t} - e^{-3t}$

**80.** पैरिटी चैकिंग तथा पैरिटी जेनरेशन के लिये उपयुक्त गेट्स हैं—

(a) AND, OR, NOT

(b) NAND

(c) NOR

(d) EX-OR अथवा EX-NOR

**81.** लैग कम्पैन्सेटर (lag compensator) मूलतः एक—

(a) हाई-पास फिल्टर (HPF) होता है

(b) बैन्ड-पास फिल्टर (BPF) होता है

(c) लो-पास फिल्टर (LPF) होता है

(d) बैन्ड रिजैक्ट फिल्टर (Band reject filter) होता है

**82.** यदि $P = 8 \angle 30°$ तथा $Q = 2 \angle 15°$ तब $\frac{P}{Q}$ का मान होगा—

(a) $4 \angle 15°$ (b) $8 \angle 15°$

(c) $6 \angle 30°$ (d) $16 \angle 45°$

**83.** कौन-सी डिवाइस माइक्रोप्रोसेसर में इन्सट्रक्शन एक्जीक्यूशन के क्रम (sequence) को रिकॉर्ड करती है ?

(a) स्टैक प्वाइन्टर (b) इन्सट्रक्शन रजिस्टर

(c) प्रोग्राम काउन्टर (d) एकुमुलेटर

**84.** थैवानिन थ्योरम द्वारा—

(a) किसी भी लोड में धारा ज्ञात की जा सकती है

(b) केवल निष्क्रिय (passive) लोड में धारा ज्ञात की जा सकती है

(c) केवल लीनियर (linear) लोड में धारा ज्ञात की जा सकती है

(d) थेवनिन थ्योरम द्वारा धारा ज्ञात नहीं की जा सकती

**85.** एक तरंग में धारा $I_1$ का 'fundamental' कम्पोनैन्ट तथा धारा $I_3$ का तीसरा हार्मोनिक (third harmonic) है। तरंग का r.m.s मान होगा—

(a) $I_{rms} = \frac{I_1 + I_3}{\sqrt{2}}$

(b) $I_{rms} = \sqrt{I_1^2 + I_3^2}$

(c) $I_{rms} = \frac{\sqrt{I_1^2 + I_3^2}}{2}$

(d) $I_{rms} = \frac{I_1 + I_3}{2\sqrt{2}}$

**86.** एक 5 $\mu$F धारिता का कैपेसिटर एक 200 Ω श्रेणी प्रतिरोध द्वारा 10V बैटरी से कनैक्ट किया गया है। कैपेसिटर अपनी अधिकतम वोल्टेज पर कितने समय में चार्ज हो जायेगा ?

(a) 1 ms (b) 5 ms

(c) 10 ms (d) 20 ms

**87.** वोल्टेज की एक sine wave शून्य (zero) से 200 V अधिकतम तक परिवर्तित होती है। चक्र (cycle) के प्रारम्भ होने के 30° पश्चात् वोल्टेज का मान क्या होगा ?

(a) 50 V (b) 82·8V

(c) 100 V (d) 173·2V

**88.** एक परिपथ में वोल्टेज का मान $v = 100 \sin \omega t$ है। यदि फ्रीक्वैन्सी 25Hz है तब वोल्टेज को 50V तक बढ़ने में कितना समय लगेगा ?

(a) $\frac{1}{50}$ sec (b) $\frac{1}{100}$ sec

(c) $\frac{1}{300}$ sec (d) $\frac{1}{600}$ sec

**89.** एक श्रेणी अनुनाद (resonant) परिपथ में एप्लाई की गयी वोल्टेज किस कम्पोनेन्ट ($R, L$ अथवा $C$) पर वोल्टेज के बराबर होती है ?

(a) इन्डक्टैन्स (b) कैपेसिटैन्स

(c) प्रतिरोध (d) उपरोक्त में कोई नहीं

**90.** किसी परिपथ में अधिकतम पावर ट्रांसफर के समय पावर ट्रांसफर की दक्षता क्या होती है ?

(a) 100% (b) 80%

(c) 75% (d) 50%

**91.** किस परिपथ का शक्ति गुणक (power factor) शून्य होता है ?

(a) प्रतिरोध (b) इन्डक्टैन्स

(c) कैपेसिटैन्स

(d) उपरोक्त (c) तथा (d) दोनों

**92.** एक $RC$ परिपथ को d.c सप्लाई से कनैक्ट किया जाता है। कैपेसिटर के टर्मिनलों के मध्य वोल्टेज सप्लाई वोल्टेज के लगभग बराबर कितने समय पश्चात् होगी ?

(a) 2CR (b) 10 CR

(c) 5 CR (d) 20 CR

**93.** एक 0 – 200 V मूविंग कायल वोल्ट मीटर की फुल स्केल पर accuracy 0·75% है। यदि इन्सट्रुमैन्ट की रीडींग 100 V है तब सीमान्त त्रूटि (limiting error) क्या होगी ?

(a) 0·75% (b) 1·5%

(c) 3% (d) 2%

**94.** एक CRO में X तथा Y इनपुट की फ्रीक्वैन्सी समान परन्तु फेज अलग-अलग हैं। निम्न सूचि I में CRO स्क्रीन पर देखे गये विभिन्न पैटर्न तथा सूचि II में कलान्तर (phase difference) के विभिन्न मान दिये गये हैं। दोनों सूचियों को परस्पर मैच कीजिये तथा सही उत्तर ज्ञात कीजिये।

**List I**

(A) दीर्घ वृत (Ellipse)

(B) वृत (Circle)

(C) सीधी रेखा पॉजिटिव स्लोप के साथ (Straight line with positive slope)

(D) सीधी रेखा निगेटिव स्लोप के साथ (Straight line with negative slope)

**List II**

(1) 0°

(2) 30°

(3) 60°

(4) 90°

(5) 120°

(6) 180°

(a) A – 1 B – 2 C – 3 D – 6

(b) A – 4 B – 2 C – 3 D – 1

(c) A – 5 B – 1 C – 4 D – 6

(d) A – 2 B – 4 C – 1 D – 6

**95.** एक 3-फेज डेल्टा कनैक्टेड परिपथ के लिये—

(a) Line voltage = Phase voltage

(b) Line voltage = Phase current

(c) Line current = $\frac{1}{\sqrt{3}}$ phase voltage

(d) Line current = $\sqrt{3}$ phase current

**96.** 200Hz आवृति की तरंग का आवर्तकाल (time period) क्या होगा ?

(a) 0·05 sec (b) 0·005 sec

(c) 0·0005 sec (d) 0·5 sec

**97.** समान फेज में दो तरगों के श्रगं (peaks) के मध्य कितना अन्तराल (interval) होगा ?

(a) 180° (b) 120°

(c) 90° (d) उपरोक्त में कोई नहीं

**98.** एक 3-फेज बैलेन्सड लोड की लाइन वोल्टेज $V$ तथा लाइन धारा $I$ है। लोड में व्यय शक्ति क्या होगी ?

(a) $VI \cos \phi$ (b) $\sqrt{3}\, VI \cos \phi$

(c) $VI \sin \phi$ (d) $\sqrt{3}\, VI$

**99.** एक इन्डक्टर का $Q$ बढ़ाने के लिये उसमें .......... प्रयुक्त किया जाता है ?

(a) मोटा (thicker) वायर

(b) पतला (thinner) वायर

(c) लम्बा (longer) वायर

(d) उच्च इन्सुलेशन का वायर

**100.** एक half-wave rectified sine wave का r.m.s मान 200 V है। Full wave rectified AC का मान क्या होगा ?

(a) 282·8V (b) 141·4V

(c) 111V (d) 100V

**101.** हैक्साडेसीमल प्रणाली में $(77)_{16} - (3B)_{16}$ का मान होगा—

(a) $(3D)_{16}$ (b) $(60)_{16}$

(c) $(73)_{16}$ (d) $(3C)_{16}$

**102.** एक नैटवर्क में 10 नोड तथा 17 ब्रांच हैं। नैटवर्क में विभिन्न node pair voltage की संख्या होगी—

(a) 7 (b) 9

(c) 10 (d) 45

**103.** X-दिशा में समान गति से चलता हुआ एक आवेशित कण, उसी दिशा में उपस्थित एक चुम्बकीय क्षेत्र में प्रक्षेपित (project) किया गया है। कण पर—

(a) गति की दिशा में बल कार्य करेगा

(b) Z दिशा में बल कार्य करेगा

(c) Y दिशा में बल कार्य करेगा

(d) कोई बल कार्य नहीं करेगा

**104.** एक वर्गाकार लूप, लूप के तल पर लम्ब से ∝ कोण पर विस्थापित एक चुम्बकीय क्षेत्र में रखा जाता है। लूप पर कार्य करने वाला आघूर्ण (torque) ............... के समानुपाती होगा।

(a) ∝ (b) sin ∝

(c) cos ∝ (d) उपरोक्त में कोई नहीं

**105.** एक 3-इनपुट NAND गेट को इनवर्टर के समान प्रयोग करना है। इसके लिये उपयुक्त कनैक्शन होंगे—

(a) प्रयोग न की गयी दो इनपुट खुली (open) छोड़ दी जाये

(b) प्रयोग न की गयी दो इनपुट ग्राउन्ड (0 level) से कनैक्ट की जायें

(c) प्रयोग न की गयी दो इनपुट लॉजिक 1 से कनैक्ट की जाये

(d) उप्सेक्त में कोई नहीं

**106.** निम्न परिपथ की आउटपुट एक 12V peak to peak साइनुसायडल सिगनल के लिये क्या होगी ?

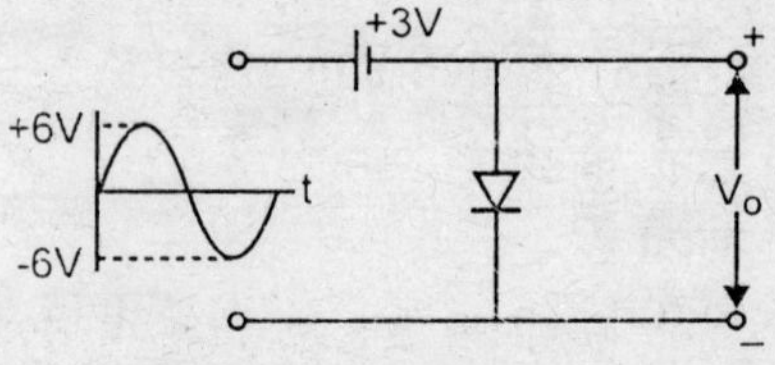


(a)
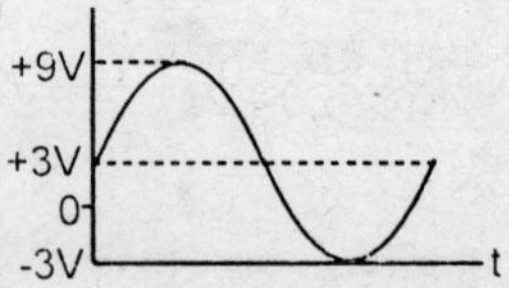


(b)
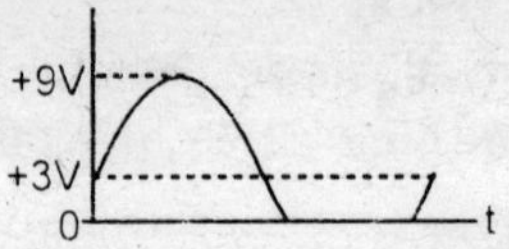


(c)
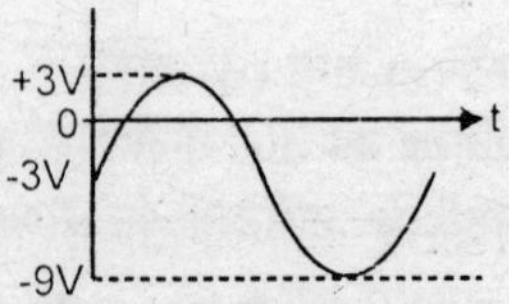


(d)
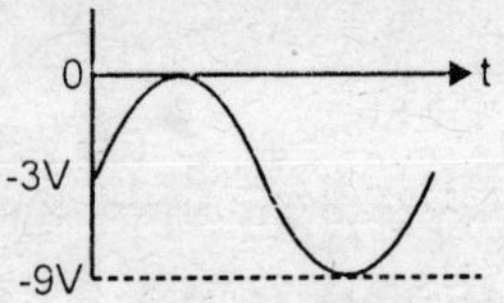


**107.** एक ओपिन सर्किटेड कुन्डली—

(a) का प्रतिरोध अनन्त तथा इम्पीडैन्स शून्य होती है

(b) का प्रतिरोध अनन्त तथा इम्पीडैन्स माध्यम (medium) होती है

(c) का प्रतिरोध शून्य तथा इम्पीडैन्स अनन्त होती है

(d) का प्रतिरोध शून्य तथा इम्पीडैन्स निश्चित होती है

**108.** बायो सावर्ट का नियम चुम्बकीय तीव्रता (magnetic intensity) तथा .............. के मध्यम सम्बन्ध प्रदर्शित करता है—

(a) केवल पृष्ठ धारा (surface current)

(b) केवल फिलामैन्ट धारा

(c) केवल आयतन धारा (volume current)

(d) उपरोक्त सभी

109. दो कुन्डलियाँ एक कॉमन चुम्बकीय कोर (core) पर लपेटी गयी हैं। किरचॉफ वोल्टेज नियम (KVL) की समीकरण में म्युचुअल इन्डक्टैन्स से पहले लगाया गया चिन्ह (sign) पॉजिटिव होगा यदि—

(a) दोनों कुन्डलियाँ समान (equal) फ्लक्स उत्पन्न करती हैं

(b) दोनों कुन्डलियाँ एक ही दिशा में फ्लक्स उत्पन्न करती हैं

(c) दोनों कुन्डलियाँ विपरीत दिशा में फ्लक्स उत्पन्न करती हैं

(d) दोनों कुन्डलियाँ एक दिशा (same sense) में लपेटी गयी हैं

110. स्टैपर मोटर के सम्बन्ध में निम्न कथन पर विचार कीजिये—

(1) रोटर पर कार्य करने वाला स्टैटिक टॉर्क स्टेटर तथा रोटर के दांतों (teeth) के मध्य 'angular misalignment' का फंक्शन होता है।

(2) शून्य (zero) टॉर्क की दो स्थितियाँ होती हैं।

$\theta = 0$ तथा $\theta = \frac{180°}{T}$ (यहाँ $T$ रोटर में teeth की संख्या है)

(3) शून्य टॉर्क वाली दोनों स्थितियाँ उपलब्ध हैं

(4) स्टेटर को उत्तेजित (excite) करने पर रोटर, निकट के न्यूनतम रिलक्टैन्स वाली पोजिशन में 'pull' हो जाता है।

उपरोक्त में सही उत्तर है—

(a) 1, 2 तथा 3 (b) 1, 3 तथा 4

(c) 1, 2 तथा 4 (d) 2, 3 तथा 4

111. VHF ओमनी-डायरैक्शनल रेंज में प्रयुक्त एन्टीना का रेडियेशन पैटर्न—

(a) एक पेन्सिल बीम होती है

(b) ओमनी डायरैक्शनल होता है

(c) कारडायड (cardioid) होता है

(d) इलिप्टीकल (elliptical) होता है

112. अमेरिका (U.S.A) में मोनोक्रोम TV में प्रतिसेकन्ड लाइनों की संख्या ___ है।

(a) 31, 500 (b) 15,750

(c) 63·5 (d) 525

113. एक $RLC$ परिपथ उस अवस्था में अतिमन्दित (over-damped) होता है जब—

(a) $\frac{R^2}{4L^2} > \frac{1}{LC}$ (b) $\frac{R}{4L^2} = \frac{1}{LC}$

(c) $\frac{R^2}{4L^2} < \frac{1}{LC}$ (d) $R = \infty$

114. दो रेखीय (linearly) पोलेराइज्ड प्लेन तरगें A तथा B, पॉजिटिव X-दिशा में, फ्री-स्पेस में गति करती हुई एक बिन्दु पर मिलती है। तरंग A, Y-दिशा में तथा तरंग B, Z-दिशा में पोलेराइज्ड है। यदि दोनों तरगों का आयाम समान है तथा तरगें फेज क्वाड्रेचर (phase quadrature) में हैं तब परिणामी तरंग—

(a) सरकुलरली पोलेराइज्ड होगी

(b) इलिप्टीकली पोलेराइज्ड होगी

(c) रेखीय (linearly) पोलेराइज्ड होगी

(d) वर्टीकल पोलेराइज्ड होगी

115. कन्ट्रोल सिस्टम में कम्पेनसेशन की विधियों में लीड कम्पेनसेशन (lead compensation) नैटवर्क—

(a) उच्च आवृतियों पर अटेनुएशन विशेषता (attenuation properties) के कारण आवश्यक परिणाम प्राप्त करता है

(b) फ्रीक्वैन्सी डोमेन में बैन्ड विड्थ कम करता है परन्तु फेज मार्जिन बढ़ाता है

(c) फ्रीक्वैन्सी डोमेन में बैन्ड विड्थ तथा फेज मार्जिन बढ़ाता है

(d) Steady state accuracy सुधारता है परन्तु बैन्ड-विड्थ घटाता है

116. प्रोपेगेशन के एक मोड में एक वेवगाइड में प्रोपेगेट किये गये सिगनल में दो दीवारों (two walls) के मध्य विद्युत तीव्रता के परिवर्तन की पूर्ण तरंग (full wave of electric intensity change) है तथा विद्युत क्षेत्र का कोई भी कम्पोनैन्ट प्रोपेगेशन की दिशा में नही है। यह मोड है—

(a) $TE_{1\cdot1}$ (b) $TE_{1\cdot0}$

(c) $TE_{2\cdot2}$ (d) $TE_{2\cdot0}$

**117.** निम्न में असत्य (false) स्टेटमेन्ट सलैक्ट कीजिये। फोरियर विश्लेषण प्रदर्शित करता है कि एक 'sawtooth' तरगं में—

(a) फन्डामैन्टल तथा सबहार्मोनिक साइन तरगें (subharmonic sine waves) होती है

(b) एक फन्डामैन्टल साइन वेव तथा हार्मोनिक्स की अनन्त संख्या होती है

(c) फन्डामैन्टल तथा हार्मोनिक साइन तरगें, जिनका आयाम हार्मोनिक संख्या के साथ घटता है

(d) साइनुसायडल वोल्टतायें (voltages) जिनमें कुछ इतनी कम होती हैं कि उन्हें नगण्य माना जा सकता है

**118.** एक $RL$ परिपथ को एक स्थिर वोल्टेज $V$ जमती है। इन्डक्टर में $t = 0$ पर स्टोर ऊर्जा शून्य है। इन्डक्टर $L$ को किसी क्षण सप्लाई की गयी पावर है—

(a) $\frac{V^2}{R}\left(e^{-\frac{Rt}{L}} + e^{\frac{-2Rt}{L}}\right)$

(b) $\frac{V^2}{R}\left(1 - e^{\frac{-Rt}{L}}\right)$

(c) $\frac{V^2}{R}e^{+\frac{Rt}{L}}$

(d) $\frac{V^2}{R}\left(1 + e^{-\frac{Rt}{L}}\right)$

**119.** एक यूनिफॉर्म प्लेन वेव का विद्युत क्षेत्र निम्न है—

$\left[10\cos(\omega t - \beta z) + 5\cos(\omega t + \beta z)\right] a_x$ ।

तरंग का चुम्बकीय क्षेत्र होगा—

(a) $\frac{1}{120\pi}\left[10\cos(\omega t + \beta z) + 5\cos(\omega t + \beta z)\right] a_y$

(b) $120\pi\left[10\cos(\omega t + \beta z) - 5\cos(\omega t + \beta z)\right] a_y$

(c) $120\pi\left[10\cos(\omega t + \beta z) + 5\cos(\omega t + \beta z)\right] a_y$

(d) $\frac{1}{120\pi}\left[10\cos(\omega t - \beta z) - 5\cos(\omega t + \beta z)\right] a_y$

**120.** एक एम्पलीफायर में निगेटिव फीडबैक, शन्ट धारा विधि (shunt current configuration) में दी गयी है। इनपुट प्रतिरोध का मान—

(a) बढ़ेगा

(b) अपरिवर्तित होगा

(c) घटेगा

(d) इनपुट के अनुसार बढ़ेगा, घटेगा अथवा अपरिवर्तित होगा

**121.** $RC$ कपल्ड एम्पलीफायर की बैन्ड विड्थ किन फैक्टर्स द्वारा सीमित (limit) होती है ?

(a) निम्न आवृत्ति(low frequency) पर कपलिंग कैपेसिटर द्वारा तथा उच्च आवृति पर बाई-पास कैपेसिटर्स द्वारा

(b) उच्च आवृत्ति (high frequency) पर कपलिंग कैपेसिटर द्वारा तथा निम्न आवृत्ति पर बाई-पास कैपेसिटर्स द्वारा

(c) निम्न आवृत्ति पर बाई-पास तथा कपलिंग कैपेसिटर्स द्वारा एवं उच्च आवृत्ति पर शन्ट कैपेसिटर्स द्वारा

(d) निम्न आवृत्ति पर शन्ट कैपेसिटर्स द्वारा तथा उच्च आवृत्ति पर बाई-पास एवं कपलिंग कैपेसिटर्स द्वारा

**122.** एक वायु कैपेसिटर में स्टोर्ड ऊर्जा $W_0$ तथा चार्ज $Q_0$ है जब उसे वोल्टेज $V_0$ से कनैक्ट किया गया है। यदि वायु के स्थान पर कैपेसिटर में 2 परावैद्युतांक (dielectric constant) का परावैद्युत पदार्थ भर दिया जाये तथा एप्लाईड वोल्टेज को दो गुना ($2V_0$) कर दिया जाये तब स्टोर्ड ऊर्जा होगी—

(a) $4W_0$ (b) $W_0/4$

(c) $2W_0$ (d) $W_0$

**123.** TV रिसीवर की पिक्चर ट्यूब में एनोड के लिये उच्च वोल्टेज किस स्टेज में जेनरेट होती है ?

(a) मेन ट्रासंफॉर्मर

(b) वर्टीकल आउटपुट स्टेज

(c) होरीजोन्टल आउटपुट स्टेज

(d) होरीजोन्टल डिफ्लैक्शन ऑसिलेटर

**124.** 1 हेनरी इन्डक्टैन्स के इन्डक्टर की 50Hz पर इम्पीडैन्स क्या होगी ?

(a) 314 Ω (b) 318 Ω

(c) 31 Ω (d) 3·14 Ω

**125.** PMMC मीटर ........ का मापन करता है।

(a) RMS मान

(b) DC मान

(c) पीक मान (Peak value)

(d) RMS तथा DC मान का योग

**126.** निम्न में सत्य कथन (true statement) क्या है ?

(1) फ्लिप-फ्लॉप का उपयोग 1-बिट इनफॉर्मेशन स्टोर करने के लिये किया जाता है

(2) JK फ्लिप-फ्लॉप में 'race around' उस समय उत्पन्न होती है जब दोनों इनपुट 1 होती हैं

(3) मास्टर स्लेव कॉनफिगुरेशन का उपयोग फ्लिप-फलॉप में 2-बिट डाटा स्टोर करने के लिये किया जाता है

(4) ट्रांसपेरेन्ट लैच में D-टाइप फ्लिप-फ्लॉप प्रयुक्त किया जाता है

उपरोक्त में 'correct' है

(a) 1, 2 तथा 3 (b) 1, 3 तथा 4

(c) 1, 3 तथा 4 (d) 2, 3 तथा 4

**127.** जब एक साइनुसायडली मोडुलेटेड FM सिगनल का मोडुलेशन इन्डैक्स शून्य (0) से तीन (3) तक बढ़ाया जाता है तब कैरियर कम्पोनैन्ट में पावर—

(a) लगातार बढ़ती है

(b) लगातार घटती है

(c) पहले बढ़ती है, अधिकतम होती है उसके पश्चात घटती है

(d) पहले घटती है, शून्य होती है उसके पश्चात बढ़ती है

**128.** दो जेनरेटर्स को वेवगाइड से कपल करने करने के लिये (जेनरेटर्स को परस्पर कपल किये बिना)........ का उपयोग नहीं किया जा सकता।

(a) रैट-रेस (rat-race)

(b) E-प्लेन T

(c) हाइब्रिड रिंग

(d) मैजिक T

**129.** एक ट्रांजिस्टराइज्ड पुश-पुल एम्पलीफायर की—

(a) आउटपुट में d.c नहीं होती

(b) आउटपुट में डिसटॉर्शन नहीं होता

(c) आउटपुट में सम (even) हार्मोनिक्स नहीं होते

(d) आउटपुट में विषम (odd) हार्मोनिक्स नहीं होते

**130.** निम्न में कौन सा डायोड उच्चतम पल्स्ड पावर आउटपुट (highest pulsed power output) उत्पन्न करता है ?

(a) वैरेक्टर

(b) गन

(c) शॉटकी बैरियर

(d) रिमपैट (RIMPATT)

**131.** श्रेणी $RLC$ परिपथ में कैपेसिटर पर अधिकतम वोल्टेज किस फ्रीक्वैन्सी पर होती है ?

(a) अनुनाद (resonant) आवृत्ति पर

(b) अनुनाद (resonant) आवृत्ति से अधिक पर

(c) अनुनाद (resonant) आवृत्ति से कम पर

(d) $\omega = 0$ पर

**132.** निम्न List I को List II से मैच कीजिये तथा उपयुक्त उत्तर ज्ञात कीजिये—

**List I**

(A) लीनियरिटी (Linearity)

(B) स्ट्रक्चर (Structure)

(C) तुल्यांक परिपथ (Equivalent circuit)

(D) बाईलेटरल (Bilateral)

**List II**

(1) सुपरपोजिशन (Superposition)

(2) नोरटॉन (Norton's)

(3) टैलीजेन (Tellegen's)

(4) मिलमैन (Millman's)

(a) A – 2 B – 3 C – 4 D – 5

(b) A – 1 B – 3 C – 2 D – 4

(a) A – 1 B – 2 C – 3 D – 4

(d) A – 1 B – 3 C – 3 D – 2

**133.** मल्टीबैन्ड HF रिसीविंग के लिये अत्यधिक उपयोगी एन्टीना है—

(a) कोनिकल होर्न

(b) फोल्डेड डाईपोल

(c) लॉग-पीरियाडिक

(d) स्कवायर लूप

**134.** एक D/A कनवर्टर की फुल-स्केल आउटपुट वोल्टेज 5V तथा एक्यूरेसी $\pm 0{\cdot}2\%$ है। किसी भी आउटपुट वोल्टेज में अधिकतम त्रूटि होगी—

(a) 5 mV (b) 10 mV

(c) 20 mV (d) 25 mV

135. माइक्रोवेव सिगनलों के लिये सामान्यतः वेवगाइड का उपयोग किया जाता है क्योंकि—
(a) वे straight-line प्रोपेगेशन पर निर्भर करती है जो कि माइक्रोवेव की विशेषता है
(b) निम्न फ्रीक्वैन्सी पर हानियाँ बहुत अधिक होती है
(c) निम्न फ्रीक्वैन्सी पर उन्हें excite करने के लिये शक्तिशाली (powerful) जेनरेटर्स नहीं है
(d) निम्न फ्रीक्वैन्सी पर वे बहुत भारी होती हैं

136. विद्युत-चुम्बकीय तरगों में पोलेराइजेशन—
(a) परावर्तन के कारण होता है
(b) तरगों की अनुप्रस्थ (transverse) प्रकृति के कारण होता है
(c) तरगों की अनुदैर्घ्य (longitudinal) प्रकृति के कारण होता है
(d) आइसोट्रोपिक माध्यम में सदा वर्टीकल होता है

137. 'Low-level' AM ट्रांसमीटर्स में मोडुलेटेड स्टेज के पश्चात प्रयुक्त एम्पलीफायर ...... होना चाहिये।
(a) एक लीनियर डिवाइस
(b) हार्मोनिक डिवाइस
(c) वर्ग-C एम्पलीफायर
(d) नॉन-लीनियर डिवाइस

138. SSB में अवांछित (unwanted) साइड बैन्ड, निम्न में से किसके द्वारा लुप्त (remove) नहीं किया जा सकता?
(a) फिल्टर प्रणाली
(b) फेज-शिफ्ट प्रणाली
(c) बैलेन्स्ड मोडुलेटर
(d) उपरोक्त में कोई नहीं

139. एक मल्टी-स्टेज *R-C* कपल्ड एम्पलीफायर में कपलिंग कैपेसिटर—
(a) Low-frequency response को सीमित करता है
(b) High frequency response को सीमित करता है
(c) Frequency response को प्रभावित नहीं करता
(d) Frequency response को प्रभावित किये बिना d.c. कम्पोनैन्ट को ब्लॉक करता है

140. $Z_0 = 75\,\Omega$ की एक कोएक्सियल लाइन के साथ 10GHz पर एक $(75 - j50)\,\Omega$ का लोड कनैक्ट किया गया है। मैचिग की सबसे अच्छी विधि है—
(a) लोड पर एक शॉर्ट सर्किटेड स्टब का कनैक्शन
(b) लोड पर एक इन्डक्टैन्स कनैक्ट करना
(c) लोड से एक निश्चित दूरी पर एक कैपेसिटर कनैक्ट करना
(d) लोड से एक निश्चित दूरी पर एक शॉर्ट सर्किटेड स्टब कनैक्ट करना

141. एक सामान्य मोनोक्रोम रिसीवर के वीडियो डिटेक्टर की आउटपुट में कौन सी वोल्टेज नहीं होती ?
(a) सिंक (sync) (b) वीडियो
(c) स्वीप (d) साउन्ड

142. टैलीग्राफी में सबसे अधिक प्रयुक्त मॉडुलेशन प्रणाली है—
(a) फ्रीक्वैन्सी शिफ्ट कीइगं (FSK)
(b) 2-टोन मोडुलेशन
(c) पल्स कोड मोडुलेशन (PCM)
(d) 1-टोन मोडुलेशन

143. PCM में मुख्य दोष—
(a) उसकी एनेलॉग सिगनल हेंन्डल करने की अयोग्यता (inability) है
(b) क्वान्टाइजिंग noise के कारण उत्पन्न उच्च त्रूटि रेट (high error rate)
(c) TDM के साथ असमानता (incompatibility with TDM)
(d) बड़ी बैन्ड-विड्थ जो उसमें आवश्यक है

144. निम्न में डिजिटल से एनेलॉग में कनवर्जन की विधि है—
(a) सक्सैसिव एप्रोक्सिमेशन
(b) वेटिड (weighted) प्रतिरोध विधि
(c) डुएल-स्लोप विधि
(d) सिंगल-स्लोप विधि

145. डिसकोन एन्टीना—
(a) एक उपयोगी UHF एन्टीना है
(b) दिशा ज्ञात करने (direction finding) के लिये एक उपयोगी डिवाइस है

(c) को राडार रिसीविंग एन्टीना की भांति प्रयुक्त किया जाता है

(d) अन्य सरकुलर एन्टीना के समान सरकुलरली पोलेराइज्ड होता है

**146.** वेव गाइड के किस कम्पोनैन्ट को सरलता से ट्यून नहीं किया जा सकता ?

(a) स्क्रू (screw) (b) स्टब (stub)

(c) आइरिस (Iris) (d) प्लन्जर

**147.** TDM

(a) केवल PCM के साथ प्रयुक्त किया जा सकता है

(b) में 5 ग्रुप मिलकर एक सुपरग्रुप बनता है

(c) Adjacent frequency slot में 24 चैनल स्टैक करता है

(d) विभिन्न ट्रांसमिशन से सम्बन्धित पल्सों को इन्टरलीव (interleave) करता है

**148.** $1 \cdot 5\,\mu F$, 1600 V का एक कैपेसिटर बनाने के लिये $2\,\mu F$, 400 V क्षमता के कितने कैपेसिटर्स की आवश्यकता होगी ?

(a) 12 (b) 8

(c) 6 (d) 4

**149.** उच्च आवृत्ति पर प्रयुक्त इन्डक्टर्स तथा कैपेसिटर्स सामान्यतः सिल्वर प्लेटेड (silver plated) होते हैं। इसका मुख्य उद्देश्य—

(a) d.c प्रतिरोध कम करना है

(b) a.c प्रतिरोध कम करना है

(c) a.c प्रतिरोध बढ़ाना है

(d) d.c प्रतिरोध बढ़ाना है

**150.** वह मैगनेट्रॉन, जिसकी दोलन आवृत्ति (frequency of oscillation) इलेक्ट्रॉनिक विधि द्वारा एक बड़ी रेंज में एडजस्ट करते हैं........ कहलाती है।

(a) कोएक्सियल मैगनेट्रॉन

(b) डबल-ट्यून्ड मैगनेट्रॉन

(c) Frequency–agile मैगनेट्रॉन

(d) VTM

**Answers :**

| | | | | |
|---|---|---|---|---|
| 1. (a) | 36. (d) | 71. (c) | 106. (d) | 141. (c) |
| 2. (b) | 37. (d) | 72. (b) | 107. (a) | 142. (a) |
| 3. (a) | 38. (b) | 73. (c) | 108. (d) | 143. (c) |
| 4. (a) | 39. (a) | 74. (b) | 109. (b) | 144. (b) |
| 5. (a) | 40. (c) | 75. (b) | 110. (a) | 145. (a) |
| 6. (a) | 41. (b) | 76. (b) | 111. (b) | 146. (c) |
| 7. (b) | 42. (a) | 77. (a) | 112. (b) | 147. (d) |
| 8. (d) | 43. (b) | 78. (a) | 113. (c) | 148. (c) |
| 9. (a) | 44. (b) | 79. (d) | 114. (a) | 149. (b) |
| 10. (b) | 45. (b) | 80. (d) | 115. (b) | 150. (d) |
| 11. (d) | 46. (b) | 81. (c) | 116. (a) | |
| 12. (c) | 47. (a) | 82. (a) | 117. (a) | |
| 13. (c) | 48. (b) | 83. (c) | 118. (b) | |
| 14. (c) | 49. (a) | 84. (a) | 119. (d) | |
| 15. (a) | 50. (b) | 85. (c) | 120. (c) | |
| 16. (b) | 51. (b) | 86. (b) | 121. (a) | |
| 17. (a) | 52. (d) | 87. (c) | 122. (a) | |
| 18. (b) | 53. (a) | 88. (c) | 123. (c) | |
| 19. (a) | 54. (c) | 89. (c) | 124. (a) | |
| 20. (a) | 55. (d) | 90. (d) | 125. (b) | |
| 21. (b) | 56. (c) | 91. (d) | 126. (c) | |
| 22. (a) | 57. (d) | 92. (b) | 127. (d) | |
| 23. (b) | 58. (d) | 93. (b) | 128. (a) | |
| 24. (c) | 59. (c) | 94. (d) | 129. (c) | |
| 25. (b) | 60. (d) | 95. (d) | 130. (c) | |
| 26. (d) | 61. (b) | 96. (b) | 131. (c) | |
| 27. (b) | 62. (b) | 97. (d) | 132. (b) | |
| 28. (b) | 63. (b) | 98. (b) | 133. (c) | |
| 29. (c) | 64. (a) | 99. (a) | 134. (b) | |
| 30. (b) | 65. (d) | 100. (a) | 135. (d) | |
| 31. (a) | 66. (a) | 101. (d) | 136. (b) | |
| 32. (b) | 67. (d) | 102. (d) | 137. (a) | |
| 33. (b) | 68. (b) | 103. (d) | 138. (c) | |
| 34. (d) | 69. (d) | 104. (c) | 139. (a) | |
| 35. (a) | 70. (c) | 105. (c) | 140. (d) | |

# MODEL PAPER-II

1. अन्य वोल्टमीटर्स की तुलना में डिजिटल वोल्टमीटर का लाभ है—
   (a) उच्च गति
   (b) कोई पैरेलेक्स (parallax) नहीं
   (c) मानवीय त्रूटि (human error) में कमी
   (d) उच्च एक्यूरेसी तथा रिजॉल्यूशन
   (e) उपरोक्त सभी
2. एक आवर्त वक्र (periodic curve) का आवर्त काल—
   (a) तरंगदैर्ध्य में मापा जाता है
   (b) एक चक्र पूर्ण करने में लगा समय है
   (c) आवृति के बराबर होता है
   (d) उपरोक्त में कोई नहीं
3. PIN डायोड का व्यापक प्रयोग—
   (a) पीक क्लिपर की भाँति किया जाता है
   (b) वोल्टेज रेगुलेटर की भाँति किया जाता है
   (c) हार्मोनिक जेनरेशन में किया जाता है
   (d) स्विचिंग डायोड की भाँति किया जाता है
4. गर्म धातु की सतह से इलेक्ट्रॉन उत्सर्जन का कारण क्या है—
   (a) इलेक्ट्रॉन की ऊर्जा फरमी लेविल से अधिक होती है
   (b) उष्मा के कारण धातु की अवस्था ठोस से गैस में परिवर्तित होती है
   (c) धातु को दी गयी ऊर्जा उसके वर्क फंक्शन से अधिक होती है
   (d) उपरोक्त सभी
5. UJT को ———— भी कहते हैं।
   (a) ट्राजिस्ट्राइज्ड जंक्शन
   (b) वोल्टेज कन्ट्रोलेबिल डिवाइस
   (c) धारा कन्ट्रोलेबिल डिवाइस
   (d) रिलैक्सेशन ऑसिलेटर
6. पैराबोलिक एन्टीना का रेडियेशन पैटर्न—
   (a) ओमनी डायरेक्शनल होता है
   (b) 8 के आकार का होता है
   (c) उच्च दैशिकीय (highly directional) होता है
   (d) उपरोक्त (a) तथा (b)
7. यदि रिसीविंग एन्टीना, ट्रांसमिटिंग एन्टीना के सापेक्ष 90° पर ध्रुवित (polarized) हो तब क्या स्थिति होगी—
   (a) यह न्यूनतम सिगनल रिसीव करेगा
   (b) यह अधिकतम सिगनल रिसीव करेगा
   (c) यह कोई सिगनल रिसीव नहीं करेगा
   (d) उपरोक्त में कोई नहीं
8. इलेक्ट्रॉनिक नल (null) डिटैक्टर्स—
   (a) की संवेदनशीलता (senstitivity) उच्च होती है
   (b) की संवेदनशीलता (senstivity) कम होती है
   (c) उत्तम सैन्सिटिविटी, मजबूत तथा महंगें होते हैं
   (d) उत्तम सैन्सिटिविटी, मजबूत तथा अधिक महगें होते हैं
9. एक अनबायस्ड PN जंक्शन पर डिपलीशन लेयर की मोटाई किस क्रम की होती है ?
   (a) $10^{-10}$ m  (b) $0 \cdot 005 \times 10^{-6}$ m
   (c) $0 \cdot 5\ 10^{-6}$ m  (d) $5 \times 10^{-6}$ m
10. एक 3-फेज़ हाफ वेव रेक्टीफायर की आउटपुट वोल्टेज निम्न में से किसके बराबर होती है ?
   (a) किसी क्षण सबसे अधिक पॉजिटिव इनपुट फेज़ वोल्टेज
   (b) तीनों फेज के औसत मान के बराबर
   (c) दो पॉजिटिव फेज वोल्टेज का अन्तर
   (d) किसी क्षण सबसे अधिक पॉजिटिव तथा सबसे अधिक निगेटिव इनपुट फेज वोल्टेज के अन्तर
11. वेन ब्रिज सामान्यतः ———— के मापन के लिये प्रयुक्त किया जाता है।
   (a) प्रतिरोध (resistance)
   (b) धारिता (capacitance)
   (c) आवृति (frequency)
   (d) उपरोक्त में कोई नहीं

12. चालक में धारा की दिशा—
(a) बायें से दायें होती है
(b) ऊपर से नीचे होती है
(c) पॉजिटिव चार्ज्ड भाग से निगेटिव चार्ज्ड भाग की ओर होती है
(d) निगेटिव चार्ज्ड भाग से पॉज़िटिव चार्ज्ड भाग की ओर होती है

13. सिलिकॉन में 'forbidden energy gap' का मान ―――― होता है।
(a) 0·12 eV (b) 7·2 eV
(c) 0·72 V (d) 1·12 eV

14. फिल्म टाइप प्रतिरोध में कौन-सा दोष होता है?
(a) क्रेक
(b) स्पिरलिंग (spiralling)
(c) सतह का खुरदुरापन (roughness of surface)
(d) उपरोक्त सभी

15. एक ओपिन सर्किटेड ट्रांसमिशन लाइन का परावर्तन गुणांक (reflection coefficient) ........................ होता है।
(a) + 1·0 (b) − 1·0
(c) 0·4 (d) 0

16. सतह से इलेक्ट्रॉन उत्सर्जन के लिये इलेक्ट्रॉन को सरफेस बैरियर क्रॉस करने के लिये ऊर्जा ―――― द्वारा दी जा सकती है।
(a) विद्युत क्षेत्र (electric field)
(b) प्रकाश (light)
(c) उष्मा (heat)
(d) उपरोक्त सभी

17. वेकुम डायोड (vaccum diode) में धारा ―――― के प्रवाह के कारण प्रवाहित होती है।
(a) केवल इलेक्ट्रॉन
(b) केवल होल्स
(c) केवल धनात्मक आयन
(d) उपरोक्त में कोई नहीं

18. जीनर डायोड को वोल्टेज रेगुलेटर की भांति प्रयोग करने पर यह परिवर्ती (variable) ―――― पर स्थिर वोल्टेज उपलब्ध कराता है।
(a) धारा (b) लोड
(c) आवृत्ति (d) टर्मिनल

19. डेसीमल संख्या $(628)_{10}$ का ऑक्टल तुल्यांक है—
(a) $(765)_8$ (b) $(1128)_8$
(c) $(1164)_8$ (d) $(274)_8$

20. थायरेस्टर को—
(a) एनोड वोल्टेज रिवर्स कर टर्न-ऑफ किया जा सकता है
(b) एनोड धारा को होल्डिंग धारा से कम कर टर्न-ऑफ किया जा सकता है
(c) उपरोक्त (a) तथा (b) दोनों
(d) उपरोक्त में कोई नहीं

21. फैराइट—
(a) फैरोमैगनेटिक पदार्थ होते हैं
(b) फैरोइलेक्ट्रिक पदार्थ होते हैं
(c) फैरीमैगनेटिक पदार्थ होते हैं
(d) उपरोक्त में कोई भी

22. सिलवर कलर ―――― टॉलरैन्स प्रदर्शित करता है।
(a) 1% (b) 10%
(c) 5% (d) 20%

23. 1 eV = ..........?
(a) $1·6 \times 10^{-19}$ जूल
(b) $3·14 \times 10^{-19}$ जूल
(c) 1·0 अर्ग
(d) 1 जूल

24. हाल प्रभाव द्वारा निम्न में से किसका मापन किया जा सकता है?
(a) कैरियर कनसैन्ट्रेशन
(b) विद्युत क्षेत्र की तीव्रता
(c) होल्स की संख्या
(d) चुम्बकीय क्षेत्र की तीव्रता

25. SCR के गेट पर *RC* परिपथ कनैक्ट करने का उद्देश्य, SCR की—
(a) ओवरलोड से सुरक्षा करना है
(b) Noise signals से सुरक्षा करना है

(c) अतिधारा (over current) से सुरक्षा करता है

(d) dv/dt से सुरक्षा करता है

26. निम्न से कौन-सा पदार्थ इन्ट्रिन्जिक सेमी कन्डक्टर को N-टाइप एक्सट्रिन्जिक बनाने के लिये उपयुक्त नहीं है?

(a) आर्सेनिक (Arsenic)

(b) इन्डियम (Indium)

(c) फासफोरस (d) एन्टीमनी

27. एक 220V, 50Hz सप्लाई पर प्रयुक्त हाफ वेव रैक्टीफायर में रिपल की न्यूनतम आवृत्ति होगी ———

(a) 100 Hz (b) 200 Hz

(c) 50 Hz (d) 150 Hz

28. प्रोटोटाइप हाई-पास फिल्टर में श्रेणी एलीमैन्ट (series element) ........................ होता है—

(a) इन्डक्टिव (inductive)

(b) धारितीय (capacitive)

(c) प्रतिरोधी (resistive)

(d) इन्डक्टैन्स तथा कैपेसिटैन्स का संयोजन

29. सुपर पोजिशन प्रमेय द्वारा परिपथ हल करने के लिये परिपथों की संख्या उतनी ही होनी आवश्यक है जितने परिपथ में ——— होते हैं।

(a) सोर्स (sources)

(b) नोड्स (nodes)

(c) मैश (meshes)

(d) टर्मिनल पेयर्स (terminal pairs)

30. ट्रांजिस्टर एक्शन के लिये बेस क्षेत्र ——— होना चाहिये।

(a) उच्च डोप किया हुआ (highly doped)

(b) बहुत तंग (very narrow)

(c) P-टाइप

(d) N-टाइप

31. विद्युत परिपथ में धारा सोर्स को लुप्त (neglect) करने के लिये सोर्स टर्मिनल—

(a) ओपिन सर्किट किये जाते हैं

(b) शॉर्ट सर्किट किये जाते हैं

(c) किसी प्रतिरोध द्वारा विस्थापित किये जाते हैं

(d) किसी इन्डक्टर द्वारा विस्थापित किये जाते हैं

32. UJT में यदि बेस टर्मिनलों के मध्य वोल्टैज $V_{BB}$ है, तब पीक प्वाइन्ट पर एमिटर पोटैन्शियल होगा ———

(a) $\eta V_{BB}$ (b) $\eta V_{BB} + V_P$

(c) $\eta V_b$ (d) $\eta V_P + V_{BB}$

33. श्रेणी *RLC* परिपथ में अनुनाद पर धारा का मान—

(a) प्रतिरोध (*R*) द्वारा प्रभावित होता है

(b) इन्डक्टर (*L*) द्वारा प्रभावित होता है

(c) कैपेसिटर (*C*) द्वारा प्रभावित होता है

(d) उपरोक्त सभी

34. एक CRT के विक्षेप गुणांक (deflection factor) के लिये उपयुक्त स्टेटमैन्ट है ———

(a) यह डिफ्लैक्शन वोल्टेज पर निर्भर करता है

(b) यह एक्सीलरेशन वोल्टेज पर निर्भर नहीं करता है

(c) यह डिफ्लैक्शन सैन्सिटिविटी के बराबर होता है

(d) यह डिफ्लैक्शन सैन्सिटिविटी के विलोम के बराबर होता है

35. ट्रान्जियेन्ट धारायें उत्पन्न होने का कारण है ———

(a) परिपथ की इम्पीडैन्स

(b) इन्डक्टर तथा कैपेसिटर में स्टोर्ड ऊर्जा में परिवर्तन

(c) परिपथ में एप्लाई वोल्टेज

(d) उपरोक्त में कोई भी

36. वैक्टर वोल्टमीटर का उपयोग ——— के मापन के लिये नहीं किया जा सकता।

(a) Q फैक्टर

(b) एम्पलीफायर का गेन

(c) कॉम्पलैक्स इनसर्शन हानियाँ

(d) फिल्टर ट्रांसफर फंक्शन

37. ——— एन्टीना की लम्बाई $\lambda/2$ होती है।

(a) हर्ट्ज (b) डिसकोन

(c) मोनोपोल (d) उपरोक्त सभी

38. लिसेजुअस आकृतियों का उपयोग—

(a) ऑडियो एम्पलीफायर्स तथा फेज शिफ्ट नैटवर्क में फेज-शिफ्ट चैक करने के लिये किया जाता है

(b) अज्ञात फ्रीक्वैन्सी का मान ज्ञात फ्रीक्वैन्सी से तुलना कर ज्ञात करने के लिये किया जाता है

(c) ऑडियो ऑसिलेटर का परिक्षण, ज्ञात फ्रीक्वैन्सी सिगनल के साथ किया जाता है

(d) उपरोक्त सभी

**39.** एक $RL$ श्रेणी परिपथ का समयनियतांक (time constant) ...................... होता है—

(a) $LR$ (b) $L/R$

(c) $L^2R$ (d) $LR^2$

**40.** एन्टीना की रेडियेशन दक्षता (radiation efficiency) का सूत्र है ————

(a) $\frac{\text{Maximum power gain}}{\text{Directivity}}$

(b) $\frac{\text{Radiation resistance}}{\text{Antenna resistance}}$

(c) $\frac{\text{Directivity}}{\text{Maximum Power Gain}}$

(d) $\frac{\text{Antenna resistance}}{\text{Radiation resistance}}$

**41.** स्ट्रेन गेज का गेज फैक्टर सामान्यतः ———— होता है।

(a) 1·5 to 2·0 (b) 2·0 to 4·0

(c) 0·2 to 0·8 (d) 0·8 to 1·5

**42.** निम्न में डोनर अशुद्धि (donor impurity) है ————

(a) इन्डियम (b) बोरॉन

(c) एल्युमिनियम (d) फासफोरस

**43.** CRO स्क्रीन पर किसी फॉस्फोरस क्षेत्र को बीम द्वारा उत्तेजित (excite) करने का समय ———— द्वारा एडजस्ट किया जा सकता हैं।

(a) Time/div कन्ट्रोल

(b) स्वीप कन्ट्रोल

(c) वर्टीकल डिफ्लैक्शन कन्ट्रोल

(d) होरीजोन्टल डिफ्लैक्शन कन्ट्रोल

**44.** ट्रांसमिशन लाइन पर निर्मित स्टैन्डिंग तरंगों (standing waves) में voltage maximum तथा current maximum के मध्य दूरी ———— होती है।

(a) $\lambda$ (b) $\lambda/2$

(c) $\lambda/4$ (d) $\lambda/8$

**45.** एन्टीना में प्रतिरोध हानियों (resistance loss) का कारण ———— है।

(a) ग्राउन्ड कनैक्शन में हानियाँ

(b) डाइलैक्ट्रिक हानियाँ

(c) इनसुलेशन में लीकेज के कारण हानियाँ

(d) उपरोक्त सभी

**46.** निम्न में कौन-सा कम्पोनैन्ट d.c. पर ओपिन सर्किट के समान व्यवहार करता है ?

(a) डायोड (b) कैपेसिटर

(c) इन्डक्टर (d) प्रतिरोध

**47.** एक ज्योस्टेशनरी (geostationary) सैटेलाइट से प्राप्त सिगनल की पावर का क्रम होता है ————

(a) माइक्रोवाट (b) पीकोवाट

(c) मिलिवाट (d) वाट

**48.** वर्तमान समय में वेकुम ट्यूब्स का उपयोग किस कार्य के लिये किया जाता है—

(a) इलेक्ट्रोप्लेटिंग प्लान्ट में

(b) रेडियो ट्रांसमिटर्स में

(c) रेडियो रिसीवर्स में

(d) पब्लिक एड्रैस सिस्टम में

**49.** SCR के गेट पर एप्लाई की गयी पल्स को डिसकनैक्ट करने पर—

(a) SCR में कन्डक्शन बन्द (stop) हो जाता है

(b) SCR पहली दिशा में ही कन्डक्शन करता रहेगा

(c) SCR विपरीत दिशा में ही कन्डक्शन करेगा

(d) उपरोक्त में कोई नहीं

**50.** एक हाफवेव फोल्डेड डाइपोल की इम्पीडैन्स ———— होती है।

(a) 400 Ω (b) 100 Ω

(c) 200 Ω (d) 300 Ω

**51.** निम्न परिपथ में ग्राउण्ड के सापेक्ष बिन्दु A की वोल्टेज होगी—

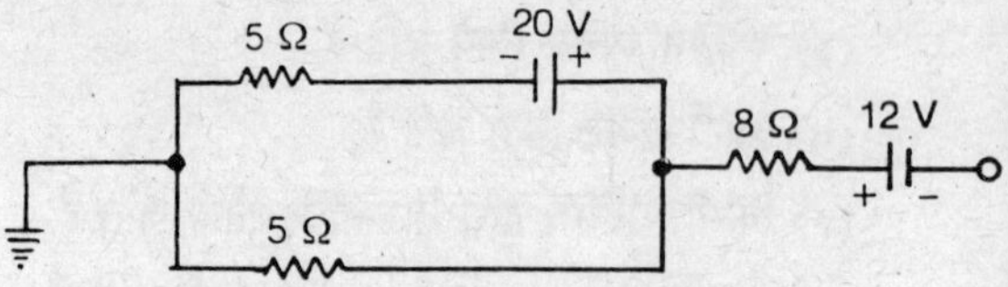

(a) $-2\cdot0$V (b) $2\cdot0$V

(c) $-4\cdot0$V (d) $+4\cdot0V$

**52.** वायु डाइलैक्ट्रिक वाले परिवर्ती (variable) कैपेसिटर का तुल्यांक परिपथ निम्न होता है—

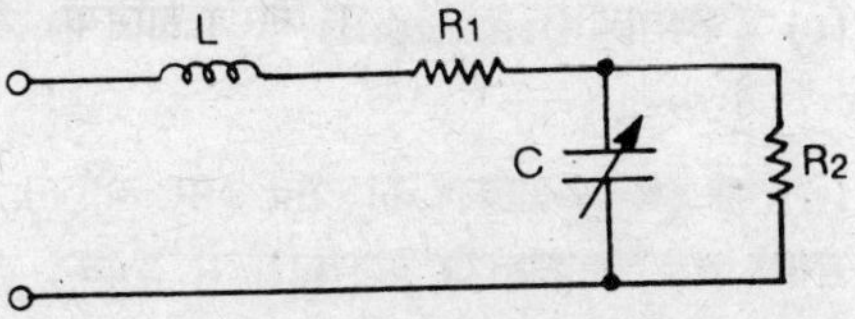


कैपेसिटर का उच्च आवृत्तियों पर तुल्यांक परिपथ होगा

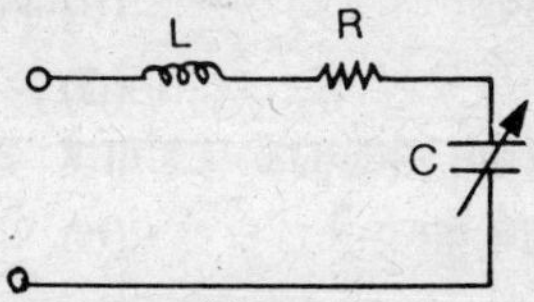


(a)

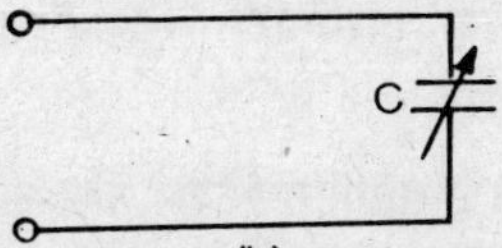


(b)

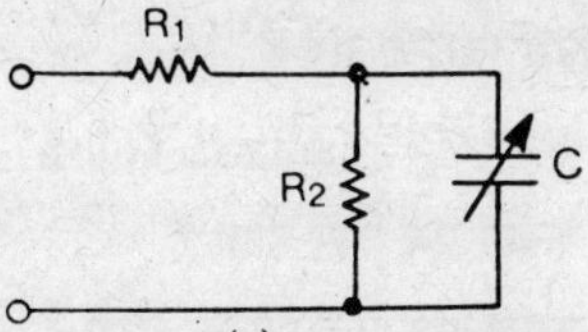


(c)

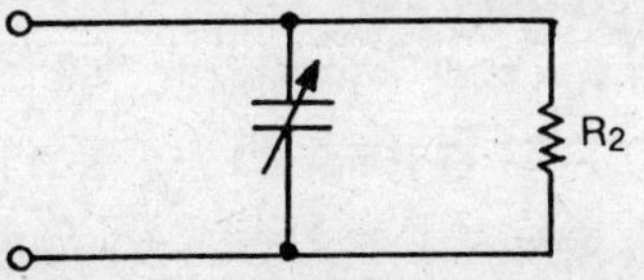


(d)

**53.** एक डायोड के V-I अभिलक्षण निम्न प्रकार है। यदि एप्लाइड वोल्टेज 6V हो तब डायोड धारा क्या होगी ?

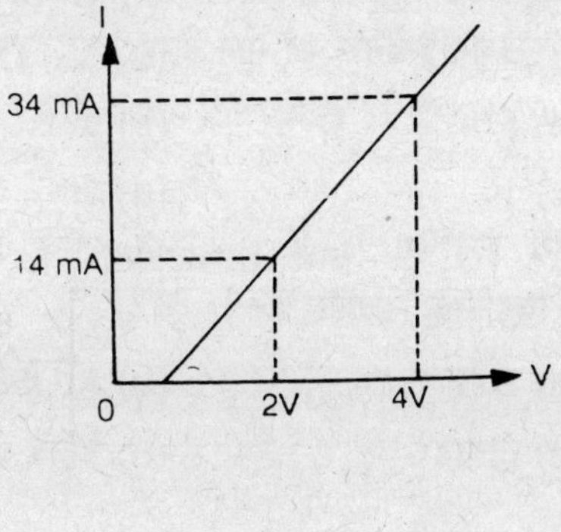


(a) 48 mA (b) 54 mA

(c) 51 mA (d) 42 mA

**54.** निम्न परिपथ एक ............ है।

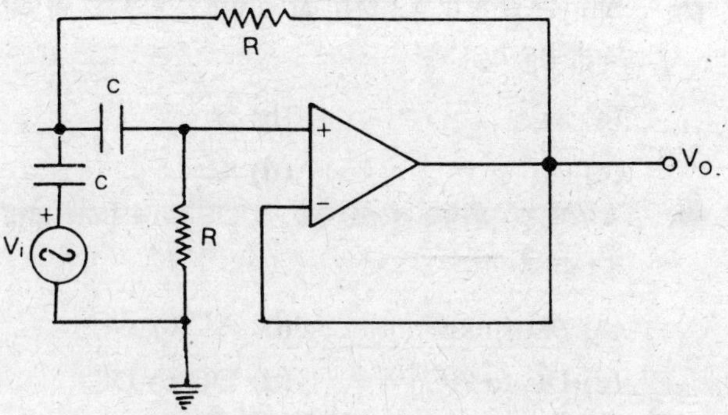


(a) ऑसिलेटर (b) एम्पलीफायर

(c) हाई-पास फिल्टर (d) स्वीप जेनरेटर

**55.** निम्न परिपथ में वोल्टमीटर आदर्श (ideal) है तथा ट्रान्सफॉर्मर की कुन्डलियाँ एक समान है। वोल्टमीटर की रीडिंग होगी ............

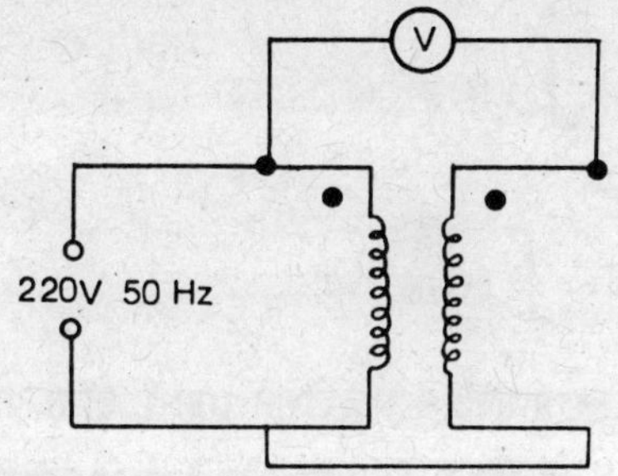


(a) 220 V (b) Zero

(c) 110 V (d) 440 V

**56.** EPROM में स्टोर्ड डाटा—

(a) अल्ट्रावालयट लाइट द्वारा इरेज (erase) किया जा सकता है

(b) इनफ्रारैड किरणों द्वारा इरेज (erase) किया जा सकता है

(c) माइक्रोवेव्स के पुंज (burst) द्वारा इरेज किया जा सकता है

(d) प्रगाढ़ (intense) उष्मा रेडियेशन द्वारा इरेज किया जा सकता है

57. व्यंजक (A + 1) = 1 का डुएल है—

(a) $A \cdot 1 = 0$ (b) $A \cdot 0 = 0$

(c) $A + A = A$ (d) $AA = 1$

58. ऑक्टल कोडिंग में बिट्स की ग्रुपिंग ........ में की जाती है।

(a) 3s (b) 5s

(c) 7s (d) 4s

59. ऑसिलेटर परिपथ मूलत: एक ........ कनवर्टर होता है।

(a) AC to DC (b) AC to AC

(c) DC to AC (d) DC to DC

60. फंक्शन $f(t)$ का लाप्लास ट्रांसफॉर्म है—

(a) $\int_{-\infty}^{0} f(t)\, e^{-st}\, dt$

(b) $\int_{0}^{\infty} f(t)\, e^{-st}\, dt$

(c) $\int_{0}^{\infty} f(t)\, e^{st}\, dt$

(d) $\int_{-\infty}^{\infty} f(t)\, e^{st}\, dt$

61. AM प्रणाली में मोडुलेशन 100% होगा यदि कैरियर—

(a) फ्रीक्वैन्सी, सिगनल फ्रीक्वैन्सी से अधिक हो

(b) फ्रीक्वैन्सी, सिगनल फ्रीक्वैन्सी के बराबर हो

(c) आयाम (amplitude), सिगनल के आयाम से अधिक हो

(d) आयाम (amplitude) सिगनल के आयाम के बराबर हो

62. कॉमन एमिटर ट्रान्जिस्टर में ताप में अल्प (small) वृद्धि से—

(a) $I_{CEO}$ में वृद्धि होती है

(b) आउटपुट प्रतिरोध में वृद्धि होती है

(c) AC धारा गेन में वृद्धि होती है

(d) AC धारा गेन में कमी होती है

63. TV के वर्टीकल एम्पलीफायर की आउटपुट में वोल्टेज तरंग का आकार—

(a) वर्गाकार होता है

(b) आयताकार होता है

(c) ट्रेपेजायड (trapezoid) के आकार के समान होती है

(d) सा टूथ के आकार का होता है

64. सबसे बड़े आकार के कम्प्यूटर्स में प्रयुक्त वर्ड साइज ........ बिट का होता है।

(a) 8 (b) 16

(c) 64 (d) 32

65. कम्यूनिकेशन सैटेलाइट ........ के मध्य रिपीटर की भाँति कार्य करता है।

(a) एक ट्रांसमिटिंग स्टेशन तथा अनेक रिसीविंग स्टेशन

(b) अनेक ट्रांसमिटिंग स्टेशन तथा अनेक रिसीविंग स्टेशन

(c) एक ट्रांसमिटिंग स्टेशन तथा एक रिसीविंग स्टेशन

(d) उपरोक्त में कोई नहीं

66. फ्लोटिंग प्वाइन्ट संख्या में—

(a) केवल एक mantissa होता है

(b) केवल एक बेस होता है

(c) केवल एक एक्सपोनैन्ट होता है

(d) उपरोक्त सभी

67. वर्ग-B पावर एम्पलीफायर की अधिकतम दक्षता ........ हो सकती है।

(a) 82% (b) 60%

(c) 45% (d) 78%

68. एक FM सिगनल में कैरियर स्विंग 100 KHz तथा मॉडुलेटिंग सिगनल की आवृत्ति 10 KHz है। मॉडुलेशन इन्डैक्स का मान होगा ........

(a) 5 (b) 0·1

(c) 10 (d) 20

69. तीव्र स्विचिंग (fast switching) के लिये उपयुक्त इलेक्ट्रॉनिक डिवाइस है—

(a) BJT (b) MOSFET

(c) ट्रायोड (d) टैट्रोड

70. लाउडनैस के मात्रक हैं—

(a) सोन (sone) (b) फोन (phone)

(c) डेसीबेल (d) वाट

71. एक JFET के अभिलक्षण निम्न चित्र के अनुसार है। वक्र के किस भाग में डिवाइस की वायसिंग 'small signal' एम्पलीफिकेशन के लिये है ?

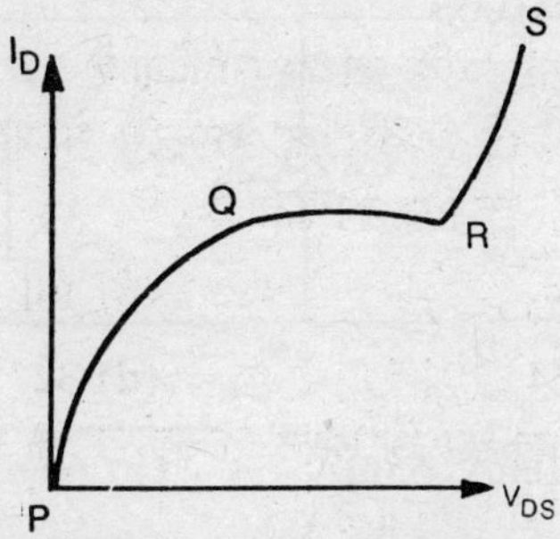


(a) PQ (b) QR

(c) RS (d) PQ

72. निम्न चित्र में प्रदर्शित फिल्टर है—

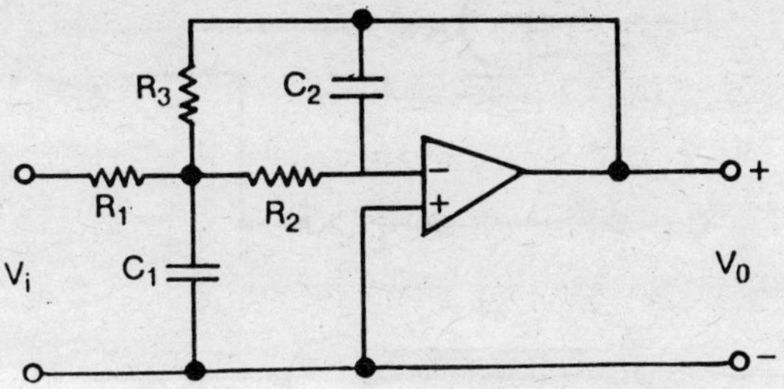


(a) लो-पास फिल्टर (b) हाई-पास फिल्टर

(c) वैन्ड-पास फिल्टर (d) तैन्ड-स्टॉप स्टॉप

73. निम्न परिपथ है—

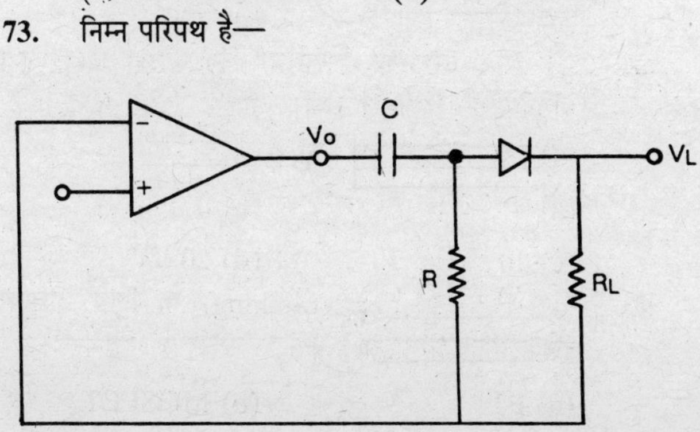


(a) एक सैम्पल एण्ड होल्ड परिपथ

(b) एक इन्टीग्रेटर

(c) एक डिफ्रैन्शियेटर

(d) एक हाफ वेव रैक्टीफायर

74. निम्न नैटवर्क का टर्मिनलों A एवं B के मध्य थेवनिन तुल्यांक परिपथ (Thevenin's equivalent circuit) होगा—

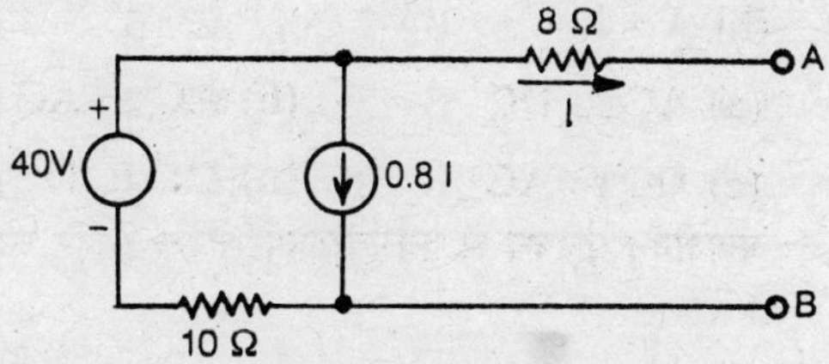


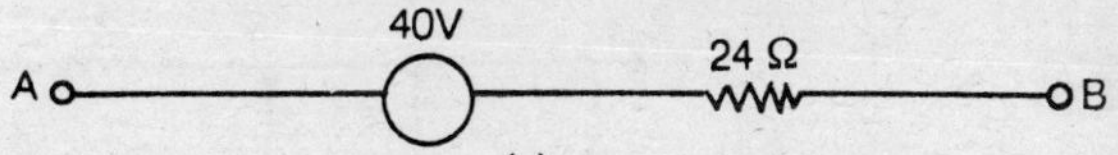


(a)

(b)

(c)

(d)

75. यदि प्रतिरोधकता $= \rho$, तार की लम्बाई $= l$, अनुप्रस्थ क्षेत्र $= a$, ऑपरेटिंग फ्रीक्वैन्सी$= \omega$, फॉर्म फैक्टर $= F$, टर्न संख्या $= n$, कुन्डली का व्यास $= d$ तथा प्रतिरोध $= r$ है। तब निम्न सूचि I को सूचि II से मैच कीजिये तथा उपयुक्त उत्तर ज्ञात कीजिये—

**List I**

(A) $\rho \dfrac{l}{a}$ (B) $\dfrac{\omega L}{r}$

(C) $\frac{r}{\omega L}$ (D) $F n^2 d$

**List II**

(1) इन्डक्टर का मान

(2) पावर फैक्टर

(3) Q-फैक्टर

(4) प्रतिरोध का मान

| | | | |
|---|---|---|---|
| (a) A – 4 | B – 3 | C – 2 | D – 1 |
| (b) A – 4 | B – 2 | C – 3 | D – 1 |
| (c) A – 1 | B – 3 | C – 2 | D – 4 |
| (d) A – 1 | B – 2 | C – 3 | D – 4 |

**76.** जब निम्न परिपथ में एक वर्गाकार तरंग इनपुट की जाती है तब—

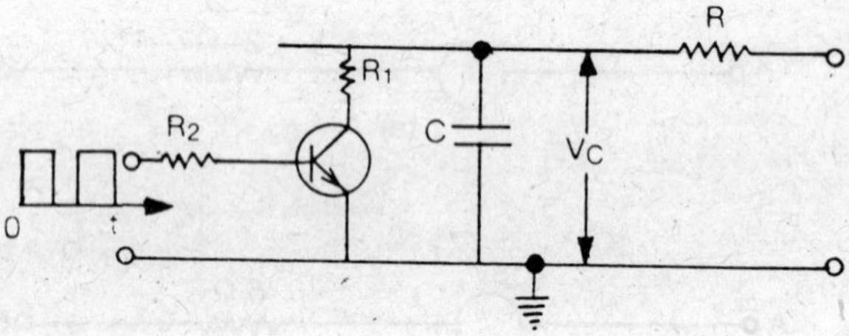


कैपेसिटर $C$ पर वोल्टेज $V_C$ का तरगांकार होगा—

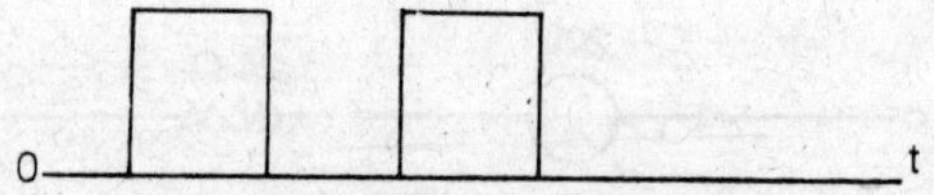

(a)

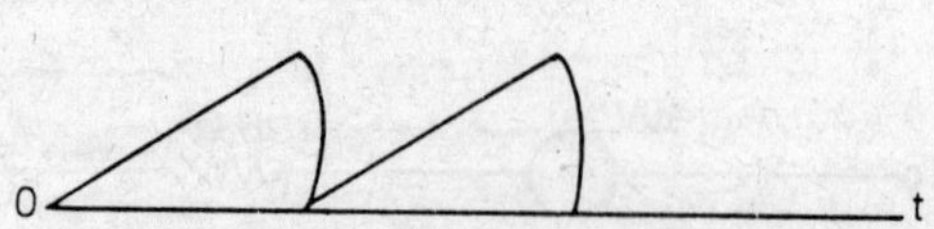

(b)

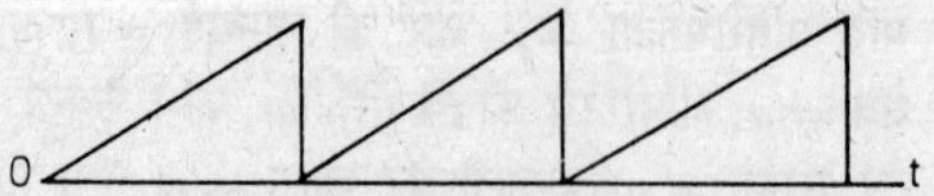

(c)

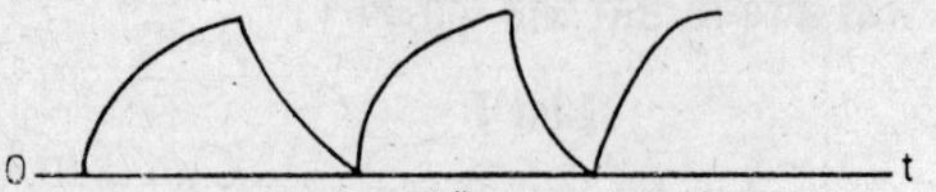

(d)

**77.** निम्न चित्र में प्रदर्शित परिपथ में जीनर डायोड की 'Knee' धारा 5 mA तथा अधिकतम शक्ति व्यय 300 mW है। परिपथ की आउटपुट $V_0$ को 6V पर रखते हुये, अधिकतम तथा न्यूनतम कितनी लोड धारा सुरक्षा पूर्वक (safely) प्राप्त की जा सकती है ?

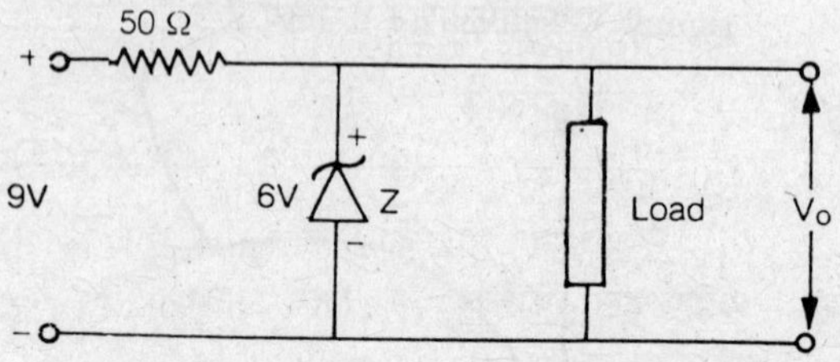


(a) 10mA, 55mA (b) 60mA, 180mA

(c) 15mA, 140mA (d) 10mA, 180mA

**78.** निम्न परिपथ का न्यूनतम लॉजिक परिपथ होगा..........

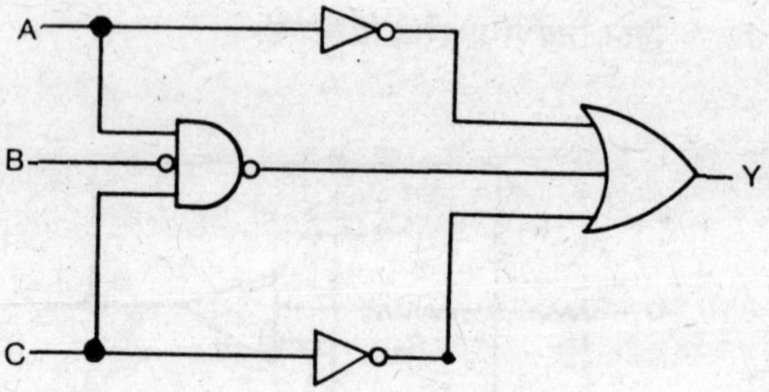


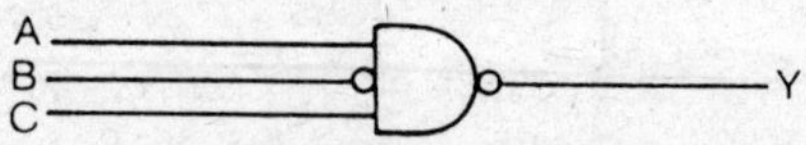

(a)

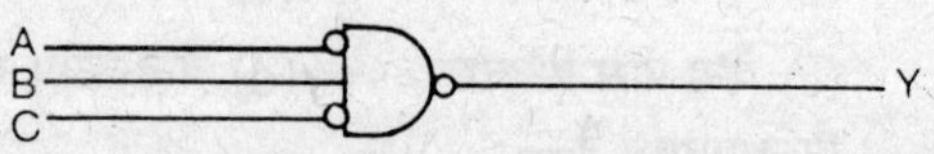

(b)

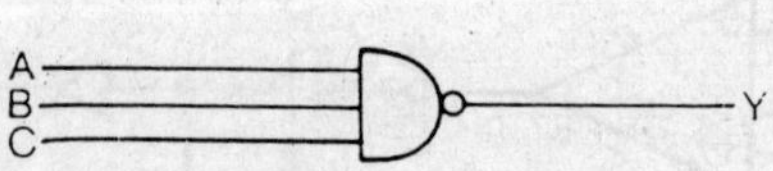

(c)

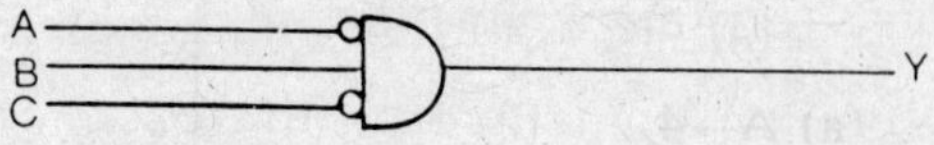

(d)

79. निम्न में 'false' स्टेटमैन्ट ज्ञात कीजिये।

किसी लक्ष्य (target) का राडार क्रॉस-सैक्शन—

(a) प्रयुक्त आवृत्ति पर निर्भर करता है

(b) टारगेट की विशेष कोटिंग कर कम किया जा सकता है

(c) छोटे टारगेट के वास्तविक क्रॉस सेक्शन एरिया के बराबर होता है

(d) टारगेट की 'आसपैक्ट' (aspect) पर निर्भर करता है यदि यह गोलाकार नहीं (non spherical) है

80. ऑप्टिकल फाइबर के लिये प्रकाश का स्त्रोत है ..........

(a) फोटो डायोड (b) PIN डायोड

(c) LED (d) उपरोक्त में कोई नहीं

81. निम्न समान्तर अनुवाद परिपथ के लिये सूचि I को सूचि II के साथ मैच कीजिये तथा उपयुक्त उत्तर ज्ञात कीजिये—

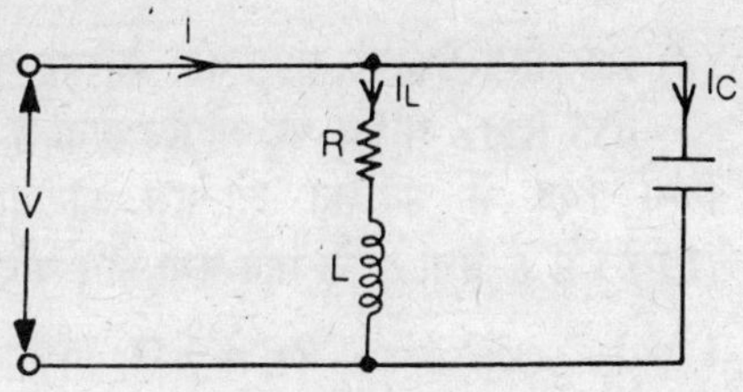


**List I**

(A) अनुनाद पर धारा $I$

(B) $RL$ परिपथ में धारा $I_L$

(C) गतिज प्रतिबाधा (dynamic impedance)

**List II**

(1) $\frac{\omega L}{R}$

(2) वोल्टेज के फेज में

(3) $\frac{L}{CR}$

(4) वोल्टेज से पश्चगामी (Lagging)

(a) A – 4 B – 2 C – 3

(b) A – 2 B – 4 C – 1

(c) A – 4 B – 2 C – 1

(d) A – 2 B – 4 C – 3

82. ऑटोमैटिक गेन कन्ट्रोल (AGC) की दृष्टि से ट्यूब एवं ट्रान्जिस्टर रिसीवर्स में मुख्य अन्तर यह है कि ट्रान्जिस्टर रिसीवर में—

(a) वोल्टेज के स्थान पर AGC पावर की आवश्यकता है

(b) AGC अधिक प्रभावी न होने के कारण दोष उत्पन्न होते हैं

(c) AGC की आवश्यकता ही नहीं है क्योंकि ओवरलोडिंग के कारण लिमिटिंग (limiting) होती है

(d) IF स्टेज सामान्य से अधिक स्थिर (stabilized) होनी चाहिये

83. एक वायर वाउन्ड प्रतिरोध का तुल्यांक परिपथ है ..........

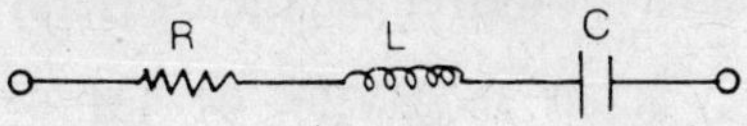

(a)

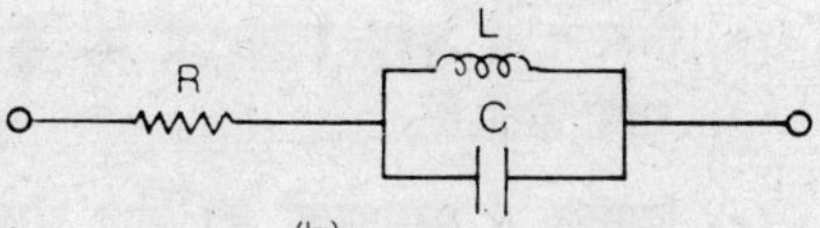

(b)

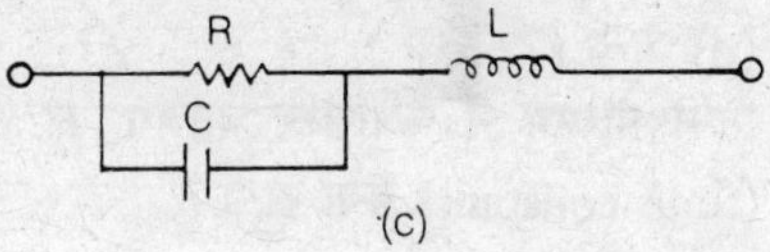

(c)

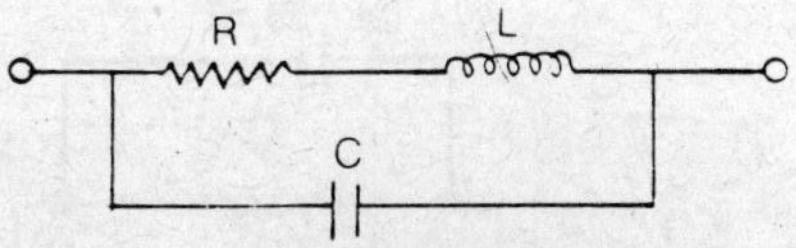

(d)

84. निम्न परिपथ में यदि प्रत्येक कैपेसिटर पर चार्ज 450 $\mu C$ है तब परिपथ की कुल कैपेसिटी (Capacitance) क्या

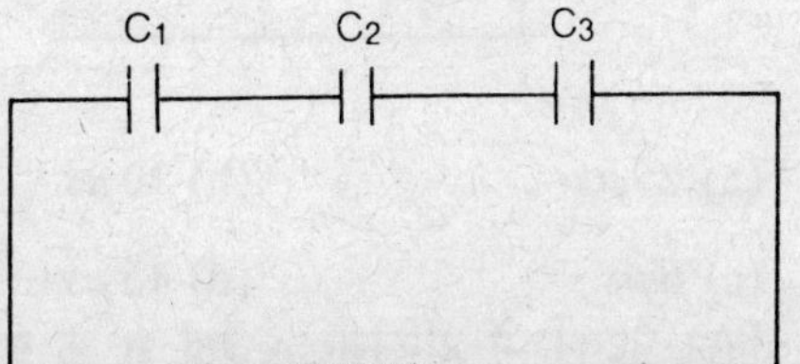

होगी यदि $C_1$, $C_2$, $C_3$ पर वोल्टैज 2 : 3 : 4 के अनुपात में है—

(a) $11 \cdot 1\,\mu F$ (b) $325\,\mu F$

(c) $33 \cdot 3\,\mu F$ (d) $22 \cdot 5\,\mu F$

**85.** ट्रैवलिंग वेव ट्यूब (TWT) में हैलिक्स का मुख्य कार्य—

(a) लम्बी ट्यूब में इलेक्ट्रॉन बीम को फैलने से रोकना है ंख्या का आधा

(b) ब्रॉडबैन्ड ऑपरेशन सुनिश्चित करना है

(c) RF क्षेत्र का अक्षीय वेग (axial velocity) कम कारण है

(d) Noise figure को कम करना है

**86.** इन्ट्रिजिक सेमीकन्डक्टर के सिंगल (single) क्रिस्टल में सामान्य ताप पर फर्मी लेविल (Fermi level) पर मुक्त आवेश वाहक (free charge carriers) की संख्या—

(a) क्रिस्टल में इलेक्ट्रॉनों की कुल स होती है

(b) क्रिस्टल में मुक्त इलेक्ट्रॉनों की कुल संख्या का आधा होती है

(c) क्रिस्टल में परमाणुओं की कुल संख्या का आधा होती है

(d) शून्य (Zero)

**87.** निम्न परिपथ में कैपेसिटर चार्जिंग का समय नियतांक (time constant) क्या होगा?

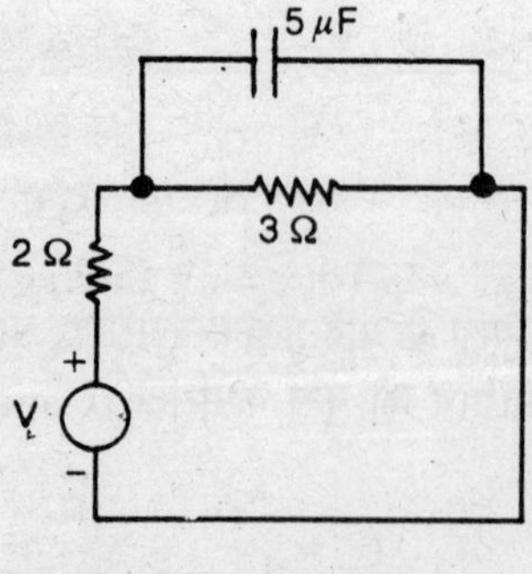


(a) $25\,\mu s$ (b) $10\,\mu s$

(c) $6\,\mu s$ (d) $15\,\mu s$

**88.** निम्न नैटवर्क में टर्मिनलों A एवं B के मध्य थेवनिन इम्पीडैन्स क्या होगी?

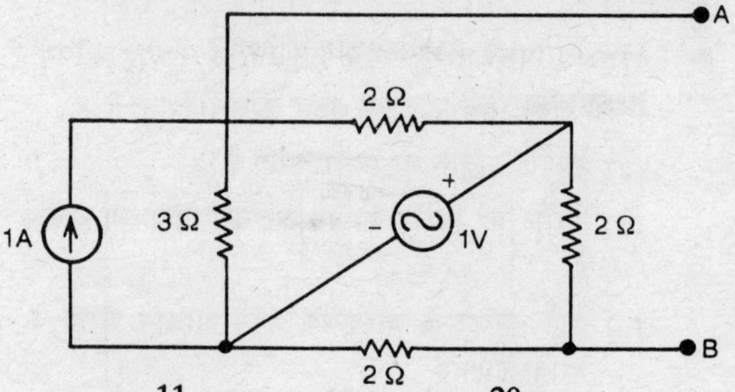


(a) $\frac{11}{5}\,\Omega$ (b) $\frac{20}{9}\,\Omega$

(c) $\frac{10}{3}\,\Omega$ (d) $\frac{13}{4}\,\Omega$

**89.** एक ब्रॉडकास्ट सुपरहीट्रोडाइन रिसीवर में—

(a) लोकल ऑसिलेटर सिगनल फ्रीक्वैन्सी से कम पर ऑपरेट होता है

(b) लोकल ऑसिलेटर की आवृत्ति IF की लगभग दो गुनी होती है

(c) मिक्सर इनपुट, सिगनल फ्रीक्वैन्सी पर ट्यून किया जाता है

(d) RF एम्पलीफायर सामान्यतः कैरियर फ्रीक्वैन्सी से 455 KHz अधिक पर ऑपरेट होता है

**90.** निम्न चित्र में प्रदर्शित लो-पास प्रोटोटाइप फिल्टर (LPF) में $L$ तथा $C$ के मान क्या होंगे यदि

Load resistance $R_L = 1\,\Omega$ तथा Angular frequency $\omega = 1$ rad/sec

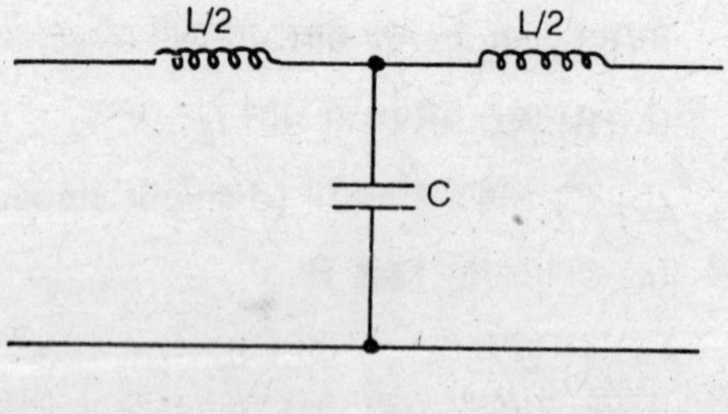


(a) 1 henery, 2 farad

(b) 2 henery, 2 farad

(c) 1 henery, 1 farad

(d) 2 henery, 1 farad

**91.** एक 4V आयाम तथा 3 सेकन्ड अवधि (4V magnitude and 2 sec duration) की पल्स वोल्टेज $v(t)$ निम्न परिपथ में एप्लाई की जाती है। यदि

$t = 0$ पर धारा शून्य है तब 3 सेकन्ड पश्चात् परिपथ में धारा क्या होगी—

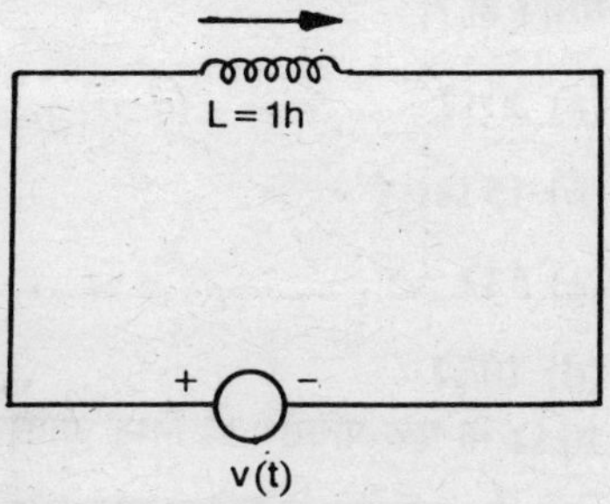


(a) 8 amp (b) 0

(c) 4 amp (d) 2 amp

**92.** एक narrow band FM सिगनल का मोडुलेशन इन्डैक्स है—

(a) लगभग 1

(b) 1 से कम

(c) 1 से अधिक

(d) 50%

**93.** एक op-amp की इनपुट धारा होती है—

(a) अनन्त (infinite)

(b) शून्य (zero)

(c) कुछ मिलिएम्पीयर

(d) उपरोक्त में कोई नहीं

**94.** जब एक मैगनेटिक एम्पलीफायर में निगेटिव फीड बैक बढ़ाया जाता है। तब पावर एम्पलीफिकेशन—

(a) घटता है

(b) बढ़ता है

(c) अपरिवर्तित रहता है

(d) उपरोक्त (a) अथवा (b)

**95.** कॉमन एम्पलीफायर्स की कितनी स्टेज इनपुट सिगनल की ध्रुवता विपरीत (polarity inversion) कर सकती है ?

(a) 1 तथा 3

(b) 2 तथा

(c) उपरोक्त (a) अथवा (b)

(d) CE एम्पलीफायर में ध्रुवता नहीं बदली जा सकती

**96.** आयनोस्फीयर लेयर की क्रिटिकल फ्रीक्वैन्सी रात्रि की तुलना में दिन में—

(a) अधिक होती है

(b) कम होती है

(c) एक समान होती है

(d) उपरोक्त (a) अथवा (b)

**97.** निम्न में सर्वाधिक प्रयुक्त (widely used) बाइपोलर परिवार कौन-सा है ?

(a) DTL (b) TTL

(c) ECL (d) उपरोक्त सभी

**98.** डिकेड काउन्टर बनाने के लिये बाइनरी की न्यूनतम संख्या है ..........

(a) 3 (b) 4

(c) 8 (d) 10

**99.** एम्पलीफायर में निगेटिव फीडबैक प्रयुक्त करने से इनपुट इम्पीडैन्स्—

(a) बढ़ती है

(b) घटती है

(c) उपरोक्त में कोई भी

(d) उपरोक्त में कोई नहीं

**100.** डिजिटल टेलीमीट्री में मोडुलेशन की कौन-सी विधि का उपयोग किया जाता है—

(a) PM (b) AM

(c) PCM (d) FM

**101.** एक वर्टीकल डाइपोल एन्टीना, लूप एन्टीना के साथ दिशा ज्ञात करने (direction finding) के लिये प्रयुक्त किया जाता है। फील्ड पैटर्न होगा ..........

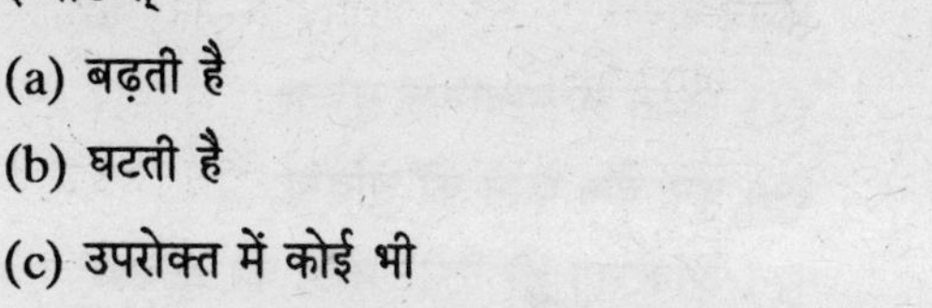


**102.** एक आदर्श फुल-वेव रैक्टीफायर वोल्टमीटर पर निम्न आकार की तरंग एप्लाई की जाती है। वोल्टमीटर, rms

रीडिंग के लिये कैलीब्रेट किया गया है। वोल्टमीटर की रीडिंग होगी ———

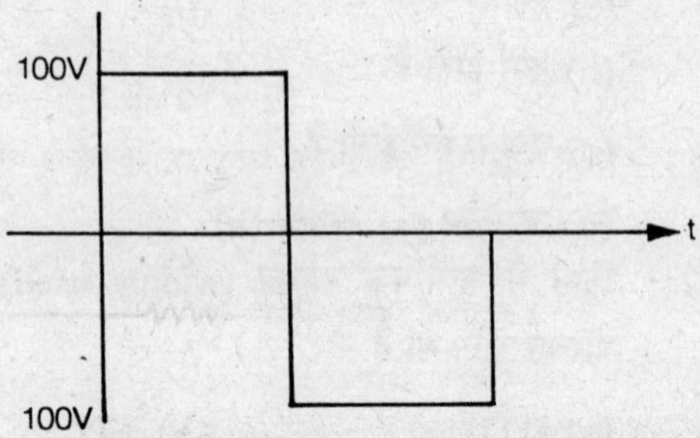


(a) 111 V

(b) 100 V

(c) $\frac{100}{\sqrt{2}}$ V

(d) $\frac{50}{\sqrt{2}}$ V

**103.** माइक्रोप्रोसेसर में फ्लैग बिट्स क्या सूचना उपलब्ध कराते हैं—

(a) स्टेटस से सम्बन्धित सूचना

(b) पुनः चैक करने की सुविधा

(c) ऑपरेशन को रिपीट करने की सुविधा

(d) उपरोक्त सभी

**104.** पल्स मॉडुलेशन का उपयोग—

(a) रेडियो नेवीगेशन में किया जाता है

(b) डाटा कम्यूनिकेशन

(c) ऑटोमैटिक लैन्डिंग उपकरण

(d) उपरोक्त सभी

**105.** एक वोल्टेज सोर्स तथा लोड *(R)* के मध्य निम्न चित्र के अनुसार एक 4-टर्मिनल T-नैटवर्क कनैक्ट किया जाता है। *R* का मान क्या होना चाहिये यदि सोर्स साइड से देखने पर, T-नैटवर्क होने अथवा न होने पर प्रतिरोध समान हो ?

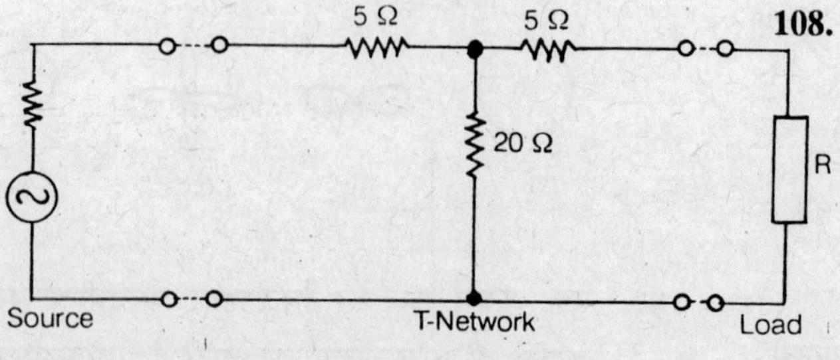


(a) 20 Ω

(b) 15 Ω

(c) 5 Ω

(d) 10 Ω

**106.** 10 Ω के एक प्रतिरोध में निम्न आकार की धारा प्रवाहित होती है। प्रतिरोध में शक्ति व्यय क्या होगा ?

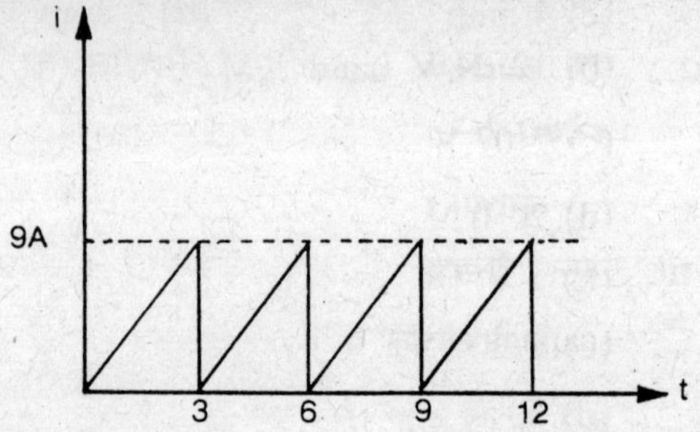


(a) 52·4 W

(b) 270 W

(c) 7·29 W

(d) 135 W

**107.** 625 लाइन्स प्रति फ्रेम वाली TV प्रणाली में लाइन्स प्रति फील्ड (lines per field) की संख्या क्या होगी ?

(a) 312·5

(b) 1250

(c) 625

(d) 2500

**108.** कलर TV प्रणाली में उस क्रिया को जिसमें तीनों कलर बीम एक बिन्दु पर मिलती है कहते हैं ———

(a) ब्लूमिंग (blooming)

(b) कनवर्जेन्स (convergence)

(c) डिमोडुलेशन (demodulation)

(d) डाइवर्जेन्स (divergence)

**109.** निम्न परिपथ में एक आदर्श (ideal) मूविंग आयरन वोल्टमीटर की रीडिंग क्या होगी ?

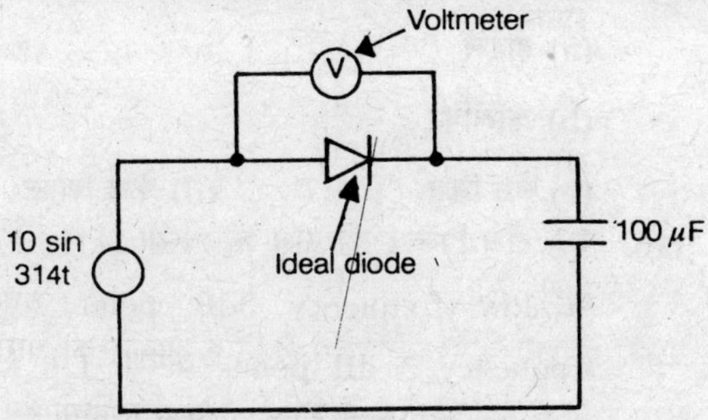


(a) 141·4 V

(b) 12·24 V

(c) 7·07 V

(d) 20·0 V

**110.** निम्न परिपथ में XY टर्मिनलों के मध्य धारिता (capacity) क्या होगी ?

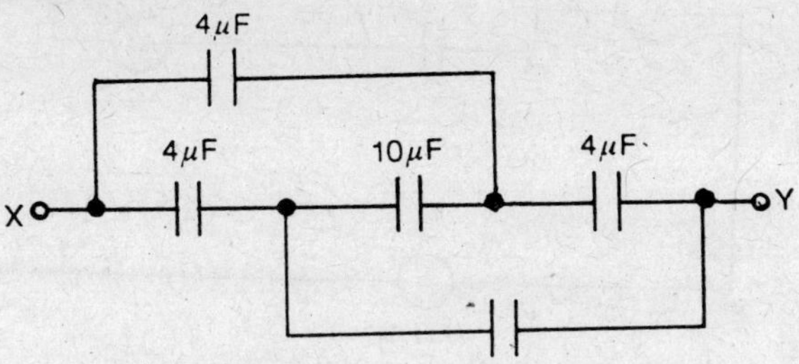


(a) 2 $\mu$F

(b) 10 $\mu$F

(c) 4 $\mu$F

(d) 8 $\mu$F

**111.** माइक्रोप्रोसेसर में इन्सट्रक्शन रजिस्टर (IR) के contents क्या प्रदर्शित करते हैं ?

(a) एक्जीक्यूट हो रही इन्सट्रक्शन का ऑपरेन्ड

(b) एक्जीक्यूट हो चुकी इन्सट्रक्शन का ऑपरेन्ड

(c) एक्जीक्यूट की जाने वाली अगली इन्सट्रक्शन का ऑपरेन्ड

(d) उपरोक्त में कोई भी

**112.** ट्रांजिस्टर के हाइब्रिड पैरामीटर्स की संख्या कितनी होती है—

(a) 2 (b) 4

(c) 6 (d) 8

**113.** निम्न परिपथों को उनके धारा अभिलक्षण वक्रों से मैच कीजिये तथा उपयुक्त उत्तर ज्ञात कीजिये—

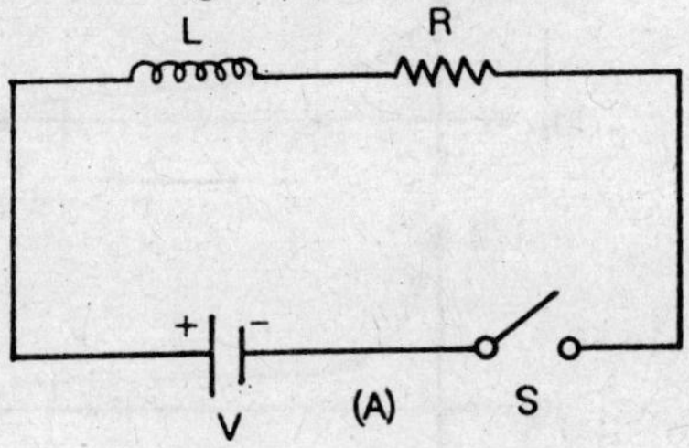


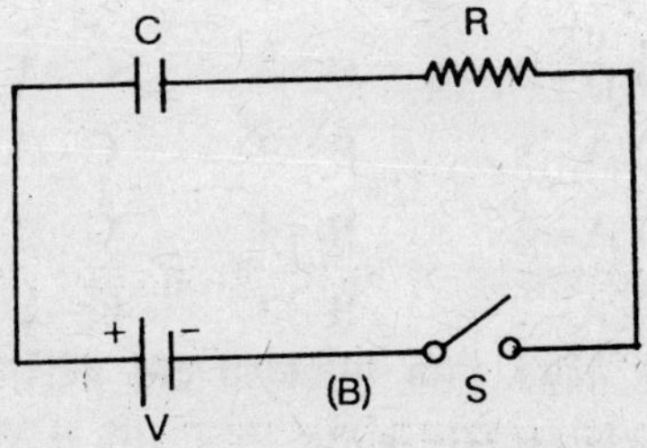


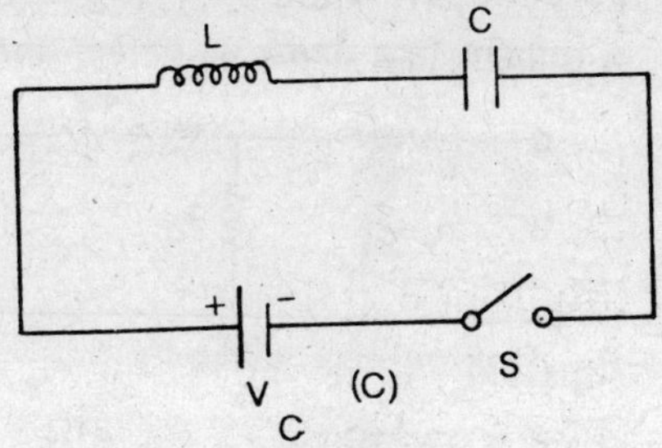


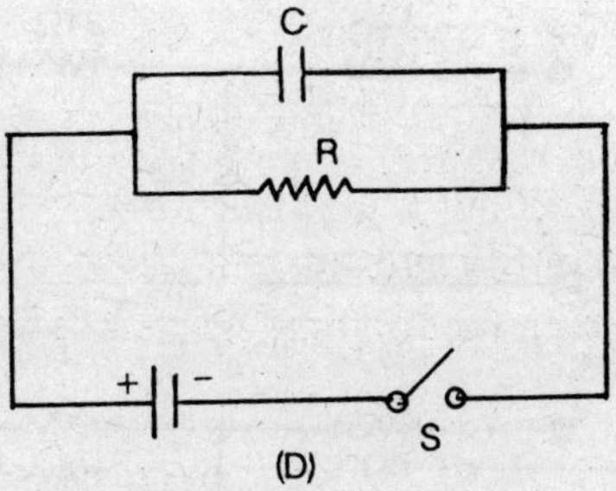


Current Characteristics

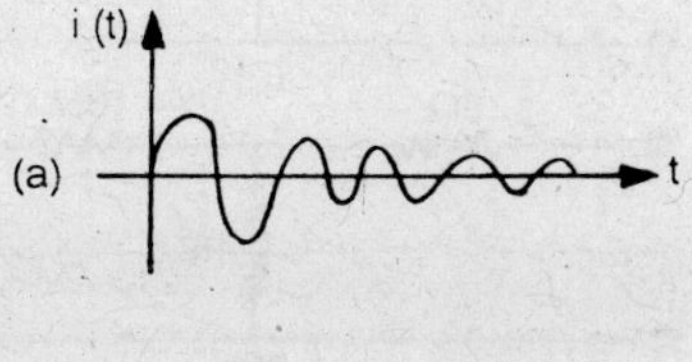

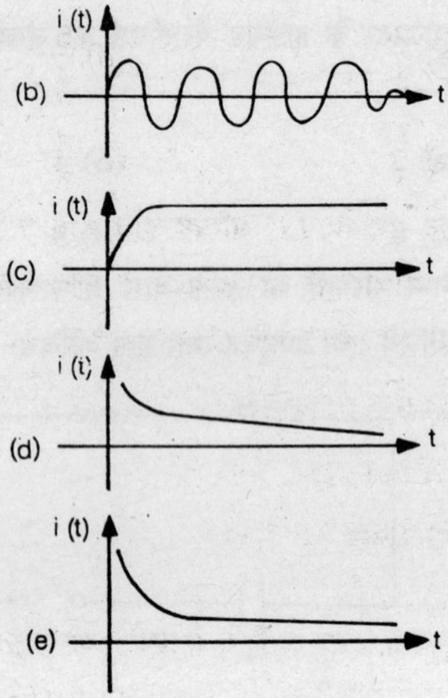


(a) A – 5 B – 3 C – 1 D – 2

(b) A – 5 B – 2 C – 3 D – 1

(c) A – 2 B – 4 C – 3 D – 5

(d) A – 2 B – 3 C – 1 D – 4

**114.** एक नैटवर्क निम्न समीकरणों द्वारा प्रदर्शित किया जाता है—$V_1 = 24I_1 + 8I_2$ $V_2 = 8I_1 + 32I_2$

ये समीकरण किस नैटवर्क को प्रदर्शित करती हैं—

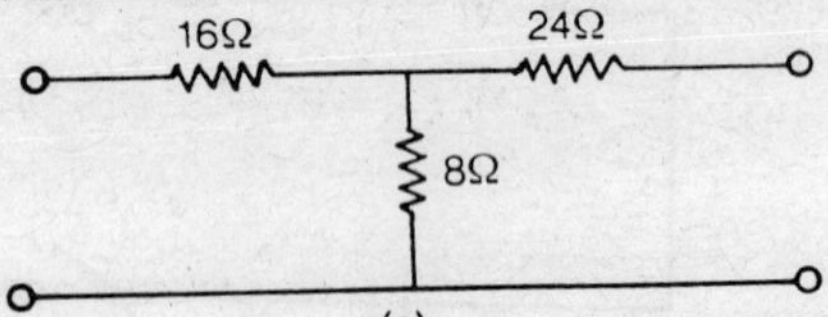


(a)

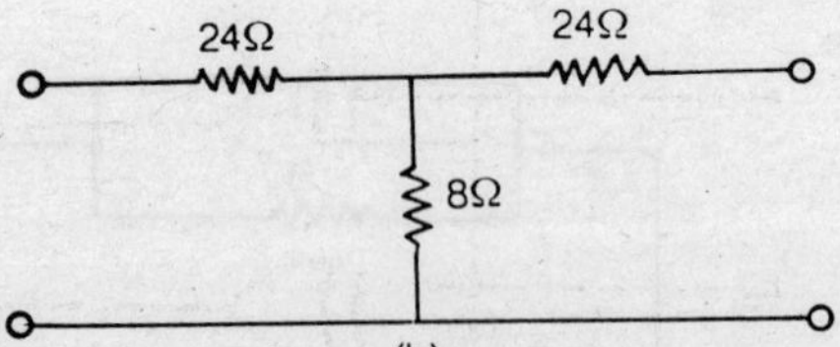


(b)

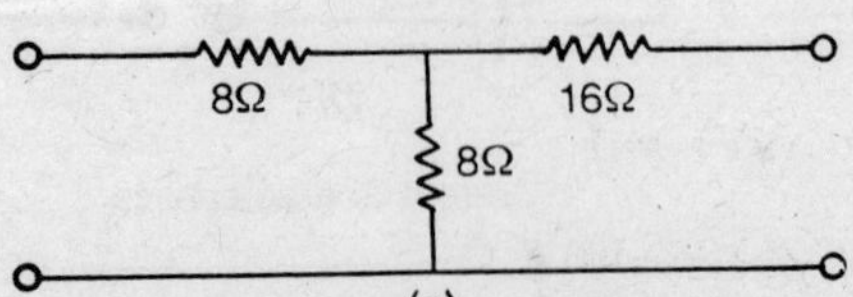


(c)

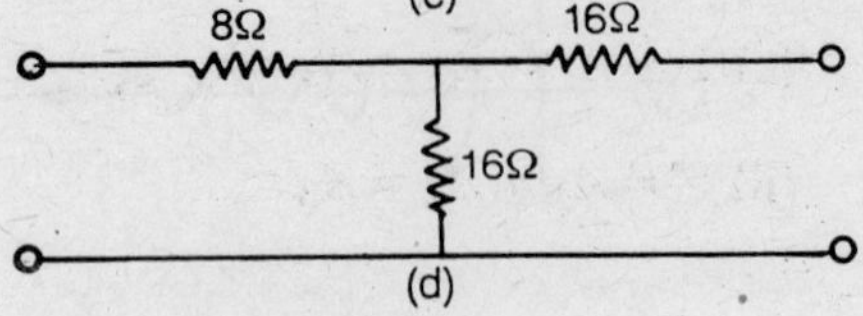


(d)

**115.** 1 KHz फ्रीक्वैन्सी के दोलन उत्पन्न करने के लिये सर्वाधिक उपयुक्त ऑसिलेटर है ..........

(a) हार्टले

(b) कॉलपिट

(c) वेन ब्रिज (d) फेज शिफ्ट

**116.** एक नॉच फिल्टर की नॉच फ्रीक्वैन्सी 2kHz है। फिल्टर के low frequency 3dB point तथा high frequency 3 dB points क्रमशः 1·8 kHz एवं 2·2 kHz है। फिल्टर का Q होगा ..........

(a) 0·5 (b) 2

(c) 5 (d) 0·2

**117.** निम्न परिपथ में $A_1$, $A_2$ तथा $A_3$ आदर्श एमीटर्स हैं। यदि $A_1$ का पाठयांक 5*A*, *A*$_2$ का 12 A है। तब $A_3$ का पाठयांक होगा ..........

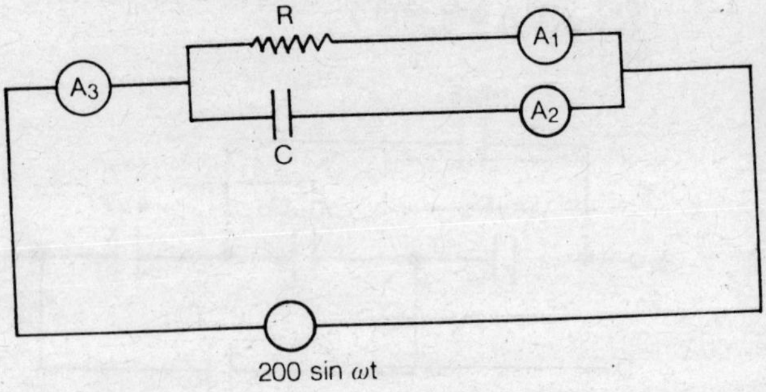


(a) 17 A (b) 13 A

(c) 7 A (d) 5 A

**118.** निम्न एम्पलीफायर का वोल्टेज एम्पलीफिकेशन होगा लगभग ..........

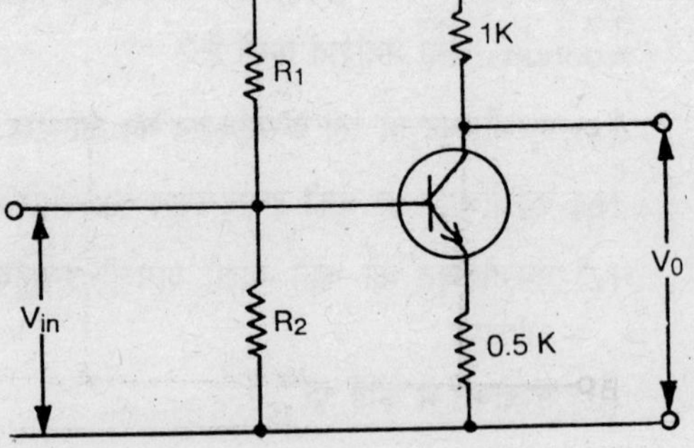

(a) 840 (b) 100

(c) 0·723 (d) 20

**119.** बोड प्लॉट का उपयोग ........ नैटवर्क में किया जाता है—

(a) Maximum phase

(b) Minimum phase

(c) All phase

(d) उपरोक्त में कोई नहीं

**120.** कॉमन बेस सर्किट में कलैक्टर धारा का कुल मान होता है ........

(a) $I_C = \beta I_E$

(b) $I_C = \alpha I_E$

(c) $I_C = \alpha I_E + I_{CO}$

(d) $I_C = \alpha I_E - I_{CO}$

**121.** निम्न परिपथ द्वारा कौन-सा लॉजिक फंक्शन इम्पलीमैन्ट होता है ?

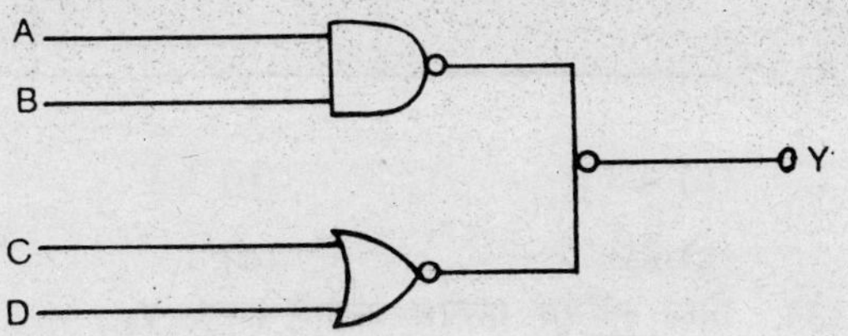


(a) $Y = AB \cdot (C + D)$

(b) $Y = AB + C + D$

(c) $Y = \overline{AB + C + D}$

(d) $Y = \overline{AB} = \overline{C + D}$

**122.** निम्न नैटवर्क में $V_{CD}/V_{AB}$ अनुपात का मान क्या है ?

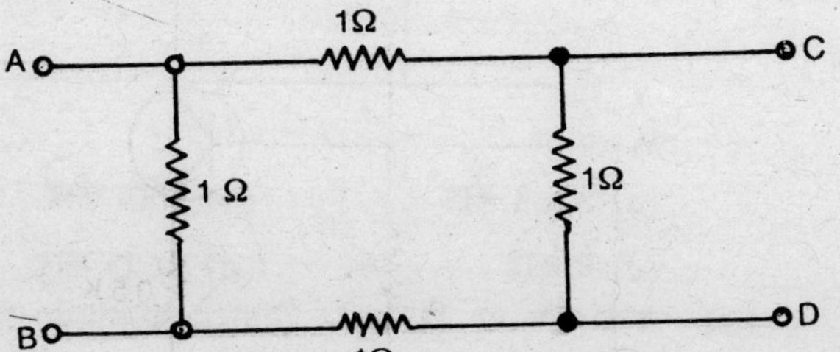


(a) $\frac{2}{3}$ (b) $\frac{3}{4}$

(c) $\frac{1}{3}$ (d) $\frac{4}{3}$

**123.** एक समान्तर $LC$ परिपथ द्वारा 110·7 MHz आवृत्ति के ऑसिलेशन उत्पन्न करने के लिये इनडक्टर ($L$) का मान क्या होगा यदि $C = 20\,pF$ ?

(a) $0{\cdot}5\,\mu$H

(b) $0{\cdot}1\,\mu$H

(c) $1\,\mu$H

(d) $5\,\mu$H

**124.** चुम्बकीय क्षेत्र के लिये मैक्सवैल की डाइवर्जेंस समीकरण है ........

(a) $\nabla^2 . B = 0$

(b) $\nabla B = 0$

(c) $\nabla^2 B =$ Constant

(d) $\nabla \times B =$ Constant

**125.** निम्न परिपथ में $X_1, X_2, X_3$ उस स्थिति में $A_1, A_2, A_3$ के 1's कम्पलीमैन्ट होंगे जब—

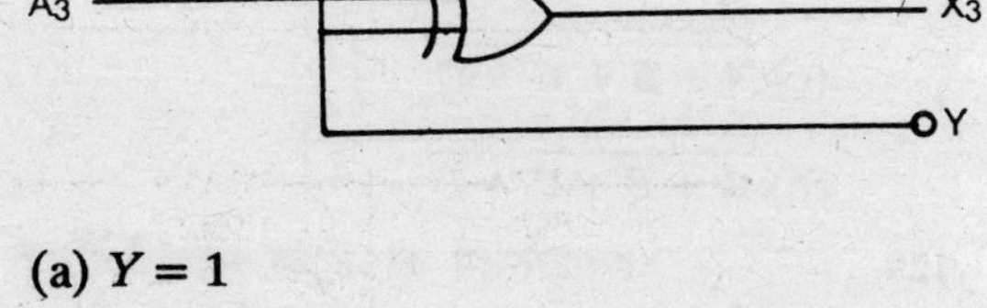


(a) $Y = 1$

(b) $Y = 0$

(c) $Y = \overline{A}_1 = \overline{A}_2 = \overline{A}_3$

(d) $Y = A_1 = A_2 = A_3$

**126.** निम्न परिपथ में 3 Ω प्रतिरोध में अधिकतम पावर क्षय (maximum) पावर व्यय के लिये R का मान क्या होगा ?

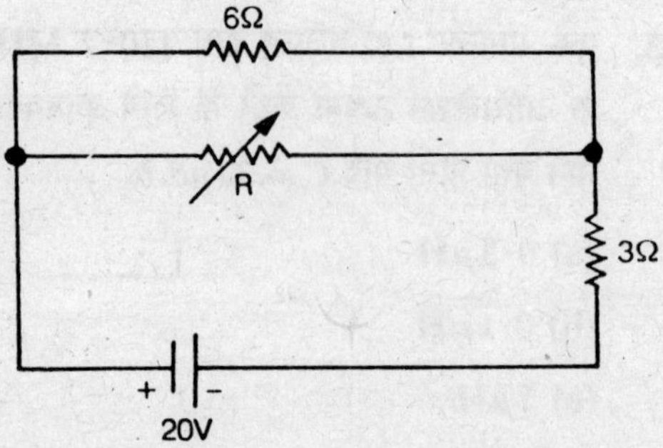


(a) 13 Ω (b) 9 Ω

(c) 6 Ω (d) 12 Ω

**127.** निम्न में इलक्ट्रोस्टैटिक डिवाइस है ..........

(a) PNP ट्रान्जिस्टर (b) NPN ट्रान्जिस्टर

(c) PN डायोड (d) MOSFET

**128.** निम्न लॉजिक परिपथ की आउटपुट *(Y)* होगी—

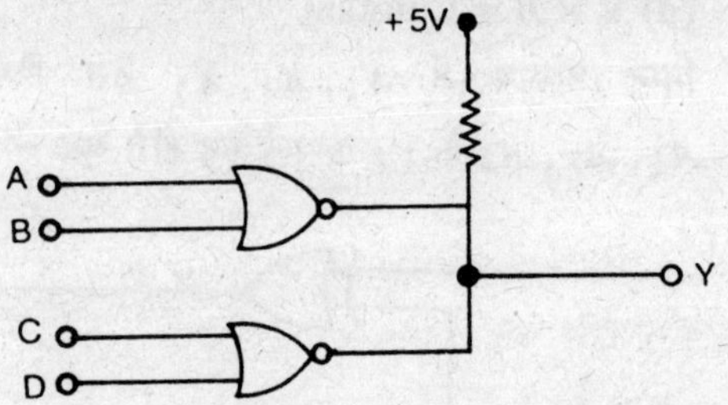


(a) $(A + B)(C + D)$

(b) $A + B + C + D$

(c) $\overline{A + B} + \overline{C + D}$

(d) $\overline{A + B + C + D}$

**129.** .......... इन्सट्रुमैन्ट्स की अेवर लोड कैपेसिटी उत्तम नहीं होती।

(a) इलेक्ट्रोस्टैटिक टाइप

(b) परमानैन्ट मैगनेट मूविंग कॉयल टाइप (PMMC)

(c) हॉट वायर

(d) मूविंग आयरन टाइप

**130.** LVDT का उपयोग—

(a) सदा प्राइमरी ट्रांसड्यूसर की भाँति किया जाता है

(b) सदा सैक्न्डरी ट्रांसड्यूसर की भाँति किया जाता है

(c) सदा ताप (temperature) कम्पैन्सेशन के लिये किया जाता है

(d) सदा प्राइमरी सिगनल जेनरेटर की भाँति किया जाता है

**131.** एक अनुनाद परिपथ, जिसका Q = 100 तथा अनुनाद आवृत्ति $f_0 = 5\text{ MHz}$ है, की बैन्ड विड्थ होगी ..........

(a) 5·0 kHz (b) 0·5 kHz

(c) 50 kHz (d) 500 kHz

**132.** निम्न नैटवर्क में पैरामीटर $h_{12}$ का मान होगा—

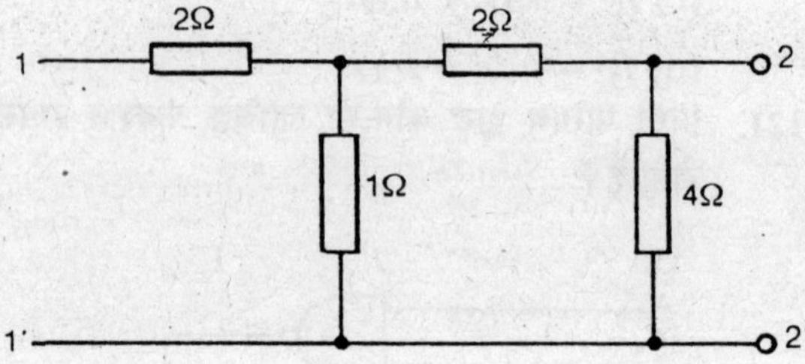


(a) 4/3 (b) 1/3

(c) 2/3 (d) 1

**133.** निम्न लॉजिक परिपथ बाइनरी इनपुट $Y_1$, $Y_2$, $Y_3$ को किस कोड में कनवर्ट करता है ?

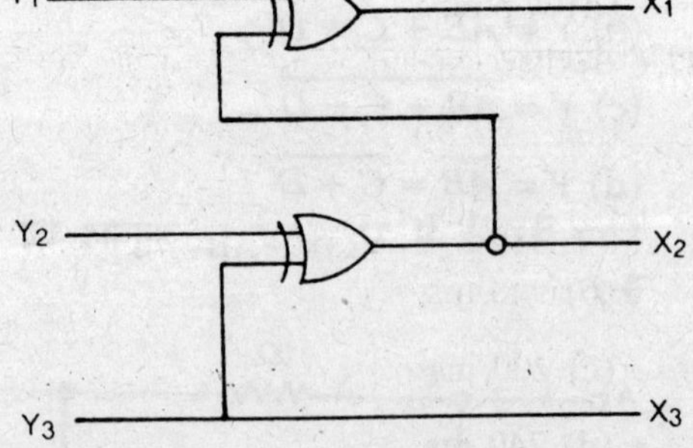


(a) XS-3 कोड (b) हैमिंग कोड

(c) ग्रे कोड (d) BCD कोड

**134.** उच्च ताप पर, सिलिकॉन डिवाइस जरमेनियम डिवाइस की तुलना में अधिक 'prefer' की जाती है क्योंकि—

(a) सिलिकॉन् में रिवर्स सैचुरेशन धारा बहुत कम होती है

(b) सिलिकॉन में अधिक पावर क्षय हो सकता है

(c) सिलिकॉन उष्मीय दृष्टि से (thermally) स्थिर (stable) है

(d) उपरोक्त सभी

**135.** यदि $A=1$, $B=1$, $Q_n=0$ तथा $P_n=1$, तब CLK इनपुट एप्लाई करने पर $Q_{n+1}$ तथा $P_{n+1}$ क्या होंगे ?

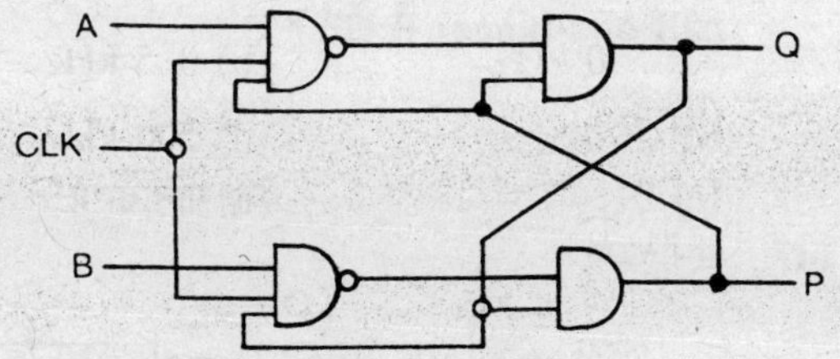


(a) $Q_{n+1}=0$, $P_{n+1}=0$

(b) $Q_{n+1}=1$, $P_{n+1}=1$

(c) $Q_{n+1}=0$, $P_{n+1}=1$

(d) $Q_{n+1}=1$, $P_{n+1}=0$

**136.** टेलीप्रिन्टर की स्पीड ——— में मापी जाती है।

(a) बाइट

(b) बॉड्स (Bauds)

(c) r.p.m.

(d) w.p.m.

**137.** सैटेलाइट कम्यूनिकेशन में प्रतिक्षा समय (waiting time) लगभग ——— होता है।

(a) 540 ms

(b) 940 ms

(c) 200 ms

(d) 740 ms

**138.** किसी प्रोग्राम को लिखने में प्रयुक्त निमोनिक्स (mnemonics) को ——— कहते हैं।

(a) माइक्रोइन्सट्रक्शन

(b) ऑब्जेक्ट प्रोग्राम

(c) फैच चक्र (fetch cycle)

(d) असैम्बली भाषा (assembly language)

**139.** निम्न परिपथ है—

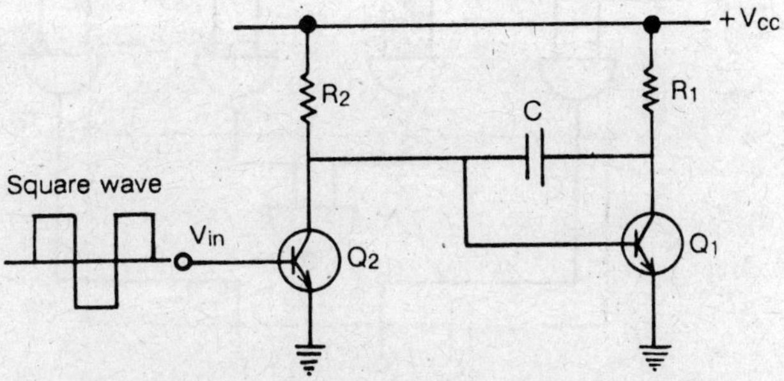


(a) बूट स्ट्रैप स्वीप परिपथ

(b) मोनोस्टेबल मल्टी वाइब्रेटर

(c) मिलर स्वीप परिपथ

(d) *RC* कपल्ड एम्पलीफायर

**140.** राडार प्रणाली में PPI का अर्थ है—

(a) Prior position identification

(b) Plan position image

(c) Plan position indicator

(d) Pulse position indicator

**141.** ASCII एक ——— बिट्एस का इनपुट/आउटपुट कोड है।

(a) 2

(b) 7

(c) 8

(d) 4

**142.** निम्न में ट्रांसफर्ड इलेक्ट्रॉन डिवाइस है ———

(a) BARITT डायोड

(b) IMPATT डायोड

(c) Gunn डायोड

(d) Step recovery डायोड

**143.** निम्न परिपथ है—

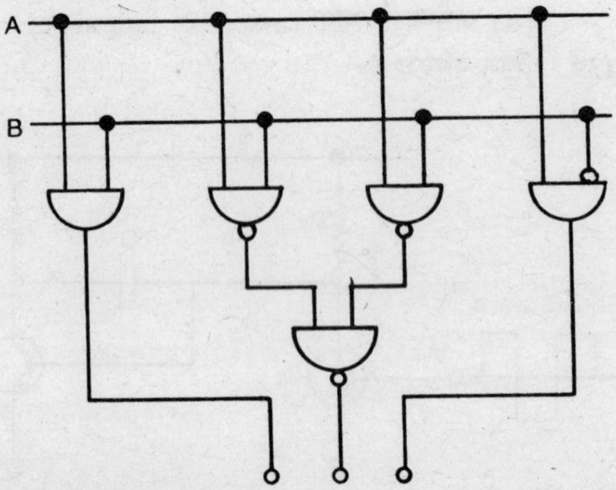


(a) एडर परिपथ

(b) पैरिटी जेनरेटर परिपथ

(c) एडर परिपथ

(d) सब्ट्रैक्टर परिपथ

**144.** निम्न परिपथ की आउटपुट '$Y$' होगी—

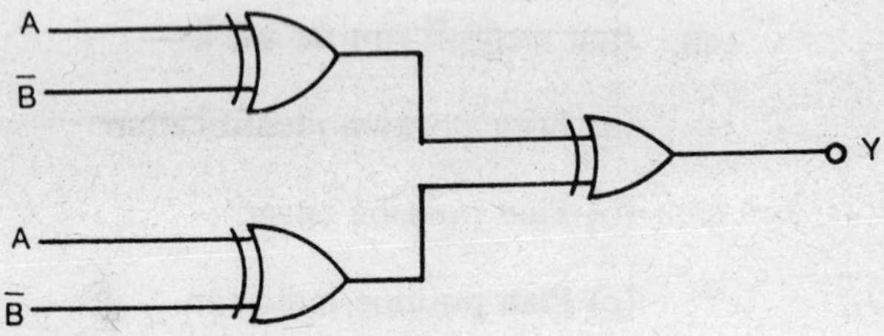


(a) 0

(b) $\bar{A}B + A\bar{B}$

(c) $(A \oplus B) \oplus (A \oplus B)$

(d) 1

**145.** निम्न परिपथ में प्रतिरोध $R_1$ एवं $R_2$ श्रेणी में संयोजित है। यदि $R_1 = 528 \pm 3\,\Omega$ तथा $R_2 = 325 \pm 3\Omega$ है तब कुल प्रतिरोध $(R_1 + R_2)$ का मान क्या होगा?

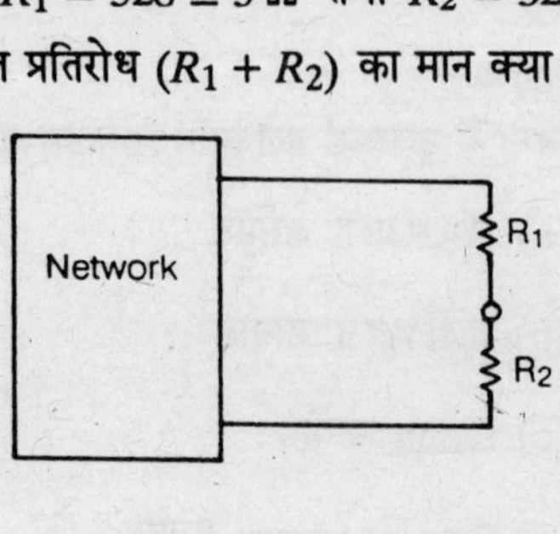


(a) $853 \pm 8\,\Omega$

(b) $853 \pm 2\,\Omega$

(c) $853 \pm 3\,\Omega$

(d) $853 \pm 5\,\Omega$

**146.** एक फीडबैक कन्ट्रोल परिपथ की 'characteristic equation' निम्न है—

$$2s^4 + s^3 + 3s^2 + 5s + 10 = 0$$

कितने मूल (roots) s-प्लेन के दायें अर्ध भाग (right half of s-plane) में होंगे?

(a) 3 (b) 1

(c) 0 (d) 2

**147.** समीकरण

$$v(t) = 5\left[\cos(10^6 \pi t) - \sin(10^3 \pi t) \times \sin(10^6 \pi t)\right]$$

प्रदर्शित करती है—

(a) AM सिगनल

(b) SSB अपर साइड बैन्ड सिगनल

(c) Narrow Band FM सिगनल

(d) DSB सपैस्ड कैरियर सिगनल

**148.** निम्न d.c. परिपथ में एक वोल्टेज सोर्स $V$ एक धारा सोर्स $I$ तथा अनेक प्रतिरोध है। जब केवल वोल्टेज सोर्स $V$ एक्टिव होता है। तब एक प्रतिरोध $R$ में व्यय पावर 4W है। उसी प्रतिरोध में जब केवल धारा सोर्स $I$ एक्टिव होता है व्यय पावर 9W है। प्रतिरोध में शक्ति व्यय क्या होगा जब दोनों वोल्टेज तथा धारा सोर्स एक्टिव होते हैं?

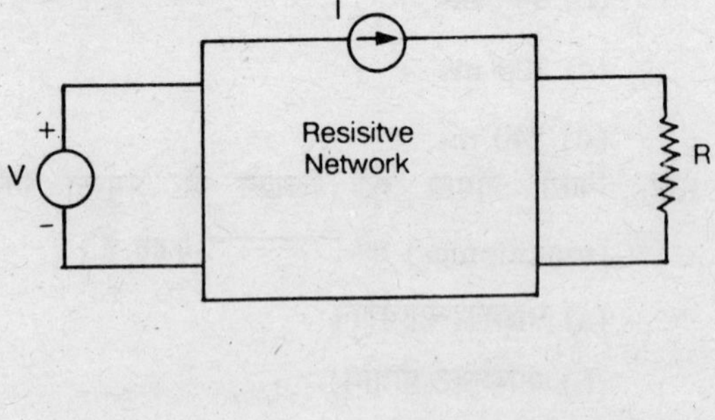

(a) 25 W (b) 5 W

(c) 10 W (d) 1 W

**149.** माइक्रोवेव रेंज में स्विचिंग परिपथों के लिये उपयुक्त सेमीकन्डक्टर डायोड है—

(a) वैरेक्टर डायोड

(b) गन डायोड

(c) PIN डायोड

(d) शॉटकी डायोड

**150.** निम्न लॉजिक परिपथ की आउटपुट (Y) क्या होगी—

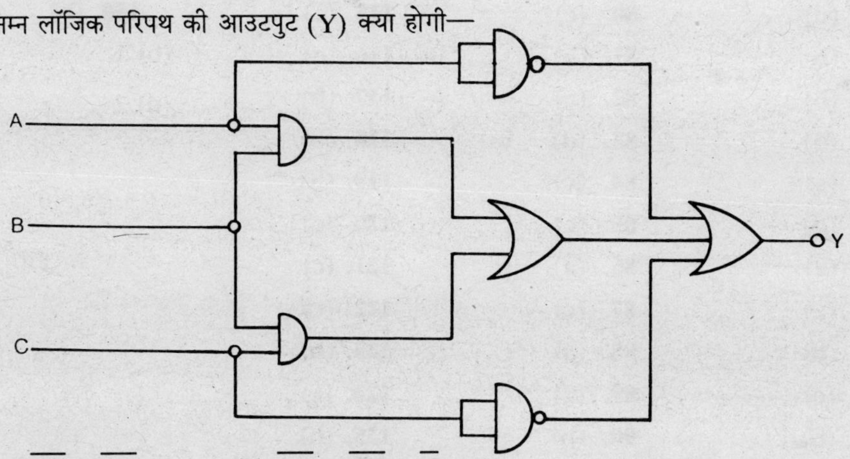


(a) $\overline{AB} + \overline{BC}$ (b) $\overline{AB} + \overline{BC} + \overline{A} + C$

(c) $\overline{ABC}$ (d) $\overline{A} + \overline{B} + \overline{C}$.

**Answers :**

**1.** (e)
**2.** (b)
**3.** (d)
**4.** (c)
**5.** (b)
**6.** (c)
**7.** (d)
**8.** (c)
**9.** (c)
**10.** (a)
**11.** (b)
**12.** (c)
**13.** (c)
**14.** (d)
**15.** (a)
**16.** (d)
**17.** (a)
**18.** (b)
**19.** (c)
**20.** (c)
**21.** (a)
**22.** (b)
**23.** (a)
**24.** (d)
**25.** (b)
**26.** (b)
**27.** (a)
**28.** (b)
**29.** (a)
**30.** (a)
**31.** (a)
**32.** (c)
**33.** (a)
**34.** (d)
**35.** (b)
**36.** (a)
**37.** (a)
**38.** (d)
**39.** (b)
**40.** (b)
**41.** (a)
**42.** (d)
**43.** (a)
**44.** (c)
**45.** (d)
**46.** (b)
**47.** (b)
**48.** (b)
**49.** (a)
**50.** (d)
**51.** (a)
**52.** (a)
**53.** (b)
**54.** (c)
**55.** (b)
**56.** (a)
**57.** (d)
**58.** (a)
**59.** (c)
**60.** (b)
**61.** (d)
**62.** (a)
**63.** (c)
**64.** (c)
**65.** (b)
**66.** (d)
**67.** (d)
**68.** (a)
**69.** (b)
**70.** (a)
**71.** (b)
**72.** (d)
**73.** (a)
**74.** (a)
**75.** (a)
**76.** (c)
**77.** (a)
**78.** (d)
**79.** (c)
**80.** (c)
**81.** (b)
**82.** (a)
**83.** (d)
**84.** (c)
**85.** (c)
**86.** (a)
**87.** (c)
**88.** (a)
**89.** (c)
**90.** (b)
**91.** (d)
**92.** (a)
**93.** (b)
**94.** (c)
**95.** (a)
**96.** (a)
**97,** (b)
**98.** (c)
**99.** (a)
**100.** (c)
**101.** (c)
**102.** (c)
**103.** (a)
**104.** (d)
**105.** (b)
**106.** (b)
**107.** (a)
**108.** (b)
**109.** (c)
**110.** (c)
**111.** (a)
**112.** (b)
**113.** (a)
**114.** (a)
**115.** (c)
**116.** (c)
**117.** (b)
**118.** (b)
**119.** (b)
**120.** (c)
**121.** (c)
**122.** (c)
**123.** (b)
**124.** (a)
**125.** (b)
**126.** (c)
**127.** (d)
**128.** (a)
**129.** (c)
**130.** (b)
**131.** (c)
**132.** (b)
**133.** (d)
**134.** (a)
**135.** (c)
**136.** (b)
**137.** (a)
**138.** (d)
**139.** (c)
**140.** (c)
**141.** (b)
**142.** (c)
**143.** (b)
**144.** (a)
**145.** (a)
**146.** (a)
**147.** (c)
**148.** (a)
**149.** (a)
**150.** (b)

# APPENDIX

## A. 1. लाप्लास ट्रांसफॉर्म ( Laplace Transforms)

$$\pounds[f(t)] = F(s) = \int_0^{\infty} f(t)\, e^{-st} dt$$

**Laplace Transform Table**

| S. No. | $f(t)$ | $F(s)$ | S. No. | $f(t)$ | $F(s)$ |
|---|---|---|---|---|---|
| 1. | $U(t)$ | $\frac{1}{s}$ | 14. | $e^{-at}\sin \omega t$ | $\frac{\omega}{(s+a)^2+\omega^2}$ |
| 2. | $A$ | $\frac{A}{s}$ | 15. | $e^{-at}\cos \omega t$ | $\frac{s+a}{(s+a)^2+\omega^2}$ |
| 3. | $t$ | $\frac{1}{s^2}$ | 16. | $t \sin \omega t$ | $\frac{2\omega s}{(s^2+\omega^2)^2}$ |
| 4. | $At$ | $\frac{A}{s^2}$ | 17. | $t \sinh \omega t$ | $\frac{2\omega s}{(s^2-\omega^2)^2}$ |
| 5. | $t^n$ ($n$ is integer) | $\frac{n!}{s^{n+1}}$ | 18. | $t \cosh \omega t$ | $\frac{s^2+\omega^2}{(s^2+\omega^2)^2}$ |
| 6. | $e^{-at}$ | $\frac{1}{s+a}$ | 19. | $\delta(t)$ | 1 |
| 7. | $t\, e^{-at}$ | $\frac{1}{(s+a)^2}$ | 20. | $e^{-at}\sinh \omega t$ | $\frac{\omega}{(s+a)^2-\omega^2}$ |
| 8. | $e^{at}$ | $\frac{1}{s-a}$ | 21. | $e^{-at}\cosh \omega t$ | $\frac{s+a}{(s+a)^2-\omega^2}$ |
| 9. | $t\, e^{at}$ | $\frac{1}{(s-a)^2}$ | 22. | $\frac{d}{dt}f(t)$ | $sF(s)+f(0^+)$ |
| 10. | $t^n e^{at}$ ($n = 1, 2, 3\ldots$) | $\frac{n!}{(s-a)^{n+1}}$ | | | |
| 11. | $t^n e^{-at}$ | $\frac{n!}{(s+a)^{n+1}}$ | | | |
| 12. | $\sin \omega t$ | $\frac{\omega}{s^2+\omega^2}$ | | | |
| 13. | $\cos \omega t$ | $\frac{s}{s^2+\omega^2}$ | | | |

**A. 2. लॉजिक परिवार (Logic Families)**

| | Logic family | Basic logic gate and type | Propagation delay per gate (ns) | Power dissipation per gate (mW) | Noise margin (V) | Typical fan-in | Maximum fan-out | Relative cost per gate | Advantages | Disadvantages |
|---|---|---|---|---|---|---|---|---|---|---|
| 1. | RTL | Positive NOR | 50 | 10 | 0.2 | 3 | 4 | Medium | • Lower power dissipation | • Low speed,<br>• Poor noise margin |
| 2. | DTL | Positive NAND | 25 | 15 | 0.7 | 8 | 8 | Medium | • Low power dissipation | • Low speed,<br>• Poor noise margin |
| 3. | TTL | Positive NAND | 10 | 20 | 0.4 | 8 | 12 | Low | • Low power dissipation<br>• High speed<br>• High fan-out,<br>• High cost,<br>• Compatible with existing systems, | • A.C. noise margin poor<br>• $V_{CC}$ tolerance tight |
| 4. | CTL | Positive AND | 5 | 50 | 0.4 | 5 | 25 | High | • Higher speed | • Higher cost<br>• Non-restoring logic levels |
| 5. | ECL | Positive OR/NOR | 2 | 50 | 0.4 | 5 | 25 | High | • Very high speed<br>• High fan-out<br>• Low noise complementary output | • High cost<br>• Several interfacing problems |

| | | | | | | | | | | |
|---|---|---|---|---|---|---|---|---|---|---|
| 6. | MOS | Positive NAND | 250 | less than 1.0 | 2.5 | 10 | 5 | Very low | • Lower power drain<br>• Increased circuit complexity<br>• Few subsystem to test<br>• Low cost per gate | • Reliability only fair<br>• Multiple power sources needed |
| 7. | CMOS | Positive NOR/NAND | 30 | 0.05 $\mu$ W | 45% of $V_{DD}$ | 10 | 100 | Low | • High noise immunity<br>• Compatible to logic families<br>• Insensitive to $V_{DD}$ Changes<br>• Very low power drain | • Reliability only fair<br>• Very low speed<br>• Multiple power sources needed |
| 8. | $I^2L$ | Positive NOR | 40 | less than 1.0 | 0.35 | – | 8 | very low | • Very high packing density<br>• Speed power product constant & low<br>• Cheap | • Low speed<br>• Poor noise margin |

## A . 3. चालक पदार्थ ( Conducting Materials)

| पदार्थ (Material) | | प्रतिरोधकता (Resistivity in Ω per $cm^3$ ) |
|---|---|---|
| सुचालक (Good conductors) | सिलवर (Silver) | $1.5 \times 10^{-6}$ |
| | कॉपर (Copper) | $1.6 \times 10^{-6}$ |
| | गोल्ड (Gold) | $2.2 \times 10^{-6}$ |
| | एल्यूमिनियम (Aluminium) | $2.6 \times 10^{-6}$ |
| | मरकरी (Mercury) | $9.6 \times 10^{-5}$ |
| प्रतिरोधी पदार्थ (Resistive materials) | नाइक्रोम (Nicrome) (Ni 61%, Cr 15%, Fe 24%) | $1.1 \times 10^{-4}$ |
| | मैगनिन (Magnin) (Cu 86%, Mn 12%, Ni 2%) | $0.39 \times 10^{-4}$ |
| | कान्सटेन्टन (Constanton) (Cu 60%, Ni 40%) | $0.48 \times 10^{-4}$ |
| | कार्बन (Carbon) | $1.1 \times 10^{-2}$ |

## A. 4. मिश्र धातु एवं इनके संगठन (Alloys and their Composition)

| S.No. | मिश्र धातु (Alloy) | संघठन (Composition) | अनुप्रयोग (Applications) |
|---|---|---|---|
| 1. | एडमिरलिटी ब्रास (Admirality Brass) | Cu 70%, Zn 30% | • ट्यूब्स (Tubes) |
| 2. | एल्निको (Alnico) | Fe 5%, Ni 20%, Al 20%, Co 10% | • स्थायी चुम्बक (Permanent magnet) |
| 3. | एल्यूमिनियम ब्रांज (Aluminium bronze) | Cu 94.8%, Al 5.2% | • सिक्के (Coins) |
| 4. | ब्रास (Brass) | Cu 85%, Zn 15%,<br>Cu 75%, Zn 25%,<br>Cu 70%, Zn 30%,<br>Cu 60%, Zn 40% | • आभूषण (Jewellery),<br>• ब्रेजिंग ब्रास (Brazing Brass),<br>• ट्यूब्स, ब्रायर्स,<br>• मुन्ज मेटल (Muntz metal) |
| 5. | ब्रॉज (Bronze) | Cu 90%, Sn 10% | • बर्तन, मूर्तियाँ (Utensils, Statues) |
| 6. | कॉन्सटेन्टन (Constanton) | Cu 50%, Ni 50% | • स्टैन्डर्ड प्रतिरोध |
| 7. | फ्यूज पदार्थ (Fusible metal) | Cu 5%, Pb25%, Sn 25% | • फ्यूज एव फ्यूज प्लग (Fusible plugs) |
| 8. | गन मेटल (Gun Metal) | Cu 90%, Zn 10% | • वाल्व, वाटर फिटींग (Valves and water service fitting) |
| 9. | जरमन सिल्वर (German Silver) | Cu 50%, Zn 30%, Ni 20% | • घरेलू फिटिंग (House hold fittings) |
| 10. | इनवार (Invar) | Fe 64%, Ni 36% | • सर्वे टेप्स (Survey tapes) |